# 基因工程

## （第 4 版）

张惠展　编著

华东理工大学出版社
EAST CHINA UNIVERSITY OF SCIENCE AND TECHNOLOGY PRESS
·上海·

**图书在版编目(CIP)数据**

基因工程/张惠展编著. —4 版. —上海:华东理工大学
出版社,2017.1(2023.2 重印)
ISBN 978 - 7 - 5628 - 4808 - 0

Ⅰ.①基…　Ⅱ.①张…　Ⅲ.①基因工程　Ⅳ.①Q78

中国版本图书馆 CIP 数据核字(2016)第 248774 号

---

项目统筹 / 崔婧婧
责任编辑 / 陈新征
出版发行 / 华东理工大学出版社有限公司
　　　　　地址:上海市梅陇路 130 号,200237
　　　　　电话:021 - 64250306
　　　　　网址:www. ecustpress. cn
　　　　　邮箱:zongbianban@ecustpress. cn
印　　刷 / 江苏省句容市排印厂
开　　本 / 787 mm×1092 mm　1/16
印　　张 / 36.25
字　　数 / 968 千字
版　　次 / 2005 年 8 月第 1 版
　　　　　2017 年 1 月第 4 版
印　　次 / 2023 年 2 月第 6 次
定　　价 / 78.00 元

# 第 4 版前言

诞生于 20 世纪 70 年代初的重组 DNA 技术是一种获取、整理、破译、编辑和表达生物遗传信息的大型综合操作平台,它以细胞生物学、分子生物学和分子遗传学的基本理论体系为基石,在基因分离克隆、基因编码产物产业化、生物遗传性状改良、基因功能及其表达调控机制诠释等方面日益显示出极高的实用价值;而作为重组 DNA 技术产业化应用的基因工程正在驱动着人类社会的生活方式发生重大变革。

早在 1984 年,华东理工大学就为其生物化学和生化工程专业的本科生开设了"基因工程概论"的专业选修课。本书所涉及的基本理论、实验技术和应用策略主要基于百余篇相关综述以及编者三十多年来不断充实的教学讲义和心得,编撰侧重基因工程应用的设计思路,并力求以图解的方式加深读者对本书内容的理解和印象。鉴于现代生命科学理论与技术的飞速发展,本书对第一版(华东理工大学出版社,2005 年)内容进行了大幅度更新;并在第三版(高等教育出版社,2015 年)的基础上增设了"原核细菌基因工程""真菌基因工程""昆虫基因工程"等章节,因而适于作为生命科学类各专业本科生和研究生的课程教材,同时也可作为有关人员的参考书。

真诚欢迎专家和读者对本书提出宝贵意见。

编　者

2016 年 4 月于黄浦江畔

# 第1版前言

本书系华东理工大学出版社策划编辑的高等院校现代生物化学工程丛书中的一部。

严格地讲,基因工程是获取、整理、破译、编辑和表达生物体遗传信息的一种操作平台与技术,它以细胞生物学、分子生物学和分子遗传学的基本理论体系为指导,在基因的分离克隆、基因表达调控机制的诠释、基因编码产物的产业化以及生物遗传性状的改良等方面日益显示出极高的实用价值。作为二十世纪生命科学最辉煌的成就,诞生于七十年代初的基因工程技术正在驱动着人类社会生活方式的重大变革。

早在1984年,华东理工大学就已为其生物化学和生化工程专业的本科生开设了"基因工程概论"的专业选修课。本书所涉及的基本理论部分主要参照了20年来不断充实的教学讲义和《GENE Ⅷ》(Benjamin Lewin 著,2004 年出版);应用战略部分来自《Molecular Biotechonology》(Bernard R. Glick 和 Jack J. Pasternak 著,1994 出版)及近年来发表的相关综述;实验技术部分则由《Recombinant DNA》(James D. Watson、Michael Gilman、Jan Witkowski 和 Mark Zoller 著,1992 出版)、《Molecular Cloning》(J. Sambrook、E. F. Fritsch 和 T. Maniatis 著,1989 出版)以及著者长期积累的经验体会组成。本书撰写的侧重点是基因工程应用的设计思路,并力求以图解的方式加深理解和印象,因而较为适合于作为生命科学各专业本科生和研究生的课程教材,同时也可作为有关人员的参考书。

本书部分内容的参考资料由吴海珍博士负责收集整理,叶江硕士设计制作了本书的全部图表,著者在此对她们的辛勤劳动表示衷心的感谢。

真诚欢迎专家和读者对本书提出宝贵意见。

**著 者**
2005 年夏于黄浦江畔

# 第2版前言

诞生于20世纪70年代初的DNA重组技术是一种获取、整理、破译、编辑和表达生物遗传信息的现代生物技术,它以细胞生物学、分子生物学和分子遗传学的基本理论体系为基石,在基因的分离克隆、基因编码产物的产业化、生物遗传性状的改良、基因功能及其表达调控机制的诠释等方面日益显示出极高的实用价值。作为DNA重组技术产业化应用的基因工程,正在驱动着人类社会生活方式的重大变革。

本书将DNA重组和克隆的实验流程分为"切、接、转、增、检"五大单元操作;在简要阐述目的基因四大分离克隆战略的基础上,分别以大肠杆菌、酵母、高等动植物等典型的受体系统为主线,逐一论述基因工程应用的设计思想;同时,与高效表达多肽和蛋白质编码基因的第一代基因工程以及通过基因水平上的遗传操作表达蛋白变体的第二代基因工程(蛋白质工程)相呼应,将在基因水平上局部修饰细胞固有代谢途径和信号转导途径的设计表征为第三代基因工程,由此构成本书的基本理论框架。

本书所涉及的基本理论、应用战略及实验技术主要基于著者二十多年来不断充实的教学讲义和经验体会,编撰的侧重点是基因工程应用的设计思路,并力求以图解的方式加深理解和印象,因而较为适合作为全日制大学生物工程、生物技术、生物科学专业本科生《基因工程》课程的教科书,同时也可作为有关研究人员的参考书。

真诚欢迎专家和读者对本书提出宝贵意见。

著　者

二〇〇九年红五月于尚湖

# 第 3 版前言

诞生于 20 世纪 70 年代初的 DNA 重组技术是一种获取、整理、破译、编辑和表达生物遗传信息的现代生物技术,它以细胞生物学、分子生物学和分子遗传学的基本理论体系为基石,在基因的分离克隆、基因编码产物的产业化、生物遗传性状的改良、基因功能及其表达调控机制的诠释等方面日益显示出极高的实用价值。作为 DNA 重组技术产业化应用的基因工程,正在驱动着人类社会生活方式的重大变革。

本书将 DNA 重组、克隆和表达的实验流程分为"切、接、转、增、检"五大单元操作;在简要阐述目的基因四大分离克隆战略的基础上,分别以大肠杆菌、酵母、高等动植物等典型的受体系统为主线,逐一论述基因工程应用的设计思想;同时,与高效表达多肽和蛋白质编码基因的第一代基因工程以及通过基因水平上的遗传操作表达蛋白变体的第二代基因工程(蛋白质工程)相呼应,将在基因水平上局部修饰细胞固有代谢途径和信号转导途径的设计表征为第三代基因工程,由此构成本书的基本理论框架。

本书所涉及的基本理论、应用战略及实验技术主要基于著者 30 年来不断充实的教学讲义和经验体会,编撰的侧重点是基因工程应用的设计思路,并力求以图解的方式加深理解和印象,因而较为适合作为全日制大学生物工程、生物技术、生物科学专业本科生《基因工程》课程的教科书,同时也可作为有关研究人员的参考书。

除了对第二版内容进行多处增删和修订外,为了便于读者自主性和扩展性阅读,本版在各章中还增设了"关键词"和"知识导图";并按照 iCourse 教材的标准新置了数字配套资源,其中包括:教学课件(603 张 PPT)、彩色插图(197 幅 PDF 格式)、自测试题(409 道标准化试题)、术语扩展(5 例)、科技史话(8 段)。

本书彩色附图由李竹青配色,著者在此对她的辛勤劳动表示衷心感谢。

真诚欢迎专家和读者对本书提出宝贵意见。

著 者
二〇一四年八月于黄浦江畔

# 目　　录

第1章　概述 …………………………………………………………………… 1
　1.1　基因工程的基本概念 ……………………………………………… 1
　　1.1.1　基因工程的基本定义 ……………………………………… 1
　　1.1.2　基因工程的基本过程 ……………………………………… 1
　　1.1.3　基因工程的基本原理 ……………………………………… 2
　　1.1.4　基因工程的基本体系 ……………………………………… 2
　1.2　基因工程的发展历史 ……………………………………………… 4
　　1.2.1　基因工程的诞生 …………………………………………… 4
　　1.2.2　基因工程的成熟 …………………………………………… 5
　　1.2.3　基因工程的腾飞 …………………………………………… 5
　1.3　基因工程的研究意义 ……………………………………………… 6
　　1.3.1　第四次工业大革命 ………………………………………… 6
　　1.3.2　第二次农业大革命 ………………………………………… 7
　　1.3.3　第四次医学大革命 ………………………………………… 7

第2章　DNA重组克隆单元操作 ……………………………………………… 9
　2.1　DNA重组的载体 …………………………………………………… 9
　　2.1.1　质粒载体 …………………………………………………… 9
　　2.1.2　病毒或噬菌体载体 ………………………………………… 13
　　2.1.3　噬菌体-质粒杂合载体 …………………………………… 19
　　2.1.4　人造染色体载体 …………………………………………… 21
　2.2　DNA的体外重组(切与接) ……………………………………… 21
　　2.2.1　限制性核酸内切酶 ………………………………………… 22
　　2.2.2　T4-DNA连接酶 …………………………………………… 26
　　2.2.3　其他用于DNA重组的工具酶 …………………………… 26
　　2.2.4　DNA切接反应的影响因素 ……………………………… 30
　　2.2.5　DNA分子重组的方法 …………………………………… 34
　2.3　重组DNA分子的转化与扩增(转与增) ……………………… 41
　　2.3.1　重组DNA转化的基本概念 ……………………………… 42
　　2.3.2　细菌受体细胞的选择 ……………………………………… 43
　　2.3.3　细菌受体细胞的转化方法 ………………………………… 44
　　2.3.4　转化率及其影响因素 ……………………………………… 47
　　2.3.5　转化细胞的扩增 …………………………………………… 48
　2.4　转化子的筛选与重组子的鉴定(检) ………………………… 48
　　2.4.1　基于载体遗传标记的筛选与鉴定 ……………………… 49
　　2.4.2　基于克隆片段序列的筛选与鉴定 ……………………… 51

　　　2.4.3　基于外源基因表达产物的筛选与鉴定 ……………………………… 66
　2.5　目的基因的克隆 …………………………………………………………… 68
　　　2.5.1　鸟枪法 …………………………………………………………………… 68
　　　2.5.2　cDNA 法 ……………………………………………………………… 71
　　　2.5.3　PCR 扩增法 …………………………………………………………… 79
　　　2.5.4　化学合成法 ……………………………………………………………… 85
　　　2.5.5　基因文库的构建 ………………………………………………………… 88

**第 3 章　大肠杆菌基因工程** ……………………………………………………… 93
　3.1　外源基因在大肠杆菌中的高效表达原理 ………………………………… 93
　　　3.1.1　大肠杆菌表达系统的启动子 …………………………………………… 93
　　　3.1.2　大肠杆菌表达系统的终止子 …………………………………………… 98
　　　3.1.3　大肠杆菌表达系统的核糖体结合位点 ………………………………… 99
　　　3.1.4　大肠杆菌表达系统的密码子 …………………………………………… 100
　　　3.1.5　大肠杆菌表达系统的 mRNA 稳定性 ………………………………… 101
　　　3.1.6　大肠杆菌表达系统的质粒拷贝数 ……………………………………… 101
　3.2　大肠杆菌基因工程菌的构建策略 ………………………………………… 102
　　　3.2.1　包涵体型重组异源蛋白的表达 ………………………………………… 102
　　　3.2.2　分泌型重组异源蛋白的表达 …………………………………………… 105
　　　3.2.3　融合型重组异源蛋白的表达 …………………………………………… 108
　　　3.2.4　寡聚型重组异源蛋白的表达 …………………………………………… 112
　　　3.2.5　整合型重组异源蛋白的表达 …………………………………………… 116
　3.3　重组异源蛋白的体内修饰与体外复性 …………………………………… 117
　　　3.3.1　重组异源蛋白的稳定性维持 …………………………………………… 117
　　　3.3.2　重组异源蛋白的糖基化修饰 …………………………………………… 119
　　　3.3.3　包涵体型重组异源蛋白的体外溶解与变性 …………………………… 121
　　　3.3.4　包涵体型重组异源蛋白的体外复性与重折叠 ………………………… 122
　3.4　大肠杆菌工程菌培养的工程化控制 ……………………………………… 126
　　　3.4.1　细菌生长的动力学原理 ………………………………………………… 127
　　　3.4.2　发酵过程的最优化控制 ………………………………………………… 129
　　　3.4.3　大肠杆菌工程菌的高密度发酵 ………………………………………… 131
　　　3.4.4　基因工程菌的遗传不稳定性及其机制 ………………………………… 133
　　　3.4.5　改善基因工程菌遗传不稳定性的对策 ………………………………… 134
　3.5　利用重组大肠杆菌生产人胰岛素 ………………………………………… 136
　　　3.5.1　胰岛素的结构及其生物合成 …………………………………………… 137
　　　3.5.2　人胰岛素的生产方法 …………………………………………………… 138
　　　3.5.3　产重组人胰岛素大肠杆菌工程菌的构建策略 ………………………… 138
　3.6　利用重组大肠杆菌生产人抗体及其片段 ………………………………… 141
　　　3.6.1　重组抗体的生产策略 …………………………………………………… 141
　　　3.6.2　由大肠杆菌生产重组抗体片段的优越性 ……………………………… 143
　　　3.6.3　产重组抗体片段大肠杆菌工程菌的构建 ……………………………… 145
　　　3.6.4　重组抗体及其片段表达产物的分离纯化 ……………………………… 149

**第4章　原核细菌基因工程** …………………………………………………… 150
　4.1　芽孢杆菌基因工程 …………………………………………………… 150
　　4.1.1　芽孢杆菌的载体克隆系统 ………………………………… 150
　　4.1.2　芽孢杆菌的宿主转化系统 ………………………………… 154
　　4.1.3　芽孢杆菌的基因表达系统 ………………………………… 155
　　4.1.4　芽孢杆菌的分泌折叠系统 ………………………………… 161
　　4.1.5　重组芽孢杆菌在耐热性酶制剂大规模生产中的应用 …… 165
　　4.1.6　重组芽孢杆菌在人体蛋白药物生产中的应用 …………… 169
　　4.1.7　重组芽孢杆菌在昆虫毒素蛋白生产中的应用 …………… 171
　4.2　棒状杆菌基因工程 …………………………………………………… 174
　　4.2.1　棒状杆菌的载体克隆系统 ………………………………… 175
　　4.2.2　棒状杆菌的基因表达系统 ………………………………… 179
　　4.2.3　棒状杆菌的宿主转化系统 ………………………………… 183
　　4.2.4　赖氨酸基因工程菌的构建 ………………………………… 184
　　4.2.5　精氨酸基因工程菌的构建 ………………………………… 188
　4.3　链霉菌基因工程 ……………………………………………………… 192
　　4.3.1　链霉菌的载体克隆系统 …………………………………… 192
　　4.3.2　链霉菌的宿主转化系统 …………………………………… 198
　　4.3.3　链霉菌的基因表达系统 …………………………………… 200
　　4.3.4　链霉菌的蛋白分泌系统 …………………………………… 205
　　4.3.5　利用重组链霉菌分泌表达哺乳动物蛋白 ………………… 207
　　4.3.6　利用DNA重组技术改良抗生素生产菌 ………………… 208
　4.4　梭菌属基因工程 ……………………………………………………… 214
　　4.4.1　梭菌属的载体克隆系统 …………………………………… 215
　　4.4.2　梭菌属的宿主转化系统 …………………………………… 221
　　4.4.3　利用DNA重组技术改良有机溶剂的羧菌生产菌 ……… 223
　　4.4.4　利用DNA重组技术改良羧菌属的纤维素分解酶系 …… 226
　4.5　乳酸菌基因工程 ……………………………………………………… 228
　　4.5.1　乳酸菌的载体克隆系统 …………………………………… 229
　　4.5.2　乳酸菌的诱导表达系统 …………………………………… 235
　　4.5.3　乳酸菌的宿主转化系统 …………………………………… 236
　　4.5.4　利用DNA重组技术改良食用乳酸菌 …………………… 238
　　4.5.5　利用DNA重组技术构建非食用乳酸菌工程株 ………… 242
　4.6　假单胞菌基因工程 …………………………………………………… 243
　　4.6.1　假单胞菌的载体克隆系统 ………………………………… 243
　　4.6.2　假单胞菌的宿主转化系统 ………………………………… 245
　　4.6.3　假单胞菌生物降解基因的克隆与鉴定 …………………… 246
　　4.6.4　假单胞菌生物降解途径的分子设计 ……………………… 247

**第5章　真菌基因工程** …………………………………………………… 253
　5.1　丝状真菌基因工程 …………………………………………………… 253
　　5.1.1　丝状真菌的载体克隆系统 ………………………………… 253

5.1.2 丝状真菌的宿主转化系统 ………………………………… 258

5.1.3 丝状真菌的表达分泌系统 ………………………………… 262

5.1.4 丝状真菌重组异源蛋白的表达优化策略 ……………… 267

5.1.5 重组曲霉属在异源蛋白生产中的应用 ………………… 269

5.1.6 重组丝状真菌在次级代谢物生产中的应用 …………… 271

5.2 酵母基因工程 ……………………………………………………… 276

5.2.1 酵母的宿主系统 …………………………………………… 276

5.2.2 酵母的载体系统 …………………………………………… 279

5.2.3 酵母的转化系统 …………………………………………… 286

5.2.4 酵母的表达系统 …………………………………………… 291

5.2.5 酵母的蛋白修饰分泌系统 ………………………………… 307

5.2.6 利用重组酵母生产乙肝疫苗 ……………………………… 315

5.2.7 利用重组酵母生产人血清白蛋白 ………………………… 316

第 6 章 昆虫基因工程 …………………………………………………… 320

6.1 果蝇的基因转化系统 ……………………………………………… 320

6.1.1 果蝇转座元件的结构及特征 ……………………………… 320

6.1.2 P 元件介导的果蝇杂交不育 ……………………………… 321

6.1.3 P 元件介导的果蝇经典转化程序 ………………………… 322

6.1.4 果蝇体细胞的转化程序与表达系统 ……………………… 324

6.2 蚊虫和农业害虫的基因改造系统 ………………………………… 325

6.2.1 用于非果蝇类昆虫转化的载体 …………………………… 326

6.2.2 用于非果蝇类昆虫转化株筛选的标记基因 ……………… 331

6.2.3 农业害虫的基因工程 ……………………………………… 332

6.2.4 蚊虫的基因工程 …………………………………………… 339

6.3 家蚕的基因表达系统 ……………………………………………… 346

6.3.1 家蚕的分子生物学 ………………………………………… 347

6.3.2 家蚕的杆状病毒基因表达系统 …………………………… 348

6.3.3 家蚕生物反应器的构建 …………………………………… 354

6.3.4 抗病毒型转基因家蚕的构建 ……………………………… 359

第 7 章 高等动物基因工程 ……………………………………………… 362

7.1 高等动物细胞的基因转移系统 …………………………………… 362

7.1.1 用于基因转移的动物受体细胞 …………………………… 362

7.1.2 动物细胞的物理转化程序 ………………………………… 364

7.1.3 动物细胞的化学转化程序 ………………………………… 365

7.1.4 动物细胞的病毒转染程序 ………………………………… 366

7.1.5 动物细胞的慢病毒载体系统 ……………………………… 372

7.2 利用动物转基因技术研究基因的表达与功能 …………………… 377

7.2.1 基于报告基因探测动物基因组中的调控序列及染色质转录活性

状态 …………………………………………………………… 377

7.2.2 基于同源重组敲除靶基因或敲入转基因 ………………… 379

　　　7.2.3　基于位点特异性整合条件性敲除靶基因或敲入转基因 …………… 379
　　　7.2.4　基于位点特异性断裂条件性编辑基因组 ………………………… 383
　　　7.2.5　基于序列特异性互补条件性敲低靶基因 …………………………… 386
　7.3　利用动物转基因技术生产重组蛋白多肽 ……………………………………… 389
　　　7.3.1　高等动物转基因的表达特征 ………………………………………… 389
　　　7.3.2　高等动物转基因的表达元件 ………………………………………… 391
　　　7.3.3　利用高等动物工程细胞系生产医用蛋白 …………………………… 394
　　　7.3.4　利用高等动物细胞瞬时表达技术生产医用蛋白 …………………… 399
　　　7.3.5　利用转基因动物的组织或器官生产医用蛋白 ……………………… 401
　7.4　利用转基因技术改良动物遗传性状 …………………………………………… 404
　　　7.4.1　转基因动物生成的原理与技术 ……………………………………… 404
　　　7.4.2　转基因动物生成的特征与应用 ……………………………………… 410
　　　7.4.3　转基因动物生成的挑战与前景 ……………………………………… 416
　7.5　基因治疗 ………………………………………………………………………… 416
　　　7.5.1　基因治疗的基本策略 ………………………………………………… 416
　　　7.5.2　间接体内基因治疗 …………………………………………………… 418
　　　7.5.3　直接体内基因治疗 …………………………………………………… 423
　　　7.5.4　基因治疗面临的挑战与对策 ………………………………………… 428

第8章　高等植物基因工程 ……………………………………………………………… 430
　8.1　高等植物的基因转移系统 ……………………………………………………… 430
　　　8.1.1　Ti质粒介导的整合转化 ……………………………………………… 431
　　　8.1.2　植物病毒介导的转染 ………………………………………………… 440
　　　8.1.3　植物的物理转化方法 ………………………………………………… 443
　　　8.1.4　植物细胞的化学转化法 ……………………………………………… 445
　　　8.1.5　植物原生质体的再生 ………………………………………………… 445
　8.2　高等植物的基因表达系统 ……………………………………………………… 447
　　　8.2.1　植物转基因的启动子/增强子 ……………………………………… 447
　　　8.2.2　植物转基因的非翻译区 ……………………………………………… 453
　　　8.2.3　植物转基因的编码序列 ……………………………………………… 455
　　　8.2.4　植物转基因的装配 …………………………………………………… 455
　8.3　利用植物转基因技术研究基因的表达与调控 ………………………………… 457
　　　8.3.1　利用T-DNA或转座子元件原位克隆鉴定植物功能基因 ………… 457
　　　8.3.2　利用病毒诱导型基因沉默机制鉴定植物功能基因 ………………… 459
　　　8.3.3　利用增强子或启动子元件原位激活鉴定植物功能基因 …………… 461
　　　8.3.4　利用cDNA或ORF表达序列鉴定植物功能基因 ………………… 462
　　　8.3.5　利用报告基因展示高等植物基因表达与调控的信息谱 …………… 465
　　　8.3.6　利用CRISPR/Cas系统编辑植物基因组 …………………………… 466
　8.4　利用转基因技术改良植物品种 ………………………………………………… 466
　　　8.4.1　抗生物胁迫型转基因农作物的生成 ………………………………… 468
　　　8.4.2　耐非生物胁迫型转基因农作物的生成 ……………………………… 471
　　　8.4.3　提升光合效能型转基因农作物的生成 ……………………………… 474

　　　8.4.4　改善品质型转基因农作物的生成 ·················· 478
　　　8.4.5　转基因农作物的安全性 ······················· 482
　8.5　利用转基因植物或细胞生产重组异源蛋白和工业原料 ········ 482
　　　8.5.1　植物生物反应器的构建策略 ···················· 483
　　　8.5.2　利用植物生物反应器生产医用蛋白 ················ 485
　　　8.5.3　利用植物生物反应器生产食品或饲料添加剂 ·········· 486
　　　8.5.4　利用植物生物反应器生产工业原料 ················ 487

第9章　第二代基因工程——蛋白质工程 ······················ 488
　9.1　蛋白质工程的基本概念 ····························· 488
　　　9.1.1　蛋白质工程的基本特征 ······················ 488
　　　9.1.2　蛋白质工程的研究内容及应用 ·················· 489
　　　9.1.3　蛋白质工程实施的必要条件 ···················· 490
　9.2　基因的体外定向突变 ····························· 490
　　　9.2.1　局部随机掺入法 ·························· 490
　　　9.2.2　碱基定点转换法 ·························· 491
　　　9.2.3　部分片段合成法 ·························· 491
　　　9.2.4　引物定点引入法 ·························· 494
　　　9.2.5　PCR 扩增突变法 ························· 496
　9.3　基因的体外定向进化 ····························· 497
　　　9.3.1　易错 PCR ····························· 497
　　　9.3.2　DNA 改组 ····························· 498
　　　9.3.3　体外随机引发重组 ························· 498
　　　9.3.4　交错延伸 ····························· 501
　　　9.3.5　过渡模板随机嵌合生长 ······················ 501
　　　9.3.6　渐增切割杂合酶生成 ······················· 501
　　　9.3.7　同源序列非依赖性蛋白质重组 ·················· 502
　　　9.3.8　突变文库高通量筛选模型的建立 ················· 503
　9.4　蛋白质工程的设计思想与应用 ······················ 505
　　　9.4.1　提高蛋白质或酶类分子的稳定性 ················· 505
　　　9.4.2　减少重组多肽链的错误折叠 ···················· 508
　　　9.4.3　改善酶的催化活性 ························· 508
　　　9.4.4　消除酶的被抑制特性 ······················· 511
　　　9.4.5　修饰酶的催化特异性 ······················· 511
　　　9.4.6　改造配体与其受体的亲和性 ···················· 512
　　　9.4.7　降低异源蛋白药物的免疫原性 ·················· 515

第10章　第三代基因工程——途径工程 ······················ 518
　10.1　途径工程的基本概念 ···························· 518
　　　10.1.1　途径工程的基本定义 ······················ 518
　　　10.1.2　途径工程的基本过程 ······················ 519
　　　10.1.3　途径工程的基本原理 ······················ 521

10.2 途径工程的研究策略 …………………………………… 523
    10.2.1 在现存途径中提高目标产物的代谢流 …………… 523
    10.2.2 在现存途径中改变物质流的性质 ………………… 523
    10.2.3 利用已有途径构建新的代谢旁路 ………………… 526
10.3 初级代谢的途径工程 …………………………………… 527
    10.3.1 乙醇生产菌的途径操作 …………………………… 528
    10.3.2 辅酶 Q 生产菌的途径操作 ……………………… 534
    10.3.3 氢气生产菌的途径操作 …………………………… 541
10.4 次级代谢的途径工程 …………………………………… 542
    10.4.1 聚酮生物合成的分子机制 ………………………… 542
    10.4.2 聚酮合酶各组成模块的操作策略 ………………… 542
    10.4.3 聚酮生物合成基因的异源表达 …………………… 545
10.5 信号转导的途径工程 …………………………………… 547
    10.5.1 信号转导途径的构成与功能 ……………………… 547
    10.5.2 信号转导途径的性能修饰 ………………………… 549
    10.5.3 信号转导途径的动力学行为修饰 ………………… 552

参考文献 …………………………………………………………… 558

# 第1章 概　述

一百多年前,在捷克莫勒温镇一个修道院里沉醉于豌豆杂交实验的孟德尔(Mendel)根本就不会想到,他提出的遗传因子在半个世纪后被摩尔根(Morgen)定义为基因;而且 1944年艾弗瑞(Avery)证明了基因的物质基础是 DNA;1953 年沃森(Watson)和克里克(Crick)又揭示了 DNA 的双螺旋分子结构;到了 1973 年,DNA 已能在体外被随意拼接并转回至细菌体内遗传和表达。生命科学的飞速发展孕育了现代分子生物学技术——基因工程的诞生。今天,人们在超市货架上可以买到保质期较长的转基因番茄和土豆,以"多利"绵羊为代表的体细胞克隆动物走出实验室,使人们不再将《失落的世界》视为科幻影片,基因工程正驱动着整个人类生活方式发生重大变革。

## 1.1　基因工程的基本概念

### 1.1.1　基因工程的基本定义

基因工程(Genetic engineering)原称遗传工程。从狭义上讲,基因工程是指将一种或多种生物(供体)的基因与载体在体外进行拼接重组,然后转入另一种生物(受体)体内,使之按照人们的意愿遗传并表达出新的性状。因此,供体、受体、载体称为基因工程的三大要素,其中相对于受体而言,来自供体的基因属于外源基因。除了 RNA 病毒外,几乎所有生物的基因都存在于 DNA 序列中,而用于外源基因重组拼接的载体也都是 DNA 分子,因此基因工程亦称为 DNA 重组技术(DNA recombination)。另外,DNA 重组分子大都需在受体细胞中复制扩增,故还可将基因工程表征为分子克隆(Molecular cloning)技术。

广义的基因工程定义为 DNA 重组技术的产业化设计与应用,包括上游技术和下游技术两大组成部分。上游技术指的是外源基因重组、克隆、表达的设计与构建(即狭义的基因工程);而下游技术则涉及含外源基因型重组生物细胞(基因工程菌或细胞)的大规模培养以及外源基因表达产物的分离纯化过程。因此,广义的基因工程概念更倾向于工程学的范畴。值得注意的是,广义的基因工程是一个高度统一的整体。上游 DNA 重组的设计必须以简化下游操作工艺和装备为指导,而下游过程则是上游基因重组蓝图的体现与保证,这是基因工程产业化的基本原则。

### 1.1.2　基因工程的基本过程

依据定义,基因工程的整个过程由工程菌(细胞)的设计构建和基因产物的生产两大部分组成(图 1-1)。前者主要在实验室里进行,其基本单元操作过程如下:

(1) 从供体细胞中分离出基因组 DNA,用限制性核酸内切酶分别将外源 DNA(包括外源基因或目的基因)和载体分子切开(简称"切")。

(2) 用 DNA 连接酶将含有外源基因的 DNA 片段接到载体分子上,形成 DNA 重组分子(简称"接")。

(3) 借助于细胞转化手段将 DNA 重组分子导入受体细胞中(简称"转")。

(4) 短时间培养转化细胞,以扩增 DNA 重组分子或使其整合到受体细胞的基因组中(简称"增")。

(5) 筛选和鉴定经转化处理的细胞,获得外源基因高效稳定表达的基因工程菌或细胞

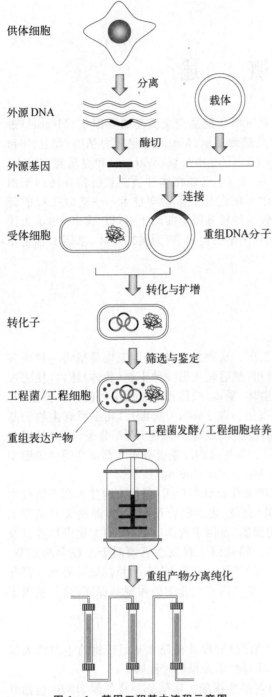

供体细胞

分离

外源DNA　　　　　　　载体

酶切

外源基因

连接

受体细胞　　　　　　　重组DNA分子

转化与扩增

转化子

筛选与鉴定

工程菌/工程细胞

重组表达产物　　　工程菌发酵/工程细胞培养

重组产物分离纯化

**图1-1　基因工程基本流程示意图**

（简称"检"）。

由此可见，基因工程的上游操作过程可简化为：切、接、转、增、检。

### 1.1.3　基因工程的基本原理

作为现代生物工程的主导性技术，基因工程的核心是外源基因的稳定高效表达。为达到此目的，可从以下四个方面考虑：

（1）利用载体DNA在受体细胞中独立于染色体DNA而自主复制的特性，将外源基因与载体分子重组，通过载体分子的扩增提高外源基因在受体细胞中的剂量（即拷贝数），借此提高其宏观表达水平。这里涉及DNA分子高拷贝复制以及稳定遗传的分子遗传学原理。

（2）筛选、修饰和重组启动子、增强子、操作子、终止子等基因的转录调控元件，并将这些元件与外源基因精确拼接，通过强化外源基因的转录而提高其表达水平。

（3）选择、修饰、重组核糖体结合位点和密码子等mRNA的翻译调控元件，强化受体细胞中目标蛋白质的生物合成过程。

上述（2）和（3）两点均涉及基因表达调控的分子生物学原理。

（4）基因工程菌（细胞）是现代生物工程中的微型生物反应器，在强化并维持其最佳生产效能的基础上，从工程菌（细胞）大规模培养的工程和工艺角度切入，合理控制微型生物反应器的增殖速度和最终数量，也是提高外源基因表达产物产量的重要环节，这里涉及的是生化工程学的基本理论体系。

因此，分子遗传学、分子生物学和生物化学工程学是基因工程原理的三大基石。

### 1.1.4　基因工程的基本体系

生物工程的学科体系建立在微生物学、遗传学、生物化学和化学工程学的基本原理与技术之上，但其最古老的产业化应用可追溯到公元前40世纪～公元前30世纪期间的酿酒技术。20世纪40年代，抗生素制造业的出现被认为是微生物发酵技术成熟的标志，同时也孕育了传统生物工程。30年之后，以分子遗传学和分子生物学研究成果为理论基础的基因工程技术则将生物工程引至现代生物技术的高级发展阶段。

生物工程与化学工程同属于化学产品生产技术，但两者在基本原理、生产组织形式以及产品结构等方面均有本质的区别。在化学工业中，产品形成或者化学反应发生的基本场所是各种类型的物理反应器,在那里反应物直接转变成产物;而在生物工程产业中,生化反应往往发生在生物细胞内,作为反应物的底物按照预先编制好的生化反应程序,在催化剂酶的作用下形成最终产物。在生化反应过程中,反应的速度和进程不仅依赖于底物和产物的浓度,而且更重要的是受到酶含量的控制,后者的变化又与细胞所处的环境条件和基因的表达状态直接相关联。虽然在一种典型的生物工程生产模式中,同样需要使用被称为细菌发酵罐或细胞培养罐的物理容器,但它们仅仅用于细胞的培养和维持,真正意义上的生物反应器却是细胞本身。因此,就生产方式而言,生物工程与化学工程的显著区别在于:① 生物工程通常需要两种性质完全不同的反应器进行产品的生产,细胞实质上是一种特殊的微型生物反应器(Mircobioreactor);② 在一般生产过程中,微型反应器(细胞)的数量与质量随物理反应器内的环境条件变化而变化,因此在物理反应器水平上施加的工艺和工程控制参数种类更多、控制程度更精细;③ 每个微型反应器(细胞)内的生物催化剂的数量和质量也会增殖或跌宕,而且这种变化受制于更为复杂的机理,如酶编码基因的表达调控程序、蛋白质的加工成熟程序、酶的活性结构转换程序、蛋白质的降解程序等;④ 如果考虑产品的结构,生物工程则不仅能生产生理活性和非活性分子,而且还能培育和制造生物活体组织或器官。

　　上述分析表明,现代生物工程的基本内涵(图 1-2)包括:用于维持和控制细胞微型

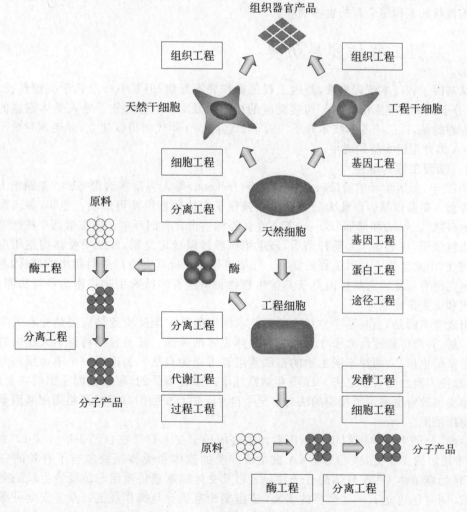

图 1-2　现代生物工程的基本内涵

反应器(即细菌或细胞)数量和质量的发酵工程(细菌培养)和细胞工程(动植物细胞培养)、用于产物分离纯化的分离工程、用于实施细胞外生化反应的酶工程、用于生产生物活体组织的组织工程以及用于构建高品质细胞微型反应器的基因工程。值得注意的是,根据酶工程原理和技术组织的产物生产方式表面上看起来似乎与细胞微型反应器无关,但从生物催化剂概念拓展和酶制剂来源的角度上考察,这种生产方式在很大程度上也依赖于细胞微型反应器的使用,因为目前工业上使用的大部分酶制剂实际上是发酵工程的中间产品,而且酶工程产业中相当比例的生物催化剂形式是微生物细胞,后者也同样来自发酵过程。

菌种诱变筛选程序和细胞工程中的细胞融合技术分别是微生物和动植物微型反应器品质改良的传统手段,而 DNA 重组技术则是定向创建所有类型细胞微型反应器(即工程菌或工程细胞)的强有力的现代化工具。其中,第一代基因工程是将单一外源基因导入受体细胞,使之高效表达外源基因编码的蛋白质或多肽,它们基本上以天然的序列结构存在;第二代基因工程(即蛋白质工程)通过基因操作修饰改变蛋白多肽的序列结构,产生生物功能更为优良的非天然蛋白变体(Mutein);作为第三代基因工程的途径工程则在基因水平上局部设计细胞内固有的物质能量代谢途径和信号转导途径,以赋予细胞更为优越甚至崭新的产物生产品质;而第四代基因工程则涉及生物体全基因组的高通量编辑和转移,由此修饰生物的遗传性状甚至构建全新的生物物种。

## 1.2　基因工程的发展历史

从基因工程基本流程来看,基因工程的操作并不复杂,但其中涉及几项关键性技术,如 DNA 分子的切割与连接、DNA 切接反应的检测以及 DNA 重组分子导入受体细胞的程序等。有趣的是,这三项基本技术几乎同时于 20 世纪 70 年代初得以建立,并迅速导致了第一个 DNA 体外重组实验的诞生。

### 1.2.1　基因工程的诞生

1972 年,美国学者伯格(Berg)和杰克逊(Jackson)等人将猿猴病毒 SV40 基因组 DNA、大肠杆菌 λ 噬菌体基因以及大肠杆菌乳糖操纵子在体外重组获得成功。翌年,美国斯坦福大学的科恩(Cohen)和博耶(Boyer)等人在体外构建出含有四环素和链霉素两个抗性基因的重组质粒分子,将之导入大肠杆菌后,该重组质粒得以稳定复制,并赋予受体细胞相应的抗生素抗性,由此宣告了基因工程的诞生。正如科恩在评价其实验结果时指出的那样,基因工程技术完全有可能使大肠杆菌具备其他生物物种所固有的特殊生物代谢途径与功能,如光合作用和抗生素合成等。

出人意料的是,当时科学界对这项新技术问世的第一个反应竟是应当禁止有关实验的继续开展,其严厉程度远大于今天人们对人体克隆的关注。甚至包括科恩本人在内的分子生物学家们也担心,两种不同生物的基因重组有可能为自然界创造出一个不可预知的危险物种,致使人类面临灭顶之灾。1975 年西欧几个国家签署公约,限制基因重组的实验规模。第二年美国政府也制定了相应的法规。至今世界上仍有少数国家坚持严格限制基因重组技术的使用范围。

然而,分子生物学家们毕竟不愿看到先进的科学技术葬送在自己手中。从 1972 年到 1976 年短短的 4 年里,人们对 DNA 重组所涉及的载体和受体系统进行了有效的安全性改造,包括噬菌体 DNA 载体的有条件包装以及受体细胞遗传重组和感染寄生缺陷突变株的筛选,同时还建立了一套严格的 DNA 重组实验室设计与操作规范。众多安全可靠的相关技术支撑以及巨大的商业化应用诱惑力终于使 DNA 重组技术走出困境并迅速发展起来。

## 1.2.2 基因工程的成熟

早在基因工程发展的初期,人们就已开始探讨将该技术应用于大规模生产与人类健康密切相关的生物大分子,这些物质在人体内含量极少,却具有非常重要的生理功能。1977年,日本学者板仓(Itakura)及其同事首次在大肠杆菌中克隆并表达了人的生长激素释放抑制素编码基因。几个月后,美国的乌尔维希(Ullvich)随即克隆表达了人的胰岛素编码基因。1978年,美国 Genentech 公司开发出利用重组大肠杆菌合成人胰岛素的先进生产工艺,从而揭开了基因工程产业化的序幕。

这一时期主要基因工程产品的研制开发简况列在表1-1中。除此之外,近十年来又有数以百计的新型基因工程药物问世,另有数千种药物正处于研制开发中。DNA 重组技术已逐渐取代经典的微生物诱变育种程序,大大推进了微生物种群的非自然有益演化的进程。

表1-1 主要基因工程产品的上市时间

| 产 品 | 用 途 | 首次进入市场时间 | 国家/地区 |
|---|---|---|---|
| 人生长激素释放抑制素(SRM) | 治疗巨人症 | | |
| 人胰岛素 | 治疗糖尿病 | 1982 | 欧 洲 |
| 人生长激素(hGH) | 治疗侏儒症,延缓衰老 | 1985 | 美 国 |
| 人 $\alpha$-干扰素($\alpha$-IFN) | 治疗病毒感染症 | 1986 | 欧 洲 |
| 乙肝疫苗(HBsAgV) | 预防乙型肝炎 | 1986 | 欧 洲 |
| 人组织纤溶酶原激活剂(t-PA) | 治疗急性心肌梗死 | 1987 | 美 国 |
| 人促红细胞生成素(EPO) | 治疗贫血症 | 1989 | 欧 洲 |
| 人 $\gamma$-干扰素($\gamma$-IFN) | 治疗慢性粒细胞增生症 | 1990 | |
| 人粒细胞集落刺激因子(G-CSF) | 治疗中性白细胞减少症 | 1991 | 美 国 |
| 人白细胞介素-2(IL-2) | 治疗肾细胞瘤 | 1992 | 欧 洲 |
| 人凝血因子Ⅷ | 治疗 A 型血友病 | 1992 | |
| 人 $\beta$-干扰素($\beta$-IFN) | 治疗多重硬化症 | 1993 | |
| 葡糖脑苷脂酶 | 治疗高歇氏症 | 1994 | |
| 人凝血因子Ⅸ | 治疗 B 型血友病 | 1997 | |
| 人白细胞介素-10(IL-10) | 预防血小板减少症 | 1997 | |
| 可溶性肿瘤坏死因子(TNF)受体 | 治疗类风湿关节炎 | 1998 | 美 国 |
| 白介素 2 融合毒素 | 治疗皮肤 T 细胞淋巴瘤 | 1999 | 美 国 |
| 聚乙二醇干扰素 $\alpha$-2b | 治疗慢性丙型肝炎 | 2001 | 欧 洲 |
| 人甲状旁腺激素(1-34)[hPTH(1-34)] | 治疗骨质疏松 | 2002 | 美 国 |
| $\beta$-半乳糖苷酶($\beta$-GAL) | 治疗法布莱氏病 | 2003 | 美 国 |

## 1.2.3 基因工程的腾飞

20世纪80年代以来,基因工程开始朝着高等动植物物种的遗传性状改良以及人体基因治疗等方向发展。1982年,美国科学家将大鼠的生长激素基因转入小鼠体内,培育出具有大鼠雄健体魄的转基因小鼠及其子代。1983年,携带细菌新霉素抗性基因的重组Ti质粒转化植物细胞获得成功,高等植物转基因技术问世。1990年美国政府首次批准了一项人体基因治疗临床研究计划——对一名因腺苷脱氨酶基因缺陷而患有重度联合免疫缺陷综合征的儿童进行基因治疗获得成功,从而开创了基因治疗的新纪元。1991年,美国倡导在全球范围内实施雄心勃勃的人类基因组计划(用15年时间斥资30亿美元完成人类基因组近30亿对碱基的全部测序工作),目前,这项计划已提前完成,并迅速进入后基因组时代。1997年,英国科学家利用体细胞克隆技术复制出"多利"绵羊,为哺乳动物优良品种的维持提供了一条崭新的途径。2006 年,美国和日本两个研究小组借助转基因技术几乎同时实现了分化终端的细胞向干细胞的转换,人类复制或定制自身组织器官的时代为期不远了。

# 1.3　基因工程的研究意义

整整一个甲子的分子生物学和分子遗传学研究结果表明,基因是控制一切生命运动的物质形式。基因工程的本质是按照人们的设计蓝图将生物体内控制性状的基因进行优化重组,并使其稳定遗传和表达。这一技术在超越生物王国种属界限的同时,简化了生物物种的进化程序,大大加快了生物物种的进化速度,最终卓有成效地将人类生活品质提升到一个崭新的层次。因此,基因工程诞生的意义毫不逊色于有史以来的任何一次技术革命。

概括地讲,基因工程研究与发展的意义体现在以下三个方面:① 大规模生产生物活性分子。利用细菌(如大肠杆菌和酵母等)基因表达调控机制相对简单和生长速度较快等特点,令其超量合成其他生物体内含量极少但具有较高经济价值的生物产品;② 设计构建新物种。借助于基因重组、基因定向诱变甚至基因人工合成技术,创造出自然界中不存在的生物新性状乃至全新物种;③ 搜寻、分离、鉴定生物体尤其是人体内的遗传信息资源。目前,日趋成熟的 DNA 重组技术已能使人们获得全部生物的基因组,并迅速确定其相应的生物功能。

### 1.3.1　第四次工业大革命

1980 年 11 月 15 日,美国纽约证券交易所开盘的 20 min 内,Genentech 公司的新上市股票价格从 3.5 美元飙升至 89 美元,这是该证券交易所有史以来增值最快的一种股票。闭市的铃声分明在为一个伟大的产业技术革命而欢呼,因为上市前两年,该公司的科学家们克隆了人胰岛素的编码基因。含有人胰岛素编码基因的大肠杆菌细胞就像一个个高效运转的生产车间,制造出足以替代临床上短缺的猪胰岛素的重组人胰岛素产品。这在当时被认为是医药界的一个惊人奇迹,然而在今天看来,这种类型的基因工程产业似乎有些经典。目前,已经投放市场以及正在研制开发的基因工程药物几乎遍布医药界的各个领域,包括各种抗病毒剂、抗癌因子、抗生素、重组疫苗、免疫辅助剂、抗衰老保健品、心脑血管防护急救药、生长因子、诊断试剂等。

在轻工食品产业,与传统的诱变育种技术相比,基因工程在氨基酸、助鲜剂、甜味剂等食品添加剂的大规模生产中日益显示出强大的威力。高效表达可分泌型淀粉酶、纤维素酶、脂肪酶、蛋白酶等酶制剂的重组微生物也已分别在食品制造、纺织印染、皮革加工、日用品生产中大显身手。传统化学工业中难以分离的混旋对映体,借助于基因工程菌可有效地进行生物拆分。

能源始终是严重制约人类生产活动的主要因素。以石油为代表的传统化石能源开采利用率的提高以及新型能源的产业化是解决能源危机的希望所在。利用 DNA 重组技术构建的新型微生物能大幅度提高石油的二次开采率和利用率,并能将难以利用的纤维素分解为可发酵生产燃料乙醇的葡萄糖,使太阳能有效地转化为化学能和热能。

环境保护是人类可持续生存与发展的大课题。一些能快速分解吸收工业有害废料、生物转化工业有害气体以及全面净化工业和生活废水的基因工程微生物种群已从实验室走向"三废"聚集地。

在迅速发展的信息产业中,基因工程技术的应用也已崭露头角。利用基因定向诱变技术可望制成运算速度更快、体积更小的蛋白芯片,人们装备并使用生物电脑的时代为期不远了。

1983 年,美国注册了大约 200 家以基因工程为主导的生物技术公司,今天这类公司已数以万计。1986 年全球基因工程产业的总销售额才 600 万美元,到 1993 年已增至 34 亿美元,20 世纪末已突破 600 亿美元,难怪日本政府将基因工程命名为"战略工业"。基因工程作为20 世纪最后一次伟大的工业革命,必将对 21 世纪产生深远的影响。

### 1.3.2　第二次农业大革命

基因工程技术在农林畜牧业中的应用广泛且意义重大。烟草、棉花等经济作物极易遭受病毒害虫的侵袭,严重时导致绝产。利用重组微生物可以大规模生产对棉铃虫等有害昆虫具有剧毒作用的蛋白类农用杀虫剂,由于这类杀虫剂是可降解的生物大分子,不污染环境,故有"生物农药"之称。将某些特殊基因转入植物细胞内,再生出的植株可表现出广谱抗病毒、真菌、细菌和线虫的优良性状,从而减少甚至放弃使用化学农药,达到既降低农业成本又杜绝谷物、蔬菜和水果污染的目的。

基因工程也可用来改良农作物的品质。作为人类主食的水稻、小麦和土豆蛋白含量相对较低,其中必需氨基酸更为缺乏,选用适当的基因操作手段提高农作物的营养价值正在研究之中。一些易腐烂的蔬菜水果如番茄、柿子等也能通过 DNA 重组技术改变其原有的性状,从而提高货架存放期。利用基因工程方法还可在温室中按照人们的偏爱改变花卉的造型和颜色,使之更具观赏性。

天然环境压力对农作物生长的影响极为严重。细胞分子生物学研究结果表明,对某些基因进行结构修饰,提高植物细胞内的渗透压,可在很大程度上增强农作物的抗旱、耐盐能力,提高单位面积产量,同时扩大农作物的可耕作面积。

在家畜品种改良方面,基因工程技术同样大有用武之地,其中最主要的成果是动物生长激素的广泛使用。注射或喂养由基因工程方法生产的生长激素可使奶牛大量分泌高蛋白乳汁,鱼虾生长期大为缩短且味道鲜美,猪鸡饲料的利用率提高且瘦肉比重增加。

近 20 年来,豆科植物固氮机制的研究方兴未艾,科学家们试图将某些细菌中的固氮基因移植到非豆科植物细胞内,使其表达出相应的性状。由于固氮基因组结构庞大,表达调控机制复杂,目前尚未取得突破性进展,但这项宏伟计划一旦实现,无疑将是第二次绿色大革命。

### 1.3.3　第四次医学大革命

如果说麻醉外科术是一次医学革命,那么基因疗法则为医学带来了又一次大革命。目前临床上已鉴定出 2 000 多种遗传病,其中相当一部分在不远之前还属于不治之症,如血友病、先天性免疫缺陷综合征等。随着医学和分子遗传学研究的不断深入,人们逐渐认识到,遗传病其实只是基因突变综合征(分子病)中的一类。从更广泛的含义上讲,目前一些严重威胁人类健康的所谓"文明病"或"富贵病",如心脑血管病、糖尿病、癌症、肥胖综合征、老年痴呆症、骨质疏松症等,均属分子病范畴。分子病的治疗方法主要有两种:一是定期向患者体内输入病变基因的矫正产物,以对抗由病变基因造成的危害;二是利用基因转移技术更换病变基因,达到标本兼治的目的。目前上述两大领域均取得了突破性的进展。

基因治疗实施的前提条件是对人类病变基因的精确认识,因而揭示人体两万多个蛋白质编码基因的全部奥秘具有极大的诱惑力。美国一家生物技术公司不惜花费几千万美元的重金从分子生物学家手中买断刚刚克隆鉴定的肥胖基因,其意义可见一斑。随着 20 世纪第二个曼哈顿工程——人类基因组计划的实施,一本厚达几百万页的人类基因大词典已经问世,这些价值连城的人类遗传信息资源的所有权究竟归谁,必是 21 世纪人们关注的热点之一。

　　新陈代谢是生物界最普遍的法则,然而细胞乃至生命终结的机制却是一个极有价值的命题。近来有迹象表明,科学家们可能已经找到了控制细胞寿命的关键基因——端粒酶编码基因。也许有一天人们借助基因工程手段可以巧妙地操纵该基因的开关,使得日趋衰老的细胞、组织、器官甚至生命重新焕发出青春的光彩。

# 第2章 DNA重组克隆单元操作

DNA重组克隆的主题思想是目的基因的分离、克隆、扩增和表达。从供体细胞的染色体DNA中克隆并扩增特定的基因可揭示其生物功能;将之导入合适的受体细胞中可高效表达其编码产物或修饰改造生物细胞的遗传特征。上述不同的目的往往对应着不同的操作程序和方法技术,然而就整个流程而言,DNA的重组克隆一般包含切、接、转、增、检五大单元操作。

## 2.1 DNA重组的载体

绝大多数分子克隆实验所使用的载体是DNA双链分子,有以下几种功能:

(1) 为外源基因提供进入受体细胞的转移能力。从理论上讲,任何DNA分子均可以物理渗透的方式进入生物细胞中,但这种方式频率极低,以至于在常规的实验中难以检测到。某些种类的载体DNA分子本身具有高效转入受体细胞的特殊生物学效应,因此由载体运载外源基因进入受体细胞的概率比外源DNA片段单独导入要高几个数量级。

(2) 为外源基因提供在受体细胞中的复制能力或整合能力。外源基因进入受体细胞后面临两种选择,或者直接整合在受体细胞染色体DNA的某个区域内,作为其一部分复制并遗传;或者独立于受体细胞染色体DNA而存在。在后一种情况下,载体DNA分子必须为外源基因提供独立的复制功能,否则外源基因不可能在受体细胞中复制和遗传。

(3) 为外源基因提供在受体细胞中的扩增和表达能力。外源基因的扩增依赖于载体分子在受体细胞中的高拷贝自主复制的能力,这种能力通常由载体DNA上的若干相关元件和基因编码。同时,外源基因高效表达所需的调控元件一般也由载体分子提供。

应当指出的是,上述三大功能并非所有载体分子都必须具备,DNA重组克隆的目的不同,对载体分子的性能要求也不同。但对于所有不同用途的载体而言,为外源基因提供复制或整合能力是必不可少的,因此通常选择生物体内天然存在的质粒DNA或病毒(噬菌体)DNA作为载体蓝本,并采用分子克隆操作技术对之进行必要的修饰和改造,以满足DNA重组克隆和基因表达对载体的性能要求。

一个理想的载体至少应具备下列四个条件:① 具有对受体细胞的可转移性或亲和性,以提高载体导入受体细胞的效率;② 具有与特定受体细胞相匹配的复制位点或整合位点,使得外源基因在受体细胞中能稳定复制并遗传;③ 具有多种且单一的核酸内切酶识别切割位点,有利于外源基因的拼接插入;④ 具有合适的选择性标记,便于重组DNA分子的检测。载体的可转移性和可复制性取决于它与受体细胞之间严格的亲缘关系,不同的受体细胞只能使用相匹配的载体系统。本节主要涉及具有代表性的大肠杆菌载体系统,其他受体生物的载体系统分别在相应的章节中论述。

### 2.1.1 质粒载体

质粒(Plasmid)是一类天然存在于细菌和真菌细胞中能独立于染色体DNA而自主复制的共价、闭合、环状双链DNA分子(Covalently closed circular DNA),也称为cccDNA,其大小通常在1~600 kb内。质粒并非其宿主生长所必需的,但赋予宿主某些抵御外界环境因素不利影响的能力,如抗生素的抗性、重金属离子的抗性、细菌毒素的分泌以及复杂化合物的降解等,上述性状均由质粒上相应的基因编码控制。

1. 质粒的基本特性

野生型质粒具有下列基本特性:

(1) 质粒的自主复制性。质粒 DNA 拥有自己的复制起始位点(Origin,简称 *ori*)以及控制复制频率(或质粒拷贝数)的调控基因,有些质粒还携带特殊的复制因子编码基因,形成一个独立的复制子结构(Replicon)。因此,质粒 DNA 能够摆脱宿主染色体 DNA 复制调控系统的束缚而进行自主复制,并产生少则一至几个,多则成百上千个拷贝数。野生型质粒的自主复制既可通过反义 RNA 及相关蛋白因子(如 Rop 蛋白等)与复制引物的互补钝化作用进行负调控,也可通过 *rep* 和 *cop/inc* 基因编码产物与复制阻遏物的相互作用进行正调控,从而保证质粒在特定宿主细胞中维持恒定的拷贝数。

(2) 质粒的可扩增性。在革兰氏阴性细菌中,质粒的复制呈严紧型(Stringent)复制和松弛型(Relaxed)复制两种模式。严紧型质粒(如 pSC101 和 p15A 等)的复制由宿主细胞内的 DNA 聚合酶 III 介导,并受质粒编码型蛋白因子正调控,这些蛋白因子极不稳定,因而在宿主正常生长过程中每个细胞通常只能复制产生 1~5 个质粒拷贝;松弛型质粒(如 pMB1 和 ColE1 等)的复制需要半衰期较长的 DNA 聚合酶 I、RNA 聚合酶以及其他复制辅助蛋白因子的参与,当宿主细胞内蛋白质合成减弱或完全中断时,质粒仍能持续复制,因此这类质粒在每个宿主细胞中通常具有较高的拷贝数(30~50)。作为一种极端情况,当宿主细胞进入生长后期,加入氯霉素(最终浓度为 10~170 μg/mL)抑制蛋白质的生物合成,阻断宿主菌的大部分代谢途径,则松弛型质粒利用丰富的原料及能量大量复制,最终每个细胞可积累上百个拷贝,这种操作称为质粒的氯霉素扩增。

(3) 质粒的可转移性。在天然条件下,许多野生型质粒可以通过细菌接合作用从一个宿主细胞横向转移至另一个宿主细胞甚至另一种亲缘关系较近的宿主菌中,这一转移过程依赖于质粒上的 *mob* 基因表达产物与其他蛋白因子的相互作用,具有这种天然横向转移能力的质粒称为接合型质粒。

(4) 质粒的不相容性。具有相同或相似复制子结构及其调控模式的两种不同的质粒不能稳定地共存于同一受体细胞内,这种现象称为质粒的不相容性。对于单拷贝质粒来说,当两种不相容的质粒同时进入受体细胞后,由于它们拥有相同或相似的复制子结构以及质粒拷贝控制机制,因此两者并不复制,待受体细胞分裂时,两者被分配在两个子细胞中;在多拷贝质粒的情况下,虽然两种不相容型质粒均可复制,但由于两者复制的起始频率是随机的,且相互竞争宿主细胞内的复制蛋白因子(如 Rep 蛋白),因而在细胞分裂前夕两种质粒的拷贝数并不完全均等。又因为这些不相容型质粒在两个子细胞中的分配只能按照拷贝数均分,无法辨认质粒的身份,因此造成两个子代细胞中拥有拷贝数并不均等的两种质粒。这样经过若干次细胞分裂后,必然导致两种质粒在细胞中的独占性。具有不同复制子结构的相容型质粒,尽管它们由于复制机制不同而造成各自的拷贝数有差异,但在细胞分裂时每种质粒在两个子细胞中均可保持等同的拷贝数,因而它们可以稳定地存在于同一受体细胞中。一般而言,滚环(σ)复制型质粒呈较为显著的不相容性,而 θ 复制型质粒往往能数种质粒共存于一个宿主细胞中。

2. 质粒的改造与构建

外源基因克隆的目的不同,对质粒载体的性能要求也不同。野生型质粒存在着这样或那样的缺陷,不能满足需要,必须对之进行修饰和改造,其内容包含:① 删除不必要的 DNA 区域,尽量缩短质粒的长度,以提高外源 DNA 片段的装载量。一般来说,大于 20 kb 的质粒很难导入受体细胞中,而且极不稳定;② 灭活某些质粒的编码基因,如促进质粒在细菌种间转移的 *mob* 基因,杜绝重组质粒扩散污染环境,保证 DNA 重组实验的安全;同时灭活那些对质粒复制产生负调控效应的基因,以提高质粒的拷贝数;③ 加入易于识别的选择标记基因,最好是双重或多重标记,便于检测含重组质粒的受体细胞;④ 在选择性标记基因内部引入具有多种限制性内切酶识别切割位点的 DNA 序列,即多克隆接头(Polylinker),便于多种外源基因的重组;同时删除重复的酶切位点使其单一化,以便环状质粒分子经酶处理后只在一处断裂,保证外源基因的准确插入;⑤ 根据外源基因克隆的不同要求,分别加装特殊的基因表达调控元件或用于表达产物检测和分离的标签编码序列,如 His-tag 和 Flag-tag 等。

　　载体质粒的改造通常需要一系列体内体外的重组操作,例如 DNA 重组技术建立初期常用的大肠杆菌质粒 pBR322 的构建过程包括:① 借助 Tn3 转座子在细胞内的易位作用,将野生型质粒 pRIdrd 上的氨苄青霉素抗性基因($Ap^r$)及相关 DNA 片段分别转至松弛型质粒 pMB1 和 ColE1 上;② 得到的衍生质粒 pMB3 经 $EcoRI^*$(见 2.2.4)处理,删除不必要的 DNA 区域,形成一个小质粒 pMB8;③ 采取同样的酶切方法将严紧型质粒 pSC101 上的四环素抗性基因($Tc^r$)转至 pMB8 上,构成 pMB9;④ 将 pSF2124 质粒中的 $Ap^r$ 基因通过细胞内易位作用插入 pMB9 上;⑤ 得到的重组质粒 pBR312 已包含 $Ap^r$ 和 $Tc^r$ 两个选择性标记基因,为了进一步缩小质粒,再经 $EcoRI^*$ 处理形成 8.2 kb 的 pBR313;⑥ 以 pBR313 为蓝本,同时进行两步独立的酶切反应,删除多余的酶切位点,分别构成 pBR318 和 pBR320 两个衍生质粒;⑦ 最后将两者重组成 pBR322 质粒,它拥有 9 种限制性核酸内切酶的不同识别序列,且这些位点在整个质粒分子中均是唯一的,其中 6 个位点分别位于两个抗性基因的内部(图 2-1)。

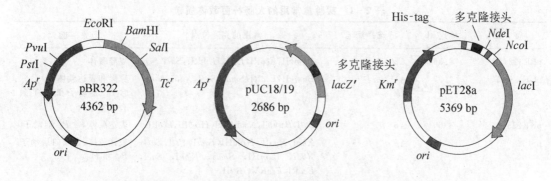

pUC18 多克隆接头:　　*EcoRI-SacI-KpnI-SmaI-BamHI-XbaI-SalI-PstI-SphI-HindIII*

pUC19 多克隆接头:　　*HindIII-SphI-PstI-SalI-XbaI-BamHI-SmaI-KpnI-SacI-EcoRI*

pET28 多克隆接头:　　*XhoI-NotI-EagI-HindIII-SalI-SacI-EcoRI-BamHI*

**图 2-1　三种大肠杆菌质粒结构图谱**

3. 质粒的分类及用途

人工构建的载体质粒根据其功能和用途可分为下列几类:

(1) 克隆质粒。这类质粒常用于克隆和扩增外源基因,它们或者拥有氯霉素可扩增的松弛型复制子结构,如 pBR 系列;或者复制子经过人工诱变(如在 RNAII 编码基因内引入点突变),解除质粒复制的负控制效应,使得质粒在每个细胞中可达数百甚至上千个复制拷贝,如 pUC 系列(图 2-1)。

(2) 测序质粒。这类质粒通常高拷贝复制,并拥有多克隆接头序列,便于各种 DNA 片段的克隆与扩增。在多克隆接头的两侧设有两个不同的引物序列,使得重组质粒经碱变性后即可进行 DNA 测序反应,如 pUC18/19;另一种测序质粒是大肠杆菌 M13 噬菌体 DNA 与质粒 DNA 的杂合分子,如 M13mp 系列,它们在受体细胞中复制后能以特定的单链 DNA 形式分泌至细胞外,克隆在这种质粒上的外源基因无须变性即可直接用于测序反应。

（3）整合质粒。这类质粒拥有噬菌体整合酶编码基因（$int$）及其整合特异性位点（$attP$）序列，克隆在这种质粒上的外源基因进入受体细胞后，能准确地重组整合在受体细胞染色体DNA的$attB$特定位点处。

（4）穿梭质粒。这类质粒拥有两套亲缘关系不同的复制子以及相应的选择性标记基因，因此能在两种不同种属的受体细胞中复制并遗传，如大肠杆菌-链霉菌穿梭质粒、大肠杆菌-酵母穿梭质粒等。克隆在此类质粒中的外源基因不必更换载体便可直接从一种受体转入另一种受体中。

（5）探针质粒。这类载体被设计用来筛选克隆基因的表达调控元件，如启动子和终止子等。它通常装有一个可以定量检测其表达程度的报告基因（如抗生素的抗性基因或显色酶编码基因），但缺少相应的启动子或终止子，因此载体分子本身不能表达报告基因。当且仅当含启动子或终止子活性的外源DNA片段插入至载体的合适位点时，报告基因才能表达，而且其表达量的大小能直接表征被克隆基因表达控制元件的强弱。

（6）表达质粒。这类载体在多克隆位点的上游和下游分别装有两套转录效率较高的启动子、合适的核糖体结合位点（SD序列）以及强有力的终止子，使得克隆在合适位点上的任何外源基因均能在受体细胞中高效表达，如pSPORT系列和pSP系列；除此之外，有的表达质粒还装有特殊的寡肽标签编码序列（如His-tag和Flag-tag等），便于表达产物进行亲和层析分离，如pET系列（图2-1）。

几种实验室常用的大肠杆菌载体质粒列在表2-1中。

**表2-1 实验室常用的大肠杆菌载体质粒**

| 质 粒 | 大小/kb | 选择标记 | 常用的克隆位点 | 性 能 |
|---|---|---|---|---|
| pBR322 | 4.36 | $Ap^r,Tc^r$ | BamHI,EcoRI,PstI,HindIII,SalI,ScaI | 克隆载体 |
| pGEX-4T | 4.97 | $Ap^r,lacI^q$ | BamHI,EcoRI,SmaI,SalI,XhoI,NotI | 克隆和表达载体<br>含$P_{tac}$启动子和GST融合标签序列 |
| pKK233-2 | 4.60 | $Ap^r,Tc^r$ | SalI,BamHI,NcoI,PstI,HindIII,EcoRI | 表达载体,含$P_{tac}$启动子 |
| pSP72 | 2.46 | $Ap^r$ | XhoI,PvuII,HindIII,SphI,PstI,SalI,<br>XbaI,BamHI,SmaI,KpnI,SacI,<br>EcoRI,EcoRV,BglII | 表达载体,含双向启动子$P_{T7}$和$P_{SP6}$ |
| pSPORT1 | 4.11 | $Ap^r,lacOPZ',lacI^q$ | AtaII,SphI,HindIII,BamHI,XbaI,<br>SacI,SalI,SmaI,EcoRI,KpnI,PstI | 表达载体,含双向启动子$P_{T7}$和$P_{SP6}$ |
| pUC18/19 | 2.69 | $Ap^r,lacZ'$ | EcoRI,SacI,KpnI,SmaI,BamHI,<br>XbaI,SalI,AccI,PstI,SphI,HindIII | 克隆和测序载体 |
| pUC21 | 3.20 | $Ap^r,lacZ'$ | XhoI,BglII,SphI,NcoI,KpnI,SmaI,<br>SacI,EcoRI,HindIII,PstI,SalI,NdeI,<br>BamHI,EcoRV,XbaI | 克隆和表达载体 |
| pTrc99A | 4.18 | $Ap^r,lacI^q$ | NcoI,EcoRI,SacI,KpnI,SmaI,BamHI,<br>XbaI,SalI,HincII,PstI,HindIII | 克隆和表达载体,含$P_{trc}$启动子 |
| pET-28a(+) | 5.37 | $Km^r,lacI^q$ | XbaI,NcoI,NdeI,NheI,BamHI,<br>EcoRI,SacI,SalI,HindIII,NotI,XhoI | 表达载体<br>含$P_{T7}$启动子和His-Tag标签序列 |

**4. 质粒的分离与纯化**

实验室中一般使用两种方法制备载体质粒和重组质粒。第一种方法是碱溶法，其操作步骤如下：① 将菌体悬浮在含EDTA的缓冲液中；② 加入溶菌酶裂解细菌细胞壁；③ 加入SDS-NaOH混合液，去膜释放细胞内含物；④ 加入高浓度的醋酸钾缓冲液沉淀染色体，离心去除染色体DNA及大部分蛋白质；⑤ 上清液用苯酚-氯仿溶液处理，去除灭活痕量的蛋白质和核酸酶；⑥ 用乙醇或异丙醇沉淀水相的质粒；⑦ 用不含 DNase 的 RNase 降解残余的 RNA 小分子。用此法制备的质粒 DNA 纯度较高，制备规模可大可小，但操作烦琐耗时，且质粒 DNA 中存在着一定比例的开环结构。商品化的质粒提取试剂盒便是根据上述原理设计的，所不同的是试剂盒配有 DNA 亲和层析介质，因而可取代上述 ⑤～⑦ 步操作。

另一种方法是沸水浴法，其流程为：① 用牙签将生长在固体培养基上的菌体划取少许，悬浮在含 EDTA、TritonX-100 和溶菌酶的缓冲液中；② 沸水浴中保温 30～40 s；③ 常温离心，用牙签挑去沉淀物；④ 乙醇或异丙醇沉淀质粒 DNA。用此法制备的质粒 DNA 纯度不高，收率低且制备规模小，但速度快，一个工作日可处理数百个克隆，而且抽出的质粒对酶切反应没有大的影响，特别适用于重组质粒的快速筛选与鉴定。

上述两种方法分离得到的质粒 DNA 在琼脂糖凝胶电泳中均呈现多条谱带，这是由于质粒的空间结构不同所致。在正常的电泳条件下，各种结构的质粒 DNA 迁移率的相对大小顺序为：cccDNA＞L-DNA＞OC-DNA＞D-DNA＞T-DNA（L-DNA：线型；OC-DNA：单链开环型；D-DNA：二聚体；T-DNA：三聚体），但经合适的限制性内切酶处理后，所有结构的质粒 DNA 都转化为线型分子（图 2-2）。

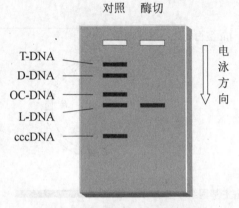

图 2-2　质粒 DNA 电泳图谱

## 2.1.2　病毒或噬菌体载体

病毒或噬菌体能通过物种特异性的感染方式将其基因组 DNA 或 RNA 高效导入宿主细胞内，并独立于宿主基因组而大量复制和增殖，因而与质粒相似，能满足 DNA 重组克隆所需的基本条件。大肠杆菌对应多种噬菌体，其基因组 DNA 已被开发用作克隆外源 DNA 的载体，其中应用最普遍的是来自 λ 噬菌体和 M13 噬菌体的 DNA。

### 1. λ 噬菌体的生物学特征

大肠杆菌 λ 噬菌体是一种温和型噬菌体，由外壳蛋白和一个 48.5 kb 长的双链线状 DNA 分子组成。λ-DNA 的两端各有一个 12 个碱基组成的互补单链，称为 cos 末端。全基因组共有 61 个基因，其中编码噬菌体头部和尾部结构蛋白的基因集中排列在 λ-DNA 40% 的区域内，与 DNA 复制及宿主细胞裂解有关的基因占 20%，其余 40% 的区域为重组和控制基因所占据。

λ 噬菌体特异性感染大肠杆菌的机制是识别并吸附在宿主菌外膜的受体蛋白上，后者由细菌 lamB 基因编码，其正常功能是转运麦芽糖进入大肠杆菌细胞内。由于麦芽糖可诱导 lamB 基因的表达，而葡萄糖抑制受体的生物合成，因此用作 λ 噬菌体宿主的大肠杆菌应在含麦芽糖的培养基中培养。λ 噬菌体在细菌表面的吸附过程只需几分钟，之后线型 λ-DNA 分子通过尾部通道注入大肠杆菌细胞内，两端的 cos 区碱基配对形成环状结构，宿主菌的 DNA 连接酶迅速修复两个交叉缺口处的磷酸二酯键，形成封闭环状 λ-DNA 分子。此时，若 λ-DNA 不能有效建立溶原状态（整合），则从其复制起始位点（ori）以 θ 环方式进行环向复制，继而再进行滚筒式复制（图 2-3），这种复制形式的产物为 λ-DNA 分子的串联多聚体。

成熟 λ 噬菌体的头部和尾部结构是分别组装的。头部组装过程中最早形成的是支架状头部前体，其中主要构成成分为 λ-DNA 编码的 E 蛋白。接着，宿主基因组编码的 GroE 蛋

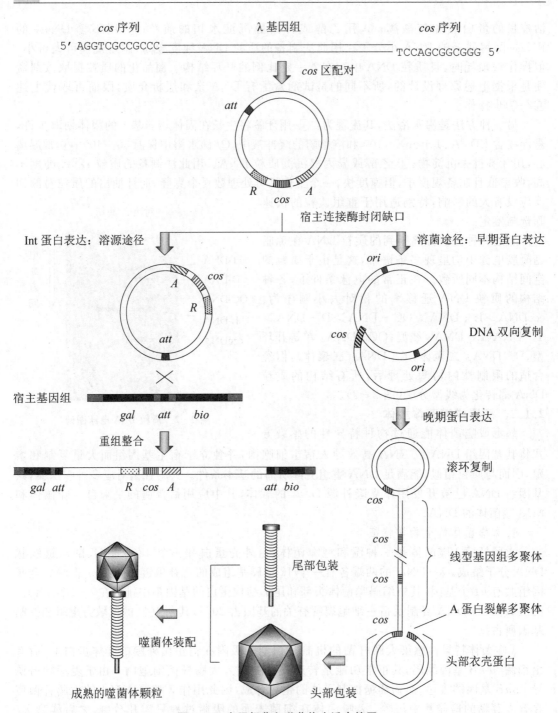

**图 2 - 3　大肠杆菌 λ 噬菌体生活史简图**

白对支架部分进行加工修饰,形成空的头部前体结构。将噬菌体 DNA 分子包装入头部前体结构的过程由 Nu1 和 A 蛋白介导,两者特异性地结合在 λ - DNA 串联多聚体中的每一个 cos 位点处,并将 DNA 分子引向头部前体,此时在 FI 蛋白的作用下,两个相邻 cos 位点之间的 DNA 区域经缠绕进入头部前体空壳中。随后,D 蛋白(也称装饰蛋白)附着在头部前体的外侧表面上,使其紧紧围绕 DNA 链,并形成成熟的头部结构。位于头部入口处的两个 cos 位点此时已紧密相邻,它们在 A 蛋白的作用下被交叉切开,形成具有 12 个碱基的单链互补末端。最后,由 W 蛋白和 FII 蛋白将包装好的头部结构与经另一途径组装的尾部结构装配成具有感染性的成熟噬菌体颗粒。

在一般情况下,一个大肠杆菌细胞可装配 100 个成熟的 λ 噬菌体颗粒。宿主细胞的裂解以及 λ 噬菌体的释放需要 R 和 S 两种噬菌体基因组编码的蛋白因子参与,释放出的噬菌体颗粒又可感染附近的宿主细胞,形成新一轮的裂解周期。若将 λ 噬菌体悬浮液加入大肠杆菌液体培养基中,在 37℃ 条件下只需 6 h,培养物即可由浑浊转为澄清,表明培养物中大肠杆菌已被裂解殆尽。若将具有合适稀释倍数的 λ 噬菌体悬浮液、大肠杆菌培养物以及较低浓度的琼脂混合铺板,37℃ 培养过夜,固体平板上会出现一个个透明的斑点(噬菌斑),这是由于单个噬菌体颗粒经过若干个感染裂解循环所形成的宿主菌死亡区域。固体培养基对子代噬菌体颗粒扩散的限制,使得透明圈外围的大肠杆菌仍能正常生长。因此,一个噬菌斑中的上百万个噬菌体颗粒均由涂板时的一个噬菌体颗粒无性繁殖产生。此外,λ 噬菌体的头部外壳蛋白与 DNA 分子的包装与 DNA 内部的序列无关,只识别两个 cos 位点,但对包装 DNA 分子的大小要求比较严格,其包装范围为野生型 λ-DNA 总长的 75%～105%,也就是说,λ 噬菌体的头部外壳蛋白可以包装 36.4～50.9 kb 内含 cos 位点的任何双链 DNA 分子。

2. λ-DNA 载体的构建

λ-DNA 可通过噬菌体特异性感染高效进入宿主细胞或受体细胞、噬菌体空壳蛋白对 λ-DNA 的包装与其序列无关以及 λ-DNA 在大肠杆菌细胞中的高拷贝复制,都是 λ-DNA 被用作分子克隆载体的基本原理。然而,野生型的 λ-DNA 本身存在着种种缺陷,必须对之进行多方面的改造才能满足一个理想载体的要求,这些改造包括以下内容:

(1) 缩短野生型 λ-DNA 的长度以提高外源 DNA 片段的有效装载量。λ-DNA 的包装上限为 50.9 kb,如果野生型 λ-DNA 不缩短长度而直接作为载体使用,则其最大的有效装载量仅为 2.4 kb(50.9－48.5 kb)。因此,在不影响其体内复制、裂解以及包装功能的前提下,将 λ-DNA 分子缩小得越多,其有效装载量就越大。位于 λ-DNA 中部的重组整合区以及部分的调控区约占整个分子的 40%(19.4 kb),该区域的缺失并不影响 λ-DNA 的复制与裂解周期,因此经上述改造过的 λ-DNA 载体的最大装载量约为 22 kb。

(2) 删除重复的酶切位点,引入单一多克隆接头序列以提升重组克隆的可操作性。野生型 λ-DNA 中有很多重复的酶切口,如 5 个 EcoRI 和 7 个 HindIII 等,这些多余的酶切位点必须删除。在大幅度缩短 λ-DNA 长度时,有些重复的酶切位点已被除去,但另一些酶切口位于复制、裂解以及包装蛋白编码基因内部,需要通过定向诱变方法进行修饰与封闭,同时引入多克隆接头序列。

(3) 灭活某些与裂解周期有关的基因以防止生物扩散和污染。野生型 λ-DNA(甚至经过上述两步改造过的 λ-DNA 载体)能在几乎所有的大肠杆菌细胞内无性繁殖,极易扩散和传播,有可能对人类构成危害。为安全起见,将无义突变(即琥珀型突变)引进 λ 噬菌体裂解周期所需的基因内,如 W、E、S、A 或 B 等。这种携带无义突变的 λ 噬菌体只能在大肠杆菌 K12 的少数实验室菌株中繁殖,因为这些菌株可以通过其独有的特异性校正基因的编码产物(即校正 tRNA)在蛋白生物合成过程中纠正无义突变。

(4) 引入合适的选择标记基因,便于重组噬菌体的筛选。λ-DNA 载体分子中常用的选择性标记基因有:① lacZ',该基因片段来自大肠杆菌,携带 β-半乳糖苷酶编码基因的调控序列并编码酶 N 端的前 146 个氨基酸,后者与宿主细菌基因组表达的 β-半乳糖苷酶 C 端部分肽段功能互补(即 α 互补),所形成的全酶可将 5-溴-4-氯-3-吲哚-β-D-半乳糖苷(X-gal)水解为蓝色产物(图 2-4)。含 lacZ' 标记的 λ-DNA 载体进入 lac⁻ 型受体菌后,在含

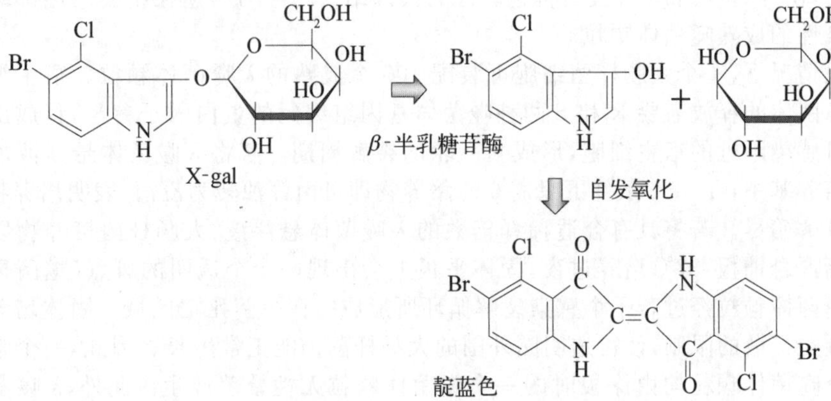

图 2-4　X-gal 酶促显色反应

X-gal 的平板上形成淡蓝色的噬菌斑。但若外源 DNA 片段插入 *lacZ′* 标记基因内部将其灭活，重组噬菌体则形成无色噬菌斑。② *cI⁺*，有些 λ-DNA 载体携带含 *Eco*RI 位点的 *cI⁺* 标记基因，这种载体一旦进入 *hfl⁻*（高频溶原化）突变的大肠杆菌菌株内，便能立即进入溶原状态，形成浑浊噬菌斑（溶原细胞生长速度较未感染的细胞慢）。当外源基因插入 *cI⁺* 基因的 *Eco*RI 位点导致其灭活时，重组噬菌体因不能建立溶原状态而形成清晰噬菌斑；③ *Spi⁺*，野生型 λ 噬菌体在被 P2 原噬菌体溶原化的大肠杆菌中不能进入裂解周期，这种表型称为 P2 干扰敏感型（*Spi⁺*），但是缺失了两个重组基因 *red* 和 *gam* 的 λ 噬菌体在 *rec⁺* 的 P2 溶原菌中将不受 P2 的干扰而进行正常的无性繁殖（*Spi⁻* 表型）。在一些 λ-DNA 载体中，外源基因的插入与载体 DNA 某一片段的缺失同时发生，这段在 DNA 重组过程中缺失的片段中含 *red* 和 *gam* 基因，因此凡是重组的 λ 噬菌体均呈现 *Spi⁻* 表型，即裂解溶原菌，形成噬菌斑，反之亦然。

除上述构建步骤外，有些 λ-DNA 载体还引入一些基因表达的调控元件，使得外源基因能直接在 λ-DNA 上表达，然后利用免疫学方法筛选鉴定重组分子。

3. λ-DNA 载体的分类及用途

有些 λ-DNA 载体经改造后的长度恰好为包装的下限，因而其本身也能被包装，这类载体称为插入型载体，其允许的外源 DNA 插入片段大小范围为 0～14.5 kb（50.9—36.4 kb）。利用此类载体克隆外源 DNA 片段时，需要使用载体所携带的选择性标记基因来筛选重组噬菌体。另一类作为取代型载体的 λ-DNA 分子长度约为 40 kb，在其非必需区域内拥有两个相同的酶切口，两者间的距离为 14 kb。使用时用酶切开载体分子，分离去除这个长 14 kb 的非必需 DNA 片段，然后以外源 DNA 片段取而代之，形成重组分子。显然，此类载体的装载量不仅比插入型载体大，而且被克隆的 DNA 片段必定在 10.4～24.9 kb 之间（去除 14 kb 非必需 DNA 片段后的两个载体片段总长为 26 kb）。取代型载体在克隆实验中已无须标记基因，因为空载的载体分子只有 26 kb，不能被包装成成熟的噬菌体颗粒，含小于 10 kb 和大于 25 kb 外源 DNA 片段的重组分子也不能形成噬菌斑。商品化的取代型载体拥有长臂和短臂两个 DNA 片段，中间非必需区域已被分离去除，为克隆实验提供了便利。根据功能和用途不同，λ-DNA 载体可分为如下几个家族：

（1）Charon 系列。该系列的噬菌体 DNA 是为克隆外源 DNA 大片段而设计的取代型载体，其中 Charon40 载体的非必需区域由多个头尾相聚的 DNA 小片段串联而成，每个小片段均拥有一个相同的酶切口。在使用时，将载体 DNA 用这种限制性核酸内切酶处理，小片段 DNA 即可用聚乙二醇分级沉淀去除，剩下的长臂和短臂载体片段直接用于连接反应。

（2）EMBL 系列。这类载体也是用来设计克隆大片段基因组 DNA 的取代型载体，其克隆位点为 $Bam$HI，特别适合克隆用 $Sau$3AI 部分酶切的外源 DNA 片段。在 $Bam$HI 位点的两侧还设计了 $Eco$RI 和 $Sal$I 位点，克隆后便于用 $Eco$RI 或 $Sal$I 将外源 DNA 片段从重组 λ-DNA 分子中卸下回收。

（3）λDASH 系列。这类载体含互为反向的两套多克隆位点接头序列，便于多种外源 DNA 大片段的取代性重组，而且容易从重组分子中回收克隆的外源 DNA 片段。在两套多克隆位点序列的外侧邻近位点还分别装有 $P_{T7}$ 和 $P_{T3}$ 启动子，因此可以直接合成与克隆 DNA 片段互补的 RNA 探针，简化染色体走读程序。

（4）λgt 系列。这是一类插入型表达载体，可用来克隆表达外源 cDNA，形成 β-半乳糖苷酶融合蛋白，通常用免疫学方法对噬菌斑进行筛选。载体上的温度敏感型阻遏物用来控制噬菌体的复制以及融合蛋白的表达。

上述各系列中较为常用的 λ-DNA 载体的性能列于表 2-2 中。

表 2-2　几种常用 λ-DNA 载体的结构与功能

| 载　体 | 大小/kb | 克隆位点 | 标　记 | 功　能 |
|---|---|---|---|---|
| λgt10 | 43.3 | $Eco$RI | 重组后呈 $cI^-$ 表型，可在 $hfl$A150 突变型宿主菌中正常生长并形成噬菌斑 | 当外源 DNA 的量十分有限时，常用此载体 |
| λgt11 | 43.7 | $Eco$RI | $lacI^-$ | 若插入片段的阅读框与 $lacZ$ 的阅读框相吻合，可表达出融合蛋白 |
| λ-GEM-11 | 43.0 | $Sac$I，$Avr$II，$Eco$RI，$Bam$HI，$Xho$I，$Xba$I | 无须特定标记，空载时不能被包装，因而不能在固体培养基上形成噬菌斑 | $P_{T7}$ 和 $P_{SP6}$ 启动子允许从克隆片段的任意一端合成 RNA 探针，从而简化染色体走读法操作 |
| λ-GEM-12 | 43.0 | $Sac$I，$Not$I，$Eco$RI，$Bam$HI，$Xho$I，$Xba$I | 同上 | 同上 |
| λ-EMBL3/4 | 43.0 | $Bam$HI，$Eco$RI，$Sal$I | 重组后呈 $Spi^-$ 表型，可用 P2 噬菌体的溶原性宿主进行筛选 | 用来克隆大片段（可达 20 kb）基因组 DNA 的置换型载体 |

4. λ-DNA 的分离与纯化

分子克隆实验中快速抽取重组 λ-DNA 的程序如下：① 在含麦芽糖和 $MgCl_2$ 的 LB 培养基中培养大肠杆菌受体细胞至对数生长期；② 加入合适滴度的重组 λ 噬菌体悬浮液（通常为外源 DNA 片段与 λ-DNA 载体的连接反应体系经体外包装后的悬浮液），37℃ 保温 1 h；③ 用新鲜的 LB 培养基稀释培养物，继续培养 4～12 h，此时培养液逐渐由浑浊变为澄清，大肠杆菌细胞已完全被裂解，噬菌体颗粒可达 $10^{13}$～$10^{14}$/L；④ 加入固体 NaCl 和 PEG 8 000，高速离心沉淀噬菌体颗粒；⑤ 用蛋白酶 K 处理噬菌体悬浮液，并用苯酚-氯仿抽提蛋白质，释放 λ-DNA；⑥ 乙醇或异丙醇沉淀 DNA。用此法抽提的 λ-DNA 纯度不高，含少量的宿主菌染色体 DNA 片段，但程序较为简洁。若在第④步中改用 CsCl 密度梯度离心，则可获得高纯度的 λ-DNA 样品。

5. M13 单链噬菌体 DNA 载体

以大肠杆菌为宿主的噬菌体除了基因组 DNA 较大且呈双链结构的 λ 和 T 系列噬菌体外，还有一些基因组相对分子质量较小的单链环状噬菌体，其中研究得较为深入的有两大家族：主体对称型噬菌体（如 φX174 和 G4）以及雄性专一性丝状噬菌体（如 f1、fd、M13）。后者特异性感染含 F 性散毛结构的大肠杆菌，而且三种噬菌体的基因组 DNA 具有高度同源性。

M13 单链噬菌体基因组 DNA 由 6 407 个核苷酸组成，拥有 9 个编码 10 种蛋白质的重叠基因,成熟的 M13 噬菌体只含 DNA 正链,但所有的噬菌体基因均由 DNA 负链转录。基因 *III* 和 *VIII* 编码的蛋白质是噬菌体的主要包装成分,大约 2 700 个 *VIII* 蛋白亚基与 M13 - DNA 单链紧密结合形成噬菌体的丝状结构。如果将外源 DNA 大片段插入 M13 - DNA 中, 则 VIII 蛋白在感染的细菌细胞中大量合成,重组噬菌体的长度也等比例扩大,其包装极限 可达 M13 - DNA 本身长度的 7 倍。蛋白 III 形成四聚体,位于丝状结构的一端,在宿主细胞 的感染过程中起着与 F 性散毛特异性吸附的作用,是一种导向性蛋白组分。其余的噬菌体 基因如 *I*、*IV*、*VI*、*VII*、*IX* 则编码少量的噬菌体颗粒装配蛋白组分。

　　M13 噬菌体与宿主菌性散毛结合后,将其单链 DNA(正链)通过散毛内腔注入细菌细胞 内,成熟的噬菌体颗粒则从细胞内通过挤压的方式释放出去,并不裂解宿主细胞。然而这种 感染过程毕竟在一定程度上妨碍了细菌的生长,因此在生长着大肠杆菌宿主菌的培养平板 上,单一 M13 噬菌体颗粒的无性繁殖系导致其区域内的宿主菌比其他区域的宿主菌生长 慢,从而形成典型的浑浊型噬菌斑。

　　M13 - DNA 的复制周期如图 2-5 所示,包含三个主要步骤:第一步,以进入宿主细胞 的噬菌体 DNA 正链为模板,复制其互补的 DNA 负链,形成亲本双链复制型 DNA(RF - DNA);第二步,由基因 *II* 编码的蛋白产物在 RF - DNA 分子的正链上产生一个缺口,并以 负链为模板在宿主细胞 DNA 聚合酶 III 的作用下,从游离的正链 3′ 末端复制一个正链分 子。然后,蛋白 II 切开正链二聚体,形成一个带有缺口的 RF 双链分子(由亲本负链与子代 正链组成)以及一个被取代了的亲本正链,后者自我环化并继续复制单链 DNA,由此进入 RF - DNA 复制的新一轮循环,每一轮循环均涉及双链变单链和单链变双链的两个过程。与 此同时,负链 DNA 还作为转录模板不断表达出更多的基因 *II* 和 *V* 的编码产物;第三步,当 宿主细胞内 RF - DNA 增殖到 100～200 个拷贝后,基因 *V* 的表达产物也已积累到一定的浓 度,它通过与正链 DNA 结合形成单链 DNA -蛋白复合物,特异性抑制其复制负链 DNA 的 活性,导致宿主细胞内正链 DNA 的大量积累。然后正链 DNA -蛋白 V 复合物移至宿主细 胞的膜间隙中,定位在此的已经合成的包装蛋白系取代蛋白 V,将正链 DNA 装配成成熟的 噬菌体颗粒。

　　由于 M13 - DNA 本身远小于 λ - DNA,如果待克隆的外源 DNA 片段不是很大,则 DNA 重组分子可通过常规的质粒转化方法导入受体细胞,无须体外包装。在 M13 - DNA 的整个复制周期中,宿主细胞内存在多拷贝的双链 RF - DNA 分子,因此可采用类似于质粒 分离纯化的方法从菌体内制备 RF - DNA 载体或 M13 - DNA 重组分子;同时又可以从噬菌 体感染的细菌培养上清液中收获噬菌体颗粒,并采用类似于 λ - DNA 分离纯化的方法制备 单链 M13 - DNA 或 DNA 重组分子,后者在 DNA 序列测定以及定点诱变等分子生物学操 作中极为有用,M13 - DNA 作为克隆载体的优越性也表现在这里。

　　M13 - DNA 中的所有基因均为噬菌体增殖所必需的,因此不能删除任何 DNA 片段,只 能通过定点诱变或在合适位点插入一段 DNA 序列对其进行改造。由于 M13 - DNA 上的基 因排列较为紧密,故供 DNA 片段插入的区域仅限于基因 *II* 与基因 *IV* 之间的狭小区域。 M13 - DNA 载体改造的内容包括:① 通过定点诱变技术封闭重复的重要限制性酶切口; ② 引入合适的选择性标记基因,如含启动子、操作子和 $\beta$ -半乳糖苷酶氨基端编码序列 (*lacZ′*)的乳糖操纵子片段(*lac*)、组氨酸操纵子片段(*his*)以及抗生素抗性基因等;③ 将人工 合成的多克隆接头片段插在 *lacZ′* 标记基因内部,这使得重组噬菌斑呈白色,而只含载体 DNA 的浑浊噬菌斑则呈蓝色;④ 将多克隆接头片段的两侧区域改造成统一的 DNA 测序引 物序列,使重组 DNA 分子的单链形式经分离纯化后可直接进行测序反应。目前实验室中常 见的 M13 - DNA 载体为 M13mp 系列,其性能列在表 2-3 中。

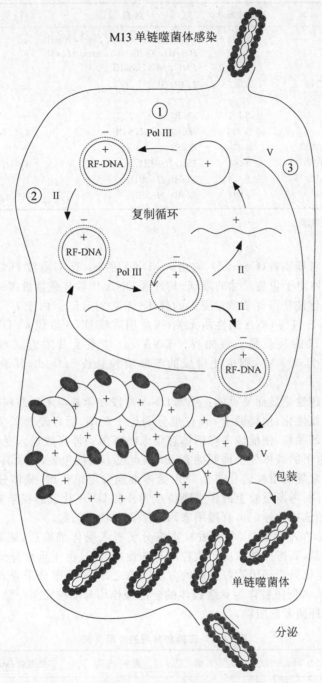

**图 2-5　大肠杆菌 M13 噬菌体 DNA 的复制周期**

### 2.1.3　噬菌体-质粒杂合载体

噬菌体 DNA 和质粒 DNA 作为 DNA 重组的载体各有利弊,若将噬菌体 DNA 某个特征区域(如 λ 噬菌体 DNA 的 *cos* 区和丝状噬菌体的复制区)与质粒 DNA 重组,则构成的杂合质粒具有更多的优良性能,可大大简化分子克隆的操作。

表 2-3　实验室常用的 M13 单链噬菌体 DNA 载体

| 载　体 | 亲　本 | 插入片段/bp | 克 隆 位 点 | 表　型 | 增殖方式 |
|---|---|---|---|---|---|
| M13mp18/19 | M13mp2 | 5 868 | EcoRI, SacI, KpnI, SmaI, XmaI, BamHI, XbaI, SalI, AccI, HincII, PstI, SphI, HindIII | lac | P/C |
| M13blacat | M13　Tn3 pACYC184 | 5 565 | EcoRI, PstI | $Ap^r$, $Cm^r$ | C |
| R199 | fl | 5 725 | EcoRI | — | P |
| R208 | R199 | 5 725 | HindIII, PstI, SalI | $Ap^r$, $Tc^r$ | C |
| fd11 | fd　pKB252 | 5 830 | EcoRI | — | P |
| fd101 | fd　pACYC177 | 5 565 | PstI, HindIII, SmaI | $Ap^r$, $Km^r$ | C |
| fd-tet | fd　Tn10 | 5 644 | EcoRI, HindIII | $Tc^r$ | C |
| fKN16 | fd-tet | 5 644 | EcoRI, HindIII | $Tc^r$, $\Delta geneIII$ | C |

注：P—噬菌斑；C—菌落。

### 1. 黏粒载体

黏粒载体又称考斯质粒（Cosmid），它由 λ-DNA 的 cos 区与质粒 DNA 重组而成，故得此名。λ-DNA 载体由于包装尺寸的限制，其外源 DNA 片段装载量最多只有 25 kb，而真核生物基因文库的构建往往需要装载量更大的载体（详见 2.5.5）。由于 λ-DNA 的包装蛋白只识别 cos 信号，与待包装 DNA 的性质无关，因此用质粒 DNA 取代 λ-DNA 便可大幅度地提高外源 DNA 片段的装载量。例如，λ-DNA cos 位点及其附近区域的 DNA 片段为 1.7 kb，质粒 DNA 为 3.3 kb，则由此构成的考斯质粒总长 5.0 kb，其最大装载量便可达 45.9 kb。

考斯质粒的优越性是显而易见的：外源 DNA 片段在体外与考斯质粒重组后，用合适的限制性内切酶将其线性化，使得两个 cos 位点分别位于两端，后者经 λ 噬菌体包装系统体外包装成具有感染力的颗粒，便能像 λ 噬菌体感染大肠杆菌一样高效进入受体细胞内；由于包装下限的限制，非重组的载体分子即便拥有 cos 位点也不能被包装，因而具有很强的选择性；考斯质粒也可通过常规的质粒转化方法导入受体细胞并得以扩增，载体分子的大规模制备程序与质粒完全相同；考斯质粒上的多克隆位点为外源 DNA 片段的克隆提供了很大的可操作性，而且质粒上的选择性标记可直接用来筛选感染的转化细胞。

与 λ 噬菌体 DNA 不同的是，考斯质粒重组分子进入受体细胞后，依靠质粒 DNA 中的复制子进行自主复制，其拷贝数取决于质粒本身的性质，而且由于重组分子失去了体内包装的能力，故其分离纯化只能采用质粒提取的方法。总之，除了重组分子导入受体细胞的方法与 λ-DNA 相似以外，考斯质粒作为克隆载体的全部操作均与质粒完全一致。表 2-4 列举的是几种常用的大肠杆菌考斯质粒。

表 2-4　实验室常用的考斯质粒

| 考斯质粒 | 大小/kb | 酶 切 位 点 | 装载量/kb | 选择标记 |
|---|---|---|---|---|
| pHC79 | 6.1 | EcoRI, SalI, HindIII, PstI, BamHI, PvuII | 30.7~45.5 | $Ap^r + Tc^r$ |
| pJB8 | 5.4 | EcoRI, HindIII, SalI, BamHI | 31.5~46.1 | $Ap^r$ |
| pU206 | 15.5 | BamHI | 21.3~36.0 | $Ap^r + Ts^r$ |
| pLFR5 | 6.0 | BamHI, ScaI | 31.0~45.5 | $Tc^r$ |

### 2. 噬菌粒载体

噬菌粒载体是一类由丝状噬菌体 DNA 复制起始位点序列与质粒组成的杂合分子。M13 噬菌体基因 II 和基因 IV 之间有一段长度为 508 个核苷酸的间隔区（IG），它不编码蛋白质,却是正负链 DNA 复制的起始终止区域以及单链 DNA 包装的顺式信号位点。将 IG 片段克隆到质粒上所形成的噬菌粒在受体细胞内能随着质粒的自主复制而稳定遗传。含噬菌粒的受体细胞若用一个合适的辅助丝状噬菌体感染,则这个辅助噬菌体的基因 II 表达产物便会反式激活噬菌粒上的 IG 位点,启动噬菌粒以丝状噬菌体 DNA 的复制模式进行复制,形成的单链噬菌粒 DNA 与辅助噬菌体单链 DNA 分别包装成成熟的丝状噬菌体并分泌至受体细胞外,而被包装的噬菌粒单链 DNA 的性质则取决于 IG 位点的克隆方向。

与 M13 - DNA 相比,噬菌粒载体的优点是:① 具有质粒的基本性质,便于外源 DNA 片段的克隆及重组子的筛选;② 在一定程度上提高了外源 DNA 片段的装载量,普通的 M13 - DNA 系列载体长度为 7 kb,外源 DNA 片段与之重组后通常采用质粒转化方法导入受体细胞,其导入效率在重组分子大于 15 kb 时与重组分子的大小成反比,因此载体分子越小,其装载量越大,而噬菌粒通常只有 M13mp 载体大小的一半;③ M13 - DNA 的重组分子在复制时常会发生 DNA 缺失,而噬菌粒重组分子则相对稳定。表 2 - 5 列举的是几种实验室常见的噬菌粒载体,它们大多由质粒 pUC 系列或 pBR322 与丝状噬菌体的 IG 区域构成。

**表 2 - 5　实验室常用的噬菌粒载体**

| 质　粒 | 大小/kb | 克 隆 位 点 | 选择标记 | 功　　能 |
|---|---|---|---|---|
| pGEM - 3Zf | 3.2 | EcoRI, SacI, KpnI, HindIII, SmaI, BamHI, SphI, SalI, PstI, XbaI | lacZ' | 克隆载体,拥有丝状噬菌体 fl 的复制起始位点,可用于体外转录和环状单链 DNA 合成的模板 |
| pUC118/119 | 3.2 | EcoRI, SacI, KpnI, BamHI, SmaI, XbaI, SalI, PstI, SphI, HindIII | lacZ' | 当寄主细胞未感染辅助噬菌体 M13 时,噬菌粒载体的复制与双链质粒 DNA 相似;当寄主细胞被辅助噬菌体 M13 感染后,载体便按 M13 噬菌体的滚环模型进行复制 |
| pZ258 | 4.9 | AvaI, RsaI, DdeI, AhaIII | Ap^r, Tc^r | 同上 |
| pEMBL | 4.0 | EcoRI, HindIII, BamHI, SalI, SmaI, PstI | lacZ' | 同上 |

### 2.1.4　人造染色体载体

人类、动物和植物等大型基因组的序列分析往往需要克隆数百甚至上千 kb 的 DNA 大片段,此时考斯质粒和噬菌粒载体的装载量也远远不能满足需要。进一步开发高装载量载体的设想是模拟生物染色体 DNA 的结构,并保留其稳定复制和遗传的特性。例如,将细菌接合因子、酵母或人类染色体 DNA 中的复制区、分配区、稳定区、端粒区与质粒组装在一起,即可构成人造染色体载体。当大片段的外源 DNA 与这些染色体载体重组后,利用电穿孔技术(见 2.3.3)导入受体细胞,组蛋白将复制后的重组 DNA 分子包装折叠,形成重组人造染色体,后者能像天然染色体那样在受体细胞中稳定复制并遗传。与质粒等其他载体不同的是,各种类型的人造染色体载体在受体细胞中只能维持单一拷贝。

目前已开发出多种类型的人造染色体载体,包括基于大肠杆菌性因子 F 质粒的细菌人造染色体 BAC 系列,其装载量在 50~300 kb 内;基于酵母染色体复制元件的酵母人造染色体 YAC 系列(见 5.2.2);基于人类染色体复制元件的人类人造染色体 MAC 或 HAC 系列(见 7.2.3)等。

## 2.2　DNA 的体外重组(切与接)

分子克隆的第一步是从不同来源的 DNA(染色体 DNA 或重组 DNA 分子)中将待克隆

的 DNA 片段特异性切下,同时打开载体 DNA 分子,然后将两者连接成杂合分子。有时在外源 DNA 片段与载体分子拼接前,还需要对连接位点做特殊的技术处理,以提高连接效率。所有这些操作均由一系列功能各异的工具酶来完成,其中一些常用的工具酶本身也已使用基因工程方法产生,如部分限制性核酸内切酶、T4 - DNA 连接酶以及 Klenow DNA 聚合酶等。

### 2.2.1 限制性核酸内切酶

限制性核酸内切酶几乎存在于所有原核细菌中,它能在特异位点上催化双链 DNA 分子的断裂,产生相应的限制性片段。由于不同生物来源的 DNA 具有不同的酶切位点以及不同的位点排列顺序,因此各种生物的 DNA 呈现特征性的限制性酶切图谱,这种特性在生物分类、基因定位、疾病诊断、刑事侦查直至基因重组领域中起着极为重要的作用,因此限制性核酸内切酶被誉为"分子手术刀"。

1. 限制性核酸内切酶的发现

早在 20 世纪 50 年代初,两个研究小组差不多同时发现,两种不同来源的 λ 噬菌体($\lambda_K$ 和 $\lambda_B$)能高频感染它们各自的大肠杆菌宿主细胞(K 株和 B 株),但当这两株菌分别与其他宿主菌交叉混合培养时,感染频率普遍降为原来的数千分之一。一旦 $\lambda_K$ 噬菌体在 B 株中感染成功,由 B 株繁殖出的 $\lambda_K$ 后代在第二轮接种中便能像 $\lambda_B$ 一样高频感染 B 株,但却不能再有效地感染它原来的宿主 K 株。这种现象称为宿主细胞的限制和修饰作用,广泛存在于原核细菌中。

10 年后,人们搞清了细菌限制和修饰作用的分子机制。大肠杆菌 K 株和 B 株均拥有各自不同的限制/修饰系统,该系统由 3 个连续的基因位点控制,其中 *hsdR* 编码限制性核酸内切酶,它能识别 DNA 分子上的特定序列并将双链 DNA 切断;*hsdM* 的编码产物是 DNA 甲基化酶,催化 DNA 分子特定位点上的碱基甲基化反应;而 *hsdS* 表达产物的功能则是协助上述两种酶识别特殊的作用位点。$\lambda_K$ 和 $\lambda_B$ 长期寄生在大肠杆菌的 K 株和 B 株中,宿主细胞内甲基化酶已将其染色体 DNA 和噬菌体 DNA 特异性保护,封闭了自身所产生的限制性核酸内切酶的识别位点。当外来 DNA 入侵时,便遭到宿主限制性内切酶的特异性降解,由于这种降解作用的不完全性,总有极少数入侵的 DNA 分子幸免于难,它们得以在宿主细胞内复制,并在复制过程中被宿主的甲基化酶修饰。此后,入侵噬菌体的子代便能高频感染同一宿主菌,但丧失了在其原来宿主细胞中的存活力,因为它们在接受了新宿主菌甲基化修饰的同时,也丧失了原宿主菌甲基化修饰的标记。大肠杆菌 C 株不产限制性内切酶,因而其他来源的 λ 噬菌体可以感染 C 株,而在 C 株中繁殖的 λ 噬菌体则在 K 株和 B 株中受到严格的限制,细菌正是利用这种限制修饰系统区分自身 DNA 与外源 DNA。

目前,在细菌中已发现了上千种限制性核酸内切酶,根据其性质不同可分为三大类。其中,II 类限制性核酸内切酶与其所对应的甲基化酶是分离的,不属同一酶分子(即反式酶活),而且由于这类酶的识别切割位点比较专一,因此广泛用于 DNA 重组。I 类和 III 类酶严格地说应该称为限制-修饰酶,因为它们的限制性核酸内切活性及甲基化活性都作为亚基的功能单位包含在同一酶分子中(即顺式酶活)。三类限制性核酸内切酶的详细特征见表 2 - 6。

2. II 类限制性核酸内切酶的基本特征

II 类限制性核酸内切酶由 Smith 等人于 1968 年在流感嗜血杆菌 d 型菌株中首次鉴定。该类酶是一种相对分子质量较小的单体蛋白,其双链 DNA 的识别和切割活性仅需要 $Mg^{2+}$,且识别和切割位点的序列大都具有严格的特异性,因而在 DNA 重组实验中被广泛使用。

**表 2-6　原核细菌中的三大类修饰限制系统**

| 结构/性能 | I 类酶 | II 类酶 | III 类酶 |
| --- | --- | --- | --- |
| 酶分子结构 | 三亚基双功能酶 | 内切酶和甲基化酶不在一起 | 三亚基双功能酶 |
| 识别位点 | 二分非对称序列 | 4～8 bp 短序列,多呈回文结构 | 5～7 bp 非对称序列 |
| 切割位点 | 距离识别位点至少 1 kb 无特异性 | 在识别位点内部或两侧 呈特异性 | 在识别位点下游 24～26 bp 处 无特异性 |
| 限制反应与甲基化反应 | 相互排斥 | 相互独立 | 相互竞争 |
| 限制作用是否需要 ATP | 需要 | 不需要 | 需要 |

1) II 类限制性核酸内切酶的命名

目前已分离并鉴定出 800 余种 II 类限制性核酸内切酶,商品化的约有 300 种。这些酶的统一命名由其来源的细菌名称缩写构成,具体规则是:以细菌属名的第一个大写字母和种名的前两个小写字母构成酶的基本名称;如果酶存在于一种特殊的菌株中,则将株名的一个字母加在基本名称之后;若酶的编码基因位于噬菌体(病毒)或质粒上,则还需用一个大写字母表示这些非染色体的遗传因子。酶名称的最后部分为罗马数字,表示在该菌株中发现此酶的先后次序,如 HindIII 是在流感嗜血杆菌(*Haemophilus influenzae*)d 株中发现的第三个酶,而 EcoR I 则表示其基因位于大肠杆菌(*Escherichia coli*)的抗药性 R 质粒上。

2) II 类限制性核酸内切酶的识别序列

多数 II 类酶的识别序列为 4～8 对碱基,而且具有 180°旋转对称的特征性回文结构。例如,EcoRI 的识别序列为 5′-GAATTC-3′(单链序列),对称轴位于第 3 与第 4 位碱基之间;对于由 5 对碱基组成的识别序列而言,其对称轴为中间的一对碱基。一部分 II 类酶的识别序列中某一或某两位碱基并非严格专一,但都在两种碱基中具有可替代性,这种不专一性并不影响内切酶和甲基化酶的切割位点,只是增加了 DNA 分子上的酶识别与作用频率。

按照概率计算,4～6 碱基对的识别序列在 DNA 中出现的频率分别为 1/256($4^{-4}$)、1/1 026($4^{-5}$)和 1/4 096($4^{-6}$),若以 100 种不同的识别序列计算(4、5、6 碱基对序列的酶各为 20 种、30 种、50 种),则 DNA 链上出现一个 II 类酶识别位点的概率为 1/9,即任何一个 DNA 分子上平均每 9 对碱基中就会有一个 II 类酶切位点。实际上,由于不同生物的 DNA 碱基含量不同,因此酶识别位点的分布和频率也不尽相同。例如,梭菌属基因组中 A 和 T 具有绝对优势,所以那些富含 AT 的识别序列(如 DraI,5′-TTTAAA-3′;SspI,5′-AATATT-3′)出现频率较高;而链霉菌基因组因其 GC 含量高达 70%～80%,因而富含 GC 碱基对的识别序列(如 SmaI,CCCGGG;SstII,CCGCGG)较为常见。

3) II 类限制性核酸内切酶的切割方式

绝大多数的 II 类酶均在其识别位点内部或两侧切割 DNA,使得 DNA 每条链中相邻两个碱基之间的磷酸二酯键断开。一部分酶识别相同的序列,但切点不同,这些酶称为同位酶(Isoschizomer,如 XmaI、SmaI、AvaI);识别序列与切割位点均相同的不同来源的酶称为同裂酶(如 SstI 与 SacI、HindIII 与 HsuI 等);有些酶识别位点不同,但切出的 DNA 片段具有相同的末端序列,这些酶称为同尾酶(Isocandamer,如 MboI、BglII、BclI、BamHI);还有极少数酶的 DNA 切割活性依赖于识别序列内部碱基的甲基化作用。表 2-7 列出了实验室常用的 4 和 6 碱基对识别位点型 II 类限制性核酸内切酶,每个小格中的酶互为同裂酶,每一大格垂直方向的 5 个小格中的酶互为同位酶,同一竖行中处于各大方格中相应位置上的酶则构成一组同尾酶。

表 2 - 7　常用 Ⅱ 类限制性核酸内切酶的识别位点和切点

| | AATT | ACGT | AGCT | ATAT | CATG | CCGG | CGCG | CTAG | GATC | GCGC | GGCC | GTAC | TATA | TCGA | TGCA | TTAA |
|---|---|---|---|---|---|---|---|---|---|---|---|---|---|---|---|---|
| ▼□□□□ | | | | | | | | | MboI | | | | | | | |
| □▼□□□ | | MaeII | | | | HpaII | | MaeI | | HinPI | | | | TaqI | | MseI |
| □□▼□□ | | | AluI | | | | BstUI | | DpnI | | HaeIII | RsaI | | | | |
| □□□▼□ | | | | | | | | | | HhaI | | | | | | |
| □□□□▼ | | | | | NlaIII | | | | | | | | | | | |
| A▼□□□□T | | | HindIII | | AflIII | | MluI AflIII | SpeI | BglII BstYI | | | | | | | |
| A□▼□□□T | | | | | | | | | | | | | | ClaI | | AseI |
| A□□▼□□T | | | | SspI | | | | | | Eco47III | StuI | ScaI | | | | |
| A□□□▼□T | | | | | | | | | | | | | | | | |
| A□□□□▼T | | | | | Nsp7524I | | | | | | | | | | NsiI | |
| C▼□□□□G | | | | | NcoI StyI | XmaI AvaI | | AvrII StyI | | | EagI EaeI | | | XhoI AvaI | | AflII |
| C□▼□□□G | | | | NdeI | | | | | | | | | | | | |
| C□□▼□□G | | | PvuII NspBII | | | SmaI | NspBII | | | | | | | | | |
| C□□□▼□G | | | | | | | SacII | | PvuI | | | | | | | |
| C□□□□▼G | | | | | | | | | | | | | | | PstI | |
| G▼□□□□C | EcoRI | | | | | | BssHII | NheI | BamHI BstYI | BanI | EaeI | Asp718 BanI | | SalI | ApaLI | |
| G□▼□□□C | | AhaII | | | | | | | | NarI AhaII | | | AccI | AccI | | |
| G□□▼□□C | | | | EcoRV | | NaeI | | | | | | | XcaI | HincII | | HpaI HincII |
| G□□□▼□C | | | | | | | | | | | | | | | | |
| G□□□□▼C | | AatII | SacI BanII | | SphI Nsp7524I | | | | | BbeI HaeII | ApaI BanII | KpnI | | | Bsp1286 HgiAI | |
| T▼□□□□A | | | | | BspHI | BspMII | | XbaI | BclI | | | | | | | |
| T□▼□□□A | | | | | | | | | | | | | | | | |
| T□□▼□□A | | SnaBI | | | | | NruI | | | FspI | BalI | | | | | DraI |
| T□□□▼□A | | | | | | | | | | | | | | | | |
| T□□□□▼A | | | | | | | | | | | | | | | | |

　　根据被切开的 DNA 末端性质的不同(不考虑碱基序列),所有的 II 类酶又可分为 5′突出末端酶、3′突出末端酶及平头末端酶三大类(图 2-6)。除后者外,任何一种 II 酶产生的两个突出末端在足够低的温度下均可退火互补,因此这种末端称为黏性末端(Cohesive Ends),这是 DNA 分子重组的基础。

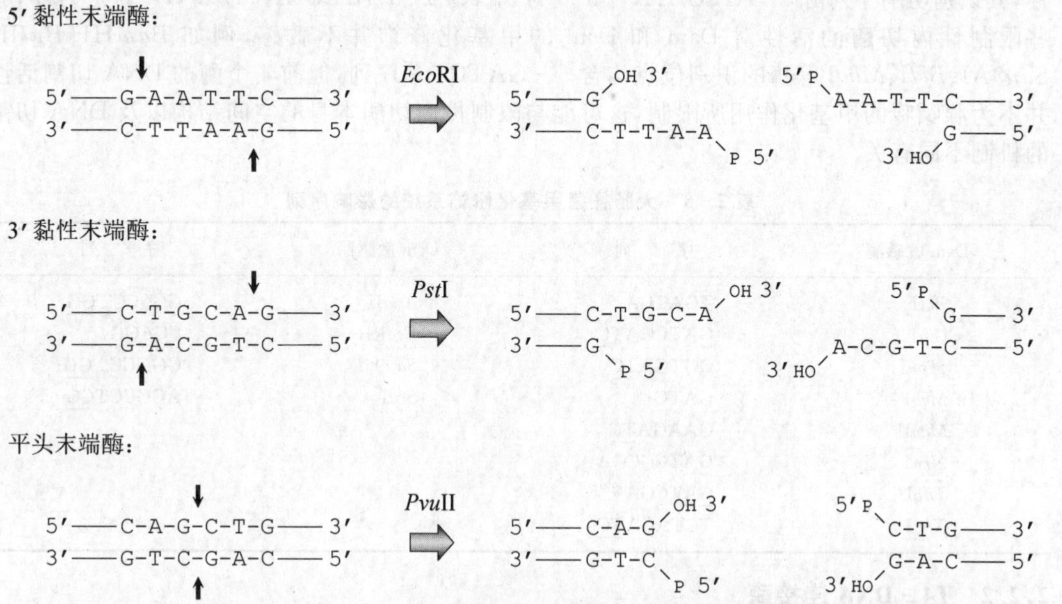

5′黏性末端酶:

```
         ↓
5′——G-A-A-T-T-C——3′         5′——G    OH 3′        5′P    A-A-T-T-C——3′
                        EcoRI
3′——C-T-T-A-A-G——5′         3′——C-T-T-A-A         G——5′
         ↑                              P 5′        3′HO
```

3′黏性末端酶:

```
            ↓
5′——C-T-G-C-A-G——3′         5′——C-T-G-C-A   OH 3′    5′P   G——3′
                        PstI
3′——G-A-C-G-T-C——5′         3′——G         A-C-G-T-C——5′
            ↑                        P 5′        3′HO
```

平头末端酶:

```
         ↓
5′——C-A-G-C-T-G——3′         5′——C-A-G   OH 3′     5′P   C-T-G——3′
                        PvuII
3′——G-T-C-G-A-C——5′         3′——G-T-C         G-A-C——5′
         ↑                         P 5′        3′HO
```

**图 2-6　DNA 经限制性内切酶作用后的三种断口**

### 3. 甲基化酶的基本特征

　　有些 II 类限制性核酸内切酶拥有相应的甲基化酶伙伴,甲基化酶的识别位点与限制性内切酶相同,并在识别序列内使某位碱基甲基化,从而封闭该酶切口。此类甲基化酶的命名常在相对应的限制性内切酶名字前面冠以"M",例如,*Eco*RI 的甲基化酶 M. *Eco*RI 催化 S-腺苷甲硫氨酸(SAM)中的甲基基团转移到 *Eco*RI 识别序列中的第 3 位腺嘌呤上,经过 M. *Eco*RI 处理的 DNA 分子便不再为 *Eco*RI 所降解。有时一种甲基化酶在封闭一个限制性内切酶切口的同时却形成另一种酶的切口,如两个串联的 *Taq*I 识别位点经 M. *Taq*I 甲基化封闭后,会出现一个依赖于甲基化的限制性核酸内切酶 *Dpn*I 的切割位点(图 2-7)。

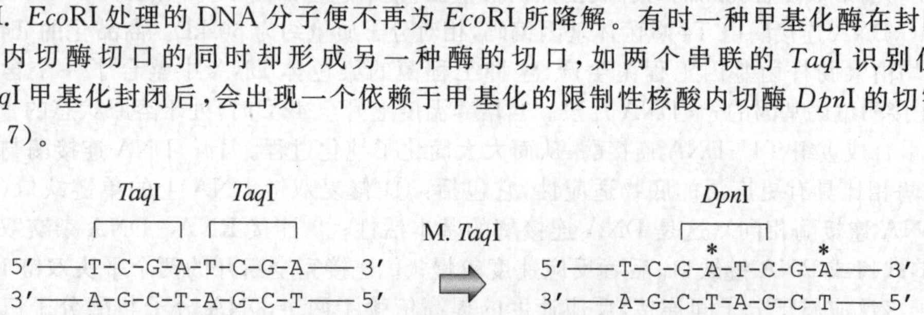

```
  TaqI    TaqI                              DpnI
 ┌──┐    ┌──┐                              ┌──┐
5′——T-C-G-A-T-C-G-A——3′    M. TaqI    5′——T-C-G-A-T-C-G-A——3′
                                              *          *
3′——A-G-C-T-A-G-C-T——5′              3′——A-G-C-T-A-G-C-T——5′
                                          *          *
```

**图 2-7　甲基化依赖型限制性核酸内切酶 *Dpn*I 位点**

　　大肠杆菌细胞内存在两种 DNA 甲基化酶,即 DNA 腺嘌呤甲基化酶 Dam(DNA adenine methylase)和 DNA 胞嘧啶甲基化酶 Dcm(DNA cytosine methylase),这两类酶本身没有限制性内切酶活性。Dam 酶可在 5′-GATC-3′序列内部腺嘌呤 $N^6$ 位置上引入甲基基团,而 Dcm 酶则使 5′-CCAGG-3′或 5′-CCTGG-3′序列中的胞嘧啶 $C^5$ 甲基化,因而从大肠杆菌细胞中提取的 DNA(包括染色体 DNA 和质粒 DNA)不能被某些限制性内切酶切开,对上述两种甲基化酶的修饰作用敏感的限制性核酸内切酶列在表 2-8 中。值得注意的是,有些限制性内切酶虽然识别序列本身不含完整的 Dam 或 Dcm 甲基化酶识别序列,但与其左右两侧的碱基能构成完整的甲基化酶识别序列,如 *Cla*I 的识别序列为 $5'-$ ATCGAT $-3'$,当其 $5'$ 端外侧含 G,或 $3'$ 端外侧含 C,或两者同时出现时,便成为 Dam 甲基化酶的修饰靶点,而真正的甲基化位点却在 *Cla*I 的识别位点内。Dam 酶的这种甲基化修饰作用反而增加了 *Cla*I 酶的切割特异性,其识别切割序列由 $5'-$ ATCGATN $-3'$ 变为 $5'-$(C/T/A)ATCGAT (T/A/G)$-3'$。另外,有些限制性内切酶的活性对 Dam 和 Dcm 的甲基化修饰并不敏感,例如 *Bam*HI、*Bgl*II、*Sau*3AI、*Bcl*I、*Mbo*I 等酶的识别位点均含 $5'-$ GATC $-3'$ 序列,但前 4 个酶的 DNA 切割活性并不为腺嘌呤的甲基化作用所限制,这可能与限制性内切酶本身的空间结构以及 DNA 切割的机制不同有关。

表 2-8　大肠杆菌甲基化修饰系统的影响序列

| Dam 敏感酶 | 序　列 | Dcm 敏感酶 | 序　列 |
|---|---|---|---|
| *Bcl*I | TGATCA | *Ava*II | GG$_\mathrm{A}^\mathrm{T}$CC$_\mathrm{T}^\mathrm{A}$ <u>GG</u> |
| *Cla*I | <u>GA</u>TCGA<u>TC</u> | *Eco*RII | CC<u>A</u>GG |
| *Hph*I | GGTGA<u>TC</u> | *Sau*96I | GGNCC$_\mathrm{T}^\mathrm{A}$ <u>GG</u> |
| *Mbo*I | <u>GATC</u> | *Stu*I | AGGCCT<u>GG</u> |
| *Mbo*II | GAAGA<u>TC</u> | | |
| *Nru*I | <u>GATC</u>GCGA | | |
| *Taq*I | <u>GA</u>TCGA | | |
| *Xba*I | TCTAGA<u>TC</u> | | |

### 2.2.2　T4-DNA 连接酶

与限制性核酸内切酶不同,DNA 连接酶广泛存在于各种生物体内,其催化的基本反应形式是将 DNA 双链上相邻的 $3'$ 羟基和 $5'$ 磷酸基团共价缩合成 $3',5'-$磷酸二酯键,使原来断开的 DNA 缺口重新连接起来,因此它在 DNA 复制、修复以及体内体外重组过程中起着重要作用。大肠杆菌 DNA 连接酶的活性发挥需要烟酰胺腺嘌呤二核苷酸($NAD^+$)作为辅助因子,$NAD^+$ 与酶形成酶-AMP 复合物,同时释放烟酰胺单核苷酸 NMN。活化后的酶复合物结合在 DNA 的缺口处,修复磷酸二酯键,并释放 AMP。T4 噬菌体的 DNA 连接酶则以 ATP 作为辅助因子,它在与酶形成复合物的同时释放出焦磷酸基团,整个过程如图 2-8 所示。

T4-DNA 连接酶由 T4 噬菌体基因编码,相对分子质量约为 60 kD。商品化的 T4-DNA 连接酶均由大肠杆菌基因工程菌生产,这种工程菌的染色体 DNA 中整合了一个含噬菌体 DNA 连接酶编码基因的 λ-DNA 片段。当培养温度上升至 42℃ 时,处于溶原状态的重组大肠杆菌大量合成重组 T4-DNA 连接酶,从而大大简化了纯化过程。T4-DNA 连接酶与大肠杆菌连接酶相比具有更广泛的底物适应性,它包括:① 修复双链 DNA 上的单链缺口(与大肠杆菌 DNA 连接酶相同),这是 DNA 连接酶的基本活性;② 连接 RNA-DNA 杂交双链上的 DNA 链缺口或 RNA 链缺口,后者反应速度较慢;③ 连接完全断开的两个平头双链 DNA 分子,由于该反应属于分子间连接,反应速度的提高依赖于两个 DNA 分子与酶分子三者的随机碰撞,因此在正常反应条件下连接速度缓慢,但若在反应系统中加入适量的一价阳离子(如 150～200 mmol/L 的 NaCl)和低浓度的 PEG,或者适当提高酶量及底物浓度均可明显改善平头 DNA 分子的连接。T4-DNA 连接酶的各种催化反应活性总结在图 2-9 中。

### 2.2.3　其他用于 DNA 重组的工具酶

除了 DNA 切割和连接外,分子克隆实验有时还需要对待连接的 DNA 分子进行结构修饰,后者由多种功能各异的工具酶催化进行,分述如下。

#### 1. Klenow 酶

Klenow 酶实际上是大肠杆菌 DNA 聚合酶 I C 端的大片段(约占总长的三分之二),首先由

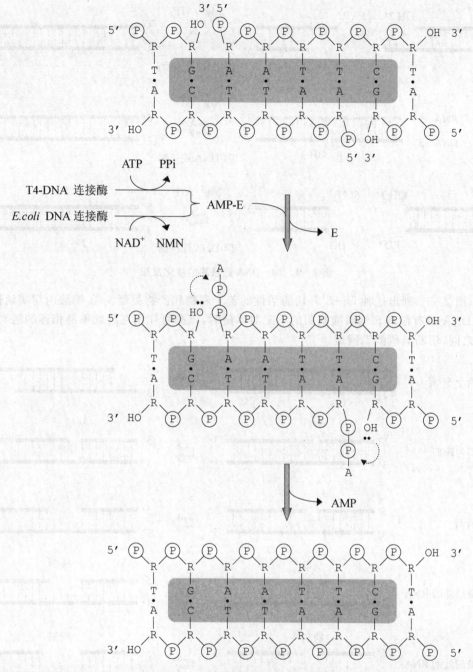

图 2-8　DNA 连接酶的催化机理

　　Klenow 采用枯草杆菌蛋白酶位点特异性裂解的方法从 DNA 聚合酶 I 中制备,故得此名。目前已将 DNA 聚合酶编码基因的相应编码序列克隆表达,并由重组大肠杆菌廉价生产。

　　大肠杆菌 DNA 聚合酶 I 在其单一多肽链上具有如下活性:① $5'→3'$ 的 DNA 聚合活性,使 DNA 链在模板的指导下延伸。② $3'→5'$ 的核酸酶外切活性,其主要功能是识别并切除错配的碱基,通过这种校正作用确保 DNA 复制的准确性。③ $5'→3'$ 的核酸酶外切活性,这一功能具有三个特征:首先,待切除的核酸分子必须具有 $5'$ 端游离的磷酸基团;其次,核苷酸在被切除之前必须是已经配对的;最后,被切除的核苷酸既可以是脱氧的也可以为非脱

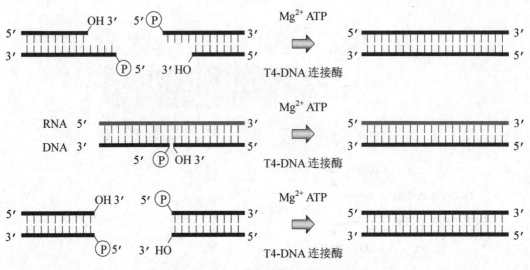

**图 2 - 9　T4 - DNA 连接酶的催化反应**

氧的,图 2 - 10 列出这种 $5' \rightarrow 3'$ 外切酶活性的若干底物和产物类型。④ 核酸内切酶活性,当一段 DNA 带有游离 $5'$ 端磷酸基团的不配对单链时,该酶可作用在与此单链相连的两对配对碱基之间,切断其磷酸二酯键。

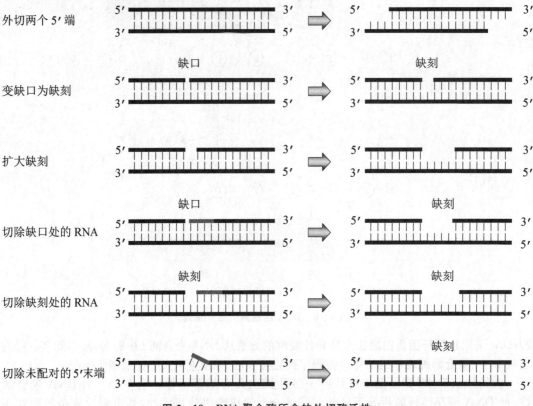

**图 2 - 10　DNA 聚合酶所含的外切酶活性**

上述 4 种活性的催化中心在大肠杆菌 DNA 聚合酶 I 的多肽链上呈线型分布,作为该酶 C 端大片段的 Klenow 酶保留了 $5' \rightarrow 3'$ 的聚合活性和 $3' \rightarrow 5'$ 的外切校正功能,同时缺失了相

应的 $5' \rightarrow 3'$ 外切活性及核酸内切酶活性。Klenow 酶在分子克隆中的主要用途是：① 修复由限制性核酸内切酶造成的 $3'$ 凹端，使之成为平头末端；② 以含同位素的脱氧核苷酸为底物，对 DNA 片段进行标记；③ 用于催化 cDNA 第二链的合成；④ 用于双脱氧末端终止法测定 DNA 的序列。

**2. 末端脱氧核苷酰转移酶**

末端脱氧核苷酰转移酶(TdT)来源于小牛胸腺，它是一种不需要模板的 DNA 聚合酶，其合适的底物为带有 $3'$ 游离羟基的双链 DNA 分子(图 2-11)。当底物为 $3'$ 端突出的双链 DNA 时，TdT 在 $Mg^{2+}$ 的存在下可将脱氧核苷酸随机聚合在两条链的 $3'$ 端。对于平头或 $3'$ 凹端 DNA 底物，则需要 $Co^{2+}$ 激活，但聚合反应仍不按模板要求进行。TdT 在人工黏性末端的构建中极有用处。

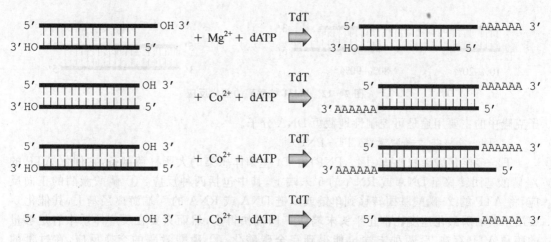

**图 2-11　末端脱氧核苷酰转移酶的催化反应**

**3. S1 核酸酶**

S1 核酸酶来源于米曲霉菌，催化反应通常由 $Zn^{2+}$ 激活，并在酸性 pH($4.0 \sim 4.5$)条件下进行。其特征是：① 降解单链 DNA 或 RNA，包括不能形成双链的区域(如发夹结构中的环状部分)，但降解 DNA 的速度大于降解 RNA 的速度；② 降解反应的方式为内切和外切；③ 酶量过大时会伴有双链核酸的降解，因为该酶的双链降解活性比单链低 7.5 万倍。在 DNA 重组及分子生物学研究中，S1 核酸酶常用来切平突出的单链末端或制作 S1 图谱。

**4. Bal31 核酸酶**

Bal31 核酸酶来源于埃氏交替单胞菌(*Alteromonas espejiana*)BAL31 株，主要表现为 $3'$ 端的核酸外切酶活性，同时伴有 $5'$ 端外切和内切活性。这些酶活性均严格依赖于 $Ca^{2+}$ 的存在，因此可在反应的不同阶段加入二价阳离子螯合剂乙二醇双四乙酸(EGTA)终止反应。Bal31 核酸酶作用的底物类型及产物性质总结在图 2-12 中：① $3'$ 端外切及 $5'$ 端内切作用，Bal31 核酸酶可从双链 DNA 两端连续降解，其机理是以 $3'$ 外切核酸酶活性迅速降解一条链，随后在互补链上进行缓慢的 $5'$ 端内切反应，带平头末端或 $3'$ 羟基突出端的双链 DNA 被截短(对双链 RNA 分子也能发生类似的反应)，所形成的产物大部分为 $5'$ 端突出 5 个碱基的双链分子，小部分则为平头末端双链分子；② 单链 DNA 的外切和内切作用，带有 $3'$ 羟基末端的单链 DNA 也可被酶截短，反应机理同上，但 $5'$ 端的内切速度远小于 $3'$ 端的外切速度；③ DNA 超螺旋结构的线性化作用，该酶可通过其内切核酸酶活性将 DNA 的超螺旋结构转化为双链线状 DNA 分子，并按照上述第一种反应进行连续的降解作用。Bal31 核酸酶在分

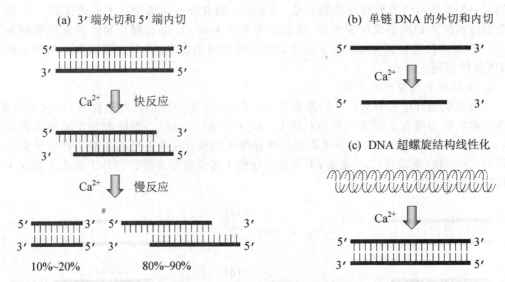

**图 2 - 12　Bal31 核酸酶的催化反应**

子克隆中的主要用途是可控制性地截短 DNA 分子。

5. T4 -多核苷酸磷酸激酶(T4 - PNP)

T4 -多核苷酸磷酸激酶(T4 - PNP)由 T4 噬菌体感染的大肠杆菌制备,它催化 ATP 的 $\gamma$ -磷酸基团转移至 DNA 或 RNA 的 5′末端上,其中包括两种反应:① 磷酸激酶的正向反应,将 ATP 的 $\gamma$ -磷酸基团转移到单链或双链 DNA 或 RNA 的 5′端游离羟基上,其催化 5′突出末端的磷酸化速度比催化平头末端和 5′凹端快得多,然而只要在反应体系中有足够量的酶和 ATP 存在,后两种末端也能得到完全磷酸化;② 磷酸激酶的交换反应,在过量的 ATP 存在下,T4 - PNP 可将单链 DNA 或 RNA 5′端的磷酸基团转移至 ADP 上形成 ATP,同时从 $\gamma -^{32} P$ 型 ATP 中获得其放射性的 $\gamma$ -磷酸基团,并使单链 DNA 或 RNA 的 5′端重新磷酸化,这个反应常用于核酸杂交探针分子的同位素末端标记。

6. 碱性磷酸单酯酶

该酶来源于大肠杆菌和牛小肠。细菌的碱性磷酸单酯酶(BAP)和牛小肠的碱性磷酸单酯酶(CIP)均能催化 DNA、RNA、核苷酸的 5′端除磷反应,因此在 DNA 重组实验中该酶主要用于载体 DNA 的 5′末端除磷操作,以提高重组效率;而用于外源 DNA 片段的 5′端除磷则可有效防止外源 DNA 片段之间的连接。

7. T4 - DNA 聚合酶

T4 - DNA 聚合酶不仅具有 5′→3′的 DNA 聚合活性和 5′→3′的核酸外切活性,而且具有极强的 3′→5′核酸外切活性,后者对单链 DNA 的作用远大于双链 DNA。5′→3′合成 DNA 与 3′→5′降解 DNA 是一对方向相反的可逆反应,在高浓度的 dNTP 存在时,模板中双链区的降解和合成反应趋于平衡,从而生成平头 DNA 分子。T4 - DNA 聚合酶可用于修平非平头的 cDNA 分子以及由某些限制性核酸内切酶水解产生的 3′突出末端。

## 2.2.4　DNA 切接反应的影响因素

在 DNA 重组实验中,酶切和连接反应的不完全会大幅度增加后续操作的负担和难度,而影响切接反应的内在和外在因素又较为复杂,因此必须引起足够的重视。

1. 限制性核酸内切酶的切割反应

绝大多数 II 类限制性核酸内切酶对基本缓冲系统的组成要求相似,包括 10～50 mmol/L (最终浓度,下同)的 Tris - HCl(pH 7.5)、10 mmol/L 的 $MgCl_2$、1 mmol/L 的 DTT(二巯基苏糖醇,用于稳定酶的空间结构),唯一的区别是各种酶对盐(NaCl)浓度的需求不同。据此,可将所有的 II 类酶分为三大组,即低盐组(0~50 mmol/L NaCl)、中盐组(50~100 mmol/L NaCl)、高盐组(100~150 mmol/L NaCl)。盐浓度过高或过低均大幅度影响酶的活性,活性最多可降低至 1/10。

在相当多的情况下,需要使用两种限制性内切酶切割同一种 DNA 分子,如果两种酶对盐浓度要求相同,原则上可将两种酶同时加入反应体系中进行同步酶切;对于盐浓度要求差别不大的两种酶,比如一种酶属于中盐组,另一种酶属于高盐组,一般也可以同时进行反应,只是选择对价格较贵的酶有利的盐浓度,而另一种酶可通过加大用酶量的方法来弥补因用盐浓度不合适所造成的活性损失;对盐浓度要求差别较大的(如一个高盐,另一个低盐),一般不宜同时进行酶切反应。理想的操作方法是:① 低盐组的酶先切,然后向反应系统中补加 NaCl 至合适的最终浓度,再用高盐组的酶进行切割反应;② 一种酶反应结束后,加入 0.1 倍体积的 5 mol/L KAc 溶液(pH 5.5)和两倍体积的冰冻乙醇,20℃放置 15 min,于 4℃高速离心 15 min,干燥,重新加入另一种酶的缓冲液,再进行第二种酶切反应。然而,随着限制性核酸内切酶空间结构解析和催化机制探究的不断深入,现已商品化的优质快切酶系列(FastDigest)已具有数百种限制性核酸内切酶共用同一种缓冲体系的良好性能,且酶切反应时间也缩短至 5~15 min。

在某些情况下,两种酶不能同时进行酶切反应,必须先后进行,而且先后次序对酶切效果也相当关键。这种情况多发生在两种酶的识别序列互相重叠的 DNA 底物上,如 pUC18 多克隆位点中的 KpnI 与 SmaI 识别序列共用两对 GC 碱基(图 2-13),若先用 SmaI 酶切开 pUC18 分子,则该线型 DNA 分子仍能被 KpnI 酶解;但若先用 KpnI 切开 pUC18 分子,得到的 DNA 线型分子中的 SmaI 识别序列已遭破坏,因而 SmaI 不能进一步切割这种底物。当两种酶同时切割时(两种酶同属低盐组),由于作用次序的随机性,导致一半的产物分子含两种酶的酶解末端,而另一半产物分子则仅含 KpnI 酶的酶解末端。

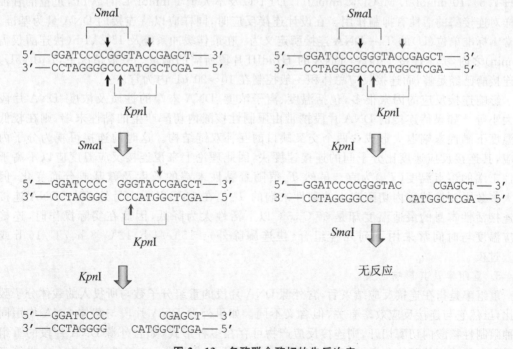

图 2-13　多酶联合酶切的先后次序

  II类限制性核酸内切酶虽然具有特异性的识别序列及切割位点,但当酶解条件发生变化时,酶切反应的专一性可能会降低,导致同种酶识别多种序列,这种现象称为限制性核酸内切酶的星号活性(Star Activity)。例如,$EcoRI$在正常条件下识别$5'-GAATTC-3'$序列,但在低盐($<50$ mmol/L)、高pH($>8$)和甘油大量存在的情况下,其识别序列会扩展至$5'-AAATTC-3'$和$5'-GAGTTC-3'$等,导致$EcoRI$在DNA分子上的切割频率大幅度增加。能产生星号活性的限制性核酸内切酶还包括$BamHI$等,在涉及上述两种酶的多酶联合酶解反应时应充分考虑这一点。

  限制性核酸内切酶的反应规模设计主要取决于待酶切DNA的量,由其确定酶量,最后确定反应体积。1个标准单位(U)的任何限制性核酸内切酶定义为在最佳缓冲系统中,37℃反应1 h(快切酶仅需数分钟)完全水解1 $\mu$g pBR322 DNA所需的酶量。因此,一个标准的酶切反应设计为:0.1~1.0 $\mu$g DNA 5 $\mu$L、10倍的缓冲液2 $\mu$L、酶1 $\mu$L(10倍过量),无菌重蒸水12 $\mu$L,反应总体积为20 $\mu$L。商品酶一般含50%的甘油,为了确保甘油在反应体系中不对酶活性及专一性造成影响,酶的加入体积最好不要超过反应总体积的1/10。有时由于待酶切DNA样品的纯度不够,可以适当扩大反应体积,以降低DNA样品中杂质对酶活性的抑制作用。另外,整个反应体系应尽可能做到无菌,防止痕量存在的DNA酶对酶切产物的进一步降解。微量的金属离子往往会抑制限制性核酸内切酶的活性,这也是在酶切反应中使用重蒸水的原因。酶解反应结束后,有时需要灭活,大多数限制性核酸内切酶可简单地在68℃保温10 min灭活,某些酶如$BamHI$等不易加热灭活,可用等体积的苯酚-氯仿溶液处理反应液,再用乙醚萃取残留的苯酚(苯酚是酶的强烈抑制剂),最后用乙醇沉淀回收DNA。但在一般情况下,无论是电泳或乙醇沉淀DNA,都不需要酶的灭活工序。

  2. T4-DNA连接酶的连接反应

  T4-DNA连接酶催化的连接反应的缓冲系统组成为:50~100 mmol/L Tris-HCl(pH 7.5),10 mmol/L MgCl$_2$,5 mmol/L DTT以及不大于1 mmol/L的ATP,过量的甘油同样对连接酶的活性有抑制作用。在设计连接反应时,同样应以待连接的DNA量为基准。通常1标准单位(U)的T4-DNA连接酶定义为:在最佳缓冲系统及15℃、1 h(快连酶仅需10 min)之内,完全连接1 $\mu$g $\lambda$-DNA的$Hind$III片段所需的酶量。一般情况下,1 $\mu$L(5U)的连接酶已经足够,而连接反应总体积一般控制在10~20 $\mu$L内为宜。

  影响连接反应的因素很多,包括温度、离子浓度、DNA末端的性质及浓度、DNA片段的大小等。如果待连接的DNA片段携带由限制性核酸内切酶产生的黏性末端,则在较低的温度下黏性末端退火形成含两个交叉缺口的互补双链结构。这时的连接可视为分子内反应,其连接反应速度比分子间的连接速度快,因此理论上来说连接反应温度应以不高于黏性末端的熔点温度($T_m$)为宜。虽然$T_m$值随着黏性末端的长度及碱基成分而变化,但是大多数限制性核酸内切酶产生的黏性末端的$T_m$值在15℃以下。另外,T4-DNA连接酶连接活性本身的最适温度却是37℃,5℃以下活性大为降低,因此在实际操作时,连接反应温度与时间常采用下列几种组合(快连酶除外):15℃/4 h、12℃/8 h、7℃/16 h或4℃/过夜。

  3. 重组率及其影响因素

  重组率是指在连接反应结束后,含外源DNA片段的重组分子数与所投入的载体分子数之比,虽然它与连接反应效率有关,但含义不同。如果外源DNA片段与载体DNA均用同一种限制性核酸内切酶切开,则连接反应产物可存在多种形式,如含外源DNA片段的重组分子和自我连接的载体分子,后者称为载体的自我环化或空载。连接效率高并不一定等于重组率就高,在连接反应中增加连接酶的用量和延长反应时间,一般只能提高连接效率,但未必对重组率的提高有利。

　　提高重组率可采用下列方法：① 提高外源 DNA 片段与载体 DNA 的分子数之比,理想的比例范围为 2∶1～10∶1,这样可以增加外源 DNA 片段与载体分子之间的碰撞机会,减少载体 DNA 分子之间以及载体 DNA 两个末端之间的接触,从而降低载体自我环化的能力;② 在连接反应前,先用碱性磷酸单酯酶去除载体 DNA 5′末端的磷酸基团,这样即使载体 DNA 分子的两个黏性末端发生退火互补,也不能形成共价环化结构,而且这种退火互补与重新开环是可逆的,这就为载体分子最大限度地接纳外源 DNA 片段提供了条件。外源 DNA 片段与载体 DNA 退火后,连接酶仍可借助于外源 DNA 片段 5′端的磷酸基团将两者连接在一起,形成在每一条链上各含一个缺口的准重组分子,两个缺口之间的距离等于外源 DNA 片段的大小。除非外源 DNA 片段极小(<50 bp),一般情况下这种准重组分子在室温下不会开环。在后续的转化中,准重组分子同样可以进入受体细胞(转化效率稍低),并在受体细胞内得到修复,形成完整的重组 DNA 分子(图 2-14);③ 在连接反应前,用 TdT 酶在

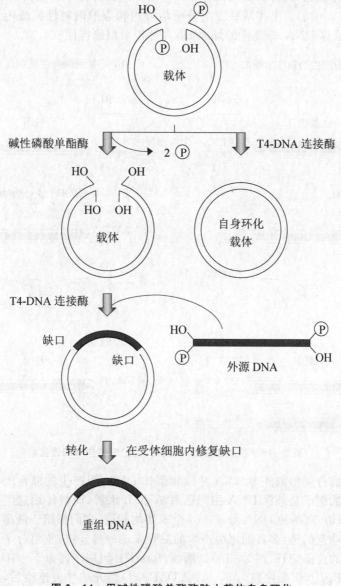

**图 2-14　用碱性磷酸单酯酶防止载体自身环化**

载体分子的 3′羟基末端聚合一段同种碱基的寡聚核苷酸(即同聚尾),防止载体 DNA 分子之间以及两个末端之间的连接,而在外源 DNA 片段的 3′末端加上互补性同聚尾,两者退火后甚至不经连接便可导入受体细胞内。

### 2.2.5　DNA 分子重组的方法

DNA 分子之间的重组本质上是由 DNA 连接酶介导的双链缺口处磷酸二酯键的修复反应,而这种双链缺口结构的形成依赖于 DNA 片段单链末端之间的碱基互补作用。因此,由限制性核酸内切酶切割产生的黏性末端或者人工加装的互补性单链末端均能在 DNA 连接酶的存在下连为一体。

　　1. 相同黏性末端的连接

如果外源 DNA 和载体 DNA 均用相同的限制性内切酶切割,则不管是单酶解还是双酶联合酶解,两种 DNA 分子均含相同的末端(经双酶切后,两种 DNA 的两个末端序列不同),因此混合后它们能顺利连接成重组 DNA 分子。经单酶处理的外源 DNA 片段在重组分子中可能存在正反两种方向,而经两种非同尾酶处理的外源 DNA 片段只有一种方向与载体 DNA 重组(图 2-15)。上述两种重组分子均可用相应的限制性核酸内切酶重新切出外源 DNA 片段和载体 DNA,即克隆的外源 DNA 片段可以原样回收。

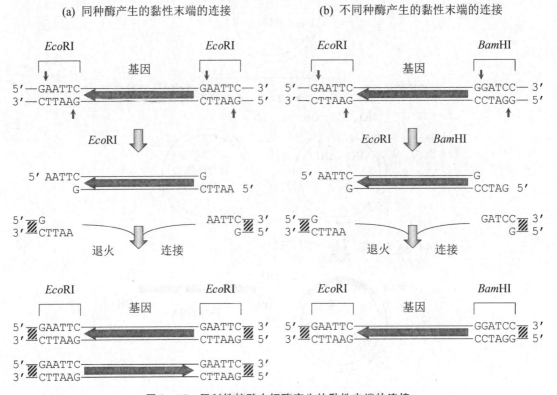

图 2-15　限制性核酸内切酶产生的黏性末端的连接

用两种同尾酶分别切割外源 DNA 片段和载体 DNA,因产生的黏性末端相同也可直接连接。一个极端的例子是外源 DNA 用同尾酶 A 和 B 水解,而载体用这组同尾酶的另外两个成员 C 和 D 酶切,则两种 DNA 分子的 4 个末端均相同,它们都属于最简单的相同黏性末端的连接。值得注意的是,多数同尾酶产生的黏性末端一经连接,重组分子便不能用任何一种同尾酶在相同的位点切开(图 2-16)。例如,*Bam*HI(识别序列为 5′-GGATCC-3′)水解的 DNA 片段与 *Bgl*II(识别序列为 5′-AGATCT-3′)切开的片段连接后,所形成的重组分

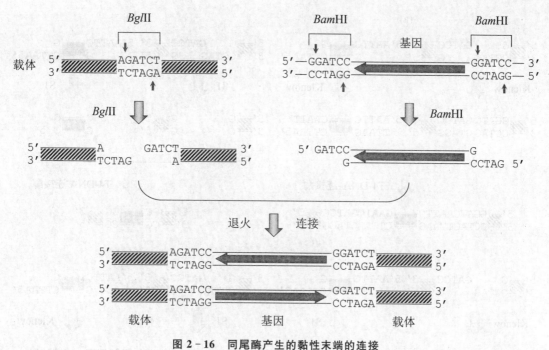

**图 2－16　同尾酶产生的黏性末端的连接**

子在两个原切点处均不能为 *Bam*HI 或 *Bgl*II 切割,这种现象称为酶切口的"焊死"作用。只有在少数情况下,由两种同尾酶产生的黏性末端经连接后可被其中一种酶切开。例如,*Eae*I 的识别序列为 5′- PyGGCCPu - 3′,*Eay*I 的识别序列为 5′- CGGCCG - 3′,它们形成的黏性末端相同,连接后的重组分子序列 5′- PyGGCCG - 3′仅能为 *Eae*I 所识别,显然这种情况取决于限制性内切酶识别序列的相对专一性。

2. 平头末端的连接

T4 - DNA 连接酶既可催化 DNA 黏性末端的连接,也能催化 DNA 平头末端的连接,前者在退火条件下属于分子内的作用,而后者则为分子间的反应。从分子反应动力学的角度讲,后者反应更为复杂,且速度也慢得多,因为一个平头末端的 5′磷酸基团或 3′羟基与另一个平头末端的 3′羟基和 5′磷酸基团同时相遇的机会显著减少,通常平头末端的连接速度是黏性末端的 1/100～1/10。为了提高平头末端的连接速度,可采取以下措施:① 增加连接酶用量,通常使用黏性末端连接用量的 10 倍;② 增加 DNA 平头末端的浓度,提高平头末端之间的碰撞概率;③ 加入 NaCl 或 LiCl 以及 PEG;④ 适当提高连接反应温度,平头末端连接与退火无关,适当提高反应温度既可以提高底物末端或分子之间的碰撞概率,又可增加连接酶的反应活性,一般选择 20～25℃较为适宜。

连接体系中高浓度的 ATP 对平头末端的连接极为不利。ATP 浓度超过 1 mmol/L 会发生腺嘌呤核苷酸在连接位点的随机插入;当 ATP 浓度升至 2.5 mmol/L 时,又会显著地抑制平头末端连接反应本身。因此,除非需要特异性抑制平头末端的连接,对大多数连接反应而言,0.5 mmol/L 的 ATP 浓度较为合适。

3. 不同黏性末端的连接

不同的黏性末端原则上无法直接连接,但可将它们转化为平头末端后再进行连接,所产生的重组分子往往会增加或减少几个碱基对,并且破坏了原来的酶切位点,使重组的外源 DNA 片段无法酶切回收;若连接位点位于基因编码区内,则会破坏阅读框架,使之不能正确表达。不同黏性末端的连接有四种类型:① 待连接的两种 DNA 分子都具有 5′突出末端

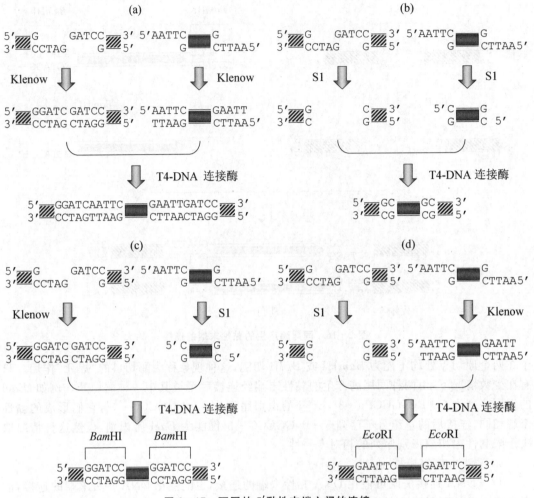

图 2-17　不同的 5′黏性末端之间的连接

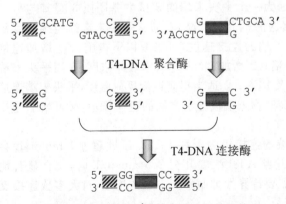

图 2-18　不同的 3′黏性末端之间的连接

（图 2-17）。在连接反应之前，两种 DNA 片段或用 Klenow 酶补平或用 S1 核酸酶切平，然后进行连接。前者产生的重组分子多出 4 对碱基，而后者产生的重组分子则少去 4 对碱基。一般情况下大多使用 Klenow 酶补平的方法，因为 S1 核酸酶掌握不好，容易造成双链 DNA 的降解反应；② 待连接的两种 DNA 分子都具有 3′突出末端（图 2-18）。Klenow 酶对这种结构没有活性，可以用 T4-DNA 聚合酶将这两种 DNA 的 3′突出末端切除，形成平头末端后再连接，所

产生的重组分子同样少了 4 对碱基；③ 一种 DNA 分子具有 3′突出末端，另一种 DNA 分子携带 5′突出末端（图 2-19）。这种情况要求两种 DNA 分子在连接前，分别进行相应的处理，若 5′突出末端用 Klenow 酶补平，而 3′突出末端用 T4-DNA 聚合酶修平，则连接产生的重组 DNA 分子并没有改变碱基对的数目；④ 两种 DNA 分子均含不同的两个黏性末端（图

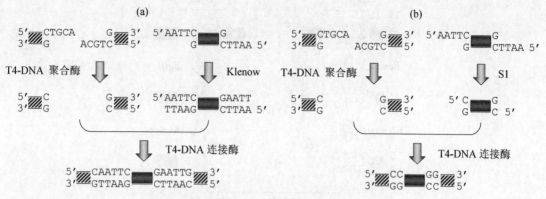

图 2－19　3′黏性末端与 5′黏性末端之间的连接

2－20）。通常先用 Klenow 酶补平一种 DNA 分子的 5′突出末端，再用 T4－DNA 聚合酶切平 3′突出的另一末端，而且两种 DNA 分子可以混合一同处理。

在有些情况下，含不同 5′突出黏性末端的两种 DNA 分子经 Klenow 酶补平连接后，形成的重组分子可恢复一个或两个原来的限制性内切酶识别序列，甚至还可能产生新的酶切位点（图 2－21），如 *Xba*I 与 *Hind*III 的黏性末端（*Xba*I 切点恢复）、*Xba*I 与 *Eco*RI（两者切点均保留）、*Bam*HI 与 *Bgl*II（产生 *Cla*I 位点）等。

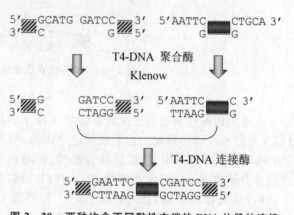

图 2－20　两种均含不同黏性末端的 DNA 片段的连接

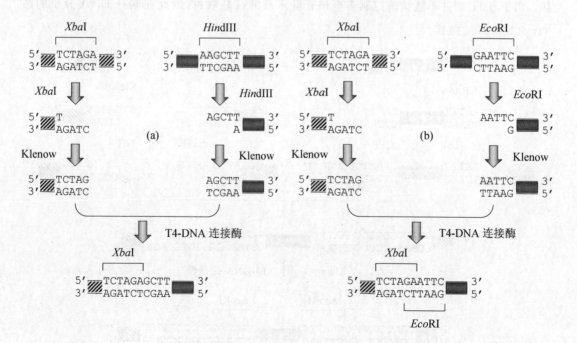

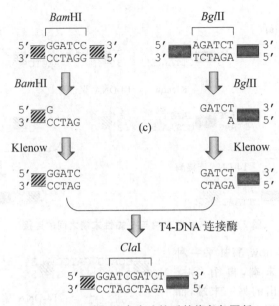

图 2-21 酶切位点在连接后的恢复与更新

### 4. 人工黏性末端的连接

上述不同黏性末端的连接大都破坏了原来的限制性内切酶识别序列，导致重组的外源 DNA 片段难以酶切回收。为了克服这一困难，可用 TdT 处理经酶切的 DNA 片段，使之在 3′末端增补核苷酸同聚尾，然后进行连接；同时由 TdT 酶产生的人工黏性末端还可有效避免载体分子内或分子间以及外源 DNA 片段之间的连接，以提高重组率。

(1) 5′突出的末端[图 2-22(a)]。若外源 DNA 片段含 *Eco*RI 的黏性末端，则先用 Klenow 酶补平，然后用 TdT 酶加上多聚 C 的人工黏性末端，使得 *Eco*RI 酶切口在连接后完好保留；载体 DNA 分子则在补平后加上多聚 G 的互补人工黏性末端，两种分子退火粘在一起。由于 TdT 酶并不能精确控制多聚核苷酸末端的碱基数目，因此在同一 DNA 分子的两

(a) 5′黏性末端的连接

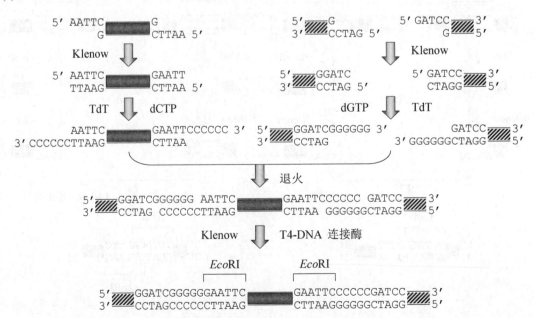

(b) 3′黏性末端的连接

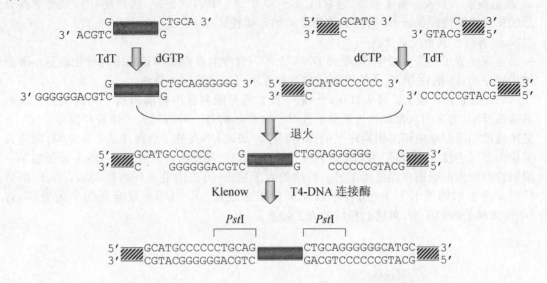

(c) 平头末端的连接

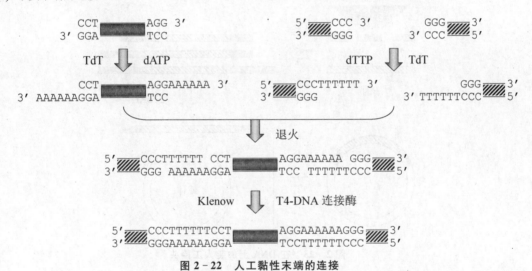

图 2-22　人工黏性末端的连接

个人工黏性末端以及两个分子之间的人工黏性末端有可能长度不等,但若此时再用 Klenow 酶填补缺刻,经连接后便能形成完整的重组分子,而克隆的外源 DNA 片段仍可用 EcoRI 回收。

(2) 3′突出的末端[图 2-22(b)]。若外源 DNA 片段带有 PstI 的黏性末端,则用 TdT 酶直接加上多聚 G 的人工黏性末端(目的是保留 PstI 的酶切位点),而载体分子则加上多聚 C 的互补末端,退火后用 Klenow 酶填补有可能出现的缺刻,并将之连接成重组分子,此时克隆的外源 DNA 片段可用 PstI 回收。

(3) 平头末端[图 2-22(c)]。DNA 分子的平头末端不管是否由限制性内切酶产生,经 TdT 酶接上同聚尾人工黏性末端后,一般情况下不能用限制性内切酶回收插入片段,但可用 S1 核酸酶从重组分子上切下这个插入片段。其做法是:两种 DNA 分子分别用 TdT 酶增补多聚 A 和多聚 T 的人工黏性末端,退火后用 Klenow 酶填补缺刻,并将之连接成重组分子。此时或克隆后只需将重组分子稍稍加热,AT 配对区域就会出现单链结构,用 S1 核酸酶处理即可回收插入片段,而重组分子的其他区域一般不会出现大面积连续的 AT 区域,因此其 $T_m$ 总是高于 AT 人工黏性末端(通常由 $30\sim50$ 个 AT 碱基对组成)区域的 $T_m$,只要掌握合适的加热温度便能保证 S1 核酸酶作用位点的正确性。

5. 酶切位点的定点更换

在有些分子克隆实验中,需要将 DNA 上的一种限制性内切酶识别序列转化成另一种酶的识别序列,以便 DNA 分子的重组。有两种方法可以达到这个目的。

(1) 加装人工接头。接头(Linker)是一段含某种限制性内切酶识别序列的人工合成的寡聚核苷酸,通常为八聚体和十聚体。图 2-23 所示的是一种利用人工接头片段在 DNA 上更换或增添限制性内切酶识别序列的标准程序。如果 DNA 分子的两端是平头末端,则将人工接头直接连接上去,然后用相应的限制性内切酶切出黏性末端。若要在 DNA 分子的某一限制性内切酶的识别序列处接上另一种酶的人工接头,可先用前一种酶把 DNA 切开,然后依照 $5'$ 突出末端用 Klenow 酶补平以及 $3'$ 突出末端用 T4-DNA 聚合酶切平的原则,将 DNA 末端处理成平头,再接上相应的人工接头。

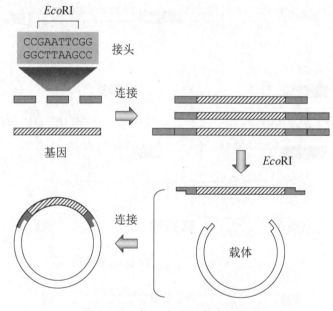

**图 2-23　在 DNA 上加装人工接头**

(2) 改造识别序列。这种方法的原理是利用一种限制性内切酶的识别序列改造另一种酶的识别序列,从而使前者迁移到后者的位置上。例如,将 DNA 上的 *Alu*I 识别序列改造成 *Eco*RI 识别序列,其操作程序如图 2-24 所示:先用 *Alu*I 切开 DNA 片段,将任何一段含 *Eco*RI 识别位点的 DNA 片段用 *Eco*RI 切开,并以 Klenow 酶补平黏性末端,两种 DNA 分子连接,再用 *Eco*RI 切开重组分子,原来的 *Alu*I 位点即转化为 *Eco*RI 位点。这里应区分两种情况:第一,DNA 片段上有多个 *Alu*I 位点需要同时换成 *Eco*RI 识别位点;第二,DNA 分子上只有一个 *Alu*I 位点,两种情况的操作方式并不完全相同。由上述操作程序可知,任何能提供 $3'$G 的限制性内切酶识别序列,包括其黏性末端经 Klenow 酶补平或经 T4-DNA 聚合酶切平,均可转变为 *Eco*RI 识别序列以及与 *Eco*RI 相似的其他酶的识别序列,如 *Ava*II、*Bam*HI、*Bst*EII 等。根据同样的原理,还可将提供 $3'$C、$3'$A、$3'$T 的限制性内切酶识别序列更换成相应的其他酶识别序列,这些序列的对应关系列在表 2-9 中。

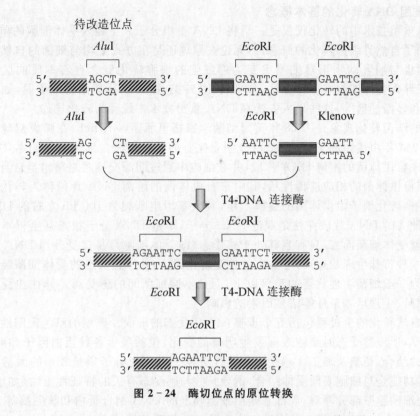

**图 2-24   酶切位点的原位转换**

**表 2-9   限制性核酸内切酶切口原位转换的对应关系**

| | A 酶切口 → | | | B 酶切口 | | |
|---|---|---|---|---|---|---|
| | | 酶 | 识别序列 | | 酶切 | 识别序列 |
| **3′碱基<br>对供体** | 3′-G | *Alu*I | AG/CT | **5′碱基<br>对供体** | *Eco*RI | G/AATTC |
| | | *Xba*I | T/CTAGA | | *Bam*HI | G/GATCC |
| | | *Xma*I | C/CCGGG | | *Hinf*I | G/ANTC |
| | 3′-C | *Bam*HI | G/GATCC | | *Xho*I | C/TCGAG |
| | | *Bgl*II | A/GATCT | 5′-C | *Xma*I | C/CCGGG |
| | | *Bcl*I | T/GATCA | | *Hpa*II | C/CGG |
| | 3′-A | *Sal*I | G/TCGAC | | *Bgl*II | A/GATCT |
| | | *Dpn*I | GA/TC | 5′-A | *Mae*II | A/CGT |
| | | *Xca*I | GTA/TAC | | *Spe*I | A/CTAGT |
| | 3′-T | *Eco*RI | G/AATTC | | *Bcl*I | T/GATCA |
| | | *Eco*RV | GAT/ATC | 5′-T | *Xba*I | T/CTAGA |
| | | *Hind*III | A/AGCTT | | *Taq*I | T/CGA |

# 2.3   重组 DNA 分子的转化与扩增(转与增)

重组 DNA 分子在体外构建完成后,必须导入特定的受体细胞,使之无性繁殖并高效表达外源基因或直接改变其遗传性状,这个导入过程及操作统称为重组 DNA 分子的转化(Transformation)。对于不同的受体细胞,往往采取不同的转化策略,本节主要涉及细菌尤其是大肠杆菌的转化原理和方法,其他生物受体细胞的转化手段将在有关章节中专题论述。

### 2.3.1　重组 DNA 转化的基本概念

DNA 重组技术中的转化仅仅是一个将 DNA 重组分子人工导入受体细胞的单元操作过程,它沿用了自然界细菌转化的概念,但无论在原理还是在方式上均与细菌的自然转化有所不同,同时也与哺乳动物正常细胞突变为癌细胞的细胞转化概念有着本质的区别。重组 DNA 人工导入受体细胞有多种方法,包括转化、转染、接合以及其他物理手段,如受体细胞的电穿孔和显微注射等,这些导入方法在 DNA 重组技术中统称为转化操作。

经典的细菌转化现象是 1928 年英国细菌学家格里菲斯(Griffich)在肺炎双球菌中发现的,并在 1944 年由美国的艾弗瑞(Avery)创立完整的转化概念。细菌转化的本质是受体菌直接吸收来自供体菌的游离 DNA 片段,并在细胞中通过同源交换将之重组至自身的基因组中,从而获得供体菌的相应遗传性状,其中来自供体菌的游离 DNA 片段称为转化因子。在自然条件下,转化因子由供体菌的裂解产生,其全基因组断裂为 100 kb 左右的 DNA 片段。具有转化能力的 DNA 片段往往是双链 DNA 分子,单链 DNA 分子很难甚至根本不能转化受体菌。就受体细菌而言,只有当其处于感受态(即受体细胞最易接受外源 DNA 片段而实现转化的一种特殊生理状态)时才能有效接受转化因子,处于感受态的受体细菌吸收转化因子的能力为一般细菌生理状态的千倍以上,而且不同细菌间的感受态差异往往受自身的遗传特性、菌龄、生理培养条件等诸多因素的影响。

细菌自然转化的全过程包括五个步骤:① 感受态的形成。典型的革兰氏阳性细菌由于细胞壁较厚,形成感受态时细胞表面发生明显的变化,包括展示各种蛋白因子和酶类,负责转化因子的结合、切割及加工。感受态细胞能分泌一种相对分子质量较小的激活蛋白或感受因子,其功能是与细胞表面受体结合,诱导某些与感受态有关的特征性蛋白(如细菌溶素)的合成,使细菌胞壁部分降解,局部暴露出细胞膜上的 DNA 结合蛋白和核酸酶等。② 转化因子的结合。受体菌细胞膜上的 DNA 结合蛋白可与转化因子的双链 DNA 结构特异性结合,单链 DNA 或 RNA、双链 RNA 以及 DNA – RNA 杂合双链均不能结合在膜上。③ 转化因子的吸收。双链 DNA 分子与结合蛋白作用后激活邻近的核酸酶,导致一条链被降解,而另一条链被吸收至受体菌中,这个吸收过程为 EDTA 所抑制,可能是因为核酸酶活性需要二价阳离子的存在。④ 整合复合物前体的形成。进入受体细胞的单链 DNA 与另一种游离的蛋白因子结合,形成整合复合物前体结构,它能有效保护单链 DNA 免受各种胞内核酸酶的降解,并将其引导至受体菌染色体 DNA 处。⑤ 转化因子单链 DNA 的整合。供体单链 DNA 片段通过同源重组,置换受体染色体 DNA 的同源区域,形成异源杂合双链 DNA 结构。

革兰氏阴性细菌细胞表面的结构和组成均与革兰氏阳性细菌有所不同,供体 DNA 进入受体细胞的转化机制还不十分清楚。革兰氏阴性细菌在感受态的建立过程中伴随着几种膜蛋白的表达,它们负责识别和吸收外源 DNA 片段。研究表明,嗜血杆菌(*Haemophilus*)和萘氏杆菌均能识别自身的 DNA,如嗜血杆菌所吸收的自身 DNA 片段中均含一段 11 bp 的保守序列 $5' - AAGTGCGGTCA - 3'$。这表明革兰氏阴性细菌在转化过程中对供体 DNA 的吸收具有一定的序列特异性,受体细胞只吸收其自身或与其亲缘关系很近的 DNA 片段,外源 DNA 片段虽能结合在感受态细胞的表面,但极少被吸收。与革兰氏阳性菌不同,嗜血杆菌和萘氏杆菌等革兰氏阴性细菌的 DNA 是以完整的双链形式被吸收的,在整合作用发生之前,进入受体细胞内的双链 DNA 片段与相应的 DNA 结合蛋白结合,不为核酸酶所降解,DNA 整合同样发生在单链水平上,另一条链以及被取代的受体菌单链 DNA 则被降解。

原核细菌的转化虽是一种较为普遍的遗传变异现象,但目前仍只在部分细菌的种属之间得以良好鉴定,如肺炎双球菌、芽孢杆菌、链球菌、假单孢杆菌以及放线菌等。而在肠杆菌科的一些细菌之间很难进行转化,其主要原因是一方面转化因子难以被吸收,另一方面受体细胞内往往存在着降解线状转化因子的核酸酶系统。另外,细菌自然转化是自身进化的一种方式,通常伴随着 DNA 的整合,因此在 DNA 重组的转化实验中,很少采取自然转化的方法,而是通过物理手段将重组 DNA 分子导入受体细胞中,同时也对受体细胞进行遗传处理,使之丧失对外源 DNA 分子的降解作用,确保较高的转化效率。

### 2.3.2　细菌受体细胞的选择

野生型细菌一般不能直接用作基因工程的受体细胞,因为它对外源 DNA 的转化效率较低,并且有可能对其他生物种群存在感染寄生性,因此必须通过诱变手段对野生型细菌进行遗传性状改造,使之具备下列条件。

#### 1. 细菌受体细胞的限制缺陷性

前已述及,野生型细菌具有针对外源 DNA 的限制和修饰系统。如果用提取自大肠杆菌 C600 株的质粒 DNA 转化大肠杆菌 K12 株,后者的限制系统会切开未经自身修饰系统甲基化修饰的质粒 DNA,使之不能在细胞中有效复制,因此转化效率很低。同样,来自不同生物的外源 DNA 或重组 DNA 转化野生型大肠杆菌,也会遇到受体细胞限制系统的降解。为了突破细菌转化的种属特异性,提高任何来源的 DNA 分子的转化效率,通常选用限制系统缺陷型的受体细胞。大肠杆菌的限制系统主要由 $hsdR$ 基因编码,因此具有 $hsdR^-$ 遗传表型的大肠杆菌各株因外源 DNA 降解能力的缺失,可转化性得以大幅度提升。

#### 2. 细菌受体细胞的重组缺陷性

野生型细菌在转化过程中接纳的外源 DNA 分子能与染色体 DNA 发生体内同源重组,这个过程是自发进行的,由 rec 基因家族的编码产物驱动。大肠杆菌中存在着两条体内同源重组的途径,即 RecBCD 途径和 RecEF 途径,前者远比后者重要,但两种途径均需要 RecA 重组蛋白的参与。RecA 是一个单链蛋白,在同源重组过程中起着不可替代的作用,它能促进 DNA 分子之间的同源联会和 DNA 单链交换,$recA^-$ 突变型大肠杆菌菌株的遗传重组频率降为原来的 1/1 000 000。大肠杆菌的 $recB$、$recC$、$recD$ 基因分别编码不同相对分子质量的多肽链,三者构成同源重组的统一功能单位 RecBCD 蛋白(核酸酶 V),它具有依赖于 ATP 的双链 DNA 外切酶和单链 DNA 内切酶双重活性,这两种活性为同源遗传重组所必需。就细菌受体系统而言,以外源基因克隆、扩增以及表达为目的的基因工程大都基于 DNA 重组分子的自主复制,因此受体细胞必须选择体内同源重组缺陷型的遗传表型,其相应的基因型为 $recA^-$、$recB^-$ 或 $recC^-$,有些大肠杆菌受体细胞则 3 个基因同时被灭活。

#### 3. 细菌受体细胞的转化亲和性

用于基因工程的细菌受体细胞必须对重组 DNA 分子具有较高的可转化性,这种特性主要表现在细胞壁和细胞膜的结构上。利用遗传诱变技术可以改变受体细胞壁的通透性,从而提高其转化效率。在用噬菌体 DNA 载体构建的 DNA 重组分子进行转染时,受体细胞膜上还必须具有噬菌体的特异性吸附受体,如对应于 λ 噬菌体的大肠杆菌膜蛋白 LamB 等。

#### 4. 细菌受体细胞的遗传互补性

受体细胞必须具有与载体所携带的选择标记互补的遗传性状,方能使转化细胞的筛选成为可能。例如,若载体 DNA 上携带氨苄青霉素抗性基因($Ap^r$),则所选用的受体细胞应对这种抗生素敏感,当重组分子转入受体细胞后,载体上的标记基因赋予受体细胞抗生素的抗性特征,以区分转化细胞与非转化细胞。更为理想的受体细胞具有与外源基因表达产物活性互补的遗传特征,这样便可直接筛选到外源基因表达的转化细胞。

#### 5. 细菌受体细胞的感染寄生缺陷性

相当多的细菌对其他生物尤其是人和牲畜具有感染和寄生效应,重组 DNA 分子导入这些细菌受体中后极有可能随着受体菌的感染寄生作用进入生物体内,并广泛传播。如果外源基因表达产物对人体和牲畜有害,则会导致一场灾难,因此从安全的角度上考虑,受体细胞不能具有感染寄生性。不仅如此,即便能阻断受体菌的感染寄生途径,重组细菌在自然界的扩散繁殖对环境生态系统也同样会构成威胁。针对这一难题的有效解决策略是构建一种合成性配体小分子依赖型的受体细菌突变株,后者的生长必需基因编码产物只有在这种合成性配体小分子存在的条件下才能发挥功能,因而这种受体细菌一旦离开实验室便呈致死性。DNA 重组实验中常见的大肠杆菌受体细胞及其遗传特性列在表 2-10 中。

**表 2-10　实验室常见的大肠杆菌受体及其遗传特性**

| 菌　株 | 遗　传　型 |
| --- | --- |
| BL21(DE3) | F⁻ *ompT gal dcm lon hsdS*$_B$(r$_B^-$ , m$_B^-$) λ(DE3[*lacI lacUV5 - T7 gene 1 ind 1 sam7 nin5*]) |
| C600 | F⁻ *tonA21 thi-1 thr-1 leuB6 lacY1 supE44 rfbC1 fhuA1* λ⁻ |
| DH5α | F⁻ *endA1 supE44 thi-1 recA1 relA1 gyrA96 deoR* Φ80*dlacZ*ΔM15 Δ(*lacZYA - argF*)U169 *hsdR*17(r$_k^-$ m$_k^+$) λ⁻ |
| JM83 | *rpsL ara* Δ(*lac - proAB*) Φ80*dlacZ*ΔM15 *thi*(Str$^r$) |
| JM101 | *supE44 thi-*1Δ(*lac - proAB*) F′[*lacI$^q$Z* ΔM15 *traD*36 *proAB$^+$*] |
| JM107 | *endA1 supE44 thi-1 relA1 gyrA96* Δ(*lac - proAB*) [F′ *traD*36 *proAB$^+$ lacI$^q$lacZ*ΔM15] *hsdR*17 (r$_k^-$ m$_k^+$) λ⁻ |
| JM109(DE3) | *endA1 supE44 thi-1 relA1 gyrA96 recA1 mcrB$^+$* Δ(*lac - proAB*) *e*14⁻[F′ *traD*36 *proAB$^+$ lacI$^q$ lacZ* ΔM15] *hsdR*17(r$_k^-$ m$_k^+$) λ(DE3) |
| LE392 | *supE44 supF58*(*lacY*1 or Δ*lacIZY*) *galK2 galT22 metB1 trpR55 hsdR*514(r$_k^-$ m$_k^+$) |
| TOP10 | F⁻ *mcrA* Δ(*mrr⁻ hsdRMS⁻ mcrBC*) Φ80*lacZ* ΔM15 Δ*lacX*74 *nupG recA1 araD*139 Δ(*ara - leu*) 7697 *galE*15 *galK*16 *rpsL*(Str$^r$) *endA1* λ⁻ |

受体细胞选择的另一方面内容是受体细胞种属的确定。对于以改良生物物种为目的的基因工程操作而言,受体细胞的种属没有选择的余地,待改良的生物物种就是受体;但对外源基因的克隆与表达来说,受体细胞种类的选择至关重要,它直接关系到基因工程产业化的成败。几种受体生物对外源基因克隆表达的影响列在表 2-11 中。

**表 2-11　基因工程常用克隆表达系统的优缺点**

| 受体生物 | 优　点 | 缺　点 |
| --- | --- | --- |
| 大肠杆菌系统 | 基因工程的经典模型系统;生长迅速;异源蛋白高效表达;遗传背景清楚 | 潜在病原体;潜在致热原;蛋白不能分泌至培养基中;无糖基化机器;大量表达的蛋白质以不溶解的变性和失活形式在细胞质中积累 |
| 芽孢杆菌系统 | 基因工程安全的宿主菌;良好分泌;发酵历史悠久 | 异源蛋白表达水平低;胞内胞外蛋白酶丰富;无糖基化机器 |
| 真核酵母系统 | 基因工程安全的宿主菌;遗传背景清楚;具有糖基化和翻译后修饰功能;可分泌异源蛋白;可在廉价简单的培养基中规模发酵 | 多数情况下异源蛋白表达水平低;有超糖基化趋势;培养基中异源蛋白有时分泌不理想 |
| 丝状真菌系统 | 分泌大量同源蛋白;存在糖基化和翻译后修饰;具有成熟的生长和下游过程工业技术 | 异源蛋白表达率低;产生蛋白酶 |
| 杆状病毒系统 | 分泌异源蛋白;存在糖基化和翻译后修饰 | 存在终端死亡系统;异源蛋白表达率低;无唾液酸化修饰系统;难以大规模生产;培养基昂贵 |
| 哺乳动物细胞 | 分泌异源蛋白;能正确糖基化和翻译后修饰 | 异源蛋白表达率低;难以大规模生产;培养基昂贵 |

### 2.3.3　细菌受体细胞的转化方法

细菌受体细胞对应多种转化方法,后者基于物理、化学和生物学原理而建立,分述如下。

1. 钙离子诱导的完整细胞转化

1970 年,曼德尔(Mandel)和黑格(Higa)发现用 CaCl₂ 处理过的大肠杆菌能够吸收 λ 噬菌体 DNA;此后不久,考恩(Cohen)等人用此法成功制备了以质粒 DNA 转化大肠杆菌的感受态细胞,其整个操作程序如图 2-25 所示。将处于对数生长期的细菌置于 0℃ 的 CaCl₂ 低渗溶液中,使细胞膨胀;同时 $Ca^{2+}$ 使细胞膜磷脂层形成液晶结构,使得位于外膜与内膜间隙中的部分核酸酶离开所在区域,这便构成了大肠杆菌人工诱导的感受态。此时加入 DNA,$Ca^{2+}$ 又与 DNA 结合形成抗脱氧核糖核酸酶(DNase)的羟基-磷酸钙复合物,并黏附在细菌细胞膜的外表面上。经短暂的 42℃ 热脉冲处理后,细菌细胞膜的液晶结构发生剧烈扰动,随之出现许多间隙,致使通透性增加,DNA 分子便趁机渗入细胞内。此外在上述转化过程中,$Mg^{2+}$ 的存在对 DNA 的稳定性起很大的作用,$MgCl_2$ 与 $CaCl_2$ 又对大肠杆菌某些菌株感受态细胞的建立具有独特的协同效应。1983 年,哈纳汉(Hanahan)除了用 $CaCl_2$ 和 $MgCl_2$ 处理细胞外,还设计了一套用二甲基亚砜(DMSO)和二巯基苏糖醇(DTT)进一步诱导细胞产生高频感受态的程序,从而大大提高了大肠杆菌的转化效率。目前,$Ca^{2+}$ 诱导法已成功用于大肠杆菌、葡萄球菌以及其他一些革兰氏阴性菌的转化。

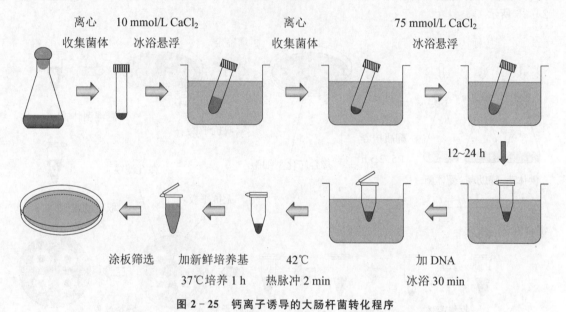

**图 2-25　钙离子诱导的大肠杆菌转化程序**

2. 聚乙二醇介导的细菌原生质体转化

在高渗培养基中生长至对数生长期的细菌,用含适量溶菌酶的等渗缓冲液处理,剥除其细胞壁形成原生质体,后者丧失了一部分定位在膜上的 DNase,有利于双链环状 DNA 分子的吸收。此时,再加入含待转化的 DNA 样品和 PEG 的等渗溶液,均匀混合。离心除去 PEG,将菌体涂布在特殊的固体培养基上再生细胞壁,最终得到转化细胞。这种方法不仅适用于芽孢杆菌和链霉菌等革兰氏阳性细菌,也对酵母菌、霉菌甚至植物等真核细胞有效。只是不同种属的生物细胞,其原生质体的制备与再生的方法不同,而且细胞壁的再生率严重制约转化效率。

3. 电穿孔驱动的完整细胞转化

电穿孔(Electroporation)是一种电场介导的细胞膜可渗透化处理技术。受体细胞在电场脉冲的作用下,细胞壁形成一些微孔通道,使得 DNA 分子直接与裸露的细胞膜脂双层结构接触,并引发吸收过程。具体操作程序因转化细胞的种属而异。对于大肠杆菌而言,大约 $50\ \mu L$ 的细胞悬浮液与 DNA 样品混合后,置于装有电极的槽内,然后选用大约 $25\ \mu F$、$2.5\ kV$ 和 $200\ \Omega$ 的电场强度处理 $4.6\ ms$,即可获得理想的转化效率。虽然电穿孔法转化较大的重组质粒($>100\ kb$)的转化效率是小质粒(约 $3\ kb$)的 $1/1\ 000$,但该法比 $Ca^{2+}$ 诱导和原生质体转化方法理想,因为后两种方法几乎不能转化大于 $100\ kb$ 的质粒 DNA。而且,几乎所有细菌均可找到一套与之匹配的电穿孔操作条件,因此电穿孔转化方法已成为细菌转化的标准程序。

4. 基于细菌接合的完整细胞转化

接合(Conjugation)是指通过细菌细胞之间的直接接触导致 DNA 从一个细胞转移至另一个细胞的过程。这个过程是由结合型质粒完成的,它通常具有促进供体细胞与受体细胞有效接触的接合功能以及诱导 DNA 分子传递的转移功能,两者均由接合型质粒上的有关基因编码。在 DNA 重组中常用的绝大多数载体质粒缺少接合功能区,因此不能直接通过细胞接合方法转化受体细胞,然而如果在同一个细胞中存在着含接合功能区域的辅助质粒,则有些克隆载体质粒能有效地接合转化受体细胞。因此,首先将具有接合功能的辅助质粒转移至含重组质粒的细胞中,然后将这种供体细胞与难以用上述转化方法转化的受体细胞进行混合,促使两者发生接合作用,最终导致重组质粒进入受体细胞。接合转化的标准程序如图 2－26 所示。

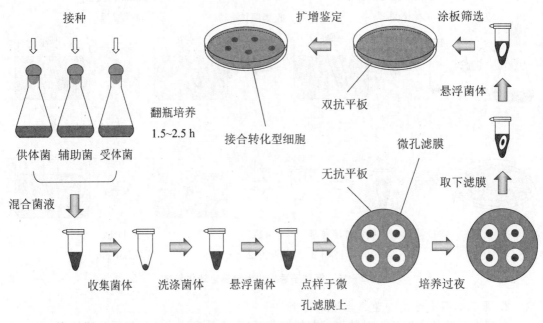

图 2－26 细菌接合转化操作程序

细菌接合转化整个过程涉及包括受体菌在内的 3 种菌株的混合,即受体菌、含接合型质粒的辅助菌以及含待转化重组质粒的供体菌。三者混合后,接合型质粒既可从辅助菌株转移至供体菌,也可直接进入受体菌,含两种相容型质粒的供体菌再与受体菌或辅助菌发生接合反应。此时细菌混合液中已出现多种形式的细胞,因为任何菌株接合发生频率都不可能达到 100％。为了迅速而准确地筛选出仅接纳了重组质粒的受体细胞(即接合转化细胞),必须使用菌种和质粒上相应的遗传标记,例如携带接合型质粒的菌株 A 不能在最小培养基上生长且对抗生素 X 敏感;含待转化重组质粒的菌株 B 也不能在最小培养基生长,如果它失去含 X 抗性基因的重组质粒,则同样对 X 敏感;受体细胞 C 能在最小培养基中生长且对抗生素 X 和 Y 均敏感。3 种菌株首先在无抗生素的完全培养基中进行混合,短暂培养启动接合转化,然后迅速涂布在含抗生素的最小培养基上进行筛选。此时,只有接纳了重组质粒的受体细胞才能长成菌落(克隆),其中为数极少的菌落含双质粒。随机选择几个菌落,将之涂布在含抗生素的最小培养基上,凡是在这种培养基中不能生长的菌落即为只含重组质粒的受体转化克隆,因为只有接合型质粒所携带的 Y 抗生素抗性基因能赋予受体细胞对 Y 的抗性。应当特别指出的是,在接合转化过程中使用的重组质粒与接合型质粒必须具备相容性,否则两者难以稳定地共存于供体菌中。

　　5. 基于 λ 噬菌体感染的大肠杆菌转染

　　以 λ–DNA 为载体的重组 DNA 分子,由于其相对分子质量较大,通常采取转染的方法将之导入受体细胞内。在转染之前必须对重组 DNA 分子进行人工体外包装,使之成为具有感染活力的噬菌体颗粒。用于体外包装的蛋白质可直接从大肠杆菌的溶原株中制备,现已商品化。这些包装蛋白通常分成分离放置且功能互补的两部分,一部分缺少 E 组分,另一部分缺少 D 组分。包装时,只有当这两部分的包装蛋白与重组 λ–DNA 分子三者混合后,包装才能有效进行,任何一种蛋白包装溶液被重组分子污染后均不能包装成有感染活力的噬菌体颗粒,这种设计基于安全考虑。整个包装操作过程与转化一样简单:将 λ–DNA 载体和外源 DNA 片段的连接反应液与两种包装蛋白组分混合,在室温下放置 1 h,加入一滴氯仿,离心除去细菌碎片,即得重组噬菌体颗粒的悬浮液。将之稀释合适的倍数,并与处于对数生长期的大肠杆菌受体细胞混合涂布,过夜培养即可获得含透明噬菌斑(即克隆)的转化平板,后者用于筛选与鉴定操作。

## 2.3.4　转化率及其影响因素

　　在常规转化条件下,由上述各种转化程序介导的转化型细胞在受体细胞中通常只占极少份额,这为后续转化型细胞的筛选构成一定难度和操作负担。因此,全面分析影响转化的各种因素,针对性改进转化操作条件以提高转化效率,具有重要意义。

　　1. 转化率的定义

　　转化率是转化(包括转染)效率的评估指标,通常有两种表征形式。一是在待转化 DNA 分子数大于受体细胞数的条件下,转化细胞与细胞总数之比。例如在标准条件下,利用 $Ca^{2+}$ 诱导法转化质粒 DNA 的最大转化率为 $10^{-3}$,即平均每 1 000 个受体细胞中有一个细胞能接纳质粒 DNA。如果处于感受态的受体细胞能 100% 地接纳 DNA 分子,则这种转化率直接反映了受体细胞中感受态细胞的含量;转化率的另一种表示形式是在受体细胞数相对于待转化 DNA 分子数大大过量时,每微克 DNA 转化所产生的克隆数。由于在一般规模的转化实验中,所观测到的每个受体细胞只能接纳一个 DNA 分子,因此上述转化率的定义也可表征为每微克 DNA 进入受体细胞的分子数。例如,pUC18 对大肠杆菌的转化率为 $10^8/\mu g$ DNA,其含义为每微克 pUC18 只有 $10^8$ 个分子能进入受体细胞,1 μg pUC18 中共有 $6.02 \times 10^{17}/(2\,686 \times 660) = 3.4 \times 10^{11}$ 个分子(其中 660 为 1 对碱基平均相对分子质量),也就是说,每 3 400 个 pUC18 分子中只有一个分子进入受体细胞。如果能够准确确定转化 1 μg pUC18 所用的受体细胞总数,则上述两种转化率可以相互换算。

　　2. 转化率的用途

　　利用实验测得的转化率和重组率参数可以帮助设计 DNA 重组实验的规模。例如,某一克隆系统的重组率为 20%,转化率为 $10^7/(\mu g$ DNA$)$,经体外切割与连接处理后的载体 DNA 或重组分子的转化率是直接从细菌中制备的载体 DNA 的 1/100,若载体 DNA 和重组 DNA 分子的转化率差异忽略不计,则欲获得 $10^4$ 个含重组 DNA 分子的克隆,至少应投入 0.5 μg 载体 DNA,其计算方法如下:$10^4/(20\% \times 10^{-2} \times 10^7)$。按外源 DNA 片段与载体 DNA 分子数 10∶1 的要求,即可推算出外源 DNA 片段的用量。如果转化培养液全部涂板筛选,理论上可形成 $10^4$ 个转化克隆,若使每块平板上平均含 500 个克隆,则需涂布 20 块平板。涂布过密会给后续筛选带来很大困难,涂布太稀,既浪费又给筛选造成不必要的麻烦。

　　3. 转化率的影响因素

　　转化率的高低对于一般重组克隆实验关系不大,但在构建基因文库时,保持较高的转化率至关重要。影响转化率的因素很多,其中包括以下三种。

　　(1) 载体 DNA 及重组 DNA 方面。载体本身的性质决定了转化率的高低,不同的载体

DNA 转化同一受体细胞,其转化率明显不同。载体分子的空间构象对转化率也有明显影响,超螺旋结构的载体质粒往往具有较高的转化率,经体外酶切连接操作后的载体 DNA 或重组 DNA 由于空间构象难以恢复,其转化率一般要比具有超螺旋结构的质粒低 1~2 个数量级。对于以质粒为载体的重组分子而言,相对分子质量大的转化率低,大于 20 kb 的重组质粒很难进行转化。

(2)受体细胞方面。受体细胞除了具备限制和重组缺陷型性状外,还应与所转化的载体 DNA 性质相匹配,如 pBR322 转化大肠杆菌 JM83 株,其转化率不高于 $10^3/(\mu g\ DNA)$,但若转化 ED8767 株,则可获得 $10^6/(\mu g\ DNA)$ 的转化率。

(3)转化操作方面。受体细胞的预处理或感受态细胞的制备对转化率影响最大。对于 $Ca^{2+}$ 诱导的完整细胞转化而言,菌龄、$CaCl_2$ 处理时间、感受态细胞的保存期以及热脉冲时间均是很重要的因素,其中感受态细胞通常在 12~24 h 内转化率最高,之后转化率急剧下降。对于原生质体转化而言,再生率的高低直接影响转化率,而原生质体的再生率又受诸多因素的制约。在一次转化实验中,DNA 分子数与受体细胞数的比例对转化率也有影响,通常 50~100 ng 的 DNA 对应于 $10^8$ 个受体细胞或原生质体,在此条件下,加大 DNA 量并不能线性提高转化率,甚至反而使转化率下降。不同的转化方法导致不同的转化率,这是不言而喻的,五种大肠杆菌常用转化方法的最佳转化率范围列在表 2-12 中。其中,电穿孔法的转化率与质粒大小密切相关,但明显优于 $Ca^{2+}$ 诱导转化,细菌接合转化虽然转化率较低,但对于那些不能用其他方法转化的受体细胞来说不失为一种选择,如光合细菌大多数种属的菌株均采用细菌接合转化方式将重组 DNA 分子导入细胞内。

表 2-12 五种大肠杆菌常用转化方法的转化率比较

| 转化方法 | 最佳转化率/(转化子/$\mu g$ DNA) |
| --- | --- |
| $Ca^{2+}$ 诱导转化 | $10^6 \sim 10^7$ (<20 kb) |
| 原生质体转化 | $10^5 \sim 10^6$ (<20 kb) |
| λ 噬菌体转染 | $10^7 \sim 10^8$ (<25 kb) |
| 电穿孔转化 | $10^6 \sim 10^9$ (<100 kb) |
| 细菌接合转化 | $10^4 \sim 10^5$ (<500 kb) |

### 2.3.5 转化细胞的扩增

转化细胞的扩增操作单元是指受体细胞经转化后立即进行短时间的培养,如 $Ca^{2+}$ 诱导转化后的受体细胞在 37℃培养 1 h,原生质体转化后的细胞壁再生过程以及 λ 重组 DNA 分子体外包装后与受体细胞的混合培养等。转化细胞的扩增具有下列三方面的内容:① 转化细胞的增殖,使得有足够数量的转化细胞用于筛选环节;② 载体 DNA 上携带的标记基因拷贝数扩增及表达,这是进行筛选单元操作的前提条件;③ 克隆的外源基因的表达,如果重组 DNA 分子的筛选与鉴定依赖于外源基因表达产物的检测,则外源基因必须在转化细胞扩增期间表达。总之,转化细胞扩增的目的只有一个,即为后续的筛选鉴定单元操作创造条件。

## 2.4 转化子的筛选与重组子的鉴定(检)

在 DNA 体外重组操作中,外源 DNA 片段与载体 DNA 的连接反应物一般不经分离直接用于转化,由于重组率和转化率不可能达到 100% 的理想极限,因此必须使用各种筛选与鉴定手段区分转化子(接纳载体或重组分子的转化细胞)与非转化子(未接纳载体或重组分子的非转化细胞)、重组子(含重组 DNA 分子的转化子)与非重组子(仅含空载载体分子的转化子),以及目的重组子(含目的基因的重组子)与非目的重组子(不含目的基因的重组子)。

在一般情况下,经转化扩增单元操作后的受体细胞总数(包括转化子与非转化子)已达 $10^9 \sim 10^{10}$,从这些细胞中快速准确地挑出目的重组子的策略是将转化扩增物稀释一定的倍数后,均匀涂布在用于筛选的特定固体培养基上,使之长出肉眼可分辨的菌落或噬菌斑(克隆),然后进行新一轮的筛选与鉴定。

### 2.4.1　基于载体遗传标记的筛选与鉴定

载体遗传标记法的原理是利用载体 DNA 分子上所携带的选择性遗传标记基因筛选转化子和重组子。由于标记基因所对应的遗传表型与受体细胞是互补的,因此在培养基中施加合适的选择压力,即可保证转化子显现(长出菌落或噬菌斑),而非转化子隐去(不生长),这种方法称为正选择。经过一轮正选择,往往可使转化扩增物的筛选范围缩小成千上万倍。如果载体分子含第二个标记基因,则可利用这个标记基因进行第二轮的正选择或负选择(视标记基因的性质而定),从众多转化子中筛选出重组子。

#### 1. 抗药性筛选法

抗药性筛选法实施的前提条件是载体 DNA 上携带受体细胞敏感的抗生素的抗性基因,如 pBR322 质粒上的氨苄青霉素抗性基因($Ap^r$)和四环素抗性基因($Tc^r$)。如果外源 DNA 是插在 pBR322 的 $Bam$HI 位点上,则只需将转化扩增物涂布在含氨苄青霉素(Ap)的固体平板上,理论上能长出的菌落便是转化子;如果外源 DNA 插在 pBR322 的 $Pst$I 位点上,则利用四环素(Tc)正向选择转化子[图 2-27(a)]。由于转化子通常只有非转化子的 1/1 000 甚至 1/10 000,所以这种正选择法极具威力。

上述正选择获得的转化子中含重组子与非重组子,为了进一步筛选出重组子,可采用图 2-27(b)所示的方法进行第二轮负选择。用无菌牙签将 $Ap^r$ 型转化子逐一挑出在只含一种抗生素的 Tc 和 Ap 两块平板上。由于外源 DNA 片段在 $Bam$HI 位点的重组,导致载体 DNA 的 $Tc^r$ 基因插入灭活,选择的重组子具有 $Ap^rTc^s$ 的遗传表型,而非重组子则为 $Ap^rTc^r$,因此重组子只能在 Ap 板上形成菌落而不能在 Tc 板上生长。只要比较两种平板上各转化子的生长状况,即可在 Ap 板上挑出重组子,但是如果转化子有成千上万个,这种方法非常耗时。其改进方法是利用影印培养技术,将一块无菌丝绒布或滤纸接触含细菌菌落的平板表面,使之定位沾上菌落印迹,然后小心地用 Tc 板压在其上,菌落又印在 Tc 板的相应位置上,经过培养至菌落显现,Tc 板就被影印复制出来。如果 Ap 板的转化子密度较高,则在影印复制过程中容易造成菌落遗漏,为重组子的筛选造成假象。

负选择操作较为烦琐,一种变负选择为正选择的程序如下:在经转化扩增操作后的细菌悬浮液中加入含氨苄青霉素、四环素和适量 D-环丝氨酸的培养基,继续培养一段时间后,具有 $Ap^rTc^s$ 的非转化子被氨苄青霉素杀死,$Ap^rTc^s$ 型的重组子由于四环素的存在而停止生长,但不死亡,只有含空载质粒的 $Ap^rTc^r$ 型非重组转化子可以生长,但在生长过程中被 D-环丝氨酸杀死。细菌培养物经离心去除培养基,用新鲜的不含任何抗生素的培养基洗涤菌体,悬浮稀释,涂布在只含氨苄青霉素的固体培养基上,长出的菌落便是 $Ap^rTc^s$ 的重组子。

然而,经过上述程序筛选出的菌落的抗药性未必都来自载体分子上的标记基因,相当多的受体菌基因组中存在着一些广谱抗药性基因,它们通常为抗生素诱导表达。另外,受体细胞药物抗性的回复突变也是可能的,因此用抗药性筛选法选择出的重组子必须通过重组质粒的抽提加以验证,事实上这也是重组子鉴定必不可少的操作步骤。

#### 2. 营养缺陷型筛选法

如果载体分子上携带有某种营养成分(如氨基酸或核苷酸等)的生物合成基因,而受体细胞因该基因突变或缺失不能合成这种生长所必需的营养物质,则两者构成了营养缺陷型的正选择系统。将待筛选的细菌培养物涂布在缺少该营养物质的合成培养基上,长出的菌

(a) 正选择系统

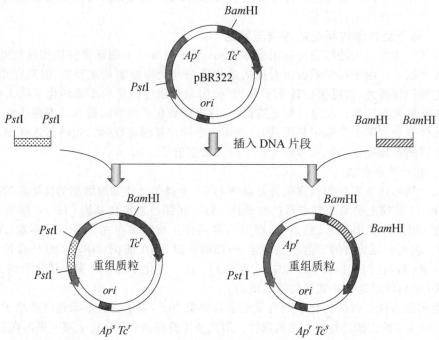

(b) 负选择系统

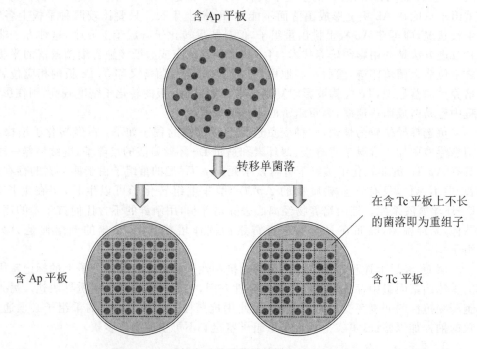

**图 2－27　质粒介导的抗药性筛选系统**

落即为转化子,而重组子的筛选仍需要第二个选择标记,并通过插入灭活的方式进行第二轮筛选。营养缺陷型的筛选过程同样存在着受体细胞的回复突变问题,因而需要对获得的转化子做进一步的鉴定。另外,实施营养缺陷型筛选需要使用合成培养基,后者配制烦琐且价格不菲。

3. 显色模型筛选法

很多大肠杆菌的载体质粒上含 $lacZ'$ 标记基因,它包含大肠杆菌 $\beta$-半乳糖苷酶编码基因 $lacZ$ 的调控序列以及酶蛋白 N 端 146 个氨基酸残基的编码序列,其表达产物为无活性的不完全酶,称为 $\alpha$ 受体。而许多大肠杆菌的受体细胞在其染色体 DNA 上含 $\beta$-半乳糖苷酶 C 端的部分编码序列,由其产生的蛋白质也无酶活性,但可作 $\alpha$ 供体。无论在胞内还是胞外,受体一旦与供体结合,便可恢复 $\beta$-半乳糖苷酸的活性,将无色的 5-溴-4-氯-3-吲哚基-D-半乳糖苷(X-gal)底物水解成蓝色产物,这一现象称为 $\alpha$ 互补。

当外源 DNA 片段插到位于 $lacZ'$ 基因内部的多克隆位点中,生长在含 X-gal 平板上的重组子因 $lacZ'$ 基因的插入灭活而呈白色,非重组子则显蓝色,由此构成颜色选择模型。有些大肠杆菌质粒(如 pUC18/19)的标记基因为 $lacI'-lacOPZ'$,其编码阻遏蛋白 I 的基因 $lacI$ 呈缺失型,因而不能在受体菌中合成具有操作子 $lacO$ 结合活性的阻遏蛋白,$lacZ'$ 基因得以全程表达,筛选时只需在培养基中添加 X-gal 即可。另一些大肠杆菌质粒如 pSPORT1,携带完整的 $lacI$ 基因,能在受体菌中产生阻遏物,后者结合在相应的操作子上并关闭 $lacZ'$,此时在筛选培养基中必须同时添加 X-gal 和诱导物异丙基-$\beta$-D-硫代半乳糖苷(IPTG),才能根据颜色反应筛选重组子。显色标记基因通常只用于筛选重组子,而转化子的选择则主要利用抗药性标记或营养缺陷型标记,上述两种质粒除 $lacZ'$ 外都含第二个选择标记基因 $Ap^r$。

4. 噬菌斑筛选法

以 $\lambda$-DNA 为载体的重组 DNA 分子经体外包装后转染受体菌,转化子在固体培养基平板上被裂解形成噬菌斑,而非转化子正常生长,很容易辨认。如果在重组过程中使用的是取代型载体,则噬菌斑中的 $\lambda$ 噬菌体即为重组子,因为空载的 $\lambda$-DNA 分子不能被包装,在常规的转染实验中不会进入受体细胞产生噬菌斑。在插入型载体的情况下,由于空载的 $\lambda$-DNA 已大于包装下限,所以也能被包装成噬菌体颗粒并产生噬菌斑,此时筛选重组子必须启用载体上的标记基因,如 $lacZ'$ 等。当外源 DNA 片段插入 $lacZ'$ 基因内时,重组噬菌斑无色透明,而非重组噬菌斑则呈蓝色。

### 2.4.2　基于克隆片段序列的筛选与鉴定

如果用于重组连接的外源 DNA 片段或目的基因是同种分子(如 PCR 扩增产物),则重组子即为目的重组子;然而,如果外源 DNA 片段是包含目的基因在内的多种分子的混合物,此时重组子中既有目的重组子又有非目的重组子,需要进一步加以区分并鉴定。一般而言,上述基于载体遗传标记的筛选与鉴定程序并不能区分目的重组子与非目的重组子。不过在大多数情况下,待克隆的目的基因或 DNA 片段的序列至少部分是已知的,因此下列依据克隆片段序列而设计的筛选与鉴定程序具有广泛的实用性。

1. PCR 鉴定法

PCR 技术的两大主要用途为目的基因的获得以及 DNA 特定序列的检测(详见 2.5.3)。根据引物互补区域的不同,PCR 技术既可用于区分重组子与非重组子,又能鉴定目的重组子与非目的重组子,甚至还能探测目的基因或 DNA 片段是否整合在受体细胞的基因组上,其原理如图 2-28 所示。然而,上述 PCR 鉴定程序一般需要将筛选平板上的单菌落分别挑出逐一进行扩增鉴定(即菌落 PCR),因此不太适用于成千上万个转化子的高通量鉴定。

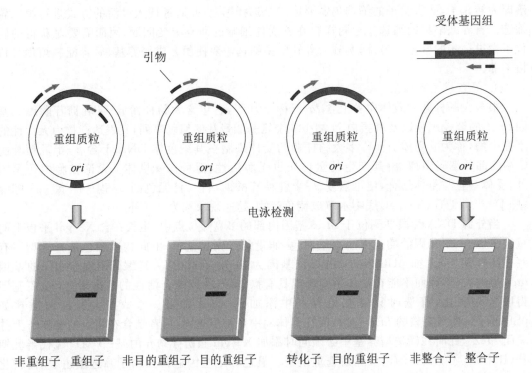

**图 2 - 28　PCR 筛选鉴定法的工作原理**

2. 菌落原位杂交法

菌落原位杂交法（又称探针原位杂交法）能从成千上万个转化子中迅速检测出目的重组子，其前提条件是必须拥有与目的基因某一区域同源的探针序列。根据核酸碱基配对原理，探针序列特异性杂交目的基因中的同源序列，并通过放射性同位素或荧光基团进行定位检测。

1) 菌落原位杂交的操作程序

图 2 - 29 显示菌落原位杂交的基本操作过程：① 将硝酸纤维素薄膜剪成比平板稍小的圆片，并覆盖在菌落密度适中的平板上，37℃培养 1～2 h，此时薄膜上已沾有足够量的菌体，用针在膜上扎 3 个不对称的小孔，同时在平板上做相应的标记；② 用镊子将薄膜轻轻揭起，吸附菌体的一面朝上放置在预先被 0.4 mol/L NaOH 溶液浸湿的普通滤纸上，或直接浸泡在碱溶液中；③ 10 min 后，将薄膜转移至预先被中性缓冲液浸湿的普通滤纸上，中和 NaOH。强碱能裂解细菌，释放细胞内含物，降解 RNA，并使蛋白和 DNA 变性。硝酸纤维素薄膜吸附单链 DNA 或 RNA 的作用比吸附双链核酸和蛋白质要强得多；④ 将薄膜转移至清洗缓冲液中短暂浸泡 3 min，以洗去菌体碎片、变性蛋白质和核苷酸；⑤ 取出薄膜，在普通滤纸上晾干，置于 80℃下干燥 1～2 h，在此高温下单链 DNA 已牢固地结合在硝酸纤维素薄膜上；⑥ 将薄膜先浸入含鲑鱼精子 DNA 单链的溶液中进行预杂交（以封闭薄膜上未被占据的位点），然后再将薄膜浸入探针溶液中，在合适的温度和离子强度条件下进行杂交反应。离子强度和温度的选择取决于探针的长度以及与目的基因的同源程度，一般温度越高、离子强度越大，杂交反应越不易进行。因此对于同源性高并具有足够长度的探针通常在高离子强度和高温度的条件下进行杂交，这样可以大幅度降低非特异性杂交的本底；⑦ 杂交反应结束后，用离子浓度稍低的溶液清洗薄膜 3 遍，除去未特异性杂交的探针，晾干；⑧ 将薄膜与 X 光胶片压紧置于暗箱内曝光，并依照胶片上感光斑点显现的位置在原始平板上挑出相应的菌落。如果原始平板上的菌落较密，不能准确地挑出目的重组子，可用无菌牙签将相应

位置上的菌落挑在少量的液体培养基中，经悬浮稀释后涂板培养，待长出菌落后，再进行一轮杂交，即可获得目的重组子。

上述程序用于噬菌斑筛选则更为简单，因为每个噬菌斑中包含足够数量的噬菌体颗粒甚至未包装的重组 DNA，可以免去 37℃ 扩增培养，而且由于噬菌体结构简单，不会产生菌体碎片对杂交的影响，检测灵敏度高于菌落原位杂交。

2）杂交探针的制备

探针的长度以及与目的基因之间的序列同源性是杂交实验成败的关键，尽管有时探针只有 20 个碱基或更短，但一般来说，最佳的探针长度范围为 100～1 000 bp。此外，探针内部不能包含大面积的互补序列，否则会直接影响探针与 DNA 靶序列的杂交。探针的获取有多种方法：

（1）目的基因的同源序列。例如，利用现有的目的基因片段为探针，筛选含完整目的基因的重组子；或者利用某一 DNA 片段为探针，寻找与其连锁在一起的上下游 DNA 序列，这是染色体走读法和染色体跳跃法的基本战略；有时还可以用一种生物的某个基因作为探针，去克隆筛选另一种生物的相同或相似基因，而且两个基因的同源性越高，成功的可能性就越大。一般来说，探针与目的基因的同源性大于 80% 便能通过杂交顺利检出靶序列。

（2）cDNA 序列。如果实验室中拥有目的基因的 mRNA，则可通过逆转录酶将其反转录成 cDNA 单链片段，以 cDNA 为探针无论是长度还是同源性均较为理想。

（3）人工合成寡聚核苷酸。在目的基因序列已知的条件下，可依据此序列直接化学合成寡聚核苷酸单链探针。如果已知目的基因编码产物连续的六个氨基酸残基序列，则可根据遗传密码表将这一短小氨基酸序列演绎为相应的基因编码序列，然后按此序列人工合成单链探针，然而这种方法有时并不那么简单，因为密码子具有简并性。在图 2-30 所给的例子中，Cys、Asp、Glu 各有两个简并密码子，为了确保探针序列与目的基因编码序列的一致性，

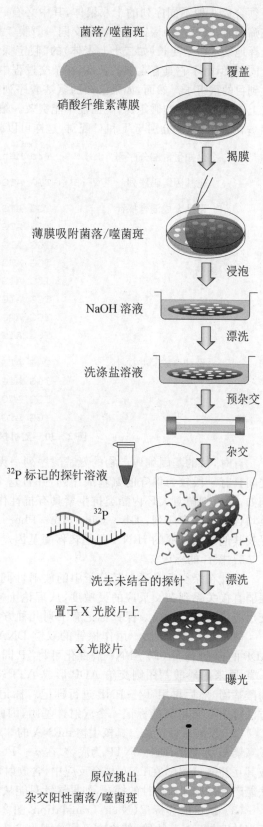

**图 2-29　菌落/菌斑原位杂交示意图**

必须合成八种不同序列的十八聚体,其中必有一种序列与目的基因的相应序列100%同源。在筛选时,将这八种探针混合物杂交同一薄膜。另一种方法是根据生物体密码子的使用频率,选择地确定一个更长(如二十七聚体)的"假定探针"序列,尽管它并不一定与目的基因序列完全同源,但由于它具有足够的长度,在杂交过程中,即使有几对碱基不能配对,也能较为准确地找到目的重组子。然而,如果已知的氨基酸序列过短,或者具有简并密码子的氨基酸过多,则按上述思路设计的"假定探针"往往不能奏效。第三种策略是在探针中引入肌苷(I),它兼有 A 和 G 两种角色,能分别与 T 和 C 配对,这样可以减少探针合成的条数,此类引物称为简并引物。

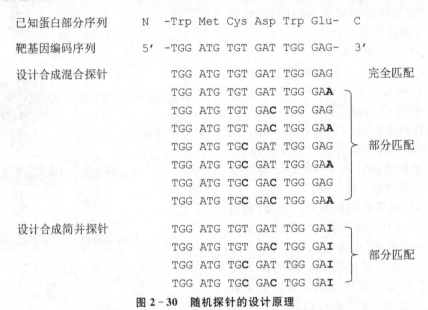

图 2-30 随机探针的设计原理

有时,目的基因编码产物的氨基酸序列一无所知,但这个基因产物所属家族的其他成员之间具有一段较为保守的氨基酸序列,并且这个序列已知,则可以此序列为蓝本设计探针。例如,原核细菌对大环内酯类抗生素具有抗性作用的 rRNA 甲基转移酶是一个大家族,其成员均含一段保守序列:Gly-Gln-Aln-Phe-Leu,以此序列设计出的十五聚体探针可用于寻找其他细菌来源的 rRNA 甲基转移酶基因。

3) 探针的标记

探针在杂交后是通过其分子中的放射性同位素或荧光基团进行定位示踪的,放射性的强弱直接关系到杂交反应的灵敏度,从理论上来说,单位长度的探针标记的同位素越多,杂交反应灵敏度就越高。探针标记有下列几种方法:

(1) 5′末端标记法。用作探针的双链 DNA 片段在 DTT、$Mg^{2+}$、$\gamma$-$^{32}$P-dATP 和过量 ADP 的存在下,由 T4-PNP 酶催化可将$^{32}$P 同位素标记的 $\gamma$-磷酸基团转移至双链 DNA 的 5′端,原来的磷酸基团则交给 ADP 形成 ATP;也可用碱性磷酸单酯酶先除掉 DNA 的 5′端磷酸基团,然后再用 T4-PNP 进行标记。标记反应结束后,加热变性制备单链探针。这种方法每个 5′末端只能标记一个放射性基团,因此较为适用于人工合成的短小探针。

(2) 反转录标记法。真核生物 mRNA 的 3′端大都具有 polyA 结构,以人工合成的寡聚 T 或寡聚 U 为引物,四种 dNTP 为底物,在 $\alpha$-$^{32}$P-dATP 存在下由反转录酶以 mRNA 为模板合成其互补链 cDNA,在 DNA 聚合反应中,含放射性同位素的 dATP 掺入新生链中。这种标记方法能产生高密度放射性的探针,如果探针只能从 mRNA 制备,这是首选的标记方法。

(3) 缺口前移标记(Nick Translation,图 2-31)。用脱氧核糖核酸酶(DNase I)水解待标记的双链 DNA 片段,使之在不同位点上产生缺口,并暴露出游离的 3′羟基末端,此时大肠

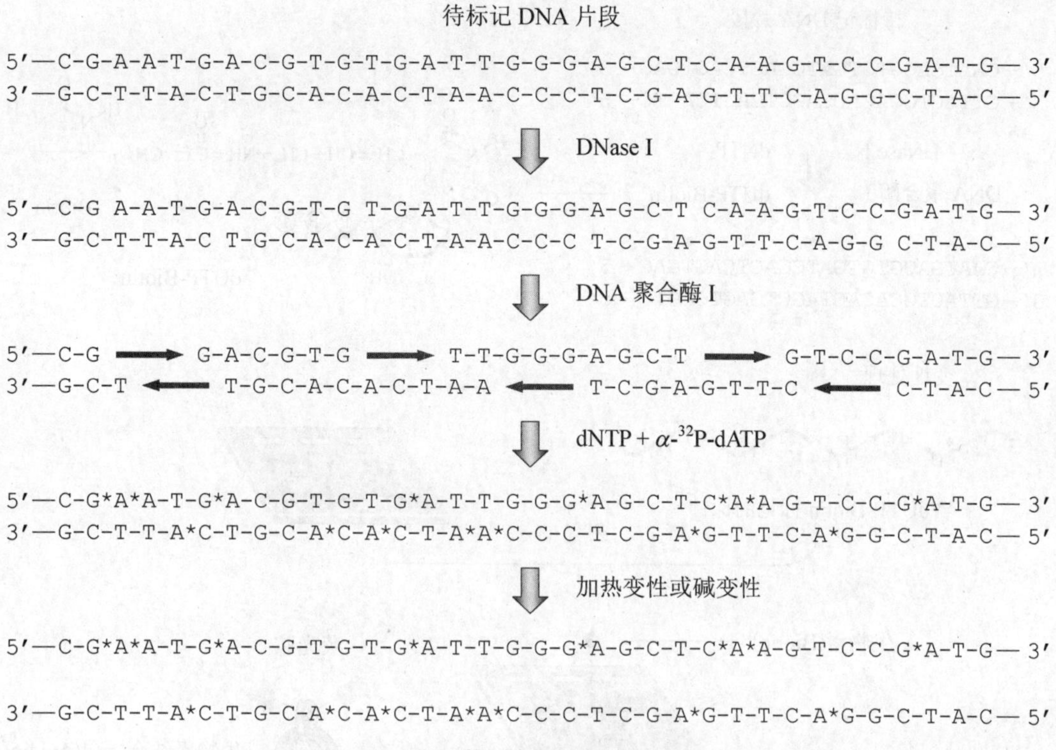

待标记 DNA 片段

```
5′—C-G-A-A-T-G-A-C-G-T-G-T-G-A-T-T-G-G-G-A-G-C-T-C-A-A-G-T-C-C-G-A-T-G—3′
3′—G-C-T-T-A-C-T-G-C-A-C-A-C-T-A-A-C-C-C-T-C-G-A-G-T-T-C-A-G-G-C-T-A-C—5′
```

⬇ DNase I

```
5′—C-G  A-A-T-G-A-C-G-T-G  T-G-A-T-T-G-G-G-A-G-C-T  C-A-A-G-T-C-C-G-A-T-G—3′
3′—G-C-T-T-A-C  T-G-C-A-C-A-C-T-A-A-C-C-C  T-C-G-A-G-T-T-C-A-G-G  C-T-A-C—5′
```

⬇ DNA 聚合酶 I

```
5′—C-G  ⟶  G-A-C-G-T-G  ⟶  T-T-G-G-G-A-G-C-T  ⟶  G-T-C-C-G-A-T-G—3′
3′—G-C-T  ⟵  T-G-C-A-C-A-C-T-A-A  ⟵  T-C-G-A-G-T-T-C  ⟵  C-T-A-C—5′
```

⬇ dNTP + $\alpha$-$^{32}$P-dATP

```
5′—C-G*A*A-T-G*A-C-G-T-G-T-G*A-T-T-G-G-G*A-G-C-T-C*A*A-G-T-C-C-G*A-T-G—3′
3′—G-C-T-T-A*C-T-G-C-A*C-A*C-T-A*A*C-C-C-T-C-G-A*G-T-T-C-A*G-G-C-T-A-C—5′
```

⬇ 加热变性或碱变性

```
5′—C-G*A*A-T-G*A-C-G-T-G-T-G*A-T-T-G-G-G*A-G-C-T-C*A*A-G-T-C-C-G*A-T-G—3′

3′—G-C-T-T-A*C-T-G-C-A*C-A*C-T-A*A*C-C-C-T-C-G-A*G-T-T-C-A*G-G-C-T-A-C—5′
```

＊表示带有 $^{32}$P 同位素的磷酸二酯键

**图 2-31　探针缺口前移标记示意图**

杆菌 DNA 聚合酶 I 能特异性地结合在缺口处,并通过其 5′→3′ 的核酸外切活性从 5′ 末端将核苷酸逐一切除;与此同时,其 5′→3′ 的聚合活性又从 3′ 端开始依次向前推移聚合新生 DNA 链,并在聚合反应中将 $\alpha$-$^{32}$P-dATP 中的同位素基团带入新生的 DNA 链中。这种方法与 cDNA 标记法很相似,但适用范围更广,是常用的探针标记手段,而且缺口前移标记的试剂盒早已商品化,操作更为简便。

(4) ABC 标记法。将生物素(Biotin)共价交联在 dUTP 的碱基上,通过反转录标记或缺口前移标记将这种单体掺入探针中,杂交反应结束后,洗去非特异性结合的探针,然后用生物素结合蛋白(Avidin)处理薄膜,使得 Avidin 与探针上的生物素分子形成复合物,这就是所谓的 ABC 标记法。生物素结合蛋白分子上可以接有自然光或高强度荧光发射物质,也可连上特殊的酶分子(如碱性磷酸单酯酶或辣根酶等),由其催化相应底物的显色反应(图 2-32)。新一代的标记物则采用 dUTP-地高辛化合物(甾醇半抗原)以及相应的抗体蛋白,但检测方法与生物素系统相同。这种标记方法的灵敏度不亚于同位素,却不会对人体造成放射性危害,对环境的污染也少,而且标记物可保存长达一年,比 $^{32}$P 同位素稳定得多。

3. 限制性酶切图谱法

在外源 DNA 片段的大小以及限制性酶切图谱已知的情况下,对重组分子进行酶切鉴定不仅能区分重组子与非重组子,有时还能初步确定目的重组子与非目的重组子。在经抗药性正选择后,从所有的转化子中快速抽提质粒 DNA,采用合适的限制性内切酶消化之,然后根据电泳图谱分析质粒分子的大小,相对分子质量大于载体质粒的为重组子,最终利用载体上的已知酶切位点建立重组质粒插入片段的酶切图谱,并与已知数据进行比较,进而确定目的重组子。目前实验室常用的大肠杆菌载体质粒(如 pUC、pSPORT、pSP 系列等)在大肠杆菌 JM83 受体菌中均有上千个拷贝数,从米粒大小的一点菌体经沸水浴快速抽提质粒 DNA

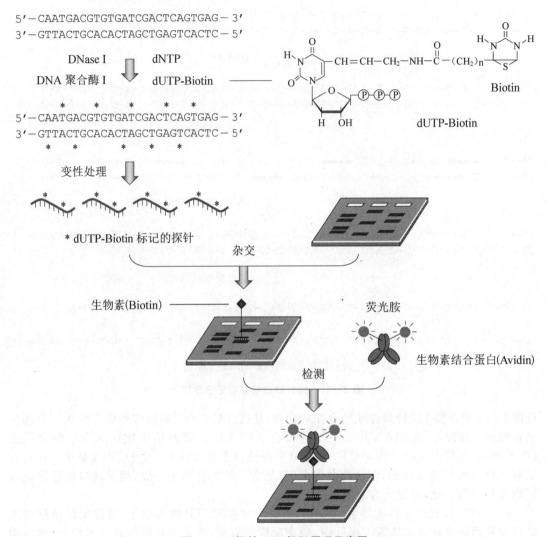

**图 2-32　探针 ABC 标记原理示意图**

的量足够进行十次酶切反应,因此限制性酶切图谱法在实验室中被普遍采用。

　　1) 全酶解法

　　该法采用一种或两种限制性内切酶切开质粒 DNA 上所有相应的酶切位点,形成全酶切图谱。图 2-33 是利用 pUC18 克隆一个 4.0 kb 大小外源 DNA 片段的实例,从转化子中抽提的质粒 DNA 的酶切鉴定方案如下:

　　(1) 如果外源 DNA 片段插入载体的 *Sph*I 位点,则用该酶消化质粒 DNA,电泳分离后,可观察到两条明显的带子,其大小分别为 2.7 kb 和 4.0 kb,若只有 2.7 kb 一条带,则该质粒来自非重组子。另一方案是采用 *Eco*RI 和 *Hind*III 联合酶切,同样可以卸下克隆在 *Sph*I 位点上的外源 DNA 片段,而且这种方法适用于插入 pUC18 多克隆位点上任何酶切口的 DNA 片段,尤其在处理上百个质粒时更显出其经济合理性。

　　(2) 如果插入片段与载体质粒一样大,则最好用合适的酶将之线性化,通过比较大小确定其是否重组分子。

　　(3) 经上述第一轮酶切筛选出重组子后,便可根据已知的外源 DNA 酶切图谱,对重组

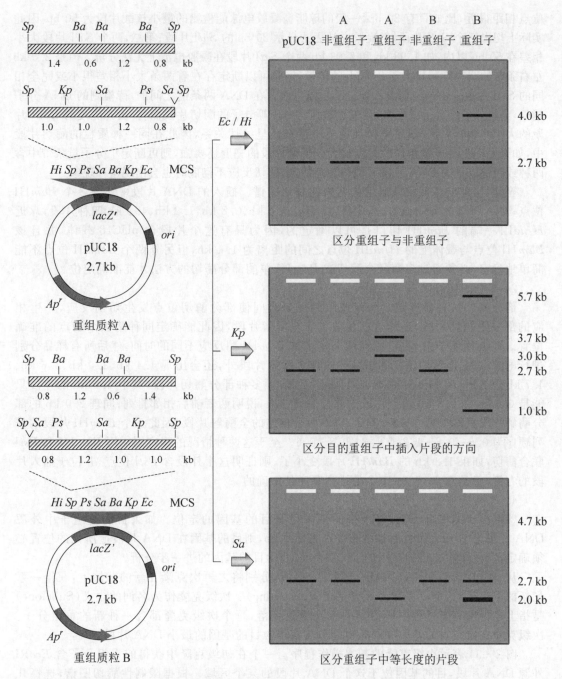

*Ba*：*Bam*HI；*Ec*：*Eco*RI；*Hi*：*Hin*dⅢ；*Kp*：*Kpn*I；*Ps*：*Pst*I；*Sa*：*Sal*I；*Sp*：*Sph*I

**图 2－33　酶切图谱法鉴定克隆的 DNA**

质粒上的插入片段进行深入鉴定，以确定目的重组子。例如，用 *Kpn*I 切开重组质粒，可获得 3.0 kb＋3.7 kb 或 1.0 kb＋5.7 kb 两组酶切数据，它们分别代表外源 DNA 片段两种可能的插入方向。同样，用 *Pst*I 切重组质粒，也可获得 0.8 kb＋5.9 kb 或 3.2 kb＋3.5 kb 两组对应的数据。

（4）在用 *Sal*I 鉴定时，B 型重组质粒的酶切图谱只显示 2.0 kb 和 2.7 kb 两条带，表明该重组质粒至少有两个酶切位点。存在多于两个 *Sal*I 酶切位点的情况有：第一，两个酶切位点相距很近,比如只有 20 bp,一般的琼脂糖凝胶电泳能检测的最小核酸片段为 50 bp,因此实际上切出三个 *Sal*I 片段,但凝胶电泳无法显示 20 bp 的 *Sal*I 片段;第二,两个 *Sal*I 片段大小相差在 50 bp 以内,如 1.98 kb 和 2.03 kb 两个 *Sal*I 片段在凝胶电泳上无法分辨。但是 2.0 kb 左右条带的明亮度明显大于 2.7 kb 的条带,据此可以断定存在着两条大小相差很小或完全相同的 *Sal*I 片段。由于染料溴乙锭分子是随机嵌合在 DNA 两条链之间的,待检测的 DNA 分子越长,染料分子结合得就越多,亮度也越强。对于等分子的酶切片段而言,荧光亮度与 DNA 片段的大小有顺变关系,如果染料加量适中甚至会呈线性关系,因此在同一种质粒的酶切片段中,如果发现小分子量条带的亮度比大分子量片段的亮度还要强,则可断定小分子量条带中含两种或两种以上的 DNA 片段。值得注意的是,酶切反应不彻底时也会出现这种现象。

至此,已建立了四种限制性内切酶的酶切图谱。插入的 DNA 片段中还含 3 个 *Bam*HI 位点,对 A 型插入方向而言,*Bam*HI 能切出 0.6 kb、0.8 kb、1.2 kb、4.1 kb 四种片段,靠近 *Hind*III 一端的 *Bam*HI 切口是可以确定的,因为只有这个片段含 pUC18 载体,并且该 *Bam*HI 位点与载体上的 *Hind*III 位点之间的距离为 1.4 kb,但外另两个 *Bam*HI 位点不能简单地确定,必须通过多酶联合酶切或 *Bam*HI 单酶部分酶切的方法才能准确定位。

2) 部分酶切法

部分酶切法是通过限制酶量或限制反应时间使部分酶切位点发生切割反应,产生相应的部分限制性片段,显然这些片段大于全酶解片段,因此能确定同种酶多个切点的准确位置。在上述例子中,重组质粒用一定量的 *Bam*HI 酶反应不同的时间,然后所有样品分别进行电泳检测,电泳图谱上除了上述四种全酶解片段外,还会出现 1.4 kb、2.0 kb、2.6 kb、4.7 kb、5.3 kb、5.5 kb、5.9 kb、6.1 kb、6.7 kb 等多种部分酶切片段,其中 1.4 kb 的片段只能是 0.6 kb 和 0.8 kb 两个片段的部分酶切结果,说明两者前后相邻排列;同理 2.0 kb 的部分酶解片段只能来自 0.8 kb 和 1.2 kb 两个相连的全酶解片段,因此三个 *Bam*HI 片段的排列顺序为 0.6 - 0.8 - 1.2 或 1.2 - 0.8 - 0.6。至于这两种情况的确定则需用 *Bam*HI 和 *Pst*I 联合酶切,如果 1.2 kb 的 *Bam*HI 片段变小了,则证明这个片段含 *Pst*I 位点,并位于插入片段的右侧,于是 0.6 - 0.8 - 1.2 的排列顺序是正确的。

4. 次级克隆法

鉴定出目的重组子后,接下来的工作便是目的基因的定位。如果目的重组子中外源 DNA 片段为 10 kb,而目的基因长度仅为 1.0 kb,则目的基因在 DNA 片段上所处的位置必须确定,以便删除非目的基因的 DNA 片段,简化目的基因的进一步分析。

从一个克隆的 DNA 片段上分割几个区域,分别将之再次克隆在新的载体上,获得一系列新的重组子,这个过程称为次级克隆(Subcloning)。次级克隆作为名词的含义(Subclone) 是指上述再次克隆过程中所得到的无性繁殖菌落,每个次级克隆都含一种新的重组分子。次级克隆在定位目的基因的同时也能分离获得含目的基因的最小 DNA 片段。

图 2-34 表示次级克隆的基本操作程序。一个在初级克隆中获得的重组分子含 *Eco*RI 外源 DNA 片段,目的基因位于这个 DNA 片段的某个区域。根据限制性酶切图谱,选择几个理想的酶切位点,使得这些酶切片段略大于目的基因(例如 1.0~1.5 kb)。为了避免片段中含原来的载体 DNA 部分,这些酶切位点应包括 *Eco*RI,而且不存在于载体分子中。用选择的限制性内切酶处理重组分子,得到的 DNA 片段分别与具有相应限制性酶切末端的新质粒重组,转化受体细胞,最终获得一系列重组子 A-G,然后使用两种方法在上述七个重组子的范围内确定含目的基因的目的重组子。一种方法是用探针杂交重组质粒(由于次级克隆数量很少,没有必要进行菌落原位杂交),如果七种重组质粒中只有一种重组质粒呈杂交阳性反应,则可基本上确定目的基因存在于这个重组质粒中。然而,如果事先不知道目的基因的酶切图谱,则次级克隆时的酶切位点很容易选在目的基因内部,造成杂交阳性的重组质粒

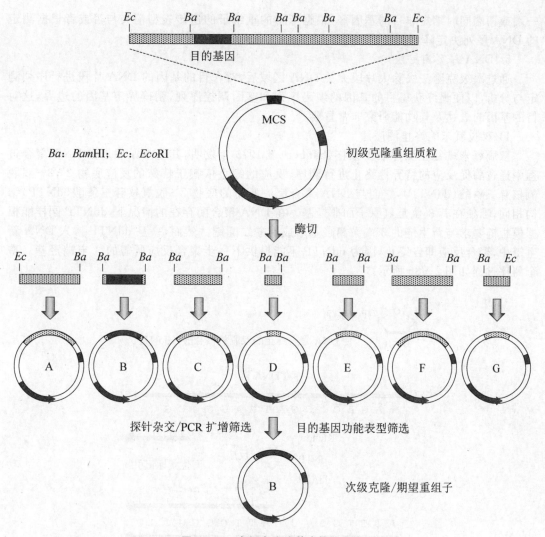

图 2-34　次级克隆法基本操作程序

只含目的基因的一部分。如果次级克隆的酶切位点位于探针杂交区域内,可能出现两种杂交阳性的重组质粒,这样必须重新选择合适的次级克隆酶切位点。另一种方法是目的基因的遗传表型检测,具有目的基因遗传特征的重组子即为目的重组子,同理,如果次级克隆的酶切位点位于目的基因的内部,则它被分割在两种重组质粒上,造成所有的次级克隆均不能产生期望的遗传表型。

　　如果目的基因的两端附近区域没有合适的酶切位点,那么利用次级克隆法获得的目的重组子仍会存在 DNA 冗余序列,其精细删除可采用图 2-35 所示的程序进行:利用 Bal31 核酸酶从重组分子的外源 DNA

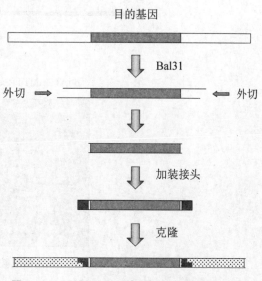

图 2-35　利用 Bal31 剔除克隆片段的冗余序列

一端或两端同时缩短非目的基因区,根据产生的重组子的遗传表型消失与否或者根据测定的 DNA 序列决定降解反应的程度。

5. DNA 序列测定法

通过次级克隆法去除大片段无关 DNA 区域后,对含目的基因的 DNA 片段进行序列测定与分析,以便最终获得目的基因的编码序列和基因调控序列,精确界定基因的边界,这对目的基因的表达及其功能研究非常重要。

1) 双脱氧末端终止测序法

双脱氧末端终止测序法由桑格(Sanger)于 1975 年发明,其基本原理是在 DNA 聚合过程中通过酶促反应的特异性终止进行测序,反应的终止依赖于特殊的反应底物 $2',3'$-双脱氧核苷三磷酸(ddNTP),它们与 DNA 聚合反应所需的底物 $2'$-脱氧核苷三磷酸(dNTP)结构相同,唯独其 $3'$ 位是氢原子而非羟基。在 DNA 聚合酶存在的情况下,ddNTP 同样能根据模板链要求与新生链的 $3'$ 端游离羟基形成磷酸二酯键。然而,一旦 ddNTP 掺入 DNA 新生链中,聚合反应即告终止,因为 ddNTP 不能提供下一步聚合反应所需的 $3'$ 末端羟基。整个测序过程如图 2-36 所示。

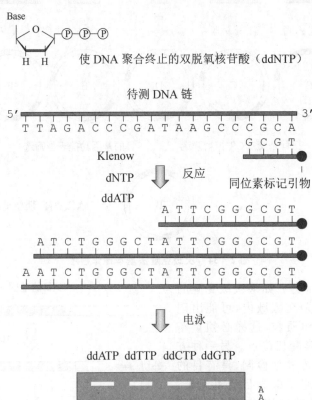

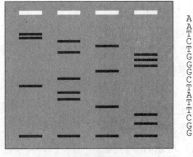

聚丙烯酰胺凝胶电泳

**图 2-36　双脱氧末端终止法测序的工作原理**

　　待测 DNA 片段经克隆扩增后,重组分子进行碱或热变性处理。在四个反应管中分别加入待测 DNA 模板链,复制引物(通常与克隆位点两侧的载体序列互补,并标记同位素或四色荧光基团),四种 dNTP、DNA 聚合酶,另外还需在反应管中各加入一种合适量的 ddNTP。聚合反应开始后,在 A 管中,由于 dATP 和 ddATP 同时存在,两者均可能在模板链出现 T 的时候掺入 DNA 新生链中。如果 dATP 掺入,则聚合反应继续进行,直至遇到模板链上的下一个 T;如果 ddATP 掺入,则聚合反应立即终止。由于模板 DNA 分子的大量存在,因此可以肯定 DNA 模板链上任何 T 处均存在着相应的新生链部分聚合反应产物,它们由一系列以 A 为末端的不同长度的 DNA 片段组成。同理,在分别含 ddCTP、ddGTP、ddTTP 的反应管 C、G、T 中,也相应合成三套分别以 C、G、T 为末端的不同长度的 DNA 片段。最后将这些反应产物经热变性,分别点样进行聚丙烯酰胺凝胶电泳,经放射自显影即可从 X 光胶片上直接读出待测 DNA 片段的序列。在图 2-36 所示的例子中,自下而上的 DNA 阅读序列为 5′- GGCTTATCGGGTCTAA - 3′,而待测 DNA 模板链的序列则是其互补序列。

　　末端终止测序法的操作关键是 ddNTP 与 dNTP 投料比例,两者较为理想的分子数比在 1∶3 至 1∶4 之间,过高或过低会使新生 DNA 链全终止在距离引物很近的核苷酸处或者在特定的核苷酸处不能终止,这是导致测序发生错误的直接原因。因此,通常采用两条 DNA 单链分别测序的方法,可以最大限度地保证测序结果的可靠性。

　　2) 大片段 DNA 的测序策略

　　双脱氧末端终止测序法基于聚丙烯酰胺凝胶电泳分离不同大小的 DNA 片段,因此一次测序能连续读出的 DNA 序列长度受到凝胶分离效果的限制。一般地,从一块 40 cm 长的凝胶板上一次最多可以读出 350 个碱基序列,也就是说,聚丙烯酰胺凝胶电泳可以分开长度分别为 349 个和 350 个碱基的单链 DNA 分子。超过该长度的 DNA 大片段必须进行多轮测序,其方法如下:

　　(1) 分段克隆策略。将待测的 DNA 大片段用合适的限制性内切酶切成 300～350 bp 大小的小片段,使得每个小片段与其相邻的 DNA 小片段具有 30 bp 以上的重叠区域,然后将之次级克隆在质粒上分别进行测序(图 2-37)。各次级克隆片段的重叠十分重要,因为有时某种限制性内切酶的酶切位点相距很近,由此产生的 DNA 极小片段在次级克隆中容易漏掉,造成测序结果的不完整。上述方法的缺陷是次级克隆非常耗时,而且在相当多的情况下,待测 DNA 片段上未必拥有分布均匀的合适酶切位点。

　　(2) 引物走读策略。这种策略在原理上更为简单(图 2-38):将待测 DNA 片段克隆在质粒载体上,首先使用与载体 DNA 互补的引物 P1 进行第一轮测序,根据测出的 DNA 末端序列人工合成 P2 引物,并在此引物指导下进行第二轮测序,如此循环下去直至克隆的 DNA 片段全部完成测序。为了避免引物与 DNA 模板的错配,在该方法中使用的引物至少应有 24 个碱基的长度,此外引物本身不具有互补结构。这种方法的优越性是显而易见的,它不需要进行多次次级克隆操作,也不需要对待测 DNA 片段进行 DNase I 处理,而且每次阅读的长度根据放射性自显影的效果可长可短,缺点是需要化学合成多条特异性引物。

　　3) 测序技术的发展

　　采用上述双脱氧末端终止法人工测序,一个训练有素的测序员最快一天只能测定 1 kb 的 DNA 片段。为了将误测率降低至最低程度,每个 DNA 片段双向至少需测四次,即 1 kb DNA 片段的准确序列分析一人需花四天时间。人类基因组全长 $3.0 \times 10^9$ bp,全部完成序列分析需要 $1.2 \times 10^7$ 人/天,也就是说,一万名测序员要用四年的时间才能完成一个人的全部基因组测序,这还不包括花在基因组次级克隆中的人力和时间,而且测序前期工作所花费的

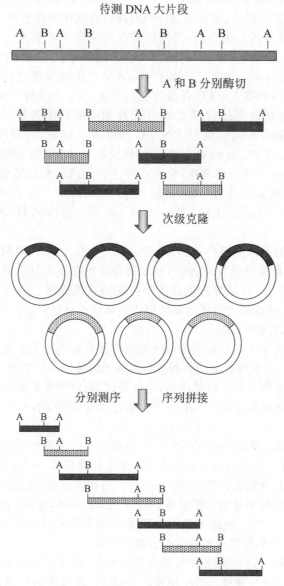

**图 2 - 37　DNA 大片段分段次级克隆测序**

时间通常比测序本身更多,因此建立一套崭新的 DNA 高速测序方法势在必行。目前实验室中使用的 DNA 高速测序策略包括:

(1) DNA 全自动序列分析系统(ALF System)。该系统由 DNA 聚合反应终止试剂盒、凝胶电泳检测装置以及序列分析处理工作站组成(图 2 - 39)。试剂盒中包括 Sanger 双脱氧末端终止测序法所必需的所有试剂,如用于 M13 或 pUC 载体克隆片段测序的四色荧光标记统一引物、Klenow 酶或 Taq DNA 聚合酶等,DNA 聚合反应通常由人工操作。在凝胶电泳装置的下方装有一个激光放射孔,同一水平方向的另一侧为荧光检测孔,电泳开始后,当不同大小的新生 DNA 链先后抵达此处时,激光激发引物上的荧光基团发射出另一波长的荧光,检测孔根据荧光发射波长(颜色)确定电泳条带所处的点样孔位置(同时也确定了 DNA 链末端的碱基性质),并将相应的荧光信号传输至工作站,由电脑转换为 A、T、C、G 序列数据后,进一步加以编辑处理。这种自动阅读系统具有较高的分辨率和灵

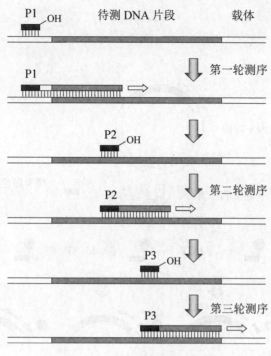

P1 OH    待测 DNA 片段    载体

P1    第一轮测序

P2 OH

P2    第二轮测序

P3 OH

P3    第三轮测序

图 2-38  引物走读测序策略

敏度,从一根毛细管凝胶柱一次可读出 600 个碱基序列,在提高测序速度的同时也相应减少了工作强度。

(2) 超薄水平凝胶电泳技术(Horiazontal Ultrathin Gel Electrophosis,HUGE)。这种技术与常规的 DNA 测序凝胶电泳相比,有两个方面的改进:其一是超高压电场的使用,它可以大幅度提高电泳速度,由原来的 10 h 电泳时间缩短为 2 h;其二是超薄凝胶的灌制,由原来的 800 μm 凝胶厚度下降到 10 μm,从而提高电泳条带的分辨率,使一次性阅读由原来的 500 个碱基上升至 1 000 个碱基。虽然阅读速度只提高了一倍,但总的测序速度至少提高两倍,因为这可以大幅度减少次级克隆的工作量,同时也减少了待测 DNA 片段之间的重叠区域的重复测序。

(3) 焦磷酸释放测序法(454 测序法)。美国 454 生命科学公司的 Margulies 和 Egholm 开发了一种全新的 454 测序技术,这种技术比 Sanger 测序程序要快 100 倍,在 1 h 内可以破译 6 000 000 个碱基。其技术流程如图 2-40 所示:采用高压气流将待测 DNA 打断成小片段,加装带有生物素的通用接头,然后将 DNA 片段通过生物素吸附到细小的磁珠上;用乳胶状物质包裹这些吸附有 DNA 片段的磁珠,保证待测 DNA 在一个相对独立的乳胶微囊中进行 PCR,以获得足够量的待测 DNA 分子;扩增后洗去乳胶物质,使 DNA 变性;将带有单链 DNA 的珠子加入光学纤维玻片上,在 1 mm² 的玻片上约有 480 个反应容量为 75 pL 的微孔,微孔内事先加入更小的带有测序所需酶试剂的固定化颗粒;测序反应开始时,若 dATP 溶液流过玻片,而微孔中待测 DNA 上正好有 T,就会有一个 dATP 掺入正在合成的 DNA 链上,这一聚合反应必会释放一分子的焦磷酸;焦磷酸在微孔里被事先固定的酶分解并释放出光子。四种 dNTP 溶液依次循环流过玻片,每个微孔里就会因待测 DNA 的序列不同而掺入或不掺入 dNTP;来自不同微孔内的光子不断被 CCD 捕捉,信号经计算机分析便可得到每条被测 DNA 的序列信息。

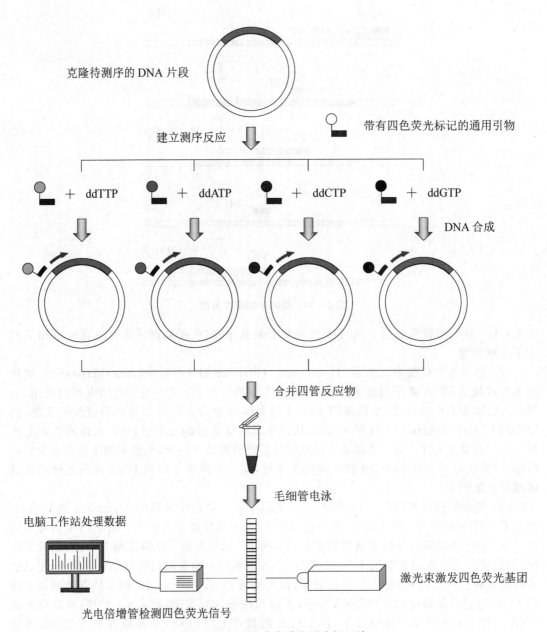

克隆待测序的 DNA 片段

建立测序反应

带有四色荧光标记的通用引物

+ ddTTP   + ddATP   + ddCTP   + ddGTP

DNA 合成

合并四管反应物

毛细管电泳

电脑工作站处理数据

激光束激发四色荧光基团

光电倍增管检测四色荧光信号

图 2-39  DNA 全自动序列分析系统

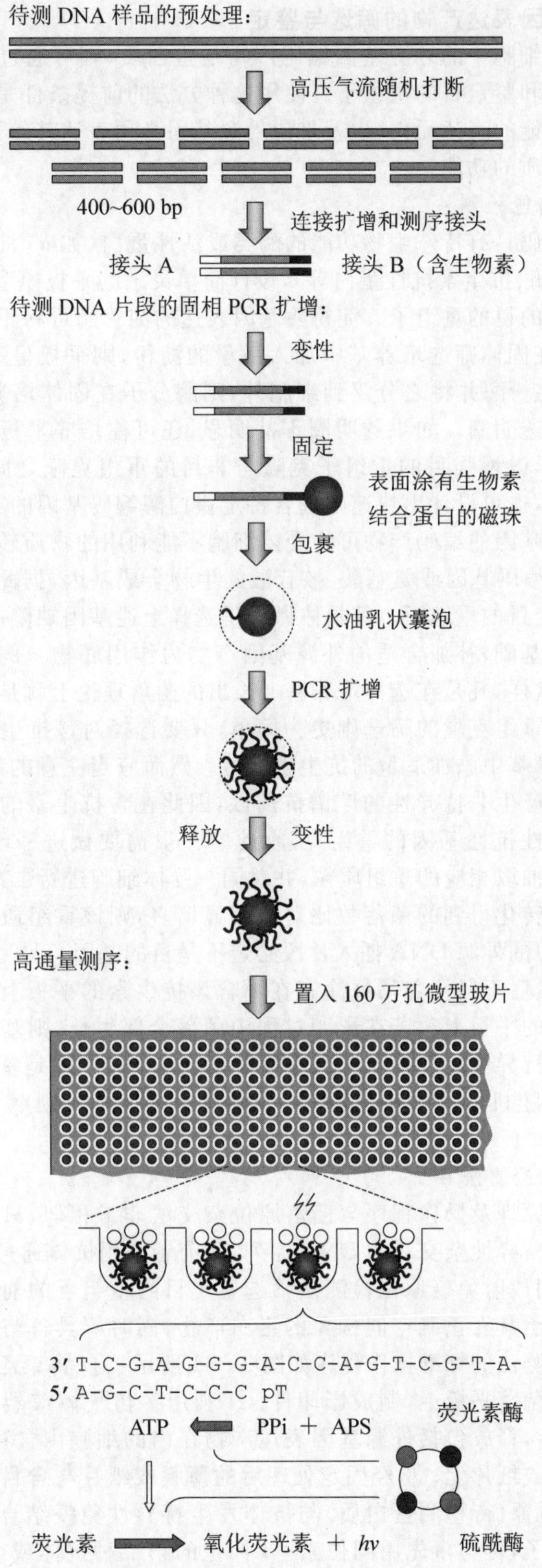

待测 DNA 样品的预处理：

高压气流随机打断

400~600 bp　　连接扩增和测序接头

接头 A　　　　　　接头 B（含生物素）

待测 DNA 片段的固相 PCR 扩增：

变性

固定　　　表面涂有生物素
　　　　　　结合蛋白的磁珠

包裹

水油乳状囊泡

PCR 扩增

释放　　变性

高通量测序：

置入 160 万孔微型玻片

3′ T-C-G-A-G-G-G-A-C-C-A-G-T-C-G-T-A-
5′ A-G-C-T-C-C-C pT

ATP ← PPi ＋ APS　　　荧光素酶

荧光素 ➡ 氧化荧光素 ＋ $h\nu$　　　硫酰酶

图 2-40　焦磷酸测序原理示意图

### 2.4.3　基于外源基因表达产物的筛选与鉴定

如果克隆在受体细胞中的外源基因编码产物是蛋白质,则可通过检测这种蛋白质的生物功能或结构来筛选和鉴定目的重组子。使用这种方法的前提条件是重组分子必须拥有能在受体细胞中发挥功能的表达元件,也就是说外源基因必须表达其编码产物,并且受体细胞本身不具有这种蛋白质的功能。

#### 1. 蛋白质生物功能检测法

某些外源基因编码具有特殊生物功能的酶类或活性蛋白(如 $\alpha$-淀粉酶、葡聚糖内切酶、$\beta$-葡萄糖苷酶、蛋白酶、抗生素抗性蛋白等),设计简单灵敏的平板模型可以迅速筛选出克隆了上述蛋白编码基因的目的重组子。淀粉酶基因表达的淀粉酶可将不溶性的淀粉水解成可溶性的多糖或单糖,在固体筛选培养基中加入适量的淀粉,则平板呈不透明状,待筛选的重组菌落若能表达 $\alpha$-淀粉酶并将之分泌到细胞外,则酶分子在固体培养基中均匀扩散,会以菌落为中心形成一个透明圈。如果透明圈不甚明显,还可往培养平板上均匀喷洒碘水气溶胶使之形成蓝色本底,以增强目的重组子克隆与非目的重组克隆之间的颜色反差,易于辨认。利用同样的原理,也可设计出快速筛选含特定蛋白酶编码基因的重组克隆。

有些待克隆外源基因的编码产物可将受体细胞不能利用的物质转化为可利用的营养成分,如 $\beta$-半乳糖苷酶编码基因或氨基酸、核苷酸的生物合成基因,据此可设计营养缺陷型互补筛选模型,快速鉴定目的重组子。其具体做法是选择上述基因缺陷的细菌为受体,筛选培养基以最小培养基为基础,补加合适的外源基因产物为作用底物。例如,对于 $\beta$-半乳糖苷酶而言,补加乳糖。这样,凡是在选择培养基上长出的菌落理论上就是目的重组克隆。

抗生素抗性基因重组克隆的筛选则更为简单,只要选择对该抗生素敏感的细菌作为受体细胞,并在筛选培养基中添加适量的抗生素即可。然而应当注意的是,由于抗生素的存在往往会诱导受体细胞产生非特异性的广谱抗药性,因此在含抗生素的平板上生长的菌落未必都是该抗生素特异性抗性基因的重组克隆,此时一般需要做进一步的鉴定。其程序为:从获得的重组克隆中抽取相应的重组质粒,并对同一受体细胞进行二次转化,同时以载体质粒作对照。如果二次转化得到的菌落数比对照明显增多,则该重组质粒拥有特异性的抗性基因,否则重组分子中的外源 DNA 插入片段必定不是目的基因。另一种方法是将重组克隆挑到液体培养基中,然后不经培养稀释涂布在不含该抗生素的平板上,待菌落长出后,将之影印至另一含抗生素的平板上。若在影印过程中菌落全部生长,则基本上可以断定原重组克隆中含该抗生素的特异性抗性基因。上述两种鉴定方法的原理是基于抗生素的抗性诱导作用对受体菌而言是随机低频发生的,而真正克隆的抗性基因则赋予所有的受体细胞以抗性。

#### 2. 放射免疫原位检测法

这种方法的基本原理及操作程序与菌落原位杂交法非常相似,只不过后者采用核酸探针通过碱基互补形式特异性杂交目的 DNA 序列,而前者利用抗体通过特异性免疫反应搜寻目标蛋白质,因此使用放射免疫原位检测法筛选鉴定目的重组子的前提条件是外源基因在受体细胞中必须表达出具有正确空间构象的蛋白产物,同时应具备与之相对应的特异性抗体。放射免疫原位检测法的标准操作程序如图 2-41 所示:① 将聚乙烯薄膜或 CNBr 活化纸片覆盖在待检测的菌落平板上,制成影印件;② 利用氯仿气体或烈性噬菌体的气溶胶处理影印薄膜,裂解菌落,释放包括外源基因表达产物在内的细胞内含物,此时各种蛋白质分子均原位吸附在薄膜或纸片上;③ 经固定处理后的薄膜或纸片与含目标蛋白对应抗体的溶液保温一段时间,使抗原(待检测蛋白质)与抗体发生特异性免疫结合反应;④ 洗去薄膜未特异性结合的抗体分子,再与事先用同位素[125]I 标记的第二种抗体或金黄色葡萄球菌 A 蛋白溶液进行第二次保温,这种放射性的抗体或蛋白分子特异性地与抗原-抗体复合物中的第一种抗体结合,并指示出抗原所在的位置;⑤ 最后将薄膜感光 X 光胶片,并根据感光斑点位置在原始平板上挑出相应的目的重组子克隆。

用于最终检测的第二种抗体既可以用同位素标记,也可以事先将之与生物素共价偶联,在免疫结合反应完成之后,薄膜用含荧光分子的生物素结合蛋白处理,最终通过荧光感光 X 光胶片,这一过程与核酸探针的 ABC 标记法颇为相似。另外还可采用抗体的酶标技术,将第二抗体与一种特定的示踪酶(如碱性磷酸单酯酶)连为一体,与这种抗体-酶复合物溶液保温后的薄膜再用相应的化合物处理,后者在碱性磷酸单酯酶的作用下产生颜色反应,以此定位目的重组克隆。

放射免疫原位检测法远比探针原位杂交法复杂,它需要使用两种不同的抗体。第一种抗体必须具有与待检测蛋白质特异性的结合作用,但在大多数情况下,这种抗体很难通过免疫血清的方法获得足够的数量用于同位素直接标记。因此,通常的做法是将第一种抗体与一种特定的蛋白质用戊二醛交联,而这种特定蛋白质相应抗体的制备方法相当成熟,如兔血清白蛋白与第一种抗体结合后,所形成的蛋白复合物能特异性地为第二种抗体(即羊抗兔血清白蛋白抗体)所识别。

**3. 蛋白凝胶电泳检测法**

对于那些生物功能难以检测的外源基因编码产物,手头又没有现成的抗体做蛋白免疫原位分析实验,可以通过聚丙烯酰胺凝胶电泳对重组克隆进行筛选鉴定。从重组克隆中分别制备蛋白粗提液,以非重组子作对照进行蛋白凝胶电泳分析。如果克隆在载体质粒上的外源基因能高效表达,则会在凝胶电泳图谱的相应位置上出现较宽、较深的考马斯亮蓝染色带,由此辨认目的重组子。载体质粒上的选择性标记基因通常也会大量表达,但可通过与对照样品对比以及确定蛋白产物相对分子质量大小而排除。然而,如果外源基因表达率较低,则极有可能受体细胞内

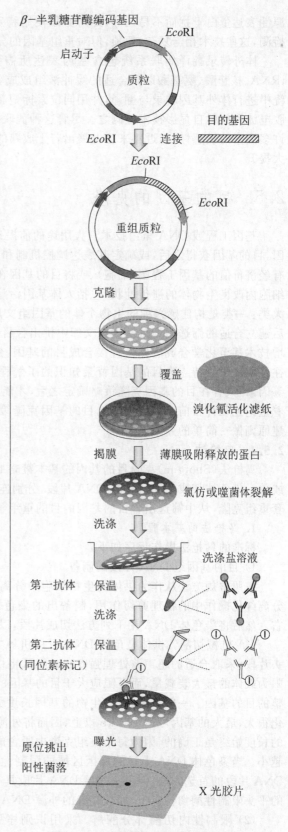

**图 2−41 放射免疫原位检测法程序**

源性表达蛋白干扰而不易区分,此时必须使用特殊受体细胞或体外基因转录翻译系统进行检测,这些技术相当复杂、烦琐,但对重组基因的分析鉴定相当重要。

体外转录翻译偶联系统包含基因表达所需要的所有因子,如 RNA 聚合酶、核糖体、tRNA、核苷酸、氨基酸以及合适的缓冲液组成成分。将严格分离纯化的重组质粒置入该系统中进行体外基因转录与翻译,并用同位素标记新生蛋白质,最终通过 SDS-聚丙烯酰胺凝胶电泳和放射自显影技术检测之。尽管这种偶联反应涉及多种成分的严格配比以及它们对许多因素的敏感性,但近年来已发展出若干成熟的体外蛋白质生物合成系统,使其可靠性大大提升。

# 2.5 目的基因的克隆

基因工程或 DNA 重组技术三大用途的前提条件是从生物体基因组中分离克隆目的基因,目的基因获得之后,或确定其表达调控机制和生物学功能,或建立高效表达系统,构建具有经济价值的基因工程菌(细胞),或将目的基因在体外进行必要的结构功能修饰,然后输回细胞内改良生物体的遗传性状,包括人体基因治疗。一般而言,目的基因的克隆策略分为两大类:一类是构建感兴趣的生物个体的基因组文库,即将某生物体的全基因组分段克隆,然后建立合适的筛选模型从基因组文库中挑出含目的基因的重组克隆;另一类是利用 PCR 扩增技术甚至化学合成法体外直接合成目的基因,然后将之克隆表达。这两大类策略的选择往往取决于对待克隆目的基因背景知识的了解程度、目的基因的用途以及现有的实验手段等因素,只有在目的基因克隆策略确定之后,才能制订基因克隆的各项单元操作方案。本节着重论述几种目前已相当成熟的目的基因克隆策略及其适用范围,最后对基因组文库的构建原则做一简单的介绍。

## 2.5.1 鸟枪法

鸟枪法(Shotgun)克隆目的基因的基本策略如图 2-42 所示,将某种生物体的全基因组或单一染色体切成大小适宜的 DNA 片段,分别连接到载体 DNA 上,转化受体细胞,形成一套重组克隆,从中筛选出含目的基因的目的重组子。

1. 鸟枪法的基本程序

标准的鸟枪法操作程序如下:

1) 目的基因组 DNA 片段的制备

按照常规方法从作为供体的生物细胞中分离纯化其染色体 DNA,在一般条件下,由于分离纯化操作中的物理剪切作用,制备出的染色体 DNA 片段平均大小在 100~200 kb 左右。然后将染色体 DNA 用下列方法切成片段,以便与载体分子进行体外重组。

(1) 机械切割。供体染色体 DNA 可用机械方法(如超声波处理等)随机切割成双链平头片段,采取合适的超声波处理强度和时间可将切割的 DNA 片段控制在一定范围内,其上限为载体的最大装载量,而下限应大于目的基因的长度,否则无法在一个重组克隆中获得完整的目的基因。一般来说,原核生物的基因长度大都在 2 kb 以内,真核生物的基因长度变化很大,最大的基因可达 100 kb 以上,因而将外源 DNA 片段处理成略小于载体装载量上限的长度始终是正确的,因为每个重组克隆中所含的外源 DNA 片段越大,后续筛选的规模就越小。当染色体 DNA 上目的基因区域的限制性酶切图谱未知时,机械切割是制备待克隆DNA 片段的首选方法,但由于这些 DNA 片段具有随机平头末端,因此必须插入载体 DNA 的平头限制性酶切位点上,而且克隆的外源 DNA 片段很难完整地从重组分子上卸下。

(2) 限制性内切酶部分酶解。采用识别序列为四碱基对的限制性内切酶(如 *Mbo*I、*Sau*3A、*Alu*I 等)部分降解染色体 DNA,也可获得大片段的 DNA 分子。由于这些限制性内

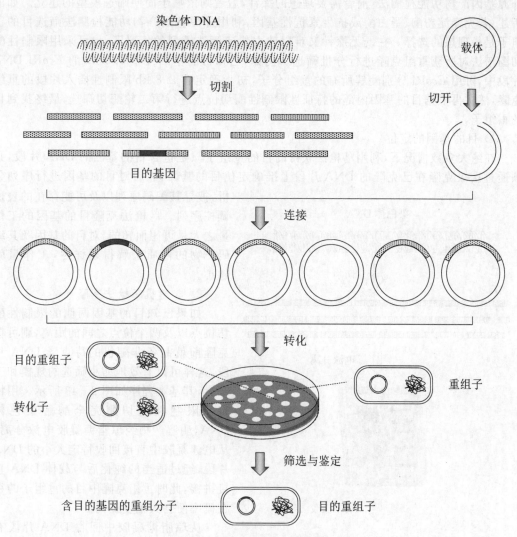

**图 2-42　鸟枪法克隆目的基因示意图**

切酶的识别顺序在任何生物基因组中频繁出现,因此只要采取合适的部分酶解条件同样可以获得一定长度的 DNA 随机片段,而且经部分酶解获得的 DNA 片段具有黏性末端,可以直接与载体分子拼接。

（3）特定限制性内切酶全酶解。如果染色体 DNA 中目的基因的两侧拥有已知的限制性内切酶识别位点,而且两者之间距离不超过载体装载量的上限,那么用这一种（或两种）限制性内切酶全酶解染色体 DNA 片段可能更为有利,所产生的 DNA 片段呈非随机性,在某些程度上可以简化后续的重组和筛选操作。同时,重组分子可用相同的限制性内切酶完全切下插入片段,这使得利用限制性酶切图谱法直接筛选目的重组子成为可能。

2）外源 DNA 片段的全克隆

根据外源 DNA 片段的末端性质及大小确定克隆载体,鸟枪法一般选择质粒或 λ-DNA 作为克隆载体,受体细胞大多选择大肠杆菌,只有当后续筛选必须采用外源基因表达产物检测法时才选择那些能使外源基因表达的相应受体系统。

3）目的重组子的筛选

从众多的鸟枪法克隆中快速检出目的重组子的最有效手段是菌落（菌斑）原位杂交法或

外源基因产物功能检测法,前者需要理想的探针,后者则依赖于简便筛选模型的建立。如前所述,若克隆淀粉酶、蛋白酶或抗生素抗性基因,利用外源基因产物功能检测法筛选目的重组子是最理想的选择。在既无探针又难以建立快速筛选模型的情况下,也可采用限制性酶切图谱法对所获重组克隆进行分批筛选。例如,已知目的基因位于 2.8 kb 的 EcoRI DNA 片段中,可用 EcoRI 分别酶解所有的重组分子,初步确定含 2.8 kb 限制性插入片段的重组克隆,然后再根据目的基因内部的特征性限制性酶切位点进行第二轮酶切筛选,最终找到目的重组子。

　　4) 目的基因的定位

　　在绝大多数情况下,利用鸟枪法获得的目的重组子只是包含目的基因的 DNA 片段,必须通过次级克隆在已克隆的 DNA 片段上准确定位目的基因,然后对目的基因进行序列分析,搜寻其编码序列以及可能存在的表达调控序列。鸟枪法克隆目的基因的工作量之大是可想而知的,对目的基因及其编码产物的性质了解得越详尽,工作量就越小。

　　2. 非随机鸟枪法克隆策略

　　如果已知目的基因两侧的限制性酶切位点以及两个位点之间的距离,则可在克隆前就制备非随机的待克隆 DNA 片段,这样可以有效地缩小筛选的规模和工作量,其基本程序如图 2 - 43 所示。用特定的限制性内切酶完全酶解染色体 DNA,酶解产物经琼脂糖凝胶电泳分离,从电泳凝胶中直接回收特定大小的 DNA 片段,经过适当的纯化后与载体 DNA 直接拼接,此时重组克隆中目的重组子的存在概率便会大幅度提高。

　　从琼脂糖凝胶中回收 DNA 片段有下列多种方法:

　　(1) 冻融法。从琼脂糖凝胶中切下对应于一定 DNA 相对分子质量大小的凝胶块,用无菌牙签捣碎,在 −20℃ 下冻融 2～3 次,破坏其凝胶网孔结构,释放 DNA 分子,高速离心后吸取水相,乙醇沉淀回收 DNA 片段。

　　(2) 滤纸法。在琼脂糖凝胶板上的相应相对分子质量条带前沿用无菌手术刀划开一条缝,将一合适大小的滤纸片插入其中,在紫外灯下继续电泳,直至所需回收的 DNA 样品迁移至滤纸上,然后反向电泳 1～2 s 以降低滤纸对 DNA 样品的吸附强度,迅速从凝胶上取下滤纸,然后将之固定在 Eppendorf 管中,高速离

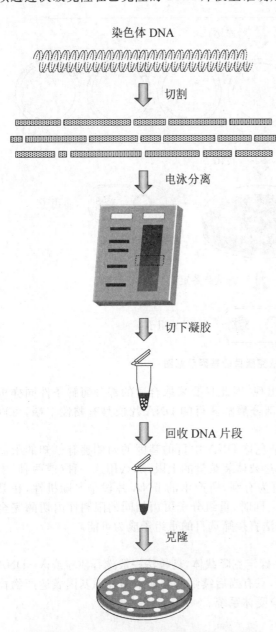

图 2 - 43　非随机鸟枪法克隆目的基因示意图

染色体 DNA

切割

电泳分离

切下凝胶

回收 DNA 片段

克隆

心,这时 DNA 样品水溶液从滤纸上脱离并进入离心管底部。如果 DNA 样品浓度较高,则可不经沉淀浓缩直接用于体外重组。

(3) 吸附法。用 5 mol/L 的 NaI 溶液溶解含待回收 DNA 片段的琼脂糖凝胶块,然后将之稀释,至 NaI 最终浓度低于 1 mol/L,用一种特殊的亲和介质吸附 DNA,并以高盐浓度的水溶液从介质上洗脱 DNA,沉淀回收。大多数凝胶回收试剂盒便是基于这种原理设计的。

(4) 破碎法。编者在 DNA 重组实验中摸索出一种较为简便有效的 DNA 回收程序:将凝胶块置于一个 Eppendorf 管中用无菌牙签捣碎,并用烧红的针头在 Eppendorf 管底部扎一小孔(越小越好),然后剪去离心管的上半部分,将之套在另一个 Eppendorf 管上,高速离心,此时凝胶块在通过小孔时其网孔结构已遭到不同程度的破坏。吸取上清液于另一个离心管中,剩余的凝胶碎片按照上述程序重复操作一次,合并两次上清液,沉淀浓缩。以此法回收 10 kb 以下的 DNA 片段,其回收率高达 70%,且 DNA 样品无需进一步纯化即可用于连接、酶切或缺口前移同位素标记反应。

(5) 低融点琼脂法。回收 DNA 片段需要使用昂贵的低融点琼脂糖凝胶,它在 37℃ 以上即融化,DNA 样品通常在 10℃ 左右进行电泳分离。凝胶块切下后加入适量的无菌水,然后加热至 37℃ 使之融化为均相。在一定的稀释度下,这种 DNA 溶液可直接用于连接反应。

3. 鸟枪法克隆目的基因的局限性

在一般情况下,利用探针原位杂交法筛选和检测重组质粒可以较为简便地获得目的基因片段,但若没有合适的探针可用,鸟枪法克隆目的基因的工作量很大,如同盲人打鸟,鸟枪法的名字由此而得。此外,鸟枪法与其说克隆目的基因,倒不如说是克隆含目的基因的 DNA 片段,如果目的基因用于构建高效表达系统,则需要的是其编码序列而非整个 DNA 片段,只有在其编码序列的上下游区域拥有特征性的酶切位点时,后续操作才能顺序进行,遗憾的是这种情况并不多见。最后,90% 以上的真核生物蛋白质基因都拥有内含子序列,这种真核基因不能在原核细菌受体细胞中表达,因此如果从真核生物中克隆目的基因并在原核细菌中高效表达,使用鸟枪法显然不合适。

### 2.5.2　cDNA 法

cDNA 是与 mRNA 互补的 DNA(Complementary DNA),严格地讲,它并非生物体内的天然分子。有些 RNA 肿瘤病毒能够通过其自身基因组编码的逆转录酶(即依赖于 RNA 的 DNA 聚合酶)将 RNA 反转录成 DNA,作为基因复制和表达的中间环节,但这种 DNA 分子并非是与特定 mRNA 相对应的 cDNA。将供体生物细胞的 mRNA 分离出来,利用逆转录酶在体外合成 cDNA,并将之克隆在受体细胞内,通过筛选获得含目的基因编码序列的重组克隆,这就是 cDNA 法克隆蛋白质编码基因的基本原理。

与鸟枪法相比,cDNA 法的优点是显而易见的。首先,cDNA 法能选择性地克隆蛋白质编码基因,而且由 mRNA 反转录合成的 cDNA 对特定的基因而言只有一种可能性,因此能大幅度缩小后续筛选样本的范围,减轻筛选工作量;其次,cDNA 法克隆的目的基因相当"纯净",它既不含基因的 5′端调控区,同时又剔除了内含子结构,有利于在原核细胞中表达;最后,cDNA 通常比其相应的基因组拷贝小数倍甚至数十倍,一般只有 2～3 kb 或更小,便于稳定地克隆在一些表达型质粒上。因此,利用 cDNA 法将真核生物蛋白质编码基因克隆在原核生物中高效表达,是基因工程普遍采取的策略。

1. mRNA 的分离纯化

从生物细胞中分离 mRNA 比分离 DNA 困难得多,mRNA 在细胞内尤其在原核细菌内的半衰期极短,平均只有数分钟,而且由于基因表达具有严格的时序性,供体细胞的生长阶段对相应 mRNA 的成功分离至关重要。此外,mRNA 在体外也不甚稳定,这对分离纯化过程和方法都提出了更高的要求。尽管如此,目前发展起来的基因表达检测技术以及 mRNA

高效分离方法已较圆满地解决了上述难题,即使目标 mRNA 在细胞中只存在 1～2 个分子也能由 cDNA 法成功克隆。

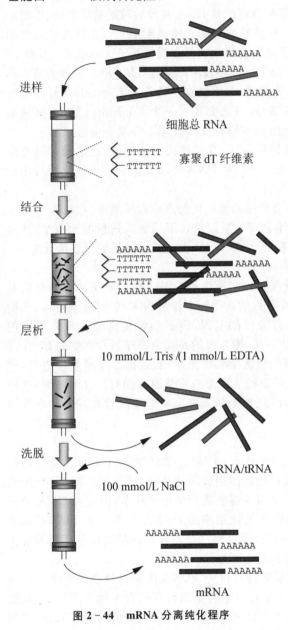

进样

细胞总 RNA

寡聚 dT 纤维素

结合

层析

10 mmol/L Tris /(1 mmol/L EDTA)

rRNA/tRNA

洗脱

100 mmol/L NaCl

mRNA

**图 2-44　mRNA 分离纯化程序**

绝大多数真核生物的 mRNA 在其 $3'$ 末端都拥有一个多聚腺苷酸(polyA)的尾巴,无论这种结构在细胞内的生物功能如何,客观上却为 mRNA 的分离纯化提供了极为便利的条件,利用它可以迅速将 mRNA 从细胞总 RNA 的混合物中分离出来,其程序如图 2-44 所示。将寡聚脱氧胸腺嘧啶核苷酸(oligo-dT)共价交联在层析介质上,制成相应的 mRNA 亲和层析柱,然后将细胞总 RNA 的制备物上柱层析分离,其中 mRNA 分子通过其polyA 结构与 oligo-dT 特异性碱基互补作用挂在柱上,而其他的非 mRNA 分子(如 tRNA、rRNA、sRNA)则流出柱外。最终用高盐缓冲液将 mRNA 从柱上洗下,从而纯化得到在细胞总 RNA 中含量只有 1%～2% 的 mRNA 流分。

由于基因表达的时序和程度不同,各种 mRNA 在细胞总 mRNA 中的丰度差异很大,例如珠蛋白、免疫球蛋白和卵清蛋白 mRNA 的丰度通常高达 50%～90%。这种高丰度的 mRNA 既可在 cDNA 合成前先经琼脂糖凝胶电泳分离,从亮度最大的区域中回收 mRNA,然后再进行 cDNA 合成和克隆,也可不经电泳分级分离直接合成并克隆 cDNA,或在 cDNA 合成之后进行电泳分级分离。对于绝大多数丰度低于 0.5% 的 mRNA(如干扰素、胰岛素、生长激素等蛋白的mRNA),则最好在 cDNA 合成之前进行特异性富集,以提高 cDNA 期望重组克隆的检出成功率,减少筛选工作量。低丰度 mRNA 的富集方法大致有蔗糖密度梯度离心分级分离以及特异性多聚核糖体免疫纯化两种。前者或依据低丰度 mRNA 的相对分子质量大小专一性回收目的 mRNA,或将离心管中的各梯度流分通过无细胞外体翻译系统分别检测目的 mRNA 的翻译产物,以此确定各种 mRNA 流分的取舍,从而获得高浓度目的 mRNA 的制备物;后者的一种方法则是利用特异性目的 mRNA 编码蛋白的抗体把正在合成新生多肽链的多聚核糖体吸附到金黄色葡萄球菌 A 蛋白-琼脂糖亲和层析柱上,然后用EDTA 将多聚核糖体解离下来,并通过 oligo-dT 层析柱分离目的 mRNA。这种方法可用于分离丰度只有 0.01%～0.05% 的 mRNA,但由于特异性抗体难以获得而限制了它的实用性。

2. 双链 cDNA 的体外合成

真核生物 mRNA 的 polyA 结构不但为 mRNA 分离纯化提供了便利,而且也使得 cDNA 的体外合成成为可能。将纯化的 mRNA 与事先人工合成的 oligo - dT(12～20 个核苷酸)退火,后者成为逆转录酶以 mRNA 为模板合成 cDNA 第一链的引物[图 2-45(a)]。逆转录酶以四种 dNTP 为底物,沿 mRNA 链聚合 cDNA 至 $5'$ 末端帽子结构处,完成 cDNA 第一链的合成。有时,逆转录酶会在接近 $5'$ 末端帽子结构途中停止聚合反应,尤其当 mRNA 分子特别长时这种现象发生的频率很高,导致 cDNA 第一链的 $3'$ 端区域不同程度的缺损。为了克服这一困难,发展出一种随机引物的合成方法,即事先合成一批 6～8 个核苷酸的寡聚核苷酸随机序列,以此替代 oligo - dT 为引物合成 cDNA 第一链,然后用 T4 - DNA 连接酶修补由多种引物合成的 cDNA 小片段缺口,最终的产物仍是 DNA - RNA 杂合双链。cDNA 第二条链的合成大致有以下三种方法:

(1) 自身引导法。cDNA 与 mRNA 的杂合双链通过煮沸或用 NaOH 溶液处理获得单链 cDNA,其 $3'$ 端随即形成短小的发夹结构,其机理不明。这种发夹结构正巧可作为 cDNA 第二条链合成的引物[图 2-45(b)],在 Klenow 酶和逆转录酶的共同作用下形成双链 cDNA 分子。理论上两种酶中的任何一种均可进行聚合反应,但常常会导致聚合中途停止,因为模板中可能存在着引起聚合反应中止的特殊序列,这种序列因聚合酶的性质而异,因此联合使用两种酶可最低程度地降低聚合反应的不完全性,获得长度完整的双链 cDNA。聚合反应结束后,用 S1 核酸酶去除发夹结构以及另一端可能存在的单链 DNA 区域,所形成的双链 cDNA 即可用于克隆。这种方法的缺点是 S1 核酸酶酶解条件难以控制,常常会将双链 cDNA 的两个末端切去几个碱基对,有时直接导致目的基因编码序列的缺失。

(2) 置换合成法。cDNA 第一链合成反应的产物 cDNA - mRNA 不经变性直接与 RNA 酶 H 和大肠杆菌 DNA 聚合酶 I 混合,此时 RNA 酶 H 在杂合双链的 mRNA 链上产生缺口(内切作用)并形成部分 cDNA 单链区(外切作用),DNA 聚合酶 I 则以残存的 mRNA 作为引物合成 cDNA 第二链,最后用 T4 - DNA 连接酶修复缺口[图 2-45(c)]。此方法的优点是 cDNA 双链合成效率高且操作简捷,无需对第一链合成产物进行额外的变性处理;但所获得的 cDNA 双链分子 $5'$ 端因 RNA 引物清除后无法填补,仍会存在末端的缺损。

(3) 引物合成法。在第一链合成完毕后,变性残留的 mRNA,用末端脱氧核苷酰转移酶(TdT)在 cDNA 游离的 $3'$ 羟基上添加同聚物(dC)末端,然后将之与人工合成的 oligo - dG 退火形成引物结构,在 Klenow 酶的作用下合成第二条 cDNA 链[图 2-45(d)]。这种方法能在一定程度上避免双链 cDNA 合成产物 $5'$ 端的缺损,而且因同聚尾的存在也便于 cDNA 与载体的连接。

3. 双链 cDNA 的克隆

上述方法合成的双链 cDNA 产物大都呈平头末端,根据所选用载体(通常是质粒或 λ - DNA)克隆位点的性质,双链 cDNA 或直接与载体分子拼接,或分别在 cDNA 和线性载体分子两个末端上添加互补的同聚尾,或在 cDNA 分子两端装上合适的人工接头,创造可从重组分子中回收克隆片段的限制性酶切位点序列,甚至还可在 cDNA 合成时就进行周密的设计,联合使用上述方法,其程序如图 2-46 所示。在人工合成 oligo - dT 引物的同时,于其 $5'$ 端接上含 SalI 识别序列的寡聚核苷酸片段,组成复合引物。该引物与 mRNA 退火后,在逆转录酶作用下合成 cDNA 第一链,然后用 NaOH 溶液水解杂合双链中的 mRNA 链,获得的单链 cDNA 用 TdT 添加 dC 同聚尾。cDNA 第二链采用引物合成法制备,所使用的引物是含 SalI 酶切位点和寡聚鸟嘌呤核苷酸的 DNA 单链片段,在 Klenow 酶的作用下,聚合反应分别在两条链上进行,最终形成两端各有一个 SalI 酶切口的双链 cDNA 分子,后者经 SalI 消化后即可直接克隆在常规大肠杆菌质粒(如 pUC 系列等)的相应位点上。

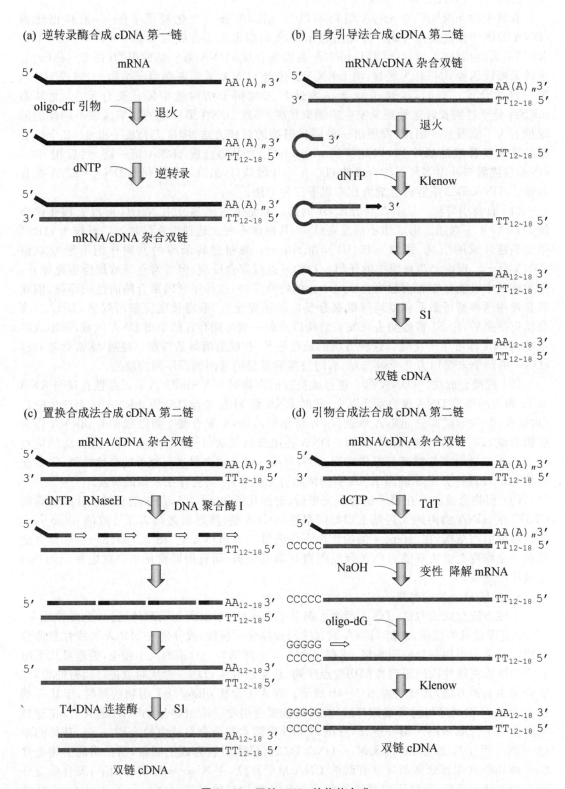

**图 2－45　双链 cDNA 的体外合成**

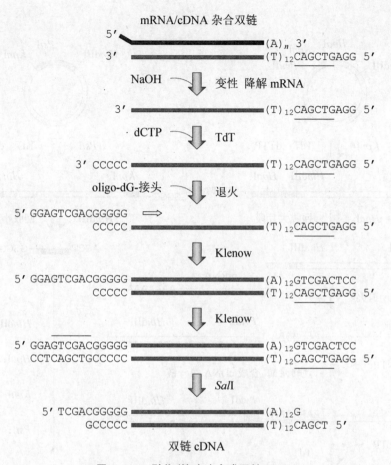

图 2-46　引物/接头法合成双链 cDNA

　　上述克隆程序都是先体外合成 cDNA 双链分子,然后再将之与载体 DNA 进行拼接。另一种方法则通过巧妙的设计,将 mRNA 直接黏附在特定的质粒载体上进行 cDNA 合成,从而使得 cDNA 合成与克隆融为一体,大幅度提高克隆效率,其程序如图 2-47 所示:① 用 *Kpn*I 使含一段 SV40 DNA 的 pBR322 重组质粒线性化,TdT 处理其两个 3′末端,添加 oligo-dT 尾,然后再用 *Hpa*I 切平一端。通过琼脂糖凝胶电泳和 oligo-dA-纤维素亲和层析分离一端含 dT 同聚尾而另一端为平头的质粒大片段;② 将 mRNA 与这个质粒大片段退火,由逆转录酶以 mRNA 为模板合成 cDNA 第一链。聚合反应结束后,即用 TdT 增补 dC 同聚尾,最终用 *Hind*III 切去质粒载体一端的 dC 同聚尾;③ 用 *Pst*I 切开另一个 pBR322 重组分子(含另一段 SV40 DNA 片段),同样用 TdT 处理其 3′末端,但这里增补的是 oligo-dG 尾,随后再用 *Hind*III 消化,电泳分离最小的 SV40 DNA 片段,其一端为 *Hind*III 黏性末端,而另一端为 dG 同聚尾;④ 将这个处理过的 SV40 DNA 小片段连接在含 mRNA-cDNA 杂合双链的重组质粒上,形成共价环状分子;⑤ 采取置换合成程序合成 cDNA 第二链,并用 T4-DNA 连接酶修复重组质粒上的所有缺口,即可直接转化大肠杆菌。

　　自 20 世纪 90 年代 PCR 技术(详见 2.5.3)普及以来,可将 mRNA 的逆转录与 PCR 技术相偶联,以高效特异性合成双链 cDNA 分子,此项技术称为 RT-PCR。

　　4. cDNA 重组克隆的筛选

　　常规的目的重组子筛选法均可用于 cDNA 重组克隆的筛选,其中较为理想的首推探针原位杂交法。但在某些情况下,探针并不容易或根本无法获得,此时可采用所谓的差示杂交

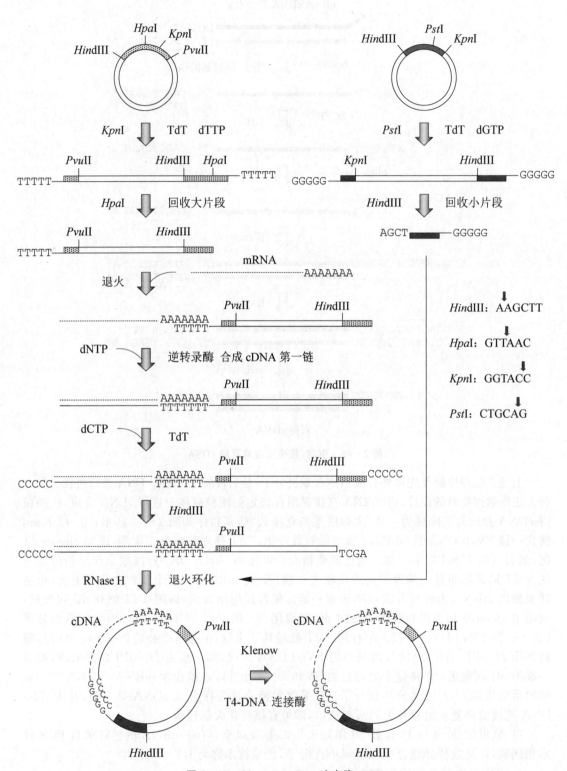

**图 2 - 47 Okayama - Berg 法克隆 cDNA**

法来筛选较为特殊的 cDNA 目的重组子,如某些组织特异性或时序特异性表达的目的基因等。差示杂交法筛选这种目的基因的策略是将细胞分成两大组,在一组中具备目的基因转录成相应 mRNA 的条件,而另一组中同样的目的基因并不表达,至于这个目的基因的序列或功能无须知道,图 2-48 是某个受生长因子控制的目的基因的差示杂交筛选程序。将细胞涂布在 A 和 B 两个培养皿上,在 A 中加入血清(含生长因子)使细胞生长一段时间后,分别从两组细胞系中分离纯化细胞总 mRNA,两种 mRNA 的制备物基本相同,只是来自 A 培养皿的制备物中含目的基因的 mRNA,而来自 B 培养皿的 mRNA 中则不含目的 mRNA。由 A 组 mRNA 合成 cDNA 并克隆之,形成 cDNA 重组克隆,用硝酸纤维素薄膜复制两份。同时分别由 A、B 两组 mRNA 制备放射性 cDNA 探针,然后杂交经过处理后的硝酸纤维素薄膜,并对两张放射自显影 X 光胶片进行原位比较。凡是在 A 组 cDNA 探针杂交膜上存在、而在 B 组 cDNA 探针杂交膜上不出现的相应 cDNA 重组克隆,必定含目的基因,并可从原始 cDNA 重组克隆平板的相应位置上分离得到。

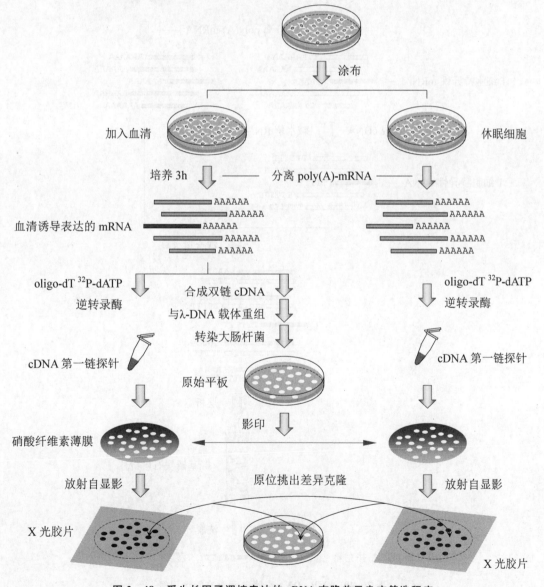

图 2-48　受生长因子调控表达的 cDNA 克隆差示杂交筛选程序

上述方法对筛选表达水平较高的目的基因颇为有效,但在分离由低丰度 mRNA 克隆的 cDNA 重组子时相当困难。一种改进的程序如图 2-49 所示。T 淋巴细胞受体(TCR)通常只在 T 淋巴细胞中少量表达,而在 B 淋巴细胞中根本不表达。从 T 细胞中制备总 mRNA,并合成相应的 cDNA 第一链,然后与 B 细胞中制备的总 mRNA 退火杂交。由于两种淋巴细胞 mRNA 的差别是 TCR mRNA 存在与否,因此在上述杂交物中来自 T 细胞的 TCR cDNA(即目的 mRNA 的 cDNA)为单链形式,其余均为 mRNA - cDNA 的杂交双链。将这种杂交混合物用特异性吸附双链核酸的羟基磷灰石层析柱分离,流出的是 TCR 单链 cDNA,将其作为探针重新杂交 T 细胞 cDNA 重组克隆,可筛选出含 TCR 编码基因的目的重组子;或者由 TCR 单链 cDNA 合成 cDNA 双链,并直接克隆在载体上。

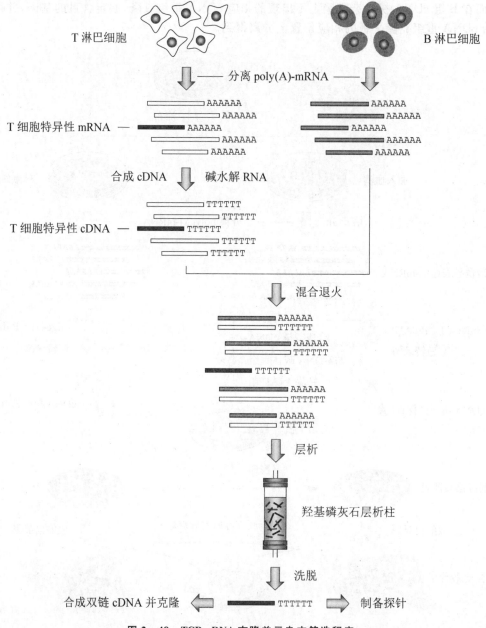

**图 2-49 TCR cDNA 克隆差示杂交筛选程序**

### 2.5.3　PCR 扩增法

PCR 扩增技术即聚合酶链反应(Polymerase Chain Reaction),由穆勒斯(Kary Mullis)在 20 世纪 80 年代中期发明,利用这项技术可从痕量的 DNA 样品特异性快速扩增某一区域的 DNA 序列。从目的基因的分离克隆角度上讲,PCR 扩增法比目前已经建立起来的任何方法都更简便、快速、有效和灵敏。

**1. PCR 扩增 DNA 的基本原理**

PCR 扩增技术的实质是根据生物体 DNA 的复制原理在体外合成 DNA,这一反应同样需要 DNA 单链模板、引物、DNA 聚合酶、4 种三磷酸脱氧核苷酸(dNTP)以及缓冲系统,并包括 3 步程序(图 2-50):① 将待扩增双链 DNA 加热变性,形成单链模板;② 2 种不同的单链 DNA 引物分别与两条单链 DNA 模板退火;③ DNA 聚合酶从两个引物的 3' 羟基端按照模板要求合成新生 DNA 链,由此构成一轮复制反应。重复上述操作 $n$ 次,理论上即可从一分子的双链 DNA 扩增至 $2^n$ 个分子,也就是说,经过 42 轮反应后,从一个分子的 1 kb DNA 片段即可得到 1 μg 的相同 DNA 样品,而完成整个扩增反应只需 3 h。

PCR 扩增 DNA 特定靶序列一般需要知道待扩增 DNA 区域两侧 16~24 bp 的序列,由此合成两种引物,并靠它们在待扩增 DNA 区域上的准确定位实现扩增反应的特异性,这种特异性与待扩增 DNA 区域内的序列无关。在第一轮 DNA 聚合反应中,新生链的长度通常大于双引物之间的距离,也就是所谓的聚合过头。但在第二轮反应中,两种引物既可与原 DNA 模板结合,其合成产物与第一轮反应相同;同时也可与新生链退火,此时形成的扩增产物已是以双引物为边界的特异性 DNA 片段,该分子在后续的扩增反应中作为模板,

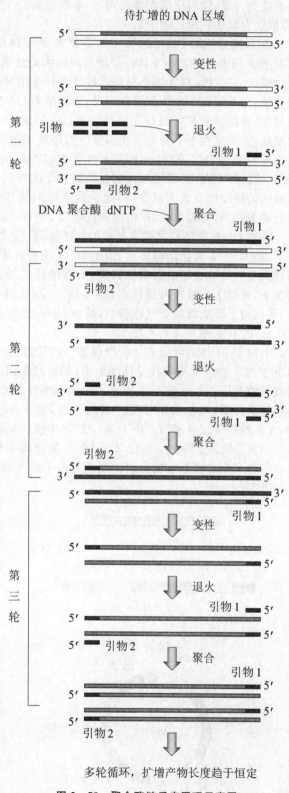

图 2-50　聚合酶链反应原理示意图

所形成的产物均为同一序列的 DNA 片段。因此在 PCR 扩增的前几轮反应中,产物的大小并不完全一致,随着反应次数的增加,非期望的 DNA 分子比例急剧下降,直到可以忽略不计(但依然存在于扩增产物中)。

PCR 高速扩增 DNA 的另一个前提条件是热稳定性 DNA 聚合酶的发现和使用。在 PCR 技术问世之初,DNA 体外扩增反应由大肠杆菌 DNA 聚合酶催化,这种酶热不稳定,而每轮反应必须将反应物加热至接近沸腾以产生单链模板,因此每轮反应必须补加一次 DNA 聚合酶,这不但极不经济和操作烦琐,而且随着 DNA 聚合酶的多次加入,反应体系的黏度越来越大,最终导致扩增反应无法持续进行。PCR 技术的普及得益于 Taq 高温 DNA 聚合酶的发现,该酶发现于一种生长在温泉中的嗜热细菌水生栖热菌(*Thermus aquaticus*)中,其最适反应温度为 72℃,却可在 95℃连续保温过程中仍保持活性,因而无须在每轮反应中补加新酶,这使得 PCR 扩增得以连续自动进行。此外,引物可在较高的温度下退火,使得引物与模板间的错配机会大大减少,因此扩增反应的特异性和有效性(即扩增产量)也大为改观。在上述条件下,每轮 PCR 扩增反应仅需要 3~6 min。

虽然 DNA 靶序列指数式扩增的效率极高,但这一过程并非永无止境。在正常的反应条件下,经 25~30 轮扩增循环后,由于 DNA 模板分子数的增多,Taq DNA 聚合酶的酶量便逐渐成为反应持续进行的限制性因素,如需继续扩增,或将反应系统稀释,或补加新酶。一般情况下,采取上述措施可进行多达 60 轮反应,此时 DNA 样品的靶序列已扩增至 $10^{12}$ 倍以上,足以用于琼脂糖凝胶电泳检测,甚至 DNA 序列分析。

2. PCR 扩增产物的克隆

利用 PCR 技术可以大量扩增包括目的基因在内的特定 DNA 靶序列,但在某些情况下,PCR 扩增产物仍需克隆在受体细胞中,如目的基因的高效表达和永久保存等。有时目的基因或目的基因组长达数万碱基对,用 Taq DNA 聚合酶难以一次扩增这种全长的目的基因。在这种情况下,通常采用分段扩增的方法,以 1~2 kb 为一个扩增单位,然后将多个扩增 DNA 片段拼接成全基因。PCR 单一扩增单位的克隆有如下方式:

(1) T 载体克隆法。在用 Taq DNA 聚合酶进行 PCR 扩增时,扩增产物的两个 3′端往往会各含一个非模板型的突出碱基 A。由于该突出碱基的存在,克隆时既可以采用 TdT 末端加同聚尾的方法与载体拼接,也可以使用一种专门的线形载体,即如图 2-51 所示的 T 载体(来自 pUC18/19)。如果用于扩增反应的引物末端是非磷酸化的,则扩增产物首先需用 T4-核苷酸磷酸激酶将其 5′端磷酸化,然后才能与 T 载体连接。然而在实际操作过程中,为了提高重组率及回收克隆片段,往往在双引物合成前已将合适的限制性酶切位点设计进去,使得扩增产物经相应的限制性内切酶处理后能方便地与任意载体 DNA 拼接。有时甚至还可利用 PCR 扩增技术直接更换预先已克隆在载体上的目的基因两端的酶切位点,例如将期望的酶切位点与引物互补序列设计在一起,而后者既可选择目的基因两端的内部序列,亦可采用载体克隆位点外侧的

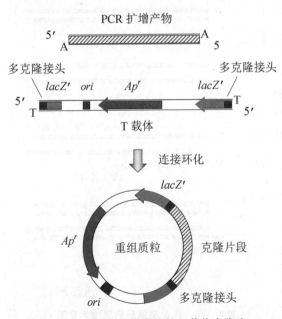

图 2-51  PCR 扩增产物的 T 载体克隆法

DNA 序列。扩增后的 DNA 产物经酶切后,再次克隆到另一种载体上,显然这种方法比传统更换酶切口的程序更为精确。

(2) In-Fusion 克隆法。PCR 扩增产物甚至还能在一种特殊的 In-Fusion 酶作用下直接与任意载体拼接,此时待克隆片段两端无须限制性酶切口,重组过程也不需要 DNA 连接酶。事实上,这种 In-Fusion 克隆程序模拟的是广泛存在于细胞内的 DNA 同源重组过程,因此要求待克隆片段两端分别包含至少 15 bp 与载体克隆位点相同的序列(即同源序列),具体操作原理如图 2-52 所示。In-Fusion 克隆程序不会产生冗余序列,同时也允许多片段克隆,因此具有很高的实用性。

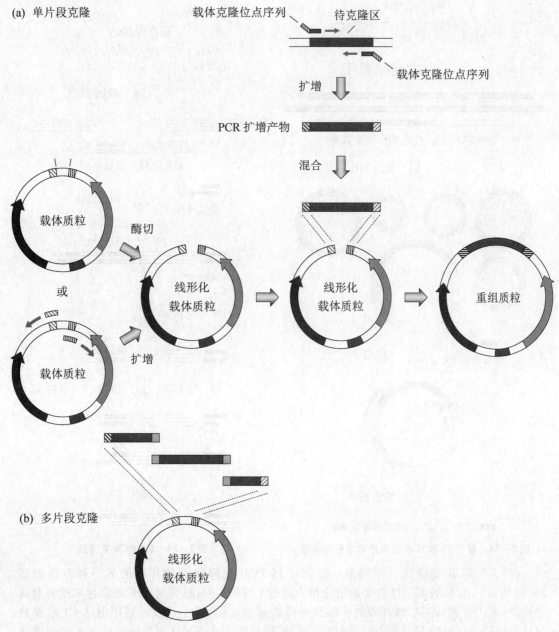

**图 2-52　PCR 扩增产物的 In-Fusion 克隆法**

（3）染色体缓移克隆法。PCR 技术不仅能扩增两段已知序列之间的 DNA 区域,而且还可克隆一段已知序列外侧相邻的 DNA 区域,其设计程序如图 2-53 所示。用一种合适的限制性内切酶切开染色体 DNA,使得含已知序列的限制性片段长度小于 PCR 扩增的极限长度,连接环化该 DNA 片段。根据已知序列合成两种引物分子,并以此引导 PCR 扩增反应。最终产物为双链线状 DNA 片段,其两端为部分已知序列,中部为位于已知序列两侧的 DNA 片段,两者的分界线就是第一步中用于切割染色体 DNA 的限制性酶切位点。如果分别以上述扩增获得的 DNA 片段外侧末端为已知序列重复上述操作,即可双向扩增和克隆更远处的染色体 DNA 片段,因此这一程序称为染色体缓移法。

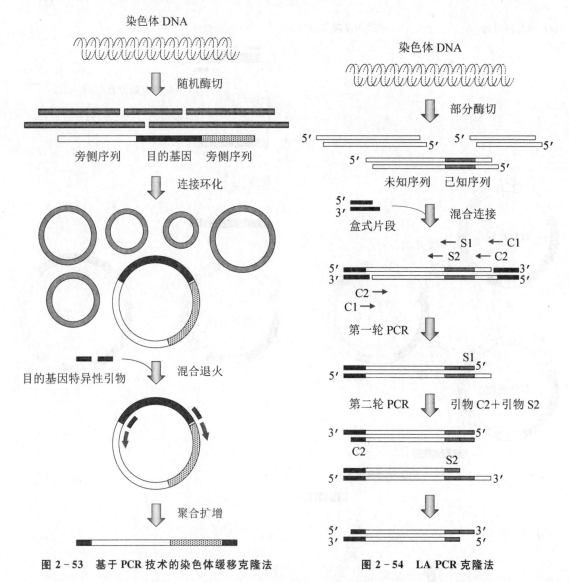

图 2-53 基于 PCR 技术的染色体缓移克隆法　　　图 2-54 LA PCR 克隆法

（4）LA PCR 克隆法。根据单一已知序列 PCR 克隆其旁侧序列的另一种方法如图 2-54 所示。用 E 的限制性内切酶消化待克隆的 DNA 片段;然后与含 E 酶黏性末端的盒式小片段(人工合成)连接,该片段的 5′端没有磷酸基团;以盒式小片段的通用引物 C1 以及根据已知序列设计的特异引物 S1 进行第一次 PCR 反应。由于从 C1 开始的延伸反应在连接处终止,限制了两个 C1 引物之间的扩增,从而大大降低了非特异性 PCR 扩增,只有从 S1 开始延伸合成的 DNA 链才能成为 C1 的模板,进行旁侧 DNA 区域的特异性扩增;取一部分上述 PCR 反应液作为模板,以内侧引物 C2 和 S2 进行第二次 PCR 反应,便可高效扩增获得已知序列的旁侧 DNA 区域。这种程序称为 LA PCR。

(5) RACE 克隆法。与上述情形相似,在以 mRNA 为初始模板、以逆转录酶合成 cDNA 第一链、最终以 PCR 技术扩增 cDNA 双链分子的 RT - RCR 过程中,同样会遇到由已知的部分 mRNA 或 cDNA 序列如何克隆完整 cDNA 的问题,而 cDNA 末端快速扩增(Rapid Amplification of cDNA Ends,RACE)技术是解决这一问题的有效方法。RACE 的总体思路是:首先从已知序列的 $3'$ 和 $5'$ 端实施双向 PCR,然后再将这两段含重叠序列的 $3'$ 和 $5'$ RACE 产物进行拼接,由此获得全长 cDNA;或者依据 RACE 产物的 $3'$ 和 $5'$ 末端序列设计引物,扩增出全长 cDNA。因此,RACE 技术有 $3'$ RACE 和 $5'$ RACE 之分。RACE 引物的设计如图 2 - 55(a)所示。$Q_1$ 引物含酶切位点;$Q_0$ 与 $Q_1$ 通过一个核苷酸重叠,两者组合后再加上 oligo - dT 便构成锚定引物 $Q_T$($5'-Q_0-Q_1-$TTTT$-3'$);$GSP_1$ 和 $GSP_2$ 分别是基因的两条特异性引物。进行 $3'$ RACE 时,先利用锚定引物 $Q_T$ 与 mRNA $3'$ 端的 polyA 配对,逆转录出 $3'$ 端完整的 cDNA 第一链;然后以 $Q_0$ 和 $GSP_1$ 为引物、cDNA 第一链为模板进行第一轮 PCR 扩增,得到双链 cDNA;最后再用嵌套引物($Q_1$ 与 $GSP_2$)进行第二轮 PCR 扩增,以防止非特异性扩增产物的形成[图 2 - 55(b)]。$5'$ RACE 与 $3'$ RACE 略有不同[图 2 - 55(c)],利用基因特异性引物(GSP - RT)以 mRNA 为模板合成 cDNA 第一链,以富集与已知基因片段互补的所有不同长度的 cDNA(使延伸至 $5'$ 末端的潜力达到最大);然后使用 TdT 在 cDNA 第一链的 $3'$ 端加 polyA 尾,再以 $Q_T$ 引物合成 cDNA 第二链;随即用 $Q_0$ 与 $GSP_1$ 扩增 cDNA;最终以嵌套引物进行第二轮 PCR 扩增。

利用 Taq DNA 聚合酶扩增 DNA 片段的缺陷是产物容易发生序列错误,造成 PCR 准确性较低的原因有两个:① 在体外进行 DNA 聚合反应,由于脱离了体内较为完善的 DNA 合成纠正系统,脱氧核苷酸掺入的错误率自然比体内高。生物体内 DNA 聚合反应的误配率约为 $10^{-9}$,而体外用大肠杆菌 Klenow 酶催化相同反应,误配率高达 $10^{-4}$;② Taq DNA 聚合酶由于缺乏校正功能,其错误掺入率比 Klenow 还要高 4 倍,也就是说,对于一个 1 kb 长的 DNA 靶序列经 30 轮 Taq DNA 聚合酶循环反应后,扩增产物的出错率可达 2.5 个碱基对。这些错误的掺入可以发生在扩增产物的任何位点,既有颠倒或转换,也有单碱基缺失或插入。如果扩增产物仅仅作为 DNA 靶序列在样品中存在与否的证据,或者用作探针进行常规的检测筛选实验,则无关紧要;但若将扩增产物进一步克隆,并选取一个单一重组克隆用于表达,那么就有可能得到的是一种含错误序列的 DNA 片段。碱基错误掺入发生得越早,含错误序列的 DNA 分子比率就越高,因此利用 PCR 法克隆的目的基因必须通过序列分析对其进行验证。遗憾的是,有时目的基因的序列并非已知。为了克服这一难题,发展了多种高保真的 DNA 聚合酶系统,如 Taq DNA 聚合酶的变体 Taq PlusII,其碱基错配率下降至 $10^{-6}$,而且其聚合效率也大为增强,一次可扩增长达 30 kb 的 DNA 靶序列,这是 PCR 法克隆真核生物基因的理想系统。

3. PCR 扩增技术的应用

PCR 技术的应用范围极广,除了上述的目的基因分离与克隆之外,大致有下列几个方面:① 扩增 DNA 靶序列并直接测序。PCR 技术通常用于扩增 DNA 靶序列产生双链分子,然而采取不对称性扩增方案可选择性地从 DNA 样品中富集某一区域的单链 DNA,并直接用于双脱氧末端终止法测序反应,其程序如图 2 - 56 所示。不对称性 PCR 扩增的关键在于双引物的分子数之比悬殊极大,一般为 1:100。在开始的几轮扩增反应中,两种引物均可指导合成各自相应的 DNA 新生链,但随着双链扩增产物的增多,含量少的引物逐渐成为相应 DNA 链合成的限制因素,于是 DNA 扩增趋向单链化,最终使得扩增产物单双链 DNA 分子

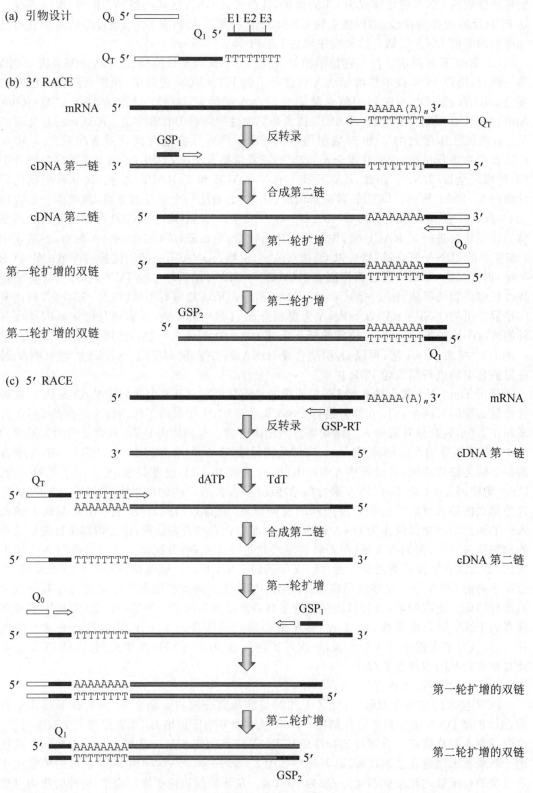

**图 2-55 RACE 克隆法**

比高达 $10^{10}$：1，这种方法显然要比 M13 克隆系统简便得多。② DNA 靶序列的突变分析。如果 DNA 靶序列发生较大范围的插入或缺失突变，则 PCR 扩增产物的大小就会发生改变，从而确定突变的位置。另外，只要任何一种引物相对应的 DNA 模板上发生大面积的缺失，则扩增反应根本不能进行，这是识别缺失突变的又一种方法。对于点突变的检测，通常需要进行两组平行的扩增反应，两组反应均使用相同的引物系统，包括引物 A、引物 B 和引物 B′，其中 B 和 B′ 的序列只有一个碱基的差异。在一组反应中，引物 B 用同位素标记，而另一组反应中 B′ 被标记。在扩增反应进行过程中，能与模板链完全配对的引物 B 或 B′ 所合成的 DNA 比含错配碱基的竞争者多，因此根据两组扩增产物的放射性比活性高低，即可检测出样品 DNA 的靶序列的点突变。③ 痕量 DNA 样品的检测与分析。利用 PCR 技术可以从痕量的血迹、毛发、单个细胞甚至保存了几千年的木乃伊中复制大量的 DNA 样品，供进一步分析鉴定之用，因而在疾病诊断、刑事侦查、物种的分子生物进化学研究等领

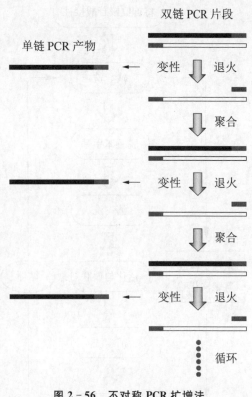

**图 2 - 56　不对称 PCR 扩增法**

域发挥着不可替代的作用。④ DNA 的定点突变。在引物中引入特定的非互补碱基（即突变引物），通过后者与 DNA 模板的非完全互补，扩增获得含突变碱基的 DNA 序列（详见 7.2.5）。

## 2.5.4　化学合成法

如果目的基因的全序列是已知的，则可以利用化学合成法直接合成。随着核酸有机化学技术的发展，目前已能利用 DNA 合成仪自动合成不超过 50 个碱基的、任何特定序列的寡聚核苷酸单链。一方面，这种化学合成的 DNA 单链小片段可直接用作核酸杂交的探针、分子克隆的人工接头以及 PCR 扩增的引物；另一方面，由序列部分互补或全互补的一套寡聚核苷酸单链样本，通过彼此退火可直接装配成双链 DNA 片段或基因。化学合成目的基因的一个不可替代的优势是，根据受体细胞蛋白质生物合成系统对密码子使用的偏爱性，在忠实于目的基因编码产物序列的前提下，更换密码子的碱基组成，从而大幅度提高目的基因尤其是真核生物基因在原核受体中的表达水平，因此 DNA 的化学合成是分子生物学的一项重要技术。

### 1.　寡聚核苷酸单链的化学合成

早期寡聚核苷酸单链的合成均在液相中进行，由于每聚合一个核苷酸均需将产物从反应混合物中分离出来，整个操作既耗时效率又低。在缩合反应进行前，单体核苷酸腺嘌呤、鸟嘌呤和胞嘧啶碱基上的氨基必须分别用苯甲酰基、异丁醛基和苯甲酰基团加以保护，以防止在核苷酸缩合反应过程中发生不必要的副反应；而胸腺嘧啶则无须处理，因为它不含氨基活性基团。DNA 固相合成法是将第一个核苷酸固定在固体颗粒表面，这样新合成的寡聚核苷酸链产物即以固相形成存在于反应系统中。每一步化学反应中所加入的试剂均能快速简便地洗去，同时反应试剂可以大大过量，以保证每步反应几乎进行完全。DNA 固相合成技术的建立大大简化了产物的分离程序，并使 DNA 合成的连续化和自动化成为可能，目前的

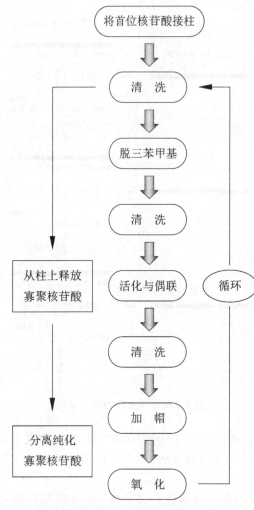

图 2-57 寡聚核苷酸的化学合成流程

DNA 全自动合成仪大多采用磷酸亚酰胺固相合成的工作原理。

寡聚核苷酸化学合成的整个流程如图 2-57 所示。用于固定合成产物的物质为一种孔径可控的玻璃珠（CPG），其表面接有一段烷烃长臂。寡聚核苷酸的第一个单体以核苷酸的形式通过其 3′ 位的羟基与长臂末端的羧基进行酯化反应，共价交联在玻璃珠上，单核苷酸的 5′ 位羟基则用二甲氧基三苯甲基（DMT）保护，以确保核苷在交联反应中的位点特异性。与生物体内 DNA 酶促聚合反应不同的是，固相磷酸亚酰胺化学合成法使用 3′-亚磷酸核苷作为链增长的单体，其 5′ 位羟基以 DMT 基团保护，而 3′ 位亚磷酸则分别为甲基和二异丙基氨基基团修饰，形成磷酸亚酰胺酯核苷酸（图 2-58）。

当第一个核苷酸连在 CPG 上后，循环反应开始进行：首先装有 CPG 的反应柱用无水试剂（如乙腈）彻底清洗，除去水分以及可能存在的亲核试剂，然后用三氯乙酸（TCA）除去第一个核苷 5′ 位上的 DMT 保护基（脱三苯甲基化反应），产生具有反应活性的 5′ 游离羟基；反应柱再用乙腈清洗，除去 TCA，并用氩气赶掉乙腈；第二个核苷以其磷酸亚酰胺酯的形式在四唑化合物的存在下，与第一个核苷游离的 5′ 羟基发生缩合反应，形成亚磷酸三酯二核苷酸，此处四唑化合物的作用是激活磷酸亚酰胺酯键，未反应的磷酸亚酰胺酯核苷和四唑化合物用氩气鼓泡去除。由于并非所有固定在玻璃珠上的第一个核苷均能在第一次缩合反应中接上第二个核苷衍生物，因此它极有可能在第三轮反应中参与和第三个核苷衍生物的缩合，导致最终产物链长和序列的不均一性。为了克服这一困难，固定在玻璃珠上的反应产物必须用乙酸酐和二甲氨基吡啶封闭未反应的 5′ 位羟基，即使其乙酰化。在上述缩合反应中，两个核苷以亚磷酸三酯键连接在一起，这种结构不稳定，在酸碱的作用下极易断裂，因此需要用碘将之氧化成磷酸酯结构，至此完成了聚合一个核苷的全部反应。经过 $n$ 个循环后，新合成的寡聚核苷酸链上共有 $(n+1)$ 个碱基，每个磷酸三酯均含一个甲基基团，每个鸟嘌呤、腺嘌呤和胞嘧啶都携带相应的氨基保护基团，而最后一个核苷的 5′ 末端则为 DMT 封闭。

最终产物的获得需经下列四步反应：① 化学处理反应柱，除去磷酸三酯结构中的甲基，并将其转化为 3′-5′ 磷酸二酯键；② 用苯硫酚脱去 5′ 末端上的 DMT，并用氢氧化铵浓溶液将寡聚核苷酸链从固相长臂上切下，洗脱收集样品；③ 再用氢氧化铵浓溶液在加热条件下去除所有碱基上的各种保护基团，真空抽去氢氧化铵；④ 由于每步合成反应不可能全部达到终点，所获得的产物片段长短不一，因此需用高压液相色谱进行分离，相对分子质量最大的即为所需产物。

最终产物的总收率与每次缩合反应的效率以及产物的长度密切相关。如果每步缩合反应的效率为 99%，则由 20 种单体组成的寡聚核苷酸的最终收率为 82%（即 $0.99^{19} \times 100\%$），60 聚体的最终收率为 55%，而一次合成 999 个碱基组成的单链 DNA 的最终效率仅为 0.004%。目前 DNA 自动合成仪的一次缩合反应效率均高达 98% 以上，因此为了便于最终产物的分离纯化，在满足实验要求的前提下，单链寡聚核苷酸应设计得尽可能短，这是 DNA 合成的一条重要原则。

2. 目的基因的化学合成

目的基因的化学合成实质上是双链 DNA 的合成。对于 60～80 bp 的短小目的基因或 DNA 片段，可以分别直接合成其两条互补链，然后退火即可；而合成大于 300 bp 的长目的基因，则必须采用特殊的战略，因为一次合成的 DNA 单链越长，收率越低，甚至根本无法得到最终产物，因此大片段双链 DNA 或目的基因的合成通常采用单链小片段 DNA 模块拼接的方法，它有三种基本形式：

（1）小片段拼接法［图 2－59(a)］。将待合成的目的基因分成若干小片段，每段长 12～15 个碱基，两条互补链分别设计成交错覆盖的两套小片段，然后化学合成之，最后退火形成双链 DNA 大片段。若一个目的基因长 500 bp，则每条链各由 30～40 个不同序列的寡聚核苷酸组成，总计合成 60～80 种小片段产物，将之等分子混合退火。由于互补序列的存在，各寡聚核苷酸小片段会自动排序，最后用 T4－DNA 连接酶修补缺口处的磷酸二酯键。这种方法的优点是化学合成的 DNA 片段小，收率较高，但各段的互补序列较短，容易在退火时发生错配，造成 DNA 序列的混乱。

（2）补钉延长法［图 2－59(b)］。将目的基因的一条链分成若干 40～50 个碱基大小的片段，而另一条链则设计成与上述大片段交错互补的小片段（补钉），约 20 个碱基长。两组不同大小的寡聚核苷酸单链片段退火后，用 Klenow 酶将空缺部分补齐，最

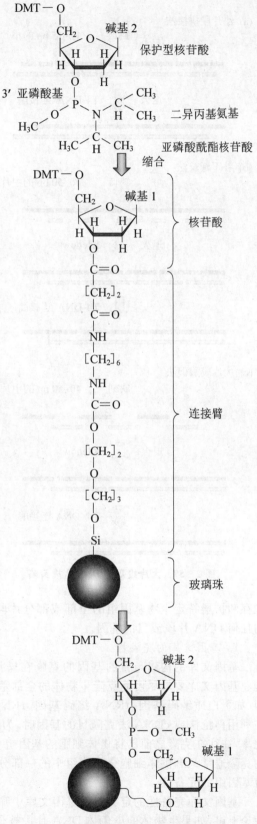

图 2－58　寡聚核苷酸固相合成示意图

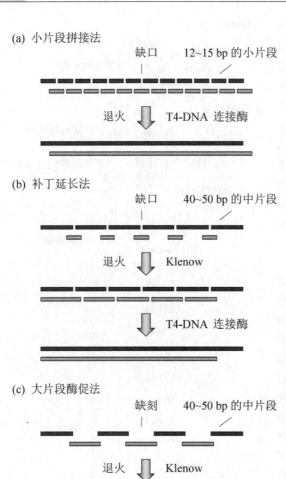

(a) 小片段拼接法

缺口　12~15 bp 的小片段

退火　T4-DNA 连接酶

(b) 补丁延长法

缺口　40~50 bp 的中片段

退火　Klenow

T4-DNA 连接酶

(c) 大片段酶促法

缺刻　40~50 bp 的中片段

退火　Klenow

T4~DNA 连接酶

**图 2-59　大片段双链 DNA 合成策略**

后再用 T4－DNA 连接酶修复缺口。这种化学合成与酶促合成相结合的方法可以减少寡聚核苷酸片段的合成工作量，同时又能保证互补序列的长度，是目的基因化学合成常采用的策略。

（3）大片段酶促法[图 2-59(c)]。将目的基因两条链均分成 40~50 个碱基长度的单链 DNA 片段，分别进行化学合成，然后用 Klenow 和 T4－DNA 连接酶补平。这种方法虽然需要合成较大片段的寡聚核苷酸单链，但拼接模块数大幅度减少，较适用于较大的目的基因合成。

在目的基因化学合成前，除了按上述三种方法对模块大小及序列进行设计外，通常在每条链两端的模块中额外加上合适的限制性酶切位点序列，这样合成好的双链 DNA 片段只需用相应的限制性内切酶处理即可方便地克隆到载体分子上进行表达。

### 2.5.5　基因文库的构建

基因文库（Gene libary 或 Gene bank）是指某一特定生物体全基因组的克隆集合。基因文库的构建就是将生物体的全基因组分成若干 DNA 片段，分别与载体 DNA 在体外拼接成重组分子，然后导入受体细胞中，形成一整套含有生物体全基因组 DNA 片段的克隆，并将各克隆中的 DNA 片段按照其在细胞内染色体上的天然序列进行排序和整理，因此某一生物体的基因文库实质上就是一个基因银行。人们既可以通过基因文库的构建

贮存和扩增特定生物基因组的全部或部分片段，同时又能在必需时从基因文库中调出其中的任何 DNA 片段或目的基因。

1. 基因文库的完备性

基因文库的构建与目的基因的克隆在操作程序上基本一致，但两者的目的有所不同。构建基因文库要求尽可能克隆生物体的全部基因组 DNA，或者基因组中同种性质的全部基因（如蛋白质编码基因、tRNA 编码基因、rRNA 编码基因），而后者只要求克隆目的基因。在利用鸟枪法或 cDNA 法克隆目的基因时，为了最大限度地提高目的重组子在重组子中的比率，往往在克隆之前已将供体细胞的基因组 DNA 片段或 mRNA 进行分级分离，由此获得的克隆通常只含供体细胞全基因组中的一部分 DNA 片段，也就是说，这些克隆的集合不具有基因组的完备性。

基因文库完备性的定义是从基因文库中筛选出含特定目的基因的重组克隆的概率。从理论上讲，如果生物体的染色体 DNA 片段被全部克隆，并且所有用于构建基因文库的 DNA

片段均拥有完整的基因,那么这个基因文库的完备性为 1。但在实际操作过程中,上述两个前提条件往往不可能同时满足,因此任何一个基因文库的完备性只能最大限度地趋近于 1,但不可能达到 1。尽可能高的完备性是基因文库构建质量的一个重要指标,它与基因文库中重组克隆数目、重组子中 DNA 插入片段长度以及生物单倍体基因组大小等参数的关系可用 Charke - Carbon 公式描述: $N = \ln(1-P)/\ln(1-f)$,其中 $N$ 为构成基因文库的重组克隆数;$P$ 为表达基因文库的完备性(即某一基因被克隆的概率);$f$ 是克隆片段长度与生物单倍体基因组总长之比。由上述公式可以看出,某一基因文库所含的重组克隆越多,其完备性就越高;当完备性一定时,载体的装载量或允许克隆的 DNA 片段越大,所需的重组克隆越少。例如,人的单倍体 DNA 总长为 $3.0 \times 10^{6}$ kb,若载体的装载量为 15 kb,则构建一个完备性为 0.9 的基因文库大约需要 46 万个重组克隆;而当完备性提高到 0.999 9 时,基因文库则需要 184 万个重组克隆。也就是说,为了保证某一基因有 99.99% 的把握至少被克隆一次,则需要构建含 184 万个不同重组克隆的基因文库。

除了尽可能高的完备性外,一个理想的基因文库还应具备下列条件:① 重组克隆的总数不宜过大,以减轻筛选工作的压力;② 载体的装载量必须大于绝大多数基因的长度,以免基因被分隔在不同的克隆中;③ 含相邻 DNA 片段的重组克隆之间,必须具有部分序列的重叠,以利于基因文库各克隆的排序;④ 克隆片段易于从载体分子上完整卸下且最好不带任何载体序列;⑤ 重组克隆应能稳定保存、扩增及筛选。上述条件的满足在很大程度上依赖于基因文库的构建战略。

　　2. 基因文库的构建战略

基因文库通常采用鸟枪法和 cDNA 法两种策略构建。由鸟枪法构建的基因文库称为基因组文库(Genomic bank),理论上它拥有某一生物基因组的所有 DNA 序列,包括基因编码区和间隔区 DNA;由 cDNA 法构建的基因文库则称为 cDNA 文库(cDNA bank),它只包含生物体时空特异性表达的全套蛋白质编码序列,一般不含 DNA 调控序列,显然由 cDNA 文库筛选蛋白编码基因比从基因组文库中筛选要简捷得多。

为了最大限度地保证基因在克隆过程中的完整性,用于基因组文库构建的外源 DNA 片段在分离纯化操作中应尽量避免破碎。外源 DNA 片段的相对分子质量越大,经进一步切割处理后含不规则末端的 DNA 分子比率就越低,切割后的 DNA 片段大小越均一,同时含完整基因的概率相应提高。用于克隆的外源 DNA 片段切割主要采用机械断裂或限制性部分酶解两种方法,其基本原则有两个:① DNA 片段之间存在部分重叠序列;② DNA 片段大小均一。在部分酶解过程中,为了尽量随机产生 DNA 片段,一般选择识别序列为四对碱基的限制性内切酶,如 *Mbo*I 或 *Sau*3AI 等,因为在绝大多数生物基因组 DNA 上,四对碱基的限制性酶切位点数目明显大于六对碱基,能大幅度提高所产生的限制性 DNA 片段的随机性。从克隆操作以及插入 DNA 片段的回收角度来看,上述两种 DNA 切割方法各有利弊,机械切割的 DNA 片段一般需要加装接头片段,操作较为烦琐,然而克隆的 DNA 片段可以从载体分子完整卸下(如果外源 DNA 片段中不含接头片段携带的酶切位点);部分酶切法产生的限制性片段可以直接与载体分子拼接,但一般情况下不利于克隆片段的完整回收。

待克隆 DNA 随机片段的大小应与所选用的载体装载量相匹配,出于尽可能压缩重组克隆数之目的,用于基因文库构建的载体通常选用装载量较大的 λ - DNA、考斯质粒直至人造染色体载体。对于构建一个完备性为 0.999 9 的人类基因组文库而言,用 λ - DNA 为载体(装载量以 25 kb 计)至少需要 110 万个重组克隆;而使用人造染色体载体(装载量以 300 kb 计)只需要 9.2 万个重组克隆。然而,与 λ - DNA 相比,人造染色体载体在应用中存在如下缺陷:① 用于筛选人造染色体载体基因组文库的菌落(克隆)原位杂交一般不如噬菌斑原位杂交灵敏,因为菌落(克隆)的不完全破壁影响重组质粒的释放;② 噬菌体的生存能力比细胞更强,用 λ-DNA 构建的基因文库更易于长期保存和稳定扩增;③ 重组 λ 噬菌体在受体细胞内能够进行正常包装,且重组分子的扩增拷贝数多而恒定,而人造染色体载体重组分子较大,且为单一拷贝,有时甚至会发生重组分子之间或内部的重排现象。

对于 cDNA 文库而言,由于绝大多数真核生物基因的蛋白质编码序列小于 5 kb,因此较为理想的克隆载体是普通质粒,尤其是表达型质粒载体,这样可以直接利用目的基因表达产物的性质和功能筛选基因文库。

用于基因文库构建的受体细胞在大多数情况下选用大肠杆菌,因为其繁殖迅速,易于保存,而且克隆操作简便,转化效率高。在某些特殊情况下,如为了使目的基因高效表达,也可选择相应的动植物细胞。人类的完备性基因组文库一般由数万甚至数十万个重组克隆组成,从中筛选含特定目的基因的重组克隆的工作量之大可想而知。在众多的重组子筛选鉴定方法中,唯有菌落(菌斑)原位杂交法或免疫原位检测法可用于快速筛选基因文库。然而,在实际操作过程中,通常不能按常规程序进行,试想一下,为了准确辨认目的重组克隆,一块直径为 9 cm 的平板最多容纳 500 个左右的噬菌斑或菌落,一个由 50 万个重组克隆组成的基因文库至少需要在 1 000 块平板上进行原位杂交,这几乎是难以想象的。然而,采取多重原位杂交策略可在最短的时间内完成全基因文库的筛选,其程序如下:第一步,制备高密度平板,使每块平板密集分布数万个菌落或噬菌斑,此时虽然菌落或菌斑相互重叠,但仍可进行原位杂交;第二步,参照感光胶片上的斑点位置,在原杂交阳性平板的相应区域内挖取固体琼脂,并用新鲜培养基洗涤稀释;第三步,将稀释液再次涂布平板,使每块平板只含数百个可辨认的菌落或菌斑;第四步,用相同的探针进行二轮杂交,直至准确挑出目的重组克隆。

基因文库构建一个极为重要的原则是严禁外源 DNA 片段之间的连接。由于待克隆的外源 DNA 片段是随机断裂的,且各片段的末端缺少像限制性内切酶全酶解所产生的唯一序列,因此当任意两个不相干的 DNA 分子连在一起后,会造成克隆片段序列与其在染色体上天然序列的不一致性,更为严重的是,两个 DNA 片段难以准确地重新切开,甚至两者的连接位点也无从辨认。由部分酶解法产生的限制性片段虽然具有酶切识别序列,但它在 DNA 分子中并非唯一,因此同样难以辨认。下列三种措施之一或联合使用可有效地防止这种现象发生:① 对随机切割处理过的外源 DNA 片段按相对分子质量大小进行分级分离,回收略小于克隆载体最大装载量的 DNA 片段,然后进行重组。在这种情况下,任何外源 DNA 片段双分子的重组均超出载体装载量,不能形成转化克隆;② 用磷酸单酯酶去除外源 DNA 的 5′末端磷酸基团,杜绝外源 DNA 分子间连接的可能性;③ 用 TdT 酶在外源 DNA 片段的两个末端上增补同聚尾,使之无法相互或自身重组。应值得注意的是,上述三种方法并非 100% 的可靠,因而最好采用①和②,或①和③两种方法联合处理外源 DNA 片段,确保万无一失。

3. 基因组文库重组克隆的排序

基因组文库通常以重组克隆的形式存在,每个重组克隆均包含来自生物染色体上的一段随机 DNA 片段,如果所构建的基因文库完备性足够高,则所有重组克隆中的 DNA 片段几乎能覆盖生物个体的整个基因组。然而,天然的基因组是众多基因的有序排列形式。基因组文库的实用性不仅仅表现在目的基因的分离,而且更为重要的是对生物体全基因组序列组织的了解以及各基因生物功能的注释,这就需要对基因组文库各重组克隆进行排序和整理。20 世纪 90 年代初启动的人类基因组计划的相当一部分工作内容就在于此。

基因组文库重组克隆的排序一般使用染色体走读法(Chromosome walking),其原理如图 2-60 所示。从基因组文库中任取一重组克隆,提取其重组 DNA,并将插入片段两个末端的 DNA 区域(0.1~2 kb)次级克隆在新的质粒载体中进行扩增,然后以这两个末端 DNA 片段为探针分别搜寻基因组文库。杂交阳性的重组克隆中必定包含携带与探针片段重叠的

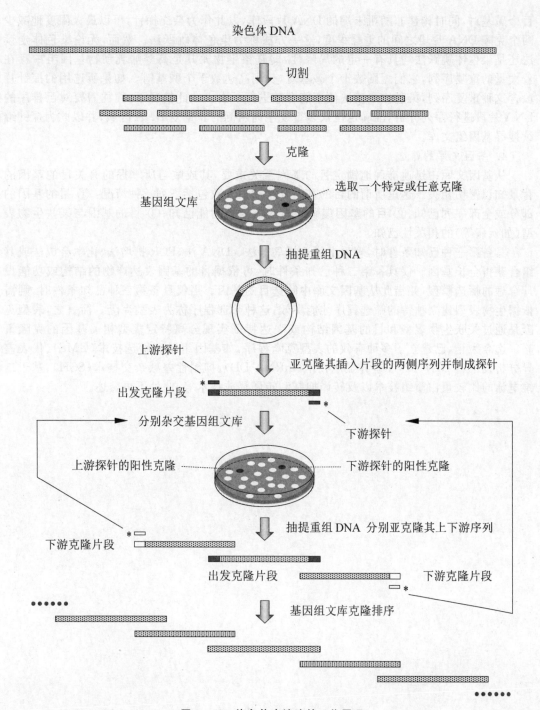

**图 2 - 60　染色体走读法的工作原理**

另一个 DNA 片段。在一般情况下，这个 DNA 插入片段的一段位于初始重组片段的内部，另一端则为新出现的 DNA 区域，以此区域为探针第二轮杂交基因组文库，又可获得第三组 DNA 插入片段。重复上述操作即可将重组克隆双向逐一排序。

　　染色体走读法的行走速度很大程度上取决于重组克隆所含 DNA 片段之间的重叠程度，重叠率越高，行走速度越慢；克隆片段越长（通常由载体的装载量决定），行走速度越快。为了提高行走速度，另一种战略是利用酵母人造染色体构建人基因组文库，其装载量可高达数百个碱基对,同时构建非随机末端的 DNA 片段库,以此作为杂交探针,可以最大限度地减少两个克隆 DNA 片段之间的重叠程度,这一方法称为染色体跳跃法。然而,无论染色体走读法还是染色体跳跃法均具有一定的局限性,即真核生物尤其是高等哺乳动物基因组中存在着大量的重复序列,它们短则数十个碱基对,长则高达数千个碱基对。如果所选用的探针片段含这种重复序列,染色体走读法便不能有效进行下去。在此情况下,往往需要对已排序的 DNA 片段进行序列分析,准确定位众多重复序列两侧的非重复 DNA 区域,并以此为探针继续搜寻基因组文库。

　　4. 基因文库的筛选

　　从基因文库中迅速准确地锁定目的基因至关重要,其成败与所掌握的有关目的基因的背景知识密切相关。这里所谓的目的基因背景知识大致包括下列三种情况:① 目的基因的部分或全部序列已知;② 目的基因编码产物的结构或功能已知;③ 目的基因与某些生物表型(如疾病等)的相关性已知。

　　具备第一种已知条件时,理论上可选择鸟枪法、cDNA 法、PCR 扩增法、化学合成法或其组合获得全长基因。仅具备第二种已知条件时,可依据目的基因表达产物的结构或功能设计合理的筛选模型,并借此从基因文库中筛选目的基因。当仅具备第三种已知条件时,则需依据生物表型建立独特的筛选程序才能奏效,这种筛选程序称为表型克隆。简言之,表型克隆是通过关联生物表型和目的基因结构或表达特征实现分离特定表型相关基因的克隆策略。迄今为止,已建立了多种有效的表型克隆程序,如基因组错配筛选技术(GMS)、代表差异分析技术(RDA)、RNA 差异显示技术(mRNA DD)、抑制性差减杂交技术(SSH)、基于二维电泳的比较蛋白质组技术以及转译抑制和转译释放技术等,此处不再赘述。

# 第3章 大肠杆菌基因工程

大肠杆菌是迄今为止研究得最详尽的原核细菌,其 K12 株 4 639 kb 的染色体 DNA 早在 20 世纪末便已完成测序,全基因组共有 4 288 个开放阅读框(ORF,即潜在的蛋白质编码基因),其中大部分基因的生物功能已被鉴定。作为一种成熟的基因克隆表达受体,大肠杆菌被广泛用于分子生物学研究的各个领域,如基因分离克隆、DNA 序列分析、基因表达产物功能鉴定等。由于大肠杆菌繁殖迅速,培养代谢易于控制,利用 DNA 重组技术构建大肠杆菌工程菌以规模化生产真核生物基因尤其是人类基因的表达产物,具有重大经济价值。在目前产业化的基因工程产品中,相当部分仍由重组大肠杆菌生产。

然而,鉴于大肠杆菌的原核性,也有为数不少的真核生物基因不能在大肠杆菌中表达出具有生物活性的功能蛋白。其原因是:① 大肠杆菌对真核异源蛋白的复性效率较低,很多真核生物基因仅在大肠杆菌中表达出无特异性空间构象的多肽链;② 与其他原核细菌一样,大肠杆菌缺乏真核生物的蛋白质修饰加工系统,而许多真核生物蛋白的生物活性恰恰依赖于其侧链的糖基化或磷酸化等修饰形式;③ 大肠杆菌内源性蛋白酶易降解空间构象不正确的异源蛋白,造成重组表达产物不稳定;④ 大肠杆菌周质(内膜与外膜之间的间隔)中含有大量的内毒素(糖脂类化合物),痕量的内毒素即可导致人体热原反应。上述缺陷在一定程度上制约了重组大肠杆菌作为微型生物反应器在药物蛋白大规模生产中的应用。

## 3.1 外源基因在大肠杆菌中的高效表达原理

包括大肠杆菌在内的所有原核细菌高效表达真核生物基因,均涉及强化蛋白质生物合成、抑制蛋白产物降解、维持或恢复蛋白质特异性空间构象三个方面的因素。其中,强化异源蛋白的生物合成主要归结为外源基因剂量(拷贝数)、基因转录水平、mRNA 翻译速率的时序性控制,而这种控制又是在重组分子构建过程中通过相应表达调控元件的精确组装得以实现的。

### 3.1.1 大肠杆菌表达系统的启动子

大肠杆菌及其噬菌体的启动子($P$)是控制外源基因转录的重要元件。在一定条件下,mRNA 的生成速率与启动子的强弱密切相关,而转录又在很大程度上影响基因的表达。大肠杆菌启动子的强弱取决于启动子本身的序列,尤其是 $-10$ 区和 $-35$ 区两个六聚体盒的碱基组成以及彼此的间隔长度,同时也与启动子和外源基因转录起始位点(TSS)之间的距离相关。有些大肠杆菌启动子的转录活性还受到 TSS 下游序列的影响,实际上这部分序列可看作启动子的组成部分。此类启动子往往特异性启动所属基因的转录,缺乏通用性。目前几种广泛用于表达外源基因的大肠杆菌启动子,其促进转录启动的活性几乎与外源基因的序列无关。

#### 1. 启动子的筛选克隆

大肠杆菌及其噬菌体的基因组 DNA 上含有数以千计的启动子,只要建立一个能快速准确衡量启动子转录效率的检测系统,即可从中筛选克隆到强的启动子。这种检测系统通常使用启动子探针质粒,其中的报告基因大多选择催化定量反应的酶编码基因(如大肠杆菌的半乳糖激酶编码基因 galK)或抗生素抗性基因。半乳糖激酶活性的高低与 galK 基因的表达效率相关,它可通过测定放射性同位素$^{32}$P 从 ATP 转移至半乳糖形成放射性半乳糖－1－磷酸产物而灵敏地定量,由此比较启动子片段的强弱。抗生素抗性基因的表达效率则可通过测定相应抗生素对克隆菌的最小抑制浓度(MIC)来衡量,然而由于抗生素容易导致受体细胞产生诱导抗性,因此在实际操作中克隆菌往往需要进一步鉴定。pKO1 是一个典型的大肠杆菌启动子探针质粒(图 3－1),它携带无启动子的 galK 报告基因、用于质粒筛选的氨苄青霉素抗性基因($Ap^r$)以及位于克隆位点与 galK 基因之间的三种阅读框终止密码子。后者可有效阻止外源 DNA 片段或载体中其他基因转录产物可能造成的翻译过头,进而介导 galK－mRNA 间接翻译造成假阳性。

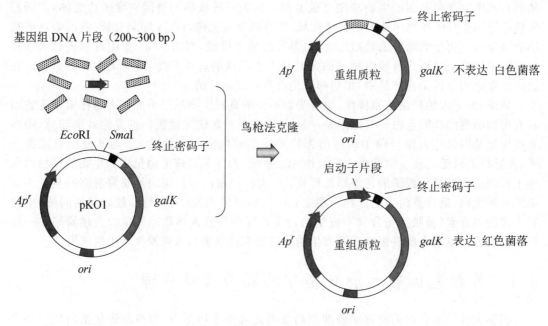

**图 3－1　启动子的克隆与筛选程序**

含有启动子活性的 DNA 片段的分离大体上有下列三种方法:

(1)鸟枪法克隆。将 DNA 随机片段直接克隆至 pKO1 探针质粒中,重组分子转化 $galE^+$、$galT^+$、$galK^-$ 的大肠杆菌受体细胞,转化液涂布在以半乳糖为唯一碳源的 McConkey 选择性培养基上进行筛选。凡具有启动子活性的插入片段才能启动 galK 报告基因的表达,并使半乳糖在受体细胞中进入糖酵解途径进行代谢,重组克隆分泌红色代谢物。

(2)酶保护分离。这种方法依据 RNA 聚合酶与启动子区域的特异性结合原理而设计。将大肠杆菌基因组文库中的重组质粒与 RNA 聚合酶在体外保温片刻,然后选择合适的限制性内切酶对其进行消化,未与 RNA 聚合酶保温的同一重组质粒作酶切对照。如果试验质粒的限制性片段比对照质粒减少,则表明被钝化的酶切位点位于 RNA 聚合酶保护区域内,即该区域存在启动子序列。将这个区域的 DNA 片段次级克隆在启动子探针质粒上,测定其所含启动子的转录活性。

(3)滤膜结合分离。这一程序的原理是双链 DNA 不能与硝酸纤维素薄膜紧密结合,而 DNA－蛋白质复合物却能在一定条件下固定在膜上。将待检测 DNA 片段与 RNA 聚合酶保温,并转移保温混合物至膜上,温和漂洗薄膜,除去未结合 RNA 聚合酶的双链 DNA 片段,然后再用高盐溶液将结合在薄膜上的 DNA 片段洗下。一般来说,这种 DNA 片段在膜上的滞留程度与其同 RNA 聚合酶的亲和性(即启动子的强弱)成比例,然而这种强弱难以量化,通常仍需要将之克隆在探针质粒上进行检测。

## 2. 启动子的重组构建

目前在大肠杆菌表达载体上应用最广泛的启动子包括 $P_{lac}$、$P_{trp}$、$P_L$、$P_{recA}$，它们分别来自乳糖操纵子、色氨酸操纵子、λ噬菌体基因组左向早期操纵子、$recA$ 基因，其 −10 区和 −35 区的保守序列列在表 3 − 1 中。尽管上述启动子在这两个区域的序列相当保守，但并非完全相同，而且它们的相对强弱差别也较大。因此为了获得更强的启动子，除了从基因组 DNA 上进行筛选甄别外，还可由已知的启动子重新构建新型杂合启动子，以满足不同外源基因的表达要求。例如从表 3 − 1 中可以看出，由 $P_{trp}$ − 35 区序列和 $P_{lac}$ − 10 区序列重组（两者间隔 16 bp）而成的杂合启动子 $P_{tac}$，其相对强弱分别是亲本 $P_{trp}$ 的 3 倍和 $P_{lac}$ 的 11 倍，因而广泛用于大肠杆菌表达系统中（如 pGEX 表达载体系列）。类似地，由 $P_{trp}$ − 35 区序列和 $P_{lac}$ − 10 区序列以 17 bp 间隔构成的杂合启动子称为 $P_{trc}$（如 pTrc 表达载体系列）。在某些情况下，两种相同启动子的同向串联也可大幅度提高外源基因的表达水平，如双 $P_{lac}$ 启动子的强度约为单个启动子的 2.4 倍，但这些结果与所控制的外源基因的性质密切相关，并不具有通用性。

**表 3 − 1　大肠杆菌强启动子的保守序列**

| 启动子 | −35 区 | −10 区 |
| --- | --- | --- |
| $P_L$ | TTGACA | GATACT |
| $P_{recA}$ | TTGATA | TATAAT |
| $P_{trp}$ | TTGACA | TTAACT |
| $P_{lac}$ | TTTACA | TATAAT |
| $P_{tac}$ | TTGACA | TATAAT |
| $P_{tra}$ | TAGACA | TAATGT |
| 保守序列 | **TTGACA** | **TATAAT** |

## 3. 启动子的可控性

从理论上讲，将外源基因置于一个具有持续转录活性的强启动子控制之下是高效表达的理想方法，然而外源基因的全程高效表达往往会对大肠杆菌的生理生化过程造成不利影响。此外，外源基因持续高效表达的重组质粒在细胞若干次分裂循环之后，往往会部分甚至全部丢失，而不含质粒的受体细胞因生长迅速最终在培养物中占据绝对优势，导致重组菌的不稳定。利用具有可控性的启动子调整外源基因的表达时序，即通过启动子活性的定时诱导，将外源基因的转录启动限制在受体细胞生长循环的某一特定阶段，是克服上述困难的有效方法。

### (1) 基于 IPTG 诱导的乳糖启动子

目前广泛应用的大部分大肠杆菌强启动子来自相应的操纵子，它们都含有与各自的阻遏蛋白特异性结合的操作子（$O$）序列，换句话说，由这些启动子介导的外源基因在大肠杆菌细胞内通常以极低的基底水平表达。例如。在不含乳糖的培养基中，重组大肠杆菌的 $P_{lac}$ 启动子处于阻遏状态，此时外源基因痕量表达甚至不表达。当重组大肠杆菌生长至某一阶段，向培养物中加入乳糖或人工合成的化合物异丙基-$\beta$-D-硫代半乳糖苷（IPTG），两者与乳糖阻遏蛋白（LacI）特异性结合，并使之从乳糖操作子（$O_{lac}$）上脱落下来，$P_{lac}$ 遂打开并启动外源基因转录。乳糖可为大肠杆菌代谢利用，作为诱导剂使用时需要不断添加；而 IPTG 不为大肠杆菌分解，因此在诱导表达外源基因过程中无须连续添加。值得注意的是，在生产重组蛋白多肽药物时，出于安全考量不宜使用化学合成的 IPTG 诱导剂。

野生型大肠杆菌的 $P_{lac}$ 启动子除可被乳糖或 IPTG 诱导外，同时又能为葡萄糖及其代谢产物所抑制，而在高密度培养重组大肠杆菌时，培养基中必须加入葡萄糖，因此在实际操作中通常使用的是野生型 $P_{lac}$ 的一种突变体 $P_{lacUV5}$。该启动子含有一对突变碱基，其活性比野生型 $P_{lac}$ 更强，而且对葡萄糖及分解代谢产物的阻遏作用不敏感，但仍为受体细胞中的 LacI 所阻遏，因此可以用乳糖或 IPTG 诱导。其他类型的启动子如果含有 $O_{lac}$ 序列，则阻遏诱导

性质与 $P_{\text{lacUV5}}$ 相同。

（2）基于 IAA 诱导的色氨酸启动子

$P_{\text{trp}}$ 与 $P_{\text{lac}}$ 的调控模式稍有不同，其阻遏作用的产生依赖于色氨酸-阻遏蛋白复合物与色氨酸操作子（$O_{\text{trp}}$）的特异性结合。由于色氨酸能激活阻遏蛋白，因此 $P_{\text{trp}}$ 的诱导需要在色氨酸耗竭的条件下才能实现，但这一条件显然不利于外源基因的高效表达。化学合成型 3-吲哚丙烯酸（IAA）是色氨酸的结构类似物，能与之竞争阻遏蛋白，其引起的后果是改变阻遏蛋白的空间构象，进而解除对 $P_{\text{trp}}$ 的阻遏效应。然而与 IPTG 相似，IAA 同样不适用于生产重组蛋白多肽药物。

（3）基于热诱导的 λ 噬菌体启动子

λ 噬菌体的 $P_{\text{L}}$ 启动子在大肠杆菌中由噬菌体 DNA 编码的 CI 阻遏蛋白控制，其脱阻遏途径与宿主和噬菌体若干蛋白的功能有关，很难直接诱导，因此在实际操作中常常使用 $cI$ 阻遏基因的温度敏感型突变体 $cI_{857}$ 控制 $P_{\text{L}}$ 介导的外源基因转录。将基因组上携带 $cI_{857}$ 突变基因的大肠杆菌工程菌首先置于 28～30℃ 中培养，在此温度范围内，由大肠杆菌合成的 $CI_{857}$ 阻遏蛋白与 $P_{\text{L}}$ 的操作子（$O_{\text{L}}$）区域结合，关闭外源基因的转录。当工程菌培养至合适的生长阶段（一般为对数生长中期）时，迅速将培养温度升至 42℃，此时 $CI_{857}$ 失活并从 $O_{\text{L}}$ 上脱落下来，$P_{\text{L}}$ 启动子遂启动外源基因转录。配置上述诱导系统的载体包括 pLEX 表达质粒系列。

上述阻遏蛋白灭活以及外源基因转录激活（诱导作用）的效率很大程度上取决于工程菌细胞内阻遏蛋白的分子数与启动子的拷贝数之比（即重组质粒的拷贝数）。这个比值过高，诱导作用的效果并不理想；相反，如果阻遏蛋白分子过少，则启动子发生渗漏性表达（即在非诱导条件下表达）。能够有效避免上述两种情况发生的方法很多，例如可将阻遏蛋白编码基因及其对应的启动子分别克隆在拷贝数不同的两种质粒上，从而确保阻遏蛋白分子数和启动子拷贝数维持在一个合适的比例范围内。通常将阻遏蛋白编码基因置于低拷贝质粒中，使每个工程菌细胞只含有 1～8 个拷贝的阻遏蛋白编码基因；而启动子和外源基因则克隆在高拷贝质粒上，其拷贝数控制在每个细胞 30～100 内。

$P_{\text{L}}$ 启动子的热诱导在容积较小（1～5 L）的培养器中通常很容易做到，但对于 20 L 以上的发酵罐而言，42℃ 诱导既耗费大量能源诱导效果又不理想。解决这一技术难题可在工程菌的构建方案设计时加以考虑，例如将 CI 阻遏蛋白的表达置于 $P_{\text{trp}}$ 启动子控制之下，并克隆在一个低拷贝质粒上，以确保 CI 阻遏蛋白的表达不至于过量；第二个重组质粒则携带 $P_{\text{L}}$ 启动子控制的外源基因。当培养基中缺少色氨酸时，$P_{\text{trp}}$ 打开，CI 阻遏蛋白合成，由 $P_{\text{L}}$ 介导的外源基因不表达［图 3-2(a)］；相反，当色氨酸大量存在时，$P_{\text{trp}}$ 启动子关闭，CI 阻遏蛋白不再合成，$P_{\text{L}}$ 开放［图 3-2(b)］。从整体上看，外源基因虽处于 $P_{\text{L}}$ 控制之下，但却可采取添加色氨酸取代温度进行诱导表达。由此双质粒系统构建的重组大肠杆菌宜采用仅由糖蜜和酪蛋白水解物组成的廉价培养基进行发酵，这种培养基含有微量的色氨酸，而外源基因表达则可通过加入富含色氨酸的胰蛋白胨进行诱导。

（4）基于噬菌体 RNA 聚合酶的 T7 噬菌体启动子

上述 $P_{\text{lac}}$、$P_{\text{trp}}$、$P_{\text{tac}}$、$P_{\text{L}}$ 启动子均为大肠杆菌 RNA 聚合酶特异性识别和作用的转录顺式元件，外源基因转录的启动效率取决于 RNA 聚合酶与这些启动子的作用强度。然而转录效率不仅与外源基因在单位时间内的转录次数有关，而且还取决于转录启动后 RNA 聚合酶沿 DNA 模板链移动的速度。来自大肠杆菌 T7 噬菌体的 T7 表达系统利用噬菌体 DNA 编码的 RNA 聚合酶转录重组大肠杆菌中的外源基因，这种 RNA 聚合酶选择性地与 T7 噬菌体启动子（$P_{\text{T7}}$）结合，在不降低转录启动效率的前提下，沿 DNA 模板链聚合 mRNA 的速度（230 个核苷酸/秒）接近大肠杆菌 RNA 聚合酶（50 个核苷酸/秒）的 5 倍。安装 $P_{\text{T7}}$ 启动子的表达载体很多，如 pET 载体系列等。

(a) 培养基中缺乏色氨酸时

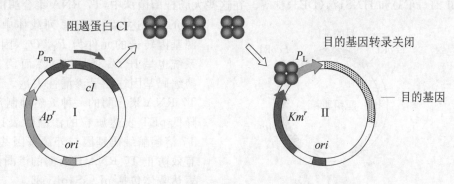

(b) 培养基中富含色氨酸时

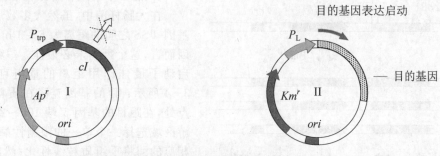

**图 3 - 2　基于 $P_L$ 启动子的双质粒表达系统**

　　T7 表达系统实质上是一种基因表达的级联反应(图 3 - 3)。克隆在 pET 质粒上的外源基因通过 T7 RNA 聚合酶在细胞中的诱导表达而启动转录；而 T7 RNA 聚合酶的编码基因

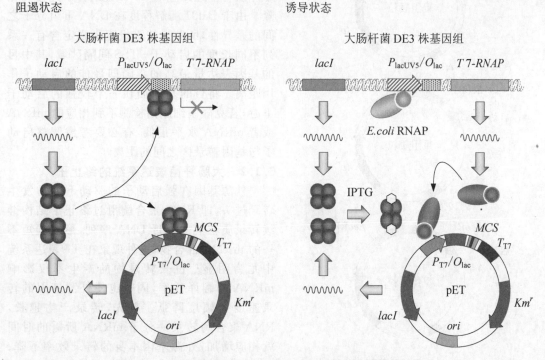

**图 3 - 3　大肠杆菌 DE3 株/pET 载体系列的 IPTG 诱导表达原理**

（T7－RNAP）则以噬菌体 DE3 片段溶原化的形式整合在大肠杆菌宿主的基因组中,如 BL21(DE3)和 HNS174(DE3)株等。在这些大肠杆菌菌株中,T7 RNA 聚合酶由 $P_{lacUV5}$ 启动

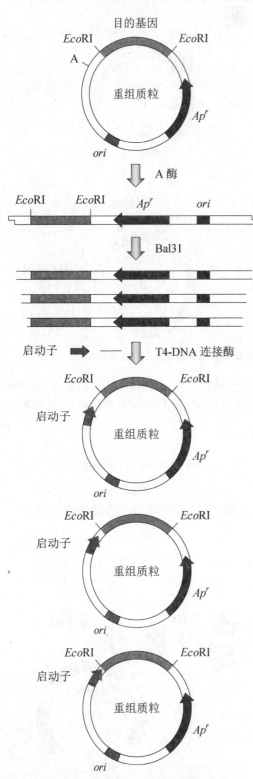

**图 3－4　启动子最佳作用距离的探测**

子介导表达;而 pET 系列载体中用于控制外源基因转录的元件为 $P_{T7}/O_{lac}$,因此这一表达系统也呈 IPTG 诱导型。然而,T7 RNA 聚合酶编码基因往往呈渗漏性表达。T7 溶菌酶是 T7 RNA 聚合酶的一种天然抑制剂,其存在能降低 pET 表达质粒的渗漏性表达,因而采取 T7 溶菌酶编码基因与外源基因共表达策略可有效防止 T7 RNA 聚合酶的渗漏性表达,此类表达载体包括 pLysS/pLysE。

4. 启动子最佳作用距离的探测

在大肠杆菌中,虽然大多数启动子与所属基因 TSS 之间的距离为 6～9 bp,但对外源基因而言,这个距离未必最佳。一种能准确测定启动子最佳作用距离的重组克隆方法如图 3－4 所示:目的基因克隆在质粒的 EcoRI 位点处,在距目的基因 5′端 100～200 bp 处的上游区域选择一个单一的限制性酶切位点,并用相应的酶将重组质粒线性化;然后用 Bal31 核酸外切酶在严格控制反应速度的条件下处理线状 DNA 分子,当酶切反应进行至目的基因 TSS 附近时,迅速加热灭活 Bal31;最后将启动子片段与上述处理的 DNA 重组分子连接和克隆。由于 Bal31 酶解程度在 DNA 重组分子之间的差异性,所获得的重组克隆必定含有一系列不同长度的启动子－TSS 间隔区域,其中目的基因表达量最高的克隆即最佳的启动子作用距离。将目的基因插在一个较强的启动子下游,若克隆菌细胞内检测不到相应的 mRNA 或者 mRNA 水平很低,有必要考虑调整启动子与基因转录区之间的距离。

**3.1.2　大肠杆菌表达系统的终止子**

外源基因在强启动子的驱动下容易发生转录过头,即 RNA 聚合酶滑过终止子结构继续转录质粒上的邻近 DNA 序列,形成长短不一的 mRNA 混合物,这种现象在 T7 表达系统中尤为明显。过长转录物的产生不仅影响 mRNA 的翻译效率,同时也使外源基因的转录速度大幅度降低。首先,转录产物越长,RNA 聚合酶转录一分子 mRNA 所需的时间就相应增加,外源基因本身的转录效率下降;其次,如果外源基因下游紧邻载体质粒上的其

他重要基因或 DNA 功能区域,如选择性标记基因和复制子结构等,则 RNA 聚合酶在此处的转录可能干扰质粒的复制及其他生物功能,甚至导致重组质粒的不稳定性;再次,转录过长的 mRNA 往往会产生大量无用的蛋白质,增加工程菌的能量消耗;最后也是最严重的是,过长的转录物往往倾向于形成复杂的二级结构,从而大大降低外源基因编码产物的翻译效率。因此,重组表达质粒的构建除了要安装强的启动子外,还必须注意强终止子的合理设置。目前在外源基因表达质粒中常用的终止子是来自大肠杆菌 rRNA 操纵子的 $rrnT_1T_2$ 以及 T7 噬菌体 DNA 的 $T\phi$,对于一些终止作用较弱的终止子,也可采取双拷贝串联的组装方式。

终止子也能像启动子那样通过特殊的探针质粒从细菌或噬菌体基因组 DNA 中克隆筛选。在这种终止子探测质粒上,唯一的克隆位点处于启动子和报告基因的翻译起始密码子之间。当含有终止子序列的 DNA 片段插入该位点上时,由启动子介导的报告基因转录被封闭,从而减少或阻断报告基因的表达。

### 3.1.3　大肠杆菌表达系统的核糖体结合位点

外源基因在大肠杆菌中的高效表达不仅取决于转录启动频率,而且在很大程度上还与 mRNA 的翻译起始效率密切相关。大肠杆菌细胞中结构不同的 mRNA 分子具有不同的翻译效率,它们之间的差别有时可高达数百倍。mRNA 的翻译起始效率主要由其 5′端的结构序列所决定,称为核糖体结合位点(RBS),它包括下列四个特征结构要素:① 位于翻译起始密码子上游的 6～8 个核苷酸序列 5′UAAGGAGG3′,即 Shine - Dalgarno(SD)序列。它通过与大肠杆菌核糖体小亚基中的 16S rRNA 3′端序列 3′AUUCCUCC5′互补,将 mRNA 定位于核糖体上,进而启动翻译;② 翻译起始密码子,大肠杆菌绝大部分基因以 AUG 作为翻译起始密码子,但有些基因也使用 GUG 或 UUG;③ SD 序列与翻译起始密码子之间的距离及碱基组成;④ 紧接翻译起始密码子之后的两三个密码子碱基组成。

一般而言,mRNA 与核糖体的结合程度越强翻译起始效率越高,而这种结合程度主要取决于 SD 序列与 16S rRNA 的碱基互补性,其中以 GGAG 四个碱基序列尤为重要。对多数基因而言,这 4 个碱基中任何一个换成 C 或 U 均会导致翻译效率大幅度降低。SD 序列与起始密码子 AUG 之间的序列对翻译起始效率的影响则表现在碱基组成和间隔长度两个方面。实验结果表明,SD 序列下游的碱基为 A 或 U 时,翻译效率最高;而 C 或 G 的翻译效率则分别是最高值的 50% 和 25%。紧邻 AUG 的前三个碱基对翻译起始也有影响,对于大肠杆菌 β-半乳糖苷酶的 mRNA 而言,在这个位置上最佳的碱基组合是 UAU 或 CUU,如果用 UUC、UCA 或 AGG 取代之,则酶的表达水平低 20 倍。

SD 序列与起始密码子之间的精确距离保证了 mRNA 在核糖体上定位后,翻译起始密码子 AUG 正好处于核糖体中的 P 位,这是翻译启动的前提条件。在很多情况下,SD 序列位于 AUG 上游(7±2)个核苷酸处,在此间隔中少一个或多一个碱基均导致翻译起始效率不同程度的降低。大肠杆菌的起始 tRNA 可以同时识别 AUG、GUG、UUG 三种密码子,但其识别频率并不相同,通常 GUG 为 AUG 的 50%,而 UUG 只有 AUG 的 25%。相关调查发现,起始密码子下游第二个密码子的碱基组成对翻译起始效率也具有重要影响,在高表达的大肠杆菌基因中该位密码子呈高比例的 A。由于不同的外源基因拥有不同的第二位密码子,因而可能在同样的调控元件介导下呈不同的表达水平。此外,mRNA 5′端非编码区自身形成的特定二级结构能协助 SD 序列与核糖体结合,任何错误的空间结构均会不同程度地削弱 mRNA 与核糖体的结合强度。由于真核生物和原核生物的 mRNA 5′端非编码区结构序列存在很大的差异,因此要使真核生物基因在大肠杆菌中高效表达,应尽量避免基因编码区内前几个密码子碱基序列与大肠杆菌核糖体结合位点之间可能存在的互补作用。

目前广泛用于外源基因表达的大肠杆菌表达型载体均含有与启动子来源相同的 RBS 序列,例如所有含 $P_{lac}$ 启动子以及由其构建的杂合启动子的质粒均使用 $lacZ$ 基因的 RBS。在一般情况下,这一序列能介导大多数真核生物基因的高效表达;但应当指出的是,在排除了转录效率低下和表达产物不稳定等因素之后,如果外源基因的表达效果仍不理想,可考虑修饰或更换核糖体结合位点序列,其中最重要的是 SD 序列及其与起始密码子之间的间隔长度,因为对于相当一部分外源基因而言,$lacZ$ 的 RBS 并非最佳选择。

### 3.1.4 大肠杆菌表达系统的密码子

不同的生物甚至同种生物不同的蛋白编码基因,对简并密码子使用的频率并不相同,也就是说,生物体和基因对简并密码子的选择具有一定的偏爱性。含稀有密码子的基因在表达时往往导致翻译错误,这是核糖体在这些密码子处停顿的结果。稀有密码子所致的翻译错误形式包括错误氨基酸的取代、移码事件的发生或者翻译的提前终止。一般而言,至少有三种因素决定密码子的偏爱性。

(1) 生物体基因组中的碱基含量。在富含 AT 的生物(如梭菌属)基因组中,密码子第三位碱基 U 或 A 出现的频率较高;而在 GC 丰富的生物(如链霉菌)基因组中,第三位含 G 或 C 的简并密码子占 90% 以上的绝对优势。

(2) 密码子与反密码子相互作用的自由能。在碱基含量没有显著差异的生物体基因组中,简并密码子的使用频率也并非均衡,这可能由密码子与反密码子的作用强度所决定。适中的作用强度最有利于蛋白质生物合成的快速进行;弱配对作用可能使氨酰基 tRNA 分子进入核糖体 A 位需要耗费更多的时间;而强配对作用则可能使转肽后核糖体在 P 位逐出空载 tRNA 分子耗费更多的时间。利用这一理论可以解释大肠杆菌基因组中密码子使用的偏爱性规律,以大肠杆菌中含量最丰富的核糖体蛋白编码基因为例(表 3-2):密码子 GGG (Gly)、CCC(Pro)、AUA(Ile)的使用频率几乎为零;在前两位碱基由 A 和(或)U 组成的简并密码子中,第三位碱基为 C 的密码子的使用频率要高于 U 或 A,即 UUC>UUU、UAC>UAU、AUC>AUU、AAC>AAU。此外,tRNA 上反密码子的第三位碱基如果是修饰的 U,

**表 3-2 大肠杆菌核糖体蛋白质中密码子的使用频率**

密码子的第 2 位

| 密码子的第1位 | | U | | C | | A | | G | | 密码子的第3位 |
|---|---|---|---|---|---|---|---|---|---|---|
| | U | 0.83 UUU 〕Phe | | 1.49 UCU | | 0.25 UAU 〕Tyr | | 0.08 UGU 〕Cys | | U |
| | | 1.90 UUC | | 1.49 UCC | Ser | 1.08 UAC | | 0.05 UGC | | C |
| | | 0.08 UUA 〕Leu | | 0.08 UCA | | UAA 〕Stop | | UGA Stop | | A |
| | | 0.17 UUG | | 0.08 UCG | | UAG 〕Stop | | 0.25 UGG Trp | | G |
| | C | 0.33 CUU | | 0.25 CCU | | 0.25 CAU 〕His | | 3.97 CGU | | U |
| | | 0.25 CUC | Leu | 0.00 CCC | Pro | 1.24 CAC | | 2.15 CGC | Arg | C |
| | | 0.00 CUA | | 0.33 CCA | | 0.74 CAA 〕Gln | | 0.00 CGA | | A |
| | | 0.17 CUG | | 2.98 CCG | | 2.73 CAG | | 0.00 CGG | | G |
| | A | 1.08 AUU | | 2.98 ACU | | 0.25 AAU 〕Asn | | 0.08 AGU 〕Ser | | U |
| | | 4.22 AUC | Ile | 2.16 ACC | Thr | 3.47 AAC | | 0.99 AGC | | C |
| | | 0.00 AUA | | 0.25 ACA | | 7.44 AAA 〕Lys | | 0.08 AGA 〕Arg | | A |
| | | 2.48 AUG Met | | 0.00 ACG | | 1.99 AAG | | 0.00 AGG | | G |
| | G | 4.47 GUU | | 7.69 GCU | | 1.41 GAU 〕Asp | | 4.05 GGU | | U |
| | | 0.50 GUC | Val | 0.83 GCC | Ala | 1.24 GAC | | 2.81 GGC | Gly | C |
| | | 3.31 GUA | | 3.72 GCA | | 5.05 GAA 〕Glu | | 0.00 GGA | | A |
| | | 1.32 GUG | | 2.32 GCG | | 1.32 GAG | | 0.00 GGG | | G |

注:表中数字为使用频率(%)。

则它与 A 配对的机会多于 G；如果是 I，则与 U 和 C 配对的频率高于 A。就三个终止密码子而言，大肠杆菌 mRNA 的翻译终止由 UAA 优势介导，插入该保守型终止密码子或者延长型 UAAU 能提升外源基因转录物的翻译终止效率。

（3）细胞内 tRNA 的含量。无论原核细菌还是真核生物，简并密码子的使用频率均与相应 tRNA 的丰度呈正相关，特别是那些表达水平较高的蛋白质编码基因更是如此。表达水平较高的基因往往含有较少种类的密码子，而且这些密码子又对应于高丰度的 tRNA，这样细胞才能以更快的速度合成需求量大的蛋白质；而对于需求量少的蛋白质而言，其基因中含有较多与低丰度 tRNA 相对应的密码子，用以控制该蛋白质的合成速度，这也是原核生物和真核生物基因表达调控的共同战略之一。所不同的是，各种 tRNA 的丰度在原核细菌和真核生物细胞中并不一致。就大肠杆菌而言，*argU*（AGA 和 AGG）、*argX*（CGG）、*argW*（CGA 和 CGG）、*ileX*（AUA）、*glyT*（GGA）、*leuW*（CUA）、*proL*（CCC）、*lys*（AAG）等 tRNA 编码基因的表达水平很低。

由于原核生物和真核生物基因组中密码子的使用频率具有不同程度的差异性，因此外源基因尤其是哺乳动物基因在大肠杆菌中高效翻译的一个重要因素是密码子的正确选择。一般而言，有两种策略可以使外源基因中的密码子在大肠杆菌细胞中获得最佳表达：一是采用基因化学合成的方法，按照大肠杆菌密码子的偏爱性规律设计更换外源基因中不适宜的相应简并密码子，人胰岛素、干扰素、生长激素在大肠杆菌中的高效表达均采用此法；二是对于那些含有不和谐密码子种类单一、出现频率较高，而本身相对分子质量又较大的外源基因而言，则选择相关 tRNA 编码基因共表达的策略较为有利。例如，在人尿激酶原 cDNA 的 412 个密码子中共有 22 个精氨酸密码子，其中包含 7 个 AGG 和 2 个 AGA 密码子，但大肠杆菌细胞中 tRNA$_{AGG}$ 和 tRNA$_{AGA}$ 的丰度较低。为使人尿激酶原 cDNA 在大肠杆菌中获得高效表达，可将大肠杆菌的这两个 tRNA 编码基因克隆到另一个高表达的质粒上，由此构建的大肠杆菌双质粒系统能有效解除受体细胞由于 tRNA$_{AGG}$ 和 tRNA$_{AGA}$ 匮乏而对外源基因表达所造成的制约作用。

### 3.1.5　大肠杆菌表达系统的 mRNA 稳定性

基因的表达水平主要由转录效率、mRNA 稳定性、mRNA 翻译的启动频率决定。在典型的大肠杆菌重组表达系统中，转录和翻译已被广泛优化，然而转录物的稳定性却很少涉及。大肠杆菌在 37℃ 时的 mRNA 平均半衰期在数秒钟至 20 min 的范围内变化，基因的表达水平直接取决于 mRNA 的固有稳定性。在大肠杆菌中，mRNA 由 RNase 催化降解，后者主要包括两类核酸外切酶（RNase II 和 PNPase）以及一种内切酶（RNase E）。mRNA 的正确折叠以及核糖体与 mRNA 的结合能在一定程度上防止细胞内 RNase 的降解，但外源基因转录物的二级结构未必具备有效的保护作用。大肠杆菌 BL21 * 株含有 RNase E 编码基因突变（*rne*131 突变），因而能有效提升重组表达系统中 mRNA 的稳定性。此外，通过引入有效的 5′ 端和 3′ 端稳定序列（作为核酸酶攻击的障碍）可构建稳定的 mRNA 杂合体，例如大肠杆菌编码 Fo‐ATPase 亚基 C 端区域的一段 mRNA 与编码绿色荧光蛋白的序列相融合可起到稳定效果；然而与 *lacZ* mRNA 的融合却没有类似效应，因此 GFP 转录物能为 mRNA 提供保护性结构元件。

### 3.1.6　大肠杆菌表达系统的质粒拷贝数

蛋白质生物合成的主要限制性因素是核糖体与 mRNA 的结合速度。在生长旺盛的每个大肠杆菌细胞中，大约含有 2 万个核糖体单位，而 600 种 mRNA 总共只有 1 500 个分子（表 3‐3）。因此，强化外源基因在大肠杆菌中高效表达的中心环节是提高 mRNA 的生成量，这可通过两种途径来实现：安装强启动子以提高转录效率以及将外源基因克隆在高拷贝载体上以增加基因的剂量。

表 3-3 大肠杆菌细胞的构成成分

| 组　分 | 占细胞干重比例/% | 细胞内数量 | 种类数 | 平均拷贝数 |
|---|---|---|---|---|
| 细胞壁 | 10.0 | 1 | 1 | 1 |
| 细胞膜 | 10.0 | 2 | 2 | 1 |
| DNA | 1.5 | 1 | 1 | 1 |
| mRNA | 1.0 | $1.5 \times 10^3$ | 600 | 2~3 |
| tRNA | 3.0 | $2.0 \times 10^5$ | 60 | >3 000 |
| rRNA | 16.0 | $3.8 \times 10^4$ | 2 | 19 000 |
| 核糖体蛋白质 | 9.0 | $1.0 \times 10^6$ | 52 | 19 000 |
| 可溶性蛋白质 | 46.0 | $2.0 \times 10^6$ | 1 850 | >1 000 |
| 小分子 | 3.0 | $7.5 \times 10^6$ | 800 | |

目前实验室里广泛使用的表达型载体在每个大肠杆菌细胞中可达数百甚至上千个拷贝,质粒的扩增过程通常发生在受体细胞的对数生长期,而此时正是细菌生理代谢最旺盛的阶段。质粒分子的过度增殖势必影响受体细胞的生长与代谢,进而导致质粒的不稳定性以及外源基因宏观表达水平的下降。解决这一难题的一种有效策略是将重组质粒的扩增纳入可控制轨道,也就是说,在细菌生长周期的最适阶段将重组质粒扩增到一个最佳水平。这方面较成功的例子是采用温度敏感型复制子控制重组质粒的复制。

pPLc2833 是一种含强启动子 $P_L$ 的大肠杆菌高表达型质粒。将温度敏感型质粒pKN402 的温度可诱导型复制子置换 pPLc2833 中的复制子,构建成 pCP3 新型表达质粒。携带 pCP3 的大肠杆菌在 28℃ 生长时,每个细胞含有 60 个质粒拷贝,介于 pKN402 和pPLc2833 之间;当生长温度提升至 42℃ 时,pCP3 的拷贝数迅速提高 5~10 倍。与此同时,由受体细胞染色体 DNA 中 $cI_{857}$ 基因合成的温度敏感型阻遏蛋白失活,$P_L$ 开放并启动外源基因的转录。pCP3 这种集基因扩增和转录控制于一身的优良特性,使之成为稳定高效表达外源基因的理想载体。将 T4-DNA 连接酶编码基因克隆到该质粒的多克隆位点上,所构建的大肠杆菌工程菌在 42℃ 时可产生占细胞蛋白总量 20% 的重组 T4-DNA 连接酶。这一表达水平远远高于绝大部分高丰度的大肠杆菌内源型蛋白质。

# 3.2　大肠杆菌基因工程菌的构建策略

在大肠杆菌中表达的重组异源蛋白按其细胞学定位具有三种模式,即胞质型、周质(内膜与外膜之间的空隙)型、胞外型。将重组异源蛋白引导至何种特定的细胞间隔各有利弊,在正常情况下一般优先考虑采用胞质型表达策略,因为其表达水平较高。异源蛋白既可单独表达,也可与具有特殊性能的受体菌蛋白融合表达,甚至以同聚体的形式串联表达。由外源基因编码序列以及介导其表达的调控元件构成的表达单位(亦称为表达盒)则可借助载体独立于受体细胞染色体 DNA 而自主复制,或者通过整合作用作为受体细胞基因组的一部分而稳定遗传。

### 3.2.1　包涵体型重组异源蛋白的表达

在某些生长条件下,大肠杆菌能积累某种特殊的生物大分子,它们致密地集聚在细胞内,或被膜包裹或形成无膜裸露结构,这种结构称为包涵体(Inclusion Bodies,IB)。富含蛋白质的包涵体多见于生长在含有氨基酸类似物培养基的大肠杆菌细胞中,由这些氨基酸类似物所合成的蛋白质往往会丧失其正常的理化特性而集聚形成包涵体。由高效表达质粒构建的大肠杆菌工程菌大量合成非天然性的同源或异源蛋白质,后者在一般情况下也以包涵体的形式存在于细菌细胞内。

1. 包涵体的基本特征

高效表达重组异源蛋白的大肠杆菌所形成的包涵体以可溶性和不溶性两种形式存在于细胞质中,它们基本上由蛋白质组成,其中大部分($50\%\sim95\%$)是外源基因的表达产物,具有正确的氨基酸序列,但空间构象在相当程度上有别于非集聚型蛋白质,甚至因错误折叠而丧失生物活性。事实上,包涵体是胞质内松散包裹型折叠中间物的临时蓄水池,其形成是蛋白质集聚与溶解之间不平衡的一种结果。除此之外,包涵体中还含有受体细胞本身高表达的蛋白产物(如 RNA 聚合酶、核糖核蛋白体、外膜蛋白等)以及质粒的编码蛋白(如标记基因表达产物)。包涵体的第三种组分则是 DNA、RNA、脂多糖等非蛋白分子。由于包涵体中相当部分的蛋白组分未能折叠成天然的空间构象,且所有的分子致密集聚成颗粒或胶束状,因此在胞质水环境中呈固液两相。至于重组异源蛋白究竟以包涵体的可溶性形式还是不溶性形式存在,以及包涵体内拥有正确折叠构象和生物活性的蛋白比例(即蛋白质的构象质量)究竟有多大,主要取决于多肽链的氨基酸组成与序列、生物合成的速率与产量以及受体细胞内蛋白质折叠机器(如分子伴侣等)的有效性。在大多数情况下,呈集聚状态(即两种形式的包涵体)的蛋白质的正确构象和生物活性均显著低于以单分子游离形式存在的蛋白质;但两种形式的包涵体内仍含有一定比例完善折叠的蛋白流分,而且这一比例在水溶性和不溶性包涵体之间大致相同。

以包涵体尤其是不溶性包涵体的形式表达重组异源蛋白,其显著优点表现在:① 允许重组异源蛋白高效表达。一般而言,以包涵体形式表达的重组异源蛋白可达细菌细胞蛋白总量的 $20\%\sim60\%$,这对规模化工业生产以及基础研究尤其是重组蛋白晶体衍射具有重要意义。② 简化外源基因表达产物的分离纯化程序。基于包涵体的固相属性,可借助高速离心操作将重组异源蛋白从细胞破碎物中有效分离出来。③ 稳定重组异源蛋白的高水平积累。重组异源蛋白在大肠杆菌细胞内的稳定性主要取决于包涵体的形成速度:在形成包涵体之前,由于二硫键的随机形成以及多肽链侧链基团修饰的缺乏,重组异源蛋白的蛋白酶作用位点往往裸露在外,导致对酶解作用的敏感性;但在形成包涵体之后,蛋白酶的攻击基本上已构不成威胁。④ 兼具固相和纳米双重应用优势。至少部分存在于不溶性包涵体中的重组异源蛋白拥有正确折叠构象及其相应的生物活性,因而可省去烦琐的固定化和纳米化工艺操作而直接用于酶促生产和组织再生医学,这些重组异源蛋白产物包括绿色荧光蛋白(GFP)、半乳糖苷酶、氧化/还原酶、磷酸激酶/磷酸酶以及醛缩酶等。

然而,对于包涵体内构象质量较低或(和)应用要求以单分子均相形式存在(如注射性药物)的异源重组蛋白而言,需要增加从包涵体中回收单分子且完善折叠型重组异源蛋白的操作工序,从而招致多重劣势:其一,在离心洗涤分离包涵体的过程中,难免会有包涵体的部分流失,导致收率下降;其二,包涵体的溶解一般需要使用高浓度的变性剂,在无活性异源蛋白复性之前,必须通过透析超滤或稀释的方法大幅度降低变性剂的浓度,这就增加了操作难度,尤其在重组异源蛋白的大规模生产过程中,这个缺陷更为明显;其三,误折叠重组异源蛋白的重折叠效率相当低,完善折叠型单分子的回收率难以满足应用需求且耗时费力。

2. 包涵体的形成机理

包涵体是一种结构复杂的蛋白集聚体,当大肠杆菌胞质中的蛋白质浓度达到 $200\sim300$ mg/mL 临界值时,蛋白质折叠环境已呈高度不利状态。然而,包涵体究竟是通过非折叠型多肽链上暴露出来的疏水性区域之间相互作用而被动发生还是通过特异性的 $\beta$-折叠成簇机制形成,目前尚不能完全确定。一般推测的包涵体形成机理包括下列三个方面:

(1) 折叠状态的蛋白质集聚作用。至少在某些情况下,具有折叠结构的蛋白质通过其集聚基序如 $\beta$-折叠片之间的堆积是包涵体形成的基础,这一过程颇似淀粉体的天然形成。蛋白质的水难溶性以及胞内的高浓度均能促进这种集聚过程,如大肠杆菌自身正常表达的膜结合蛋白即便拥有良好的天然折叠构象,但因其较小的水溶性而倾向于集聚形成疏水颗粒。对外源基因表达的重组异源蛋白而言,尽管它们能依靠自身的二硫键进行体内折叠,但这种折叠形式在大肠杆菌细胞内往往呈随机性,异源多肽链中半胱氨酸残基的含量越高,二硫键错配的概率也就越大。这种错误折叠的蛋白质往往表现为较高的疏水性,再加上高浓度蛋白分子之间的相互碰撞概率增大,最终形成多分子集聚物。

(2) 非折叠状态的蛋白质集聚作用。对于那些热稳定性差又在生长温度较高的细菌中表达的重组异源蛋白而言,由于多肽链分子内部的二硫键不易形成,非折叠状态在胞质内始终占主导地位。而且,含高浓度或高比例游离巯基的非折叠多肽的存在,会大幅度提高多肽链分子间二硫键形成的概率,导致产生高分子量的蛋白多聚体,从而降低单分子份额而形成包涵体颗粒。

(3) 蛋白折叠中间体的集聚作用。有些细菌或噬菌体自身合成的天然蛋白质虽然呈可溶性,但其折叠中间体的半衰期较长而且溶解度较低。如果这些细菌或噬菌体生长在高温等非生理条件下,那么任何对蛋白折叠速率有负面影响的环境条件均可在不同程度上导致折叠中间体的积累,后者在折叠成天然蛋白构象之前集聚为包涵体。例如,沙门氏菌噬菌体P22一个编码尾部蛋白基因的突变株在42℃时,由于这一尾部蛋白折叠过程的延长,导致折叠中间体集聚形成包涵体,从而影响噬菌体感染颗粒的装配。

根据上述包涵体的形成机理,可将高效表达的重组异源蛋白在大肠杆菌中形成包涵体的影响因素归纳为下列几个方面:① 培养温度。温度对包涵体形成的影响虽然不是个别现象,但并非一成不变的规律。较低细菌培养温度有利于重组异源蛋白可溶性表达的有 $\beta$-干扰素、$\gamma$-干扰素、肌酸激酶、免疫球蛋白 Fab 片段、$\beta$-半乳糖苷酶融合蛋白、枯草杆菌蛋白酶E、糖原磷酸化酶等,但其机理是降低重组异源蛋白的表达水平;相当多的重组异源蛋白并不能通过简单降低培养温度而实现可溶性表达。相反,虽然较高的培养温度能诱导受体细胞热休克蛋白的表达,后者在某种程度上抑制包涵体的形成,但高温本身不利于蛋白质的折叠。② 表达水平。不管包涵体的形成机理如何,重组异源蛋白的过量表达均有利于包涵体的形成,然而通过降低表达量来提高异源蛋白的可溶性却并非总能奏效。③ 遗传背景。相同的重组质粒在不同的大肠杆菌菌株中表达异源蛋白,其可溶性与不溶性流分的比例可能不同,有时甚至相差很大。一般来说,大肠杆菌染色体 DNA 上的热休克基因表达产物(如 Hsp、GroEL、PPIase 等)有助于重组异源蛋白的正确折叠而形成可溶性流分,如大肠杆菌 C41(DE3)和 C43(DE3)株等。④ 蛋白结构。天然的人 $\gamma$-干扰素在大肠杆菌中往往是以包涵体的形式表达的,但通过基因人工合成或定点突变技术改变其天然氨基酸序列,则可获得高比例的可溶性蛋白流分;相反,对于另一些异源蛋白而言,突变体比天然分子更易形成包涵体。

3. 包涵体的分离纯化

无论由包涵体回收可溶性单分子重组异源蛋白(即包涵体的体外复性,详见3.3.4)还是直接将包涵体用于固相催化或纳米颗粒投送,纯化型包涵体的制备都是必需的工序。包涵体的分离纯化主要包括菌体破碎、离心收集、清洗回收三大操作步骤。菌体破碎大多采用高压匀浆、高速珠磨、反复冻融等物理方法。细胞破碎物经差速离心首先去除未完全破碎的菌体及较大的细胞碎片,然后以较高转速回收包涵体颗粒,并弃去大量可溶性杂蛋白、核酸、热源及内毒素等杂质。由此获得的包涵体粗品中仍含有相当比例的大肠杆菌膜结合蛋白和种类繁多的脂多糖化合物,它们通常可用去垢剂清洗除去。常用的去垢剂包括 Triton X-100、SDS、脱氧胆盐等,其中 Triton X-100 可以以较高的回收率获得包涵体重组蛋白,但去除杂蛋白的效果不完全;脱氧胆酸盐清洗的纯度较高,但会使重组异源蛋白部分溶解并损失,导致回收率下降。由于去垢剂的效果与包涵体中重组异源蛋白的性质具有一定关系,因此包涵体清洗条件的优化显得尤为重要。一般而言,用于回收可溶性单分子重组异源蛋白的包涵体因需要经历后续烦琐的变复性操作对初始纯度要求不高;但直接用于固相催化尤其纳米颗粒投送的包涵体往往需要精致纯化,其纯化工艺至今仍是一种挑战。

　　4. 包涵体型重组异源蛋白表达系统的构建

　　将合适的基因高效表达调控元件(如启动子、SD 序列、终止子、纯化标签序列等)安装在外源基因的上下游两侧是构建表达质粒的主要内容。由于介导外源基因高效表达的大肠杆菌调控元件种类有限,故可通过酶切重组、PCR 扩增甚至化学合成等方法将两者按照最佳间隔及碱基序列连为一体,组成大肠杆菌表达复合元件。目前广泛使用的大肠杆菌商品化表达载体均装有高效表达型复合元件,包括 TSS 距启动子之间以及起始密码子 ATG 距 SD 序列之间的最佳间隔和碱基组成,并在 ATG 处设置合适的外源基因插入位点,任何外源基因编码序列均可通过 PCR 扩增引入与表达载体克隆位点匹配的限制性酶切位点,进而方便地构建序列完整的重组表达盒。便于安装 ATG 或识别序列本身含 ATG 的常用限制性核酸内切酶,如图 3-5 所示,外源基因编码序列经 PCR 修饰后既可直接接入,也可将线性化的载体处理成 3′ 末端以 ATG 结尾的形式,然后再以平头连接方式无缝对接。然而需要特别注意的是,TSS 与启动子之间尤其是起始密码子 ATG 与 SD 序列之间的间隔和碱基组成有时与外源基因的 5′ 端编码序列相关,此时常用表达载体上复合表达元件的设置未必最佳。如果在排除其他因素之后外源基因仍不能高效表达,则需考虑通过重组调整表达元件之间的间隔和碱基组成。

## 3.2.2　分泌型重组异源蛋白的表达

　　在大肠杆菌中表达的重组异源蛋白除了以可溶性(单分子和包涵体)或不溶性(包涵体)状态定位于胞质内外;还能通过运输或分泌方式进入大肠杆菌的周质空间,甚至渗透外膜进入培养基中。这两种形式均要求重组异源蛋白穿透细胞质膜,而蛋白产物 N 端信号肽序列的存在是蛋白质穿膜分泌的前提条件。

　　1. 分泌型异源蛋白表达的基本特性

　　相对其他生物而言,绝大多数野生型大肠杆菌菌株缺乏健全的蛋白质分泌机制,只能将少数几种蛋白分泌至周质中,至于以被动扩散或渗漏方式穿透外膜进入培养基中的蛋白则更寥寥无几。然而,重组异源蛋白的分泌型表达(即使仅分泌至大肠杆菌周质中)却具有很多优势:① 无论分泌至细胞周质还是直接进入培养基,重组异源蛋白均能与大肠杆菌数以千计的内源蛋白分隔在不同的空间中,从而大大简化后续的分离纯化操作。进入培养基的重组异源蛋白通过简单离心操作除去大肠杆菌细胞便可方便获得;而位于周质中的重组异源蛋白也能通过物理、酶促、化学的细胞外直接渗透方法得以释放。② 大肠杆菌周质中含有更有效的二硫键形成酶系(如 DsbA/DsbC),定位于周质的重组异源蛋白能被高效折叠成正确的单分子空间构象;而且由于周质中缺少蛋白酶,重组异源蛋白的稳定性大幅度提高,例如重组人胰岛素原合成后若被分泌至周质中,其稳定性大约相当于胞质中的 10 倍。③ 哺乳动物体内绝大多数的蛋白质在生物合成后甚至翻译过程中,必须跨膜(如内质网膜、高尔氏基体膜、线粒体膜、细胞质膜等)传递或运输,并经过复杂的翻译后加工修饰环节才能形成活性状态,因此相当多的天然成熟蛋白 N 端第一位氨基酸残基并非甲硫氨酸。然而,当哺乳动物蛋白编码序列在大肠杆菌中表达时,其重组蛋白 N 端第一位的甲硫氨酸残基往往不能被切除。如果将外源基因与大肠杆菌信号肽编码序列重组在一起进行分泌表达,其 N 端的甲硫氨酸残基便随信号肽的专一性剪切而被有效除去,从而确保重组异源蛋白的 N 端序列与天然蛋白一致,降低其作为药物使用的免疫原性。但是,由于蛋白质分泌过程通常缓慢且低效,因此重组异源蛋白的分泌型表达往往需要牺牲表达速率和表达量。

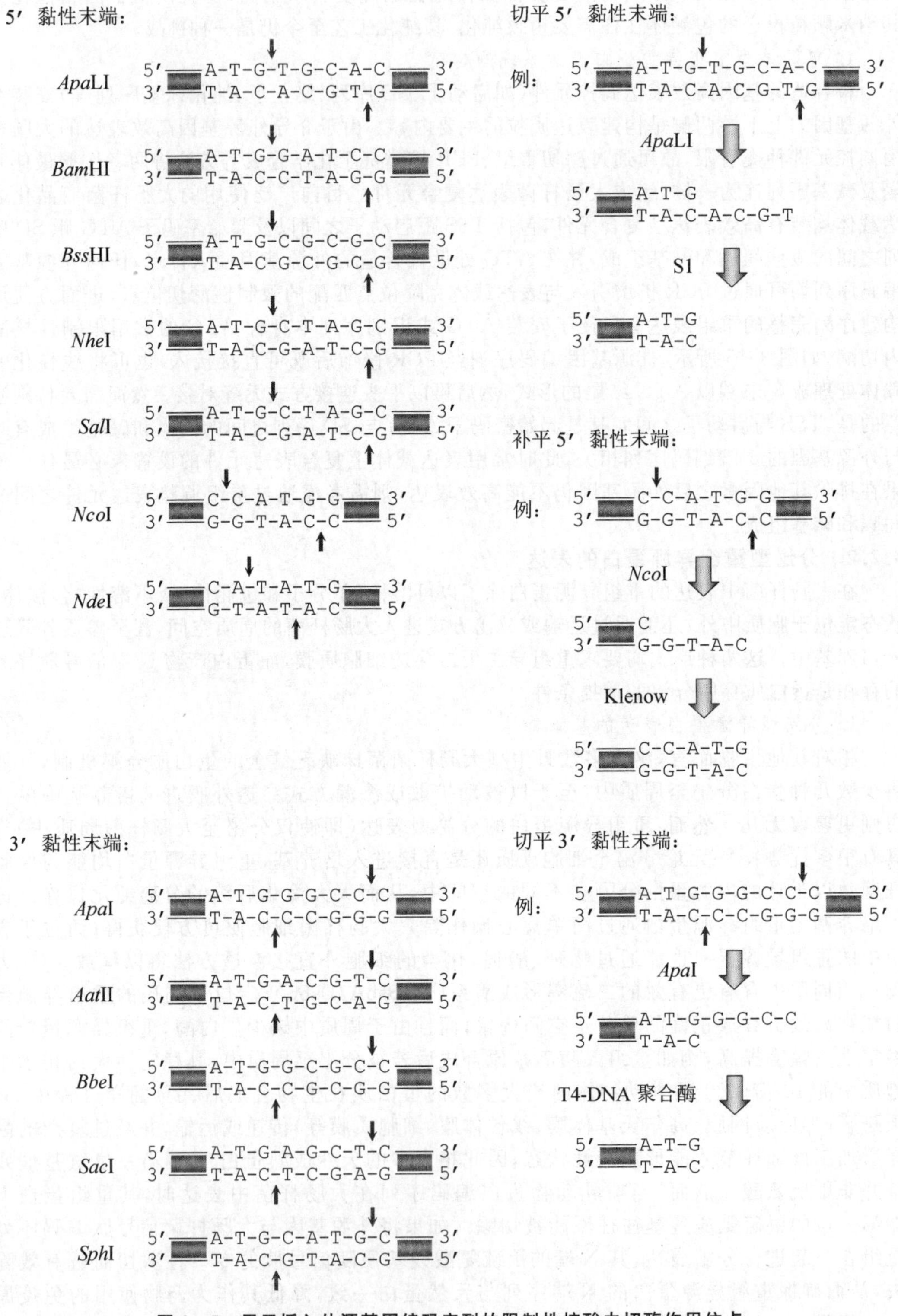

5′ 黏性末端：

ApaLI
5′ A-T-G-T-G-C-A-C 3′
3′ T-A-C-A-C-G-T-G 5′

BamHI
5′ A-T-G-G-A-T-C-C 3′
3′ T-A-C-C-T-A-G-G 5′

BssHI
5′ A-T-G-C-G-C-G-C 3′
3′ T-A-C-G-C-G-C-G 5′

NheI
5′ A-T-G-C-T-A-G-C 3′
3′ T-A-C-G-A-T-C-G 5′

SalI
5′ A-T-G-C-T-A-G-C 3′
3′ T-A-C-G-A-T-C-G 5′

NcoI
5′ C-C-A-T-G-G 3′
3′ G-G-T-A-C-C 5′

NdeI
5′ C-A-T-A-T-G 3′
3′ G-T-A-T-A-C 5′

切平 5′ 黏性末端：

例：
5′ A-T-G-T-G-C-A-C 3′
3′ T-A-C-A-C-G-T-G 5′

ApaLI ⬇

5′ A-T-G 3′
3′ T-A-C-A-C-G-T 5′

S1 ⬇

5′ A-T-G 3′
3′ T-A-C 5′

补平 5′ 黏性末端：

例：
5′ C-C-A-T-G-G 3′
3′ G-G-T-A-C-C 5′

NcoI ⬇

5′ C 3′
3′ G-G-T-A-C 5′

Klenow ⬇

5′ C-C-A-T-G 3′
3′ G-G-T-A-C 5′

3′ 黏性末端：

ApaI
5′ A-T-G-G-G-C-C-C 3′
3′ T-A-C-C-C-G-G-G 5′

AatII
5′ A-T-G-A-C-G-T-C 3′
3′ T-A-C-T-G-C-A-G 5′

BbeI
5′ A-T-G-G-C-G-C-C 3′
3′ T-A-C-C-G-C-G-G 5′

SacI
5′ A-T-G-A-G-C-T-C 3′
3′ T-A-C-T-C-G-A-G 5′

SphI
5′ A-T-G-C-A-T-G-C 3′
3′ T-A-C-G-T-A-C-G 5′

切平 3′ 黏性末端：

例：
5′ A-T-G-G-G-C-C-C 3′
3′ T-A-C-C-C-G-G-G 5′

ApaI ⬇

5′ A-T-G-G-G-C-C 3′
3′ T-A-C 5′

T4-DNA 聚合酶 ⬇

5′ A-T-G 3′
3′ T-A-C 5′

图 3 - 5   用于插入外源基因编码序列的限制性核酸内切酶作用位点

**2. 大肠杆菌蛋白质的运输和分泌机制**

原核细菌蛋白质的分泌机制与真核生物十分相似,包括翻译共转移和翻译后转运两种机制。在大肠杆菌中,翻译共转移形式较为普遍但并非唯一,有些蛋白可同时通过两种方式进行分泌。大肠杆菌分泌型蛋白的 N 端存在由 15~30 个氨基酸残基组成的信号肽(Signal Peptide),其前几个残基为带正电荷的极性氨基酸,后者靠静电引力将多肽链导至带负电荷的质膜内侧;信号肽的中部及后部皆为连续排列的疏水氨基酸并形成 $\alpha$-螺旋,它对蛋白质穿透疏水性膜结构起着决定性作用;大肠杆菌信号肽的最后三个氨基酸残基通常为 AXA 序列,其中的 X 大都是侧链较长的氨基酸,为信号肽酶的剪切位点。除此之外,蛋白质穿透膜结构后的正确定位有时还需要第二个信号序列,例如大肠杆菌 $\beta$-内酰胺酶的 C 末端区域对该蛋白离开内膜进入周质是必需的。在蛋白质穿膜分泌的过程中,N 端的信号肽会被固定在内膜上的膜蛋白信号肽酶特异性识别并切除。

在以翻译后转运机制分泌的过程中,蛋白质折叠的控制十分重要,构象的改变发生在转膜期间。例如,大肠杆菌的 $\beta$-内酰胺酶在转膜之前和转膜期间所拥有的空间结构呈胰蛋白酶敏感型,但当它从内膜进入周质后,即转变成胰蛋白酶抗性构象。大肠杆菌蛋白翻译后转运过程如图 3-6 所示:分子伴侣(Chaperone)SecB 与新合成的蛋白前体结合,并控制其折叠构象;然后 SecB 将蛋白前体转移至固定在内膜内侧的 SecA 处,后者与膜蛋白 SecE/SecY 复合物相连;在 ATP 的存在下,SecA 将蛋白前体推入内膜,同时释放 SecB 因子;最后,内膜分泌系统中的信号肽酶切除蛋白前体的信号肽序列,蛋白质被分泌到细胞周质中。大肠杆菌细胞内拥有多种能有效阻止蛋白前体随机折叠的分子伴侣,包括分泌触发因子(tf)、GroEL、SecB。其中,SecB 在细胞内的含量较前两种蛋白少,但对蛋白分泌的促进作用却最大,因为它既具有分子伴侣的功能又对 SecA 具有亲和性。在以分子伴侣形式发挥作用时,SecB 仅仅是阻止蛋白前体错误折叠的发生,但不能改变蛋白质已折叠的构象。

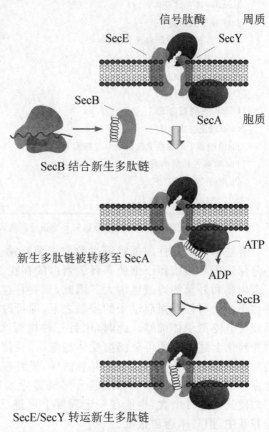

图 3-6　大肠杆菌蛋白翻译后转运过程

由此可见,在大肠杆菌中表达的可分泌型内源或异源蛋白,无论采取何种机制进行转膜分泌,都必须在分子伴侣的协助下维持合适的构象,也就是说,分泌在细胞周质或培养基中的蛋白质很少形成分子间的二硫键交联。然而,对于富含半胱氨酸残基的真核生物异源蛋白来说,即便它能在大肠杆菌中以分泌的形式表达,其产物仍有很大可能发生分子内的二硫键错配,因为大肠杆菌的分子伴侣作用特异性与真核生物不同。

**3. 分泌型异源蛋白表达系统的构建**

大肠杆菌少数基因如 *ompT*、*ompA*、*pelB*、*phoA*、*malE*、*lamB*、$\beta$-内酰胺酶编码基因的 5′端编码区含有周质定位序列(即信号肽编码序列)。从理论上讲,将这些信号肽编码序列与外源基因拼接,即可实现重组异源蛋白在大肠杆菌中的分泌型表达,然而实际上信号肽的存在并不能保证分泌的有效性和高速率,不同信号肽序列所介导的分泌效率往往与异源蛋白本身的结构密切相关。除此之外,因外膜结构的存在,包括大肠杆菌在内的革兰氏阴性菌一般不能将蛋白质直接分泌至培养基中,但由 OmpA 所属信号肽序列介导分泌的异源重组蛋白有时能扩散至培养基中,因而得到广泛应用。革兰氏阳性细菌和真核细胞由于不存在外膜结构,可从培养基中直接获得重组异源蛋白。大肠杆菌分泌表达系统中常用的典型信号肽序列列在表 3-4 中。

表 3-4　大肠杆菌分泌表达系统中常用的典型信号肽序列

| 信号肽来源 | 信号肽序列 |
| --- | --- |
| EXase(芽孢杆菌木聚糖内切酶) | MFKFKKKFLVGLTAAFMSISMFSATASA |
| LamB(λ 噬菌体受体蛋白) | MMITLRKLPLAVAVAAGVMSAQA |
| Lpp(胞壁质脂蛋白) | MKATKLVLGAVILGSTLLAG |
| LTB(热不稳定性肠毒素亚基 B) | MNKVKCYVLFTALLSSLYAHG |
| MalE(麦芽糖结合蛋白) | MKIKTGARILALSALTTMMFSASALA |
| OmpA(外膜蛋白 A) | MKKTAIAIAVALAGFATVAQA |
| OmpC(外膜蛋白 C) | MKVKVLSLLVPALLVAGAANA |
| OmpF(外膜蛋白 F) | MMKRNILAVIVPALLVAGTANA |
| OmpT(蛋白酶 VII) | MRAKLLGIVLTTPIAISSFA |
| PelB(胡萝卜软腐欧文氏菌果胶裂解酶 B) | MKYLLPTAAAGLLLLAAQPAMA |
| PhoA(碱性磷酸单酯酶) | MKQSTIALALLPLLFTPVTKA |
| PhoE(外膜孔蛋白 E) | MKKSTLALVVMGIVASASVQA |
| StII(热稳定性肠毒素 II) | MKKNIAFLLASMFVFSIATNAYA |

注:下画线分别代表信号肽 N 端引导区和 C 端信号肽酶剪切区。

有些革兰氏阴性菌能将极少数的细菌抗菌蛋白(细菌素)分泌至培养基中,这种特异性的分泌过程严格依赖于细菌素释放蛋白的存在,后者激活定位于内膜上的磷酸酯酶 A,导致细菌内膜和外膜的通透性增大。因此,只要将这一细菌素释放蛋白编码基因克隆在质粒上,并置于一个可控性强启动子的控制之下,即可改变大肠杆菌细胞对重组异源蛋白的通透性,形成可分泌型受体细胞。此时,用另一种携带大肠杆菌信号肽编码序列和外源基因的重组质粒转化上述构建的可分泌型受体细胞,并且使用相同性质的启动子驱动外源基因的转录,则两个基因的高效共表达可同时被诱导,最终在培养基中获得重组异源蛋白。此外,将天然存在于某些大肠杆菌致病株中的分泌机器导入实验室菌株,或者突变大肠杆菌外膜蛋白的结构使其通透性增大,也能在一定程度上促进已分泌进周质中的异源重组蛋白继续渗透至培养基中,但效率通常很低。

### 3.2.3　融合型重组异源蛋白的表达

除了在大肠杆菌中直接表达重组异源蛋白外,也可将外源基因与受体菌自身蛋白编码基因拼接在一起,作为同一阅读框架进行表达。由这种杂合基因表达出的蛋白质称为融合蛋白,其中受体菌蛋白(即融合伙伴)通常位于 N 端,异源蛋白位于 C 端。通过在 DNA 水平上人工设计引入蛋白酶切割位点或化学试剂特异性断裂位点,可在体外从纯化的融合蛋白分子中释放回收异源蛋白。

1. 融合型异源蛋白表达的基本特性

异源蛋白与受体菌自身蛋白以融合形式共表达的第一个显著特性是其稳定性大幅度提高。重组异源蛋白尤其是小分子多肽极易为大肠杆菌的内源性蛋白酶系统降解,其主要原因是异源蛋白和小分子多肽不能形成有效的空间构象,使得多肽链中的蛋白酶识别位点直接暴露在外。而在融合蛋白中,融合伙伴能与异源蛋白形成良好的杂合构象,这种结构尽管不同于两种蛋白质独立存在时的天然构象,但在很大程度上封闭了异源蛋白的蛋白酶水解作用位点,从而增加其稳定性。同时在很多情况下,因融合伙伴对应于大肠杆菌胞内蛋白复性和折叠系统,融合蛋白还具有较高的水溶性以及相应的正确空间构象,甚至某些异源蛋白的融合形式本身就已拥有生物活性。

融合蛋白的第二个特性是分离纯化程序简洁且高效。由于与异源蛋白相连的细菌融合伙伴的结构与功能通常是已知的,因此可以利用融合伙伴的特异性抗体、配体、底物亲和层析技术高效快速纯化融合蛋白。如果异源蛋白与融合伙伴的分子量大小以及氨基酸组成差别较大,则融合蛋白经酶促法或化学法特异性水解后,即可简便地纯化异源蛋白最终产物。不过,由此获得的重组异源蛋白仍有可能存在错配的二硫键,在此情况下也必须进行体外复性。

融合蛋白的第三个特性是表达效率高。在构建融合蛋白表达系统时,所选用的细菌融合伙伴编码基因通常是高效表达的,其 SD 序列的碱基组成以及与起始密码子之间的距离为融合蛋白的高效表达创造了有利条件。目前广泛使用的外源基因融合表达系统中的融合伙伴,如谷胱甘肽转移酶(GST)、麦芽糖结合蛋白(MBP)、金黄色葡萄球菌蛋白 A、硫氧化还原蛋白(TrxA)等,均能在大肠杆菌中介导融合蛋白的高效可溶性表达。

值得注意的是,当重组异源蛋白用作药物或者融合伙伴的存在干扰异源蛋白的结构和功能时,需要进行融合蛋白的裂解和异源蛋白的回收操作,这种操作有时较为烦琐和低效。然而在更多的情形中,融合蛋白主要用于工业催化、医学诊断、蛋白基础研究中,此时往往可以省去融合蛋白的裂解操作,因而异源蛋白以融合形式表达是目前应用最普遍的策略。

2. 融合型异源蛋白表达系统的构建

构建融合蛋白表达载体必须遵循三个原则:① 细菌融合伙伴应能在大肠杆菌中高效表达,且其表达产物可以通过亲和层析进行特异性高效纯化。② 外源基因应插在受体融合伙伴编码序列的下游,并为融合蛋白提供终止密码子,在某些情况下融合伙伴并不需要完整的编码序列。如果需要裂解融合蛋白,两种编码序列拼接位点处的序列设计十分重要,它直接决定了融合蛋白的裂解工艺和效率,同时尽可能避免融合蛋白分子中两种组分的相对分子质量过于接近,为异源蛋白的分离回收创造条件。③ 最重要的是,当两种蛋白编码序列融合在一起时,外源基因的正确表达完全取决于其翻译阅读框的维持。

融合蛋白中的细菌融合伙伴除了具备高效表达的基本条件外,还应同时具有下列特性中的一种或多种:维持整个融合蛋白分子的正确空间构象以增加其水溶性,如麦芽糖结合蛋白(MBP)、谷胱甘肽转移酶(GST)、硫氧化还原蛋白(TrxA,对应于 pTrxFus 系列载体)、泛素蛋白(Ubi)、N 使用蛋白(NusA)、2-酮基-3-脱氧磷酸葡萄糖酸醛缩酶(EDA)等;促进融合蛋白定位于细胞周质甚至外膜以实现分泌表达,如周质定位因子(DsbA,对应于 pET39b)、外膜蛋白(OmpF)等;提供融合蛋白一种用于亲和层析分离的标签序列以简化异源蛋白的纯化程序,如 $\beta$-半乳糖苷酶(LacZ)、金黄色葡萄球菌蛋白 A(SAPA,对应于 pRIT2T 系列载体)、组氨酸六聚体标签(6×His-tag)、Flag 八聚体标签(DYKDDDDK)等。其中,GST 具有促进折叠和免疫亲和层析双重功效,而含有 His-tag 的融合蛋白则可借助镍柱进行配体亲和层析纯化。为了使融合蛋白分子同时具备上述多重特性,也可串联重组两种融合伙伴标签序列。例如,一个较为实用的融合蛋白表达系统同时含有大肠杆菌编码外膜蛋白的 *ompF* 基因 5′端序列以及编码 $\beta$-半乳糖苷酶的 *lacZ* 基因(图 3-7),前者为融合蛋白提供转录翻译表达元件以及分泌信号肽序列,后者则被设计用于融合蛋白免疫亲

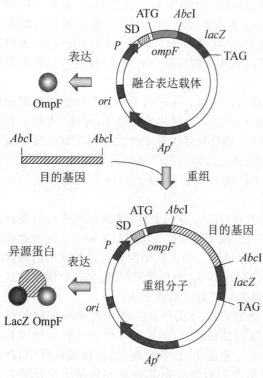

图 3 - 7　含二元标签的融合蛋白表达系统

和层析分离的抗原标签。$\beta$-半乳糖苷酶的一个显著特性是即便缺失 N 端前 8 个氨基酸残基仍具有酶活性和抗原活性,因而在其 N 端组装一个异源蛋白多肽,融合蛋白在大多数情况下仍能保持 $\beta$-半乳糖苷酶的各种性质。另外,在 ompF 与 lacZ 基因的交界处加装一个不含终止密码子的限制酶切位点(假设为 AbcI),位于下游的 lacZ 基因相对 ompF 编码序列具有错误的阅读框架,因此由其表达出的 OmpF - LacZ 二元融合蛋白并不具有 $\beta$-半乳糖苷酶活性。当外源基因插入 AbcI 克隆位点后,在维持自身阅读框架正确的同时又可纠正 lacZ 编码序列的错误阅读框架,重组克隆能表达出一个三元融合蛋白,它既具有可分泌性,又能通过 $\beta$-半乳糖苷酶抗体亲和层析进行快速纯化。

为了确保融合蛋白中重组异源蛋白序列的正确性,通常将细菌融合伙伴的编码序列设计成三种阅读框架,构成三种相应的融合蛋白表达质粒[图 3 - 8(a)]。例如,PinPoint Xa 融合表达系列载体 Xa - 1、Xa - 2、Xa - 3 三个质粒的 MCS 内依次增加一对碱基(A/T),分别对应于三种不同的翻译阅读框[图 3 - 8(b)]。将外源基因分别插在三个质粒的任何相同位点(如 HindIII 中),所获得的三种重组分子必有一种能维持外源基因编码序列的正确阅读框架。

3. 重组异源蛋白从融合蛋白中的回收

在生产药用重组异源蛋白时,将融合蛋白中的融合伙伴肽段完整除去是必不可少的工序。融合蛋白的位点特异性断裂方法有两种:即化学裂解法和蛋白酶酶促裂解法。

用于蛋白质位点特异性化学裂解的最佳试剂为溴化氰(CNBr),它能与多肽链中的甲硫氨酸侧链进行硫醚基反应,生成溴化亚氨内酯,后者不稳定,在水的作用下断裂肽键,形成两个多肽降解片段,其中上游肽段 C 末端的甲硫氨酸转化为高丝氨酸,而下游肽段 N 端的第一位氨基酸残基保持不变。这一方法的优点是产率高(可达到 85％以上),特异性强,而且所形成的异源蛋白 N 端不含甲硫氨酸,与真核生物细胞中的成熟表达产物在氨基酸序列上较为接近。然而,如果异源蛋白分子内部含有甲硫氨酸,则不能用此方法;另外,CNBr 易挥发且有毒,对操作容器的密封性能要求较高。

蛋白酶酶促裂解法的特点是断裂效率更高,同时每种蛋白酶均拥有相应的断裂位点决定簇,因此可供选择的特异性断裂位点范围较广。几种断裂位点特异性最强的商品化蛋白酶列在表 3 - 5 中,它们分别在多肽链中精氨酸、谷氨酸、赖氨酸残基的 C 端切开酰氨键,形成不含上述残基的下游肽段,与溴化氰化学断裂法相同。用上述蛋白酶裂解融合蛋白的前提条件是异源蛋白肽段内部不能含有精氨酸、谷氨酸或赖氨酸,如果外源基因表达产物为小分子多肽,这一限制条件并不苛刻,但对于相对分子质量较大的异源蛋白而言,上述三种氨基酸的出现频率相当高。

(a) 融合表达质粒 PinPoint Xa-1 的图谱

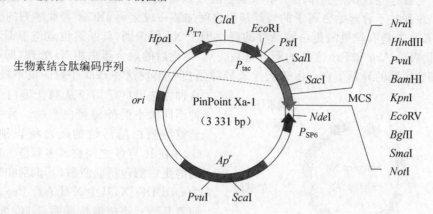

(b) 三种 PinPoint 载体上的多克隆位点（MCS）

PinPoint Xa-1:

Xa 因子裂解位点

**IleGluGlyArg**GluAlaSerAlaGlyIleArgTyrArgTyrGlnIleSerArgGlyGlyArg
ATCGAAGGTCGCGAAGCTTCAGCTGGGATCCGGTACCGATATCAGATCTCCCGGGGCGGCCGC

　　　　　*Nru*I　*Hin*dIII　*Pvu*I　*Bam*HI　*Kpn*I　*Eco*RV　*Bgl*II　*Sma*I　　*Not*I

PinPoint Xa-2:

**IleGluGlyArg**GluSerPheSerTrpAspProValProIleSerAspLeuProGlyArgPro
ATCGAAGGTCGCGAAAGCTTCAGCTGGGATCCGGTACCGATATCAGATCTCCCGGGGCGGCCGC

　　　　　*Nru*I　*Hin*dIII　*Pvu*I　*Bam*HI　*Kpn*I　*Eco*RV　*Bgl*II　*Sma*I　　*Not*I

PinPoint Xa-3:

**IleGluGlyArg**GluLysProGlnLeuGlySerGlyThrAspIleArgSerProGlyAlaAla
ATCGAAGGTCGCGAAAAGCTTCAGCTGGGATCCGGTACCGATATCAGATCTCCCGGGGCGGCCGC

　　　　　*Nru*I　*Hin*dIII　*Pvu*I　*Bam*HI　*Kpn*I　*Eco*RV　*Bgl*II　*Sma*I　　*Not*I

**图 3 - 8　融合表达载体 PinPoint 的结构与特性**

**表 3 - 5　几种常用于裂解融合蛋白的蛋白质内切酶**

| 蛋白酶 | 来源 | 识别和裂解位点 |
| --- | --- | --- |
| 测序级梭菌蛋白酶 | 溶组织梭菌 | R - X(X 为所有氨基酸) |
| 测序级 V8 蛋白酶 | 金黄色葡萄球菌 | E - X(X 为所有氨基酸) |
| 测序级 Lys - C 蛋白酶 | 产酶溶杆菌 | K - X(X 为所有氨基酸) |
| 测序级修饰型胰蛋白酶 | 猪 | R - X 或 K - X(X 为所有氨基酸) |
| 丝氨酸蛋白酶型凝血因子 Xa | 哺乳动物 | IEGR - X(X 为 Arg 和 Pro 之外的所有氨基酸) |
| 丝氨酸蛋白酶型凝血酶 | 哺乳动物 | LVPR - G |
| 肠激酶 | 哺乳动物 | DDDDK - X(X 为 Pro 之外的任何氨基酸) |
| 病毒 3C 蛋白酶 | 小核糖核酸病毒 | LEVLFQ - GP |
| 病毒 3C 蛋白酶 | 烟草蚀纹病毒 | ENLYFQ - G |

注:"-"表示断裂位点。

为了克服这些仅识别并作用于单一氨基酸残基型蛋白酶的应用局限性,可在细菌融合伙伴编码序列与不含起始密码子的外源基因之间加装一段编码 IEGR 寡肽序列的人工接头片段,该寡肽为具有丝氨酸蛋白酶活性的凝血因子 Xa 所识别,其断裂位点位于 IEGR 与 X 之间(X 代表除 Arg 和 Pro 之外的所有氨基酸)。纯化后的融合蛋白用 Xa 处理,即可获得不含上述寡肽序列的异源蛋白。由于天然或异源蛋白中出现这种寡肽序列的概率极少,因此这种方法可广泛用于从融合蛋白中回收各种不同大小的外源蛋白产物。另一种具有丝氨酸蛋白酶活性的凝血酶识别 LVPR/G,并在 R 与 G 之间裂解多肽链。特异性更高的蛋白酶包括肠激酶(其识别和裂解序列为 DDDDK/X,其中 X 代表除 Pro 之外的任何氨基酸)、小核糖核酸病毒 3C 蛋白酶(其识别和裂解序列为 LEVLFQ/GP)以及烟草蚀纹病毒蛋白酶(TEV)3C 蛋白酶(其识别和裂解序列为 ENLYFQ/G)。需要注意的是,特定蛋白酶及其最佳反应条件的选择往往取决于目标重组蛋白的序列和性质。

商品化的 PinPoint Xa 蛋白纯化系统为上述方法的实际应用提供了更为便捷的外源基因融合表达载体(图 3-8),它含有控制融合基因表达的 $P_{tac}$ 启动子以及可用于融合蛋白亲和层析分离纯化的大肠杆菌生物素结合肽标签编码序列,其下游的 Xa 因子识别序列可供从纯化的融合蛋白裂解回收异源蛋白。此外,在 $P_{tac}$ 启动子和多克隆位点 MCS 的外侧,还分别装有 $P_{T7}$ 和 $P_{SP6}$ 启动子,两者能在含有相应噬菌体 RNA 聚合酶编码基因的特殊大肠杆菌受体细胞中大量合成 RNA,用于无细胞外体翻译。含有外源基因的重组分子在大肠杆菌中表达出 N 端含有生物素结合肽标签的融合蛋白,细菌裂解悬浮液直接用生物素抗性蛋白(Avidin)亲和层析柱分离,然后再借助于游离生物素的竞争结合技术将融合蛋白从层析柱上洗脱下来,并用 Xa 因子位点特异性切除融合蛋白 N 端的标签序列,最终获得异源蛋白产物(图 3-9)。

### 3.2.4　寡聚型重组异源蛋白的表达

从理论上讲,外源基因的表达水平与受体细胞中可转录基因的拷贝数(即基因剂量)呈正相关,重组质粒拷贝数的增加在一定程度上能提高异源蛋白的产量。然而,重组质粒除了含有外源基因外还携带其他的

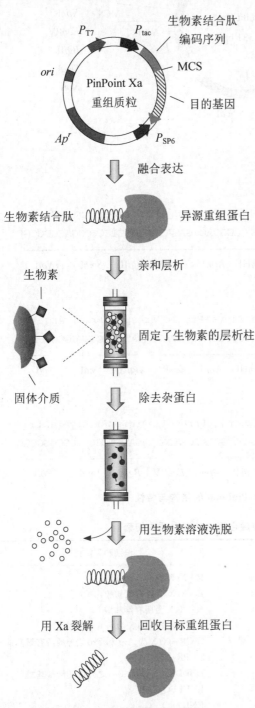

图 3-9　利用 PinPoint 系统表达
纯化融合蛋白示意图

可转录基因,如作为筛选标记的抗生素抗性基因等。随着重组质粒拷贝数的不断增加,受体细胞内的大部分能量被用于合成所有的重组质粒编码蛋白,而细胞的正常生长代谢却因能量不济受到影响,并且除了外源基因表达产物外,质粒编码的其他蛋白合成并没有任何价值,因此通过增加质粒拷贝数提高外源基因表达产物的产量往往不能获得如期的效果。另一种通过增加外源基因剂量而提高蛋白产物产量的有效方法是构建寡聚型重组异源蛋白表达载体,即将多拷贝的外源基因克隆在一个低拷贝质粒上,以取代单拷贝外源基因在高拷贝载体上表达的策略,这种方法对高效表达那些分子量较小的异源蛋白或多肽具有很强的实用性。

外源基因多拷贝线性重组是寡聚型异源蛋白表达系统构建的关键技术,它包括三种不同的重组策略,其构建方法、表达产物的后加工程序以及适用范围各不相同(图 3 - 10)。

1. 多表达盒型重组策略

外源基因拷贝均携带各自的启动子、终止子、SD 序列以及起始和终止密码子,形成相互独立的转录和翻译串联表达盒,其中盒与盒之间的连接方向可正可反,一般与表达效率无关,因此多拷贝连接较为简单。表达出的异源蛋白无须进行裂解处理,但每个产物分子的 N 端含有甲硫氨酸残基[图 3 - 10(a)]。这个策略特别适用于表达相对分子质量较大的异源蛋白,尤其是表达用于体内功能研究的重组蛋白复合物,例如四亚基的血红蛋白和丙酮酸脱氢酶、三亚基的复制蛋白 A 以及两亚基的肌球蛋白和肌酸激酶等。

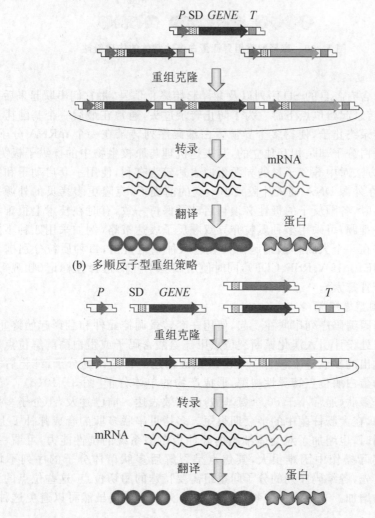

(c) 多编码序列型重组策略

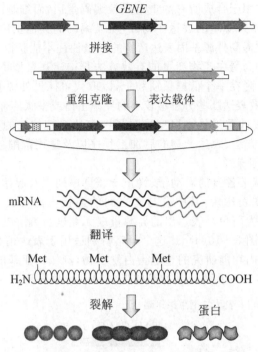

图 3-10  寡聚型重组异源蛋白表达载体的构建策略

2. 多顺反子型重组策略

外源基因拷贝含有各自的 SD 序列以及翻译起始终止信号,将它们串联起来后克隆在一个公用的启动子-转录起始位点下游。为了防止转录过头,通常在最后一个基因拷贝的下游组装一个较强的转录终止子,使得多个异源蛋白编码序列转录在一个 mRNA 分子中,但最终翻译出的异源蛋白分子却是相互独立的,其表达机理与原核生物中的操纵子极为相似[图 3-10(b)]。这种方法对中等分子量的异源蛋白表达较为有利,使用一套启动子和终止子转录调控元件,可以在外源 DNA 插入片段大小不变的前提下,克隆更多拷贝的外源基因。但是在体外拼接组装时,各顺反子的极性必须与启动子保持一致,有时在技术上很难满足这种要求。为解决这一难题,可采用多种质粒介导双顺反子表达策略,例如采用四种不同质粒各携带双顺反子允许在一个大肠杆菌细胞内共表达八种重组蛋白,每种质粒分别携带不同的复制起始位点(ColE1、p15A、RSF、CDF),同时使用四套不同的选择性标记(壮观霉素、卡那霉素、氯霉素、氨苄青霉素)。

3. 多编码序列型重组策略

将多个外源基因编码序列串联在一起,使用一套转录调控元件和翻译起始终止密码子,各编码序列在接口处设计引入溴化氰断裂位点甲硫氨酸密码子或蛋白酶酶解位点序列。由这种重组分子表达出的多肽链上包含多个由酰氨键相连的目的产物分子,纯化后多肽分子用溴化氰或相应的蛋白酶位点特异性裂解,形成产物的单体分子[图 3-10(c)]。这种方法特别适用于小分子多肽(通常小于 50 个氨基酸)的高效表达。前已述及,小分子多肽由于缺乏有效的空间结构,在大肠杆菌中的半衰期很短。多拷贝串联多肽的合成弥补了上述缺陷,在提高表达率的同时,也增加了对受体细胞内源性蛋白酶系统的抗性能力,可谓一箭双雕。然而这种策略在实际操作中困难很大,其焦点是裂解后多肽单体分子的序列不均一性或(和)不正确性。首先,各编码序列的分子间重组需要特殊的酶切位点,这些位点的引入势必导致氨基酸残基的增加。非限制性内切酶产生的平头末端连接虽然可以避免这种缺陷,但很难保证各编码序列以极性相同的方式排列;其次,用溴化氰断裂多肽链会使单体产物分子 C 端多出一个高丝氨酸,尽管这个多余的残基可用化学方法切除,但在大规模生产中往往难以实现;最后,若用蛋白酶系统释放单体分子,则产物中至少有一部分单体分子的 N 端带有甲硫氨酸,除非每个编码序列均含有甲硫氨酸密码子,才能保证单体分子序列的均一性。

多顺反子和多编码序列型重组均要求各单元序列的极性一致排列,借助于限制性内切酶 AvaI 可有效达到此目的。该酶的识别序列为 5′C(T/C)CG(A/G)G3′,切割位点在 T/C 的 5′端一侧。含有唯一 5′CTCGGG3′序列的质粒用 AvaI 切开,Klenow 酶填平黏性末端,然后接上 EcoRI 人工接头(5′GAATTC3′),由此修饰的质粒含有两个 AvaI 位点,它们通过部分重叠的形式左右包裹一个 EcoRI 位点(图 3-11)。外源基因的转录元件和翻译元件克隆在 EcoRI 处。从另一个重组质粒中切开两端含有 AvaI 黏性末端的编码序列,由于每个单体分子上的黏性末端并不对称,因而在体外连接时各单体的极性是一致的。将这一线形串联的 DNA 分子克隆在经 AvaI 部分酶解的线形化表达载体上,所形成的转化子中 50% 的重组克隆能够进行表达。

寡聚型外源基因表达策略曾成功用于人干扰素(抗病毒和抗肿瘤)、鲑鱼降钙素(防止骨质疏松的特效药)、人胰高血糖素样多肽(降血糖)等小分子量蛋白或寡肽的高效表达,每个重组质粒分子携带 4~8 个外源基因编码序列拷贝,能大幅度提高重组产物的产率和稳定

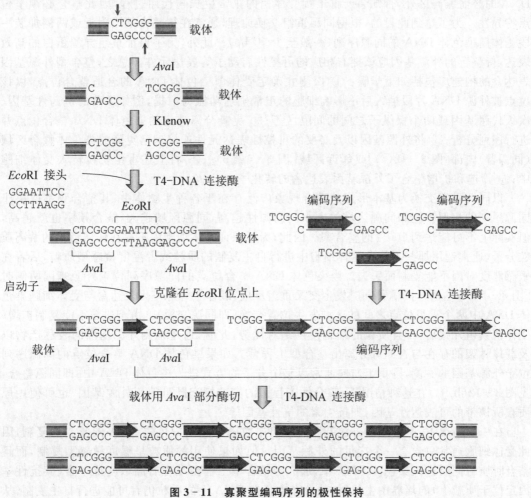

图 3-11　寡聚型编码序列的极性保持

性。然而在某些情况下,串联的外源基因拷贝会因同源重组而表现出结构不稳定。在大肠杆菌生长过程中,重组分子中的一部分甚至全部外源基因拷贝会从质粒上脱落。这种现象与串联拷贝的数目、编码序列单体的大小及其产物性质、受体菌的遗传特性和培养条件等有着密切的关系。

### 3.2.5 整合型重组异源蛋白的表达

受体菌中重组质粒的自主复制以及编码基因的高效表达大量消耗能量,为细胞造成沉重的代谢生理负担,而且高拷贝质粒产生的影响更大。作为针对这种不利影响的抗争形式,一部分细菌往往在其生长期间将重组质粒逐出胞外。不含质粒的这部分细菌的生长速度远比含有质粒的细菌要快,经过若干代繁殖之后,培养基中不含质粒的细菌最终占有绝对优势(在不施加选择性压力的情况下),从而导致重组异源蛋白的宏观产量急剧下降。至少有两种方法可以阻止重组质粒的丢失:将克隆菌置于含有筛选试剂(药物或生长必需因子)的培养基中生长,这样可以有效地控制丢失质粒的细胞的增殖速度,维持培养物中克隆菌的绝对优势。然而在大规模产业化过程中,向发酵罐中加入抗生素或氨基酸等筛选试剂很不经济,且易造成产品和环境污染;另一种几乎是一劳永逸的方法是将外源基因直接整合在受体细胞染色体 DNA 的特定位置上,使之成为染色体 DNA 的一个组成部分,从而提升其稳定性。

当外源基因表达盒与受体细胞染色体 DNA 进行整合时,其整合位点必须在染色体 DNA 的必需编码区外,否则会严重干扰受体菌的正常生长与代谢过程,因此整合必须呈位点特异性。为了达到此目的,根据同源重组交换原理,通常在待整合基因附近或两侧加装一段受体菌染色体 DNA 的同源序列(一般至少 50 bp)。此外,为了保证重组异源蛋白的高效表达,待整合的外源基因应该拥有相应的可控性启动子等表达元件。总之,整合型外源基因表达盒的构建应包括如下步骤:① 探测并确定受体菌染色体 DNA 的合适整合位点,以该位点被外源 DNA 片段插入后不影响细胞的正常生理功能为前提,例如细菌的抗药性基因、次级代谢基因或两个操纵子之间的间隔区等;② 克隆分离选定的染色体 DNA 整合位点并进行序列分析;③ 将外源基因以及必要的可控性表达元件连接到已克隆的染色体整合区域(同源臂)内部[图 3-12(a)]或邻近区域[图 3-12(b)];④ 将上述重组质粒转入受体细胞中;⑤ 筛选和扩增整合了外源基因表达盒的转化子。

以同源重组交换为基本形式的整合现象广泛存在于各种生物体中,其整合频率取决于同源序列的相似程度和同源区域的大小。同源性越高,同源区域越大,整合频率也就越高,但实际上不可能达到 100% 的整合率。因此,为了保证受体细胞内不存在任何形式的游离质粒分子,通常选用那些不能在受体细胞中进行自主复制的质粒或者温度敏感型质粒,后者在敏感温度时因不能复制而丢失。当染色体 DNA 整合位点的同源序列位于外源基因两侧时[图 3-12(a)],两个同源臂同时发生交叉重组反应,载体上外源基因表达盒与受体细胞染色体 DNA 中两个重组位点之间的区域发生位置交换(即同源交换)。由于质粒不能复制扩增,受体菌繁殖几代后,不含质粒的细胞便占绝对优势,此时,通过检测外源基因的表达产物以及载体骨架的存在与否即可分离出整合型工程菌。如果染色体 DNA 整合位点的同源序列位于外源基因的一侧,则重组质粒通常以整个分子的方式进入染色体 DNA 中[即同源整合,见图 3-12(b)]。在这种情况下,整合性工程菌的筛选标记既可使用外源基因,也可使用原质粒所携带的可表达性基因,如抗生素的抗性基因等。

在一般情况下,整合型的外源基因或重组质粒随克隆菌染色体 DNA 的复制而复制,因此受体细胞通常只含有一个拷贝的外源基因。但如果使用的质粒呈温度敏感型复制,而且整合时质粒同时进入染色体 DNA 中,那么当整合型工程菌在含有高浓度抗生素(其抗性基因定位于质粒上)的培养中生长时,整合在染色体 DNA 上的质粒仍有可能进行自主复制,从而导致外源基因形成多拷贝。有趣的是,尽管整合型质粒在染色体上的自主复制程度非常

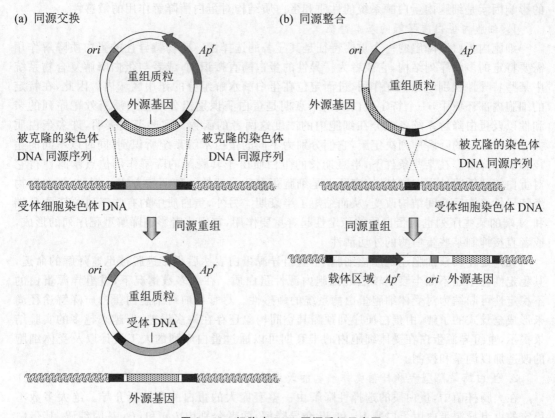

**图 3-12　细胞内 DNA 同源重组示意图**

有限(通常不及游离型质粒的 25%),但外源基因的宏观表达总量却远远高于游离型重组质粒上外源基因的数倍,而且定位于染色体 DNA 上的外源基因相当稳定。

## 3.3　重组异源蛋白的体内修饰与体外复性

依据基因的表达调控原理,可采用多种手段提高外源基因在受体细胞内合成相应蛋白质的产量,然而高水平表达的重组异源蛋白在大肠杆菌中往往呈无活性状态(质),甚至因蛋白酶的降解作用而难以积累(量),严重影响活性目标产物的最终收率。导致重组异源蛋白在大肠杆菌细胞中失活和不稳定性的主要原因包括:① 大肠杆菌缺乏针对重组异源蛋白有效的折叠复性和翻译后修饰加工系统;② 大肠杆菌不具备真核生物细胞完善的亚细胞结构以及众多的稳定因子;③ 高效表达的重组异源蛋白在大肠杆菌细胞中形成高浓度微环境(可溶性和不溶性集聚体),致使蛋白分子间的相互作用增强。因此,在不影响外源基因表达效率的前提下,如何减少因上述三方面不利因素所造成的重组表达产物质和量的损失,是大肠杆菌基因工程设计和操作过程中应考虑的主要问题。

### 3.3.1　重组异源蛋白的稳定性维持

蛋白质降解是生物体必需的生理过程。在很多情况下,蛋白质降解具有调控功能,即降低代谢途径关键酶的存量以及灭活细胞调控因子,如转录调控因子及细胞循环调控因子等。细胞内蛋白质降解的另一个生理功能是清除代谢过程中产生的误折叠、误装配、误定位、毒性大或其他形式的异常蛋白。各种蛋白质在体内的半衰期相差很大,从数分钟到数小时不等,取决于细胞的种类、培养条件、细胞周期以及蛋白质本身的性质等诸多因素,其中最基本的影响因素是细胞内蛋白酶系统的性质和蛋白质结构对蛋白酶降解作用的敏感性。

### 1. 细胞内蛋白质降解的基本特征

细胞内蛋白质降解的一个重要特征是其显著的选择性。底物特异性的蛋白质降解作用需要特定的多肽序列结构,它或者为特异性的蛋白酶直接识别,或者与蛋白降解复合物系统中某些特异性识别组分相互作用,进而定位在蛋白酶水解组分的作用区域内。因此,在特定的细胞内部环境中,一个特定蛋白质的半衰期是蛋白酶识别组分对蛋白质有效靶序列的亲和性以及蛋白降解系统各成分在细胞内的浓度这两者的函数。实验证据表明,许多蛋白质拥有几种不同的降解序列决定簇,它们分别为不同的蛋白水解系统所识别,同时以不同的途径和机理降解。在某些条件下,半衰期长的蛋白质由于其隐蔽的降解作用位点暴露使得它对蛋白酶的敏感性大大增加,这实际上是细胞蛋白质降解的一种调控方式。例如,蛋白底物经特异性修饰后空间结构改变,从而缩短了半衰期。另外,蛋白质中的有些序列尤其是 C 端和 N 端的某些序列也对蛋白质的稳定性起着重要作用,它们或者影响降解型靶序列的形成,或者直接抑制某些蛋白酶的外切活性。

无论是在真核细胞还是原核细胞中,重组异源蛋白表达后很难逃脱被迅速降解的命运,其稳定性甚至还不如半衰期较短的细胞内源性蛋白质。在大多数情况下,重组异源蛋白的不稳定性可归结为对受体细胞蛋白酶系统的敏感性。尽管目前对细胞内蛋白质降解途径尚未形成全景式的了解,由蛋白质序列预测其空间构象还存在许多误差,但越来越多的实验结果揭示,重组异源蛋白在受体细胞内的半衰期可以通过蛋白序列的人工设计以及受体细胞的改造加以调整和控制。

### 2. 蛋白酶缺陷型大肠杆菌受体细胞的改造

在大肠杆菌中,蛋白质的选择性降解由一整套庞大的蛋白酶系统所介导。绝大多数不稳定的重组异源蛋白由蛋白酶 La 和 Ti 介导降解,两者分别由 *lon* 和 *clp* 基因编码,其蛋白水解活性均依赖于 ATP。*lon* 基因由热休克其他环境压力激活,细胞内异常蛋白或重组异源蛋白的过量表达也可作为一种环境压力诱导 *lon* 基因的表达。研究发现,*lon⁻* 型大肠杆菌突变株可使原来半衰期较短的细菌调控蛋白(如 SulA、RscA、λN 等)稳定性大增,因此被广泛用于基因表达研究及工程菌的构建。然而这种突变株并非对所有蛋白质的稳定表达均有效,有些蛋白质(如 λ 噬菌体的 CII)在 *lon⁻* 型突变株中并不稳定,可能是因为其他底物特异性的蛋白酶在起作用。

很多异常或异源蛋白在大肠杆菌中的降解还直接与庞大的热休克蛋白家族的生物活性有关。这些蛋白质在环境压力缺席的大肠杆菌细胞中通常以基底水平痕量表达,它们参与天然蛋白质的折叠,并胁迫异常或异源蛋白形成一种对蛋白酶识别和降解较为有利的空间构象,从而提高其对降解的敏感性。热休克基因 *dnaK*、*dnaJ*、*groEL*、*grpE* 以及环境压力特异性 σ 因子编码基因 *htpR* 的突变株均呈现出对异源蛋白降解作用的严重缺陷,特别是 *lon⁻htpR⁻* 型双突变株,非常适用于各种不稳定蛋白质的高效表达。大肠杆菌 *hflA* 基因的编码产物为 λ 噬菌体 CII 蛋白降解所必需,在 *hflA⁻* 型突变株中,CII 蛋白的半衰期显著延长,而 *degP⁻* 型突变株则能提升某些定位在大肠杆菌细胞周质中的融合蛋白的稳定性。因此,构建多种蛋白酶单一或多重缺陷型大肠杆菌突变株,并将其用于重组异源蛋白的稳定性表达比较,是基因工程菌构建的一项重要内容。

### 3. 抗蛋白酶的重组异源蛋白序列设计

系统研究蛋白质的降解敏感性决定簇序列有助于了解大肠杆菌控制蛋白质稳定性的机制,并可通过人工序列设计和修饰达到稳定表达重组异源蛋白之目的。利用缺失分析和随机点突变技术对 λ 噬菌体阻遏蛋白降解型敏感序列的研究结果表明,存在于该蛋白质近 C端的五个非极性氨基酸是提高对蛋白酶降解敏感性的重要因素。有趣的是,含有非极性 C

末端的蛋白质降解作用也发生在 $lon^-$ 和 $htpR^-$ 的突变株中,而且呈 ATP 非依赖性,暗示这种降解作用与大肠杆菌降解异常蛋白的机理并不相同。由此可以推测,C 端区域内极性氨基酸的存在可能会提高蛋白质的稳定性。进一步的实验结果证实了这一点:在所有的极性氨基酸中,Asp 的存在对提高蛋白质稳定性的效应最大,而且 Asp 距 C 末端越近,蛋白质的稳定性就越大。更为重要的是,在多种结构和功能相互独立的蛋白质 C 端引入 Asp,都能显著延长这些蛋白质的半衰期。

　　蛋白质 N 末端的氨基酸序列对稳定性的影响同样显著。将某些氨基酸加入大肠杆菌 $\beta$-半乳糖苷酶的 N 末端,经改造的蛋白质在体外的半衰期差别很大,从 2 min 到 20 h 以上不等(表 3-6)。重组异源蛋白 N 末端的序列改造可在外源基因克隆时方便实施,通常在 N 末端接上一个特殊的氨基酸就足以使异源蛋白在大肠杆菌中的稳定性大增,而且这一策略在原核和真核生物中均通用。例如有关实验结果表明,在胰岛素原的 N 端加装一段由 6～7 个氨基酸残基组成的同聚寡肽也能明显改善该蛋白在大肠杆菌细胞中的稳定性。具有这种稳定效应的氨基酸包括 Ala、Asn、Cys、Gln、His。

表 3-6　大肠杆菌 $\beta$-半乳糖苷酶 N 端氨基酸残基对蛋白质稳定性的影响

| 氨基酸残基 | 蛋白质半衰期 |
| --- | --- |
| Met　Ser　Ala　Thr　Val　Gly | 大于 20 h |
| Ile　Glu | 大于 30 min |
| Tyr　Gln | 大约 10 min |
| Pro | 大约 7 min |
| Phe　Leu　Asp　Lys | 大约 3 min |
| Arg | 大约 3 min |

　　相反,N 端富含 Pro、Glu、Ser、Thr 的真核生物蛋白质在真核或原核细胞中的半衰期通常都很短,至少 E1A、c-Myc、c-Fos 和 p53 等蛋白都具有这种特性,特别是由这四种氨基酸残基构成的 Pro-Glu-Ser-Thr 四肽序列(即 PEST 序列)显示出对细胞内蛋白酶系统的超敏感性。在大多数情况下,PEST 序列的两侧拥有一些带正电荷的极性氨基酸,据推测 PEST 序列实质上是一个钙结合位点,它能促进那些钙依赖性蛋白酶系统对蛋白质的降解作用。尽管有些实验结果并不能证实 PEST 序列对蛋白质稳定性的负面影响,但当某一真核生物基因在大肠杆菌中不能稳定表达时,注意 PEST 序列是否存在,并在不影响异源蛋白生物功能的前提下对之进行适当的改造,不失为一种提高表达产物稳定性的尝试。

### 3.3.2　重组异源蛋白的糖基化修饰

　　据统计,临床上约 70% 的治疗用蛋白属于糖基化修饰型蛋白。糖基化修饰能提升蛋白质的结构稳定性、药代动力学性能以及与靶细胞表面受体的结合能力。真核生物蛋白质糖基化的主要形式为多肽链保守序列内天冬酰胺残基 N 原子上交联特定长度和糖基组成的寡聚糖苷链(即 $N$-糖基化修饰),但大肠杆菌细胞缺乏此类蛋白质糖基化修饰系统。自从将空肠弯曲杆菌(Campylobacter jejuni)的 $N$-糖基化修饰机器导入大肠杆菌获得成功后,利用大肠杆菌生产糖基化的重组异源蛋白已成为可能。

　　1. 降低细菌寡糖基转移酶的底物特异性

　　大肠杆菌虽然不含复杂糖链的合成机器,却拥有 $O$-抗原(由 3～6 个单糖构成的寡糖链)连接酶 WaaL,后者能将 $O$-抗原交联在脂质 A 上,任何在大肠杆菌中表达的异源寡糖链均可被 WaaL 交联至脂质但非目标蛋白中。因此,大肠杆菌异源蛋白糖基化能力工程化设计和引入的第一步是构建基因型为 $\Delta waaL$ 的缺失突变株,如源自大肠杆菌 W3110 株的 CLM24 突变株。

空肠弯曲杆菌的蛋白质寡糖基转移酶 PglB 能在周质环境中将寡糖链位点特异性地交联在原核细菌内源性蛋白或重组异源蛋白多肽链中 $D/E-X_1-N-X_2-S/T(X$ 为 Pro 除外的所有氨基酸)保守序列的天冬酰胺残基上,但绝大多数来自真核生物的异源蛋白糖基化位点序列往往不含带负电荷的 D 或 E 残基。由于目标蛋白的氨基酸序列一般不允许改变,因此需要通过改造 PglB 的结构特征以拓宽其对蛋白底物的识别特异性。事实上,D 或 E 的存在并非 PglB 介导寡糖链交联所必需,但对酶促反应效率影响很大。PglB 的晶体结构已提示改变其底物识别特异性或提高酶催化活性的关键氨基酸位点,但基于点突变的 PglB 改造效果并不理想,在大肠杆菌中 PglB 介导真核型寡糖链转移的效率仅为 $1\%$;在原核细菌范围内进一步搜寻具有较低底物糖基化位点特异性的 PglB 同源物有可能最终解决这一问题。

2. 引入真核生物糖链合成的机器

大肠杆菌天然存在十一异戊烯焦磷酸-$\alpha$-$N$-乙酰葡萄糖胺-1-磷酸转移酶(WecA),它能将 $N$-乙酰葡萄糖胺-1-磷酸转移至定位于内膜胞质一侧的原核细菌特征性寡糖链合成载体十一异戊烯焦磷酸(Und-PP)上。研究显示,在 $\Delta waaL$ 型大肠杆菌 CLM24 缺失突变株中分别导入来自酿酒酵母的异源二聚体型 $\beta$-1,4-$N$-乙酰葡萄糖胺转移酶(Alg13/Alg14)、$\beta$-甘露糖转移酶(Alg1)、双功能型 $\alpha$-1,3-甘露糖和 $\alpha$-1,6-甘露糖转移酶(Alg2)以及空肠弯曲杆菌的 PglB 编码基因,便能使大肠杆菌产生含类似真核生物寡糖侧链 $Man_3GlcNAc_2$ 的重组糖蛋白(图 3-13)。这种经工程化改造的大肠杆菌首先在其内膜胞质一侧合成 $Man_3GlcNAc_2$ 寡糖单位,再借助其自身存在的 $O$-抗原翻转酶(Wzx)将之翻转至周质一侧,最后由 PglB 交联至重组异源蛋白的相应糖基化位点上。然而,人体内天然糖蛋白的糖链结构还含有 $N$-乙酰葡萄糖胺、半乳糖、唾液酸的延伸单位,上述构建的大肠杆菌工程株距最终表达人源化糖蛋白产物的目标还有较长的路。此外,这一策略要求重组异源蛋白能分泌至大肠杆菌的周质中,因而表达量往往受到很大程度上的限制。

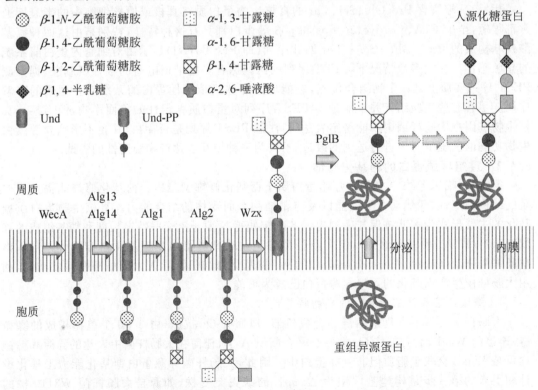

**图 3-13　表达真核型糖基化机器的大肠杆菌工程化改造策略**

3. 提升糖基化重组异源蛋白的表达效率

限制大肠杆菌高效表达糖基化重组异源蛋白的因素很多。第一，PglB 的寡糖链转移效率具有较大的改进空间，采用密码子优化等策略可使 PglB 在大肠杆菌中的寡糖链转移效率提升至 77%。第二，减小大肠杆菌的代谢负荷被证明能有效提高重组异源蛋白的糖基化效能，提升磷酸烯醇丙酮酸依赖型单糖磷酸转移系统的效率有助于打通重组大肠杆菌的代谢瓶颈。例如，*ptsA* 基因的过表达能使多种重组异源糖蛋白的表达量提高 6.7 倍，达到大约 9 mg/L 的水平；参与寡糖链装配的异柠檬酸裂解酶的过表达也能使重组异源糖蛋白的表达量提高 3 倍。

### 3.3.3 包涵体型重组异源蛋白的体外溶解与变性

大肠杆菌中过量表达的重组异源蛋白往往聚集在一起形成水不溶性包涵体，这种现象也会发生在其他受体系统如芽孢杆菌、酵母、家蚕甚至某些猴细胞系中。从包涵体中回收活性蛋白实质上可归结为蛋白质的体外复性这一基本命题，它不仅具有重要的蛋白质化学学术价值，而且也是基因工程产品产业化过程中的重大技术难题。蛋白质的体外复性主要包括包涵体的溶解变性与蛋白质复性重折叠（Refolding）两大基本操作单元，其效率受诸多因素的制约，且操作程序因包涵体的性质而异。在由大肠杆菌产生的包涵体中，重组异源蛋白的复性率除个别例子可高达 40% 外，一般不超过 20%。

由于包涵体中的重组异源蛋白大部分以分子间或（和）分子内的错配二硫键形成可逆性集聚体，因此从包涵体中回收具有生物活性的异源蛋白首先必须使包涵体全部溶解并变性，只有在此基础上才能进行异源蛋白的复性重折叠操作。变性溶剂的选择不仅影响后续复性重折叠工序的设计，同时也是变性过程成败的关键。理想的变性剂应具备如下性质：① 变性溶解速度快；② 对包涵体中残留细胞碎片的分离没有干扰；③ 无温度依赖性；④ 对蛋白酶具有抑制作用；⑤ 对蛋白质中的氨基酸侧链基团无化学反应活性。目前广泛使用的变性剂为促溶剂（Chaotropic）和清洗剂，促溶剂最早用于天然蛋白颗粒的溶解，而像 SDS 等离子型清洗剂则通常用于溶解膜蛋白颗粒。包涵体一旦溶解，多肽链中的巯基会迅速氧化形成折叠中间体和共价集聚物，它们通常难以进行重折叠，因此必须除去。为了防止这种自发氧化反应的发生，还必须在溶解缓冲液中加入低分子量的巯基试剂，或者通过 $S$-碘酸盐的形成保护还原性的巯基基团。

1. 清洗剂的溶解变性作用

使用清洗剂是溶解包涵体最廉价的一种方法，其溶解物在稀释后的蛋白质集聚作用要比用其他溶解方法减少很多，而且阳离子、阴离子以及两性离子型的清洗剂均可使用。但必须注意，在包涵体的溶解过程中，清洗剂的使用浓度必须大大高于其临界胶束浓度（CMC），通常在 0.5%~5% 内。清洗剂使用的最大缺陷是为下游蛋白质复性和纯化工序增添了不少麻烦，它能不同程度地与蛋白质结合而很难除去，因此干扰复性蛋白的离子交换层析及疏水分离。最普通的清洗剂 SDS 广泛用于牛生长激素、$\beta$-干扰素、白细胞介素-2 的大规模纯化，其缺点是 CMC 值低，除去它极其困难。值得推荐的是正十二醇肌氨酸，它的 CMC 值可达 0.4%，远远高于 SDS。用它溶解包涵体可直接通过稀释的方法进行复性操作，残留的清洗剂可采用阴离子交换层析或超滤除去。此外，正十二醇肌氨酸还是一种温和的清洗剂，它能选择性地溶解许多包涵体，但不溶解不可逆的蛋白集聚体和大肠杆菌的内膜蛋白。

使用清洗剂溶解包涵体的一个难以解决的问题是几乎所有的清洗剂均能同时溶解任何污染的细胞膜蛋白酶，并且其蛋白质水解活性为清洗剂所激活，从而导致溶解和折叠过程中异源蛋白的大量损失。防止这种现象发生的改进方法是：① 在包涵体溶解之前，先用一种能抽提大肠杆菌膜蛋白但不溶解包涵体的溶剂预洗包涵体；② 通过离心尽可能多地除去包涵体制备物中的固体细胞碎片；③ 在包涵体溶解液中加入适量的蛋白酶抑制剂，如 EDTA、苯基脒或 PMSF 等。

然而,清洗剂的存在并非总是对蛋白质折叠工序不利,至少对于某些蛋白质,非变性的清洗剂在重折叠混合物中能维持折叠产物的稳定性;而对于另一些蛋白质,清洗剂也许能屏蔽折叠中间产物的疏水表面,阻止其集聚和沉淀,有利于提高正确折叠率。例如,硫氰酸合成酶由于其折叠中间产物的集聚作用有效折叠率很低,但清洗剂的存在能显著改善其体外折叠效果,这是一个典型的清洗剂辅助重折叠的例子。

2. 促溶剂的溶解变性作用

可用于溶解包涵体的促溶剂很多,但盐酸胍(Gdm)和尿素使用最为普遍。就色氨酸合成酶 A 和 $\alpha_2$-干扰素而言,阳离子和阴离子促溶剂对包涵体的相对溶解能力大小次序分别为:$Gdm^+ > Li^+ > K^+ > Na^+$ 和 $SCN > I^- > Br^- > Cl^-$。然而其中有些盐在实际操作中并不实用,因为其溶液比盐酸胍和尿素溶液的密度高、黏度大,难以进行后续离心和层析操作。盐酸胍或尿素用于溶解包涵体的浓度主要取决于异源蛋白本身的性质,在低浓度的上述溶液中即可保持非折叠状态的蛋白质,其包涵体往往能在相似的溶液浓度下溶解。例如,黏颤菌血红蛋白在尿素溶液中的非折叠状态平衡中点与其包涵体溶解度的中点完全一致。如果异源蛋白的非折叠性质未知,则变性剂及其浓度的选择只能凭经验确定。

一般而言,6 mol/L 的盐酸胍溶液是一强的变性溶解剂,但其高离子强度使得溶解蛋白的离子交换层析操作变得困难。盐酸胍价格昂贵,因而仅适用于生产具有高附加值的蛋白产物或药品。尿素虽然便宜,但常常会被自发形成的氰酸盐所污染,后者极易与蛋白质侧链中的氨基发生反应,导致产物的异质性。为了避免这种情况发生,尿素溶液在使用前可用阴离子交换树脂进行预处理,并在包涵体溶解及重折叠操作中使用氨基类缓冲液,如 Tris-HCl 等。

3. 极端 pH 的溶解变性作用

酸性或碱性缓冲液也能廉价有效地溶解包涵体,然而许多蛋白质在极端 pH 条件下会发生不可逆修饰反应,因此这种方法的应用范围不如上述两种方法广泛。最有效的酸溶解剂是有机酸,使用浓度范围为 5%～80%,白介素-1$\beta$ 和 $\beta$-干扰素的包涵体均可用乙酸或丁酸溶解。高 pH 值(>11)的碱溶剂可用来溶解牛生长激素和凝乳酶原包涵体,但这种情况并不多见,因为大部分蛋白质在强碱溶液中会发生脱氨反应和半胱氨酸的脱硫反应,导致蛋白质的不可逆变性。

4. 混合溶剂的溶解变性作用

在一般情况下,各种促溶剂不能联合使用,例如盐酸胍和尿素的混合溶液达不到很高的饱和浓度,然而有些商品化的促溶型生物多聚体变性剂的混合物却可达到 14 mol/L 的饱和浓度。尿素与其他促溶剂盐类化合物的混合液可用于变性 RNase,目前这一方法也多用于包涵体的溶解中。高浓度的非促溶剂盐类化合物(如氯化钠)可降低包涵体在尿素中的溶解度。将促溶剂与某些添加剂或溶解增强剂联合使用,有时能大大促进包涵体的溶解变性,例如尿素分别与乙酸、二甲基砜、2-氨基-2-甲基-1-丙醇以及高 pH 联合使用,可成功地溶解牛生长激素的包涵体。

### 3.3.4 包涵体型重组异源蛋白的体外复性与重折叠

在重组异源蛋白的大规模生产中,复性与重折叠操作是一项关键技术,用于溶解变性包涵体的化学试剂性质及其在重折叠前的残留浓度是影响折叠策略选择的两大要素。如果包涵体中的异源蛋白含有较少的二硫键,而且二硫键错配的比例较低,则从理论上来说,选用较弱的清洗剂溶解包涵体能大幅度提高重组异源蛋白的复性率;然而对于二硫键错配率较高的重组异源蛋白而言,只有彻底拆开二硫键才能进行有效的重折叠。

1. 重组异源蛋白纯度对重折叠的影响

在包涵体的制备过程中,无论怎样清洗,包涵体中或多或少会存在一定量的受体细胞蛋白质、DNA 和脂类杂质。实验结果表明,在含有 8 mol/L 尿素的色氨酸酶变性溶液中,增加大肠杆菌杂蛋白的浓度并不影响该酶的重折叠回收率,而且包涵体型重组异源蛋白的三十年工业化生产经验也很少有大肠杆菌组分通过共集聚作用直接降低蛋白重折叠率的确凿证据。因此,当重组异源蛋白在包涵体中的含量达到 60% 以上时,变性溶解的包涵体蛋白质可直接进行复性和重折叠操作。如果重组异源蛋白的含量不足 50%,最好通过多次洗涤离心的方法进一步纯化包涵体,否则大量的受体细胞组分在复性后会直接增加蛋白质纯化工序的负担,而包涵体富集纯化所需的成本远远低于大规模的层析分离操作。

绝大部分大肠杆菌组分虽然不会直接影响重组异源蛋白的重折叠率,但若这些杂质中含有微量的蛋白酶活性,则活性蛋白的总回收率将大打折扣,因此尽可能除去大肠杆菌来源的蛋白酶也是包涵体纯化的一个重要目的。很多清洗剂处理方法可用来除去包涵体中的大肠杆菌结合型蛋白及其他杂质,其中包括 Triton X-100 和脱氧胆酸等。Triton X-100 对包涵体蛋白具有较高的回收率,但杂蛋白的清除作用不完全。相反,脱氧胆酸的纯化效果较好,却能部分溶解并除去重组异源蛋白。

**2. 重组异源蛋白重折叠方法的选择**

在绝大多数情况下,溶解变性的重组异源蛋白完全丧失了空间构象。如果重组异源蛋白在溶解变性过程中并非完全处于非折叠状态或者还原型蛋白呈可溶性(如肿瘤坏死因子 TNF),则下游操作可简化为离心、缓冲液交换、二硫键氧化,必要时进行层析纯化。如果重组异源蛋白呈完全变性,则必须进行重折叠操作,并尽可能避免部分折叠中间产物形成不溶性集聚物。为达到此目的可采取下列方法:

(1) 一步稀释法。蛋白质集聚作用属于多级动力学反应,严格依赖于蛋白质的浓度。在稀释过程中,重折叠与集聚作用的相互竞争可用数学模型关联,而且重折叠蛋白质的回收率可由两个反应的速度常数推算。显然,在重折叠操作中,降低蛋白质浓度可以在很大程度上抑制集聚作用。例如,当牛生长激素在重折叠反应中的浓度为 1.6 mg/mL 时,可观察到部分折叠中间产物的形成,但当稀释为原浓度的 1/100 后,折叠中间产物便不会大量形成,这种浓度恰恰是牛生长激素体外折叠的最佳条件。然而,重折叠体系高倍数的稀释不仅增加了复性缓冲液的消耗成本,也为后续纯化工序带来了很大麻烦。应当指出的是,蛋白质性质不同,其最佳重折叠所对应的蛋白浓度差别很大,有些蛋白质可在 0.1~10 mg/mL 内溶解完全,并足以进行有效折叠。

(2) 分段稀释法。对于那些非折叠和部分折叠状态不溶于水的蛋白质,往往采用分步稀释的方法对之进行有效复性。变性蛋白在启动体外复性和重折叠时,不但变性剂的性质和浓度对折叠率有很大影响,而且对其变化速度的掌握也至为重要,也就是说,变性剂的更换或稀释速度快慢对重折叠的影响因蛋白质而异。稀释速度加快有利于重折叠的典型例子是色氨酸酶,它在 3 mol/L 的尿素溶液中极易形成部分折叠中间产物的集聚作用,因此从 8 mol/L 尿素的变性溶液透析至低浓度时必须加快透析速度,使得色氨酸酶在 3 mol/L 尿素溶液中的存在时间尽可能最短。反之,若将含有牛生长激素的 2.8~5 mol/L 盐酸胍溶液迅速稀释到复性重折叠所需的低浓度,会形成大量的不可逆沉淀;但若将这一溶液先稀释至 2 mol/L 盐酸胍浓度并保温一段时间,此时难溶性的折叠中间产物逐步趋于溶解,在此基础上进一步的稀释则可获得高产率的天然蛋白。应当特别指出的是,在上述分段稀释法中,重折叠蛋白的产率还与蛋白质浓度密切相关,所采用的稀释倍数也受到缓冲液 pH 值、离子组成以及保温温度的显著影响。与天然折叠蛋白的等电点沉淀性质相似,在重折叠过程中应当避免折叠缓冲液的 pH 值接近重组异源蛋白质的等电点 pI。除此之外,还应注意选择缓冲液的离子种类及使用浓度。阴离子对蛋白质的疏水作用强度具有性质不同的影响,它们同时兼有稳定蛋白质折叠结构以及诱导折叠蛋白集聚的双重功能。各种阴离子的作用强度

次序为 $SO_4^{2-} > HPO_4^{2-} > Ac^- > Ci^{3-} > Cl^- > NO_3^- > I^- > ClO_4^- > SCN^-$（$Ci^{3-}$ 为柠檬酸根），其中多价阴离子的双重功能一般比单价阴离子要强。

（3）特种试剂添加法。在复性折叠系统中，某些特殊化合物的存在可以提高很多蛋白质的重折叠率。例如，0.2 mol/L 的精氨酸可以明显改善重组人尿激酶原（pro - UK）的活性回收率，同样条件也适用于组织型纤溶酶原激活剂（t - PA）和免疫球蛋白片段的体外重折叠。0.1 mol/L 的甘氨酸能提高松弛肽激素的折叠产率，而血红素和钙离子则能促进重组马过氧化物酶的重折叠反应。另外，有些中性分子如甘油、蔗糖、聚乙二醇等也能稳定蛋白质的天然构象，在某些情况下，将这些中性物质加入折叠缓冲液中可以改善蛋白质的体外重折叠产率。

（4）蛋白化学修饰法。胰蛋白酶原的重折叠很难用上述的缓冲液交换方法实现，然而在变性条件下，若将该蛋白的游离巯基特异性保护，然后再进行柠檬酸酐酰化修饰，则修饰后的胰蛋白酶原可溶于非变性的缓冲液中，从而促进重折叠反应的顺利进行。在上述修饰反应中所使用的酸酐活性试剂能可逆性地修饰多肽链上的游离氨基，并将其正电荷转换成负电荷，从而使蛋白质形成多聚阴离子状态，后者通过分子间的斥力阻止集聚作用的发生。一旦修饰型蛋白氧化并转入非变性溶液中，将 pH 值调低至 5.0 即可通过脱酰基反应回收具有天然折叠构象的蛋白产物。这一方法的效果已为后来的多次实验所证实，特别适用于包涵体型重组蛋白的活性回收。蛋白质的化学修饰也可用于防止因二硫键错配所产生的共价集聚作用。在变性溶解状态下，将多肽链上的所有游离巯基全部烷基化封闭，然后进行复性重折叠操作，最终脱去烷基并在氧化条件下修复二硫键。

（5）重折叠分子隔离法。蛋白质及其折叠中间产物的集聚作用依赖于分子之间的碰撞与接触，因此将非折叠蛋白分子固定化，从理论上来说可以从根本上杜绝集聚作用的产生，实验结果也证明这一思路的实用价值。例如，将非折叠状态的胰蛋白酶原固定在琼脂糖颗粒上，然后用一种复性缓冲液平衡层析柱，即可回收 71% 的酶活性。如果固定在层析介质上的蛋白质能方便地可逆性回收，那么便可实现蛋白原位重折叠，最终通过特定的解离溶剂从重折叠层析柱上洗脱天然构象的活性蛋白产物。这项技术已成功用于包涵体型重组蛋白的重折叠，只是精细的操作条件尤其是层析介质对蛋白质的亲和性需要逐一建立。

3. 重组异源蛋白二硫键的形成

由二硫键错配引起的集聚作用是重组异源蛋白体外重折叠过程中的一个普遍问题。当蛋白质处于变性状态时，这种二硫键介导的集聚极易发生，因为在很强的变性条件下，蛋白质难以维持二硫键正确配对所必需的空间构象。对于那些含有半胱氨酸但在天然状态下并不形成二硫键的蛋白质而言，在其溶解变性和复性折叠操作过程中必须加入还原剂和 EDTA，并适当调低缓冲液的 pH 值，使得蛋白质始终处于还原状态。而对于更多的蛋白质来说，它们的天然构象及生物活性需要正确的二硫键存在，这些蛋白质在变性溶解过程中也应保持半胱氨酸的还原游离状态，只有在蛋白质复性过程中或复性之后才能进行体外二硫键复原反应。

从化学角度分析，蛋白质分子二硫键形成有两种机理（图 3 - 14）。在生物体内，当新生多肽链进入内质网膜腔后，相应的半胱氨酸通过二硫键交换机制形成共价交联结构（反应B），催化这一反应的二硫键异构酶（PDI）存在于大多数真核生物细胞内。原核细菌缺乏内质网膜这样的胞内氧化空间，表达的蛋白质通常难以在胞质中形成二硫键，因此在大肠杆菌中表达的重组异源蛋白大多需要进行体外二硫键修复操作。分泌型重组异源蛋白往往定位于大肠杆菌的周质中，后者是一个氧化微环境，即使异源蛋白的分泌速率足以使表达产物在周质中形成包涵体，蛋白质仍可在此环境中形成二硫键。大肠杆菌周质中同样存在 PDI 酶活性，只是这个蛋白在结构上与真核生物的 PDI 并不具有同源性。缺失这种重折叠酶的大

(a) 化学氧化法　　　　　　　　　　　(b) 二硫键交换法

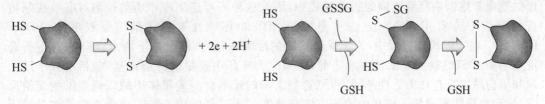

**图 3-14　蛋白质分子二硫键形成的两种机理**

肠杆菌突变株不能使碱性磷酸单酯酶正确折叠,然而即便是该酶功能正常,在大肠杆菌中以分泌形式表达的可溶性异源蛋白仍会产生错配的二硫键,因此这种分泌型异源蛋白也需要重折叠处理。

(1) 化学氧化法。化学氧化反应(反应 A)进行的前提条件是电子受体的存在。最为廉价的电子受体为空气,空气接受电子的反应可由重金属、碘基苯甲酸以及过氧化氢催化。如果还原状态的蛋白质在氧化前能被诱导形成准空间构象,则通过化学氧化法恢复二硫键是可行的;但如果还原型蛋白不能形成稳定的中间构象,空气氧化往往会产生二硫键错配的平衡反应混合物。空气的氧化反应通常很慢,例如在 $Cu^{2+}$ 催化下,经肌氨酸类表面活性剂变性的粒细胞集落刺激因子(G-CSF)用空气氧化法修复二硫键,需要 $0.5\sim4.5$ h。低分子量巯基化合物的缺乏也会导致错配二硫键转变为天然结构的反应趋缓。此外,空气氧化法也不适用于含有多个半胱氨酸的蛋白质重折叠,尤其是那些天然构象中存在一个或多个游离型半胱氨酸的蛋白质。空气氧化极易造成二硫键错配、二聚体集聚或将半胱氨酸直接氧化成磺基丙氨酸和半胱氨酸亚砜。尽管如此,空气氧化法还是在几种不含游离型半胱氨酸的蛋白质重折叠操作中获得了成功。

(2) 二硫键交换法。二硫键交换法(反应 B)可以避免空气氧化法的许多缺陷。其反应条件应掌握两点:第一,反应缓冲液系统应同时含有低分子量的氧化剂和还原剂;第二,还原型巯基与氧化型巯基的分子之比应维持在 $5:1\sim10:1$ 内,这一比例与体内天然条件相似。在很多重组异源蛋白的体外重折叠过程中,通常使用还原型谷胱甘肽(GSH)和氧化型谷胱甘肽(GSSG),两者的浓度分别为 1 mmol/L 和 0.2 mmol/L。谷胱甘肽能为二硫键的正确形成提供一定程度的空间特异性,因此上述以还原型为主体的氧化还原反应系统能最大限度地减少蛋白分子内和分子间二硫键的随机配对,从而保证体外重折叠的高效性。然而,作为氧化还原生理系统中重要成分的 GSH 对工业化大规模而言显得极其昂贵,因此重组异源蛋白的大规模生产通常使用较为廉价的还原剂,如半胱氨酸、二巯基苏糖醇、2-巯基乙醇以及半胱胺等。

如前所述,溶剂和环境条件的选择对抑制非共价型蛋白分子的集聚具有重要意义。一般地,较低的温度(5~10℃)以及在维持变性蛋白水溶性的前提条件下使用含量尽可能低的变性剂,是促进二硫键正确配对的两大关键要素。此外,为了最大限度地减少蛋白分子间和分子内二硫键的随机形成,可在变性溶解蛋白溶液更换复性折叠缓冲液之前,先对蛋白质进行预处理,即向还原型的蛋白质溶液中加入过量的高氧化型缓冲液。此时,蛋白质上所有的游离巯基均被低分子量的氧化型巯基化合物共价封闭,从而有效地阻止蛋白分子在转换缓冲液过程中出现的二硫键错配现象。然后,将蛋白质转入复性缓冲液中,并在低分子量还原型巯基化合物的存在下逐步发生二硫键重排,从而提高重折叠的正确率。作为对这一方法的改进,也可将氧化型的谷胱甘肽固定在层析介质上,处于完全变性状态的蛋白溶液上柱后,与氧化型谷胱甘肽发生二硫键交换反应。经多次清洗后,再用还原型的谷胱甘肽复性折叠溶液进行梯度洗脱,最终从层析流出液中可以回收高产率的正确氧化型蛋白。

(3)二硫键介导的集聚物检测。在蛋白质重折叠过程中,由二硫键错配所产生的集聚蛋白质通常难以恢复到正确的折叠途径中,因此这种不可逆集聚作用的检测对有效控制重折叠反应十分有用。检测方法主要采用 SDS 非还原性聚丙烯酰胺凝胶电泳(SDS - PAGE)。在实际操作过程中,为了保证检测的准确性,必须注意以下两点:① 在将重折叠反应物加入 SDS 凝胶电泳缓冲液之前,必须除去样品中痕量的游离巯基,包括小分子还原剂和蛋白质本身存在的活性基团,否则这些游离的巯基会与集聚体中的二硫键发生交换反应,导致检测结果偏低。样品中的所有游离巯基可用过量的碘乙酸胺或碘乙酸盐加以封闭灭活;② 在电泳过程中通常需要还原型样品作为对照,如果对照样品与检测样品相邻,则还原型样品中的 2-巯基乙醇会扩散至待测样品孔内,导致事先被封闭的样品重新还原,此时寡聚型的集聚体样品在电泳中会出现单体多肽链的条带,因此对照样品与待测样品之间应留有足够的空间。

4. 重组异源蛋白折叠辅助蛋白因子的应用

在蛋白质的重折叠反应中,二硫键的正确配对很大程度上取决于蛋白质复性的准确性,根据传统的蛋白质化学理论,复性的准确性又完全来自多肽链的氨基酸序列所包含的结构信息。然而近三十年来的相关研究表明,大多数蛋白质在细胞内的天然折叠必须依赖于被称为分子伴侣的蛋白因子的辅助作用,分子伴侣通过与部分折叠中间产物分子的相互作用而促进蛋白质的准确复性与折叠。在大肠杆菌中,50%的可溶性蛋白在其变性状态下与分子伴侣 GroEL 蛋白结合。分子伴侣和其他一些重折叠酶不仅能协助蛋白质进行特异性折叠、分泌运输以及亚基装配,而且在所有蛋白质的代谢周期中也起着非同寻常的作用。

分子伴侣在体外促进变性蛋白的重折叠不仅进一步证实了它们生理作用,同时也展示了其良好的应用前景。大肠杆菌来源的分子伴侣 GroEL 和 GroES 至少可以促进下列蛋白质的体外折叠:1,5-二磷酸核酮糖羧化酶、柠檬酸合成酶、二氢叶酸还原酶以及硫氰酸合成酶。DnaK 是另一种形式的分子伴侣蛋白,它能阻止热变性 RNA 聚合酶的集聚物形成,同时又可将不溶性的集聚蛋白转变为可溶性。将 DnaK 与 GroEL 和 GroES 等因子混合,能使免疫毒素蛋白的体外重折叠率提高 5 倍以上。在上述实验中,分子伴侣相对待折叠蛋白必须大大过量,这将限制分子伴侣在大规模重组异源蛋白生产中的应用。然而两项颇有意义的尝试能打破这种限制:

(1)分子伴侣的固定化策略。理想的重组异源蛋白重折叠工艺如下:① 将包涵体制备物溶解在含有弱变性剂、低浓度 PDI 的溶剂中;② 采用固定了分子伴侣的层析柱对变性蛋白分离;③ 以 ATP 溶液洗脱纯的重折叠蛋白产物。

(2)分子伴侣或(和)折叠酶编码基因与外源基因共表达策略。大量的实验结果表明,分子伴侣编码基因与外源基因共表达可在不同程度上提高重组异源蛋白的可溶性及其重折叠率。例如,分子伴侣 DsbA 与牛胰蛋白酶抑制因子 RBI 共表达,并在细菌培养基中添加还原型谷胱甘肽以控制氧化还原电位,可使具有天然构象的 RBI 回收率提高 14 倍;DsbA 与 T 细胞受体共表达也能明显改善后者的分泌效率。然而,分子伴侣对其辅助对象具有一定的特异性,深入了解这种特异性的相对程度有助于提高分子伴侣的应用范围。

# 3.4　大肠杆菌工程菌培养的工程化控制

重组异源蛋白的工业化生产除了需要在实验室中构建出一株高效稳定表达外源基因的基因工程菌外,工程菌大规模培养的优化设计与控制也很重要,相当多的基因工程产品需要从大规模发酵物(100～10 000 L)中获得。细菌在 500 L 发酵罐中的生长代谢状况决非

200 mL 摇瓶的简单放大,而且发酵罐也为工程菌生长及外源基因的稳定高效表达提供了更多更有效的最优化控制手段和模式。

### 3.4.1　细菌生长的动力学原理

基因工程菌的发酵通常具有三种不同的操作方式,即分批式发酵、流加式发酵、连续式发酵,根据工程菌的生长代谢特征以及外源基因表达产物的性质可选用不同的发酵模式。

#### 1. 分批式发酵

不同的培养条件往往会导致细菌以不同的动力学特征生长与代谢。在分批发酵过程中,所有的培养成分一次性投入发酵罐中。在整个发酵过程中,培养基组成、菌体浓度、细胞内代谢物质成分、外源基因表达产物均随着细菌生长状态、细胞代谢流量、营养成分利用率的变化而变化。在上述条件下,细菌生长整个过程可分为六个典型阶段:潜伏期、加速期、对数期、减速期、稳定期、衰亡期(图 3-15)。

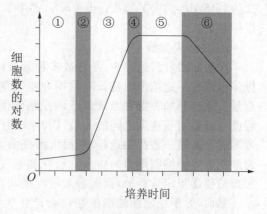

① 潜伏期;　② 加速期;　③ 对数期;
④ 减速期;　⑤ 稳定期;　⑥ 衰亡期

**图 3-15　细菌一步生长曲线**

当细菌接种到无菌培养基中后,在一段时间内细菌数量并不会立即增加,这个阶段称为潜伏期。细菌在此期间主要适应新的环境条件,包括诱导表达原来处于关闭状态的代谢途径,合成营养物质代谢所需的运输蛋白和相关酶系等。潜伏期的长短首先取决于用于发酵接种的细菌菌龄,其次也与种子培养基和发酵培养之间的差别大小有关。如果细菌接种物来自对数期,则发酵潜伏期通常很短,接种后细菌在发酵罐中立即进入生长阶段。

在对数生长期中,细菌的数目呈指数增长,但单位细菌数量的生长速度(即比生长速率 $\mu$)维持恒定。在营养成分过量且培养基中不存在生长抑制剂的前提条件下,比生长速率与营养成分的浓度无关,细菌的生长速度($dX/dt$)与菌体的瞬时浓度($X$)成正比,即 $dX/dt = \mu X$。若发酵液体积随发酵时间的变化忽略不计,则细胞数目的增加速率 $dN/dt$ 也是比生长速率与细胞瞬时数目的乘积,即 $dN/dt = \mu N$,而细菌数目随发酵时间的变化趋势则可由上式的积分函数式表征:$N = N_0 \exp(\mu t)$,其中 $N_0$ 为接种细胞数。由此公式可以直接得到细菌数目增加一倍所需的时间 $t_d = 0.693/\mu$(此时 $N = 2N_0, t = t_d$)。对于大肠杆菌而言,$t_d$ 实际上就是单个细胞的生长周期或细菌增殖一代所需的时间。

比生长速率 $\mu$ 是营养成分浓度 $S$、最大比生长速率 $\mu_{max}$ 和营养成分特异性参数 $K_s$ 的函数:$\mu = \mu_{max} S/(K_s + S)$。最大比生长速率一般与细菌的遗传特性有关,在正常生长情况下,细菌的 $\mu_{max}$ 值大多在 $0.086 \sim 2.1$ $h^{-1}$ 之间,因此细菌繁殖一代所需要的时间 $t_d$ 大约从 20 min 到 8 h 不等。在分批发酵过程中,如果培养基中的营养成分大大过量(即 $S \gg K_s$),那么 $\mu$ 几乎等于 $\mu_{max}$。实际上,$K_s$ 值通常很低,$K_s$ 与 $S$ 相差不大的情况在对数期中极为罕见,因此处于对数生长期的细菌能以最大的比生长速率增殖。例如,对于大肠杆菌而言,葡萄糖的 $K_s$ 值大约为 1 mg/L,而发酵培养基中的葡萄糖初始浓度一般在 10 g/L 左右。

随着培养成分的大量消耗以及抑制细菌生长的代谢最终产物的不断积累,细菌总数最终停止增长并进入稳定期。在此阶段虽然细菌的数目维持恒定,但细胞内代谢途径却在发生急剧变化,某些具有经济价值的次级代谢产物开始大量合成,例如抗生素通常是在处于稳定期的细菌中合成的。稳定期的长短主要取决于细菌遗传特性及生长条件,当培养基的能量全部耗竭后,所有的代谢途径中止,细菌步入衰亡期。对于绝大多数生物产品发酵而言,均在此时收获菌体或培养液。

为了给细菌生长设计最佳的培养基,必须知道菌体浓度增殖与营养成分消耗之间的关系,即生长收率($Y$),其定义为:$Y=dX/dS$。在细菌比生长速率较大的情况下,$Y$通常可近似为一个常数。细菌在以葡萄糖作为唯一碳源的培养基中进行有氧呼吸,其典型的$Y$值为每克葡萄糖产$0.4 \sim 0.5$ g 干重细胞。营养成分利用与细菌生长之间的一个更为精确的关系式为:$dS/dt=(1/Y_G)dX/dt+mX$,式中$Y_G$为扣除了维持过程能耗的真正生长产率,$m$为维持系数。

2. 流加式发酵

在流加式发酵过程中,一种或多种营养成分定时定量添加入细菌培养系统中,这种补料操作可以在一定范围内延长对数期和稳定期,从而提高菌体密度和稳定期代谢产物的合成总量。通过补加关键营养成分还可控制细菌的比生长速率,综合平衡工程菌外源基因表达程度与细胞增殖速度之间的关系,同时兼顾代谢反应的氧耗和能耗。例如,培养基中过量的葡萄糖可阻遏一些代谢途径,使得大肠杆菌大量合成醋酸等有机酸,这些部分氧化的中间代谢产物进一步抑制细菌的生长。若在初始发酵培养中减少葡萄糖的用量,而在发酵过程中根据需要逐步定量补加,则可最大限度地减少这种不利影响。

然而,处于稳定期的细菌往往会产生大量的蛋白酶,直接导致外源基因表达产物的降解,因此基因工程菌发酵的关键是尽可能避免工程菌处于稳定期。由于在发酵过程中难以直接测定营养成分的浓度,所以通常用有机酸的合成量、pH 变化或$CO_2$生成量等参数来估算补料的规模和时间。虽然流加式发酵较适用于基因工程菌的培养,但相对单纯的分批发酵模式而言,它对工艺控制的要求较为严格。

3. 连续式发酵

连续式发酵的一个重要特征是稳定态的形成,即在连续发酵反应器中,细胞的总数和培养液总体积同时维持恒定。达到这种状态的前提条件是由培养液流出所造成的细胞损失正好为细菌分裂所产生的新细胞弥补,前者是培养液流出速率$F$与培养液中细胞瞬时浓度$X$的乘积,而后者则是比生长速率$\mu$、细胞瞬时浓度$X$与反应器中发酵液恒定体积$V$的乘积,不难看出,$F/V=\mu$。若将$F/V$定义为稀释率(因为新鲜培养基的流入速率等于细菌发酵液的流出速率),并用$D$表示,则一个连续发酵过程在达到稳定态时,其稀释率应等于细菌的比生长速率。为了在流体动力学上真正做到细菌发酵液体积和细胞总数的双重恒定性,细菌的比生长速率必须小于最大比生长速率。在实际操作过程中,上述条件是通过调节一个控制发酵液流出速率$F$的泵来实现的。

在连续发酵容器中,关键营养成分$S$的物料平衡可用下式表示:$(F/V)S_0-(F/V)S-\mu X/Y=dS/dt$。式中,$S_0$为流入反应体系的新鲜培养基中关键营养成分的浓度;$S$为容器内关键营养成分的瞬时浓度。当稳定态形成时,$dS/dt=0$,因此$Y=X(S_0-S)$。如果再将用于非生长性维持过程的能量消耗考虑进去,则更为精确的营养成分物料平衡式为:$\mu X/Y=\mu X/Y_G+mX$。将此式代入上述物料平衡式中,并注意$\mu=D$以及$dS/dt=0$,则可得到下式:$D(S_0-S)=DX/Y_G+mX$,其变形为:$(S_0-S)X=1/Y_G+m/D$。又因为在稳定态形成时,$Y=(S_0-S)X$,因此,$1/Y=1/Y_G+m/D$,也就是说,在一个达到稳定态的连续发酵体系中,细菌总生长速率的倒数与稀释率的倒数呈线性关系,其斜率为维持系数,而截距则是细菌真正生长速率的倒数。

工业发酵的基本目标是以最少的代价获得最大的产品产量,而实现这一目标的工程手段是针对每个特定过程建立相应的高效发酵模式。由于连续式发酵方法要求对细菌生长代谢等生理特性具有更为准确详尽的了解,因此它在工业生产中的应用并不普遍。然而理论和经验都表明,采取连续式发酵方法生产生物产品所需的成本远远低于其他发酵方法。其原因如下：① 生产相同量的产品，连续式发酵所用的发酵容器小于分批式发酵所需的发酵罐。② 分批式发酵后产生的细菌培养液往往需要大型设备进行菌体分离、细胞破碎以及蛋白质或其他代谢产物的下游分离纯化操作，而连续式发酵所产生的细菌培养液在单位时间内量较少，因此进行同样的工艺操作，连续式发酵对下游设备的处理量要求较低。③ 连续式发酵可以有效缩短发酵设备的停工期，因为一种单一操作通常能维持一个月以上。而对于分批式发酵工艺来说，在批与批之间，发酵设备需要维修、清洗以及灭菌等操作，这种非生产性的停工期在相当程度上降低了发酵产品的产量。④ 在连续发酵过程中，细菌的生理状态相当均一，产品的产量与质量也较为稳定。而在分批发酵过程中，菌体收获时间上的微小差异很可能会导致细菌生理状态的显著变化，并进而影响产品的产量与质量。对于大多数基因工程菌而言，如果重组异源蛋白在胞内表达（如包涵体型），则菌体的收获时间通常在对数生长中期至后期之间，分批式发酵难免会造成批与批之间的这种差异。

目前，连续式发酵已成功地用于大规模生产单细胞蛋白、抗生素以及有机酸等生化产品。然而它也有一定的缺陷，必须引起高度重视：① 连续式发酵的周期一般在 $500\sim1\,000$ h，缩短周期实际上就等于降低了其优越性。基因工程菌中的一些细胞经过多代连续繁殖后，有可能丢失其携带的重组质粒，但整合型的重组细菌一般不易发生这种不利现象。② 无菌条件的长时间维持在工业大规模生产中较为困难，此外连续式发酵需要独立的灭菌设备，而且价格不菲。

### 3.4.2 发酵过程的最优化控制

基因工程菌的大规模培养是个十分复杂的过程，与普通的细菌发酵相比，其显著特征是在细胞内增加了一条由重组质粒编码的相对独立的代谢途径，而它的代谢速率又随着重组质粒拷贝数的变化而变化。这一微型代谢途径的动态流向与细胞初级代谢有着千丝万缕的联系，在某些情况下甚至还可与宿主的次级代谢发生相互作用。从总体上分析，基因工程菌的代谢过程优化控制可在三个层面进行，即遗传特性的分子水平、代谢途径的细胞水平以及热量、质量、动量传递的工程水平，这三方面的相互关系可由图 3-16 表示。

#### 1. 工程水平的优化控制

不管采取何种模式的发酵过程，最优化控制培养系统中的溶氧、pH、温度、物料混合程度都是十分重要的，改变这些参数中的任何一个均可影响细菌的生长以及重组异源蛋白产物的稳定性。

大肠杆菌及其他许多原核细菌的最佳生长通常需要大量的溶氧。发酵罐中最大的溶氧需求量 $Q_{max}$ 取决于细菌的瞬时浓度 $X$、最大比生长速率 $\mu$、氧耗生长产率 $Y_{O_2}$ 三者之间的关系：$Q_{max}=X\mu_{max}/Y_{O_2}$。由于氧气难溶于水，25℃时氧的溶解度仅为 8.4 mg/L，因此在发酵过程中必须以无菌空气的形式不断补充。然而，大量空气导入发酵罐中会产生泡沫，如果气泡体积过大，氧气的传递效果并不理想，直接影响细菌的最佳生长。这就要求发酵罐在设计时应充分考虑培养系统中溶氧水平的控制能力，包括细胞的完美悬浮以及气泡的破碎等。有时还可直接向发酵罐中补充纯氧，以缓解发酵液中溶氧的极度匮乏。

绝大多数细菌生长的最佳 pH 范围在 $5.5\sim8.5$ 之间，但在发酵罐中生长代谢的细胞无时不在将其代谢产物释放到培养基中，导致整个系统的 pH 值产生较大的波动。因此在发酵过程中，必须用酸碱调节控制培养液的 pH 值，使其维持在一个相对细菌生长代谢最佳的恒定值范围内。加入的酸或碱溶液同样需要快速扩散至整个容器，局部过量的酸碱会给细菌带来危害。

温度是一个决定发酵成败的重要参数。在低于最佳生长温度的环境中细菌生长缓慢，同时也降低了目标产物的合成速度。另外，如果培养系统的温度过高，即使不高于细菌的致死温度也会产生许多不利影响。例如，含有温度敏感型启动子的工程菌在过高的温度下会

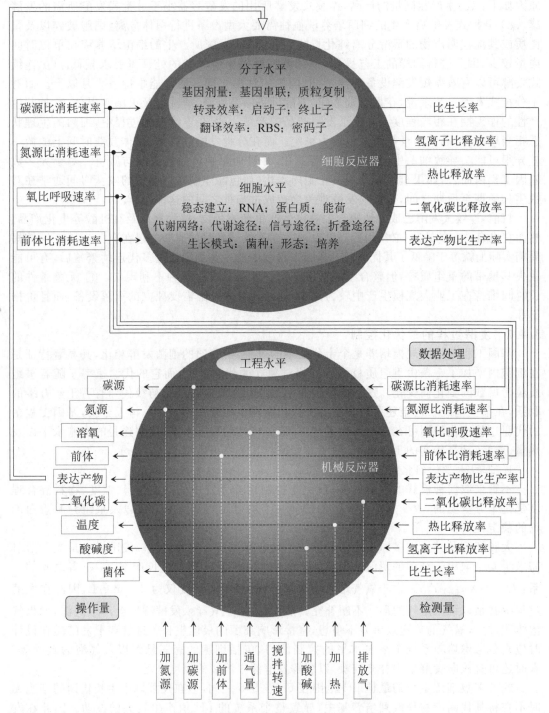

图 3-16 基因工程菌发酵过程的多尺度控制

导致外源基因的泄露性表达。过高的温度还可能诱导受体菌的热休克反应,产生大量的胞内蛋白酶降解重组异源蛋白。

　　细菌培养液的适度混合可以在很多方面促进细胞的生长和代谢,其中包括加快营养成分和溶氧的传递、促进热量的散发以及降低细胞有毒代谢副产物的局部浓度等。从某种意义上来说,搅拌效果越佳,细菌发酵就越理想。然而,过大的搅拌速度会产生流体动力学压力,它可能损害体积较大的细菌或哺乳动物细胞,同时也向培养液中散发大量的机械热,从而提高发酵的能耗。因此,在提供最佳混合效率、避免细胞损伤以及降低能耗产量比之间,搅拌转速必须达到最优化平衡。

2. 分子水平的优化控制

基因工程菌在发酵过程中的优化控制有三个分子水平上的作用位点:

(1) 外源基因的表达控制。基因工程菌的构建为这种控制提供了分子结构上的可能性,但它必须通过各种工艺手段在细菌生长过程中得以实现,这些手段包括外源基因转录启动的特异性诱导、表达产物在受体菌中的定位和转运等。外源基因的时空特异性表达控制可以在最大程度上减少表达产物对细菌自身生长代谢过程的影响,提高表达产物的宏观产率。

(2) 细胞内蛋白质生物合成系统的均衡。无论基因工程菌的目标产物是蛋白质还是其他小分子化合物,它们都必须与细菌的初级代谢和次级代谢途径共用一套蛋白质翻译系统,其成分包括核糖体、tRNA、ATG/GTP 以及相关的酶系。这些成分通常都由受体细胞的染色体 DNA 编码,合理控制这些细菌基因的表达时间与强度,有利于细胞内三种代谢途径的和谐与稳定。

(3) 重组质粒拷贝数或外源基因剂量的维持。从理论上来讲,外源基因剂量的增加有助于提高其表达产物的产量,但实际上并不都是如此。如果细胞内 RNA 聚合酶是限制性因素,外源基因剂量与其表达水平未必呈正相关。而且重组质粒的高拷贝复制耗费大量的能源,不但影响细菌的正常生长与代谢,同时不利于其稳定性。另外,重组质粒高拷贝复制在提高外源基因剂量的同时也同步增加了载体上其他基因(如标记基因)的分子数,这些基因的表达效率通常并不逊色于外源基因,因此两者之间的表达竞争不容忽视。

3. 细胞水平的优化控制

细胞水平的控制作用位点主要包括发酵过程中的细胞密度、代谢途径调整、产物比生产率等,后者又可分为相对限制性营养成分消耗以及相对菌体生长两种产物比生产率,它们分别是产物合成速率与营养成分消耗速率以及菌体生长速率之比。实验结果表明,重组蛋白的最大合成量和受体菌代谢活力的维持往往与细菌较低的生长速率相伴。但降低细菌生长速率必须在拥有一定细胞密度的基础上才能有助于提高重组蛋白的宏观表达量,这种控制在分批或流加式发酵过程中一般难以操作。另外,培养基中主要营养成分葡萄糖的不完全代谢产物乙酸对外源基因的高效表达也有明显的抑制作用。乙酸的大量合成固然与补料工艺和工程控制参数有关,但很大程度上也取决于基因工程受体菌本身的遗传特性。

### 3.4.3　大肠杆菌工程菌的高密度发酵

在基因工程菌的大规模发酵过程中,重组异源蛋白产物的宏观合成产量取决于最高的外源基因表达水平以及菌体浓度。从理论上来说,在维持外源基因表达水平不变的前提下,提高工程菌的发酵密度可以大幅度降低产物的生产成本,然而两者在很多情况下并不能兼顾。在提高工程菌培养密度的同时,单个细胞中的外源基因表达率往往伴随着不同程度的下降,这种现象的本质是外源基因表达与细菌生长两大反应对反应基质和能量的争夺。因此,通过工程方法打破发酵系统中的传质传热限制,同时通过工艺手段控制反应基质尤其是生物能源的组成和转入速率,是在不影响外源基因表达水平前提下提高工程菌发酵密度的基本策略。

1. 高密度发酵培养基的设计

大量的研究结果表明:细菌在碳源限制的条件下生长,其生物能源的有效利用率最高;而在氮源限制的环境中生长的细菌通常会在细胞中积聚糖原等多聚物,同时大量合成有机酸、乙醇以及其他部分生物氧化代谢中间产物,这种现象在葡萄糖作为主要碳源时尤为突出。除此之外,以最大比生长速率或接近这一速率生长的细菌也倾向于产生上述部分氧化分子,这些化合物的存在不仅降低了细菌的碳源比消耗率,而且最终导致细胞的生长抑制。因此,工程菌高密度发酵的培养基设计原则是:① 使用最小培养基以精确设计营养成分与细菌生长之间的定量关系,同时避免任何不利于菌体生长的营养限制性因素;② 调整培养基配比,维持细菌以合适的比生长速率生长,使得培养基中的碳源和能源不能转化为胞内储存型多聚物或胞外潜在生长抑制剂的部分氧化有机化合物,也就是说,细菌的比生长速率应尽可能低到足以使碳源全部有效利用,同时又不至于影响目标产物宏观产率的水平;③ 利用碳源限制方法阻断细菌生长期间部分氧化代谢产物的合成途径。在培养基中,碳源的绝对量往往大于其他营养成分,因此以碳源作为限制性营养成分更易于控制;④ 依据细菌细胞的组成元素确定培养基各成分的精确配比(表 3-7),其中以葡萄糖作为限制细菌生长的营养成分,其加入量则以每克葡萄糖形成 0.3～0.5 g 干重细菌的碳源比消耗率为基准。为了确保葡萄糖之外的其他营养成分的绝对过量,必须在表 3-6 所列数据的基础上各追加 20%。此外,理想的细菌培养基还应加入适量的稀有元素和维生素。表 3-8 是用于大肠杆菌高密度发酵的典型培养基配方。

表 3-7　细菌细胞的主要元素含量

| 组成元素 | C | N | P | S | Mg |
|---|---|---|---|---|---|
| 占细胞干重的百分率/% | 50 | 7～12 | 1～3 | 0.5～1 | 0.5 |

表 3-8　用于大肠杆菌高密度发酵的培养基配方

| 成　　分 | 间 歇 培 养 | 连 续 培 养 |
|---|---|---|
| 葡萄糖 | 5 g/L | 433 g/L |
| 酵母提取物 | 5 g/L | 0 g/L |
| $K_2HPO_4$ | 7 g/L | 0 g/L |
| $KH_2PO_4$ | 8 g/L | 0 g/L |
| $(NH_4)_2SO_4$ | 5 g/L | 107 g/L |
| $MgSO_4 \cdot 7H_2O$ | 1 g/L | 8.5 g/L |
| 微量元素溶液 | 2 mL/L | 56 mL/L |
| 维生素溶液 | 2 mL/L | 56 mL/L |
| 氨苄青霉素 | 0.5 g/L[①] | 0 g/L |

① 仅用于重组菌株培养。

2. 高密度发酵的温度控制

生长在最小培养基中的大肠杆菌,其发酵密度与温度关系密切。一般地,在 19～34℃ 内,大肠杆菌的发酵密度随温度的降低而增加。在 22℃ 时,细胞密度达到最高值,为每升培养液 55 g 干重细菌,其相对应的碳源比消耗率则高达每克葡萄糖 0.44 g 干重细菌。值得注意的是,不同的大肠杆菌菌株达到最高密度所对应的培养温度往往会有差异,而且最终培养密度也各不相同,有时相差多达 3 倍以上。此外,在相同培养条件下,大肠杆菌 K 株工程菌的发酵密度比非工程菌高出 30%～50%。温度控制的实质是调节细菌的比生长速率和溶氧需求量,较低的培养温度固然可以得到最大的发酵密度,但培养周期相对延长,而且菌株不同这种对应关系也有差异。因此在确定实际操作温度时应充分考虑工程菌株的特殊遗传性质以及物料、能量、产品产率三者之间的综合平衡。

3. 高密度发酵的溶氧控制

一般而言,细菌的高密度培养需要较高的溶氧浓度,尤其是在生长后期。由于细胞内各种代谢途径的高速运转以及外源基因的诱导表达,溶氧往往成为限制性因素,此时大量补加葡萄糖等生物能源不仅于事无补,甚至会诱导产生并积累乙酸等部分氧化产物。克服这一困难的唯一方法是向反应体系中输送纯氧,为了确保纯氧传递对细胞高密度生长的最佳效率,通常将之与溶氧水平和碳源补料速率相关联。例如,在大肠杆菌 W 株的高密度发酵过程中,蔗糖的补加速率根据溶氧水平进行控制,当溶氧浓度上升至 14% 饱和度时,开始补加碳源;而当溶氧浓度跌至这一数值以下时,补料自动停止。如果将溶氧、pH 与碳源补加速率三者联合控制,则效果更佳,在此条件下,大肠杆菌发酵密度可达到每升培养液 125 g 干重细胞的水平。

### 3.4.4 基因工程菌的遗传不稳定性及其机制

重组微生物在工业生产中的应用包括两个方面:其一是重组异源蛋白的高效表达,即利用基因工程菌合成大量的生物贵重功能蛋白;其二是借助于分子克隆技术重新设计细菌的代谢途径,构建品质优良的功能微生物。然而,基因工程菌产业化应用的最大障碍是在其保存及培养过程中表现出的遗传不稳定性,它直接影响到发酵过程中比生长速率的控制以及培养基组成的选择。

基因工程菌的遗传不稳定性主要表现在重组质粒的不稳定性。这种不稳定性具有下列两种主要存在形式:① 重组 DNA 分子上某一区域发生缺失、重排或修饰,导致其表观功能丧失;② 整个重组分子从受体细胞中逃逸。上述两种情况分别称为重组分子的结构不稳定性和分配不稳定性,其形成的主要机制包括:① 受体细胞中存在的限制修饰系统对外源 DNA 的降解作用。由于目前使用的受体菌均在不同程度上减弱甚至丧失了限制修饰酶系,因此这种因素通常不会单独发挥作用;② 重组分子中所含基因的高效表达严重干扰受体细胞的正常生长代谢过程,包括能量和生物分子的竞争性消耗以及外源基因表达产物的毒性作用。这种干扰作用与自然环境中的其他生长压力(如极端温度、极端 pH、高浓度抗生长代谢剂、营养物质匮乏等)一样,可以诱导受体菌产生相应的应激反应,包括关闭生物大分子的生物合成途径以节约能源、启动蛋白酶和核酸酶编码基因的表达以补充必需的营养成分,于是工程菌中的重组 DNA 分子便会遭到宿主核酸酶的降解,造成结构缺失或重排现象;③ 重组分子尤其是重组质粒在细胞分裂时的不均匀分配是重组质粒逃逸的基本原因。这种情况通常取决于载体质粒本身的结构因素,但也与外源基因表达产物对细胞所造成的重大负荷有关;④ 受体细胞中内源性的转座元件促进重组分子 DNA 片段的缺失和重排。

当含有重组质粒的工程菌在非选择性条件下生长至某一时刻,培养液中的一部分细胞不再携带重组质粒,这部分细胞数与培养液中的总细胞数之比称为重组质粒的宏观逃逸率。事实上它并不仅仅表征重组质粒从受体细胞中的逃逸频率,而且还是下列四种情况的总和:① 重组质粒因种种原因被受体转运至胞外,这种情况大多发生在细菌处于高温或含表面活性剂(如 SDS)、某些药物(如利福平)、染料(如吖啶类)的环境中;② 受体菌核酸酶将重组质粒降解,使之不能进行独立复制,如果降解作用较为完全,则重组质粒的消失并不依赖于受体细胞的分裂;③ 重组质粒所携带的外基因过度表达抑制受体细胞的正常生长,致使原来数目极少的不含重组质粒的细胞在若干代繁殖后占据数量优势;④ 重组质粒在细胞分裂时不均匀分配,造成受体细胞所含重组质粒拷贝数的差异,这种差异随着细胞分裂次数的增加而扩大。含有较少重组质粒拷贝数的细胞其生长速度显然高于那些含重组质粒拷贝数多的细胞,而且前者更有可能在细胞继续分裂时全部丢失其重组质粒,并在最终的发酵液中占据绝对优势。

因此,重组质粒宏观水平上的逃逸现象实质上取决于含有重组质粒的受体细胞比生长速率($\mu^+$)小于不含重组质粒的受体细胞比生长速率($\mu^-$),即 $\mu^-/\mu^+ > 1$,多种大肠杆菌菌株均表现出这种特性(表 3-9)。假定在发酵接种时工程菌全部含有重组质粒,对数生长期中细胞每代的重组质粒丢失率为 $\rho$,工程菌 $\mu^-$ 与 $\mu^+$ 的比值为 $\alpha$,则经过 25 代分裂后,含有重组

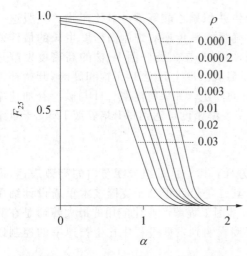

图 3-17 质粒丢失率与比生长速率的关系

质粒的细胞数占总细胞数的百分率 $F_{25}$ 与 $\rho$ 和 $\alpha$ 之间的对应关系可由图 3-17 表示。由图 3-17 可以看出,如果不含重组质粒的受体细胞具有生长优势(即 $\mu^-/\mu^+ > 1$),那么即使重组质粒的丢失率很小,经过数代培养后,发酵液中也会出现大量的无重组质粒型细胞。例如,当 $\alpha=1$,$\rho=0.001$ 时,$F_{25}=99.8\%$,重组质粒的宏观逃逸率仅为 $0.2\%$;但当 $\alpha=1.5$,$\rho$ 仍为 $0.001$ 时,$F_{25}=0.1\%$,即重组质粒的宏观逃逸率可达 $99.9\%$!对于培养周期固定的分批式发酵而言,重组质粒丢失的时间越早,最终发酵液中无重组质粒的细胞的比例就越高。如果接入发酵罐的种子中含有无重组质粒的细胞,所引起的后果则更为严重。

表 3-9  不含质粒与含质粒细菌的比生长速率之比

| 受 体 菌 株 | 质 粒 类 型 | $\mu^-/\mu^+$ |
| --- | --- | --- |
| 大肠杆菌 C600 | F' lac | 0.99~1.10 |
| 大肠杆菌 K12 EC1005 | R1 drd-19 | 1.05~1.12 |
| 大肠杆菌 JC 7623 | Col E1 | 1.06~1.20 |
| 铜绿假单胞菌 PA01 | Tol | 2.00 |
| 大肠杆菌 K12 R713 | TP120 | 1.50~2.31 |

野生型质粒在宿主菌中通常能稳定遗传,其机制是这些质粒大多含有编码特异性质粒拷贝均衡分配的基因(par)。在一些低拷贝质粒中 par 基因已被克隆鉴定,实验室常用的一些扩增表达型质粒(如 pUC 系列等)具有完整的质粒拷贝分配功能,因而由此原因引起的质粒丢失现象基本上可以忽略不计。但更多的人工构建质粒往往不具备 par 功能,而且由于重组质粒降解或分子重排引起的工程菌不稳定性影响更大,因此在工程菌发酵和重组质粒构建的过程中保持工程菌的相对稳定意义重大。

### 3.4.5 改善基因工程菌遗传不稳定性的对策

根据工程菌不稳定性的影响因素,目前已发展出多种方法抑制重组质粒的结构和分配不稳定性,归纳起来大致有下列几个方面:

1. 改进载体宿主系统

以增强载体质粒稳定性为目的的构建方法包括三个要点:一是将 par 基因引入表达型质粒中。例如,将大肠杆菌质粒 pSC101 的 par 基因克隆到 pBR322 类型的质粒上,或将 R1 质粒上 580 bp 的 parB 基因导入普通质粒上,其表达产物可选择性地杀死由于质粒拷贝分配不均匀而产生的无质粒细胞;二是正确设置载体质粒上的多克隆位点,防止外源基因插入质粒的稳定区域内;三是将大肠杆菌染色体 DNA 上的 ssb 基因克隆到载体质粒上,该基因编码的 DNA 单链结合蛋白 SSB 为 DNA 复制和细菌生存所必需,因此无论因何原因丢失质粒的细胞均不再能在细菌培养过程中增殖。

相同细菌的不同菌株有时会对同一种重组质粒表现出不同程度的耐受性,因此直接选择较稳定的受体菌株往往能够达到事半功倍的效果。另外,对于某些受体细胞而言,借助于诱变或基因同源灭活方法除去其染色体 DNA 上存在的转座元件,也可有效抑制重组质粒的结构不稳定性。

2. 施加选择压力

利用载体质粒上原有的遗传标记可在工程菌发酵过程中选择性地抑制丢失重组质粒的细胞生长,从而提高工程菌的稳定性。根据载体质粒上选择性标记基因的不同性质,可以设计多种有效的选择压力,其中包括:

(1) 抗生素添加法。大多数表达型质粒上携带抗生素抗性基因。将相应的抗生素加入细菌培养体系中,即可降低重组质粒的宏观逃逸率。但这种方法在大规模工程菌发酵时并不实用,因为相对于简单培养基而言,加入大量的抗生素会使生产成本增加。对于一些不稳定的抗生素来说,添加抗生素造成的选择压力只能维持较短的时间。例如,多数表达型质粒携带的氨苄青霉素抗性基因实质上编码的是 $\beta$-内酰胺酶,若以氨苄青霉素作为选择压力,则需在培养基中加入足够的量,而且抗生素的存在对以结构不稳定性为主的重组质粒并不构成选择压力。此外,对于重组蛋白药物的生产来说,添加大量的抗生素通常会影响产品的最终纯度。

(2) 抗生素依赖法。借助于诱变技术筛选分离受体菌对某种抗生素的依赖性突变株,也就是说,只有当培养基中含有抗生素时,细菌才能生长,同时在重组质粒构建过程中引入该抗生素的非依赖性基因。在这种情况下,含有重组质粒的工程菌能在不含抗生素的培养基上生长,而不含重组质粒的细菌被抑制。这种方法可以节省大量的抗生素,但其缺点是受体细胞容易发生回复突复。

(3) 营养缺陷法。这种方法与上述抗生素依赖法较为相似,其原理是灭活某一种细胞生长所必需的营养物质的生物合成基因,分离获得相应的营养缺陷型突变株,并将这个有功能的基因克隆在载体质粒上,从而建立起质粒与受体菌之间的遗传互补关系。在工程菌发酵过程中,丢失重组质粒的细胞同时也丧失了合成这种营养成分的能力,因而不能在普通培养基中增殖。这种生长所必需的因子既可以是氨基酸(如色氨酸),也可以是某种具有重要生物功能的蛋白质(如氨基酰- tRNA 合成酶)。

3. 控制外源基因过量表达

外源基因的过量表达,某种意义上也包括重组质粒拷贝的过度增殖,均可能诱发基因工程菌的遗传不稳定性。前已述及,使用可诱导型的启动子控制外源基因的定时表达,以及利用二阶段发酵工艺协调细菌生长与外源基因高效表达之间的关系,是促进工程菌的遗传稳定的一种策略。

4. 优化培养条件

基因工程菌所处的环境条件对其所携带的重组质粒的稳定性影响很大,在工程菌构建完成之后,选择最适的培养条件是进行大规模生产的关键步骤。培养条件对重组质粒稳定性的影响机制错综复杂,其中以培养基组成、培养温度、细菌比生长速率尤为重要。

(1) 培养基组成。细菌在不同的培养基中启动不同的代谢途径,对工程菌来说,培养基组分可能通过各种途径影响重组质粒的稳定性遗传。含有 pBR322 的大肠杆菌在葡萄糖和镁离子限制的培养基中生长,比在磷酸盐限制的培养基中显示出更高的质粒稳定性。另一个携带氨苄青霉素、链霉素、磺胺、四环素四个抗药性基因的重组质粒,在大肠杆菌中的遗传稳定性同时依赖于培养基组成:当葡萄糖限制时克隆菌仅丢失四环素抗性;而磷酸盐的限制则导致多重抗药物性同时缺失。还有一个携带氨苄青霉素抗性基因和人 $\alpha$-干扰素结构基因的温度敏感型多拷贝重组质粒,当它转入大肠杆菌后,所形成的克隆菌在葡萄糖限制以及氨苄青霉素存在的条件下生长,开始时人干扰素高效表达,但随后便大幅度减少,此时的重组质粒已有相当部分丢失了干扰素结构基因,这表明培养基组分有可能导致重组质粒的结构不稳定性。除此之外,质粒通常在丰富培养基(如 PBB)中比在最小培养基(如 MM)中更加不稳定,而且不同的质粒其不稳定性的机制也各有差异,例如某些培养基导致质粒

RSF2124-trp产生结构不稳性,同时又使质粒 pSC101-trp 产生分配不稳定性(表3-10)。

表 3-10　　培养基对大肠杆菌克隆菌稳定性的影响

| 克 隆 菌 | 培 养 基 | $F_{20\sim25}$ | 不稳定类型 |
|---|---|---|---|
| W3110 *trpAE1 trpR tnaA*(RSF2124-trp) | PBB | 7% | 结构性 |
| | MM | 99% | 结构性 |
| W3110 *trpAE1 trpRam27*(pSC101-trp) | PBB | 12% | 分配性 |
| | MM | 48% | 分配性 |

(2)培养温度。一般而言,培养温度较低有利于重组质粒的稳定遗传。有些温度敏感型的质粒不但其拷贝数随温度的上升而增加,而且当温度达到40℃以上时,还会引起降解作用。另外,重组质粒的导入有时也会改变受体菌的最适生长温度。上述两种情况均可能与重组质粒表达产物和受体菌代谢产物之间的相互作用有关。

(3)比生长速率。细菌比生长速率对重组质粒稳定性的影响趋势不尽一致,与细菌本身的遗传特性以及质粒的结构均有关系。如前所述,如果不含重组质粒的细胞不比含有重组质粒的细胞生长得快,即 $\mu^-/\mu^+=1$ 时,重组质粒的丢失不会导致非常严重的后果,因此调整这两种细胞的比生长速率可以提高重组质粒的稳定性。但在实际操作中往往难于选择性地提高或降低某种细胞的比生长速率,因为绝大多数环境条件(不包括施加选择压力)对两种细菌的生长影响是同步的。只有在个别情况下,可以利用分解代谢产物专一性地控制受体菌的比生长速率,降低 $\mu^-$ 与 $\mu^+$ 的比值,从而提高重组质粒的稳定性。

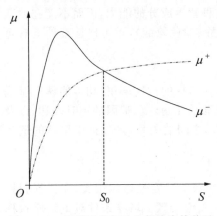

图 3-18　基质浓度与比生长速率的关系

有些细菌在以碳水化合物作为碳源和能源时,营养成分浓度过高或过低均不利于其生长,高浓度的营养基质可抑制相关代谢途径中的某个基因表达。如果重组质粒上携带这种代谢基因,则含有重组质粒的克隆菌不再受高浓度基质的抑制。在这种情况下,不含重组质粒的细胞生长符合典型的底物抑制动力学模型,而工程菌则遵循 Monod 方程,两条曲线的交点便是 $\mu^-=\mu^+$ 时所对应的基质浓度 $S_0$(图3-18)。当 $S<S_0$ 时,$\mu^->\mu^+$,此时容易导致重组质粒的不稳定性;但当 $S>S_0$ 时,$\mu^-<\mu^+$,在这种情况下,重组质粒可以稳定地遗传。细菌的连续发酵技术为基质浓度的恒定控制提供了保证。

## 3.5　利用重组大肠杆菌生产人胰岛素

重组 DNA 技术的目标之一是实现目的基因编码产物的产业化,而大肠杆菌高效表达平台则是基因工程应用最为广泛也最成熟的一项技术。不断完善的基因操作技术可将大肠杆菌构建成为用于重组异源蛋白生产的分子工厂,而且这种工程菌在价格低廉的培养基中生长迅速易于控制,因此重组大肠杆菌在医用蛋白的大规模生产中具有重要的经济意义。尽管有些生物活性严格依赖于糖基化作用的真核生物功能蛋白无法采用重组大肠杆菌进行生产,而且蛋白质生物合成后加工系统的缺乏使得某些人体蛋白难以折叠成天然构象,但仍有100多种异源蛋白通过大肠杆菌基因工程菌实现了产业化,其中包括一些结构相当复杂的人体蛋白,如富含半胱氨酸的血清白蛋白(HSA)、尿激酶原(pro-UK)、金属硫蛋白(MT),

二硫键共价交联的二聚体蛋白巨噬细胞集落刺激因子(M-CSF),四聚体的血红蛋白(Hb)以及结构复杂的抗体片段等。本节以重组人胰岛素为例,论述利用大肠杆菌生产外源基因表达产物的基本过程。

### 3.5.1　胰岛素的结构及其生物合成

胰岛素广泛存在于人和动物的胰脏中,正常人的胰脏约含有 200 万个胰岛,占胰脏总质量的 1.5%。胰岛主要由 $\alpha$、$\beta$、$\gamma$ 三种细胞组成,其中 $\beta$-细胞特异性合成胰岛素。胰岛素发现于 1922 年,翌年便开始在临床上作为药物使用,迄今为止,胰岛素仍是治疗胰岛素依赖型糖尿病的特效药物。据统计,目前全世界糖尿病患者已超过一亿,而且发病率呈逐年增长的趋势。因此,为临床提供质量可靠及价格低廉的胰岛素制品是现代生物医药领域的一项重要工程。

胰岛素是在胰岛 $\beta$-细胞的内质网膜结合型核糖体上合成的,核糖体上最初形成的产物是一个比胰岛素分子大一倍多的前胰岛素原单链多肽,其 N 端区域含有 20 个左右的氨基酸疏水性信号肽。当新生肽链进入内质网腔后,信号肽酶便切除信号肽形成胰岛素原,后者被运输至高尔基体进一步加工,并以颗粒的形式贮存备用。胰岛素原单链多肽由三个串联的区域组成(图 3-19):C 端 21 个氨基酸为 A 链,N 端 30 个氨基酸为 B 链,两者分别通过两对碱性氨基酸(Arg-Lys)与 C 肽相连。当机体需胰岛素时,高尔基体内的特异性肽酶分别在 A-C 和 B-C 连接处将胰岛素原切成 3 段,其中 A 链与 B 链借助于二硫键形成共价交联的活性胰岛素,并通过血液循环作用于靶细胞膜上的特异性胰岛素受体。

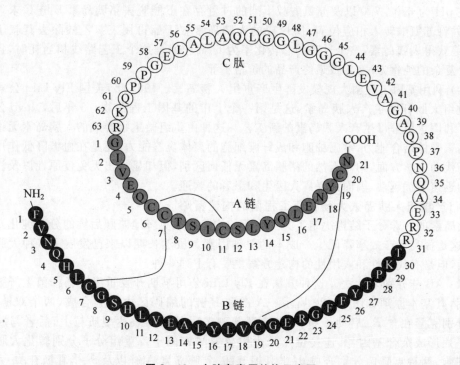

图 3-19　人胰岛素原结构示意图

活性胰岛素含有三对二硫键,其中两对二硫键在 A 链和 B 链之间形成,分别为 A7-B7 和 A20-B19,另一对二硫键则由 A 链的第 6 位 Cys 与第 11 位 Cys 形成。不同哺乳动物种属的胰岛素分子结构大致相同,主要区别表现在 A 链二硫键之间的第 8、第 9 和第 10 位上的 3 个氨基酸残基以及 B 链 C 端的最后一个氨基酸残基上,但这些差别并不改变胰岛素的生理功能。在所有来源的胰岛素中,人的胰岛素与猪和狗的胰岛素最为接近,两者唯一的区别是 B 链 C 末端一个氨基酸残基不同。除此之外，不同种属动物的胰岛素原 C 肽序列和长度也有差异，人的 C 肽为 31 肽，牛的为 26 肽，而猪的为 29 肽。

### 3.5.2  人胰岛素的生产方法

工业上可采用下列 4 种方法大规模生产人胰岛素：

(1) 从人的胰脏中直接提取胰岛素。这种方法在早期用于生产少量的人胰岛素，由于原料供应的限制，其产量不可能满足临床需要。

(2) 以氨基酸为原料直接化学合成。这种全合成方法从技术上来说是能够做到的，我国科学家曾在 20 世纪 60 年代成功合成了具有生物活性的牛结晶胰岛素，但不难想象其成本奇高。

(3) 由猪胰岛素化学转型为人胰岛素。前已述及，猪与人的胰岛素只在 B 链 C 末端的一个氨基酸上存在差异，前者为丙氨酸，后者为苏氨酸，但两种胰岛素的生理功效完全一致，因此一些国家在临床上使用猪胰岛素制剂治疗糖尿病。然而由于氨基酸序列上的微小差异，猪胰岛素的长期使用会在患者体内产生一定程度的免疫反应，更为严重的是，患者体内抗猪胰岛素抗体的诱导生产还可能对患者剩余的正常 $\beta$-细胞功能以及内源性胰岛素分泌造成负面影响。因此，人胰岛素制剂的使用被认为是最理想的糖尿病治疗方法。由于利用传统的生化方法从猪胰脏中提取胰岛素早已形成生产规模，且成本相对低廉，所以将猪胰岛素在体外用酶促方法转化为人胰岛素不失为一种选择，至少在重组人胰岛素的大规模产业化之前，这种半合成方法仍是相当多生物制药厂家采用的生产工艺。其基本原理是：胰蛋白酶在 pH 为 6.0～7.0 以及苏氨酸叔丁酯的过量存在下能脱去猪胰岛素 B 链 C 末端的丙氨酸，并将苏氨酸转入相应位置；所形成的人胰岛素叔丁酯再用三氯乙酸除去其叔丁酯基团，最终获得人胰岛素，整个过程的总转化率为 60%。但是这个工艺路线相当耗时，且需要一整套复杂的纯化方法，导致最终产品的价格不菲。

(4) 利用基因工程菌大规模发酵生产重组人胰岛素。1982 年，美国 Ely LiLi 公司首先使用重组大肠杆菌生产人胰岛素，这是第一个上市的基因工程药物。5 年后，Novo 公司又开发了利用重组酵母生产人胰岛素的新工艺。这种由重组微生物合成的人胰岛素无论在体外胰岛素受体结合能力、淋巴细胞和成纤维细胞的离体应答能力，还是在血糖降低作用以及血浆药代动力学方面，均与天然的猪胰岛素无任何区别，但却显示出无免疫原性以及注射吸收较为迅速等优越性，因而深受广大医生和患者的欢迎。

### 3.5.3  产重组人胰岛素大肠杆菌工程菌的构建策略

胰岛素的特殊分子结构决定了其工程菌的构建必须更多地兼顾后续的分离纯化及加工过程，这是提高生产效率降低生产成本的关键因素。虽然长期以来已发展了多种大肠杆菌工程菌，但是有代表性和实用性的构建方案主要有下列 3 种：

(1) AB 链分别表达法。这种方法在 Ely LiLi 公司早期开发重组大肠杆菌生产胰岛素时采用，其基本原理如图 3-20 所示。A 链和 B 链的编码区由化学合成，两个双链 DNA 片段分别克隆在含 $P_{tac}$ 启动子和 $\beta$-半乳糖苷酶编码基因的表达型质粒上，后者与胰岛素编码序列形成杂合基因，其连接位点处为甲硫氨酸密码子。重组分子分别转化大肠杆菌受体细胞，两种克隆菌分别合成 $\beta$-半乳糖苷酶-人胰岛素 A 链以及 $\beta$-半乳糖苷酶-人胰岛素 B 链两种融合蛋白。经大规模发酵后，从菌体中分离纯化融合蛋白，再用溴化氰在甲硫氨酸残基的 C 端化学裂解融合蛋白，释放出人胰岛素的 A 链和 B 链。由于 $\beta$-半乳糖苷酶中含有多个甲硫氨酸，溴化氰处理后生成多个小分子多肽，而 A 链和 B 链内部均不含甲硫氨酸残基，故不为溴化氰继续降解。A 链和 B 链进一步纯化后，以 2:1 的物质的量比混合，并进行体外化学氧化折叠。由于两条肽链上共存在三对巯基，二硫键的正确配对率较低，通常只有 10%～20%，因此利用这条路线生产的重组人胰岛素每克售价高达 180

美元。为了进一步降低生产成本，Ely LiLi 公司随后又发展了第二种生产工艺。

（2）人胰岛素原表达法。将人胰岛素原 cDNA 编码序列克隆在 β-半乳糖苷酶编码基因的下游，两段 DNA 序列的连接处仍为甲硫氨酸密码子。该杂合基因在大肠杆菌中高效表达后，分离纯化融合蛋白，并同样采用溴化氰化学裂解法回收人胰岛素原片段，然后将之进行体外折叠。由于 C 肽的存在，胰岛素原在复性条件下能形成天然的空间构象，为 3 对二硫键的正确配对提供了良好的条件，使得体外折叠率高达 80% 以上。为了获得具有生物活性的胰岛素，经折叠后的人胰岛素原分子必须用胰蛋白酶特异性切除 C 肽。胰蛋白酶的作用位点位于精氨酸或赖氨酸的羧基端（图 3-21），由于天然构象的存在，人胰岛素原链第 22 位上的精氨酸和第 29 位上的赖氨酸对胰蛋白酶的作用均不敏感。因此用胰蛋白酶处理人胰岛素原后，获得的是完整的 A 链以及 C 末端带有精氨酸的 B 链，与人的天然胰岛素相比，这种 B 链多出一个氨基酸，后者必须用高浓度的羧肽酶 B 专一性切除。虽然上述工艺路线并不比 AB 链分别表达更为简捷，而且需要额外使用两种高纯度的酶制剂，但由于其体外折叠的成功率相当高，在一定程度上弥补了工艺烦琐的缺陷，使得最终产品的生产成本仅为 50 美元/克。目前 Ely LiLi 公司采用这种工艺路线年产数十吨的重组人胰岛素，其经济效益相当可观。

（3）AB 链同时表达法。这种方法的基本思路是将人胰岛素的 A 链和 B 链编码序列拼接在一起，然后组装在大肠杆菌 β-半乳糖苷酶基因的下游。重组子表达

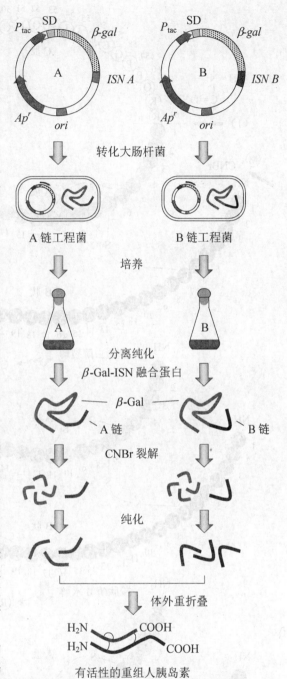

图 3-20　人胰岛素 AB 链分别表达法的基本原理

出的融合蛋白经 CNBr 处理后，分离纯化 A-B 链多肽，然后再根据两条链连接处的氨基酸性质采用相应的裂解方法获得 A 链和 B 链肽段，最终通过体外化学折叠制备具有活性的重组人胰岛素。与第一种方法相似，其最大的缺陷仍是体外折叠的正确率较低，因此目前尚未进入产业化应用阶段。

上述 3 种工程菌的构建路线均采用胰岛素或胰岛素原编码序列与大肠杆菌 β-半乳糖苷酶基因拼接的方法，所产生的融合型重组蛋白表达率高且稳定性强，但不能分泌，主要以包

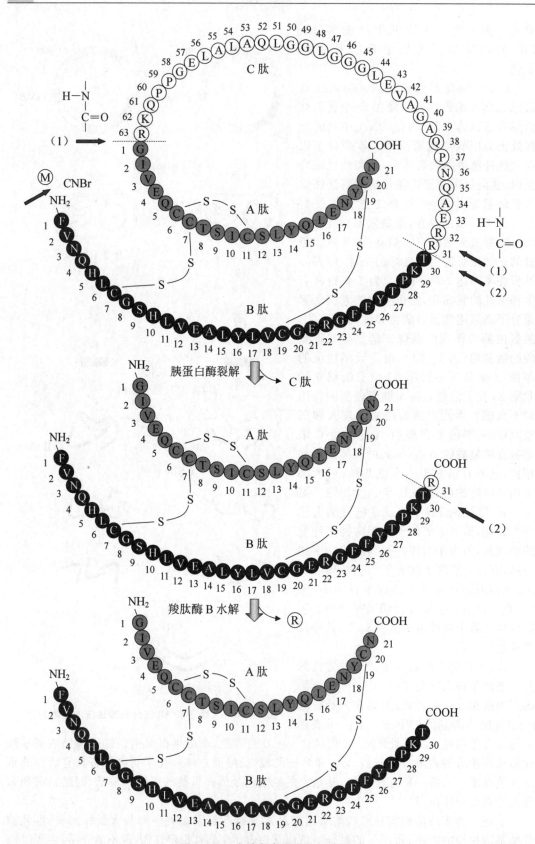

图 3-21 人胰岛素原表达法示意图

涵体的形式存在于细胞内。一种能促进融合蛋白分泌的工程菌构建策略是将胰岛素或胰岛素原编码序列插入表达型质粒 $\beta$-内酰胺酶编码基因的下游,后者编码降解青霉素的酶蛋白,通常能被大肠杆菌分泌到细胞外。这一构建策略具有稳定高效表达和重组产物可分泌两大优良特性,为胰岛素的后续分离纯化工序减轻了负担。

## 3.6　利用重组大肠杆菌生产人抗体及其片段

抗体是高等动物适应性免疫系统中的一个重要家族,在体内具有多重生理功能。除此之外,抗体还广泛应用于生命科学研究的各个领域,包括生物分子尤其是蛋白或多肽的定性分析(如蛋白质印迹技术、微扩散试验、组织免疫学技术)、定量分析(如放射免疫分析 RIA、酶联免疫吸附分析 ELISA 等)以及利用免疫亲和层析技术分离生物大分子。在临床上,抗体在免疫诊断以及肿瘤治疗中更显示出令人瞩目的应用前景。因此,抗体及其衍生物的工业化生产具有重要的社会意义和经济价值。

### 3.6.1　重组抗体的生产策略

高等动物体内的抗体分子是一类由两条轻链(L)和两条重链(H)组成的四聚体蛋白质(图 3-22),其中四条多肽链通过四对二硫链共价连为一体。轻链和重链的 N 端区域构成抗体分子的抗原识别位点,称为可变区($V_H$ 和 $V_L$),它们均由三个互补决定位点(亦称为超变位点,CDR1~CDR3)组成。此外,每条轻链还含有一个恒定区($C_L$),而每条重链则含有三个不同的恒定区($C_{H1}$、$C_{H2}$、$C_{H3}$)。用木瓜蛋白酶水解抗体蛋白可获得三个抗体片段,即两个相同的 $F_{AB}$ 片段,每个片段含有一条完整的轻链以及半条由 $V_H$ 和 $C_{H1}$ 组成的重链,两者在各自的恒定区内以二硫键相连;水解产物的另一部分则为 $F_C$ 片段,由两条以二硫键相连的重

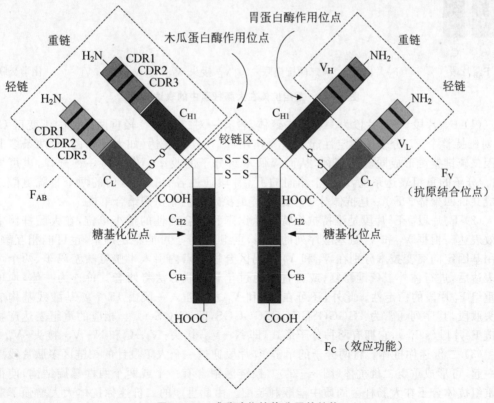

**图 3-22　哺乳动物抗体分子的结构**

链组成,每条重链只含有 $C_{H2}$ 和 $C_{H3}$ 两个区域。$F_{AB}$ 片段保留着抗原的结合活性,但并非维持这一活性的最小单位,事实上 $F_{AB}$ 片段 N 端的一半区域(即 $F_V$ 片段)仍具有完整抗体分子的所有抗原结合活性。$F_V$ 片段的氨基酸序列是抗体分子之间差异的主要表现形式,完整的 $F_V$ 片段可由 $F_{AB}$ 片段经胃蛋白酶降解获得。

当抗体与抗原特异性结合后,抗体分子中的 $F_C$ 部分便诱导下列三大免疫学反应:① 激活补体级联反应。经活化的补体系统裂解靶细胞膜,激活巨噬细胞,并产生相应信号将机体内免疫应答系统中的其他组分固定在靶细胞或抗体-抗原复合物周围。② 诱导抗体依赖型细胞毒性反应(ADCC)。这是抗体 $F_C$ 部分与 ADCC 型效应细胞上相应的 $F_C$ 受体特异性结合的结果,经 $F_C$ 诱导后的效应细胞释放细胞毒素蛋白,裂解与抗体分子 $F_{AB}$ 部分结合的外来细胞。③ 激活巨噬细胞的吞噬反应。当 $F_{AB}$ 部分与一可溶性抗原结合后,抗体分子上的 $F_C$ 部分可与巨噬细胞上的 $F_C$ 受体特异性结合,激活巨噬细胞吞噬并降解抗原-抗体复合物。

抗体是一种糖蛋白,其糖基化位点位于重链的 $C_{H2}$ 区域内。糖基的存在为抗体结构维持、分泌性、可溶性以及稳定性所必需,但与抗原的特异性识别和结合功能无关。在基础研究和部分临床应用(如免疫诊断、免疫导向药物设计和装配等)中,主要利用的是抗体与抗原之间的特异性识别与作用这一特性。因此根据使用范围的不同,重组抗体的生产可采取下列多种策略(图 3-23):

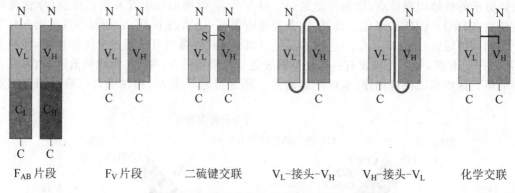

$F_{AB}$ 片段　　　 $F_V$ 片段　　　 二硫键交联　　 $V_L$-接头-$V_H$　　 $V_H$-接头-$V_L$　　 化学交联

**图 3-23　重组抗体在大肠杆菌中的表达形式**

(1) $F_{AB}$ 片段。$F_{AB}$ 片段为一异源二聚体,含有一对二硫键。轻重两条链的不变区 $C_L$ 和 $C_H$ 对维持整个 $F_{AB}$ 分子的稳定性起着重要作用,但在异源表达(如大肠杆菌)时两条多肽链会因二硫键错配形成同源二聚体,从而降低重组分子的收率。作为另一种选择,也可构建 $F_{(AB)2}$ 分子的重组表达系统,即两个相同的 $F_{AB}$ 片段通过各自铰链区内的两个半胱氨酸残基形成共价四聚体。$F_{(AB)2}$ 是抗体分子中最完整最稳定的抗原识别结合单位。

(2) $F_V$ 片段。$F_V$ 片段是维持抗原特异性识别和结合活性的最小单位,在大肠杆菌中能高效表达。根据 $V_H$ 和 $V_L$ 氨基酸序列的不同,重组 $F_V$ 分子可能稳定维系,也可能相互解离。利用基因定向突变技术分别在 $V_H$ 和 $V_L$ 编码区合适位点内引入半胱氨酸密码子,两个可变区表达后,进行体外二硫键修复;或者直接通过化学交联方法将两者共价连为一体,均可提高重组 $F_V$ 片段的稳定性。此外,还可在 $V_H$ 和 $V_L$ 之间插入一段由 15 个氨基酸残基构成的接头肽段,其序列通常为:GGGGSGGGGSGGGGS,即 $(Gly_4Ser)_3$。相应的重组表达产物为单链 $F_V$ 片段(scFv),它拥有两种分子形式,即 N-$V_H$-接头-$V_L$-C 和 N-$V_L$-接头-$V_H$-C。

(3) 二价迷你抗体。将两分子的单链 $F_V$ 片段通过一个人工设计的铰链区多肽片段融合在一起,可形成重组二价抗体(图 3-24)。铰链区中含有一个或两个两性螺旋结构,使得整个重组抗体分子在大肠杆菌周质中能顺利装配。由此生产的二价迷你抗体大大增强了对表面结合型抗原或多聚体抗原的亲和力,与天然完整的抗体分子相比几乎没有任何区别。完

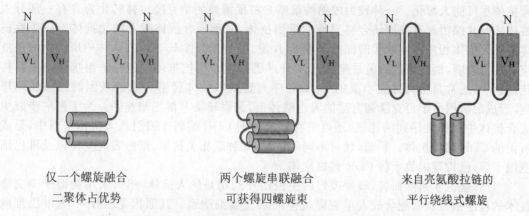

<table>
<tr><td>仅一个螺旋融合</td><td>两个螺旋串联融合</td><td>来自亮氨酸拉链的</td></tr>
<tr><td>二聚体占优势</td><td>可获得四螺旋束</td><td>平行绕线式螺旋</td></tr>
</table>

**图 3 - 24　由大肠杆菌表达的重组二价抗体装配形式**

整的抗体由于结构复杂且存在四对二硫键,在大肠杆菌中的异源表达效率极低,而采用上述三种策略生产抗体重组片段很大程度上为抗体的基因工程开辟了广阔的应用前景。

### 3.6.2　由大肠杆菌生产重组抗体片段的优越性

抗体在生命科学基础研究和临床上的广泛应用要求产业化的抗体制品必须具备高抗原结合特异性、低人体免疫原性以及可规模化生产。为达到此目标,抗体生产经历了三次重大变革。

**1. 以重组抗体取代天然抗体**

在杂交瘤技术问世之前,抗体的制备主要采用抗原免疫动物(如兔子)的方法,从动物抗血清中直接分离纯化天然抗体。对于相对分子质量较大结构较为复杂的蛋白质抗原而言,往往存在多种不同的抗原决定簇,因此由此获得的抗体制剂实际上是多重抗体的混合物,其中每一种抗体对应于抗原的一个决定簇。这种抗体混合物在实际应用中存在两大缺陷:① 抗体制备物不同抗体的含量不稳定,也就是说,用同样的抗原多次免疫兔子,每次所获得的抗体制备物具有不同配比的各种抗体。由于抗原分子中各种抗原决定簇在每次免疫反应中所表现出的抗体刺激能力差异较大,所以这种变化直接影响了抗体制备物中和抗原的能力;② 抗体混合物不能区分两种相似抗原之间的差异,相似抗原分子往往拥有一部分相似甚至相同的抗原决定簇,它们均能为同一种抗体所识别,因此多重抗体混合物具有较低的特异性,这在免疫诊断和治疗中相当危险。

1975 年发展起来的杂交瘤技术使得制备针对一种抗原决定簇的抗体成为可能。抗体由抗原激活的 B 淋巴细胞(确切而言为浆细胞)合成,一个 B 淋巴细胞只合成一种抗体分子。B 淋巴细胞通常很难在离体条件下大规模培养,但在较为罕见的情况下,正常的 B 淋巴细胞会转变成癌细胞(即骨髓瘤),这种骨髓瘤细胞在维持 B 淋巴细胞基本生理特征的同时,获得了在体外培养基中生长增殖的能力。如果以一种不能合成任何抗体的骨髓瘤细胞为受体,而以另一种能产生所需抗体的 B 淋巴细胞为供体,两者进行细胞融合,在合适的选择压力存在下,即可筛选出一株既能合成单一抗体又能进行体外培养的杂合细胞系,这就是利用杂交瘤技术生产单克隆抗体的基本原理。从严格意义上讲,由这种技术生产的单克隆抗体仍属于天然抗体,抗体分子的组成与结构没有任何改变。

早期的杂交瘤技术均采用小鼠或大鼠的 B 淋巴细胞作为亲本,所产生的单克隆抗体自然呈鼠源性。这种抗体在离体免疫检测方面的应用取得了满意的效果,但若将之作为体内治疗药物使用,则首先碰到的问题便是免疫交叉反应。由于鼠的抗体与人的抗体在结构上存在一定的差异,因此重复使用鼠源性抗体会诱导机体产生抗抗体,而后者的积累轻者大大降低鼠源性抗体的疗效,重者甚至会导致严重的过敏反应。为了克服这一难题,必须使单克隆抗体尽可能人源化。一种较为成熟的策略是将鼠源性的单克隆抗体转化为含有一部分人抗体序列并保留原有抗原结合特异性的重组抗体,又称嵌合抗体或人源化抗体。鼠源性抗体中被人抗体相应序列取代的部分首推 $F_C$ 片段,因为鼠源性 $F_C$ 区域在人体中所产生的免疫应答能力较弱,而且该区域最易刺激人体 B 淋巴细胞产生抗抗体。但在重组抗体的实际构建过程中,通常是将大鼠或小鼠的 $F_V$ 编码序列置换人抗体轻链和重链基因的相应编码序列,形成的重组分子再克隆到合适的表达载体上,最终转染 B 淋巴细胞系。为了进一步减少嵌合抗体中鼠源性序列的比例,还可只将鼠抗体的 CDR 编码序列引入人抗体基因中,形成所谓的 CDR 移植抗体。目前,针对不同的抗原,如肿瘤相关抗原、细胞表面受体以及淋巴胞因子等,已构建出数十种 CDR 移植抗体。

当然,就医学角度而言,最为理想的免疫治疗药物是纯人抗体,然而采用类似于杂交瘤技术的程序很难获得能合成人单克隆抗体的杂交瘤细胞系。其原因是:第一,人淋巴细胞与鼠骨髓细胞融合形成的杂合瘤中,人的染色体呈现高度的不稳定性,导致单克隆抗体产量极低;第二,终始没有找到理想的人骨髓瘤细胞系取代小鼠的骨髓瘤细胞;第三,基于伦理道德方面的顾虑,不可能用各种抗原直接免疫人体,因此很难分离获得能产生特定抗体的人 B 淋巴细胞。有人尝试将人 B 淋巴细胞在体外用抗原进行诱导,然后再用 Epstein - Barr 病毒将抗原激活的 B 淋巴细胞转化为癌细胞,遗憾的是这种癌细胞合成特异性抗体的能力极低,且抗体与抗原的亲和性也很弱。也有人试图将人的免疫球蛋白基因转入小鼠的胚胎细胞系中,构建产生人源性抗体的转基因鼠,然后再用特定抗原免疫转基因鼠,合成特异性抗体,目前转基因鼠表达重组人免疫球蛋白已获成功。

2. 以抗体片段取代完整抗体分子

除少数情况外,抗体在体内和体外的大部分应用是基于抗体分子与抗原的特异性识别与结合原理,而这种特性又与抗体分子中的恒定区无关,因此以抗体片段取代完整分子是一种颇有前途的选择。首先,各种抗体片段的相对分子质量只及整个抗体分子的 $10\% \sim 50\%$,小分子的抗体片段有利于高效表达和分泌,而且由于二硫键含量的下降,重组表达产物的重折叠也得以简化,这对于利用重组大肠杆菌大规模生产高纯度的抗体片段尤为重要;此外,无论基础研究还是临床应用,抗体极少单独使用,大多数需要进行修饰处理,如同位素标记、生色酶偶联以及导向药物的连接等,相对分子质量较小的抗体片段显然为上述操作提供了较大的空间。抗体片段在临床上的应用最具有优越性,由于分子小,对实体肿瘤组织的穿透力强,几乎可作为所有药物、毒素和同位素的载体,构成标准化系列化的生物导弹制导系统,在肿瘤的诊断与防治中显示出巨大威力。其次,抗体片段由于结构简单,更易做到人源化,从而一定程度上降低了它们在机体内的免疫原性。此外,利用蛋白质工程技术对抗体片段进行定位修饰显得更为直观。天然抗体分子对抗原的亲和性以及稳定性未必最佳,在不增加其免疫原性的前提条件下,对抗体片段的氨基酸序列加以改造,已证明能明显延长它在血液中的半衰期,从而大大提高抗体片段在临床上的实用性。

3. 以大肠杆菌取代哺乳动物等真核细胞生产重组人抗体片段

尽管小鼠的骨髓瘤细胞、人的 B 淋巴细胞以及中国仓鼠卵巢细胞(CHO)在生产单克隆抗体、人鼠嵌合抗体直至表达人免疫球蛋白基因方面起着不可替代的作用,其中由 CHO 细胞合成人的 $F_{AB}$ 抗体片段还可以省去体外重折叠工序,但是与重组大肠杆菌相比,克隆基因在高等哺乳动物细胞中的表达水平很低,而且培养工艺复杂,培养基昂贵,这些不利因素严重阻碍了动物细胞来源的抗体制品在研究及临床上的广泛应用。酵母曾被认为是表达人源性免疫球蛋白基因的候选受体系统,人抗体重链和轻链基因在酵母中已获成功表达,并在分泌过程中 $F_{AB}$ 重组片段也能正确折叠和装配。但是对于重组抗体片段的生产而言,酵母仍不如大肠杆菌平台简易方便,抗体片段编码基因的表达水平也比大肠杆菌低很多。在合成抗体完整分子方面,由于酵母细胞内的蛋白质糖基化作用机制与哺乳动物细胞不同,尽管重组酵母来源的完整抗体分子具有相同的抗体依赖型细胞毒性活力,但缺少补体依赖型的细胞毒性功能,因此酵母对生产重组抗体及抗体片段并非理想的表达系统。

虽然大肠杆菌由于缺少糖基化系统难以合成具有多重生物学效应的抗体完整分子,但在表达功能性 $F_V$、$F_{AB}$、$scF_V$ 片段方面却有着得天独厚的优势。重组大肠杆菌在发酵罐中可合成 450 mg/L 的 $F_V$ 片段以及 $1\sim2$ g/L 的二价重组人抗体片段,这一表达水平远远高于酵母和哺乳动物细胞,再加上重组大肠杆菌发酵周期短、发酵密度高及培养条件简单易于控制等优势,使得它成为重组人抗体片段大规模生产的首选表达系统。

### 3.6.3　产重组抗体片段大肠杆菌工程菌的构建

除 $scF_V$ 片段外,重组抗体片段($F_V$ 和 $F_{AB}$)工程菌构建的一个显著特点是必须考虑两条多肽链在表达后的重折叠。对于天然的 $F_V$ 片段而言,重链与轻链可变区的分子间重折叠主要依靠肽链氨基酸残基侧链基团的非共价键作用;而对于 $F_{AB}$ 片段以及人工引入半胱氨酸的 $F_V$ 变体来说,两条多肽链是由二硫键维系的,因此重组子的构建策略和程序与抗体片段的功能表达密切相关。

1. 重组抗体片段在大肠杆菌中的表达方式

与其他人体基因的表达策略相似,重组抗体片段表达产物在大肠杆菌中也有三种定位方式,即以包涵体的形式存在于胞质中、以可溶性或不溶性的蛋白形式存在于周质中、以膜融合蛋白的形式定位于细胞外表面上。三种表达方式均有各自的优缺点,但从总体上评价,将重组抗体表达产物分泌到周质中的方法最为理想。

以包涵体形式在大肠杆菌中表达重组抗体片段与表达其他重组蛋白质没有很大的区别,在受体菌株、表达载体以及工程菌培养工艺等方面也没有特殊要求。几乎所有的单价抗体片段(如 $F_{AB}$、$F_V$、$scF_V$)都可以这种方式高效表达,其表达率一般可达到 35%～40%。由于抗体片段的相对分子质量较小,且最多只有一个半胱氨酸,因此多聚体的集聚作用并不显著,这在某种程度上降低了包涵体的形成速率,同时也使得表达产物对蛋白酶较为敏感。重组抗体片段的体外重折叠与普通重组蛋白略有区别,对于 $F_{AB}$ 和含有半胱氨酸的 $F_V$ 变体片段而言,轻重链之间的重折叠和二硫键形成遵循另一种动力学模型。实验结果表明,在含有 $1\sim2$ mmol/L 还原型谷胱甘肽、$0.1\sim0.2$ mmol/L 氧化型谷胱甘肽以及 1 mol/L 精氨酸的碱性溶液中,抗体片段均可进行有效折叠,其中 $F_{AB}$ 片段的重折叠率一般在 10%～40%,而 $scF_V$ 片段的重折叠亦可达 10%～20%。

以分泌形式表达重组抗体片段具有许多优点,除了分泌产物 N 端不含多余的甲硫氨酸外,周质区域中的氧化环境为抗体片段的折叠也提供了良好的条件,各种类型的重组抗体片段均可在周质中形成具有抗原结合功能的最终产物。在大多数情况下,由于表达产物的分泌速率大于折叠速率,因此功能性抗体片段的形成速率主要取决于后者。当分泌速率远远大于折叠速率时,折叠中间产物得以积累,形成不溶性的周质形包涵体。与胞质型包涵体相同,周质型包涵体也需要体外重折叠操作才能转化成功能片段,因此任何能提高周质中蛋白折叠速率的因素理论上均可增加功能抗体片段的表达水平。分泌型表达的另一个优点是产物较为稳定。大肠杆菌中已被鉴定的蛋白酶共达 25 种之多,但周质中只存在 8 种。绝大多数的蛋白酶活性需要偏碱性条件,胞质中的 pH 一般维持在 $7.5\sim7.9$,有利于蛋白酶活性的发挥;而周质中的 pH 值更多地依赖于培养基的组成。由于小于 600 Da 的小分子可以透入外膜影响周质的 pH,因此在工程菌发酵过程中,将培养液 pH 控制在 $6.0\sim6.5$ 即可有效抑制周质中的蛋白酶活性。此外,低温和 $Zn^{2+}$ 的存在也能减少蛋白酶的降解作用。分泌型表达的唯一缺点是表达效率较低,装配强启动子或提高培养温度均于事无补,因为重组蛋白的翻译往往与分泌偶联在一起,分泌速率是产物表达速率的决定性因素。

将抗体片段与大肠杆菌外膜脂蛋白进行融合表达已有成功报道。对于 scF$_V$ 片段而言，每个大肠杆菌细胞表面能结合大约（5～10）万个融合蛋白分子。这种表达方法多用于抗体片段突变体的大规模筛选，利用特定抗原不经细胞裂解可直接进行免疫检测，从而快速获得期望的克隆菌。在抗体片段生产中，融合蛋白必须进行体外裂解，这为分离纯化带来很大负担，因而不是重组抗体片段生产的首选方法。

**2. 重组抗体片段的大肠杆菌表达载体**

用于重组抗体片段分泌型表达的最典型载体是 pIG 系列质粒，其组成元件如图 3-25 所示。它含有两个不同的复制子结构，一个来自 pUC 家族质粒，能产生较高的拷贝数，另一个来自 f1 噬菌体 DNA，在一定条件下重组质粒可进行选择性单链复制并分泌，便于克隆基因的定点突变操作。表达元件选用乳糖启动子及其操作子 $P/O_{lac}$，其诱导条件不受培养温度和细菌生理状态等因素的限制；转录终止子则来自大肠杆菌脂蛋白编码基因。pIG 质粒上的克隆位点为 EcoRV 和 EcoRI，上游的 XbaI 与 EcoRV 之间装有为信号肽编码的 A 盒序列，不同的 pIG 成员分别使用不同的信号肽，如大肠杆菌外膜蛋白 OmpA 和碱性磷酸单酯酶 PhoA 信号肽等。由于抗体片段的轻链和重链都必须含有信号肽，两种相同的信号肽编码序列同处于一个细胞中有可能发生同源重组，导致重组质粒的结构不稳定性，因此往往使用两种不同的信号肽编码序列。下游的 EcoRI 和 HindIII 之间装有 B 盒序列，它通常含有用于表达产物检测的标签序列、碱性磷酸单酯酶或噬菌体蛋白 III 的活性决定序列、用于表达产物亲和层析分离的寡聚组氨酸（His-tag）序列，或者用于表达二价迷你抗体的多肽二聚化元件等。A 盒和 B 盒具有多种功能模件，可根据不同抗体片段的表达需求方便地拼装。pIG 系列载体适用于表达各种类型的重组抗体片段，对于 F$_{AB}$ 和 F$_V$ 片段，可将轻链和重链编码序列以顺反子的形式克隆在同一个质粒上，两者共享一个启动子，但拥有各自的 SD 序列；对于 scF$_V$ 片段，则可在两个编码序列之间融合一段接头编码序列，使表达产物呈单一多肽链（图 3-26）。

**3. 抗体片段重组分子的构建程序**

抗体片段重组分子的构建包括轻链和重链编码序列的分离克隆、PCR 装配以及与载体质粒拼接三部分内容。抗体片段重链和轻链编码基因的分离方法主要采取 cDNA 法，从抗原激活的 B 淋巴细胞中提取总 mRNA，通过逆转录酶将之转化为 cDNA，然后用特异性引物分别 PCR 扩增轻链和重链编码序列。如果抗体序列未知，需选用合适的噬菌体载体构建 cDNA 文库，然后利用噬菌体展示技术以特定抗原分离阳性克隆。在大多数情况下，抗体片段轻链和重链编码序列中并没有合适的克隆位点，因此在与载体质粒拼接之前，必须借助 PCR 技术引入相应的限制性酶切位点。对于 scF$_V$ 片段的重组子构建，还需要将连接轻链和重链可变区的接头片段编码序列一并引入。由此可见，PCR 扩增在重组分子的构建过程中起着重要的作用。为了使抗体片段的两条链等分子地分泌到细菌周质中，轻链和重链的编码序列最好以顺反子的形式重组，以便同步控制两者的协同表达。采用双质粒系统或单一质粒双启动子结构往往会导致抗体轻重链的不等价表达（顺反子结构也可能出现两个阅读框架的不对等表达，但这种不对等性并不显著）。由于 F$_{AB}$ 和 F$_V$ 片段属于等分子折叠，所以多余合成的轻链或重链分子不但不能提高功能抗体片段的产率，而且还会抑制正确折叠并诱发重组质粒的不稳定性。

**4. 重组抗体片段表达产物的检测**

在重组抗体片段的结构研究以及规模化生产过程中，常常需要对表达产物进行定性和定量检测，而且要求检测方法灵敏快速，最好不依赖于抗体片段本身的性质。下列三种方法可以满足这些要求：

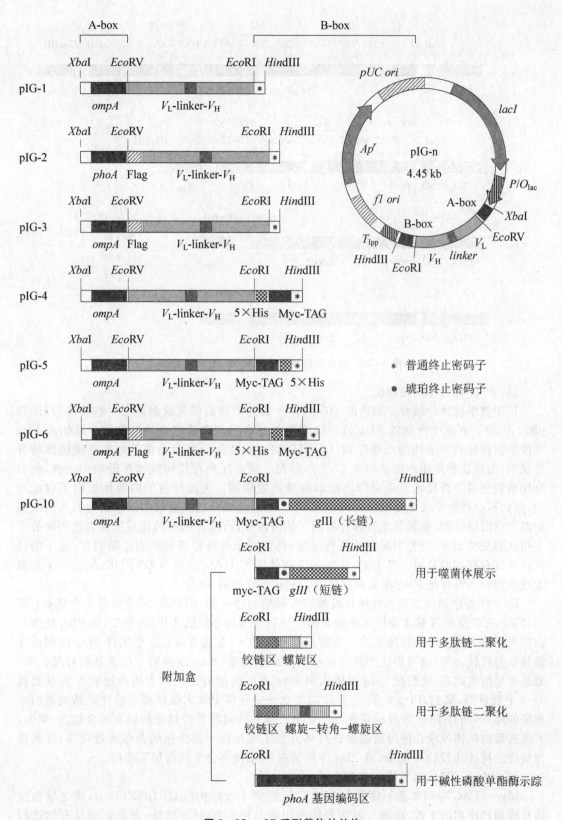

图 3－25 pIG 系列载体的结构

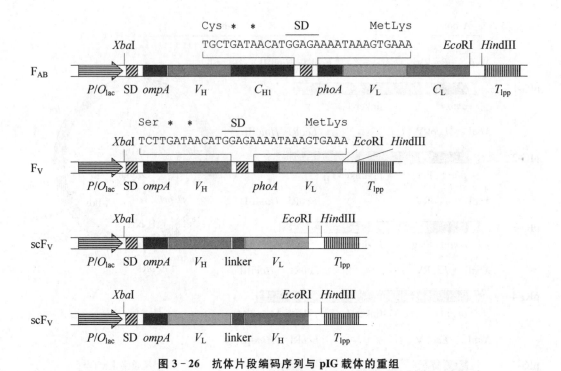

**图 3 - 26　抗体片段编码序列与 pIG 载体的重组**

（1）Flag 标签序列检测法

用于重组抗体片段分泌表达的 pIG 载体为表达产物的快速检测做了一些特殊设计,如 pIG2、pIG3、pIG6 中所含的 Flag 抗原决定簇就是专门用来检测表达产物的。原始的 Flag 肽段是强极性和可溶性的八肽序列(DYKDDDDK),能为一种商品化了的单克隆抗体特异性识别,而且这种作用严格依赖于 $Ca^{2+}$ 的存在。将此序列与任何抗体片段融为一体,便可利用酶联免疫分析技术或免疫印迹技术快速灵敏检测。大肠杆菌的内源性蛋白不含此序列,因此不会产生交叉免疫反应。Flag 序列 C 末端的四个氨基酸(DDDK)是为引入肠激酶切割位点而设计的,如果重组抗体片段用于体内治疗,Flag 序列在纯化后可从表达产物分子上用该酶完整卸下,以免引起免疫原性反应;然而对于体外检测和疾病诊断而言,这个酶切位点并没有存在的必要。事实上,装在 pIG 载体中的 HAG 序列为 DYKDE,最后一个谷氨酸残基的引入可使抗 Flag 单克隆抗体的识别敏感性提高 10 倍。

Flag 标签序列可以装在抗体片段编码区两端的任一处,但装在 N 端具有几个优点:第一,Flag 只有装在 N 端才能保证在肠激酶处理后获得纯净的抗体片段;第二,抗 Flag 抗体与该序列的结合程度严格依赖于第一位氨基酸残基的 α-氨基游离性。如果将 Flag 序列插在信号肽与抗体之间,则当表达产物分泌时信号肽被切除,Flag 序列第一位氨基酸残基的 α-氨基便呈游离状态,此时抗 Flag 抗体识别 Flag 序列的能力比位于表达产物的 C 末端要高 3~4 个数量级;第三,Flag 序列位于 N 端能在一定程度上抗大肠杆菌内源性氨基端蛋白水解酶的降解,而且 Flag 序列的存在并不影响抗体片段对特异性抗原的识别结合能力;第四,大多数重组抗体片段在使用前需要进行体外加工或连接一些生色酶及毒素蛋白等,这些操作均位于抗体片段的 C 末端,将 Flag 序列装在 N 端便不会干扰后加工程序。

（2）Myc - TAG 标签序列检测法

Myc - TAG 序列来源于癌蛋白 Myc C 末端的十肽结构(EQKLISEEDL),将之装在抗体片段编码序列的下游,则融合表达产物可用商品化的抗 Myc 抗体-过氧化酶复合物进行定性定量分析。该序列的存在一般不会导致抗体片段对特异性抗原亲和力的显著下降,而且它本身是人体蛋白序列,因此使用前无须切除。

（3）靶蛋白检测法

由于大多数抗体片段需与其他生色酶或细菌毒素等靶蛋白融合后才能使用,因此直接表达这种融合蛋白并利用靶蛋白序列或功能特征进行检测是一种更为简捷的方法。然而这种方法只适用于 $scF_V$ 抗体片段,对于 $F_{AB}$ 和 $F_V$ 双链片段而言,靶蛋白与轻链或重链融合往往会严重干扰两条多肽链的折叠。

### 3.6.4　重组抗体及其片段表达产物的分离纯化

重组抗体及其片段的分离纯化相对其他重组蛋白来说较为简单,理想的纯化方法可从重组大肠杆菌蛋白粗提液中一步获得足够纯度的抗体产物,因此纯化方法的合理选择尤为重要。重组抗体及其片段的纯化大体上可选用下列几种方法:

（1）细菌亲和层析法。有些细菌能合成特异性识别并结合高等哺乳动物免疫球蛋白的蛋白质,如蛋白 A、B、G 和 L,其结合位点主要位于抗体分子的恒定区,只有极少数存在于可变区内,因此这种方法较适用于分离重组抗体完整分子以及单价和双价 $F_{AB}$ 片段,但对 $F_V$ 或 $scF_V$ 片段的分离无效。

（2）抗体亲和层析法。以融合蛋白形式表达的抗体片段常可根据靶蛋白的特性选择合适的抗体亲和层析柱进行分离。目前常用的靶蛋白如碱性磷酸单酯酶、过氧化物酶以及一些毒素蛋白等均有相应的商品化抗体亲和层析介质,但是如果大肠杆菌本身也能合成这种靶蛋白或靶蛋白的同源蛋白,则这种方法的特异性就会受到影响。为了克服这一困难,pIG 载体中的 Flag 和 Myc - TAG 标签序列也可作为抗 Flag 抗体和抗 Myc - TAG 抗体的靶序列,含有这些序列的融合蛋白可经相应的抗体亲和层析柱进行分离。但是上述抗体价格昂贵,一般只用于实验室规模。

（3）抗原亲和层析法。如果与重组抗体或抗体片段相对应的特异性抗原容易获得,那么利用这种抗原亲和层析柱分离表达产物是最佳选择,因为它不仅具有很高的选择性,而且还能从任何非正确折叠的蛋白混合物中快速分离目标抗体或抗体片段。在半抗原亲和层析过程中,分离产物通常需要用可溶性半抗原在非常温和的条件下进行洗脱。然而对于一些具有危害性的抗原(如肿瘤抗原等),一般不宜采取这种方法分离用于体内的抗体片段。

（4）配体亲和层柱法。早期用于分离完整抗体分子的磷酸胆碱亲和层析柱也可直接用来从大肠杆菌蛋白粗提液中纯化重组 $F_{AB}$、$F_V$、$scF_V$ 片段以及各种二价迷你抗体,其前提条件是所有的重组抗体片段必须具有良好的折叠结构。此外,在一些 pIG 载体上安装的 His - tag 标签序列是专门为表达产物的配体亲和层析纯化工艺而设计的。多肽链中的组氨酸残基能与多种二价重金属离子配合,一级序列中组氨酸残基分布集中的蛋白质理论上均可用二价重金属离子亲和层析柱进行分离,其最佳分离效果在很大程度上取决于金属离子与洗脱剂的搭配,例如 $Zn^{2+}$ 柱常用二乙酸亚胺溶液洗脱,而 $Ni^{2+}$ 柱则需用咪唑或三乙酸腈溶液洗脱。由于重金属离子亲和层析介质价格低廉,因此这种方法更适用于重组抗体片段的大规模生产。

# 第4章 原核细菌基因工程

随着原核生物分子遗传学研究的不断深入,大肠杆菌以外的其他原核细菌也被广泛地用作 DNA 重组和基因表达的受体细胞,其中一部分细菌还弥补了大肠杆菌在外源基因表达过程中暴露出来的缺陷。例如,芽孢杆菌的分泌系统为真核生物基因的功能表达提供了良好条件。此外,一些小分子生化物质代谢途径的基因工程日益受到人们的重视,利用 DNA 重组技术改良氨基酸、抗生素、有机酸醇的生产菌具有重要的经济价值,而在此过程中,棒状杆菌、链霉菌和梭菌则分别是重要的受体系统。

## 4.1 芽孢杆菌基因工程

芽孢杆菌(*Bacillus*)是革兰氏阳性菌的一个属,该属的几个种如枯草芽孢杆菌(*Bacillus subtilis*)、短小芽孢杆菌(*Bacillus brevis*)、巨大芽孢杆菌(*Bacillus megaterium*)等已被开发成为具有广泛应用前景的表达系统,其原因是:① 它们能将蛋白表达产物高效分泌到培养基中,而且在多数情况下,真核生物的异源重组蛋白经芽孢杆菌分泌后便具有天然构象和生物活性;② 许多芽孢杆菌在传统发酵工业中的应用已有几十年的历史,它们无致病性,不产生内毒素,属于安全的基因工程受体(GRAS);③ 芽孢杆菌属的分子遗传学背景较为清楚,生长迅速,培养条件简单。枯草芽孢杆菌、地衣芽孢杆菌(*Bacillus licheniformis*)、解淀粉芽孢杆菌(*Bacillus amyloliquefaciens*)的全基因组已被先后测序,大部分基因的功能也得以鉴定。许多芽孢杆菌自身的特殊功能蛋白和酶类已借助于基因工程技术得以开发并形成规模化生产能力,其中包括解淀粉芽孢杆菌中的淀粉酶、嗜热脂肪芽孢杆菌(*Bacillus stereothermophilus*)中的高温脂肪酶、苏云金芽孢杆菌(*Bacillus thuringiensis*)中的昆虫专一性毒素蛋白以及其他芽孢杆菌来源的各种蛋白酶、葡聚糖酶、木聚糖酶、青霉素酰化酶等。此外,能高效分泌表达人干扰素和白细胞介素等药物的芽孢杆菌工程菌也已构建成功。总之,芽孢杆菌有望成为与大肠杆菌并驾齐驱的原核生物基因工程操作平台。

### 4.1.1 芽孢杆菌的载体克隆系统

目前广泛用于芽孢杆菌基因克隆和表达的载体可分为自主复制型质粒、整合型质粒、噬菌体载体三大类。

#### 1. 芽孢杆菌的自主复制型质粒

用于芽孢杆菌的自主复制型质粒包含野生型质粒和人工构建的质粒(表 4-1)。野生型质粒中具有实用价值的大都来自金黄色葡萄球菌(*Staphylococcus aureus*)和短小芽孢杆菌(如 pWT481)。最早从金黄色葡萄球菌中分离鉴定的四种野生型质粒能在芽孢杆菌(至少枯草芽孢杆菌)中交叉复制,且它们的复制子结构和选择性标记基因各不相同。其中,pUB110 在枯草芽孢杆菌中的复制启动过程是在细胞膜上进行的,受体细胞中的基因(*dna*BI)产物为质粒的复制启动和膜结合活性所必需,每个细胞拥有 30~50 个拷贝。pUB110 的基因组织和物理图谱如图 4-1 所示,其中 BA 为膜结合位点,复制子结构序列位于 BA2 区域,整个质粒具有五个开放阅读框架,分别编码卡那霉素/新霉素抗性和 $\alpha$、$\beta$、$\gamma$、$\delta$ 蛋白,后三种蛋白与质粒的复制无关,而蛋白 $\alpha$ 则具有与细胞膜和质粒复制子特异性结合的能力。pC194 编码氯霉素抗性,在每个细胞中能维持 15 个拷贝;pE194 赋予受体细胞大环内酯-林可酰胺-链阳霉素B(MLS)类抗生素的抗性,其拷贝数大约为 10,且呈温度敏感性复制,在枯草芽孢杆菌中 45℃ 以上便不复制;pT181 类似于很多其他的四环素抗性质粒,拷贝数大约 20 个。上述野生型质粒均呈滚环模式复制,拷贝数较高,因而可直接作为基因克隆的载体,但更重要的是以其复制子和选择性标记基因为蓝本构建性能多样化的穿梭载体、表达载体和分泌载体。芽孢杆菌自身所含的野生型质粒大都属于隐蔽型质粒(无选择性标记或表型),因而开发应用受到限制。

含金黄色葡萄球菌野生型复制子的载体质粒在枯草芽孢杆菌中虽然拷贝数较高,但不稳定。一般来说,高拷贝质粒分配不稳定

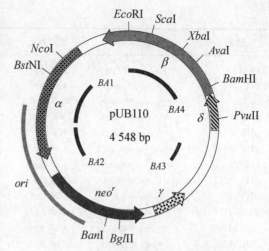

图 4-1　金黄色葡萄球菌野生型质粒 pUB110 图谱

性的一个重要原因是它们倾向于形成多聚体(尤其是滚环式复制的质粒)。控制质粒拷贝数的机制能确保每条染色体平均拥有相同的复制起始位点,因此多聚体形式的质粒在拥有相同数目复制起始位点的前提下,分子数自然会少,随着细胞分裂循环次数的增加,质粒在各细胞中的差异性会逐步扩大。高拷贝质粒的结构不稳定性往往由错误的复制终止以及异常的缺刻封闭事件(由质粒编码的复制蛋白介导)所致。质粒结构缺失形成的另一重要来源是由滚环式复制过程中出现的单链 DNA 中间产物内短小正向重复序列之间的重组,此时 9 bp(甚至更短)的正向重复序列足以形成缺失重组。有时,虽然载体本身是稳定的,但克隆的 DNA 片段有可能引入正向重复序列,即一个重复序列位于载体上,另一个则来自插入片段,同样会引发单链重组。相反,以 θ 模式复制的低拷贝质粒往往较为稳定,如来自粪肠球菌(*Enterococcus faecalis*)的广宿主质粒 pAMβ1、枯草芽孢杆菌的野生型质粒 pLS20、pBS72 以及嗜热脂肪芽孢杆菌的 pTB19,其拷贝数均只有寥寥数个,但即使在无选择压力下也很少会丢失。为了便于制备纯化,这些野生型质粒均被开发成穿梭载体(表 4-1)。

表 4-1　用于芽孢杆菌基因克隆和表达的自主复制型质粒

| 质粒名称 | 来源/ori | 选择标记 | 大小/kb | 载体类型 | 开发年份 |
|---|---|---|---|---|---|
| pUB110 | *S. aureus* | $Km^r$ | 4.55 | 野生型质粒 | 1974 |
| pC194 | *S. aureus* | $Cm^r$ | 2.91 | 野生型质粒 | 1978 |
| pE194 | *S. aureus* | $Em^r$ | 3.73 | 野生型质粒 | 1976 |
| pT181 | *S. aureus* | $Tc^r$ | 4.50 | 野生型质粒 | 1976 |
| pAMβ1 | *E. faecalis* | $Em^r$ | 26.50 | 野生型质粒 | 1974 |
| pTA1015 | *B. subtilis* | — | 5.80 | 野生型质粒 | 1998 |
| pTA1060 | *B. subtilis* | — | 8.60 | 野生型质粒 | 1980 |
| pBS72 | *B. subtilis* | — | 90 | 野生型质粒 | 2003 |
| pLS20 | *B. subtilis* | — | 5.30 | 野生型质粒 | 1977 |
| pLS32 | *B. subtilis* | — | 70 | 野生型质粒 | 1998 |
| pTB19 | *B. stearothermophilus* | $Tc^r\,Km^r$ | 26 | 野生型质粒 | 1981 |
| pWT481 | *B. brevis* | — | 2.50 | 野生型质粒 | 1985 |
| pHY481 | $ori_{pWT481}$ | $Em^r$ | 3.70 | 克隆质粒 | 1985 |
| pHY500 | $ori_{pWT481}$ | $Em^r$ | 5.20 | 分泌质粒 $P_{cwp}$ | 1989 |
| pNU210 | $ori_{pUB110}$ | $Em^r$ | 4.40 | 分泌质粒 $P_{cwp}$ | 1989 |
| pEB10 | $ori_{pUB110}\,ori_{pBR322}$ | $Km^r\,Ap^r$ | 8.90 | 克隆质粒 | 1988 |

续表

| 质粒名称 | 来源/ori | 选择标记 | 大小/kb | 载体类型 | 开发年份 |
|---|---|---|---|---|---|
| pE18 | $ori_{pE194cop6}$ $ori_{pUC18}$ | $Em^r Ap^r$ | 3.80 | 克隆质粒 | 1998 |
| pHV14 | $ori_{pC194}$ $ori_{pBR322}$ | $Cm^r Ap^r$ | 4.60 | 克隆质粒 | 1978 |
| pLB5 | $ori_{pUB110}$ $ori_{pBR322}$ | $Cm^r Km^r Ap^r$ | 5.80 | 克隆质粒 | 1985 |
| pUB18 | $ori_{pUB110}$ $ori_{pUC18}$ | $Km^r Ap^r$ | 3.60 | 克隆质粒 | 1988 |
| pUB19 | $ori_{pUB110}$ $ori_{pUC18}$ | $Km^r Ap^r$ | 3.30 | 克隆质粒 | 1999 |
| pHPS9 | $ori_{pTA1060}$ $ori_{pBR322}$ | $Cm^r Em^r$ | 5.60 | 克隆质粒 | 1990 |
| pHP13 | $ori_{pTA1060}$ $ori_{pBR322}$ | $Cm^r Em^r$ | 4.90 | 克隆质粒 | 1987 |
| pHV1431/2 | $ori_{pAM\beta1}$ $ori_{pBR322}$ | $Em^r Ap^r$ | | 克隆质粒 | 1990 |
| pHV1436 | $ori_{pTB19}$ $ori_{pBR322}$ | $Tc^r Km^r Ap^r$ | | 克隆质粒 | 1990 |
| pTRKH2 | $ori_{pAM\beta1}$ $ori_{p15A}$ | $Em^r Ap^r$ | | 克隆质粒 | 1993 |
| pMTLBS72 | $ori_{pBS72}$ $ori_{pBR322}$ | $Cm^r Ap^r$ | 5.80 | 克隆质粒 | 2003 |
| pHCMC02 | $ori_{pBS72}$ $ori_{pBR322}$ | $Cm^r Ap^r$ | 6.87 | 表达质粒 $P_{lepA}$ | 2005 |
| pHCMC03 | $ori_{pBS72}$ $ori_{pBR322}$ | $Cm^r Ap^r$ | 6.96 | 表达质粒 $P_{gsiB}$ | 2005 |
| pHCMC04 | $ori_{pBS72}$ $ori_{pBR322}$ | $Cm^r Ap^r$ | 8.09 | 表达质粒 $P_{xylA}$ | 2005 |
| pHCMC05 | $ori_{pBS72}$ $ori_{pBR322}$ | $Cm^r Ap^r$ | 8.32 | 表达质粒 $P_{spac}$ | 2005 |
| pHT01 | $ori_{pBS72}$ $ori_{pBR322}$ | $Cm^r Ap^r$ | 7.96 | 表达质粒 $P_{grac}$ | 2007 |
| pHT43 | $ori_{pBS72}$ $ori_{pBR322}$ | $Cm^r Ap^r$ | 8.17 | 分泌质粒 $P_{groE}$ | 2007 |
| pBSMuL1 | $ori_{pUB110}$ $ori_{pBR322}$ | $Km^r Ap^r$ | 7.49 | 分泌质粒 $P_{HapII}$ | 2006 |
| pBSMuL2 | $ori_{pUB110}$ $ori_{pBR322}$ | $Km^r Ap^r$ | 7.56 | $P_{HapII}P_{59}$ | 2006 |
| pLIKE - rep | $ori_{pTA1030}$ $ori_{pBR322}$ | $Em^r Ap^r$ | 6.67 | 表达质粒 $P_{liaI}$ | 2012 |

注：$Ap^r$—氨苄青霉素抗性基因；$Cm^r$—氯霉素抗性基因；$Em^r$—红霉素抗性基因；$Km^r$—卡那霉素抗性基因；$Tc^r$—四环素抗性基因。

## 2. 芽孢杆菌的整合型质粒

避免重组质粒在芽孢杆菌中遗传不稳定的另一种策略是使用能异位插入受体细胞染色体 DNA 上的整合型载体，它们通常随染色体 DNA 的复制而复制，拷贝数与受体细菌染色体相同。因此在大多数情形中，整合型载体通常基于大肠杆菌的复制子（如 pBR322 或其衍生质粒，不能为芽孢杆菌的 DNA 复制机器所识别）而构建，同时含有合适的选择性标记基因以及与芽孢杆菌染色体同源的 DNA 序列。然而，如果芽孢杆菌染色体上事先或事后整合了一个能复制的质粒（如 pE194），那么没有复制能力的整合型质粒同样会增加拷贝数。芽孢杆菌整合型质粒最常见的整合位点是编码 α-淀粉酶的基因位点 amyE。广泛使用的重要整合型载体列在表 4 - 2 中。

表 4 - 2　用于芽孢杆菌基因克隆和表达的几种整合型载体

| 载 体 名 称 | 同源序列 | 基 因 功 能 | 构建年份 |
|---|---|---|---|
| pDH32 | amyE | α-淀粉酶编码基因 | 1986 |
| pDG271 | amyE | α-淀粉酶编码基因 | 1990 |
| pDL，pDK | amyE | α-淀粉酶编码基因 | 1995 |
| pMLK83 | amyE | α-淀粉酶编码基因 | 1995 |
| pDG1661，pDG1661，pDG1728 | amyE | α-淀粉酶编码基因 | 1996 |
| pDG1663，pDG1664，pDG1729，pDG1731 | trpC | 色氨酸生物合成基因 | 1996 |
| pAX01，pA - spac | lacA | β-半乳糖苷酶 | 2001 |
| pPyr - Cm，pPyr - Kan | pyrD | 嘧啶生物合成基因 | 2004 |
| pGlt - Cm，pGlt - Kan | gltA | 谷氨酸生物合成基因 | 2004 |
| pSac - Cm，pSac - Kan | sacA | 蔗糖 6 -果糖基转移酶编码基因 | 2004 |

3. 芽孢杆菌的噬菌体载体

除了上述质粒载体外，以枯草芽孢杆菌两种温和型噬菌体 $\phi$105 和 SPβ 的基因组 DNA 为蓝本的一系列克隆表达载体也具有很高的实用性。$\phi$105 与大肠杆菌的 λ 噬菌体很相似，其基因组为 39.2 kb 的线状双链 DNA，两端各有一段单链黏性末端($5'$ - GCGCTCC - $3'$)，但 SPβ 的基因组则大得多(120 kb)。在 $\phi$105 - DNA 中缺失 4 kb 的非必需区，并在不同位点引入多个限制性酶识别位点，即可构建出 J 系列的克隆载体(图 4 - 2)。其中，$\phi$105J27 载体含有突变的 *tsi* 位点，该位点能使 $\phi$105J27 在温度诱导的条件下由溶原状态转换至溶菌状态，便于噬菌体 DNA 的制备及重组子的筛选。此外，以 $\phi$105MU209 和 $\phi$105MU331 为代表

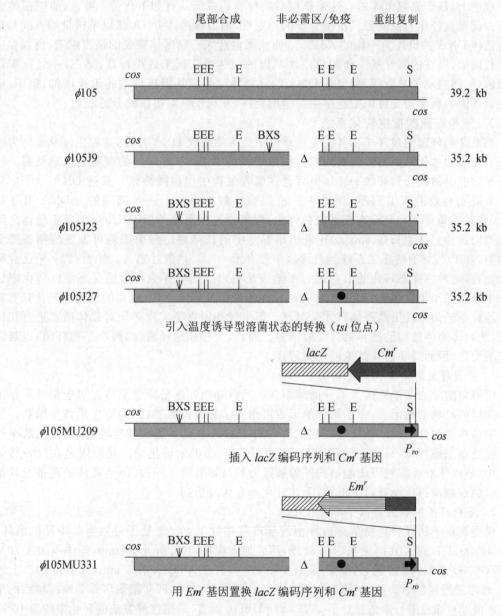

B：*Bam*HI；E：*Eco*RI；S：*Sal*I；X：*Xba*I。

图 4 - 2　枯草芽孢杆菌噬菌体 $\phi$105 系列载体图谱

的表达型 $\phi105-MU$ 系列载体含有来自大肠杆菌的氯霉素抗性基因以及噬菌体自身的启动子（$P_{ro}$），它为外源基因的表达提供了合适的转录起始元件，同时还能防止宿主细胞的裂解。

采用 $\phi105$ 载体克隆外源 DNA 片段有两种策略：直接感染法和原噬菌体转化法。在前者中，将待克隆的 DNA 片段直接与 $\phi105$ 载体连接后，经体外包装转染枯草芽孢杆菌细胞；原噬菌体转化法发挥枯草芽孢杆菌能有效转化线形 DNA 片段的优势，外源 DNA 片段与载体 DNA 连接后，直接转化进事先含有 $\phi105$ 原噬菌体的宿主细胞中，然后两者发生同源重组。

理论上，基于原噬菌体的表达系统相对质粒表达系统具有如下优势：第一，原噬菌体无需人为设置选择压力便能提供重组分子的稳定性，因为噬菌体 DNA 是以单拷贝的方式与宿主染色体 DNA 共价连为一体的；第二，溶原状态也意味着噬菌体转录的强烈阻遏，所以在宿主生长期间，潜在的毒性基因和非稳定性基因的表达可降低至最小程度；第三，一旦原噬菌体被诱导，强启动子被激活，噬菌体 DNA 的复制导致外源基因拷贝数的迅速增加；第四，借助关键基因的删除突变可以防止宿主细胞的裂解，有利于重组蛋白的分泌表达。

### 4.1.2 芽孢杆菌的宿主转化系统

枯草芽孢杆菌的很多株在某些生理条件下能天然吸收 DNA 片段，这种生理状态称为感受态。在对数生长结束前短暂时间内的细菌培养物中，最多有 20% 的细胞会呈感受态。感受态细胞能吸纳线形和环状 DNA，但后者在吸收过程中也被线性化。双链 DNA 分子中只有一条链能有效进入细胞质，而另一条链则被核酸酶降解。进入细胞的 ssDNA 可通过 RecA 依赖性重组途径整合在细菌染色体中，但整合过程需要外源 DNA 与细菌染色体之间的序列同源性。从生长在 Spizizzen 最小培养基中的枯草芽孢杆菌细胞可方便地制备感受态细胞，含 15% 甘油的感受态细胞悬浮液可贮存于 $-80℃$ 达数月之久。然而，就鸟枪法克隆实验而言，这种感受态转化的效率远远不能满足要求。枯草芽孢杆菌感受态细胞转化率低的根本原因在于单聚体质粒 DNA 转化枯草芽孢杆菌几乎无活性，成功的感受态转化只有在供体质粒呈三聚体或更高聚体时才会出现。但常规基因克隆实验必须对载体质粒进行切接操作，此时多聚体结构已被释放且难以回复。而且，有些芽孢杆菌（如短小芽孢杆菌）也难以形成感受态，因此需要建立其他的转化程序。

#### 1. 芽孢杆菌的原生质体转化法

用溶菌酶除去芽孢杆菌大部分的细胞壁可从营养细胞制备原生质体。对于像枯草芽孢杆菌这样的杆状细胞而言，原生质体的形成可用光学显微镜监视，因为原生质体呈球状。实验证明枯草芽孢杆菌的原生质体在聚乙二醇（PEG）的存在下能被质粒转化，且转化效率远高于感受态细胞转化，每微克超螺旋 DNA 可获得 $4\times10^7$ 个转化子。其原因是在这种转化程序中，单聚体双链质粒因细胞壁的屏障解除而较易被吸纳。不过，原生质体的制备尤其是转化后的细胞壁再生既耗时又低效，上述转化率会大打折扣。

#### 2. 芽孢杆菌的碱金属离子诱导转化法

碱金属离子诱导转化枯草芽孢杆菌的标准程序如下：收集处于对数生长中期的菌体，先用 4.1 mol/L 的 KCl 溶液在 30℃ 处理，然后加入质粒，30℃ 静止 30 min，等体积加入 70% 的 PEG6000 溶液，缓慢混合，30℃ 保温 10 min，再置于 42℃ 水浴 5 min，30℃ 冷却。上述 PEG 悬浮液经稀释后离心收获细菌，用新鲜培养基悬浮，并在 37℃ 振荡培养 2 h，扩增后的细菌培养液即可涂板进行筛选。对于 pC194 和 pUB110 而言，采用这种方法的转化率约为 $10^3\sim10^4$ 个/$\mu$g DNA。在所有的稀土金属离子中，只有达到饱和浓度的 $K^+$ 和 $Cs^+$ 有效，其转化率在质量为 $1\sim10$ $\mu$g 时与 DNA 量成正比，受体细胞在浓度为 $5\times10^7$ 个/mL 时转化率最高，低于或高于这个密度转化率会下降 10 倍左右。这种方法的最大特点是线形质粒分子转化率虽然较环状分子低,但明显高于用线形染色体 DNA 转化感受态细胞(表 4-3)。但对于感受态转化而言,情况正好相反,也就是说,稀土金属离子转化法能特异性地转化质粒 DNA。

表 4-3　不同结构的 DNA 对芽孢杆菌转化效率的影响

| DNA | 碱金属转化 | 感受态转化 | 选择性标记 |
|---|---|---|---|
| 多聚体 pC194 | $5.8 \times 10^4$ | $6.4 \times 10^3$ | $Cm^r$ |
| 单体 pC194 | $8.6 \times 10^4$ | $<1.0 \times 10^2$ | $Cm^r$ |
| 线形 pC194 | $1.2 \times 10^4$ | $<1.0 \times 10^2$ | $Cm^r$ |
| *B. subtilis* MI115 染色体 DNA | $<1.0 \times 10^2$ [①] | $1.0 \times 10^4$ [①] | $Trp^+$ |
| | $<1.0 \times 10^2$ [②] | $7.4 \times 10^4$ [②] | $Arg^+$ |
| *B. subtilis* 168 染色体 DNA | $<1.0 \times 10^2$ [③] | $8.5 \times 10^4$ [③] | $Arg^+$ |

注:将氨基酸加入基本培养基(μg/mL)。其中,① Arg + Leu;② Trp + Leu;③ Trp。

3. 芽孢杆菌的电击转化法

电击转化法(也称电穿孔转化)是一种简便且广泛用于各细菌物种(也包括真核细胞)的转化程序,该技术采用电脉冲处理细胞,导致细胞壁微裂以及细胞膜渗透壁垒的暂时性崩溃,进而促进 DNA 的转入,通常革兰氏阳性菌的转化效率低于革兰氏阴性菌。对于枯草芽孢杆菌和短小芽孢杆菌而言,这种方法的转化率大多为 $10^4 \sim 10^6 / \mu g$ DNA,与原生质体转化法大致相同,但比稀土金属离子转化法的效率要高 100 倍以上。当大小范围在 $2.9 \sim 12.6$ kb 的质粒 DNA 电击转化进入枯草芽孢杆菌菌株中,转化率随着 DNA 尺寸的增加而递减。但即使 12.6 kb 大小的质粒,转化率也能达到 $2.0 \times 10^3$ 个$/\mu g$ DNA。然而,电穿孔法的操作条件对转化率影响很大,因此最佳条件的建立非常重要。

影响电穿孔转化率的几个主要因素包括 PEG 浓度、电场强度、渗透剂(甘露醇、山梨醇、蔗糖、甘油)浓度(一般取等渗浓度)、细菌密度以及质粒浓度等,但这些条件的最优化因菌种和所使用的质粒性质而异。对于 pC194 转化枯草芽孢杆菌 NB22 株来说,最佳的电穿孔转化程序如下:收集处于对数生长中期的菌体,用 4℃预冷的 1 mmol/L HEPES($N$-2-羟甲基哌嗪-$N'$-乙烷磺酸)无菌缓冲液(pH 7.0)洗涤两次,然后再用冰冷的转化溶液(25% PEG6000 和 0.1 mol/L 甘露醇)洗涤一次,以相同溶液将菌体悬浮并定容至细胞密度为 $10^{10} \sim 10^{11}$ 个/mL,4℃保温 10 min。在 40 μL 这种细胞悬浮液中加入小于 5 μL 的质粒溶液,取 20 μL 的混合液于电穿孔仪的样品池中,然后施加单一电脉冲(2.5 kV 电压,2 μF 电容,4 kΩ 电阻)。脉冲结束后 2~3 min 内,取 10 μL 处理液与 0.5 mL 新鲜培养基混合,于 37℃培养 3 h,培养液即可用于涂板筛选。

4. 芽孢杆菌的接合转化法

将重组质粒从大肠杆菌向各种革兰氏阳性菌包括枯草芽孢杆菌中接合转移,需要使用专门的载体。原型载体 pAT187 由 pBR322 和 pAMβ1 的复制起始位点、已知能在大肠杆菌和枯草芽孢杆菌中表达的卡那霉素抗性基因、IncP 质粒 RK2 转移的起始位点构成。pAT187 可通过滤膜交配的方式从染色体上整合了 RK2 的大肠杆菌 SM10 株成功转移至枯草芽孢杆菌细胞中,其接合频率大约为 $3 \times 10^{-7}$。另一个可转移载体 pTCV-$lac$ 携带 pACYC184 的复制起始位点以及一个无启动子的 $lacZ$ 基因,可以用来筛选克隆启动子元件或进行转录分析。

### 4.1.3　芽孢杆菌的基因表达系统

1. 用于基因转录的芽孢杆菌启动子

芽孢杆菌含有比大肠杆菌更多的 σ 因子,它们分别识别不同的启动子序列。在枯草芽孢杆菌中,已经鉴定的 σ 因子约有 10 种,其中 $\sigma^{43}$($\sigma^A$)与大肠杆菌中的 $\sigma^{70}$ 同源,并且两种 σ

因子对两种细菌的启动子具有交叉可识别性,枯草芽孢杆菌被 $\sigma^A$ 识别的启动子也具有相似的 $-35$ 区和 $-10$ 区特征序列。许多大肠杆菌及其杆状噬菌体来源的启动子在枯草芽孢杆菌中的转录启动效率甚至比枯草芽孢杆菌的自身启动子还要高。然而,枯草芽孢杆菌众多 $\sigma$ 因子的表达与菌体生长周期及生理条件密切相关。例如, $\sigma^A$ 只在细菌进入对数生长期时才合成,由其装配而成的 RNA 聚合酶只能作用于对数生长期中表达的基因启动子。因此,外源型大肠杆菌启动子(即为 $\sigma^{70}$ 所特异性识别的启动子)能在枯草芽孢杆菌中发挥功能,但其最佳表达受到枯草芽孢杆菌生长周期的严格限制。

与大肠杆菌相似,芽孢杆菌的表达质粒也应具有外源基因表达的可控制性。根据诱导机制和条件的不同,芽孢杆菌用于介导外源基因转录的启动子可分为诱导剂特异型启动子、生长期特异型启动子、自诱导特异型启动子(压力诱导型)三大类(表 4-4),分述如下:

表 4-4 用于芽孢杆菌基因表达的主要启动子

| 启动子类型 | 启动子名称 | 所属基因 | 调控区性质 | 诱导条件 |
| --- | --- | --- | --- | --- |
| 诱导剂特异型启动子 | $P_{spac}$ | 噬菌体 SPO-1 基因 | 大肠杆菌 $O_{lac}$ | IPTG |
| | $P_{grac}$ | 热休克操纵子 $groESL$ | 大肠杆菌 $O_{lac}$,$gsiB-SD$ | IPTG |
| | $P_{xylA}$ | 木糖异构酶基因 | 大肠杆菌 $O_{tet}$ | 四环素 |
| | | | 芽孢杆菌 $O_{xylA}$ | 木糖 |
| | $P_{citM}$ | 柠檬酸转运子基因 | 芽孢杆菌 $cre$ 元件 | 柠檬酸 |
| | $P_{sacB}$ | 蔗糖 6-果糖基转移酶基因 | 芽孢杆菌 $sacB$ 前导序列 | 蔗糖 |
| | $P_{gcv}$ | 甘氨酸降解基因 | 芽孢杆菌 $gcv$ 核糖开关 | 甘氨酸 |
| | $P_{liaI}$ | 细胞包膜压力响应基因 | LiaR/LiaS 双组分系统 | 杆菌肽 |
| 生长期特异型启动子 | $P_{rpsF}$ | 核糖体蛋白 S6 基因 | 受控于 $\sigma^A$ 因子 | 对数生长全程 |
| | $P_{aprE}$ | 枯草杆菌蛋白酶基因 | 受控于 $\sigma^A$ 因子 | 对数生长晚期 |
| | $P_{spaS}$ | 枯草菌素靶基因 SURE | 芽孢杆菌 $spa$ 元件 | 对数生长晚期 |
| | $P_{cwp}$ | 短小芽孢菌细胞壁蛋白基因 | | 静止期 |
| 自诱导特异型启动子 | $P_{pst}$ | 磷酸传递响应基因 | PhoP/PhoR 双组分系统 | 磷酸饥饿 |
| | $P_{phoD}$ | 磷酸传递响应基因 | PhoP/PhoR 双组分系统 | 磷酸饥饿 |
| | $P_{gsiB}$ | 基本压力蛋白基因 | 受控于 $\sigma^B$ 因子 | 热休克/乙醇 |
| | $P_{lysC}$ | 天冬氨酸激酶 II $\alpha$ 亚基因 | 芽孢杆菌 $lysC$ 核糖开关 | 赖氨酸饥饿 |
| | $P_{des}$ | 脂肪酸去饱和酶基因 | DesK/DesR 双组分系统 | 25℃低温 |

(1) 诱导剂特异型启动子

诱导剂特异型启动子种类繁多,应用范围也最广。枯草芽孢杆菌的第一个诱导型启动子系统是安装在 pHCMC05 等表达载体上的 $P_{spac}$,由枯草芽孢杆菌噬菌体 SPO-1 的一个启动子与大肠杆菌的 $lac$ 操作子杂合而成,与之配套的受体细胞必须重组表达大肠杆菌来源的阻遏蛋白 LacI。这一阻遏蛋白编码基因 $lacI$ 或事先整合在受体细胞的染色体上,或克隆在表达载体上,例如一个质粒携带组成型表达的 $lacI$ 基因(pREP4);另一个相容性质粒安装强启动子 $P_{N25}$ 与 $lac$ 操作子的融合序列(p602/22)。上述需用 IPTG 为诱导剂的表达系统有下列缺点: ① IPTG 价格不菲且有毒性,不适合大规模发酵;② $P_{spac}$ 启动子的强度不足以支持大规模重组蛋白的生产;③ 启动子的控制欠严密,即使不添加诱导剂重组蛋白也会少量渗漏表达。第一个缺点可通过引入大肠杆菌编码乳糖渗透酶的基因 $lacY$ 以及编码 $\beta$-半乳糖苷酶的 $lacZ$ 突变版本加以解决,后者可将乳糖转换成异乳糖,而异乳糖在枯草芽孢杆菌中难以进一步分解代谢,这样便可使用较为廉价且无毒的乳糖作为诱导剂。后两个有缺点的解决方案是选用改造过的 $P_{grac}$ 启动子,它不但转录效率高,而且 IPTG 的诱导渗漏比高达 1 300。

第二个诱导型启动子系统基于木糖作为诱导剂。细菌参与木糖降解的基因处于 $xylR$

基因编码的 XylR 阻遏蛋白负调控之下,因而芽孢杆菌木糖异构酶编码基因 $xylA$ 所属的 $P/O_{xylA}$ 系统(安装在 pHCMC04 等表达载体上)便能为木糖所诱导,其诱导渗漏比值为 200。不过,该系统对葡萄糖代谢物的阻遏效应呈敏感型,即在葡萄糖存在时木糖的诱导效果欠佳。

第三个诱导型启动子系统采用柠檬酸作为诱导剂。枯草芽孢杆菌的 $citM$ 基因编码 Mg-柠檬酸复合物的次级转运子,并处于 CitST 双组分信号转导系统的正调控以及阻遏蛋白 CcpA 与其结合元件 $cre$ 的负调控之下。加入 2 mmol/L 的柠檬酸可诱导含 $cre$ 元件的启动子 $P_{citM}$ 启动下游基因的转录。

第四个可诱导启动子系统由枯草芽孢杆菌编码胞外蔗糖 6-果糖基转移酶(Lvs,果聚糖酶)基因 $sacB$ 所属的启动子 $P_{sacB}$ 及其与下游 SD 序列之间的一个终止子结构组成,后者对 $P_{sacB}$ 启动子介导的转录具有抑制作用,然而这种作用又可被抗终止蛋白 SacY 解除。$sacY$ 基因的表达既为蔗糖所诱导又为 DegU/DesS 双组分信号转导系统所激活,由此构成以蔗糖为诱导剂的 $P_{sacB}$ 启动子系统。如果再使 $degQ$ 基因高效表达,则该系统效果更佳。

第五个可诱导启动子系统采用四环素作为诱导剂。将大肠杆菌 Tn10 转座子的 $tet$ 操作子序列置于枯草芽孢杆菌的强启动子 $P_{xylA}$ 的 $-35$ 区与 $-10$ 区之间,在 TetR 阻遏因子编码基因存在的条件下,这一系统可被诱导大约 100 倍,展示出较高的启动子强度。若在 $-10$ 区的下游再安装一个 $tet$ 操作子,则可杜绝基底水平的渗漏性表达。

第六个可诱导型启动子系统是基于甘氨酸核糖开关设计的。核糖开关是位于一些 mRNA $5'$ 端非翻译区($5'$-UTR)内的调控元件,它们所形成的二级结构往往能为某些小分子代谢物(如维生素和氨基酸等)所识别并结合,同时二级结构发生两种状态的转换,由此控制相应代谢物生物合成或转运的基因表达。在细菌中,核糖开关或控制转录延伸或控制翻译起始,大约 2% 的枯草芽孢杆菌基因受核糖开关机制的调控。大多数的代谢物通过与其相对应的核糖开关相互作用而阻止基因的表达,但甘氨酸在高浓度条件下却导致由 $P_{gcv}$ 启动子介导的甘氨酸降解操纵子转录激活。基于上述发现构建了相应的可诱导表达系统,它能通过添加甘氨酸而被诱导。

(2) 生长期特异型启动子

生长期特异型启动子主要有两种:一种是核糖体蛋白 S6 和 S18 编码基因 $rpsF$ 和 $rpsR$ 所属的启动子 $P_{rpsF}$,它在对数生长期被激活;另一种是枯草杆菌蛋白酶编码基因 $aprE$ 所属的启动子 $P_{aprE}$,它在对数生长期终点被 $\sigma^A$ 高效激活。

枯草芽孢杆菌 ATCC6633 株产羊毛硫氨酸抗生素枯草菌素,后者触发群体感应控制。传感器激酶 SpaK 能感应枯草菌素并将信号转导至应答调控因子 SpaR,磷酸化的 SpaR 再与几个基因上游启动子区域内的 $spa$ 序列结合,进而触发启动子的转录激活。此外,枯草菌素又受静止期 $\sigma^H$ 的控制。作为上述双组分信号转导调控机制的一种结果,枯草菌素在对数早期和中期的产生水平较低,但在对数生长晚期至静止期达到高峰。因此,受控于枯草菌素的基因表达(SURE)系统基于 $P_{spaS}$ 启动子得以建立。

(3) 自诱导特异型启动子

自诱导特异型启动子通常响应细胞内外环境中的各种压力而呈现开或关两种状态。第一个自诱导型启动子来自枯草芽孢杆菌参与磷酸传递并响应磷酸饥饿而被强烈诱导的 $pst$ 操纵子。该操纵子由单个启动子 $P_{pst}$ 介导转录,并受控于 PhoP/PhoR 双组分信号转导系统。一旦磷酸饥饿,$P_{pst}$ 可激活转录 5 000 倍以上。采用这一系统,植酸酶的表达水平可达 2.9 g/L,相当于细菌培养终点时胞外蛋白总量的 65%。相似地,枯草芽孢杆菌的 $phoD$ 基因所属启动子在低磷培养基中培养 12 h 后可被诱导大约 2 000 倍。

第二个自诱导型启动子是受 $\sigma^B$ 调控的 $gsiB$ 基因所属启动子 $P_{gsiB}$。小型的亲水性 GsiB

蛋白相对其他的 $\sigma^B$ 依赖型基本压力蛋白以较高的速率合成并积累,此特性至少部分可归结为 $gsiB$ mRNA 长达大约 20 min 的半衰期,并且有证据显示,$P_{gsiB}$ 能分别为热休克、乙醇、甚至胞内的缺氧环境所诱导。基于上述发现,构建了能为上述压力因素之一诱导的表达系统如 pHCMC03。

第三个自诱导型启动子系统是基于赖氨酸核糖开关设计的。与甘氨酸核糖开关相反,赖氨酸核糖开关在细胞内赖氨酸充足时导致转录终止,而当赖氨酸水平跌至一定阈值以下时呈转录诱导效应,此时激活其下游编码天冬氨酸激酶 II $\alpha$ 亚基的 $lysC$ 基因表达。基于这一发现构建了一种以 $P_{lysC}$ 启动子为核心的表达系统,它能在生长着的细胞胞内赖氨酸浓度跌至一定阈值以下时而自诱导。

第四个自诱导型启动子系统的设计基于下列事实:在细菌中高水平表达重组蛋白的一个主要缺憾是很多重组蛋白难以形成其天然构象。限制过表达蛋白集聚的一种实验手段是降低细胞培养的温度。为了确保在较低温度下重组蛋白的高水平表达,可将目的基因置于一种冷休克型启动子的控制之下。在枯草芽孢杆菌中,$des$ 基因编码一种膜结合型的去饱和酶,后者能将顺式双键引入各种饱和脂肪酸的 $\Delta 5$ 位。$des$ 基因的表达也依赖于一种双组分信号转导系统,后者由传感器激酶 DesK 和应答调控因子 DesR 组成。当 DesK 通过质膜物理状态的改变感应温度降低时,便发生自磷酸化,随后再将磷酸基团转移给 DesR。磷酸化的 DesR 结合在两个邻近的 DNA 结合位点上,导致 $P_{des}$ 启动子转录激活。基于这种冷诱导型 $P_{des}$ 构建的两种表达型载体 pAL10 和 pAL12,能在温度突然下降至 25℃ 的 30 min 内诱导重组蛋白在胞外和胞内连续长达 5 h 的表达。

2. 用于基因表达的芽孢杆菌翻译元件

细菌 mRNA 的平均功能性半衰期只有大约 2 min,但少数转录物的半衰期可增至 30 min,这种半衰期的延长是 mRNA 5′ 稳定元件、3′ 稳定元件或 SD 序列的直接结果。

(1) mRNA 的 5′ 稳定元件(5′-SES)。在枯草芽孢杆菌中已鉴定出两种 mRNA 的 5′ 稳定元件,它们存在于 $ermC$ 和 $aprE$ 的前导区内。$erm$ 家族基因使 rRNA 特异性甲基化,通过降低 MLS 类抗生素与核糖体之间的亲和性而介导针对这些抗生素的抗性。例如,纳摩尔浓度的大环内脂类抗生素红霉素就能诱导甲基化酶的表达,其诱导机制在 $ermC$ 中得以详尽研究,后者存在于 pE194 质粒上。该基因的转录物编码两种不同的多肽链,即 19 个氨基酸的前导肽和甲基化酶,两者的阅读框均置于各自的 SD 序列之后。在红霉素缺席时,$ermC$ mRNA 的前导序列折叠成一种稳定的茎环结构,使得甲基化酶编码序列之前的 SD 序列无法有效翻译。在亚抑制浓度的红霉素存在下,结合了抗生素的核糖体暂停翻译前导肽,从而打开茎环结构并允许核糖体与第二个 SD 序列结合,导致甲基化酶翻译增加 20 倍。而且,这种诱导效应同时伴随 $ermC$ mRNA 的稳定性也提高 15~20 倍,达到 40 min 的半衰期。这个例子表明,处于停顿状态下的核糖体能物理上保护 mRNA 免遭核酸内切酶的切割。将 $ermC$ 前导区与 $cat$-86 报告基因融合,杂合转录物无论是在物理上还是在功能上均为红霉素所稳定。另外,当枯草芽孢杆菌细胞进入静止期后,几种新的基因程序被打开,包括几种胞外酶类的产生。这些酶中的一种便是由 $aprE$ 基因编码的枯草杆菌蛋白酶,其转录物在静止期细胞中极其稳定,半衰期至少可达 25 min。在 $aprE$ mRNA 的非翻译前导序列中鉴定出相应的 5′ 稳定元件。该元件所形成的 5′ 茎环结构以及核糖体的结合是 $aprE$ mRNA 稳定的必要条件。而且,这一前导序列的稳定性功能可被应用到 $aprE$-$lacZ$ 融合型 mRNA 中。枯草芽孢杆菌基因组范围的 mRNA 半衰期调查也鉴定出其他极其稳定的转录物,表明 5′ 稳定元件的存在。

(2) mRNA 的 3′ 稳定元件(3′-SES)。迄今为止,芽孢杆菌中只报道了一种 3′ 稳定元件,它存在于苏云金芽孢杆菌 $cry$IIIA 毒素编码基因的 3′ 端。3′ 稳定元件的调控类型被称为反向调控。当 $cry$IIIA 的这一反向调控元件与地衣芽孢杆菌青霉素酶编码基因 $penP$ 或人类白介素-2 cDNA 的末端融合后,其杂合 *mRNA* 在大肠杆菌和枯草芽孢杆菌中的半衰期从 2 min 增加到 6 min。相比之下,当这一序列与 *lacZ* 报告基因的 3′端融合时,仅导致 $\beta$-半乳糖苷酶活性微小的增加,这表明在测试条件下,*lacZ mRNA* 的稳定性并非限速步骤。

（3）mRNA 的翻译增强元件。芽孢杆菌 mRNA 翻译起始区中有三种元件影响多肽链合成的效率,即 SD 序列、起始密码子以及两种元件之间的间隔区。虽然枯草芽孢杆菌不存在像大肠杆菌那样的密码子偏爱性,但其对 SD 序列的依赖性比大肠杆菌更严格。大量调查发现,与枯草芽孢杆菌 SD 保守序列 AAGGAGG 相似的序列均能提升翻译效率。基于上述原理设计的 pLIKE 质粒优化了 SD 序列及其与起始密码子之间的间隔长度和碱基组成,且安装了一个为商品化杆菌肽所强烈诱导的强启动子 $P_{liaI}$,诱导效率高达 $100\sim1\,000$ 倍,具有较高的实用价值（图 4-3）。

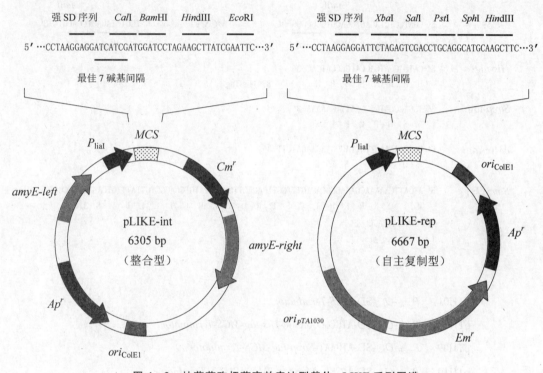

**图 4-3　枯草芽孢杆菌高效表达型载体 pLIKE 系列图谱**

3. 用于重组蛋白纯化分析的标签序列

不同的寡肽或多肽标签序列接在重组蛋白上具有不同的用途。纯化标签允许通过亲和层析一步纯化重组蛋白;表位标签为重组蛋白提供被商业化抗体识别的可操作性;而定位标签则可实现重组蛋白在受体特定细胞区域内的安置。上述三组标签中最重要的是纯化标签,它已成为重组蛋白多肽和天然蛋白复合物纯化的常规工具,能从蛋白粗提液中产生 100 倍甚至 1 000 倍的纯化效率,而且无须除去核酸或其他细胞组分的预处理步骤。

重组蛋白的亲和标签根据其性质和靶标又可分为三类:第一类纯化标签与交联在固体支撑物表面的小分子结合,如与金属镍结合的 6 个组氨酸标签 His-Tag,以及与附着于层析介质上的谷胱甘肽结合的谷胱甘肽 *S*-转移酶 Tag。第二类纯化标签是能与固定在层析介质上的一种蛋白质结合伙伴结合的肽类标签,如钙调蛋白结合肽标签,它能特异性与钙调蛋白结合,允许融合有结合肽标签的蛋白通过钙调蛋白层析介质进行纯化。第三类纯化标签将附着于层析介质上的抗体作为结合伙伴,如 FLAG 标签和 cMyc 标签,它们分别能与抗 FLAG 抗体和抗 cMyc 抗体结合。

枯草芽孢杆菌的第一批标签化载体是 pUSH1 和 pUSH2,两者均基于携带 IPTG 诱导型启动子 $P_{N25}$ 的大肠杆菌/枯草芽孢杆菌穿梭载体 p602/22 构建而成,分别允许在重组蛋白的 N 端和 C 端加入 6 个 His 残基。此外,另有些 IPTG 诱导型的载体可为重组蛋白提供三种不同的标签 His、Strep(可用于链霉亲和素交联型介质的亲和层析)和 cMyc,如 pHT 系列载体等(图 4-4)。

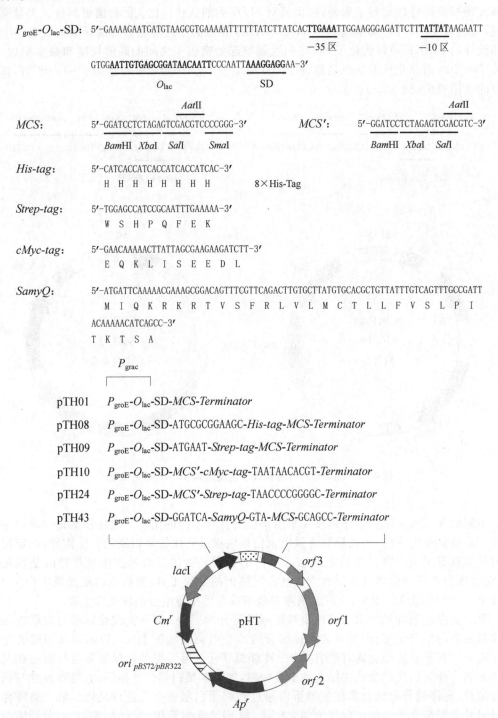

$P_{\text{groE}}$-$O_{\text{lac}}$-SD: 5′-GAAAAGAATGATGTAAGCGTGAAAAATTTTTTATCTTATCAC**TTGAAA**TTGGAAGGGAGATTCTT**TATTAT**AAGAATT

　　　　　　　　　　　　　　　　　　　　　　　　　　　　　－35 区　　　　　　　　　　　－10 区

　　　　　GTGG**AATTGTGAGCGGATAACAATT**CCCAATT**AAAGGAGG**AA-3′

　　　　　　　　　$O_{\text{lac}}$　　　　　　　　　　SD

　　　　　　　　　　　　　　　*Aat*II　　　　　　　　　　　　　　　　　　　　　　　　　*Aat*II

*MCS*:　　　5′-GGATCCTCTAGAGTCGACGTCCCCGGG-3′　　　　*MCS′*:　　5′-GGATCCTCTAGAGTCGACGTC-3′

　　　　　*Bam*HI *Xba*I　*Sal*I　*Sma*I　　　　　　　　　　　　　　　　*Bam*HI *Xba*I　*Sal*I

*His-tag*:　　5′-CATCACCATCACCATCACCATCAC-3′
　　　　　　H　H　H　H　H　H　H　H　　　8×His-Tag

*Strep-tag*:　5′-TGGAGCCATCCGCAATTTGAAAAA-3′
　　　　　　W　S　H　P　Q　F　E　K

*cMyc-tag*:　5′-GAACAAAAACTTATTAGCGAAGAAGATCTT-3′
　　　　　　E　Q　K　L　I　S　E　E　D　L

*SamyQ*:　　5′-ATGATTCAAAAACGAAAGCGGACAGTTTCGTTCAGACTTGTGCTTATGTGCACGCTGTTATTTGTCAGTTTGCCGATT
　　　　　　M　I　Q　K　R　K　R　T　V　S　F　R　L　V　L　M　C　T　L　L　F　V　S　L　P　I

　　　　　ACAAAAACATCAGCC-3′
　　　　　T　K　T　S　A

　　　　　　　　$P_{\text{grac}}$

pTH01　　$P_{\text{groE}}$-$O_{\text{lac}}$-SD-*MCS-Terminator*

pTH08　　$P_{\text{groE}}$-$O_{\text{lac}}$-SD-ATGCGCGGAAGC-*His-tag-MCS-Terminator*

pTH09　　$P_{\text{groE}}$-$O_{\text{lac}}$-SD-ATGAAT-*Strep-tag-MCS-Terminator*

pTH10　　$P_{\text{groE}}$-$O_{\text{lac}}$-SD-*MCS′-cMyc-tag*-TAATAACACGT-*Terminator*

pTH24　　$P_{\text{groE}}$-$O_{\text{lac}}$-SD-*MCS′-Strep-tag*-TAACCCCGGGGC-*Terminator*

pTH43　　$P_{\text{groE}}$-$O_{\text{lac}}$-SD-GGATCA-*SamyQ*-GTA-*MCS*-GCAGCC-*Terminator*

图 4-4　枯草芽孢杆菌高效纯化型载体 pHT 系列图谱

### 4.1.4　芽孢杆菌的分泌折叠系统

虽然相比大肠杆菌而言,枯草芽孢杆菌拥有分泌自身蛋白至 20 g/L 的天然优越性,但它分泌异源蛋白的能力却通常较低。其瓶颈在于异源蛋白较差的膜靶向性、膜转位或细胞壁通道的低效性、多肽链折叠的缓慢或误折叠、多肽链的蛋白酶降解。因此,分泌、折叠、降解三个过程往往相互作用和影响。

#### 1. 芽孢杆菌的蛋白质分泌机制

一般而言,蛋白质的整个分泌过程分为靶向、转位、释放三个关键步骤。枯草芽孢杆菌蛋白质由胞质向胞质外位点的转位有四条途径:大多数蛋白使用 Sec 途径分泌;其他三条分泌途径如 Tat 途径、Com 途径、ABC 途径仅转位个别的特异性蛋白。通过上述四条途径转位的所有蛋白质前体均含有结构各异的 N 端信号肽(SP),后者通过与众多分子伴侣相互作用,将待分泌的蛋白前体靶向合适的途径。一旦转位发生,信号肽酶(SPase)便将信号肽切除。

(1) 信号肽的结构。虽然不同的信号肽呈不同的氨基酸保守序列,但一般包括 N 区、H 区、C 区三个不同的区域(图 4-5)。在 Sec 型信号肽中,N 区(正电荷氨基酸区)往往含有 2 或 3 个赖氨酸或精氨酸残基,它们决定信号肽在膜上的最终取向。H 区(中部疏水核心)在 -4 至 -6 位置(相对裂解位点)一般保留螺旋折断型残基甘氨酸或脯氨酸,该区在膜上采取一种 α 螺旋构象,对蛋白质外输的早期阶段至关重要。C 区(极性羧基端区)通常以 I 型 SPase 的识别序列 AXA 结尾,呈 β-链构象。值得注意的是,N 端的非最佳密码子富集对信号肽的构象和活性非常关键。由于原核细菌蛋白质的折叠与其在核糖体上的合成同步进行,这些非最佳密码子在信号肽编码区内的富集往往能降低翻译效率,而这种局部不连续的翻译能使新生的信号肽有充足的时间折叠成特殊的结构域。

(2) Sec 分泌途径。Sec 依赖型分泌机器由胞质分子伴侣、信号识别颗粒(SRP)、SecA 转位马达蛋白、SecYEGDF 转位通道、信号肽酶、膜外折叠(PrsA、BdbBCD)和降解因子(HtrAB、WprA)构成。由于通过 Sec 途径分泌的蛋白首先是在胞质中合成的,因此必须在胞质型分子伴侣的帮助下保持胜任转位的形式。枯草芽孢杆菌的染色体编码五种不同类型的信号肽酶,它们都能加工前体蛋白。当多肽链全部转位后,这些蛋白必须在质膜的外侧再次折叠成天然构象,以避免存在于该环境中的多重蛋白酶的降解。Sec 分泌途径的基本过程如图 4-6 所示。

(3) Tat 系统分泌。迄今已知枯草芽孢杆菌通过 Tat 途径进行分泌的蛋白质只有磷酸二酯酶 PhoD 和 YwbN。与 Sec 途径不同,Tat 途径能使完全折叠了的蛋白质跨膜转运。Tat 途径的关键组分是膜整合型蛋白 TatA、TatB、TatC,其中 TatB 和 TatC 识别 RR 型信号肽,而 TatB 和 TatC 与多重 TatA 组分以复合物的形式构成一种蛋白传送通道。枯草芽孢杆菌含有两种 TatC 蛋白(TatCd 和 TatCy)以及三种 TatA/TatB 样蛋白(TatAd、TatAy、TatAc)。Tat 机器至少由两种最小的 Tat 转位酶构成,每种含有一种特异性的 TatA 和 TatC 组分。TatAcCd 型转位酶识别双精氨酸型蛋白前体 PhoD;而 TatAyCy 则处理 YwbN。Tat 途径能提供转位折叠了的重组蛋白进入培养基中。理论上,将 RR 型信号肽与蛋白质的成熟部分融合足以使其分泌。

根据上述原理,一批性能优良的分泌表达型载体得以设计构建,它们大都选用芽孢杆菌高效分泌型蛋白所属的信号肽序列(如 α-淀粉酶的 SamyQ、脂解酶的 ssLipA、中壁蛋白 spMWP 等)。其中,pBSMuL1/2 还安装了强启动子和用于重组蛋白纯化的标签序列,具有较强的实用性(图 4-7)。

#### 2. 芽孢杆菌的蛋白质折叠机制

在芽孢杆菌中表达的重组蛋白的折叠涉及翻译后折叠和分泌后折叠两套系统。前者可使重组蛋白在胞内以可溶性形式积累;后者确保重组蛋白功能性分泌。

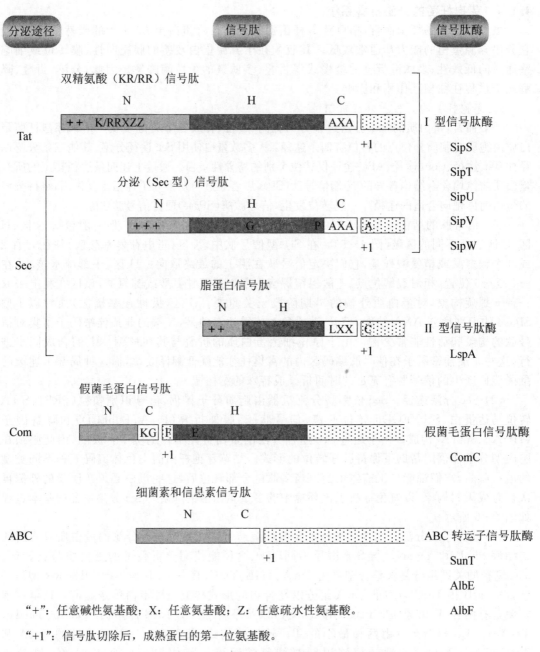

"+"：任意碱性氨基酸；X：任意氨基酸；Z：任意疏水性氨基酸。

"+1"：信号肽切除后，成熟蛋白的第一位氨基酸。

**图 4-5　芽孢杆菌 N 端信号肽的结构与分类**

　　使重组蛋白以可溶性形式表达并积累有多种策略,其中最重要的是协助蛋白质折叠、装配及分泌的分子伴侣共表达。与其他细菌物种一样,枯草芽孢杆菌配备了两大系列的基本分子伴侣,即 GroE 和 DnaK 机器,分别由 *groE* 操纵子(*groES - groEL*)和 *dnaK* 操纵子(*hrcA - grpE - dnaK - dnaJ - orf35 - orf28 - orf50*)编码。这两个操纵子为单一转录阻遏蛋白 HrcA 所调控,而 HrcA 的活性又受 GroE 调节。*hrcA* 的灭活导致胞内分子伴侣系统组成型表达,一般而言这有利于重组蛋白的可溶性表达。例如,一株 DnaK 和 GroE 呈组成型表达的枯草芽孢杆菌能使不溶性的重组抗地高辛单链抗体片段(SCA)降低 45%,同时使分泌型 SCA 提升 60%。

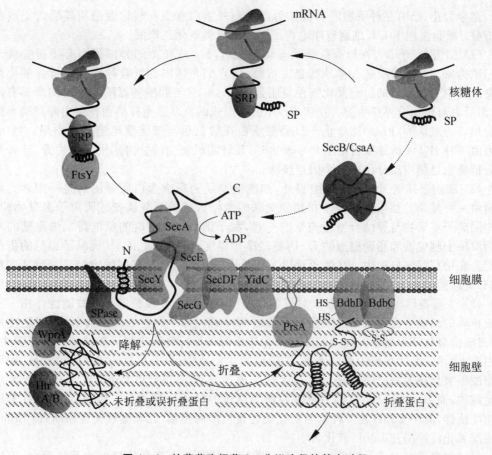

图 4-6　枯草芽孢杆菌 Sec 分泌途径的基本过程

SD　　NdeI

5′……TAATAAGGAGGACATATGAAATTTGTAAAAAGAAGGATCATTGCACTTGTAACAATTTTGATGCTGTCTGTTACATCGCTGTTTGCGTTGCAG

LipA 信号肽　M　K　F　V　K　R　R　I　I　A　L　V　T　I　L　M　L　S　V　T　S　L　F　A　L　Q

EcoRI　KpnI　SalI　SmaI　HindIII　NotI　EcoRV　XhoI

CCGTCAGCAAAAGCCGCCGAATTCGGTACCGTCGACCCCGGGAAGCTTGCGGCCGCGATATCCTCGAGCACCACCACCACCACCACTGAAT……3′

P　S　A　K　A　A　　　　　　　　　　　　　　　　　　　　　H　H　H　H　H　H　*

6×His 标签

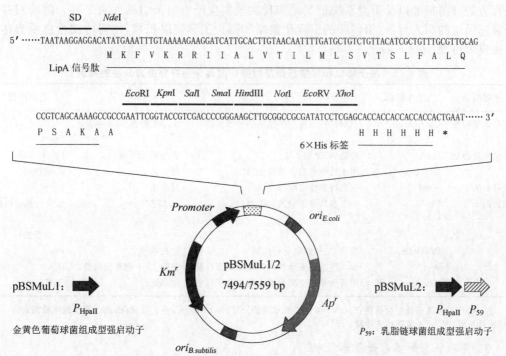

图 4-7　枯草芽孢杆菌高效分泌型载体 pBSMuL 系列图谱

迄今为止,已有三种细胞因素被认为影响胞外蛋白在成功转位通过质膜后的正确和有效折叠:即脂蛋白 PrsA、细胞壁净电荷、巯基/二硫键氧化还原酶。

(1)脂蛋白 PrsA。在以非折叠状态转位之后,Sec 依赖型的分泌蛋白必须折叠成天然的三维构象。虽然多肽链在体外能自发折叠,但它们在体内的折叠频繁需要折叠催化剂的协助。其中一种重要的折叠催化剂便是脂蛋白 PrsA,它与肽酰脯氨酰顺反异构酶具有同源性,而后者对蛋白分泌很重要。携带 PrsA 突变形式的枯草芽孢杆菌菌株蛋白降解酶系的分泌受损。一般认为,PrsA 能防止非折叠的蛋白在转位后与细胞壁迅速相互作用。当 *prsA* 基因由一种 IPTG 诱导型启动子介导表达时,几种测试蛋白的分泌水平显著提升,这表明翻译后折叠也是蛋白质分泌的一个限速步骤。

(2)细胞壁净电荷。除了细胞膜外,细胞壁基质是影响蛋白质分泌的另一因素。胞壁基质由一种复杂的肽聚糖异聚体和共价交联的胞壁酸或糖醛酸磷壁酸阴离子多聚物构成。这些阴离子多聚物与膜结合型脂磷壁酸一起,赋予细胞壁高密度的负电荷。细胞壁的净负电荷取决于胞壁酸和脂磷壁酸的 D-丙氨酸酯化程度,而后者又由 *dlt* 操纵子编码的蛋白质负责。在枯草芽孢杆菌中,*dlt* 的灭活以及相伴而产生的负电荷密度的增加会导致某些重组(如肺炎球菌溶血素)的稳定性和分泌性成倍提升。

(3)二硫键形成。二硫键形成对很多分泌型蛋白的折叠和稳定具有关键性作用。不能形成正确的二硫键会导致蛋白质集聚和蛋白酶降解。为了加速二硫键的形成,细胞使用巯基/二硫键氧化还原酶及其同源物醌酮氧化还原酶作为折叠催化剂。在枯草芽孢杆菌中,由基因 *bdbA* 和 *bdbD* 编码的两个巯基/二硫键氧化还原酶,以及由基因 *bdbB* 和 *bdbC* 编码的两个醌酮氧化还原酶已被鉴定。信息生物学模拟显示,BdbA 和 BdbD 各含有一个 N 端膜锚定结构;而 BdbB 和 BdbC 则为带有四跨膜结构的膜整合型蛋白。BdbC 和 BdbD 形成一对功能伙伴,其中 BdbD 是一种参与氧化底物蛋白质的巯基/二硫键氧化还原酶;而 BdbC 作为醌酮氧化还原酶使 BdbD 氧化再生。

虽然很多天然的信号肽已被鉴定并成功用于枯草芽孢杆菌分泌表达重组蛋白,但构建强有力的分泌机器以及折叠系统依然是实现大规模生产重组蛋白的先决条件。随着对芽孢杆菌基因组的深入解析,很多新的工程化策略和强大工具得以积累,使得协调蛋白质表达与分泌成为可能(表 4-5)。

表 4-5 基于转位和折叠机器基因操作改良芽孢杆菌蛋白分泌的案例

| 机器组分 | 操作靶点 | 生 理 功 能 | 操作方式 | 应用产物 |
|---|---|---|---|---|
| 信号识别颗粒 | CsaA(SecB) | 识别并转运新生多肽链的分子伴侣 | SecB 与杂合 SecA 共表达 | MalE11 PhoA |
| 转位酶复合物 | SecA | 转位 ATP 酶 | 删除 C 端区域 | hIFN-α2b |
| | SecYEG | 用于转位的整合型膜蛋白 | 过表达 | α-淀粉酶 |
| 信号肽酶 | SipM | 位点特异性切除信号肽 | 过表达 | DsrS |
| 调控因子 | PrsA | 新生多肽链折叠的调控蛋白 | 过表达 | 枯草杆菌蛋白酶 rPA α-淀粉酶 |
| | BdbD(DsbA) | 巯基/二硫键氧化还原酶 | 置换基因 | PhoA |
| | WprA | 参与胞质外质量控制的丝氨酸蛋白酶 | 删除 10 个胞外蛋白酶 | rPA |
| | GroEL-GroES | 使新生多肽链集聚最小化的分子伴侣 | 过表达 | SCNF |

注:MalE11—麦芽糖结合蛋白;PhoA—碱性磷酸单酯酶;hIFN-α2b—人 α-干扰素;DsrS—葡聚糖蔗糖酶;rPA—重组保护性抗原;SCNF—单链抗体片段。

3. 芽孢杆菌的蛋白质降解机制

野生型芽孢杆菌用作外源基因表达受体的最大限制是它能合成和分泌大量的胞外蛋白

酶,直接影响重组蛋白产物的稳定性。不能正确折叠的胞外蛋白易遭蛋白酶的降解,但即便是正确折叠的异源蛋白也能为胞外的蛋白酶所攻击。胞外蛋白酶存在于三种不同的空间中: ① 水溶性,定位于质膜与胞壁之间以及培养基中;② 锚定在胞壁上;③ 锚定在质膜内但朝向膜外一侧。

枯草芽孢杆菌全部七种水溶性蛋白酶的编码基因已先后被克隆和鉴定。其中两种主要的水溶性蛋白酶 AprE 和 NprE 分别为碱性(枯草杆菌蛋白酶)和中性蛋白酶 A,两者的双敲除突变株 DB102 已构建。随后,在此基础上又构建出另外四个胞外水溶性蛋白酶编码基因缺陷株 WB600,这四个基因分别编码胞外蛋白酶($epr$)、金属蛋白酶($mpr$)、杆菌肽酶 F($bpr$)和中性蛋白酶 B($nprB$)。而在 WB800 株中,一种小型水溶性蛋白酶编码基因($vpr$)以及胞壁结合型蛋白酶 WprA 编码基因($wprA$)也被删除。事实上,含有 3～5 种蛋白酶基因缺陷的枯草杆菌突变株大都仅剩下 1% 左右的胞外蛋白酶活性,而 WB600 株的胞外蛋白酶活性只有野生株的 0.32%。不过值得注意的是,胞外和胞内蛋白酶基因的灭活有时会影响细菌对培养基中蛋白营养成分的利用,导致生长缓慢,因此任何突变株必须检测其生长遗传特性。

锚定在细胞质膜上的蛋白酶可分为活性位点面向胞质的 I 型以及活性位点面向胞壁的 II 型,理论上这两种类型的蛋白酶均能攻击和降解那些正在转位以及转位之后的蛋白前体。值得注意的是,II 型蛋白酶两个成员 HtrA 和 HtrB 的表达在分泌压力出现后呈上调趋势,而且 $htrA$ 或 $htrB$ 的突变又能引发分泌压力,这表明非折叠的蛋白质直接或间接象征着针对芽孢杆菌分泌压力响应的刺激。分泌压力为 CssS - CssR 双组分信号转导系统所感应,其中膜传感器激酶 CssS 在质膜与胞壁之间的界面上感应刺激。这一信息随后经由磷酸化传递给 CssR,而 CssR 调控的靶基因恰恰包含 $htrA$、$htrB$、$cssR$ 和 $cssS$。由此可见,至少蛋白质胞外折叠的状态与胞外蛋白酶的表达和分泌密切相关。

### 4.1.5　重组芽孢杆菌在耐热性酶制剂大规模生产中的应用

利用芽孢杆菌的高效分泌特性,构建耐热性酶制剂的工程菌具有极高的经济价值,其中最为重要的酶制剂首推淀粉加工酶系,包括 $\alpha$-淀粉酶、$\beta$-淀粉酶、葡萄糖淀粉酶、环状麦芽糊精葡糖基转移酶、脱支酶、木糖(葡萄糖)异构酶等。

#### 1. 热稳定性酶制剂在工业生产中的应用

热稳定性的酶类目前在工业上已被广泛使用,它与常规酶类相比具有如下优点: ① 高温下的热稳定性。大多数的工业酶反应是在 50～55℃ 内进行的,这样可以减少污染的概率,降低反应体系的黏度,促进传质,有时较高的温度有利于酶的可逆反应(如葡萄糖异构酶催化的反应)朝着合成目标产品的方向进行。② 室温下较长的贮存期。尽可能长的存放期对商品酶制剂来说甚为重要,尤其是用于诊断试剂中的酶类对贮存周期要求更高。③ 较高的抗化学变性作用。一般而言,蛋白质的热稳定性越好,其化学变性的可能性就越小。④ 高温下的高活性。虽然普通酶类在 37℃ 以下其催化的反应速度随着温度的上升而加大,但嗜热性的酶类随温度上升而增加其活性的程度比普通酶类更为显著。⑤ 易于大规模生产及转化。由于热稳定性的酶大都存在于各种嗜热微生物细胞内,这些微生物往往难以大规模培养,因此热稳定性酶制剂的产业化很大程度上需要利用基因工程技术构建能高效表达并分泌高温酶的常温重组工程菌。后者在发酵过程中必然会产生大量胞内和胞外的宿主酶类,由于绝大多数的宿主蛋白是温度敏感型的,因此只要将工程菌的培养液进一步热处理,即可方便地纯化异源高温酶蛋白。

芽孢杆菌在耐热性酶制剂的大规模生产中具有双重作用:首先,相当一批野生型芽孢杆菌自身便能大量合成并分泌具有广泛应用价值的酶类,如嗜淀粉芽孢杆菌等;其次,有些芽孢杆菌还能产生耐热酶类,如嗜热脂肪芽孢杆菌等。一般而言,微生物属内种间的基因表达更为简单有效,例如将来自地衣芽孢杆菌、嗜淀粉芽孢杆菌以及嗜热脂肪芽孢杆菌的基因克隆在枯草芽孢杆菌中,重组蛋白的表达和分泌成功率相当高。此外,由于嗜热脂肪芽孢杆菌的耐热性,以它作为受体细胞克隆表达同源或异源高温酶编码基因,所构建的重组工程菌还可直接用于生物转化,减少酶分离纯化工序,降低生产成本。以载体 pTB19 及其系列质粒为核心的嗜热脂肪芽孢杆菌转化克隆系统的建立,为上述设想的实现奠定了基础。

2. 产高温 $\alpha$-淀粉酶和 $\beta$-淀粉酶工程菌的构建

$\alpha$-淀粉酶是一种随机作用于淀粉分子中 $\alpha$-1,4-葡聚糖苷键的内切型水解酶,广泛存在于各种细菌、真菌、植物、动物体内,目前已克隆并鉴定了 100 多种 $\alpha$-淀粉酶基因。所有 $\alpha$-淀粉酶的氨基酸序列都含有四个功能域,与底物结合及催化活性有关。芽孢杆菌属来源的 $\alpha$-淀粉酶在淀粉加工业中被广泛用作淀粉液化剂,其中地衣芽孢杆菌的 $\alpha$-淀粉酶(BLA)还具有耐热和极端 pH 稳定等许多优良特性,在 90℃ 处理 30 min,BLA 的活性仍能维持 80% 以上。

地衣芽孢杆菌及嗜热脂肪芽孢杆菌来源的 $\alpha$-淀粉酶基因均已克隆在短小芽孢杆菌中并获得高效表达。重组短小芽孢杆菌的 $\alpha$-淀粉酶生产能力可达到每升培养液 3 g 以上,然而这种重组 $\alpha$-淀粉酶在工业上并没有太大的优势,因为现有的地衣芽孢杆菌 $\alpha$-淀粉酶生产工艺已相当成熟。构建 $\alpha$-淀粉酶克隆菌的实际用途是探测和分析酶的结构与功能之间的关系,尤其是 BLA 耐热机理的研究,它对利用蛋白质工程技术提高其他相关酶类的热稳定性具有重要的指导意义。

$\beta$-淀粉酶是一种特异性作用于淀粉非还原末端 $\alpha$-1,4-葡聚糖苷键的外切型水解酶,可通过 $\beta$-异构效应合成麦芽糖,后者是一种甜味剂,在自然界中含量稀少,而且是麦芽醇生产的原料,具有较高的经济价值。$\beta$-淀粉酶主要存在于植物及某些细菌体内,多黏芽孢杆菌(Bacillus polymyxa)、热硫梭菌(Clostridium thermosulfuogenes)、黄豆、大麦、土豆以及黑麦等来源的 $\beta$-淀粉酶基因已被克隆和鉴定。其中最引人注目的是热硫梭菌的 $\beta$-淀粉酶基因,因为该菌嗜热厌氧,由其产生的 $\beta$-淀粉酶具有较高的热稳定性,其最适反应温度为 70℃,但在 80℃ 以上保温数小时酶活没有明显损失。由于热硫梭菌的大规模培养困难很大,因此与 $\alpha$-淀粉酶不同,耐热型 $\beta$-淀粉酶的基因工程方法生产十分重要。

迄今为止,能高效表达并分泌热硫梭菌 $\beta$-淀粉酶最成功的重组细菌是短小芽孢杆菌工程菌,共有三种结构不同的重组质粒 pMM1、pMM2、pMM3(图 4-8)可用于转化短小芽孢杆菌表达热硫梭菌的 $\beta$-淀粉酶基因。将含有 $\beta$-淀粉酶基因的热硫梭菌染色体 DNA 片段插在表达型质粒 pNU200 上短小芽孢杆菌胞壁蛋白编码基因所属启动子 $P_{cwp}$ 的下游,构建成重组质粒 pMM1,在该插入片段中,$\beta$-淀粉酶编码区的上游和下游分别为热硫梭菌来源的 560 bp 和 1 428 bp 非翻译区。pMM2 是在 pMM1 的基础上构建的,目的是除去热硫梭菌 $\beta$-淀粉酶基因自身的信号肽编码序列(SP)以及 SD 序列,使成熟的 $\beta$-淀粉酶编码序列直接与短小芽孢杆菌中壁蛋白的信号肽编码序列相连,并保持正确的阅读框架。在 pMM3 重组质粒中,$\beta$-淀粉酶基因含有自身的信号肽编码序列和翻译起始密码子 ATG,但启动子和核糖体结合位点来自短小芽孢杆菌,因此 pMM2 和 pMM3 两个重组质粒的唯一区别是信号肽编码序列不同。将上述三种重组质粒分别转化短小芽孢杆菌 47K 和 47-5 两株,然后比较其 $\beta$-淀粉酶的活性分泌率以确定工程菌的性质。

在所有的转化子中,含有 pMM1 重组质粒的菌株分泌的 $\beta$-淀粉酶最少,这可能是由于 $\beta$-淀粉酶基因 5′ 端 560 bp 的区域对基因转录和 mRNA 翻译的干扰。携带 pMM3 的短小芽孢杆菌 47K 株最高可分泌 520 U/mL 的 $\beta$-淀粉酶,而含有 pMM2 的相同受体菌可以连续 6 天不断增加合成 $\beta$-淀粉酶的速率,之后便维持在一个恒定的水平上,培养液中的最高 $\beta$-淀粉酶浓度可达 2 600 U/mL,相当于 1.6 g/L 的纯酶。该酶的含量在培养液里的所有蛋白组分中最高,这一表达水平是经传统诱变的热硫梭菌高产菌的 60 倍。

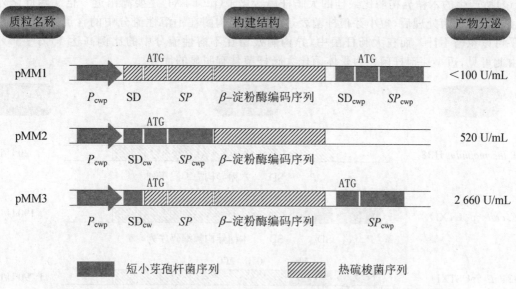

图 4-8 由短小芽孢杆菌表达热硫梭菌 β-淀粉酶基因的三种重组质粒结构

3. 利用重组芽孢杆菌生产耐热木糖(葡萄糖)异构酶

木糖异构酶催化木糖在戊糖磷酸循环中的第一步代谢反应,即由 D-木糖到 D-木酮糖的可逆性异构化,同时木糖异构酶也能催化由葡萄糖到果糖的异构反应,因此在工业上常用来生产高果糖糖浆。该酶存在于许多微生物中,大肠杆菌、枯草芽孢杆菌、链霉菌、梭菌以及嗜热菌(*Thermus thermosphilus*)中的木糖异构酶基因已被克隆鉴定,其中嗜热菌的热稳定性木糖异构酶最为优异,它的最适反应温度高达 95℃以上,最佳 pH 值接近 7.0,而最佳 pH 值在 85℃时仍保持在 6.5～7.0 内。在这种条件下,反应的副产物趋于最小值。由葡萄糖至果糖的异构化反应也是可逆的,果糖最终的产量取决于酶反应的温度,高温对应于高果糖产率,因此用嗜热菌木糖异构酶生产的果浆含有更高的果糖浓度。

嗜热菌木糖异构酶基因可在大肠杆菌和短小芽孢杆菌中高效表达。最简单的大肠杆菌表达重组子构建采用的是高拷贝的 pUC119 质粒,嗜热菌木糖异构酶基因置于可诱导型 $P_{lacUV5}$ 启动子的控制之下(pUCTXI)。在重组质粒 pUSTXI 中,异构酶基因插入一个 pBR322 的衍生质粒 pUS21 中,它含有可诱导的 $P_{tac}$ 强启动子。上述两种重组质粒除了携带受体菌的 SD 序列外,还含有嗜热菌自身的 SD 序列和翻译起始密码子。在另一个重组质粒 pKKTXI 中,木糖异构酶编码序列直接与受体菌来源的 ATG 拼接,并使用大肠杆菌的 $P_{tac}$ 启动子和 SD 序列,同时还将木糖异构酶 N 端编码序列中的精氨酸密码子 AGG 改为 CGT(该密码子在大肠杆菌中的使用频率为 70%)。在重组质粒 pETTXI 中,木糖异构酶基因插在 T7-噬菌体 $\phi$10 启动子的下游。嗜热菌木糖异构酶基因在短小芽孢杆菌中的重组子构建选用的载体是 pNU210,它携带 $P_{cwp}$ 强启动子,重组质粒 pNUTXI 的结构与 pUCTXI 和 pUSTXI 相似,含有两种来源的 SD 序列和翻译起始密码子。在 pNUTXI-atg 中,这两套翻译起始元件直接融合,中间的间隔序列已除去。

上述 6 种重组质粒分别转化大肠杆菌和短小芽孢杆菌,各克隆在最佳培养条件下表达出的木糖异构酶活性水平由图 4-9 表示。结果表明:嗜热菌木糖异构酶基因在 $P_{lacUV5}$ 启动子控制下的表达效果并不理想,用携带 $P_{tac}$ 强启动子的低拷贝载体(pUSTXI)取代可使酶的产量提高 8 倍,而使用 pKKTXI 或 pETTXI,酶产量在原来的基础上又分别提高 80% 和 180%(以 pUSTXI 重组子为基准)。重组质粒 pNUTXI 上的木糖异构酶基因在短小芽孢杆菌中的表达水平与在 pUSTXI 在大肠杆菌克隆菌中相似,但改进后的转化子(pNUTXI-atg)所产生的木糖异构酶比最佳的大肠杆菌转化子(pETTXI)还要高出近 3 倍。除此之外，经超声波破菌处理后，短小芽孢杆菌表达的木糖异构酶在不溶性流分中的含量不到 4%，几乎可以忽略不计。而在大肠杆菌中，异构酶残留在不溶性流分中的比例高达 15%～50%。由此可见，短小芽孢杆菌作为受体菌比大肠杆菌具有明显的优势。

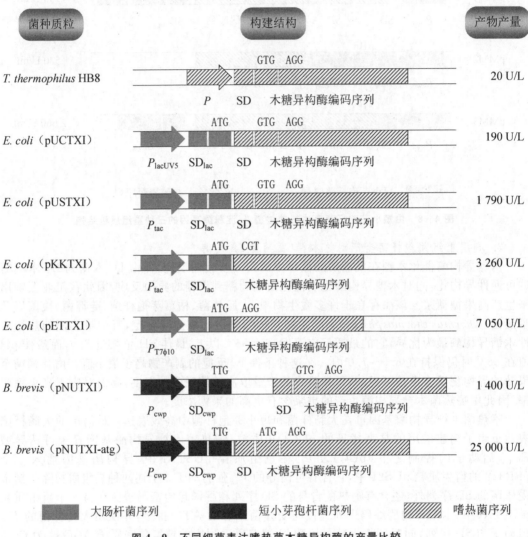

图 4-9　不同细菌表达嗜热菌木糖异构酶的产量比较

**4. 利用重组芽孢杆菌生产耐热中性蛋白酶**

热稳定性中性蛋白酶存在于一些嗜热细菌中，其中从嗜热脂肪芽孢杆菌 HY-69 株中分离出来的中性蛋白酶研究最多，但即便是酶产量较高的突变株也不适用于大规模工业化生产，因为嗜热细菌的高发酵温度增加许多能耗。因此，构建高产热稳定性中性蛋白酶的嗜温型工程菌具有广泛的应用前景，构建所用的受体菌则为枯草芽孢杆菌。

嗜热脂肪芽孢杆菌 HY-69 株的中性蛋白酶基因采用鸟枪法克隆，染色体 DNA 用 HindIII 全酶解，克隆在枯草芽孢杆菌的表达质粒 pEDC11 上，连接液转化枯草芽孢杆菌 MI113 受体菌，并在含有卡那霉素和酪蛋白的 LB 琼脂平板上进行筛选。在大约 10 000 个转化子中，有 6 个菌落能产生较大的清晰透明圈，从其中一个菌落中提取出来的重组质粒(pIMY2)含有一个 4.5 kb 的插入片段。该克隆菌在 37℃培养后，培养液中含有 160 U/mL 的中性蛋白酶活力,大约为嗜热脂肪芽孢杆菌的5倍。克隆菌产生的重组中性蛋白酶最适温度为75℃,比野生型蛋白酶低6℃左右,但最适pH与野生型蛋白酶完全相同,该酶在70℃保温30 min仍能保留80%的活力。这种工程菌目前已成功地用作皮革工业中的脱毛处理。

### 4.1.6　重组芽孢杆菌在人体蛋白药物生产中的应用

#### 1. 短小芽孢杆菌的蛋白质超级合成与分泌系统

短小芽孢杆菌具有与枯草芽孢杆菌等同的蛋白产物分泌能力,但它所产生的胞外蛋白酶活性水平却远远低于枯草芽孢杆菌的活性水平,因此是一种理想的芽孢杆菌表达分泌系统。短小芽孢杆菌47株和HPD31株在合适的培养条件下,每升培养液可积累30 g蛋白产物。蛋白质主要在细菌稳定期中合成,胞外蛋白比胞内蛋白总量高2倍,而且在常规培养基中,短小芽孢杆菌很少产生孢子,因而均被誉为蛋白质超级生产细胞。

短小芽孢杆菌的另一个特点是它具有独特的细胞壁结构。其47株含有三层细胞壁,包括两层蛋白胞壁和一层较薄的肽聚糖胞壁,前者称为外壁(OW)和中壁(MW)层,分别由相对分子质量为103 kD和115 kD的蛋白质(OWP和MWP)组成。这种胞壁结构与形态随着细胞生长周期的转换而发生变化,在稳定前期,细胞外壁和中壁蛋白开始从细胞表面脱落,与此同时胞内的可分泌型蛋白启动表达;进入稳定期后,蛋白质层几乎全部脱落,而细胞壁蛋白的合成与分泌仍继续进行一段时间,从而导致大量的细胞壁蛋白在培养基中积累。

细胞壁蛋白组分的表达和分泌还与细胞表面的结构变化相关。当细胞壁蛋白占据细胞表面时,其基因的表达被阻遏在一个恒定的低水平上,以防止这种蛋白组分的过量合成;细菌进入稳定期后,细胞壁蛋白从细胞表面的脱落以及培养基中低浓度$Mg^{2+}$的存在会使胞壁蛋白基因的转录去阻遏,从而保证胞壁蛋白连续合成并分泌至培养基中。由于短小芽孢杆菌的细胞壁蛋白合成及分泌极其有效,因此其启动子、操作子、翻译起始区以及蛋白的信号肽编码序列便有利于外源基因的高效表达与分泌。短小芽孢杆菌47株的两个胞壁蛋白编码基因已被克隆并鉴定,它们组成一个 *cwp* 操纵子结构,其5′端的基因表达调控区域在构建短小芽孢杆菌的表达分泌系统中得到广泛应用。例如,以pUB110为基础构建的高效分泌表达型载体pNU210上,安装了短小芽孢杆菌细胞中壁蛋白编码基因的5′区域,内含五个启动子、两套翻译起始位点,且能高拷贝自主复制,其结构如图4-10所示。

#### 2. 利用短小芽孢杆菌生产重组人白介素

虽然目前临床上使用的重组人白细胞介素-2(IL-2)是由大肠杆菌生产的,但用短小芽孢杆菌系统表达这种人体蛋白药物仍具有一定的优势。早期的表达研究是将成熟的IL-2编码序列直接与pNU210的中壁蛋白信号肽编码序列拼接,但重组短小芽孢杆菌只能分泌很少量的IL-2(大约为1 mg/L)。蛋白免疫检测结果发现,在发酵液中存在着大量的IL-2降解片段,而且与细胞膜结合的IL-2前体和成熟蛋白也相当可观,这表明重组质粒上外源基因的表达不存在问题,IL-2的分泌量过低主要是由于发酵液中蛋白酶的降解以及信号肽分泌能力有限所致。为此,采取三项改进措施:一是在发酵过程中添加部分纯化的短小芽孢杆菌蛋白酶抑制剂;二是将疏水性更强的信号肽序列替换原来的中壁蛋白信号肽序列;三是优化培养条件,尤其是在培养基中添加吐温40。经上述改进后,由受体菌表达的重组IL-2大部分存在于发酵液中,其产率可达120 mg/L,而且这种重组IL-2具有天然活性。尽管这种表达水平仅相当于重组大肠杆菌的25%,但由于短小芽孢杆菌分泌的重组蛋白无须复性处理,且分离纯化简单,因此其最终收率反而高于重组大肠杆菌系统。

#### 3. 利用短小芽孢杆菌生产重组人表皮生长因子

表皮生长因子(EGF)是20世纪60年代发现并证实具有刺激表皮等细胞生长的功能蛋白。人的体液如尿液、血液、唾液、泪液、精液、乳汁、胃液、髓液中均含有EGF,其中以尿液、精液、乳汁含量最高,除此之外,EGF还广泛存在于人的甲状腺、胰腺、唾液腺、空肠、十二

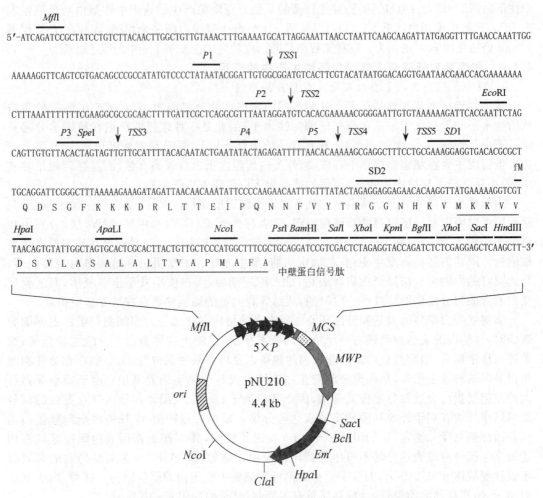

图 4－10　含有短小芽孢杆菌表达分泌元件的 pNU210 质粒图谱

指肠、肾等许多组织和腺体中。由于它具有抗胃酸分泌作用,故又称为抑胃素。有报道认为 EGF 是一种脑肠肽,具有促进神经生长、神经传导和神经递质的功能。临床上主要用于促进伤口愈合及加速移植表皮的生长,此外,促进胃和十二指肠溃疡愈合也已走向应用。

天然的人 EGF(hEGF)是一种由 53 个氨基酸组成的多肽,内含 3 对二硫键,但没有糖基侧链。由大肠杆菌生产的重组 hEGF 已商品化,但利用短小芽孢杆菌系统表达这种多肽仍具有优势,其重组质粒的构建过程如下:将人工合成的成熟 hEGF 编码序列插入 pNU210 上的中壁蛋白信号肽编码序列下游,并保持其阅读框架的正确性,重组质粒转化短小芽孢杆菌 HPD31 株,获得的转化子在最佳培养条件下能分泌 240 mg/L 的重组 hEGF,远比重组大肠杆菌系统高。从细菌培养液中纯化的 hEGF 含有与天然 hEGF 相同的 N 和 C 端序列以及氨基酸组成,而且不经复性处理便具有相应的生物活性,表明分泌的重组多肽具有正确的空间构象。此外,将 hEGF 基因克隆在稳定性能较好的 pHY700 表达质粒上,并转化相同的受体菌,所获得的转化子在稳定期逐步增加 hEGF 的表达量,培养第 6 天时最大产量可达 1.1 g/L。更令人惊奇的是,以短小芽孢杆菌另一个高拷贝的小型隐蔽型质粒为载体表达 hEGF,最终产量可提高到 3 g/L 以上。

在澳大利亚,每年剪下的羊毛高达 2.6 亿澳元,这需要大批剪毛技工。由于 EGF 能使羊毛从根部自行脱落,为此澳大利亚政府批准重组 hEGF 上市,用于羊毛的快速生物收获。

依据他们发明的方法,每只绵羊只需注射 5 mg 由短小芽孢杆菌生产的重组 hEGF,即可在 4～6 周后直接用手去收集羊毛。

### 4.1.7　重组芽孢杆菌在昆虫毒素蛋白生产中的应用

人类从 20 世纪 40 年代起便开始开发并大量使用化学杀虫剂控制有害昆虫,其中最为著名的是早在 19 世纪 70 年代就已合成了的氯代烃 DDT(二氯二苯基三氯乙烷)。这种氯代烃能直接损伤多种昆虫的神经系统和肌肉组织,从而广谱有效地杀死控制各类害虫。但与此同时,人们也认识到大范围、高剂量、长久性使用化学农药所造成的严重后果:一方面,这些化学农药在环境中可稳定存在 15～20 年,高浓度的农药通过食物链迅速为生物体吸收,并直接或间接地给动物和人类带来毒害;另一方面,许多害虫逐渐产生对各种化学农药的抗性,农药的使用量也随之增加,这样便导致恶性循环。

近 30 年来,发展控制和杀灭有害昆虫的新方法已越来越受到人们的重视,其中最引人注目的方法是利用某些细菌和病毒合成生物杀虫剂,其优点是在环境中易降解,对有害昆虫具有较高的选择性,并能在很大程度上降低害虫对之产生的抗药性。在已经开发的生物杀虫剂中,最广泛应用的是苏云金芽孢杆菌的合成产物,其销售额占世界生物杀虫剂总量的 90%～95%,年销售额达到数亿美元。然而,生物杀虫剂的广泛使用对其生产规模及成本造成了巨大压力,利用 DNA 重组技术有望使这个问题从根本上得到解决。

#### 1. 苏云金芽孢杆菌的遗传学特性

苏云金芽孢杆菌 1901 年首次从家蚕体内分离得到,10 年后有人又从面粉飞蛾幼虫中获得这种致病菌并正式为之命名。这种细菌在孢子生成期间合成一种杀昆虫蛋白晶体,后者在孢子成熟细胞裂解后被释放至环境中,整个过程需要 6～8 h。对之敏感的昆虫一旦摄入这种晶体蛋白,便会在 1 h 内停止进食,并在 1～5 h 内死亡。在规模化生产中,通常先从苏云金芽孢杆菌的生长培养液中回收晶体蛋白和孢子,然后制成活性混合物用于田间喷洒。由苏云金芽孢杆菌合成的杀虫剂已经使用了近半个世纪,能有效地维护树木、谷物、棉花、花卉的正常生长,此外这类杀虫剂还被发展用来控制蚊子、苍蝇、蟑螂等有害昆虫的繁殖。苏云金芽孢杆菌的杀虫剂对有害昆虫的作用具有较高的选择性,对哺乳动物、鸟类、鱼类、益虫以及水生无脊椎动植物均无毒性,因此是一种理想的杀虫剂。然而,苏云金芽孢杆菌系统的杀虫剂在农业上的广泛使用也存在着一些限制,其中包括抗虫谱较窄,有时难以抵挡多种昆虫的联合侵害作用;作用效力保持时间短,需要多次重复使用;喷雾液成分中的细菌孢子在一些国家(如日本)会严重影响对苏云金芽孢杆菌敏感的家蚕的养殖。

苏云金芽孢杆菌根据鞭毛抗原的不同分为 30 个亚种,大多数菌株对鳞翅目类幼虫具有杀灭活性,一小部分菌株则对双翅目或鞘翅目类幼虫起作用,也有若干菌株对上述昆虫均无作用。每个亚种,有时甚至同一亚种中的不同株都有相应的特征抗虫谱,可见苏云金芽孢杆菌抗虫蛋白资源的潜力相当可观。苏云金芽孢杆菌杀虫剂的早期开发使用的是野生型菌株,为了扩大其抗虫谱,在大量筛选新菌株的基础上,更重要的是利用 DNA 重组技术克隆晶体蛋白的编码基因,分析其结构与功能之间的关系,构建具有新型抗虫谱的工程杀虫蛋白并大量生产,或者直接构建含毒素晶体蛋白的转基因农作物。

#### 2. 抗昆虫晶体蛋白的性质及其作用机理

有些苏云金芽孢杆菌株能同时合成多种不同的杀虫蛋白组分,其相对分子质量在 27～140 kD 之间,晶体蛋白的不同杀虫谱正是多种蛋白组分性质差异的表现形式。第一个杀虫蛋白编码基因是在 1981 年从苏云金芽孢杆菌 *kurstaki* 亚种的 HD-1 株中克隆的,随后大量相关的基因相继克隆并测序。这些基因通常位于质粒上,依据其氨基酸序列以及杀虫谱的相似性分成五大类,分别用 *cry*I～*cry*V 命名(表 4-6)。*cry*I 类基因又可进一步分成七个亚类(*cry*IA～*cry*IG),三种 CryIA 蛋白之间的氨基酸序列具有 80% 以上的同源性,但与同亚类其他成员的同源性为 40%～70%,与 CryII、CryIII、CryIV 各类蛋白的同源性只有 20%～30%。虽然 CryIA 亚类的三个成员之间存在显著的同源性,但每种蛋白仍显示出杀虫特异性差异,分别对应于一些鳞翅目昆虫的种属。近十年来随着越来越多的毒素晶体蛋白编码基因被鉴定,遂形成了基于 DNA 序列的分类法,它包含 cry1～cry51、cyt1、cyt2 共 53 类,其中 cry 基因 372 种,cyt 基因 24 种。

表 4-6　苏云氏芽孢杆菌杀虫蛋白基因的性质

| 基因种类 | 宿主范围 | 氨基酸数目 | 预计相对分子质量/kD |
|---|---|---|---|
| cryⅠA(a) | L | 1 176 | 133.2 |
| cryⅠA(b) | L | 1 155 | 131.0 |
| cryⅠA(c) | L | 1 178 | 133.3 |
| cryⅠB | L | 1 207 | 138.0 |
| cryⅠC(a) | L | 1 189 | 134.8 |
| cryⅠC(b) | L | 1 177 | 134.0 |
| cryⅠD | L | 1 165 | 132.5 |
| cryⅠE | L | 1 171 | 133.2 |
| cryⅠF | L | 1 174 | 133.6 |
| cryⅠG | L | 1 156 | 129.7 |
| cryⅡA | L/D | 633 | 70.9 |
| cryⅡB | L | 633 | 70.8 |
| cryⅢA | C | 644 | 73.1 |
| cryⅢB | C | 651 | 74.2 |
| cryⅢC | C | 652 | 74.4 |
| cryⅢD | C | 649 | 73.0 |
| cryⅣA | D | 1 180 | 134.4 |
| cryⅣB | D | 1 136 | 127.8 |
| cryⅣC | D | 675 | 77.8 |
| cryⅣD | D | 643 | 72.4 |
| cytA | D | 248 | 27.4 |
| cryV | L/C | | 81 |

注:L—Lepidoptera,鳞翅目;D—Diptera,双翅目;C—Coleoptera,鞘翅目。

苏云金芽孢杆菌合成的杀虫蛋白在细胞内是一种结构庞大的多聚晶体(图 4-11),其含量相当于孢子培养物干重的 20%～30%,其中 95% 为蛋白质,剩余的则是碳水化合物。这种多聚晶体结构由单一种类的蛋白质集聚而成,用弱碱处理,可将其解离成相对分子质量大约为 250 kD 的亚基,每个亚基大约含有 20 个葡萄糖分子和 10 个甘露糖分子。这些亚基在体外又可用 β-巯基乙醇将之解离为两个相对分子质量为 130 kD 的相同多肽链。多聚晶体结构并无杀虫活性,只是一种毒素原,当敏感型昆虫的幼虫摄入这种多聚晶体后,便被幼虫消化道中的碱性(pH 7.5～8.0)溶液溶解,随之消化液中的特异性蛋白酶将这个毒素原分子加工成具有蛋白酶抗性的杀虫活性片段(约 60～68 kD)。后者插入幼虫消化道的上表细胞膜上,形成一个独特的毒素蛋白离子通道,从而导致上表细胞内 ATP 的大量流失;离子通道形成后的大约 15 min,细胞内代谢中止,幼虫停止进食,最终衰竭致死。由于毒素原转化为活性毒素蛋白需要碱性 pH 环境和特异性的蛋白酶系统,所以人类和动物对之并不敏感。

用胰蛋白酶处理来自苏云金芽孢杆菌 dendrolimus 亚种的杀虫蛋白,其 N 端的一半肽段仍具有完整的杀虫活性,表明杀虫功能域处于 N 端。对苏云金芽孢杆菌 *kurstaki* 亚种 HD-73 株合成的相应蛋白(CryIAc)进行更为深入的研究,发现其活性片段精确定位于 Ile-29 和 Lys-623 之间。CryII、CryIII、CryIVC/CryIVD 类杀虫蛋白的相对分子质量都在 70 kD 左右,比 CryI 蛋白小了近一倍,氨基酸序列分析结果表明,CryII、CryIII、CryIVC、CryIVD 与 CryIA 的 N 端肽段同源,但缺少 CryIA C 端的相应区域。上述结果证实,几乎所有的杀虫蛋白在其功能区域都是同源的,尽管它们的分子大小相差很大。

苏云金芽孢杆菌产生的杀虫蛋白在使用剂量及投药时间上有着严格的限制,因为在环境条件下毒素原的半衰期很短。这种蛋白对日光显得较为敏感,在正常条件下,日光可在 24 h 之内破坏毒素蛋白中 60% 的色氨酸残基。此特性虽然不利于投药操作,并加大了用药量,但同时在很大程度上也降低了昆虫产生抗药性的可能性。

3. 重组苏云金芽孢杆菌的构建

苏云金芽孢杆菌 *kurstaki* 亚种含有七种不同大小的质粒,其大小分别为 2.0 kb、7.4 kb、7.8 kb、8.2 kb、14.4 kb、45 kb、71 kb,后者含有毒素蛋白编码基因。在原始实验中,将质粒 DNA 的混合物构建基因组文库,然后采取免疫杂交法筛选到毒素蛋白基因。苏云金芽孢杆菌 *kurstaki* 亚种 HD-1(Dipel)株的 *cry*IAa 基因在体内由两个启动子控制转录启动,两者仅相隔 16 bp,而且在细菌孢子形成期间以不同的方式被

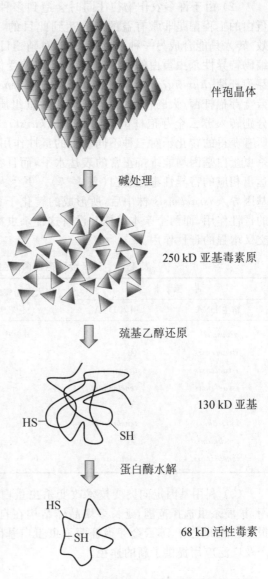

伴孢晶体

碱处理

250 kD 亚基毒素原

巯基乙醇还原

130 kD 亚基

HS—　　　—SH

蛋白酶水解

HS

SH

68 kD 活性毒素

**图 4-11　苏云金芽孢杆菌杀虫蛋白的加工过程**

激活。所有 *cry*IA 基因的启动子序列均是保守的,识别这些启动子的两种细菌 RNA 聚合酶分别含有 35 kD 和 28 kD 的 σ 因子,它们均有别于细菌初级代谢中发挥作用的 σ 因子。编码这两个 σ 因子的基因已被克隆并测序,比较结果表明它们与枯草芽孢杆菌的孢子生成特异性 σ 因子($\sigma^E$ 和 $\sigma^K$)具有显著的同源性,并能互补枯草芽孢杆菌的相应突变株。在分析杀虫蛋白编码基因表达调控原理的基础上,重组苏云金芽孢杆菌的构建可从以下三个方面入手:

(1)为了提高苏云金芽孢杆菌合成杀虫蛋白的效率,可用枯草芽孢杆菌的初级代谢启动子取代杀虫蛋白基因的自身启动子,构建出的重组分子转入苏云金芽孢杆菌细胞内,使之在细菌的整个生长周期中全程表达。重组菌采用连续发酵,可以大幅度提高杀虫蛋白的产率,降低生产成本。也可将这种重组分子转入孢子形成缺陷的苏云金芽孢杆菌突变株内,在此条件下,杀虫蛋白的合成远比野生菌更有效。

（2）由于许多农作物往往同时会遭到多种害虫的侵袭，因此构建一株能产生多价杀虫蛋白的工程菌是非常有益的。为达到此目的，可将一种杀虫蛋白基因（如对双翅目昆虫特效）转入只能合成另一种杀虫蛋白（如对鞘翅目昆虫有效）的苏云金芽孢杆菌中，也可将两种编码特异性杀虫蛋白的基因融合在一起，使受体菌合成一种双价杀虫蛋白。例如，将苏云金芽孢杆菌 *thuringiensis* 亚种 *aizawai* 株和 *tenebrionis* 株的两个杀虫蛋白基因克隆在一个苏云金芽孢杆菌/大肠杆菌的穿梭质粒上，重组质粒在大肠杆菌中扩增后，采用电穿孔法将之分别转入苏云金芽孢杆菌的 *aizawai*、*kurstaki*、*tenebrionis* 以及 *israelensis* 各株，然后测试所有获得的转化子对三种不同幼虫的毒性作用。结果显示，在各种转化子中，宿主内源性的杀虫蛋白基因均能维持正常的表达水平，而且在大多数情况下，导入的杀虫蛋白基因也能表达出相应的特异性毒性蛋白（表 4-7）。更令人感兴趣的是，当 *tenebrionis* 来源的杀虫蛋白基因导入 *israelensis* 株中后，所形成的转化子竟对侵袭卷心菜等的白蝴蝶也产生一定程度的毒性作用，而两个亲本菌株并没有这种杀虫特性，这说明两种或多种杀虫蛋白之间存在着交叉增强的毒性作用。

**表 4-7　苏云金芽孢杆菌野生株与转化子抗昆虫毒力比较**

| 毒　素　来　源 | | 对大菜粉蝶的毒性（*Pieris*） | 对蚊子的毒性（*Aedes*） | 对甲虫的毒性（*Phaedon*） |
|---|---|---|---|---|
| 宿主 DNA | 引入 DNA | | | |
| *aizuwai* | 无 | ＋＋ | ＋ | － |
| *israelensis* | 无 | － | ＋＋ | － |
| *israelensis* | *aizuwai* | ＋＋ | ＋＋ | － |
| *israelensis* | *tenebrionis* | ＋ | ＋＋ | ＋＋ |
| *kurstaki* | 无 | ＋＋ | － | － |
| *kurstaki* | *tenebrionis* | ＋＋ | ＋ | ＋＋ |
| *tenebrionis* | 无 | － | － | ＋＋ |
| *tenebrionis* | *aizuwai* | ＋＋ | ＋ | ＋＋ |

（3）利用基因定向突变技术改变杀虫蛋白的氨基酸序列，也可增强杀虫蛋白的毒性作用，扩展杀虫选择范围，延长多聚晶体结构在自然环境中的半衰期，这方面的成功例子多有报道。除此之外，苏云金芽孢杆菌杀虫蛋白基因在其他生物细胞中的表达也为其大规模生产及广泛应用提供了新的途径。

# 4.2　棒状杆菌基因工程

氨基酸具有极其广泛的用途，在食品工业中用作助鲜剂（如味精）、抗氧化剂和营养补充剂；在畜牧业中用作饲料添加剂；在医学中用于手术后的输液治疗；而在化学工业中则用作许多聚合物及化妆品生产的合成原料（表 4-8）。全世界每年的氨基酸总产量接近 500 万吨，其中谷氨酸钠的产量占了氨基酸总产量的一半以上。氨基酸的大规模工业化生产主要有蛋白质降解和微生物发酵两种方法。微生物发酵生产氨基酸通常使用棒状杆菌，主要包括棒杆菌属（*Corynebacterium*）和短杆菌属（*Brevibacterium*）。这两大类细菌都是不产孢子、不能游动、短杆形状、生物素依赖型的革兰氏阳性菌，其中最重要的是非致病性的谷氨酸棒杆菌（*Corynebacterium glutamicum*），在最佳培养条件下，该菌种能在几天内将 100 g/L 的葡萄糖转化为 60 g/L 的谷氨酸。随着组学研究和系统代谢工程技术的深入展开，多种性能优异的谷氨酸棒杆菌基因工程菌株得以构建并投入应用，在生产效能大幅度提升的同时，还大大扩展了 L-型氨基酸的生产范围（图 4-12）。

表 4-8　氨基酸的基本用途

| 氨基酸 | 用　途 | 氨基酸 | 用　途 |
|---|---|---|---|
| Ala(A) | 增香剂 | Leu(L) | 浸剂 |
| Arg(R) | 治疗肝病 | Lys(K) | 饲料添加剂,食品添加剂 |
| Asn(N) | 治疗白血病 | Met(M) | 饲料添加剂 |
| Asp(D) | 增香剂,合成增甜剂 | Phe(F) | 浸剂,合成增甜剂 |
| Cys(C) | 生产面包,治疗支气管炎,抗氧化剂 | Pro(P) | 浸剂 |
| Gln(Q) | 治疗溃疡 | Ser(S) | 化妆品添加剂 |
| Glu(E) | 增鲜剂,增香剂 | Thr(T) | 饲料添加剂 |
| Gly(G) | 合成增甜剂 | Trp(W) | 浸剂,抗氧化剂 |
| His(H) | 治疗溃疡,抗氧化剂 | Tyr(Y) | 浸剂,合成多巴胺 |
| Ile(I) | 浸剂 | Val(V) | 浸剂 |

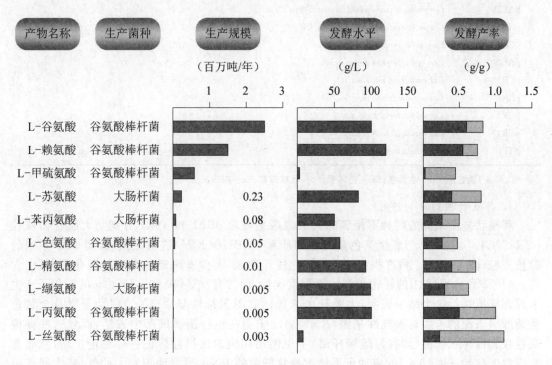

注:此处的发酵产率是指氨基酸与葡萄糖的质量之比。L-谷氨酸、L-色氨酸、L-缬氨酸的数据来自传统生产菌。

图 4-12　微生物发酵法生产 L-氨基酸的现状

### 4.2.1　棒状杆菌的载体克隆系统

　　棒状杆菌含有大量的野生隐蔽型质粒,早期分离鉴定的几个代表性质粒,如来自产乳酸短杆菌(*Brevibacterium lactofermentum*)ATCC21798 株的 pBL1(4.4 kb,又称pAM330)、谷氨酸棒杆菌 ATCC19223 株的 pSR1(3.1 kb,又称 pHM1519)以及凯鲁那棒杆菌(*Corynebacterium callunae*)的 pCC1(4.2 kb),均不含有任何抗药性基因;只有少数野生型质粒携带选择性标记基因,但它们往往相对分子质量过大而不能直接用作克隆载体(表 4-9)。因此,以上述野生型质粒为基础,构建一系列具有特殊功能的棒状杆菌克隆表达载体十分必要。

表 4 - 9 存在于棒状杆菌中的野生型质粒

| 质粒名称 | 宿主菌种 | 大小/kb | 抗性标记 |
|---|---|---|---|
| pX18 | *Brevibacterium lactofermentum* ATCC 21086 | 4.5 | — |
| pBL1 | *Brevibacterium lactofermentum* ATCC 21798 | 4.4 | — |
| pBL100 | *Brevibacterium linens* CECT75 | 7.5 | — |
| pRBL1 | *Brevibacterium linens* RBL | 8.0 | — |
| pCC1 | *Corynebacterium callunae* NRRL B2244 | 4.2 | — |
| pNG2 | *Corynebacterium diphtheriae* | 14.4 | Em |
| pDG101 | *Corynebacterium flaccumfaciens* subsp. *oorti* | 69.0 | 砷酸盐,亚砷酸盐,锑 |
| pXZ10145 | *Corynebacterium glutamicum* | 5.3 | Cm |
| pSR1 | *Corynebacterium glutamicum* ATCC 19223 | 3.1 | — |
| pCG4 | *Corynebacterium glutamicum* ATCC 31830 | 29.0 | Sm,Sp |
| pCG2 | *Corynebacterium glutamicum* ATCC 31832 | 6.8 | — |
| pAL286 | *Corynebacterium glutamicum* Ferm P5485 | 4.4 | — |
| pGA1 | *Corynebacterium glutamicum* LP - 6 | 4.8 | — |
| pCL1 | *Corynebacterium lilium* | 4.1 | — |
| pAG1 | *Corynebacterium melassecola* | 20.4 | Tc |
| pCR1 | *Corynebacterium renale* | 1.4 | — |
| pCR2 | *Corynebacterium renale* | 3.2 | — |
| pCR3 | *Corynebacterium renale* | 4.4 | — |
| pCR4 | *Corynebacterium renale* | 5.7 | — |
| pTP10 | *Corynebacterium xerosis* | 45.0 | Tc,Cm,Em,Sm |

注：Cm—氯霉素；Em—红霉素；Sm—链霉素；Sp—壮观霉素；Tc—四环素。

### 1. 棒状杆菌的穿梭质粒

将棒状杆菌来源的两种不相容的天然隐蔽型质粒 pBL1 和 pSR1 分别与大肠杆菌质粒 pBR325($Ap^r$、$Cm^r$、$Tc^r$)和金黄色葡萄球菌质粒 pUB110($Km^r$)进行重组,获得 pAJ 系列的穿梭质粒(图 4 - 13)。将这些穿梭质粒转化短杆菌属,至少发现四种类型的转化子,其中含有 pAJ655 和 pAJ1844 的转化子产生氯霉素抗性,而含有 pAJ440 和 pAJ1629 的转化子产生卡那霉素抗性。这个结果表明,大肠杆菌来源的氯霉素抗性基因($Cm^r$)启动子以及金黄色葡萄球菌来源的卡那霉素抗性基因($Km^r$)启动子能在短杆菌属细菌中表达,而且这些穿梭质粒在其他棒状杆菌(如谷氨酸棒杆菌)中也能用相应的选择性标记进行稳定扩增,然而氨苄青霉素抗性基因($Ap^r$)的启动子不能被棒状杆菌的 RNA 聚合酶识别。此外,将大肠杆菌质粒 pBR329 的氨苄青霉素抗性基因以及链霉的硫链丝菌素抗性基因($tsr$)导入凯鲁那棒杆菌野生型质粒 pCC1 中,成功构建了 pUL210 质粒;将谷氨酸棒杆菌野生型质粒 pSR1 和 pCG2 与大肠杆菌质粒 pGA22($Ap^r$、$Cm^r$、$Tc^r$、$Km^r$)进行重组,可获得穿梭质粒 pCE51～pCE54;将 pSR1 与枯草芽孢杆菌质粒 pBD10($Cm^r$、$Em^r$、$Km^r$)合并,则形成穿梭质粒 pHY416($Cm^r$、$Km^r$)。上述穿梭质粒的一个显著特征是分子过大,因此在多轮复制过程中容易发生自发性缺失突变,形成相对分子质量较小的质粒,例如由 pAJ655(10.4 kb)自发突变产生的质粒 pAJ43 只剩下 $Cm^r$ 一个选择标记,分子缺失了一半(5.1 kb),显然不再具有穿梭复制功能,但它却是较为理想的克隆载体。

### 2. 棒状杆菌的启动子探针质粒

为了克隆或检查各种内源型和外源型启动子在棒状杆菌中介导基因转录启动的活性,一系列的启动子探针质粒构建成功。它们均选用便于定量测定的无启动子功能基因

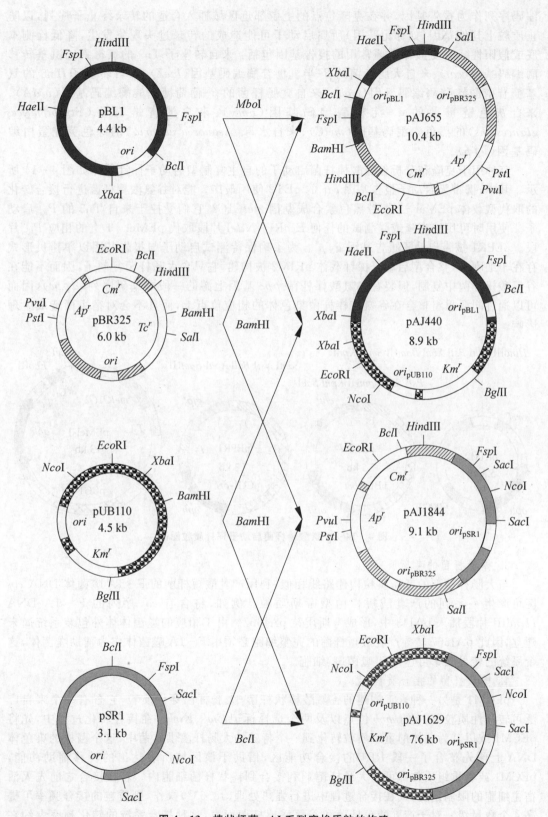

图 4 - 13　棒状杆菌 pAJ 系列穿梭质粒的构建

编码序列作为报告基因,并在克隆位点的上游邻近区域插入合适的转录终止子序列,以防止质粒上其他基因(如标记基因)所属启动子可能造成的转录过头现象发生,降低检测本底或假阳性。谷氨酸棒杆菌常用的报告基因包括:来自转座子 Tn9 的氯霉素乙酰基转移酶编码基因($cat$)、来自大肠杆菌的 $\beta$-半乳糖苷酶编码基因($lacZ$)、来自转座子 Tn5 的氨基糖苷磷酸转移酶编码基因($aph$)、来自大肠杆菌的 $\beta$-葡萄糖醛酸酶编码基因($uidA$)、来自灰色链霉菌的 $\alpha$-淀粉酶编码基因($amy$)、来自淡青链霉菌(*Streptomyces glaucescens*)的黑色素编码基因($melC$)、来自水母(*Aequorea victoria*)的绿色荧光蛋白编码基因($gfp$)。

三种用于克隆和分析谷氨酸棒杆菌启动子的自主复制型启动子探针载体如图 4-14 所示。其中,携带无启动子报告基因 $cat'$ 的 pET2 使用最广。能对谷氨酸棒杆菌进行接合转化的取代型载体 pEMel-1 携带黑色素合成基因 $melC1C2$,它们受控于来自 Tn5 的 $P_{\mathrm{Km}}$ 启动子。使用时可用待克隆或受测试的任何 $Eco$RI-$Nde$I 片段取代 pEMel-1 上的相应 $P_{\mathrm{Km}}$ 片段。pEPR1 携带启动子报告基因 $gfp'$。为了确保待测试启动子与报告基因以单拷贝形式存在于细胞中,整合型启动子探针载体 pRIM2 被构建,它只含大肠杆菌复制子,因而不能在谷氨酸棒杆菌中复制,但装有谷氨酸棒杆菌 $ppc$ 基因上游的一段非编码序列($dppc$),因而可以通过同源重组整合在谷氨酸棒杆菌染色体的相应位点上,而且不会对宿主菌造成生理影响。

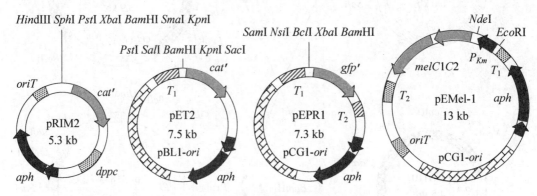

**图 4-14 谷氨酸棒杆菌启动子探针质粒图谱**

**3. 棒状杆菌的考斯质粒**

与大肠杆菌型的考斯质粒构建路线相似,利用产乳酸短杆菌的 F-1A 噬菌体 DNA $cos$ 区可产生一系列的产乳酸短杆菌型考斯质粒。例如,将含有 $cos$ 序列的 F-1A DNA $Hind$III 片段插入 pAJ43 中,形成考斯质粒 pAJ667。由于相应的噬菌体体外包装系统尚未建立,因此 pAJ667 转导产乳酸短杆菌的完整细胞必须用 F-1A 噬菌体作为辅助噬菌体,这个系统的转导频率可达 $10^{-4}$ 噬菌斑/细胞。

**4. 棒状杆菌的接合质粒**

pECM1 是另一种人工构建的谷氨酸棒状杆菌-大肠杆菌穿梭质粒,它含有一个来自广泛可转移性质粒 RP4 的 $mob$ 位点以及两个选择标记 $Cm^r$、$Km^r$。在接合转化过程中,先将 pECM1 或以其为载体的重组质粒转化到一个特殊的大肠杆菌供体菌中,这个菌株的染色体 DNA 上预先整合了一段 RP4 的接合功能区,借助于该区域所表达出的转移辅助功能,pECM1 或者重组质粒即可从大肠杆菌顺利接合到棒状杆菌细胞内。若在接合之前先灭活宿主细胞的限制系统,或在接合过程中进行强热处理(48.5℃)操作,则质粒的接合频率可提高 4 个数量级。对于产乳酸短杆菌和谷氨酸棒杆菌而言,这种接合系统的转化频率大约在 $10^{-4} \sim 10^{-2}$ 个/供体细胞,然而对于短杆菌属其他的菌种如黄色短杆菌(*Brevibacterium flavum*)和产氨短杆菌(*Brevibacterium ammoniagenes*)等，相应的接合频率为前两种菌的1/1 000。

### 4.2.2　棒状杆菌的基因表达系统

相对 mRNA 的翻译调控而言，无论是内源基因还是外源基因，棒状杆菌细胞中的转录启动都是更为关键的步骤。2003 年谷氨酸棒杆菌 ATCC13032 株完整基因组的测序，使得棒状杆菌启动子及其对应的转录调控因子的结构解析和基因表达调控网络的构筑成为可能，这在很大程度上为棒状杆菌的基因工程设计与操作奠定了坚实的基础。

1. 谷氨酸棒杆菌启动子的结构特征

RNA 聚合酶全酶中的 σ 因子负责识别相应的启动子序列，据此可对启动子进行分类。谷氨酸棒杆菌的基因组编码 7 种不同类型的 σ 因子(它们均属于 $\sigma^{70}$ 型)，即 $\sigma^A$、$\sigma^B$、$\sigma^C$、$\sigma^D$、$\sigma^E$、$\sigma^H$、$\sigma^M$。其中，$\sigma^A$ 识别谷氨酸棒杆菌持家基因所属的启动子，虽然这些启动子−35 区和−10 区关键的特异性基序因所属基因不同而呈现广泛的可变性，但其保守序列的框架相对固定。其他的 σ 因子所控制的谷氨酸棒杆菌启动子大多数是压力诱导型的，尽管 $\sigma^B$、$\sigma^H$、$\sigma^M$ 依赖型的启动子已被分析得相当清楚，但其新的特征仍在不断被鉴定。

(1) 持家基因启动子。谷氨酸棒杆菌持家基因启动子的基本结构与大肠杆菌及其他细菌为基本 σ 因子所识别的启动子类似，也含有−35 和−10 基序。统计学分析显示，159 个推测属于 $\sigma^A$ 依赖型的谷氨酸棒杆菌启动子关键基序基本上由−35 区的 TTGNCA 和扩展型−10 区的 GNTANANTNG 构成。扩展型−10 区的六碱基基序为 TANANT，其中前两位的 TA 和最后一位的 T 碱基存在于 80% 以上的受调查启动子中，其他碱基出现的频率也高于 35%。谷氨酸棒杆菌−35 区的序列比大肠杆菌启动子的保守性要低得多，甚至在很多谷氨酸棒杆菌启动子中不能识别。然而需要特别指出的是，持家基因启动子的统计学保守性序列未必代表最强的启动子，因为启动子的结构及其强度的演化目的是增强细胞的适应度而非获得最高的基因表达效率。与大肠杆菌相似，谷氨酸棒杆菌启动子的其他并不保守的元件也可能影响其转录启动活性。例如，谷氨酸棒杆菌启动子扩展型−10 区内 TG 二聚体的存在也能增加启动子的强度。因此，可将扩展型−10 基序 TGNTATAATNG 和−35 基序 TTGA/CCA 视为谷氨酸棒杆菌最强的核心启动子元件。当然，即便 σ 因子与这两个最优化的元件结合，也不能保证外源基因在谷氨酸棒杆菌细胞中必定获得最高的转录效率。

(2) 压力诱导型启动子。很多谷氨酸棒杆菌基因的表达受控 $\sigma^H$ 和 $\sigma^M$，这些基因中的大多数涉及细胞对限制性生长(静止期或响应各种压力，如冷热休克、氧化压力、细胞表面压力等)的适应性。$\sigma^H$ 依赖型启动子形成一个最大的压力诱导型启动子家族，它们大都通过野生株、*sigH*($\sigma^H$ 编码基因)过表达株、*sigH* 缺失株或 *rshA*(抗 $\sigma^H$ 蛋白 RshA 编码基因)缺失株的差示表达微阵列而被鉴定。大多数受 $\sigma^H$ 调控的基因参与热休克应答。由 45 个 $\sigma^H$ 调控型启动子的结构比对所提取的保守序列显示，$GGAAN_{18\sim21}GTT$ 构成保守区域的核心，除了第二个 A 发现于 88% 的启动子外，其他碱基的出现频率均在 97%～100% 内。这一保守序列也存在于分枝杆菌和链霉菌的压力应答基因所属启动子中。谷氨酸棒杆菌 $\sigma^H$ 特异性启动子保守序列扩展形式的其他碱基如−35 区的 G/TGGAAT/CA/T 和−10 区的 C/TGTTG/AA/TA/T 则保守性很差(存在于 40% 以上的启动子)。$\sigma^H$ 特异性启动子目前尚未被用于构建谷氨酸棒杆菌基因工程菌，然而它们在基因表达的热诱导性方面已受到关注。

至少有四个谷氨酸棒杆菌的 $\sigma^M$ 特异性启动子被鉴定。但这些参与氧化压力响应的基因及其启动子同样也呈 $\sigma^H$ 依赖性。由于 $\sigma^M$ 编码基因所属的启动子 $P_{sigM}$ 也为 $\sigma^H$ 所识别，因此这些基因对 $\sigma^H$ 的依赖性可能是间接的。

(3) $\sigma^B$ 依赖型启动子。虽然大量观察表明 $\sigma^A$ 负责转录持家基因,但无论是在有氧还是厌氧条件下,谷氨酸棒杆菌对数生长期的葡萄糖代谢编码基因却被发现由 $\sigma^B$ 控制的启动子介导表达。也就是说,至少一部分的谷氨酸棒杆菌持家基因是从 $\sigma^B$ 依赖型启动子处转录的。此外,在谷氨酸棒杆菌由对数期转换至静止期的过程中表达最高的一些基因也呈 $\sigma^B$ 依赖性,它们负责压力防卫、物质运输、氨基酸代谢和调控过程。对 13 个 $\sigma^B$ 特异性启动子的结构分析发现,$\sigma^B$ 特异性启动子的 $-10$ 区序列与 $\sigma^A$ 特异性启动子的 $-10$ 区序列很相似,至少有些 $\sigma^A$ 特异性启动子在体内特定生理条件下也可以为 $\sigma^B$ 所识别。因此,$\sigma^B$ 不只是一个用于不利环境的备用因子,而且也是谷氨酸棒杆菌快速生长期中识别某些持家基因启动子的第二套装置。$\sigma^B$ 特异性的启动子因此可以用来提升目的基因在各种压力条件或限制性生长条件下的表达,这对构建谷氨酸棒状杆菌的基因工程菌具有较高的实用价值。

2. 谷氨酸棒杆菌的转录调控因子

转录调控因子(TR,包括激活因子和阻遏因子)能与启动子区域内的 DNA 特定序列(如操作子)结合。谷氨酸棒杆菌的 TR 根据其所调控的等级水平可分为全局型、主要型、局部型 3 种类型。基于网络的分析平台 CoryneRegNet 包含了 159 种谷氨酸棒杆菌 TR 及其调控的相互作用。现有数据显示,谷氨酸棒杆菌大多数基因为各种 TR 所调控,而且 158 个基因受两种 TR 调控,46 个基因受 3 种 TR 调控,15 个基因受 4 种甚至 5 种 TR 调控。很多谷氨酸棒杆菌的启动子区域因此携带多重 TR 识别结合位点。截止到 2012 年,共有 452 种 TR 的 DNA 结合基序被实验和信息生物学程序所鉴定。单个启动子的时序性转录谱来自若干种 TR 的综合效应,从而确保细胞对环境和代谢变化的精确应答。

信息生物学预测与电泳凝胶阻滞实验相结合,可将 GlxR(CRP 家族)定义为谷氨酸棒杆菌的一种全局型调控因子,它能调控大约 14% 的已注释基因。采用染色质免疫沉淀与微阵列分析相结合(ChIP - chip)的方法,在谷氨酸棒杆菌的基因组中共发现 209 个 GlxR 的结合位点,与信息生物学预测的结果高度吻合,而且启动子-报告基因分析系统也肯定了 GlxR 对报告基因表达的激活效应。操作子序列的位点特异性诱变能够确定单个碱基在 TR 介导的基因表达控制中的作用,采用这种精细的分析程序,先后揭示了转录调控因子 LldR 控制谷氨酸棒杆菌乳酸脱氢酶编码基因 *lldD* 的表达机制,以及转录调控因子 RamA、RamB、GlxR 调控谷氨酸棒杆菌复苏促进因子编码基因 *rpf2* 转录的复杂模式。

3. 谷氨酸棒杆菌基因的表达调控

根据介导基因转录调控模式的不同,谷氨酸棒杆菌的启动子可分为组成型、诱导型、修饰型三大类。

(1) 组成型启动子

在基因工程菌构建中,谷氨酸棒杆菌天然的强组成型启动子被用来组建表达质粒或取代染色体上特定基因的天然启动子。由谷氨酸棒杆菌分泌型表层蛋白 PS2 编码 *cspB* 基因所属的组成型启动子构建的谷氨酸棒状杆菌-大肠杆菌穿梭表达载体 pCC,可用作构建克隆基因表达产物分泌或细胞表面展示的衍生载体的蓝本。甘油醛 - 3 - 磷酸脱氢酶编码基因 *gapA* 以及翻译延伸因子 EF - Tu 编码基因 *tuf* 所属的强组成型启动子,也广泛用于内源或外源基因的高效表达。用超氧化物歧化酶编码基因 *sod* 和 *tuf* 所属的强组成型启动子置换谷氨酸棒杆菌染色体上特定基因的天然启动子,可以获得产 L-赖氨酸、二氨基戊烷、琥珀酸等稳定高效且无质粒的菌株。

(2) 诱导型启动子

诱导型启动子是控制基因表达的有力工具,也是构建表达载体至关重要的元件。谷氨酸棒杆菌绝大部分的表达载体均使用某些异源的可诱导启动子,包括 $\lambda$ 噬菌体的热诱导型启动子 $P_R P_L$ 以及大肠杆菌的 IPTG 诱导型启动子 $P_{lac}$、$P_{tac}$、$P_{trc}$。含有这些启动子的大肠杆菌-谷氨酸棒杆菌穿梭表达载体已构建了很多,其中 IPTG 诱导型启动子在实验室成功用于控制谷氨酸棒杆菌基因的高效表达,但因诱导剂价格高昂而不适合大规模工业化应用。因此,开发选用其他高效且廉价的诱导剂一直是基因工程应用的需要。

阿拉伯糖诱导表达系统已被开发且大规模应用。该系统基于大肠杆菌 L-阿拉伯糖操纵子所属启动子 $P_{araBAD}$ 在谷氨酸棒杆菌中的功能通用性,并由大肠杆菌 $araC$ 和 $araE$ 基因组成,两者分别编码一种正调控因子和 L-阿拉伯糖转运子。L-阿拉伯糖在很广泛的浓度范围内均可诱导基因的表达。

异源启动子和谷氨酸棒杆菌内源启动子均被用来构建受严密调控的四环素诱导型表达系统。在表达载体 pCLTON1 中,将目的基因插在一种修饰型的枯草芽孢杆菌启动子 $P_{tet}$ 下游,后者在四环素缺席时被阻遏因子 TetR 严密阻遏,而 TetR 的编码基因则由谷氨酸棒杆菌强组成型启动子 $P_{gapA}$ 在同一质粒上介导表达。在另一个表达载体 pCeHEMG 中,采用 λ噬菌体的操作子 $O_{L1}$ 与产氨棒杆菌(Corynebacterium ammoniagenes)中介导基因组成型表达的启动子 CJ1 和 CJ4 融合(CJ1 和 CJ4 也能在谷氨酸棒状杆菌中有效工作),并连同 His-tag、肠激酶(EK)识别切割位点、MCS 编码序列、温度敏感型 $cI857$ 基因一起克隆在 pCES208 质粒上。这种 pCeHEMG(CJ1OX2G-CJ1cI857-MCS-His$_6$-EK,$Km^r$)在 42℃时能有效诱导外源基因在谷氨酸棒杆菌中高效表达。

迄今也有少数谷氨酸棒杆菌天然的可诱导型启动子用于控制基因的高效表达,包括乙酸诱导型 $P_{pta-ack}$、葡萄糖醛酸诱导型 $P_{git1}$、麦芽糖诱导型 $P_{malE1}$、丙酸诱导型 $P_{prpD2}$。其中,丙酸在 PrpR 激活因子的存在下可强烈诱导操纵子 $prpDBC2$(编码 2-甲基柠檬酸循环)所属的启动子 $P_{prpD2}$,这一表达系统无论是在实验室研究还是在工业大规模应用中都非常实用,因为它只需要极少量(1 mg/L)且廉价的丙酸诱导剂,而且在最小培养基和复合生长培养基中均适用。此外,由于丙酸能为细胞所消耗,因此当丙酸被耗尽时转录会突然下跌。该系统已成功用于构建高产 L-赖氨酸的谷氨酸棒杆菌工程菌。

新近建立起来的用于谷氨酸棒杆菌单细胞内氨基酸浓度可视化的生物传感器,是谷氨酸棒杆菌可诱导型启动子的全新应用。在这些系统中,氨基酸浓度的增加与一种正调控型 TR(作为一种天然传感器)相互作用,进而激活相应的启动子以及一个可定量化的报告基因表达。两种这样的谷氨酸棒杆菌生物传感器系统使用报告基因 $eyfp$,后者编码增强型黄色荧光蛋白,可由荧光激活型细胞分拣系统(FACS)检测。其中,一个系统依靠转录调控因子 Lrp 感应支链氨基酸(如苏氨酸、缬氨酸、异亮氨酸等)和甲硫氨酸,而 $brnEF$ 基因(编码一种二元氨基酸外输子)所属的启动子则位于报告基因 $eyfp$ 的上游,如图 4-15 所示。另一个系统则通过 LysG 转录激活因子(作为传感器)感应 L-赖氨酸的浓度,并将 $lysE$ 基因(编码一种碱性氨基酸外输子)所属启动子置于报告基因 $eyfp$ 的上游。

（3）修饰型启动子

除了上述天然启动子外,采取启动子序列特异性点突变策略构建而成的修饰型启动子也被用于谷氨酸棒杆菌基因表达的优化控制。在-35 区 6 碱基对和扩展型-10 区内特定碱基改变的谷氨酸棒杆菌突变型启动子列在表 4-10 中。通过二氢甲基吡啶酸合成酶编码基因 $dapA$ 所属的谷氨酸棒杆菌启动子位点特异性突变可构建一系列强度各异的启动子。单碱基突变型 $P_{dapA}$ 的分析显示,-10 区和-35 区启动子序列中各碱基与启动子活性之间存在显著关联性,这为鉴定谷氨酸棒杆菌持家型启动子的保守序列提供了有价值的信息,其中的一些突变型 $P_{dapA}$ 已被用来控制优化 L-赖氨酸或丁二胺生产的基因表达。研究发现,将表 4-10 中强突变型启动子 $P_{dapAMC20}$ 或 $P_{dapAMA16}$ 与单拷贝的 $dapA$ 基因一同导入染色体上,可使谷氨酸棒杆菌的 L-赖氨酸产量显著增加。另外,表 4-10 所列的弱突变型启动子 $P_{dapAB6}$ 也被用来介导 $argF$ 基因(鸟氨酸氨甲酰基转移酶)的转录启动,如果更换其翻译起始细胞内氨基酸浓度低于一定阈值，不发射荧光：　　　　细胞内氨基酸浓度高于一定阈值，荧光发射：

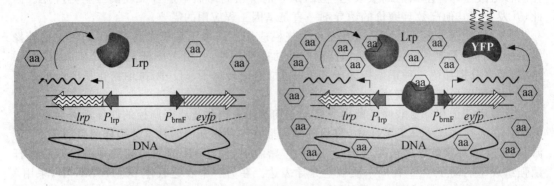

**图 4-15　基于诱导型启动子的谷氨酸棒杆菌单细胞内氨基酸浓度可视化检测系统**

密码子和/或核糖体结合位点，则 *argF* 基因的表达会进一步得以改善，由此构建出的工程菌产丁二胺的量是迄今为止所有谷氨酸棒杆菌菌株中最高的。表 4-10 所列的一组八个突变型 $P_{dapA}$（除了野生型 $P_{dapA}$ 外）已被用于实现谷氨酸棒杆菌柠檬酸合成酶编码基因 *gltA* 的梯度型表达，由此获得的一组重组菌逐步降低柠檬酸合成酶的活性，而 L-赖氨酸的合成水平与柠檬酸合成酶活性的变化成反比。采取这一策略，谷氨酸棒杆菌重组菌在含葡萄糖的最小培养基中生产 L-赖氨酸的水平迄今为止最高。

**表 4-10　谷氨酸棒杆菌突变型启动子的生物学效应**

| 启动子名称 | 基因编码产物 | -35 区序列 | -10 区序列（扩展型） | 突变效应 |
| --- | --- | --- | --- | --- |
| $P_{dapA\ WT}$ | 二氢甲基吡啶酸合成酶 | TAACCC | AGGTAACCTTG | 对照 |
| $P_{dapA\ MA16}$ | | TAACCC | AGGTATAATTG | 上调 |
| $P_{dapA\ MC20}$ | | TAACCC | TGGTAACCTTG | 上调 |
| $P_{dapA\ A25}$ | | TAACCC | AGGTATCATTG | 上调 |
| $P_{dapA\ A14}$ | | TAACCC | AGGTATCCTTG | 上调 |
| $P_{dapA\ A23}$ | | TAACCC | AGGTAACATTG | 上调 |
| $P_{dapA\ L1}$ | | TAACCC | AGGTAGAATTG | 上调 |
| $P_{dapA\ C7}$ | | TAACCC | TAGTAACCTTG | 下调 |
| $P_{dapA\ B6}$ | | TAACCC | AGGCAACCATG | 下调 |
| $P_{dapA\ C5}$ | | TAACCC | TTGTAACCTTG | 下调 |
| $P_{dccT\ WT}$ | 二羧酸转运子 | CTACCA | CGTTAATATTC | 对照 |
| $P_{dccT\ FSM(SSM)}$ | | CTACCA | TGTTAATATTC | 上调 |
| $P_{dctA\ WT}$ | 二羧酸转运子 | TTGCGT | TTTCATAATTT | 对照 |
| $P_{dctA\ MSM}$ | | TTGCGT | TTTTATAATTT | 上调 |
| $P_{gdh\ WT}$ | 谷氨酸脱氢酶 | TGGTCA | TGCCATAATTG | 对照 |
| $P_{gdh2}$ | | TGGTCA | TGCTATAATTG | 上调 |
| $P_{gdh3}$ | | TTGACA | TGCTATAATTG | 上调 |
| $P_{gdh4}$ | | TTGTCA | TGCTATAATTG | 上调 |
| $P_{gdh7}$ | | TTGCCA | TGCTATAATTG | 上调 |
| $P_{gdh527-2}$ | | TGGTCA | TGCCATAAATG | 下调 |
| $P_{gdh527-3}$ | | TGGTCA | CCCCATAATTG | 下调 |
| $P_{gdh527-4}$ | | TGGTCA | CCCCATAAATG | 下调 |
| $P_{ilvD\ WT}$ | 二羟酸脱水酶 | GTGATA | AGCACTAGAGTGT | 对照 |

续表

| 启动子名称 | 基因编码产物 | −35 区序列 | −10 区序列（扩展型） | 突变效应 |
|---|---|---|---|---|
| $P_{ilvD\ M7}$ | | GTGATA | TGTGCTATAGTGT | 上调 |
| $P_{ilvD\ M14}$ | | GTGATA | AGCACTGTGGTAT | 上调 |
| $P_{ilvE\ WT}$ | 转氨酶 | GTGTAT | AGGTGTACCTTAA | 对照 |
| $P_{ilvE\ M6}$ | | GTGTAT | TGTGGTACCATAA | 上调 |
| $P_{ilvE\ M3}$ | | GTGTAT | AGGTGCTCCTTAA | 下调 |
| $P_{ilvA\ WT}$ | 苏氨酸转氨酶 | TAGGTG | GATTACACTAG | 对照 |
| $P_{ilvA\ M1CG}$ | | TAGGTG | GATCACAGTAG | 下调 |
| $P_{ilvA\ M1CTG}$ | | TAGGTG | GATCACTGTAG | 下调 |
| $P_{leuA\ WT}$ | 异丙基苹果酸合成酶 | TACCCA | TTGTATGCTTC | 对照 |
| $P_{leuA\ M3A}$ | | TACCCA | TTGTATGCATC | 下调 |
| $P_{leuA\ M2TCG}$ | | TACCCA | TTTCAGGCTTC | 下调 |
| $P_{leuA\ M2C}$ | | TACCCA | TTGCATGCTTC | 下调 |

注：突变碱基用下画线表示。

　　谷氨酸脱氢酶编码基因 $gdh$ 的强突变型启动子也被构建用于提升谷氨酸棒杆菌 $odhA$ 缺陷株（缺少 α-酮戊二酸脱氢酶）生产 L-谷氨酸的水平。相比野生型启动子，−10 区内的突变能提高谷氨酸脱氢酶活性 4.5 倍之多；而 −10 区和 −35 区内的联合突变能使该酶的活性进一步提高至 7 倍。

　　参与缬氨酸、异亮氨酸、亮氨酸生物合成的基因所属天然启动子也在染色体内被实施突变，旨在改善谷氨酸棒杆菌生产 L-缬氨酸的能力。二羟酸脱水酶编码基因 $ilvD$ 和转氨酶编码基因 $ilvE$ 所属启动子内部的上调突变（表 4−10），能提高参与 L-缬氨酸生物合成的相应酶活性。另外，苏氨酸脱氨酶编码基因 $ilvA$ 和异丙基苹果酸合成酶编码基因 $leuA$ 所属启动子的下调突变（表 4−10），则能阻断代谢物流向不期望的副产物异亮氨酸和亮氨酸。结合特定位点的启动子突变，可构建一株无质粒的谷氨酸棒杆菌工程菌，其 L-缬氨酸的生产能力得以提升。同理，$P_{ilvE}$ 的下调突变导致酮异戊酸流向 L-缬氨酸的代谢流显著降低，这可用于构建高产泛酸的谷氨酸棒状杆菌工程菌。

　　研究发现，筛选启动子区域的自发性突变也同样能获得谷氨酸棒杆菌细胞新的代谢性能。例如，启动子区域发生自发性突变并导致编码二羧酸转运子编码基因 $dccT$ 和 $dctA$ 过表达，能使谷氨酸棒杆菌细胞获得以琥珀酸、延胡索酸、L-苹果酸作为唯一碳源加以利用的能力。甚至自然分离到的一株谷氨酸棒杆菌还能生长在葡萄糖胺为唯一碳源的培养基上，该突变株的分析显示，新获得的表型是因其 $nagAB-scrB$ 操纵子所属的启动子内部一个单位点突变所致。与上述的突变型启动子相反，该突变位点位于 $P_{1\text{-}nagA}$ 和 $P_{2\text{-}nagA}$ 启动子 −10 区和 −35 区的外侧。

### 4.2.3　棒状杆菌的宿主转化系统

　　与大肠杆菌和芽孢杆菌相同，用作外源基因克隆表达受体的棒状杆菌应是限制缺陷型的。由于它们大都用来克隆和表达氨基酸生物合成途径中的关键酶编码基因，因而有时还必须呈营养缺陷型。具有上述遗传特性的受体菌构建大都采用传统诱变的方法，同时辅以以载体质粒转化率高低为指标的大规模筛选。一般而言，源自产乳酸短杆菌的 pBL1 及其衍生质粒能在大多数的异源宿主细胞中复制，源自谷氨酸棒杆菌的 pSR1 及其衍生质粒也能在短杆菌属的某些种中复制，源自白喉棒杆菌的 pNG2 甚至还能在大肠杆菌中复制，但棒状杆菌来源的 pCC1 和 pCL1 均不能在多数的短杆菌中复制。

　　棒状杆菌的转化方法主要有下列三种程序。

　　1. 棒状杆菌的原生质体转化法

　　原生质体转化是棒状杆菌 DNA 重组实验中最常见的一种方法。在以产乳酸短杆菌为受体、烈性噬菌体 F－1A DNA 为供体的转化系统中，最佳的原生质体转化程序如下：受体菌在营养丰富的培养基中生长至对数生长早期，加入 0.6 U/mL 的青霉素 G，继续培养1.5 h，然后用 10 mg/mL 的溶菌酶处理菌体并收获原生质体。在 30％聚乙二醇(PEG)的存在下，将待转化的 DNA 与原生质体混合保温片刻，之后将转化悬浮液涂布在含有 0.8％琼脂的再生培养基上(此时琼脂的浓度对原生质体再生率极为重要)，最后再将含有抗生素的固体培养基覆盖进行筛选。一般情况下，原生质体的再生率可达 90％以上。采用相同的程序，质粒 pBL1 的转化率也可以达到 $1.3 \times 10^6$ 个/$\mu$g DNA。

上述原生质体的转化率与待转化质粒 DNA 的分子大小高度负相关。pUL61(14.6 kb)用原生质体法转化产乳酸短杆菌，转化率只有 $10^2$ 个/$\mu$g DNA；但用 pUL61 的两个缺失型质粒 pUL330(5.2 kb)和 pUL340(5.8 kb)转化同样的受体菌原生质体，其转化率均提高到 4 个数量级。

谷氨酸棒杆菌的原生质体转化方法是以温和型噬菌体 $\phi$CG1DNA 和野生型质粒 pCG4 为供体建立起来的，两者的转染率和转化率分别为 $5 \times 10^7$ 个/$\mu$g 噬菌体 DNA 和 $1 \times 10^6$ 个/$\mu$g双链环状 DNA。转染率比转化率高 50 倍的原因是，在质粒 DNA 转化系统中受体菌原生质体的再生率较低，大约只有 6％。为了克服这一困难，用 2％的甘氨酸代替青霉素 G，所制备的谷氨酸棒杆菌原生质体再生率可提高到 30％。

2. 棒状杆菌的电击转化法

原生质体转化方法的效率并不低，但转化操作周期太长，大约需要 7～10 天，而且有些菌株的原生质体并不能被有效转化。电穿孔转化方法的优点恰好弥补了原生质体转化法的不足，它既可大大缩短转化周期，又适用于那些原生质体再生能力较差的菌株。但其缺点是转化率较低，在最佳条件下，电穿孔法的转化率不高于 $10^5$ 个/$\mu$g DNA。对于产乳酸短杆菌和谷氨酸棒杆菌的完整细胞而言，最佳的转化条件是受体细胞浓度为 $10^{10}$ 个/mL，供体 DNA 浓度为 10 pg/$\mu$L，脉冲电场为 12.5 kV/cm。但完整细胞的电穿孔转化效率并不理想，在其他条件不变的前提下，经溶菌酶处理的受体细胞转化率约为冻融细胞转化率的 3.5 倍，同时是完整细胞转化率的 23 倍。由此可见，棒状杆菌细胞壁的存在是 DNA 转化的天然屏障。

3. 棒状杆菌的同源重组转化法

有些棒状杆菌如鳞斑棒杆菌(*Corynebacterium melassecola*)对大肠杆菌来源的 DNA 具有很强的限制作用，但对产乳酸短杆菌来源的 DNA 却显示出相当的宽容性，而后者对大肠杆菌来源的 DNA 同样很少产生限制作用。因此，采用同源重组转化法可以实现大肠杆菌来源的 DNA 转化鳞斑棒状杆菌，其程序如下：首先构建一个穿梭质粒 pCGL243，它含有两种复制子序列，一个来自大肠杆菌质粒 pACYC184，另一个来自产乳酸短杆菌质粒 pBL1。将大肠杆菌柠檬酸合成酶编码基因 *gltA* 先克隆在 pCGL243 中，获得重组质粒 pCGL519－2。然后采用电穿孔法先将这一重组质粒导入产乳酸短杆菌中，从相应的转化子中抽出重组质粒，最后再采用相同的方法转化鳞斑棒杆菌。从后者转化子中提取重组质粒，切下含有 *gltA*和 *Km'* 但不含复制子的 DNA 片段，经自身连接后形成环状结构。将这一环状 DNA 再次转化鳞斑棒状杆菌，用卡那霉素筛选抗性转化子。在这些转化子中，上述环状 DNA 已经与宿主染色体 DNA 发生同源重组。以这种转化子为受体细胞，将鳞斑棒状杆菌来源的pCGL519－2 进行转化，其转化率高达 $3 \times 10^7$ 个/$\mu$g DNA，相比之下上述环状重组分子的转化率只有 $2 \times 10^4$ 个/$\mu$g DNA。

### 4.2.4　赖氨酸基因工程菌的构建

L－赖氨酸的产业化规模仅次于 L－谷氨酸。截止到 2011 年，利用谷氨酸棒杆菌工程菌LYS－12 间歇式发酵生产 L－赖氨酸，是基因工程构建氨基酸发酵生产菌最成功的案例，其产率已达 120 g/L，每克葡萄糖能产 0.55 g 产物，生产效能接近 4.0 g/(L·h)，首次击败了经半个多世纪马拉松式传统诱变筛选出来的产业化菌株。这一成功在很大程度上归功于人们对谷氨酸棒杆菌生物合成L-赖氨酸各步反应乃至细胞整体代谢网络运行机制的精确理解。

1. 赖氨酸的生物合成途径

源自 TCA 循环中间代谢物草酰乙酸的 L-天冬氨酸在合成 L-丁氨醛酸之后开始分叉，一支通向苏氨酸、甲硫氨酸、异亮氨酸的生物合成，另一支则由 L-丁氨醛酸合成 L-2,3-二氢吡啶二羧酸，由此进入 L-赖氨酸的特异性生物合成途径。二氢吡啶二羧酸在二氢吡啶二羧酸还原酶的催化下合成四氢吡啶二羧酸，在此原核细菌可经三条路线最终合成 L-赖氨酸（图4-16）。大肠杆菌采用琥珀酰化酶途径合成 L-赖氨酸，枯草芽孢杆菌由乙酰化酶途径合成 L,L-二氨基庚二酸，然后并入琥珀酰化酶途径，而谷氨酸棒杆菌则同时使用琥珀酰化酶和脱氢酶两条途径合成 L-赖氨酸，这是迄今为止发现的唯一一种细菌同时拥有两条平行途径合成 D,L-二氨基庚二酸直至 L-赖氨酸。D,L-二氨基庚二酸除了是 L-赖氨酸生物合成三种途径的交汇点之外，还是细菌细胞壁合成的重要成分。脱氢酶途径灭活的谷氨酸棒状杆菌突变株虽然仍是原养型的，但其赖氨酸的分泌量下降到原来的 50%～70%，因此脱氢酶途径尽管不是细菌在无机盐培养基上的生长所必需，但它却是强化代谢产物流向二氨基庚二酸和赖氨酸的先决条件。通常在细菌生长的初期阶段，脱氢酶途径承担 70% 的代谢流，随着培养时间的延续，这一比例逐步下降，当细菌终止生长时，脱氢酶途径已不再发挥作

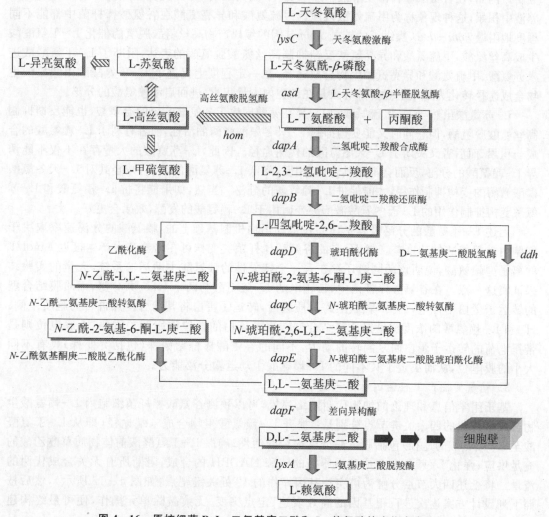

图 4-16　原核细菌 D,L-二氨基庚二酸和 L-赖氨酸的生物合成途径

用。此外,上述两种途径的运行状况还与细菌培养基中的铵离子浓度关系密切,在较高的铵离子浓度中,脱氢酶途径较为活跃,而当外来铵离子缺乏,只有谷氨酸作为唯一氮源时,琥珀酰化酶途径占绝对优势。

L-赖氨酸生物合成途径的第一步是 L-丁氨醛酸与丙酮酸缩合成二氢吡啶二羧酸,这步反应由 $dapA$ 基因编码的二氢吡啶二羧酸合成酶催化。与 $dapA$ 紧邻的是 $dapB$ 基因,它为催化第二步反应的二氢吡啶二羧酸还原酶编码,$dapA$ 和 $dapB$ 的表达及其产物的活性均与赖氨酸或其他氨基酸的存在与否无关。谷氨酸棒杆菌含有较高水平的二氨基庚二酸脱氢酶(由 $ddh$ 基因编码)活性,其表达状况以及表达产物的活性也不受赖氨酸的影响,因此在此菌种中,由脱氢酶途径合成 L-赖氨酸可能较为重要。L-赖氨酸生物合成的最后一步是 D,L-二氨基庚二酸的脱羧反应,这一脱羧作用是磷酸吡哆醛依赖型的,由 $lysA$ 基因编码的二氨基庚二酸脱羧酶催化。

2. 赖氨酸的分泌机制

在正常情况下,野生型的谷氨酸棒杆菌并不能大量分泌 L-赖氨酸,而且只有当细菌细胞内 L-赖氨酸的浓度积累到一个临界值时,有限的分泌过程才能启动。因此,在不改变 L-赖氨酸运输系统性能的条件下,任何有利于 L-赖氨酸大量合成并在细胞内积累的因素均可促进其分泌。例如,在谷氨酸棒杆菌发酵液中加入 L-甲硫氨酸或 L-异亮氨酸,能使 L-赖氨酸在培养液中积累,这种现象称为甲硫氨酸效应。甲硫氨酸和异亮氨酸在谷氨酸棒杆菌中都能不同程度地阻遏 $hom-thrB$ 操纵子的转录,$hom$ 基因的编码产物高丝氨酸脱氢酶催化 L-丁氨醛酸生成高丝氨酸,甲硫氨酸和异亮氨酸反馈抑制高丝氨酸脱氢酶的表达,阻断了 L-丁氨醛酸进入苏氨酸、甲硫氨酸和异亮氨酸生物合成途径,在一定程度上促进了 L-丁氨醛酸由赖氨酸生物合成途径转化为 L-赖氨酸,并导致其在细胞内大量积累,进而启动赖氨酸的分泌。

L-苏氨酸虽然与 L-甲硫氨酸和 L-异亮氨酸同属天冬氨酸系统的氨基酸,也能反馈抑制高丝氨酸脱氢酶,但它同时又能变构抑制 L-天冬氨酸激酶的活性,前者有利于 L-赖氨酸的合成与积累,而后者又关闭了 L-天冬氨酸的代谢途径。因此,L-苏氨酸的大量存在不仅不能诱导 L-赖氨酸的分泌,反而会抑制其合成;相反,降低 L-苏氨酸的浓度,减轻其对 L-天冬氨酸磷酸激酶的变构抑制作用,才能促进 L-赖氨酸的分泌。当然,如果能将抗 L-赖氨酸和 L-苏氨酸变构抑制作用的 L-天冬氨酸激酶突变菌用于 L-赖氨酸的发酵,效果会更好。

上述 L-赖氨酸的分泌过程是建立在被动运输机制基础上的,赖氨酸的分泌速率取决于细胞内外赖氨酸的浓度差。然而,有的谷氨酸棒杆菌突变株可在培养基中产生接近 1 mol/L 的离子型赖氨酸,说明该菌同时还存在着一个特异性的赖氨酸主动运输系统,大量的实验结果证实这一点。在谷氨酸棒杆菌中,带正电的 L-赖氨酸与两个 $OH^-$ 共分泌,而质膜结合型的转运子蛋白不带电,当 L-赖氨酸跨过质膜后,转运子蛋白将其结合位点再转向胞质一侧。$H^+$ 和 L-赖氨酸的浓度梯度对质膜结合型转运子蛋白的转位作用至关重要,而膜电位则是带正电荷的转运子蛋白回复翻转的动力,不同的谷氨酸棒杆菌菌株(包括突变株)具有不同大小的膜电位,从而决定了其不同的 L-赖氨酸主动运输分泌能力。

3. 赖氨酸高产工程菌的构建原理

基于组学信息和理论的细胞代谢网络建模,可以预测谷氨酸棒杆菌细胞内 L-赖氨酸生物合成最优化的四大关键节点分别是:提升 L-赖氨酸生物合成末端途径(即从 L-丁氨醛酸至 L-赖氨酸的途径)包括脱氢酶分支途径的活性;确保 L-丁氨醛酸前体物质草酰乙酸的充足供应;强化 L-赖氨酸合成酶系所需的辅酶 NADPH 的合成;阻断所有无关合成代谢的流量。将上述四大节点分解为可实施基因操作的 12 处关键靶点(如图 4-17 所示),然后按照下列设计方案逐次进行靶基因的高效表达、定点突变、无痕敲除单元操作,便可最终构建出集成化的 L-赖氨酸高产工程菌。

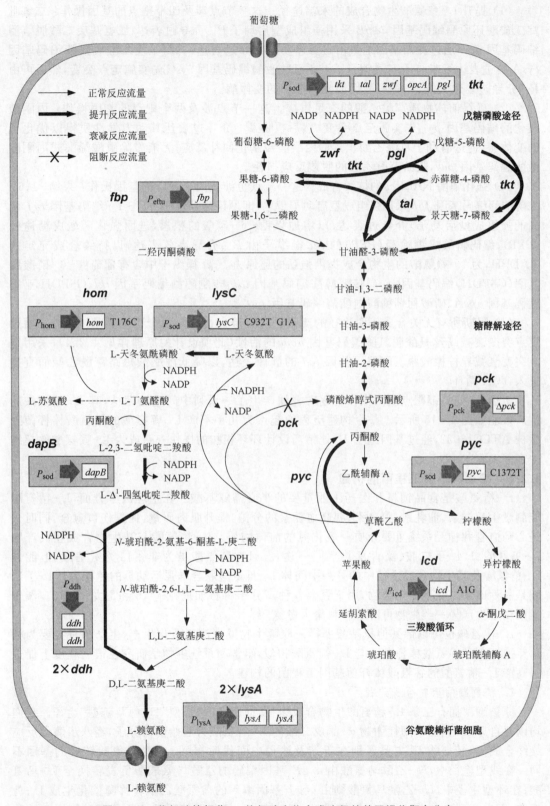

**图 4-17　谷氨酸棒杆菌 L-赖氨酸生物合成途径的基因操作靶点分布**

　　（1）提升 L-赖氨酸生物合成的末端途径。这一节点涉及四个靶点的基因操作：二氢吡啶二羧酸还原酶编码基因 $dapB$ 采用强组成型启动子 $P_{sod}$ 介导过表达；二氨基庚二酸脱氢酶编码基因 $ddh$ 通过提高基因剂量由自身启动子介导过表达；二氨基庚二酸脱羧酶编码基因 $lysA$ 的过表达策略与 $ddh$ 类似；L-天冬氨酸激酶编码基因 $lysC$ 先实施定点突变，然后再由 $P_{sod}$ 介导过表达其抗 L-赖氨酸反馈变构抑制的变体酶。

　　（2）确保前体物质草酰乙酸的充足供应。这一节点涉及两个靶点的基因操作：丙酮酸羧化酶编码基因 $pyc$ 先实施定点突变，然后再由 $P_{sod}$ 介导过表达其动力学性质得以优化了的变体酶，促进有利于草酰乙酸积累的丙酮酸羧基化回补反应；无痕敲除磷酸烯醇式丙酮酸激酶编码基因 $pck$，阻断草酰乙酸的脱羧反应损耗。

　　（3）强化辅酶 NADPH 的持续合成。这一节点也涉及两个靶点的基因操作：果糖-1,6-二磷酸酶编码基因 $fbp$ 采用强组成型启动子 $P_{eftu}$（即翻译延伸因子 EF-Tu 编码基因 $tuf$ 所属的强组成型启动子）介导过表达，以增加果糖-6-磷酸的积累，进而强化磷酸戊糖途径（PPP）；编码磷酸戊糖途径（PPP）的 $tkt$ 操纵子由 $P_{sod}$ 介导高效表达，以持续合成充足的 NADPH，为 L-赖氨酸的生物合成提供强劲的还原力。$tkt$ 操纵子中含有葡萄糖-6-磷酸脱氢酶（G6PDH）编码基因 $zwf$、转醛醇酶编码基因 $tal$、转酮醇酶编码基因 $tkt$、G6PDH 亚基编码基因 $opcA$、磷酸葡萄糖酸内酯酶编码基因 $pgl$。

　　（4）阻断所有无关合成代谢途径的流量。这一节点也涉及两个靶点的基因操作：通过定点突变衰减高丝氨酸脱氢酶编码基因 $hom$ 的活性（此项设计的原理详见 4.2.4）；采用定点突变衰减异柠檬酸脱氢酶编码基因 $icd$ 的翻译表达，以降低丙酮酸短路草酰乙酸而直接进入 TCA 循环。

　　上述 12 处关键靶点基因操作的逐次叠加产生了一系列中间重组菌株，其 L-赖氨酸的生产效能如图 4-18 所示。整个构建历程的起点为几乎不产 L-赖氨酸的谷氨酸棒杆菌野生株 ATCC13032，经过基因组上 12 处精巧设计环环相扣的操作一跃成为 L-赖氨酸的超级生产菌 LYS-12。

## 4.2.5　精氨酸基因工程菌的构建

　　L-精氨酸是食品饲料和医药工业重要的半必需氨基酸。在生理医学方面，L-精氨酸能刺激生长激素、催乳素、胰岛素、胰高血糖素的分泌，提升肌肉质量，促进伤口愈合，同时又是心脑血管和神经系统重要介质一氧化氮的前体物质。L-精氨酸与其生物合成相关产物 L-鸟氨酸、1,4-丁二胺、藻青素共享同一途径。L-鸟氨酸虽为非蛋白类氨基酸，但能与 L-精氨酸及其生物合成途径中的另一中间体 L-瓜氨酸联合增强运动员的体能。1,4-丁二胺是一种四碳二胺平台化合物，用于聚合各种高分子材料如尼龙-4,6 和尼龙-4,10。藻青素则用于生产另一类生物可降解材料聚天冬氨酸。

　　L-精氨酸也可以像其他氨基酸那样采取微生物发酵法工业化生产，生产菌种主要为枯草芽孢杆菌和谷氨酸棒杆菌。与 L-赖氨酸相似，组学和系统生物学研究在很大程度上促进了高产 L-精氨酸的谷氨酸棒杆菌基因工程菌的构建。

### 1. 精氨酸的生物合成途径

　　原核细菌拥有三条 L-精氨酸生物合成途径，即所谓的"线型""环型""新型"途径。它们均以源自 TCA 循环中间代谢物 $\alpha$-酮戊二酸的 L-谷氨酸为起始前体分子，经八步酶促反应最终合成 L-精氨酸，其主要区别在于涉及途径中间代谢物 N-乙酰鸟氨酸转换的基因不同。在线型途径中，N-乙酰鸟氨酸由 $argE$ 基因编码的乙酰鸟氨酸酶负责转换至 L-鸟氨酸；在环型途径中，N-乙酰鸟氨酸则由 $argJ$ 基因编码的鸟氨酸乙酰转移酶催化生成 L-鸟氨酸；而在新型途径中，L-鸟氨酸被绕过，直接由 $argF'$ 基因编码的乙酰鸟氨酸氨甲酰转移酶合成 L-鸟氨酸之后的中间产物 N-乙酰瓜氨酸。线型途径存在于较少的细菌物种如黄

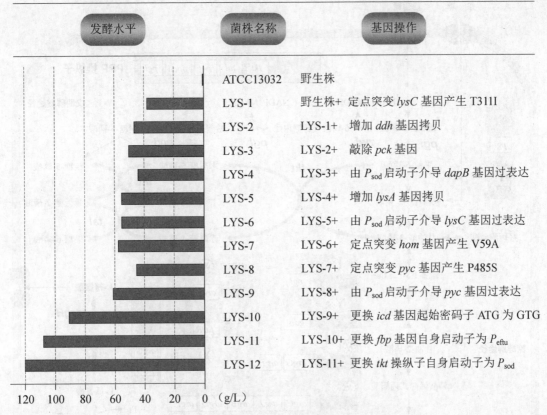

| 发酵水平 | 菌株名称 | 基因操作 |
| --- | --- | --- |
| | ATCC13032 | 野生株 |
| | LYS-1 | 野生株+ 定点突变 *lysC* 基因产生 T311I |
| | LYS-2 | LYS-1+ 增加 *ddh* 基因拷贝 |
| | LYS-3 | LYS-2+ 敲除 *pck* 基因 |
| | LYS-4 | LYS-3+ 由 $P_{sod}$ 启动子介导 *dapB* 基因过表达 |
| | LYS-5 | LYS-4+ 增加 *lysA* 基因拷贝 |
| | LYS-6 | LYS-5+ 由 $P_{sod}$ 启动子介导 *lysC* 基因过表达 |
| | LYS-7 | LYS-6+ 定点突变 *hom* 基因产生 V59A |
| | LYS-8 | LYS-7+ 定点突变 *pyc* 基因产生 P485S |
| | LYS-9 | LYS-8+ 由 $P_{sod}$ 启动子介导 *pyc* 基因过表达 |
| | LYS-10 | LYS-9+ 更换 *icd* 基因起始密码子 ATG 为 GTG |
| | LYS-11 | LYS-10+ 更换 *fbp* 基因自身启动子为 $P_{eftu}$ |
| | LYS-12 | LYS-11+ 更换 *tkt* 操纵子自身启动子为 $P_{sod}$ |

120 100 80 60 40 20 0 （g/L）

**图 4 - 18  谷氨酸棒杆菌高产 L-赖氨酸基因工程株的生产效能**

色黏球菌(*Myxococcus xanthus*)和大肠杆菌中;谷氨酸棒杆菌及其他众多原核细菌则通过环型途径合成 L-精氨酸,此处"环型"的意思是指第五步反应中从 N-乙酰鸟氨酸上脱去的乙酰基团被循环用于第一步反应的 L-谷氨酸乙酰化(图 4 - 19)。据了解,环型途径比线型途径进化得更好,效率更高。

就染色体上的基因顺序组织而言,L-精氨酸生物合成基因的编排因物种不同而异。在谷氨酸棒杆菌中,*argCJBDFRGH* 基因簇被分成 *argCJBDFR* 和 *argGH* 两个操纵子,两者的转录均受控于 L-精氨酸、ArgR、FarR(图 4 - 19)。FarR 通过与 *argC*、*argB*、*argF*、*argG* 基因的上游区域结合而调控 *arg* 操纵子的转录。此外,FarR 也能通过与编码谷氨酸脱氢酶(催化将 α-酮戊二酸转换成 L-谷氨酸)的 *gdh* 基因上游区域结合而间接控制 L-精氨酸的生物合成。类似地,全局性调控因子 ArgR 与 *argC* 和 *argG* 的启动子结合控制 L-精氨酸的生物合成,且 L-精氨酸能提升其下调的力度,但 ArgR 的启动子结合亲和力为 L-脯氨酸所降低,也就是说 L-脯氨酸是 L-精氨酸生物合成的刺激因子。

2. 精氨酸高产工程菌的构建原理

根据上述谷氨酸棒杆菌 L-精氨酸生物合成途径及其基因表达调控机制,高产菌株的理性设计策略包括下列三个方面(图 4 - 19):

(1)解除阻遏反馈抑制

以谷氨酸棒杆菌 ATCC21831 株作为基因工程菌构建的出发菌株(AR0),其利用葡萄糖为唯一碳源间歇式发酵产 L-精氨酸的水平为 17.1 g/L。为了使其适应高产 L-精氨酸所面临的产物压力,首先借助随机诱变程序筛选出对 L-精氨酸结构类似物刀豆氨酸(CVN)和精氨酸异羟肟酸(AHX)具有高耐受性的突变株(AR1),其在等同发酵条件下产 L-精氨

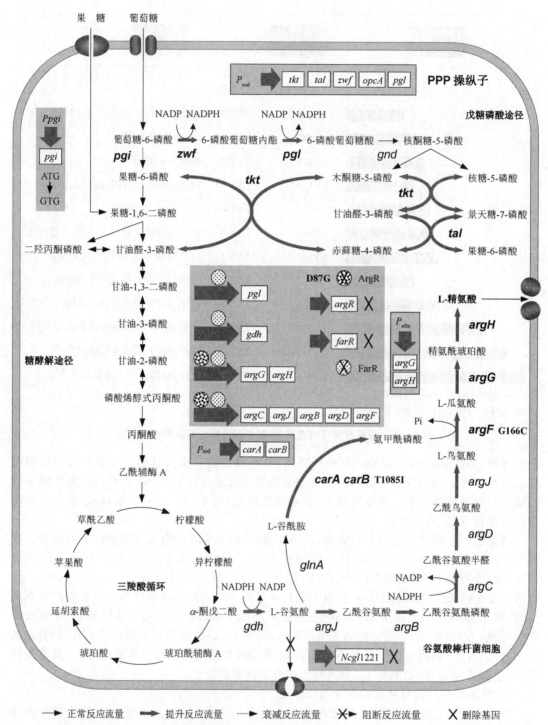

图 4-19 谷氨酸棒杆菌 L-精氨酸生物合成途径及其基因操作策略

酸的水平提升至 34.2 g/L。为了进一步理性确定基因操作的靶点,将 AR0 和 AR1 株的全基因组测序并进行序列比对,结果发现 AR0 株中共计 254 个已注释的基因在 AR1 株中或缺失或发生单碱基序列多态性变化(SNP),其中四个与 L-精氨酸生物合成有关的 SNP 突变型基因分别为 *argF*、*argJ*、*argR*、*carB*(编码氨甲酰磷酸合成酶),碱基突变所造成的氨基酸更换如图 4 - 19 所示（*argJ* 因发生的是同义突变未列出）。

鉴于 ArgR 和 FarR 均为 L-精氨酸生物合成基因的转录阻遏因子，且 FarR 同时还抑制 *gdh*（编码催化 α-酮戊二酸生成 L-谷氨酸的谷氨酸脱氢酶）和 *pgl*（编码催化 6-磷酸葡糖酸内酯生成 6-磷酸葡萄糖酸的葡萄糖酸内酯酶）基因的表达（图 4 - 19），因此基因操作的第一步是删除这两个阻遏因子的编码基因 *argR* 和 *farR*，产生 AR2 株，其发酵合成 L-精氨酸的水平进一步提高到 61.9 g/L。

（2）提升 NADPH 水平

与 L-赖氨酸生物合成的情形相似，细胞内 NADPH 的水平也同样是 L-精氨酸高产的瓶颈，因为合成 1 分子 L-精氨酸需要消耗 3 分子 NADPH。为了提升胞内的 NADPH 水平，首先将 *pgi* 基因（编码葡萄糖-6-磷酸异构酶）的翻译起始密码子 ATG 转换成不常用的 GTG，以衰减葡萄糖-6-磷酸转换为果糖-6-磷酸的能力（完整敲除 *pgi* 基因会导致细菌生长严重受阻）。由此形成的 AR3 株虽然将 L-精氨酸发酵水平进一步提升至 80.2 g/L，但其葡萄糖消耗速率降低，且发酵周期延长，这是因为糖酵解途径的衰减以及显著增加的磷酸戊糖途径（PPP）碳流远远超出天然 PPP 酶系的代谢能力所致。

为了解决上述代谢平衡问题，以谷氨酸棒杆菌的强组成型启动子 $P_{sod}$ 置换 AR3 株 PPP 操纵子所属的天然启动子（此处与 L-赖氨酸高产菌构建策略相同），由此构建的 AR4 株虽然 L-精氨酸的发酵水平有所降低，但葡萄糖消耗速率得以大幅度提升，且发酵周期缩短了 40 h。

（3）强化 L-精氨酸生物合成途径

为了进一步提高 AR4 株合成 L-精氨酸的能力，首先敲除谷氨酸棒杆菌负责 L-谷氨酸外输分泌的 *Ncgl*1221 基因，但这项操作对提高 L-精氨酸的合成贡献不大；其次，将 AR1 株引入的 *argF* 随机突变 G166C 重新恢复其野生型，进而使发酵周期再缩短 10 h，表明这一突变事实上属于负突变；再次，受随机突变结果的启示，用强启动子 $P_{sod}$ 置换 AR4 株的 *carB* 基因所属启动子。由上述三项操作构建成 AR5 株，其 L-精氨酸的发酵水平提升至 82 g/L，但同时伴有中间产物 L-瓜氨酸的积累和分泌。在大规模生产过程中，L-瓜氨酸的存在会增加目标产物 L-精氨酸分离纯化的困难。因此，最后一步便通过谷氨酸棒杆菌强组成型启动子 $P_{eftu}$ 置换 *argGH* 操纵子原有启动子，强化由 L-瓜氨酸向 L-精氨酸的转换，最大限度地降低 L-瓜氨酸的积累和分泌。由此构建出的重组谷氨酸棒杆菌 AR6 株间歇式发酵产 L-精氨酸的水平最终定格为 92.5 g/L，单位葡萄糖的产率达到 0.40 g/g。上述所有操作及其效果的对应关系总结在图 4 - 20 中。

3. 精氨酸衍生物的高产菌构建

L-精氨酸生物合成的衍生物 L-鸟氨酸也已采用微生物发酵生产，其生产菌株的基因工程理性设计策略与 L-精氨酸类似，但需增加工程菌 L-精氨酸和 L-脯氨酸营养缺陷的补救措施。由于 L-鸟氨酸是通向 L-精氨酸、L-脯氨酸、精胺生物合成的枢纽分子，因此联合敲除 L-鸟氨酸氨甲酰转移酶编码基因 *argF*、L-谷氨酸激酶编码基因 *proB*、精胺合成酶编码基因 *speE* 以分别阻断 L-精氨酸、L-脯氨酸、精胺合成分支途径，是高效积累 L-鸟氨酸广泛采纳的策略。但上述三个基因的敲除直接导致工程菌呈 L-精氨酸和 L-脯氨酸营养缺陷型，严重影响工程菌的正常生长，因此需要在 L-鸟氨酸发酵时添加适量的 L-精氨酸和 L-脯氨酸。

与高产 L-赖氨酸和 L-精氨酸基因工程菌的构建策略类似，强化细胞内的 NADPH 池也同样能改善 L-鸟氨酸的生产。但有所不同的是，L-鸟氨酸高产菌的构建采用枯草芽孢杆菌编码 NAD 依赖型谷氨酸脱氢酶的 *rocG* 基因，这种酶能催化 α-酮戊二酸以一种 NADPH 非依赖性的方式转换成 L-谷氨酸，从而省下更多的 NADPH 用于 L-鸟氨酸的生

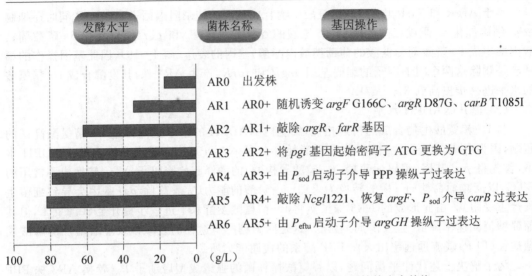

图 4-20　谷氨酸棒杆菌高产 L-精氨酸基因工程株的生产效能

物合成。灭活两个推测编码葡萄糖酸激酶的基因 $NCgl2399$ 和 $NCgl2905$（相当于 $gntK$）也能使 NADPH 池更加充裕。过表达由 $ppnK$ 基因编码的 ATP 依赖型 NAD 激酶有助于提高 L-鸟氨酸的产量，但编码葡萄糖-6-磷酸脱氢酶的 $zwf$ 以及编码 6-磷酸葡萄糖酸脱氢酶的 $gnd$ 却没有类似的效应，可能的原因是这种基于质粒的基因过表达对细胞造成了负担，因为在染色体上这两个基因的过表达有利于 L-鸟氨酸的生产。综合上述策略构建的一株工程菌在间歇式发酵中能积累 51.5 g/L 的 L-鸟氨酸。

藻青素由等分子的 L-赖氨酸与 L-天冬氨酸缩合构成，$cphA$ 基因编码的藻青素合成酶催化这一聚合反应。因此，过表达异源性 $cphA$ 基因是构建高产藻青素基因工程菌的主要策略。具体理性设计方案包括：使用不能积累聚羟基脂肪酸酯的突变株；构建 C595S 型 CphA 高活性变体；在 Δeda 缺失株中，使用携带 $eda$ 基因的表达质粒，这样可以避免在大规模发酵系统中使用抗生素来稳定重组质粒。$eda$ 基因编码 2-酮基-3-脱氧-6-磷酸葡萄糖酸醛缩酶，后者为细菌代谢葡萄糖酸和果糖所必需。

## 4.3　链霉菌基因工程

链霉菌属是革兰氏阳性的好氧丝状原核细菌，其生长周期涉及一个复杂的形态分化过程，包括孢子发芽、营养菌丝和气生菌丝形成以及孢子生成。链霉菌具有完善的代谢和分泌系统，能够分解大多数稳定的生物多聚物以及一些人工合成的高分子化合物。链霉菌最为显著的特征是其丰富的次级代谢途径以及初级代谢与次级代谢之间转换的严密调控系统。目前世界上发现的 5 000 多种抗生素中，60% 以上是由链霉菌合成的，作为抗生素的生产菌，链霉菌在传统发酵工业中的应用有着悠久的历史。随着天蓝色链霉菌（*Streptomyces coelicolor*，2002 年）、阿维链霉菌（*Streptomyces avermitilis*，2003 年）、灰色链霉菌（*Streptomyces griseus*，2008 年）、疮痂病链霉菌（*Streptomyces scabies*，2010 年）的全基因组相继完成测序，链霉菌次级代谢物的资源开发以及基因重组展现出更为广阔的应用前景，有望成为继大肠杆菌、芽孢杆菌之后的第三个优良的基因表达和分泌平台。

### 4.3.1　链霉菌的载体克隆系统

链霉菌属含有大量的野生型质粒，其中研究最为详尽的是来自天蓝色链霉菌 A3(2) 株的可转移性因子 SCP2 * (31 kb)以及来自变铅青链霉菌(*Streptomyces lividans*)ISP5434 株的非转移性质粒 pIJ101(8.9 kb)。两者的复制子是相容性的,不存在任何同源序列。SCP2 * 在宿主菌中通常只有 1～2 个拷贝,而 pIJ101 在变铅青链霉菌中可达 40～300 个拷贝。在变铅青链霉菌 66 株与天蓝色链霉菌 A3(2) 株的接合过程中,后者染色体 DNA 的一段序列转入接合受体菌,可形成另一种中等拷贝(4～5 个拷贝)的质粒 SLP1.2。目前广泛使用的链霉菌克隆表达质粒绝大多数以上述三种质粒为模板构建而成,另有一小部分载体则分别从其他的链霉菌野生型质粒和噬菌体 DNA 中获取复制子序列。

1. 链霉菌的重组克隆载体

重组克隆载体通常是指仅用于外源 DNA 片段克隆的自主复制型高拷贝质粒。经典的链霉菌重组克隆质粒包括:

(1) pIJ702

pIJ702 属于高拷贝的 pIJ101 衍生质粒。pIJ101 在变铅青链霉菌 ISP5434 株中可通过自发缺失突变产生 pIJ102(4.0 kb)、pIJ103(3.9 kb)、pIJ104(4.9 kb)三种衍生物。其中,pIJ102 经 *Bcl*I 部分酶解线性化后,与含有硫链丝菌素抗性基因(*tsr*)的青蓝链霉菌(*Streptomyces azuneus*)*Bcl*I 染色体 DNA 片段(1.1 kb)重组,形成杂合质粒 pIJ350。后者转化变铅青链霉菌 66 株,在细胞内缺失一段 1 kb 的片段,形成的质粒再用 *Bcl*I 部分酶解,并与含有黑色素生物合成基因(*melC*)的抗链霉菌(*Streptomyces antibioticus*)*Bcl*I 染色体 DNA 片段(1.55 kb)体外连接,最终形成 5.65 kb 的 pIJ702(图 4 - 21)。

pIJ702 能在链霉菌属中高拷贝复制,两个标记基因 *tsr* 和 *mel* 也能在绝大多数链霉菌中稳定表达。在典型的链霉菌重组克隆系统中,转化子可由硫链丝菌素抗性筛选,而 *mel* 基因中的三个唯一限制性酶切口 *Sac*I、*Bgl*II、*Sph*I 又为外源 DNA 片段的插入灭活提供了方便,因此不产黑色素的白色克隆即为重组子(*tsr*⁺、*mel*⁻)。pIJ702 具有非接合特性,所以可广泛用作鸟枪法克隆外源基因的载体,其最大装载量约为 10 kb。此外,pIJ702 具有与 pIJ101 等量的拷贝数,在无选择压力存在的情况下,能在宿主菌中稳定地遗传几代,即便是在高浓度的质粒驱逐剂(如溴乙锭等)存在下也不易丢失,因此是链霉菌重组克隆系统中最理想的载体。

(2) pIJ61

pIJ61 的复制子来自野生型质粒 SLP1.2。将 SPL1.2 上的两个复制非必需区域缺失,然后分别加入弗氏链霉菌(*Strectomyces fradiae*)的氨基糖苷磷酸转移酶基因(*aph*)和青蓝链霉菌的硫链丝菌素抗性基因,即可构建成 pIJ61(14.8 kb)。*aph* 基因的编码产物可使许多氨基糖苷类抗生素(如链霉素等)磷酸化而失活,因此也是一种链霉素抗性基因,其编码序列中的单一限制性酶切口 *Bam*HI、*Pst*I、*Xba*I 是理想的插入灭活型克隆位点。pIJ61 的装载量比 pIJ702 大,但拷贝数少,在溴乙锭存在时,pIJ61 容易从转化子中逃逸。

除了上述两个抗药性标记基因外,pIJ61 还具有典型的致死接合反应标记(*Ltz*⁺),这一标记基因来自野生型质粒 SLP1.2。绝大多数的链霉菌接合型质粒均能使其宿主菌产生凹陷菌落,当含有某些接合型质粒的链霉菌与不含相同或亲缘关系相近的接合质粒的链霉菌混合培养时,前者由于生长受到限制而形成凹陷菌落,这种菌落与溶原噬菌体形成的浑浊噬菌斑很相似。如果选择 *Ltz*⁺ 的链霉菌(如变铅青链霉菌 66 株)作为受体,则 pIJ61 转化子便可以以凹陷菌落的形式被方便地筛选出来。

(3) pIJ699

pIJ699 是一个含有 pIJ101 型链霉菌复制子和 p15A 型大肠杆菌复制子的正选择穿梭质粒,它同时含有用于链霉菌转化系统的筛选标记硫链丝菌素抗性基因以及用于大肠杆菌转化系统的筛选标记紫霉素抗性基因(*vph*)和氨基糖苷磷酸转移酶基因(*aph*)。此外,在链霉

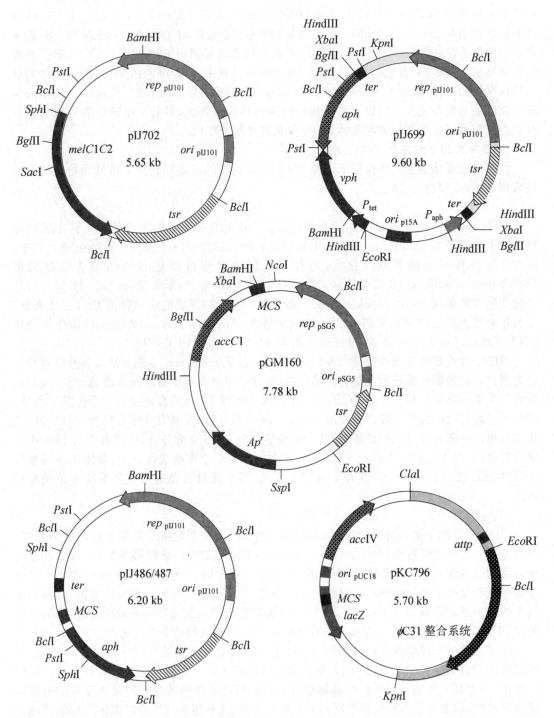

pIJ486 MCS：*Bgl*II *Pst*I *Hin*dIII *Sph*I *Pst*I *Sal*I <u>*Xba*I</u> <u>*Bam*HI</u> *Sma*I *Kpn*I <u>*Sac*I</u> *Eco*RI *Bgl*II，下画线为唯一位点

pIJ487 MCS：<u>*Bgl*II</u> <u>*Eco*RI</u> <u>*Sac*I</u> *Kpn*I *Sma*I <u>*Bam*HI</u> <u>*Xba*I</u> *Sal*I *Pst*I *Sph*I <u>*Hin*dIII</u> *Pst*I <u>*Bgl*II</u>，下画线为唯一位点

pGM160 MCS：*Sac*I *Kpn*I *Sma*I <u>*Bam*HI</u> <u>*Xba*I</u> *Sal*I *Pst*I *Sph*I *Hin*dIII，下画线为唯一位点

pKC796 MCS：*Eco*RI <u>*Eco*RV</u> *Bst*NI <u>*Not*I</u> <u>*Sal*I</u> <u>*Bam*HI</u> <u>*Xba*I</u> <u>*Sac*I</u> *Pst*I *Hin*dIII，下画线为唯一位点

**图 4－21　五种主要的链霉菌克隆质粒图谱**

菌质粒与大肠杆菌质粒的交界处,存在两套 *Hind*III - *Xba*I - *Bgl*II 多克隆位点以及两个拷贝的大肠杆菌 fd 噬菌体转录终止子结构,两者方向相反。pIJ699 总长 9.6 kb,其中链霉菌质粒部分与大肠杆菌质粒部分分别为 5.0 kb 和 4.6 kb(图 4 - 21)。

任何含有两个不间断反向重复顺序(如两个终止子结构)的质粒都是不稳定的,很难在宿主细胞中遗传,但若在这两个反向重复顺序之间插入一段大于 50 bp 的 DNA 片段,即可控制这种不稳定性,pIJ699 正是根据上述原理设计构建的。该载体质粒可在大肠杆菌中保存并扩增,使用时只需将外源 DNA 片段在多克隆位点处取代大肠杆菌质粒部分即可,空载的链霉菌质粒部分在连接后,形成两个反向终止子结构直接接触而不能在受体菌中稳定复制,因此在含有硫链丝菌素的转化平板上长出的菌落绝大多数是重组克隆。此外,以终止子结构作为重复顺序还可以有效地避免克隆的外源 DNA 片段与载体上编码序列之间由于转录过头所造成的相互影响,从而提高外源基因的表达水平及重组质粒的稳定性。

(4) pIJ486/487

pIJ486 和 pIJ487 是以 pIJ702 为基本框架的链霉菌启动子探针质粒,两者的唯一区别是位于新霉素抗性基因上游的多克隆位点序列相反(图 4 - 21)。作为报告基因的新霉素抗性基因不含启动子,在多克隆位点的上游还装有来自大肠杆菌 fd 噬菌体 DNA 的强终止子结构,以防止载体基因转录过头所引起的报告基因非特异性表达。任何内源或外源 DNA 片段插入多克隆位点中的 *Bgl*II、*Eco*RI、*Sac*I、*Bam*HI、*Xba*I 或 *Hind*III 处,通过检测重组克隆的卡那霉素抗性水平,即可确定插入片段有无启动子活性,而且克隆菌对卡那霉素的抗性越高,所克隆的启动子的活性就越强。

除了新霉素抗性基因外,还可将大肠杆菌的氯霉素抗性基因(*cat*)和红色链霉菌(*Streptomyces erythraeus*)的红霉素抗性基因(*ermE*)作为报告基因,分别构建出另外两组链霉菌启动子的探针质粒 pIJ462/463 以及 pIJ479/480。上述质粒在变铅青链霉菌中的拷贝数大都在 100~200,且在硫链丝菌素的选择压力存在下表现出较高的稳定性。

(5) pGM160

链霉菌 pGM 系列质粒(如 pGM9、pGM11、pGM16、pGM17、pGM160)是一类温度敏感型复制的重组克隆质粒,其复制子来自加纳链霉菌(*Streptomyces ghanaensis*)的野生型质粒 pSG5。pSG5 复制子在 34℃ 以下时能稳定复制并遗传,但在 37~39℃ 内质粒便停止复制并随着宿主细胞的分裂而逐渐丢失。这一特性非常适用于基于同源重组的基因敲除,经二次重组后,质粒不再存在于宿主细胞中。pGM160 同时也是大肠杆菌-链霉菌穿梭质粒,含有庆大霉素抗性基因(*aac*C1)、硫链丝菌素抗性基因(*tsr*)和氨苄青霉素抗性基因(Ap$^r$),唯一的酶切位点有 *Bam*HI、*Xba*I、*Bgl*II、*Eco*RI(图 4 - 21)。

(6) pKC796

pKC796 是一种不含链霉菌复制子的整合型质粒,由来自链霉菌广宿主温和型噬菌体 φC31 的 *Cla*I - *Kpn*I DNA 片段(4.0 kb)与大肠杆菌质粒 pKC787 重组而成。前者含有 φC31 基因组 DNA 的位点特异性整合序列(*attp*),后者是 pUC18 的衍生质粒(改变多克隆位点序列并将阿普拉霉素抗性基因 *acc*IV 取代氨苄青霉素抗性基因 Ap$^r$,见图 4 - 21)。将外源或内源 DNA 片段克隆在 pKC796 的多克隆位点上,先转化大肠杆菌,通过 *acc*IV 和 *lacZ′* 筛选重组子,然后将抽取的重组质粒直接转化链霉菌。重组分子依靠 pKC796 上提供的 *attp* 序列特异性地整合在宿主染色体 DNA 的相应位点上,整合性克隆菌同样用 *acc*IV 筛选(*acc*IV 在大肠杆菌和链霉菌中均可以表达),未整合的重组分子由于不能在链霉菌中复制,因而不被选择。这种不含链霉菌复制子结构的整合型质粒不但筛选方便,而且其整合频率也比含有链霉菌复制子结构的相同整合质粒要高 100 倍。

2. 链霉菌的表达分泌载体

用于链霉菌的表达分泌载体通常包括组成型分泌表达、组成型非分泌表达、诱导型分泌表达、诱导型非分泌表达四类质粒,它们的基本特征列在表 4-11 中。其中几种性能优异的表达分泌质粒分述如下:

**表 4-11　用于链霉菌的表达质粒**

| 质粒名称 | 构建来源 | 大小/kb | 筛选标记 | 表达条件 | 产物定位 | 纯化标签 |
|---|---|---|---|---|---|---|
| pSJ205ΔEcA | | | | 组成型 $P_{SSI}$ | 分泌型 | |
| pRM5 | SCP2* | 24.3 | $tsr,Ap^r$ | 生长期依赖型启动子 $P_{actI}$ | 胞质型 | |
| pLTI-CD4 | | | | 组成型 $P_{STI-II}$ | 分泌型 | |
| pLMS | | | | 组成型 $P_{aml}$ | 分泌型 | |
| pIJ6021 | pIJ487 | 7.2 | $aph,tsr$ | 诱导型 $P_{tipA}$, Th 诱导 | 胞质型 | |
| pIJ4123 | pIJ487 | 9.2 | $aph,tsr$ | 诱导型 $P_{tipA}$, Th 诱导 | 胞质型 | 6×His |
| pULHis2 | pIJ699 | 4.1 | $aph,Ap^r$ | 诱导型 $P_{tipA}$, Th 诱导 | 胞质型 | 6×His |
| pITS107 | pIJ486 | 7.1 | $aph,tsr,Ap^r$ | 诱导型 $P_{tra}$, 热诱导 | 胞质型 | |
| pSH19 | pIJ487 | 5.7 | $tsr$ | 诱导型 $P_{nitA}$, Ca 诱导 | 胞质型 | |
| pTONA5 | pIJ702 | | $aph,tsr$ | 组成型 $P_{SSMP}$ | 胞质型 | |
| pPC830 | pSET152 | | $aph,accIV$ | 诱导型 $P_{tc830}$, Tc 诱导 | 胞质型 | |
| pUC702 | pIJ702 | | $tsr,Ap^r$ | 组成型 $P_{pld}$ | 分泌型 | 6×His |
| pNAnti-Prot | pN702Gem3 | | $aph$ | 诱导型 $P_{pstS}$, 木糖诱导 | 胞质型 | |

注:Th—硫链丝菌素;Ca—ε-己内酰胺;$aph$—氨基糖苷磷酸转移酶基因;$tsr$—硫链丝菌素抗性基因;$accIV$—阿普拉霉素抗性基因。

(1) pPC830。pPC830 是大肠杆菌-链霉菌穿梭质粒,含有接合转移起始位点 $oriT$,因而可从大肠杆菌接合转化进链霉菌;同时还安装了链霉菌噬菌体 φC31 的整合基因($int$)以及整合边界序列 $attL$ 和 $attR$,能高效整合在链霉菌染色体上的 φC31-$att$ 位点处。

(2) pTONA5。pTONA5 也是含有 $oriT$ 的大肠杆菌-链霉菌穿梭质粒,能进行接合转化,但它装有 pIJ101 的复制起始位点(由 pIJ702 提供),因而能在链霉菌中高拷贝自主复制。pTONA5 的克隆位点含有 $Nde$I、$Eco$RI、$Xba$I、$Hind$III 酶切序列。

(3) pUC702。pUC702 也是大肠杆菌-链霉菌穿梭质粒,同样能在链霉菌中高拷贝自主复制,但因不含 $oriT$ 位点,因而不能进行接合转化。

(4) pSH19。pSH19 是纯粹的链霉菌质粒,不含大肠杆菌序列,能在链霉菌中高拷贝自主复制,克隆位点含有多个单一酶切序列,如 $Eco$RI、$Sac$I、$Kpn$I、$Bam$HI、$Xba$I、$Pst$I、$Sph$I、$Hind$III。

(5) pNAnti-Prot。pNAnti-Prot 是一种无需添加抗生素便能在链霉菌培养中维持稳定的高拷贝表达型质粒,其工作原理如图 4-22 所示。变铅青链霉菌基因组中分别含有毒素及其对应的抗毒素编码基因 $yoeB/yefM$。毒素(YoeB)因其 mRNA 干扰酶活性而抑制宿主细胞内蛋白质翻译的起始,而抗毒素(yefM)则抑制 YoeB 的毒性。事先将变铅青链霉菌基因组上的 $yoeB/yefM$ 删除(ΔTA),接着先后导入含 $yefM$ 和 $yoeB$ 表达框的两种重组质粒,其中克隆在温敏型质粒 pGM160 上的 $yefM$ 表达框则由强启动子 $P_{xysA}$ 介导高效表达,而 $yoeB$ 表达框由整合型质粒 pKC796 介导整合在铅青链霉菌的染色体上,由此构建出的变铅青链霉菌呈 ΔTA-pKC796-$yoeB$(pGM160-$yefM^{TS}$)基因型。pNAnti-Prot 含同样的 $yefM$ 表达框,并加装用于目的基因表达的强启动子 $P_{pstS}$,后者与 $P_{xysA}$ 均为木糖所诱导。待含目的基因的 pNAnti-Prot 重组质粒导入上述变铅青链霉菌 ΔTA-pKC796-$yoeB$(pGM160-$yefM^{TS}$)专用受体细胞后,便可在 37℃将 pGM160-$yefM^{TS}$ 置换,由此形成稳定的表达系统。

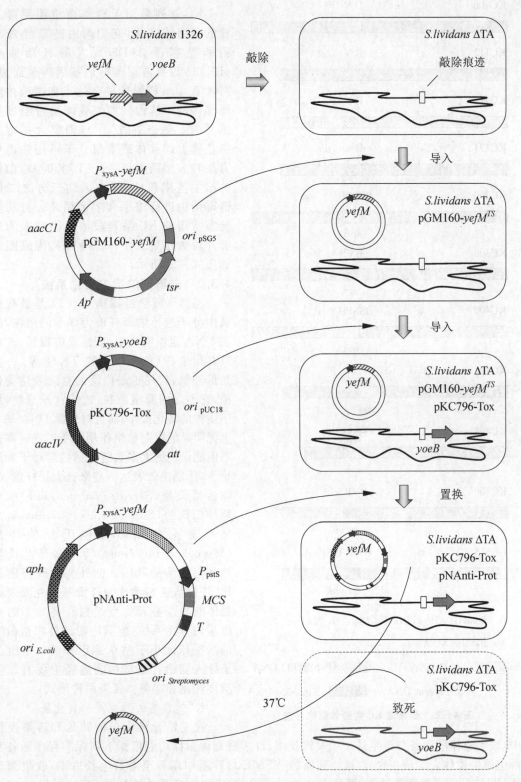

**图 4 – 22　无抗生素选择压力下 pNAnti – Prot 稳定维持的工作原理**

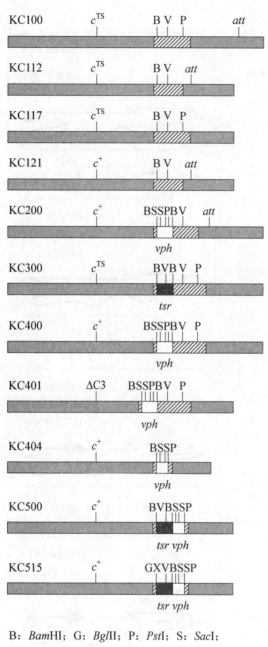

B: *Bam*HI;　G: *Bgl*II;　P: *Pst*I;　S: *Sac*I;
V: *Pvu*II;　X: *Xba*I。

$\phi$C31 DNA　　　pBR322 DNA

*S.vinaceus* DNA　　　*S.azureus* DNA

**图 4-23　链霉菌 KC 噬菌体载体系统**

**3. 链霉菌的 KC 噬菌体载体系列**

KC 系列是用于链霉菌重组克隆系统的噬菌体载体,它们均由链霉菌 $\phi$C31 温和型噬菌体 DNA、大肠杆菌质粒 pBR322 以及链霉菌标记基因构建而成,并含有 *attp* 特异性整合位点和噬菌体溶原维持的 *c* 基因。如果载体携带温度敏感型的 *c* 突变基因($c^{TS}$),则整合在宿主染色体上的载体或重组分子可用热诱导方法转入溶菌循环。$\phi$C31 温和型噬菌体的宿主范围较广,能在大约三分之二的链霉菌中进行溶原和溶菌循环。目前实验室常用的 KC 系列载体允许插入的外源片段大小为 1.5~6.0 kb,其构成图谱如图 4-23 所示。

**4.3.2　链霉菌的宿主转化系统**

虽然天蓝色链霉菌 A3(2)是链霉菌属中分子遗传学研究最为详尽的菌株,但在 DNA 重组实验中,变铅青链霉菌 66 株及其衍生株(如 TK23 和 TK24 等)一直是最理想、应用也最广泛的克隆表达受体菌,它不含内源型质粒,遗传背景清楚,易于质粒的转化操作,而且对外源 DNA 基本上无明显的限制修饰作用。变铅青链霉菌不但能识别绝大多数链霉菌的启动子和终止子,还能高效表达一些来自大肠杆菌、凋谢沙雷氏菌(*Serratia marcescens*)、鼠伤寒沙门氏菌(*Salmonella typhimurium*)、枯草芽孢杆菌以及包氏分枝杆菌(*Mycobacterium bovis*)等众多革兰氏阳性和阴性菌的基因。此外与大肠杆菌相比,变铅青链霉菌作为外源基因克隆表达受体的一个显著优点是拥有高效率的异源蛋白分泌系统,但其内源或外源蛋白酶的活性却远小于枯草芽孢杆菌。重组分子导入变铅青链霉菌的途径主要有原生质体转化和噬菌体转染两种形式。

**1. 链霉菌的原生质体转化法**

在变铅青链霉菌的转化和转染操作中,原生质体的制备与再生是一项关键技术,许多链霉菌菌株均能依据下列标准程序制备和再生原生质体。细菌在含有 34% 蔗糖的 YEME 培养基中培养至对数生长后期,收集菌丝体,用 10% 的蔗糖溶液洗涤,再用含有 1 mg/mL 溶菌酶的 P 缓冲液悬浮,于 30℃ 保温 15~60 min,差速离心或过滤除去未原生质体化的菌丝体。获得的原生质体用 P 缓冲液悬浮至

$10^{10}$ 个/mL 的密度,经分装后,先置于冰盒中于-70℃过夜,然后再除去冰块,放置在-70℃下保藏备用。

转化时,取 1 mL 原生质体,离心除去 P 缓冲液,用残余的缓冲液温和悬浮原生质体,然后依次加入不超过 10 $\mu$L 的连接反应液、100 $\mu$L 含 25% PEG1000 的 T 缓冲液或 P 缓冲液、1 mL 的 P 缓冲液。离心除去上清液,再用 1 mL 新鲜的 P 缓冲液悬浮原生质体。将 100～200 $\mu$L 悬浮液均匀涂布在 R2YE 再生平板上,30℃ 培养过夜。如果连接体系中的质粒是 pIJ702,则可用 3 mL 含 300 $\mu$g/mL 硫链丝菌素的软琼脂 SNA 覆盖过夜培养的再生平板。待凝固后,于 30℃ 继续扩增培养 48～60 h,长出的克隆即为转化子。

在最佳转化条件下,每微克 ccc 质粒转化变铅青链霉菌或天蓝色链霉菌原生质体,可得到 $10^6$～$10^7$ 个转化子,而且质粒的大小在 60 kb 以内对转化率没有显著的影响。带有黏性末端的线型质粒或开环质粒的转化率通常要比 cccDNA 低 10～100 倍,不含有黏性末端的线型质粒或染色体 DNA 片段基本上不能转化原生质体。除此之外,影响链霉菌原生质体转化的因素还包括:用于制备原生质体的菌丝体的菌龄、菌体培养和原生质体再生的温度、用于转化的活性原生质体数目、再生平板的干燥程度以及再生培养基的组成等。虽然较高的原生质体再生率是获得理想转化效果的必要保证,但最佳的再生条件未必对应于最大的转化率。对于转化操作来说,加入 DNA 之前原生质体的洗涤以及在 DNA 与原生质体混合后,PEG 缓冲液的迅速加入尤为重要,因为在 PEG 不存在的情况下,原生质体释放出的核酸酶极易降解质粒 DNA,并对原生质体本身造成一定程度的损伤,从而降低再生率和转化率。

### 2. 链霉菌的完整菌丝体转化法

链霉菌的原生质体制备与再生需要复杂的培养基,操作烦琐,周期较长。对于转化率要求不高的纯质粒转化而言,采用完整的菌丝体转化法可以大大简化其操作。在变铅青链霉菌 TK23 株为受体、pIJ702 为供体的转化系统中,为了有效产生感受态菌丝体,可在 YEME 培养基中加入 150 $\mu$mol/L 的 EDTA,30℃ 培养 50 h 后收集菌丝体,并用含有 25% PEG4000、650 mmol/L CsCl 以及 5 mmol/L $MnCl_2$ 的缓冲液悬浮菌丝体,加入质粒 DNA。转化后于 42℃ 保温 5 min,将转化液涂布在 MpII 固体培养基上,先在 27℃ 扩增 26 h,然后将之影印到含有硫链丝菌素的 MpIIS 培养基上培养 1 h 左右。最后移去 MpIIS,平板在 27℃ 继续培养 1～2 d,此程序的转化率为 $10^3$ 个/$\mu$gDNA。

### 3. 链霉菌的噬菌体转染法

链霉菌的噬菌体 DNA 以脂质体形式转染原生质体,可以获得较高的转染率。这一程序同样适用于相对分子质量较大的重组质粒的转化,具体操作方法如下:将 2.5 mg L-$\alpha$-缩醛磷脂酰胆碱和 0.12 mg 的十八胺溶解在 10 mL 的氯仿中,用旋转蒸发器在 55℃ 抽去溶剂,加入 0.5 mL 的 G 缓冲液,剧烈振荡,并在室温下继续旋转蒸发数分钟,然后加入 2 mL 5.2% 的 KCl 乙醇水溶液[(乙醇):(水)=1:10],室温离心,悬浮液即为脂质体制备物。取 1 mL 原生质体($10^9$～$10^{10}$ 个原生质体),离心除去 P 缓冲液,均匀悬浮,将不超过 50 $\mu$L 的噬菌体 DNA 或连接液加入 100 $\mu$L 上述制备的脂质体悬浮液中,并与原生质体均匀混合,然后迅速加入 0.5 mL 60% 的 PEG1000 溶液,室温放置 1 min。取 0.1 mL 的转染液涂布在 R2YE 再生平板上,再用 3 mL 含有变铅青链霉菌孢子($10^7$ 个/mL)的 R2 软琼脂覆盖再生板,30℃ 保温 18～24 h,即可进行噬菌斑计数和筛选。

对于简单的次级克隆实验,也许并不需要很高的转染率,此时噬菌体 DNA 可不用脂质体操作直接转染原生质体。将 10 $\mu$L 的 DNA 溶液与原生质体混合,迅速加入 0.5 mL 25% 的 PEG1000 溶液,混合均匀后,便可涂布在 R2YE 再生板上,后续操作与上述脂质体介导的转化方法相同。

在脂质体介导的变铅青链霉菌原生质体转染实验中,$\phi$C31 噬菌体线型 DNA 的转染率可达 $5\times10^7$ 个噬菌斑/$\mu$gDNA,但用连接液转染,其转染率降为 1/1 000。转染对原生质体的要求与转化相同,在一般情况下依照上述脂质体程序,用质粒转化原生质体,其转化率比非脂质体的经典转化方法高 25 倍。

### 4.3.3 链霉菌的基因表达系统

链霉菌的基因组为 8 000 kb,大约相当于大肠杆菌基因组的两倍,其 DNA 含有异常高的 GC 碱基对,平均约为 73%。链霉菌具有庞大复杂的次级代谢系统,在次级代谢内部以及次级代谢与初级代谢之间还存在着相互偶联的多层次调控系统,所有这些均表明链霉菌具有不同于大肠杆菌和芽孢杆菌的基因表达系统。

#### 1. 链霉菌的启动子

链霉菌的启动子序列具有显著的多样性,只有少数启动子表现出与典型的原核细菌启动子一定的相似性,这些启动子在链霉菌中大都活性不高,而一些较强的链霉菌启动子,如变铅青链霉菌黑色素生物合成基因 melC1、氨基糖苷磷酸转移酶基因 aph、硫链丝菌素抗性基因 tsr、红色链霉菌红霉素抗性基因 ermE、天蓝色链霉菌 CH999 株 act1 基因、桂皮链霉菌(Streptomyces cinnamoneus)TH - 2 株金属内肽酶编码基因 SSMP、委内瑞拉链霉菌(Streptomyces venezuelae)CBS762.70 株枯草杆菌蛋白酶抑制剂基因 vsi 等所属的启动子则均显示出较大的结构离散性,且相当一部分存在于次级代谢途径中。这种结构离散性一方面对应于多重 σ 因子的特异性识别,另一方面也包含了多种不同基因表达调控途径的作用位点。

利用启动子探针质粒从链霉菌基因文库中筛选可控性的强启动子是项很有意义的工作,但野生型启动子的定向诱变与改造也是获取强启动子的有效手段。大肠杆菌 ampC 基因所属启动子($P_{ampC}$)的 $-35$ 区(TTGTCA)与 $-10$ 区(TACAAT)相隔 16 bp,若在间隔区中再插入一个核苷酸,则该启动子的活性在大肠杆菌中提高 16 倍,而在变铅青链霉菌中提高 30 倍。然而若采用定点突变技术,将其 $-10$ 区的序列变为 TATAAT,$-35$ 区的序列变为 TTGACA,使之与大肠杆菌强启动子的标准序列完全一致,则突变的启动子在链霉菌中的活性稍有提高,远不如间隔区核苷酸数目的变化那么有效。

链霉菌氨基糖苷磷酸转移酶基因所属启动子 $P_{aph}$ 和红霉素抗性基因所属启动子 $P_{ermE}$ 的结构序列很相似,两者都具有类似于大肠杆菌 $\sigma^{70}$ 因子相关启动子那样的 $-10$ 区序列(分别为 CATGAT 和 TAGGAT)。将该区中最为保守的 $3'$ 端 T 定点突变为 C,则两者在链霉菌中启动报告基因转录的水平下降至 S1 核酸酶保护分析法无法检测的程度;但若将 $P_{ermE}$ 的 $-35$ 区序列从 TGGACA 定点突变为 AAAACA,突变启动子对转录几乎没有影响;若删除该区 $5'$ 端的 TGG 三个核苷酸,形成 GGCACA 序列,则突变启动子的转录启动活性反而有所提高。由此可见,有些链霉菌启动子 $-35$ 区序列与 σ 因子的相互作用程度并非严格专一,这为野生型启动子的改造提供了广阔的选择空间。

上述活性较强的启动子均组成性激活链霉菌的基因转录,但在很多情况下诱导型启动子更受欢迎,因为它能将受体细胞生长与外源基因表达分为两个时期,避免相互干扰,遗憾的是链霉菌合适的诱导型启动子数量很少。广泛使用的硫链丝菌素抗性基因 tsr 所属启动子 $P_{tipA}$ 虽然严格意义上属于组成型启动子,但如果换用拉达霉素(radamycin)作为诱导剂,则诱导/渗漏比相对硫链丝菌素显著提高,只是渗漏依然存在,而且在大规模发酵过程中添加抗生素诱导剂对生产菌的生理生长也存在严重影响。

获取理想的强诱导型启动子有两种策略:一是选用来自与链霉菌亲缘关系相对较近的物种的强诱导型启动子;二是人工构建性能良好的高效诱导表达系统。前一种策略的典型例子是选用同属放线菌的玫瑰色红球菌(Rhodococcus rhodochrous)来源的腈水解酶编码基因所属启动子 $P_{nitA}$,调控因子 NitR 在诱导剂 $\varepsilon$-己内酰胺的存在下能激活 $P_{nitA}$ 处的基因转录启动。因此,将 NitR 编码基因 $nitR$ 克隆在含有 $P_{nitA}$ 启动子的表达载体(如表 4-11 中的 pSH19)上,便构成诱导型表达系统。由于 $P_{nitA}$ 能为很多链霉菌菌种的 σ 因子所识别,且基底表达水平很低,诱导效率大约为 60 倍,更为重要的是诱导剂 ε-己内酰胺对链霉菌的生理没有显著影响,因此这一诱导型表达系统具有广泛的实用价值。

人工构建链霉菌高效诱导表达系统的例子是 pPC830 上的 $P_{tc830}$,该启动子由红色链霉菌强组成型启动子 $P_{ermE}$ 与来自大肠杆菌 $Tn10$ 转座子的两拷贝四环素操作子 $O_{tet}$ 杂合而成。相应的阻遏蛋白 TetR 与 $O_{tet}$ 结合并阻遏 $P_{ermE}$ 的转录启动活性,但在一定浓度的诱导剂四环素存在下,TetR 从 $O_{tet}$ 处脱落,遂引发靶基因转录。同样,将 TetR 编码基因 $tetR$ 克隆在含有 $P_{tc830}$ 启动子的表达载体(如表 4-11 中的 pPC830)上,便构成四环素诱导型表达系统。该系统的诱导效率大约为 40 倍,且四环素对链霉菌无明显的生理影响。当然,由于需要使用四环素,该系统也不太适合工业化发酵生产食品或药品。能确保诱导条件安全的理想诱导表达系统是热诱导型的 pITS107 和木糖诱导型的 pNAnti-Prot(表4-11)。

2. 链霉菌的终止子

链霉菌基因转录终止子的结构特征是较长的不完全互补反向重复序列,与大肠杆菌的 $\rho$ 因子依赖型终止子结构相似,能形成发夹结构,但绝大多数情况下不含寡聚 U 序列,转录的终止位点位于终止子结构的下游邻近区域。一般而言,在相同的启动子作用下,含有单一编码序列的 mRNA 丰度比含有多个编码序列的 mRNA 丰度要高,因此为了使外源基因获得高效表达,强终止子结构的选择或者双终止子的串联安装是十分重要的。与启动子相同,终止子除了借助于相应的探针质粒克隆筛选外,亦可采用定点突变技术对野生型终止子的结构进行必要的改造。此外,一些非链霉菌来源的转录终止子也被证明适用于链霉菌,如大肠杆菌 λ 噬菌体的 $t_o$ 以及来自 fd 噬菌体的 $t_{fd}$ 等。

3. 链霉菌的核糖体结合位点

表 4-12 列出了 44 个链霉菌基因所属的 SD 序列,这些基因的编码产物具有广泛的生物功能和代表性。将这些序列与变铅青链霉菌的 16S rRNA 3′ 端序列进行比较可以发现,其保守序列为 (A/G)-G-G-A-G-G,但这种保守程度比其他革兰氏阳性细菌(如芽孢杆菌和葡萄球菌)要低。链霉菌不但能表达含有弱 SD 序列的外源基因,同时自身也拥有各种各样的 SD 序列结构,这表明链霉菌基因的高效表达并不要求 SD 序列与其 16S rRNA 3′ 端序列有很强的互补性。

除此之外,链霉菌基因的转录起始位点与编码区之间的距离也存在着很大的差异。在所分析的 48 个基因中,间隔区的长度从 9 bp 到 345 bp 不等,大多数间隔区长度为 100 bp 左右,而典型的大肠杆菌基因的这种间隔区平均长度为 23 bp。在少数基因的超长 5′ 端非翻译区内,存在着明显的二级结构序列特征,这是基因表达调控的潜在作用位点。更为引人注目的是,目前发现至少有 11 个链霉菌基因,其转录起始位点与翻译起始密码子重叠,即 mRNA 分子上不存在 5′ 端非翻译区(表 4-13)。有的 SD 序列位于翻译起始密码子下游的 20 个核苷酸内,有的基因在此区域根本不存在典型的 SD 序列。链霉菌的这种基因结构展示了一种明显有别于其他原核细菌基因结构(启动子-转录起始位点-核糖体结合位点-翻译起始密码子)的全新关系。了解这一特性对构建链霉菌的表达载体非常重要。

4. 链霉菌的密码子特征

链霉菌蛋白质编码基因的密码子选用有其较为严格的规律,表 4-14 列出了 34 种链霉菌编码序列的密码子使用频率统计结果。这些蛋白质编码序列的 GC 平均含量为 73%,密码子第一、第二、第三位碱基的 GC 含量分别为 66%、53%、93%,而在链霉菌基因组 DNA 的非编码区内则没有这种顺序。依据此规律,可以从链霉菌 DNA 序列中迅速判断蛋白质编码区的位置、方向以及正确的阅读框架。

### 表 4 – 12　链霉菌 44 个蛋白质编码基因的 SD 序列

| 基 因 名 称 | 从 SD 至起始密码子序列 | 两者间隔/nt | 结合能 $\Delta G$/(kcal/mol) |
|---|---|---|---|
| *dag* | AAGA<u>AGGAG</u>AACGAUC**GUG** | 11 | −12.8 |
| *rep* | AAG<u>GGGC</u>GGGAAC**AUG** | 8 | −8.4 |
| *XP55* | GU<u>GGGGG</u>AGAC**AUG** | 6 | −12.2 |
| *amlV* | C<u>AGGAGG</u>AAUC**AUG** | 6 | −16.6 |
| *aml* | C<u>AGGAGG</u>CACCAC**AUG** | 8 | −16.6 |
| *amySG* | C<u>AGGAGG</u>CACCAC**AUG** | 8 | −16.6 |
| *ssi* | CG<u>GAAGG</u>AUGCACAC**AUG** | 11 | −7.2 |
| *cho* | UGA<u>AAGGG</u>CAUAC**AUG** | 8 | −9.0 |
| *ermSF* | UGAGA<u>GGUGG</u>UCCUCA**GUG** | 11 | −16.0 |
| *amy* | GACG<u>AAGG</u>AGCCACAAG**AUG** | 12 | −2.2 |
| *gylR* | AC<u>GGAGG</u>CAGUACGUCG**AUG** | 12 | −14.4 |
| *est* | UGA<u>AAGGG</u>CACAGCC**AUG** | 10 | −7.2 |
| *korA* | UC<u>GAAGG</u>AGUCGUC**AUG** | 9 | −7.2 |
| *aphD* | UU<u>GAAGGG</u>UGUGUA**AUG** | 9 | −7.2 |
| *galE* | CGAG<u>AGGU</u>AGCGAGUUC**AUG** | 12 | −11.6 |
| *gyl* | <u>AAGGAG</u>UCGCGG**GUG** | 7 | −14.0 |
| *cefD* | CG<u>GGAG</u>AUGCGUUGAC**AUG** | 11 | −11.6 |
| *glnA* | U<u>AGGAGG</u>AGCUGG**AUG** | 8 | −16.6 |
| *orfI* | <u>AAGGAG</u>UUGAUCG**AUG** | 8 | −22.2 |
| *bla* | C<u>AGGAGG</u>UCCGAC**AUG** | 9 | −18.8 |
| *galU* | <u>GAGGAG</u>UGCGGCA**GUG** | 8 | −11.6 |
| *afsR* | AG<u>GGGG</u>ACGGC**AUG** | 6 | −5.0 |
| *orf1590* | CGA<u>GGGG</u>UGGCGC**AUG** | 8 | −9.4 |
| *hyg* | AUA<u>GAGG</u>UCCGCU**GUG** | 8 | −15.0 |
| *actIII* | A<u>GGGAGGGG</u>AACAC**AUG** | 9 | −16.6 |
| *dac* | C<u>GGGAG</u>AAGAAUCAG**AUG** | 10 | −11.6 |
| *sapA* | AU<u>CGAGG</u>UGCC**AUG** | 6 | −13.8 |
| *tsr* | CC<u>GGUAGG</u>ACGACC**AUG** | 9 | −5.0 |
| *pAC* | <u>AAGGAG</u>ACCUUCC**AUG** | 8 | −15.0 |
| *sph* | CCC<u>GAGG</u>AAUUCGAU**AUG** | 10 | −11.6 |
| *nshA* | <u>GAGGAGGAGG</u>ACCC**GUG** | 9 | −16.6 |
| *kilB* | C<u>AGGGGG</u>CUCAC**AUG** | 7 | −12.2 |
| *tra* | CU<u>CGACG</u>ACC**AUG** | — | −2.2 |
| *aacC7* | CGC<u>GACG</u>CUG**AUG** | 6 | −2.2 |
| *drrAB* | CU<u>GGGGG</u>CGUUAG**GUG** | 9 | −10.0 |
| *brpA* | GA<u>GGGGG</u>CC**GUG** | 5 | −12.2 |
| *strB* | AU<u>GGAGG</u>AGAGUC**AUG** | 9 | −16.6 |
| *Bgal* | CG<u>GAAGG</u>CCACGGUC**AUG** | 11 | −7.2 |
| *erm* | AC<u>GGACG</u>CACUCGC**AUG** | 8 | −7.2 |
| *npr* | CCGC<u>AGAAAGC</u>**AUG** | 7 | −2.2 |
| *melCl（sta）* | C<u>AGGAGG</u>UCCCGC**AUG** | 9 | −18.8 |
| *melCl（stg）* | CC<u>GGAGG</u>UCCGU**AUG** | 8 | −16.6 |
| *kamB* | C<u>AAGAGCC</u>G**AUG** | 6 | −4.4 |
| *tlrC* | C<u>AGGGGC</u>UUUCGC**AUG** | 9 | −7.2 |
| 保守序列： | 5′……<u>GGAGG</u>……3′ | 平均：8.5±1.8 | 平均：−11.3±5.1 |
| 16S rRNA 序列： | 3′……UCUUU<u>CCUCC</u>ACUAG……5′ | 5～12 | 范围：−22.2～−2.2 |

注：SD 序列以下画线表示；翻译起始密码子以黑体表示，1 kcal＝4.184 0 kJ。

**表 4 - 13　转录起始位点与翻译起始密码子重叠的链霉菌基因启动子与编码区交界处序列**

| 基因 | -35 区 | -10 区 | TSS/TIC | 编码区 |
|---|---|---|---|---|
| ermE | GATGCTGTTGTGGGCTGGACAAATCGTGCCGGTTGG**TAGGATCCAGCG** | | GUG AGC UCG GAC GAC GAG CAG CCG CGC ⋯ | |
| korB | AGCCTGAAACTAGTTGCGCAGACTGACACAGTCGGTC**AGGATG**ACTTC | | AUG ACG CAA AAG ACA CCG GGC GAG ⋯ | |
| nshR | CGCTCTGGTGGCCGGGGGCGCAGGCTCCCGGCCAC **TAGACT** GCGCGC | | AUG ACG CAA AAG ACA CCG GGC GAG ⋯ | |
| sta | GGCTGAAAACCAGACCTCACCGGGGCAGGCGGGCA **TAGCCT** CGGGTC | | AUG ACC ACC CAU GGC AGC ACG ⋯ | |
| cat | CGGAAAAATCGCTACGGCCCGCACACCGGCGGGTGA **TATGCT** GAGCCG | | AUG GAC GCC CCG ATC CCG ACC CCG ⋯ | |
| aacC9 | AAATTACTCGGTTACCTGACGCCCCGGCTCAGGA**GAGCCT**GCTAGCT | | AUG GAA GAG AUG AGC UUA CUC AAU ⋯ | |
| afsA | GGGGAGTTATGCCCGAAGCAGCAGTCTTGATCGATCC**GGT**GCCGACT | | AUG GAC GCG AGA GCC GAG GUG GUG ⋯ | |
| aacC7 | GAGAAATACGGTGCCGGTGACCGTGAGCGACGGA**TACCTT**CCCGTCC | | AUG GAC GAC CUC GCC UUG CUC AAG ⋯ | |
| aph | GACGAAAGGCGCGGAAACGGGGTCTCCGCCTCTGC **CATGAT** GCCGCCC | | AUG GAC GAC ACG UUG CGC CGG ⋯ | |
| rph | GTCAAATCACCTAGGGAGGAAAGGTGCCTTCTCTGCC**CATGAT**GCCGACC | | AUG GAA AGC ACG UUG CGC CGG ACG ⋯ | |
| cdh | GACAATCGGCCTCTGAAACTGGACCTGTTTCAGT**TAAGCT**GCCCGTC | | AUG GGU GAC GCA UCU UUG ACC ACC ⋯ | |

注：TSS—转录起始位点（用单碱基黑体标注）；TIC—翻译起始密码子（用下画线标注）；六碱基黑体表示启动子的 -10 区。

表 4-14　链霉菌 34 种蛋白质编码序列的密码子使用频率

| 氨基酸 | 密码子 | 频率/% | 氨基酸 | 密码子 | 频率/% |
|---|---|---|---|---|---|
| Ala(13.87%) | GCC | 60.1 | Leu(7.95%) | CTG | 50.0 |
| | GCG | 33.0 | | CTC | 44.5 |
| | GCA | 4.7 | | CTT | 2.6 |
| | GCT | 2.3 | | TTG | 2.0 |
| Arg(6.68%) | CGC | 46.6 | | CTA | 0.5 |
| | CGG | 33.4 | | TTA | 0.2 |
| | CGT | 8.5 | Lys(2.86%) | AAG | 97.7 |
| | AGG | 6.1 | | AAA | 2.3 |
| | CGA | 3.3 | Met(1.37%) | ATG | 100.0 |
| | AGA | 2.1 | Phe(2.49%) | TTC | 98.9 |
| Asn(3.41%) | AAC | 96.3 | | TTT | 1.1 |
| | AAT | 3.1 | Pro(5.49%) | CCG | 48.2 |
| Asp(6.26%) | GAC | 97.1 | | CCC | 47.0 |
| | GAT | 2.9 | | CCT | 3.1 |
| Cys(1.06%) | TGC | 87.5 | | CCA | 1.7 |
| | TGT | 12.5 | Ser(6.36%) | TCC | 39.4 |
| Gln(2.87%) | CAG | 93.7 | | AGC | 29.3 |
| | CAA | 6.3 | | TCG | 24.5 |
| Glu(3.78%) | GAG | 83.9 | | TCA | 2.8 |
| | GAA | 16.1 | | AGT | 2.8 |
| Gly(10.40%) | GGC | 69.5 | | TCT | 1.2 |
| | GGG | 15.9 | Thr(8.35%) | ACC | 66.9 |
| | GGT | 8.2 | | ACG | 29.5 |
| | GGA | 6.4 | | ACA | 2.3 |
| His(1.90%) | CAC | 93.5 | | ACT | 1.4 |
| | CAT | 6.5 | Trp(1.63%) | TGG | 100.0 |
| Ile(2.46%) | ATC | 93.8 | Tyr(3.08%) | TAC | 96.6 |
| | ATA | 4.6 | | TAT | 3.4 |
| | ATT | 1.5 | Val(7.44%) | GTC | 62.1 |
| STOP(0.23%) | TGA | 45.8 | | GTG | 33.2 |
| | TAG | 41.7 | | GTA | 3.1 |
| | TAA | 12.5 | | GTT | 1.7 |

注：密码子总数为 10 530。

从表 4-14 的统计结果可以看出，在所有氨基酸的简并密码子中，使用频率低于 2% 的稀有密码子分别是：苯丙氨酸的 TTT(1.1%)、异亮氨酸的 ATT(1.5%)、缬氨酸的 GTT(1.7%)、丝氨酸的 TCT(1.2%)、脯氨酸的 CCA(1.7%)、苏氨酸的 ACT(1.4%)，而亮氨酸的密码子 TTA(0.2%)和 CTA(0.5%)几乎是禁止使用的。TTA 密码子在天蓝色链霉菌和变铅青链霉菌的基因表达过程中起着主要的调控作用，它只能为 *bldA* 基因编码的 tRNA[Leu] 结构类似物所识别，而 *bldA* 基因通常只在链霉菌生长的后期才表达，该基因的突变会导致链霉菌丧失形成气生菌丝及抗生素合成的能力。事实上，TTA 密码子较多地出现在次级代谢基因的编码序列中，这与 *bldA* 基因的表达时序是一致的。如果一个外源基因含有 TTA 密码子，那么即使在这个基因编码序列的上游安装天蓝色链霉菌控制初级代谢基因表达的强启动子，这个基因仍只在受体菌的生长后期时序特异性表达。TTA 密码子的这一特性为外源基因在链霉菌中的定时表达提供了一种新的控制手段。

链霉菌密码子的第三位碱基不但是 GC 特异性的，而且在 G 和 C 之间也并非完全相同。如果某一氨基酸的简并密码子第三位碱基可 C 可 G，则 C 的使用频率明显占优势，例如，甘氨酸的密码子 GGC(69.5%)和 GGG(15.9%)、缬氨酸的密码子 GTC(62.1%)和 GTG(33.2%)、苏氨酸的密码子 ACC(66.9%)和 ACG(29.5%)、丙氨酸的密码子 GCC(60.1%)和 GCG(33.0%),精氨酸的密码子 CGC(46.6%)和 CGG(33.4%),但对于脯氨酸的密码子 CCG(48.2%)和 CCC(47.0%)来说,两者基本持平,而在亮氨酸的密码子 CTG(50%)和 CTC(44.5%)中,G 还显示出微弱的优势。总之,GC 含量较高的外源基因在链霉菌中一般具有表达优势。

稀有密码子的存在会使核糖体在 mRNA 链上暂停移动。在野生型链霉菌细胞中,一种由 *ssrA* 基因编码的兼有 tRNA 和 mRNA 双功能的特殊 tmRNA 分子在其结合蛋白 SmpB 的协助下,能进入暂停的核糖体内,并使新生多肽链转移至 tmRNA 分子中的丙氨酰基-tRNA 样功能域上,进而导致停顿的核糖体从原来的 mRNA 上释放;而 tmRNA 上的另一个 mRNA 样功能域则作为临时模板继续翻译出一段短氨基酸标签,这种标签引导新生多肽链降解。一般认为,这种由 tmRNA 介导的新生多肽链标签化作用是干扰那些 AT 含量丰富的外源基因在链霉菌中有效翻译的主要机制。在大肠杆菌和枯草芽孢杆菌中,*ssrA* 基因的缺失会导致细菌生长缓慢;但变铅青链霉菌 *ssrA* 缺失突变株的生长和存活似乎并不受到影响,因此这种突变株对于含有多重稀有密码子的真核基因的表达可能具有积极意义。

### 4.3.4　链霉菌的蛋白分泌系统

20 世纪 80 年代中期,胞外琼脂酶基因在变铅青链霉菌中的表达以及褶皱链霉菌(*Streptomyces plicatus*)可分泌性氨基葡萄糖苷内切酶 H 编码基因的测序,揭开了同源或异源基因在链霉菌属中分泌表达的序幕。30 年来,随着链霉菌分子生物学研究的不断深入,人们对异源重组蛋白在链霉菌中分泌表达机理的认识也上升到了一个新的高度。

#### 1. 链霉菌蛋白质的信号肽序列

与其他原核细菌的分泌性蛋白相同,链霉菌的分泌性蛋白首先以蛋白前体的形式合成,其 N 端的信号肽序列在分泌过程中被切除,最终形成成熟蛋白。唯一的例外是抗生链霉菌和淡青链霉菌表达的分泌型酪氨酸酶不含信号肽序列。虽然链霉菌的信号肽序列并不像其他原核细菌或真核生物那样具有明显的保守序列,但 N—H—C 三个结构域仍具有特征序列。其中,位于多肽链 N 端的 N 结构域长度可变,但总是携带净的正电荷。在链霉菌中,这种正电荷主要由精氨酸残基提供,拥有保守的 S/T—R—R—X—F—L—K 基序,其中的两个 RR 恒定不变,这种偏爱性实际上是链霉菌基因组 DNA 高 GC 含量的一种直接反映,因为精氨酸密码子的 GC 含量远高于赖氨酸和组氨酸密码子;中部的 H 结构域由 12~20 个疏水氨基酸残基组成。同样,密码子中 GC 含量较低的氨基酸出现的频率相应也低;位于多肽链 C 端的 C 结构域通常以阻断螺旋结构形成的脯氨酸残基开始,长度为 6~10 个氨基酸残基。链霉菌的信号肽序列遵循所谓的"-1,-3"规律:在 23 个已鉴定的链霉菌信号肽中,丙氨酸在-1 位和-3 位的出现频率分别为 74% 和 60%,而在成熟多肽链的+1 位,丙氨酸和天冬氨酸出现的频率分别为 70% 和 26%。

#### 2. 成熟蛋白质对分泌的影响

虽然 Sec 途径仍是链霉菌主要的蛋白分泌途径,需要典型的 N—H—C 信号肽结构,然而近年来的数据显示,蛋白质前体成熟的结构域对其靶向性贡献很大,而信号肽的作用则并不像所猜测的那么关键。链霉菌也含有双精氨酸依赖性转位(Tat)系统。与革兰氏阴性菌相似,在变铅青链霉菌以及其他链霉菌中,TatA、TatB、TatC 是该途径必需的组分。其中,TatA 和 TatB 的序列和结构相关性很高,在 N 端均含有一个跨膜的 α-螺旋,紧接着是一个定位于膜胞质一侧的两性螺旋,再往后便是长度可变的 C 端区域。TatC 则高度疏水,拥有六个转膜螺旋,N 端和 C 端均面向胞质一侧。虽然大多数原核细菌拥有相同的 Tat 途径,但经由该途径分泌的蛋白质却很少。基于链霉菌 Tat 底物预测程序(TATFIND 1.4 和 TatP)的调查显示,链霉菌的 Tat 底物数目异常多,如天蓝色链霉菌 7 825 个 ORF 中共有 145 个潜在的 Tat 底物,其中的 25 个已由实验确认;阿维链霉菌的 7 576 个 OR 中也有 145 个潜在的 Tat 底物;采用琼脂糖酶报告基因分析,疮痂病链霉菌 47 个候选的 Tat 底物的信号肽能介导琼脂糖酶以 Tat 依赖性方式分泌。基于上述数据可以推测,疮痂病链霉菌至少拥有 100 个 Tat 底物。

变铅青链霉菌能高效表达各种同源和异源基因,并分泌相对分子质量从 8 kD($\alpha$-淀粉酶抑制剂 HaimII)到 130 kD($\beta$-半乳糖苷酶)的蛋白产物,最高分泌表达量可达 1.07 g/L($\beta$-内酰胺酶)。链霉菌的表达分泌系统对真核生物基因并没有严格的限制作用,在相同的系统中,真核蛋白与原核蛋白的分泌能力较为接近,这与大肠杆菌与芽孢杆菌表达系统有着显著的区别。然而,若将异源蛋白的部分基因编码序列取代链霉菌成熟蛋白的相应序列,则细菌分泌表达异源重组蛋白的能力仍低于原基因产物。虽然在大肠杆菌中,成熟蛋白内部的序列特征是蛋白质高效分泌所必需的,而且用重组链霉菌表达分泌人白细胞介素-2 时也出现过类似的情况,但这种例子毕竟是少数的。将链霉菌蛋白的 N 端同源序列与异源多肽序列融合,绝大多数情况下均能使重组蛋白以高于 90% 的效率分泌到培养基中。例如,大肠杆菌的 $\beta$-半乳糖苷酶和半乳糖磷酸激酶在宿主细胞中是胞内蛋白,但若将其编码序列与链霉菌的启动子和信号肽编码序列融合在一起,两种重组蛋白的分泌率分别为 33% 和 74%。

为了穿膜而出,蛋白质必须具有与分泌过程相适应的空间构象,一旦从胞膜上释放出来,分泌的蛋白质便折叠成其生物活性发挥所必需的另一种构象。在变铅青链霉菌表达系统中,胰岛素原前体的半胱氨酸残基是与其一级结构中最邻近的另一半胱氨酸形成二硫键的,这并非是胰岛素原分子的特征构象。一旦分泌及重折叠,纯化的表达产物便形成正确的天然构象,这表明链霉菌的分泌系统能够确定成熟多肽链的空间构象。

3. 培养基及发酵条件对异源蛋白高效分泌表达的影响

虽然近三十年来,有关链霉菌异源重组蛋白高效分泌表达的报道日益增多,但这些研究的焦点一般都放在重组基因的高效表达方面,而对链霉菌生产分泌重组蛋白所需的发酵工艺研究甚少。培养基的组成对重组蛋白分泌表达的影响在链霉菌中表现得非常显著,例如,在 YEME 培养基中增加葡萄糖的量会导致重组菌表达胆固醇氧化酶的能力急剧下降,而增加蛋白胨的浓度又可显著提高这种重组蛋白的产量。对于一个特定的链霉菌表达系统,选择几种组分差别较大的常用培养基调查重组蛋白分泌表达的最优化,结果表明,与 YEME 相比,有的培养基可使重组蛋白的合成与分泌量提高 8 倍;也有的培养基虽然能使细菌在胞内产生较高水平的重组蛋白,但强烈抑制其分泌,也就是说,培养基组成对重组蛋白的合成与分泌可产生完全不同的影响。

重组链霉菌发酵工艺参数的控制对重组蛋白的生产与分泌至关重要,某些参数的轻微改变即可使重组蛋白的产量提高几倍乃至几十倍,但发酵条件的优化与细菌的遗传代谢特征以及重组蛋白的性质密切相关,基本上没有一成不变的规律可循。一般而言,在发酵过程中维持 pH 恒定是必需的,pH 值升高会导致重组 $\beta$-内酰胺酶和 DD-肽酶在链霉菌中的不稳定性。虽然重组链霉菌的最适生长温度是 29℃,但重组木聚糖酶分泌表达的最适温度却是 34℃。发酵系统中葡萄糖的存在通常会阻遏分解代谢途径,尤其是当浓度较高时这种影响更大,但通过流加技术在发酵系统中维持较低浓度的葡萄糖,往往有利于重组蛋白的表达,因为葡萄糖可以降低氨基酸的分解代谢速率,延缓重组链霉菌的裂解。以廉价的谷物天然基质取代 M13 培养基中的蛋白胨和酵母粉可使重组木聚糖酶的产量提高 2.5 倍,有趣的是,在培养基中加入高浓度的蔗糖(超过 100 g/L),也可以明显改善重组 $\beta$-内酰胺酶和 DD-肽酶的合成与分泌。蔗糖虽然是一种变铅青链霉菌不能利用的碳源,但它可使水的活度维持在 0.96~0.98 的最佳范围内。有些金属离子如 $Ni^+$ 能抑制变铅青链霉菌体内胰凝乳蛋白酶样的活性以及氨肽酶对重组胰岛素原的降解作用,但另一些金属离子如 $Ca^{2+}$ 或 $Mg^{2+}$ 则激活这一水解反应。采用有利于重组 $\beta$-内酰胺酶合成与分泌的最佳发酵条件可以大大减少宿主菌内源性 $\beta$-内酰胺酶抑制剂的合成。由于在链霉菌中,酶的表达与分泌量往往出现在稳定期,因此重组链霉菌培养条件的控制目标应当放在有利于延长稳定期方面。此外,在碳源和氮源严格限制的条件下,采用连续培养工艺可使重组链霉菌的 $\alpha_1$-干扰素合成及分泌的水平提高 $60\sim100$ 倍。

链霉菌在液体发酵过程中能呈现几种不同的形态发育阶段:致密小球(直径为 $950~\mu m$)、松散团块(直径为 $600~\mu m$)、分支菌丝和非分支菌丝。位于致密小球表面的细胞在生理上不同于小球内部的细胞,由于小球核心中的氧化和营养条件受限,细胞死亡迅速。菌丝内的分隔程度越高,细菌的比生长速率以及 Tat 依赖型的分泌效率也就越高,有利于重组蛋白的高效表达和分泌。工程上通过强化搅拌可促进菌丝的分隔程度,同时改善致密小球核心中的养分和营养传递,但这往往意味着发酵动力成本的增加。研究发现,过表达链霉菌与细胞分裂和形态发生相关的 SsgA 蛋白,能在很大程度上取代强化搅拌的工程化操作,有效促进液体培养过程中的菌丝分隔化,从而降低发酵成本。

### 4.3.5　利用重组链霉菌分泌表达哺乳动物蛋白

迄今为止,已有大量的同源和异源蛋白在变铅青链霉菌中获得分泌表达(表 4-15),然而在分泌表达高等哺乳动物蛋白时,其效率差异很大。有的哺乳动物蛋白的分泌表达水平几近同源蛋白,如重组胰岛素原的分泌率达到 $100\%$,重组白细胞介素-1B 和 $\alpha_1$-干扰素的分泌率也超过 $90\%$;但有些哺乳动物蛋白的分泌表达水平则较低。这表明变铅青链霉菌是一个极有发展前途的重组蛋白分泌表达系统,但对其效率差异性的机制仍需深入调查。

表 4-15　由变铅青链霉菌表达的重组异源蛋白

| 菌株名称 | 信号肽/载体 | 蛋白质/来源 | 大小/kDa | 产量 | 发表年份 |
|---|---|---|---|---|---|
| TK24 | $STI-II$ | T 细胞受体 CD4,人类 | 80 | 300 mg/L | 1993 |
| TK24 | $vsi$,pCBS2mTNFα+2 | 肿瘤坏死因子 α,小鼠 | 36 | 300 mg/L | 2001 |
| TK24 | $gpp$,pSGLgpp | 白介素-4 受体,人类 | 24 | 10 mg/L | 2004 |
| 1326 | 合成信号肽,pIJ699 | α-整联蛋白 CD11b A,大鼠 | 21 | 8 mg/L | 2007 |
| TK24 | $melC1$,pMGA | 胰高血糖素,人类 | 4 | 24 mg/L | 2008 |
| TK24 | $cagA$,pIMB4 | 白介素-6,人类 | 20 | <1 mg/L | 2011 |
| IAF10-164 | $celA$,pIAF811-A.8 | 抗原蛋白,结核分枝杆菌 | 19 | 200 mg/L | 2002 |
| 1326 | 天然信号肽,pIJ6021 | L-氨基酸氧化酶,浑浊红球菌 | 54 | <1 U/mL | 2003 |
| JI66 | $xys1$,pIJ702 | 木聚糖酶,构巢曲霉 | 22 | 19 U/mL | 2004 |
| 1326 | 天然信号肽,pIJ486 | 糖蛋白,结核分枝杆菌 | 46 | 5 mg/L | 2004 |
| 1326 | $PLD$,pUC702 | 磷脂酶 D | 56 | 118 mg/L | 2004 |
| JT46 | 天然信号肽,pAE053 | 谷氨酰胺转移酶,平板链霉菌 | 38 | 2 U/mL | 2004 |
| TK24 | $vsi$,pIJ486 | 木葡聚糖酶,琼斯菌 | 100 | 150 mg/L | 2006 |
| TK24 | $dag$,pRAGA1 | APA 蛋白,结核分枝杆菌 | 46 | 80 mg/L | 2006 |
| TK24 | $vsi$,pOW15 | 链激酶,似马链球菌 | 47 | 15 mg/L | 2007 |
| JI66 | $phoA$,pIJ702 | 碱性磷酸单酯酶,嗜热栖热菌 | 55 | 267 U/mL | 2008 |
| msiK⁻ | 天然信号肽,pIAFD95A | 耐热脂肪酶,宏基因组分离物 | 33 | 11 mg/L | 2009 |
| 1326 | $PLD$,pUC702 | β-葡萄糖苷酶,嗜热裂孢菌 | 230 mg/L | 2010 |  |
| 1326 | $PLD$,pUC702 | 谷氨酰胺转移酶,轮枝链霉菌 | 64 mg/L | 2010 |  |

注:$STI-II$—长孢链霉菌丝氨酸蛋白酶抑制剂信号肽;$vsi$—委内瑞拉链霉菌枯草杆菌蛋白酶抑制剂信号肽;$gpp$—球孢链霉菌信号肽;$melC1$—变铅青链霉菌黑色素激活蛋白信号肽;$cagA$—球孢链霉菌 C-1027 脱辅基蛋白信号肽;$celA$ 和 $xys1$—霍耳斯特德链霉菌木聚糖酶信号肽;$PLD$—磷脂酶 D 信号肽;$dag$—天蓝色链霉菌琼脂糖酶信号肽;$phoA$—嗜热栖热菌碱性磷酸单酯酶信号肽。

1. 重组小鼠肿瘤坏死因子 α 在变铅青链霉菌中的高效分泌表达

哺乳动物的肿瘤坏死因子(TNF)是一种由激活的巨噬细胞产生的同源三聚体,每个亚基有 157 个氨基酸。它能作用于两种不同的细胞表面受体 TNF-R1 和 TNF-R2,其中 TNF-R1 介导 TNF 的大部分生理活性。TNF 与 TNF-R1 的结合能触发一系列细胞内的信号转导级联反应,最终激活两大核内转录因子 κB(NF-κB)和 c-Jun。这两大转录因子可诱导表达一组具有重要生理功能的基因,涉及细胞的生长凋亡、组织发育、肿瘤发生、免疫识别、炎症反应、环境压力应答等过程。

由于 TNF 的最大活性依赖于其三聚体结构,因此能否表达具有正确构象的重组 TNF 对细菌表达系统是一个挑战。将小鼠的 TNFα 编码序列与委内瑞拉链霉菌 CBS762.70 株枯草杆菌蛋白酶抑制剂基因 vsi 所属的启动子和信号肽编码序列融合,重组变铅青链霉菌 TK24 株能将小鼠 TNFα 高效分泌至耗尽了的生长培养基中,浓度达到 $200\sim300$ mg/L。重要的是,这种从培养液中纯化获得的重组蛋白具有天然的三聚体结构,体外细胞凋亡组织培养物分析结果显示,其生物活性远高于由重组大肠杆菌产生的相应产物。至此,变铅青链霉菌蛋白分泌表达系统作为大规模生产具有医疗价值的寡聚体蛋白的另一种技术平台,首次得以确立。

2. 重组人可溶性白介素-4 受体在变铅青链霉菌中的分泌表达

白介素-4(IL-4)是一种多效性细胞分子,在确立免疫应答性质以及介导哮喘促炎性反应中扮演重要角色。IL-4 通过与靶细胞质膜上的相应受体(IL-4R)相互作用而实施其效应,而缺少转膜和胞质功能的可溶性受体(sIL-4R)则是 IL-4 的有效拮抗剂,具有抗哮喘医疗价值。

先前的重组可溶性 sIL-4R 由哺乳动物 HeLa 或 CHO 细胞株表达,表达水平只有 $0.6\sim3$ mg/L。由重组大肠杆菌表达的 sIL-4R 基本上以包涵体形式存在,具有生物活性的可溶性产物难以获得。然而,将 sIL-4R 的 cDNA 编码序列克隆在大肠杆菌-链霉菌分泌表达型穿梭质粒 pSGLgpp 上,由来自球孢链霉菌(Streptomyces globisporus)的 gpp 基因所属启动子和信号肽介导在变铅青链霉菌 TK24 株中表达和分泌,培养基中重组 sIL-4R 的表达分泌水平至少为哺乳动物表达系统的 3 倍,且重组产物的 N 端结构完整。

3. 重组人 C 端酰胺化胰高血糖素在变铅青链霉菌中的分泌表达

由哺乳动物和人类胰脏 α-胰岛细胞产生的 29 肽激素胰高血糖素是胰岛素的生理性拮抗剂,同时又能促进胰岛素的分泌,据信对维持糖尿病患者的血糖水平具有医疗价值。然而,与降钙素(抑制破骨细胞活性,因而能延缓骨质疏松)等其他肽类物质一样,胰高血糖素作为药物开发的瓶颈因素因其相对分子质量过小易遭蛋白酶的降解,同时高活性的 C 端酰胺化形式在众多表达受体中难以实现生物发酵一步生产。

为了解决上述难题,将编码人胰高血糖素(gly)的 DNA 序列与大鼠的 α-酰胺酶编码基因串联克隆在链霉菌分泌表达质粒 pMGA 上。后者装有 aph 强组成型启动子和 melC1 基因所属的信号肽编码序列,在变铅青链霉菌 TK24 株中能高效介导两个基因的表达和分泌。结果显示,这一重组方案能直接表达产生 C 端酰胺化的人胰高血糖素(gly),重组产物无须进一步 C 端酰胺化化学修饰操作;而且由于变铅青链霉菌较低的蛋白酶活性,29 肽的重组人胰高血糖素也能在培养基中稳定积累至 24 mg/L 的水平,为短肽类特别是 C 端酰胺化生物活性物质的规模化生产提供了另一种有希望的策略。

### 4.3.6 利用 DNA 重组技术改良抗生素生产菌

利用传统的诱变技术以及同位素示踪技术可以查明抗生素的生物合成途径,但对抗生素生物合成调控机制的诠释必须依靠分子生物学手段。随着大量抗生素合成基因、运输基因、抗性基因、调控基因的克隆与鉴定,人们不仅对抗生素产生菌的自身抗性机理、抗生素生物合成的特殊反应和调控机制,以及初级代谢与次级代谢之间的偶联等命题有了明确的答案,同时还发现在链霉菌中,与抗生素生物合成有关的基因往往连锁在一起,形成典型的基因簇顺序组织,这一特性为抗生素生物合成基因的克隆表达鉴定以及利用基因工程技术改良抗生素生产菌提供了较强的可操作性。

1. 链霉菌抗生素生物合成的基因调控网络

链霉菌以其丰富复杂的次级代谢途径而著称,这些次级代谢途径响应外界磷、氮、铁元素饥饿和其他环境压力,驱动细菌形态分化(如孢子生成)和次级代谢产物(如抗生素、色素、免疫调节剂)合成;同时,编码次级代谢途径的基因受到组织有序的等级分层调控,构成精致复杂的次级代谢调控网络,并与细胞的初级代谢调控网络相偶联。

　　就抗生素生物合成而言,直接作用于抗生素合成基因、运输基因、抗性基因顺式调控元件上的转录调控因子处于次级代谢网络的底层,其编码基因绝大多数位于各种抗生素生物合成基因簇内,属于途径特异性调控因子。途径特异性调控因子受控于次级代谢网络的中层转录调控因子,它们通常控制多重不同的次级代谢途径,因而称为途径多效型调控因子,其编码基因大都位于抗生素生物合成基因簇之外的基因组上,但有些多效型调控因子编码基因与抗生素生物合成基因簇连锁在一起。处于代谢调控网络顶层的是代谢全局型调控因子,它们直接或间接控制次级代谢的中层多效型调控因子编码基因,并介导与初级代谢网络的偶联(图 4 - 24)。

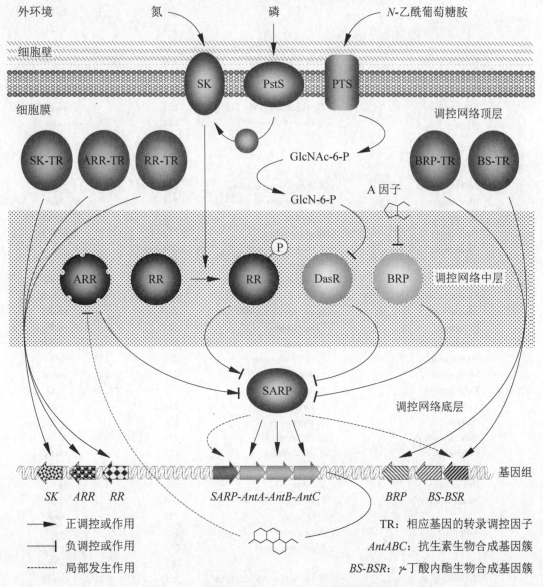

图 4 - 24　链霉菌抗生素生物合成的基因调控网络

（1）抗生素生物合成的途径特异性调控因子

处于次级代谢网络底层的途径特异性调控因子按其结构及调控对象的性质可分为SARP（链霉菌抗生素调控蛋白）、LAL、LysR 三大类。其中，SARP 型调控因子大都为小型（277~665 aa）转录激活因子，N 端含有 DNA 结合功能域和转录激活功能域，其典型的代表包括天蓝色链霉菌中调控放线菌紫素合成的 ActII - ORF4、棒状链霉菌（*Streptomyces clavuligerus*）中调控头孢菌素和克拉维酸生物合成的 CcaR、灰色链霉菌中调控链霉素合成的 StrR 等（表 4 - 16）。

**表 4 - 16　链霉菌抗生素调控蛋白（SARP）总览**

| 途径类型 | 抗 生 素 | 菌 种 名 称 | 蛋白长度 | TTA 密码子 | 基因名称 |
|---|---|---|---|---|---|
| II 型聚酮 | Aranciamycin | *S. echinatus* | 270 | 70 | *orf*15 |
| | Lactonamycin | *S. rishiriensis* | 626 | | *lct*23 |
| | | | 277 | | *lct*15 |
| | | | 221 | | *lct*21 |
| | | | 510 | | *lct*22 |
| | Griseorhodin | *S.* sp.　strain JP95 | 274 | | *grh*R1/2 |
| | Aclacinomycin | *S. galilaeus* | 281 | | *acl*1 |
| | | | 273 | | *akn*O |
| | Medermycin | *S.* sp.　strain AM - 7161 | 259 | | *med* -ORFII |
| | Auricin | *S. aureofaciens* | 274 | | *sa*35 |
| | | | 269 | | *sa*23 |
| | | | 293 | | *sa*37 |
| | | | 273 | | *a*24 |
| | Polyketomycin | *S. diastatochromogenes* | 271 | 8 | *pok*R2 |
| | Chartreusin | *S. chartreusis* | 217 | | *cha*R1 |
| | Lysolipin | *S. tendae* | 614 | 30 | *llp*R4 |
| | Hedamycin | *S. griseoruber* | 273 | | *orf*16 |
| | Granaticin | *S. violaceoruber* | 284 | | *gra* -ORF9 |
| | Polyketide 5 | *S. avermitilis* | 271 | 129 | ? |
| | Frenolicin | *S. roseofulvus* | 283 | | *frn*G |
| | Fredericamycin | *S. griseus* | 612 | 191 | *fdm*R1 |
| | Alnumycin | *S.* sp.　strain CM020 | 272 | 5 | *aln*R3 |
| | Enterocin | *S. maritimus* | 284 | | *enc*F |
| | Chromomycin | *S. griseus* | 301 | 13 | *cmm*R |
| | Steffimycin | *S. steffisburgensis* | 291 | 241 | *stf*R1 |
| | Mithramycin | *S. argillaceus* | 277 | 6、226 | *mtm*R |
| I 型聚酮 | Reveromycin | *S.* sp.　strain SN - 593 | 278 | 27、30 | *rev*Q |
| | Tetronasin | *S. longisporus* | 257 | | *tsn*17 |
| | Pactamycin | *S. pactum* | 399 | | *orf*27 |
| | Furaquinocin A | *S.* sp.　strain KO - 3988 | 344 | 56、75、78 | ? |
| | Chlorothricin | *S. antibioticus* | 262 | | *chl*F2 |
| | Piericidin | *S. piemogenus* | 200 | | *pie*R |
| | Bafilomycin | *S. lohii* | 610 | 172 | *baf*G |
| | Nangchangmycin | *S. nangchangensis* | 254 | 31 | *nan*R2 |
| | | | 242 | | *nan*R1 |
| | Virginiamycin | *S. virginiae* | 330 | | *vrm*S |
| | Rubradirin | *S. achromogenes* | 291 | | *rub*Rg3 |
| | | | 267 | | *rub*Rg1 |
| | Tetronomycin | *S.* sp.　strain NRRL11266 | 257 | 31 | *trrn*18 |
| | Aureothin | *S. thioluteus* | 272 | 11 | *aur*D |

续表

| 途径类型 | 抗 生 素 | 菌 种 名 称 | 蛋白长度 | TTA 密码子 | 基因名称 |
|---|---|---|---|---|---|
| I 型聚酮 | Asukamycin | *S. nodosus* | 255 | | *asuR5* |
| | Tylosin | *S. fradiae* | 278 | 68 | *tylS* |
| 非聚酮类 | Nosiheptide | *S. actuosus* | 324 | | *nosP* |
| | Skyllamycin | *S. sp. strain Acta2897* | 647 | | *sky44* |
| | Peptide - 2 | *S. avermitilis* | 616 | | ? |
| | Thienamycin | *S. cattleya* | 267 | | *thnU* |
| | 4 - Hydroxy - 3 - nitrosobenzamide | *S. murayamaensis* | 323 | 41 | *nspR* |
| | Virginiamycin | *S. virginiae* | 330 | | *vmsS* |
| | Phenalinolactone | *S. sp. strain Tu6071* | 266 | | *plaR1* |
| | Heboxidiene | *S. chromofuscus* | 262 | 200 | ? |
| | Prodigiosin | *S. griseoviridis* | 254 | | *rphD* |
| | Rubrinomycin | *S. collinus* | 662 | | *rubS* |
| | Cinnamycin | *S. cinnamoneus* | 262 | 72 | *cinR1* |

注:"TTA 密码子"表示该稀有密码子编码蛋白质中第几位氨基酸残基。

　　LAL 型调控因子相对较大(872～1 159 aa),DNA 结合功能域位于 C 端,其成员包括:吸水链霉菌中分别控制大环哌喃、雷帕霉素、格尔德霉素合成的 FkbN、RapH、GdmRI/GdmRII、委内瑞拉链霉菌中控制苦霉素合成的 PikD、棒状链霉菌中控制 5S clavam 合成的 Cvm7P、诺尔斯氏链霉菌(*Streptomyces noursei*)控制制霉菌素合成的 NysRI/RIII、结节链霉菌(*Streptomyces nodosus*)控制两性霉素合成的 AmphIV、阿维链霉菌(*Streptomyces avermitilis*)控制菲律宾菌素合成的 PteF、纳塔尔链霉菌(*Streptomyces natalensis*)中控制匹马菌素合成的 PimM。

　　LysR 型转录调控因子的成员含有 310～325 个氨基酸,其 C 端含有 HTH 保守性 DNA 结合功能域,它们大多需要小分子(辅诱导剂)的存在,其成员包括:棒状链霉菌中控制克拉维酸合成的 ClaR、吸水链霉菌和筑波链霉菌中控制大环哌喃合成的 FkbR、阿维链霉菌中的 SAV - 4790。

　　(2) 次级代谢网络的途径多效性调控因子

　　处于次级代谢网络中层并以途径特异性调控因子为控制靶标的途径多性调控因子按其作用模式可分为 BRP(丁酸内酯受体蛋白)、TCS - RR、IclR、ARR 四大类。其中,BRP 属于 TetR 超家族的转录阻遏因子,它们被 γ - 丁酸内酯类小分子结构类似物所激活,C 端拥有 γ - 丁酸内酯结合功能域,N 端则含有高度保守的螺旋-转角-螺旋(HTH)特征性 DNA 结合基序,其靶基因所属启动子相应地含有保守的 AT 丰富序列(被称为自调控元件 ARE)。由于 γ - 丁酸内酯呈物种特异性,因此其对应的 BRP 也是特异性的。

　　双组分系统(TCS)由质膜结合型传感器激酶(SK)和应答型转录调控因子(RR)构成,SK 响应外界压力信号,并使 RR 磷酸化激活,磷酸化了的 RR 再作用于底层的途径特异性调控因子编码基因。链霉菌中存在着极其丰富的 TCS 系统,仅天蓝色链霉菌基因组中就预测有 67 对二元组分系统,但其生理功能大都未知。研究较为清楚的是天蓝色链霉菌中控制放线菌紫素和十一烷基灵菌红素合成的 PhoR - PhoP 系统、控制 CDA(钙依赖型抗生素)合成的 AbsA1 - AbsA2 系统以及 AfsK - AfsR 系统,其中的 PhoP、AbsA2、AfsR 均为转录调控因子,但其转录激活还是阻遏效应则取决于靶基因或辅因子的性质。

　　IclR 型转录调控因子包括棒状链霉菌 SARP 的调控因子 AreB(ARE 结合蛋白)及其在波赛链霉菌(*Streptomyces peucetius*)和天蓝色链霉菌中的直系同源物 NdgR(氮源依赖型生长调控因子),此外天蓝色链霉菌中控制 N -乙酰葡萄糖胺代谢和抗生素合成的 DasR 也属于此类。

ARR 型转录调控因子不含磷酸化位点,但结构却与 TCS 中的 RR 具有同源性,因而被称为"孤儿应答型调控因子"。ARR 的典型代表是转录激活十一烷基灵菌红素生物合成基因簇(*red*)中 SARP 型途径特异性调控因子编码基因 *redD* 的 RedZ、委内瑞拉链霉菌中控制节豆霉素(jadomycin)合成的 JadR1 以及多功能调控因子 GlnR。这两种孤儿应答型调控子的典型特征是均为其各自控制的终端合成物(十一烷基灵菌红素和节豆霉素)所灭活,从而构成在氨基酸生物合成中普遍存在的反馈调控回路。ARR 型转录调控因子可分为 OmpR 和 NarI 两大家族,其中 OmpR 家族除了 JadR1 外,还包括金色链霉菌(*Streptomyces aureofaciens*)控制金黄菌素合成的 Aur1P、生氰链霉菌(*Streptomyces cyanogenus*)控制兰多霉素合成的 LanI、球孢链霉菌(*Streptomyces globisporus*)控制兰多霉素 E 合成的 LndI;NarI 家族除了 RedZ 外,还包括波赛链霉菌控制柔红霉素合成的 DnrN、沙场链霉菌(*Streptomyces arenae*)控制萘甲酸环内酯合成的 NcnR、酒红链霉菌(*Streptomyces vinaceus*)控制结核放线菌素合成的 VioR。

(3) 代谢全局性调控因子

处于代谢调控网络顶层的代谢全局型调控因子通常指的是那些控制丁酸内酯生物合成基因、BRP 编码基因、双组分系统 SK/RR 以及 ARR 编码基因表达的转录调控因子。链霉菌中共发现大约 15 种具有 $\gamma$-丁酸内酯结构的信号分子,根据最小结构的差异 $\gamma$-丁酸内酯可分为:A 因子型,其烷基侧链上含有一个 10-酮基基团;弗吉尼亚丁酸内酯型,其烷基侧链上含有一个 10-$\alpha$-羟基基团;IM-2 型,其烷基侧链上含有一个 10-$\beta$-羟基基团。此外,还存在一些非内酯型的丁二醇,如 IP 因子,其结构式如图 4-25 所示。此外,细菌严谨型应答的标志性分子 ppGpp 或 pppGpp 也通过级联途径间接施加对抗生素生物合成的影响,那些控制 ppGpp 或 pppGpp 合成/水解酶系 RelA/SpoT 编码基因的转录调控因子也属于代谢全局性调控因子的范畴。

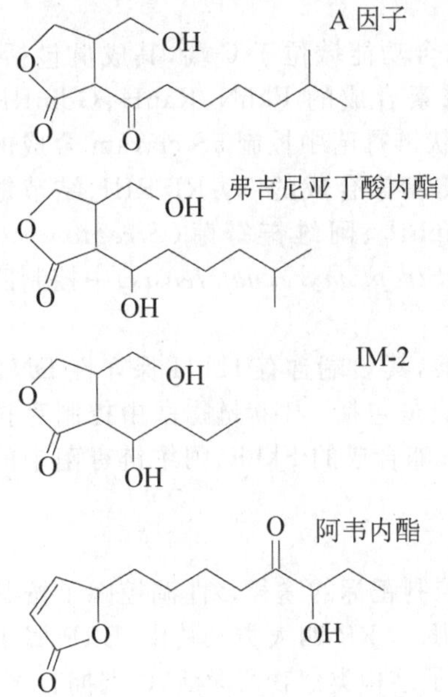

图 4-25 链霉菌次级代谢信号分子丁酸内酯及其结构类似物

值得注意的是:① 上述转录调控因子的底、中、顶三层调控体系并非一成不变,同一等级层次中的转录调控因子可能会横向相互调控,甚至出现自调控现象,如 CcaR 在调控头孢菌素和克拉维酸生物合成基因的同时也调控自身的编码基因 *ccaR*;② 较低等级的转录调控因子可能会反向作用于较高等级的转录调控因子编码基因,如处于中层的 NdgR 和 PhoP 能控制 $\gamma$-丁酸内酯的生物合成,甚至处于底层的转录阻遏因子 ScbR 也能抑制 $\gamma$-丁酸内酯(SCB)合成酶编码基因 *scbA* 的转录;③ 一种特定的抗生素生物合成基因簇往往受置于多等级转录调控因子的组合式控制,构成极为复杂的调控回路,如图 4-26 所示的放线菌紫素生物合成基因簇 *act*II 通过其 SARP 型途径特异性调控因子编码基因 *act*II-*ORF4* 响应至少八种不同的调控信号(即含有八种不同调控因子的结合位点)。

2. 链霉菌抗生素生物合成基因簇的克隆与途径操作

克隆链霉菌抗生素生物合成基因簇最直接的方法是采用大肠杆菌考斯质粒或其与链霉菌的穿梭质粒构建相应抗生素生产菌的基因组文库,然后按照下列策略筛选含目标基因簇

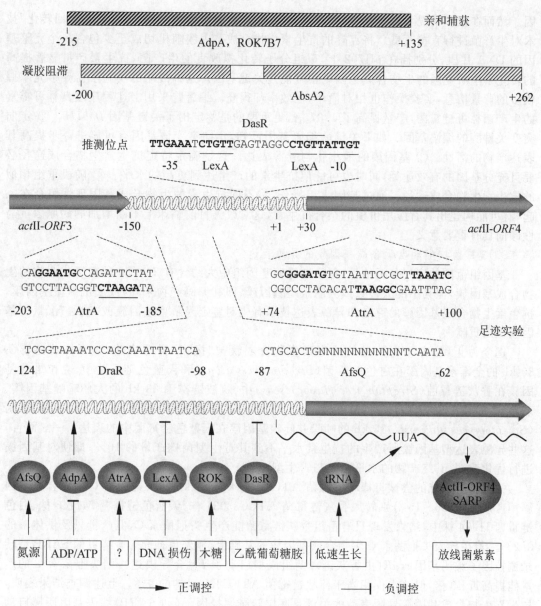

**图 4-26　放线菌紫素生物合成基因簇 actII 的组合调控模式**

的重组克隆：① PCR 或杂交鉴定法。结构和功能相似的抗生素在其生物合成途径中往往拥有同源的酶系，在信息生物学数据库中选择同源基因编码序列作为引物或探针，借助 PCR 或 Southern blot 技术筛查基因组文库，即可获得完整的生物合成基因簇。此外，根据已知的生物合成酶蛋白同源序列，人工设计合成引物或探针也能达到同样的目的。② 抗性基因克隆法。由于大多数抗生素合成基因与其抗性基因连锁在一起，因此可先通过目标抗生素抗性筛选法克隆其抗性基因，然后将之作为筛查基因组文库的引物或探针。③ 突变株遗传互补法。以抗生素生物合成途径缺陷的突变株为受体，鸟枪法克隆生物合成基因，然后将之作为筛查基因组文库的引物或探针。随着高通量基因组测序技术的成熟，抗生素生物合成基因簇的克隆与分析变得日趋简化。

　　在对抗生素生物合成途径基因簇功能及其调控网络进行充分鉴定的基础上，可以采取下列战略改良链霉菌的抗生素生产产量和品质：① 强化表达生物合成途径中的关键酶基因。然而在很多情况下,关键酶基因并不容易确定,此时可采用一种所谓的"基因回转化"技术对生产菌进行直接改良。将克隆的抗生素生物合成基因簇随机切成至少包含一个完整基因的 DNA 片段,分别插在 pIJ702 上,重组分子转化拟改良的生产菌,抗生素产量显著提高的转化子中所克隆的生物合成基因则很可能是关键基因。这种战略的实施不需要事先掌握较多的背景信息,实验操作也相对简单,但效率却很高。编者曾采用上述程序改良林可霉素的生产菌林可链霉菌,产量提高了 1.37 倍,更重要的是鉴定出了关键基因 *lmbIH*。② 定向突变关键酶的编码基因。如果关键酶编码基因已知,定向突变该基因有可能进一步提高其表达产物的活性。③ 基因簇的最小化与异源表达。这是确定特定抗生素生物合成途径必要且充分基因的有效途径,同时也可能使抗生素的产量达到更高的水平。④ 随机重组相似的抗生素生物合成途径。通过基因重组操作,将不同抗生素的生物合成基因理性组合在一起,有可能构建出具有应用价值的杂合抗生素,这对改善目前临床上不断增加的病原菌抗药性倾向具有重要意义。

3. 链霉菌抗生素生物合成基因簇的异源表达

基因组范围的序列分析估计,每个链霉菌基因组中大约含有 20～30 种次级代谢物的生物合成基因簇,但其中的大多数或为隐蔽型基因簇(即其编码产物未知)或属沉默型基因簇。抗生素生物合成基因簇的克隆和异源表达技术有望对鉴定隐蔽型基因簇或"唤醒"沉默型基因簇做出贡献。

迄今为止,已有相当数量的抗生素生物合成簇被"搬家"异源表达,包括棒状链霉菌 30 kb 的全霉素基因簇在白色链霉菌(*Streptomyces albus*)和天蓝色链霉菌中、克拉维酸基因簇在香灰链霉菌(*Streptomyces flavogriseus*)中、筑波链霉菌 83 kb 的大环哌喃基因簇、瑞希链霉菌(*Streptomyces rishiriensis*)39 kb 的香豆霉素基因簇、云顶杉链霉菌(*Streptomyces sanyensis*)35 kb 的吲哚并咔唑基因簇在天蓝色链霉菌中的表达。一般而言,这些异源表达型基因簇所产生的抗生素水平不到其野生型菌株产量的 10%;即便对基因簇进行优化改造,其终产物的水平也仅与野生型相当。

一项较为系统的尝试将棒状链霉菌 ATCC27064 株 36 kb 的头孢菌素 C 生物合成基因簇用考斯质粒 G6-15 分别转入香灰链霉菌 ATCC33331 株、天蓝色链霉菌 M1146 株、白色链霉菌 J1074 株中,结果发现只有重组香灰链霉菌能产生头孢菌素 C,但产量只及供体菌的 0.2%。若在导入头孢菌素 C 生物合成基因簇的基础上,额外再补充 1 个拷贝的 SARP 型转录调控因子编码基因 *ccaR*(由香灰链霉菌组成型启动子 $P_{fur}$ 介导表达),则头孢菌素 C 的产量能提高近 40 倍,但这也仅相当于棒状链霉菌 ATCC27064 株的 9%。上述调查结果表明,抗生素生物合成基因簇异源表达的关键是底层转录调控因子(如 SARP)编码基因所属启动子能否被受体菌的调控因子有效识别,以及头孢菌素 C 生物合成是否还需要迄今未知(而受体菌又不存在)的中层甚至顶层调控因子。而这些问题的显现恰恰也是抗生素生物合成基因簇异源表达的价值所在。

# 4.4 梭菌属基因工程

梭菌属(*Clostridium*)是原核生物中仅次于链霉菌的第二大属革兰氏阳性菌,其特征为专性厌氧,产内生孢子,生长温度在 30～80℃,呈显著的生物催化多样性。梭菌属的有些种如丙酮丁醇梭菌(*Clostridium acetobutylicum*)和拜氏梭菌(*Clostridium beijerinckii*)能利用包括最普通的戊糖和己糖在内的大多数单糖、寡糖、多糖发酵产生各种有机酸醇,如乙醇、丁醇、乙酸、丁酸、丙酮等重要化工有机溶剂,而这些小分子碳水化合物又是细胞内核酸、蛋白质、脂类等生物大分子合成的基本骨架,因此它是研究微生物体内复杂的初级代谢基因表达调控以及代谢工程的优秀模型。梭菌属的另一些种如热纤维梭菌（*Clostridium thermocellum*）、解纤维梭菌（*Clostridium cellulolyticum*）、植物发酵羧菌（*Clostridium phytofermentans*）还是高效的纤维素降解细菌,能表达活性较高的纤维素多酶复合系统（又称纤维体,cellulosome）。利用 DNA 重组技术对这些菌株进行改良,有望从废纸或废弃棉织物等富含纤维素的生活垃圾以及农作物秸秆中直接发酵生产乙醇,协调化工、环保、能源三者的综合平衡。更受鼓舞的是,有些羧菌如瑙氏羧菌（*Clostridium noyvii*）和生孢梭菌（*Clostridium sporogenes*）所产生的孢子居然能选择性地在肿瘤组织中萌发和生长,这种独一无二的特性可被用作抗肿瘤药物的投送载体。

然而,公众所熟知的人类致病菌如肉毒杆菌（*Clostridium botulinum*）、破伤风梭菌（*Clostridium tetani*）、产气荚膜梭菌（*Clostridium perfringens*）也是羧菌属的重要成员,它们产致死性毒素,其中的肉毒素还是迄今已知最毒的生物毒剂;而艰难梭菌（*Clostridium difficile*）则导致一种衰弱性感染,是欧洲某些地区的流行性疾病。

自 2001 年丙酮丁醇梭菌 ATCC824 株的全基因组序列公布以来,产业和学术界普遍感兴趣的羧菌属另外几个代表性菌种的基因组测序也相继完成（表 4-17）,其中包括肉毒杆菌、破伤风梭菌、艰难梭菌、拜氏梭菌、克氏梭菌（*Clostridium kluyveri*）、雍氏羧菌（*Clostridium ljungdahlii*）、粪堆梭菌（*Clostridium stercorarium*）等。这些基因组信息必将为下列过程提供新的机遇：① 利用某些糖分解性菌种的生物催化潜能由可再生生物质生产化学燃料（如丁醇和乙醇）；② 全面揭示相关病原菌的毒性机理；③ 推动病原菌监控和疾病防治有效方法的建立。此外,由表 4-17 可以看出,梭菌属基因组仅含有 32% 的 GC 碱基对（大肠杆菌基因组的 GC 含量为 51%,链霉菌基因组的 GC 含量为 75%）,这种特征与其独特的生物功能之间的关联也是令人关注的热点。

**表 4-17　羧菌属基因组特征比较**

| 羧菌名称（缩写） | *C. a.* | *C. b.* | *C. d.* | *C. k.* | *C. l.* | *C. t.* |
|---|---|---|---|---|---|---|
| 基因组大小/bp | 4 132 880 | 6 000 632 | 4 298 133 | 4 023 800 | 4 630 065 | 2 873 333 |
| DNA 中的 G+C 含量/% | 31 | 29 | 29 | 32 | 31 | 29 |
| DNA 中的复制子数 | 2 | 1 | 2 | 2 | 1 | 2 |
| 开放阅读框（ORF）总数 | 3 848 | 5 020 | 3 757 | 3 912 | 4 198 | 2 432 |
| 已注释功能的 ORF 数 | 2 350 | 3 883 | 3 211 | 1 240 | 3 141 | 1 989 |
| 功能注释型 ORF 比例/% | 61 | 77 | 85 | 32 | 75 | 82 |
| 编码 rRNA 的基因簇数 | 11 | 14 | 11 | 7 | 9 | 6 |
| 编码 tRNA 的基因数 | 73 | 94 | 87 | 61 | 72 | 54 |

注：*C. a.*—丙酮丁醇梭菌；*C. b.*—拜氏梭菌；*C. d.*—艰难梭菌；*C. k.*—克氏梭菌；*C. l.*—雍氏羧菌；*C.t.*—破伤风梭菌。

### 4.4.1　梭菌属的载体克隆系统

目前已开发的能在羧菌属细胞中自主复制并用于基因克隆和表达的质粒,按其复制子的来源不同主要分为三大类：含羧菌属复制子（如 pCB 系列、pJU 系列、pIP404）的质粒、含枯草芽孢杆菌复制子（pIM13）的质粒、含粪肠球菌（*Enterococcus faecalis*）复制子（pAMβ1）的质粒。表 4-18 列举的是一些在羧菌属中常用的克隆质粒、穿羧质粒、接合质粒、表达质粒。

**表 4-18　用于羧菌属基因克隆和表达的自主复制型质粒**

| 质粒名称 | 复制子来源 | 选择标记 | 大小/kb | 载体特征 | 发表年份 |
|---|---|---|---|---|---|
| pCAK1 | CAK1(*C. acetobutylicum*) *aureus* | $Em^r Ap^r$ | 11.6 | 滚筒式复制,噬菌粒 | 1993 |
| pTYD101 | pSC86(*C. acetobutylicum*) | $Cm^r$ | 4.0 | 缺失突变,穿梭质粒 | 1990 |
| pTYD104 | pSC86(*C. acetobutylicum*) | $Cm^r Ap^r$ | 7.6 | 缺失突变,穿梭质粒 | 1990 |

续表

| 质粒名称 | 复制子来源 | 选择标记 | 大小/kb | 载体特征 | 发表年份 |
|---|---|---|---|---|---|
| pCB3 | pCB101(*C. butyricum*) | $Em^r Ap^r$ | 7.0 | 滚筒式复制 | 1993 |
| pCTC511 | pCB101(*C. butyricum*) | $Em^r Ap^r$ | 7.9 | IncP,可接合转移 | 1990 |
| pMTL540E | pCB102(*C. butyricum*) | $Em^r Ap^r$ | 5.2 | 分配稳定 | 1996 |
| pMTL540F | pCB102(*C. butyricum*) | $Em^r Ap^r$ | 5.5 | 表达载体 | 1996 |
| pMTL9401 | pCB102(*C. butyricum*) | $Em^r$ | 4.6 | IncP,可接合转移 | 2002 |
| pCB5 | pCB103(*C. butyricum*) | $Em^r Ap^r$ | 9.5 | 复制机制未鉴定 | 1993 |
| pSYL2 | pCBU2(*C. butyricum*) | $Em^r Tc^r$ | 8.7 | 穿梭质粒 | 1993 |
| pMTL9301 | pCD6(*C. difficile*) | $Em^r$ | 7.1 | IncP,可接合转移,穿梭质粒 | 2002 |
| pAK201 | pHB101(*C. perfringens*) | $Cm^r$ | 8.0 | *C. perfringens* 稳定,穿梭质粒 | 1989 |
| pJIR1456 | pIP404(*C. perfringens*) | $Cm^r$ | 6.8 | IncP,可接合转移 | 1998 |
| pJIR1457 | pIP404(*C. perfringens*) | $Em^r$ | 6.2 | IncP,可接合转移 | 1998 |
| pJIR418 | pIP404(*C. perfringens*) | $Em^r Cm^r$ | 7.4 | 克隆载体,穿梭质粒 | 1992 |
| pMTL9611 | pIP404(*C. perfringens*) | $Em^r$ | 5.5 | IncP,可接合转移,穿梭质粒 | 2002 |
| pJU12 | pJU121(*C. perfringens*) | $Tc^r$ | 11.6 | 穿梭质粒 | 1984 |
| pHR106 | pJU122(*C. perfringens*) | $Tc^r Ap^r$ | 7.9 | *C. beijerinckii* 复制,穿梭质粒 | 1994 |
| pRZE4 | pJU122(*C. perfringens*) | $Em^r Ap^r Cm^r$ | 10.0 | *C. beijerinckii* 复制,穿梭质粒 | 1994 |
| pRZL3 | pJU122(*C. perfringens*) | $Tc^r Ap^r$ | 10.8 | *C. beijerinckii* 复制,穿梭质粒 | 1994 |
| pSYL7 | pJU122(*C. perfringens*) | $Em^r Tc^r$ | 9.2 | 穿梭质粒 | 1989 |
| pCL1 | pTA688L(*C. thermosacch.*) | $Tc^r Cm^r$ | 12.1 | 穿梭质粒 | 1989 |
| pCS1 | pTA688S(*C. thermosacch.*) | $Tc^r Cm^r$ | 7.2 | 穿梭质粒 | 1989 |
| pBC16Δ1 | pBC161(*B. cereus*) | $Tc^r$ | 2.8 | *C. acetobutylicum* 不稳定 | 1989 |
| pECII | pIM13(*B. subtilis*) | $Em^r$ | 4.5 | | 2000 |
| pFNK1 | pIM13(*B. subtilis*) | $Em^r$ | 2.4 | 穿梭质粒 | 1992 |
| pIA | pIM13(*B. subtilis*) | $Em^r$ | | pACYC 衍生质粒 | 1996 |
| pIM13 | pIM13(*B. subtilis*) | $Em^r$ | 2.3 | 滚筒式复制,穿梭质粒 | 1989 |
| pKNT11 | pIM13(*B. subtilis*) | $Em^r Ap^r$ | 6.5 | 克隆载体 | 1989 |
| pKNT14 | pIM13(*B. subtilis*) | $Em^r$ | 4.3 | | 1989 |
| pKNT19 | pIM13(*B. subtilis*) | $Em^r Ap^r$ | 4.9 | 含 pUC19 的 MCS,穿梭质粒 | 1992 |
| pSYL14 | pIM13(*B. subtilis*) | $Em^r Ap^r$ | 4.4 | 穿梭质粒 | 1989 |
| pXYLgusA | pIM13(*B. subtilis*) | $Em^r Ap^r$ | | 表达质粒,木糖诱导 | 2003 |
| pSOS95 | pIM13(*B. subtilis*) | $Em^r Ap^r$ | 7.0 | 表达质粒,穿梭质粒 | 2003 |
| pAMβ1 | pAMβ1(*E. faecalis*) | $Em^r$ | 26.5 | 接合质粒,θ型复制 | 1985 |
| pMTL500E | pAMβ1(*E. faecalis*) | $Em^r Ap^r$ | 6.4 | 广宿主克隆载体 | 1988 |
| pMTL500F | pAMβ1(*E. faecalis*) | $Em^r Ap^r$ | 6.7 | 表达质粒 | 1993 |
| pMTL502E | pAMβ1(*E. faecalis*) | $Em^r Ap^r$ | 7.5 | pMTL500E 的低拷贝版本 | 1993 |
| pMTL513 | pAMβ1(*E. faecalis*) | $Em^r Ap^r$ | 7.3 | 克隆载体,稳定 | 1993 |
| pMU1328 | pAMβ1(*E. faecalis*) | $Em^r$ | 7.5 | 缺失突变 | 1993 |
| pSYL9 | pAMβ1(*E. faecalis*) | $Em^r Ap^r Tc^r$ | 8.9 | 广宿主克隆载体,穿梭质粒 | 1989 |
| pVA1 | pAMβ1(*E. faecalis*) | $Em^r$ | 11.0 | 广宿主克隆载体 | 1988 |
| pIP501 | pIP501(*E. faecalis*) | $Em^r Cm^r$ | 35.0 | 接合质粒 | 1985 |
| pGK12 | pWV01(*L. lactis*) | $Em^r Cm^r$ | 4.4 | 广宿主克隆载体 | 1984 |
| pT127 | pT127(*S. aureus*) | $Tc^r$ | 4.4 | *C. acetobutylicum* 不稳定,穿梭 | 1989 |
| pMK419 | pUB110(*S. aureus*) | $Cm^r Ap^r$ | 5.6 | | 1987 |
| pUB110 | pUB110(*S. aureus*) | $Km^r$ | 4.5 | 滚筒式复制,热稳定 | 1974 |
| pMTL30/31 | | $Em^r Ap^r$ | 4.4 | IncP,可接合转移,整合质粒 | 1990 |

注：$Ap^r$—氨苄青霉素抗性基因；$Cm^r$—氯霉素抗性基因；$Em^r$—红霉素抗性基因；$Km^r$—卡那霉素抗性基因；$Tc^r$—四环素抗性基因。

1. 羧菌属的天然质粒

羧菌属各种细菌中广泛存在野生型质粒,其中大多数为隐蔽型质粒,少数野生型质粒的功能被鉴定。例如,天然存在于丙酮丁醇梭菌 ATCC824 株中的 pSOL1 是一个 210 kb 的巨型质粒,其上编码该菌合成丙酮和丁醇所需的四个关键基因。此外,几种羧菌病原菌中一些重要的毒素因子也由野生型质粒编码,包括编码破伤风毒素的 pCL1 以及编码 G 型神经毒素的一个 123 kb 质粒。上述野生型质粒均因相对分子质量过大,难以重组操作,所以不适合用作克隆载体。相对分子质量较小的隐蔽型质粒虽然不能直接作为克隆载体使用,但其复制子序列可用来构建羧菌属的穿梭质粒,这些小型质粒包括来自产气荚膜梭菌的 pIP404 (10.2 kb)、来自肉毒杆菌的 pCB101(5.6 kb)、pCB102(7.4 kb)、pCB103(6.2 kb)、艰难梭菌的 pCD6(7.0 kb)、热解糖羧菌(*Clostridium thermosaccharolyticum*)的 pTA688S(2.3 kb) 和 pTA688L(7.2 kb)。其中,pCB101 和 pIP404 的复制子能介导其他非复制型载体在枯草芽孢杆菌和拜氏梭菌 NCIMB8052 株中的稳定维持。

pCB101 的复制子呈滚环式复制型质粒的特征,其上的一个 ORF 与其他革兰氏阳性菌质粒上的复制蛋白同源;但 pCB102 的复制子与其他一些复制机制尚不清楚的质粒或 DNA 序列同源,或编码产物同源。类似地,pCD6 和 pIP404 的复制机制也属未知,然而它们均拥有几个相同的特征,如两个大型、同源型较低的推测复制蛋白以及广泛的 DNA 重复序列,这些重复序列的存在往往与质粒的 θ 型复制有关。尽管对这些质粒的复制机制了解欠缺,但并不妨碍其应用,事实上它们已被成功开发成羧菌属的系列克隆载体(表 4 - 18)。

2. 羧菌属的穿梭质粒

羧菌属载体构建的另一策略是使用来自其他革兰氏阳性菌的复制子。例如,来自乳酸乳球菌(*Lactococcus lactis*)pWV01 质粒、来自枯草芽孢杆菌 pIM13 质粒、来自金黄色葡萄球菌 pUB110 质粒的复制子均能在羧菌属细胞中自主复制。这些异源质粒缺乏复制特异性和分配系统,而且其上的一些抗生素抗性标记基因也能在羧菌属中正常表达,因而被广泛用来构建羧菌属的克隆载体(表 4 - 18)。不过值得注意的是,由这些非羧菌衍生出的质粒基本上呈分配不稳定性,使用时需要施加选择压力(如添加相应的抗生素),这对大规模工业发酵过程而言,既不经济也不被允许。而且,除了 pAMβ1 通过双向 θ 型复制外,大部分质粒呈滚环式复制,期间短暂产生的单链 DNA 中间体是质粒呈结构不稳定性的主要原因。

穿梭质粒的另一种形式是构建含羧菌属天然复制子和大肠杆菌复制子的二元载体,如表 4 - 18 中的 pTYD104、pSYL2、pSYL7、pHR106、pCS1、pCL1 等。对于那些转化率较低的羧菌属受体而言,使用这些羧菌-大肠杆菌穿梭质粒可以先将 DNA 重组克隆在大肠杆菌或枯草芽孢杆菌中,然后制备高浓度的重组质粒后,再导入合适的羧菌属细胞中,此时即便转化率很低一般也能获得羧菌重组克隆。另外,在采用接合转化程序时,这些二元穿梭质粒更能显示出优越性(参见本节 4. 羧菌属的接合载体)。

3. 羧菌属的表达质粒

在羧菌属中,无论组成型启动子还是诱导型启动子的鉴定均相对滞后,这在一定程度上限制了系列优良表达型载体的开发。pMTL500F 和 pMTL540F 是两种羧菌属通用型的表达载体,其中 pMTL500F 基于 pAMβ1 复制子,而 pMTL540F 使用的是 pCB102 的复制子,两者均携带含有来自巴斯德梭菌(*Clostridium pasteurianum*)铁氧还蛋白(Fd)编码基因所属启动子 $P_{fdx}$ 区域的表达框。它们使用最多的是表达用于癌症治疗的原药转换酶类。诱导型表达载体的代表是专门设计用于丙酮丁醇梭菌 ATCC824 株的 pXYLgus,它含有枯草芽孢杆菌 pIM13 复制区,并携带来自木糖葡萄球菌(*Staphyloccocus xylosus*)木糖操纵子的

阻遏蛋白编码基因 $xylR$ 以及相应的 $xylA$ 启动子/操作子区。克隆在 pXYLgus 上的报告基因用木糖诱导时表达量能提升 17 倍。

4. 羧菌属的接合载体

细菌的接合需要供体细胞与受体细胞密切接触,并且既涉及 DNA 顺式作用元件(形成缺口的位点 $oriT$)也需要一些反式作用因子(通常由接合型质粒编码),它们对细胞成对交配、DNA 加工,以及接合型质粒转移进受体细胞都是必需的。羧菌属通过细菌接合方式转移重组 DNA 分子的载体有接合型质粒和接合型转座子两类。

(1) 接合型质粒。接合型质粒广泛存在于细菌王国中,然而羧菌属天然存在的接合型质粒相对稀少,迄今为止仅在产气荚膜梭菌中被鉴定。这些接合型质粒编码两个高度保守的抗生素抗性基因 $tetP$(四环素抗性)和 $catP$(氯霉素抗性),能在产气荚膜梭菌的不同株之间进行接合转移,但很难用于其他羧菌菌株的基因转移。不过,很多来自其他非羧菌属的接合型质粒具有广宿主范围,例如来自肠球菌和链球菌的接合型质粒包括 pAMβ1 和 pIP501 均能接合进入丙酮丁醇梭菌中,其中 pAMβ1 还能接合转化肉毒杆菌和巴斯德梭菌。这些质粒的接合转移效率与供体物种高度相关,尤其是革兰氏阳性菌如乳酸乳球菌作为接合供体时,转移效率极高。

(2) 接合型转座子。除了接合型质粒外,很多革兰氏阳性菌包括各种羧菌还拥有接合型转座子,如产气荚膜梭菌的 Tn4451、粪肠球菌的 Tn916、肺炎双球菌(*Streptococous pneumoniae*)的 Tn1545。这些接合型转座子均为大型可移动基因元件,编码其自身转移所需的所有功能,一般定位于细菌的染色体上,随染色体的复制而复制。接合转座子的转座依赖于共价、封闭、环状超螺旋 DNA 中间体的形成,既能重新整合进相同细胞的染色体上,也可在接合转移后插入受体的基因组中,且插入发生后不扩增靶点序列。接合型转座子往往拥有极广泛的宿主,能接合转化很多不同的羧菌,如破伤风梭菌、拜氏梭菌、丙酮丁醇梭菌、产气荚膜梭菌、肉毒杆菌、艰难梭菌,因此也被用作投送基因片段的工具以及基于转座子的突变程序。

5. 羧菌属的模块化质粒

pMTL80000 是基于羧菌属各种菌株生理遗传表型的多样性而精巧设计构建的一套集复制、重组、穿梭、接合、筛选、表达、调控等多元功能于一体的标准化、模块化、通用化质粒系统,适用面广,操作简便,性能优异,且能与目前流行的多种商品化载体系统对接。pMTL80000 由母核质粒及下列四类功能性模块构成[图 4-27(a)]:

(1) 针对羧菌属的革兰氏阳性菌复制子模块。该模块 DNA 区域的两侧分别为 8 碱基对识别序列的限制性核酸内切酶 $Asc$I 和 $Fse$I 位点,序列分别为 5′-GG▼CGCGCC-3′ 和 5′-GGCCGG▼CC-3′。该模块共有五种选择:① 来自肉毒杆菌 NCTC2916 株天然质粒 pBP1 的复制子,至少能在生孢梭菌中自主复制;② 来自枯草芽孢杆菌 pIM13 的复制子;③ 来自丁酸羧菌(*Clostridium butyricum*)pCB102 的复制子;④ 来自艰难羧菌 pCD6 的复制子;⑤ 无关间隔区,此处使用者既可安装未来新发现的其他复制子,又可用来从羧菌基因组上克隆、筛选、鉴定潜在的复制子片段(相当于复制子探针质粒)。

(2) 选择性标记基因模块。该模块 DNA 区域的两侧分别为 8 碱基对识别序列的限制性核酸内切酶 $Fse$I 和 $Pme$I 位点,后者的序列为 5′-GTTT▼AAAC-3′。该模块共有四种选择:① 氯霉素抗性基因 $catP$;② 红霉素抗性基因 $ermB$;③ 来自产气荚膜梭菌 pCW3 质粒上的四环素抗性基因 $tetA$;④ 来自粪肠球菌 LDR55 株的壮观霉素抗性基因 $aad9$。上述四种抗性标记至少能在一种以上的羧菌中表达,且全部能在大肠杆菌中工作。因此,具有穿梭质粒特性的 pMTL80000 只需一个筛选标记,这样不但使用方便,而且在很大程度上减小了载体本身的大小,有利于提高转化率。

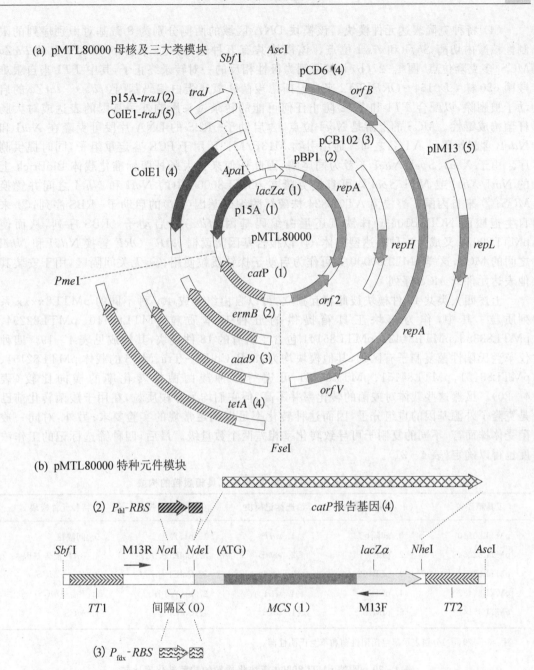

图 4 - 27　羧菌属模块化质粒 pMTL80000 的构成与性能

（3）针对大肠杆菌的革兰氏阴性菌复制子模块。该模块 DNA 区域的两侧分别为 8 碱基对识别序列的限制性核酸内切酶 *Pme*I 和 *Sbf*I 位点，后者的序列为 $5'-CCTGCA\blacktriangledown GG-3'$。该模块也有四种选择：① 来自 pMTL20 的高拷贝 *ColE*1 复制子，用于外源 DNA 的扩增和高效表达；② *ColE*1 复制子加 Tra 编码基因 *traJ*，后者用于质粒从大肠杆菌接合转化进入羧菌属（参见 4.4.2）；③ 低拷贝的 p15A 复制子，用于表达对受体菌构成严重生理负担或毒性的外源基因；④ p15A 复制子加 Tra 编码基因 *traJ*。该模块决定了 pMTL80000 既是穿梭载体同时又是接合型质粒。

（4）特种克隆表达元件模块。该模块 DNA 区域的两侧分别为 8 碱基对识别序列的限制性核酸内切酶 *Sbf*I 和 *Asc*I 位点。该模块共有五种选择：① 来自 pMTL20 上的 *lacZα* *MCS*［多克隆位点，图 4-27(b)］，其两侧为极性相反的一对转录终止子，其中 *TT*1 来自艰难羧菌 630 株 *CD0164-ORF*；*TT*2 来自巴斯德羧菌铁氧还蛋白编码基因（*fdx*）。*lacZα* 的启动子被删除，以配合 *TT*1 和 *TT*2 防止任何可能的转录过头影响外源基因的表达或对大肠杆菌构成毒性。*MCS* 的上游是 *Not*I 位点，含启动子-RBS 的 DNA 片段可克隆在 *Not*I 和 *Nde*I（含起始码子 ATG）之间。通用引物 M13F/M13R 用于 PCR 鉴定重组子，同时提供测序。由于 *Xba*I、*Spe*I、*Nhe*I 三者为同尾酶，因此任何来自大肠杆菌标准化载体 BioBrick 上的 *Not*I/*Xba*I 或 *Not*I/*Spe*I 均可直接克隆在 pMTL80000 中的 *Not*I 和 *Nhe*I 之间并置换 *MCS*；② 来自丙酮丁醇梭菌 ATCC824 株硫解酶编码基因（*thl*）的启动子-RBS 序列；③ 来自生孢羧菌 NCIMB10696 株铁氧还蛋白编码基因（*fdx*）的启动子-RBS 序列，从而使 pMTL80000 又成为一种表达型载体；④ 以报告基因阅读框 *catP-ORF* 置换 *Nde*I 和 *Nhe*I 之间的 *MCS*，这样 pMTL80000 又可作为启动子探针质粒使用；⑤ 无关间隔区，用于安装其他表达元件或 *MCS* 序列。

上述四大类共 18 件模块彼此相互独立，可以自由组合成 400 种不同的 pMTL8xxxx 系列质粒。其中，作为模块工具箱提供的五种基本质粒 pMTL80110、pMTL82254、pMTL83353、pMTL84422、pMTL85141 包含了所有的 18 件模块，其构成见表 4-19。四种仅革兰氏阳性菌复制子有区别，其他模块均为 *catP*、ColE1-Tra、*MCS* 的载体 pMTL82151、pMTL83151、pMTL84151、pMTL85151 可进行多种羧菌菌株转化率的横向比较（表4-20）。虽然这些载体对羧菌的转化率并不高，但它们均为穿梭质粒，在用于羧菌转化前已是克隆了外源基因的重组分子，因而这种转化率足以满足常规的实验要求；另外，对同一羧菌受体株而言，不同的复制子可导致转化率相差两个数量级。最后，四种筛选标记的工作浓度也得以确定（表 4-21）。

表 4-19　五种 pMTL80000 模块工具箱质粒的构成

| 工具箱质粒 | （＋）复制子模块 | 筛选标记模块 | （－）复制子模块 | 特种元件模块 |
|---|---|---|---|---|
| pMTL80110 | 0. 间隔区 | 1. *catP* | 1. p15A | 0. 间隔区 |
| pMTL82254 | 2. pBP1 | 2. *ermB* | 5. ColE1＋*traJ* | 4. *catP* 报告基因 |
| pMTL83353 | 3. pCB102 | 3. *aad9* | 5. ColE1＋*traJ* | 3. $P_{fdx}$＋*MCS* |
| pMTL84422 | 4. pCD6 | 4. *tetA* | 2. p15A＋*traJ* | 2. $P_{thl}$＋*MCS* |
| pMTL85141 | 5. pIM13 | 1. *catB* | 4. ColE1 | 1. *MCS* |

注：（＋）和（－）分别表示革兰氏阳性菌和革兰氏阴性菌。

表 4-20　四种 pMTL80000 模块化质粒的羧菌转化率比较

| 模块化质粒 | 丙酮丁酸羧菌 ATCC824 株 | 肉毒杆菌 ATCC3502 株 | 艰难羧菌 630 株 |
|---|---|---|---|
| pMTL82151 | $1.38 \times 10^2$ | $1.01 \times 10^{-3}$ | $3.36 \times 10^{-6}$ |
| pMTL83151 | $2.45 \times 10^2$ | $2.90 \times 10^{-4}$ | $2.23 \times 10^{-6}$ |
| pMTL84151 | $8.47 \times 10^1$ | $5.71 \times 10^{-6}$ | $7.00 \times 10^{-6}$ |
| pMTL85151 | $2.92 \times 10^2$ | $7.80 \times 10^{-6}$ | $4.18 \times 10^{-7}$ |

注：丙酮丁酸羧菌的转化率以每微克质粒 DNA 产生的克隆数表示；肉毒杆菌和艰难羧菌的转化率以每个大肠杆菌细胞产生的接合转化克隆数表示。

表 4－21　pMTL80000 模块化质粒四种筛选标记所对应的抗生素工作浓度

| 筛选标记基因 | catP | ermB | aad9 | tetA |
|---|---|---|---|---|
| 大肠杆菌 | Cm,25 μg/mL | Em,500 μg/mL | Sp,250 μg/mL | Tc,10 μg/mL |
| 丙酮丁酸羧菌 ATCC824 株 | Tm,15 μg/mL | Em,40 μg/mL | NF | NF |
| 拜氏羧菌 NCIMB8052 株 | R | Em,10 μg/mL | Sp,750 μg/mL | NF |
| 肉毒杆菌 ATCC3502 株 | Tm,15 μg/mL | Em,40 μg/mL | Sp,600 μg/mL | NF |
| 艰难羧菌 630ΔErm 株 | Tm,15 μg/mL | Em,10 μg/mL | R | R |
| 艰难羧菌 R20291 株 | Tm,15 μg/mL | Lm,20 μg/mL | Sp,750 μg/mL | Tc,10 μg/mL |

注：Cm—氯霉素；Em—红霉素；Lm—林可霉素；Sp—壮观霉素；Tc—四环素；Tm—甲砜霉素；R—抗性；NF—无功能。

### 4.4.2　梭菌属的宿主转化系统

与大肠杆菌和芽孢杆菌不同，羧菌属不存在天然的感受状态。因此，为了促进 DNA 吸收，用于羧菌属的转化程序通常依赖于细胞壁和细胞膜物理状态的改变。在转化前将细胞转换成原生质体便是这种策略之一，然而原生质体制备程序的优化操作较为复杂且耗时，一般而言，完整细胞的电击转化更常用。

1. 梭菌属宿主菌的限制-修饰系统

无论采用何种转化程序，均需突破羧菌属受体菌内源性限制-修饰系统的屏障。在羧菌各菌株中，至少有丙酮丁醇梭菌 ATCC824 株、解纤维梭菌 ATCC35319 株、肉毒杆菌 ATCC25765 株、艰难梭菌 CD3 和 CD6 株对外源 DNA 存在较为强烈的限制作用，而且不同的菌株含有的限制性核酸内切酶也各异，如丙酮丁醇梭菌 ATCC824 株中的 Cac824I(5′-GCNGC－3′)、艰难梭菌 CD3 株中的 CdiI(IIs 型酶，5′-CATCG－3′)、CD6 株中的 CdiCD6I(Sau96I 的同工酶，5′-GGNCC－3′)和 CdiCD6II(MboI 的同工酶，5′-GATC－3′)，以及解纤维梭菌 ATCC35319 株和肉毒杆菌 ATCC25765 株中的 CceI 和 CboI，两者均为 MspI 的同工酶(5′-CCGG－3′)。因此事先检测细菌裂解液中的限制和修饰作用特异性是必要的。随着越来越多的基因组信息可供使用，也可以电脑预测使用哪种修饰性甲基化酶处理待转化的质粒 DNA 最适宜。

突破上述限制性屏障的常用策略是使待转化的质粒 DNA 预先经历合适的体外或体内甲基化修饰，以封闭羧菌属受体细胞内源性限制性核酸内切酶的识别作用位点。体外修饰是用相应的甲基化酶对 DNA 分子进行甲基化保护反应；体内修饰将质粒 DNA 先导入能表达相应甲基化酶的大肠杆菌受体细胞中进行甲基化修饰，然后从大肠杆菌克隆中提取经甲基化保护了的质粒 DNA，再转化羧菌受体细胞。针对丙酮丁醇梭菌 ATCC824 株中的 Cac824I 而言，枯草芽孢杆菌噬菌体 φ3T 的 DNA 含有 φ3TI 甲基转移酶编码基因，该酶能特异性甲基化修饰 5′－GCNGC－3′和 5′－GGCC－3′序列中的胞嘧啶残基，从而有效抑制 Cac824I 的限制作用。将上述 φ3TI 甲基转移酶编码基因通过 pAN1 质粒(p15A 型复制子)导入特定的大肠杆菌中，而外源 DNA 片段与携带 ColE1 型复制子的羧菌/大肠杆菌穿梭质粒(如 pIMP1、pSYL2、pSYL7)重组，便能在上述大肠杆菌中进行有效的体内甲基化修饰。当然，也可以将合适的甲基化酶编码基因整合在特定的大肠杆菌染色体中。

克服羧菌属限制性障碍的另一策略是将作为转化受体使用的羧菌细胞内的限制性核酸内切酶编码基因从染色体上敲除或灭活，这样可以省去体外或体内甲基化修饰的操作。

需要指出的是，受体细胞的限制-修饰系统是否必定会阻止外源 DNA 的转化因菌种而异。在不少羧菌中，其限制作用并不构成障碍，如拜氏梭菌 NCIMB8052 株、产气荚膜梭菌 13 株、艰难梭菌 CD37 株和 CD630 株、肉毒杆菌 ATCC3502 株等。基因组测序结果显示，这些菌株至少含有一种 II 型甲基化酶编码基因，但缺少编码相应限制性核酸内切酶的基因。

比较特殊的是丙酮丁醇梭菌,它含有 6 个甲基化酶编码基因,其中 2 个基因的邻近含有 $Cac824I$ 编码基因,但羧菌属的大部分 II 型甲基化酶对限制性核酸内切酶位点没有保护作用,因而丙酮丁醇梭菌对外源 DNA 构成限制作用。

2. 梭菌属的原生质体转化法

虽然原生质体转化法操作较为烦琐,但经优化后的操作程序可获得较高的转化率,如用于丙酮丁醇梭菌 NI-4081 株的原生质体转化程序,转化率可达 $10^6$ 个$/\mu g$ DNA,因为它降低了受体菌自溶素的产生(与自溶素抑制剂使用偶联)。原生质体转化包括以下两个步骤:

(1)原生质体制备。羧菌在合适的培养基(如 T69)上生长至对数中期(大约 $10^8$ 个细胞/mL),加入无菌固体蔗糖至 0.6 mol/L 最终浓度,并加入溶菌酶(100 $\mu g$/mL)和青霉素 G(20 $\mu g$/mL)除去细胞壁,细胞在 34℃继续培养 1 h。3 000 g 离心回收原生质体,用原生质体洗涤缓冲液(含 0.6 mol/L 蔗糖、0.5% 牛血清白蛋白、1 mmol/L $CaCl_2$ 的 T69)清洗两次。然后用原生质体缓冲液(含 0.5 mol/L 木糖、0.5% 牛血清白蛋白、25 mmol/L $MgCl_2$、25 mmol/L $CaCl_2$ 的 T69,即羧菌的等渗溶液)悬浮原生质体,备用。

(2)原生质体转化。将质粒(50～800 ng)、PEG4000(35%)、$10^9$ 个原生质体混合,室温放置 2 min;然后用含 0.5 mol/L 木糖、0.5% 牛血清白蛋白、1 mmol/L $CaCl_2$、4 mg/mL 胆碱的 T69 稀释至原浓度的 1/10 并离心,用相同的 T69 溶液洗涤原生质体并悬浮;悬浮液经适度稀释后加入 T69 的软琼脂中,随即灌注至 T69 固体培养基上,34℃培养 20 h;之后再用含合适抗生素的软琼脂覆盖上述转化平板,于 37℃继续培养 4～6 d 即可挑选转化子。

3. 梭菌属的完整细胞电击转化法

在电击转化程序中,将细胞置于高压脉冲电场中,致使细胞膜产生瞬时空洞,外源 DNA 由此进入细胞内。通过改变电击转化之前的细胞预处理程序,几种羧菌的电击转化程序得以优化,电击参数以及转化后细胞的复苏程序也相应进行了调整,因而成为最成熟的转化方法。如果将电击转化仪置于厌氧工作站内进行操作,则效果更佳。下列程序为标准操作,不同的羧菌菌株会有如表 4-22 所示的差异。

表 4-22 五种羧菌电击转化操作参数的差异比较

| 羧菌名称 | 培养基 | 培养温度/℃ | 菌龄/h | 缓 冲 液 | 电压/kV | 电阻/Ω |
|---|---|---|---|---|---|---|
| 拜氏羧菌 | 2×YTG | 37 | 0.6 | 270 mmol/L 蔗糖、1 mmol/L 氯化镁、7 mmol/L 磷酸钠 | 1.2 | 200 |
| 丙酮丁醇梭菌 | RCM | 37 | 0.6 | 272 mmol/L 蔗糖、5 mmol/L 磷酸钠 | 2.0 | 200 |
| 肉毒杆菌 | TPGY | 37 | 0.8 | 10% PEG8000、1 mmol/L 氯化镁、7 mmol/L 磷酸钠 | 2.5 | 400 |
| 解纤维羧菌 | MM | 34 | 0.6 | 270 mmol/L 蔗糖、5 mmol/L 磷酸钾、pH 6.5 | 2.0 | 1 000 |
| 产气荚膜梭菌 | TYG | 37 | 0.6 | 272 mmol/L 蔗糖、1 mmol/L 氯化镁、7 mmol/L 磷酸钾 | 2.5 | 200 |

注:菌龄是指细菌培养液在 $OD_{600}$ 时的光密度值;MM 培养基含葡萄糖、维生素、微量元素;缓冲液 pH 未注明处为 7.5。

将细菌接种到 10 mL 的合适培养基中,于 34～37℃培养 16 h(过夜);培养物按 1:10 的比例接种至 100 mL 的相同培养基中,当菌体密度达到 $OD_{600}$ 为 0.6～0.8 h,将培养液置于冰浴中,离心收获菌体;用 10 mL 预冷(4℃)的合适电击缓冲液洗涤并悬浮菌体,冰浴 10 min 备用。

转化时,将质粒 DNA(0.1～1.0 $\mu g$)加入预冷的细胞悬浮液(0.8～1.0 mL)中,混合物置于 4℃预冷的电击转化杯中(两电极之间的距离为 0.4 cm),然后在电击转化仪中施加 1.25～2.5 kV 的脉冲电场(25 $\mu F$ 电容、200～1 000 Ω 电阻)。之后,迅速将细胞置于冰浴中

10 min,用合适的培养基将之稀释至原浓度的 1/10,于 37℃培养 3 h,离心浓缩菌体并悬浮于 100 $\mu$L 的相同培养基中,最后涂布于含合适抗生素的平板上,34～37℃培养 2～3 d 即可挑选转化子。应当特别指出的是,电击转化率因菌种不同差异非常显著,最高可相差 100～1 000 倍。

4. 梭菌属的接合转化法

借助合适的接合型载体,很多羧菌菌株能成功接受从大肠杆菌转移来的质粒 DNA。接合转移依赖于接合型载体编码的广宿主 IncP 家族的一种组分。很多可转移型的羧菌/大肠杆菌穿梭质粒携带 IncP 型质粒(表 4-18)的转移起始位点(*oriT*),该位点与几种额外的反式作用功能(Tra 功能,既可由 IncP 型质粒编码也可整合在染色体上)相结合,是质粒 DNA 接合进入受体细胞必需的。从大肠杆菌向羧菌进行质粒接合转移的典型程序如下:

大肠杆菌供体株(如含有 IncP 型辅助质粒 R702 和待转移质粒的 HB101 株)接种于 5 mL 含合适抗生素的培养基中,37℃有氧培养过夜;同样体积的羧菌培养物于 37℃厌氧培养过夜,然后两种菌分别接种到新鲜培养基中培养至 $OD_{600}$ 为 0.45～0.60。将供体培养物置于厌氧容器中,离心收取 1 mL 培养物,用无氧磷酸缓冲液洗涤菌体,并将之与 100 $\mu$L 的受体羧菌混合。将混合菌液涂布于 0.2 $\mu$m 的滤纸表面,滤纸预先放在无氧固体羧菌培养基(RCM)平板上,厌氧培养过夜。共培养之后,将生长在滤纸上的菌体悬浮于 1 mL 的无氧培养基或磷酸缓冲液中,然后取 0.1 mL 样品涂布于 RCM 固体培养基上(含合适的抗生素)筛选接合转化子。

接合转移程序相比电击转化费事耗时,但却拥有一些优势,其中最主要的是接合转移的效率显著高于电击转化;而且在某些情形中,接合转化是唯一的选择。另外,接合转化不受胞外核酸酶的影响,因为细胞与细胞是紧密接触的,也不需要特别的装置。

## 4.4.3　利用 DNA 重组技术改良有机溶剂的羧菌生产菌

由羧菌属介导的丙酮-丁醇-乙醇(ABE)发酵是发酵工业最古老的过程之一,在规模上仅次于酵母的酒精发酵。早在 20 世纪 20 年代初期,哈伊姆·魏茨曼(Chaim Weizmann,后来成为以色列首任总统)便发现丙酮丁醇梭菌能以 3∶6∶1 的体积比天然厌氧合成丙酮、丁醇、乙醇。早期创建 ABE 发酵产业起因于第一次世界大战期间制造线状无烟火药对丙酮的大量需求,而丁醇在当时只是一种不需要的副产物。然而到了战后,丁醇作为化工原料成为更重要的产物。20 世纪 50 年代之后,由于石油化工产品丁醇更廉价,ABE 发酵业开始衰落。学术界和产业界对羧菌发酵 ABE 的研究热情从 20 世纪 80 年代初又急剧上升,因为当时的石油危机带动了产溶剂羧菌生理学和遗传学的研究。鉴于当今生物燃料愈发受到关注,有关羧菌发酵 ABE 的研究与实践再次升温,这很可能归咎于杜邦公司和英国石油公司 2006 年发表的公告:英国将重新建立工业规模的 ABE 发酵。

1. 羧菌属的核心代谢途径及其调控机制

羧菌属发酵葡萄糖形成三个典型的生长期:首先是对数生长期和酸形成;其次是静止期和酸被再同化,同时伴随溶剂的形成;最后是内生孢子形成期。丙酮丁酸羧菌酸生成和溶剂生成的代谢途径如图 4-28 所示。

葡萄糖通过糖酵解途径分解代谢生成丙酮酸,丙酮酸:铁氧还蛋白氧化还原酶(Pfor)在氢化酶(Hyd)协助下首先催化丙酮酸生成乙酰辅酶 A。只有在某些生长条件下(如 pH>5 和铁限制),乳酸才是主要发酵产物(由乳酸脱氢酶 Ldh 催化丙酮酸脱氢而成)。乙酸由磷酸乙酰转移酶(Pta)和乙酸激酶(Ack)催化的反应合成,后一个反应提供 ATP。为了生物合成丁酸,两分子的乙酰辅酶 A 由硫解酶(Thl)介导缩合成乙酰乙酰辅酶 A,后者分别经 3-羟基丁酰辅酶 A 脱氢酶(Hbd)、巴豆酸酶(Crt)、丁酰辅酶 A 脱氢酶(Bcd)还原成丁酰辅酶 A,磷酸丁酰转移酶(Ptb)和丁酸激酶(Buk)再将丁酰辅酶 A 转换成丁酸,并产生 ATP。

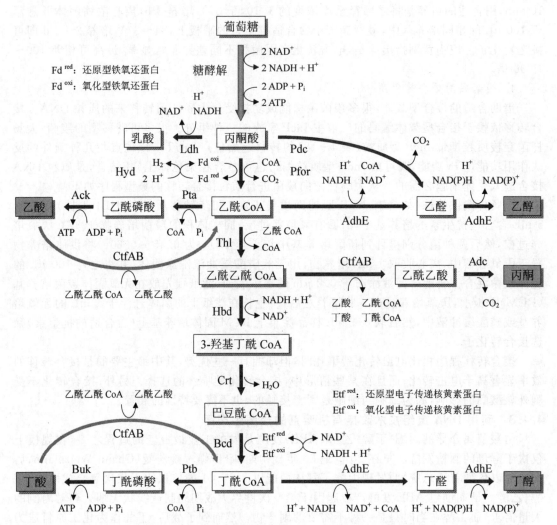

**图 4-28　丙酮丁醇羧菌酸生成和溶剂生成的代谢途径**

上述代谢途径显著降低培养液中的 pH 值,破坏横跨细胞膜的质子梯度,因此丙酮-丁酸-羧菌会将酸生成途径切换至溶剂生成途径:在乙酰乙酰辅酶 A:酰基辅酶 A 转移酶(CtfAB)的催化下,乙酸和丁酸以乙酰乙酰辅酶 A 为辅酶 A 供体,逆转成其对应的辅酶 A 衍生物。特别当还原力受限时,为了驱动除去乙酸的反应,乙酰乙酸辅酶 A 脱羧在乙酰乙酸脱羧酶(Adc)催化下生成丙酮;而不同的醛/醇脱氢酶(AdhE)则分别将乙酰辅酶 A 和丁酸辅酶 A 转换成乙醇和丁醇,即丙酮丁酸羧菌的主要发酵产物。

值得注意的是,革兰氏阳性菌著名的孢子生成调控因子 Spo0A 对丙酮丁酸羧菌孢子生成的启动以及溶剂的合成两个过程均很重要,虽然孢子生成本身并不需要丙酮和丁醇的产生。联系这两个生理上并不相干过程的是 Spo0A 的磷酸化形式,而代谢中间物丁酰磷酸很可能作为转录调控因子的磷酸供体而参与其中,但有关的调控网路构成与运行机制却知之甚少。

2. 羧菌属溶剂生成途径的基因操作

针对丙酮丁醇梭菌的溶剂生成途径进行基因操作的尝试已有不少积累,但显著倾向于某种特定溶剂(如丁醇或乙醇或丙酮)的途径设计却很难理出清晰的结果,暗示羧菌属的核心代谢途径及其调控机制的复杂程度可能远远超出图 4-28 所涉及的范围。

（1）强化表达 $ctfAB$ 和 $adc$ 基因。由图 4-28 可以看出，丙酮生物合成分支途径中的两个关键酶是乙酰乙酰辅酶 A：酰基辅酶 A 转移酶（CtfAB）和乙酰乙酸脱羧酶（Adc），它们一方面直接催化葡萄糖代谢中间产物乙酰辅酶 A 经乙酰乙酸生成丙酮，同时又通过转化乙酸和丁酸间接促进丙酮和丁醇的合成。在丙酮丁醇梭菌中，为这两个酶编码的基因 $ctfA$、$ctfB$、$adc$ 均位于 ATCC824 株的天然质粒 pSOL1 上，其中 $ctfA$ 和 $ctfB$ 分别编码酰基辅酶 A 转移酶的两个亚基，其转录方向与 $adc$ 基因相反。当细菌处于产酸的对数生长期时，$ctfAB$ 操纵子的转录因被阻遏而基本上处于关闭状态。因此提高丙酮丁醇梭菌丙酮和丁醇产量的方法是更换 $ctfAB$ 操纵子自身的启动子-操纵子系统，从根本上解除对这两个基因表达的阻遏作用。为此，借助于 PCR 克隆技术将丙酮丁醇梭菌的 $adc$、$ctfA$、$ctfB$ 重组成由 $adc$ 基因启动子-操作子统一控制的 $ace$ 操纵子结构，然后将之克隆在 pFNK1 穿梭质粒的 $Eco$RI 位点上，构建成重组质粒 pFNK6。将 pFNK6 转化丙酮丁酸梭菌 ATCC824 株，并与相应的对照株比较 CtfAB 和 Adc 以及丙酮和丁醇的最终发酵产量（图 4-29）。结果表明：$ace$ 操纵子的表达大大改变了 ATCC824 株丁醇、丙酮、乙醇、丁酸、乙酸五种产物的产量分布。在三种 pH 的发酵条件下，CtfAB 和 Adc 的酶活分别提高 4~33 倍和 4~38 倍，而且两种酶的表达时间都从稳定期提前到对数生长期。虽然两种酶在克隆株中的最大活性是在 pH4.5 条件下表达的，但丙酮和丁醇合成的最佳 pH 为5.5，两者的总量达到 23.2 g/L，明显高于当时大规模发酵生产中使用的菌株。在 pH6.5 的发酵条件下，两种产物的产量是三种 pH 中最低的，但此时克隆株与对照株的最终发酵产物产量差别却最大，丙酮和丁醇的产量分别提高了 25 倍和 12 倍。显然，此项操作更有利于丙酮的富集。

（2）强化表达 $adhE1$ 和 $ctfB$ 反义 RNA 基因（$ctfB$-$as$RNA）。由图 4-28 可以看出，强化表达醛/醇脱氢酶编码基因 $adhE1$ 理论上有利于乙醇和丁醇的倾向性合成；而利用反义技术衰减 CtfAB 的表达，能阻断丙酮的合成，但未必对丁醇的积累有利，因为乙酸和丁酸的逆转同化也相应会减弱。以磷酸丁酰转移酶编码基因所属的强组成型启动子 $P_{ptb}$ 取代 $adhE1$ 基因自身启动子 $P_{adhE1}$ 以及用硫解酶编码基因所属的启动子 $P_{thl}$ 介导 $ctfB$-$as$RNA 的表达，由此构建的重组质粒（pCASAAD）转化丙酮丁酸梭菌 ATCC824 株，获得重组克隆 824（pCASAAD）株；同样，将含 $P_{adhE1}$-$adhE1$ 和 $P_{thl}$-$ctfB$-$as$RNA 两个表达框的重组质粒（pAADB1）转化 ATCC824 株，产生重组克隆 824（pAADB1）株。结果发现，在 pH5.0 的发酵条件下，与含空载体的对照株相比，$ctfB$ 反义 RNA 的引入的确使丙酮产量下降了 44%，但 $adhE1$ 基因的强化表达并没有改变丁醇的产量，此项操作最受益的是乙醇，产量提高了 14 倍之多。奇怪的是，除了乙酸产量略提高 10% 外，丁酸反而降为原来的 1/18。由此可见，$adhE1$ 对乙醇的作用明显大于丁醇。

（3）敲除 $adc$ 基因。由图 4-28 可以看出，敲除 $adc$ 基因能阻断丙酮的合成。实验结果显示，$adc$ 基因敲除株确实只产少量的丙酮，这些丙酮是由乙酰乙酸的非酶促脱羧反应形成的；不可思议的是，丁醇的产量相比对照丙酮丁醇梭菌 EA2018 株也显著降低了 46%，只是丁醇占总溶剂产量的份额由 71% 提升至 80%。

（4）在不产孢子的菌株中表达 $adhE1$-$ctfAB$。由于溶剂合成往往天然伴随孢子生成，后者最终终止丁醇合成，因此一株不产孢子的丙酮丁醇梭菌（DSM1731）将是梭菌基因改良的理想出发菌株。更为流行的不产孢子的菌株是丧失大型质粒 pSOL1 的退化菌株（如丙酮丁醇梭菌 M5 和 DG1 株）。用 $adhE1$ 基因回补 M5 株，能恢复丁醇的生产且无丙酮形成，进一步的改良是用强组成型 $P_{ptb}$ 启动子置换原 $sol$ 启动子，以强化 $adhE1$ 基因的表达。然而，上述无 pSOL1 型工程菌的主要发酵产物伴随高浓度丁醇的还有乙酸，而且敲除乙酸激酶编码基因 $ack$ 和丁酸激酶编码基因 $buk$ 以及共表达硫解酶编码 $thl$ 均不能改变这一表型。

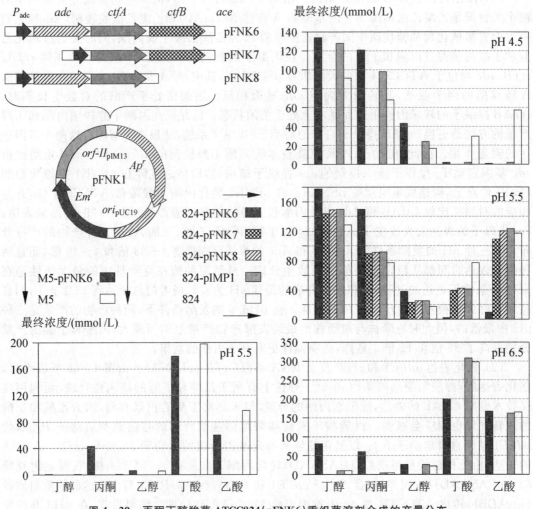

图 4 - 29   丙酮丁醇羧菌 ATCC824(pFNK6)重组菌溶剂合成的产量分布

### 4.4.4   利用 DNA 重组技术改良羧菌属的纤维素分解酶系

地球上含量最丰富的生物聚合物纤维素是多聚糖降解型微生物的优秀能源,同时也是将之转换成生物燃料的尚未能高效开发的能源形式。由于纤维素呈高度有序且不溶性的晶体结构,极少数微生物拥有将之降解为可溶性糖的必需酶系。虽然对纤维素降解型微生物研究最多的是好氧真菌里氏木霉($Trichoderma\ reesei$),但由厌氧型热纤维梭菌和解纤维梭菌所产生的多酶复合物同样具有高效的纤维素降解性能。

1. 热纤维梭菌纤维素分解酶系的基本特征

热纤维梭菌的细胞表面存在一些隆起的特征结构,称为纤维体,内含多亚基的纤维素多酶复合物(图 4 - 30)。其中,一种非催化型亚基(脚手架蛋白)能借助其纤维素特异性的结合模件(CBM)与水不溶性底物结合;同时热纤维梭菌的脚手架蛋白还含有一套九个 I 型黏连蛋白(CohI)结合模件,脚手架蛋白通过黏连蛋白与纤维素酶系上的互补型结合模件(船坞模件,DocI)相连,从而介导催化亚基的特异性掺入与组织。脚手架蛋白在其 C 端还含有另一种类型的 II 型船坞模件(DocII),后者通过与一组细胞膜锚定蛋白选择性结合和相互作用,介导纤维体与细胞壁之间的维系。将多酶装配成复合物能确保它们集体靶向底物特殊区域,从而有利于催化组分之间协同发挥作用。

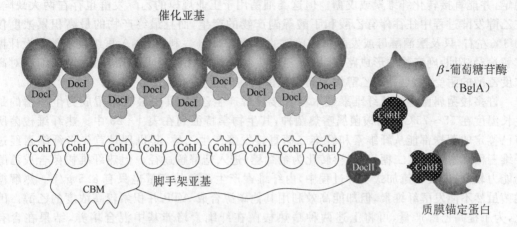

图 4-30　热纤维羧菌纤维体结构与工程化设计

构成纤维体的不同酶之间的协同降解导致高浓度可溶性纤维二糖终产物的形成。在天然环境中,纤维二糖及其他形式的寡聚葡萄糖被 ATP 结合盒转运子系统直接转运进细胞。在此期间,纤维二糖被周质中的 $\beta$-葡萄糖苷酶进一步水解成葡萄糖;其他形式的寡聚葡萄糖的同化吸收则需要环境中额外的不同微生物方能完成。在天然生态系统中,纤维二糖的作用是充当一种调控信号,特别是胞外纤维素酶的抑制剂;纤维二糖 2％的浓度足以完全抑制热纤维梭菌的纤维体酶活。因此,在无细胞系统中,纤维二糖抑制剂的除去是木质纤维素底物恒定降解的必要条件。

当纤维体从热纤维梭菌细胞中提取出来并用于水解晶体纤维素时,纤维体可通过其 CBM 模件高亲和性地结合在不溶性的纤维素底物上,但只有很少部分的 $\beta$-葡萄糖苷酶能直接参与水解在底物结合性纤维体环境中积累起来的纤维二糖。因而,将 $\beta$-葡萄糖苷酶与纤维体连为一体的策略便有可能以更高的效率清除抑制型的纤维二糖,从而提高纤维素降解的总体水平。

2. 热纤维梭菌纤维体与 $\beta$-葡萄糖苷酶的偶联设计

热纤维梭菌纤维体乐高积木式的构造为创建"设计型纤维体"提供了契机,人工装配纤维体组分的杂合形式有望改进纤维素类底物的水解效率。迄今为止,大多数的纤维体设计实验均试图使天然纤维体系统所观察到的协同酶系最小化,其策略是设计制作由一种含黏连蛋白的脚手架以及一套与之相匹配的含船坞模件型纤维素酶构成的人工复合物。

然而,旨在提升纤维体工作效率的另一种策略是运用 II 型黏连蛋白(CohII)与脚手架蛋白上的 II 型船坞模件(DocII)特异性相互作用的原理,将外源性的 $\beta$-葡萄糖苷酶特异性掺入天然的纤维体中(图 4-30)。由于 DocII 与 CohII 结合的主要功能是在细胞表面的附着,因此在无细胞纤维素降解体系中,这一功能的存在与否不会影响天然纤维体的酶活。如果末端载有脚手架蛋白的 DocII 模件不被占据,则可以用来附着任何一种含 CohII 的组分。于是将热纤维梭菌 $\beta$-葡萄糖苷酶(BglA)在基因水平上与来自热纤维梭菌锚定蛋白 Orf2p 的 II 型黏连蛋白(CohII)融合,构成 BglA-CohII 嵌合酶,便能实现 $\beta$-葡萄糖苷酶与天然纤维体的结合特异性偶联,进而提升纤维素类底物酶促降解的效率。

3. 能利用纤维素类物质发酵乙醇的工程化羧菌的构建

酿酒酵母与发酵单孢菌属(Zymomonas)能由葡萄糖生产较高浓度的乙醇,但它们不能发酵木糖和纤维素,因此利用这两类微生物从纤维素物质生产乙醇,必须首先将纤维素类物质进行液化和糖化预处理。使用嗜温或嗜热性的梭菌属由纤维素类物质直接厌氧发酵乙醇,是生物能源再生的一种理想选择,其优点为代谢速率快,最终产物回收率高,细胞和酶系稳定,并能直接转化纤维素或戊糖。但这类细菌用于工业规模的乙醇发酵也存在两大缺陷:在乙醇发酵过程中往往伴有乙酸和丁酸等副产物的产生,而且最终产物的最高积累浓度仅为 3%左右,只及酿酒酵母或发酵单孢菌属的 25%~30%。利用 DNA 重组技术重新设计糖酵解途径,阻断副产物的形成路线,解除乙醇生物合成的代谢阻遏作用,同时提高细胞对高浓度乙醇的耐受性,是高产乙醇梭菌属工程菌构建的主要内容。

许多梭菌属菌种能从纤维素或木糖直接发酵产生乙醇,其中最有希望成为生产菌的是生长温度在 55~75℃内的梭菌属嗜热菌种,其生物学特征列在表 4-23 中。热纤维梭菌所有已鉴定的菌株都能从纤维素和纤维二糖直接发酵产生乙醇,其机理是首先将纤维素经过纤维三糖降解为纤维二糖,后者再转化为葡萄糖,进入糖酵解途径。但热纤维梭菌合成乙醇的能力较低,即使在流加式发酵过程中,由纤维素产生乙醇的产量也只有 8.5 g/L。热解糖梭菌虽然不能发酵纤维素,但却能高效利用其他碳源合成 ATP 并积累较高浓度的乙醇。因此,为了提高乙醇产量,可将上述两种嗜热梭菌在纤维素培养基中混合培养,结果在含有 80 g/L 纤维素的培养基中能生产 25.3 g/L 的乙醇。

**表 4-23　产乙醇型羧菌的主要生物学特征**

| 羧菌名称 | GC/% | 生长温度/℃ | 主要产物[①] | 可发酵的主要碳水化合物[②] |
|---|---|---|---|---|
| *C. saccharolyticum* | 27~29 | 37 | E、A、L | Ceb、Glc、Xyl、etc |
| *C. thermosaccharolyticum* | 29~32 | 55~62 | E、A、L | Ceb、Glc、Xyl、Suc、Gal、Fru、Ara、Sta |
| *C. thermocellum* | 38~39 | 60~65 | E、A、L | Ceb、Glc、Fru、Cel |
| *C. sterorarium* | 43~44 | 60~65 | E、A、L | Ceb、Glc、Xyl、Suc、Gal、Fru、Ara、Sta、Cel、Xyn |
| *C. thermohydrosulfuricum* | 30~32 | 68 | E、A、L | Ceb、Glc、Xyl、Gal、Fru、Ara、Sta |

① E—乙醇;A—乙酸;L—乳酸。
② Ceb—纤维二糖;Glc—葡萄糖;Xyl—木糖;Suc—蔗糖;Gal—半乳糖;Fru—果糖;Ara—阿拉伯糖;Sta—淀粉;Cel—纤维素;Xyn—木聚糖。

有些解糖梭菌(*Clostridium saccharolyticum*)和热解糖梭菌虽然不能利用纤维素,但能以木糖合成乙醇。在含有 75 g/L 木糖的培养基中,这些菌种发酵乙醇的产量可达 27 g/L。为了进一步提高梭菌属由木糖生产乙醇的能力,降低乙酸和丁酸副产物的产量,同时强化菌种对高浓度乙醇的耐受性,可采用经典的诱变或培养基富集等方法对菌种进行遗传改良。例如,解糖梭菌的一株突变株不能在以丙酮酸为唯一碳源的培养基上生长,其合成乙酸副产物的能力比亲本大为降低,在最终培养液中乙醇与乙酸的比率为 13:1,而亲本细菌仅为6.7:1。此外,热硫化氢梭菌(*Clostridium thermohydrosulfuricum*)的一株突变株对乙醇的耐受性比亲本株提高了 3 倍。上述经典遗传操作的结果同时也证实了基因操作在梭菌属乙醇生产菌改良中的巨大潜力。

## 4.5　乳酸菌基因工程

乳酸菌是一类以乳酸发酵为基本特征的革兰氏阳性菌群,与食品生产相关的乳酸菌群包含 11 个属:乳球菌属(*Lactococcus*)、乳杆菌属(*Lactobacillus*,迄今为止研究最多的一个属)、链球菌属(*Streptococcus*)、明串珠菌属(*Leuconostoc*)、酒球菌属(*Oenococcus*)、片球菌属(*Pediococcus*)、肠球菌属(*Enterococcus*)、肉杆菌属(*Carnobacterium*)、乳球形菌属(*Lactosphaera*)、漫游球菌属(*Vagococcus*)、魏斯氏菌属(*Weissella*),其中乳杆菌属最大,迄今鉴定的已达 150 多个不同的种。乳酸菌拥有下列共同的特征:① 能以碳水化合物生产大量的乳酸,通常占发酵最终产物的 50% 以上;② 能在较低的 pH 及厌氧条件下良好生长;

③ 过氧化氢酶阴性;④ 不产孢子;⑤ 生长需要碳水化合物、氨基酸、维生素等多种复杂的营养成分;⑥ 基因组 DNA 中的 GC 含量小于 55%;⑦ 绝大多数菌株为非致病性。

乳酸菌在自然界中分布极广,并且在人类生活中起着极其重要的作用,其食品发酵的历史可追溯到公元前 4000 年。许多乳酸菌可用于发酵牛奶、肉类、鱼类、粮食、蔬菜、水果,生产乳酪、酸奶、黄油、香肠、腌鱼、卤素、食醋、酱油、黄酒等食用品[图 4-31(a)],在此过程中形成的低 pH 环境可有效控制其他微生物的污染,同时酸化反应也是奶酪、酸奶、香肠生产中蛋白质凝固的必要条件。乳酸菌对人体健康的益生作用表现在下列几个方面:① 提升食物的营养价值;② 促进乳糖消化;③ 抑制肠道病原菌群的繁殖;④ 控制血清的胆固醇水平;⑤ 调节机体的免疫功能。

食用乳酸菌中分子遗传学研究最为详尽、生物技术开发最为广泛的是奶酪的主要生产菌乳酸乳球菌(*Lactococcus lactis*),其基因操作的主要目的是稳定蛋白酶生产、提高乳糖利用率以及生产菌的噬菌体抗性等。而以保加利亚乳杆菌(*Lactobacillus bulgaricus*)、干酪乳杆菌(*Lactobacillus casei*)、嗜酸乳杆菌(*Lactobacillus acidophilus*)、瑞士乳杆菌(*Lactobacillus helveticus*)、植物乳杆菌(*Lactobacillus plantarum*)为代表的食用乳杆菌除了发酵生产食品及其添加剂外,还被开发成生产功能保健品和日用化学品的生物技术平台[图 4-31(b)]。

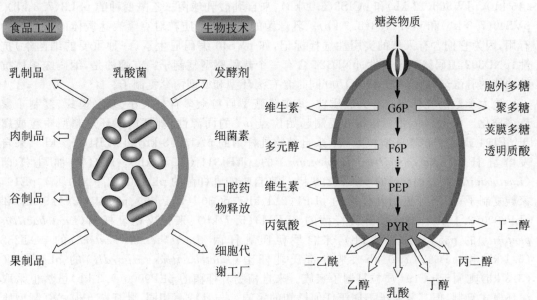

(a) 乳酸菌的产业化应用　　(b) 乳酸菌的生物技术平台

G6P:葡萄糖-6-磷酸;F6P:果糖-6-磷酸;PEP:磷酸烯醇式丙酮酸;PYR:丙酮酸

**图 4-31　乳酸菌的产业化应用与生物技术平台**

### 4.5.1　乳酸菌的载体克隆系统

与其他革兰氏阳性菌不同,乳酸菌各种属尤其是乳杆菌含有丰富的天然质粒,虽然其中大部分为隐蔽型质粒,但其复制子和有限的几种抗生素抗性标记(如红霉素抗性基因和氯霉素抗性基因)足以用来构建一系列标准化的克隆载体;另外,基于食品工业的应用安全性考量,用于构建乳酸菌克隆表达载体的 DNA 元件或序列必须来自遗传背景安全的乳酸菌菌种,严格排斥任何非食用性微生物来源的质粒组分,即所谓绝对"纯净"的食品级基因操作工具。

### 1. 乳酸菌的天然质粒

虽然大多数迄今已鉴定的乳酸菌天然质粒属于隐蔽型质粒,但也有一些天然质粒编码特殊的表型,如蛋白质水解;糖类、氨基酸、柠檬酸代谢;细菌素(抗菌或杀菌肽)、胞外多糖、色素合成;抗生素、重金属、噬菌体抗性等,其中糖类代谢、抗生素抗性、细菌素合成类编码基因已被广泛用作构建乳酸菌克隆表达载体的选择性标记。

天然存在于乳球菌中的大多数滚环复制型质粒属于革兰氏阳性菌 pE194 质粒家族,如来自乳酸乳球菌乳脂亚种(*Lactococcus lactis* subsp. *cremoris*)的 pWV01(2.2 kb)和 pBM02(3.9 kb)、来自乳酸乳球菌乳酸亚种(*Lactococcus lactis* subsp. *lactis*)的 pSH71(2.1 kb)、pD125(5.1 kb)和 pCL2.1(2.1 kb);例外的是同种菌的 pWC1(2.8 kb),含有 pC194 型复制子。上述乳球菌滚环型复制子的一大优势是能同时在大多数革兰氏阳性菌和大肠杆菌中自主复制,因而以这些复制子为蓝本可构建很多广宿主范围的衍生载体,如 pGK 系列、pNZ 系列、pFX 系列,然而这些载体倾向于分配不稳定。相反,乳球菌的 θ 复制型质粒虽然宿主范围较窄,但具有如下优势:① 能与内源性滚环复制型质粒相容;② 具有较高的分配稳定性;③ 外源 DNA 装载量大。θ 复制型质粒在乳球菌中分布广泛,其复制子高度同源且相容,如来自乳酸乳球菌乳酸亚种的 pCI305(8.7 kb)、pUCL22(40 kb)、pND302(8.8 kb)、pND324(3.6 kb)、pIL7(31 kb)和 pCI2000(60 kb)、来自乳酸乳球菌乳脂亚种的 pWV02(3.8 kb)、pWV03(7 kb)、pWV04(19 kb)、pWV05(27 kb)、pSK11L(47 kb)、pCI528(46 kb)、pJW563(12 kb)和 pCIS3(6.1 kb)、来自乳酸乳球菌二乙酰变种的 pSL2(7.8 kb)、pVS40(7.8 kb)和 pCT1138(8.3 kb)。乳球菌的 θ 复制型质粒对克隆表达载体的构建较为有用,因为它们含有天然的实用性选择标记,如 pVS40 编码尼生素(一种重要的细菌素)抗性;pND302 编码镉离子抗性;pND324 含有一个热敏感型复制子。有趣的是,编码噬菌体抗性功能的乳酸乳球菌质粒 pSRQ700 同时含有滚环型和 θ 型两套复制子。

绝大多数的乳杆菌含有天然质粒,其中隐蔽型质粒众多且呈大小、复制模式、复制子家族多样化。根据 Rep 蛋白结构和复制起始位点 *ori* 的同源性,乳杆菌滚环复制型质粒或属于 pE194 或属于 pC194 质粒家族:来自植物乳杆菌的 pA1(2.8 kb)和 pLB4(3.5 kb)、来自发酵乳杆菌(*Lactobacillus fermentum*)的 pLF1311(2.4 kb)、来自弯曲乳杆菌(*Lactobacillus curvatus*)的 pLC2(2.6 kb)、来自嗜酸乳杆菌的 pLA106(2.9 kb)属于 pE194 家族复制子;而来自植物乳杆菌的 pLP1(2.1 kb)、pC30il(2.1 kb)、p8014 - 2(1.9 kb)和 pLP2000(2.1 kb)、来自发酵乳杆菌的 pLEM3(5.7 kb)、来自戊糖乳杆菌(*Lactobacillus pentosus*)的 p353 - 2(2.3 kb)、来自罗伊氏乳杆菌(*Lactobacillus reuteri*)的 pGT232(5.1 kb)和 pTC82(7.0 kb)、来自希氏乳杆菌(*Lactobacillus hilgardii*)的 pLAB1000(3.3 kb)则属于 pC194 质粒复制子家族。来自植物乳杆菌的 pLP9000(9.3 kb)虽然也采取滚环模式复制,但其复制子不属于任何已知的家族。与乳球菌相同,乳杆菌 θ 模式复制型质粒对构建宿主范围虽窄但较稳定的克隆表达载体较为实用,包括来自植物乳杆菌的 pLKS(2.0 kb)、来自发酵乳杆菌的 pKC5b(4.4 kb)、来自德氏保加利亚乳杆菌(*Lactobacillus delbrueckii bulgaricus*)的 pLBB1(6.1 kb)、来自德氏乳酸乳杆菌(*Lactobacillus delbrueckii lactis*)的 pJBL2(8.7 kb)和 pN42(8.1 kb)、来自嗜酸乳杆菌的 pLA103(14 kb)和 pLA105(3.2 kb)、来自瑞士乳杆菌的 pLJ1(3.3 kb)和 pLH1(19 kb)、来自干酪乳杆菌的 pSAK1(19 kb)和 pRV500(13 kb)。

嗜热链球菌(*Streptococcus thermophilus*)中天然存在的几种质粒能编码小型热休克蛋白,如 pER341(2.8 kb)、pCI65st(6.5 kb)、pND103(3.5 kb)、pST04(3.1 kb)、pER1 - 1(3.4 kb)、pT38(2.9 kb)。提升发酵温度和降低 pH 能诱导这些质粒上的热休克蛋白编码基因(*hsp*)的表达,进而增强宿主菌的抗热和抗酸能力,这些热休克基因所属的启动子对外源基因表达的热诱导性具有实用价值。此外,pER35(11 kb)、pST08(7.5 kb)、pST0(8.1 kb)、pCI65st 质粒上还含有限制-修饰系统的编码基因。迄今分离鉴定的嗜热链球菌质粒均以滚环机制复制,并属于 pC194 复制子家族,只有 pSMQ172(4.2 kb)属于 pE194 复制子家族。

　　片球菌属含有很多不同的天然质粒,并且编码不同的性状,如棉子糖(蜜三糖)、蜜二糖、蔗糖利用以及细菌素合成。几种片球菌产抗李斯特的细菌素(片球菌素),来自嗜酸片球菌(*Pediococci acidilactici*)的 pSRQ11(9.4 kb)和 pSMB74(8.9 kb)以及来自戊糖片球菌(*Pediococci pentosaceus*)的 pMD136(20 kb)均编码片球菌素的合成基因。由于片球菌素可用作克隆载体的选择性标记,因此携带片球菌素生物合成基因的质粒对构建食品级的克隆载体很有用处。

　　2. 乳酸菌的衍生型载体

　　乳酸菌或其他革兰氏阳性菌最流行使用的载体可分为两大主要类型。1 型载体以链球菌的 pIP501 和肠球菌的 pAMβ1 及其衍生质粒为代表,它们是大型接合型质粒,携带 MLS 类抗生素抗性标记。pIP501 和 pAMβ1 均为 θ 复制型质粒,其衍生质粒均显示结构和分配稳定性,即使插入较大的外源 DNA 片段也足以稳定。这些广宿主范围的质粒能在很多革兰氏阳性菌中复制,包括各种乳酸菌,如乳球菌、乳杆菌、片球菌。然而,链球菌和肠球菌并非遗传背景安全的细菌,因此 pIP501、pAMβ1 及其衍生质粒不属于食品级载体,不适用于食品生产菌株。2 型载体来自几种乳球菌的小型隐蔽型质粒,只要加装合适的选择性标记基因便可用作克隆载体。基于乳球菌 pSH71 和 pWV01 复制子构建的衍生载体含有一种或多种抗生素抗性标记基因。这些载体因采取滚环复制而倾向于结构和分配不稳定性,仅适用于克隆较小的基因。不过,pSH71、pWV01 及其衍生质粒仍很有用,因为它们具有广泛宿主范围。一些常用的乳酸菌克隆表达衍生质粒列在表 4-24 中。

表 4-24　乳酸菌常用的克隆衍生质粒

| 质粒名称 | 复制子来源 | 选择标记 | 大小/kb | 载体特征 | 发表年份 |
|---|---|---|---|---|---|
| pGK12 | pWV01(*L. lactis*) | *Cm$^r$ Em$^r$* | 4.4 | 穿梭质粒,乳杆菌有效 | 1984 |
| pVE6002 | pWV01(*L. lactis*) | *Cm$^r$ Em$^r$* | 4.4 | 整合质粒(温敏复制) | 1992 |
| pGKV1 | pWV01(*L. lactis*) | *Cm$^r$ Em$^r$* | 4.6 | 穿梭质粒,乳杆菌有效 | 1988 |
| pMG24 | pWV01(*L. lactis*) | *Km$^r$* | 4.4 | | 1989 |
| pTRK170 | pWV01(*L. lactis*) | *Cm$^r$* | 6.6 | 穿梭质粒,乳杆菌有效 | 1992 |
| pGIP212 | pWV01(*L. lactis*) | *Cm$^r$Km$^r$ Sp$^r$* | 8.2 | 穿梭质粒,乳杆菌有效 | 1994 |
| pIAV1 | pWV01(*L. lactis*) | *Cm$^r$Em$^r$ lacZ* | 6.1 | 穿梭质粒,乳杆菌有效 | 2001 |
| pIAV7 | pWV01(*L. lactis*) | *Em$^r$* | 5.2 | 穿梭质粒,乳杆菌有效 | 2001 |
| pIAV9 | pWV01(*L. lactis*) | *Cm$^r$* | 5.2 | 穿梭质粒,乳杆菌有效 | 2001 |
| pNZ12 | pSH71(*L. lactis*) | *Cm$^r$Km$^r$* | 4.1 | 乳杆菌有效 | 1986 |
| pNZ18/19 | pSH71(*L. lactis*) | *Cm$^r$Km$^r$* | | 穿梭质粒,乳杆菌有效 | 1992 |
| pCK1 | pSH71(*L. lactis*) | *Cm$^r$Km$^r$* | 5.5 | 穿梭质粒 | 1985 |
| pMIG1 | pSH71(*L. lactis*) | *Cm$^r$Km$^r$* | 4.8 | 穿梭质粒 | 1993 |
| pVSB1 | pSH71(*L. lactis*) | *Cm$^r$lacZ* | 4.0 | 穿梭质粒,乳杆菌有效 | 1995 |
| p21-22 | pBM02(*L. lactis*) | *Em$^r$Ap$^r$* | | 穿梭质粒,乳杆菌有效 | 2003 |
| pND421 | pND324(*L. lactis*) | *Em$^r$Ap$^r$ Nis$^r$* | 15.1 | 整合质粒,食品级载体 | 1999 |
| pND625 | pND302(*L. lactis*) | *Nis$^r$ Cd$^r$* | 10.4 | 食品级载体 | 1996 |
| pULP8 | pLP1(*Lb. plantarum*) | *Em$^r$Ap$^r$* | 6.6 | 穿梭质粒 | 1989 |
| pLFVM2 | pLF1311(*Lb. fermentum*) | *Cm$^r$* | 5.0 | 穿梭接合质粒,乳球菌有效 | 1999 |
| pSP1 | pKC5b(*Lb. fermentum*) | *Em$^r$* | 9.4 | 穿梭质粒,链球菌有效 | 2002 |
| pLP3537-xyl | p353-2(*Lb. pentosus*) | *Em$^r$Ap$^r$xyl* | 12.2 | 穿梭质粒,食品级载体 | 1991 |
| pTC82-RO | pTC82(*Lb. reuteri*) | *Em$^r$* | 7.0 | 穿梭质粒 | 2001 |
| pLAB1301 | pLAB1000(*Lb. hilgardii*) | *Em$^r$Ap$^r$* | 5.3 | 穿梭质粒 | 1989 |

续表

| 质粒名称 | 复制子来源 | 选择标记 | 大小/kb | 载体特征 | 发表年份 |
|---|---|---|---|---|---|
| pJK352 | pLC2(*Lb. curvatus*) | $Cm^r Ap^r$ | 5.9 | 穿梭质粒,乳球菌有效 | 1993 |
| pSS1 | pLBB1(*Lb. delbrueckii*) | $Cm^r Em^r Tc^r$ | 7.0 | 乳球菌有效 | 2002 |
| pLHR | pLJ1(*Lb. helveticus*) | $Em^r Ap^r$ | 8.5 | 穿梭质粒 | 1990 |
| pTRK159 | pPM4(*Lb. acidophilus*) | $Cm^r Em^r Tc^r$ | 10.3 | 穿梭质粒 | 1991 |
| pRV566 | pRV500(*Lb. sakei*) | $Em^r Ap^r$ | 7.3 | 穿梭质粒 | 2003 |
| pMEU5 | pER8(*S. thermophilus*) | $Em^r Ap^r$ | 5.7 | 穿梭质粒 | 1993 |
| pND913 | pND103(*S. thermophilus*) | $Em^r Ap^r$ | 6.4 | 穿梭质粒,乳球菌有效 | 2002 |
| pFBYC18E | pFR18(*Ln. mesenteroides*) | $Em^r$ | 3.5 | 乳杆菌有效 | 1999 |
| pFBYC050E | pTXL1(*Ln. mesenteroides*) | $Em^r Ap^r$ | 7.7 | 穿梭质粒,乳杆菌/片球菌有效 | 2002 |

注: $Ap^r$—氨苄青霉素抗性基因; $Cm^r$—氯霉素抗性基因; $Em^r$—红霉素抗性基因; $Km^r$—卡那霉素抗性基因; $Sp^r$—壮观霉素抗性基因; $Tc^r$—四环素抗性基因; $lacZ$—$\beta$-半乳糖苷酶标记基因; $Nis^r$—尼生素抗性基因; $Cd^r$—镉离子抗性基因; $Lb$—乳杆菌属; $Ln$—明串珠菌属; $S$—链球菌属。

(1) 基于 pWV01 的衍生质粒。pGK 系列的代表质粒 pGK12 基于 pWV01 构建而成,携带氯霉素和红霉素抗性基因,可用于转化乳酸乳球菌、大肠杆菌、枯草芽孢杆菌,乳杆菌属几个重要的种也可作为 pGK12 的宿主。pGK12 在大肠杆菌中高拷贝复制,但在乳酸乳球菌和枯草芽孢杆菌中拷贝数较低。基于 pWV01 构建的衍生载体还包括 pMG 系列和 pIAV 系列的质粒,其中 pIAV7 和 pIAV9 在乳酸乳球菌中的拷贝数显著高于其他 pWV01 衍生质粒。在无选择压力下,这两种质粒也能稳定维持超过 40 代;在 120 代后 35% 的 pIAV7 型转化子以及 20% 的 pIAV9 转化子仍保留着相应的质粒。

除了上述克隆载体外,基于 pWV01 的整合型载体也被构建出来。pVE6002 是一种由 pGK12 突变而来的温敏型质粒,当温度超过 35℃ 时在乳酸乳球菌中不复制。只含有 pWV01 复制起始位点的 pOri⁺ 型质粒在含 repA 基因的辅助菌不存在时,能整合进宿主的染色体上。

(2) 基于 pSH71 的衍生质粒。基于 pSH71 构建的 pNZ 系列的载体如 pNZ18 和 pNZ19 也能在枯草芽孢杆菌、金黄色葡萄球菌(低拷贝)和大肠杆菌(高拷贝)中复制。pCK1 的拷贝数较高,但既不稳定又缺乏克隆位点。为了克服这些缺陷,以 pCK1 为蓝本构建 pMIG 质粒,后者含 MCS,在革兰氏阳性菌中拷贝数高,而在大肠杆菌中则拷贝数低。

(3) 基于其他乳球菌复制子的衍生质粒。乳球菌滚环复制型质粒 pBM02 具有较广泛的宿主范围,能在多种革兰氏阳性菌和阴性菌中复制,包括植物乳杆菌、干酪乳杆菌、枯草芽孢杆菌、大肠杆菌。基于隐蔽型质粒 pWC1 构建的 pCP12 能转化几种革兰氏阳性菌,但不能转化大肠杆菌,主要是因为它属于 pC194 复制子家族而非 pE194 家族。一般而言,pE194 型复制子具有广泛的宿主范围,能在大肠杆菌中复制。

基于乳球菌 θ 复制型质粒 pCI305 构建而成的质粒 pCI374 和 pCI3340 宿主范围较窄,只能转化乳酸乳球菌,而且两者的拷贝数都比较低。源自 pWV02 的 pLR300 能转化乳球菌和嗜酸片球菌,在无选择压力下能稳定维持至少 100 代,但拷贝数每个细胞只有 5～10 个。

(4) 基于乳杆菌复制子的衍生质粒。基于乳杆菌复制子构建的载体能转化的受体范围一般小于乳球菌衍生载体,但有些乳杆菌复制子能在大肠杆菌中工作,如 pA1、pPSC20/22、pGT633、pLC2、pLA106、pLF1311。一些来自发酵乳杆菌、罗伊氏乳杆菌、瑞士乳杆菌、嗜酸乳杆菌、德氏保加利亚乳杆菌、卷曲乳杆菌(*Lactobacillus crispatus*)的质粒,则呈较窄的宿主范围(被称为宿主特异性复制型质粒),但因不易在细菌物种之间传播反而具有安全性,这样的载体有利于构建食品基因工程菌以及口腔疫苗投送载体,因而受到重视。

基于滚环复制的载体如 pULP8 和 pULP9 在 20 代后便从转化子中丢失;pLAB1000 的

衍生质粒在 13 代后仅存于 30％的转化子中；pLE16 在 28 代后也基本上全部丢失。不过，由于用于食品发酵的乳酸菌工业菌种仅经历有限的几代分裂，因此即便呈分配不稳定性的载体也可以用于克隆和表达。基于 θ 复制型质粒构建的载体具有显著的稳定性，如含 pULA105E 的转化子在 100 代后仍呈 100％的红霉素抗性表型；源自 pKC5b 的穿梭载体 pSP1 能在无选择压力的乳杆菌中维持 100 代；pTC82 及其衍生质粒 pTC82-RO 均显示出异常的分配稳定性，216 代后 100％的转化子均含重组质粒。然而，并非所有来自 θ 复制型质粒的载体均呈稳定性：如 pRV566 只能在转化的细胞中维持 20 代，但生产香肠的发酵过程中，米酒乳杆菌一般只生长大约 12 代，因而这一丢失率还是可以接受的。

乳杆菌属一般能抗氨苄青霉素、邻氯青霉素、庆大霉素、卡那霉素、新霉素、青霉素、链霉素、四环素，但对氯霉素和红霉素较为敏感。因此，用于转化乳杆菌的载体必须携带来自 pE194 或 pAMβ1 质粒的红霉素抗性标记，或者来自 pC194 或 pBR322 质粒的氯霉素抗性标记，但这些抗生素抗性标记不符合食品级载体的要求。

3. 乳酸菌的食品级载体

目前，基因修饰型生物（GMO）在食品工业中的应用受到严格控制，用于食品生产型乳酸菌的基因操作程序和工具必须符合自克隆原则，即导入食品生产型受体细胞中的 DNA 分子被限定为那些来自与受体属于相同种属的生物基因，由此构建产生的基因修饰型乳酸菌可视为非基因修饰型生物。与自克隆原则最相关的因素是食品级克隆表达载体的开发，此类载体应满足下列两大基本条件：① 采用遗传背景安全的生物来源的 DNA 元件（即食品相关型乳酸菌质粒）构建；② 不含抗生素抗性标记基因。食品级载体携带的非抗生素抗性标记一般包含显性筛选标记和遗传互补标记两大类：

（1）显性筛选标记

乳酸乳球菌乳酸亚种二乙酰变种 DRC3 株中 60 kb 的隐蔽型质粒 pNP40 上携带一种疏水性抗菌肽尼生素（又称乳酸链球菌肽）的抗性基因 nsr，后者经鉴定后被用作首批非抗生素抗性标记的食品级显性筛选标记，pVS40、pFM011、pFK012 均含有 nsr 显性筛选标记。类似地，一些乳酸乳球菌菌株来源的尼生素免疫基因 nisI 也可用作显性标记，如由 pSH71 复制起始位点 ori、repA 复制蛋白编码基因、nisI 及其上游启动子 $P_{45}$ 构建而成的食品级质粒 pLEB590（全部由乳球菌 DNA 序列构成），能高效转化尼生素敏感型的乳酸乳球菌和植物乳杆菌。一种由强生乳杆菌（Lactobacillus johnsonii）产生的莴苣苦素 F，其免疫基因也可用作显性标记。来自乳酸乳球菌 IPLA972 株天然 θ 复制型质粒 pBL1（11 kb）的乳链球菌素 Lcn972 生物合成基因及其抗性基因同样可以实现有效的显性筛选。

第二类显性筛选标记基于一种双质粒系统，其中一个质粒是全部由乳酸乳球菌 DNA 构建的 pVEC1，含有来自 pCD4 质粒的 θ 型复制子（RepB⁺），但无选择性标记，用来装载目的基因；另一个质粒为 pCOM1，是一种 repB 缺陷型的 pCD4 衍生质粒，携带用于显性筛选的红霉素抗性基因。当共转化子生长在无红霉素的培养基上时，pCOM1 逃逸。由于 pVEC1 采取 θ 机制复制，非常稳定，因而之后的维持再不需要选择压力。

第三类显性筛选标记为稀有糖类（如木糖、菊粉、蜜二糖等）的代谢利用基因。很多乳酸菌不能利用这些稀有糖类，因而只有携带上述糖类代谢标记基因的转化子才能在稀有糖类为唯一碳源的限制性培养基上长出。不过，此类筛选系统的缺憾是稀有糖类发酵速率较慢，在工业规模的发酵过程中补充这些糖可能不实际，而且价格不菲。

第四类显性筛选标记基于植物乳杆菌来源的胆盐（甘氨脱氧胆酸）水解酶编码基因 bsh。将含 bsh 基因的质粒导入干酪乳杆菌中，转化细胞能出现在含 0.1％胆盐的正常培养基上，并能在含 0.3％胆盐的培养基中生长；而干酪乳杆菌野生株在 0.05％的胆盐浓度下便被显著抑制。这一系统的缺憾是选择压力，胆盐逐渐会被降解，需要不断添加。

（2）遗传互补标记

建立稳定可筛选性载体的另一大策略是基于染色体持家或致死性基因的特异性突变及其遗传互补。为了实施遗传互补，需要构建相应的营养缺陷型突变受体，难度较大，但其优势在于选择压力能在发酵过程中维持，无须添加任何补充剂。

第一批营养缺陷型食品级筛选标记是一株嘌呤生物合成基因含无义突变的乳酸乳球菌，与之相匹配的是表达载体 pFG1 上含有一个无义突变校正 tRNA 编码基因（赭石型校正 tRNA 编码基因 supB）作为遗传互补标记。由于 pFG1 质粒在乳球菌工业菌株中严重抑制生长且不稳定，于是便以琥珀型校正 tRNA 编码基因 supD 取代 supB。由此构建出的克隆载体 pFG200 具有良好的稳定性，且能在牛奶发酵过程中稳定维持，因为牛奶中的嘌呤和嘧啶含量较低。

编码丙氨酸消旋酶的 alr 基因是另一个很有希望的遗传互补型食品级筛选标记。丙氨酸消旋酶催化 L-丙氨酸和 D-丙氨酸之间的相互转换，为细菌细胞壁合成因而也为植物乳杆菌和乳酸乳球菌生长所必需。在植物乳杆菌和乳酸乳球菌 alr 基因的内部分别缺失 100 bp 和 30 bp，两株菌便形成针对 D-丙氨酸的营养缺陷。含有乳球菌/乳杆菌 alr 基因的源自 pGIP 的质粒可用于对上述两株突变株进行遗传互补，在含有 L-丙氨酸的培养基上长出的菌落即为阳性转化子。

第三类遗传互补标记是基于各种乳酸菌染色体上乳糖操纵子内的特异性突变。通过同源重组技术删除乳酸乳球菌 MG5267 株染色体上的 lacF 基因，并将瑞士乳杆菌 0.3 kb 的 β-半乳糖苷酶编码基因 lacF 安装在含乳球菌 pSH71 复制子的表达载体上（即 pNZ 系列载体），便能互补上述的 lacF 缺陷株并产生相应的 Lac$^+$ 表型。类似地，通过删除磷酸-β-半乳糖苷酶编码基因 lacG 构建 Lac$^-$ 表型，而互补质粒 pLEB600 则含有乳球菌复制子以及来自干酪乳杆菌的 lacG 基因，其上游安装组成型启动子 $P_{pepR}$。

4. 乳酸菌的整合型载体

基于质粒载体的克隆系统虽然具有灵活通用性，但往往呈分配不稳定性，虽然选择压力可以解决这一问题，但在工业规模和连续发酵过程中施加选择压力往往很难做到，而且食品发酵有时也不希望施加选择压力。将外源 DNA 片段整合在受体细胞的染色体上才是解决分配不稳定性的根本方法，而且整合性克隆操作还能破坏或删除特定的基因。

（1）基于转座元件的随机整合。由转座子或细菌插入序列（IS）介导的转座能导致染色体基因的随机突变。例如，采用温敏型质粒 pG$^+$ 作为乳球菌插入序列 ISS1 的投送系统，在正常温度（28℃）下它能转化乳球菌并在之中维持；一旦提升温度至 35℃，RepA 灭活，阻碍复制并强迫质粒整合在宿主染色体上。一种基于 IS1223 的整合型载体 pTRK327 由 pSA3 构建而成，它随机插入格氏乳杆菌（Lactobacillus gasseri）并无 IS 元件同源序列的染色体中。

（2）基于 attB 序列或转座元件的位点特异性整合。该系统采用一种噬菌体整合酶介导质粒 DNA 在受体细胞染色体 attB 位点处的特异性插入，这种插入作用由来自噬菌体 DNA 的一个小型同源区域 attP（<20 bp）和噬菌体编码的整合酶（int）所介导。整合酶催化或定位于相同 DNA 分子或定位于分开的 DNA 分子位点之间的重组。例如，复制型质粒 pLB65 含有乳球菌温和型噬菌体 TP901-1 的整合酶编码基因，而另一非复制型整合载体 pCS1966 装有启动子-报告基因序列。这两种共转化受体细胞后，报告基因 gusA 和 lacLM（分别编码 β-葡萄糖醛酸酶和 β-半乳糖苷酶）便能整合在染色体上噬菌体 TP901-1 的附着位点 attB 处。pCS1966 质粒以来自乳酸乳球菌乳清酸转运子的编码基因 oroP 为遗传互补型筛选标记，当该基因整合在受体染色体上后，嘧啶营养缺陷型宿主菌便能以乳清酸生物合成嘧啶；而将转化子暴露于 5-氟乳清酸中，又可选择性杀死表达 oroP 的细胞，用于筛选投递载体的丢失株。

另一种位点特异性整合策略基于乳球菌 II 型内含子 Ll. ltrB 能特异性靶向细菌重复型

插入序列 IS904 的原理而设计,其优势是允许外源基因的多拷贝整合,而且在不同乳球菌转座酶的介导下整合的拷贝数也各异,如转座酶 Tra904、Tra981、Tra983 介导的每条染色体整合拷贝数分别为 9、10、14。

（3）基于染色体同源序列的区域特异性重组。根据 DNA 的同源重组原理也可设计构建整合型载体并实施基因特异性敲除、扩增、置换、插入。所有的染色体同源整合系统均基于非复制型或条件复制型质粒。前者包括大肠杆菌、枯草芽孢杆菌、金黄色葡萄球菌等非乳酸菌复制子,因为它们不能在乳酸菌中复制;后者基于条件性(温度敏感性)复制的乳球菌复制子,如 pG$^+$ 系列整合型载体。类似的策略也可用来删除乳酸乳球菌的特定基因,例如采用 RepA$^+$ 温度敏感型辅助质粒 pVE6007 和 RepA$^-$ 质粒 pORI280,后者携带一段与受体染色体靶序列同源的 DNA 片段。在正常温度下,上述两种质粒均能在受体细胞中维持;一旦温度升高,RepA 被灭活,无法复制的 pORI280 便整合在宿主染色体上。由乳球菌温度敏感型质粒 pND324 构建的整合型载体 pND421,携带尼生素和红霉素抗性标记,在 30℃整合模式下,即使无选择压力也能稳定维持 100 代,具有商业应用价值。

### 4.5.2　乳酸菌的诱导表达系统

可控性表达系统是使目的基因独立于受体细胞生长而表达的重要工具,除了减轻毒性表达产物或连续表达蛋白对受体细胞生长的影响外,可控性表达的另一优势在于通过优化诱导时机和诱导强度能在一定程度上降低包涵体形成的程度。几种用于乳酸菌的诱导型表达系统列在表 4-25 中,包括糖诱导($P_{lac}$)、盐诱导($P_{gadC}$)、温度诱导(突然升高,噬菌体 $P_{tec}$)、pH 诱导(降低,$P_{170}$)、噬菌体感染诱导($P_{\phi31}$)。上述系统并非全部满足食品级标准,后者要求诱导剂必须是食品可接受的:如无机小分子(盐)、有机分子(糖类、脂肪酸)、乳酸菌来源的蛋白质成分。另外,包括 pH、温度、通气甚至噬菌体感染等生长条件的改变也是可接受的基因表达诱导条件。

表 4-25　乳酸菌常用的诱导表达系统

| 乳酸菌菌种名称 | 诱　导　条　件 | 可诱导表达元件 | 诱导倍数 |
| --- | --- | --- | --- |
| L. lactis | 添加乳糖 | lacA 或 lacR 启动子 | <10 |
| L. lactis | 添加乳糖 | lacA-T7 启动子 | <20 |
| L. lactis | 提高温度 | dnaJ 启动子 | <4 |
| L. lactis | 提高温度 | tec 启动子-Rro12 | >500 |
| L. lactis | 降低 pH,降低温度 | PA170 启动子 | 50~100 |
| L. lactis | 降低 pH | gadC 启动子-GadR | >1 000 |
| L. lactis | 通气 | sodA 启动子 | 2 |
| L. lactis | 肽不存在 | prtP 或 prtM 启动子 | <8 |
| L. lactis | 色氨酸不存在 | trpE 启动子 | 100 |
| L. lactis | 添加丝裂霉素 C | φr1t 阻遏因子-操作子 | 70 |
| L. lactis | 噬菌体 φ31 感染 | φ31 启动子 | >1 000 |
| L. lactis | 添加尼生素 | nisA 或 nisF 启动子 | >1 000 |
| Lb. casei | 添加尼生素 | | |
| Lb. helveticus | 添加尼生素 | | |
| Lb. pentosus | 添加木糖 | xylA 启动子 | 60~80 |
| Lb. sakei | 添加米酒乳杆菌素 A | sap 启动子 | 高 |
| Lb. sakei | 添加米酒乳杆菌素 P | spp 启动子 | 高 |
| S. thermophilus | 添加乳糖 | lacS-GalR | 10 |

迄今为止最有效且广泛使用的乳酸菌基因可控性表达系统是以尼生素作为诱导剂的 NICE 系统。抗菌肽尼生素的生物合成由尼生素基因簇控制,其启动子 $P_{nisA}$ 受一种双组分

调控系统自调控,不同浓度的尼生素可通过质膜结合型蛋白激酶 NisK 以及转录调控因子 NisR 激活 $P_{nisA}$ 介导其下游基因($nisA$ 或目的基因)转录。尼生素诱导表达系统不仅能在乳球菌中工作,也能在其他乳酸菌如乳杆菌属和明串珠菌属中正常发挥功能,对各种蛋白的高效表达非常实用,因为尼生素本身就是一种食品添加剂,具备可靠的安全性,而且该系统也适用于工业规模的发酵。然而需要特别指出的是,采用 $nsr$ 基因作为筛选标记可能会对尼生素诱导系统施加不利影响,因为 $nsr$ 编码的尼生素抗性蛋白 NSR 是一种能降解尼生素的蛋白酶。当既使用 $nsr$ 作为筛选标记又以尼生素作为外源基因在乳酸乳球菌中表达的诱导剂时,诱导剂会被逐步降解而影响诱导效率,导致表达水平降低。在此情形中,使用尼生素免疫基因 $nisI$ 作为显性筛选标记似乎较好。

另一种食品级诱导表达系统基于群体感应策略,可用在米酒乳杆菌(*Lactobacillus sakei*)和植物乳杆菌中的基因诱导性表达。一系列的表达载体(如 pSIP)基于 II 型细菌素米酒乳杆菌素 A($sap$ 基因簇)或米酒乳杆菌素 P($spp$ 基因簇)的启动子和调控因子被构建。这些启动子可通过外部添加肽类信息素而诱导基因表达。采用几种内源和外源基因测试 pSIP 性能的结果显示,这两种启动子的诱导比较高,启动子被严密控制,基底水平的表达较低;而且诱导剂信息素的有效浓度极低,典型的工作浓度范围为 $10 \sim 25$ ng/mL。pSIP 系统的载体以模块化方式构成,可以较为方便地更换其中的不同部件,例如用来自植物乳杆菌 WCFS1 株的 $alr$ 基因更换 pSIP 原始载体中的红霉素抗性标记,可形成食品级的诱导表达载体。

### 4.5.3 乳酸菌的宿主转化系统

相对大肠杆菌和其他革兰氏阳性菌而言,乳酸菌各种属的转化率普遍偏低,这对构建高容量的基因文库是一个严重的制约性因素。将质粒 DNA 成功导入乳酸菌取决于菌种特殊的性质,如细胞壁结构、质粒大小构成及其复制子类型,而乳酸菌受体细胞内的限制修饰系统也是影响转化率的一个关键因素。

1. 乳酸菌的限制修饰系统

在一些乳酸菌菌株中,依照标准的转化程序操作只能获得少量的转化子甚至无法获得转化子,其主要原因是受体细胞对转化质粒 DNA 的限制修饰作用。细菌的限制修饰系统通常涉及限制性核酸内切酶及其所对应的甲基化酶,就 I 型和 III 型限制修饰系统而言,甲基化酶能封闭相应的限制性酶酶切位点。相反,IV 型限制修饰系统的限制性核酸内切酶却特异性作用于甲基化修饰型的 DNA。有几项报告显示,受体细胞 DNA 腺嘌呤甲基化($dam$)和 DNA 胞嘧啶甲基化($dcm$)对外源 DNA 的甲基化修饰谱严重影响转化效率。

pCD256 质粒是基于大肠杆菌 pUC19 质粒和植物乳杆菌 NC7 株野生型质粒 p256 复制子构建的一种穿梭质粒,能在植物乳杆菌 CD033 株中自主复制。将 pCD256 分别转化大肠杆菌 JM109 株($dam^+, dcm^+$)、BL21(DE3)株($dam^+, dcm^-$)、GM33 株($dam^-, dcm^+$)、C2925 株($dam^-, dcm^-$),从上述菌株中提取纯化的 pCD256 质粒再导入植物乳杆菌 CD033 株中。结果显示,$dam^+/dcm^-$ 甲基化修饰型 pCD256 对植物乳杆菌 CD033 株的转化率略高于 $dam^+/dcm^+$ 或 $dam^-/dcm^+$ 甲基化修饰型 pCD256,而 $dam^-/dcm^-$ 非甲基化型 pCD256 的转化率却比 $dam^+/dcm^+$ 甲基化修饰型质粒 DNA(来自大肠杆菌 JM109 株)高出 1 000 倍,其转化率接近 $10^9$ 个/μg DNA,这一转化率完全可与商品化的大肠杆菌克隆系统相媲美。而且,植物乳杆菌另外两株菌 CD032 和 DSM20174 也存在类似的现象。这些结果强烈暗示,这些植物乳杆菌菌株中存在着甲基化依赖型的限制性核酸内切酶,如属于 IV 型限制修饰系统的 Mrr 型限制性核酸内切酶($mrr$,识别并限制甲基化腺嘌呤)。基因组搜寻结果显示,植物乳杆菌 WCFS1 株和 JDM1 株同样含有 $mrr$ 同源基因,但植物乳杆菌 ST-III 株却不含相应的基因。布氏乳杆菌(*Lactobacillus buchneri*)CD034 株、粪肠球菌(*Enterococcus faecium*)CD036 株、乳酸乳球菌 MG1363 株对非甲基化修饰型 DNA 强烈限制的事实,表明乳酸菌群的限制修饰系统存在着普遍的多样性。因而,在建立高效的乳酸菌转化系统之前,事先调查确定受体细胞的限制修饰类型非常重要。

2. 乳酸菌的间接转化法

在乳杆菌属的转化系统建立之前,基于革兰氏阳性菌广宿主接合型质粒 pAMβ1 和 pIP501 通过接合作用转移外源 DNA 是普遍采用的方法。这两种质粒能在多数食用乳杆菌中复制,其中 pAMβ1 质粒进入保加利亚乳杆菌和乳酸乳杆菌细胞后,还能整合在受体菌的染色体 DNA 上,因为 pAMβ1 不能在上述两种乳杆菌中复制。

除了上述接合转化程序外,经由大肠杆菌中间受体的间接转化(二次转化)策略也能在很大程度上改善乳酸菌的转化效率。由于基因重组克隆操作在大肠杆菌中远比在乳酸菌中方便,为了获得足够量的重组质粒 DNA,通常会采用穿梭质粒先在大肠杆菌中构建并增殖最终的重组质粒,然后从大肠杆菌中制备超量的重组质粒并转化乳酸菌目标受体细胞。很多大肠杆菌-乳酸菌的穿梭载体便是基于这一策略构建的。然而,这些穿梭质粒要么在大肠杆菌中,要么在乳酸菌受体细胞中表现出结构不稳定性,原因可能是它们的尺寸一般较大或者它们属于嵌合型 DNA,如 GC 含量的不同(大肠杆菌的 GC 含量为 50%;而乳酸菌的 GC 含量一般为 30%~40%)。而且,真正意义上的食品级克隆载体也不允许存在大肠杆菌来源的 DNA 序列。因此,上述经由大肠杆菌中间受体的接合转化和间接转化策略在很多场合下应用受到限制。

3. 乳酸菌的噬菌体转染法

食用乳杆菌拥有许多宿主专一性的噬菌体,但用于工业发酵的菌株大都具有噬菌体抗性或溶原免疫力。乳酸乳杆菌的烈性噬菌体 LL-H 含有一个 34 kb 大小的基因组,其上编码的五个颗粒蛋白已获得重组表达,含有两个结构基因和一个裂解基因的 5 kb 片段可用于构建新型乳酸乳杆菌的克隆载体。干酪乳杆菌至少有两种不同的噬菌体被鉴定,即 PL-1 和 φFSV,后者由溶原噬菌体 φFSW 转化而来。此外,在该菌种 S-1 株中还存在着一个 1.3 kb 的转座元件,它一旦插入到 φFSW 的基因组中便使噬菌体由溶原状态转入溶菌循环。食用乳杆菌中的溶原型噬菌体在其宿主染色体上并不十分稳定,利用常规方法可将其从细胞内除去,这项技术对选育抗噬菌体感染的生产菌具有一定的价值。用卵磷脂制成人工脂质体,并将噬菌体 DNA 包装后转染宿主菌的原生质体,可获得满意的转染效率。嗜酸乳杆菌中的噬菌体均为温和型,在该菌种 ADH 株中分离出的溶原噬菌体 φadh 含有一个 41.7 kb 的线状双链基因组。这个噬菌体可以以较低的频率介导某些可转移型质粒的转导,将噬菌体的有关 DNA 片段与转移型质粒 pGK12 重组,则重组质粒的转导效率大为提高。

4. 乳酸菌的电击转化法

绝大多数乳酸菌的原生质体难以再生,因此质粒转化大都采用完整细胞电击法。乳酸菌电击转化的操作程序和控制参数与其他革兰氏阳性菌大同小异(参见 4.4.2)。保加利亚乳杆菌中含有一个 79 kb 的隐蔽型质粒 pBUL1,将 pAMβ1 质粒上的红霉素抗性基因插到 pBUL1 上,构建出的杂合质粒 pX3 可采用电击法有效转化乳酸乳杆菌。这个载体质粒具有很大的实用性,因为用其他的广宿主质粒如 pNZ12 和 pIL253 都不能转化相同的受体菌。pX3 用于表达外源基因也获得成功,例如将嗜热链球菌的 L-乳酸脱氢酶基因与 pX3 质粒重组,并克隆在 D-乳酸生产菌乳酸乳杆菌中,转化子便能合成两种乳酸对映体。在乳酸菌中,这是利用 DNA 重组技术改变细菌乳酸发酵产物性质的第一个成功范例。干酪乳杆菌的电击法质粒转化效率最高,可达 $10^5$ 个/$\mu$g DNA。采用最佳转化条件,野生型细菌的 *trp* 基因可有效互补相应的营养缺陷型突变株。

瑞士乳杆菌中含有许多可用于构建乳杆菌属专一性克隆载体的野生型质粒,这些质粒大都携带抗药性基因或编码蛋白酶活性和限制修饰系统。此外,瑞士乳杆菌的电击法转化系统也已经建立,一个实用性很强的表达型穿梭质粒 pBG10 被构建,它含有分别来自瑞士乳杆菌隐蔽型质粒 pLJ1 和大肠杆菌 pBR329 的两个复制子,以及保加利亚乳杆菌的 $\beta$-半乳糖苷酶基因和红霉素抗性基因的启动子序列。用 pBG10 质粒转化瑞士乳杆菌的 $\beta$-半乳糖苷酶缺陷株,可在牛奶培养基平板上方便地筛选转化子,克隆在 pBG10 上的地衣芽孢杆菌 $\alpha$-淀粉酶基因已在瑞士乳杆菌中表达成功。

### 4.5.4  利用 DNA 重组技术改良食用乳酸菌

目前,乳酸菌发酵产物和益生菌相关产品的全球年市场销售额已突破 1 000 亿欧元,而且每年还在以 10%的速度递增,因而利用基因技术构建品质优良的食用乳酸菌工程株具有巨大的潜在经济价值和社会效益。然而,从事食用乳酸菌基因遗传性状改良的一个最基本问题是基因操作程序的安全性。虽然绝大多数食用乳酸菌已有多年的生产历史,将工业生产菌直接作为基因工程的受体菌在安全上是有保证的,但容易被疏忽的是工程菌发酵时可能会使用选择压力的化合物,显然抗生素的抗性基因不宜用作选择标记,较为理想的选择基因是来自工业乳酸菌自身的噬菌体或杀菌抑菌性细菌素的抗性基因、碳水化合物发酵过程中的糖代谢基因(如乳糖、半乳糖、木糖等)以及相应的营养缺陷型基因等。另外,对于诱导型目的基因的表达系统而言,诱导剂的选用原则与选择压力相同。总之,食用乳酸菌安全的基因操作策略的建立依赖于人们在组学水平上对目标菌株系统生物学的精确理解。

1. 乳酸菌的组学和系统生物学特征

乳酸菌于 2001 年第一个完成全基因组测序的是用于乳制品发酵的乳酸乳球菌不含大型质粒的模式菌株 IL1403(即乳酸乳球菌乳酸亚种),随后另一株乳酸乳球菌模式菌株 MG1363(即乳酸乳球菌乳脂亚种)也提交全基因组序列。MG1363 株一个含有转座子 Tn5276 并在尼生素生物合成基因 nisA 内部缺失了 4 bp 的衍生株 NZ9800,广泛用作 NICE 诱导表达系统的受体,其全基因组测序的完成对食用性和医用性外源基因在乳球菌中的高效表达具有重要意义。

乳杆菌对益生性食用保健品开发具有特殊意义。植物乳杆菌 WCFS1 株是第一个完成全基因组测序的乳杆菌,它拥有乳酸菌中最大尺寸的基因组(3.3 Mb)。植物乳杆菌来自人类的分离物,能在各种糖类培养基中快速生长,且具有较高的转化效率。更重要的是该菌株能在人类和鼠科动物的肠道内存活,是益生菌和药物投递系统的模式菌株。由植物乳杆菌基因组数据获得的一项标志性发现是其脂磷壁酸(LTA)分子上的丙氨酰化程度影响物乳杆菌的免疫应答能力。值得注意的是,植物乳杆菌在人类和鼠科动物肠道中的生存可诱导其自身大约 500 个基因的表达,而这些植物乳杆菌基因在实验室培养基中培养时是沉默的;而且暴露在人类肠道的植物乳杆菌能诱导显著的抗炎性免疫应答。因而,由植物乳杆菌基因组数据揭示的 LTA 结构特征为其调节人类免疫机能的益生效应提供了重要的机制注释。相似地,嗜酸乳杆菌 NCFM 株和鼠李糖乳杆菌(*Lactobacillus rhamnosus*)GG 株同样被广泛用作益生菌,它们的基因组序列也将有助于揭示不同的益生机制。

除了上述乳酸乳球菌和植物乳杆菌外,很多其他的乳酸菌种属因各自的特征也被列为候选模式乳酸菌而加以全基因组测序与分析。这些候选模式菌种中的大部分具有较高的转化率,因而可作为基因操作的理想受体。有趣的是,这些菌株中特种遗传元件 *CRISPR-cas* 系统的存在与其可转化性之间存在着高度的负相关性。*CRISPR* 是 1987 年首次在嗜热链球菌中发现的成簇排列、规则间隔型短小回文重复序列,与其相关的 Cas 多酶复合物将入侵细菌的噬菌体基因组或质粒 DNA 降解成小片段,并重组入 *CRISPR* 序列中,从而对这些入侵者产生免疫记忆。由此可见,乳酸菌至少某些菌株的难转化性除了限制修饰系统的作用外,也归因于这种 *CRISPR-cas* 系统的免疫识别机制。此外,另一项具有创意的发现是,从同为益生菌的唾液乳杆菌(*Lactobacillus salivarius*)UCC118 株基因组中鉴定出一种能灭活病原菌单核细胞增多性李斯特氏菌(*Listeria monocytogenes*)的广谱 II 型细菌素编码基因,这为益生菌保健功能提供了抗感染的新视角。乳酸菌基因组之间的比较分析揭示,乳酸菌与枯草芽孢杆菌拥有一个共同的祖先,从而解释了为什么在芽孢杆菌中建立起来的很多基因操作工具也能在乳酸菌中有效工作。比较基因组和泛基因组的研究则显示,大多数的乳酸菌基因组含有 2 000~3 000 个基因;20 种完整测序的乳杆菌属基因组中共有 14 000 个不同的基因,其中大约有 1/3 基因尚未得到功能注释,而作为核心基因组的直系同源基因只有 383 个,表明乳酸菌基因组虽然较小但却呈高度的多样性。

目前,至少有 40 个食品工业相关性乳酸菌的全基因组序列已存入公共数据库,此外尚有 100 多个测序项目正在进行之中。随着越来越多的食用乳酸菌全基因组序列的测定,基于全基因组微阵列技术分析乳酸菌全局性基因表达状况(转录组学)以及基因型-表型相互关系的鉴定(比较基因组杂交)将成为可能,这对食用乳酸菌的代谢建模、基因操作、细胞工厂创建具有重要的推动作用。

2. 食品乳酸菌基因工程改良的主要策略

基于现已建立的生理代谢和组学蓝图,食用乳酸菌基因工程改良的主要策略包括下列四个方面:

(1)增强食品发酵生产菌对噬菌体和病原菌污染的抗性

就工业规模的发酵过程而言,乳酸菌连续培养的稳定性至关重要,而频繁对之构成威胁的是噬菌体感染和病原菌染菌。借助整合酶和 $\beta$-重组酶可将乳杆菌 A2 噬菌体的阻遏蛋白编码基因 *cI* 以单拷贝的形式被整合在干酪乳杆菌 ATTC393 株染色体的 *attB* 位点处,由此构建出的基因修饰型食品级干酪乳杆菌便获得强劲的 A2 噬菌体抗感染特征。类似地,借助编码蔗糖和尼生素的结合型转座子的转座特性,可构建基于抗菌肽尼生素的抗李斯特菌(*Listeria*)及其他病原菌污染的食品级乳酸菌工程株。最后,借助来自嗜热链球菌的 CRISPR－*cas* 系统,也能使那些不含该系统的乳酸菌如植物乳杆菌拥有抗噬菌体感染的优良特性。

(2)提高食品发酵生产菌对酸的耐受性

乳酸菌适应极端酸性 pH 条件所必需的基因或途径包括参与鸟嘌呤核苷酸生物合成的基因 *relA*、氨基酸脱羧途径以及海藻糖的生物合成。氨基酸脱羧反应在释放 $CO_2$ 的同时消耗质子,因而抵消胞质中的酸性环境并形成质子动力。不过,氨基酸脱羧途径的存在具有种属特异性,如布氏乳杆菌拥有组氨酸脱羧途径,而短乳杆菌(*Lactobacillus brevis*)则含有酪氨酸脱羧途径,它们均可用来构建强抗酸性工程菌。在乳酸乳球菌中过表达大肠杆菌来源的海藻糖合成操纵子 *otsBA*,可使重组菌的酸耐受性改善至 pH 为 3,而且海藻糖的产生还能使乳酸乳球菌抗冻(4℃)和抗热(45℃)。此外,提升乳酸菌的酸耐受性也可通过非靶向性策略得以实现,如采用全基因组易错扩增技术改良戊糖乳杆菌的酸耐受性,将随机引物扩增得到的非特异性 DNA 电击转化导入野生型戊糖乳杆菌中,可获得一株能在 pH 为 3.8 的培养基中生长的突变株。

(3)强化食品发酵生产菌对乳糖和半乳糖的利用能力

在典型的牛奶发酵过程中,大约 50 g/L 的乳糖中仅有一半能被乳酸菌代谢利用,致使乳糖非耐受型人群无法有效享用酸奶和酪乳之类的乳制品。据估计,北欧人群中的 5％以及某些非洲和亚洲国家超过 90％的人存在不同程度的乳糖消化不良。因此,开发具有较高乳糖利用率的乳酸菌发酵菌种具有重要意义。强化乳酸菌乳糖代谢性能的主要策略包括同时删除葡萄糖激酶编码基因 *glk*、甘露糖磷酸烯醇式丙酮酸磷酸转移酶系统(PTS)编码基因 *ptnABCD*、纤维二糖磷酸烯醇式丙酮酸磷酸转移酶编码基因(图 4-32)。发酵过程中积累

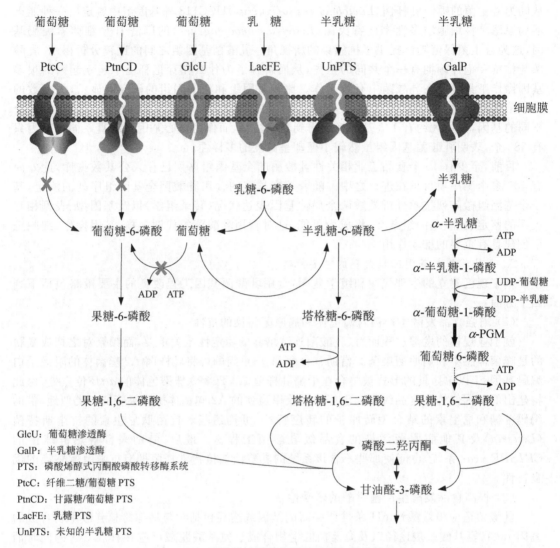

**图 4 - 32　乳酸乳球菌糖代谢的基因工程改造策略**

的葡萄糖既可为发酵产物提供原位甜化,也可以将之进一步转化为胞外多糖或果糖产品。

乳酸菌乳糖发酵不完全的另一后果是残留显著量的半乳糖,后者严重影响发酵产物的品质,如奶酪在冷冻过程中变褐色且显脆性,易碎,而且有些人群尤其儿童还患有半乳糖血症。乳酸乳球菌的半乳糖代谢有三条途径:GalP/Leloir 途径、塔格糖-6-磷酸途径、半乳糖-PTS/磷酸酶/Leloir 途径,其中 GalP/Leloir 途径是强化半乳糖消耗基因操作的最佳靶点。然而,在乳酸乳球菌中过表达 gal 操纵子(galPMKT)并不能提升半乳糖的消耗速率,因为α-葡萄糖磷酸变位酶(α-PGM)的水平也是一个重要瓶颈。联合表达 gal 操纵子和α-PGM 编码基因能使半乳糖的消耗速率提高 50%(图 4 - 32)。降低半乳糖含量的另一策略是在保加利亚乳杆菌和嗜热链球菌中表达异源的 L-阿拉伯糖异构酶,它能将半乳糖转化成其异构体塔格糖,而后者是甜味与蔗糖相当的一种稀有己酮糖,热值相当低,且不能在人体胃肠道中代谢,因此是糖尿病、肥胖症以及其他代谢疾病患者的理想甜味剂。

(4)改善发酵食品的风味与品质

丙氨酸是一种天然甜味剂,其生物合成的关键步骤是丙氨酸脱氢酶在铵离子存在下使丙酮酸还原。球形芽孢杆菌异源丙氨酸脱氢酶在乳酸乳球菌乳酸脱氢酶(Ldh)缺陷株中的过表达便可实现高丙氨酸的发酵;在该菌种中删除内源性丙氨酸消旋酶编码基因可导致 L-丙氨酸的立体特异性生产。来自枯草芽孢杆菌的丙氨酸脱氢酶也能用于乳球菌合成丙氨酸,该酶的优势是在 42℃时仍保持较高的酶活,这对于那些需要高温发酵的产品生产工艺具有重要意义。

二乙酰是乳制品典型的奶油香味化合物,由 α-乙酰乳酸的氧化脱羧而成,是乳酸菌代谢的副产物。联合删除乳酸脱氢酶(Ldh)、α-乙酰乳酸脱羧酶(AldB)、磷酸乙酰转移酶(Pta),同时提供甲酰四氢叶酸合成酶(Fhs)、3-磷酸甘油酸脱氢酶(SerA)或葡萄糖-6-磷酸-1-脱氢酶(Zwf)中的一个酶,并过表达 NADH 氧化酶(NoxE),便可构建高产二乙酰的短乳杆菌工程株。

乙醛也是乳制品(酸奶)中重要的香味化合物。迄今为止,在乳酸菌中改善乙醛水平最成功的策略是将来自运动发酵单胞菌($Zymomonas\ mobilis$)丙酮酸脱羧酶的过表达与天然 NADH 氧化酶的过表达相结合。采用一种两步法发酵技术,静止期细胞在厌氧条件下几乎能将 50% 的葡萄糖转换成乙醛。由 NADH 氧化酶介导的 $NAD^+$ 有效再生在乳酸脱氢酶受损的途径中能促进由丙酮酸脱羧酶介导的丙酮酸代谢,导致高水平的乙醛积累。

多元醇是低热量的甜味剂,且具有包括抗肿瘤活性的多种有益功能,因而广泛用于食品和医药工业。基因工程改良乳酸乳球菌主要涉及两种最常见的多元醇:木糖醇和甘露醇。使乳酸乳球菌获得产木糖醇能力的策略是共表达来自木糖醇经典生产菌种树干毕赤酵母($Pichia\ stipitis$)的木糖还原酶编码基因($XYL1$)以及来自短乳杆菌的木糖运输基因($xylT$)。删除甘露醇转运系统(PTSMtl),或者在 Ldh 缺陷型乳酸乳球菌中过表达来自柔嫩艾美尔球虫($Eimeria\ tenella$)的异源甘露醇-1-磷酸磷酸酶编码基因,能导致 50% 的葡萄糖转换为甘露醇。

很多乳酸菌具有合成 B 族维生素的能力,如核黄素(维生素 $B_2$)、叶酸(维生素 $B_{11}$)、钴胺素(维生素 $B_{12}$)。其中,核黄素是催化氧化还原反应的核黄素型辅酶 FMN 和 FAD 的前体物质,由 $rib$ 操纵子编码的七步酶促反应途径从 GTP 和核酮糖-5-磷酸合成。过表达四个乳球菌核黄素生物合成基因($ribGBAH$),可构建高产核黄素的乳酸乳球菌工程株。叶酸由 GTP、对氨基苯甲酸($p$ABA)、谷氨酸通过多酶途径合成,在胞内叶酸一般以多聚 γ-谷氨酰化的形式存在,其分泌在很大程度上依赖于谷氨酸残基的数目。在乳酸乳球菌及其他乳酸菌中,将 $p$ABA 基因簇 $pabA-pabBC$ 与叶酸生物合成基因簇 $fol$ 联合过表达,可使乳酸乳球菌不依赖于胞外 $p$ABA 而超量生产叶酸(增加 80 多倍)。另外,使 $fol$ 基因簇在一株高产核黄素的乳酸乳球菌中过表达或者在维生素 $B_{12}$ 生产菌罗伊氏乳杆菌(唯一产维生素 $B_{12}$ 的乳酸菌)中过表达,还能构建出同时产多种维生素的乳酸菌。

植物次级代谢的几种代谢物具有抗细菌、抗真菌、抗氧化、增香味、促健康等功效。芳樟醇/橙花叔醇合成酶(NES)和一种醇乙酰转移酶是控制草莓典型香味物质芳樟醇、橙花叔醇、酯类的关键酶,将其编码基因导入乳酸乳球菌,便可实现具有天然草莓风味的酸奶生产。此外,具有抗氧化和促长寿功效的白藜芦醇(一种来自类苯基丙烷途径的二苯基乙烯)也可由重组的乳酸乳球菌合成,这对发酵生产具有保健功能的乳制品具有诱人的前景。

**3. 重组乳酸菌在药物投递中的应用潜力**

由于某些食用乳杆菌对人类健康起着重要作用,因此工程菌构建的主要方向体现在这些乳酸菌菌株上。食用乳杆菌的一个基本保健功能是抑制胃肠道致病菌的繁殖,并促进食物的消化和吸收。若将具有重要治疗价值的人体蛋白或多肽编码基因(如抗肿瘤因子、免疫调节因子、疫苗、抗体等)克隆在乳杆菌中,便有可能生产出易被肠道吸收的口服重组药物。与重组大肠杆菌生产的药物相比,乳杆菌的生物制品生产具有无须纯化(事实上,一定比例的细菌存在更有利于药物的吸收)和不含内毒性等优势,当然,如何提高药物基因的表达水平以及增加异源蛋白在酸性环境中的稳定性是从事这项工作必须攻克的难关。

### 4.5.5 利用 DNA 重组技术构建非食用乳酸菌工程株

事实上,乳酸菌的应用目前已远远超出了食品发酵工业的范围,特别是乳球菌属和乳杆菌属中的一些菌种已被开发成生产日用化学品和生物燃料的理想受体。

1. 利用重组乳酸菌生产乳酸

乳酸在传统的食品工业中被用作防腐剂和调味剂,然而日用化学品工业将乳酸作为生产聚乳酸和乳酸乙酯(增香剂)的前体物质,其中聚乳酸(PLA)是生物塑料的一种重要原材料,可替代来自石油的合成塑料。利用乳酸菌发酵生产乳酸具有得天独厚的优势,它们能将95%的糖类物质高效转化成乳酸,而且发酵过程既能定向生产光学纯的 L-乳酸或 D-乳酸又能合成 DL 混旋型乳酸。删除 $ldhD$ 基因可使瑞士乳杆菌特异性合成 L-乳酸;如果用 $ldhL$ 基因置换 $ldhD$ 基因,则 L-乳酸的产率可达到 0.91 g/g(乳糖)。

另外,由可再生的农业副产物木质纤维素水解物发酵生产乳酸已受到极大的关注。与其他采用木质纤维素水解物生产高附加值的化学品过程一样,乳酸发酵工艺一个主要的难题是开发一种能利用木质纤维素水解物中所有类型的己糖和戊糖的乳酸菌,以最大限度地提高目标产物的生产效能。在此背景下,强化乳酸菌利用戊糖性能的基因工程策略至关重要。为达到此目的,将来自戊糖乳杆菌的两拷贝 $xylAB$ 操纵子导入植物乳杆菌的基因组中,由此获得的重组乳杆菌能发酵含 25 g/L 木糖和 75 g/L 葡萄糖的混合物,而且不存在碳代谢物阻遏效应,D-乳酸的产率达到 0.78 g/g(糖类)。另一株植物乳杆菌工程菌则能由每克阿拉伯糖发酵产生 0.82 g 的乳酸。在此之中,通过删除磷酸转酮酶编码基因并过表达一种异源的转酮酶编码基因,便能将碳代谢流从磷酸转酮酶途径转向戊糖磷酸途径,从而避免了副产物醋酸的过度积累。

2. 利用重组乳酸菌生产一元醇

乙醇既是一种重要的有机溶剂又可作为燃料汽油的替代品。全球范围内相关科研人员对微生物发酵生产乙醇具有浓厚的兴致,包括旨在提高乙醇天然生产菌酿酒酵母和运动发酵单胞菌以及重组大肠杆菌乙醇产量和产率的多种基因工程策略。由于乳酸菌能代谢利用存在于纤维素水解物中多种类型的糖(葡萄糖和木糖),因此它们也成为由纤维素发酵生产乙醇的具有诱惑力的系统。提升乳酸菌生产乙醇产量的基因工程策略包括引入来自高产乙醇的运动发酵单胞菌的丙酮酸脱羧酶和乙醇脱氢酶编码基因(PET 操纵子),并通过构建合成启动子和密码子优化等方法解决异源基因表达水平低的制约因素;同时敲除乳酸菌中三个 Ldh 编码基因($ldh$、$ldhB$、$ldhX$)、磷酸转乙酰酶编码基因($pta$)、乙醇脱氢酶编码基因($adhE$),可使乳球菌工程株以乙醇作为唯一的发酵产物。此外,生产菌株对乙醇耐受性的改良也是设计构建高产乙醇工程菌需要考虑的一个重要因素。已知在乳酸菌尤其是在片球菌属和乳杆菌属中,乙醇的耐受能力最高可达到 18%,这对高产乙醇具有重要意义。

以溶剂著称的丁醇同样已被视为一种很有前途的液体燃料。与乙醇类似,改良丁醇生产的基因工程策略主要集中于丁醇的天然生产菌(如羧菌属)和重组菌(如大肠杆菌)。然而,丁醇的毒性是大规模发酵生产的一个障碍,上述丁醇生产菌一般只能耐受 2% 以下的丁醇,而乳酸菌成员在天然状态下便具有在 3% 丁醇中生长的特性,因而被认为是基因工程改良的潜在受体系统。确实,将羧菌属的丁醇生物合成途径移植到短乳杆菌中,重组短乳杆菌能产 300 mg/L 的丁醇,这一水平与其他基因工程菌已不相上下。如果进一步消除其他竞争性的 NADH 消耗途径或采用像甘油之类的底物解决乳酸菌的氧还不平衡或辅酶缺乏问题,同时开发催化能力更强的酶系,那么乳酸菌发酵生产丁醇的能力有望得到进一步提升。

3. 利用重组乳酸菌生产二元醇

2,3-丁二醇是一种重要的化工原料,可用作塑料生产过程中的抗冻剂,也是很多日用化学品、药品、化妆品的合成原料,2,3-丁二醇的脱水衍生物1,3-丁二烯可用于生产合成橡胶,2,3-丁二醇的脱氢还能生产食品香味化合物二乙酰和乙偶姻。2,3-丁二醇的微生物发酵工艺主要聚焦于改良其天然生产菌株的产率和产量,如肺炎克雷伯氏菌(*Klebsiella pneumoniae*)、产酸克雷伯菌(*Klebsiella oxytoca*)、多黏类芽孢杆菌(*Paenibacillus polymyxa*)。然而,这些细菌的致病性是工业发酵应用的主要障碍。利用重组大肠杆菌生产2,3-丁二醇是目前一种流行的策略,但需要构建完整的生物合成途径。因此,安全的乳酸菌中天然存在的2,3-丁二醇生物合成途径使其成为潜在的大规模生产平台。事实上,利用重组乳酸菌生产2,3-丁二醇的专利已经公开,一株降低乳酸脱氢酶(Ldh)活性且异源表达丁二醇脱氢酶的植物乳杆菌基因工程株能产49%的2,3-丁二醇。通过对$NAD^+$辅酶循环进行工程化改造,也能使乳酸乳球菌的葡萄糖发酵定向转至2,3-丁二醇的合成,其产率高达67%(厌氧条件下的最大理论产率)。

1,3-丙二醇是一种广泛用于聚合物、溶剂、黏合剂、树脂、洗涤剂、化妆品的平台化合物。1,3-丙二醇的生物合成途径涉及甘油向3-羟基丙醛(3-HPA)的转换,后者进一步被还原成1,3-丙二醇。然而,1,3-丙二醇的大多数生产菌是潜在的病原体(如克雷伯氏菌属和羧菌属),在很大程度上限制了它们在食品、化妆品、医药工业中的应用。就这点而言,乳杆菌属中一些天然1,3-丙二醇生产菌的遗传背景安全性具有很大的优势,如罗伊氏乳杆菌、短乳杆菌、布氏乳杆菌(*Lactobacillus bucheneri*)等,其中的罗伊氏乳杆菌可能是最佳的1,3-丙二醇生产菌,优化其发酵过程可产生高水平的1,3-丙二醇;而二醇乳杆菌(*Lactobacillus diolivorans*)生产1,3-丙二醇的产量可达84.5 g/L,与其他天然生产菌的水平已不相上下。这些结果表明,乳酸菌作为1,3-丙二醇生物催化剂是可行的,且具有基因工程进一步改良的空间。

## 4.6　假单胞菌基因工程

很多微生物尤其是革兰氏阴性菌假单胞菌属(*Pseudomonads*)能降解各种化学性质稳定的物质,因此对环境的生物治理和保护具有重要意义。有些难以降解的化合物如多聚氯代联苯(PCB)和$\gamma$-六氯环己烷($\gamma$-BHC)能长期滞留在环境中,导致严重污染。多年来人们一直在尝试借助特殊的微生物种群生物降解或转化这些化学工业污染物,现已查明,迄今已知的几乎所有化学污染物均能为微生物或植物所降解,其中许多生物降解途径已经阐明,相关的基因也相继克隆并获得鉴定。利用DNA重组技术构建高效、降解广范围化学污染物且自身生存和增殖可控的环保工程菌已经进入实用阶段。

### 4.6.1　假单胞菌的载体克隆系统

与大多数革兰氏阴性菌相似,假单胞菌属并不能用常规的大肠杆菌质粒转化,而其自身携带的大多数野生型质粒大于30 kb,因此假单胞菌属的基因操作往往使用广宿主载体如RSF1010(8.3 kb,拷贝数40～50/细胞,非移动型,含链霉素抗性标记$Sm^r$和EcoRI、HpaI克隆位点)、RK2(56 kb,拷贝数5～10/细胞,可移动型,含氨苄青霉素抗性标记$Ap^r$、四环素抗性标记$Tc^r$、卡那霉素抗性标记$Km^r$以及EcoRI、HindIII、BglII、SalI克隆位点)、R300B(8.6 kb,拷贝数10～15/细胞,非移动型,含链霉素抗性标记$Sm^r$和EcoRI克隆位点)以及由这些质粒的复制子构建的衍生载体(表4-26)。其中,pMFY31、pMFY40、pMFY42为理想的克隆载体,至少含有两个抗药性标记基因和大量的单一酶切位点;pMFY500是一种启动子探针质粒;由RK2质粒构建的pKS13、pCP13、pLAFR1、pVK100为考斯质粒,可用于构建假单胞菌属的基因文库;小型隐蔽型质粒pRO1600来自广宿主载体RP1(与RK2非常相似)在铜绿假单胞菌(即致病菌绿脓杆菌,*Pseudomonas aeruginosa*)PAO株中的体内重组产

表 4-26　用于假单胞菌的广宿主克隆表达载体

| 载体 | 选择标记 | 复制子 | 克隆位点 | 大小/kb | 特性 |
|---|---|---|---|---|---|
| pKT210 | $Cm^r Sm^r$ | RSF1010 | EcoRI, HindIII, HpaI, SacI | 11.8 | 可移动 |
| pKT230/262 | $Km^r Sm^r$ | RSF1010-pACYC177 | BamHI, BstI, EcoRI, HindIII, SacI, SalI, XhoI, XmaI | 11.9/11.7 | 可移动/移动缺陷,启动子探针 |
| pKT240 | $Ap^r Km^r$ | RSF1010 | ClaI, EcoRI, HindIII, SacI, XhoI, XmaI | 12.5 | 可移动,启动子探针 |
| pMFY31 | $Ap^r Cm^r Tc^r$ | RSF1010 | BamHI, EcoRI, HindIII, PstI, SalI | 13.2 | 可移动 |
| pMFY40 | $Ap^r Tc^r$ | RSF1010 | BamHI, EcoRI, HindIII, PstI, PvuI, SalI | 11.6 | 可移动 |
| pMFY42 | $Km^r Tc^r$ | RSF1010 | BamHI, BglI, EcoRI, HindIII, KpnI, PstI, SacI, SalI | 10.9 | 可移动 |
| pMFY500 | $Ap^r$ | RSF1010 | EcoRI, HindIII, KpnI, SacI, SmaI | 11.5 | 可移动,启动子探针 |
| pMMB22/24 | $Ap^r$ | RSF1010 | EcoRI, HindIII | 12.7 | 可移动,tac启动子 |
| pMMB33/34 | $Km^r$ | RSF1010 | BamHI, EcoRI, SacI | 13.8 | 可移动,黏性质粒 |
| pMW79 | $Ap^r Tc^r Sm^r$ | RSF1010-pBR322 | BamHI, HindIII, SalI, HpaI | 12.7 | 移动缺陷,穿梭质粒 |
| pRK290 | $Tc^r$ | RK2 | BglII, EcoRI | 20.0 | 可移动 |
| pRK2501 | $Tc^r Km^r$ | RK2 | BglII, EcoRI, HindIII, SalI, XhoI | 11.1 | 可移动 |
| pLAFR1 | $Tc^r$ | RK2 | EcoRI | 21.6 | 可移动,黏性质粒 |
| pVK100 | $Km^r Tc^r$ | RK2 | EcoRI, HindIII, SalI, XhoI | 23.0 | 可移动,黏性质粒 |
| pCP13 | $Km^r Tc^r$ | RK2 | BamHI, ClaI, EcoRI, HindIII, SalI, PstI, Xba | 23.0 | 可移动,黏性质粒 |
| pKS13 | $Tc^r$ | RK2 | BamHI, ClaI, EcoRI, HindIII, PstI, Xba | 22.0 | 可移动,黏性质粒 |
| pGSS15 | $Ap^r Tc^r$ | R300B-pMB1 | BamHI, BstI, ClaI, EcoRI, HindIII, PstI | 11.5 | 可移动,穿梭质粒 |
| pGSS33 | $Ap^r Cm^r Sm^r Tc^r$ | R300B | BamHI, BstI, ClaI, EcoRI, HindIII, PstI, PvuII, SacI, SacII, SalI | 13.4 | 可移动,穿梭质粒 |
| pGV1106 | $Km^r Sp^r$ | Sa | BamHI, BglII, EcoRI, PstI, SacI | 8.4 | 可移动 |
| pGV1122 | $Sp^r Tc^r$ | Sa-pMB1 | BamHI, HindIII, PstI, SalI | 10.8 | 可移动,穿梭质粒 |
| pSa4 | $Cm^r Km^r Sp^r$ | Sa | BamHI, KpnI, SacI | 9.4 | 可移动 |
| pRO1600 | | RP1 | BglI, PstI | 3.0 | 移动缺陷 |
| pRO1614 | $Ap^r Tc^r$ | pRO1600-pBR322 | BamHI, HindIII | 6.2 | 移动缺陷 |
| pUCP18/19 | $Ap^r lacZ'$ | pRO1614-pUC18/19 | EcoRI, KpnI, SmaI, BamHI, XbaI, SalI, PstI, SphI, HindIII | 4.6 | 可移动,穿梭表达质粒,$P_{lac}$ |
| pUCP20T/28T/30T | $Ap^r lacZ'/dhfRII/aacC1$ | pRO1614-pBR322 | EcoRI, KpnI, SmaI, BamHI, XbaI, SalI, PstI, SphI, HindIII | 4.2/4.1/4.3 | 可移动,穿梭表达质粒,$P_{lac}$ |
| pHERD20T | $Ap^r lacZ'$ | pRO1614-pBR322 | NcoI, EcoRI, KpnI, SmaI, XbaI, SalI, PstI, SphI, HindIII | 5.1 | 可移动,穿梭表达质粒,$P_{BAD}$ |
| pHERD28T | $Ap^r dhfRII$ | pRO1614-pBR322 | NcoI, EcoRI, KpnI, SmaI, XbaI, SalI, PstI, SphI, HindIII | 5.0 | 可移动,穿梭表达质粒,$P_{BAD}$ |
| pHERD30T | $Ap^r aacC1$ | pRO1614-pBR322 | NcoI, EcoRI, KpnI, SmaI, XbaI, SalI, PstI, SphI, HindIII | 5.2 | 可移动,穿梭表达质粒,$P_{BAD}$ |

注:$Ap^r$—氨苄青霉素抗性;$Cm^r$—氯霉素抗性;$Km^r$—卡那霉素抗性;$Sm^r$—链霉素抗性;$Sp^r$—壮观霉素抗性;$Tc^r$—四环素抗性;$aacC1$—庆大霉素抗性;$dhfRII$—二氢叶酸还原酶基因;$lacZ'-b$—半乳糖苷酶基因。

物,其含复制子的 *Pst*I 片段克隆在大肠杆菌质粒 pBR322 上,构成 pRO1614。测试结果显示,pRO1614 能在一系列细菌种属中复制,包括绿脓假单胞菌、恶臭假单胞菌(*Pseudomonas putida*)、荧光假单胞菌(*Pseudomonas fluorescens*)、肺炎克雷伯菌(*Klebsiella pneumoniae*)、伯克氏菌(*Burkholderia*),因而具有广泛的用途。

虽然大肠杆菌克隆质粒 pMB1 或 pBR322 型复制子不能在假单胞菌属中复制,但像 $P_{tac}$、$P_{T7}$、$P_{araBAD}$ 等大肠杆菌启动子却能被假单胞菌属的 σ 因子所识别。在大肠杆菌中,AraC 阻遏阿拉伯糖代谢操纵子(*araBAD*)所属启动子 $P_{BAD}$,添加 L-阿拉伯糖可诱导克隆基因的表达,这些大肠杆菌的强启动子也可用来构建假单胞菌属的诱导表达系统。例如,PCR 扩增大肠杆菌商品化表达载体 pBAD/Thio-TOPO 上的阿拉伯糖启动子 $P_{BAD}$ 及其阻遏蛋白 AraC 编码基因 *araC*,并将之分别置换大肠杆菌-假单胞菌穿梭表达质粒 pUCP20T($Ap^r$, *lacZ'*)、pUCP28T($Ap^r$, *dhfRII*)、pUCP30T($Ap^r$, *aacC1*)中的乳糖启动子 $P_{lac}$,便构成可用阿拉伯糖诱导表达的 pHERD 相应载体系列(表 4-26)。pHERD 载体家族的优势是当 $P_{BAD}$ 启动子不被诱导时,外源基因表达本底极低,阿拉伯糖的诱导倍数接近 250 倍,而且 $P_{BAD}$ 以剂量依赖型方式响应阿拉伯糖。如果将外源基因克隆在 *Eco*RI 位点处,则会产生氨基端带有 MGSDKNS 七肽序列(来自 pBAD-TOPO/Thio 载体上的硫氧还蛋白)的融合蛋白。硫氧还蛋白作为翻译的前导肽能促进外源基因高效表达,甚至在某些情况下还能提高外源蛋白在细胞内的可溶性。此外,该七肽序列还可以用作重组蛋白定量分析的原位标签。值得注意的是,启动子 $P_{BAD}$ 与 $P_{lac}$ 相似,在葡萄糖存在时呈代谢阻遏,即葡萄糖代谢使胞内 cAMP 浓度降低,从而阻止由 cAMP 结合蛋白介导的很多基因的转录激活效应。

### 4.6.2　假单胞菌的宿主转化系统

假单胞菌属的绝大部分种株可使用下列三种方法进行转化:

#### 1. 假单胞菌的经典转化法

恶臭假单胞菌和铜绿假单胞菌的感受态细胞能在 $Ca^{2+}$ 和 $Mg^{2+}$ 的存在下接纳质粒,但转化效率极低,即使以限制性缺陷型的突变株为受体,其转化率也远远低于大肠杆菌。改变碱金属离子的性质及浓度能在一定程度上提高转化率,依照下列改进方法用广宿主质粒及其衍生物转化上述两种菌的感受态细胞,转化率为 $10^3$ 个/μg DNA:菌体在 LB 培养基中生长至 $OD_{660}$=0.6,离心收获菌体;用冰冷的转化缓冲液(10 mmol/L MOPS, 10 mmol/L RbCl, 100 mmol/L $CaCl_2$, pH7.0)洗涤菌体;以少量的冷冻转化缓冲液悬浮菌体,冰浴 30 min;在 0.1 mL 的细菌悬浮液中加入不超过 10 μL 的待转化 DNA 溶液,继续冰浴 20 min;上述冰浴混合物置于 42℃ 中热休克 2 min;加入 1 mL 的新鲜 LB 培养基,于 30℃ 扩增 2 h,随后即可涂板筛选。对有些假单胞菌菌株而言,$CaCl_2$ 可能会降低转化率,此时可用 100 mmol/L 的 $MgCl_2$ 取代转化缓冲液中 $CaCl_2$。

#### 2. 假单胞菌的接合共转移法

该程序是将质粒导入许多革兰氏阳性菌受体中的最有效方法。在一个自主接合型质粒的存在下,含有可移动基因(*mob*、*oriT*、*nic*)的重组质粒能有效地从供体菌转入受体菌,无需分离制备质粒 DNA。用于转化假单胞菌属的绝大多数广宿主质粒及其衍生物都含有可溶移动基因,如果选择大肠杆菌为供体菌,则首先使辅助质粒(如 pRK 2013 自主接合型质粒)从辅助菌进入大肠杆菌,然后再使供体菌中的重组质粒同步进入受体细胞,这就是所谓的三元接合系统的工作原理。辅助质粒最好选择那些只能在辅助菌中维持但不能在受体菌中复制的载体,以保证在接合之后选择平板上形成的菌落中只含有一种重组质粒。大肠杆菌 S17-1 株是一个最理想的供体菌,其染色体 DNA 上含有一个决定接合转移的 *tra* 基因,能优先高效转移存在于细胞内的任何重组质粒。接合共转移有两种操作程序,分别为过滤接合和斑点接合。前者是将供体、受体和辅助菌过夜培养液混合,并注入一个铺有滤膜(空孔为 0.45 $\mu$m)的 10 mL 圆柱形过滤器中(如注射器等),施压过滤后,取出滤膜,放置在 LB 平板上(菌体面朝上),在受体菌生长温度下培养 4～6 h 或过夜。然后将滤膜浸入无菌生理盐水中,悬浮细菌,获得的悬浮液即可涂板筛选。在进行斑点接合操作时,分别将一滴过夜培养的供体菌、受体菌和辅助菌滴在 LB 平板的相应位点上,培养过夜,然后用无菌牙签将混合生长的细菌涂布在选择平板上分离整合型单菌落。

3. 假单胞菌的电击转化法

细菌在 LB 培养基中生长至 $OD_{660}$ 接近于 0.7,离心收获菌体;分别用冰冷的无菌水和 10% 的甘油溶液洗涤菌体各两次;取 40 $\mu$L 悬浮液于 $-80\,^{\circ}\mathrm{C}$ 下冰冻保存,使用时将其在室温下缓慢解冻,然后置于冰浴中;加入体积不大于 2 $\mu$L 的 DNA 溶液,继续冰浴 1 min。将混合液移至 0.1 mL 的电击槽中,在 1.7 kV、200 $\Omega$ 和 25 $\mu$F 的条件下电击 1 次;加入 1 mL 的 SOC 液体培养基(2% 蛋白胨,0.5% 酵母粉,10 mmol/L NaCl,25 mmol/L KCl,10 mmol/L $MgCl_2$,10 mmol/L $MgSO_4$、20 mmol/L 葡萄糖),$30\,^{\circ}\mathrm{C}$ 培养 2 h,然后涂板进行筛选,转化率为 $10^4$ 个/$\mu$g DNA。

### 4.6.3 假单胞菌生物降解基因的克隆与鉴定

正如 20 世纪 40 年代以来抗生素的大规模使用导致抗生素抗性基因的广泛显现和传播,现代化学工业的飞速发展将大量有害的有机化合物释放至环境中,其中大量的毒性物质具有长达数十年的半衰期,在污染空气、水系、土壤并对人类和动植物的生存造成严重危害的同时,也对环境微生物种群构成了种类和剂量日趋增多的强大选择压力。为了适应这种恶劣的环境,环境微生物种群迅速进化并扩散其降解、转化、代谢各类化学稳定的有机化合物的能力。因此,假单胞菌生物降解的基因和途径大多编码在可移动遗传元件上,如转座子、噬菌体 DNA、质粒。这一特征在客观上为人们克隆和鉴定种类繁多且复杂的化学污染物分解基因、进而构建性能优异的超级生物降解基因工程菌提供了便利。目前已探查到的存在于假单胞菌属可移动元件上的生物降解基因簇或操纵子列在表 4-27 中。其中,105 kb 长的 clc 元件借助类似于噬菌体型的整合酶在宿主染色体 DNA 上进行切除和插入,从而可实现生物降解基因簇之间自发的体内重组。值得注意的是,很多转座子元件其实也定位于大型质粒中,它们赋予了生物降解型质粒在宿主染色体上的转座(移动)能力。

表 4-27 假单胞菌属可移动遗传元件上的生物降解基因簇

| 可移动遗传元件 | 假单胞菌菌株 | 降解底物 | 元件大小/kb |
| --- | --- | --- | --- |
| 质粒 | | | |
| pAC25 | *Pseudomonas putida* AC858 | 3-氯苯甲酸 | 117 |
| pPC170 | *Pseudomonas cichori* 170 | 1,3-二氯丙烯 | 60 |
| pCS1 | *Pseudomonas diminuta* | 硝基苯硫磷酯 | 68 |
| pUU204 | *Pseudomonas* sp. E4 | 2-氯丙酸 | 293 |
| 转座子 | | | |
| Tn5542 | *Pseudomonas putida* ML2(含 pHMT112) | 苯 | 12 |
| Tn5280 | *Pseudomonas* sp. P51(含 pP51) | 氯苯 | 9 |
| Tn4651 | *Pseudomonas putida* mt-2(含 pWWO) | 甲苯(TOL),二甲苯 | 56 |
| Tn4653 | *Pseudomonas putida* mt-2(含 pWWO) | 甲苯(TOL),二甲苯 | 70 |
| Tn4655 | *Pseudomonas putida* G7(含 NAH7) | 萘 | 38 |
| Tn4656 | *Pseudomonas putida* MT53(含 pWW53) | 甲苯(TOL),二甲苯 | 39 |
| *bph-sal* element | *Pseudomonas putida* KF715 | 联苯,水杨酸 | 90 |
| *bph* element | *Pseudomonas putida* JHR | 联苯 | |
| *clc* element | *Pseudomonas* sp. B13(含 pWR1) | 氯代邻苯二酚,3-氯苯甲酸 | 105 |

　　然而,有些生物降解基因簇或操纵子则定位于宿主的染色体上。假单胞菌 KKS102 是一株降解 PCB 的优良菌株,它能将联苯或 PCB 分别代谢成水溶性的苯甲酸或氯代苯甲酸(图 4-33)。目前,利用广宿主考斯质粒 pKS13 已在大肠杆菌 HB101 中成功地构建了该菌株的基因文库。依照图 4-34 所示的程序,将 KKS102 的基因文库从大肠杆菌 HB101 转移至恶臭假单胞菌 PpY101 株中,并在含有 2,3-二羟联苯的选择性培养基上筛选基因文库。由联苯降解为苯甲酸的第三步反应是 2,3-二羟联苯在 2,3-二羟联苯双氧化酶的催化下转化为一种亮黄色的变位裂解化合物,因此从上述筛选平板上挑出亮黄色的克隆菌,提取相应的重组质粒(pKH1),并重新转化大肠杆菌 HB101,获得的转化子也能将 2,3-二羟联苯降解成黄色化合物,由此确定 pKH1 上 28 kb 的插入片段中含有假单胞菌 KKS102 株为 2,3-二羟联苯双氧化酶编码的基因 *bphC*。进一步的次级克隆实验表明, *bphC* 基因位于上述克隆片段中一个 3.2 kb 的 *Pst*I DNA 片段上,将此片段克隆在大肠杆菌的高拷贝质粒 pUC18 上,重组质粒(pKH101)能大幅度提高大肠杆菌转化子降解 2,3-二羟联苯的反应活性。若将相同的片段克隆在广宿主载体 pMFY40 上,所形成的重组质粒 pKH131 在大肠杆菌中表达出很少的 2,3-二羟联苯双氧化酶活性,但在恶臭假单胞菌中却显示出很强的酶活。

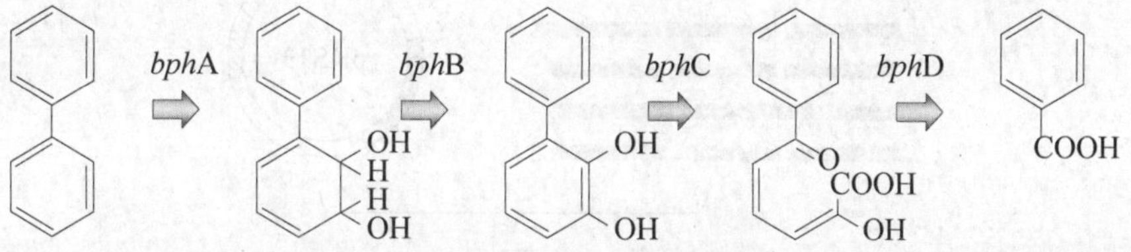

**图 4-33　假单胞菌属 KKS102 株联苯降解途径**

　　假单胞菌属的甲苯-二甲苯降解操纵子 *xyl*、萘代谢操纵子 *nah*、*n*-烷烃利用操纵子 *alk* 也均已克隆与鉴定,联苯-氯代联苯降解操纵子 *bph* 的另外四个基因也已通过染色体走读法克隆,它们均位于 *bphC* 的上游,分别命名为 *bphA1*、*bphA2*、*bphA3*、*bphB*(图 4-35)。由上述四个阅读框架推出的氨基酸序列与恶臭假单胞菌 F1 株的甲苯降解代谢基因 *todB*、*todC1*、*todC2*、*todD* 具有 60% 左右的相似性,这表明假单胞菌 KKS102 株的 *bphA1*、*bphA2*、*bphA3*、*bphB* 基因分别编码铁硫蛋白的大小亚基、联苯二氧化酶的铁氧化还原蛋白亚基、二氢二醇脱氢酶。另外,KKS102 株的 *bph* 基因编码产物与另一株假单胞菌 KF707 的相应基因产物表现出更高的同源性(接近 70%),但在后者的 *bphA3* 与 *bphB* 基因之间,还有一个对应于 *todA* 的铁氧化还原酶编码基因 *bphA*。*bphA1*~*bphA3* 的基因产物还与萘降解途径中的 *ndoABC* 基因产物呈现大约 30% 的同源性,上述基因构成了降解各种芳香族化合物的基因家族。

### 4.6.4　假单胞菌生物降解途径的分子设计

　　自人类条件致病菌铜绿假单胞菌 PAO1 株于 2000 年首次完成全基因组测序以来,越来越多的生物降解型假单胞菌菌株的全基因组得以解析。在假单胞菌属远远大于绝大多数其他原核细菌的基因组序列(平均总长 6.5 Mb,6 000 个 ORF,GC 含量 63.7%)中,编码了丰富的化合物降解代谢基因和途径,如简单芳香烃、硝基芳香烃、氯化芳香烃、多环芳香烃、联苯芳香烃、多氯联苯、石油组分等,为利用基因工程技术强化重要的生物降解途径以及集成多重污染物分解代谢途径提供了丰富的信息资源[如明尼苏达大学“生物催化/生物降解数据库”(http://umbbd.ahc.umn.edu)以及“生物降解型菌种数据库”(http://bsd.cme.msu.edu/bsd/index.html)]。

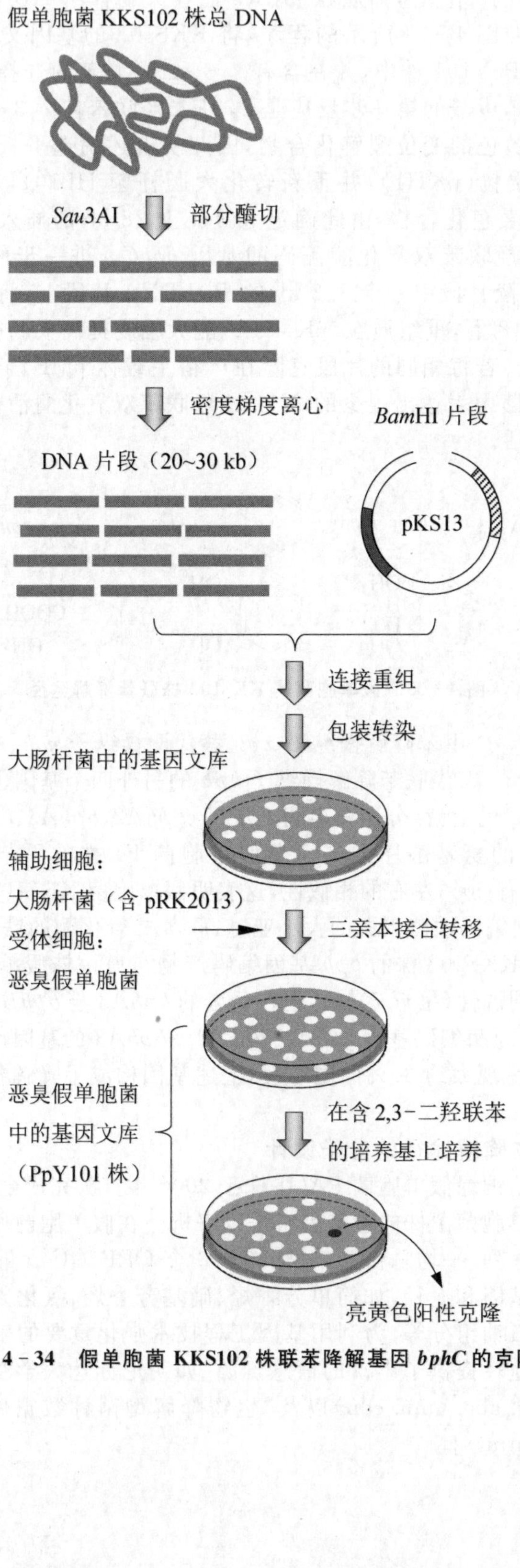

图 4 - 34 假单胞菌 KKS102 株联苯降解基因 bphC 的克隆

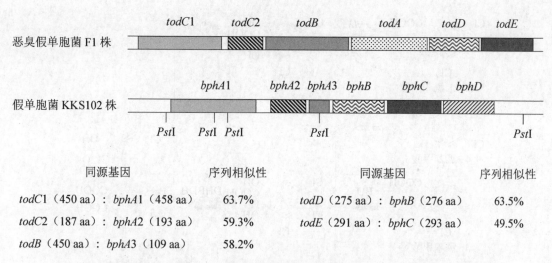

图 4-35　恶臭假单胞菌 F1 株 *tod* 基因与假单胞菌 KKS102 株 *bph* 基因编码产物的同源性

1. 基于生物降解途径强化的假单胞菌工程菌构建

惰性化合物生物降解基因的表达调控系统具有独特的诱导机制。在 DNA 重组过程中，这个系统可用于控制并强化外源基因的表达。例如，由 $n$-烷烃降解基因调控系统构建的可诱导型广宿主表达质粒 pRK250 和 pMFY500，含有转录正调控基因 $alkR$ 和 $P_{alk}$ 启动子。将报告基因四环素抗性基因 $tet$ 插入 $P_{alk}$ 启动子的下游邻近位点，即可用 $n$-烷烃诱导其表达，转化子在含有正辛烷的培养基上产生对高浓度四环素的抗性。若将 $\gamma$-六氯代环己烷（$\gamma$-HCH）脱氢氯酶基因（$linA$）插在 $P_{alk}$ 启动子与 $tet$ 基因之间，则 $linA$ 基因在恶臭假单胞菌中用正辛烷诱导表达的水平是非诱导的 30 倍。

对天然存在的生物降解基因进行酶学修饰和基因洗牌（详见第 10 章），既可强化污染物分解代谢酶系的活性，促进细菌能量和还原力的综合平衡，又能有效扩展降解酶系对底物的作用谱。例如，芳香烃双加氧酶属于芳香环羟基化双加氧酶超家族成员，该家族的所有成员在其加氧酶组分之前均拥有 1～2 个电子传递蛋白。萘双加氧酶的晶体结构显示，其两个 $\alpha$ 亚基上分别含有双加氧酶特征性的 2Fe-2S 簇以及单核铁螯合物。这一信息提示可通过基因操作将单氧酶或双加氧酶的单一底物催化性能加以扩展。又如，卤代烷脱卤酶是负责以羟基取代末端氯原子第一步反应的酶，其催化活性腔内空间伸展较大的氨基酸残基为丙氨酸取代后，突变的酶对二氯己烷的脱氯活性提高数倍。

随着对惰性化合物生物降解途径以及降解基因表达调控机理研究的不断积累，已有可能用已克隆的降解基因改良或设计构建一个全新的惰性化合物降解途径。例如，4-乙基苯甲酸通常不能诱导甲苯的生物降解途径，而且还对邻苯二酚-2,3-双氧化酶的活性产生抑制作用。将一个预先克隆有正调控基因 $xylS$ 的重组质粒与含有受 $xylS$ 调控的启动子以及 $tet$ 基因的另一个重组质粒共同转化同一菌株，由此获得的转化子能在 4-乙基苯甲酸存在的条件下，诱导表达苯甲酸的代谢途径。含有 TOL 质粒的恶臭假单胞菌与上述转化子共同培养，既可将 4-乙基苯甲酸转化为 4-乙基邻苯二酚，同时又能从两种重组菌的混合物中筛选出邻苯二酚双氧化酶对 4-乙基苯甲酸的抑制作用产生抗性的转化子，它们均能在以 4-乙基苯甲酸为唯一碳源的培养基中生长。

2. 基于生物降解途径集成的假单胞菌工程菌构建

假单胞菌 B13 株能将 3-氯苯甲酸降解成不含氯取代基的二羧酸化合物，后者再经三羧酸循环最后代谢为 $CO_2$ 和 $H_2O$，其降解途径如图 4-36 所示。催化第一步反应的苯甲酸 1,2-双氧化酶（BO）具有较高的底物特异性，除 3-氯苯甲酸外，不能转化其他任何结构的氯

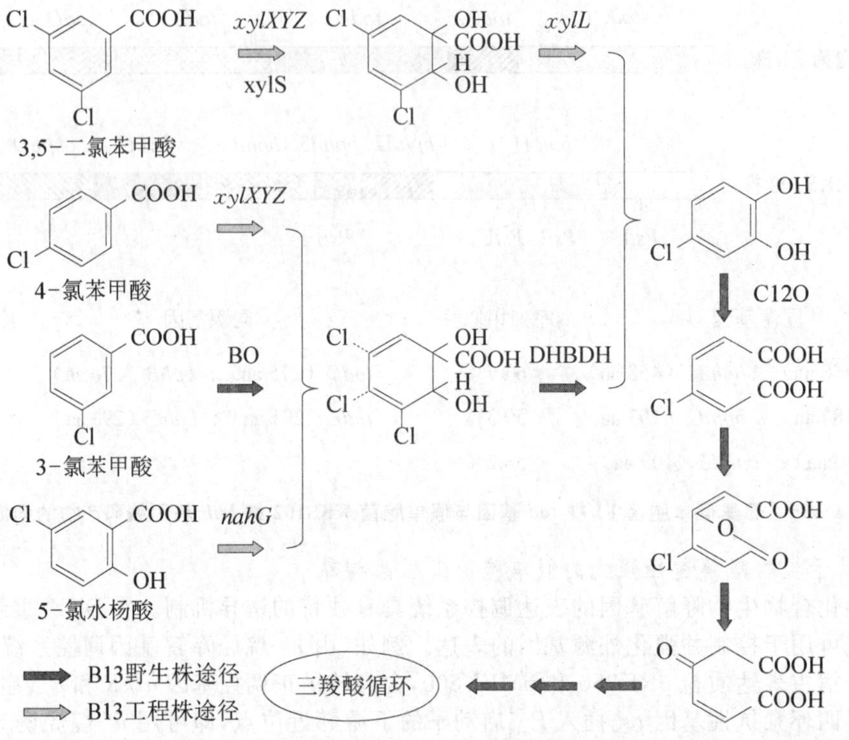

**图 4 – 36　假单胞菌 B13 株 3 –氯苯甲酸降解途径**

代苯甲酸,而催化第二步反应的二羟环己二烯羧酸脱氢酶(DHBDH)以及邻苯二酚-1,2-双氧化酶(C12O)则显示出较弱的底物专一性,它们既能作用于氯代苯甲酸,也能催化氯代水杨酸的转化。将编码甲苯-1,2-双氧化酶(TO)的基因 $xylXYZ$ 及其正调控基因 $xylS$ 导入 B13 株中,获得的重组菌便能降解 4 -氯苯甲酸;若将 $xylXYZ$、$xylS$ 以及编码 DHBDH 的基因 $xylL$ 共同转化 B13 株,则转化子能在 3,5 -二氯苯甲酸的诱导下,将其降解成最终代谢产物。采用相似的策略,还可将 NAH71 质粒上负责萘降解的水杨酸羟化酶(SH)编码基因($nahG$)转入 B13 株中,使之同时能降解 3 -,4 -,5 -氯代水杨酸。在另一项研究中,一株恶臭假单胞菌 TB105 重组株由于理性集成了 TOL 和 TOD 两条途径,能使苯、甲苯、$p$ -二甲苯的混合物无机化,而且不含任何分解代谢中间物的积累。上述结果表明,利用 DNA 重组技术将假单胞菌属控制惰性化合物生物降解的内源性和外源性基因有机结合,可以构建出降解底物范围更广的优良工程菌,这在环境保护领域具有十分重要的意义。

　　3. 基于环境生存与增殖控制的假单胞菌工程菌构建

　　虽然旨在用于污染源原位生物治理的几株假单胞菌工程株已被成功构建,其实验室条件下生物治理的高效潜力也得以证实,然而这些基因工程菌对生态环境的影响及其监控却是野外大规模试验和应用的主要障碍。基因工程菌野外投放较理想的方式是在完成预设任务之后自动退出环境,起码能自发地规避持久性的增殖和演化。目前已构建出特异性的遏制系统以限制基因工程菌在自然环境中的生存能力,即任何企图从污染源中逃逸的细胞均会被诱导的"自杀性"控制系统杀死。一种更加特异性的方法是通过将"自杀"基因与环境相关性基因偶联而阻断基因的转移,即利用一种在天然微生物潜在受体中不存在的染色体基因控制释放的基因工程菌中"自杀"基因的表达。

　　野生型细菌为了稳定维持其细胞内的质粒,进化出了所谓的"质粒成瘾"机制,即因各种原因丢失质粒的细胞均被杀死。"质粒成瘾"的分子机制至少需要两个质粒编码基因:一个编码特别稳定的毒素（或杀手）；另一个编码能防止中毒的不稳定性因子。毒素在所有已知的案例中均为蛋白质；而解毒因子则既可以是一种反义 RNA（能抑制毒素蛋白的翻译）也可以是一种蛋白质。这种"质粒成瘾"现象是构建基因工程菌遏制系统的基础。

基因工程菌野外投放的遏制系统通常由杀手基因以及调控回路构成；后者响应环境信号（如待清除的污染物）的存在或缺席而控制杀手基因的表达。图 4 - 37 表示的是构建自杀性遏制系统的设计策略。在一种典型的天然蛋白质型质粒成瘾系统中，杀手基因及其解毒基因组成操纵子，其启动子受杀手蛋白与解毒蛋白复合物的严密负调控［图 4 - 37(a)］。如果选用一种能响应污染物的启动子介导杀手基因的表达，即在污染物存在时，杀手基因的转录被阻遏；当污染物缺席时，杀手基因打开并致死细胞，便构成生物治理工程菌的遏制系统［图 4 - 37(b)］。来自 TOL 途径的启动子 $P_m$ 受 XylS 蛋白的正调控，而苯甲酸或甲苯酸酯能激活 XylS，因此 $P_m$ 是介导杀手基因表达的理想调控元件；而可选的杀手基因包括 hok（编码特异性靶向细菌细胞膜电子呼吸链组分的小肽）、stv（编码能中和细菌生长必需成分生物素的链霉亲和素）以及 gef 等。

上述的生物遏制系统存在一个缺陷，即相当部分的细胞由于随机突变而失去自杀功能或规避自杀效应。其主要原因是自杀功能在污染物存在条件下被默认设置为关闭状态，因此在污染物被耗尽之前，控制元件有时间发生随机突变。如果通过污染物的存在与否调控解毒因子的合成，进而依次灭活组成性表达的杀手基因产物，便可使随机突变降低至最小程度，其原理如图 4 - 37(c) 所示。在这种自杀系统中，只要污染物被基因工程菌（即可诱导型启动子）感知，解毒因子便连续合成并抵消杀手蛋白的致死效应；一旦污染物被耗尽（或低于启

(a) 天然蛋白质型质粒成瘾系统

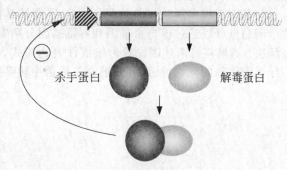

(b) 基于调控杀手基因的遏制系统

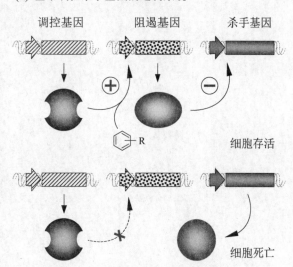

(c) 基于调控解毒基因的遏制系统

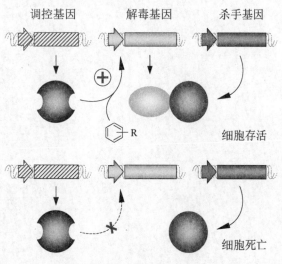

图 4 - 37 基因工程菌遏制系统的设计策略

动子感知的浓度阈值),解毒因子合成终止,细胞立刻死亡。另一种形式是,将两套启动子-解毒因子基因融合表达盒(启动子为多种污染物所诱导)安装在染色体上,使得所有污染物被全部耗尽后细胞才会发生死亡。

与基因工程菌释放相关的另一大障碍是转基因的水平转移,造成转基因的生物扩散。这个问题也可以通过将自杀基因和解毒基因分别安装在质粒和基因工程菌的染色体上而加以解决:如果将自杀基因设置为组成性表达模式,则重组质粒(含自杀基因)的水平转移立刻导致受体菌的死亡,从而有效遏制工程菌中转基因和质粒在环境微生物种群中的扩散。

# 第5章　真菌基因工程

真菌是真核微生物的一个庞大家族,包括霉菌(又称丝状真菌)、酵母、蕈菌(俗称蘑菇)三大类群(表5-1)。在真核生物谱系中,真菌的系统发育关系非常密切,仅在其形态特征和准性生殖过程方面才显示出较大的多样性。此外,真菌细胞含有细胞核、线粒体,但缺少叶绿体,其细胞壁的主要成分为几丁质(即甲壳素或壳聚糖),有别于植物和细菌的细胞壁组成。由于真菌兼有微生物遗传学特征和动植物分子生物学机制,因此以真菌为受体细胞的基因工程具有重要的研究意义和应用价值。

表5-1　真菌的分类和主要生物学特征

| 类　群 | 名　称 | 代表物种 | 菌丝形态 | 孢子类型 | 栖息地 | 病　害 |
|---|---|---|---|---|---|---|
| 子囊菌纲 (Ascomycetes) | 子囊真菌 | 永孢菌、酵母、羊肚菌 | 有横隔 | 子囊孢子 | 土壤、腐烂植物 | 栗树枯萎麦角 |
| 担子菌纲 (Basidiomycetes) | 蕈菌蘑菇 | 鹅膏菌(有毒)、伞菌(可食) | 有横隔 | 担孢子 | 土壤、腐烂植物 | 小麦锈病、玉米黑穗病 |
| 接合菌纲 (Zygomycetes) | 丝状真菌 | 毛霉菌、根霉菌 | 多核体 | 接合孢子 | 土壤、腐烂植物 | 食物腐败、寄生病害 |
| 卵菌纲 (Oomycetes) | 水生霉菌 | 异水霉菌 | 多核体 | 卵孢子 | 水中 | 土豆枯萎、鱼类感染 |
| 半知菌纲 (Deuteromycetes) | 半知真菌 | 曲霉菌、青霉菌、假丝酵母 | 有横隔 | 无孢子 | 土壤、腐烂植物、动物体表 | 植物枯萎、动物感染,如皮癣、足癣等 |

## 5.1　丝状真菌基因工程

丝状真菌大约拥有150万个物种,它们在形态学上的典型特征是拥有直径为 $2 \sim 18 \ \mu m$ 的分枝状菌丝,或具横壁/隔膜(高等真菌)或无横壁/隔膜(低等真菌)。高等真菌包含曲霉属(*Aspergillus*)、青霉属(*Penicillium*)、木霉属(*Trichoderma*)、镰孢属(*Fusarium*);低等真菌包含根霉属(*Rhizopus*)、毛霉属(*Mucor*)。丝状真菌是许多重要工业生化产品和食品的生产菌种,如分泌 α-淀粉酶的曲霉属、高产纤维素酶的木霉属、合成 β-内酰胺类抗生素的青霉属和头孢霉属(*Cephalosporium*)以及发酵豆豉的根霉属等;同时也是动植物和人类的致病菌,如镰孢属(*Fusarium*)、链格孢属(*Alternaria*)、稻瘟菌属(*Magnaporthe*)以及产强烈致癌剂黄曲霉素的烟曲霉(*Aspergillus fumigatus*)等;但有些丝状真菌却是农作物病虫害的杀虫能手,如白僵菌属(*Beauveria*)和绿僵菌属(*Metarhizium*);而构巢曲霉(*Aspergillus nidulans*)和粗糙脉孢霉(*Neurospora crassa*)则常被用作丝状真菌生物学基础研究的模式菌种。在用于异源或同源基因表达的各种原核和真核生物受体系统中,丝状真菌的某些种属具有极为重要的特征优势,如能表达分泌大量的蛋白质,长期安全地用于工业用酶、抗生素、食品以及其他生化产品的生产,大发酵过程成本低廉且可操作性强等。近年来,将DNA重组技术与传统诱变技术相结合,在丝状真菌生产菌株的改良中取得了显著的成就。

### 5.1.1　丝状真菌的载体克隆系统

迄今为止,已构建了一批用于丝状真菌转化的克隆质粒和表达质粒。这些载体质粒的基本组成部分包括用于丝状真菌转化子筛选的标记基因、促进重组质粒位点特异性整合的整合序列或使得重组质粒在受体细胞中自主复制的复制子结构。一些表达型质粒还含有性能优良的丝状真菌表达调控元件，如启动子、终止子、上游激活序列和信号肽序列。这些载体质粒的构建为丝状真菌的基因工程创造了有利的条件。

1. 丝状真菌载体的选择性标记基因

丝状真菌载体质粒上常见的选择性标记基因列在表 5-2 中。按基因编码产物的功能可将这些选择标记分为三大类，即营养缺陷型标记、药物抗性标记、功能产物标记。前者包括一些碳源、氮源、硫源的代谢基因，它们能与相应的营养缺陷型丝状真菌受体菌遗传互补，从而为转化子提供一种正选择方法，其中以 *argB* 和 *pyrG* 最为常见。*argB* 基因编码精氨酸生物合成途径中的乙酰谷氨酸激酶，构巢曲霉来源的 *argB* 基因可在几乎所有的曲霉属、脉孢霉属（*Neurospora*）、木霉属中表达。*pyrG* 基因编码尿嘧啶生物合成途径中的乳清苷-5′-磷酸脱羧酶，粗糙脉孢霉来源的 *pyrG* 则可在曲霉属和青霉属中表达。虽然丝状真菌属于低等真核微生物，但它的许多种属可以表达大肠杆菌的几个抗药性基因，如编码潮霉素 B（Hygromycin B）磷酸转移酶的 *hygB*、编码新霉素磷酸转移酶的 *neo*、编码腐草霉素（Phleomycin）结合蛋白的 *ble* 等。此外，构巢曲霉和黑曲霉（*Aspergillus niger*）中编码寡霉素（Oligomycin）抗性蛋白的 *oliC* 基因也常用于筛选对这种抗生素敏感的丝状真菌突变株转化子。构巢曲霉的 *amdS* 基因编码乙酰胺酶，而黑曲霉以及许多其他的丝状真菌不能合成此酶，因此将这些丝状真菌涂布在以乙酰胺为唯一碳源或氮源的选择性培养基上，即可方便地筛选携带 *amdS* 型质粒的转化子。除了上述天然标记基因外，将大肠杆菌的 *lacZ* 基因与构巢曲霉的 *trpC* 编码序列重组在一起，构成 *trpC-lacZ* 融合基因，然后将之作为筛选标记插入载体质粒上。含有这种融合基因的曲霉属转化子也可在 X-gal 平板上呈现蓝色反应，这种颜色筛选系统同样适用于木霉属和平革菌属（*Phanerochaete*）。

表 5-2　丝状真菌载体质粒上的选择性标记基因

| 标记类型 | 标记名称 | 标 记 来 源 | 选择系统/基因产物 |
|---|---|---|---|
| 营养缺陷型标记 | *argB* | *Aspergillus nidulans* | 精氨酸原养型/乙酰谷氨酸激酶 |
| | *trpC* | *Aspergillus niger* | 色氨酸原养型/吲哚-3-磷酸甘油合成酶 |
| | *met2* | *Ascobolus immerses* | 蛋氨酸原养型/高丝氨酸-O-乙酰转移酶 |
| | *am* | *Neurospora crassa* | 谷氨酸原养型/谷氨酸脱氢酶 |
| | *pyrG* | *Aspergillus oryzae* | 尿嘧啶原养型/乳清酸核苷-5′-磷酸脱羧酶 |
| | *ura5* | *Podospora anserine* | 尿嘧啶原养型/乳清酸核苷-5′-焦磷酸化酶 |
| | *ade1* | *Phanerochaete chrysosporium* | 腺嘌呤原养型/氨基咪唑核糖核苷酸合成酶 |
| | *ade5* | *Nostoc commune* | 腺嘌呤原养型/氨基咪唑核糖核苷酸合成酶 |
| 药物抗性标记 | *hygB* | *Escherichia coli* | 潮霉素 B 抗性/潮霉素 B 磷酸转移酶 |
| | *neo* | *Escherichia coli* | G418 抗性/新霉素磷酸转移酶 |
| | *ble* | *Escherichia coli* | 腐草霉素抗性/腐草霉素结合蛋白 |
| | *oliC3* | *Aspergillus nidulans* | 寡霉素抗性/寡霉素抗性蛋白 |
| | *benA* | *Neurospora crassa* | 苯菌灵抗性/β-微管蛋白突变型 |
| | *bar* | *Streptomyces hygroscopicus* | 草丁膦抗性/草丁膦乙酰转移酶 |
| 功能产物标记 | *amdS* | *Aspergillus nidulans* | 乙酰胺利用/乙酰胺酶 |
| | *qa-2* | *Neurospora crassa* | 奎尼酸利用/分解代谢脱氢奎尼酸酶 |
| | *qutE* | *Aspergillus nidulans* | 奎尼酸利用/3-脱氢奎尼酸分解酶 |
| | *acuD* | *Aspergillus nidulans* | 乙酸利用/异柠檬酸裂解酶 |
| | *niaD* | *Aspergillus oryzae* | 硝酸盐利用/硝酸还原酶 |
| | *sC* | *Aspergillus nidulans* | 硫酸酯利用/ATP 硫酸酯酶 |
| | *nit2* | *Neurospora crassa* | 氮源利用/氮代谢物阻遏调节基因 |
| | *inl* | *Neurospora crassa* | 肌醇利用/肌醇磷酸合成酶 |

| 标 记 类 型 | 标 记 名 称 | 标 记 来 源 | 选择系统/基因产物 |
|---|---|---|---|
| *pro* | *Aspergillus nidulans* | 脯氨酸利用/脯氨酸代谢酶 |
| *pal* | *Rhodosporidium toruloides* | 苯丙氨酸利用/苯丙氨酸脱氢酶 |
| *lacZ* | *Escherichia coli* | 孢子颜色选择(白→蓝)/$\beta$-半乳糖苷酶 |
| *yA* | *Aspergillus nidulans* | 孢子颜色选择(黄→绿) |

2. 丝状真菌克隆载体的构建

目前在丝状真菌基因工程中广泛使用的克隆载体系统主要有整合型质粒和自主复制型质粒两大类。前者转化各种丝状真菌受体菌均能获得稳定的转化子,与酵母不同,绝大多数供体 DNA 片段均整合在丝状真菌染色体 DNA 同源位点的外侧。相对整合型质粒而言,自主复制型质粒在丝状真菌中较不稳定,其转化仅在少数受体系统中获得成功,主要原因是丝状真菌的多核生长状态强烈抑制自主复制型质粒在子代细胞中的等拷贝分配。

包括曲霉属在内的大多数丝状真菌中不含可作为载体构建骨架使用的天然质粒,因而构建克隆载体所需的复制元件只能来自染色体 DNA。酵母染色体 DNA 上的自主复制序列(ARS)在丝状真菌细胞中并无活性,因此寻找丝状真菌自身的 ARS 是构建自主复制型质粒的关键。研究发现,由脉孢霉属 *ga-2* 基因(3 kb)与大肠杆菌质粒 pBR325 重组构建的 pALS2 能在粗糙脉孢霉中自主复制,表明 *ga-2* 是脉孢霉属的 ARS。由另一个粗糙脉孢霉基因 *am*(2.7 kb)与大肠杆菌质粒 pUC8 构建而成的重组质粒 pJR2 则可有效转化脉孢霉属的 *am*⁻ 型突变株,而且转化子在减数分裂时表现出极高的稳定性。但是从这些转化子中提取的重组质粒不再含有 *am* 基因,而是为一段大于 20 kb 的染色体 DNA 片段所取代,这段染色体 DNA 片段含有真正的 ARS 序列。

构巢曲霉的自主复制型质粒 ARp1 是由 5.4 kb 的 pILJ16 载体片段与 6.1 kb 的构巢曲霉染色体 DNA 片段 AMA1 重组而成的。ARp1 转化构巢曲霉的效率比野生型质粒 pILJ16 高 250 倍,而且这个质粒在米曲霉(*Aspergillus oryzae*)和黑曲霉中也能自主复制,其转化率比 pILJ16 分别提高 30 倍和 20 倍。ARp1 质粒上的 AMA1 DNA 片段在其两端各含有一段短小的反向重复序列,该片段中部区域缺失并不影响 ARp1 的转化。因此,ARp1 的自主复制能力及其在宿主菌多核菌丝体中的稳定性仅与 AMA1 两端的反向重复序列有关。

玉米黑粉菌(*Ustilago maydis*)的几个 ARS 活性片段(UARS)已被克隆。将这些片段插入一个整合型载体上,转化黑粉菌属(*Ustilago*)的效率增加几千倍,而且该质粒在受体菌中能自主复制,每个细胞大约含有 25 个拷贝,但在有丝分裂过程中呈现不稳定性。由上述 ARS 元件构建的黑粉菌属自主复制型质粒的一个典型代表是 pUXV,它含有 UARS1 和潮霉素 B 抗性基因,后者的转录由玉米黑粉菌自身的热休克蛋白编码基因启动子控制。

以酵母整合型质粒 YIp5 为骨架的毛霉属自主复制型质粒 pRR12 也已构建成功。该质粒含有卷枝毛霉(*Mucor circinelloids*)自身的 ARS 活性片段以及来源于大肠杆菌 Tn903 转座子的卡那霉素抗性基因。但 pRR12 转化毛霉属的转化率极低,只有 20 个/μg DNA。

在丝状真菌中,整合型质粒的转化频率相当低,一般只有 10~20 个转化子/μg DNA。pFB6 是一个粗糙脉孢霉的整合型质粒,它含有粗糙脉孢霉的复制子、*pyrG* 标记基因和 *ble* 抗性基因。

香菇属(*Lentinus*)真菌含有一种线粒体型的线状质粒 pLLE1(11 kb),其上一个 1 434 bp 的 DNA 片段在酵母中显示出较高的 ARS 活性。将此片段插入整合型载体 pCc1001(含有鬼伞霉菌 *TRP1* 基因的 pUC19)中,并用获得的重组质粒转化鬼伞霉菌的 *trp*1 突变株。结果表明,该 DNA 片段可使转化率提高数倍。

此外,在米曲霉中也分离到了一个含有 *met* 的 DNA 片段(3.5 kb),它的存在能明显改善整合型质粒的转化率。将该片段插入 pSal23(含有构巢曲霉 *argB* 基因的 pBR327 质粒)质粒上,构成重组质粒 pBRM1。后者转化米曲霉的 *arg⁻* 突变株,其转化率比 pSal23 高 2~5 倍。

3. 丝状真菌表达载体的构建

与丝状真菌长期以来广泛用于大规模工业化发酵生产天然初级或次级代谢物以及内源性商业酶制剂的现状相比,在高效表达异源重组蛋白方面丝状真菌的应用仍受到诸多限制,其中的一个重要原因是有效用于基因操作、分析和表达的工具载体相对匮乏。因此,构建和开发功能多样化的丝状真菌表达载体至关重要。

ANEp/ANIp 是一套可用于基因表达、整合、探测多用途模块化的黑曲霉质粒系统,其设计构建方案如图 5-1 所示: ① 以大肠杆菌克隆质粒 pUC18 为构建骨架,在其多克隆位点区插入黑曲霉能表达的尿嘧啶营养缺陷型筛选标记基因 *pyrG*、黑曲霉的葡萄糖淀粉酶编码基因 *glaA* 所属启动子 $P_{glaA}$[即图 5-1 中的 PM0]以及转录终止子和 polyA 化信号序列 *gal*Tt,构成整合型表达质粒 ANIp4。② 在 ANIp4 上加装来自构巢曲霉染色体 DNA 的复制子 *AMA*1 序列,构成自主复制型穿梭表达质粒 ANEp1。若以黑曲霉蛋白激酶 A 编码基因 *pkiA* 所属启动子 $P_{pkiA}$[即图 5-1 中的 PM1 或 PM2]或 PM3 置换 ANEp1 中的 $P_{glaA}$ 启动子(PM0),则可分别获得 ANEp5、ANEp8、ANEp7,其中 ANEp7 与 ANEp1 的启动子均为

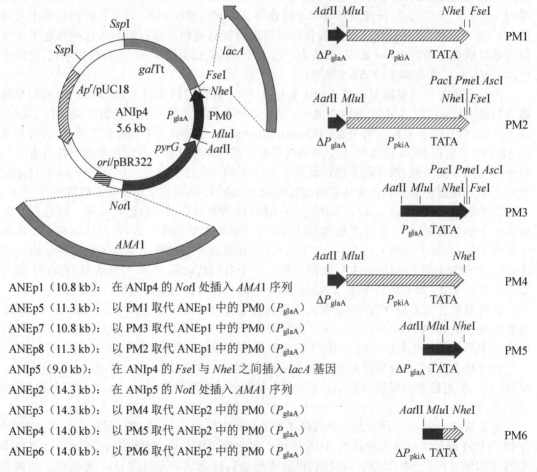

ANEp1 (10.8 kb): 在 ANIp4 的 *Not*I 处插入 *AMA*1 序列
ANEp5 (11.3 kb): 以 PM1 取代 ANEp1 中的 PM0 ($P_{glaA}$)
ANEp7 (10.8 kb): 以 PM3 取代 ANEp1 中的 PM0 ($P_{glaA}$)
ANEp8 (11.3 kb): 以 PM2 取代 ANEp1 中的 PM0 ($P_{glaA}$)
ANIp5 (9.0 kb): 在 ANIp4 的 *Fse*I 与 *Nhe*I 之间插入 *lacA* 基因
ANEp2 (14.3 kb): 在 ANIp5 的 *Not*I 处插入 *AMA*1 序列
ANEp3 (14.3 kb): 以 PM4 取代 ANEp2 中的 PM0 ($P_{glaA}$)
ANEp4 (14.0 kb): 以 PM5 取代 ANEp2 中的 PM0 ($P_{glaA}$)
ANEp6 (14.0 kb): 以 PM6 取代 ANEp2 中的 PM0 ($P_{glaA}$)

**图 5-1　黑曲霉模块化质粒 ANEp/ANIp 的构建**

$P_{glaA}$，区别在于 ANEp7 的启动子处增添了额外三个酶切位点（ANEp5 和 ANEp8 的情形也相同）。③ 将黑曲霉的 $\beta$-半乳糖苷酶编码基因 lacA 克隆在 ANIp4 或 ANEp1 的 $P_{glaA}$ 与 galTt 之间，可分别构建整合型表达质粒 ANIp5 或自主复制型表达质粒 ANEp2，其中的 lacA 作为报告基因，既可像在大肠杆菌系统中那样借助含 X-gal 的平板进行蓝白克隆筛选，也可采用邻硝基苯-$\beta$-D-半乳糖苷（ONPG）作为底物精确测定表达产物的酶活。类似地，ANEp2 中的 $P_{glaA}$ 可为 $P_{pkiA}$ 置换形成 ANEp3。值得注意的是，PM5 和 PM6 分别为缺失了上游激活序列（UAS）TATAA 的 $\Delta P_{glaA}$ 和 $\Delta P_{pkiA}$ 无活突变版本，由两者分别取代 ANEp2 中的 $P_{glaA}$ 所形成的质粒 ANEp4 和 ANEp6 属于探针质粒，可在 $Aat$II/$Mlu$I 位点克隆筛选高效的 UAS 基因表达调控元件。

　　鉴于自主复制型载体在大多数丝状真菌规模化发酵过程中所表现出的分配不稳定性，以及 $P_{glaA}$ 启动子在非诱导条件下所驱动基因表达的渗漏现象，以上述含强组成型启动子 $P_{pkiA}$ 的 ANEp8 自主复制型穿梭表达载体为蓝本，通过删除其 $Not$I 位点处的 AMA1 自主复制序列，形成整合型穿梭表达载体 ANIp8。为了便于基因重组克隆操作以及异源表达产物的后续纯化，在 ANIp8 的基础上，分别引入实用性的限制性内切酶多克隆位点（MCS2）、低渗漏性的黑曲霉呋喃果糖苷酶编码基因所属蔗糖诱导型强启动子 $P_{sucA}$，以及分别位于 MCS2 上游和下游的重组表达产物亲和层析寡肽标签序列 His6 和 StrepII，由此构成一套整合型胞内重组蛋白表达系统，即 pARA 系列质粒（图 5-2）。以绿色荧光蛋白和来自嗜热裂孢菌（Thermobifida fusca）的水解酶作为测试蛋白，pARA 表达载体在黑曲霉中显示出较高的诱导表达效率以及良好的表达产物纯化性能。

　　4. 丝状真菌基因的克隆操作

　　真菌细胞产生的核酸酶、多糖、色素对核酸的分离纯化影响很大。其标准分离程

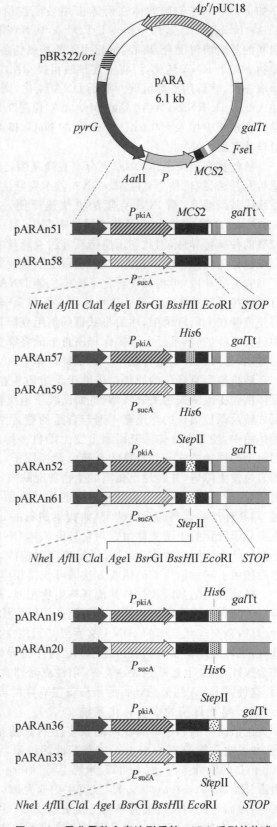

图 5-2　黑曲霉整合表达型质粒 pARA 系列的构成

序如下：将冷冻的菌丝体在研钵中用玻璃珠研碎，加入 500 $\mu$L TES 缓冲液[20 mmol/L Tris-HCl,pH 7.4,10 mmol/L EDTA,10%（质量体积比）SDS]悬浮，然后与 500 $\mu$L TES 饱和的苯酚均匀混合，离心，水相用苯酚和氯仿各萃取一次，萃取液用乙醇沉淀，得到核酸粗提物。对于 RNA 纯化，可将上述核酸粗提物用 DNase I 处理，37℃保温 1 h,反应液用苯酚萃取一次，然后用乙醇沉淀。对于 DNA 纯化，则先用 250 $\mu$L TE 缓冲液悬浮核酸粗提物，加入 2.5 $\mu$L RNase A(10 mg/mL),37℃保温 1 h,反应液用苯酚萃取一次，氯仿萃取两次，然后在水相中加入 150 $\mu$L,5 mol/L 的 NaCl 和 400 $\mu$L 13% 的 PEG6000,冰浴 1 h,离心，即得丝状真菌 DNA。

从丝状真菌染色体 DNA 上分离克隆基因已建立了多种方法，其中较为常用的是突变株遗传互补法、随机整合克隆法、cDNA 差示克隆法、染色体走读法等；对于不含内含子的蛋白质编码基因而言，则 PCR 克隆法更快速简便。虽然丝状真菌的少数几个基因（如 *trpC*、*pyrG*、*argB* 等）能在大肠杆菌或酵母中表达，但总的来说，丝状真菌的启动子和内含子具有较高的种属特异性，因此利用遗传互补法克隆丝状真菌功能基因，大都采用亲缘关系较近的突变株作为受体细胞。在此情况下，重组质粒往往会整合在受体细胞的染色体 DNA 上。为了回收克隆片段，可将阳性转化子的染色体 DNA 用合适的限制性核酸内切酶部分水解，经自身连接后转化大肠杆菌。也可采用大肠杆菌-丝状真菌的穿梭质粒将丝状真菌的 DNA 片段先克隆在大肠杆菌中，然后将获得的重组克隆以 DNA 的形式分组，分别转入真菌突变株中进行互补试验，重复上述操作程序直至最终筛选出单一的阳性转化子。这种方法称为 Sib 筛选法，它可以省去整合在丝状真菌染色体 DNA 上的重组质粒回收操作。

随机整合克隆法的原理是借助于重组质粒在丝状真菌基因组上的随机整合，使野生型受体菌获得或缺失相关表现型，进而回收重组质粒，克隆相应的目的基因。首先将丝状真菌反式转录调控因子的作用靶序列与合适的整合型载体质粒重组，重组分子直接导入野生型受体菌中，使其在受体菌基因组上发生随机多拷贝整合。这些克隆的多拷贝顺式元件与基因组上的原始顺式元件竞争结合转录调控因子，从而使位于整合位点附近的染色体目的基因表达发生障碍，并表现出相应的生物功能缺失。根据这一缺陷表型筛选转化子，并回收重组质粒，最终获得与缺陷表型相对应的丝状真菌目的基因。随机整合克隆法的另一种形式是，将某种丝状真菌的强启动子（如构巢曲霉的 *alcA* 启动子）克隆在多拷贝整合型质粒上，重组分子转化野生型受体菌。当它与染色体 DNA 发生整合时，就有可能促进位于整合位点下游的某个基因高效表达，并显示出相应的遗传表型。根据这一表型筛选所希望的转化子，然后按照上述重组质粒的回收方法即可获得相应的目的基因。

丝状真菌的基因表达与其他真核生物相似，具有较强的时序特异性，这是 cDNA 差示克隆目的基因的主要原理。从处于不同条件下生长的菌丝体中提取 mRNA,并制备 cDNA 探针，然后杂交丝状真菌的 cDNA 文库或基因组文库，进而克隆差异转录的蛋白质编码基因。此外，也可利用丝状真菌表达载体构建时序特异性基因表达文库，然后以 DNA 转录顺式元件为探针，杂交上述基因表达文库，阳性克隆即含有时序特异性表达的转录调控因子编码基因，这种以 DNA 探针筛选目的蛋白重组克隆的程序称为 Southwestern 印迹法。

### 5.1.2 丝状真菌的宿主转化系统

包括曲霉属和木霉属在内的很多丝状真菌是一系列商业化胞外酶类的天然高效生产者，如黑曲霉能产 25～30 g/L 的葡萄糖淀粉酶，里氏木霉（*Trichoderma reesei*）甚至能分泌 100 g/L 的胞外蛋白；而米曲霉、米黑毛霉（*Mucor miehei*）、微小毛霉（*Mucor pusillus*）、少孢根霉（*Rhizopus oligosporus*）以及寄生内座壳菌（*Endothia parasitica*）则长期用于食品发酵工业，因而它们均被批准为基因工程安全受体（GRAS），自然也是分泌型重组蛋白生产的候选宿主。有些丝状真菌的食品发酵产物中虽然含有一定程度的真菌毒素，但只要这些毒素对人类和牲畜没有毒害作用,理论上来说也可作为基因工程的宿主。然而,没有检测出毒素合成的丝状真菌未必绝对安全,原来不产毒素的菌株有可能在频繁的基因操作过程中改变其毒素生物合成途径,从而获得合成毒素的能力,尤其在用整合型质粒反复进行转化操作时,这种突变的可能性会大大提高。因此,在丝状真菌的基因工程研究过程中,构建一个绝对安全有效的宿主转化系统十分重要,这项工作包括两个方面:一是在深入了解丝状真菌毒素(尤其是剧毒的黄曲霉素)生物合成途径的基础上,删除与毒素生物合成有关的基因,杜绝受体菌因突变重新合成毒素的可能性;二是构建位点特异性整合的载体系统,阻止转化质粒由于随机重组整合而对丝状真菌基因组造成的任何获得性或缺陷性突变的发生。

高效的 DNA 转化是基因工程菌构建的先决条件。丝状真菌可由多种方法进行转化,包括原生质体介导的转化(PMT)、农杆菌介导的接合转化(AMT)、电击转化(EP)以及基因枪转化(BT)等。迄今为止,已在涉及子囊菌纲、担子菌纲、接合菌纲、鞭毛菌亚门(Mastigomycotina)、半知菌纲的 100 多个丝状真菌物种中建立了相应的转化系统。

1. 丝状真菌的原生质体转化法

丝状真菌基于原生质体的 DNA 转化程序早在基因工程技术问世之初的 1973 年便已在粗糙脉孢霉中建立。当时的研究表明,严重阻碍丝状真菌 DNA 转化的主要屏障是其独特的细胞壁组成和结构,因而早期的丝状真菌转化策略是使用特殊的细胞壁降解酶系制备其原生质体,然后由聚乙二醇(PEG)和 $CaCl_2$ 与外源 DNA 形成黏附性颗粒而促进其吸收。与酵母相似,丝状真菌的原生质体通常由芽生的单核化大型分生孢子或年轻的菌丝体制备,而担子菌纲的原生质体则多从担孢子、双染色质菌丝体或粉孢子中制备。细胞壁降解酶系涉及多种水解酶,主要包括来自哈茨木霉(Trichoderma harzianum)的裂解酶系、来自灰色链霉菌(Streptomyces griseus)的几丁质酶、来自罗马蜗牛(Helix pomatia)的 $\beta$-葡萄糖醛酸酶等。

一般而言,丝状真菌原生质体转化的典型操作条件为:原生质体控制在 $10^7 \sim 10^8$/mL 内,转化体系含有 $10 \sim 50$ mmol/L 的 $CaCl_2$、40%(质量体积比)的 PEG4000 或 PEG6000、1%(质量体积比)的二甲基亚砜、0.005% $\sim$ 0.01%(质量体积比)的肝素钠和 1 mmol/L 的亚精胺,待转化的 DNA 浓度则需要 300 ng/$\mu$L。

上述原生质体转化法的转化率差异较大,一般在 $10^2 \sim 10^4$ 个/$\mu$g DNA 内,自主复制型质粒的转化率通常比整合型质粒高数百倍。原生质体转化法的优势在于适用于包括孢子和菌丝在内的多种丝状真菌细胞形态,但缺点包括:① 所用细胞壁降解酶系的生产批次和质量严重影响转化率;② 必须使用操作要求较高且周期较长的原生质体再生程序;③ 在转化整合型质粒时,DNA 往往呈多拷贝(2 $\sim$ 10 拷贝)随机插入。当然,如果不考虑 DNA 随机整合可能对宿主生理和遗传造成危害的话,那么目的基因的多拷贝整合也会提升曲霉属和木霉属的重组蛋白表达水平。

2. 丝状真菌的农杆菌介导转化法

1998 年,受当时根瘤农杆菌(Agrobacterium tumefaciens)介导植物成功转化的启发,de Groot 等人尝试并创建了由农杆菌直接介导丝状真菌分生孢子的非原生质体转化程序,其转化率比经典的原生质体转化高数百乃至上千倍,且适用范围广,在泡盛曲霉(Aspergillus awamori)、构巢曲霉、黑曲霉、胶胞炭疽菌(Colletotrichum gloeosporiodes)、腐皮镰孢菌(Fusarium solani)、禾谷镰孢菌(Fusarium graminearum)、粗糙脉孢霉、里氏木霉、糙皮侧耳菌(Pleurotus ostreatus,即平菇)、双孢蘑菇(Agaricus bisporus)中均获得成功,甚至包括那些原生质体转化难以奏效的物种,已成为丝状真菌的主流转化技术。

农杆菌介导丝状真菌转化的基本原理与其介导植物转化相似(图 5-3,详见第 8 章)。将待转化的目的基因片段插入一个二元载体质粒(如 pUR5750 或 pTAS5 等)上的 T-DNA

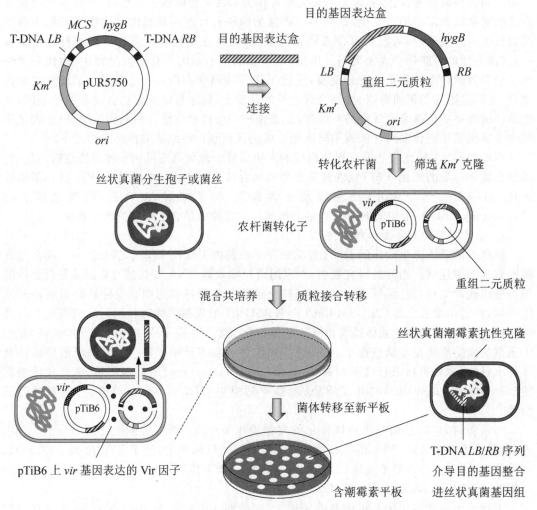

**图 5 - 3 根瘤农杆菌介导丝状真菌转化的基本原理**

左边界(LB)和右边界(RB)各 24 bp 正向重复序列之间,该质粒含有用于农杆菌筛选的卡那霉素抗性标记 $Km^r$ 以及用于丝状真菌筛选的潮霉素抗性标记 $hygB$,后者也位于 LB 与 RB 之间。采用常规的细菌转化方法将上述重组 DNA 分子导入含 Ti 衍生质粒(T - DNA 缺失型,如 pTiB6 ΔT - DNA 等)的根瘤农杆菌受体细胞(如 LBA1100 株等)中,以卡那霉素筛选阳性转化子。然后将农杆菌阳性转化子与待转化的丝状真菌培养物混合,涂布于含 3′,5′-二甲氧基-4′-羟基苯乙酮(AS)的无抗生素平板上,22℃共培养 3 d。期间,AS 诱导 Ti 衍生质粒上的 vir 基因表达,其表达产物反式切开农杆菌中二元重组质粒上的 T - DNA 左右边界,并协助其接合转移进入附近的丝状真菌细胞内。最后,内含目的基因和 $hygB$ 标记的 LB - RB 单链 DNA 以单拷贝的形式高频随机整合在丝状真菌的染色体 DNA 上,以潮霉素可筛选获得稳定的目的基因整合子。

如果初始的二元载体上仅含 $hygB$ 标记基因,则借助上述程序可获得一系列的 T - DNA 左右边界插入突变株;如果插入位点位于丝状真菌的结构基因内部,通常会导致该基因灭活,丝状真菌突变株可能会表现出相应的性状改变。此时,借助针对 LB 和 RB 的引物,可采用反向 PCR 获得其插入位点的上下游基因组序列,即遭灭活的基因序列,由此可以建立起基因与表型(功能)之间的关联,对基因功能的鉴定具有重要意义。

以上述程序转化泡盛曲霉，每 $10^6$ 个孢子可获得超过 200 个潮霉素抗性转化子，其中 60%～80% 的转化子含单一的 $LB-RB$ 片段插入。由农杆菌/T-DNA 边界序列介导的单拷贝随机整合特征对构建丝状真菌的突变文库十分有利，但对高效表达目的基因因拷贝数少往往难以满足要求。不过，如果 $LB$ 与 $RB$ 之间事先装入多个目的基因拷贝，或者改变农杆菌和丝状真菌的共培养条件，或者换用其他的选择性标记（如 $amdS$），也能实现目的基因的多拷贝整合。农杆菌介导转化法的主要缺点是：① 共培养条件对转化率的影响较为显著；② 转化操作较其他方法耗时，一般需要 11 d。

**3. 丝状真菌的其他转化法**

电击转化法的基本原理是基于短暂的电场脉冲在细胞膜上钻孔形成瞬时通道，进而促使细胞内外的 DNA 双向可逆性渗入或渗出。与其他受体生物系统相似，丝状真菌的电击转化效率严格受制于电击条件如电场强度和作用时间，虽然孢子和菌丝均可直接用于电击转化，操作程序简单快速，但较高的转化率仍需要使用原生质体，此时与经典的原生质体转化法相比已无优势可言。

基因枪转化法的基本原理是采用 $Ca^{2+}$ 和亚精胺将待转化的 DNA 分子聚集并附着于特制的金属（如金或钨）微粒表面，形成微型 DNA 子弹；然后由特制基因枪高速射入受体组织或细胞内。与电击转化程序相似，基因枪转化法几乎适用于各种类型的受体生物以及生物体的各种组织和细胞，尤其是比较坚硬的种子和孢子。然而，这种转化操作价格昂贵，转化效率甚至低于原生质体转化法，且易杀伤受体组织或细胞。

无需原生质体制备直接转化丝状真菌完整细胞的方法还包括醋酸锂转化程序（LA）。用高浓度的醋酸锂或其他一价金属离子（如 $Na^+$、$K^+$、$Rb^+$）处理处于对数生长期的丝状真菌菌丝，诱导其细胞膜通透性增大，进而促进 DNA 分子的进入。这种方法简便易行，但成功案例仅限于少数丝状真菌物种，如粗糙脉孢霉、白绒鬼伞（Coprinus lagopus）、花药黑粉菌（Ustilago violacea）等。

**4. 转化 DNA 在丝状真菌中的整合**

前已述及，基于自主复制型载体的重组 DNA 分子转化进入丝状真菌细胞后允许独立于染色体 DNA 而自主复制，但因菌丝多核体的存在，重组 DNA 分子的遗传稳定性极低。因而，重组丝状真菌（事实上也包括几乎所有的真菌和动植物）基本上是以 DNA 整合的形式被构建。而且，转化的 DNA 在基因组上的整合也是基因打靶（删除、灭活、置换、扩增）策略的基本方式。然而，丝状真菌基因打靶的效率往往受制于 DNA 同源重组（HR）的低频率。与酿酒酵母（Saccharomyces cerevisiae）只需 30～50 bp 的最短同源序列便足以确保 HR 的高效性相比，在丝状真菌中实现 HR 至少需要数百乃至数千对碱基的同源区。而且，丝状真菌极低的 HR 频率（通常在 0～30% 之间）呈显著的物种依赖性以及重组位点处染色质的转录状态。基于整合型载体转化的成功不仅仅意味着外源 DNA 分子进入受体细胞，还包括进入的 DNA 是否能顺利接触并整合在丝状真菌的基因组上。因此，提高外源 DNA 与丝状真菌染色体 DNA 之间的 HR 效率实质上也能在很大程度上改善转化率。

克服丝状真菌 HR 效率低下的一种策略是使用非同源端点连结（NHEJ）途径缺陷型的菌株。在真核生物中，DNA 片段整合进入基因组是基于 DNA 双链断裂修复机制进行的，而 HR 和 NHEJ 则是真核生物高度保守的两条主要的 DNA 修复途径。HR 涉及 DNA 同源序列之间的相互作用，因而属于靶向性整合；相反，NHEJ 介导非同源型 DNA 链断口之间的连接，因而属于随机性整合。HR 途径依赖于 Rad52 异位显性（上位性）蛋白家族；而 NHEJ 途径则依赖于 Ku 异源二聚体（即 Ku70/Ku80 蛋白复合物）以及 DNA 连接酶 IV-Xrcc4 复合物。有趣的是，两种途径呈竞争态势：当 Rad52 结合在导入的 DNA 端点时，DNA 将以 HR 的方式进行加工；若 Ku 捷足先登，则 DNA 经 NHEJ 途径发生整合。丝状真菌与其他的多细胞生物一样(但与酵母不同),NHEJ 途径相对 HR 占据优势。因此,删除丝状真菌中的 NHEJ 途径组分能强烈抑制 DNA 的随机插入,从而间接提高 HR 介导的序列特异性整合。例如,Ku70 编码基因 *kusA* 缺陷型的黑曲霉突变株(Δ*ku70*)能将野生株 7% 的 HR 重组率显著提升至 80% 以上,而同源序列的长度仅需 500 bp。类似地,这种效应也出现在其他的丝状真菌菌株中(图 5-4)。不过需要注意的是,Ku 蛋白对维持染色体端粒长度进而确保染色体稳定性至关重要。丝状真菌的 NHEJ 途径缺陷型突变株对各种毒素和光照呈较高的敏感性,易发生突变甚至死亡。解决这一问题的策略是将 NHEJ 途径组分的灭活置于可逆性(如诱导型)的控制之下,这对基因操作提出了较高的要求。

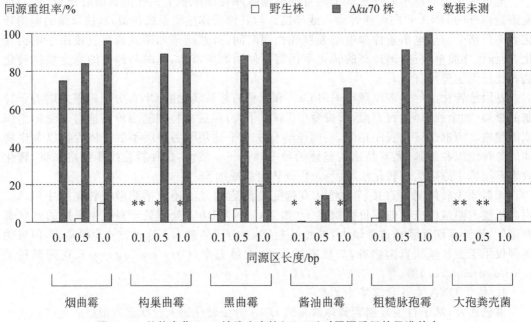

图 5-4 丝状真菌 *kusA* 缺陷突变株(Δ*ku70*)对同源重组的促进效应

### 5.1.3 丝状真菌的表达分泌系统

丝状真菌属于低等真核生物,其基因结构、表达调控机理以及蛋白质的加工与分泌具有真核生物的特征,但与酵母菌和高等动植物相比,这些特征具有一定程度上的可变性,尤其是在密码子的选用上,丝状真菌似乎又倾向于原核细菌。少数几个大肠杆菌蛋白质编码序列可在丝状真菌受体细胞中高效表达。然而,由于原核生物蛋白质编码基因不含内含子,因此基本上限制了它们在丝状真菌中的翻译。丝状真菌生产内源性蛋白质的能力显著优于其他生物,各种属之间的异源蛋白表达便略为逊色,而非真菌来源的异源蛋白表达水平即便使用丝状真菌的基因表达调控元件(如启动子和终止子)也远低于大肠杆菌和酵母系统,这表明丝状真菌转录后尤其是翻译后的修饰机器(如蛋白质转位、糖基化、折叠、运输、加工、分泌、降解)具有其自身的特殊性。随着基因组学和蛋白质组学技术的普及,限制丝状真菌表达异源蛋白的瓶颈正被逐渐揭示并打通。表 5-3 列举了丝状真菌几个代表性种属的基因组特征。

表 5-3 丝状真菌代表性种属的基因组特征

| 种属名称 | 基因组 | 染色体 | ORF 总数 |
| --- | --- | --- | --- |
| 构巢曲霉 | 30.1 Mb | 8 条 | 11 000 |
| 黑曲霉 | 35.9 Mb | | 14 097 |

| 种属名称 | 基因组 | 染色体 | ORF 总数 |
|---|---|---|---|
| 米曲霉 | 36.8 Mb | 8 条 | 12 074 |
| 里氏木霉 | 33.0 Mb | 7 条 | 9 129 |
| 产黄青霉 | 32.2 Mb | | 12 943 |
| 米根霉 | 45.3 Mb | | 17 467 |
| 黄孢原毛平革菌 | 29.9 Mb | | 11 777 |
| 禾谷镰孢菌 | 36.1 Mb | | 13 718 |
| 粗糙脉孢霉 | 40.0 Mb | | 10 000 |

1. 丝状真菌基因的表达调控元件

与所有生物相似,丝状真菌基因表达的调控主要体现在转录水平上。鉴于丝状真菌超常的内源性水解酶系表达能力,任何参与这些酶系编码基因转录全过程的 DNA 顺式元件和反式蛋白因子对外源基因的高效表达都具有重要意义,这些顺式元件的典型排列方式如图 5-5 所示。丝状真菌启动子的转录启动活性似乎并不需要真核生物典型的核心保守序列,而且启动子的组成也缺乏统一性。几种丝状真菌基因的上游区域含有真核生物典型的 CCAAT 转录调控元件,但这个元件并非所有丝状真菌基因表达所必需。构巢曲霉乙酰胺酶编码基因 amdS 由几个相互独立的转录调控因子控制,其中 amdR 基因的编码产物是其 CCAAT 序列的特异性结合因子(AnCF78)。该菌种的淀粉酶基因也含有一个 CCAAT 元件,但与之特异性结合的蛋白因子为 AnCP1 和 AnCP2。AnCP 是真核生物 CCAAT 结合蛋白家族的一个潜在成员,一般参与增强丝状真菌的基因表达。另外一种蛋白因子(AnNP1)特异性地作用于 CCAAT 元件上游约 25 bp 处的区域,其功能是阻止 AnCP1 和 AnCP2 与 CCAAT 的结合,因而是淀粉酶基因转录的阻遏蛋白。类似地,黑曲霉和米曲霉葡萄糖淀粉酶编码基因 glaA 的 5′ 端上游调控区(即翻译起始密码子上游 500 bp 内)含有两个同源区,为 glaA 基因的高效表达所必需。glaA 的转录激活涉及 AmyR 蛋白,后者是参与曲霉属几种淀粉水解酶类编码基因以淀粉和麦芽糖诱导性方式表达的一种转录调控因子。而且,在 ATG 上游 −600～−300 bp 之间的区域内还存在三个 CCAAT 位点,这些位点为黑曲霉的 AnCP 蛋白所特异性结合,在启动子上游引入多拷贝的 CCAAT 元件,能使 $P_{glaA}$ 的转录活性递增。

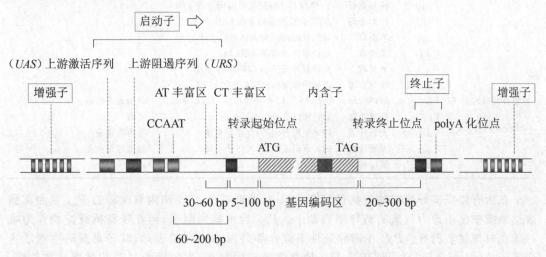

图 5-5　丝状真菌 DNA 顺式调控元件的典型构成

　　丝状真菌不同种属之间的启动子具有一定的交叉活性,但这种交叉活性很少存在于丝状真菌与酵母菌之间。例如,泡盛曲霉 $glaA$ 基因所属的启动子 $P_{glaA}$ 并不能在酿酒酵母菌细胞内发挥作用,而酿酒酵母菌的两种启动子在黑曲霉菌中同样没有活性。这表明,丝状真菌虽然是一个由数千个属组成的大家族,但在基因的表达调控机理方面,这个大家族呈现出相对的独立性和统一性。一些广泛用于异源基因表达的丝状真菌启动子列在表 5-4 中。

表 5-4　用于异源基因表达的丝状真菌主要启动子

| 启动子类型 | 启动子名称 | 来源种属 | 所 属 基 因 | 诱 导 条 件 |
|---|---|---|---|---|
| 天然诱导型启动子 | $P_{abnA}$ | 黑曲霉 | 阿拉伯聚糖酶编码基因 $abnA$ | L-阿拉伯聚糖,L-阿拉伯糖醇 |
| | $P_{alcA}$ | 构巢曲霉 | 乙醇脱氢酶 I 编码基因 $alcA$ | 乙醇,乙醛,苏氨酸 |
| | $P_{aldA}$ | 黑曲霉 | 乙醇脱氢酶 I 编码基因 $alcA$ | 乙醇,乙醛,苏氨酸 |
| | $P_{alcC}$ | 构巢曲霉 | 乙醇脱氢酶 III 编码基因 $alcC$ | 乙醇 |
| | $P_{amdS}$ | 构巢曲霉 | 乙酰胺酶编码基因 $amdS$ | 乙酰胺,乙酸,$\omega$-氨基酸 |
| | $P_{amyA/B}$ | 黑曲霉 | $\alpha$-淀粉酶编码基因 $amyA/amyB$ | 淀粉,麦芽糖,麦芽糖糊精 |
| | $P_{amy}$ | 米曲霉 | $\alpha$-淀粉酶编码基因 $amy$(taka) | 淀粉,麦芽糖,麦芽糖糊精 |
| | $P_{aphA}$ | 黑曲霉 | 磷酸酶编码基因 $aphA$ | 磷酸盐 |
| | $P_{exlA}$ | 泡盛曲霉 | 1,4-$\beta$-木聚糖内切酶编码基因 $exlA$ | 木糖 |
| | $P_{glaA}$ | 黑曲霉 | 葡萄糖淀粉酶编码基因 $glaA$ | 淀粉,麦芽糖 |
| | $P_{gam}$ | 泡盛曲霉 | 葡萄糖淀粉酶编码基因 $gam$ | 淀粉,麦芽糖 |
| | $P_{glaA1}$ | 土曲霉 | 葡萄糖淀粉酶编码基因 $glaA1$ | 淀粉,麦芽糖 |
| | $P_{sodM}$ | 米曲霉 | 锰超氧化歧化酶编码基因 $sodM$ | $H_2O_2$ |
| | $P_{sucA}$ | 黑曲霉 | 蔗糖酶 A 编码基因 $sucA$ | 蔗糖,菊粉 |
| | $P_{pelA}$ | 泡盛曲霉 | 果胶裂解酶编码基因 $pelA$ | 果胶 |
| | $P_{godA}$ | 黑曲霉 | 葡萄糖氧化酶编码基因 $godA$ | 葡萄糖 |
| | $P_{pgaII}$ | 黑曲霉 | 聚半乳糖醛酸缩酶编码基因 $pgaII$ | 聚半乳糖 |
| | $P_{thiA}$ | 米曲霉 | 硫胺素噻唑转运蛋白编码基因 $thiA$ | 硫胺素 |
| | $P_{xlnA}$ | 塔宾曲霉 | 木聚糖酶编码基因 $xlnA$ | 木聚糖,木糖 |
| | $P_{cbhI}$ | 里氏木霉 | 纤维二糖水解酶编码基因 $cbhI$ | 纤维二糖 |
| | $P_{egl1}$ | 里氏木霉 | 内切葡聚糖酶编码基因 $egl1$ | 葡聚糖 |
| 天然组成型启动子 | $P_{adhA}$ | 黑曲霉 | 乙醛脱氢酶编码基因 $adhA$ | |
| | $P_{aldA*}$ | 构巢曲霉 | 乙醇脱氢酶 I 编码基因 $aldA*$ | |
| | $P_{gdhA}$ | 泡盛曲霉 | 谷氨酸脱氢酶编码基因 $gdhA$ | |
| | $P_{gpdA}$ | 构巢曲霉 | 3-磷酸甘油醛脱氢酶编码基因 $gpdA$ | |
| | $P_{oliC}$ | 构巢曲霉 | ATP 合成酶编码基因 $oliC$ | |
| | $P_{pgkA}$ | 米曲霉 | 磷酸甘油酸激酶编码基因 $pgkA$ | |
| | $P_{pkiA}$ | 黑曲霉 | 蛋白激酶 A 编码基因 $pkiA$ | |
| | $P_{tef1}$ | 米曲霉 | 翻译延伸因子 Ia 编码基因 $tef1$ | |
| | $P_{tpiA}$ | 构巢曲霉 | 磷酸丙糖异构酶编码基因 $tpiA$ | |
| 外源合成型启动子 | $P_{ERE-URA}$ | 酿酒酵母 | URA3-TATA + hER$\alpha$-ERE + RS | 雌激素类物质 |
| | $P_{oliC/acuD}$ | 构巢曲霉 | 异柠檬酸裂合酶编码基因 $acuD$ | 乙酸 |
| | $P_{gpdA-tTA}$ | 大肠杆菌 | 四环素阻遏因子/操作子系统 | 强力霉素缺席 |
| | $P_{gpdA-rtTA}$ | 大肠杆菌 | 四环素阻遏因子/操作子系统 | 强力霉素存在 |
| | $p188$ | 栗疫病菌 | Cryparin 编码基因 | |

　　在所有得以良好鉴定的丝状真菌启动子中,黑曲霉的 $P_{glaA}$ 和构巢曲霉的 $P_{alcA}$ 是曲霉属表达系统中使用最为频繁的诱导型启动子。$P_{glaA}$ 为木糖所阻遏,但在麦芽糖或淀粉作为唯一碳源时被强烈诱导。$P_{alcA}$ 在诱导条件下能介导外源基因高效表达,其转录激活由激活蛋白因子 AlcR 所介导,且强烈依赖于一种共诱导剂的存在,生理性的这种共诱导剂是乙醛。AlcR 是一种 Zn-DNA 结合蛋白,含有构成锌双核簇结构的六个 Cys 残基($Zn-II_2-Cys_6$),

作为单聚体能与反向或正向的 $5'-CCGCA-3'$ 重复序列相互作用。诱导型 $P_{alcA}$ 的强度严格依赖于 AlcR 结合位点的数目以及 AlcR 的浓度,因而多拷贝整合型外源基因的表达会受到限制。然而,如果在生产菌株中同步增加 AlcR 编码基因的拷贝,则表达限制效应可得到部分缓解。此外,$P_{glaA}$ 和 $P_{alcA}$ 在充足且易代谢的碳源如葡萄糖存在时均被阻遏或者仅微弱表达。这一碳源代谢物阻遏效应由 CreA 蛋白介导,它能与 AlcR 竞争 $P_{alcA}$ 和 AlcR 编码基因所属启动子 $P_{alcR}$ 内部的结合位点,从而阻遏转录。这些实验观察有助于设计无阻遏型的高效表达系统:① 改用一种组成型启动子介导 AlcR 编码基因的表达;② 在表达菌株中引入多拷贝的 AlcR 编码基因;③ 在 alcA 的调控区用突变型 CreA 特异性结合位点解除其碳代谢物阻遏效应。

黑曲霉的 $P_{sucA}$ 在葡萄糖、果糖或麦芽糖存在时被高度阻遏,但为菊粉或蔗糖高效诱导,其诱导的渗漏比远低于 $P_{glaA}$。这种严谨控制模式允许表达那些即使在较低胞内浓度下也能杀死曲霉属受体细胞的毒性基因产物。由于蔗糖或菊粉的诱导作用在葡萄糖存在时也不为阻遏,因此可在菌体培养的任何阶段实施诱导。此外,菊粉水解酶类编码基因(包括蔗糖酶编码基因 sucA)的诱导表达需要一种 $Zn-II_2-Cys_6$ 型转录调控因子 InuR 的参与。据此,$P_{sucA}$ 表达系统的高效激活可进一步得以改善,其策略是在 $P_{sucA}$ 区域内插入多拷贝的 inuR 基因和(或)InuR 结合位点。

上述启动子的诱导剂多为丝状真菌工业发酵生产过程中的培养基组分或中间代谢物,在很多情况下会干扰外源基因的时序特异性诱导,解决这一难题的策略是发展外源诱导剂诱导表达系统。例如,在一种载体上将原核细菌来源的四环素转激活因子(tTA)或逆四环素转激活因子(rtTA2S-MS2)置于构巢曲霉 $P_{gpdA}$ 控制之下;另一种载体则携带由七拷贝四环素阻遏因子 TetR 的结合位点($tetO_7$)控制的外源基因。将激活因子 tTA 质粒与外源基因质粒共转化,则转化子在四环素衍生物强力霉素缺席条件下表达外源基因,而在强力霉素存在时不表达;但在逆激活因子 rtTA2S-MS2 的情形中,转化子则在强力霉素存在时诱导外源基因的表达。

另一种丝状真菌代谢非依赖型且能精确调节的表达系统是基于人类雌激素受体 hERα 与雌激素的相互作用设计的。曲霉属对天然和合成的雌激素均呈高度敏感,雌激素变构调控 hERα 的活性,促进转录调控因子进入核内。在核内,配体结合型的 hERα 高亲和性作用于一种合成型启动子(由酿酒酵母 URA3 启动子的 TATA 区与雌激素应答元件 ERE 偶联而成)上的 ERE 并激活之。该系统的主要优势是控制严谨,诱导快速且呈线性,诱导效率高达 300 倍以上。此外,基于一种光敏色素/光受体的红光光控型启动子系统也得以应用。

### 2. 丝状真菌蛋白的折叠与糖基化

一个优秀的表达系统并不能确保丝状真菌高效生产重组蛋白,特别是胞外蛋白的生产往往受制于其分泌途径的运转效率,其中存在着多重瓶颈,只有正确折叠、适宜糖基化修饰、精确装配的蛋白质才能被转运至高尔基体内,并不滞留在内质网(ER)上,更不会在内质网上遭降解(即由 ER 质量控制介导的多肽链销毁)。

曲霉属蛋白质折叠、修饰、转运、分泌过程如图 5-6 所示。首先,在核糖体上新合成的多肽链转位进入 ER 内腔,在其中它们被折叠和初始糖基化修饰。接着,蛋白质通过 SNARE 蛋白以囊泡运输的方式从 ER 被投送至高尔基体,并在其内进一步糖基化。然后,蛋白质再次以 SNARE 驱动的囊泡转运方式被送达菌丝顶端,最后释放至胞外培养基;而误折叠或低糖基化的蛋白质则在 ER 中被分拣并遣送至蛋白酶体或液泡进行降解。

在重组丝状真菌中,异源蛋白跨越 ER 膜的高流量往往会导致其错误折叠或延迟折叠以及不良装配,这种现象称为 ER 压力。细胞借助不同的压力响应机制试图抵消这种 ER 压力,包括非折叠蛋白响应(UPR)以及 ER 结合型蛋白降解(ERAD)途径。典型的 UPR 表现

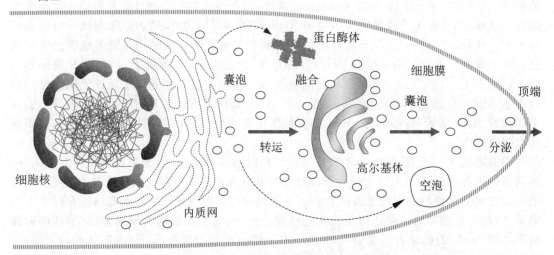

**图 5 - 6 曲霉属蛋白质分泌过程示意图**

为多重基因的转录激活,这些基因编码参与蛋白质折叠、糖基化、运输的组分。研究表明,多种强化 UPR 的策略能有效改善重组曲霉属分泌生产异源蛋白的水平(详见 5.1.4)。

新生多肽链在 ER 中所经历的初始糖基化修饰形式为 N -糖基化。这种糖基化对多肽链的正确折叠、转运以及后续进一步糖基化和加工非常重要,而且还为多肽链的质量控制提供信息。ER 质量控制的中枢是 UDP -葡萄糖:糖蛋白葡糖基转移酶(UGT)系统,该系统能将错误修饰的蛋白质在其核心聚糖结构 GlcNAc2 - Man9(两个 N -乙酰葡糖胺和九个甘露糖)处重新糖基化,以防止它们流产性离开 ER。因此,强化异源重组蛋白的正确糖基化格局也能提高重组曲霉属分泌生产异源蛋白的水平(详见 5.1.4)。就高尔基体内的进一步糖基化修饰而言,丝状真菌蛋白的 N -多糖在其末端的糖单位格局与哺乳动物明显不同,但其糖基侧链相较短,并不存在多数酵母那样的超糖基化现象,这是丝状真菌作为哺乳动物异源蛋白表达受体优于酵母之处。

总之,丝状真菌的蛋白质成熟是一个高度复杂且精心编制的过程,需要在多重水平上进行优化才能改善异源蛋白的产量。事实上,黑曲霉基因组的测序鉴定出了大约 350 种与蛋白质成熟和分泌有关的组分,其中 200 多种组分参与 ER 转位、多肽链折叠、糖基化修饰以及 ER 压力响应等过程。

3. 丝状真菌蛋白的运输与分泌

虽然与其他真核表达系统如酵母、藻类、昆虫细胞相比,丝状真菌拥有绝对优势的蛋白质分泌机器,但在很多情形中,重组丝状真菌异源蛋白表达的低效性仍归咎于分泌瓶颈而非转录和翻译环节。

鉴于丝状真菌蛋白质分泌过程涉及糖基化修饰、折叠、囊泡转运多重复杂环节,一种促进异源蛋白高效分泌的普通却又非常奏效的策略是选用丝状真菌自身的胞外蛋白作为分泌载体,它能满足这种复杂分泌途径的多种需求。将异源蛋白与载体蛋白融合能增强异源蛋白的 ER 转位和折叠并防止降解。例如,将牛凝乳酶与高效分泌的黑曲霉葡萄糖淀粉酶(GlaA)N 端序列(前 10～50 个密码子)融合,便能使重组牛凝乳酶的分泌水平提高 5～6 倍;而使用完整的 GlaA 序列作为分泌载体效果更佳。事实上,GlaA 部分或完整序列已成为重组曲霉属最常用的分泌型载体。不过,上述策略需要在后续的工序中除去载体,以恢复异源表达产物的全部活性。在载体蛋白与异源蛋白编码序列之间插入一段含典型内切蛋白酶

（如 KEX - 2 蛋白酶）裂解位点的接头序列，便可实现在构巢曲霉和黑曲霉分泌时卸下载体。然而，这一加工过程并非绝对高效，在很多情况下，膜结合型蛋白酶的识别序列及其两侧的残基构成至关重要，在构建融合表达系统时需要优化。

此外，不少各种来源的异源信号肽序列也能在分泌过程中被丝状真菌蛋白酶裁剪为成熟蛋白质。例如，鸡蛋的溶菌酶信号肽能在黑曲霉中高效介导蛋白质加工与分泌；将构巢曲霉的 GlaA 信号肽取代溶菌酶信号肽，融合蛋白的分泌并没有任何改善。

尽管上述系统允许高效生产异源胞外蛋白，但异源甚至同源胞内蛋白在丝状真菌中的分泌依然是一种挑战。很多胞内蛋白并不含糖基化位点，因此缺少通过分泌途径进行转运分泌的必要信息。应对这一挑战的一种有效策略是所谓的"过氧化分泌"（peroxicretion），研究表明采用这种策略能使黑曲霉分泌胞质型蛋白。这项技术开发了过氧物酶体的如下几大特征：① 过氧物酶体输入信号（PTS，即 SKL 三肽信号肽序列）能将完全折叠的蛋白质由胞质转运进入过氧物酶体；② 过氧物酶体膜与 ER 驱动的分泌囊泡具有类似的脂质组成。用黑曲霉过氧物酶体膜蛋白 PmpA 锚定源自高尔基体的 v - SNARE 蛋白 SncA，构成装饰型过氧物酶体。后者能定向转运至质膜并与质膜融合，从而将其内部的异源重组蛋白释放至胞外培养基中。在一株携带这种装饰型过氧物酶体的黑曲霉菌株中，使绿色荧光蛋白（GFP）与过氧物酶体输入信号肽序列 SKL 融合表达，结果导致 55％的重组 GFP 转位进入胞外培养基中。

### 5.1.4　丝状真菌重组异源蛋白的表达优化策略

尽管重组丝状真菌能高水平生产同源蛋白和异源分泌型蛋白，但在表达非丝状真菌的异源胞质型蛋白时仍遇到多个环节的限制。下列若干设计优化策略能在一定程度上突破这些限制。

#### 1. 强化异源重组蛋白的折叠

既然丝状真菌内源性 ER 分泌压力响应机制能在生理状态下确保新生多肽链的正确折叠，那么强化参与这种内源性分泌压力响应途径的相关组分应该能促进重组丝状真菌高效处理过表达的异源蛋白，这一设计理念在实践中得以部分证实。例如，在泡盛曲霉中，ER 折叠辅助性分子伴侣 BipA 的过表达导致重组植物甜味蛋白索马甜（thaumatin）的表达量提高 2～2.5 倍。pdiA 基因编码一种蛋白质二硫键异构酶，负责二硫键的异构化和正确形成，含多拷贝 pdiA 基因的一株泡盛曲霉重组菌能产生 5 倍高产量的索马甜。在另一项尝试中，将 UPR 途径的中枢激活因子 HacA 在泡盛曲霉中组成型过表达，作为一种结果，重组牛凝乳酶的生产提高 2.8 倍以上；而一种云芝（Trametes versicolor，变色栓菌）漆酶的分泌量则提高了 7.6 倍以上。然而，这种对蛋白质分泌的促进效应似乎在很大程度上取决于所表达的蛋白质，因为 BipA 的过表达并不能改善角质酶的产量；pdiA 基因表达的大幅度提升也不能增加鸡蛋白溶菌酶的分泌量。

#### 2. 改善异源重组蛋白的糖基化修饰

在丝状真菌中，发生 ER 内腔中的初始糖基化修饰能促进多肽链的正确折叠，在高尔基体中进行的后续糖基化修饰则有利于蛋白质的高效分泌，而且很多天然动植物蛋白的糖基化又是其生理功能所必需的。为了解除重组丝状真菌对异源蛋白分泌的限制，已建立起几种策略改善重组多肽链的糖基化。例如，过表达 ER 质量控制因子钙联蛋白能使黄孢原毛平革菌（Phanerochaete chrysosporium）锰过氧化酶的分泌量提高 4～5 倍。类似地，借助于 DNA 定点诱变技术改造一个 N -糖基化位点或者添加一个糖基化位点，能显著提高重组黑曲霉中凝乳酶的生产水平。O -糖基化也是分泌型蛋白（如麦芽糖酶）和细胞壁组分的一种重要的翻译后修饰形式，在此过程中 O -D -甘露糖基转移酶扮演着一个重要角色，因为曲霉属中的 O -偶联型寡糖主要由甘露糖单位构成，该酶的活性也被认为是异源蛋白分泌的一个限制性因素。事实上,一种酵母长醇磷酸甘露糖合成酶的过表达能回补 $O$-糖基化缺陷型构巢曲霉菌株中由分泌性囊泡介导的内源性葡萄糖淀粉酶和转化酶的分泌能力,但重组蛋白则主要被限制在周质空间内。

就治疗性重组糖蛋白的产生而言,糖型格局与人类天然糖蛋白的吻合度甚至一致性尤为重要。例如,人 $\alpha_1$-蛋白酶抑制剂抗胰蛋白酶($\alpha_1$-PI)是血浆中最为丰富的丝氨酸蛋白酶抑制剂,进行性肺气肿在抗胰蛋白酶缺陷型患者中发展最终会导致死亡。传统的抗胰蛋白酶抑制剂取代疗法需使用宝贵的血浆资源,这为重组蛋白的开发提供了动力。尽管包括丝状真菌在内的几种非哺乳动物宿主已被证实其生产的高效性,但重组蛋白中糖基化格局的改变或者糖基化的完全缺席会降低 $\alpha_1$-PI 的体内稳定性,最终导致在循环系统中被迅速清除。将哺乳动物 $\beta$-1,4-半乳糖苷转移酶和 $\alpha$-2,6-唾液酸转移酶编码基因植入里氏木霉,重组里氏木霉表达的纤维二糖水解酶 1 在其糖基化格局方面更像哺乳动物,类似的尝试在重组构巢曲霉中也得以证实。此外,设计使用其他的初始糖分子能使重组曲霉属合成人源样低甘露糖苷化的 $GlcNAc_2Man_3$ 型 $N$-多糖结构。不过,借助基因工程手段将人源性糖基化途径植入丝状真菌,包括修剪含高甘露糖糖蛋白上的分支结构,在技术设计上已被发现相当复杂。

3. 衰减丝状真菌受体的蛋白酶系统

出于腐生生活方式的需要,丝状真菌以盛产包括各型蛋白酶在内的水解酶系而著称,这些酶系具有较高的商业价值,但对重组丝状真菌而言,胞外蛋白酶却是重组蛋白产物的克星。为了解决这一限制丝状真菌高效生产重组蛋白的瓶颈,已建立了控制胞外蛋白酶活性的各种策略,包括诱变筛选蛋白酶突变株、敲除构建蛋白酶突变株、衰减灭活蛋白酶及其调控因子、操纵发酵条件特别是 pH,以控制合成/分解代谢物诸如碳源、氮源、硫源、磷源等。

虽然借助紫外照射诱变程序可分离到使胞外蛋白酶活性丧失 98% 的黑曲霉 AB1.13 突变株,天冬氨酸蛋白酶编码基因 $pepA$ 缺陷型巢曲霉以及碱性蛋白酶编码基因缺陷型米曲霉能分别显著提升重组凝乳酶和异源葡聚糖内切酶在发酵液中的积累,但鉴于丝状真菌含有至少 134 个蛋白酶编码基因,诱变或敲除单一蛋白酶在很多情况下仍不能满足要求。研究证明,多重蛋白酶缺陷往往具有显著的叠加效应。例如,2 个蛋白酶编码基因($tppA$ 和 $pepE$)双缺失能导致米曲霉产重组人溶菌酶的产量提高 63%,分别集 3 种($pepA$、$pepB$、$pepE$)和五种蛋白酶($tppA$、$pepE$、$nptB$、$dppIV$、$dppV$)缺陷于一身的黑曲霉和米曲霉也被证明其在异源蛋白稳定生产中的可靠性,甚至连续敲除 10 个蛋白酶编码基因($tppA$、$pepE$、$nptB$、$dppIV$、$dppV$、$alpA$、$pepA$、$AopepAa$、$AopepAd$、$cpI$)的一株米曲霉积累重组牛凝乳酶和人溶菌酶的量,比上述 5 种蛋白酶缺陷株分别再提高 30% 和 35%。此外,敲除某些蛋白酶调控因子的编码基因对实质性降低曲霉属中的蛋白酶活性也非常有效。例如,一种 $Zn-II_2-Cys_6$ 型转录调控因子家族成员控制着多重蛋白酶编码基因的转录,敲除其编码基因 $prtT$ 的突变株总蛋白酶活性降低 80%。

除了基因敲除策略之外,采用反义 RNA 技术可特异性地衰减重组丝状真菌中蛋白酶编码基因的表达。谷氨酸蛋白酶家族成员 PEPB 被认为是泡盛曲霉(含有 $pepA$ 基因缺陷因而产无活型 PEPA)中重组索马甜降解的诱因。表达 $pepB$ 基因的反义 RNA 能改善索马甜的生产,但结果显示反义 RNA 仅部分沉默 $pepB$ 基因的表达。虽然敲除 $pepB$ 基因可以进一步显著提升索马甜的产量,但基于反义 RNA 的基因表达衰减策略针对那些不可敲除(否则严重干扰宿主正常生长代谢)的蛋白酶编码基因还是具有实用性的。

就发酵工程水平而言,培养基 pH 至少可以以三种机制影响蛋白酶的活性:① 调控蛋白酶编码基因的表达;② 裂解菌丝释放胞质型蛋白酶;③ 稳定维持胞外蛋白酶的活性。事实上,严格控制丝状真菌发酵 pH 已被证明能有效降低分泌型重组蛋白被降解的可能性。

例如,当重组黑曲霉 AB4.1 株在 pH 6 的条件下培养时,其胞外蛋白酶总活性相比 pH 3 或无 pH 控制条件降低 85%,且异源蛋白 GFP 的产量提高 10 倍。使用富含肽的培养基能典型诱导黑曲霉分泌蛋白酶,由一株黑曲霉重组菌生产分泌型鸡蛋溶菌酶的产量在这样的富足培养基中显著降低。结合使用非蛋白酶诱导型培养基以及添加天冬氨酰蛋白酶抑制剂抑肽素可使蛋白酶对丝状真菌表达重组蛋白的影响最小化。黑曲霉蛋白质组学研究发现,在由碳源枯竭所致的饥饿培养条件下,蛋白酶在分泌组中占据优势,因此这样的培养条件在工业规模的发酵过程中理应避免。

4. 控制重组丝状真菌的生理形态

丝状真菌的菌丝顶端是原生质活性、蛋白质合成、胞外蛋白分泌的主要区域,顶端以下的菌丝中部和根部原生质间隔更大程度地空泡化。因此,菌丝分枝程度增大有利于丝状真菌的生长代谢和胞外蛋白的分泌表达。然而,过度的菌丝分枝又会显著改变发酵罐内的流变学性质,致使黏度增大,传质受限,最终影响菌体的生长代谢以及蛋白质的合成。因此,在细胞、工艺和工程水平上综合控制丝状真菌的生长形态也是提升异源重组蛋白产量的一个重要策略。

一方面,丝状真菌不同的种属在菌丝形态上往往存在着显著差异。例如,以相同的培养条件进行分批发酵,嗜热型真菌包括支顶孢属(*Acremonium*)、棒囊壳属(*Corynascus*)、梭孢壳属(*Thielavia*)、毁丝霉属(*Myceliophthora*)、热子囊菌属(*Thermoascus*)、毛壳菌属(*Chaetomium*)发酵液的黏度要低得多。借助基因重组操作将丝状真菌勒克瑙金孢(*Chrysosporium lucknowense*)的形态改造成非丝状的颗粒形式,其培养系统的黏度甚至胞外蛋白酶的活性均大为降低,非常有利于重组异源蛋白的规模化生产。另一方面,在工艺和工程环节通过硅酸盐微粒控制黑曲霉不同的培养形态状态,已被证明也能改善酶蛋白的发酵生产。黑曲霉菌丝体以颗粒形式生长与较低的蛋白酶比活相关,同时葡萄糖淀粉酶比活增高。然而,随着颗粒直径的不断增大,丝状真菌的优势生长和代谢仅发生在颗粒的表面;而在颗粒内部,营养物质的向内扩散以及产物的向外扩散均受到限制,菌丝空泡化和裂解频繁发生,从而又会释放蛋白酶活性并降低重组蛋白的产量。因此,合理优化和控制菌丝颗粒的尺寸显得非常关键。

## 5.1.5 重组曲霉属在异源蛋白生产中的应用

丝状真菌在食品发酵工业中用作生产菌种已有相当长的一段历史,但由重组菌大规模生产异源蛋白才刚刚起步,许多外源基因可在丝状真菌尤其是黑曲霉和里氏木霉中分泌表达,一部分表达产物还能被有效糖基化。例如,将米黑毛霉来源的天冬氨酰蛋白酶原前体 cDNA 插入到米曲霉 α-淀粉酶编码基因所属启动子与黑曲霉葡萄糖淀粉酶编码基因所属终止子及多聚腺苷酸化位点之间,重组分子转入米曲霉受体菌中,可获得高达 3 g/L 的分泌表达水平。在构巢曲霉表达系统中,利用该菌乙醇脱氢酶 I 编码基因(*alcA*)、磷酸丙糖异构酶编码基因(*tpiA*)以及乙醇脱氢酶 III 编码基因(*alcC*)的启动子和终止子,分别表达了一批具有生物活性的人体蛋白药物,如 $\alpha_2$-干扰素(IFN-$\alpha_2$)、组织纤溶酶原激活剂(t-pA)、$\alpha_1$-抗胰蛋白酶、粒细胞-巨噬细胞集落刺激因子(GM-CSF)等。然而,构建具有经济价值的丝状真菌工程菌还必须在表达分泌水平、折叠效率以及准确糖基化修饰等方面有新的突破。

1. 由重组泡盛曲霉生产牛凝乳酶

重组泡盛曲霉已被用于牛凝乳酶的大规模工业化生产,但其构建过程中一些技术难题的解决方法与思路仍具有较大的启发性和实用性,现将这个工程菌的构建程序及其所达到的水平列在表 5-5 中。凝乳酶原基因的表达由葡萄糖淀粉酶编码基因所属启动子 $P_{glaA}$ 控制,最终分泌产物凝乳酶原在低 pH 的培养基中自发裂解为凝乳酶。受体菌的改造主要是通过亚硝基胍诱变方法灭活天冬氨酸蛋白酶编码基因,表中数据证明了这步操作的有效性。

凝乳酶原编码基因内部的改造采用 DNA 定点突变技术,体外将 $N$-糖基化和 $O$-糖基化位点引入编码序列(即 Ser74→Asn,His76→Ser)。糖基化的重组凝乳酶产量在相同的表达系统中至少比非糖基化的蛋白产量高 3 倍,但其比活只及天然凝乳酶的 20%。其主要原因可能是由于突变酶与底物结合的空间障碍,或者糖基化对酶催化机制的干扰作用,因为该修饰位点正好处于与底物结合有关的盖板区域内。因此,在凝乳酶分子的不同区域糖基化有可能不会导致比活下降。

表 5-5 由重组泡盛曲霉生产牛凝乳酶

| 构 建 改 造 内 容 | 重组牛凝乳酶摇瓶产量/(mg/L) |
| --- | --- |
| 葡萄糖淀粉酶信号肽 + 凝乳酶原 | 5 |
| 凝乳酶原信号肽 + 凝乳酶原 | 7 |
| 凝乳酶原信号肽 + 凝乳酶原 + pepA 缺失 | 15 |
| 葡萄糖淀粉酶信号肽 + 凝乳酶原 + pepA 缺失 | 250 |
| 葡萄糖淀粉酶信号肽 + 凝乳酶原 + pepA 缺失 + dgr 单突变 | 650 |
| 葡萄糖淀粉酶信号肽 + 凝乳酶原 + pepA 缺失 + dgr 双突变 | 1 200 |
| 葡萄糖淀粉酶信号肽 + 凝乳酶原 + pepA 缺失 + dgr 双突变 + 表达盒增加拷贝 | 1 350 |

在上述 DNA 重组分子构建的基础上,对重组菌进行传统诱变,可进一步提高产物的表达水平。最有价值的突变重组菌是脱氧葡萄糖抗性株(即 $dgr$ 突变株),由于用于表达凝乳酶原基因的 $P_{glaA}$ 启动子属于葡萄糖阻遏型,因此通过诱变分离出的两株非等位 $dgr$ 克隆菌突变株都能显著提高凝乳酶原的分泌量。将这种突变株用于表达其他分泌型蛋白,重组蛋白的产量也都有不同程度的提高,由此确定了 $dgr$ 突变受体菌对 $P_{glaA}$ 启动子表达系统的优越性。

2. 由重组构巢曲霉分泌表达人白细胞介素-6

人的白细胞介素-6(hIL-6)由淋巴细胞、单核细胞、纤维母细胞合成并分泌,能诱导 B 淋巴细胞的增殖与分化,刺激造血细胞,并提高 NK 细胞的活性。成熟的 hIL-6 由 185 个氨基酸残基组成。将葡萄糖淀粉酶编码基因所属启动子 $P_{glaA}$ 与 hIL-6 编码序列重组,并以葡萄糖淀粉酶的信号肽编码序列代替 hIL-6 自身的信号肽编码序列,形成的重组子在构巢曲霉培养基中表达出较低水平的重组 hIL-6(25 μg/L),但比使用 hIL-6 的天然信号肽序列要高得多。如果将成熟 hIL-6 的编码序列与葡萄糖淀粉酶编码基因全序列融合,则融合蛋白中 hIL-6 部分的分泌表达水平可急剧增加 200 倍,达到 5 mg/L。在葡萄糖淀粉酶 C 端与成熟 hIL-6 N 端的交界处人工插入一段 6 个氨基酸残基的序列,它含有 Lys-Arg 的标准蛋白酶裂解位点,利用酿酒酵母的 KEN2 蛋白酶可在这两个碱性氨基酸序列的羧基端特异性切开重组融合蛋白(这种蛋白酶活性也存在于某些丝状真菌细胞内)。相似的重组分子在黑曲霉菌中能产生 hIL-6 特异性的 mRNA,但不能检测出相应的蛋白存在;用天冬氨酸蛋白酶缺陷型的黑曲霉突变株(pepA⁻)取代上述受体菌,重组 hIL-6 便获得积累,这表明受体菌所分泌的蛋白酶对重组产物的积累影响非常显著。

3. 由重组黑曲霉生产磷脂酶 A2

成熟的猪胰磷脂酶 A2(PLA2)比 hIL-6 更小,只有 124 个氨基酸残基,除了自身的信号肽序列,它还含有 8 个氨基酸残基组成的酶原序列,后者可用胰蛋白酶除去。与 hIL-6 的表达相似,将含有启动子的完整的葡萄糖淀粉酶编码基因与 PLA2 酶原编码序列重组,并转入黑曲霉中,转化子能表达 PLA2 酶原的 mRNA,但在菌丝内和培养基滤液中均检测不出相应的蛋白。采取基因同源交换技术缺失黑曲霉的天冬氨酸蛋白酶编码基因,并不能有效抑制培养基滤液对表达产物的降解作用,但降解速率趋缓。进一步研究表明,培养基滤液中残余的蛋白酶活性可被天冬氨酸蛋白酶抑制剂(PepstatinA)抑制,因此再次采用紫外诱变方法,从上述 *pepA*⁻ 缺陷株中进一步筛选出第二种蛋白酶缺失的双重突变株。将重组质粒导入这种双重突变株中,PLA2 获得了理想的分泌表达,所产生的葡萄糖淀粉酶-PLA2 酶原融合蛋白中有一部分被黑曲霉的蛋白酶直接裂解成具有生物活性的 PLA2。

4. 由重组里氏木霉生产纤维素类降解酶系

里氏木霉具有非凡的蛋白分泌表达能力,在纤维素、木聚糖、植物多糖混合物或乳糖培养基中培养,可促进纤维素酶和半纤维素酶编码基因的高效表达,其中的槐二糖是纤维素酶的天然诱导剂,发酵生产的 100 g/L 胞外蛋白中超过 60% 的是纤维素酶 Cel7a(CBHI),20% 为 Cel 6a(CBHII)。

在以里氏木霉为重组蛋白表达受体的系统中,最常用的强启动子来自其纤维素酶编码基因 *cel7*A,而最有用的信号肽序列来自 Cel7a,它能高效介导重组蛋白的分泌。由重组里氏木霉生产的三种嗜热毛壳菌(*Chaetomium thermophilum*)木聚糖内切酶被广泛用于牛皮纸浆的生物漂白。由重组里氏木霉生产热稳定性木聚糖酶的工业可行性也得以证实。此外,来自一种厌氧真菌装备梨囊鞭菌(*Piromyces equi*)的工业重要性生物催化剂肉桂酰酯酶,也已在重组里氏木霉中获得成功表达。目前,更重要的尝试是将木霉属强大的纤维素水解基因转化燃料乙醇生产酵母菌株中,使其能发酵纤维素生产乙醇,如绿色木霉(*Trichoderma viride*)的内切葡聚糖酶编码基因 *eg*Ⅷ已在酿酒酵母中克隆与表达。

## 5.1.6　重组丝状真菌在次级代谢物生产中的应用

除了高效分泌表达各种同源和异源蛋白外,丝状真菌有些物种还拥有丰富多样性的次级代谢物合成途径。抗生素是次级代谢物中最重要的一大类,目前已鉴定出的抗生素多达两万多种,其中 160 种抗生素的全球年销售额就已达 300 亿美元,而 β-内酰胺类抗生素的市场份额占据了 65%。盛产 β-内酰胺类抗生素的产黄青霉(*Penicillium chrysogenum*,青霉素生产菌)和顶头孢霉(*Cephalosporium acremonium*,头孢菌素生产菌)以及特产环聚寡肽类免疫抑制剂的雪白弯颈霉(*Tolypocladium niveum*,环孢霉素)已得到良好鉴定和应用;而更具开发潜力的是构巢曲霉中的非核糖体肽(NRP)和聚酮(PKS)生物合成资源。构巢曲霉基因组的分析显示 26 种 PKS 和 24 种 NRP 生物合成基因簇的存在,但其中只有 6 个 PKS(负责合成苷色酸、柄曲霉素、monodictyphenone、asperfuranone、asperthicin、napthopyrone)和 4 个 NRPS(负责合成青霉素、terrequinone、aspyridones、emericellamide)得以鉴定。更多次级代谢物合成机器的鉴定与重组开发是这些丝状真菌基因工程的一个重要领域。

1. β-内酰胺类抗生素生产菌的基因工程改良

自弗莱明 1928 年发现青霉素以来,筛选优良生产菌株的工作在世界范围内迅速展开,在对产黄青霉 NRRL1951 株进行详尽鉴定的基础上,以此作为出发菌,通过诱变又获得一株青霉素产量提高 10 倍的生产菌。进一步的菌种改良是采取施加选择压力方法进行的,即在选择性培养基中加入高浓度的青霉素合成初级或中间代谢产物,如赖氨酸、硫酸盐、2-氨基己二酸或 2-氨基丁二酸等。此外,利用丝状真菌准性生殖的原理选择单倍体重组子,也可用于菌种改良。这些经典技术极大地提高了生产菌合成青霉素的能力,但更深入的操作却十分困难,需要运用 DNA 重组技术在分子水平上对生产菌进行改良。虽然各种生物来源的 β-内酰胺类抗生素生物合成基因几乎全部克隆并鉴定,但直接用这些基因构建高产菌的前提条件是抗生素生产菌丝状真菌转化系统的建立。第一个产 β-内酰胺类抗生素的丝状真菌转化系统是构巢曲霉,之后顶头孢霉和产黄青霉的转化方法也相继建立。DNA 重组技术能为抗生素生产菌的改良以及新型抗生素生物合成途径的设计提供很大的操作潜力,这在青霉素和头孢菌素生产菌中得到了很好的体现。

解除抗生素生物合成途径中限速步骤对最终产物生产的影响,是改良抗生素生产菌的一种战略,这方面第一个成功的范例是头孢菌素工程菌的构建。在头孢菌素生物合成途径中,由 *cefEF* 控制的青霉素 N 扩环反应是一个限速步骤(图 5-7),顶头孢霉在发酵过程中常常伴有青霉素 N 中间产物的积累。将 *cefEF* 和 *cefG* 基因克隆在丝状真菌的整合型质粒上,重组分子转化头孢菌素 C 的生产菌顶头孢霉,其中一个转化子在工业规模的发酵中使得抗生素的产量

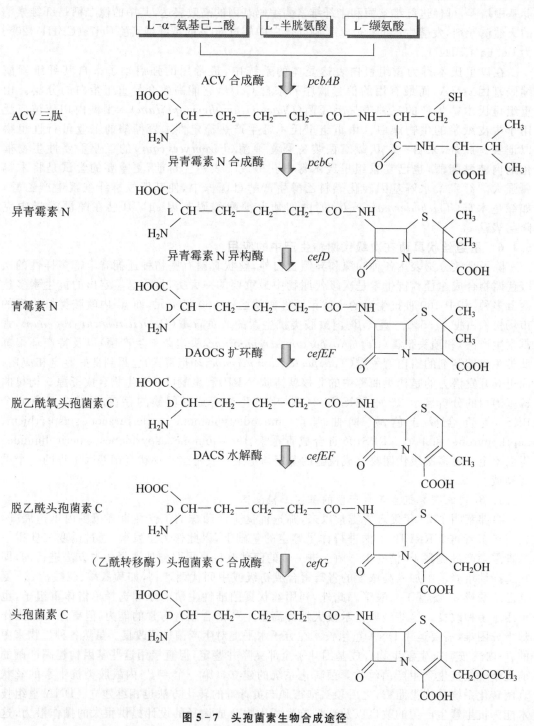

**图 5-7 头孢菌素生物合成途径**

提高 50%。进一步分析表明,该转化子细胞内确有两个拷贝的 *cefEFG* 基因,新增的基因拷贝异源整合在第 3 号染色体上,而内源性的 *cefEFG* 基因则定位在第 2 号染色体上。这种通过增加基因剂量来疏通抗生素生物合成限速部位的策略之所以能奏效是因为所使用的顶头孢霉受体菌只含有单拷贝的 β-内酰胺生物合成基因簇。采用类似的方法在产黄青霉中增加 *pcbC* 和 *penDE* 基因的拷贝,重组产黄青霉的青霉素产量也提

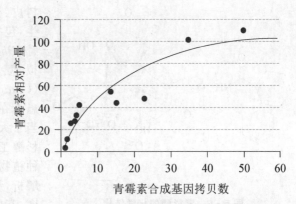

**图 5-8　青霉素产量与生物合成基因拷贝数的对应关系**

高 40%;如果增加所有青霉素合成基因(*pcbAB*、*pcbC*、*penDE*)的拷贝,则重组产黄青霉的青霉素产量可增加 167%。但进一步增加拷贝的尝试却不再能获得更理想的结果,也就是说,青霉素的产量与其生物合成基因的拷贝数并非总呈线性关系(图 5-8),这是因为生物合成基因拷贝数过高致使重组菌中抗生素合成所需前体物质(如三种氨基酸)的严重匮乏。类似的情形也存在于由本书著者鉴定的林可霉素生产菌林可链霉菌(*Streptomyces lincolnensis*)78-11 株中。

利用已克隆的 β-内酰胺类生物合成基因构建抗生素高产工程菌的另一种战略是综合平衡生物合成基因的表达调控,这项工作难度相对较高,必须对抗生素的生物合成机理有足够的了解(详见 4.3.6)。以克隆的 *pen* 基因为探针,跟踪检测青霉素发酵过程中 *pen* 基因特异性 mRNA 的水平,是研究整个生物合成途径调控网络的重要手段。相关的研究表明,三个 *pen* 基因在转录水平上被协同调控,转录产物的存在取决于菌丝体的活跃生长,发酵系统中溶氧下降会同步导致转录产物量的减少。在青霉素低产菌株与高产菌株中,基因转录的调控机制是一样的。为了研究青霉素生物合成基因所属启动子转录调控的工作原理,将构巢曲霉的 *pcbC* 和 *pcbAB* 基因所属启动子分别与大肠杆菌的 *lacZ* 和 *uidA* 报告基因融合在一起,构成方向相反的两个转录单位。重组分子转化构巢曲霉,在获得的克隆中,高浓度的葡萄糖能阻遏 *pcbC* 启动子的表达,但对 *pcbAB* 启动子没有影响。相比之下,在产黄青霉 P2 菌株中,高浓度的葡萄糖对所有 *pen* 基因的表达均没有明显的阻遏作用,然而在该菌的菌丝体中确实存在着特异性结合 *pcbC* 操作子的阻遏蛋白。

2. 异源次级代谢物生产菌的基因工程构建

利用 DNA 重组技术还可构建具有不同次级代谢物合成谱的工程菌。例如,将产黄青霉来源的 *penDE* 基因导入顶头孢霉中,这种重组顶头孢霉便能合成苄青霉素(青霉素 G)。脱乙酰氧头孢菌素 C(DAOC)是头孢菌素生物合成途径中的中间产物,产黄青霉不能合成这种化合物,但若将棒状链霉菌的 *cefD* 和 *cefE* 基因克隆在产黄青霉中,转化子就能改变青霉素的生物合成途径,转向合成 DAOC;而进一步引入顶头孢霉的乙酰转移酶编码基因 *cefG*,则可实现重组产黄青霉异源高产头孢菌素。在上述的重组子中,*cefD* 和 *cefE* 基因分别用产黄青霉 *pcbC* 和 *penDE* 基因的启动子控制表达。如果采用反义 RNA 或基因定向灭活的方法,解除 *penDE* 启动子区域内的阻遏作用,转化子的 DAOC 产量还可以进一步提高。

四环二萜内酰胺类化合物(图 5-9)紫杉醇是一种高效、低毒、广谱的抗癌药物,在治疗乳腺癌、子宫癌以及其他癌症中具有重要应用。紫杉醇以较低的浓度(0.01%～0.05%)天然存在于生长极其缓慢的濒危物种西部紫杉(短叶红豆杉,*Taxus brevifolia*)的

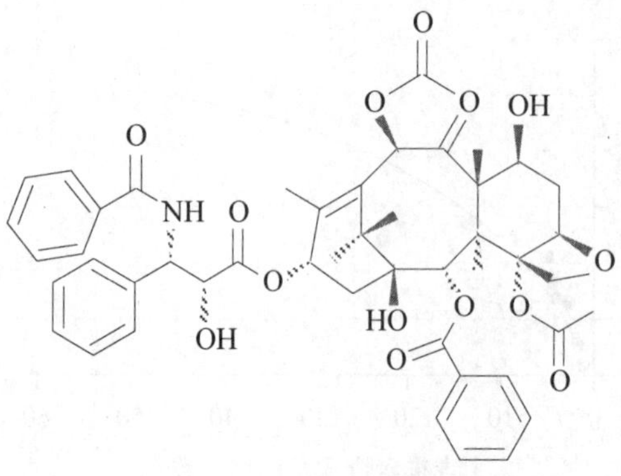

图 5-9 紫杉醇的化学结构

树皮、树根、树枝中,但由其内生丝状真菌产生,包括紫杉霉(*Taxomyces*)、绿僵菌、茎点霉(*Phoma*)、镰孢霉、链格孢菌(*Altenaria*)、拟盘多毛孢菌(*Pestalotiopsis*)、枝孢菌(*Cladosporium*)、木霉属、曲霉属、青霉属等。患者在治疗过程中人均需要 2 g 紫杉醇,相当于大半棵紫杉树。因此,微生物发酵是紫杉醇工业化生产的一种重要途径。目前,多种植物内生真菌的紫杉醇生物合成途径已被解析,编码该途径酶系的 20 多个基因已被测序,其中一些基因的转化和表达系统也已在重组丝状真菌中建立。例如,紫杉霉的紫杉醇生物合成途径关键基因 *ts*(编码紫杉二烯合成酶)在曲霉属吲哚-3-磷酸甘油合成酶编码基因所属启动子 $P_{trpC}$ 的介导下高效表达,重组质粒转化植物内生菌 EFY-21 株,紫杉醇的产量达到原始菌株的 5 倍。然而,目前植物内生丝状真菌离体培养或发酵的紫杉醇最高水平为 0.47 mg/L,距不低于 1 mg/L 的工业开发可行性指标尚有较大差距,其主要的高产瓶颈之一是大部分内生丝状真菌对其产物紫杉醇的耐受性较低。因此,寻找抗高浓度紫杉醇的异源丝状真菌受体,或者采用基因工程手段改造丝状真菌的紫杉醇耐受性,将是实现紫杉醇工业化生产的关键。

3. 新型次级代谢物生产菌的基因工程设计

相比青霉素,头孢菌素抗菌谱更广,毒性更低,最重要的是对 β-内酰胺酶的耐受性更高,但其抗菌效价很低。目前临床上应用的所有头孢菌素类抗生素均为 7-氨基脱乙酰氧头孢烷酸(7-ADCA)和 7-氨基头孢烷酸(7-ACA)的半合成衍生物,而 7-ADCA 和 7-ACA 既非头孢菌素发酵过程中的天然产物也非中间物。传统的 7-ACA 生产方法是采用多步化学工艺除去头孢菌素 C 上的氨基己二酰侧链基团;而 7-ADCA 的生产工艺则先将青霉素 G 化学氧化扩环,然而再用青霉素乙酰化酶除去其侧链基团。但由于顶头孢霉生产头孢菌素 C 的生产效能很低(无论怎样基因改良仍远低于产黄青霉生产青霉素的水平),因而上述生产方法成本过高且工艺路线复杂。

于是,便产生了令产黄青霉改变原有青霉素生物合成途径,转向直接发酵生产 7-ADCA 和 7-ACA 的改良策略,其基因工程设计原理如图 5-10 所示。将李普曼氏链霉菌(*Streptomyces lipmanii*)的 *cefD* 基因和棒状链霉菌的 *cefE* 基因同时引入产黄青霉中,并在发酵培养基中添加己二酸作为侧链前体物质,重组青霉素便发酵合成己二酰-7-ADCA(ad-7-ADCA),后者的己二酰侧链很容易通过酶促反应除去,从而实现 7-ADCA 的大规模工业化生产。该工艺路线节能、省有机溶剂,最终产物纯度高,生产成本低廉。

如果在上述重组产黄青霉构建设计中引入顶头孢霉的 *cefEF* 基因而非棒状链霉菌的 *cefE* 基因,同时导入棒状链霉菌 DAOC O-氨甲酰转移酶编码基因 *cmcH*,则重组产黄青霉转向合成并积累己二酰-7-氨甲酰基头孢烷酸(ad-7-ACCCA),后者可用作半合成诸如头孢三嗪、头孢唑啉、头孢他啶之类抗生素的新型前体物质,具有极高的经济价值,因为无论是 7-ADCA 还是 7-ACA 均难溶于水,严重影响后续的半合成工艺。

大约三分之二的半合成头孢菌素是以 7-ACA 为母核的,因而其生产价值远在 7-ADCA 之上。7-ACA 的发酵生产也可采取 7-ADCA 的类似策略,所不同的是在产黄青霉中同时引入顶头孢霉的 *cefEF* 以及乙酰转移酶编码基因 *cefG*。在发酵过程中添加己二酸以及最终除去己二酰侧链的工艺操作则维持不变。

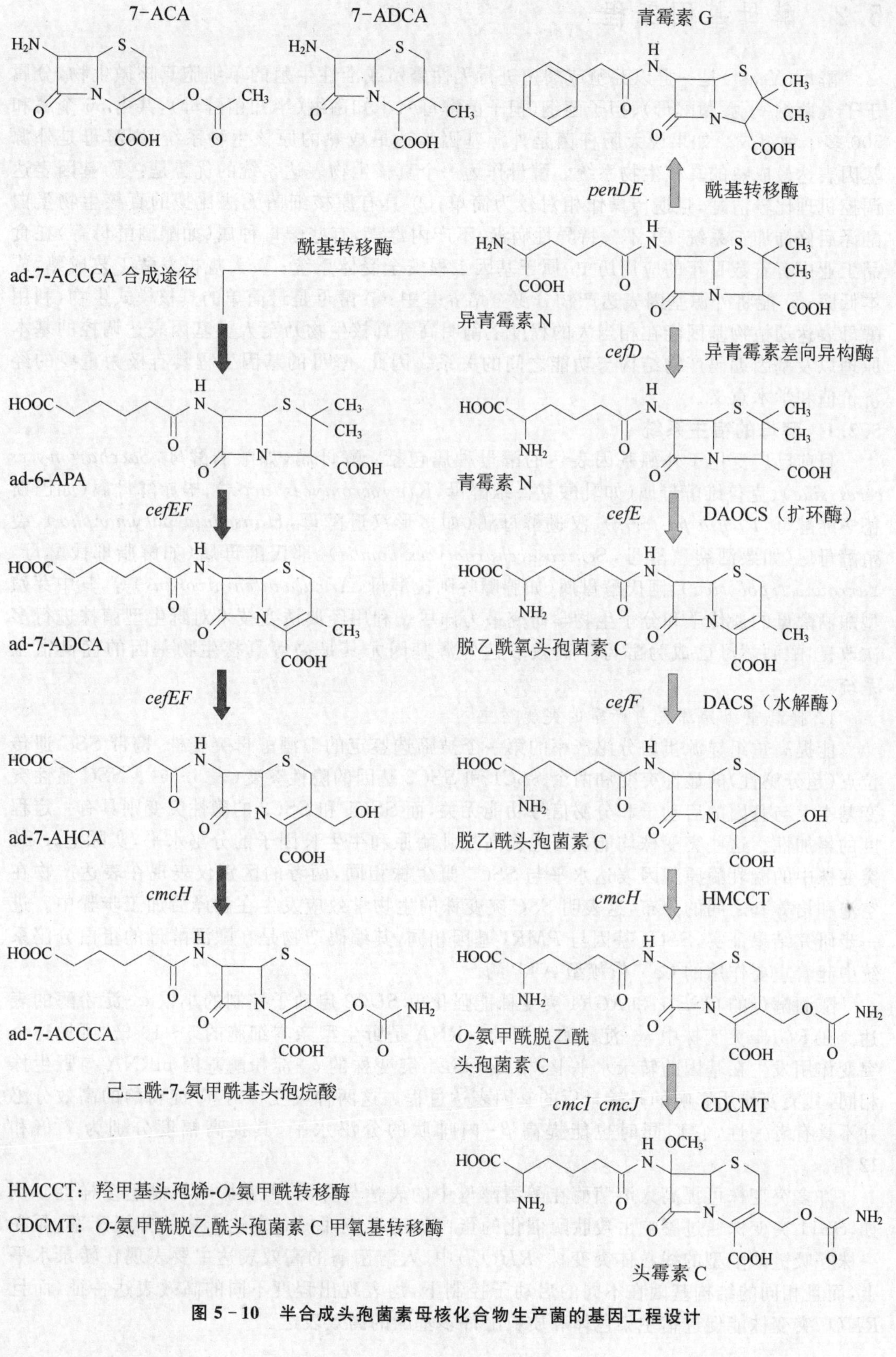

7-ACA　　　　　　7-ADCA　　　　　　　青霉素 G

ad-7-ACCCA 合成途径　　　酰基转移酶

异青霉素 N

*penDE*　　酰基转移酶

*cefD*　　异青霉素差向异构酶

ad-6-APA

青霉素 N

*cefEF*

*cefE*　　DAOCS（扩环酶）

ad-7-ADCA

脱乙酰氧头孢菌素 C

*cefEF*

*cefF*　　DACS（水解酶）

ad-7-AHCA

脱乙酰头孢菌素 C

*cmcH*

*cmcH*　　HMCCT

ad-7-ACCCA

己二酰-7-氨甲酰基头孢烷酸

*O*-氨甲酰脱乙酰头孢菌素 C

*cmcI cmcJ*　　CDCMT

HMCCT：羟甲基头孢烯-*O*-氨甲酰转移酶

CDCMT：*O*-氨甲酰脱乙酰头孢菌素 C 甲氧基转移酶

头霉素 C

图 5-10　半合成头孢菌素母核化合物生产菌的基因工程设计

## 5.2　酵母基因工程

　　酵母(Yeast)是一群以芽殖或裂殖进行无性繁殖或准性生殖的单细胞真核微生物,分属于子囊菌纲(子囊菌酵母)、担子菌纲(担子菌酵母)、半知菌纲(半知菌酵母),共由 56 个属和 500 多个种组成。如果说大肠杆菌是外源基因表达最成熟的原核生物系统,则酵母是外源基因表达最成熟的真核生物系统。酵母作为一个真核生物表达系统的优势是:① 基因表达调控机理比较清楚,且遗传操作相对较为简单;② 具有原核细菌无法比拟的真核生物蛋白翻译后修饰加工系统;③ 不含特异性病毒,不产内毒素,有些酵母种属(如酿酒酵母等)在食品工业中有着数百年的应用历史,属于基因工程安全受体系统;④ 大规模发酵工艺成熟,成本低廉;⑤ 能将外源基因表达产物分泌至培养基中;⑥ 酵母是最简单的真核模式生物,利用酵母表达动植物基因能在相当大的程度上阐明高等真核生物乃至人类基因表达调控的基本原理以及基因编码产物结构与功能之间的关系。因此,酵母的基因工程具有极为重要的经济价值和学术意义。

### 5.2.1　酵母的宿主系统

　　目前已广泛用于外源基因表达的酵母种属包括:酵母属(如酿酒酵母,*Saccharomyces cerevisiae*)、克鲁维酵母属(如乳酸克鲁维酵母,*Kluyveromyces lactis*)、毕赤酵母属(如巴斯德毕赤酵母,*Pichia pastoris*)、汉逊酵母属(如多形汉逊酵母,*Hansenula polymorpha*)、裂殖酵母属(如粟酒裂殖酵母,*Schizosaccharomyces pombe*)、耶氏酵母属(如解脂耶氏酵母,*Yarrowia lipolytica*)、阿氏酵母属(如腺嘌呤阿氏酵母,*Arxula adeninivorans*)等,其中芽殖型酿酒酵母的遗传学和分子生物学研究最为详尽。利用经典诱变技术对野生型菌株进行多次改良,酿酒酵母已成为酵母中高效表达外源基因尤其是高等真核生物基因的优良宿主系统。

　　1. 提高重组异源蛋白产率的突变宿主

　　能提高重组异源蛋白分泌产率的第一个被筛选鉴定的酿酒酵母突变株,携带 SSC 遗传位点(超分泌性)的显性突变和两个 SSC1 和 SSC2 基因的隐性突变(表 5-6)。SSC 显性突变基本上与基因的启动子和分泌信号功能无关,而 SSC1 和 SSC2 的隐性突变则具有一定程度的累加性。这些突变株均能显著地提高凝乳酶原和牛生长因子的分泌水平,实际上,SSC突变株中的凝乳酶原基因表达水平与 $SSC^+$ 野生株相同,两者的区别仅表现在表达产物在空泡和培养基之间的分布,这表明 SSC 突变株的生物学效应发生在翻译后加工步骤中。进一步研究结果证实,SSC1 基因与 PMR1 基因相同,其编码产物是在酿酒酵母的蛋白分泌系统中起着重要作用的 $Ca^{2+}$ 依赖型 ATP 酶。

　　酿酒酵母的 OSE 1 和 RGR1 突变株能强化由 SUC2 启动子控制的小鼠 $\alpha$-淀粉酶的表达。在 RGR1 突变株中,$\alpha$-淀粉酶基因的 mRNA 是野生型亲本细胞的 5~10 倍,可见这个突变作用发生在基因的转录水平上;相反,OSE1 突变株的 $\alpha$-淀粉酶基因 mRNA 与野生株相同,其突变作用影响的是转录后的基因表达过程。这两种突变株对 $\alpha$-淀粉酶的高效分泌并不具有专一性,它们同时也能提高 $\beta$-内啡肽的分泌水平,其提高幅度分别为 7 倍和12 倍。

　　许多突变株可提高人溶菌酶在酿酒酵母中的表达与分泌,但其影响机制呈多样性。例如,SS11 突变株通过影响由羧肽酶催化的蛋白加工反应而提高表达产物的分泌产率;而在一株呼吸链缺陷型的线粒体突变株($RHO^-$)中,人溶菌酶的高效表达主要表现在转录水平上,而且相同的结构基因在不同的启动子控制下,均表现出程度不同的高效表达特征,而且 $RHO^-$ 突变株能促进宿主染色体和质粒上许多基因的高效表达。

表 5 - 6　导致酿酒酵母重组异源蛋白产量提高和质量改善的突变类型

| 突　变 | 重组异源蛋白 | 增加产量 | 作用位点 |
|---|---|---|---|
| SSC1 | 凝乳酶原 | | 翻译后(钙依赖型 ATP 酶) |
| | 牛生长因子 | 3～10 倍 | |
| SSC2 | 凝乳酶原 | | 翻译后 |
| | 牛生长因子 | | |
| RGR1 | 鼠 $\alpha$ -淀粉酶 | 5～10 倍 | 转录 |
| | $\beta$ -内啡肽 | 7 倍 | |
| OSE1 | 鼠 $\alpha$ -淀粉酶 | | 转录后 |
| | $\beta$ -内啡肽 | 12 倍 | |
| DNS | 人血清白蛋白 | | 转录 |
| | 2 型纤溶酶原激活剂抑制因子 | 10 倍 | |
| SS11 | $\alpha_1$ -抗胰蛋白酶 P | | 翻译后(羧肽酶 Y) |
| | 人溶菌酶 | 10 倍 | |
| RHO | 人溶菌酶 | 10 倍 | 转录 |
| | 人表皮生长因子 | | |

　　由此可见,利用经典诱变技术筛选分离酿酒酵母的核突变株或线粒体突变株,可以在不同程度上提高重组异源蛋白的产率。由于呼吸链缺陷型的线粒体突变株很容易分离筛选,因此具有更大的实用性。然而,有些在表型上能提高某种特定异源蛋白表达的突变株未必具有促进其他外源基因表达的能力,因为提高一种特定异源蛋白合成和分泌的影响因素极其复杂,其中包括表达产物本身的生物化学和生物物理特性,只有那些能促进任何外源基因分泌表达的遗传稳定突变株,才能用作理想的基因工程受体。

　　2. 抑制超糖基化作用的突变宿主

　　与原核细菌相比,酿酒酵母作为外源基因表达受体的一个突出优点是具有完整高效的异源蛋白修饰系统,尤其是糖基化系统。相当多的真核生物天然蛋白含有天冬酰胺侧链上的寡糖糖基($N$ -糖基化),蛋白质的糖基化常常影响其生物活性(如蛋白质的抗原性等)。酿酒酵母细胞内的 $N$ -糖基化修饰和加工系统对来自高等动物和人的异源蛋白活性表达极为有利,然而这恰恰也是它作为受体的一个缺点,因为在野生型酿酒酵母中,重组分泌蛋白的糖基化程度很难控制,筛选和分离在蛋白质糖基化途径中不同位点缺陷的突变株能有效地解决酿酒酵母的超糖基化问题。

　　在真核生物中,分泌蛋白的糖基化反应在两种不同的细胞器中进行:糖基核心部分在内质网膜上与多肽链侧链连接,而外侧糖链则在高尔基体中加入。酿酒酵母对重组异源蛋白的糖基化作用与其他高等真核生物有所不同,但一般来说更接近于哺乳动物系统。目前已从野生型酿酒酵母中分离出许多类型的糖基化途径突变株,如甘露聚糖合成缺陷的 MNN 突变株、天冬酰胺侧链糖基化缺陷的 ALG 突变株、外侧糖链缺陷的 OCH 突变株等。在这些突变株中,具有重要实用价值的是 MNN9、OCH1、OCH2、ALG1 和 ALG2,因为它们不能在异源蛋白的天冬酰胺侧链上延长甘露多聚糖长链,这是酿酒酵母超糖基化的一种主要形式。携带 MNN9 突变的酵母细胞缺少聚合外侧糖链的 $\alpha$ - 1,6 -甘露糖基转移酶活性,而 OCH1 突变株则不能产生膜结合型的 $\alpha$ - 1,6 -甘露糖基转移酶。尽管其他类型的突变株尚未进行有效的鉴定,但它们却能使异源蛋白在天冬酰胺侧链上进行有限度的糖基化作用,杜绝了糖基外链无节制延长的超糖基化副反应。人 $\alpha_1$ -抗胰蛋白酶、酿酒酵母性激素加工蛋白酶以及人组织型纤溶酶原激活剂在酿酒酵母 MNN9 和 OCH1 突变株中的活性表达,充分显示了其理想的抗超糖基化效应。

### 3. 减少泛素依赖型蛋白降解作用的突变宿主

如果重组异源蛋白产率较低，在排除了基因表达存在的问题之后，首先应当考虑的是表达产物的降解作用。异源蛋白在受体细胞中或多或少会表现出不稳定性，因此不管采用何种受体系统，蛋白降解作用始终是外源基因表达过程中不容忽视的影响因素。尽管目前对重组异源蛋白在受体细胞中的降解机制还不完全了解，但泛素（Ubiquitin）依赖型的蛋白降解系统在真核生物的 DNA 修复、细胞循环控制、环境压力响应、核糖体降解以及染色质表达等生理过程中均起着十分重要的作用。

泛素是一种高度保守并分布广泛的真核蛋白质，由 76 个氨基酸残基组成。在泛素依赖型的蛋白质降解途径中，这个蛋白因子 C 端的 Leu - Arg - Gly - Gly 序列首先与各种靶蛋白的游离氨基基团形成共价结合物，后者具有三种不同的结构形式：① 单一泛素与靶蛋白一个或多个赖氨酸残基中的 ε-氨基结合；② 多聚泛素与靶蛋白结合，其中一个泛素单体的第 76 位 Gly 残基与另一个单体分子内部的第 48 位 Lys 残基结合；③ 泛素的第 76 位 Gly 残基与靶蛋白 N 端游离的 α-氨基共价结合。上述各种共价结合物在泛素激活酶 E1、泛素运载酶 E2 以及泛素连接酶 E3 的作用下，最终依照图 5 - 11 所示的路线降解为短小肽段直至氨基酸。

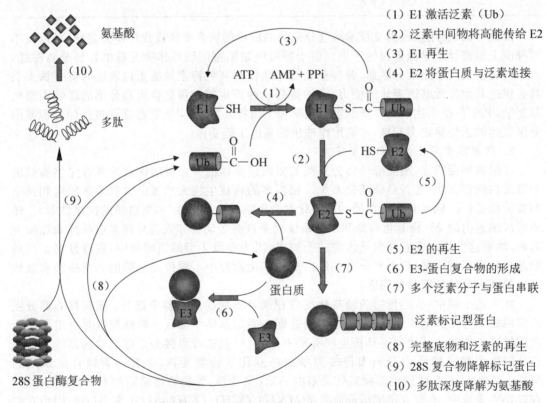

**图 5 - 11　酵母泛素依赖型的蛋白质降解途径**

如果外源基因表达产物在酵母中具有对泛素依赖型降解作用的敏感性，则可通过下列方法使这种降解作用减小到最低程度：① 以分泌的形式表达重组异源蛋白，异源蛋白在与泛素形成共价结合物之前，迅速被转位到分泌器中，即可有效避免降解作用；② 将外源基因的表达置于一个诱导型启动子控制之下，由于异源蛋白质在短期内集中表达，分子数占绝对优势的表达产物便能逃脱泛素的束缚，从而减少由降解效应带来的损失；③ 使用泛素生物合成缺陷的突变株作为外源基因表达的受体细胞。在酿酒酵母中，泛素的主要来源是多聚

泛素基因 *UBI*4 的表达。*UBI*4 突变株能正常生长,但其细胞内游离的泛素浓度比野生型菌株低得多,因此这种缺陷株是一个理想的外源基因表达受体。编码泛素激活酶 E1 的基因也可作为突变的靶基因,含有该基因突变的哺乳动物细胞内几乎检测不出泛素与外源蛋白的共价结合物。酿酒酵母编码 E1 蛋白的基因 *UBA*1 是一种看家基因,*uba*1 突变株是致死性的,但其编码 Uba1 蛋白的等位突变株却可减小泛素依赖型异源蛋白的降解作用。此外,编码泛素连接酶 E3 的 6 个 *UBC* 基因的突变也是构建重组异源蛋白稳定表达宿主系统的选择方案。例如,一个带有 *ubc*4 - *ubc*5 双重突变的酿酒酵母突变株,特异性降解短半衰期的宿主蛋白以及某些异常蛋白的能力大幅度削弱,如果这种突变株对重组异源蛋白也具有同等功效,那么也可用作受体细胞。

4. 衰减内源性蛋白酶活性的突变宿主

酿酒酵母拥有 20 多种蛋白酶,尽管不是所有的蛋白酶都能降解外源基因表达产物,但实验结果表明,有些蛋白酶缺陷有利于重组异源蛋白的稳定表达。例如,将大肠杆菌的 *lacZ* 作为报告基因分别导入两株具有相同遗传背景的酿酒酵母菌中,其中一株含有编码空泡蛋白酶基因 *PEP*4$^+$ 的野生型菌株,另一株为 *pep*4 - 3 突变株,其空泡中蛋白酶的活性显著降低。比较这两株菌中 $\beta$-半乳糖苷酶的活性,在同等实验条件下 *pep*4 - 3 突变株中的 $\beta$-半乳糖苷酶活性明显高于 *PEP*4$^+$ 野生型菌株,而且在间歇式发酵罐中,*pep*4 - 3 突变株也能长到相当高的密度。然而,巴斯德毕赤酵母 *pep*4 缺陷株在培养基中生长缓慢,特别在平板保存时很快死亡,而且很难进行甲醇诱导,也难与其他巴斯德毕赤酵母菌株交配。

PEP4 蛋白酶除了具有降解蛋白质的功能外,还能对某些重组异源蛋白进行加工。例如,MF$\alpha_1$-人神经生长因子(hNGF)原前体的融合蛋白只能在 *pep*4 突变株细胞中进行正确的加工剪切,这说明 PEP4 蛋白酶或者细胞内其他一些被 PEP4 蛋白酶激活和修饰的蛋白酶系统与重组异源蛋白的正确加工剪切过程有关。事实上,酵母细胞内的很多蛋白酶以酶原的形式进入空泡,而 PEP4 则负责以蛋白水解的方式激活空泡内的蛋白酶。虽然分泌型重组蛋白一般不进入空泡,但它们在培养基中能与小部分细胞裂解所释放出的蛋白酶接触。

## 5.2.2　酵母的载体系统

酵母中天然存在的自主复制型质粒并不多,而且相当一部分野生型质粒属于隐蔽型,因此目前用于外源基因克隆和表达的酵母载体质粒都是由野生型质粒与宿主基因组上的自主复制序列(*ARS*)、着丝粒序列(*CEN*)、端粒序列(*TEL*)以及用于转化子筛选鉴定的功能基因构建而成。

1. 酿酒酵母的 2$\mu$ 环状质粒

几乎所有的酿酒酵母菌株都存在一个 6 318 bp 的野生型 2$\mu$ 双链环状质粒,它在宿主细胞核内的拷贝数可维持在 50～100,呈核小体结构,其复制的控制模式与染色体 DNA 完全相同。2$\mu$ 质粒上含有两个相互分开的 599 bp 长反向重复序列(*IRs*),两者在某种条件下可发生同源重组,形成两种不同的形态 A 和 B(图 5 - 12)。该质粒上共有四个基因:*FLP*、*REP*1、*REP*2、*RAF*,其中 *FLP* 基因的编码产物催化两个 *IRs* 序列之间的同源重组,使质粒在 A 与 B 两种形态之间转化,*REP*1、*REP*2 和 *RAF* 基因均为控制质粒稳定性的反式作用因子编码基因。2$\mu$ 质粒还含有三个顺式作用元件:单一的 *ARS* 位于一个 *IRs* 的边界上;*REP*3(*STB*)区域是 REP1 和 REP2 蛋白因子的结合位点,对质粒在细胞有丝分裂时的均匀分配起着重要作用;*FRT* 存在于两个 *IRs* 序列中,大小为 50 bp,是 FLP 蛋白的识别位点。

2$\mu$ 质粒在宿主细胞中极其稳定,只有当一个人工构建的高拷贝质粒导入宿主菌中,或在宿主菌长时间处于对数期生长时,2$\mu$ 质粒才会以不高于 $10^{-4}$ 的频率丢失。这种稳定性主

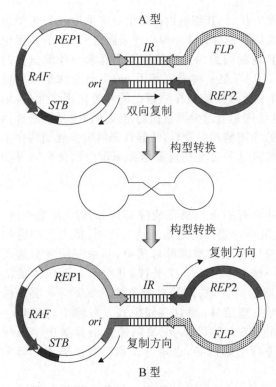

图 5-12 酿酒酵母 2μ 双链环状质粒的两种形态

要由两个因素决定：① 2μ 质粒在细胞分裂时可将其复制拷贝均分给母细胞和子细胞；② 当细胞中质粒拷贝数因某些原因减少时，2μ 质粒可通过自我扩增自动调节其拷贝数水平。REP1 蛋白通过与 STB 区域的特异性结合，将 2μ 质粒固定在核膜上，由于酵母在细胞分裂时核膜并不消失，因此质粒在核膜上的固定有利于它在子细胞和母细胞中的均匀分配。2μ 质粒仅在细胞的 S 期复制，由于其复制启动的控制与染色体 DNA 相同，因此在通常的情况下，每个细胞周期它只能复制一次。但在某些环境条件下，2μ 质粒也可在一个细胞周期中进行多轮复制，而且每次复制可产生二十聚体的大分子。上述两种复制特性均与 FLP 蛋白的作用密切相关，这是 2μ 质粒以有限的复制次数获得高拷贝的主要机制。

除了酿酒酵母外，其他几种酵母种属的细胞内也含有类似的野生型质粒，如接合酵母属（Zygosaccharomyces）中的 pSRI、pSB1、pSB2、pSR1 以及克鲁维酵母属中的 pKD1 质粒等，它们都具有相似的结构形态和大小，在各自的宿主细胞内也拥有较高的拷贝数。这些质粒的 IRs 和 ARS 的定位与酿酒酵母中的 2μ 质粒有着惊人的相似性，但其 DNA 序列以及编码产物的氨基酸序列却同源性不高。

2. 克鲁维酵母的线状和环状质粒

乳酸克鲁维酵母细胞内含有两种不同的线形双链质粒 pGKL1(8.9 kb)和 pGKL2(13.5 kb)，它们分别携带编码 K1 和 K2 两种能致死宿主细胞的毒素蛋白基因。这两种质粒在宿主细胞中的拷贝数为 50～100，含有高达 73% 的 AT 碱基对，主要存在于胞质中，与乳酸克鲁维酵母的核染色体 DNA 和线粒体 DNA 没有序列同源性。两种 pGKL 质粒的全序列已被鉴定，分别含有 202 bp 和 184 bp 的反向重复序列，但这两种 IRs 没有明显的同源性。pGKL1 质粒拥有四个开放阅读框架，分别编码 DNA 聚合酶、毒素蛋白 αβ 亚基、免疫蛋白、毒素 γ 亚基。pGKL2 质粒含有十个开放阅读框架，其中 ORF2、ORF4、ORF6 分别编码 DNA 聚合酶、DNA 解旋酶、RNA 聚合酶（图 5-13）。由于两种 pGKL 质粒均定位于细胞质中，并且缺少经典的启动子结构，因此质粒上的基因转录需要自身编码的 RNA 聚合酶。所有 pGKL 质粒上的开放阅读框架上游均不存在酵母核 RNA 聚合酶的识别位点，但都在转录起始位点上游 14 bp 处含有一个 ACT(A/T)AATATATGA 的保守序列(UCS)，这是质粒编码型 RNA 聚合酶的专一性识别结合位点，但这种质粒来源的 RNA 聚合酶基因的表达仍需使用宿主细胞的转录系统。

果蝇克鲁维酵母（Kluveromyces drosophilarum）细胞内含有一个环状野生型质粒 pKD1，它能转化乳酸克鲁维酵母，并在无选择压力的条件下稳定复制，每个细胞的拷贝数为 70。pKD1 全长 5 757 bp，含有 A、B、C 三个阅读框架和一对 IRs，其 ARS 位于一个 IR 与 B 基因之间。只含部分 pKD1 序列的重组质粒在克鲁维酵母中极不稳定，但若将相同的重组质粒转化含有完整 pKD1 序列的受体细胞，转化子的稳定性明显提高，表明重组质粒与

pGKL1（8874 bp）

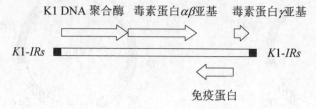

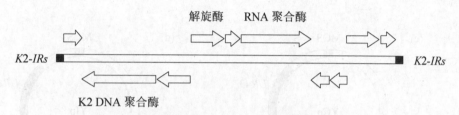

**图 5-13　乳酸克鲁维酵母线形质粒 pGKL 基因顺序组织**

pKD1 发生了同源重组。

pKD1 的 $A$ 基因与酿酒酵母 $2\mu$ 质粒上编码重组酶的 $FLP$ 基因具有相同的功效,而 $B$ 基因则对应于 $REP1$。含有 pKD1 和 $2\mu$ 质粒双重复制子的穿梭质粒 pGA15,可以高频转化乳酸克鲁维酵母和酿酒酵母,如果这两种受体细胞中分别含有 pKD1 和 $2\mu$ 质粒,则 pGA15 转化子的稳定性也相应提高,这表明穿梭质粒能有效用于两种或多种酵母种属之间的基因转移。环状质粒 pKD1 主要用于构建克鲁维酵母属的高效转化系统,其转化效率可高达 $10^4 \sim 10^5$ 个/$\mu$g DNA,与酿酒酵母的 $2\mu$ 质粒相似,但比其他酵母种属高 $10 \sim 100$ 倍。

3. 酿酒酵母含 ARS 型质粒 YRp 和 YEp 的构建

酿酒酵母基因组上每隔 $30 \sim 40$ kb 便有一个 $ARS$,因此用不含复制子结构的整合型质粒构建酵母染色体 DNA 基因文库,很容易克隆到 $ARS$ 片段。$ARS$ 能使重组质粒的转化效率大幅度提高,但提高程度差别很大。来自同一酵母种属的绝大多数 $ARS$ 不能交叉杂交,但 $ARS$ 序列中 AT 碱基对的含量都很高（$70\% \sim 85\%$）,并存在着一个拷贝的核心保守序列:（A/T）TTTAT（A/G）TTT（A/T）。改变这个核心序列中的任一对碱基均可导致复制功能丧失,但核心序列并不是进行复制功能的最小单位,其上游和下游邻近区域的存在也是必需的。在一般情况下,具有完整自主复制功能的 $ARS$ 大小在 $0.8 \sim 1.5$ kb 内。

酿酒酵母自主复制型载体的构建主要包括引入复制子结构、选择标记基因、克隆位点（MCS）三部分 DNA 序列。复制子结构的来源有两种,即直接克隆宿主染色体 DNA 上的 $ARS$ 或选用 $2\mu$ 质粒所属的复制子。由染色体 $ARS$ 构成的质粒称为 YRp［图 5-14(a)］,而由 $2\mu$ 质粒构建的杂合质粒则称为 YEp［图 5-14(b)］,两者均为酿酒酵母/大肠杆菌型穿梭质粒。YRp 和 YEp 质粒在转化酿酒酵母后,都能进行自主复制,拷贝数最高时可达 200 个/细胞。但 YRp 型转化子经过几代培养后,质粒的丢失率高达 $50\% \sim 70\%$,其主要原因是质粒上无分配控制功能的元件,复制拷贝不能在母细胞和子细胞中均匀分配,而且这种不均匀分配现象发生的强度与质粒的拷贝数呈高度正相关。仅含 $2\mu$ 质粒自主复制序列的 YEp 质粒需要转化含有天然 $2\mu$ 质粒的酿酒酵母 $cir^+$ 株,以提供稳定性所需的反式作用因子 REP1 和 REP2。这些载体一般比完整的 $2\mu$ 质粒更具结构稳定性,但只能维持较低的拷贝数（$10 \sim 40$ 个拷贝/细胞）,而且随外源基因的产物性质和表达水平显著波动。由强组成型启动介导的表达、复杂产物的合成与分泌或者细胞中某条途径的过载,均会降低平均拷贝数并显著影响质粒的稳定性。

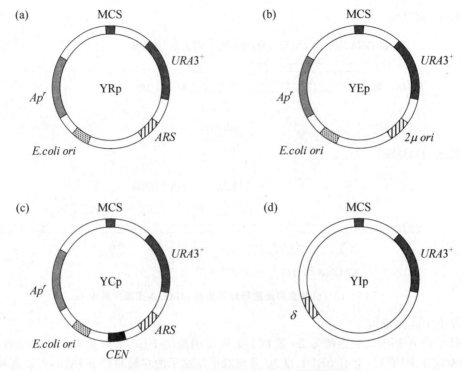

**图 5 - 14　酿酒酵母四类载体质粒构建图谱**

在麦芽糖假丝酵母(*Candida maltosa*)和解脂耶氏酵母中,YRp 型质粒在每个细胞中只有 2~5 个拷贝,但却显示出较高的稳定性。有些 YRp 质粒在二倍体细胞中比在单倍体细胞中更为稳定,但其拷贝数比在单倍体细胞中减少 5~10 倍。

4. 酿酒酵母含 *CEN* 型质粒 YCp 的构建

在真核生物中,染色体在母细胞和子细胞之间的均匀正确分配是由有丝分裂纺锤体等活化的分配器进行的。从纺锤体孔中伸展出来的微管通过端粒复合物结合在染色体的特异性位点(即着丝粒和动粒)上,将染色体组拉向正在分裂的细胞两端,最终形成各含一套完整染色体的母细胞和子细胞,因此着丝粒区域是染色体均匀分配的重要顺式作用元件。将该区域 DNA 序列(*CEN*)插入酿酒酵母 *ARS* 型质粒中,能明显改善质粒复制拷贝在母细胞和子细胞中的均匀分配,同时提高质粒在宿主细胞增殖过程中的稳定性。

酿酒酵母中的不同 *CEN* 之间没有明显的同源性,但它们都含有一个 110~120 bp 长度的保守区域,这一区域由三个特征序列组成,分别为 *CDEI*、*CDEII* 和 *CDEIII*。有些着丝粒区域(如 *CEN6*)仅 *CDEI* 和 *CDEIII* 序列足以发挥功能,但两者中的任何一个缺失,着丝粒的活性便全部丧失。即使在三个序列都必需的着丝粒中,*CDEII* 序列也没有明显的保守性,在已鉴定的十个酵母 *CEN* 中,*CDEII* 序列的最显著特征是 AT 碱基对含量高于 90%,但改变这一组成,对着丝粒功能只有轻微的影响。

将上述 *CEN* DNA 序列与含有 *ARS* 的质粒重组,构建的杂合质粒称为 YCp[图 5 - 14(c)]。YCp 质粒具有较高的有丝分裂稳定性,但拷贝数通常只有 1~5 个。相对分子质量小于 10 kb 的 YCp 质粒在每次细胞分裂时的丢失率为 $10^{-2}$(标准的染色体丢失率为 $10^{-5}$),但当 YCp 质粒扩大至 100 kb 时,相应的丢失率下降到 $10^{-3}$。酿酒酵母受体细胞中 $2\mu$ 质粒的存在并不能提高 YCp 质粒的拷贝数,也就是说,$2\mu$ 质粒的多位点扩增系统对 YCp 质粒的复制不起作用。含有双 *CEN* 区域的 YCp 质粒在结构上是稳定的,但在宿主细胞分裂若干次(最多 20 次)后便表现出不稳定性。

　　YCp 质粒与 ARS 质粒(如 YEp 和 YRp)一样,能高频转化酵母,也可在大肠杆菌和酵母之间有效地穿梭转化并维持。但 YCp 质粒比 YEp 和 YRp 质粒稳定,并且质粒的拷贝数也相对比较稳定,这在研究基因表达调控机制、表达对宿主细胞具有毒性的外源基因编码产物以及利用同源重组技术灭活染色体基因等方面具有较高的实用价值。

　　5. 酿酒酵母含 δ 序列整合型载体 YIp 的构建

　　因在细胞内稳定维持的拷贝数不同,上述 YEp 和 YCp 质粒载体可分别用于外源基因在酿酒酵母中的高水平和低水平表达,且使用简便。然而,两种或多种 $2\mu$ 型和(或)CEN/ARS 型质粒很难同时维持在同一个细胞中。若要同时导入多个外源基因,且希望既能保持长期稳定又能精确控制其量的差异性表达,那么最简便的方式是将外源基因整合在酵母染色体的特定位点中。

　　标准的酿酒酵母整合型质粒 YIp 一般携带 MCS、选择性标记、整合特异性靶序列,但不含复制起始位点,因而除非整合在染色体上否则不能在细胞中维持[图 5 - 14(d)]。整合特异性靶序列的功能是介导 YIp 质粒或其重组分子以同源重组的方式整合在宿主基因组的相应位点上,一般选择酿酒酵母基因组上的重复序列,如 δ 元件、rDNA、逆转座子 Ty1 等,其中的 δ 元件是逆转座子 Ty1 和 Ty2 上的长末端重复序列(LTR)。酿酒酵母 S288C 株的基因组中散布着数百个 δ 元件,它们或单独存在或与逆转座子连在一起。因此,YIp 质粒或其重组分子一旦进入细胞,在强大筛选压力的存在下,便可整合在酿酒酵母基因组的多个重复序列中,最高可达 80 处多拷贝整合。

　　以上述 YRp、YEp、YCp、YIp 四大类酿酒酵母质粒为基本骨架,分别安装酿酒酵母的启动子和终止子等基因表达元件、重组蛋白分析纯化标签序列以及其他特殊功能元件,便构成一系列用途广泛的表达载体,其中的一些重要成员列在表 5 - 7 中。

　　6. 酿酒酵母含 TEL 型质粒 YAC 的构建

　　真核生物染色体的两个游离末端称为端粒,端粒区域的 DNA 为 TEL 序列,这个序列的最大作用是防止染色体之间的相互黏连。由于目前已知的所有生物体 DNA 聚合酶都必须在引物的引导下由 $5'$ 至 $3'$ 方向聚合 DNA 链,而且引物在新生 DNA 链中被切除,因此从理论上来说,线形染色体 DNA 在每次复制后产生的子代 DNA 必然会在其两端各缺失一段。然而真核生物的端粒 TEL DNA 在端粒酶的作用下,可以修补因复制而损失的 DNA 片段,以防止染色体过度缺失对宿主细胞造成的致死性。另外,TEL DNA 序列与端粒酶共同作用的时空特异性也决定了细胞的寿命,如果生物机体的某种组织或细胞缺少 TEL DNA 的增补功能,则它们会在复制一定次数(或细胞分裂)后自动死亡,而其寿命的长短直接与端粒 TEL DNA 的长度相关。

　　含有线形基因组的生物体防止其 $3'$-复制所造成的 DNA 缩短的方式有多种,如大肠杆菌 λ - DNA 和 T7 - DNA 的自身环化或串联聚合、痘菌病毒(Vaccinia)DNA 末端发夹结构的形成、腺病毒和乳酸克鲁维酵母杀手质粒 $5'$ 端引物结合蛋白的使用等,而绝大多数的真核生物则依赖于端粒 TEL DNA 的重复序列补加,以避免染色体基因组的缺失[图 5 - 15(a)]。酿酒酵母的 TEL DNA 由一个恒定的 6.7 kb 大小的 $Y'$ 区域和一个长度可变(0.3 - 4.0 kb)的 X 区域组成[图 5 - 15(b)]。$Y'$ 区域的两侧各含有数百个 $C_{1\sim3}A$ 重复序列,在重复序列的下游是 ARS。有些野生型的端粒不含 $Y'$ 区域,而在另一些端粒中则拥有四个 $Y'$ 拷贝,至少有一条染色体(第 1 号染色体)不含 X 和 $Y'$ 区域。人工构建的缺失 X 和 $Y'$ 区域的第 3 号染色体与正常染色体一样稳定,由此可见 X 和 $Y'$ 区域的存在并非端粒功能所必需,事实上 $C_{1\sim3}A$ 重复序列单独就有端粒功能。乳酸克鲁维酵母染色体的端粒重复序列与酿酒酵母完全一致,但粟酒裂殖酵母染色体的端粒重组序列却有较大的差异($C_{1\sim6}G_{0\sim1}T_{0\sim1}GTA_{1\sim2}$)。

表 5-7　酿酒酵母自主复制和整合型表达载体系列

| 载体系列 | 复制子 | 选择标记 | 启动子 | 注释 |
|---|---|---|---|---|
| YCplac/YEplac/YIplac | $ARS1/CEN4$ $2\mu$ | $URA3$ $TRP1$ $LEU2$ | | pUC19-MCS |
| pIS | | $URA3$ | $P_{TEF1}$ $P_{GAL1}$ $P_{STE12}$ | YIplac211 骨架 |
| YCp4xx/YEp4xx/ | $ARS1/CEN4$ $2\mu$ | $URA3$ $TRP1$ $HIS3$ $LEU2$ | | pBR322 骨架 |
| YRp4xx | $ARS1$ | | | |
| | | $LYS2$ | | |
| pRS(YCp/YEp/YIp) | $ARSH4/CEN6$ $2\mu$ | $URA3$ $TRP1$ $HIS3$ $LEU2$ | | pBLUESCRIPT 骨架 |
| | | $ADE2$ $kanMX$ $MET15$ | | |
| | | $hphNT1$ $natNT2$ | | |
| p4XX prom | $ARSH4/CEN6$ $2\mu$ | $URA3$ $TRP1$ $HIS3$ $LEU2$ | $P_{CYC1}$ $P_{ADH1}$ $P_{TEF1}$ | pRS 变体 |
| | | | $P_{GPD1}$ $P_{MET25}$ $P_{GAL1}$ | |
| | | | $P_{MET25}$ | |
| | | | $P_{GALL}$ $P_{GALS}$ | |
| pCu4XX prom | $ARSH4/CEN6$ $2\mu$ | $URA3$ $TRP1$ $HIS3$ $LEU2$ | $P_{CTR3}$ $P_{CTR1}$ $P_{CUP1}$ | pRS 变体 |
| pGREG | $ARSH4/CEN6$ | $URA3$ $TRP1$ $HIS3$ $LEU2$ | $P_{GAL1}$ | pRS 变体 |
| | | $kanMX$ | | 9 个 N 端和 C 端标签 |
| p4XX prom. att | $ARSH4/CEN6$ $2\mu$ | $URA3$ $TRP1$ $HIS3$ $LEU2$ | $P_{TEF1}$ $P_{GPD1}$ $P_{GAL1}$ | 4 个 N 端和 C 端标签 |
| (Gateway™) | | | $P_{MET25}$ | |
| pVV2xx(Gateway™) | $ARS1/CEN4$ | $URA$ $TRP1$ | $P_{PGK1}$ $P_{tetO-CYC1}$ | 4 个 N 端和 C 端标签 |
| pJGxxx(Gateway™) | $ARSH4/CEN6$ | $URA3$ $TRP1$ $HIS3$ $LEU2$ | $P_{GAL1}$ | V5-6×His 标签 |
| pAG(Gateway™) | $ARSH4/CEN6$ $2\mu$ | $URA3$ $TRP1$ $HIS3$ $LEU2$ | $P_{TDH3}$ $P_{GAL1}$ | 7 个 N 端和 C 端标签 |
| pCMxxx | $ARS1/CEN4$ $2\mu$ | $URA3$ $TRP1$ | $P_{tetO-CYC1}$+$tTA$ | YCplac/YEplac 变体 |
| | | | | $tetO$ 数目可变 |
| pYC/pYES | $ARSH4/CEN6$ $2\mu$ | $URA3$ $TRP1$ $bsd$§ | $P_{GAL1}$ | |
| YCp-SPB/YEp-SPB/ | $ARS1/CEN4$ $2\mu$ | $URA3$ | $P_{PGK1}$ $P_{GAL1}$ $P_{GAL10}$ | |
| YIp-GAL1-SPB | | | $P_{PHO5}$ $P_{CUP1}$ | |
| pXP | $ARSH4/CEN6$ $2\mu$ | $URA3$ $TRP1$ $HIS3$ $LEU2$ | $P_{PGK1}$ $P_{TEF1}$ $P_{ADH2}$ | 整合时可标记循环 |
| | | $ADE2$ $MET15$ | $P_{GAL1}$ $P_{CUP1}$ | 含 CreA-$loxP$ 系统 |
| | | | $P_{HXT7391}$ | |
| pBEVY/pBEVY-G | $2\mu$ | $URA3$ $TRP1$ $LEU2$ $ADE2$ | $P_{TDH3}$-$P_{ADH1}$ | 双向启动子系统 |
| | | | $P_{GAL1}$-$P_{GAL10}$ | |
| pY2x-GAL(1/10)-GPD | $2\mu$ | $URA3$ $TRP1$ $HIS3$ $LEU2$ | $P_{GAL1}$-$P_{TDH3}$ | 双向启动子系统 |
| | | | $P_{GAL10}$-$P_{TDH3}$ | |
| pESC | $2\mu$ | $URA3$ $TRP1$ $HIS3$ $LEU2$ | $P_{GAL1}$-$P_{GAL10}$ | 双向启动子系统 |
| pSP-G1/pSP-G2 | $2\mu$ | $URA3$ | $P_{TEF1}$-$P_{PGK1}$ | pESC-URA 变体 |
| | | | | 双向启动子系统 |

　　利用酵母的端粒 $TEL$、$CEN$、$ARS$ 等 DNA 元件构建人工酵母染色体,可以克隆扩增大片段的外源 DNA,这是 YAC 载体构建的基本思路。这类载体一个典型的例子是 pYAC2,它除了装有两个方向相反的 $TEL$ DNA 片段外,还包括 $SUP4$、$TRP1$、$URA3$ 等酵母选择标记基因以及大肠杆菌的复制子和选择标记基因 $Ap^r$。$SUP4$ 编码 tRNA$^{Tyr}$ 的赭石抑制型 tRNA,在 $ade2$ 基因赭石突变株中,$SUP4$ 基因的表达使转化子呈白色,而非转化子或 $SUP4$ 基因不表达时呈红色。因此,将外源 DNA 克隆在 YAC 载体的 $Sma$I 位点上,便可灭活 $SUP4$ 基因,获得红色的重组克隆。pYAC2 上的大肠杆菌元件主要是为了载体质粒在大肠杆菌中的扩增与制备。YAC 载体的装载量可高达 800 kb,因而非常适用于构建人的基因组文库。

　　YAC 载体的克隆程序由图 5-16 表示。首先将待克隆的外源 DNA 在温和条件下随

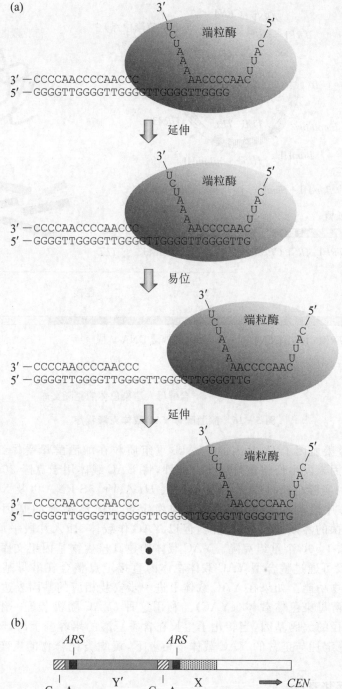

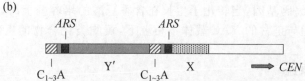

**图 5 - 15　酿酒酵母端粒结构及端粒酶作用机制**

机打断或用限制性内切酶部分酶切,然后采用 PEGF 技术或蔗糖梯度离心分级分离相对分子质量比载体装载量略小的 DNA 片段;载体质粒 pYAC2 用 *Bam*HI 和 *Sma*I 打开,并经碱性磷酸单酯酶处理后与 DNA 片段体外连接重组;重组分子转化酵母受体细胞,红色菌落即为重组克隆。用这种方法构建的一个人类基因组文库共由 14 000 个重组克隆组成,其插入 DNA 片段的平均大小为 225 kb。在另一个利用 YAC 载体构建的人类基因组

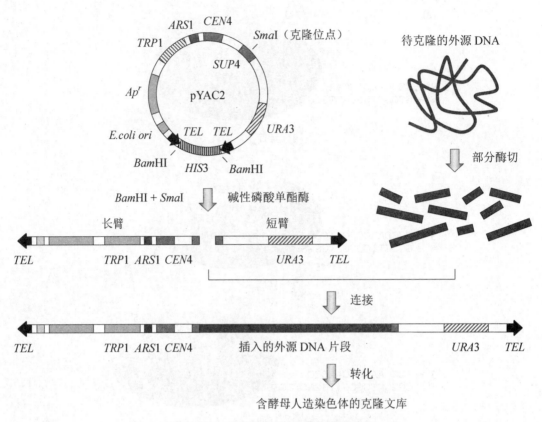

**图 5－16  酿酒酵母 YAC 载体克隆程序**

文库中,含有完整凝血因子 IX 基因的 650 kb 重组质粒在酿酒酵母受体细胞中稳定维持了 60 代,外源基因未发生任何重排现象。此外,将 YAC 载体用于克隆 200~800 kb 人基因组 DNA 片段的实验也获得成功,被克隆的人 *HLA*、*Vκ*、5S RNA 以及 X 染色体的 q24－q28 亚区等 DNA 片段均表现出较高的结构稳定性。构建果蝇的基因文库大约需要 10 000 个大肠杆菌的考斯质粒重组克隆,但以 YAC 作载体,插入片段平均相对分子质量为 220 kb,则只需 1 500 个重组克隆。YAC 载体构建真核生物基因组文库的另一优势是,克隆的 DNA 片段可通过整合型 YAC 载体在体内直接定点整合在酵母基因组中,进而研究克隆基因的生物功能。如果在 YAC 载体上进一步安装相应的基因表达调控元件,则可构建表达型人造酵母染色体载体(eYAC)。利用这种 eYAC 随机装配一组黄酮类化合物七步生物合成途径的编码基因,当转化子生长在含香豆酸的培养基上时,50% 的重组克隆能产柚皮素,其稳定性与正常的 YAC 载体不相上下,黄酮类化合物的生产能力能维持 50 多代。

### 5.2.3  酵母的转化系统

酵母的转化程序首先是在酿酒酵母中建立的,类似的方法也同样适用于粟酒裂殖酵母、乳酸克鲁维酵母以及巴斯德毕赤酵母的转化。质粒进入酵母细胞后,或与宿主基因组同源整合,或借助于 *ARS/2μ* 序列独立于染色体自主复制。这种特征与原核细菌颇为相似,但与包括真菌在内的其他真核生物有明显的区别,在后者中,非同源重组占主导地位。操作简便的转化系统是酵母作为 DNA 重组和外源基因表达受体的另一优势。

#### 1. 酵母的转化程序

早期酵母的转化都采用在等渗缓冲液中稳定的原生质球转化法。在 $Ca^{2+}$ 和 PEG 的存在下,酵母原生质球可有效地吸收质粒 DNA,转化效率与受体细胞的遗传特性以及使用的选择标记类型有关。在无选择压力的情况下,转化细胞可占存活的原生质球总数的 1%～5%。此外,将酵母原生质球与含外源 DNA 的脂质体或者含酵母/大肠杆菌穿梭质粒的大肠杆菌小细胞融合,也能获得较高的转化效率。但上述标准转化程序的高转化率只限于个别菌株,对大多数酵母而言,利用合适的选择标记筛选转化子是必需的。

原生质球的转化方法虽然使用广泛,但操作周期较长,而且转化效率受到原生质球再生率的严重制约。因此,几种完整细胞的转化程序相继建立,其中有些方法的转化率与原生质球的方法不相上下。酿酒酵母的完整细胞经碱金属离子(如 $Li^+$ 等)或二巯基苏糖醇(DTT)处理后,在 PEG 存在下和热休克之后可高效吸收质粒 DNA,虽然不同的菌株对 $Li^+$ 或 $Ca^{2+}$ 的要求不同,但 LiAc 或 LiCl 介导的完整细胞转化法同样适用于粟酒裂殖酵母、乳酸克鲁维酵母和解脂耶氏酵母。完整细胞转化与原生质球转化的机制并不完全相同,在酿酒酵母的原生质球转化过程中,一个细胞可同时接纳多个质粒,而且这种共转化的原生质球占转化子总数的 25%～33%,但在 LiAc 介导的完整细胞转化中,共转化现象较为罕见。另外,LiCl 处理的酵母感受态细胞吸收线形 DNA 的能力明显大于环状 DNA(两者相差 80 倍),而原生质球对这两种形态的 DNA 的吸收能力并没有特异性。

酵母原生质球和完整细胞均可在电击条件下吸收质粒 DNA,但在此过程中应避免使用 PEG,因为它对受电击的细胞的存活具有较大的副作用。电击转化法与受体细胞的遗传背景以及生长条件关系不大,因此广泛适用于多个酵母种属,而且转化率可高达 $10^5$ 个/$\mu$g DNA。巴斯德毕赤酵母感受态细胞制备和电击转化的操作程序如下:

(1)感受态细胞制备。① 将新鲜的巴斯德毕赤酵母单菌落接种在 5 mL YPD 培养基(1%酵母提取物、2%蛋白胨、2%右旋糖)中 30℃振荡培养过夜;② 在摇瓶中用 50 mL YPD 新鲜培养基将过夜培养物稀释至 $OD_{600}$ 为 0.15～0.20,在良好通气条件下 30℃振荡培养至 $OD_{600}$ 为 0.8～1.0(大约需要 4～5 h);③ 室温下 500 g 离心 5 min,倒去上清液,将细胞悬浮在 9 mL 冰冷的 BEDS 溶液(10 mmol/L $N$,$N$-二羟乙基甘氨酸-NaOH,pH 8.3、3%乙二醇、5%二甲基亚砜、1 mol/L 山梨醇、0.1 mol/L DTT)中;④ 在 30℃振荡培养细胞悬浮液 5 min;⑤ 室温下 500 g 离心 5 min,再将细胞悬浮在 1 mL 无 DTT 的 BEDS 溶液中。由此制备的感受态细胞即可进行转化操作,或者将之分装并置于-80℃下冰冻保存。

(2)电击转化。① 将不多于 5 $\mu$L 的线形化质粒 DNA 溶液(100～200 ng/$\mu$L)加入 40 $\mu$L 新鲜制备或冰冻保存的感受态细胞中,然后转至冰浴的 2 mm 间隙的电击转化杯中;② 按照电击转化仪制造商建议的酵母操作参数(表 5-8)电击细胞(不同类型的电击转化仪所对应的操作参数有所不同);③ 立刻加入 0.5 mL 冰凉的 1 mol/L 山梨醇溶液和 0.5 mL 冰凉的 YPD,然而将电击转化杯中的全部溶液转移至一个无菌的 1.5～2.0 mL 离心管中;④ 在 30℃缓慢振荡(100 r/min)培养 3.5～4 h;⑤ 将培养液涂布在选择性固体培养基平板上,培养 2～4 d 后即可用于分析。

表 5-8　巴斯德毕赤酵母电击转化操作参数

| 仪 器 名 称 | 电转杯缝隙/mm | 样品体积/$\mu$L | 电压/V | 电容/$\mu$F | 电阻/$\Omega$ | 电场/(kV/cm) | 脉冲时间/ms |
|---|---|---|---|---|---|---|---|
| ECM600(BTX) | 2.0 | 40 | 1 500 | 默认 | 129 | 7 500 | 5 |
| Electroporator II(Invitrogen) | 2.0 | 80 | 1 500 | 50 | 200 | 7 500 | 10 |
| Gene-Pulser(Bio-Rad) | 2.0 | 40 | 1 500 | 25 | 200 | 7 500 | 5 |
| Cell-Porator(BRL) | 1.5 | 20 | 480 | 10 | 低 | 2 670 | |

2. 转化质粒在酵母宿主中的命运

双链 DNA 和单链 DNA 均可高效转化酵母,但单链 DNA 的转化率是双链 DNA 的 10～30 倍。含有酵母复制子结构的单链质粒进入受体细胞后能准确地转化为双链形式,而不含复制子结构的单链 DNA 则可高效地同源整合到受体细胞的染色体 DNA 上;另外,酵母细胞中含有活性极强的 DNA 连接酶,但 DNA 外切酶的活性比大肠杆菌低得多,因此线形质粒或带有缺口的双链 DNA 分子均可高效转化酵母菌,甚至几个独立的 DNA 片段进入受体细胞后也能在复制前连接成一个环状分子。将人工合成的 20～60 bp 寡聚脱氧核苷酸片段转化酵母,这些 DNA 小片段能整合在受体细胞染色体 DNA 的同源区域内,这一技术为酵母基因组的体内定点突变创造了极为有利的条件。

除此之外,进入同一受体细胞的不同 DNA 片段如果存在同源区域,也能发生同源重组并产生新的重组分子。将外源基因克隆在含有一段酵母质粒 DNA 的大肠杆菌载体(如 pBR322 及其衍生质粒)上,重组分子直接转化含有酵母质粒的受体细胞,重组分子中的外源基因便可通过体内同源整合进入酵母质粒上,这种方法尤其适用于酵母载体因分子太大、限制性内切酶位点过多而难以进行体外 DNA 重组的情况。同理,含有酵母染色体 DNA 同源序列以及合适选择标记的大肠杆菌重组质粒转化酵母后,借助于体内同源整合过程可稳定地整合在受体染色体 DNA 的同源区域内。同源重组的频率取决于整合型质粒与受体基因组之间的同源程度以及同源区域的长度,就酿酒酵母而言,两侧同源区域各 25 bp 足以发生整合。在一般情况下,50%～80% 的转化子含有稳定的整合型外源基因。

同源整合有单交叉和双交叉两种形式。就单交叉而言,载体分子在染色体同源靶序列内部线形化,从而在插入载体片段的两侧形成重复序列,而且当这两个重复序列之间再次发生同源重组时,插入的载体便被剔除(即结构不稳定性);就双交叉而言,载体上仅同源区内的待整合片段插入染色体靶序列的内部(即同源交换或 Ω 整合),剩余载体部分在染色体外线形化,此时如果载体上不含酵母复制子,则该片段将随着细胞分裂而消失。由于双交叉整合并不形成重复序列,因而整合在染色体上的外源 DNA 区域相当稳定。然而,双交叉的整合频率相对单交叉要低得多。

3. 用于酵母转化子筛选的选择性标记基因

用于酵母转化子筛选的标记基因主要有营养缺陷互补基因和显性基因两大类,前者主要包括营养成分的生物合成基因,如氨基酸(*LEU*、*TRP*、*HIS*、*LYS*)和核苷酸(*URA*、*ADE*)等。在使用时,受体必须是相对应的营养缺陷型突变株。这些标记基因的表达虽具有一定的种属特异性,但在酿酒酵母、粟酒裂殖酵母、巴斯德毕赤酵母、白色假丝酵母 (*Candida albicans*)以及解脂耶氏酵母等种属之间大都能交叉表达。目前用于实验室研究的几种常规酵母受体系统均已建立起相应的营养缺陷株,但对大多数多倍体工业酵母而言,获得理想的营养缺陷型突变株相当困难甚至不可能,故在此基础上又发展了酵母的显性选择标记系统。

显性标记基因的编码产物主要是干扰酵母受体细胞正常生长的毒性物质的抗性蛋白(表 5-9),其中来自大肠杆菌 Tn601 转座子的 *aph* 基因编码氨基糖苷类抗生素 G418 的抗性蛋白(磷酸转移酶),这个基因能在酵母中低水平表达,因此在同等转化条件下筛到抗性转化子的数量只及营养互补型转化子的 10%。

氯霉素能抑制原核生物 70S 核糖体以及真核生物线粒体介导的蛋白质生物合成,但对酵母等真核生物细胞质内由 80S 核糖体介导的 mRNA 翻译过程没有任何作用。然而,用非发酵型碳源(如乙醇或甘油)培养酵母,则氯霉素也能抑制其生长,不过筛选时所使用的抗生素浓度必须大于 1 mg/mL,而且不同的酵母种属对氯霉素的敏感性不同。氯霉素的抗性基因来自原核细菌的转座子 Tn9,其编码产物氯霉素乙酰转移酶(CAT)通过氯霉素的乙酰化作用而使其灭活。为了提高 cat 标记基因在酵母受体细胞中的表达水平,需将 CAT 编码序列置于酵母乙醇脱氢酶编码基因(ADC1)所属启动子以及异-1-细胞色素 C 编码基因(CYC1)基因所属终止子的控制之下。

**表 5-9　用于酵母的显性选择标记**

| 功能蛋白 | 显性基因 | 作用机理 | 注释说明 |
|---|---|---|---|
| 氨基糖苷磷酸转移酶 | aph(Tn601) | 修饰灭活氨基糖苷类 G418 | 自身启动子 |
| 氯霉素乙酰转移酶 | cat(Tn9) | 修饰灭活氯霉素 | 需在不可发酵的碳源上培养 酿酒酵母 ADC1 启动子 |
| 二氢叶酸还原酶 | Mdhfr(小鼠) | 抵消氨甲喋呤和磺胺的抑制 | 酿酒酵母 CYC1 启动子 |
| 腐草霉素结合蛋白 | ble(Tn5) | 灭活腐草霉素 | 酿酒酵母 CYC1 启动子 解脂耶氏酵母 CYC1 启动子 |
| 铜离子螯合物 | CUP1(酵母) | 螯合二价铜离子 | 自身启动子 |
| 蔗糖转化酶 | SUC2(酵母) | 代谢分解蔗糖 | 巴斯德毕赤酵母 AOX1 启动子 解脂耶氏酵母 XPR2 启动子 |
| 乙酰乳酸合成酶 | ILV2$^r$(酵母) | 抗硫酰脲除草剂 | 自身启动子 |
| EPSP 合成酶 | aroA(细菌) | 抵消草甘膦的抑制 | 酿酒酵母 ADH1 启动子 |
| DAHP 合成酶 | ARO4-OFP | 抵消 O-氟苯丙氨酸的抑制 | 自身启动子(酿酒酵母) |
| 锌指转录因子 | FZF1(酵母) | 促进亚磷酸盐外排 | 自身启动子(酿酒酵母) |
| 亚磷酸脱氢酶 | ptxD(细菌) | 将亚磷酸氧化为磷酸 | 酿酒酵母 IPC 启动子 粟酒裂殖酵母 NMT1 启动子 |
| 渗透压调节因子 | SRB1(酵母) | 抗低渗透压生长 | 自身启动子(酿酒酵母) |

注:DAHP—3-脱氧-D-阿拉伯糖庚糖酸-7-磷酸;EPSP—5-烯醇式丙酮酰莽草酸-3-磷酸。

酿酒酵母的生长为甲氨喋呤和对氨基苯磺酰胺的混合物所抑制,前者抑制二氢叶酸还原酶的活性,后者则阻止四氢叶酸的生物合成(图 5-17)。在多拷贝的 $2\mu$ 质粒衍生载体上过量表达二氢叶酸还原酶基因(dhfr),可以有效抵消由于甲氨喋呤抑制所造成的酵母内源性二氢叶酸还原酶活性的不足。标记基因选取小鼠来源的 Mdhfr cDNA,将其置于酵母细胞 CYC1 基因的启动子控制之下。当重组质粒整合在染色体上后,Mdhfr 表达序列可产生 6 个随机排列的拷贝,并在受体细胞分裂 30 代后仍保持结构的稳定。

腐草霉素是由轮枝链霉菌(Streptomyces verticillus)合成的一种抗生素,在低浓度时腐草霉素就能杀死原核和真核生物,其作用机理是在体内和体外断裂 DNA。原核细菌 Tn5 转座子上的 ble 基因编码产物可灭活腐草霉素,将该编码序列与酵母 CYC1 基因所属的启动子和终止子重组,便能在酿酒酵母转化子中表达腐草霉素抗性。这个筛选系统尤其适用于解脂耶氏酵母,因为它对相当多的抗生素不敏感。

铜离子抗性基因(CUP1)编码一种 $Cu^{2+}$ 螯合蛋白,其多肽链内 60 个半胱氨酸残基中的 10 个参与 $Cu^{2+}$ 的螯合作用。在酵母的 $Cu^{2+}$ 抗性突变株中,CUP1 基因的拷贝数是敏感株的 10~15 倍。将 CUP1 基因插入自主复制型酵母杂合质粒 pJDB207 上,并转化相应的受体菌,转化子能稳定维持 100 个拷贝的质粒,同时高效表达 $Cu^{2+}$ 抗性蛋白。酿酒酵母对 $Cu^{2+}$ 极其敏感,因此是 $Cu^{2+}$ 筛选系统的最佳受体。在一般情况下,含有 0.5~1.0 mmol/L $CuSO_4$ 的培养基即可有效筛选 pJDB207-CUP1 型的转化子。

磺酰脲类(SM)除草剂能抑制多种原核和真核生物的乙酰乳酸合成酶,导致细胞内异亮氨酸和缬氨酸生物合成能力的缺失。来自酿酒酵母突变株的 SM 脱敏性基因 ILV2 已被克隆,该基因能使转化子产生显性 SM 抗性表型,而且较低的表达水平就足以克服 SM 对乙酰

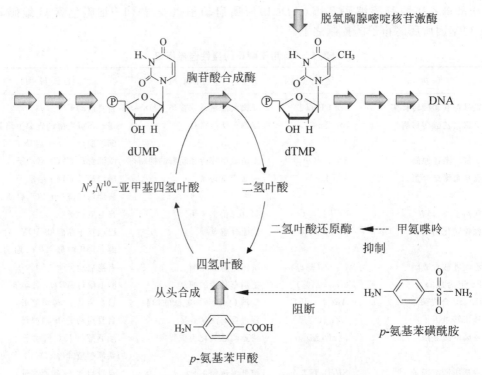

**图 5-17　酿酒酵母四氢叶酸合成途径的抑制机制**

乳酸合成酶产生的抑制作用,因此这个选择标记系统对许多酵母种属均适用。另一种除草剂草甘膦能抑制芳香族氨基酸生物合成途径中的 EPSP 合成酶。将编码此酶的大肠杆菌 *aroA* 基因置于 *ADH*1 启动子和 *CYC*1 终止子的控制之下,可在酿酒酵母中高效表达 EPSP 酶,相应的转化子也产生较高的 N-磷羧甲基甘氨酸耐受性。不同的酵母种属对各种单糖或双糖代谢利用能力的差别很大,因此某些糖代谢基因也可作为选择标记使用。例如,酿酒酵母能分泌一种将蔗糖分解为葡萄糖和果糖的转化酶(蔗糖酶),而某些酵母种属(如巴斯德毕赤酵母和解脂耶氏酵母)则不能代谢蔗糖。将蔗糖酶编码基因作为选择标记克隆在上述两种酵母受体细胞中,转化子可从含蔗糖唯一碳源的培养基中方便地筛选,而且在重组菌的培养过程中,加入蔗糖还能为维持质粒提供选择压力,这种添加剂在基因工程药物生产中明显优于抗生素及其他有机化合物或重金属离子。

　　利用质粒上的营养成分生物合成标记基因互补相应的营养缺陷型受体,可以在不添加任何筛选试剂的条件下维持转化子中质粒的存在,但这种筛选互补模式并不稳定,而且对选择培养基的要求也很高,在大规模传统发酵中普遍使用的复合培养基一般不能用作这种工程菌的培养。解决这一难题的一种有效方法是建立所谓的自选择系统。酿酒酵母的一种 *srb*-1 突变株对环境条件极为敏感,它只能在含渗透压稳定剂的培养基中正常生长,而在普通复合培养基中细胞会自发裂解。用含野生型 *SRB*1 基因的自主复制型多拷贝质粒转化这种突变株受体细胞,只有转化子才能在不含渗透压稳定剂的普通培养基中生长,因此任何培养基均可用于转化细胞的筛选以及质粒的稳定维持。更为优越的是,含有 *SRB*1 标记基因的多拷贝载体能在受体菌中稳定复制 80 代以上。相对化学试剂或营养缺陷互补筛选程序而言,这种自选择系统具有更高的应用价值。

#### 5.2.4　酵母的表达系统

尽管酵母的生长代谢特征与大肠杆菌等原核细菌有许多相似之处,但在基因表达调控模式尤其是转录水平上与原核细菌有着本质的区别,因而酵母是研究真核生物基因表达调控的理想模型。绝大多数的酵母基因在所有生理条件下均以基底水平转录,每个细胞或细胞核只产生 1~2 个 mRNA 分子。因此,外源基因在酵母中高效表达的关键是选择高强度的启动子,以改变受体细胞基因基底水平转录的控制系统;同时控制外源基因的拷贝数。

**1. 酵母启动子的基本特征**

用于启动转录蛋白质结构基因的酵母 II 型启动子由基本区和调控区两部分组成,基本区包括 TATA 盒和转录起始位点。在芽殖酵母的典型代表酿酒酵母的基因组(总长为 13.5 Mb 的 16 条染色体上拥有 6 449 个蛋白质编码基因)中,转录起始位点位于 TATA 盒下游 30~120 bp 的区域内,但裂殖酵母的典型代表粟酒裂殖酵母的 mRNA 合成位点紧邻 TATA 盒,与高等真核生物的启动子结构非常相似。这两种来源的启动子在启动基因转录方面具有交叉活性,但其转录起始位点的选择与宿主细胞的性质密切相关。例如,粟酒裂殖酵母的基因在酿酒酵母细胞中的转录起始位点位于其正常转录起始位点的下游,而酿酒酵母的基因在粟酒裂殖酵母细胞中的转录却在其 TATA 盒的邻近区域开始,也就是说,同一个基因的转录产物在两种宿主细胞中的大小并不一致,这种现象有可能直接影响 mRNA 的翻译过程,因此启动子与受体细胞之间的合理匹配对异源基因在酵母中的表达具有重要意义。

酵母启动子的调控区位于基本区上游数百碱基对的区域内,由上游激活序列(UAS)和上游阻遏序列(URS)等顺式元件组成。这些元件均为相应的反式蛋白调控因子的作用位点,并激活或关闭由 TATA 盒介导的基因转录,而反式蛋白调控因子的表达及其活性状态的改变又受到特异性信号分子的影响,由此构成酵母基因表达的时空特异性调控网络。

与大肠杆菌相似,利用启动子探针质粒可从酵母基因组中克隆和筛选具有特殊活性的强启动子,所使用的无启动子报告基因为疱疹单纯病毒的胸腺嘧啶激酶编码基因($HSV1-TK$),该酶催化胸腺嘧啶合成 dTMP。酿酒酵母天然缺少 $TK$ 基因,其 dTMP 是由胸腺嘧啶核苷酸合成酶从 dUMP 转化而来的。甲氨喋呤和对氨基苯磺酰胺抑制其 dTMP 的生物合成,因而能抑制细胞的分裂。将 $HSV1-TK$ 基因与 pJDB207 重组构建一个启动子探针质粒,在 $TK$ 基因上游的单一限制性酶切口处插入随机断裂的酵母基因组 DNA 片段,从含有甲氨喋呤、对氨基苯磺酰胺以胸腺嘧啶的选择培养基上即可获得含有启动子活性片段的阳性转化子。启动子的强度则可通过分析转化子中胸腺嘧啶激酶的活性以及转化子在培养基上生长所需的最少胸腺嘧啶浓度来表示,利用这个系统已筛选出一个极强的酵母菌启动子。获得强启动子的另一种方法是利用天然的内源和外源启动子元件拼装具有优良调控性能的合成启动子(详见 5.2.4)。

**2. 酵母的组成型启动子**

酵母的组成型启动子泛指那些转录活性严格依赖于葡萄糖存在和营养生长的启动子,其基本特征是在葡萄糖耗竭后所属基因转录水平急剧下跌。就糖代谢异常旺盛的酿酒酵母而言,参与糖酵解途径的基因所属的启动子基本上属于组成型且转录活性最强。这些葡萄糖依赖型的启动子包括:磷酸甘油酸激酶编码基因启动子 $P_{PGK1}$、丙酮酸脱羧酶编码基因启动子 $P_{PDC1}$、磷酸丙糖异构酶编码基因启动子 $P_{TPII}$、乙醇脱氢酶 I 编码基因启动子 $P_{ADH1}$、丙酮酸激酶编码基因启动子 $P_{PYK1}$、甘油醛-3-磷酸脱氢酶编码基因启动子 $P_{TDH3}$ 或 $P_{GPD}$。除此之外,广泛用于介导外源基因高效表达的强组成型启动子还来自那些与酿酒酵母营养生长密切相关的基因,如翻译延伸因子编码基因($P_{TEF1}$)、细胞色素 C 编码基因($P_{CYC1}$)、肌动蛋白编码基因($P_{ACT1}$)、交配因子 $\alpha_1$ 编码基因($P_{MF\alpha1}$)以及己糖转运子编码基因($P_{HXT7}$)等。

上述组成型启动子对葡萄糖存在和细胞生长的严格依赖性与其结构密切相关。例如，全长为 1 500 bp 的 $P_{ADH1}$ 在酿酒酵母生长于葡萄糖培养基时被激活，并随着葡萄糖和乙醇的消耗而呈下调趋势；其上游序列缺失了 1 100 bp 的短小版本（$P_{ADH1s}$）将表达转至乙醇生长早期，且活性在乙醇消耗晚期反而上扬；恢复其上游 300 bp 片段所形成的一种中长型版本（$P_{ADH1m}$）则在酿酒酵母对数生长早期被激活，且活性一直维持到乙醇消耗晚期。

采用组成型启动子介导外源基因在酿酒酵母中高效表达的优势在于无需添加任何诱导剂，且能与细胞生长同步保持相对恒定的表达水平。前者可以在降低生产成本的同时避免诱导剂可能造成的污染，这在生产重组蛋白药物时尤为重要；后者对表达那些必须在细胞生长期间具有活性的基因或途径是必不可少的。然而，在外源基因表达产物对酵母细胞构成潜在危害或者希望细胞生长与重组蛋白表达相分离的情况下，组成型启动子并非理想的选择。在不少情形中，组成型强启动子的使用导致重组质粒不稳定以及外源基因拷贝数降低。例如，采用 $2\mu$ 质粒上的强组成型启动子 $P_{GK1}$ 控制海肾荧光素酶（Rluc）编码基因的表达，重组质粒的拷贝数为 5.6，而对照空载质粒的拷贝数却为 11.6。

由于各组成型启动子的结构和序列各不相同，因此它们介导基因转录的强度也有很大差异，而且这种差异还受到酵母种属、培养基组成、细胞生长阶段、载体复制类型、基因性质和序列等诸多因素的影响。例如，生长于葡萄糖培养基中的酿酒酵母在其含 CEN/ARS 或 $2\mu$ 复制子的载体上，四种常用组成型启动子介导大肠杆菌 $\beta$-半乳糖苷酶表达的相对活性大小顺序为 $P_{TDH3} > P_{TEF1} >> P_{ADH1} >>> P_{CYC1}$。同样条件下，若将 $\beta$-半乳糖苷酶报告基因表达盒以单拷贝的方式整合在酿酒酵母的染色体 DNA 上，那么七种组成型启动子在葡萄糖消耗生长期中表现出的强度顺序为 $P_{TEF1} \sim P_{PGK1} \sim P_{TDH3} > P_{TPI1} \sim P_{PYK1} > P_{ADH1} > P_{HXT7}$；但在乙醇消耗早期生长阶段中，强度顺序却变为 $P_{HXT7} \sim P_{TEF1} > P_{PGK1} > P_{TPI1} \sim P_{TDH3} > P_{PYK1} > P_{ADH1}$；而当酿酒酵母生长在含 1% 的乙醇培养基中时（即乙醇生长阶段），启动子的强度顺序又变为 $P_{HXT7} >> P_{PDC1} \sim P_{TPI1} \sim P_{PGK1} > P_{ADH1} > P_{PYK1} > P_{ENO2}$。在糖蜜作为碳源并处于葡萄糖消耗生长期时，酿酒酵母含 $2\mu$ 复制子质粒上的五种组成型启动子介导白地霉（Geotrichum candidum）脂肪酶表达的相对活性顺序为 $P_{PGK1} > P_{ADHm} \sim P_{ACT1} >> P_{ADH1s} > P_{TDH1}$；但在乙醇消耗早期阶段，启动子的相对强度顺序却变为 $P_{ACT1} > P_{PGK1} \sim P_{ADH1s} > P_{TDH3} > P_{ADHm}$；而在乙醇消耗晚期阶段，只有 $P_{ADH1s}$ 呈转录启动活性。

3. 酵母的调控型启动子

调控型启动子是指那些转录启动活性受诱导剂或阻遏因子明确控制的启动子。调控型启动子能通过诱导效应或（和）脱阻遏效应定时定量地启动外源基因的表达及其水平，因而更适合使重组细胞生长到一定密度之后方诱导外源基因表达的场合，以防止高浓度的重组表达产物对受体细胞可能构成的毒性作用。然而，诱导型启动子的使用也受到启动子对诱导剂的敏感性（包括细胞响应诱导剂或阻遏剂的强度和时间）、因启动子渗漏所造成的表达本底以及诱导剂的价格等因素的影响。根据调控机理不同，调控型启动子又可分为脱阻遏型启动子和诱导型启动子两大类。前者为各种化学阻遏物或物理阻遏因素所阻遏，仅当这些阻遏因子/因素自然消失后才能启动基因的转录；后者可在各种化学诱导剂或物理诱导因素出现时介导基因的转录启动或者增强基因的转录水平。

（1）酵母的葡萄糖阻遏机制

葡萄糖是酵母偏爱的碳源和能源。转录组分分析显示，酿酒酵母至少有 163 个基因在葡萄糖限制条件下表达呈上调趋势，即葡萄糖对这些基因的表达具有阻遏效应。这一阻遏过程涉及相关阻遏因子（如 Mig 家族成员）对细胞内外葡萄糖浓度的感应以及对其靶基因特定调控序列的识别与结合（图 5-18）。在高葡萄糖浓度时，Mig1 从胞质转至核内，与靶启动子调控序列中的 GC 丰富位点结合，并招募由 Ssn6-Tup1 构成的阻遏复合物，其

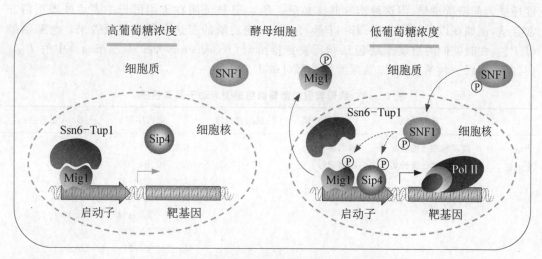

**图 5-18　酵母中葡萄糖阻遏的分子机制**

结果是转录起始因子如 Sip4 等不能接近其结合位点,转录呈阻遏状态;一旦细胞内的葡萄糖被耗尽,蛋白激酶 SNF1 便被磷酸化激活,并通过磷酸化促使 Mig1 和阻遏复合物从靶序列上剥离,启动子脱阻遏。随后,Mig1 被逐出核外,Sip4 被磷酸化激活而介导启动子的转录启动。

很多具有葡萄糖阻遏效应的基因如己糖转运子(*MTH1*、*HXT4*、*HXK1*)仅为 Mig1 所阻遏。然而,两个额外的 Mig 阻遏因子(Mig2 和 Mig3)能以一种增效的方式部分协助 Mig1 参与葡萄糖阻遏,如 *ICL1*、*ICL2*、*GAL3*、*HXT2*、*MAL11*、*MAL31*、*MAL32*、*MAL33*、*MRK1*、*SUC2* 等基因为 Mig1 和 Mig2 联合阻遏,甚至 *SIR2* 基因仅在 Mig3 存在下便可被完全阻遏。

(2) 酵母的脱阻遏型启动子

酵母脱阻遏型启动子的基本特征是不能为化学诱导剂或物理诱导因素所诱导,除非在低浓度或无葡萄糖存在条件下脱阻遏。当细胞内葡萄糖浓度高于一定阈值时,染色质结构阻碍转录激活因子(如 Adr1 等)接近启动子;随着葡萄糖的不断消耗,转录激活因子的 DNA 结合功能域脱磷酸化(以及组蛋白 H3 和 H4 乙酰化),此时在无任何诱导信号存在的情况下,转录激活因子便能与启动子调控区域结合,进而介导靶基因的表达。因此,选择脱阻遏型启动子驱动外源基因表达的优势非常明显:在碳源富足的细胞生长期间目标蛋白并不表达,一旦重组酵母进入对数生长晚期,外源基因无需外部施加诱导便会自动转录。酵母中部分具有代表性的脱阻遏型启动子及其性质列在表 5-10 中。

酿酒酵母的己糖运输子共由 17 个 *HXT* 基因编码,其中一些呈诱导型(如 *HXT1*),而另一些则为高浓度的葡萄糖所阻遏(如 *HXT2*、*HXT4*、*HXT6*、*HXT7*)。在所有的葡萄糖转运子中,HXT7 与葡萄糖的亲和性最高,而且 *HXT7* 启动子区域也是构建酵母表达系统合适的调控元件,其介导转录启动的强度在酿酒酵母乙醇连续发酵过程中最高。

酿酒酵母的 *SUC2* 基因编码一种转化酶(β-呋喃果糖糖苷酶),其所属启动子 $P_{SUC2}$ 除蔗糖外无需任何外部诱导剂便能介导高效转录。与 *HXT* 基因的启动子相似,$P_{SUC2}$ 的脱阻遏发生在葡萄糖(或果糖等)浓度低至某一阈值(0.1% 质量体积比)以下时;然而当葡萄糖浓度跌至零时,$P_{SUC2}$ 重新回到阻遏状态。例如,在以甘油作为唯一碳源(无糖类阻遏)的培养过程中,*SUC2* 的表达水平比在低浓度葡萄糖培养时低 8 倍。事实上,$P_{SUC2}$ 的调控既涉及 Mig1 和 Mig2(高浓度葡萄糖阻遏),又涉及 Rgt1(葡萄糖缺乏时阻遏)。此外,$P_{SUC2}$ 的转录启动活性还能为蔗糖所诱导,但这种诱导并非必需。$P_{SUC2}$ 已被证明在重组酵母中表达外源蛋白非常合适,例如在以乳酸作为碳源时,$P_{SUC2}$ 介导 $\alpha$-淀粉酶的表达获得了显著效果。与酿酒酵母 $P_{SUC2}$ 性能类似的启动子还包括马氏克鲁维酵母(*Kluyveromyces marxianus*)中的 $P_{INU1}$(其基因编码一种菊粉酶)以及粟酒裂殖酵母的 $P_{inv1}$。

表 5-10　酵母典型的葡萄糖阻遏型启动子及其性质

| 启动子 | 基因功能 | 酵母种属 | 脱阻遏强度 | 调控序列 | DNA 结合蛋白 |
|---|---|---|---|---|---|
| $P_{HXT7}$ | 高亲和型己糖转运子 | 酿酒酵母 | 10～15 倍 | 未知 | |
| $P_{HXT2}$ | 高亲和型己糖转运子 | 酿酒酵母 | 10～15 倍 | 从 −590 至 −579 | Rgt1(−) |
| | | | | 从 −430 至 −424 | |
| | | | | 从 −393 至 −387 | |
| | | | | 从 −504 至 −494 | Mig1(−) |
| | | | | 从 −427 至 −415 | |
| | | | | 从 −291 至 −218 | UAS |
| | | | | 从 −226 至 −218 | 激活因子 |
| $P_{HXT4}$ | 高亲和型己糖转运子 | 酿酒酵母 | | 从 −645 至 −639 | Rgt1(−) |
| $P_{HXT6}$ | 高亲和型己糖转运子 | 酿酒酵母 | 10 倍 | 未知 | Mig2(−) |
| $P_{KHT2}$ | 高亲和型己糖转运子 | 乳酸克鲁维酵母 | 2 倍 | 未知 | |
| $P_{HGT9\ 10\ 12\ 17}$ | 高亲和型己糖转运子 | 白色假丝酵母 | | 未知 | |
| $P_{SUC2}$ | 转化酶 | 酿酒酵母 | 200 倍 | 从 −499 至 −480 | Mig1/Mig2(−) |
| | | | | 从 −442 至 −425 | |
| | | | | 从 −627 至 −617 | Sko1 |
| | | | | 从 −650 至 −418 | UAS |
| | | | | −133 | RNA Pol II |
| $P_{ADH2}$ | 乙醇脱氢酶 II | 酿酒酵母 | 100 倍 | 从 −319 至 −292 | Cat8(+) |
| | | | | 从 −291 至? | Adr1(+) |
| $P_{JEN1}$ | 乳酸渗透酶 | 酿酒酵母 | 10 倍 | 从 −651 至 −632 | Cat8(+) |
| | | | | 从 −1 321 至 −1 302 | |
| | | | | 从 −660 至 −649 | Mig1(−) |
| | | | | 从 −1 447 至 −1 436 | |
| | | | | 从 −739 至 −727 | Abf1 |
| $P_{MOX}$ | 甲醇氧化酶 | 多形汉逊酵母 | | 从 −245 至 −112 | Adr1(+) |
| | | | | 从 −507 至 −430 | UAS |
| $P_{AOX\Delta6}$ | 乙醇氧化酶 | 巴斯德毕赤酵母 | | | 删除 GCR1 位点 |
| $P_{GLK1}$ | 葡萄糖激酶 | 酿酒酵母 | 6 倍 | 从 −881 至 −702 | Gcr1 |
| | | | | 从 −572 至 −409 | URS |
| | | | | 从 −408 至 −104 | Msn2/Msn4(+) |
| $P_{HXK1}$ | 己糖激酶 | 酿酒酵母 | 10 倍 | 未知 | |
| $P_{ALG2}$ | 异柠檬酸裂合酶 | 多形汉逊酵母 | | 未知 | |

注:(−)—转录阻遏因子;(+)—转录激活因子。

在多个酵母种属中均得以广泛应用的优秀启动子 $P_{ADH2}$ 来自酿酒酵母的乙醇脱氢酶 II 编码基因。与广泛使用的组成型启动子 $P_{ADH1}$ 不同,$P_{ADH2}$ 为葡萄糖强烈阻遏,只有当转录激活因子 Adr1 结合在上游激活序列 UAS1 处时 $P_{ADH2}$ 才会脱阻遏;而 Adr1 仅当葡萄糖被耗尽时才脱磷酸化,细胞遂开关转向基于乙醇的生长阶段(Adr1 的脱磷酸化呈 SNF1 依赖性)。此外,$P_{ADH2}$ 还含有 UAS2 位点,与之结合的 Cat8 很可能以一种与 Adr1 协同的方式激活 $P_{ADH2}$。$P_{ADH2}$ 序列内部不存在典型的 Mig1 结合位点,其葡萄糖阻遏效应主要由 Glc7/

Reg1 复合物介导。在相同条件下与 $P_{CUP1}$、$P_{GAL1}$、$P_{PGK1}$ 相比，$P_{ADH2}$ 介导 $\beta$-半乳糖苷酶报告基因表达的强度最高。

（3）酵母的碳源诱导型启动子

酵母碳源诱导型启动子的基本特征是在葡萄糖耗竭时脱阻遏，同时额外需要其他碳源的诱导方能完全呈现其表达效能。这些碳源诱导剂或在胞内碳源代谢过程中相伴产生，或由发酵初始培养基提供。半乳糖、麦芽糖、蔗糖等发酵碳源以及油酸、甘油、乙酸、乙醇等非发酵碳源均可作为碳源诱导剂调控基因的表达。酵母中部分具有代表性的碳源诱导型启动子及其性质列在表 5-11 中。

表 5-11　酵母典型的碳源诱导型启动子及其性质

| 启动子 | 基因功能 | 酵母种属 | 诱导剂/强度 | 调控序列 | DNA 结合蛋白 |
|---|---|---|---|---|---|
| $P_{GAL1}$ | 半乳糖代谢 | 酿酒酵母 | 半乳糖(1 000 倍) | 从 −390 至 −255 | Gal4(+) |
| | | | | 从 −201 至 −187 | Mig1(−) |
| $P_{GAL7}$ | 半乳糖代谢 | 酿酒酵母 | 半乳糖(1 000 倍) | 从 −264 至 −161 | Gal4(+) |
| | | 乳酸克鲁维酵母 | 半乳糖 | 未知 | |
| $P_{GAL10}$ | 半乳糖代谢 | 酿酒酵母 | 半乳糖(1 000 倍) | 从 −324 至 −216 | Gal4(+) |
| | | 麦芽糖假丝酵母 | 半乳糖 | 未知 | |
| $P_{PIS1}$ | 磷酸肌醇合成酶 | 酿酒酵母 | 半乳糖 缺氧(2 倍) | 从 −149 至 −138 | Rox1/Gcr1 |
| | | | 锌耗竭(2 倍) | 从 −224 至 −205 | Ste12/Pho2 |
| | | | | 从 −184 至 −149 | Mcm1(−) |
| $P_{LAC4}$ | 乳糖代谢 | 乳酸克鲁维酵母 | 乳糖 半乳糖(100 倍) | 从 −173 至 −235 | RNA Pol II |
| | | | | 从 −437 至 −420 | Lac9(+) |
| | | | | 从 −673 至 −656 | |
| $P_{MAL1}$ | 麦芽糖酶 | 多形汉逊酵母 | 麦芽糖 | 未知 | |
| $P_{MAL62}$ | 麦芽糖酶 | 酿酒酵母 | 麦芽糖 | 从 −759 至 −743 | Mal63 |
| $P_{AGT1}$ | $\alpha$-葡萄糖苷转运子 | 酿酒酵母 | 麦芽糖 | | Mig1/Malx3(+) |
| $P_{ICL1}$ | 异柠檬酸裂合酶 | 巴斯德毕赤酵母 | 乙醇(200 倍) | 未知 | |
| | | 酿酒酵母 | 乙醇(200 倍) | 从 −397 至 −388 | Cat8/Sip4(+) |
| | | | | 从 −261 至 −242 | URS |
| | | | | 在 −96 区域 | RNA Pol II |
| $P_{FBP1}$ | 果糖-1,6-二磷酸酶 | 酿酒酵母 | 甘油 乙酸 乙醇(10 倍) | 从 −248 至 −231 | Hap2/3/4(−) |
| | | | | 未知 | Cat8/Sip4(+) |
| $P_{PCK1}$ | PEP 羧激酶 | 酿酒酵母 | 甘油 乙酸 乙醇(10 倍) | 从 −480 至 −438 | Cat8/Sip4(+) |
| | | 白色假丝酵母 | 琥珀酸 酪蛋白氨基酸 | 从 −320 至 −123 | Hap2/3/4(−) |
| | | | | 从 −444 至 −108 | Mig1(−) |
| $P_{GUT1}$ | 甘油激酶 | 酿酒酵母 | 甘油 乙酸 乙醇 油酸 | 从 −221 至 −189 | Adr1(+) |
| | | | | 从 −319 至 −309 | Ino2/4(+) |
| $P_{CYC1}$ | 细胞色素 C | 酿酒酵母 | 氧(200 倍)乳酸(8 倍) | 未知 | |
| $P_{ADH4}$ | 乙醇脱氢酶 IV | 乳酸克鲁维酵母 | 乙醇 | 从 −953 至 −741 | UAS |
| $P_{AOX1/2}$ | 乙醇氧化酶 | 巴斯德毕赤酵母 | 甲醇 | 从 −414 至 −171 | Mxr1(+) |
| $P_{AUG1/2}$ | 乙醇氧化酶 | 嗜甲醇毕赤酵母 | 甲醇 | 未知 | |
| $P_{DAS1}$ | 二羟丙酮合成酶 | 巴斯德毕赤酵母 | 甲醇 | 从 −980 至 −1 | Mxr1(+) |
| $P_{FDH}$ | 甲酸脱氢酶 | 多形汉逊酵母 | 甲醇 | 未知 | |
| $P_{FLD1}$ | 甲醛脱氢酶 | 巴斯德毕赤酵母 | 甲醇 甲胺 胆碱 | 未知 | |
| $P_{POX2}$ | 过氧化物酶体蛋白 | 解脂耶氏酵母 | 油酸 | 未知 | |
| $P_{PEX8}$ | 过氧化物酶体蛋白 | 巴斯德毕赤酵母 | 油酸 甲醇(3~5 倍) | 从 −1 000 至 −1 | Mxr1(+) |
| $P_{INU1}$ | 菊粉酶 | 马氏克鲁维酵母 | 果糖 菊粉 蔗糖 | 从 −271 至 −266 | RNA Pol II |
| | | | | 从 −163 至 −153 | Mig1(−) |

注：（−）—转录阻遏因子；（+）—转录激活因子；PEP—磷酸稀醇式丙酮酸。

酿酒酵母半乳糖代谢基因 $GAL$ 所属的启动子是最典型且鉴定最详尽的碳源诱导型启动子,它们受顺式激活元件严格调控,在葡萄糖接近耗尽时为主要诱导剂半乳糖强烈诱导,其调控机制如图 5-19 所示。作为一种转录激活因子,Gal4 通过与半乳糖利用途径中 $GAL1$(半乳糖激酶编码基因)、$GAL7$($\alpha$-D-半乳糖-1-磷酸尿嘧啶转移酶编码基因)、$GAL10$(尿嘧啶二磷酸葡萄糖-4-差向异构酶编码基因)启动子上游的 UAS 特异性结合而激活之;而 Gal4 在核内又受 Gal6 和 Gal80 的负调控。Gal3 是一种信号转导因子,能与半乳糖和 Gal80 形成复合物,后者导致 Gal80 释放 Gal4,从而激活 $GAL1$、$GAL7$、$GAL10$ 的表达。研究显示,无论是在 $CEN/ARS$ 型还是在 $2\mu$ 型载体上,$P_{GAL1}$ 和 $P_{GAL10}$ 介导大肠杆菌 $\beta$-半乳糖苷酶表达的强度在所测试的诱导型启动子中均最高($P_{GAL1} \sim P_{GAL10} \gg P_{PGK1} > P_{PHO5} \sim P_{CUP1}$),因此 $P_{GAL1}$ 和 $P_{GAL10}$ 被广泛用于酿酒酵母生产重组蛋白,不过半乳糖对这两种启动子的高效诱导严格依赖于低葡萄糖浓度的维持。由于半乳糖(价格较高)在发酵过程中也能被代谢利用,所以其诱导效应会随着发酵时间的推移而减弱。解决这一问题的策略是构建 $GAL1$、$MIG1$、$HXK2$ 的联合缺陷突变株,在阻断酿酒酵母半乳糖代谢途径的同时衰减葡萄糖阻遏效应。其结果是 $P_{GAL10}$ 即使在较低浓度的半乳糖存在下也能被诱导;同时葡萄糖的存在并不影响启动子的活性。

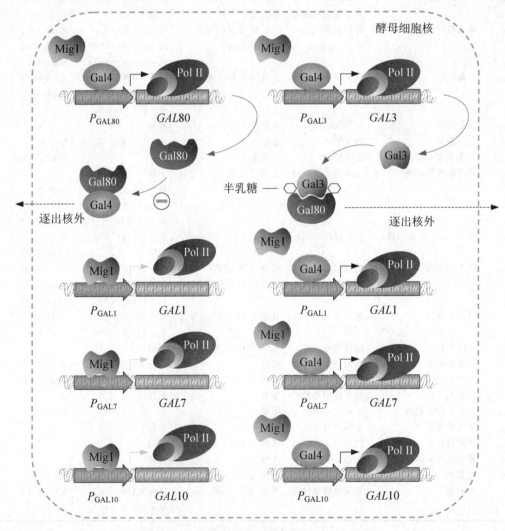

图 5-19 酵母半乳糖代谢基因表达调控机制

另外,GAL4 基因的表达水平通常较低,尤其当外源基因被克隆在含半乳糖启动子的多拷贝质粒上时,半乳糖的诱导效果会大打折扣。为此,将 GAL4 编码序列置于 $P_{GAL10}$ 控制之下,由此构建的受体细胞在半乳糖缺乏时,GAL4 以基底水平表达;一旦加入半乳糖,高效表达的 GAL4 便与高浓度的半乳糖共同作用于控制外源基因表达的另一个 GAL 启动子(如 $P_{GAL1}$),这被称为超诱导表达系统。

除酵母属外,克鲁维酵母属和假丝酵母属($Candida$)也存在半乳糖利用的同源基因,只是基因表达的调控机制略有差异;而巴斯德毕赤酵母则缺少功能性的半乳糖代谢途径以及相应的启动子。

(4) 酵母的其他诱导型启动子

酿酒酵母 PHO5 基因通常在培养基中游离磷酸盐耗尽时被诱导高效表达,将 PHO5 启动子与 $\alpha_D$-干扰素编码基因重组,转化子在高磷酸盐的培养基中于 30℃ 迅速生长,当将之转移到不含磷酸盐的培养基中时,其合成干扰素的能力提高 100～200 倍。PHO4 基因的编码产物是 PHO5 基因表达的转录激活因子,其温度敏感型突变版本 $PHO4^{TS}$ 的编码产物在 35℃ 时失活,因此含有 $PHO4^{TS}$- PHO5 型启动子的重组酿酒酵母在 35℃ 时能正常生长,但不表达外源基因。当培养温度迅速下降到 23℃ 时,温敏型 $Pho4^{TS}$ 促进 PHO5 启动子的转录启动活性,进而诱导其下游外源基因的表达。但这种诱导水平只及游离磷酸缺乏时诱导水平的 10%～20%,其原因可能是由于 23℃ 时酵母的代谢能力普遍受到抑制,或者温敏型 $Pho4^{TS}$ 蛋白的活性在这种温度下不能正常发挥。

酿酒酵母的 a 型和 α 型两种单倍体由位于交配类型遗传位点的 $MATa$ 和 $MAT\alpha$ 两个等位基因共同决定。$MAT\alpha$ 基因由两个顺反子 $MAT\alpha1$ 和 $MAT\alpha2$ 组成,前者编码一个转录激活因子,为所有决定 α 型细胞表型的 α 特异性基因表达所必需(即 α1 激活过程);后者编码所有决定 a 型细胞表型基因的阻遏蛋白(即 α2 阻遏过程)。$MATa$ 基因也由 $MATa1$ 和 $MATa2$ 两个顺反子组成,其表达产物在单倍体细胞中没有功能,但在单倍体的交配过程中,a1 蛋白可与 α2 蛋白协同阻遏 $MAT\alpha1$ 顺反子的转录(即 a1 – α2 阻遏)。利用上述细胞类型决定簇的两个突变基因可以构建对外源基因表达进行温度控制的二元系统,一个是温度敏感型的 $sir3 - 8^{ts}$ 突变基因;另一个是 α2 蛋白的 $hml\alpha2 - 102$ 突变,导致它在与 a1 蛋白交配时对 $MAT\alpha$ 顺反子阻遏活性的丧失,但仍保留着阻遏 a 特异性基因的能力。

具有 $MATa - hml\alpha2 - 102 - sir3 - 8^{ts}$ 基因型的酵母细胞在 25℃ 培养时呈 a 交配类型,因为此时仅有 $MATa$ 基因能表达,$hml\alpha2 - 102$ 为 Sir 蛋白所阻遏;但当这种细胞生长在 35℃ 时,MAT 和 HML 均能表达,只有 α2 基因被阻遏,因此细胞呈现 α 交配类型。当外源基因置于 a 特异性基因的启动子控制之下时,a 交配型的受体细胞在 25℃ 表达外源基因,但在 35℃ 不表达[图 5 - 20(a)];相反,如果外源基因与 α 特异性基因的启动子重组,则它仅在 35℃ 表达,而在 25℃ 不表达[图 5 - 20(b)]。以 PHO5 作为报告基因,将之与 α 特异性基因 $MF\alpha1$ 的启动子连接在一起,转化子中 PHO5 基因在较高的温度下表达,当培养温度迅速下降后,其表达迅速终止,与之相反的例子也同样得以证实。

很多酿酒酵母的宿主载体系统由于缺乏严紧控制的表达机制,在应用中受到一定程度的限制,然而一种以人雄激素受体为中心的严紧控制表达系统能有效地将外源基因的表达水平控制在一个合适的范围内。在此系统中,雄激素受体表达水平、雄激素浓度、重组质粒拷贝数三者之间的平衡,可以有效作用于对雄激素具有应答能力的启动子,并通过这个启动子将外源基因的表达水平控制在高于基底表达水平 1 400 倍的范围内,同时不影响受体细胞的正常生长。这个控制系统相对于普遍应用的酵母诱导表达系统而言具有显著的优越性,它不需要控制碳源和加入诱导剂,因此无论是对重组异源蛋白的生产还是对蛋白质相互作用的基础分子生物学研究都具有很强的实用性。

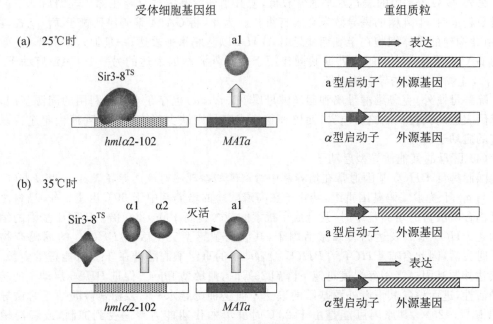

受体细胞基因组　　　　　　　　　　　重组质粒

(a) 25℃时

图 5 - 20　酿酒酵母二元温度控制表达系统的工作原理

4. 酵母的合成型启动子

利用各种来源的天然启动子元件可构建强度和调控性能俱佳的酵母合成型启动子。例如,将丙糖磷酸异构酶编码基因所属的强启动子 $P_{TPI}$ 与温度依赖型阻遏系统($sir3 - 8^{ts} - MAT\alpha2$)拼装,构成的合成型启动子一个显著的特征是可用温度诱导外源基因的高效表达。类似地,将酿酒酵母的乙醇脱氢酶 II 编码基因所属启动子 $P_{ADH2}$ 的上游调控区与最强的组成型启动子 $P_{TDH3}$(来自甘油醛-3-磷酸脱氢酶编码基因)的下游基本区重组在一起,构建出的合成型启动子 $P_{ADH2-GADPH}$ 为葡萄糖阻遏并可用乙醇诱导。用这一合成型启动子表达人胰岛素原与超氧化歧化酶的融合基因,重组酿酒酵母在富含葡萄糖的培养基上迅速生长,但不表达融合蛋白;一旦葡萄糖耗尽,融合蛋白便高效表达。

在相当多的情况下,特别是要求精确协调特定物质代谢途径或信号转导途径中的多个基因以不同程度表达时,强度各异且差别范围尽可能大的一组启动子是必备的。天然启动子往往难以满足上述要求,但可采用有限的启动子及其调控元件进行组合设计并构建转录强度递增(或递减)的合成型启动子系列。例如,选用酿酒酵母 $\beta$-丙基苹果酸脱氢酶编码基因 $LEU2$ 所属弱组成型启动子的截短版本 $P_{LEUM}$、细胞色素 C 编码基因 $CYC1$ 所属弱组成型启动子 $P_{CYC}$、半乳糖激酶编码基因 $GAL1$ 强诱导型启动子 $P_{GAL1}$ 分别与 $GAL1$ 上游激活元件 $UAS_{GAL}$ 及其内部的 Gal4 结合位点 $GalpBS$(参与半乳糖诱导)按图 5 - 21(a)所示方式有序组合,便可生成转录强度递增的合成型启动子系列[图 5 - 21(b)]。分析结果显示,表达水平最高的 $UAS_{GAL} - P_{GAL}$ 型启动子与最低的 $Gal4pBS2 - P_{LEUM}$ 型启动子之间活性相差 50 倍。又如,在巴斯德毕赤酵母乙醇氧化酶编码基因所属启动子 $AOX1$ 的上游区域内增加上游激活序列(UAS)的拷贝数并删除其上游阻遏序列(URS),创建的合成型 $P_{AOX1}$ 的转录强度在野生型启动子的基础上提高了 60% 以上。

对酵母天然启动子及其调控序列进行体外随机突变,构建合成型启动子文库(SPL),是获得优良启动子的另一种策略。例如,采用易错 PCR 技术对组成型启动子 $P_{TEF1}$ 序列进行随机突变,筛选出 11 种突变型启动子,其强度为天然 $P_{TEF1}$ 的 8%～120% 不等。构建合成型启动子文库的另一成功方法是针对关键启动子元件两侧的间隔区序列进行饱和突变,例如

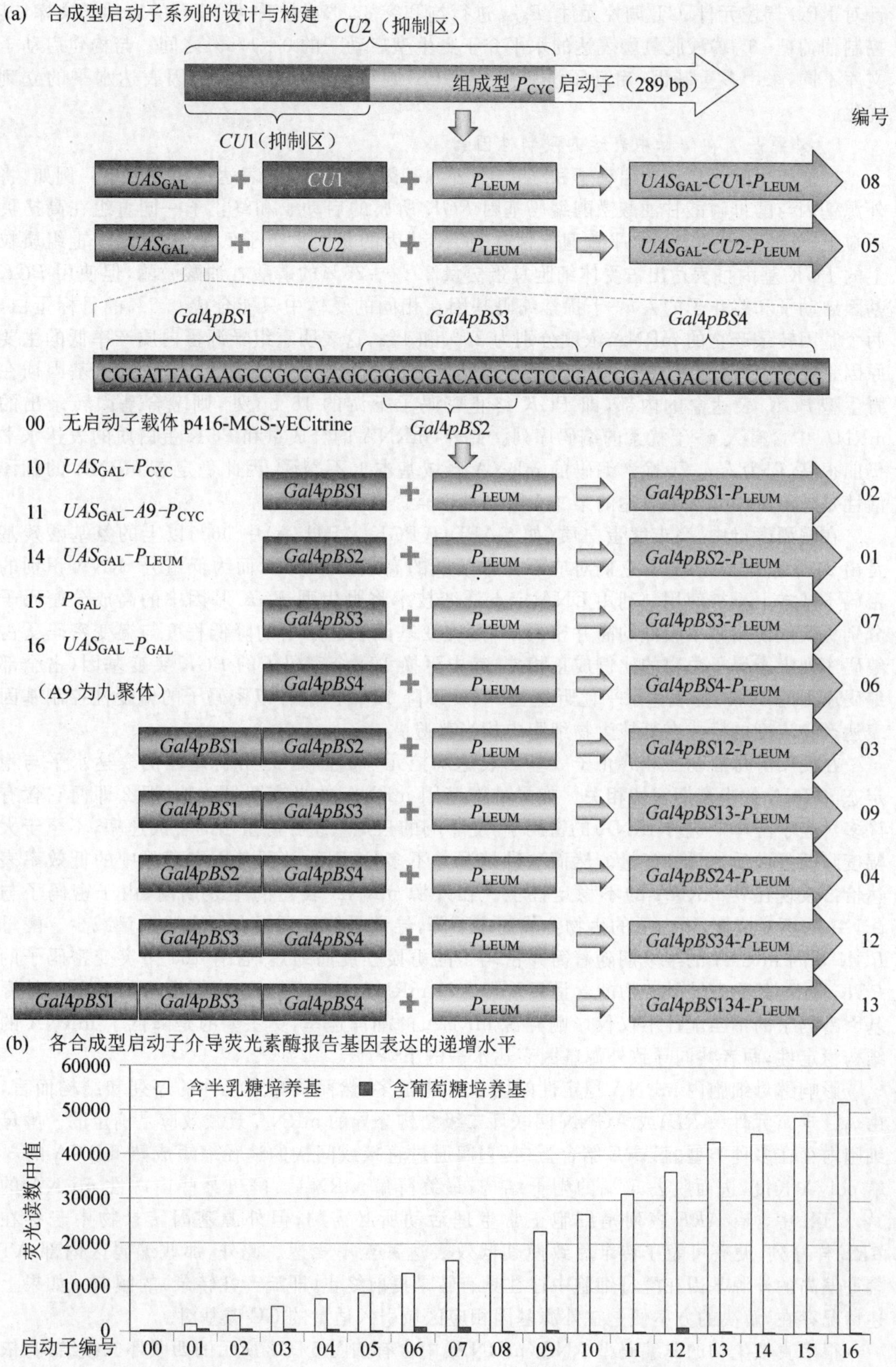
(a) 合成型启动子系列的设计与构建
CU2（抑制区）
组成型 P_CYC 启动子（289 bp）
CU1（抑制区）
编号
UAS_GAL + CU1 + P_LEUM → UAS_GAL-CU1-P_LEUM 08
UAS_GAL + CU2 + P_LEUM → UAS_GAL-CU2-P_LEUM 05
Gal4pBS1
Gal4pBS3
Gal4pBS4
CGGATTAGAAGCCGCCGAGCGGGCGACAGCCCTCCGACGGAAGACTCTCCTCCG
Gal4pBS2
00 无启动子载体 p416-MCS-yECitrine
10 UAS_GAL-P_CYC
11 UAS_GAL-A9-P_CYC
14 UAS_GAL-P_LEUM
15 P_GAL
16 UAS_GAL-P_GAL
（A9 为九聚体）
Gal4pBS1 + P_LEUM → Gal4pBS1-P_LEUM 02
Gal4pBS2 + P_LEUM → Gal4pBS2-P_LEUM 01
Gal4pBS3 + P_LEUM → Gal4pBS3-P_LEUM 07
Gal4pBS4 + P_LEUM → Gal4pBS4-P_LEUM 06
Gal4pBS1 Gal4pBS2 + P_LEUM → Gal4pBS12-P_LEUM 03
Gal4pBS1 Gal4pBS3 + P_LEUM → Gal4pBS13-P_LEUM 09
Gal4pBS2 Gal4pBS4 + P_LEUM → Gal4pBS24-P_LEUM 04
Gal4pBS3 Gal4pBS4 + P_LEUM → Gal4pBS34-P_LEUM 12
Gal4pBS1 Gal4pBS3 Gal4pBS4 + P_LEUM → Gal4pBS134-P_LEUM 13
(b) 各合成型启动子介导荧光素酶报告基因表达的递增水平
含半乳糖培养基
含葡萄糖培养基
荧光读数中值
60000
50000
40000
30000
20000
10000
0
启动子编号
00 01 02 03 04 05 06 07 08 09 10 11 12 13 14 15 16

**图 5－21　酿酒酵母半乳糖诱导型转录强度递增的合成型启动子系列**

针对 RPG 调控元件、CT 调控元件、$P_{CUP1}$ 进行饱和突变,形成被称为 YRP 的启动子文库,其控制葡萄糖-6-磷酸脱氢酶表达的水平介于野生型启动子的 0~179% 之间。与构建启动子文库不同,采用多重基因-启动子洗牌术(MGPS)则可同时实现多个基因表达水平的立刻优化。

### 5. 外源基因在酵母中表达的限制性因素

即便使用酵母自身的启动子和终止子,外源基因在酵母中的表达也相当困难。例如,将外源基因与酵母磷酸甘油酸激酶编码基因 PGK 所属的启动子和终止子一同重组在高拷贝质粒上,外源基因的表达水平普遍比含有 PGK 基因的相同重组子低 15~50 倍。重组质粒上的 PGK 基因可表达出占受体细胞总蛋白量 20%~25% 的磷酸甘油酸激酶,但使用 PGK 基因启动子和终止子的人 α-干扰素编码基因在相同的受体中只能合成 0.5% 的目标蛋白,两个基因转录产物的 mRNA 浓度分别为 20% 和 1%,这表明重组异源蛋白质产率低的主要原因是稳定态 mRNA 的水平降低,而非表达产物的不稳定性。若将人 α-干扰素基因插在野生型 PGK 表达盒的内部,即 PGK 终止密码子下游的 16 bp 处,则融合基因转录出的 mRNA 中含有人 α-干扰素的编码序列。此外,mRNA 的合成量和 PGK 蛋白质的表达水平仍旧很高,但为人 α-干扰素编码的 mRNA 区域基本上不翻译,因此稳定态 mRNA 的翻译活性是外源基因低水平表达的第二大限制性因素。

在酿酒酵母中,高丰度蛋白质(如 GAPDH、PGK、ADH 等)中 96% 以上的氨基酸残基是由 25 个密码子编码的,它们对应于异常活跃的高成分 tRNA,而为低组分 tRNA 识别的密码子基本上不被使用。利用 DNA 定点诱变技术将野生型 PGK 基因中的高成分密码子分别更换成使用频率较低的简并密码子,则突变基因表达水平的降低程度与突变密码子占编码序列中密码子总数的比例成正相关,其中更换 164 个密码子的 PGK 突变基因(占全部编码序列的 39%)的表达水平比野生型 PGK 下降 10 倍。这种以密码子的偏爱性控制基因表达产物丰度的模式在真核生物细胞中相当普遍。

在使用酵母启动子和终止子等基因表达调控元件的前提下,异源基因的表达水平与稳定态 mRNA 的半衰期密切相关。如果外源基因 mRNA 的半衰期足够长,那么即便它含有许多对应于酵母低成分 tRNA 的密码子,受影响的只是重组异源蛋白的合成速率,不至于大幅度降低蛋白质的最终产量。然而这种情况并不多见,因为外源基因在酵母中的低效率表达恰恰表现在其 mRNA 的不稳定性上。在外源 mRNA 较短的半衰期内,由于密码子与 tRNA 的不对应性,蛋白质的生物合成速率下降,导致最终异源蛋白的合成总量减少。酵母 PGK 基因 mRNA 的半衰期随着简并密码子的更换程度而缩短,含有 164 个突变密码子的 PGK 基因,其稳态转录产物的含量只及野生型 mRNA 的 30%。这表明酵母 tRNA 与外源基因密码子的不匹配性不仅仅影响异源 mRNA 的翻译速率,更主要的是降低了 mRNA 的结构稳定性,两者共同导致外源基因表达水平的下降。

影响酵母细胞内 mRNA 稳定性的因素可能很多,然而就顺式元件的序列和结构而言,由 AU 丰富元件(ARE)或 AGNN 四联环二级结构介导的 mRNA 衰减效应是确定的。酵母细胞内存在多种类型的 ARE 结合蛋白,它们通过直接或间接的途径缩短成熟 mRNA 的 3′端 polyA 长度,进而脱去 5′端的帽子结构,最终降解 mRNA。酵母某些内源性 mRNA 的 3′-UTR 中含有 ARE 序列是细胞正常生理活动所必需的;但外源基因转录物中若存在 ARE 样序列,便有可能在转录后致使其低效表达甚至不表达。此外,那些编码区内部 AT 含量偏高的外源基因在酵母细胞中往往具有转录提前终止(即流产性转录)的倾向。如果上述情况存在,解决的方案便是在外源基因相应区域引入适量的 GC 碱基对。

很多真核生物的非编码型 RNA(ncRNA)中含有如图 5-22 所示的四联环二级结构,依据信息可知是双链 RNA 内切酶 RNase III 家族识别并裂解的靶点。酿酒酵母 RNase III 家

族的一个成员 Rnt1p 典型识别并降解的 RNA 底物含
有三个关键区：由 AGNN 四联环构成的初始结合定位
盒（IBPB）、由紧接着四联环的下游碱基互补区构成的
结合稳定盒（BSB），以及由裂解位点区域构成的裂解效
能盒（CEB）。Rnt1p 的两个裂解位点分别位于 AGNN
四联环上游的第 14 位与第 15 位核苷酸之间以及下游
的第 16 位与第 17 位核苷酸之间。如果外源基因转录
物中含有 AGNN 四联环样的结构，那么很可能在重组
酿酒酵母细胞中遭到 Rnt1p 的降解。事实上，至少在
酿酒酵母 *MIG2* 基因的编码区内存在典型的 AGNN 四
联环序列。

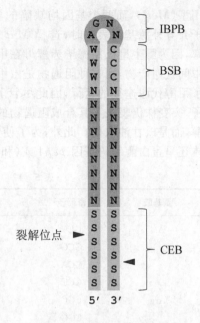

W：A 或 T　　N 和 S：任意互补碱基

图 5-22　酿酒酵母核酸内切酶 Rnt1p
典型的发夹底物结构

6. 酵母表达系统的选择

酿酒酵母表达系统已成功地用于多种重组异源蛋
白的生产，但也暴露出一些问题：首先，由于其乙醇发
酵途径异常活跃导致生物大分子的合成代谢普遍受到
抑制，外源基因的表达水平不高；其次，酿酒酵母细胞能
使重组异源蛋白超糖基化，这使得有些异源蛋白（如人
血清白蛋白等）与受体细胞膜紧密结合而不能大量分
泌；最后，酿酒酵母能代谢利用的碳源种类有限。上述
缺陷可用非酿酒酵母的其他酵母表达系统来弥补，包括
巴斯德毕赤酵母、多形汉逊酵母、乳酸克鲁维酵母等。这些表达系统的共同特征是蛋白质的
糖基化模式比酿酒酵母更接近于高等哺乳动物，而且能将各种重组异源蛋白分泌至培养
基中。

（1）巴斯德毕赤酵母表达系统

巴斯德毕赤酵母是一种甲基营养菌，能在以相对廉价的甲醇为唯一碳源的合成培养基
中生长，细胞分裂周期大约为 5 h（巴斯德毕赤酵母在 YPD 培养基和普通合成培养基中的分
裂周期分别为 1.5 h 和 3 h）。培养基中的甲醇可高效诱导巴斯德毕赤酵母甲醇利用（*MUT*）
途径各酶系编码基因的表达，其中研究最为详尽的是催化该途径第一步反应的乙醇氧化
酶编码基因 *AOX1*，在甲醇培养基中生长的巴斯德毕赤酵母细胞可积累占总蛋白 30% 的
乙醇氧化酶。因此，生长相对迅速、易于高密度培养（200 g 干重/L）、*AOX1* 基因所属强启
动子表达的可诱导性是该酵母作为外源基因表达受体的三大优势。目前已有上千种异源
蛋白在重组巴斯德毕赤酵母中获得表达甚至大规模产业化，培养或发酵液中的分泌型蛋
白水平可高达 13 g/L，如隔孢伏革菌（*Peniophora lycii*）的植酸酶；而胞内非分泌型蛋白的
产量甚至达到 22 g/L，如热带橡胶树（*Hevea brasiliensis*）的羟氰裂解酶。然而，通过对巴
斯德毕赤酵母 GS115 株基因组（总长为 9.4 Mb，分属四条单倍型染色体）上共编码的
5 313 个开放阅读框进行分析，发现其密码子的使用频率也具有与酿酒酵母相似的显著倾
向性（表 5-12），因而在很多情况下，外源基因需要进行密码子优化才能在巴斯德酵母中
实现高效表达。

目前广泛用于外源基因重组表达的巴斯德毕赤酵母受体均源自 NRRL-Y11430 野生
株，大多属于组氨醇脱氢酶编码基因突变型营养缺陷株（*his4*⁻），这样便于利用表达质粒上
的 *HIS* 标记基因在不含组氨酸的 MD 培养基上正向筛选转化子。野生型毕赤酵母的基因
组上含有两个同源性高达 92% 的 *AOX1* 和 *AOX2* 基因，前者活性（90%）显著高于后者，因
此 *AOX1* 存在的毕赤酵母株呈快用型（*Mut*⁺），*AOX1* 缺陷但 *AOX2* 存在的菌株呈甲醇慢

用型($Mut^S$),而两个基因均缺陷的毕赤酵母则不能代谢甲醇($Mut^-$)。当使用 $AOX1$ 启动子介导外源基因表达时,选择 $Mut^S$ 型突变株作为受体细胞能获得比野生株更高的表达效率,因为野生型巴斯德毕赤酵母在甲醇培养基中生长期间,能产生阻遏 $AOX1$ 启动子的一种中间代谢产物,而这种阻遏物是由甲醇代谢基因控制合成的。$Mut^S$ 型突变株从源头上阻断了甲醇代谢途径的运行,因此尽管其他甲醇代谢基因依然存在,但由于没有合适的前体分子,突变株仍丧失了其合成阻遏物的能力。当然,在此情况下培养基的主要碳源不宜使用甲醇,而是以甘油取代。此外,为了使重组蛋白得以大量积累,巴斯德毕赤酵母的一些表达受体还呈蛋白酶编码基因 $pep4$ 或(和)$prb1$ 缺陷型(表 5-13)。

**表 5-12　巴斯德毕赤酵母的密码子使用频率**

| 氨基酸 | 密码子 | 频率/% | 氨基酸 | 密码子 | 频率/% |
|---|---|---|---|---|---|
| Ala | GCC | 24.5 | Leu | CTG | 15.3 |
| | GCG | 7.9 | | CTC | 8.4 |
| | GCA | 27.5 | | CTT | 17.0 |
| | GCT | 40.1 | | CTA | 12.3 |
| Arg | CGC | 5.0 | | TTG | 29.1 |
| | CGG | 5.3 | | TTA | 17.9 |
| | CGT | 14.1 | Lys | AAG | 48.0 |
| | CGA | 12.0 | | AAA | 52.0 |
| | AGG | 18.1 | Met | ATG | 100.0 |
| | AGA | 45.5 | Phe | TTC | 42.2 |
| Asn | AAC | 46.5 | | TTT | 57.8 |
| | AAT | 53.5 | Pro | CCG | 10.1 |
| Asp | GAC | 38.3 | | CCC | 18.1 |
| | GAT | 61.7 | | CCT | 33.9 |
| Cys | TGC | 37.8 | | CCA | 37.9 |
| | TGT | 62.2 | Ser | AGT | 15.9 |
| Gln | CAG | 39.6 | | AGC | 10.4 |
| | CAA | 60.4 | | TCG | 9.5 |
| Glu | GAG | 40.5 | | TCA | 20.8 |
| | GAA | 59.5 | | TCC | 17.4 |
| Gly | GGC | 15.5 | | TCT | 26.0 |
| | GGG | 12.2 | Thr | ACC | 23.8 |
| | GGT | 35.8 | | ACG | 12.3 |
| | GGA | 36.5 | | ACA | 27.7 |
| His | CAC | 38.2 | | ACT | 36.2 |
| | CAT | 61.8 | Trp | TGG | 100.0 |
| Ile | ATC | 29.8 | Tyr | TAC | 48.6 |
| | ATA | 23.6 | | TAT | 51.4 |
| | ATT | 46.6 | Val | GTC | 21.7 |
| STOP | TGA | 25.9 | | GTG | 21.7 |
| | TAG | 34.0 | | GTA | 17.8 |
| | TAA | 40.1 | | GTT | 38.8 |

　　巴斯德毕赤酵母没有天然质粒,尽管两个自主复制序列 $PARS1$ 和 $PARS2$ 已从基因文库中克隆并鉴定,但由两者构建的自主复制型质粒在毕赤酵母属中不能稳定维持,因而通常

将外源基因通过一系列大肠杆菌/毕赤酵母穿梭表达载体整合在受体细胞的染色体 DNA 上。一些常用的毕赤酵母表达载体列在表 5-14 中,其中最典型的是 pPIC3/pPIC3K 和 pPICZ/pPICαZ 系列,其图谱如图 5-23 所示。大多数毕赤酵母表达载体上安装的是 $AOX1$ 的 $5'$ 端上游区域(含 $P_{AOX1}$ 启动子及其调控序列)以及 $3'$ 端下游区域(含 $T_{AOX1}$ 终止子及 polyA 化位点),将待表达的外源基因编码序列插入两者之间,重组分子进入受体细胞后便可以以同源重组的方式高效整合在巴斯德毕赤酵母染色体 DNA 的 $AOX1$ 处,形成 $Mut^S$ 型重组子(如果双交叉重组发生,但同源重组频率低于酿酒酵母)。除了巴斯德毕赤酵母外,嗜甲醇毕赤酵母($Pichia\ methanolica$)、多形汉逊酵母、博氏假丝酵母($Candida\ boidinii$)也拥有甲醇利用途径,三者与 $AOX1/AOX2$ 对应的基因分别为 $P_{AUG1}/P_{AUG2}$、$P_{MOX}$、$P_{AOD1}$。这些启动子与 $MUT$ 途径中的其他启动子,如比 $P_{AOX1}$ 更强的二羟丙酮合成酶编码基因所属启动子 $P_{DAS1}/P_{DAS}$ 以及甲酸脱氢酶编码基因所属启动子 $P_{FDH1}$,均为葡萄糖严密阻遏,添加甲醇则强烈诱导,甚至还能被非发酵型碳源如甘油脱阻遏;而甲醛脱氢酶编码基因所属启动子 $P_{FLD}$ 则不仅被葡萄糖负调控,而且还能响应甲胺或胆碱的诱导。由于诱导剂甲醇在规模化发酵过程中使用易燃、易挥发,且过度积累会致死细胞,因而这些 $MUT$ 途径中的天然启动子还被改造成一套突变版本。突变型 $P_{AOX}$ 不再呈甲醇诱导性,但可用其他安全的分子进行诱导,而且脱阻遏效率更高。

表 5-13　几种常用的巴斯德毕赤酵母受体

| 受体株名称 | 基 因 型 | 表 现 型 |
|---|---|---|
| GS115 | $\Delta his4$ | $Mut^+$, $His^-$ |
| GS190 | $\Delta arg4$ | $Mut^+$, $Arg^-$ |
| GS200 | $\Delta his4$, $\Delta arg4$ | $Mut^+$, $His^-$, $Arg^-$ |
| JC254 | $\Delta ura3$ | $Mut^+$, $Ura^-$ |
| JC227 | $\Delta arg4$, $\Delta ade1$ | $Mut^+$, $Arg^-$, $Ade^-$ |
| JC300 | $\Delta his4$, $\Delta arg4$, $\Delta ade1$ | $Mut^+$, $His^-$, $Arg^-$, $Ade^-$ |
| JC308 | $\Delta his4$, $\Delta arg4$, $\Delta ade1$, $\Delta ura3$ | $Mut^+$, $His^-$, $Arg^-$, $Ade^-$, $Ura^-$ |
| KM71 | $\Delta his4$, $\Delta arg4$, $AOX1::ARG4$ | $Mut^S$, $His^-$ |
| KM71H | $AOX1::ARG4$, $arg4$ | $Mut^S$ |
| MC100-3 | $AOX1::SARG4$, $AOX2::Phis4$ | $Mut^-$ |
| SMD1163 | $\Delta his4$, $\Delta pep4$, $\Delta prb1$ | $Mut^+$, $His^-$, $Pep4^-$, $Prb1^-$ |
| SMD1165 | $\Delta his4$, $\Delta prb1$ | $Mut^+$, $His^-$, $Prb1^-$ |
| SMD1168 | $\Delta his4$, $\Delta pep4$ | $Mut^+$, $His^-$, $Pep4^-$ |
| SMD1168H | $\Delta pep4$ | $Mut^+$, $Pep4^-$ |
| PichiaPink™ | $\Delta ade2$, $\Delta pep4$, $\Delta prb1$ | $Mut^+$, $Ade^-$, $Pep4^-$, $Prb1^-$ |

此外,毕赤酵母拥有为数不多的己糖转运子编码基因,其所属启动子 $P_{GTH1\sim7}$ 为高浓度(20 g/L)葡萄糖所严密阻遏,但在葡萄糖浓度下降至 2 mg/L 时,转录强度提升 50~60 倍,而且比甘油醛-3-磷酸脱氢酶编码基因所属组成型启动子 $P_{TDH}$ 的活性高 2 倍多,而 $P_{TDH}$ 在葡萄糖存在时的表达水平已显著高于甲醇诱导的 $P_{AOX}$,因而 $P_{GTH1\sim7}$ 也是理想的非甲醇诱导型启动子。$PEX8$ 是巴斯德毕赤酵母的一种过氧化物酶体蛋白编码基因(亦称 $PER3$),其启动子 $P_{PEX8}$ 在葡萄糖存在时中度表达,且为甲醇或油酸轻微诱导(3~5 倍)。$P_{PEX8}$ 的主要转录激活因子为 Mxr1,后者是毕赤酵母中所有甲醇诱导型基因转录调控的枢纽,与酿酒酵母的锌指转录调控因子 Adr1 同源,能与靶启动子中的 $5'$-CYCCNY-$3'$ 基序结合。将强启动子 $P_{DAS}$ 或 $P_{AOX}$ 中的多个 Mxr1 结合基序与 $P_{PEX8}$ 重组,若能进一步提升 $P_{PEX8}$ 的强度,则可形成新型的非甲醇诱导型合成启动子。

表 5 - 14 毕赤酵母表达载体的构成与性能

| 载体名称 | 克隆位点 | 选择标记 | 启动子 | 注释 |
|---|---|---|---|---|
| **非分泌型表达载体** | | | | |
| pPIC3.5 | *Bam*HI *Sna*BI *Eco*RI *Avr*II *Not*I | *HIS4* | $P_{AOX1}$ | |
| pPIC3.5K | *Bam*HI *Sna*BI *Eco*RI *Avr*II *Not*I | *HIS4 Km*$^r$ | $P_{AOX1}$ | 可用 G418 筛选多拷贝整合转化子 |
| pPIC6 | *MCS*(详见图 5 - 23) | *bsd*$^r$ | $P_{AOX1}$ | 可用稻瘟菌素筛选多拷贝整合转化子 |
| | | | | 含 c - Myc 表位和 6×His 标签序列 |
| pPICZ ABC | *MCS*(详见图 5 - 23) | *ble*$^r$(*Zeo*$^r$) | $P_{AOX1}$ | 可用博莱霉素筛选整合转化子 |
| | | | | 含 c - Myc 表位和 6×His 标签序列 |
| pAO815 | *Eco*RI | *HIS4* | $P_{AOX1}$ | 含 f1 复制起点 |
| | | | | 可构建多拷贝串联表达盒 |
| pHIL - D3 | *Eco*RI *Asu*II | *HIS4* | $P_{AOX1}$ | 含 AOX1 5′端非翻译区和 f1 复制起点 |
| pHIL - D7 | *Eco*RI *Asu*II | *HIS4 Km*$^r$ | $P_{AOX1}$ | 可用 G418 筛选多拷贝整合转化子 |
| | | | | 含 f1 复制起点 |
| pKANB | *Pst*I *Kpn*I *Sac*II | *Km*$^r$ | $P_{AOX1}$ | 可用 G418 直接筛选整合转化子 |
| pPpB1GAP | *MCS*(详见图 5 - 23) | *ble*$^r$(*Zeo*$^r$) | $P_{GAP1}$ | 可用博莱霉素筛选整合转化子 |
| | | | | 含 c - Myc 表位和 6×His 标签序列 |
| pFLD | *Mfe*I *Pml*I *Sfi*I *Asp*718I *Kpn*I | *ble*$^r$(*Zeo*$^r$) | $P_{FLD}$ | 可用博莱霉素筛选整合转化子 |
| | *Xho*I *Sac*II *Apa*I *Mfe*I | | | 含 V5 表位和 6×His 标签序列 |
| pPpARG4 | | *ARG4* | $P_{AOX1}$ | |
| pPpGUT1 | | *GUT1* | $P_{AOX1}$ | |
| **分泌型表达载体** | | | | |
| pHIL - S1 | *Bam*HI *Eco*RI *Xho*I *Sma*I | *HIS4* | $P_{AOX1}$ | 含毕赤酵母 PHO1 信号肽序列 |
| | | | | 含 f1 复制起点 |
| pPIC9 | *Eco*RI *Xho*I *Not*I *Sna*BI | *HIS4* | $P_{AOX1}$ | 含酿酒酵母 α 交配因子(αMF)前导肽 |
| | | | $P_{MET25}$ | |
| pPIC9K | *Eco*RI *Xho*I *Not*I *Sna*BI | *HIS4 Km*$^r$ | $P_{AOX1}$ | 含酿酒酵母 α 交配因子(αMF)前导肽 |
| | | | | 可用 G418 筛选多拷贝整合转化子 |
| pPICZαABC | *MCS*(详见图 5 - 23) | *ble*$^r$(*Zeo*$^r$) | $P_{AOX1}$ | 可用博莱霉素筛选整合转化子 |
| | | | | 含 c - Myc 和 6×His 标签序列 |
| | | | | 含酿酒酵母 α 交配因子(αMF)前导肽 |
| pYAM7SP6 | *Bam*HI *Eco*RI *Xho*I *Not*I | *HIS4* | | 含毕赤酵母 PHO1 信号肽序列 |
| | *Bgl*II *Stu*I *Spe*I | | | 含 Kex2 蛋白酶位点和 f1 复制起点 |
| pKANαB | *Pst*I *Kpn*I *Sac*II | *Km*$^r$ | $P_{AOX1}$ | 可用 G418 直接筛选整合转化子 |
| | | | | 含酿酒酵母 α 交配因子(αMF)前导肽 |
| pPpT4GAPαS | | *ble*$^r$(*Zeo*$^r$) | $P_{GAP1}$ | 可用博莱霉素筛选整合转化子 |
| | | | | 含酿酒酵母 α 交配因子(αMF)前导肽 |
| pJAZ - αMF | *Bsa*I | *ble*$^r$(*Zeo*$^r$) | $P_{AOX1}$ | 可用博莱霉素筛选整合转化子 |
| | | | | 含酿酒酵母 α 交配因子(αMF)前导肽 |
| pFLDα | 与 pFLD 相同 | *ble*$^r$(*Zeo*$^r$) | $P_{FLD}$ | 含酿酒酵母 α 交配因子(αMF)前导肽 |

　　大量研究表明,巴斯德毕赤酵母在异源蛋白的分泌表达方面优于酿酒酵母系统。例如,含有单拷贝乙型肝炎表面抗原编码基因的重组巴斯德毕赤酵母可产生 0.4 g/L 的重组抗原蛋白,而酿酒酵母必须拥有 50 多个基因拷贝才能达到相同的产量。尽管如此,构建多拷贝整合型的重组毕赤酵母菌仍具有很大的潜力。例如,含有破伤风毒素蛋白 C 片段编码基因的整合型重组质粒转化巴斯德毕赤酵母受体细胞后,各种转化子表达重组蛋白的水平差别很大,占细胞蛋白总量的 0.3%～10.5% 不等,最高产量达 12 g/L。对转化子基因组结构的分析结果表明,获得重组蛋白高效表达的关键因素是整合型表达基因的多拷贝存在。转化

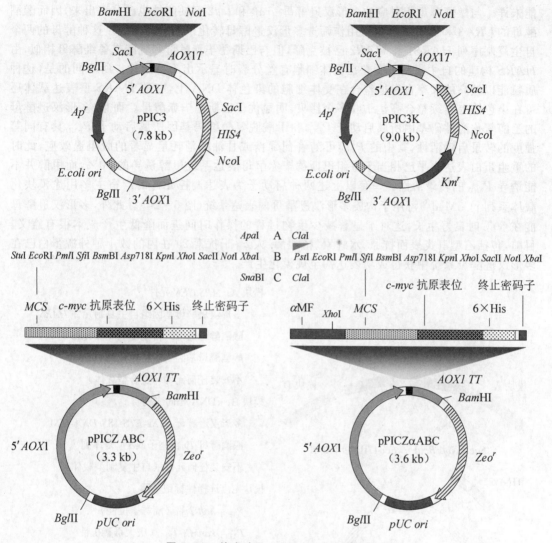

**图 5-23　毕赤酵母 pPIC 系列表达质粒图谱**

的 DNA 重组片段在受体细胞内环化后，通过单交叉重组过程的重复使外源基因多拷贝整合在染色体 DNA 上，这种多拷贝整合型转化子在受体细胞有丝分裂生长期间具有显著的稳定性，而且能够通过诱导作用进行高密度培养。由于多拷贝整合机制与外源基因的序列特异性无关，因此这一高效表达策略具有广范围的应用价值。

多拷贝重组巴斯德毕赤酵母的构建一般有两种策略：一是将外源基因的表达盒以首尾相连的方式多拷贝重组在合适的表达载体上。这种策略的一个特别优势（尤其在生产人类药物蛋白时）在于，表达盒的精确拷贝数是已知的，而且可以借助于 DNA 测序直接确认。二是利用含药物抗性标记基因的表达载体，通过药物的高抗水平筛选多拷贝整合株。用于巴斯德毕赤酵母的药物抗性基因有细菌的 $Km^r$、$Zeo^r$、$Bsd^r$ 以及巴斯德毕赤酵母自身的 $FLD1$ 基因。采用该策略可分离到携带多达 30 个拷贝表达盒的转化子。但这种筛选程序的缺憾是难以获得足够多的克隆用于筛选多拷贝表达盒，而且整合拷贝数难以控制。

（2）多形汉逊酵母表达系统

多形汉逊酵母也是一种甲基营养菌，拥有巴斯德毕赤酵母几乎所有的优势，其 RB11 株的基因组大小约为 9.5 Mb,六条单倍型染色体上拥有 5 933 个开放阅读框,其中约 20%功能未详。与酿酒酵母相对应的多形汉逊酵母 *ura*3 和 *leu*2 型缺陷株也已分离出来,因而酿酒酵母的 *URA*3 和 *LEU*2 基因可用作筛选多形汉逊酵母转化子的选择标记。这种酵母的两个自主复制序列 *HARS*1 和 *HAR*2 已被克隆,但与巴斯德毕赤酵母和乳酸克鲁维酵母相似,由 *HARS* 构建的自主复制型质粒在受体细胞有丝分裂时显示出不稳定性。所不同的是,这种质粒能以较高的频率自发地整合在受体细胞的染色体 DNA 上,有的 *HARS* 型表达载体还可在染色体上连续整合高达 100 多个拷贝,明显优于巴斯德毕赤酵母。而且,多形汉逊酵母的乙醇氧化酶编码基因所属启动子 $P_{MOX}$ 和甲酸脱氢酶编码基因所属启动子 $P_{FMD}$ 具有同等强度的转录启动活性,其中的 $P_{MOX}$ 可随着葡萄糖或甘油的消耗呈显著的脱阻遏效应,此时的重组蛋白表达水平已相当于重组巴斯德毕赤酵母表达系统甲醇诱导的 80%,而甲醇并不能诱导 $P_{MOX}$ 的转录活性。一套以上述两种启动子为表达调控元件的广宿主多用途模块化载体系列 pCoMed™ 可用于构成多形汉逊酵母的表达系统(图 5-24)。此外,多形汉逊酵母能在 50℃时良好生长,这对于显著减少生物过程的操作时间进而降低生产成本很有意义。目前,包括乙型肝炎表面抗原、水蛭素、植酸酶、人 α-干扰素 2a 在内的数十种外源蛋白已在多形汉逊酵母系统中获得成功表达甚至规模化生产。

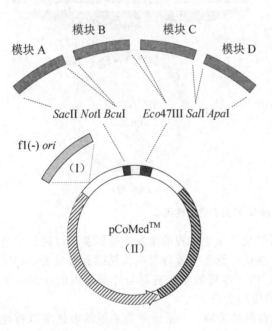

模块 A:*ARS/CEN* 元件

　　多形汉逊酵母基因组自主复制元件 *HARS*

　　酿酒酵母基因组自主复制元件 *ARS*

　　酿酒酵母基因组着丝粒元件 *CEN*

　　不安装任何元件(整合型载体)

模块 B:rDNA 靶向序列

　　多形汉逊酵母 *NTS2-ETS-18SrDNA-ITS*1

　　酿酒酵母 *Ty* 转座子或 δ 重复序列

　　不安装任何元件(自主复制型载体)

模块 C:选择性标记基因

　　$P_{TEF1}$-*hph*-$T_{EF1}$(潮霉素抗性)

　　$P_{TEF1}$-*kanMX*-$T_{EF1}$(庆大霉素抗性)

　　*URA*3(尿嘧啶合成,酿酒酵母)

　　*LEU*2(亮氨酸合成,酿酒酵母)

　　*TRP*1(色氨酸合成,酿酒酵母)

模块 D:目的基因表达盒

　　$P_{TEF1}$-*GENE*-$T_{MOX/TEF1/PHO5}$(通用型)

　　$P_{MOX}$-*GENE*-$T_{MOX/TEF1/PHO5}$(多形汉逊酵母)

　　$P_{NR}$-*GENE*-$T_{MOX/TEF1/PHO5}$(硝酸盐同化种属)

　　$P_{TPS1}$-*GENE*-$T_{MOX/TEF1/PHO5}$(海藻糖积累种属)

**图 5-24 多形汉逊酵母模块化表达载体 pCoMed™ 的构成**

(3)乳酸克鲁维酵母表达系统

克鲁维酵母菌属长期用于发酵生产 β-半乳糖苷酶,因此其遗传学背景比较清楚,其基因组总长约为 12 Mb,共有六条单倍型染色体,编码 5 076 个开放阅读框,含自主复制序列以

及 *LAC4* 乳糖利用基因的质粒能高频转化酵母便是在克鲁维酵母中首次得以证实的。从果蝇克鲁维酵母中分离出来的双链环状质粒 pKD1 已被广泛用作重组异源蛋白生产的高效表达稳定性载体。由 pKD1 构建的各种衍生质粒,即使在没有选择压力存在的情况下,也能在许多克鲁维酵母菌种株中稳定遗传。此外,乳酸克鲁维酵母的整合系统也相当成熟,其中以高拷贝整合型质粒 pMIRK1 最为常用,它由乳酸克鲁维酵母的 5S、17S、26S rDNA、无启动子的 *trp1 - d* 基因以及大肠杆菌质粒 pUC19 片段组成,因而能特异性地整合在受体菌的 rDNA 区域内,在无选择压力存在下,能在受体细胞内以 60 拷贝数的规模稳定维持。当外源基因插入该质粒后,pMIRK1 的多拷贝整合能使外源基因获得更高的表达水平,转化子也更趋稳定。

以重组乳酸克鲁维酵母表达分泌型和非分泌型异源蛋白均优于酿酒酵母系统。由 pKD1 衍生质粒构建的人血清白蛋白基因重组子在乳酸克鲁维酵母中的分泌水平远比酿酒酵母要高,而且在前者的分泌过程中,重组蛋白能正确折叠;在重组凝乳酶原的生产中,含有单拷贝外源基因的重组乳酸克鲁维酵母可在其培养基中表达分泌 345 U/mL 的重组蛋白,而重组酿酒酵母仅为 18 U/mL;由重组乳酸克鲁维酵母合成的人白细胞介素 - 1β,则是重组酿酒酵母的 80～100 倍。因此,克鲁维酵母系统在分泌表达高等哺乳动物来源的蛋白质方面具有较高的应用前景。

乳酸克鲁维酵母与众不同的特征是能利用乳糖作为碳源。参与乳糖和半乳糖代谢的酶系编码基因受 *lac - gal* 调控子共调控,均为蛋白激活因子 Lac9(相当于酿酒酵母中的 Gal4)所控制,且均为乳糖或半乳糖所诱导。其中,乳糖利用基因不为葡萄糖所阻遏,而半乳糖代谢基因则被葡萄糖轻微阻遏,较低的代谢物阻遏以及较强的诱导潜能是很多乳酸克鲁维酵母启动子的优势之一。β-半乳糖苷酶(Lac4)编码基因所属的启动子 $P_{LAC4}$ 启动子已被成功地用于乳酸克鲁维酵母生产重组蛋白如凝乳酶原(奶酪生产所需的关键酶制剂)以及来自米根霉(*Rhizopus oryzae*)的 α-淀粉酶。然而,与其他酵母表达系统一样,诱导剂的消耗也是乳酸克鲁维酵母/$P_{LAC4}$ 表达系统在实际应用中遇到的问题,因而能防止诱导剂过早消耗的 *KlGAL1* 缺陷型乳酸克鲁维酵母突变株具有实用价值。有趣的是,野生型 $P_{LAC4}$ 启动子内部存在一个 Pribnow 盒样的序列,这使得该启动子可在大肠杆菌中组成型表达异源蛋白。

(4) 粟酒裂殖酵母表达系统

粟酒裂殖酵母的全基因组大小为 13.8 Mb,分布在三条染色体上,预测拥有 4 997 个开放阅读框,其中约 70% 功能未知。粟酒裂殖酵母大约 40% 的基因含内含子,就此而言比酿酒酵母(仅 4% 的基因含内含子)更接近于高等动植物。一套针对粟酒裂殖酵母精致设计的多功能表达载体系列 pDUAL/pDUAL2 如图 5 - 25 所示。该系列载体的默认状态为多拷贝自主复制型;若在转化前用 *Not*I、*Sac*II 或 *Apa*I 切除 *ARS1*,线形载体便转换成单拷贝整合型,整合位点位于受体细胞染色体 DNA 上的 *LEU1* 处。pDUAL 系列载体整合后,可将基因组上突变型的 $LEU1^-$ (5′端编码区内点突变)转换为 $LEU1^+$ (遗传互补);而 pDUAL2 系列载体整合后,则可将基因组上野生型的 $LEU1^+$ 转换为 $LEU1^-$ (基因灭活)。

## 5.2.5　酵母的蛋白修饰分泌系统

酿酒酵母只能将几种蛋白质(如蔗糖酶、酸性磷酸酯酶、交配因子 *a/α*、杀伤毒素等)分泌到细胞外或细胞间质中,而解脂耶氏酵母则可分泌相对分子质量较大的蛋白质(如蛋白酶、脂肪酶、RNA 酶等),但总的说来,酵母的蛋白分泌系统逊色于芽孢杆菌和丝状真菌。

1. 酵母蛋白质的分泌运输机制

与其他真核生物相似,高度分化的细胞器结构在酵母蛋白分泌运输过程中起着重要作用。大多数分泌型蛋白的转运路线是:核糖体→内质网膜→高尔基体→囊泡→细胞表面。在动物细胞中,新合成的分泌型蛋白是在翻译过程中转入内质网膜腔内的,新生肽链的 N 端

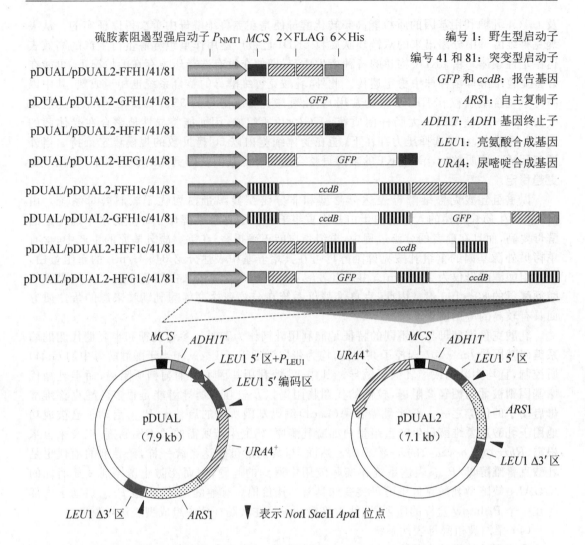

图 5 - 25　粟酒裂殖酵母 pDUAL 系列整合型表达载体的构成

　　刚从核糖体上翻译出来,便与信号肽识别颗粒(SRP)形成复合物,这一过程抑制肽链的进一步延长,直到 SRP 接触到定位于内质网膜外表面上的 SRP 特异性受体,新生肽链的合成才重新进行下去,此时蛋白质的生物合成系统已被固定在内质网膜上。新合成的多肽链在 N 端信号肽的作用下穿过内质网膜,进入内腔,同时位于内质网膜内侧的信号肽酶位点专一性地切除信号肽。

　　在内质网膜内腔中,蛋白质经历第一次糖基化修饰和构象折叠。由(GlcNAc)$_2$(Man)$_9$ (Glc)$_3$组成的寡聚糖链核心从一个脂类载体蛋白上转移到多肽链 Asn - X - Thr/Ser(X 为除脯氨酸之外的所有氨基酸残基)特征糖基化序列中的 Asn 残基上,形成 N -糖基化结构;同时将甘露糖单位转移到多肽链 Thr 或 Ser 残基的氧原子上,形成另一种 O -糖基化结构。

当蛋白质离开内质网膜时,寡聚糖核心结构上的三个葡萄糖残基和一个甘露糖分子被切除,然后进入高尔基体。在此,分泌型蛋白的 $N$-寡聚糖核心结构以及 $O$-糖基化结构进一步延伸侧链,最终形成全糖基化的分泌型蛋白质(详见 5.2.5)。

内质网内腔也是新生多肽链折叠成天然构象并对误折叠蛋白进行质量检验的主要场所。内质网驻留蛋白包括折叠酶系、分子伴侣、凝集素伴侣三类。其中,分子伴侣 BiP 首先与新生多肽链结合,并通过屏蔽其未折叠区域与邻近多肽链之间的相互作用而帮助多肽链折叠。折叠酶系中的二硫键异构酶(PDI)主要负责二硫键的形成和异构化;而凝集素伴侣(如钙联蛋白)则参与多肽链折叠和初步糖基化修饰过程。只有正确折叠和装配的蛋白质才能被转运至高尔基体内进行深度糖基化修饰和加工,之后便借助分泌型囊泡转运至细胞外或其他细胞器;而误折叠或聚集型蛋白则为内质网中的质量检验系统所识别,然后进入内质网相关型降解途径(ERAD)。因此,强化重组酵母中的蛋白质折叠途径有利于异源蛋白的高效分泌。

酵母蔗糖酶和酸性磷酸酯酶的分泌是在细胞分裂过程中进行的。分泌蛋白首先集中在胞芽结构中,然后通过膜融合作用将分泌蛋白转入分泌型囊泡中,后者再将蛋白质运输至细胞膜内侧,并在 GTP 结合蛋白复合物的协助下,与细胞膜发生融合作用,将蛋白质释放至细胞周质中,整个分泌过程均需 SEC 基因编码产物的参与。巴斯德毕赤酵母的蛋白分泌途径如图 5-26 所示。

### 2. 酵母蛋白质的信号肽及其剪切系统

与其他真核生物相似,酵母分泌型蛋白的信号肽序列保守性较低,大都由 15~30 个氨基酸残基组成,含有三个不同的结构特征,即 N 端带正电荷的 n 区、中间疏水残基的 h 区、C 端极性的 c 区。n 区的长度及氨基酸残基的性质各异,但都含有正电荷;h 的疏水氨基酸残基(Phe、Ile、Met、Leu、Trp、Val)大都随机排列;c 区具有对应于信号肽剪切位点的特征序列,即 -1 位和 -3 位必是一个相对分子质量较小且不带电荷的残基,如 Ala、Ser、Gly、Cys 或 Thr 等,而 -2 位则通常是高相对分子质量的带电残基,即所谓的"-3,-1"规律,由此可从基因的编码序列中推断信号肽编码序列的存在。

上述三个特征序列的氨基酸组成对蛋白质的分泌效率起着重要作用。例如,卡尔酵母菌(*Saccharomyces carlbergensis*)α-半乳糖苷酶(Mel1)的两个突变型信号肽序列能使异源蛋白锯鳞血抑环肽(Echistatin)和人纤溶酶原激活 I 型抑制因子的分泌提高 20~30 倍(图 5-27)。其中一个突变型分别将野生型信号肽 N 端疏水区中的 Phe 和 Tyr 改成 Arg 和 Leu,另一种突变形式则将野生型信号肽 -5 位上的 Lys 改变为 Pro,后者是在各种信号肽中通常用来阻断 α-螺旋结构的常用残基,对信号肽酶的正确剪切起着重要作用。在酿酒酵母中,交配因子 MFα1 的信号肽能促进许多重组异源蛋白的高效分泌,因此可根据其信号肽的序列特征,重新设计构建酵母的信号肽。MFα1 信号肽的氨基酸序列为:Met-Arg-(Leu)$_n$-Pro-(X)-Ala-Leu-Gly,其中 $n=6$~12,X=Leu、Ala、Leu-Ala 或者无残基。上述 Mel1 信号肽的两种突变型基本上符合这一序列特征。另一项人工合成信号肽保守序列影响人表皮生长因子(hEGF)在酿酒酵母中有效分泌的实验结果表明,在上述保守序列之后,再加入一段含有 KEX-2 蛋白酶裂解位点的 19 个氨基酸残基原序列,可使重组异源蛋白的分泌效率提高 5 倍以上,这一原序列可能起着类似于分子伴侣的作用,护送 MFα1 信号肽介导的 hEGF 通过分泌途径进入高尔基体。然而应该强调的是,信号肽序列与其所介导的重组蛋白序列之间的构象关系是设计理想信号肽序列的重要参考依据。

除了信号肽序列及其构象特征外,受体细胞内信号肽剪切酶系的表达水平对异源蛋白的高效分泌也有很大的影响。在酿酒酵母细胞内,存在两种针对 MFα1 信号肽进行剪切的酶系,即由 STE13 编码的二肽氨肽酶以及由 KEN2 编码的蛋白酶,它们分别作用于 MFα1

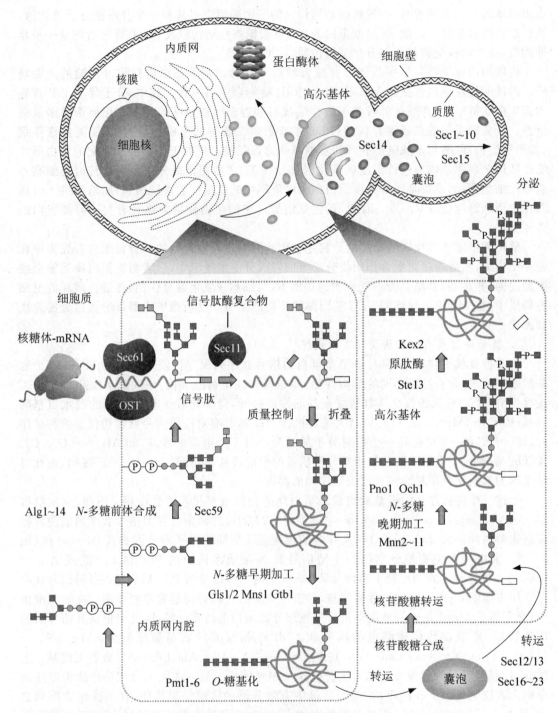

**图 5 - 26 巴斯德毕赤酵母蛋白质分泌途径**

前体分子中的 Glu - Ala 和 Lys - Arg 两个剪切位点。当含有 MFα1 信号肽编码序列的外源基因高效表达时,受体细胞中这两个剪切酶系的含量已不能满足要求,此时若将信号肽剪切酶基因与外源基因共表达,可以有效地促进重组异源蛋白的成熟,进而提高其分泌效率。例如,在含有 MFα1 信号肽编码序列和 α-肿瘤生长因子(TGF)融合基因的克隆株中,转入 *KEX2* 基因并使其高效表达,则重组克隆分泌 α-TGF 的能力大幅度提高。

| 信号肽名称 | 信号肽序列 | 单位菌体量所产生的锯鳞血抑环肽量 （ng/A$_{600}$） |
|---|---|---|
| | -17　　　　　　　　　　　　　　　　　　-1 | |
| 野生型 | Met-Phe-Ala-Phe-Tyr---Xaa---Lys-Gly-Val-Phe-Gly | 10 |
| 突变型 1 | Met-Arg-Ala-Phe-Leu---Xaa---Lys-Gly-Val-Phe-Gly | 273 |
| 突变型 2 | Met-Phe-Ala-Phe-Tyr---Xaa---Pro-Gly-Val-Phe-Gly | 6 |
| 突变型 3 | Met-Arg-Ala-Phe-Leu---Xaa---Pro-Gly-Val-Phe-Gly | 202 |
| MFα1 | 前导肽 | 173 |

Xaa = Phe-Leu-Tyr-Cys-Ile-Ser-Leu

**图 5 - 27　卡尔酵母菌 α-半乳糖苷酶突变型信号肽序列对锯鳞血抑环肽产量的影响**

酿酒酵母中能用于促进异源蛋白高效分泌的信号肽序列并不多,它们主要来源于由 MFα1 基因编码的交配因子 α、蔗糖酶(Suc2)、可阻遏型酸性磷酸酯酶(Pho5)、杀伤毒素因子 (Kil)等,其中 MFα1 的信号肽序列最为常用,因为它能促进多种异源蛋白的高效分泌。然而,异源蛋白的性质不同,MFα1 信号肽序列的效率也有很大差异,从 10 μg/L 到 5 mg/L 不等,其主要原因是与 MFα1 信号肽序列融合的异源蛋白编码序列对 mRNA 的稳定性、翻译效率以及新生多肽链的翻译后加工等过程有显著的影响,因此在重组异源蛋白一定的前提条件下,比较信号肽序列对异源蛋白分泌的效率才有意义。

3. 酵母分泌型蛋白的糖基化修饰

酵母中的蛋白质糖基化修饰有两个主要步骤,即在内质网膜内腔中的寡聚多糖核装配以及在高尔基体中的糖外链延伸。前者的装配在长萜醇磷酸酯(Dol - P)上进行,依次接上两分子 N -乙酰葡萄糖胺(GlcNAc)残基、九分子甘露糖和三分子葡萄糖后,形成 Dol - PP - (GlcNAc)$_2$(Man)$_9$(Glc)$_3$ 的寡聚多糖核结构(图 5 - 28)。为此过程提供糖基的三个供体分别是 UDP - GlcNAc、GDP - Man、UDP - Glc。第一步反应,即 GlcNAc - 1 - P 从 UDP - GlcNAc 到 Dol - P 上的转移反应为衣霉素所抑制;由 Dol - P 到 Dol - PP - (GlcNAc)$_2$ (Man)$_5$ 的各步反应均发生在内质网膜的胞质侧面上。该结构然后被翻转入内质网膜内腔中,并继续加入剩余的四分子甘露糖和三分子葡萄糖,最终形成的完整寡聚多糖核结构再转移到多肽链 Asn - X - Thr 序列中 Asn 的 N 原子上。Ser 和 Thr 羟基上的 O -糖基化则由 Dol - P - Man 分子提供甘露糖。

进入高尔基体的分泌型蛋白在其寡聚多糖核上进行侧链的延伸反应,侧链可由多达 100~150 个甘露糖残基以各种糖基键的形式组成。蔗糖酶的每个 Asn 残基上都接有九或十聚体的甘露糖寡聚链,使得糖的相对分子质量占到蛋白质总相对分子质量的一半。此外,在高尔基体中还会发生 O -糖基侧链的延伸反应。上述所有的寡聚多糖核装配以及侧链延伸均在一个庞大的糖基化修饰酶系参与下进行,其中相当多的编码基因已克隆并鉴定。

酵母虽然拥有完整的蛋白质糖基化修饰系统,但其修饰形式不同于高等真核生物。酵母的 O -寡聚多糖链只有甘露糖单体,但许多高等真核生物的蛋白在相同的糖基化位点上却含有唾液酸基团。酵母蛋白质在内质网膜内腔中发生的 N -寡聚多糖核装配过程与哺乳动物完全相同,但在高尔基体中进行的侧链合成,两个系统有明显的差别。在动物细胞中,N -糖基侧链除了含有甘露糖单体外,还包括 N -乙酰葡萄糖胺、半乳糖、果糖、唾液酸等糖基,

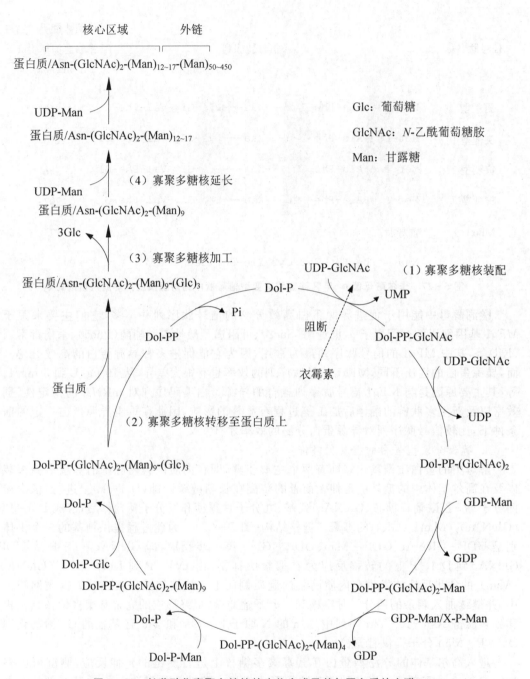

**图 5 - 28 长萜醇化寡聚多糖核的生物合成及其与蛋白质的交联**

分别产生高甘露糖型、杂合型、复合型的三种寡聚多糖结构;而酵母糖蛋白的 $N$-糖基侧链的组成成分只有甘露糖,但其分支结构极为复杂,这种现象称为超糖基化修饰(图 5 - 29)。

重组异源蛋白在酵母受体细胞中的超糖基化作用会产生许多不利影响,包括重组蛋白的生物活性下降或抑制以及蛋白质的免疫原性增加等。例如,在酵母细胞中表达的重组 $N$-糖基化人白细胞介素- $1\beta$ 比活为人体中分泌的天然蛋白的 $1/7 \sim 1/5$;由酵母细胞超糖基化的重组 HIVgp120 蛋白丧失了与 CD 受体和抗体结合的能力。解决上述问题的途径有三个:① 利用基因体外诱变技术封闭重组蛋白中的糖基化位点,从而在根本上避免

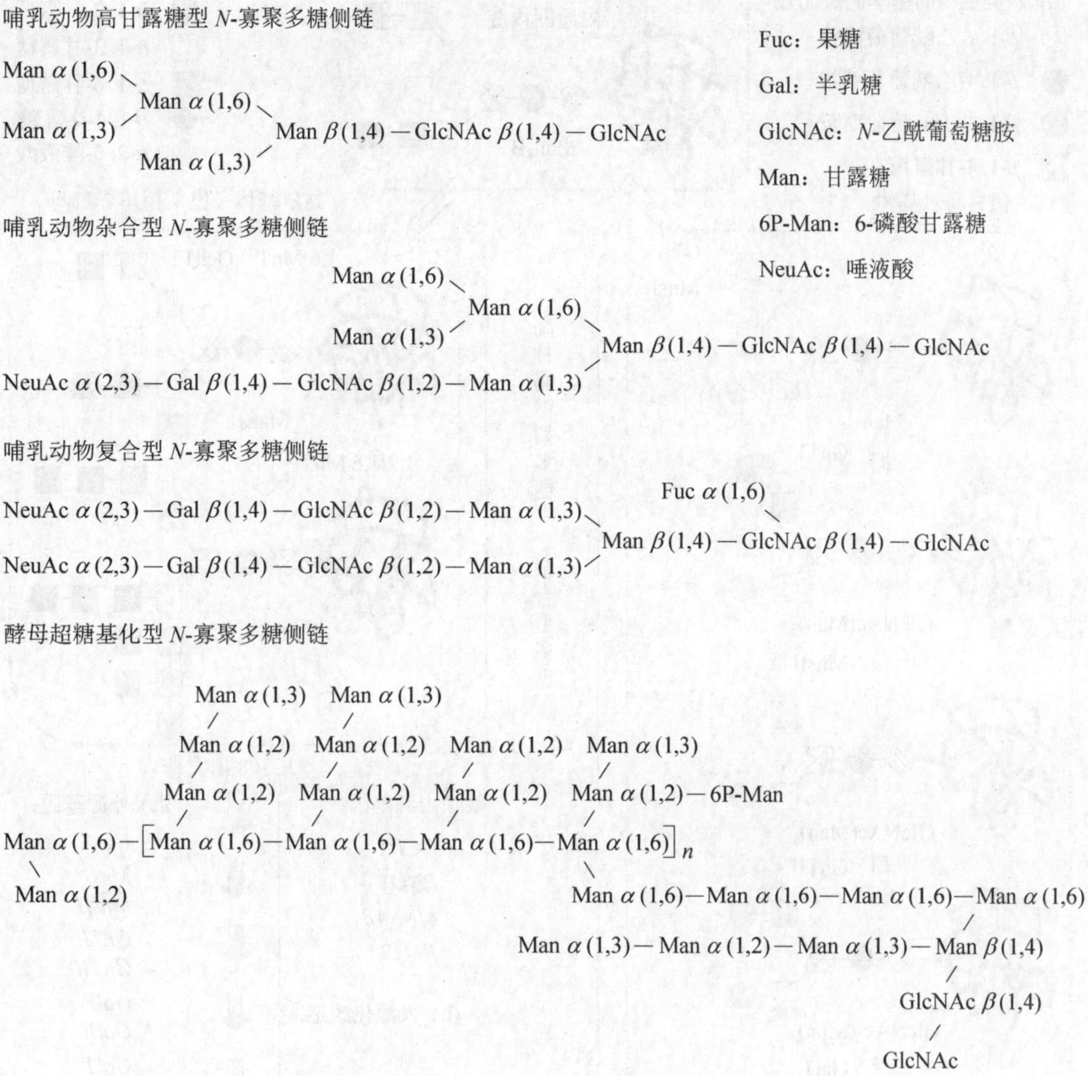

哺乳动物高甘露糖型 *N*-寡聚多糖侧链

```
Man α(1,6)
         \
          Man α(1,6)
         /          \
Man α(1,3)           Man β(1,4) — GlcNAc β(1,4) — GlcNAc
         \          /
          Man α(1,3)
```

哺乳动物杂合型 *N*-寡聚多糖侧链

```
                    Man α(1,6)
                             \
                              Man α(1,6)
                             /          \
                    Man α(1,3)           Man β(1,4) — GlcNAc β(1,4) — GlcNAc
                                        /
NeuAc α(2,3) — Gal β(1,4) — GlcNAc β(1,2) — Man α(1,3)
```

哺乳动物复合型 *N*-寡聚多糖侧链

```
NeuAc α(2,3) — Gal β(1,4) — GlcNAc β(1,2) — Man α(1,3)         Fuc α(1,6)
                                                     \        /
                                                      Man β(1,4) — GlcNAc β(1,4) — GlcNAc
                                                     /
NeuAc α(2,3) — Gal β(1,4) — GlcNAc β(1,2) — Man α(1,3)
```

酵母超糖基化型 *N*-寡聚多糖侧链

```
          Man α(1,3)  Man α(1,3)
         /           /
     Man α(1,2)  Man α(1,2)  Man α(1,2)  Man α(1,3)
    /           /           /           /
Man α(1,2)  Man α(1,2)  Man α(1,2)  Man α(1,2) — 6P-Man
/          /           /           /
Man α(1,6) — [ Man α(1,6) — Man α(1,6) — Man α(1,6) — Man α(1,6) ]ₙ
         \                                        \
          Man α(1,2)            Man α(1,6) — Man α(1,6) — Man α(1,6) — Man α(1,6)
                                                                     /
                          Man α(1,3) — Man α(1,2) — Man α(1,3) — Man β(1,4)
                                                                     \
                                                                      GlcNAc β(1,4)
                                                                            \
                                                                             GlcNAc
```

右侧图例：

Fuc：果糖

Gal：半乳糖

GlcNAc：*N*-乙酰葡萄糖胺

Man：甘露糖

6P-Man：6-磷酸甘露糖

NeuAc：唾液酸

**图 5 – 29　*N* –寡聚多糖链的分子结构**

酵母表达系统的超糖基化作用，重组人尿激酶原、粒细胞-巨噬细胞集落刺激因子、溶葡萄球菌酶采用这种方法取得了较好的效果。然而，如果异源蛋白本身含有糖基化侧链，而且糖链的存在是其生物活性所需的，那么这种封闭方法并不适用。② 筛选受体细胞的甘露糖生物合成突变株（见 5.2.1），例如酿酒酵母的 *MNN1* 突变株能合成不含 $\alpha - 1,3$ -糖苷键的 *N*-和 *O*-寡聚甘露糖侧链，从而消除了甘露糖糖蛋白严重的免疫原决定簇。*MNN9* 突变株失去了超糖基化功能，只能合成缺少侧链的 *N*-糖基化蛋白，这对于表达生产只含有寡聚多糖核的真核生物重组蛋白（如人 $\alpha_1$-抗胰蛋白酶）非常有效。但上述两种突变株的缺陷是在大规模发酵过程中生长缓慢。③ 选用其他的酵母表达系统，如巴斯德毕赤酵母（不存在 *MNN1* 基因）、多形汉逊酵母、粟酒裂殖酵母等，它们的蛋白质超糖基化修饰能力远低于酿酒酵母。

　　然而，即便是巴斯德毕赤酵母的糖基化谱与哺乳动物也存在着差异，如最外侧的糖单位不含哺乳动物中普遍存在的唾液酸[图 5 – 30(a)]，而这种无唾液酸的重组蛋白在人体血清中很容易被迅速清除。解决上述难题的一个成功策略是采用内源基因敲除和外源基因引入

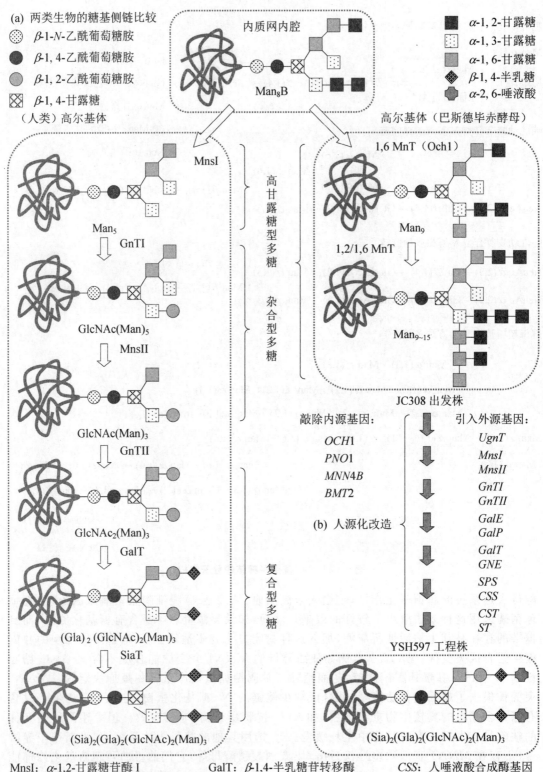

**(a) 两类生物的糖基侧链比较**

⊙ β-1-N-乙酰葡萄糖胺
● β-1, 4-乙酰葡萄糖胺
▨ β-1, 2-乙酰葡萄糖胺
▨ β-1, 4-甘露糖

■ α-1, 2-甘露糖
▨ α-1, 3-甘露糖
▨ α-1, 6-甘露糖
◈ β-1, 4-半乳糖
⬡ α-2, 6-唾液酸

内质网内腔
Man₈B

（人类）高尔基体
高尔基体（巴斯德毕赤酵母）

MnsI
Man₅
GnTI
GlcNAc(Man)₅
MnsII
GlcNAc(Man)₃
GnTII
GlcNAc₂(Man)₃
GalT
(Gla)₂(GlcNAc)₂(Man)₃
SiaT
(Sia)₂(Gla)₂(GlcNAc)₂(Man)₃

高甘露糖型多糖
杂合型多糖
复合型多糖

1,6 MnT（Och1）
Man₉
1,2/1,6 MnT
Man₉₋₁₅

JC308 出发株

敲除内源基因：
OCH1
PNO1
MNN4B
BMT2

**(b) 人源化改造**

引入外源基因：
UgnT
MnsI
MnsII
GnTI
GnTII
GalE
GalP
GalT
GNE
SPS
CSS
CST
ST

YSH597 工程株

(Sia)₂(Gla)₂(GlcNAc)₂(Man)₃

MnsI: α-1,2-甘露糖苷酶 I
MnsII: α-1,2-甘露糖苷酶 II
GnTI: β-1,2-N-乙酰葡糖胺转移酶 I
GnTII: β-1,2-N-乙酰葡糖胺转移酶 II

GalT: β-1,4-半乳糖苷转移酶
SiaT: α-2,6-唾液酸苷转移酶
MnT: α-1,2/1,6-甘露糖苷转移酶
UgnT: 鼠 UDP-N-乙酰葡糖胺转运子基因

CSS: 人唾液酸合成酶基因
CST: 鼠唾液酸转运子基因
ST: 人唾液酸苷转移酶基因

**图 5-30 巴斯德毕赤酵母糖基化格局的人源化改造**

相结合的多重步骤,将巴斯德毕赤酵母的 JC308 出发株改造成糖基化修饰格局呈人源化的工程受体。由这种人源化的巴斯德毕赤酵母受体(YSH597)表达的重组人促红细胞生长素(rhEPO)在糖基侧链的分子谱方面已与天然蛋白完全一致[图 5-30(b)]。

### 5.2.6　利用重组酵母生产乙肝疫苗

由乙型肝炎病毒(HBV)感染引起的急慢性乙型肝炎是世界范围内的严重传染病,每年约有 200 万病人死亡,并有 3 亿人成为 HBV 携带者,其中相当一部分人有可能转化为肝硬化或肝癌患者。目前对乙肝病毒还没有一种有效的治疗药物,因此高纯度乙肝疫苗的生产对预防病毒感染具有重大的社会效益,而利用重组酵母产生人乙肝疫苗为这种疫苗的广泛使用提供了可靠的保证。

**1. 乙肝病毒及其基因组结构**

乙肝病毒是一种双链环状蛋白质包裹型的 DNA 病毒,具有感染能力的病毒颗粒呈球面状,直径为 42 nm(即所谓的 Dane 颗粒),基因组大小仅为 3.2 kb。Dane 病毒颗粒的主要结构蛋白是病毒表面抗原多肽(HBsAg 或 S 多肽),它具有糖基化和非糖基化两种形式,颗粒中的其他蛋白成分还包括核心抗原(HBcAg)、病毒 DNA 聚合酶以及微量的病毒蛋白。除此之外,乙肝病毒感染者的肝细胞还能合成和释放大量的 22 nm 空壳亚病毒颗粒,这些颗粒由病毒的包装糖蛋白组成,并结合在宿主细胞的脂双层质膜上,其免疫原性是未装配的各种包装蛋白组分的 1 000 倍。包装蛋白共有三种转膜糖蛋白成分,分别命名为 S、M、L 多肽,这些蛋白组分是从一个开放阅读框翻译出来的三种不同相对分子质量的产物(图 5-31)。阅读框中含有三个翻译起始密码子 ATG,但只有一个终止密码子。三个 ATG 将阅读框架分为 pre-S1、pre-S2、S 三个区,其中 S 区的翻译产物为 S 多肽,由 226 个氨基酸残基组成;M 多肽

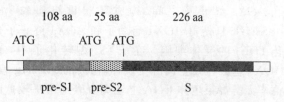

**图 5-31　乙型肝炎病毒表面抗原编码基因的结构**

和 L 多肽(pre-S2-S 和 pre-S1-pre-S2-S)则分别由 281 个和 400 个氨基酸残基组成。Dane 病毒颗粒除了含有大量的 S 多肽外,还有少量的 M 多肽和 L 多肽参与包装。

乙肝病毒在体外细胞培养基中并不能生长,因此第一代的乙肝疫苗是从病毒携带者的肝细胞质膜上提取出来的。虽然这种质膜来源的疫苗具有较高的免疫原性,但其大规模生产受到病毒表面抗原来源的限制,而且提取物需要高度纯化,纯化过程中往往会发生失活现象。此外,最终产品还必须严格检验其中是否混有患者的致病病毒。所有这些工序导致制造成本高居不下,因此这种传统的乙肝疫苗生产方法不能满足几亿接种人群的需求。

**2. 产乙肝表面抗原的重组酿酒酵母构建**

重组乙肝疫苗的开发研究起源于 20 世纪 70 年代末,那时乙肝病毒 DNA 已经克隆,由其序列可以推出 HBsAg 完整的一级结构。当时人们对大肠杆菌表达重组 HBsAg 做了大量尝试,结果表明原核细菌的表达水平极低,可能是由于重组产物对受体菌具有强烈的毒性作用,因此从 20 世纪 80 年代初开始选择酿酒酵母表达重组 HBsAg。其主要工作包括将 S 多肽的编码序列置于启动子 $P_{ADH1}$ 的控制之下,转化子能表达出具有免疫活性的重组蛋白,它在细胞提取物中以球形脂蛋白颗粒的形式存在,平均颗粒直径为 22 nm,其结构和形态均与慢性乙肝病毒携带者血清中的病毒颗粒相同。此外,采用 $P_{PGK}$ 启动子表达的重组 S 多肽也有相似的性质。

由重组酿酒酵母合成的 HBsAg 颗粒完全由非糖基化的 S 蛋白组成,这与人体细胞质膜来源的由糖基化蛋白构成的天然亚病毒颗粒有所不同。此外,重组病毒颗粒还含有酵母特异性的脂类化合物,如麦角固醇、磷酰胆碱、磷酰乙醇胺以及大量的非饱和脂肪酸等。尽管

如此,重组酵母和人体两种来源的亚病毒颗粒在与一系列 HBsAg 单克隆抗体(由人细胞质膜提取出来的 HBsAg 所产生)的结合活性上是基本相同的。这一结果表明,两种亚病毒颗粒在免疫活性方面没有区别,它们均含有相同的优势抗原决定簇。

目前,由酿酒酵母生产的这种重组 HBsAg 颗粒已作为乙肝疫苗商品化(其商品名为 Recombivax-B 或 Engerix-B)。重组酿酒酵母的高密度发酵工艺以分批培养为主,控制发酵系统中葡萄糖的浓度以防止乙醇的积累,比生长速率维持在系统完全处于耗氧的状态下,重组产物的最终产量可达细胞总蛋白量的 1%~2%。发酵结束后,细胞用玻璃珠机械磨碎,裂解物经离心分离后,上清液随后进行离子交换层析、超滤、等密度离心、分子凝胶过滤等几步纯化,最终获得纯度高达 95% 以上的抗原颗粒。将之吸附在产品佐剂上,便制成乙肝疫苗制剂。

进一步的研究结果表明,pre-S1 和 pre-S2 抗原蛋白对 S 型重组疫苗具有显著的增效作用,由三种抗原组分构成的复合型乙肝疫苗可以诱导那些对 S 蛋白缺乏响应的人群的免疫反应。

3. 产乙肝表面抗原的重组巴斯德毕赤酵母构建

采用甲基营养型巴斯德毕赤酵母作为受体细胞表达 HBsAg,显示出比酿酒酵母表达系统更大的优越性。重组巴斯德毕赤酵母的构建过程如下:将 HBsAg 的编码序列和用于选择标记的巴斯德毕赤酵母组氨醇脱氢酶编码基因 $PHIS4$ 插入甲醇可诱导型 $AOX1$ 启动子和 $AOX1$ 终止子之间,构成环状重组质粒 pBSAG151(图 5-32)。用 $Bgl$II 线形化 pBSAG151,使得 $AOX1$ 启动子和 $AOX1$ 终止子分别位于线形重组 DNA 分子的两端,并转化 $HIS^-$ 的受体细胞。在 $HIS^+$ 型转化子中,重组 DNA 片段与受体染色体 DNA 上的 $AOX1$ 基因区发生同源交换,单拷贝的 HBsAg 编码序列稳定地整合在染色体上。由于巴斯德毕赤酵母染色体 DNA 上还拥有表达水平较低的第二个乙醇氧化酶基因 $AOX2$,因此转化子仍能在含有甲醇的培养基上维持(即 $Mut^S$ 表型)。

上述重组巴斯德毕赤酵母首先在含有一定浓度的甘油培养基中培养,待甘油耗尽时,加入甲醇诱导 HBsAg 的表达,最终 S 蛋白的产量可达到受体细胞可溶性蛋白总量的 2%~3%,比含有多拷贝表达盒的重组酿酒酵母要高近一倍。这些表达出来的 S 蛋白几乎全部形成类似于病毒携带者血清中的颗粒结构,而由重组酿酒酵母合成的 S 蛋白只有 2%~5% 能装配成 22 nm 颗粒,也就是说前者的单位效价是后者的数十倍。在大规模的产业化试验中,巴斯德毕赤酵母工程株在一个 240 L 的发酵罐中用单一培养基培养,最终菌体量可达 60 g(干重)/L,并获得 90 g 22 nm 的 HBsAg 颗粒,这足以制成 900 万份乙肝疫苗。

## 5.2.7 利用重组酵母生产人血清白蛋白

人血清白蛋白(HSA)是血浆的主要成分,由肝脏合成并分泌至血液循环系统中,然后散布于大多数体液内。人血浆中的血清白蛋白浓度可高达 42 g/L,其功能是作为机体内几种重要生理物质的可溶性运输载体,包括类固醇激素、胆汁色素、金属离子、氨基酸、脂肪酸等,同时在维持血液正常渗透压方面也起着重要作用。在临床上,人血清白蛋白主要用作血浆容量扩充剂,抢救休克、烧伤和失血病人,是极为重要的人体蛋白药物,其市场份额占到血浆蛋白总量的 40%。人血清白蛋白在肝细胞中最初以血清白蛋白原前体的形式合成,在转运进入内质网膜内腔后,18 个氨基酸残基的前体信号肽序列被切除,然后在高尔基体中再由一个类似于酿酒酵母 Kex2 的肽酶进一步除去 6 个氨基酸残基的原序列,形成成熟蛋白。成熟的人血清白蛋白为一非糖基化的单一多肽链,由 585 个氨基酸组成,含有 17 对二硫键,由此维系的空间构象是血清白蛋白的生物功能所必需的。

在重组人血清白蛋白(rHSA)问世之前,绝大多数厂家从人血浆或胎盘中分离生产人血清白蛋白,全世界为此每年要消耗 1 000 万升人体新鲜血浆和 4 500 t 胎盘。然而,血浆和胎

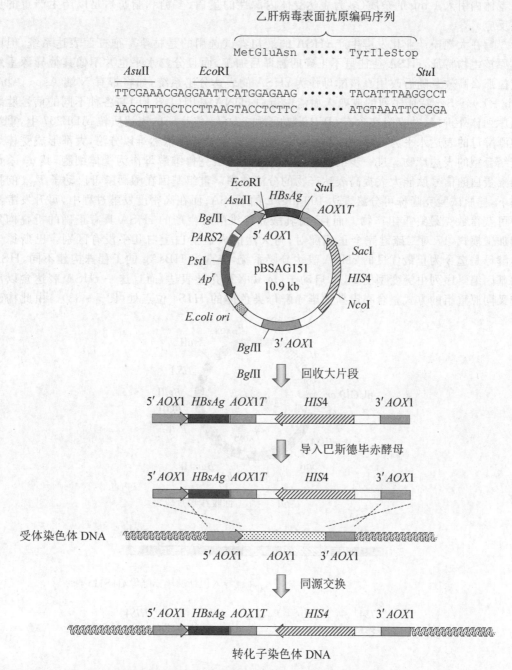

**图 5-32　重组巴斯德毕赤酵母表达乙肝病毒表面抗原**

盘资源毕竟有限,而且最终产品中很可能被血液中的病毒(如乙肝病毒和艾滋病毒)所污染。由于人血清白蛋白价格低廉(每克仅 2 美元)且需求量大(每年约 300 t),因此利用基因工程方法大规模生产重组人血清白蛋白是否能取代传统的提取方法,很大程度上取决于发酵和分离工序的综合生产成本。此外,由于人血清白蛋白的临床使用剂量一般都在十几克甚至上百克的水平,这给重组制剂的纯度提出了很高的要求,任何痕量的杂蛋白均可能因大剂量使用而造成严重的免疫反应和毒性反应,这是 rHSA 开发的主要难题。例如,即使 rHSA 产品的纯度达到 99.999%,但在临床急救时一次性输入 100 g 这样的 rHSA 药物,等于同时在患者体内引入 1 mg 的杂质(多为表达受体内源性的蛋白、多糖和脂肪),足以产生严重的免疫反应。

旨在大规模产业化发酵生产 rHSA 的最初尝试选用的是枯草芽孢杆菌表达系统,但因其原核生物特征,rHSA 往往呈不正确的翻译后加工,而且分泌水平也并不像其他异源重组蛋白那么高效。随后改用真核酵母作为 rHSA 的表达分泌系统,如将带有 N 端 Asp - Ala - His - Lys - Ser 特征序列的成熟人血清白蛋白 cDNA 基因(1. 8 kb)与各种不同的信号肽编码序列体外拼接,并克隆在含有 UYP 启动子和 ADH1 终止子的表达质粒 pJDB207 上,重组酿酒酵母的表达水平为 55 mg/L,但是 rHSA 在这个系统中依然难以分泌,大都形成受体细胞结合型的表达产物。进一步的改进方法是使用乳酸克鲁维酵母作为受体细胞,其 α-杀伤毒素蛋白的信号肽能大大提高表达产物的分泌效率。重组基因在酿酒酵母启动子 $P_{PGK}$ 的控制下,摇瓶试验克隆株可分泌表达 400 mg/L 的 rHSA;而在高密度发酵过程中,每升发酵液中可获得数克最终重组产物。而且,由乳酸克鲁维酵母生产的 rHSA 具有正确的折叠构象和加工模式,17 对二硫键完全正确配对,与天然的人血清白蛋白几乎没有区别。巴斯德毕赤酵母是迄今为止最优良的 rHSA 表达分泌系统,与重组 HBsAg 的工程株构建不同,HSA 的基因编码序列由突变型的 $P_{AOX2}$ 启动子($mAOX2$)介导表达,而且这一 rHSA 表达盒以单交叉同源重组的方式整合在巴斯德毕赤酵母染色体的 HIS4 位点处(图 5 - 33)。由此构建

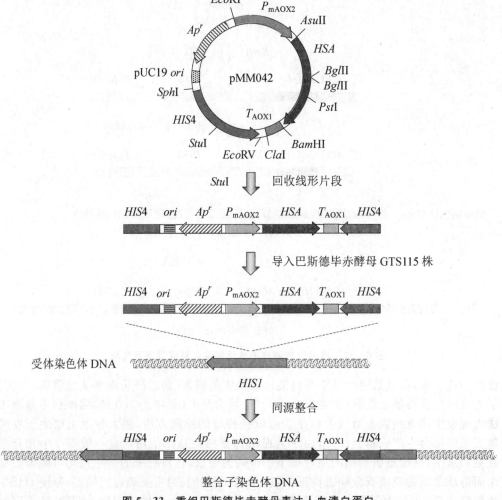

图 5 - 33　重组巴斯德毕赤酵母表达人血清白蛋白

的重组巴斯德毕赤酵母在最优发酵条件下,合成和分泌 rHSA 的产率可高达 15 g/L,其生产成本已低于传统工艺,更重要的是 rHSA 纯度能满足临床使用严苛的要求,而且其晶体结构也与血清来源的 HSA 没有区别。

此外,人血清白蛋白与 CD4 受体的融合蛋白(HSA－CD4)生产工艺也已经问世,开发这种融合蛋白的目的是作为人免疫缺陷型病毒(HIV)的感染阻断剂使用。重组可溶性的 CD4 蛋白已被证明能有效阻止 HIV 感染 CD4$^+$ 淋巴细胞,但这种重组蛋白在人体内的半衰期极短,很难达到临床治疗所需的浓度。人血清白蛋白具有较长的半衰期,体内分布广,而且没有酶学或免疫学活性,因而是一种理想的生物活性蛋白载体。实验结果证实,HSA－CD4 融合蛋白在体内的抗病毒活性与可溶性的 CD4 相似,但在兔子体内的半衰期比可溶性 CD4 长 140 倍。如果人体能耐受高浓度的 HSA－CD4 融合蛋白,则这种蛋白有望成为一种艾滋病毒的拮抗药物。

# 第6章 昆虫基因工程

昆虫属于动物界节肢动物门昆虫纲,其发育过程以变态而著称。昆虫有 100 多万种,是地球上分布最广、数量最多的动物。同时,昆虫也是自然界中与人类关系最为密切的一个生物类群,既有有益昆虫如蜜蜂、家蚕等,又有有害昆虫如蚊蝇、蚜虫等。因此,昆虫的基因工程具有广泛而重要的社会意义和经济价值。

与其他物种相似,近二十年来昆虫的基因工程有了长足的进展,大量的转基因物种以及基因表达系统不断涌现,但多数的研究和突破集中在昆虫的三大物种内:以发育分子生物学研究模型及 P 元件转化为特征的果蝇系统;以修饰改良物种及转座子转化为特征的蚊虫和农业害虫系统;以表达异源功能蛋白及病毒转染为特征的家蚕系统。

## 6.1 果蝇的基因转化系统

果蝇是当前分子生物学尤其是发育生物学研究的重要模式生物。其原因一方面是由于果蝇的经典遗传学研究早在 20 世纪初就有了丰富的积累,为分子生物学研究奠定了必要的理论基础,另一方面是因为果蝇的胚胎发育在离体条件下完成,且生长周期相对较短,便于通过它了解动物发育的过程和机制。然而,基因的功能鉴定以及表达调控规律的调查还应归功于果蝇有效的基因转化系统的建立。

### 6.1.1 果蝇转座元件的结构及特征

很多动物基因组都含有转座元件,但最详细的信息来自对果蝇的研究。果蝇体内 15% 的 DNA 是可移动的,黑腹果蝇(*Drosophila melanogaster*)体内已经鉴定了若干种不同的可转座元件,包括 copia 逆转座子、FB 家族、P 元件,其结构和特征如图 6-1 所示。

copia 是迄今了解最为详尽的逆转座子的一个家族,其成员之间的序列各不相同,但结构及基本特征却很相似。copia 元件在细胞中的拷贝数因果蝇的种别而异,一般在 20~60 个拷贝范围内。copia 元件长约 5 kb,两端各含一个完全相同的 276 bp 正向重复序列,每个正向重复序列的两端又各含一个序列相似的反向重复序列。当 copia 元件整合在靶 DNA 上时,会在插入位点处产生 5 bp 的正向重复序列。copia 序列中含有一个 4 227 bp 的长开放阅读框架,其部分编码区与逆转录病毒中的 *gag* 和 *pol* 同源,但缺少与病毒包装有关的 *env* 编码序列,因此 copia 并不能产生像逆转录病毒那样的感染性颗粒。copia 能从一个末端重复序列的中部转录出丰富的 polyA$^+$ 型 mRNA,长度不尽相同,分别表达数种具有剪切 RNA 和蛋白质多聚物功能的酶,但其转座的精确机制尚不清楚。

FB(Foldback)元件家族的成员含有长度大小不一的长末端反向重复序列,在成员之间这些末端重复序列呈同源性,但同一个元件的两个末端重复序列却并不一致。有些 FB 元件仅仅由并列的反向重复序列构成,而另一些元件则被一个非重复序列的区域隔开。FB 元件的长末端结构由若干随机拷贝数的简单序列组成,在这些简单序列之间是序列呈多样性的长片段。从元件的端点开始,简单序列单位的长度逐步增加,开始为 10 bp,然后扩展为 20 bp,最终增至 31 bp。这种有趣的末端结构如何实现转座目前还是个谜,但 FB 元件最大可驱动 200 kb 的 DNA 片段进行移动。

P 元件是在调查果蝇杂交不育现象时发现的,它在染色体 *w* 遗传位点内的插入突变往

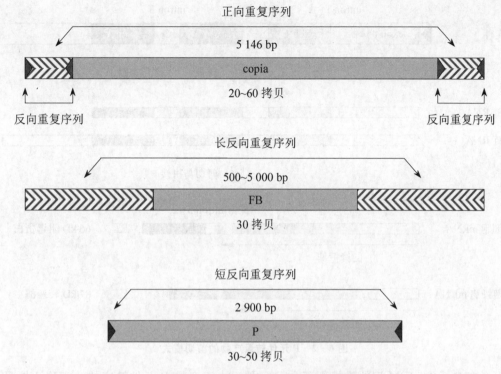

图 6 - 1　黑腹果蝇三种类型的转座子

往导致果蝇不育(详见 6.1.2)。所有的 P 元件家族成员均含有 31 bp 的末端反向重复序列,转座时在靶 DNA 上产生 8 bp 的正向重复序列。最大的 P 元件约 2.9 kb 长,含有 4 个外显子,被 3 个内含子隔开,编码转座酶;较小的 P 元件缺少部分甚至全部的外显子,但它们也能在另一个完整 P 元件所表达的转座酶的反式激活下发生转座作用。在 P 株黑腹果蝇中,每个细胞含有 30～50 个 P 元件拷贝,但有些黑腹果蝇株并不携带 P 元件(如 M 株)。

　　值得注意的是,P 元件转座能力的激活具有组织特异性,只发生在生殖细胞中,但 P 元件中转座酶的编码序列却是在生殖细胞和体细胞中都能转录的。也就是说,P 元件转座能力激活的组织特异性是由转座酶基因转录物的剪切模式所决定的。如图 6 - 2 所示,P 元件初始的转录物因转录过头与否呈现 2.5 kb 或 3.0 kb 两种长度。在体细胞中,只有前两个内含子被切除,形成一个 exon0 - exon1 - exon2 的编码区,由此 mRNA 翻译出一个 66 kD 的蛋白质,它是 P 元件转座活性的阻遏物。在生殖细胞中,除了存在上述的剪切模式外,P 元件的所有三个内含子还能被另一种剪切模式全部切除,使四个外显子连为一体,所形成的 mRNA 翻译出 87 kD 的转座酶。此外,P 元件的转座反应还依赖于其末端大约 150 bp 的序列。转座酶首先与靠近 31 bp 末端反向重复序列的一个 10 bp 序列结合,然后通过一种非复制型的"切除/粘贴"方式进行转座。

## 6.1.2　P 元件介导的果蝇杂交不育

　　来自不同株的黑腹果蝇交配时,其子代往往表现出生殖障碍的遗传性状,包括基因突变、染色体畸形、减数分裂异常直至不育,即所谓的杂交不育。同一种果蝇可分为 P 型(父本贡献)和 M 型(母本贡献)两大类,P 型雄性果蝇与 M 型雌性果蝇交配时,产生的子代没有生殖能力;但 M 型雄性果蝇与 P 型雌性果蝇交配,却能产生正常的后裔。

　　分子遗传学的相关研究表明,具有不育性状的子代果蝇,其染色体的 $w$ 位点上插入了 P 元件。显然,这种杂交不育现象的本质是 P 元件在 $w$ 位点上的转座作用。P 型果蝇的染色

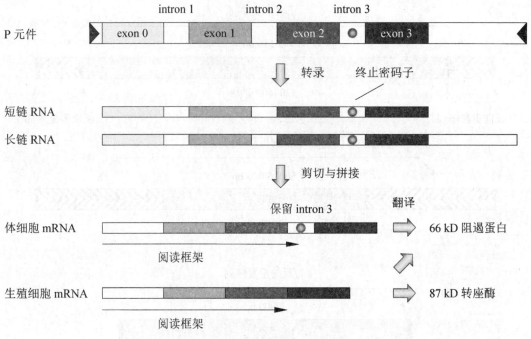

图 6-2 P 元件转录产物的剪切模式

体上含有 P 元件,而 M 型的果蝇则不含 P 元件。由于介导 P 元件转座的转座酶活性受到 66 kD 阻遏蛋白的抑制,因此杂交不育事实上是由基因组上的 P 元件与细胞质中的 66 kD 阻遏蛋白共同决定的(图 6-3)。P 型雌性果蝇由于其染色体上含有 P 元件,66 kD 阻遏蛋白和转座酶共存在于细胞质中,但此时的转座酶活性被抑制。因此,任何涉及 P 型雌性果蝇的交配,所产生的子代都继承了母体细胞质中的阻遏蛋白,使得它们甚至它们的子孙不会发生 P 元件转座反应,表现出正常的生育能力。相反,M 型雌性果蝇的染色体上不含 P 元件,其卵细胞质中预先不存在阻遏蛋白,当 P 型雄性果蝇的 P 元件导入后,便有可能能首先表达出转座酶,并介导转座作用,致使子代不育。

杂交不育在一定程度上限制了不同昆虫物种之间的混合繁殖,对物种形成和隔离起着重要作用。另外,人们也可以根据这一原理,使携带有益性状的少量转基因昆虫在自然界的野生型昆虫种群中迅速传播(详见 6.2)。

### 6.1.3 P 元件介导的果蝇经典转化程序

如前所述,P 元件是导致果蝇杂合子生殖障碍的可转座元件。当 P 型雄性果蝇与不含 P 元件的 M 型雌性果蝇交配时,能观察到高频的 P 元件转座发生,在此过程中,P 元件能有效地整合在果蝇染色体的很多位点上。因此,P 元件也许可以作为基因转移的有用载体,例如将含有 P 元件的质粒注射到 M 型雌性果蝇的胚胎中,可以实现 P 元件介导的基因转移。由高频率(20%~50%)存活胚胎发育而成的果蝇后裔携带着随机整合在染色体上的 P 元件。由于 P 元件转座作用只发生在生殖细胞中,因此显微注射必须使用发育时间为 0~90 min 的年轻胚胎。这一实验大大推动了果蝇乃至昆虫基因转化技术发展的进程。

当细胞内存在转座酶时,P 元件转座所需的唯一条件是位于其两端的完整结构,即反向重复序列及其临近的亚末端序列。这一原理是构建用于基因转移实验的 P 元件载体的理论基础。P 元件大部分的内部序列可以为外源 DNA 所置换,而转座所需的转座酶则由一个辅助型的 P 元件提供。在整合过程中,只有位于 P 元件两端反向重复序列之间的 DNA 序列被转移到宿主的染色体上。因此,可以构建在 P 元件末端外侧含有大肠杆菌复制子结构及

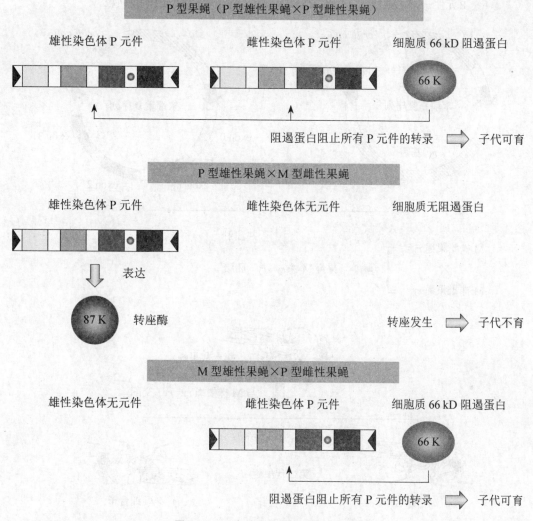

图 6-3　P 元件介导的果蝇杂交不育

选择性标记基因的穿梭质粒(图 6-4)。此外,有效的穿梭载体还含有用于果蝇的选择性标记基因以及一个或多个限制性酶切位点,这些序列均位于 P 元件两个反向重复序列之间。野生型的 rosy(ry⁺)基因常被用作果蝇的选择标记,它编码黄嘌呤脱氢酶,是果蝇在含有高浓度嘌呤的培养基上生长所必需的;ry⁻ 的胚胎不能在这样的培养基中存活。

　　如果将一个携带了完整 P 元件序列和功能的质粒用作辅助元件,以提供转座酶,那么在转化后,有些转化株可能会同时携带非完整 P 元件和完整 P 元件的拷贝,它们分别来自载体质粒和辅助质粒,这会大大增加转化株研究和应用的困难。因此在构建辅助质粒时,通常使用一种缺陷型的 P 元件,它的右末端反向重复序列缺失了 23 bp,这种辅助 P 元件只能提供转座酶,但不能转座自身序列,这就保证了转移到宿主染色体上的仅仅是载体质粒上位于两个反向重复序列之间的外源 DNA 序列。

　　P 元件介导的基因转移的操作程序如下:将 P 元件 ry⁺ 型载体 DNA 和辅助 P 元件质粒 DNA 共注到果蝇 M 株的年轻胚胎中。接受注射的胚胎是多核单细胞,那些将发育成生殖细胞的核聚集在胚胎细胞的后极。用一根细玻璃针将 DNA 样品注入胚胎细胞的后极区域。由此注射胚胎发育出来的果蝇通常长有玫瑰红色的眼睛,但有些果蝇的眼睛是马赛

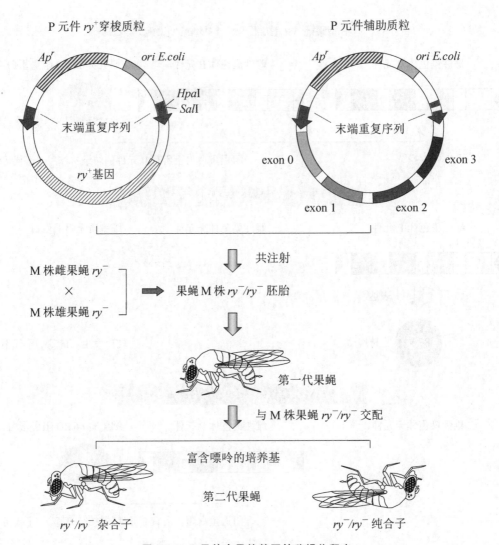

图 6-4 P元件介导的基因转移操作程序

克型的,其 $ry^+$ 型 P 元件在一些生殖细胞中整合到了染色体的一个或多个位点上;然后将这些果蝇与 $ry^-$ 型纯合子的 M 株果蝇交配,这个交配的过程将从注射胚胎发育起来的果蝇的染色体转换为单倍体的卵子或精子,因此消除了马赛克;后裔果蝇既可通过挑选野生型($ry^+$)红眼而获得,也可在含嘌呤的培养基上筛选 $ry^+$ 表型得到(图 6-4),而 $ry^-/ry^-$ 型的子代则被含嘌呤的培养基杀死。

P 元件介导的基因转化技术在研究果蝇基因的结构、功能、调控方面极其有用,尤其适合于探测和鉴定控制基因表达的调控序列,能精确界定一个果蝇庞大基因的调控区域。黑腹果蝇发育生物学研究的飞速发展与 P 元件介导的基因转化技术的成熟应用是分不开的。2000 年,黑腹果蝇的全基因组测序工作已经完成,可以预计接踵而来的后基因组时代正是果蝇基因转化技术大显身手的阶段。

### 6.1.4 果蝇体细胞的转化程序与表达系统

无论是 P 型还是 M 型果蝇的体细胞均无法借助上述 P 元件介导的程序进行转化。然而,某些源自黑腹果蝇晚期胚胎阶段的细胞系(如 S2 和 S3 细胞系)却能以较高的频率接纳原核细菌的质粒 DNA,而且这些质粒 DNA 能随机整合在果蝇基因组上多达近千个拷贝。

更难能可贵的是,S2 和 S3 细胞系可在较温和的机械搅拌条件下(如 200 r/min)以悬浮方式生长,并达到 $0.084h^{-1}$ 的最大细胞比生长速率($\mu_{max}$)以及 $5 \times 10^{10}$ $L^{-1}$ 的最大细胞浓度($X_{max}$)。黑腹果蝇体细胞系的这种优良特性不仅使连续培养成为可能,而且也易于过程放大,对产业化规模生产重组异源蛋白具有重要意义。

由 S2 细胞系以及相应的表达载体组成的果蝇表达系统(DES ®)已由 Invitrogen 公司商品化。其中表达载体 pCoHygro 所含的必需元件包括:大肠杆菌复制起始位点(pUC ori)、黑腹果蝇肌动蛋白或金属硫蛋白编码基因所属启动子($P_{Ac}$ 或 $P_{Mt}$)、基因表达标记肽(V5)编码序列、用于果蝇的选择性标记(潮霉素、嘌呤霉素、杀稻瘟菌素等)基因表达的果蝇 copia 转座子所属启动子($P_{Copia}$)、用于在细菌中筛选的氨苄青霉素抗性基因($Ap^r$)、SV40 多聚腺苷酸化信号位点($SV40pA$),以及果蝇免疫球蛋白重链结合蛋白(BiP)的分泌型信号肽编码序列。肌动蛋白编码基因所属启动子 $P_{Ac}$ 属于组成型启动子;而金属硫蛋白编码基因所属启动子 $P_{Mt}$ 则为 0.7 mmol/L 的 $CuSO_4$ 所诱导,且丁酸钠(NaBu)可作为增强剂(其机理是松开染色质)。

S2 细胞系可用多种试剂进行质粒 DNA 的转染,包括磷酸钙、阳离子脂质体(Cellfectin,由 N, NI, NII, NIII -四甲基- N, NI, NII, NIII -四棕榈基精胺与二磷脂酰乙醇胺按 1:5 物质的量之比混合形成脂质体),以及聚乙烯亚胺(PEI)阳离子聚合物(如 ExGen 500 和 JetPEI)。磷酸钙转染采用经典程序:$CaCl_2$(2 mol/L)和质粒 DNA 用 $0.1 \times$ Tris EDTA 缓冲液稀释,并在此溶液中缓慢加入等体积的 $2 \times$ HEPES 缓冲化的盐溶液,将这种 Ca/DNA 溶液保温 1 min,然后缓慢滴加在细胞上。Cellfectin 转染时,将阳离子脂质体试剂和质粒 DNA(两者均用培养基稀释)在室温下保温 15 min,然后混合并保温 20 min,再将此脂质体悬浮液滴加在细胞上。PEI 转染时,先用 150 mmol/L 的 NaCl 稀释质粒 DNA,然后加入 PEI 试剂,混合物在室温下保温 10 min,最后加入细胞培养物中即可。

虽然 S2 细胞中的蛋白质翻译后修饰途径有别于哺乳动物细胞,但重组异源蛋白的比活不仅能保持,甚至还会有所提高。例如,阿尔茨海默综合征相关酶人类 $\beta$-分泌酶在 S2 细胞系中的表达显示,因所使用的表达载体不同重组蛋白呈不同的相对分子质量,归因于不同的翻译后修饰模式,然而重组酶的比活却为天然酶的 2.6 倍。由 S2 细胞系表达的重组糖蛋白中 $N$-多糖呈简单的寡聚甘露糖结构,其中大部分为三甘露糖核心,含或不含 $\alpha-1,6$-糖苷键连接的果糖,但其组成成分中不含半乳糖或唾液酸。虽然这种 $N$-多糖结构和组成可能会影响重组蛋白产物的分泌、生物功能及其在体内循环中的半衰期,但通过抑制 S2 细胞 $N$-糖基化途径中的 $\beta-N$-乙酰葡糖胺糖苷酶活性,可以部分程度地解决上述问题。总之,黑腹果蝇 S2 细胞系有望成为一个重要的动物细胞表达平台。

# 6.2　蚊虫和农业害虫的基因改造系统

在农业和医学这两个生物学应用领域中,严重制约农业生产的害虫以及威胁人类健康的疾病传染媒介都与昆虫有关。尽管昆虫学家们在此之前发明了很多控制有害昆虫的方法,有效地解决了部分问题,但昆虫的危害性依然存在,而且逐渐成为一个突出的社会问题。在过去的几十年中,人们对付害虫的普遍战略是开发数以千计的各种化学和生物杀虫剂,或直接针对害虫喷洒,或在转基因植物体内释放。然而,前一种方法的负面影响是对环境造成不可逆转的污染;后一种方法则引起了公众对转基因食品安全性的担忧。

近年来,在昆虫转基因技术发展的基础上,人们提出了一个以昆虫不育技术为核心的"以虫治虫"新战略,构建带有各种遗传性状的转基因昆虫抑制或灭绝害虫,以弥补化学和生物杀虫剂的严重缺陷。目前该领域的研究状况如下：转基因昆虫已从实验室转入对其大规模可操作性饲养进行初步评估的阶段，并在隔离空间内测定转基因昆虫的交配竞争力；有些转基因昆虫甚至已实现野外释放。在此研究的同时，发展了一批转化害虫的高性能载体，鉴定了若干具有广泛用途的转化选择性标记，构建了多种害虫的转基因品系。

### 6.2.1　用于非果蝇类昆虫转化的载体

借助于转基因技术解决昆虫相关问题的想法最早是在 1979 年由洛克菲勒基金会发起的一个会议上提出的。当时，将特定的基因导入有害昆虫基因组中的可能性还很渺茫，但一些昆虫家就已经预言：在不远的将来，转基因技术能将有害昆虫的偏爱食物从农作物转向对农作物有害的野草上来。1982 年黑腹果蝇的转化获得成功，大大鼓舞了人们利用转基因技术控制有害昆虫的设想。

早期转化有害昆虫的绝大多数尝试均使用基于 P 元件的载体，因为这种方法在转化黑腹果蝇时获得圆满成功，遗憾的是这些尝试均告失败。不久科学家们认识到，P 元件系统的转化有效性依赖于黑腹果蝇及其相近种属体内几个特异性因子的存在。因此，非果蝇类昆虫基因转化系统的建立需要分离和鉴定其他一些具有广泛宿主的载体元件。

1. 用于非果蝇类昆虫转化的转座元件

目前，非果蝇类昆虫生殖细胞的转化可以使用四种基于转座子的载体，这些载体系统分别由 *Minos*、*Mariner*、*Hermes*、*piggyBac* 可转座元件构建而成，可用于转化 15 个昆虫种，横跨双翅目、膜翅目、鳞翅目、鞘翅目（甲虫类）等，具有较为广泛的昆虫宿主范围（表 6-1）。涉及上述 4 种转座载体的所有转化程序均采用与黑腹果蝇完整型 P 元件质粒和缺陷型 P 元件辅助质粒类似的胚胎注射二元转化范例，各类载体的性质列在表 6-2 中。

**表 6-1　用于非果蝇类昆虫转化的转座元件**

| 转座元件 | 元件来源 | 元件家族 | 转化物种 |
|---|---|---|---|
| *Hermes* | 果蝇 | 实蝇科 (Tephritidae) | *Ceratitis capitata* |
| *Minos* | | | *Ceratitis capitata* |
| *piggyBac* | | | *Anastrepha suspensa* |
| | | | *Bactrocera dorsalis* |
| | | | *Ceratitis capitata* |
| *Hermes* | 家蝇 | 蝇科 (Muscidae) | *Stomoxys calcitrans* |
| *Mos1* | | | *Musca domestica* |
| *piggyBac* | | | *Musca domestica* |
| *piggyBac* | 绿头苍蝇 | 丽蝇科 (Calliphoridae) | *Lucillia cuprina* |
| *Hermes* | 蚊子 | 蚊科 (Culicidae) | *Aedes aegypti* |
| | | | *Culex quinquefasciatus* |
| *Minos* | | | *Anopheles stephensi* |
| *Mos1* | | | *Aedes aegypti* |
| *piggyBac* | | | *Aedes aegypti* |
| | | | *Anopheles albimanus* |
| | | | *Anopheles gambiae* |
| | | | *Anopheles stephensi* |
| *piggyBac* | 叶蜂 | 膜翅目 (Hymenoptera) | *Athalia rosae* |
| *piggyBac* | 家蚕 | 蚕蛾科 (Bombycidae) | *Bombyx mori* |
| *piggyBac* | 麦蛾 | 麦蛾科 (Gelechiidae) | *Pectinophora gossypiella* |
| *Hermes* | 黑甲壳虫 | 拟步甲科 (Tenebrionidae) | *Tribolium castaneum* |
| *piggyBac* | | | *Tribolium castaneum* |

**表 6 - 2　昆虫非 P 元件转座载体的性质**

| 转座元件 | 家族 | 元件来源 | 元件大小 /kb | 转化物种 | 转化率 | 标记基因 | 载体大小 /kb |
|---|---|---|---|---|---|---|---|
| *Hermes* | hAT | *M. domestica* | 2.7 | *Ae. aegypti* | 4%[①] | *Act5C - EGFP* | 4.9 |
| | | | | | 8%[①] | *cinnabar* | 5.9 |
| | | | | *Ce. capitata* | 3%[①] | Medfly *white* | 4.9 |
| | | | | *Cx. quinquefasciatus* | 11%[①] | *Act5C - EGFP* | 4.9 |
| | | | | *D. melanogaster* | 35%[①] | *white* | 4.8 |
| | | | | *D. melanogaster* | 50%[①] | *3xP3 - EGFP* | 2.5 |
| | | | | *D. melanogaster* | 21%[①] | *Act5C - EGFP* | 4.9 |
| | | | | *S. calcitrans* | 4%[①] | *Act5C - EGFP* | 4.9 |
| | | | | *T. casteneum* | 1%[①] | *3xP3 - EGFP* | 2.5 |
| *Minos* | Tc1 | *D. hydei* | 1.8 | *An. stephensi* | 10% | *Act5C - EGFP* | 8.3 |
| | | | | *Ce. capitata* | 3%[①] | Medfly *white* | 5.5 |
| | | | | *D. melanogaster* | 6%[①] | *white* | 5.9 |
| *Mos1* | Mariner | *D. mauritiana* | 1.3 | *Ae. aegypti* | 4%[①] | *cinnabar* | 6.0 |
| | | | | *D. melanogaster* | 1%[①] | *white* | 13.8 |
| *PiggyBac* | TTAA | *T. ni* | 2.5 | *A. suspensa* | 4%[①] | *Pub - EGFP* | 9.4 |
| | | | | *Ae. aegypti* | 5%[①] | *cinnabar* | 8.1 |
| | | | | *An. albimanus* | 10%[①] | *Pub - EGFP* | 9.4 |
| | | | | *B. dorsalis* | 3%[①] | Medfly *white* | 6.1 |
| | | | | *B. mori* | 2% | *BmA3 - GFP* | 4.0 |
| | | | | *Ce. capitata* | 5% | Medfly *white* | 6.1 |
| | | | | *D. melanogaster* | 26%[①] | *white* | 6.7 |
| | | | | | 7%[①] | *Pub - EGFP*[①] | 9.4 |
| | | | | *M. domestica* | 16%[①] | *3xP3 - EGFP* | 7.3 |
| | | | | *P. gossypiella* | 4% | *BmA3 - GFP* | 5.0 |
| | | | | *T. castaneum* | 60%[①] | *3xP3 - EGFP* | 2.5 |

① 驱动转座子表达的启动子是 *D. melanogaster* 的 hsp70 启动子。

（1）*Minos* 转座元件。非果蝇类昆虫生殖细胞首次由转座子介导的转化是用从海德果蝇（*Drosophila hydei*）中分离出来的 *Minos* 转座元件实现的。最早发现的 *Minos* 元件存在于宿主细胞一个核糖体基因的非编码区内，随后又鉴定出一些序列同源、结构类似的成员，遂将之归入 Tc1 转座子家族中。*Minos* 是个 1.8 kb 的元件，两端各携带一个相对较长的反向重复序列（255 bp），两个开放阅读框架被一个 60 bp 的内含子隔开。该家族成员的插入位点序列是 TA，转化频率在 3%～10% 内。除了黑腹果蝇和地中海实蝇（*Ceratitis capitata*）外，*Minos* 还能有效转化冈比亚按蚊（*Anopheles gambiae*）几种不同的细胞系以及斯氏按蚊（斑须按蚊，*Anopheles stephensi*）处于发育中的胚胎组织。有趣的是，*Minos* 进入按蚊（*Anopheline*）细胞系后表现出两种整合形式（图 6 - 5）：一种是整合序列包含 *Minos* 元件及其两侧部分序列（复制/粘贴方式）；另一种则采取简单的"切除/粘贴"方式，将 *Minos* 元件单独插入按蚊基因组中，并在那里复制一个 TA 靶位点。两种整合类型同时存在的原因尚不清楚。

（2）*Mos1* 转座元件。*Mos1* 属于 Mariner 家族的成员，1 286 bp 长，含有 28 bp 的末端反向重复序列。最新调查表明，*Mariner* 元件的分布非常广泛，从扁形虫到人体内均有它的踪迹。虽然 Mariner 家族成员在昆虫基因组中的丰度较高，但很难分离出具有转座酶功能的完整元件结构。迄今为止，只有一个天然存在的 Mariner 元件从毛里塔尼亚果蝇（*Drosophila mauritiana*）中分离得到，即 *Mos1*。*Mos1* 至少能转化 3 种非果蝇类昆虫：埃及伊蚊（*Aedes aegypti*）、铜绿蝇（*Lucilia cuprina*）、昆士兰实蝇（*Bactrocera tryoni*），但其整合

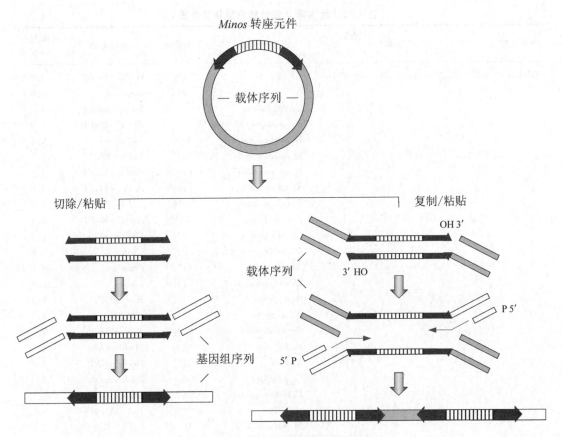

**图 6-5 *Minos* 转座元件的两种整合形式**

类型因宿主而异。*Mos1* 编码的转座酶能在体外介导质粒与质粒之间的转座反应，不需要宿主细胞内额外的辅助因子。*Mos1* 元件的另一个特点是，一旦整合到宿主染色体上便十分稳定，不易发生再次移动。

（3）*Hermes* 转座元件。来自家蝇（*Musca domestica*）的 *Hermes* 转座元件属于 hAT 家族成员，2 739 bp 长，两端带有 17 bp 的反向重复序列，编码一个 70 kD 的转座酶。*Hermes* 转座酶与来自果蝇属昆虫的 *hobo* 元件转座酶在氨基酸序列上存在 55% 的相同性和 70% 的相似性，两者的末端反向重复序列也高度同源。因此，这两个元件具有交叉转座功能，*hobo* 元件上编码的转座酶能以同等的效率催化 *Hermes* 的切除，尽管 *Hermes* 来源的转座酶切除 *hobo* 元件的效率比切除 *Hermes* 元件要低一些。借助于辅助元件上受控于 *hsp70* 启动子的转座酶，*Hermes* 能以 50% 的频率高效转化黑腹果蝇。后来的实验结果证实，*Hermes* 元件能转化广泛的昆虫物种，包括埃及伊蚊、地中海实蝇、致倦库蚊（*Culex quinquefasciatus*）、厩螫蝇（*Stomoxys calcitrans*）、赤拟谷盗（*Tribolium castaneum*）。*Hermes* 介导的转座也有两种类型：当转化黑腹果蝇、地中海实蝇、厩螫蝇时，整个元件及其所包含的序列完整地整合在宿主基因组中；但当转化埃及伊蚊时，并不表现出整合序列的精确性，元件内部的序列与载体质粒序列以重排的方式同时整合在宿主的染色体上，断裂插入位点并不固定在两个反向重复序列内部或临近区域，而是随机分布在 *Hermes* DNA 内部和 pUC19 载体 DNA 上。这种方式与经典的"切除/粘贴"精确整合模式显然不同。

（4）*piggyBac* 转座元件。*piggyBac* 元件最初是在粉纹夜蛾（*Trichoplusia. ni*）中发现的，2.5 kb 长，两端带有 13 bp 的反向重复序列，中间是一个 1.8 kb 的开放阅读框架，编码一种与其他真核生物转座酶没有结构相似性的转座蛋白因子。*piggyBac* 元件能专一性地整合在宿主染色体 DNA 的 TTAA 靶位点上，一旦插入便以复制方式恢复靶位点(图 6-6)。与目前已经鉴定的所有昆虫类转座元件不同，*piggyBac* 元件能以一种极其精确的方式从供体上卸下，不留任何痕迹。*piggyBac* 的移动同样不需要宿主其他蛋白因子的帮助，具有转座自主性。实验证实，能为 *piggyBac* 元件转化并稳定遗传的昆虫物种很多，包括家蚕(*Bombyx mori*)和棉红铃虫(*Pectinophora gossypiella*)等鳞翅目昆虫，也能转化几种鞘翅目昆虫和蚊虫。虽然其转化频率因宿主不同而有很大的差异，但 *piggyBac* 元件仍是一类广泛用于非果蝇类昆虫转化的有用载体。

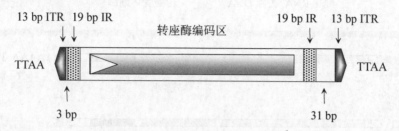

图 6-6　*piggyBac* 转座元件的结构

**2. 用于非果蝇类昆虫转染的病毒**

尽管上述基于转座子载体的开发对转化一部分昆虫的生殖细胞具有很高的应用价值，但这些昆虫的物种毕竟有限，绝大多数的双翅目和鳞翅目昆虫并不能用转座的方式进行基因转移。有些昆虫生命周期较长，产卵数量少，卵细胞难以渗透，这都是转座的不利因素。此外，还需要一些基因传播速度快、仅需在体细胞中瞬时表达(转基因独立于宿主基因组的短期自主表达模式)的基因转化方法。昆虫病毒在某种程度上能弥补转座类载体的缺陷。

(1) 昆虫逆转录病毒。来自黑腹果蝇的 *gypsy* 是第一个被发现的昆虫特异性逆转录病毒，它编码包衣蛋白，能感染宿主细胞。*gypsy* 具有感染和转座双重性，因而又称为逆转座子，其感染和转座的性质取决于 *flamenco* 等位基因的表达与否。在一般的宿主细胞内，*gypsy* 的转座效率高于转染，因此其转染过程的应用受到一定程度的限制。虽然随后又陆续发现了一些新的逆转录病毒或逆转座元件，但其感染的频率都达不到广泛应用的程度。

(2) 浓核病毒。几种非逆转座子类型的昆虫病毒已被证明具有基因转移的潜力，它们感染细胞后能使外源基因长期瞬时表达。浓核病毒(Densoviruses DNV)是一种存在于蚊虫和蛀虫体内的 DNA 病毒，属于细小病毒家族成员。这种病毒载体既能开发用来控制有害昆虫，也能作为外源基因的运载工具，其缺点是感染的宿主范围比较窄，而且不易发生稳定的基因整合。但用其转运转座子元件却有着一定的价值，尤其是对那些不易进行显微注射的昆虫细胞，或者不希望转座元件过多地整合在宿主染色体上的应用案例，浓核病毒是一种理想的选择。浓核病毒的装载量在 4～6 kb。

(3) 新培斯病毒。新培斯病毒(Sindbis Viruses,SIN)是一种属于披盖病毒科家族的阿尔法病毒，含包膜，天然宿主为蚊虫。该病毒基因组为单链 RNA 分子(正链)，大小为 11.7 kb，进入细胞后能直接翻译出结构蛋白和非结构蛋白。其非结构蛋白由基因组的 5′端 2/3 区域编码，是病毒 RNA 的复制酶系。正链 RNA 在细胞内转录出全长负链 RNA，从后者的 3′端 1/3 区域再转录出 26S 的亚基因组 RNA 分子。这一 26S RNA 编码一种多聚蛋白体，经裂解形成病毒衣壳蛋白和包膜糖蛋白，病毒的整个生活周期由图 6-7 表示。新培斯病毒能高效感染埃及伊蚊、白纹伊蚊(*Aedes albopictus*)、三列伊蚊(*Aedes triseriatus*)、尖音库蚊(*Culex pipiens*)、冈比亚按蚊等多种蚊子成虫，使拼接在基因组 3′端的外源基因在蚊虫唾液腺、神经组织、肌肉、微气管中高效表达。该病毒能通过喂食等方式感染宿主细胞，且支持

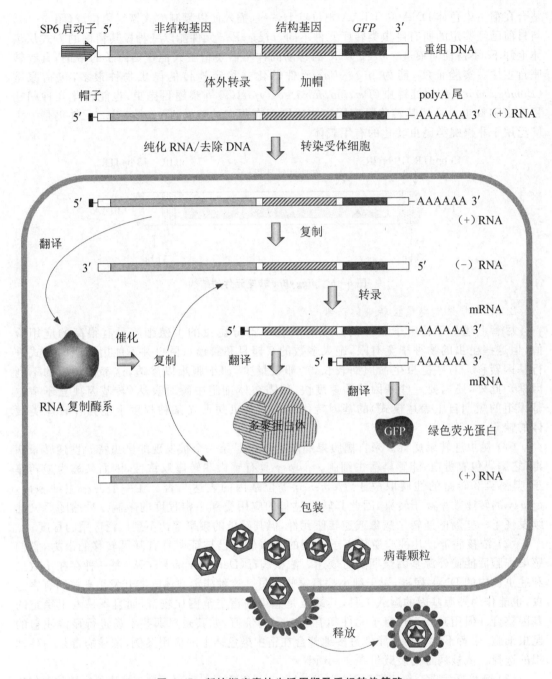

**图 6-7　新培斯病毒的生活周期及重组转染策略**

RNA 高效转录及蛋白质合成,因此特别适合用作抗病原体分子的释放系统。目前,新培斯病毒被有效地应用在蛋白质的瞬时高效表达以及蝴蝶和甲虫的基因分析等领域。

此外,适用于麟翅目昆虫并不断完善的杆状病毒基因表达系统已被证明具有更高的应用价值(详见 6.3.2)。

3. 用于非果蝇类昆虫转染的共生生物

对于某些特殊昆虫物种的特殊转基因用途,上述的生殖细胞转化战略和瞬时表达系统也许并非有效,甚至完全不能满足要求。有些昆虫很难在实验室条件下饲养,生长周期长,转基因或修饰了的基因需要迅速传播至种群中,这些都是难以克服的困难。但利用合适的共生生物在昆虫中表达外源基因,某种程度上可以解决上述问题,这种技术称为共生转基因或副转基因(*Paratransgenesis*)技术。

就昆虫而言,共生转基因最简单的机制通常靶向两种共生细菌:一种是存在于各种节肢动物体内的沃尔巴克氏体属革兰氏阴性菌(*Wolbachia*);另一种是寄生在长红锥蝽(*Rhodnius prolixus*)体内的革兰氏阳性菌罗氏红球菌(*Rhodococcus rhodnii*)。*Wolbachia*非常适合将转基因推向种群中,因为它可以通过细胞质不相容性(CI)在昆虫种群中迅速传播。当感染了*Wolbachia*的雄性昆虫与非感染型的雌性昆虫交配后,其子代具有不育或部分不育的特征;但当受感染的雌性昆虫与任何性质的雄性昆虫(无论感染与否)交配后,将产生生育力正常的后裔。因此,受感染的雌性昆虫具有得天独厚的繁殖优势,而且其每代后裔中受感染的个体数目逐渐增加,直至整个种群被感染。由于上述过程代表了一种正向的推动机制,因此表达某种有益基因或特性的*Wolbachia*只需在实验室里感染很少数量的昆虫,这些昆虫一经释放,便能将其共生菌所携带的有益基因或特性迅速传播至野外的整个昆虫种群中。遗憾的是,上述*Wolbachia*共生转基因策略尚未得到有效应用,因为目前还缺少有效的转化程序将感兴趣的外源基因导入*Wolbachia*中。

共生转基因的另一种类型针对的是长红锥蝽,用来控制其寄生的原生生物克氏锥虫(*Trypanosoma cruzi*),后者是查格斯症(一种南美锥虫病)的致病病原体。研究发现,长红锥蝽的一种寄生菌罗氏红球菌所表达的抗寄生虫剂,能降低昆虫传播寄生虫的能力。为此,构建了一个携带杀菌肽A编码基因的穿梭质粒,将之转化罗氏红球菌,后者再感染宿主细胞,从而导致宿主肠内锥体虫显著减少。更新的战略包括开发转基因共生生物,以表达特异性针对某种寄生虫的抗体;研究新的共生细菌;开发基于分枝杆菌噬菌体的更加稳定有效的细菌载体。值得注意的是,共生转基因战略特别适用于像长红锥蝽这样的昆虫,其生活周期长达6个月,使用转座子或病毒系统进行基因转化目前很不切实际。

### 6.2.2 用于非果蝇类昆虫转化株筛选的标记基因

非果蝇类昆虫早期转化实验中碰到的另一个重要技术问题是缺乏有效的转化筛选标记,当时过于相信采用抗生素筛选昆虫细胞阳性转化子的可靠性,但事实证明抗生素筛选法是无效的。这些失败的尝试表明,非果蝇类昆虫基因转化系统的建立还需要分离和鉴定一批新的遗传转化标记。目前,在非果蝇类昆虫转化实验中普遍采用的筛选标记主要包括遗传标记和荧光标记两大类。

#### 1. 用于昆虫转化株筛选的遗传标记

果蝇转化程序的建立很大程度上是由于存在着易于观察的眼睛颜色标记,即野生型基因突变后所形成的等位基因影响眼睛的色素合成。第一例非果蝇类昆虫的转化也同样利用了眼睛颜色显性标记这一优势,包括地中海实蝇的*white*基因以及埃及伊蚊的犬尿氨酸羟化酶-*white*突变基因,后者可用黑腹果蝇的*cinnabar*$^+$基因进行遗传互补。黑腹果蝇另一个用于早期转化实验的眼睛颜色基因是*vermilion*,编码色氨酸加氧酶,它也能互补家蝇的*green*眼突变株;而来自冈比亚按蚊的色氨酸加氧酶基因则能互补*vermilion*的突变形式。尽管这些控制眼睛颜色基因的发现和鉴定有助于显性标记系统的建立,但如果缺少相应的突变宿主也是枉然。

不依赖于预先存在的突变株而又能进行显性筛选的系统最初集中在化合物或药物抗性基因上。这些基因包括能对新霉素类似物产生抗性的新霉素磷酸转移酶(*NPT II*)、对磷酸二乙基对硝基苯基酯产生抗性的有机磷脱氢酶(*opd*)、对长效杀虫剂氧桥氯甲桥萘产生抗性的*Rdl*编码基因。化学筛选法虽然操作简便,但其筛选程序因物种不同变化很大,且由于诱导抗性的存在,常常会出现假阳性的转化子。

2. 用于昆虫转化株筛选的荧光标记

最令人感兴趣的显性筛选标记系统是绿色荧光蛋白(GFP)编码基因及其增强光亮度和改变光谱性质的突变体,如蓝色、黄色、青色等。来自维多利亚多管发光水母(*Aequorea victoria*)的 GFP 基因首先被发现在一种线虫中能表达出相应的功能,后来才被用作果蝇转化株的报告基因,现在已广泛用于各种生物的体内和体外研究中。GFP 很少用作初级筛选标记,可能是由于眼睛颜色标记足够有效,而且荧光蛋白标记需要紫外照射条件,在大规模初轮筛选中使用不便,但荧光显微镜的普遍使用在很大程度上简化了昆虫转化子的大规模筛选。

加勒比海果蝇没有可视性的标记系统,其 *piggyBac* 转化株的筛选使用一种改良型的 GFP 标记系统:将增强型 GFP 编码基因与核定位序列拼接,置于果蝇多聚泛素启动子的控制之下。实验证明,这种 GFP 标记系统比 *white* 标记更可靠。其他 GFP 标记系统的构建方法还包括使用果蝇肌动蛋白编码基因的 5C 启动子筛选蚊虫的 *Hermes* 和 *Minos* 转化株,用家蚕肌动蛋白编码基因的 A3 启动子筛选家蚕的 *piggyBac* 转化株。使用在昆虫整个发育过程中所有细胞均有活性的启动子控制 GFP,还可以筛选晚期胚胎或幼虫的转化株,这对于生长期较长的昆虫研究具有重要价值。例如,具有广泛适用性的另一种 GFP 标记系统的构建方法是使用基于果蝇视紫红质基因启动子序列而人工设计的 $3 \times P3$ 启动子,它在成蝇的脑和眼组织中有很强的表达,但在蛹和幼虫的某些结构中也能观察到表达。

除了上述的 GFP 颜色种类外,来自条纹海葵(*Discosoma striata*)中的一种新型红色荧光蛋白具有最大的发射和激发波长,因而很容易与现有的 GFP 区分开,特别适用于多重转基因的标记。然而,GFP 及其他荧光蛋白在实际应用中所表现出来的缺陷是:动物坚硬或黑化的表皮能淬灭荧光以致难以检测;肠内物质(通常是食物)或坏死的组织也常常会干扰 GFP 的表达。

### 6.2.3 农业害虫的基因工程

构建农业害虫转基因株的基本目标是控制自然界中野生型农业害虫的繁殖规模,即所谓的种群压制策略。综合目前相关领域的研究成果,大致有三条途径可以实现这一基本目标:一是借助于农业害虫的共生细菌或病毒,向野外大面积害虫种群输送能控制其生长甚至杀灭之的毒素物质(参见 6.2.1);二是根据杂交不育原理,构建具有交配优势且能使害虫子代绝育的转基因株,即所谓的分子绝育术,它是昆虫不育技术(SIT)的一种高级形式;三是利用基因转化技术,构建能在特定条件诱导下使子代自戕的农业害虫转基因株,即所谓的条件致死技术。第一种"以菌治虫"的战略具有明显的缺陷:由共生细菌或病毒产生的毒素物质一般只能横向扩散,不能垂直遗传,再加上害虫对毒素物质会逐步适应,很难达到理想的控制效果。因此,近年来的农业害虫转基因研究大都集中于发展"以虫治虫"的分子绝育和条件致死技术。

1. 基于害虫生殖系缺损的分子绝育术

前已述及,昆虫不育是黑腹果蝇 P 转座元件介导的一种天然存在的杂交绝育现象(详见 6.1.2),但包括农业害虫在内的绝大多数非果蝇类昆虫并不含 P 元件,也不能为 P 元件所转化。放射性 γ 射线照射是 SIT 战略的一种经典方式,在大多数情况下导致昆虫染色体的随机断裂和重排,这种重排样本呈多样性,通过合适有效的筛选程序可以获得遗传不育的突变株。然而,照射突变的随机性太大,稳定突变株的选择和培育极为困难,而且突变株在自然环境中的生存和交配能力也难与野生种群竞争。相比之下,利用基因转化技术定向构建子代不育的转基因株,能在一定程度上克服照射突变株存在的问题。

分子绝育术的关键在于选择一个理想的可操作性靶基因,它或破坏害虫的生殖系统,或使害虫只产单一性别(一般情况下雄性最佳)的子代(性别分离),最终达到压制害虫种群规模之目的。随着昆虫分子遗传学研究的不断深入，人们对可能用于分子绝育的候选靶基因有了一个基本的认识，但真正实施分子绝育术还有一段路要走。

为达到雄性不育的目的，必须拥有一个只在雄性生殖器官中特异性表达的调控系统，最好是涉及精子发生的组织。能满足上述条件的是两个睾丸特异性基因 $\beta2 - tubulin$（β2 - 微管蛋白编码基因）和 $Sdic$。

微管蛋白是所有细胞内的结构蛋白，它参与微管结构的形成，而后者为染色体移动所必需。有几种同型微管蛋白具有组织特异性甚至发育周期特异性。在果蝇中，$\beta1 - tubulin$ 基因在所有的细胞中均表达，包括幼虫生殖系统和睾丸干细胞分化早期的体细胞，但在精母细胞开始形成时，便转向 $\beta2 - tubulin$ 在生殖系统的特异性表达。$\beta2 - tubulin$ 一旦突变，便会引起微管结构异常，精子不能游动，遂产生雄性不育的表型。这种类型的突变株的发育和生存能力不受任何影响，因此用 $\beta2 - tubulin$ 基因所属控制元件调控细胞致死基因表达，只会影响雄性睾丸中的精子生成。微管的一个有趣特性是对组成它的微管蛋白的剂量和类型很敏感。在精母细胞中，过量表达微管蛋白或错误表达微管蛋白的类型，均导致不育。因此，利用 $\beta2 - tubulin$ 调控系统操纵微管蛋白在睾丸中的表达，是构建雄性不育转基因株的一种方案。

另一个完全局限在雄性果蝇睾丸精母细胞中表达的基因 $Sdic$ 是唯一编码一种新型动力蛋白中间链的基因。目前尚不清楚这个基因是否存在于其他昆虫物种中，也不知道果蝇的 $Sdic$ 是否在其他昆虫中发挥同样的功能。但 $Sdic$ 和 $\beta2 - tubulin$ 两者的启动子序列高度保守，可能具有交叉活性。

2. 基于害虫发育障碍的条件致死术

很显然，导致害虫死亡或不育的基因表达系统必须受到严密的调控，以保证转基因株在规模化饲养条件下能正常的生长和繁殖。转基因的条件型控制战略能达到此目的，这些条件可以是温度或化合物处理，也可以是两个相互独立的品系之间的杂交。

（1）四环素抗性操纵子基因表达系统

来自大肠杆菌 Tn 转座子上的四环素抗性操纵子已被开发成基因表达的正调控和负调控系统，四环素及其衍生物强力霉素的存在或促进或抑制目的基因的表达（图 6 - 8）。该系统的组分包括一个转录激活因子（tTA），其野生型结合 tet 操作子序列（tetO 或 tet 应答元件 TRE）的功能为四环素所抑制。因此，四环素能阻遏接在 TRE 下游的目的基因表达，即所谓的"Tet-off"模式。一种被称为反转录激活因子（revTA 或 rtTA）的 tTA 突变形式则以相反的方式发挥作用，它在强力霉素存在的条件下才能与 TRE 结合，并介导目的基因表达，故构成"Tet - on"模式。因此，与 TRE 拼接在一起的目的基因的表达完全取决于抗生素的存在与否、转录激活因子的性质（tTA 或 rtTA）及其构成的调控机制。在此系统中，与 TRE 重组在一起的一个细胞致死基因将在四环素不存在时表达（tTA 型），而在强力霉素存在时表达（rtTA 型）。

研究显示，将上述 Tet-off 系统引入果蝇中可实现雌性特异性致死效应。其策略是以果蝇卵黄蛋白 1（Yp1）编码基因所属启动子控制 tTA 的雌性特异性表达，并将 TRE 操作子与细胞致死基因 head involution defective（hid，即促细胞凋亡基因，还包括 reaper 和 grim）拼接在一起。在四环素存在时，hid 基因被阻遏，两种性别的果蝇均能生存；但在四环素不存在时，几乎所有处于化蛹和成蝇早期的雌虫死亡。值得注意的是，反映在转基因株个体之间的致死效应并不相同，其原因可能是转基因表达盒整合在宿主基因组内的位置不同影响转基因的表达程度，此外营养条件对 Yp1 启动子的强弱也存在着一定的影响。虽然这些影响因素可以得到一定程度的优化，但对控制遗传性别的 SIT 规模化应用而言是不切实际的。

另一项研究使用与上述类似的方法却能达到直接控制昆虫种群的目标，用四环素维持

Tet-off 模式　　*tetR*：*TRE* 结合蛋白编码基因　　*VP16*：单纯疱疹病毒蛋白 16 转录激活功能域编码序列

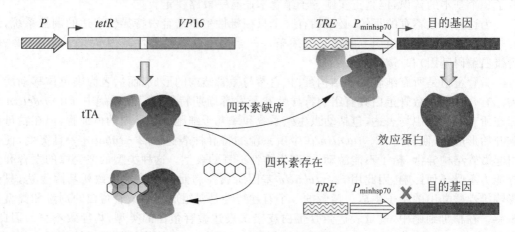

Tet-on 模式　　*rtetR*：依赖于强力霉素存在的 *TRE* 结合蛋白编码基因

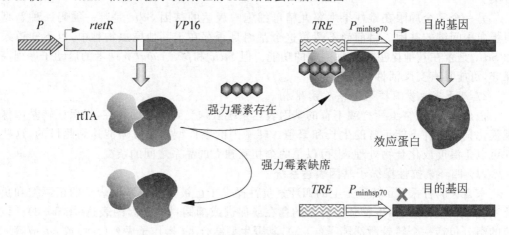

**图 6-8　昆虫四环素抗性操纵子基因表达系统**

的转基因株一旦释放，其子代（而非转基因株本代）便在缺乏抗生素的野外环境中死亡，从而强化了 SIT 的效果。在此系统中，*tTA* 被分别置于果蝇热休克基因 *Hsp*26 所属启动子和卵黄多肽 3（Yp3）基因所属启动子的控制之下。*Hsp*26 启动子在所有组织中组成型表达，而 Yp3 启动子与 Yp1 启动子相似，在雌性成虫的脂肪体和卵巢囊泡上皮细胞内特异性表达。与 *TRE* 元件相连的是两个基因：一个是能显性普遍性致死细胞的信号转导基因 $Ras64B^{V12}$；另一个是 *msl-2* 剂量补偿基因的突变型等位基因 $msl-2^{NOPU}$，其错误表达将导致雌性特异性致死效应。由此构建而成的转基因株首先进行种间交配，其子代维持在含有四环素的培养基上，这时所有的致死基因全部关闭。当这些转基因株离开抗生素环境后，雄性子代的生存不受任何影响，但携带 $Yp3-tTA/TRE-Ras64B^{V12}$、$Hsp26-tTA/TRE-msl-2^{NOPU}$ 或 $Yp3-tTA/TRE-msl-2^{NOPU}$ 基因型的雌性子代则全部死亡。

　　作为一种遗传性别的控制方法，$Yp3-tTA/TRE-Ras64B^{V12}$ 转基因株和 $Yp1-tTA/TRE-hid$ 存在着同样的缺陷，因为 Yp1 和 Yp3 具有相同的调控特异性，雌性子代死亡于蛹化后期和成虫早期之间的发育阶段。然而，由于 $msl-2^{NOPU}$ 突变基因是在果蝇早期发育时表达的，所以 $Hsp26-tTA/TRE-msl-2^{NOPU}$ 型的转基因株能有效控制子代性别。值得注意的是，*msl-2* 基因及其突变体在不同的昆虫体内调控机制不尽相同，因此它在非果蝇类农业害虫中是否具有雌性致死效应还有待于验证。

　　将按照上述战略构建的雄性转基因株释放到不含四环素的野外环境中,理论上能使它们的雌性子代致死,进而遏制农业害虫种群的增殖。转基因株的纯合子性、转基因在多条染色体上的整合、转基因株释放数量的增加,这三种因素都能强化雌性致死的效率。然而,将这一战略应用于农业害虫转基因株的构建以及转基因株在野外大田里的真正表现究竟如何,是当前农业害虫基因工程研究的主要课题。

　　(2) 酵母 Gal4 – UAS 二元基因表达系统

　　另一种能在各类植物、动物、昆虫中有效调控基因表达的方法是来自酵母的 Gal4 – UAS 转录激活系统(图 6 – 9)。与 *tet* 操纵子相似,Gal4 是一种能与上游激活序列 *UAS* 特异性结合的转录激活因子。将 Gal4 编码基因置于各种组织特异性、性别特异性、条件依赖性启动子的控制之下,便可实现目的基因的特异性表达。一般地,Gal4 和 *UAS* 被分别转入两类不同的害虫株中,只有当株与株之间发生交配,Gal4 才能促进 *UAS* 下游的目的基因的表达。具体的做法是:将一个含有 *UAS* 和合适致死基因的转基因株与另一个含有受控于性别特异性或组织特异性启动子的 Gal4 转基因株进行交配,子代便出现相应的致死效应。这种战略的优势是转基因株无需抗生素处理,缺陷是需要对转基因株进行性别分离。

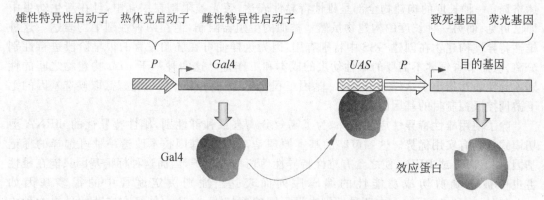

**图 6 – 9　昆虫 Gal4 – UAS 转录激活系统**

　　(3) 温度敏感型致死系统

　　另一种条件致死性战略是所谓的"自杀性生物控制"(Autocidal Biological Control, ABC)。这种战略使用一种显性作用的温度敏感型致死基因,即 *Notch* 基因的冷致死等位基因 *Notch*[60g11]。携带该基因的纯合子和杂合子个体在 18℃ 以下被冻死,转基因株在 24℃ 条件下饲养并释放,待野外环境温度下降后,转基因株与野生株交配所产生的子代便死于非命。类似地,若将这种冷致死等位基因 *Notch*[60g11] 置于雌性特异性表达的启动子控制之下,便能选择性地使雌性子代死亡。

　　3. 基于害虫性别分离的分子绝育术

　　基于转基因技术的害虫性别分离在分子绝育术中至少具有两层含义:① 生成便于性别辨认和分离的转基因害虫品系用于野外释放;② 构建在野外交配后只产单一性别(雄性)子代的转基因害虫品系。前者所基于的考量是,只有不育性雄性才能主动且高效地将不育转基因传递给自然环境中的野生型雌性同伴,进而起到压制害虫种群的目的;害虫种群动力学调查显示,转基因雄性和雌性害虫的同时释放往往是低效的,因为不育性雄性与共释放的不育性雌性交配具有较高的发生率;而且对于某些昆虫物种而言,不育性的雌虫对农业(如地中海实蝇)和医学(如蚊虫)具有更专一的危害性。后一种含义则十分明确:生物种群中的雌雄性别比例失衡会严重制约其繁衍速率和规模。因此,害虫性别分离是分子绝育术是否能成功的关键。

有些害虫天生存在着某些性别上的两态特征,理论上可用于性别分离,例如根据雌雄虫体的尺寸差异可采用人工或机械方法加以分离。然而,工人分离不适合大规模饲养的场合,而机械分离又容易导致虫体物理损伤,从而影响这些转基因虫株在野外的生存适应性和交配能力。采用转基因技术生成害虫遗传性别分离株(GSS)能有效克服上述困难。这些 GSS 允许根据其特殊的基因组成有效分离性别,甚至在特定条件下诱导转基因虫株性别单向转换(如由雌性转成雄性)或者孵化单种性别(雄性)的子代。GSS 的构建策略如下:

(1)靶向雄性选择的转基因性别分离

编码绿色荧光蛋白(EGFP)和红色荧光蛋白(RFP)的基因已成功用作哺乳动物、植物、昆虫的转基因标记。将这些标记基因置于雄性特异性启动子控制下并由转座子载体插入雄性特异性染色体(大多数害虫为 Y 染色体)上表达,便可借助光电识别分离器(COPAS)高效且无损伤地选择出转基因雄性害虫。例如,以害虫的精子特异性基因 $\beta2 - tubulin$ 所属控制区驱动 EGFP 的表达,转基因个体的精子呈 EGFP 阳性而可辨认并加以分离。又如,黑腹果蝇生殖系特异性基因 $vasa$ 所属的控制区域也被用于介导 EGFP 的表达。有趣的是,就冈比亚按蚊的 $vasa$ 基因而言,含有不同长度的起始密码子上游序列的两种构建物呈现不同的表达格局:一种长度的构建物全部呈雄性特异性表达,荧光被限制在睾丸中,且在新生幼虫中即已可见;而另一种长度的构建物虽然呈类似的生殖器限制,但在两种性别中均表达。这种雄性特异性构建物在创建 GSS 中特别有用,因为这样便可在胚胎发育的很早阶段进行性别分离,从而节省饲养不需要的雌性幼虫的成本和工作量。这两种基于 $vasa$ 构建物之间的性别差异性表达指出了这样一个事实:基因工程化构建一种 GSS 切忌随意截取候选基因的上下游调控区控制目的基因的表达。

除了使用雄性特异性启动子外,为了高效分离害虫种群性别,雄性特异性的 mRNA 剪切模式也具有实用优势。这一策略的基本原理是,采用转基因技术改造一种可选择的标记基因(如 EGFP 或 RFP),使之含有雄性特异性剪切型内含子,因而这种标记基因只能在雄性害虫中被正确剪切成功能性的编码序列而表达。性别决定途径中的很多基因如 $transformer$ 和 $doublesex$ 在两种性别中呈不同的剪切模式,这一特征在广范的昆虫物种中呈高度保守性,因而具有较广的实用价值。

(2)靶向雌性消除的转基因性别分离

转基因性别分离的另一种策略不是基于正选择表型如荧光蛋白或杀虫剂抗性基因的雄性特异性表达,而是通过雌性特异性方式表达致死基因来消除雌性。雌性消除的意义远不止用于实验室转基因虫株的雄性富集,更重要的是具有雌性消除特征的转基因雄性虫株一旦被释放至野外,与野生型雌性害虫交配后生育的雄性子代存活,但雌性子代死于胚胎,由此造成害虫种群中的雄性比例不断提升,这一策略称为"显性致死性昆虫释放"(RIDL)。

地中海实蝇是一种最具经济影响力的农业害虫,能侵染 250 多种果树、坚果、蔬菜,但该物种缺乏类似黑腹果蝇 Yp1 和 Yp3 那样的雌性特异性启动子。解决这个难题的有效方法是以广泛存在于昆虫物种中的 mRNA 性别特异性剪切途径取代雌性特异性启动子的使用需求,其设计原理如下:

昆虫两个关键的性别决定基因 $transformer$ 和 $doublesex$(在地中海实蝇中分别命名为 $Cctra$ 和 $Ccdsx$)均受性别特异性另类剪切模式调控(图 6 - 10)。在雌性中,$Cctra$ 的转录产物被特异性剪切产生 F1、M1、M2 三种不同形式的 mRNA,其中只有 F1 能翻译出功能性的 Tra 蛋白(Tra 的存在决定雌性特异性发育),M1 和 M2 均含有携带翻译终止密码子的额外外显子,因而不能表达 Tra 蛋白。$Cctra$ 转录产物的雄性特异性剪切仅产生 M1 和 M2 两种 mRNA,不能表达 Tra 蛋白(Tra 的缺席决定雄性特异性发育)。将上述雌性特异性剪切的

内含子插入到 *tTAV*（*tTA* 的突变形式，表达效率更高）的编码区内部，并用含 *TRE* 位点的热休克启动子 *hsp*70 介导 *tTAV* 的表达（图 6－10）。这种设计事实上构成了针对转录激活因子 tTAV 表达的一个正反馈系统：*tTAV* 在 *hsp*70 启动子介导下仅以基底水平表达出少量的 *tTAV*－RNA，后者在雄性地中海实蝇中因剪切出含翻译终止密码子的 mRNA 而不能表达 tTAV 蛋白；但在雌性地中海实蝇中，*tTAV*－RNA 中的内含子被精确完整切除，*tTAV*－mRNA 会翻译出微量的 tTAV 蛋白。此时，如果环境中存在四环素，则 *tTAV* 仍以基底水平表达；但当四环素缺席时，先前表达出的微量 tTAV 便会结合在启动子 *hsp*70 上游的 *TRE* 位点上，激活 *tTAV* 的高效表达，产生比前一波更多的 tTAV 蛋白，遂引发 tTAV 蛋白在细胞内的迅速积累。重要的是研究结果显示，基底水平表达的 tTAV 蛋白对地中海实蝇无害，但高浓度积累的 tTAV 蛋白则能致死细胞。因此，单条（显）性常染色体上携带上述 *tTAV* 正反馈表达盒的雄性转基因地中海实蝇一旦被释放至无四环素的野外，与野生型雌性交配后产生的雄性子代能正常存活，但雌性后代均在胚胎早期便死亡。

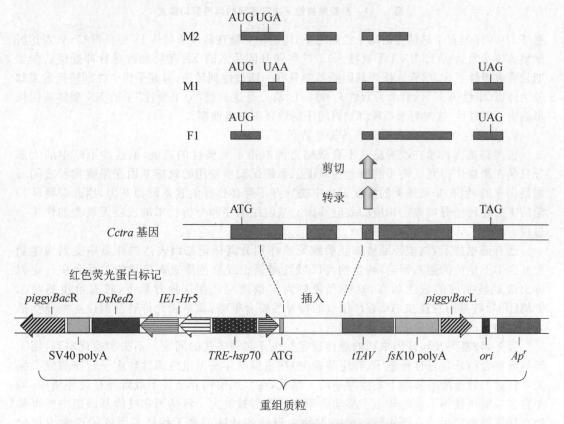

**图 6－10　靶向雌性消除的转基因性别分离设计**

（3）靶向性别转换的转基因性别分离

从理论上讲，操纵性别决定基因本身就能实现害虫性别的单向转换，从而达到分子不育的目的。黑腹果蝇性别决定基因 *doublesex*（*dsx*）的 RNA 具有雄性特异性和雌性特异性两种剪切模式（图 6－11）。其中，Tra2 单独介导雄性特异性剪切；而雌性特异性剪切需要 Tra 和 Tra2 同时存在。因而，任何能使 Tra 编码基因（*tra*）条件性灭活的转基因设计理论上均能使 XX 基因型的子代果蝇发育雄性。地中海实蝇的性别决定机制与黑腹果蝇有所不同，但主要差异表现在 Tra 蛋白的表达调控层面，而 *dsx*－RNA 的雌雄特异性剪切模式分别由 Tra＋Tra2 和 Tra2 决定的机制在这两个物种中却是保守的。相关实验显示，将一种靶向地中海实蝇 *Cctra* 的反向

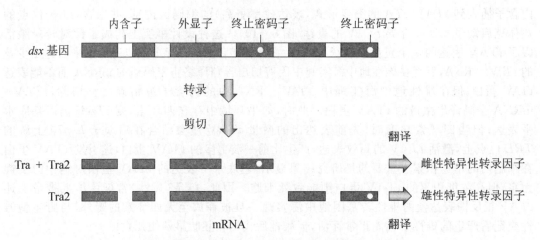

**图 6-11 黑腹果蝇性别决定基因的两种剪切模式**

重复 DNA 序列置于热休克启动子控制之下,构建物克隆在转座子载体上,可获得 Cctra 表达沉默型的转基因品系(即 RNA 干扰技术)。这些转基因品系的 XX 型胚胎经热脉冲处理后能如期发育成雄性子代,尽管六株转基因品系中只有一株呈性别转换,但其子代中性别转换效果却较为理想(雄性为 95%,其余为双性)。唯一的缺点是这种经"分子变性"了的 XX 型转基因株可能会呈不育性,这对野生型种群规模的压制效果不是很理想。

4. 分子绝育及条件致死策略所面临的问题

虽然转基因技术在改进昆虫不育战略方面取得了突破性的进展,但这些策略中的大部分只是在果蝇中得到了初步的概念性验证。果蝇试验所使用的效应基因在果蝇物种之间可能是保守的,但在非果蝇类的农业害虫中也许并不存在这样的直系同源基因,因此需要从特定的害虫物种中分离鉴定相应的效应基因。基因组测序和分析技术的发展无疑会加快这一过程。

已有证据显示,期望特征诸如胚胎致死或性别分离标记基因表达的外显率受到构建物在基因组上定位的强烈影响,构建物与区域性增强子或染色质表观格局的关系会在一定程度上改变转基因的表达状态,这种现象称为定位效应。在这种背景下,较有希望的是由 ΦC31 介导转基因在昆虫 AttB/P 位点的特异性整合策略,该系统允许转基因位点特异性插入经过确认的染色体位点处(锚定位点)。

另外,转基因及转基因虫株的遗传稳定性也是必须关注的问题。不少实验观察到,用于转基因整合的非自发性转座子(转座酶缺失)在昆虫受体基因组内源性转座子转座酶或亲缘关系较近的转座酶的驱动下发生再移动。而且,在大规模饲养条件下或野外释放环境中,即便在实验室里检测不出的转座子移动频率也可能会被放大。转基因在受体基因组中的再移动会导致两种后果:一是使转基因丧失预先设计的功能或者干扰转基因株的正常生理过程;二是引起生物泄漏,打破生态系统的平衡。杜绝这种可能性的有效方法是在转基因整合后删除转座子载体上的一个末端重复序列以防止其再移动。

最后,在实验室里构建出具有特定遗传性状的转基因株才是害虫种群压制策略的第一步,在向野外释放之前,这些转基因虫株必须在某种选择压力下规模化饲养到足够的数量。也许转基因株一旦暴露在野外环境中便会产生不同的响应,其适应性(以交配成功率为基准)和生存力的潜在降低可能是转基因操作程序所致的一种直接效应。这些效应既可能来自转基因的整合行为干扰受体内源性基因的功能,也可能来自转基因误表达所带来的直接不利影响。不幸的是,这个过程在实验室里不能模拟,其有效性需要一定时间才能得以验证。

#### 6.2.4　蚊虫的基因工程

自然界中的蚊虫大约有 3 500 种,分属按蚊(*Anophelinae*)和库蚊(*Culicinae*)两个亚科。按蚊亚科中的冈比亚按蚊是镰状疟原虫(*Plasmodium falciparum*)的主要传播媒介,而库蚊亚科则含有更多的蚊虫物种,其中包括黄热病、登革热、西尼罗河脑炎、淋巴结丝虫病的主要传播媒介。自 2002 年肆虐撒哈拉以南非洲的冈比亚按蚊和疟原虫的全基因组序列同年发表以来,共有 18 种按蚊以及 2 种库蚊亚科成员(黄热病传播媒介埃及伊蚊和淋巴结丝虫病传播媒介致倦库蚊)的基因组和转录组相继完成测序(图 6 - 12),有力地推动了利用转基因术控制由蚊虫传播疾病的研究和应用进程。

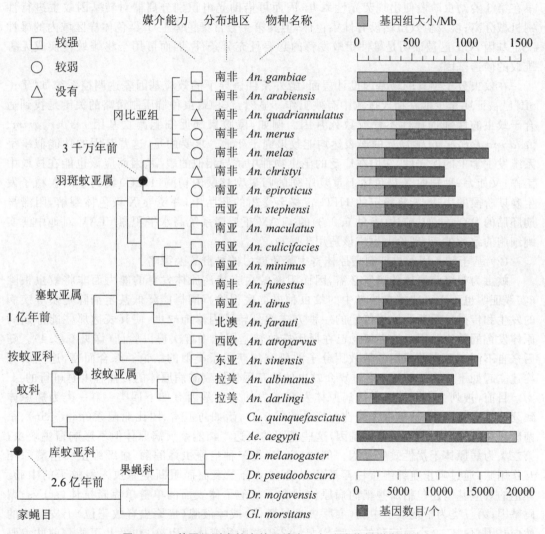

图 6 - 12　基因组测序蚊虫的系统发生与疾病传播媒介能力

##### 1. 蚊虫转基因技术的基本策略

与通过侵袭而直接损害农作物的害虫(如地中海实蝇)不同,蚊虫的叮咬和食血本身对其侵袭对象并不构成危害,致命的是寄生于它们体内的病原体在叮咬和采血过程中被传播至人类和牲畜体内。因而,控制自然界作为病原体传播媒介的蚊虫除了可采用上述对付农业害虫的种群压制策略外,还可通过抑制病原体在蚊虫体内的寄生繁殖能力或者改变蚊虫叮咬人类和牲畜的习性而实现蚊虫无害化,这种不以消灭蚊虫为表现形式的蚊虫遗传改造策略称为种群置换策略。

(1) 基于转基因蚊虫不育或性别分离的种群压制策略

理论上,大多数已在黑腹果蝇或地中海实蝇中经过概念验证甚至野外释放获得成功的种群压制转基因设计方案均适用于蚊虫。由于只有雌蚊为其卵的正常发育需要食血,所以无论是分子不育还是性别分离的转基因设计,根除雌蚊并保留雄蚊是技术的关键。例如,将杀虫剂抗性基因插入蚊虫 Y 染色体上的合适位点,可在转基因蚊虫向野外种群释放之前有效消除雌性蚊虫;采用冈比亚按蚊精子特异性 $\beta2$ -微管蛋白编码基因所属控制区驱动 EGFP 的表达,实验显示冈比亚按蚊、斯氏按蚊、阿拉伯按蚊(Anopheles arabiensis)的转基因雄株早在第 3 龄幼虫阶段便出现荧光性睾丸,因而可借助光电识别分离器对转基因蚊虫进行性别机械分离;埃及伊蚊虽然没有性染色体,但其第 1 号常染色体上 Y 染色体样区域内的雄性决定基因 Nix 已被证明是雄性伊蚊发育的必要且充分条件,因而可用于将雌蚊转换成无害雄蚊的候选基因。

在蚊虫分子绝育的转基因设计层面,野外条件诱导下的效应基因表达调控系统如"Tet-off"已被证明至少能在斯氏按蚊中有效工作。显然,这种蚊虫种群压制策略的关键是找到适合于蚊虫的性别选择性不育或致死基因。例如,黑腹果蝇促细胞凋亡基因 reaper、grim、head involution defective 的误表达均能致果蝇于死地。重要的是,这些基因的功能似乎呈系统发生学上的保守性,它们在广泛的昆虫物种中诱导相似的表型,因而应该也能在按蚊中工作;又如,一种靶向 X 染色体上重复序列的归巢型核酸内切酶(HEG)编码基因在精子发生晚期阶段的表达,能将稳定的 HEG 转移至受精的胚胎中,并诱导 X 染色体裂解,阻滞早期胚胎的发育;再如,前述(参见 6.2.3)的 tTAV 正反馈系统高水平积累 tTAV 对地中海实蝇细胞的致死效应,理论上也应该适用于蚊虫。

(2) 基于转基因蚊虫抑制病原体寄生繁殖能力的种群置换策略

蚊虫为很多病原体传播所必需,因而阻断蚊虫支持病原体发育的能力而非将蚊虫根除(实践证明也不太可能将自然界中的蚊虫种群彻底根除),同样能降低甚至消除疟疾等疾病的发生和传播。阻断病原体传播的一种方式便是转基因修饰蚊虫,使其表达那些能抑制病原体发育的效应基因。这一概念已在斯氏按蚊转基因株中首次得以验证(详见 6.2.4)。随后来自不同实验室并采用各种效用分子的研究均获得了类似的结论。综合而言,这些研究均建立起如下的概念验证:通过媒介蚊虫的转基因修饰衰减病原体的传播程度是可行的。

目前,被列为阻断蚊虫支持病原体发育能力的效应基因有如下四类:第一类为病原体致死性效应基因,包括昆虫先天性免疫系统的多肽,诸如防卫素、冈比亚菌素(gambicin)、杀菌肽以及其他来源的多肽编码基因,这些基因的表达产物能杀灭病原体但不影响宿主蚊虫;第二类为病原体干扰性效应基因。例如,EPIP 是一种疟原虫烯醇酶/血纤维蛋白溶酶原相互作用肽,通过阻止血纤维蛋白溶酶原结合在动合子表面而阻断疟原虫入侵蚊子的中肠。其他的效应基因还包括那些靶向病原体动合子或孢子体表面的单链单克隆抗体(scFvs)编码基因;第三类为干扰蚊子中肠(疟原虫入侵靶位)或唾液腺(疟原虫释放靶位)上皮细胞的效应基因,包括 12 个氨基酸的寡肽 SM1、A2 磷酸酯酶变体 mPLA2 以及几丁质酶前肽编码基因;第四类为蚊虫免疫系统效应基因,如蛋白激酶 Akt 是胰岛素信号转导途径中的一个关键组分,其血食诱导型表达可使蚊子难以为疟原虫所感染。

(3) 基于转基因蚊虫转变叮咬人类习性的种群置换策略

蚊虫虽是威胁人类健康的大敌,但幸运的是它们也有软肋:利用其嗅觉靶向人类宿主。人体分泌出来的很多化合物已被证明是蚊虫的引诱物,包括由皮肤散发出的乳酸、来自汗水和呼吸的 1 -辛烯 - 3 -醇以及呼吸中大约 4% 的 $CO_2$(皮肤也有痕量的 $CO_2$ 散发)。蚊虫拥有天线和下颚须两套嗅觉器官,其中下颚须头状挂钩(cp)感应器中的 A 型神经元(cpA)借助其细胞表面的三种味觉受体（Gr1、Gr2、Gr3）复合物直接负责响应 $CO_2$，但嗅觉的产生还需要由 Orco 蛋白构成的离子通道的诱导性开启。研究显示，Gr3 编码基因的缺失型突变确能使蚊虫下颚须 cpA 神经元不再响应 $CO_2$，而 Orco 编码基因缺失型蚊虫搜索宿主的能力虽呈降低趋势但非全部丧失。

（4）基于转基因蚊虫野外强势扩散的种群置换策略

种群压制策略依靠雌性选择性不育或致死的转基因设计驱动转基因雄性蚊虫在野外种群中的有效蔓延并最终衰减蚊虫种群的规模，但携带效应基因（如抑制病原体寄生繁殖的转基因或嗅觉缺陷型转基因）的转基因蚊虫却并不具备在野生型种群中迅速扩散的优势，甚至还可能有劣势。因此蚊虫种群置换策略的一个关键问题是必须建立一种方法能有效驱动转基因蚊虫进入野外蚊子种群并置换之。目前至少已有下列两种转基因设计得到原理性验证：*Medea* 法和 *HEG* 法。

面象虫赤拟谷盗（*Tribolium castaneum*）中天然存在一种被简称为 *Medea* 的母体效应自私性遗传元件，这种元件能诱导所有未从其亲本基因组中遗传含元件型染色体的子代发生母体效应性致死，从而保证其自身的优势存在。根据这一现象，可在果蝇中设计一种如图 6-13（a）所示的人工合成型 *Medea* 元件：在一种转座型 P 元件载体上以果蝇母体特异性基因 *bicoid*（*bic*）所属启动子驱动一个编码两条 miRNA 的多顺反子（*miR-myd88*）表达，这两

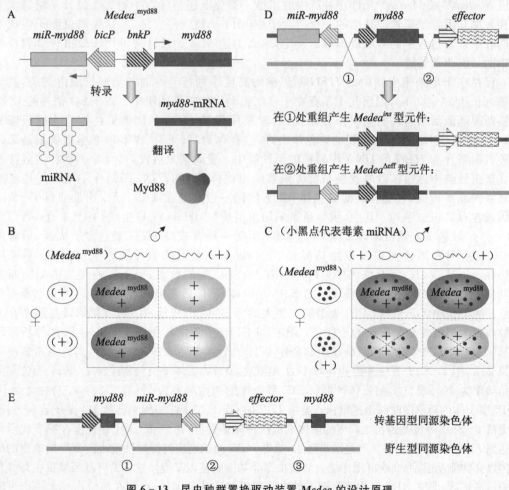

图 6-13　昆虫种群置换驱动装置 *Medea* 的设计原理

种 miRNA 被设计成能沉默果蝇 *myd*88（毒素生产基因）的表达，而母体型 Myd88 是果蝇早期胚胎发育过程中背腹格局形成所必需的。带有生殖系 *myd*88 功能丧失型突变的雌蝇产生的胚胎即便其父本野生型等位基因存在也会缺失腹部结构而致死。这种载体（称为 *Medea*^myd88）还携带一种对母体 miRNA 非敏感性的 *myd*88 转基因（合子解毒剂生产基因），受控于早期胚胎特异性基因 *bottleneck*(*bnk*) 的启动子。将这种转基因构建物整合在果蝇的一条常染色体上便获得杂合型 *Medea*^myd88/＋果蝇（此处的"＋"表示另一条同源染色体不携带 *Medea*^myd88）。当 *Medea*^myd88/＋杂合型雄蝇与天然纯合型＋/＋雌蝇交配或者纯合型 *Medea*^myd88 果蝇之间交配时，所有子代胚胎均存活，但其中 50％ 的子代携带了 *Medea*^myd88［图 6-13(b)］；相反，当杂合型 *Medea*^myd88/＋雌蝇与纯合型＋/＋雄蝇交配时，大约 50％ 的子代胚胎会因腹部结构缺陷而致死，而所有存活下来的子代均携带 *Medea*^myd88［图 6-13(d)］。实验室箱笼模拟结果显示，不携带 *Medea*^myd88 的果蝇在繁殖 10～12 代后便永久性地从种群中消失，证明这种 *Medea*^myd88 设计具有强大的种群扩散驱动力。值得注意的是，在种群置换实际应用时，上述驱动装置必定与合适的效应基因联合组装。如果驱动基因与效应基因之间或者驱动基因中毒素基因与解毒剂基因之间因同源染色体重组而发生分离，则分别产生效应基因缺失型 *Medea*^Δeff 元件或者毒素基因缺失型 *Medea*^ins 元件［图 6-13(c)］。如果效应基因或毒素基因的存在对转基因虫株具有适应性不利影响，那么自然选择将会有利于并且促进 *Medea*^Δeff 或 *Medea*^ins 元件在种群中的扩散。避免上述情况发生的有效设计是将毒素基因和效应基因置于解毒剂基因的一个内含子中［图 6-13(e)］。总之，如果蚊虫卵子生成或早期胚胎发育过程中的基因资源得以鉴定，那么上述 *Medea* 设计便可用作蚊虫种群置换策略中的必要驱动装置。

　　仅存在于单细胞生物中的 *HEG* 基因编码高度序列特异性的归巢型核酸内切酶，其识别序列长达 14～40 bp，因而几乎不存在于多细胞动物的核基因组中。由 *HEG* 诱导的 DNA 双链断裂能激活细胞内的重组修复系统，后者采用携带 *HEG* 的同源染色体作为模板修复断口，从而将 *HEG* 拷贝至断裂的染色体上，该过程称为"归巢"。很多单细胞生物正是采用这种机制将含有 *HEG* 的 DNA 序列扩散至种群中。受此现象启发，可设计驱动特定效应基因在蚊虫种群中迅速扩散的置换系统。该系统由供体（D）和靶体（T）两株不同的冈比亚按蚊转基因品系构成，它们在同源染色 3R 上的同一位点处或携带 *HEG* 家族成员 *I-Sce*I 基因或含有其识别序列。其中，供体品系采用重组质粒 pHome-D 生成，其上含有一个 3× *P*3-*gfp*（绿色荧光蛋白编码基因）转录单位，但为一种合成型 *HEG* 表达盒所隔断，后者由 *I-Sce*I 基因和冈比亚按蚊雄性特异性 *β*2-*tubulin* 基因的调控区组成；靶体品系采用 pHome-T 生成，其 *GFP* 编码序列内部含有 *I-Sce*I 裂解位点，但不影响阅读框架因而具有功能［图 6-14(A)］。正如所预期的那样，在供体/靶体转基因杂合型雌蚊与野生型雄蚊交配所产的子代中，GFP^＋ 与 GFP^－ 表型的比例大约为 50∶50；相反，在供体/靶体转基因杂合型雄蚊与野生型雌蚊交配所产的子代中，GFP^＋ 与 GFP^－ 表型的比例为 14∶86。PCR 分析显示［图 6-14(B)］，GFP^－ 型子代数的超出部分中 97％ 的个体含有 *HEG* 表达盒。实验室箱笼模拟结果显示，用 *I-Sce*I 等位基因初始频率为 10％ 或 50％ 的供体蚊虫分别接种 *I-Sce*I 等位基因初始频率为 90％ 或 50％ 的靶体种群（GFP^－ 型个体的初始频率为 1％ 或 25％），在两种情形中，GFP^－ 型个体的频率随时间迅速增长。至第 12 代时 GFP^－ 型个体的频率已从 1％ 提升至 60％；若用更高 *I-Sce*I 等位基因初始频率的供体蚊虫接种靶体种群，则 GFP^－ 型个体甚至在第 8 代后便可达到 75％～80％ 的频率。上述结果暗示，如果 *HEG* 的识别序列特异性被改造成靶向蚊虫的病原体媒介功能基因，那么既可用作灭活蚊虫媒介功能的基因又能使这样的转基因蚊虫在野外种群中迅速扩散；即便 *HEG* 经改造后靶向蚊虫基因组中的非基因区，也能在该位点导入一个可阻断蚊虫作为疟疾传播媒介的效应基因。这种设想在埃及伊蚊中已被证明具有可行性。

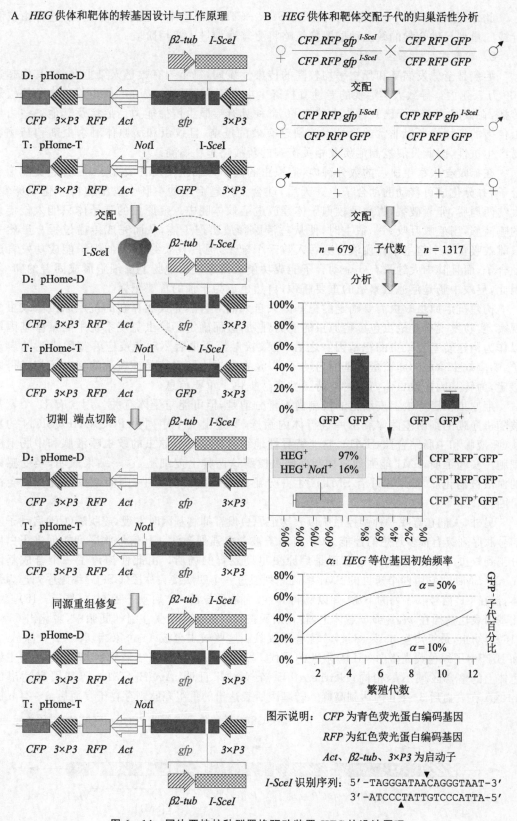

A　*HEG* 供体和靶体的转基因设计与工作原理

B　*HEG* 供体和靶体交配子代的归巢活性分析

图示说明：*CFP* 为青色荧光蛋白编码基因

　　　　　*RFP* 为红色荧光蛋白编码基因

　　　　　*Act*、*β2-tub*、*3×P3* 为启动子

*I-SceI* 识别序列：5′-TAGGGATAACAGGGTAAT-3′
　　　　　　　　　3′-ATCCCTATTGTCCCATTA-5′

图 6-14　冈比亚按蚊种群置换驱动装置 *HEG* 的设计原理

此外,随着靶序列可任意编程的 *CRISPR - Cas* 基因组编辑技术日臻完善,这种由自私性或归巢型元件介导的蚊虫种群置换策略将更普遍地进入实用阶段。

2. 斯氏按蚊的基因工程

疟疾是全球发病率和死亡率均较高的传染性疾病,每年约有数亿人染上此病,其中超过100 万人死亡。导致人类疟疾的专性真核寄生虫疟原虫(*Plasmodium*)仅由蚊虫中的按蚊属传播,在该属的 450 个已知种中大约有 60 个种具有疟原虫传播能力。疟疾及其他一些由蚊虫传播的疾病之所以非常凶险是因为缺乏有效的疫苗,且蚊虫和病原体对杀虫剂和药物容易产生抗性,因此发展控制疟疾及相关疾病的新战略迫在眉睫。

在疟蚊食入宿主血后的数分钟内,疟原虫的配子母细胞便发育成配子,后者经交配形成合子,并分化成可移动的动合子。一天后,动合子跨越疟蚊的中肠上皮细胞再分化成卵囊。大约两周后,卵囊破裂,将数千枚孢子体释放进疟蚊体腔中。疟原虫的孢子体只能入侵疟蚊的唾液腺,当疟蚊叮咬另一宿主时,便从唾液腺释放出孢子体,从而完成传播过程。虽然一只雌蚊吸食一个宿主个体血液便会吞入数千个配子,但只有大约 10% 的配子能成功发育成动合子,而且其中大约只有 5 个动合子能成功侵入跨越疟蚊中肠上皮细胞形成固着的卵囊。因此,疟蚊中肠是疟原虫繁殖的重要瓶颈,自然也成为干预的首要靶标。

构建抗疟原虫蚊虫需要确定的靶基因来自人们对自然界天然存在的抗疟原虫型蚊虫的观察,实验发现有些蚊虫包裹疟原虫的能力强劲,进而确定了蚊虫免疫系统中的某些基因可以作为构建转基因蚊虫的靶基因。之后,雌蚊接触疟原虫后驱动免疫应答基因表达的启动子、响应蚊虫食血的卵黄蛋白基因启动子,以及在蚊虫中肠内特异性表达的启动子相继得以鉴定,为转基因在蚊虫体内的时空特异性表达提供了重要信息。

疟原虫横跨疟蚊上皮细胞的机制尚不十分清楚,但可能与受体有关。用含有 12 个氨基酸随机序列的细菌噬菌体展示库进行体内筛选,鉴定出一个序列为 PCQRAIFQSICN 的寡肽(唾液腺和中肠结合肽,SM1),它能特异性地结合接触过疟原虫的蚊虫唾液腺和中肠上皮细胞。实验证明,SM1 能强烈地抑制疟原虫横跨这两种上皮细胞,这一结果表明,当受感染的血液被消化后,如果正好有 SM1 产生并分泌至疟蚊脏器内腔中,则疟原虫的发育就会被阻断。

另外,人们在寻找一种调控系统以表达疟原虫发育抑制基因时发现,羧肽酶(CP)启动子及信号肽序列具有很多理想的性能。CP 启动子被食血强烈激活,CP 信号肽序列能促进蛋白质分泌到蚊虫的中肠内腔中,这里正是疟原虫早期发育的场所。由此便构建了一个合成基因 *AgCP*[*SM1*]$_4$,它由四个拷贝的 SM1 编码序列通过一个四肽接头片段(GSPG)编码序列连为一体,接在 CP 信号肽序列的下游,并以肠特异性、血液诱导的 CP 启动子控制之(图 6 - 15)。将此基因表达盒插在 *piggyBac* 载体上,转化斯氏按蚊。在 394 个受注射的胚胎中,孵化出 63 个(16%)幼虫,最终产生 33 只(8.4%)转基因成蚊。这些蚊虫分成 14 个家族,其中 2 个家族(A和 B)产生了绿色荧光蛋白(GFP)阳性的子代。Southern blot 杂交结果显示,转基因在宿主染色体上的整合区域不尽相同;Northern blot 杂交结果证明,*AgCP*[*SM1*]$_4$ 转基因表达出的mRNA 在食血后 3～6 h 内达到高峰。转基因所表达出的重组多肽则存在于食血后 6～24 h 的

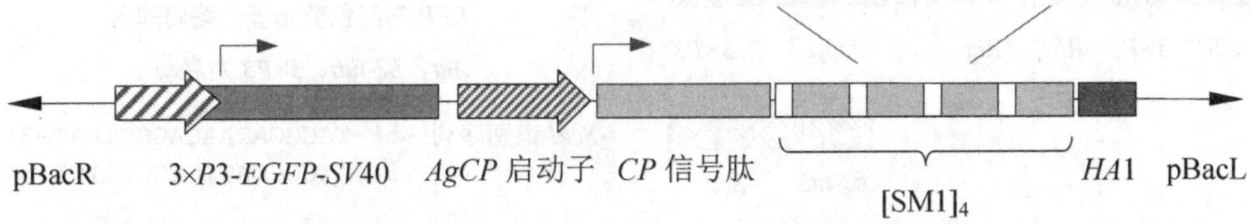

接头 GSPG 编码单元　　　寡肽 PCQRAIFQSICN 编码单元

pBacR　　3×*P3-EGFP-SV*40　　*AgCP* 启动子　*CP* 信号肽　　　　　　　*HA*1　pBacL

[SM1]$_4$

图 6 - 15　*AbCP*[*SM1*]$_4$ 转基因表达质粒的构成

中肠上皮细胞中,但 36 h 后便消失了。由于疟原虫的动合子通常在食血 24 h 后入侵蚊虫中肠上皮细胞,因此重组多肽的合成和分泌必须先于疟原虫的入侵时间。

为了测定 $AgCP[SM1]_4$ 转基因表达对疟原虫发育的影响,将相同的受感染小鼠喂养转基因蚊虫和对照蚊虫,然后分别测定两者的卵囊形成数量。结果显示,卵囊抑制程度在 68.7%~94.9% 内。这表明,SM1 四聚体结合在蚊虫中肠的内腔表面,阻断了疟原虫-上皮细胞之间的相互作用,从而抑制其入侵。进一步的实验数据表明,转基因蚊虫唾液腺中的疟原虫孢子体数目为对照组的 1/51~1/7。在野外自然环境中,绝大多数蚊虫携带的疟原虫卵囊数少于 5 个,由此可见转基因株抑制疟原虫传播非常有效。而且上述所有实验中所使用的转基因株均为杂合子,可以推测纯合子型的转基因株将更为有效。这是通过转基因技术成功阻断疟原虫传播的第一个案例。初步的实验观察表明,重组多肽的表达并不影响转基因蚊虫的寿命和产卵,因此具有一定的实用价值。

3. 埃及伊蚊的基因工程

埃及伊蚊是世界范围内虫媒型病毒最重要的媒介,具有白天叮咬特性,能高效传播登革热病毒、黄热病毒、基孔肯亚病毒。其中,仅受登革热病毒(登革出血热和登革休克综合征病原体)感染的人群每年就达上亿。

2000 年,人们调查了利用埃及伊蚊编码卵黄蛋白前体的脂肪体特异性基因 *vitellogenin* (*Vg*) 所属调控区控制表达抗黄热病毒因子的可能性。将一种主要的昆虫免疫因子防卫素 A 的编码区(*DefA*)接在 2.1 kb 的 *Vg* 启动子下游,并亚克隆到转化载体 pH[*cn*] 上,构成 pH[*cn*]*Vg* – *DefA* 重组质粒。pH[*cn*] 载体含有来自黑腹果蝇的 *cinnabar*(*cn*)基因,其两侧为 *Hermes* 转座元件的末端反向重复序列(图 6-16)。将 pH[*cn*]*Vg* – *DefA* 重组质粒及编码有 *Hermes* 转座酶的辅助质粒注射到 3 000 多个埃及伊蚊白眼株($kh^w$)的前囊胚层胚胎(受精后 90~270 min)中。由于 pH[*cn*] 载体上的 *cn* 基因能互补宿主的 $kh^w$ 遗传性状,使蚊虫的眼睛颜色由白色转换成红色,所以转化的 $G_1$ 子代很容易辨认筛选。从 600 个子代个体中获得了 5 株独立稳定的转基因品系,其中 D1 品系被用来进行 *Vg* – *DefA* 转基因表达特征的分析。连续 9 代的转基因株跟踪研究表明,*Vg* – *DefA* 稳定地整合在宿主染色体上。它在转基因株的脂肪体中被强烈激活,其 mRNA 水平在食血后 24 h 达到最高峰,大量的转基因防卫素在转基因雌蚊的血淋巴细胞中积累,并在一次食血后能持续表达 20~22 d。经纯化后的转基因防卫素具有与天然防卫素同等的抗菌活性。这种携带系统免疫因子且遗传稳定的转基因蚊虫表达免疫因子不依赖于病毒的感染,仅由食血级联反应控制。这项工作朝着病原体传播媒介分子遗传控制的方向迈出了重要的一步。

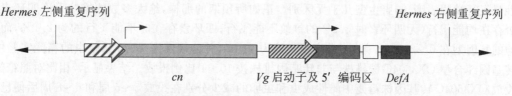

*Hermes* 左侧重复序列　　　　　　　　　　　　　　　　　　　　　　　　*Hermes* 右侧重复序列

*cn*　　　　　　　*Vg* 启动子及 5′ 编码区　*DefA*

**图 6-16　pH[*cn*]*Vg* – *DefA* 重组质粒的构成**

埃及伊蚊的肌动蛋白 4 编码基因 *AeAct* – 4 能在雌蛹的间接飞行肌(IFM)组织中优势转录并翻译产生功能性的肌动蛋白,而且该基因的成熟 mRNA 在雄蚊中因选择性剪切比雌蚊的成熟转录物在 5′-UTR 多出 244 个核苷酸,其中含有多个起始密码子和终止密码子,因而导致雄蚊个体中翻译早熟性启动和终止,功能性肌动蛋白表达量相比雌蚊更低。基于这一原理,以 *AeAct* – 4 所属的转录调控区、5′-UTR、第一内含子序列介导 *tTAV* 以第 4 龄发育阶段、IFM 组织、雌性特异性方式表达(转基因株 OX3545);以最低限度的热休克启动子 $hsp^{min}$ 与四环素应答元件 *tRE*(含 7 个 *tetO* 拷贝)联合介导致死性效应基因 *Nipp1Dm*(编码

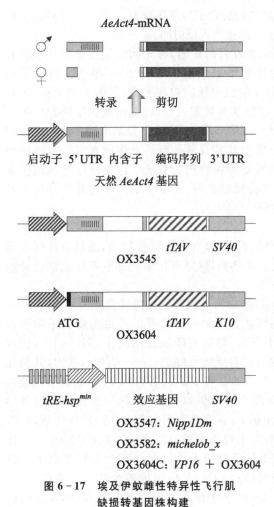

图 6-17 埃及伊蚊雌性特异性飞行肌
缺损转基因株构建

黑腹果蝇 1 型蛋白磷酸酶核内抑制因子）和 *michelob_x*（编码蚊虫细胞凋亡蛋白抑制剂的抑制因子）表达（分别为转基因株 OX3547 和 OX3582），便可构建具有四环素可阻遏的雌性特异性飞行缺损表型的埃及伊蚊转基因株（图 6-17）。由于不能飞行意味着雌性埃及伊蚊被捕食的概率大幅增高、难以采血、不能交配（雌性需要振动翅膀发出"求爱之歌"），因而飞行缺损表型与致死效应相差无几。初步结果显示，当 OX3545 转基因株分别与 OX3547 和 OX3582 转基因株杂交后，同时携带 *tTAV* 和致死基因的子代雌蚊在无四环素饲养条件下呈高比例（69.8%～98.3%）的飞行缺损表型；甚至在 OX3545 株中也存在低比例的飞行缺损型雌蚊，可能是由于 *tTAV* 高水平的表达也能危害飞行肌组织，进一步的实验探查证实 tTAV 的毒性来自 VP16。上述结果表明合适的效应因子在埃及伊蚊 IFM 中表达确能导致飞行缺损表型。

为了进一步改善上述 *tTAV* 表达系统的性别特异性，将一个 ATG 密码子引入雄性特异性外显子邻近 5' 端的位点。在雌性特异性剪切产物中，该 ATG 密码子与 *tTAV* 编码序列处于同一阅读框；但在雄性特异性剪切产物中，该 ATG 的添加导致 tTAV 编码序列移码并形成多个终止密码子，因而不能合成功能性的 tTAV 蛋白。由上述额外设置 ATG 型的 *tTAV* 表达盒与受控于 $tRE-hsp^{min}$ 的 VP16 表达盒插在一条染色体上，遂生成 OX3604C 转基因株。这一转基因株在无四环素条件下饲养，显示出高度的扩散性（99%～100%）、显性、雌性特异性飞行缺损表型，但在 30 μg/mL 的四环素存在下饲养，只有0.3% 的雌性呈飞行缺损表型，与野生型几乎无区别。正如所预期的那样，绝大多数的雄蚊无论四环素是否存在均能飞行（无四环素时 3.2% 的雄蚊不能飞行；四环素存在时不能飞行的为 2.1%，而其他的基因型在 0～2.4% 不等）。在容积大约为 14 $m^3$、种群规模为 1 000 只蚊虫的箱笼实验中，转基因纯合型 OX3604C 株雄株与非转基因雄株按 10∶1 比例投放。结果显示，相比对照箱笼，投放 OX3604C 转基因株箱笼中雌性成虫和虫卵的减少分别在投放 5～6 周和 6～8 周后便已显著，投放第 8 周之后，无论是雌性成虫还是虫卵数均接近于零。

上述这种雌性特异性的飞行缺损表型相当于"亚致死"表型，但却优于致死表型，因为它允许以虫卵而非成虫的方式释放，这样可以扩大分布范围；而且虫卵可以储存长达数月，运输和分布也较为方便，预期能显著降低野外大规模实用成本。

## 6.3 家蚕的基因表达系统

家蚕（*Bombyx mori*）属于鳞翅目家蚕科（Bombycidae）成员，是鳞翅目昆虫研究的模式物种,早在五千多年前就已被驯养。我国是蚕丝业的发祥地,自古以来农桑并茂,"丝绸之路"名扬世界,2011 年我国的蚕茧产量为 66 万吨,占世界总产量的 80%,丝绸工业产值逾2 000 亿元。因此,以抗病毒感染型优良品系培育以及高产异源蛋白型生物反应器构建为主要内容的家蚕分子生物学和转基因技术的深入研究具有重大的理论意义和经济价值。

### 6.3.1　家蚕的分子生物学

家蚕作为昆虫分子遗传学和分子生物学研究的模型可以与果蝇相媲美,早在 20 世纪初就已建立了家蚕的实验遗传学基础。家蚕拥有 28 对染色体,在绘制了图距为 500 kb 的精细遗传连锁图谱基础上,2004 年我国和日本科学家分别公布了家蚕 *Dazao* 株和 *p50* 株的基因组序列。家蚕 *Dazao* 株的基因组大小约为 432 Mb(远大于果蝇和大部分蚊虫的基因组),其上拥有 18 510 个基因,并富含转座子、长末端重复序列(LTR)型逆转座子、非 LTR 型逆转座子、II 型转座子、散布型短重复元件(SINE)。在 *p50* 株中,这些重复序列占家蚕基因组总容量的 45%,其中 24% 为 50 000 个拷贝的元件,剩下的 21% 则为 500 个拷贝的元件,而且绝大部分转座元件被截短到只剩下 3′ 端小于 500 bp 的序列(表 6 - 3)。29 株不同表型和地理分布特征的家蚕以及 11 株野生型家蚕祖先(*Bombyx mandarina*)的比较基因组学分析显示,驯养型家蚕获得一些具有代表性的行为特征(如人类接近和操作耐受性、高度集聚习性等),同时也失去了另一些特性(如飞行、捕食、疾病规避等)。

表 6 - 3　家蚕 *p50* 株基因组中的转座元件分布

| 类　型 | 名　称 | 长度/bp | 5′ 拷贝数 | 3′ 拷贝数 |
|---|---|---|---|---|
| LTR 型逆转座子 | *Pao* | 4 824 | 33 | 280 |
| | *Kabuki* | 5 308 | 6 | 130 |
| | *Kamikaze* | 7 098 | 26 | 66 |
| 非 LTR 型逆转座子 | *BMC1* | 5 248 | 113 | 37 000 |
| | *Bm5886* | 3 055 | 520 | 28 000 |
| | *HOPE Bm2* | 4 200 | 180 | 3 380 |
| | *TREST1* | 1 746 | 193 | 590 |
| II 型转座子 | *Tomita's mariner* | 1 623 | 127 | 4 700 |
| | *Robertson's mariner* | 480 | | 2 400 |
| | *Bmmar6* | 1 316 | 3 300 | 3 100 |
| SINEs | *Bm1* | 354 | | 121 000 |

家蚕 cDNA 文库的构建以及表达序列标签(Expressed Sequence Tag,EST)的测序也取得了很大进展。我国学者采用非均一化的 Oligo - dT 引物定向克隆技术构建了 13 种家蚕组织的 cDNA 文库,对这些 cDNA 文库的深度测序共获得了 15 万多条 EST 序列。虽然这些 EST 序列中的 90% 存在于上述家蚕基因组中,但并不能完全覆盖所有预测的基因。因此,旨在鉴定具有经济价值的家蚕激素调节、发育变态、抗病免疫,尤其是丝芯蛋白编码基因的研究还依赖于家蚕转录组和蛋白质组的数据。

家蚕一个非常重要的分子生物学特征是在幼虫第 5 龄的高度特化器官丝腺中大量合成蚕丝,后者主要由丝芯蛋白(占蚕丝总质量的 70%~80%)和丝胶蛋白(占蚕丝总质量的20%~30%)构成。丝芯蛋白是一组含有重链(FibH,350 kD)、轻链(FibL,25 kD)、丝储蛋白(Fhx,亦称 P25,25 kD)的高度水不溶性蛋白混合物,三者的分子比为 6∶6∶1。家蚕的丝腺由前部(ASG)、中部(MSG)、后部(PSG)三个形态和功能不同的区域构成,其中只有PSG 能合成丝芯蛋白;MSG 表达用于成茧的水溶性丝胶蛋白;而 ASG 则作为丝芯蛋白的运输导管。在短短的 4~5 d 时间内,PSG 中的每个细胞合成丝芯蛋白 300 μg,即大约 1 000 多个细胞的两条 PSG 每小时可合成丝芯蛋白 2 mg 左右,平均每秒表达 $6 \times 10^8$ 个丝芯蛋白分子,如此高的蛋白质合成速度在其他动物细胞中是罕见的。基于微阵列的第 5 龄第 3 天家蚕转录组分析显示,在 ASG/MSG 和 PSG 中分别有 412 个和 109 个基因表达上调,且这些上调基因的功能呈显著的差异性。在 ASG/MSG 中显著上调的基因主要包括那些编码蛋白酶、蛋白酶抑制剂、脱氢酶、蛋白激酶、可溶性运输子、角质层蛋白的基因,其中蛋白酶抑制剂对保护丝腺内腔中丝芯蛋白免遭蛋白酶的水解起着重要作用。在 PSG 中表达上调的大部分基因除丝芯蛋白编码基因外,还包括转录调控因子、结构蛋白、糖类运输子、激素信号转导蛋白的编码基因,其中含碱性螺旋-环-螺旋(bHLH)结构域的转录调控因子在丝腺中特异性表达,这表明家蚕的 bHLH 型转录调控因子介导丝腺的生长和发育。

此外,对家蚕丝芯蛋白的重链编码基因分析发现,构成重链的氨基酸组成高度集中于 5 种优势氨基酸:Gly(45.9%)、Ala(30.3%)、Ser(12.1%)、Tyr(5.3%)、Val(1.8%)。与之相吻合,家蚕基因组中 tRNA$^{Gly}$ 和 tRNA$^{Ala}$ 编码基因的拷贝数也各为 41 个之多(表 6-4)。这种 tRNA 编码基因拷贝数的不均匀性对家蚕生物反应器的构建具有指导意义。然而,针对 1 097 种家蚕 mRNA 中密码子碱基组成的一项统计显示,家蚕对简并密码子的使用呈较弱的偏爱性,59 个简并密码子中有 28 个密码子被频繁使用;相对基因内部 G+C 平均含量为 46.43% 而言,使用最频繁的密码子第三位碱基 A/U 与 G/C 之比为 1.8:1,这与很多基因组富含 AT 的物种相似,如巴斯德毕赤酵母、酿酒酵母、乳酸克鲁维酵母、镰状疟原虫等。

表 6-4　三种昆虫 tRNA 编码基因的拷贝数比较

| tRNA 性质 | 家　蚕 | 黑腹果蝇 | 冈比亚按蚊 |
| --- | --- | --- | --- |
| Ala | 41 | 17 | 26 |
| Arg | 28 | 23 | 22 |
| Asn | 25 | 8 | 12 |
| Asp | 26 | 14 | 20 |
| Cys | 9 | 7 | 5 |
| Gln | 11 | 12 | 15 |
| Glu | 25 | 16 | 26 |
| Gly | 41 | 20 | 24 |
| His | 13 | 5 | 21 |
| Ile | 12 | 12 | 14 |
| Leu | 26 | 23 | 23 |
| Lys | 1 | 19 | 27 |
| Met | 26 | 12 | 18 |
| Phe | 12 | 8 | 0 |
| Pro | 19 | 17 | 28 |
| Ser | 24 | 20 | 22 |
| Thr | 16 | 17 | 15 |
| Trp | 8 | 8 | 6 |
| Tyr | 12 | 9 | 22 |
| Val | 20 | 15 | 63 |

### 6.3.2　家蚕的杆状病毒基因表达系统

1983 年,美国学者 Smith 和 Summers 等人创建了针对草地贪夜蛾(*Spodoptera frugiperda*)卵巢细胞系 21(Sf21)的苜蓿银纹夜蛾(*Autographa californica*,Ac)多核壳体核型多角体病毒(AcMNPV)基因表达系统,他们利用 AcMNPV 多角体蛋白编码基因(*polh*)所属的启动子,在 Sf21 细胞中高效表达人 $\beta$-干扰素获得成功,开创了借助杆状病毒表达载体系统(BEVS)在昆虫细胞中表达异源蛋白的先河。1985 年,日本学者 Maeda 又发展了家蚕核型多角体病毒(BmNPV)基因表达系统,在家蚕中高效表达了人 $\alpha$-干扰素,其表达量比当时的其他真核表达系统高出 3 个数量级。1997 年,美国食品和药品管理局(FDA)首次批准使用 AcMNPV 表达系统生产的艾滋病基因工程疫苗投入临床应用。鉴于鳞翅目昆虫细胞能识别信号肽分泌重组蛋白、装配寡聚型多亚基蛋白、进行适度的包括糖基化和二硫键形成在内的翻译后修饰等优良特性,迄今为止,已有来自病毒、细菌、真菌、植物、动物、人类的数百种外源基因在家蚕中获得高效表达。

### 1. 杆状病毒的生物学特征

杆状病毒是一类含有包膜的大型双链 DNA 病毒,其宿主仅限于无脊椎动物。绝大多数杆状病毒能感染包括鳞翅目、膜翅目、双翅目、鞘翅目、毛翅目等 7 个目在内的 600 多种昆虫。在分类学上,杆状病毒科(Baculoviridae)下设包涵体型的真杆状病毒(Eubaculovirinae)和非包涵体型的裸杆状病毒(Nudibaculovirinae)两个亚科。其中,真杆状病毒拥有核型多角体病毒(NPV)和颗粒体病毒(GV)两个属。NPV 病毒属的特点是在宿主细胞核内形成多角状的蛋白包涵体结晶(即多角体),每个多角体包埋数目不等的病毒颗粒。包埋单粒病毒的 NPV 代表种为家蚕核型多角体病毒(BmNPV);包埋多粒病毒的 NPV 代表种为苜蓿银纹夜蛾多核壳体核型多角体病毒(AcMNPV)。GV 病毒属与 NPV 病毒属的最大区别是其包涵体呈椭圆形的颗粒体,比多角体小很多,只有 $0.3 \sim 0.5~\mu m$,每个颗粒体含 $1 \sim 2$ 个病毒粒子。

AcMNPV 具有较广泛的宿主范围,能在草地贪夜蛾卵巢细胞系 21(Sf21)和粉纹夜蛾细胞系中复制,但不感染家蚕 N 细胞系(BmN)。相反,BmNPV 能强烈感染 BmN 细胞,但在 Sf21 细胞系中复制水平很低甚至根本不能复制。不过实验证据显示,如果将 AcMNPV 基因组上编码 DNA 解旋酶的基因更换一或两个氨基酸,则这种解旋酶变体便能同时驱动病毒基因组 DNA 在 Sf21 和 BmN(或 Bm5)细胞中的复制。

杆状病毒的发育循环包含两个独特的时期(图 6-18):在感染后的第一时相(0~24 h),杆状衣壳在宿主细胞核内包装病毒基因组形成核壳体,后者在跨越宿主细胞质膜时获取包膜,称为出芽型病毒(BV),这种类型的病毒又可继发性感染宿主同一组织的其他细胞或者不同的组织;在随后的第二时相,BV 的释放量急剧减少,在细胞核内获取包膜的核壳体被包埋进呈多角状的蛋白晶体中,形成典型的多角体结构,即所谓的包埋型病毒(OV)。当宿主死亡或细胞裂解后,多角体被释放到土壤或植物表面。昆虫一旦误食,多角体便在宿主中肠较高的 pH 环境中很快溶解并释放出 OV 粒子,后者通过其包膜与宿主中肠上皮细胞的微绒毛膜发生融合,同时包膜剥落,携带核衣壳的核壳体侵入宿主细胞,继而在核内脱去衣壳,裸露的基因组 DNA 便进入复制循环。

### 2. 杆状病毒的基因组结构

杆状病毒的基因组呈双链环状结构,平均大小约为 130 kb。最广泛用作 BEVS 的苜蓿银纹夜蛾多核壳体核型多角体病毒(AcMNPV)C6 株的全基因组大小为 133 894 bp,G+C 含量为 41%,大于 150 bp 且以甲硫氨酸密码子起始的潜在开放型阅读框(ORF)有 154 个,它们均匀分布在整个基因组的两条链上。家蚕核型多角体病毒(BmNPV)T3 株的基因组总长为 128 413 bp,G+C 含量为 40%,潜在编码 60 个氨基酸以上蛋白质的 ORF 有 136 个。尽管这两种病毒的表型不同,但它们的基因顺序组织却高度同源(图 6-19)。BmNPV 基因组中 90% 以上的序列与 AcMNPV 基因组中大约 75% 的序列完全相同;两者之间由对应 ORF 预测的氨基酸序列同源性也高达 90%。另外,基因组中存在高频率的多拷贝 3 bp 插入序列是两种病毒的共同特征。然而,BmNPV 基因组缺少下列 AcMNPV ORFs 的同源区:Ac3(芋螺毒素编码基因)、Ac7(orf603)、Ac48(etm)、Ac49(pcna)、Ac70(hcf-1)、Ac86(pnk/pnl)、Ac134(p94);同时,BmNPV 基因组含有 5 个与 AcMNPV 的 Ac2 同源的 ORF。

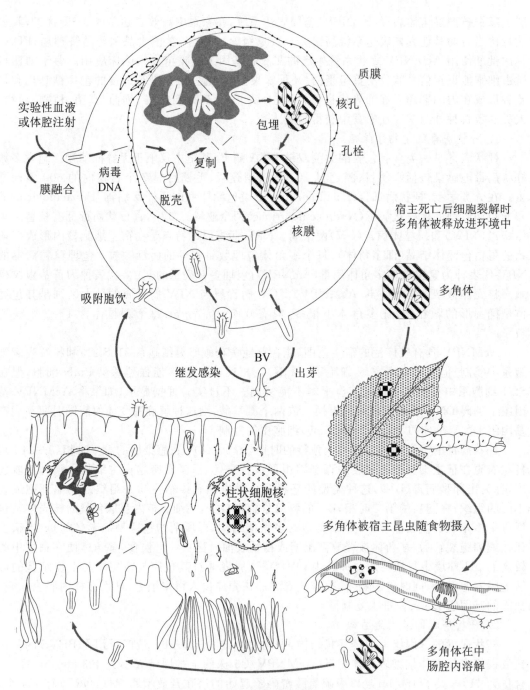

**图 6-18 杆状病毒发育循环示意图**

值得注意的是,BmNPV 与另一种杆状病毒黄杉合毒蛾(*Orgyia pseudotsugata*,Op)多核壳体核型多角体病毒(OpMNPV)同源 ORF 之间的氨基酸平均相同性(55%)远低于 BmNPV 与 AcMNPV 同源 ORF 之间的氨基酸平均相同性(90%)。但这三种病毒的基因顺序组织以及 hr 区基本保守。总之,BmNPV 基因组序列表明,它是从一种与 AcMNPV 亲缘关系较近的祖先病毒演化而来的,在演化过程中 BmNPV 删除了 16 个特异性基因,将 1 个基因扩增至 5 个基因,并在一些 ORF 中还存在特异性的氨基酸取代。

包括 BmNPV 在内的核型多角体杆状病毒基因组一般含有下列四类功能基因:① 结构

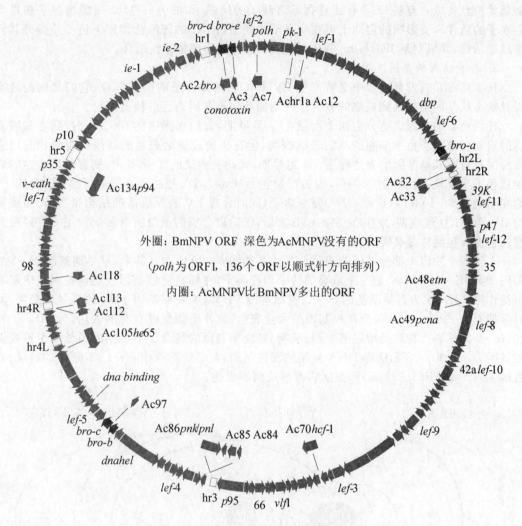

图 6-19 BmNPV DNA 的基因顺序组织

蛋白编码基因,包括多角体蛋白编码基因 *polh*、多角体膜蛋白编码基因 *pp*34、DNA 结构蛋白编码基因 *p*6.9、核衣壳蛋白编码基因 *p*39 和 *p*87、包膜糖蛋白编码基因 *gp*64 等;② DNA 复制及基因表达调控基因,包括 DNA 解旋酶编码基因 *dnahel*、DNA 聚合酶编码基因 *dnapol*、调控基因 *ie - 0*、*ie - 1*、*ie - 2*、*lef - 1*、*lef - 2*、*lef - 3*、*sod*、*pe38* 等;③ 与宿主相互作用的基因,包括蜕皮甾体尿苷二磷酸葡糖基转移酶编码基因 *egt*、抗细胞凋亡的 *p*35 和 *iap* 基因等;④ 酶蛋白基因,包括蛋白激酶、酪氨酸/丝氨酸磷酸酶、超氧化歧化酶、几丁质酶以及蛋白酶的编码基因。此外,还拥有与病毒的遗传突变有关的基因 *p*25 以及与病毒毒力相关的基因 *p*74 等。

BmNPV(T3)基因组序列分析显示,有 12 个 ORF 在起始密码子上游的 180 bp 内含有一种保守的早期启动子基序(即 TATA 盒下游 20~25 bp 处接一个 CAGT 基序)。这 12 个 ORF 中的 7 个还同时拥有晚期启动子基序(A/T/GTAAG),因而可在病毒感染的早期和晚期阶段均表达。BmNPV 超过半数的 ORF 在起始密码子上游的 160 bp 内含有保守的晚期启动子基序,而 27 个 ORF 在起始密码子上游的 210 bp 内拥有增强子样元件 CGTGC,这些基序和元件能在一定程度上反映病毒基因组的时序特异性表达调控机制。

BmNPV(T3)基因组中还含有 5 个同源区(hr1~hr5),它们由重复序列和病毒 DNA 复制起始位点构成。有些 hr 含有针对病毒启动子的增强子,而另一些 hr 则能增强非病毒类启动子的活性。受影响的启动子可在病毒早早期蛋白 IE1 的转激活作用下进一步提升其转录启动活性,其机制是 IE1 与 hr 中 28 bp 的回文重复序列特异性结合。

3. 杆状病毒的基因表达调控

杆状病毒在其发育过程中交替产生 BV 和 OV 两种形态的病毒颗粒,它们之间的转换以及病毒从基因组复制到成熟的整个过程均需要病毒基因表达的精密调控。

杆状病毒的基因表达分为四个阶段:① 早早期,大约在感染的 0~3 h 内,病毒基因表达的启动仅依赖于宿主细胞的基因表达产物,但在该阶段先后表达的基因产物能相互增强或抑制自身或其他基因的表达程度;② 迟早期,大约在感染的 3~6 h 内,病毒基因表达的启动依赖于早早期基因产物的存在,表达产物包括病毒 DNA 复制所必需的蛋白;③ 晚期,大约在感染的 6~10 h 内,病毒 DNA 复制启动,同时合成 BV 装配所需的结构蛋白,产生成熟的 BV 颗粒;④ 晚晚期,发生在感染 10 h 之后,该阶段合成的蛋白质对装配加工 OV 颗粒并将之包埋入包涵体是必需的。

上述四个阶段中部分基因的表达调控关系如图 6-20 所示。其中,早早期基因 ie-1 的编码产物 IE-1(582 aa)是一个重要的转录调控因子,在杆状病毒基因表达调控网络中起着枢纽作用。IE-1 为迟早期基因 et-1、晚期基因 VP39、晚晚期基因 polh 的转录所必需,同时又抑制 ie-0 和 ie-2 两个调控基因的大量表达,此外还能促进自身的表达。与 IE-1 相比,ie-n 的编码产物只是增强迟早期、晚期、晚晚期基因的转录。早早期的另外两个重要调控基因 ie-2 和 pe38 是病毒 DNA 复制的促进基因,前者能正调控 ie-1 和 pe38 的转录,后者的编码产物 PE38(321 aa)则激活病毒解旋酶的表达。

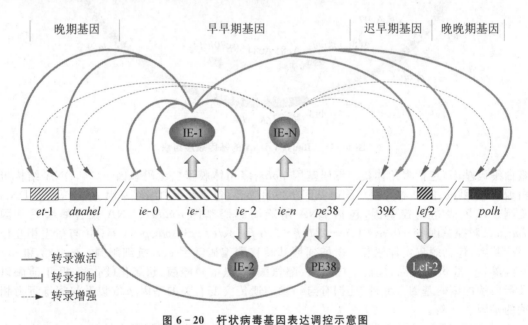

图 6-20　杆状病毒基因表达调控示意图

4. 杆状病毒的表达载体系统

基于杆状病毒的表达载体系统与其他动物病毒表达载体相比,具有下列优点:① 在多角体蛋白编码基因的强启动子介导下,外源基因能获得高效表达;② 杆状病毒对于脊椎动物和其他昆虫是安全的;③ 双链环状的病毒基因组结构易于重组操作;④ 表达产物的修饰加工系统接近于哺乳动物;⑤ 杆状病毒重组载体分子不仅能在细胞培养物中表达,而且更重要的是能在昆虫活体(如家蚕)内合成蛋白质,由于家蚕血淋巴中含有蛋白酶抑制剂,表达产物相对稳定。

杆状病毒表达载体常用的启动子包括：① 多角体蛋白编码基因启动子（$P_{PH}$），转录启动效率高，病毒感染和复制非必需，在病毒感染晚期表达。用外源基因取代多角体蛋白编码序列，所构成的重组病毒呈无包涵体（$occ^-$）的空斑，易于筛选辨认。基于上述特征，$P_{PH}$ 被广泛用于杆状病毒表达载体的构建；② P10 蛋白编码基因启动子（$P_{p10}$），在病毒感染晚期表达，其原基因产物纤维蛋白主要存在于感染细胞的核内，能加速宿主细胞死亡后的降解。$P_{p10}$ 的表达水平比 $P_{PH}$ 低，但表达时间略早于 $P_{PH}$；③ 融合或修饰型启动子，如 $P_{p39-Ph}$ 融合型启动子，表达时间早，效率高。在 $P_{PH}$ 晚期基序 ATAAG 的上游替换六对碱基，可使表达效率提高 50%。早期和晚期启动子的融合可实现外源基因在宿主细胞中的全程表达；④ 家蚕丝心蛋白编码基因启动子，被认为是自然界最强的启动子，但由其介导外源基因的高效表达对宿主正常生理过程的干扰程度是必须考虑的问题。

借助 BEVS 在昆虫细胞系或活体内高效表达异源蛋白的主要技术瓶颈在于：① 无论是 AcMNPV 还是 BmNPV 的基因组 DNA 过大，难以进行基因重组操作；② 目的重组子的克隆依赖于重组杆状病毒颗粒在昆虫细胞间的高效感染，而在细胞水平上分离和鉴定重组杆状病毒的空斑分析程序相当耗时，往往需要 4～6 周。能有效克服上述困难的一种标准化实验程序是所谓的"Bac‐to‐Bac"系统（即由 Bacteria 到 Baculovirus 之意）。该系统的工作原理是在大肠杆菌中将目的基因表达盒通过转座作用位点特异性地转移至杆状病毒穿梭载体（杆粒）上，然后从大肠杆菌中制备重组杆粒 DNA，以脂质体方式转染合适的昆虫细胞，并在之中产生并增殖重组杆状病毒，后者无需空斑筛选分析便可转染目标受体昆虫细胞甚至昆虫幼虫。

为实现上述程序，标准的 Bac‐to‐Bac 系统一般由下列四种组分构成：① 转移质粒（供体质粒），用于在大肠杆菌中重组克隆目的基因表达盒，与 Gateway 系统相容，其基本配置（pFastBac1）包括杆状病毒多角体蛋白编码基因启动子 $P_{PH}$、多克隆位点 MCS、SV40 多聚腺苷化位点 SV40 $pA$、用于真核生物筛选的庆大霉素抗性标记 $Gm^r$、位于 $Gm^r$‐$P_{PH}$‐MCS‐SV40 $pA$ 两侧的 Tn7 转座子左右末端重复序列 $Tn7L/Tn7R$（构成微型 Tn7）以及用于大肠杆菌复制和筛选的 pUC $ori$ 和 $Ap^r$ 标记基因。在 pFastBac1 中的 ATG 与 MCS 之间插入 ATG‐6×His‐TEV 序列便构成衍生质粒 pFastBacTH，其中的 TEV 编码烟草蚀纹病毒蛋白酶的识别序列 EXXYXQG/S，切割位点位于 Q 与 G 或 S 之间[图 6‐21(a)]。另一衍生质粒 pFastBacDual 则在 pFastBac1 基础上反向加装另一套克隆表达元件（$P_{p10}$‐MCS2‐HSV $tk$ $pA$），便于双基因的共表达[图 6‐21(b)]。② 辅助质粒（pMON7124），含有转座酶表达盒和四环素抗性标记 $Tc^r$，驱动 pFastBac 上微型 Tn7 的转座反应[图 6‐21(c)]。③ 穿梭质粒（即杆状病毒型质粒，Bacmid，简称杆粒，如 bMON14272），以 AcNPV 或 BmNPV 基因组为基础，在病毒多角体蛋白基因位点（$polh$）插入大肠杆菌微型 F 复制子、卡那霉素抗性标记 $Km^r$，以及来自 pUC18 的 LacZα 多肽编码序列。在 $lacZα$ 序列的 N 端还加装了一个含 Tn7 转座整合位点（微型 $att$ Tn7）的短片段，且不破坏 LacZα 多肽的阅读框[图 6‐21(d)]。bMON14272 像普通质粒一样能在大肠杆菌中单拷贝复制，当克隆在 pFastBac 上的目的基因表达盒整合至 bMON14272 的 $att$ 位点处，重组整合型克隆便在 $Ap^r$、$Tc^r$、$Km^r$、X‐gal 筛选平板上呈白色，而非重组整合型克隆呈蓝色。④ 大肠杆菌 DH10Bac 株，含有预先转入的辅助质粒 pMON7124 和穿梭质粒 bMON14272。

Bac‐to‐Bac 系统的优势显而易见：① 借助转座子的位点特异性整合可有效规避大型 DNA 分子切接操作的难题；且重组整合效率高；② 由于杆状病毒重组分子通过大肠杆菌的蓝白克隆进行筛选，不存在野生型和非重组型病毒污染的问题，因此无需烦琐的空斑分析程序纯化重组病毒，将重组病毒的制备周期缩短至两周以内。采用 Bac‐to‐Bac 系统构建昆

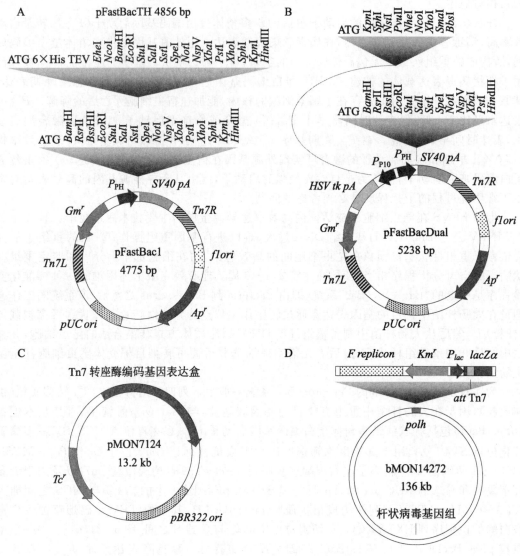

**图 6 - 21　Bac - to - Bac 系统质粒图谱**

虫细胞表达株或转基因昆虫的实验程序如图 6 - 22 所示。

### 6.3.3　家蚕生物反应器的构建

　　上述 Bac - to - Bac 系统是基于 AcNPV 基因组而建立的。由于 AcNPV 不能有效感染家蚕的大多数品系,因此该系统并不适用于家蚕。不过,只需将穿梭质粒 bMON14272 中的 AcNPV 基因组更换为 BmNPV 基因组,便可依照类似的程序建立起家蚕版的 Bac - to - Bac 系统,其中含有 BmNPV 基因组杆粒的大肠杆菌被相应命名为 BmDH10Bac 或 DH10Bac/BmNPV 株。然而,目前这种基于 Bac - to - Bac 的家蚕瞬时表达系统在大规模产业化应用中的成功案例还很少。主要原因在于:无论将重组 BmNPV 感染家蚕细胞系(BmN)还是直接注入第 5 龄幼虫体内,BmN 和家蚕幼虫均会在重组病毒感染后的 4～5 d 内裂解死亡,导致目的基因活性产物的表达时间较短,难以组织规模化生产。克服这一困难的有效措施是建立一套重组家蚕细胞系的连续培养系统,而家蚕幼虫的全自动病毒接种和饲养装置已经建立,这套装置能在一周时间内以循环接种和饲养两万条家蚕的规模生产重组蛋白(图 6 - 23)。

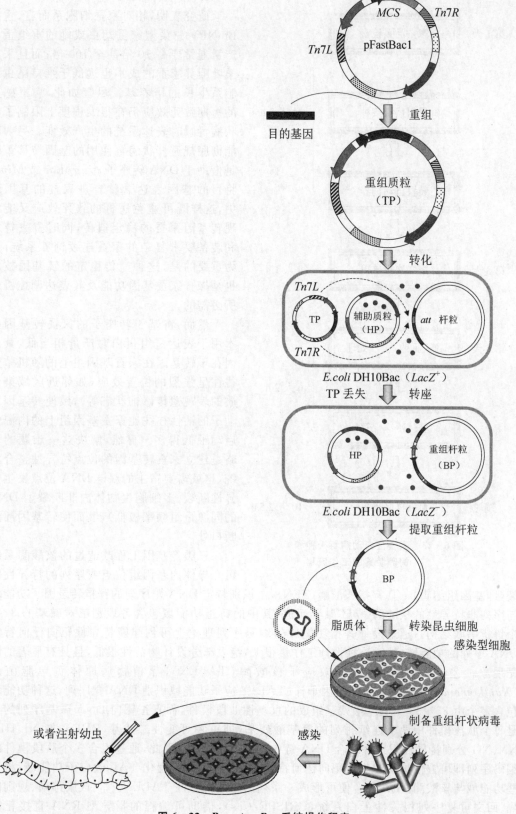

图 6-22　Bac-to-Bac 系统操作程序

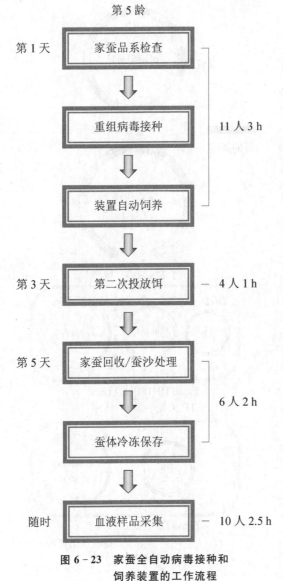

第 5 龄

第 1 天 家蚕品系检查

重组病毒接种 — 11 人 3 h

装置自动饲养

第 3 天 第二次投放饵 — 4 人 1 h

第 5 天 家蚕回收/蚕沙处理

蚕体冷冻保存 — 6 人 2 h

随时 血液样品采集 — 10 人 2.5 h

图 6-23 家蚕全自动病毒接种和
饲养装置的工作流程

1. 家蚕转基因的基本策略

研究表明,相对家蚕细胞系而言,重组 BmNPV 感染型家蚕幼虫或蛹的重组蛋白产量通常要高 10 倍甚至 100 倍;而且采用桑叶喂养家蚕的成本也远低于维持昆虫细胞系生长的培养基。尽管如此,病毒感染的短期致死效应仍在很大程度上限制了杆状病毒瞬时表达系统的生产效能。另一种能彻底规避杆状病毒使用的基因转移策略是借助于 DNA 转座子 piggyBac 或 Minos 将目的基因表达盒整合进家蚕的基因组中,这样既可避免病毒的致死效应又能实现转基因家蚕的稳定遗传,同时省去技术和装备要求复杂的家蚕连续饲养系统;更为重要的是,这种遗传稳定的转基因技术也是探查家蚕基因功能及其表达调控机制所必需的。

然而,将基于转座子的家蚕转基因技术用于表达重组蛋白时产量相当低,其原因在于转基因在家蚕基因组上的随机整合往往呈强烈的位置效应(如邻近区域染色质的表观遗传修饰状态等),致使转基因启动子的活性往往比家蚕基因组上的内源性启动子低得多。显然,解决这一难题的策略是建立家蚕转基因的位点特异性整合系统,这就需要宿主的双链 DNA 位点发生特异性断裂(多细胞生物体内非断裂型 DNA 的同源重组频率极低),继而使转基因插入断口处。

三类经基因工程改造过的核酸酶系统可介导体内基因组位点或序列的特异性断裂(即基因组编辑):① 锌指核酸酶(ZFN),由识别特定 DNA 靶序列的锌指转录因子功能域与序列非特异性的核酸酶 FokI 融合而成,其中的锌指功能域包含各识别三对碱基的 3~4 个锌指串联结构。通过设计锌指功能域的编码序列理论上可创建能特异性靶向任何特定 DNA 序列的功能域,然而这种设计工作量很大,绝大部分设计物活性很低,且具有显著的脱靶现象。② 转录激活因子样效应子核酸酶(TALEN),靠植物病原体黄单胞菌属(Xanthomonas)来源的转录激活因子样(TAL)效应子功能域识别 DNA 靶序列,这种功能域包含多个由 33~35 个氨基酸残基组成的重复性肽段模件,而真正靶向 DNA 碱基序列的只是每个肽段模件中两个连续排列的氨基酸残基(即重复可变性二残基,RVD),如 NI、HD、NN、NG 分别特异性识别并结合 DNA 链中的 A、C、G、T。因此,通过组合多个肽段模件的编码序列即可方便地构建出能靶向任何特定 DNA 序列的工程化 TAL 效应子功能域;将这些功能域与核酸酶 FokI 融合便可形成一系列的序列特异性 TALEN。③ 成簇排列、规则间隔、回文重复序列相关性蛋白系统(CRISPR/Cas),借助可编程的指导型 RNA 直接靶向

DNA 的特定序列,并由 Cas 核酸酶定点断裂 DNA 双链(详见 7.2.4)。

在家蚕基因组 DNA 经上述任何一种核酸酶序列特异性断裂之后,可采取两种策略将转基因体内接入:① 借助家蚕体内的 DNA 断口同源重组修复机制,将两侧装有家蚕基因组同源序列的转基因表达盒直接掺入 DNA 断口处;② 事先将细菌噬菌体整合酶 ΦC31 的靶序列 attP 掺入 DNA 断口处,然后再由 ΦC31 介导两侧装有 attB 序列的转基因表达盒整合在上述置入基因组中的 attP 靶位点处(图 6-24)。后一种策略虽然复杂,但就不同转基因表达盒在家蚕基因组固定位点(如实验证明无显著位置效应的染色质区域)处的重复性整合操作而言,却比转基因表达盒的直接插入策略要高效得多,因为 ΦC31 介导的重组整合频率远高于家蚕体内的同源重组。

2. 家蚕丝腺反应器的构建

作为蚕丝蛋白大量合成的唯一场所,丝腺中部(MSG)和后部(PSG)区域显然是构建高产异源重组蛋白的家蚕生物反应器的理想器官。按照上述基因组位点特异性整合策略,将目的基因表达盒注入家蚕胚胎中,借助预先设置的选择性标记(如抗药性和荧光)进行筛选,便可收获相应的转基因幼虫。然而,目的基因表达盒的正确构建对重组蛋白的高效表达起着决定性作用。在图 6-25 所示的 5 种目的基因表达盒构建方案中,尽管重组蛋白均能以独立分子的形式表达且能与丝芯蛋白或丝胶蛋白一同被分泌至 PSG 或 MSG 中,但表达量差别很大。其中,分别由丝芯轻链、丝储蛋白、丝胶蛋白编码基因所属启动子 $P_{FibL}$、$P_{Fhx}$、$P_{Ser3}$ 驱动目的基因表达的构建方案均呈较低的重组蛋白产量。在由丝芯重链编码基因所属启动子 $P_{FibH}$ 介导的表达方案中,重组蛋白的产量可达单枚蚕茧质量的 15%;而在由丝胶蛋白编码基因 Ser1 所属启动子 $P_{Ser1}$ 介导的表达方案中,尽管重组蛋白的产量略低(单枚蚕茧质量的 9.5%),但在 MSG 中分离重组蛋白要比 PSG 简单得多,因为在 PSG 中表达的重组蛋白会嵌入不溶性的丝芯蛋白层中,其分离需要使用可能破坏重组蛋白结构的强变性剂(如硫氰酸胍或硫氰酸锂)。因此,综合而言,基于 $P_{Ser1}$ 的 MSG 表达构建方案最佳。

目前,家蚕丝腺反应器已被用于生产包括胶原蛋白、血清白蛋白、细胞因子、生长因子、单克隆抗体在内的多种医用蛋白,成为继大肠杆菌、毕赤酵母、中国仓鼠卵巢细胞(CHO)之后的第四个重要表达系统。家蚕丝腺反应器的另一类用途是改良蚕丝性能和编织生物材料,例如,将女郎蜘蛛(Nephila clavipes)三种丝芯蛋白编码基因与家蚕丝芯蛋白重链部分编码序列融合,由此表达出的复合丝比其亲本蚕丝和蜘蛛丝强度更高,伸展性更好;类似地,将家蚕丝芯蛋白重链与大腹园蛛(Araneus ventricosus)的牵丝蛋白部分区域相融合,尽管蜘蛛蛋白只占天然家蚕丝芯蛋白重链质量的 0.37%~0.61%,但这种复合丝的强度却比天然蚕丝的强度提高 53%;此外,将家蚕丝芯蛋白重链非重复区编码序列与各种荧光蛋白编码基因融合,可获得不同色泽荧光丝且遗传稳定的转基因家蚕品系。

3. 家蚕蛋白糖基化修饰途径的遗传改良

家蚕生物反应器以及杆状病毒表达系统相对哺乳动物表达平台的一大优势是受外源感染人类因子污染的风险较低;而相对原核细菌表达平台的一大优势在于能为真核生物蛋白提供包括 $N$-糖基化在内的翻译后修饰。然而,包括家蚕在内的昆虫细胞所合成的蛋白质与哺乳动物细胞所产生的同一种蛋白(尤其是 $N$-糖基化蛋白)在结构上并非完全一致。例如,昆虫细胞中糖蛋白的 $N$-多糖相对较短且缺少末端唾液酸单位;而在哺乳动物细胞中,初始的 $N$-多糖往往被糖基转移酶进一步扩展,然后再于糖链末端进化唾液酸化装饰以提供负电荷。末端唾液酸化能阻断哺乳动物细胞中广泛存在的糖基特异性受体清除糖蛋白,因此由昆虫制造的重组糖蛋白因缺少 $N$-唾液酸修饰不大可能在哺乳动物体内存留很长时间,这对作为医疗用途的表达产物来说是不利的。

与巴斯德毕赤酵母糖基化格局的人源化改造策略(参见 5.2.5,图 5-30)相似,将一系

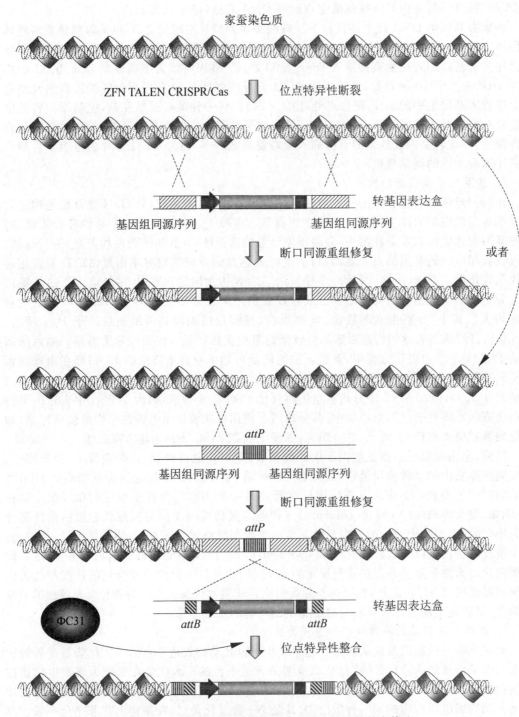

家蚕染色质

ZFN TALEN CRISPR/Cas 位点特异性断裂

转基因表达盒

基因组同源序列 基因组同源序列

断口同源重组修复 或者

attP

基因组同源序列 基因组同源序列

断口同源重组修复

attP

转基因表达盒

ΦC31 attB attB

位点特异性整合

**图 6 - 24　转基因在家蚕基因组上的位点特异性整合策略**

列哺乳动物糖基化转移酶编码基因置于 AcMNPV 早早期基因 *ie* - 1 启动子的控制下引入草地贪夜蛾 Sf9 细胞,可派生出商品化了的 SfSWT - 1 细胞系,后者能在蛋白质侧链上形成复杂的双分支 *N* - 多糖,并在其 α3 和 α6 分支糖链上分别添加唾液酸和半乳糖。杆状病毒的 *ie* - 1 启动子受控于昆虫宿主细胞内的 RNA 聚合酶 Ⅱ 而启动转录,因而上述哺乳动物来源的糖基化修饰酶系在昆虫细胞中均呈组成型表达,并不依赖于病毒的感染,这对那些不涉及

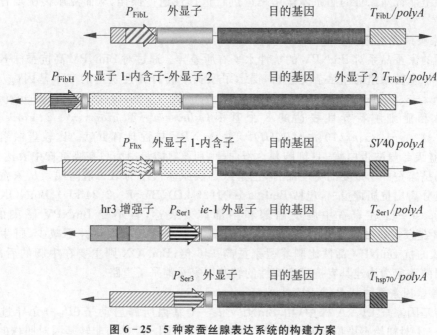

**图 6-25　5 种家蚕丝腺表达系统的构建方案**

病毒载体的昆虫表达系统(如转座子载体)自然很合适。然而研究发现,在杆状病毒的所有启动子中,迟早期启动子 39K 的活性最高,而且受控于病毒早早期基因的表达产物。用该启动子介导哺乳动物来源的糖基化修饰酶系的表达,不仅能更有效地提升昆虫细胞糖基化的人源性修饰效率,而且这种糖基化修饰仅在杆状病毒感染之后才会发生(即具有病毒诱导性),这对于昆虫宿主细胞在杆状病毒载体导入之前的生长维持显然是有益的。

研究显示,家蚕蛋白质糖基化格局人源化改造的瓶颈在于 1,4-半乳糖苷转移酶 1 的活性。家蚕的 1,4-半乳糖苷转移酶 1(B4GALT1)定位于高尔基体,负责将半乳糖以 $\beta$-1,4-糖苷键的方式加到末端带有 $N$-乙酰葡萄糖胺单位的寡糖受体上,这是 $N$-多糖加工途径中的一个后期延长步骤,也是添加唾液酸单位的人源化改造必需的一环。然而,该酶的一个亚型在其茎结构域位点易被蛋白酶水解,离开高尔基体而分泌,导致其功能部分丧失。为了改善这种状况,将不被裂解和分泌的人类 $\alpha$-1,3-岩藻糖苷转移酶 7 所含胞质-转膜-茎(CTS)结构域取代 B4GALT1 的相应区域,可使杂合型 B4GALT1 的胞内活性水平显著提升。另外,家蚕型 B4GALT1 在其第 282 位的氨基酸为亮氨酸,而其他动物来源的 B4GALT1 在同一位点则为芳香族氨基酸,这也成为一个改造的靶点。结果显示,经 CTS 结构域置换和第 282 位氨基酸取代双重改造了的工程化 B4GALT1 对家蚕细胞中糖蛋白的 $N$-多糖链延长、分岔、唾液酸化效率具有显著的促进作用。

### 6.3.4　抗病毒型转基因家蚕的构建

养蚕业所面临的生物学挑战来自于病毒、真菌、细菌病原体的感染,几乎导致 20% 年产量的损失,而损失中的 80% 由病毒感染造成。这些病毒主要包括家蚕核型多角体病毒(*Bombyx mori* nucleopolyhedrovirus,BmNPV)、家蚕胞质型多角体病毒(*Bombyx mori* cytoplasmic polyhedrosis virus,BmCPV)、家蚕浓核病毒(*Bombyx mori* densovirus,BmDNV),其中 BmNPV 是所有国家养蚕业中最为流行的病毒。采取传统杂交或转基因技术培育抗性蚕株是家蚕疾病控制的一种策略,而疾病抗性和经济表型(茧丝产量和质量)则是家蚕培育的两大重要指标。传统杂交育种方法的局限性在于以牺牲经济表型为代价而提升家蚕对病原体的抗性,因而培育出的少数几株抗性家蚕没有一株应用于养蚕业。转基因技术理论上能针对家蚕的病原体作用靶位进行选择性遗传操作,从而克服传统培育方法的局限性。

1. 家蚕的免疫防卫和 BmNPV 抗性基因

不同的家蚕品系对 BmNPV 的抗性水平有所差异。通过对 BmNPV 高抗蚕株 KN(NB) 和敏感蚕株全转录组的差示杂交分析,揭示了家蚕中肠特异性表达的 8 个基因($gloverin-4$、$gloverin-3$、$lebocin$、$serpin-5$、$arylphorin$、$promoting$ $protein$、$cathepsin$ $B$、$actin$ $A3$)以及脂肪体和血细胞特异性表达的 8 个基因($gloverin-1$、$gloverin-2$、$gloverin-3$、$gloverin-4$、$hsp19.5$、$hsp70$、$hsp90$、$HOP$)对 BmNPV 抗性具有贡献。比较蛋白组学分析显示,半胱天冬氨酸蛋白酶-1(细胞凋亡蛋白酶)和丝氨酸蛋白酶只在高抗株中表达。

中肠是家蚕一个重要的免疫器官,也是抵御病原体入侵的第一道防线。从家蚕幼虫的肠液中已分离出抗病毒蛋白,包括 Bmlipase-1(29 kD)、BmSP-2(24 kD)、BmNOX 等。其中,Bmlipase-1 在家蚕中肠的前部和中部高效表达,且不受 BmNPV 感染的诱导;BmSP-2 在家蚕幼虫的整个中肠中表达,BmNPV 感染之后其表达并不减少,野生型家蚕 BmSP-2 的抗 BmNPV 活性比驯养型家蚕高 1.6 倍;BmNOX 则主要在中肠的后部表达。上述基因的鉴定为构建具有抗病毒特性的转基因家蚕铺平了道路。

2. 转基因家蚕的抗 BmNPV 机制

在转基因家蚕 LI-A 株中,由 BmNPV $ie-1$ 基因所属启动子($P_{IE1}$)介导过表达的 Bmlipase-1 对初始感染位点的 BmNPV 具有抗性,但 LI-A 株与非转基因对照株的幼虫体重或蚕茧质量没有明显差异,这表明 Bmlipase-1 是较为理想的抗病毒候选转基因。存在于 BmNPV OV 脂膜外壳上的五个高度保守性感染因子(PIF-PIF4 和 PIF74)为家蚕口腔感染所必需,其中的 PIF1、PIF2、PIF3、PIF74 形成病毒初级感染必需的复合物。Bmlipase-1 拥有脂肪酶水解活性,能摧毁 ODV 外壳,改变 PIF 复合物的构象,进而阻止 OV 结合并入侵中肠细胞。

RNA 干扰通过靶向并摧毁特异性 mRNA 而敲低病毒基因的表达,因而成为疾病控制的一种有效方法。分别靶向病毒早早期基因 $ie-1$、$ie-2$,迟早期基因 $helicase$、晚期基因 $gp64$ 和 $vp39$ 的 RNA 干扰结果显示,就 BmNPV 抗性而言,早早期基因是实施 RNA 干扰的理想靶点;启动子 $P_{IE1}$ 与 hr3 的组合优于 $P_{IE1}$ 与家蚕 $P_{A4}$ 启动子的组合;"头对头"的连接方式优于"尾对尾"的连接方式。此外,在转基因家蚕中靶向多重 BmNPV mRNA 的抗病毒保护效应优于靶向单种 mRNA。虽然这些转基因 RNA 干扰型家蚕的抗病毒能力显著增强,但其经济指标并不受影响,说明采用 RNA 干扰技术在 mRNA 水平上抵御 BmNPV 的感染是可行的。

有趣的是,美国白蛾($Hyphantria$ $cunea$)核型多角体病毒(HycuNPV)的早期非必需基因 $ep32$ 编码一条 312 个氨基酸的多肽链(Hycu-ep32),尽管其上没有特征性的功能域或基序,但却能通过全局性关闭蛋白质合成而抑制 BmNPV 在家蚕 BmN-4 细胞中的增殖。进一步研究发现,这种 Hycu-ep32 能同时全局性关闭 BmNPV 和家蚕细胞中的蛋白质生物合成。因此,要想借助 Hycu-ep32 选择性抑制 BmNPV 在家蚕体内的增殖,必须采用合适的启动子介导其表达。调查发现,由病毒感染诱导型启动子 $P_{39K}$、家蚕组成型启动子 $P_{A4}$ 以及组合型启动子 $P_{A4}$+hr3 介导的 $ep32$ 呈中等水平的表达,因而家蚕生理正常;但在组合型启动子 $P_{39K}$+hr3(HEKG-B)的驱动下,$ep32$ 的表达随着转基因家蚕中 BmNPV 的含量增加而显著增加。与非转基因的家蚕相比,HEKG-B 型家蚕的生理状况没有改变,但抗病毒能力显著增强。可见,抑制 BmNPV 的蛋白质合成也是构建抗病毒转基因家蚕的一种机制。

家蚕宿主的一些信号转导途径对 NPV 的感染很重要。例如,BmNPV 能通过激活宿主的 MAPK 信号转导途径而高效复制自身的基因组 DNA。由于该途径中的重要效应子

ERK 和 JNK 在病毒感染的晚期阶段被激活,如果用特异性抑制剂或 RNA 干扰抑制两者的活性,则病毒的产量会显著减少。PI3K - Akt 信号转导途径也是 NPV 高效感染所需要的,PI3K 在 AcMNPV 感染的早期阶段被激活,随后便使 Akt 磷酸化。有证据显示,抑制 PI3K - Akt 的激活能显著降低病毒的产生。动物免疫防卫应答的第一步往往是借助其谱识别受体(PRR)识别入侵病原体表面的特征性分子谱,进而通过 Toll、Imd、JNK、JAK/STAT 信号转导途径激活免疫途径。因此,强化上述宿主免疫途径的相关基因表达也能抑制 BmNPV 的增殖。

3. 抗病毒转基因家蚕构建策略的发展

采用转基因技术过表达抗病毒基因以及借助 RNA 靶向性干扰病毒基因是两大有效的抗病毒策略,而这两种策略的组合使用则能进一步提升宿主的抗病毒能力。例如,在多重阶段设计抑制病毒感染的第一个转基因家蚕 SW - H 株,由家蚕中肠特异性强启动子 P2 介导 $Bmlipase$-1 的表达;又以 $P_{IE1}$ + hr3 驱动靶向 BmNPV 必需基因 $ie$-1、$gp$64、$lef$-1、$lef$-2、$dnapol$ 的串联型干扰 RNA 的转录。而 $Bmlipase$-1 过表达、多重病毒基因沉默、$hycu$-$ep$32 过表达三种抗病毒策略的联合,则可能构建出高抗 BmNPV 的转基因家蚕品系。

单链 DNA 病毒 BmDNV 和双链 RNA 病毒 BmCPV 也是家蚕的主要病原体。与 BmNPV 不同,BmDNV 和 BmCPV 只感染家蚕的中肠。有些家蚕品系能抗任何剂量的 BmDNV,这种抗性由家蚕的基因 $nsd$-1 和 $Nid$-1 决定,两者分别阻断病毒的早期和晚期感染步骤。然而,没有家蚕品系对 BmCPV 具有绝对抗性,也没有明确的基因能抑制 BmCPV 的感染。由于 BmDNV 和 BmCPV 的感染机制以及家蚕响应这两种病毒的分子机制均不清楚,因此构建这两种病毒抗性的转基因家蚕策略是采用干扰 RNA 靶向病毒的多重基因。目前,几乎所有商业化的家蚕品系均通过两代杂交产生,涉及四种亲本:两种亲本提供经济表型,另两种亲本提供疾病抗性。一种理想化的抗病毒策略是选择两株具有期望经济表型的亲本用于转基因改良,一株亲本用于构建高抗 BmNPV 的转基因家蚕,而另一株亲本则用来构建改良其抗 BmCPV 和 BmDNV 的能力。与四亲本的非转基因杂交家蚕相比,双转基因亲本的杂交有可能生成对多种病毒具有强大抗性且经济表型更佳(如饲养时间缩短或茧丝强度增大)的家蚕优良品系。

# 第7章　高等动物基因工程

　　几乎与 20 世纪 70 年代初建立起来的钙离子诱导型原核细菌感受态细胞转化技术同步,外源 DNA 借助磷酸钙沉淀渗入高等动物细胞的尝试也获得成功。至 20 世纪 80 年代初,受精卵原核显微注射和早期胚胎逆转录病毒感染等技术的问世,已允许将单个目的基因(转基因)甚至基因簇导入高等动物的基因组 DNA 中,并由此构建了各种转基因动物(GMO或 TO)。此类基因转移技术在人体中的应用目前仍被限制在体细胞的基因治疗范围内,具有遗传修饰特征的人体转基因研究因受到伦理学和法学的束缚而未能走得更远,但这并不意味着在技术上有不可逾越的障碍。事实上,1997 年体细胞克隆动物多利绵羊的成功培育表明,人们不仅可以将任何转基因导入包括人体在内的任何动物细胞/个体中进行表达,而且还能使转基因动物像重组微生物那样无性繁殖。更令人鼓舞的是,以 2006 年转基因诱导型多能干细胞(iPSC)为里程碑的干细胞生成技术有望突破伦理学障碍,直接定制个性化人类健康组织/器官或转基因疾病模型。

　　就概念而言,高等动物基因工程包括动物细胞基因转移表达技术和动物个体转基因技术双重含义。前者可获得表达特定转基因的动物工程细胞系,主要用于重组医用蛋白的规模化生产、药物筛选模型的建立以及基因治疗型体细胞的制备;后者则可生成特定转基因的动物个体,主要用于基因功能的研究、动物遗传性状的改良以及疾病模型的建立,有些转基因家畜也能以组织或器官(如乳腺)作为生物反应器生产重组医用蛋白。

## 7.1　高等动物细胞的基因转移系统

　　无论构建动物工程细胞系还是生成转基因动物个体,均需要将特定的转基因高效导入相应的受体细胞中。尽管目前已建立起多种动物细胞的 DNA 转移程序,有效地突破了动物细胞接纳外源 DNA 的壁垒,但进入细胞的外源 DNA 是否能顺利进行核转位或(和)进入细胞核的转基因是否能整合在受体细胞基因组的转录活跃区域内,是衡量基因转移程序有效性的关键指标。

### 7.1.1　用于基因转移的动物受体细胞

　　基因转移的目的不同,所使用的动物受体细胞也不同。一般而言,以规模化生产医用重组蛋白为目标的动物工程细胞系构建较为普遍地采用中国仓鼠(*Cricetulus griseus*)卵巢(CHO)细胞、人胚胎肾(HEK293)细胞、非洲绿猴肾(COS)细胞、幼仓鼠肾(BHK)细胞、小鼠骨髓瘤(NS0)细胞、人视网膜(PER-C6)细胞等,这些动物细胞大都被改造成能在无血清培养基中以悬浮方式高密度生长的细胞系;就转基因动物的生成而言,受体细胞主要为动物的早期胚胎细胞、胚胎干细胞(ESC)、诱导型多能干细胞(iPSC)、生殖细胞(GC,精细胞和卵细胞)或其前体细胞(PGC,即胚胎原肠胚阶段分化出的生殖祖先细胞)。

　　与细菌的 DNA 转化系统相比,高等动物细胞的基因转移效率要高很多。尽管如此,能稳定接纳转基因的转化细胞也只是少数。因此为了快速有效地分离转化细胞,在通常情况下仍需要建立动物细胞特异性的选择标记,包括营养缺陷型标记和显性遗传标记两大类。

　　哺乳动物细胞拥有两条不同的脱氧核苷三磷酸生物合成途径(图 7-1),即由 5′-磷酸核糖基-1-焦磷酸(PRPP)和脱氧尿嘧啶核苷—磷酸(dUMP)分别合成次黄嘌呤核苷—磷酸(IMP)和脱氧胸腺嘧啶核苷—磷酸(dTMP)的从头合成途径,以及由次黄嘌呤(H)和脱氧胸腺嘧啶核苷($dT_R$)直接合成 IMP 和 dTMP 的补救途径。二氢叶酸还原酶(DHFR)催化叶酸向四氢叶酸的转换反应,后者是 IMP、dTMP 和甘氨酸从头合成途径中的必需步骤。若将受体细胞的双等位二氢叶酸还原酶编码基因($dhfr$)突变或缺失,所形成的营养缺陷型细胞株(如 CHO-DXB11 和 CHO-DG44)则需要在含有甘氨酸、H、$dT_R$(GHT)的生长培养基中才能存活。因而,$dhfr$ 基因便可用作营养缺陷型标记,只有获得 $dhfr$ 标记基因的细胞转化株才能在不含 GHT 的培养基(即 $GHT^-$ 培养基)中生长。

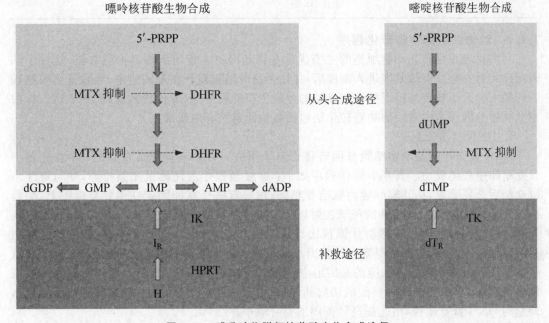

**图 7-1　哺乳动物脱氧核苷酸生物合成途径**

　　类似地,胸腺嘧啶核苷酸生物合成补救途径中的关键酶是胸腺嘧啶核苷激酶(TK),携带该酶编码基因 $tk$ 突变的细胞($tk^-$)不能在含有 H、MTX(甲氨喋呤,DHFR 的特异性抑制剂)、$dT_R$ 的培养基(即 HAT 培养基)上生长,因此只有当用于转化的载体上含有 $tk$ 基因(如单纯疱疹病毒 HSV 来源的 $tk$ 基因),转化型细胞才能正常生长。同理,对于含有次黄嘌呤磷酸核糖转移酶(HPRT)编码基因缺陷的受体细胞($hprt^-$),则可用 $hprt$ 标记基因进行遗传互补。

　　上述 $dhfr$、$tk$、$hprt$ 标记基因的使用要求受体细胞具有相应的突变性状,因而在应用范围上有所限制。较为理想的选择标记是直接为受体细胞提供显性遗传性状,其中最常用的当属细菌来源的新霉素和潮霉素-B 抗性基因,其编码产物能分别修饰灭活阻断哺乳动物细胞蛋白质生物合成途径的新霉素类药物 G418 和潮霉素 B。

　　甲氨喋呤(MTX)是 DHFR 的特异性抑制剂,因而能阻断动物细胞中的脱氧核苷酸从头合成途径。但如果在培养基中提供次黄嘌呤和脱氧胸腺嘧啶核苷,细胞便可通过其补救途径绕过 MTX 的抑制效应而生长。类似地,甲硫氨酸亚砜亚胺(MSX)是动物细胞谷氨酰胺合成酶(GS)的特异性抑制剂,在含 MSX 不含谷氨酰胺的合成培养基上,细胞不能生长;但当表达载体含有 GS 编码基因 $gs$ 表达盒时,转化型细胞便能在上述培养基上长出。目前已发展起来的动物细胞显性筛选标记总结在表 7-1 中。

表 7 - 1　用于转化实验的显性筛选标记

| 酶 | 筛 选 药 物 | 筛 选 机 制 |
| --- | --- | --- |
| 氨基糖苷磷酸转移酶(APH) | G418(抑制蛋白合成) | APH 钝化 G418 |
| 二氢叶酸还原酶(DHFR)；MTX 抗性变体 | 甲氨喋呤(MTX；抑制 DHFR) | DHFR 变体抗 MTX |
| 谷氨酰胺合成酶(GS) | 甲硫氨酸亚砜酰亚胺(MSX) | 过表达 GS 抵消 MSX 抑制 |
| 潮霉素 B 磷酸转移酶(HPH) | 潮霉素 B(抑制蛋白合成) | HPH 钝化潮霉素 B |
| 胸腺嘧啶核苷激酶(TK) | 甲氨喋呤(抑制嘌呤和胸苷酸从头合成) | TK 合成胸苷酸 |
| 黄嘌呤-鸟嘌呤磷酸核糖转移酶(XGPRT) | 霉酚酸(抑制鸟苷酸从头合成) | XGPRT 从黄嘌呤合成 GMP |
| 腺苷脱氨酶(ADA) | 9 - $\beta$ - D - 木酮呋喃腺嘌呤糖苷(Xyl - A；损伤 DNA) | ADA 钝化 Xyl - A |

### 7.1.2　动物细胞的物理转化程序

利用物理程序转化动物细胞的主要优点是转基因不含任何病毒基因组片段,这对于基因治疗尤为安全。但转基因进入细胞后,往往多拷贝随机整合在基因组上,导致受体细胞基因的插入型灭活或转基因因整合位点处的异染色质屏蔽效应(即位置效应)而不表达。目前在动物转基因技术中常用的物理转化法包括显微注射法和电击法。

1. DNA 显微注射法

DNA 显微注射是动物细胞基因转移普遍采用的一种物理转化方法,1981 年首先在小鼠受精卵中获得成功。其基本操作程序如下：通过激素疗法使雌鼠超数排卵,并与雄性小鼠交配后杀死雌鼠,从其输卵管内取出受精卵;用吸管将受精卵固定在倒置显微镜上,然后借助直径通常为 $0.5 \sim 5~\mu m$ 的玻璃注射针依序穿过受精卵透明带、卵母细胞质膜、雄性原核核膜并注入 DNA 溶液(一般雄性原核比雌性原核大);将 $25 \sim 40$ 个注射了 DNA 的受精卵移植到母鼠子宫中发育,继而繁殖转基因小鼠子代。进入细胞核内的转基因借助细胞 DNA 修复途径随机整合在受体细胞的基因组中,但整合效率通常只有 $1\% \sim 4\%$。对此的改进措施是将外源 DNA 与限制性核酸内切酶共注射,后者通过切割基因组 DNA 而高效激活受体细胞的 DNA 修复途径,由此提高转基因的整合效率。

对于那些雄性原核不易看清的动物胚胎(如家畜、两栖类、鱼),也可将外源 DNA 注射进卵母细胞核内或者简单注射在受精卵胞质中,但转基因的核转位极其低效。DNA 显微注射法的优势包括：适用物种范围广泛、实验周期短、转基因表达盒无需专门的载体、转基因长度可达数百 kb;但转基因的整合会导致受体细胞基因组重排、易位、缺失或点突变,且操作技术复杂。

2. DNA 电击法

对于精细胞、卵母细胞、胚胎细胞以及其他转移程序难以奏效的某些类型的细胞(如在培养基中悬浮生长的淋巴细胞)可采用电击法进行转化。其基本操作程序如下：将受体细胞以 $1 \times 10^{7} \sim 2 \times 10^{7}$ 个细胞/mL 的浓度悬浮于冰冷的磷酸盐缓冲液中;加入 $1 \sim 20~\mu g/mL$ 待转化的 DNA 溶液;在盛有上述悬浮液的电击杯两端施加短暂的脉冲电场($2.0 \sim 4.0~kV$, $0.9 \sim 300~mA$, $50~nF$),使细胞膜产生细小的孔洞并增加其通透性,此时外源 DNA 片段便能不经胞饮作用直接进入胞质。电击转化率因细胞类型和电击操作条件不同相差上千倍,每 $10^{6}$ 个活细胞可产生 $0.3 \sim 300$ 个转化子。一般而言,线形 DNA 因整合的高效性其转化率比环状 DNA 至少高 20 倍;0℃电击条件因细胞存活率较高其转化率为 20℃的 $6 \sim 16$ 倍;在电击转化之前用亚致死浓度的秋水仙胺处理细胞比不处理的转化率高 $2 \sim 10$ 倍,其原因可能是暂停于间期的细胞缺乏完整的核膜或者核膜通透性增加而有利于转基因的核转位。

电击法的优点是操作简便,实验周期短,适用细胞类型广;但转移 DNA 的片段长度受到严格限制,与显微注射法一样不适合生产规模的大体积细胞培养物操作,且同样具有转基因核转位低效以及随机整合等缺点。

### 7.1.3　动物细胞的化学转化程序

裸露的 DNA 进入哺乳动物细胞是一个非常低效的过程。为了提高转化率,可使用一些天然或合成的化学试剂压缩包裹 DNA,促进其与细胞膜的结合并进入细胞;同时也能保护外源 DNA 免遭细胞内核酸酶的攻击,使其完整地进入细胞核。动物细胞转化常用的化学试剂包括磷酸钙沉淀、阳离子聚合物、阳离子脂质体等。

1. 磷酸钙共沉淀法

最早的动物细胞转化方法是将外源 DNA 与 DEAE -葡聚糖等高分子碳水化合物混合,此时 DNA 链上带负电荷的磷酸骨架能吸附在 DEAE 的正电荷基团上,形成含 DNA 的大颗粒。后者黏附于受体细胞表面,并通过其胞饮作用进入细胞内,但这种方法对许多类型细胞的转化率极低。

受二价金属离子能促进细菌细胞吸收外源 DNA 的启发,针对哺乳动物细胞简便有效的磷酸钙(CaPi)共沉淀法也得以建立:将待转化的 DNA 溶解在磷酸盐缓冲液中,然后加入 $CaCl_2$ 溶液混匀,此时 DNA 与 CaPi 共沉淀;一旦沉淀颗粒达到最优尺寸,将此颗粒悬浮液滴入细胞培养皿或细胞悬浮培养物中,37℃保温 4~16 h;除去 DNA 悬浮液,加入新鲜培养基,继续培养 7 d 即可进行转化株的筛选。在上述过程中,CaPi - DNA 共沉淀颗粒通过胞饮作用并以囊泡的形式进入受体细胞。在细胞内,由于囊泡中高浓度的钙离子或 pH 降低致使囊泡破裂,质粒 DNA 被释放至胞质中。在有丝分裂期间,由于核膜分解 DNA 可进入核内。采用叠氮溴乙锭和荧光肽核酸标记技术检测结果显示,加入细胞培养物的 DNA 中大约 5% 能被受体细胞接纳,而且每个细胞可同时接纳 10 万个外源 DNA 分子。在某些转化条件下,DNA 能转移至 80%~90% 的 HEK293 细胞中,然而定位于细胞核中的完整 DNA 分子低于 10%。尽管如此,这一程序的转化率至少是 DEAE -葡聚糖法的 100 倍。采用磷酸钙共沉淀法转化肿瘤病毒 DNA,可使正常细胞转变为癌细胞,这是人们对肿瘤发生机制的最早认识。

值得注意的是,在无渗透压休克时,CaPi 共沉淀法对 CHO 细胞效果欠佳;共沉淀形成的时间敏感性使得 CaPi 在介导大体积细胞培养物转化时存在技术挑战性;另一个重要限制是在转化培养基中需要血清,以防止共沉淀长大并集聚成无效的复合物。

2. 聚乙烯亚胺转化法

聚乙烯亚胺(PEI)可由氮杂环丙烷或 2 -乙基- 2 -噁唑啉单体缩合而成,分别形成分支形或直线形聚合物。早在 20 世纪 70 年代初便发现 PEI 能沉淀 DNA,但 20 年后才被用于有效投送 DNA 至各种哺乳动物细胞系中。与 DEAE -葡聚糖相似,PEI 因呈高密度的正电荷而能有效压缩 DNA 分子。由于这种 DNA - PEI 复合物仍带有净的正电荷,因而能与动物细胞表面上的负电荷型糖蛋白、蛋白多糖、硫酸化蛋白多糖非特异性相互作用。与磷酸钙- DNA 共沉淀颗粒一样,DNA - PEI 复合物优势借助胞饮作用进入细胞,并在随后见于早期/晚期核内体以及一些内吞型溶酶体中。动物细胞捕获 DNA - PEI 复合物是一个相对高效的过程,将复合物加入培养物中 3 h 后便能在所有细胞中检测到其存在。有证据显示,PEI 通过所谓的"质子海绵"效应从囊泡中逃逸,即 PEI 能缓冲核内体的内环境,进而延迟酸化以及与溶酶体的融合,最终导致渗透性膨胀以及一些囊泡的破裂,将 DNA - PEI 复合物释放至胞质中。而且,研究表明 PEI 还能促进外源 DNA 分子由胞质向核内的转移,导致其转化率高达 40%~90%。不过值得注意的是,DNA - PEI 复合物从核内体中释放的速度以及更为重要的复合物进入核内的速度呈细胞类型依赖性,这两个速度是限制转基因表达的重要因素。

3. 脂质体包埋融合法

将待转化的 DNA 溶液与天然或人工合成的阳离子型脂质化合物混合,后者在表面活性剂的存在下形成包埋水相 DNA 的脂质体结构。将这种脂质体悬浮液加入细胞培养皿中,便会与受体细胞膜发生融合,外源 DNA 分子随即进入细胞质和细胞核内(图 7 - 2)。采用商品化的阳离子脂质体试剂转化 CHO 细胞转化率高,且转基因呈高效表达,但这些试剂价格通常比 PEI 高数千倍,而且对某些细胞具有毒性,因而一般只用于实验室研究以及构建转基因动物。

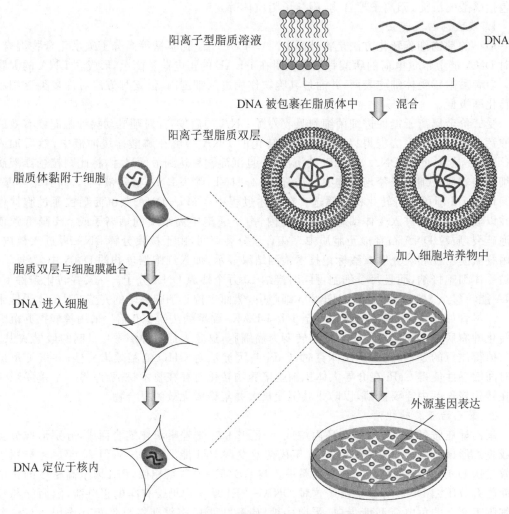

阳离子型脂质溶液                    DNA

DNA 被包裹在脂质体中        混合

阳离子型脂质双层

脂质体黏附于细胞

脂质双层与细胞膜融合

DNA 进入细胞

加入细胞培养物中

外源基因表达

DNA 定位于核内

图 7 - 2    脂质体介导型动物细胞的基因转移

### 7.1.4    动物细胞的病毒转染程序

通过病毒感染的方式将外源基因导入动物细胞内,是一种常用的高效基因转移策略。根据受体细胞类型的不同,可选择使用具有不同宿主范围和不同感染途径的病毒基因组作为转染载体。相对物理和化学基因转移程序而言,病毒转染型基因转移策略的优势在于转染效率高且细胞特异性强,外源基因在细胞内既可独立复制又可随机或区域倾向性整合,病毒基因组天然存在的强表达元件(如启动子、增强子、终止子、polyA 化信号序列等)能驱动外源基因高效表达;主要缺点是存在野生型病毒颗粒生成的风险以及病毒蛋白对动物体构成免疫原性。

1. 腺病毒转染载体

腺病毒科为线形双链 DNA 病毒,无包膜,呈二十面体,共有一百多个成员,分为哺乳动物腺病毒属和禽腺病毒属。目前已鉴定的人腺病毒共有六个亚属,其中常用来构建基因转染载体的腺病毒主要是 C 亚属的 2 型(Ad2)和 5 型(Ad5)病毒。腺病毒感染人体细胞呈裂解型,通常导致上呼吸道感染,但不会致癌;对啮齿目动物细胞来说,绝大多数的腺病毒成员均能致癌。

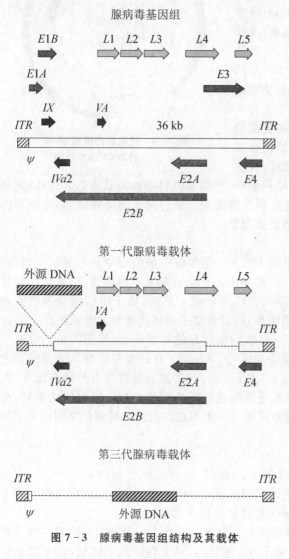

图 7-3　腺病毒基因组结构及其载体

Ad2 和 Ad5 腺病毒基因组 DNA 全长 36 kb(图 7-3),其包装上限为原基因组的 105%,即 37.8 kb。DNA 两端各有一个 103 bp 的反向末端重复序列(ITR),E1～E4 为早期转录单位,与病毒基因组的复制启动和晚期基因的表达调控有关,其中 E3 编码晚期基因的调控因子。IVa2 和 VA 均为病毒型 RNA 聚合酶 III 的亚基基因,其编码产物与宿主细胞内固有的亚基装配成杂合 RNA 聚合酶 III,两者与 IX 构成迟早期转录单位。L1～L5 是病毒包装蛋白结构基因,构成一个晚期转录单位。E3 编码产物能抵消宿主的抗病毒活性,其缺失会影响病毒颗粒的包装和成熟,但病毒基因组的自主复制功能不会丧失,因而在构建载体时往往删除 3.2 kb 的该片段,使得外源 DNA 装载量提高到 5.0 kb。此外,负责病毒基因组复制的 E1 区也常被删除,由此构建的载体的装载量可进一步扩充至 8.3 kb,但必须与 HEK293 细胞系配套使用,因为该细胞系由 Ad5 腺病毒 DNA 裁剪型片段转化人初级胚胎肾细胞而派生,能组成型表达腺病毒的 E1A 和 E1B 基因,为转染载体提供缺失的复制功能。由于腺病毒其他蛋白的存在往往会刺激宿主产生强烈的免疫反应,因而为了确保使用安全性,额外删除 E2 和 E4 区域,所形成的载体为第二代腺病毒载体,其允许最大装载量为

14 kb。而第三代腺病毒载体则进一步删除剩余病毒基因组,只保留病毒基因组的复制顺式元件 ITR 和包装信号 ψ,因而装载量提高到 37 kb,但后两代载体均需在辅助病毒存在的条件下方能复制和成熟。

腺病毒作为转化载体的特点是:基因组重排率低,外源基因与病毒载体 DNA 重组后能稳定复制几个周期;安全性能好,不整合人类基因组,不会导致恶性肿瘤发生;宿主范围广,对受体细胞是否处于分裂期要求不严格;转染效率和重组病毒滴度高,每毫升细胞培养物可达 $10^{12}$～$10^{13}$ 个病毒颗粒,外源基因在载体上容易获得高效表达。腺病毒载体最大的缺陷是重组的外源基因不能持久表达,而且病毒蛋白对体液和 T 淋巴细胞具有免疫原性。

2. 猿猴病毒转染载体

最早的动物病毒载体是以猿猴病毒(SV40)的双链环状 DNA 为蓝本构建的。SV40 全

基因组共 5 226 bp(图 7-4),其中 $T/t$ 基因的编码产物与病毒的致瘤作用密切相关,同时也是病毒生长周期中的重要调控因子,而晚期基因 $VP1\sim VP3$ 则编码病毒颗粒的装配蛋白。

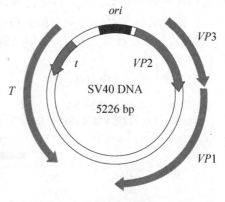

图 7-4　猿猴肿瘤病毒 SV40
的 DNA 顺序组织

利用 SV40 载体克隆表达外源基因的一般程序如图 7-5 所示。首先将外源基因克隆在病毒/细菌杂合质粒上的 SV40 晚期基因启动子下游,然后从重组质粒上切下外源基因表达盒及病毒 DNA 部分。将此重组片段与另一早期基因缺陷的辅助病毒DNA 共转染受体细胞,接纳了上述两种 DNA 分子的转化细胞能合成病毒包装蛋白,并将自主复制的两种 DNA 分子分别装配成具有感染力的辅助病毒和重组病毒颗粒。受体细胞裂解后,释放出的成熟病毒再感染其他的猿猴细胞。在这一轮感染周期中,外源基因将得以高效表达。然而,此类由 SV40 DNA 衍生出的载体在使用时往往受到许多限制:它们只能转染猴细胞,外源基因的装载量较小,而且基因组常常发生重排和缺失现象。

### 3. 牛痘病毒转染载体

牛痘病毒是一大型 DNA 病毒,基因组约 185 kb,能在宿主细胞质中自主复制。以前,外源基因直接插在病毒基因组的非必需区内,构建出的重组病毒具有感染活力,而且一经转染,外源基因即可在最邻近的病毒启动子控制下迅速转录。然而,由于牛痘病毒基因组较大,利用常规方法在体外重组外源基因相当困难,所以通常采用体内重组的方式进行。

目前广泛使用的牛痘病毒转染系统是一种预先构建好的重组病毒,其基因组上含有一个可表达的细菌 T7 噬菌体 RNA 聚合酶编码基因(图 7-6)。在外源基因导入受体细胞之前,先以重组病毒感染细胞,使其大量表达 T7 RNA 聚合酶,然后再将含有外源基因和 T7 启动子的细菌重组质粒以脂质体的方式导入受体细胞。转化细胞经过一段时间培养后,外源基因即在 T7 RNA 聚合酶的作用下转录并翻译出异源蛋白。人囊状纤维化基因就是采用这种方法高效表达的。

### 4. 逆转录病毒转染载体

逆转录病毒是国际病毒分类标准中一个科的总称(Retroviridae),包含 $\alpha$-、$\beta$-、$\gamma$-、$\delta$-、$\varepsilon$-逆转录病毒以及慢病毒(Lentivirus)和泡沫病毒(Spumavirus)七个属,在动物基因工程中常用作基因转染载体的是其中的 $\gamma$-逆转录病毒属和慢病毒属。

与上述裂解型的 DNA 病毒不同,逆转录病毒是一种整合型的单链 RNA 病毒。野生型的逆转录病毒颗粒一般携带两个拷贝的单链 RNA 基因组,其上包括六个区域,从 5′端依次为:5′长末端重复序列(5′-LTR,含转录起始位点);$\psi^{+}$ 区(非编码区,含病毒颗粒包装的信号序列);gag 基因(病毒内壳蛋白编码序列);pol 基因(逆转录酶及整合酶编码序列);env 基因(病毒颗粒外层包装蛋白编码序列);3′长末端重复序列(3′-LTR,含 polyA 化信号序列)。

逆转录病毒感染宿主细胞后,其 RNA 基因组由自身编码的逆转录酶反转录成相应的双链 DNA 分子,后者经自我环化进入细胞核内,并在整合酶的作用下插入宿主染色体 DNA 的倾向性位点上。自此,病毒 DNA 随宿主 DNA 的复制而复制,并由 5′-LTR 中的一个强启动子转录出病毒 RNA 链,它既是病毒的基因组,同时又具有 mRNA 模板活性,翻译出病毒结构蛋白和逆转录酶。在宿主细胞质中,两条相同的 RNA 链和逆转录酶被包装于内壳中,形成的成熟病毒颗粒以芽殖方式分泌至胞外,但通常不致死宿主细胞。

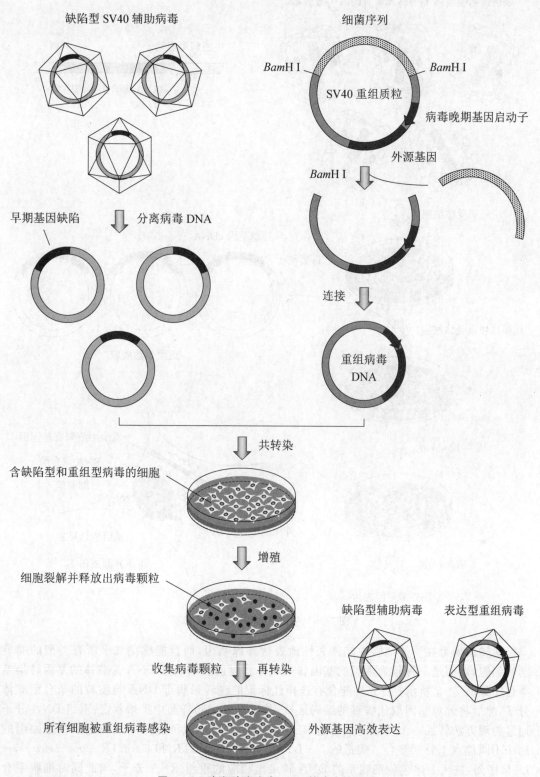

**图 7 - 5　猿猴肿瘤病毒 SV40 转染表达系统**

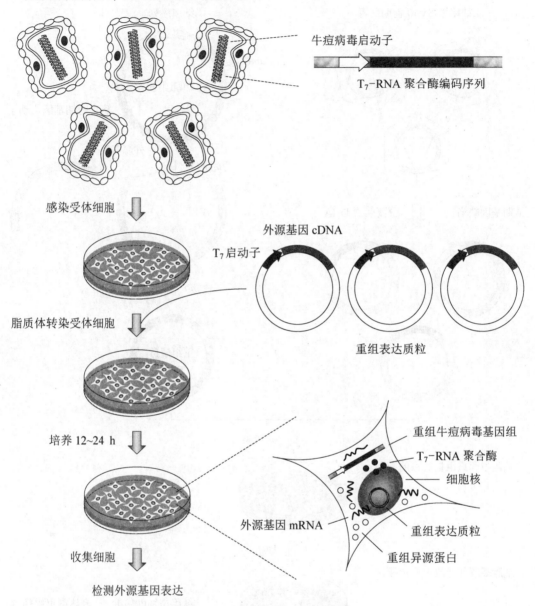

表达细菌噬菌体 $T_7$-RNA 聚合酶的牛痘病毒

牛痘病毒启动子

$T_7$-RNA 聚合酶编码序列

感染受体细胞

外源基因 cDNA

$T_7$ 启动子

重组表达质粒

脂质体转染受体细胞

培养 12~24 h

重组牛痘病毒基因组

$T_7$-RNA 聚合酶

细胞核

重组表达质粒

收集细胞

外源基因 mRNA

重组异源蛋白

检测外源基因表达

**图 7 - 6　牛痘病毒转染表达系统**

　　逆转录病毒在受体细胞中能持久性地表达外源基因,而且能感染几乎所有类型的哺乳动物细胞,因而是一种较为理想的基因转染载体。以逆转录病毒 DNA 为载体的基因转染基本程序如图 7 - 7 所示:首先构建含有选择性标记的逆转录病毒 DNA 与质粒的杂合型载体分子,然后将外源基因取代病毒的编码区域,并克隆在大肠杆菌中扩增鉴定;重组 DNA 分子通过物理方法转入一个特制的病毒包装工程细胞系(如小鼠细胞系),该细胞系在基因组的两个不同位点上分别整合了病毒的 $5'$-$LTR$-$gag$-$3'$-$LTR$ 和 $5'$-$LTR$-$pol$-$env$-$3'$-$LTR$ 序列;进入上述包装细胞系的 DNA 转录出相应的重组 RNA 分子,与此同时细胞系合成包装蛋白,并将重组 RNA 分子包装成成熟的病毒颗粒;收集由包装细胞系分泌出来的重组逆转录病毒,进一步感染其他类型的动物受体细胞,重组 RNA 分子即可以 DNA 形式整

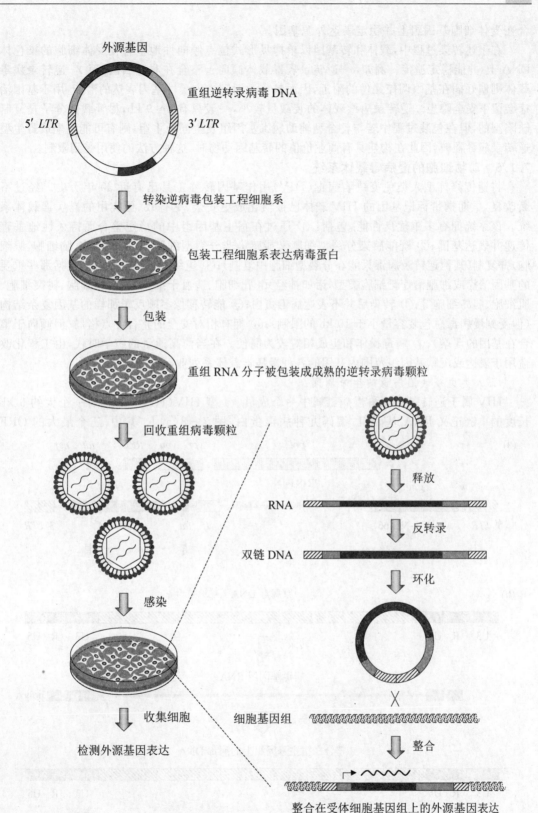

外源基因

重组逆转录病毒 DNA

5′ LTR　　　3′ LTR

转染逆病毒包装工程细胞系

包装工程细胞系表达病毒蛋白

包装

重组 RNA 分子被包装成成熟的逆转录病毒颗粒

回收重组病毒颗粒

释放

RNA

反转录

双链 DNA

环化

感染

收集细胞

细胞基因组

整合

检测外源基因表达

整合在受体细胞基因组上的外源基因表达

**图 7 - 7　逆转录病毒转染表达系统**

合在受体细胞基因组上并稳定表达外源基因。

在上述转染过程中,载体和转基因以单拷贝形式位点倾向性地整合在受体细胞的染色体DNA上,并能稳定遗传。例如,$\alpha$-逆转录病毒载体倾向于整合在非基因区;而$\gamma$-逆转录病毒载体则偏好插在基因调控元件的附近,因而具有激活宿主内源性基因表达的潜能,用于基因治疗会留下安全隐患。逆转录病毒载体的装载量较小,一般只有 8~9 kb,尽管载体分子是复制缺陷型的,但在包装过程中若与整合型辅助病毒基因组发生同源重组,则有可能装配成野生型逆转录病毒颗粒,因此在构建具有商业价值的转基因动物时,这种方法的使用受到限制。

### 7.1.5　动物细胞的慢病毒载体系统

将遗传修饰型人类免疫缺陷病毒(HIV)用作基因转移工具已有近 30 年历史。经过不断改良,早期携带标记基因的 HIV 载体已被演化成更安全、更有效、更实用的慢病毒载体系统。该系统拥有多重优良性能,包括:① 通过在宿主基因组中的稳定整合而持久性地垂直传递并表达基因;② 既能感染分裂型细胞又能感染非分裂型细胞(如肌肉细胞、脑细胞、眼细胞)并复制(其他逆转录病毒只能在分裂型细胞中复制);③ 组织/细胞趋向性广,包括那些重要的基因治疗或细胞治疗靶细胞类型,诸如神经元、肝细胞、造血干细胞、视网膜细胞、树突细胞、肌细胞、胰岛细胞等;④ 转染后并不表达病毒蛋白;⑤ 能转移像多顺反子那样的基因复杂结构(但受到慢病毒总包装容量小于 10 kb 的限制);⑥ 拥有相对安全的整合位点格局(但倾向于整合在基因的 5′端);⑦ 病毒操作和生成相对较为简便。在当前高通量的组学时代,由工程化改造用于表达或沉默基因组范围内基因的各种慢病毒载体系列业已商品化。

　　1. 人类免疫缺陷病毒的生命周期

　　HIV 属于逆转录病毒科慢病毒属中一个成员。1 型 HIV(HIV-1)拥有一个大约 9 kb长度的单链正义 RNA 基因组,编码九种病毒蛋白[图 7-8(a)]。其中,三个最大的 ORF

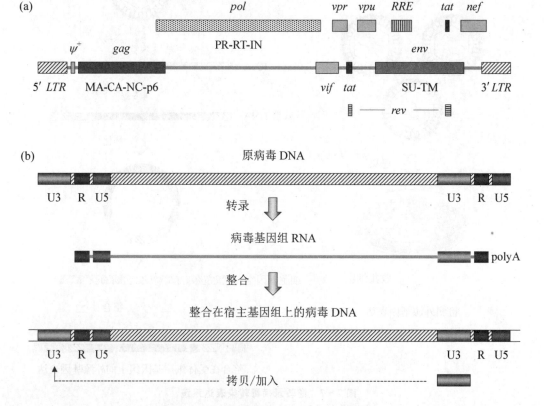

**图 7-8　人类免疫缺陷病 HIV-1 基因组结构**

*gag*、*pol*、*env* 分别编码病毒核心蛋白 Gag、病毒复制所需的酶系 Pol、病毒表面糖蛋白 Env（gp160）。除此之外，HIV-1 基因组还编码调控蛋白 Tat 和 Rev，它们分别激活病毒基因转录和控制转录物的剪切与核外转运。其余四个基因编码附属蛋白 Vif、Vpr、Vpu、Nef。基因组两端为长末端重复序列（LTR），后者为病毒基因转录、逆转录、整合所必需。基因组的二聚化和包装信号 $\psi^+$ 则定位于 5′-LTR 与 *gag* 基因之间。

HIV-1 原病毒基因组两端的 LTR 含有三个区域：U3、R、U5[图 7-8(b)]。其中，U3 的作用是提供病毒增强子/启动子；3′-LTR 中的 R 是 polyA 化信号。因此，5′-U3 和 3′-U5 元件并不存在于病毒的基因组 RNA 和 mRNA 中。但当 HIV-1 基因组 RNA 逆转录时，3′-LTR 中的 U3 被拷贝并转移至 5′-LTR 中，因而整合在宿主细胞基因组上的原病毒 DNA 单位含有完整的 5′-LTR 和 3′-LTR 结构。

HIV 核心蛋白由 Gag 和 Pol 由一条转录物通过核糖体移码指导合成，两者构成感染型病毒颗粒的核心结构（图 7-9）。Gag 前体蛋白由基质蛋白（MA）、衣壳蛋白（CA）、核壳蛋白（NC）、p6 构成；Gag-Pol 蛋白前体在病毒颗粒中裂解成三种病毒酶系 PR（蛋白酶）、RT（逆转录酶）、IN（整合酶）；Env 则被裂解成 HIV 颗粒的外膜蛋白 gp120（表面亚基 SU）和 gp41（转膜亚基 TM），两种亚基均为野生型病毒正常感染 CD4 型细胞所必需。在很多载体中，Env 的功能为另外的蛋白质所取代，以扩展载体的宿主细胞趋向性。

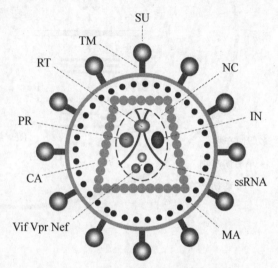

图 7-9 人类免疫缺陷病毒颗粒结构

天然的 HIV 感染循环由 SU 附着于 T 淋巴细胞表达的病毒主要受体 CD4 以及辅助受体 CXCR4 或者单核细胞/巨噬细胞、树突细胞、激活型 T 淋巴细胞表达的 CCR5 受体而启动。随后，TM 改变其空间构象，促进 HIV 与宿主细胞发生膜融合并引导病毒颗粒进入细胞（图 7-10）。在细胞内，衣壳蛋白被除去并释放出病毒基因组和 MA，RT，IN，Vpr，正义 RNA 链由病毒的 RT 转换成双链 DNA。这种原病毒型的 DNA 随后便被转运至核内，并在病毒 IN 的作用下整合至宿主基因组中。

一旦原病毒型 DNA 发生整合，病毒基因组 5′-LTR 便作为增强子/启动子组合由宿主细胞内的 RNA 聚合酶 II 启动转录；而基因组 3′-LTR 则通过介导这些转录物的 polyA 化而稳定之。5′-LTR 内的基本启动子在病毒转录激活因子 Tat 缺席时活性较低，因而病毒基因组的初始转录并不足够有效，所产生的病毒 mRNA 随后被多重剪切成较短的转录物。这些短转录物相继翻译出调控蛋白 Tat、Rev、Nef，其中的 Tat 结合在 HIV-1 mRNA 5′端的 TAR（转录激活应答元件）上，并激活和增强其他病毒结构蛋白编码基因的转录；而 Rev 则结合在病毒转录物中的 RRE（Rev 应答元件）上，促进单一剪切或非剪切型病毒转录物和基因组的核转运。单一剪切型转录物编码 Env、Vif、Vpr、Vpu；而非剪切型 RNA 则用于翻译 Gag 和 Pol。大多数病毒蛋白在胞质中合成，Env 则通过内质网合成，随后外输型的病毒基因组和蛋白质在宿主质膜上被装配。多聚化的 Gag 和 Gag-Pol 激活病毒的 PR 从宿主细胞中释放，后者引发结构重排并将未成熟的病毒颗粒转换成成熟的感染型病毒。

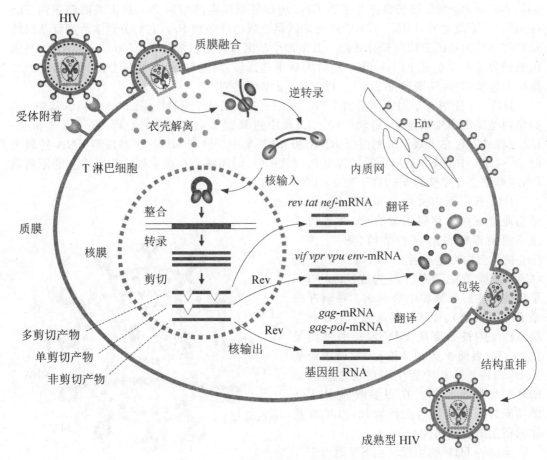

**图 7 - 10 人类免疫缺陷病毒的感染循环**

2. 基于人类免疫缺陷病毒的慢病毒载体构建

最早的慢病毒载体是携带转基因和标记基因且具有复制能力的 HIV - 1 原病毒 DNA，借此可跟踪研究病毒在体内和体外的复制过程，并作为筛选抗 HIV - 1 药物的平台。为了将慢病毒载体的用途扩展至生产重组医用蛋白和构建转基因动物个体，需要确保载体的安全性以及重组病毒的宿主趋向性（即感染物种谱）。提升安全性的策略是将病毒基因组分隔在两种质粒上，其中一种质粒携带 env 基因缺损的 HIV - 1 原病毒 DNA；另一个质粒则仅表达 Env 蛋白，用于反式互补重组病毒的生成。这种二元质粒系统只能进行一轮感染，所产生的子代重组病毒仍含有缺损型 env 基因。改造重组病毒宿主趋向性的策略是用水泡性口炎病毒的衣壳糖蛋白 G(VSV - G)编码基因置换 HIV - 1 的 Env 编码基因，也就是用 VSV - G 包装 HIV - 1 基因组，这一策略称为假型包装。由于 VSV - G 远比 Env 蛋白稳定，因而由 VSV - G 假型包装的重组 HIV 病毒可通过超速离心浓缩成极高的滴度。更为重要的是，VSV - G 能结合分布广泛的细胞膜组分磷脂酰丝氨酸，因而 VSV - G 假型包装的重组病毒对多种类型的哺乳动物细胞具有广谱感染性，甚至包括非哺乳动物（如鱼类）。然而，这种感染谱的扩展又增添了无意识转染以及重组病毒扩散的安全隐患，因此慢病毒载体系统的不断升级换代均以提升其使用安全性为主要目标。

（1）第一代基于 HIV - 1 的慢病毒载体。为了防止慢病毒载体在使用过程中生成具有复制能力的致病性慢病毒（RCL）的可能性，第一代复制缺陷型重组 HIV - 1 载体由三种不同的质粒构成：包装质粒、衣壳质粒、载体质粒[图 7 - 11(a)]。其中，包装质粒由 CMV 强启

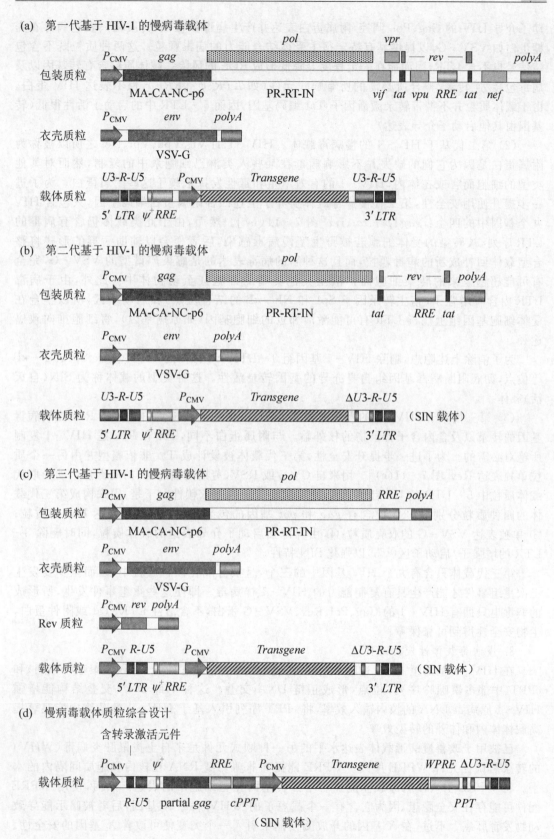

(a)　第一代基于 HIV-1 的慢病毒载体

(b)　第二代基于 HIV-1 的慢病毒载体

(c)　第三代基于 HIV-1 的慢病毒载体

(d)　慢病毒载体质粒综合设计

图 7 - 11　慢病毒载体系统

动子介导 HIV 的 Gag、Pol、调控/附属蛋白表达并产生病毒颗粒;衣壳质粒只表达病毒衣壳糖蛋白如 VSV-G,以提供具有特定宿主受体结合能力的病毒颗粒。这两种质粒既不含包装信号也不含 LTR,因而能在一定程度上降低形成 RCL 的风险。载体质粒含有转基因以及病毒包装/逆转录/整合所必需的所有顺式元件(如 $LTR$、$\psi^+$、$RRE$),但不表达 HIV 蛋白。由于载体质粒并不携带转录激活因子 Tat 编码基因,因而 5'-LTR 中的启动子活性很低(转基因由其他启动子介导表达)。

(2) 第二代基于 HIV-1 的慢病毒载体。HIV-1 的 Vif、Vpu、Vpr、Nef 之所以被称为附属蛋白是因为它们的缺失并不影响病毒在某些人类淋巴细胞系中的复制,然而对其他类型的细胞而言或在体内,HIV-1 的有效增殖和毒性发挥依赖于这些附属蛋白。为了进一步提升使用安全性,第二代慢病毒载体摒弃了上述四种附属蛋白编码基因,只包含 HIV 九个基因中的四个:$gag$、$pol$、$tat$、$rev$[图 7-11(b)]。然而,由于此类载体仍含有病毒的 LTR 序列,被转染的受体细胞若被野生型慢病毒感染,后者便会以辅助病毒的形式将整合型载体回补成新的病毒颗粒,而且这种新的病毒表达的是感染广谱型的 VSV-G,完全有可能超越原来的转染细胞而扩散至其他类型的细胞甚至动物体中。此外,由于病毒 LTR 内含有增强子(宿主转录因子 Sp1 和 NF-κB 的结合位点)和启动子区,所以整合在受体细胞基因组上病毒 LTR 有可能激活邻近的细胞基因(如原癌基因),将细胞推向致癌途径。

为了消除上述隐患,删除 HIV-1 基因组 3'-LTR U3 区内的 TATA box、Sp1、NF-κB 等位点,彻底阻断病毒基因组自身介导的基因转录活性。这种类型的载体称为 SIN(自灭活)载体。

(3) 第三代基于 HIV-1 的慢病毒载体。HIV-1 利用调控蛋白 Tat 和 Rev 控制病毒基因的转录以及含内含子转录物的核外输。与附属蛋白不同,Tat 和 Rev 是 HIV-1 复制所绝对必需的。为了进一步提升安全性,第三代载体被设计成 Tat 非依赖型并由另一个质粒单独表达 Rev[图 7-11(c)]。用来自 CMV 或 RSV(劳斯肉瘤病毒)的病毒强启动子取代载体质粒中 5'-LTR 的 U3 启动子区,便可实现 Tat 的非依赖性。于是,用来构成第三代载体的四种质粒分别是:① 仅含有 $gag$ 和 $pol$ 基因的包装质粒;② 单独表达 Rev 的质粒;③ 单独表达 VSV-G 的衣壳质粒;④ 由异源强启动子介导表达的载体质粒,同时删除 3'-LTR 的增强子/启动子区(U3)以强化 SIN 特性。

第三代载体只含有九个 HIV 基因中的三个,且被分隔在四种质粒中,因而至少要发生三次重组事件才能产生具有复制能力的 HIV-1 样病毒。即便这些重组事件发生,所形成的病毒也只拥有 HIV-1 的 Gag、Pol、Rev、VSV-G 蛋白,不含活性 LTR、Tat 或附件蛋白,生物安全性得到可靠保障。

3. 慢病毒载体性能的改良

在 HIV-1 基因组 RNA 逆转录期间,正链 DNA 的合成起始于 PPT(多聚嘌呤序列)和 cPPT(中部多聚嘌呤序列)位点,形成正链 DNA 交叠。这种中部 DNA 交叠结构能增强 HIV-1 原病毒 DNA 的核内输入效率,将 cPPT 序列引入基于 HIV-1 的载体中能显著提高载体体内和体外的转染效率。

已被用于改善慢病毒载体表达水平的另一种顺式元件是来自土拨鼠肝炎病毒(WHV)的转录后调控元件 WPRE 序列。WPRE 能提高非剪切型 RNA 在核内和胞质间隔内的水平。将 WPRE 引入慢病毒载体能显著增强转基因在靶细胞中的表达。然而,使用 WPRE 元件可能存在安全隐患,因为它含有一个截短了的 WHV 病毒 X 基因,后者被暗示能导致动物发育肝癌。不过,在 X 基因的开放阅读框中引入一个突变便可改善 X 基因的安全性。图 7-11(d)显示的是集多种优良性能于一身的慢病毒载体质粒综合设计方案。

## 7.2 利用动物转基因技术研究基因的表达与功能

将转基因导入动物受体细胞或个体中,或者借助转基因技术定向敲除或敲低特定靶基因,进而研究该基因在体内的表达调控特征以及相应的生物学效应(即所谓的功能丧失型或功能获得型探查策略,简称加减法策略),这是高等动物转基因技术一种重要的应用形式。在处于后基因组时代的今天,已建立起多个重要的转基因动物模型,分别携带珠蛋白基因簇、异位同型基因簇、载脂蛋白基因簇等,用于研究发育过程中相关基因的表达顺序、调控开关以及表达的时空特异性。

### 7.2.1 基于报告基因探测动物基因组中的调控序列及染色质转录活性状态

鉴定高等动物胚胎发育、免疫识别、细胞分化、肿瘤发生、机体衰老等重要生物过程中基因表达调控机制的传统方法是筛选由基因突变造成的非正常表型动物模型,其有效性在已建立的鼠科动物突变系中得以证明。然而,这种方法的局限性在于被研究的基因及其调控序列必须对应于一种可识别的遗传表型,那些能致死动物胚胎或在成年动物体内仅产生细微变化的基因突变类型便不易被检测。

以不含表达调控元件的报告基因作为转基因,可在转基因动物发育的不同阶段和不同组织器官中检测其表达情况,进而揭示报告基因整合位点附近的表达调控机制。例如,选择大肠杆菌来源的 $\beta$-半乳糖苷酶编码序列($lacZ$)作为报告基因,在其上游和下游分别安装小鼠 $En$-2 异位同型基因簇的 RNA 剪切信号序列 SA 和标记基因 $neo^r$(图 7-12)。如果报告基因以正确的方向和阅读框架整合在宿主特定基因的内含子中,则整合位点上游的宿主基

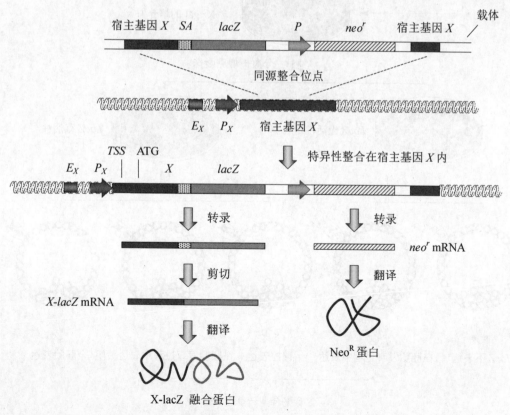

图 7-12 报告基因作为转基因在宿主细胞中的表达

因外显子便能与 *lacZ* 基因拼接在一起,最终形成宿主蛋白与 β-半乳糖苷酶的融合物。后者在 X-gal 的存在下呈蓝色反应,其表达调控特征能忠实地再现宿主基因在体内的性质。这种方法在很大程度上弥补了动物传统突变系的局限性。

转报告基因及其生物学效应分析的实际操作过程如图 7-13 所示:重组分子采用电击

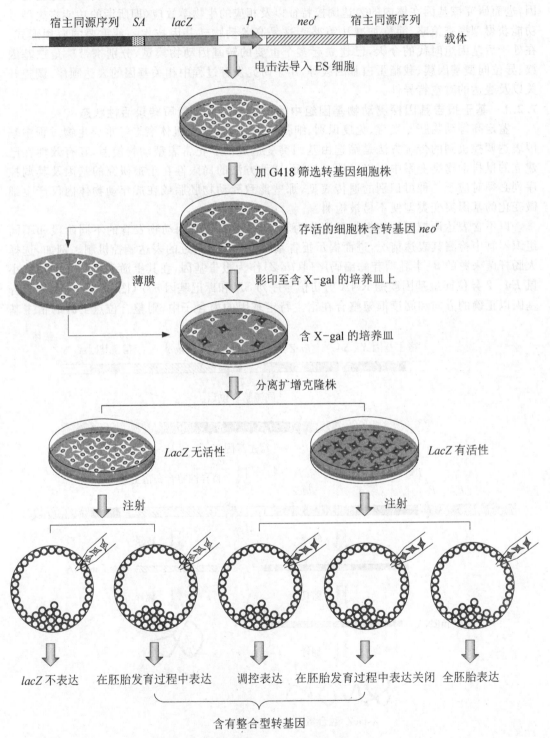

**图 7-13　报告基因转移及其生物学效应分析**

法导入 ES 细胞后,随机整合在不同的染色体位点上,此时用 G418 筛选转基因细胞株,并将之影印在含有 X-gal 的平板上,转基因 ES 细胞呈蓝白两色。分别将两种细胞植入实验动物子宫内,经不同时间发育后,形成两组胚胎类型。由白色 ES 细胞发育而成的胚胎中,转基因可能完全不表达,表明报告基因插入位点上游不含表达调控序列或者插入位点属于表观遗传修饰的染色质沉默区域;也可能在胚胎发育过程中表达,这种后续变蓝现象表明 $lacZ$ 基因正处于发育时序控制之下。而由蓝色 ES 细胞发育而成的胚胎中则存在三种情况:转基因在发育过程中表达关闭;胚胎局部变蓝,意味着组织特异性表达调控元件或者染色质转录活跃区域的存在;胚胎全部变蓝。以 $lacZ$ 基因作探针,杂交逐渐变蓝和局部变蓝的胚胎细胞染色体 DNA,即可定位相应的时序特异性和组织特异性调控序列并克隆之。

除了上述显色酶外,以绿色荧光蛋白(GFP)为代表的各色荧光蛋白编码基因用作报告基因具有更高的检测灵敏度和实用性,并可对发射出的荧光进行定量分析。以 $GFP$ 基因为蓝本的工程化改造已形成系列光谱范围的荧光蛋白,如红色(RFP)、蓝色(BFP)、黄色(YFP)、靛色(CFP)以及紫色(Sapphire)。

## 7.2.2　基于同源重组敲除靶基因或敲入转基因

随机整合在宿主染色体 DNA 上的转基因往往会因陷入染色质转录沉默区域而不表达,甚至还可能影响宿主基因组邻近基因的意外表达。如果转基因通过同源重组的方式准确插在基因组的特定位点上,则上述困难能得以解决。同源重组现象频繁存在于细菌、酵母以及某些病毒中,但在高等动物体内频率极低(通常低于 $10^{-3}$),尽管如此,借助有效的标记基因仍可筛选到位点特异性整合的突变株。一般而言,DNA 序列的同源性(相似程度)越高、同源序列的长度越大,同源重组的频率也就越高。同源重组一方面可序列特异性敲除细胞内的靶基因(即基因打靶),直接构建功能丧失型缺陷株,阐明靶基因的生物学效应;另一方面又可将外源基因置换细胞的内源基因或染色体区域,形成功能获得型突变体,用于改良动物物种和人体基因治疗。

鉴于高等动物体内同源重组频率极低,建立一种有效的重组细胞株富集程序十分必要(图 7-14)。在图 7-14(a)中,从动物细胞内克隆的基因 $X$ 为不含启动子的 G418 抗性基因 $aph$ 隔断,该重组分子进入细胞后若与染色体 DNA 发生非特异性重组,则 $aph$ 基因不能表达,相应的转基因细胞株对 G418 敏感;若同源重组发生,$aph$ 基因便有可能在内源 $X$ 基因所属启动子的控制下表达出对 G418 的抗性。

第二种重组细胞株的富集方法则采用双标记[图 7-14(b)],即在克隆基因 $X$ 的内部插入含有启动子的 $aph$ 基因,同时在其下游再安装来自单纯疱疹病毒的胸腺嘧啶激酶标记基因 $tk$。$tk$ 基因实质上是自杀基因,其表达产物可将 9-(1,3-二羟基-2-丙氧甲基)鸟嘌呤(GCV)转化为相应的一磷酸和三磷酸形式,后者一旦掺入正在复制的 DNA 链中便能使细胞致死。在大多数随机整合情况下,两个标记基因均能插在染色体上,产生抗 G418 但对 GCV 敏感的转化株;如果发生同源重组,由于 $tk$ 基因不能整合在受体基因组中,转化株呈现出 G418 和 GCV 的双抗性,以此筛选期望的转基因细胞株。然而,上述基于同源重组原理的靶基因敲除或转基因敲入程序依赖于细胞内源性的 DNA 重组修复酶系,这一自发过程具有非人为可控的特征。

## 7.2.3　基于位点特异性整合条件性敲除靶基因或敲入转基因

尽管上述基于同源重组机制特异性敲除靶基因或敲入转基因的程序在高等动物基因功能的探查中扮演着非常重要的角色,但仍有缺点。首先,在生殖细胞中发生的基因突变往往具有致死效应;其次,细胞内很多基因的表达及其功能发挥具有严格的时空特异性。动物转基因技术的很多应用需要以人为可控的方式(即条件性)敲除或敲入基因,而将异源 DNA 重组系统导入动物细胞则可实现这一目标。

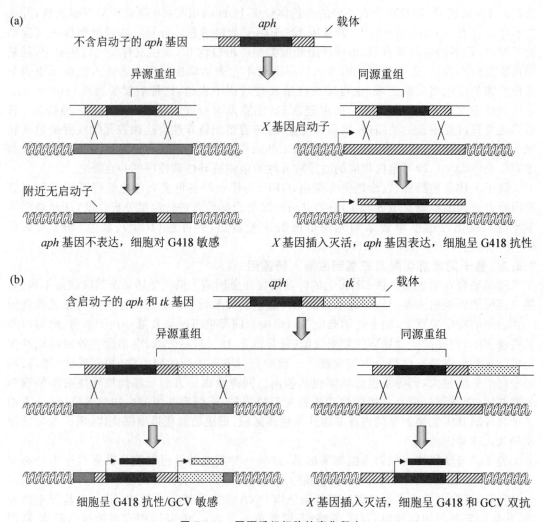

图 7-14　同源重组细胞株富集程序

### 1. Cre/loxP 重组系统

Cre 是由细菌 P1 噬菌体 DNA 编码的一种相对分子质量为 38 kD 的重组酶。该重组酶对底物的构型要求不严格（超螺旋和线形 DNA 均可），能特异性识别 34 bp 长度的 loxP 位点（locus of x-crossover P1），并删除两个同向 loxP 位点之间的 DNA 片段，或者倒置两个反向 loxP 位点之间的 DNA 片段。若两个环状 DNA 分子各含一个 loxP 位点，则可整合为一个环状分子（图 7-15）。基于这种位点特异性的删除和整合效应，可实现 Cre 重组酶介导的基因定向重组以及组织特异性基因敲除。由于高等动物体内并不存在 Cre 重组酶，因此必须事先将其编码基因 cre 人工导入动物体内中，构建表达 Cre 的转基因动物。根据介导转基因 cre 转录的启动子调控特征（如可人工诱导的工程化组织特异性启动子），可实现 Cre 重组酶的时空特异性和条件性表达。自 1993 年表达异源 Cre 并携带 loxP 位点的转基因小鼠问世以来，Cre/loxP 条件性基因敲除技术逐渐成熟，并成为研究哺乳动物基因功能的可靠工具。由 Cre 介导的整合和删除反应是可逆的，敲除的靶基因有可能重新返回原来的位点，整合的转基因也同样可能从整合位点掉下来。尽管存在这一缺点，Cre/loxP 系统的重组特异性仍高达大约 80%。

利用 Cre/loxP 技术还可设计构建自我切除型的慢病毒载体。将一个 loxP 位点引入慢

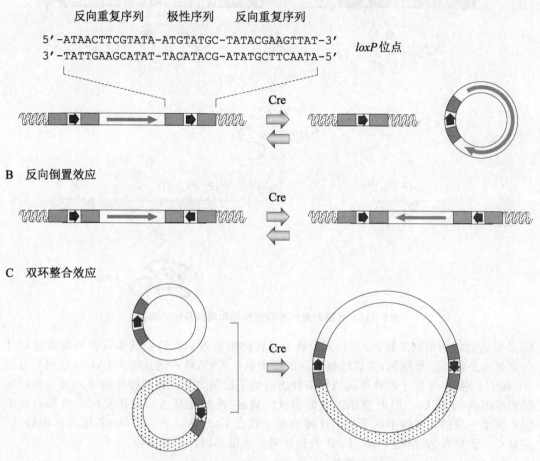

**A　同向删除效应**

反向重复序列　　　极性序列　　　反向重复序列

5′-ATAACTTCGTATA-ATGTATGC-TATACGAAGTTAT-3′　　　*loxP* 位点
3′-TATTGAAGCATAT-TACATACG-ATATGCTTCAATA-5′

Cre

**B　反向倒置效应**

Cre

**C　双环整合效应**

Cre

**图 7 - 15　基于 P1 噬菌体 Cre - *loxP* 系统的基因操作**

病毒载体 3′-LTR 中的 U3 区,再由该载体条件性表达 Cre 重组酶便能实现重组载体的可控性自我删除。在逆转录期间,3′-LTR 内 U3 区的倍增将生成在两个 LTR 内各含一个 *loxP* 位点的原病毒 DNA。在整合和 Cre 表达后,这两个 *loxP* 位点之间的重组便能删除大部分的整合型载体重组序列,只留下两侧的 U 序列和一个 *loxP* 位点。这种设计特别适合在基因功能研究中作为可逆性对照。

值得注意的是,就本质而言 Cre/*loxP* 并非真正意义上的位点特异性重组系统,因为作为重组事件发生所必需的顺式元件 *loxP* 位点同样不存在于动物体内,需要人工导入,而在动物基因上位点特异性插入 *loxP* 序列仍需借助同源重组程序。

2. FLP/*FRT* 重组系统

与 Cre/*loxP* 重组系统相似,来自酿酒酵母天然 $2\mu$ 质粒的 FLP 翻转酶催化含有 *FRT*(*FLP recombinase recognition target*)序列标签的基因重组,该反应也是可逆的。事实上,Cre 和 FLP 同属 λ 整合酶超家族成员。但与 Cre/*loxP* 系统不同的是,FLP/*FRT* 系统的重组特异性低于 10%。采用 Cre/*loxP* 和 FLP/*FRT* 两套重组系统可生成条件性诱导的 *lacZ* 报告基因打开与关闭型转基因小鼠模型(图 7 - 16)。其中,以合成型启动子 $P_{CAG}$(由 CMV 早期增强子与鸡 β-肌动蛋白编码基因所属启动子杂合而成)介导 *tk - lacZ* 融合基因的表达,但在两个编码序列之间安置一个转录终止子;*tk* 基因的两侧为 *FRT* 序列,而整个 *tk -*

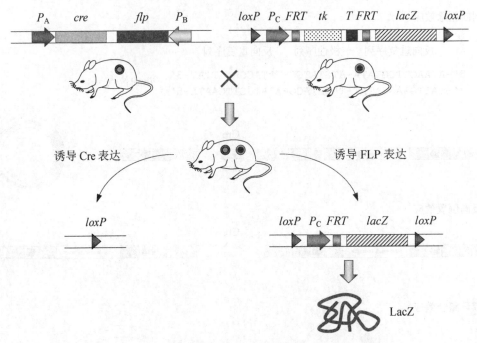

**图 7-16 转基因条件诱导型表达和删除系统的构建**

*lacZ* 表达盒的两侧则安装 *loxP* 位点。将上述构建物通过病毒转染载体或者同源重组载体分别导入小鼠胚胎干细胞,生成转报告基因型小鼠。另外,将核定位序列(NLS)分别与基因 *cre* 和 *flp* 融合,并置于两种不同诱导条件的启动子控制之下。将此构建物导入另一份小鼠胚胎干细胞,生成 Cre/FLP 诱导表达型小鼠。最后,两种转基因小鼠经交配产生集两套重组系统于一身的转基因小鼠子代。这种小鼠子代在 FLP 诱导表达后,*lacZ* 报告基因表达;一旦 Cre 诱导表达,则整个 *tk-lacZ* 表达盒将从小鼠基因组中被删除。

3. ΦC31/*attP-attB* 重组系统

由细菌噬菌体 ΦC31 整合酶介导的重组系统相对上述两种系统具有以下优势:① 重组反应是不可逆的。ΦC31 整合酶催化 *attP* 和 *attB* 位点之间的重组,两者序列不同。重组反应后留下两个不再是整合酶底物的杂合位点,因而重组过程不可逆转。② 高等动物基因组上几个假 *attP* 位点的序列与真实的 *attP* 位点序列高度相似,可作为整合酶的底物。这一特性虽能省去预置 *attP* 位点的操作,但其他特定位点的整合仍需要事先敲入整合位点。ΦC31 系统相对 Cre/*loxP* 系统的劣势是重组特异性较低,与 FLP/*FRT* 系统相似。这个难题已借助蛋白质工程技术加以解决,主要涉及将 ΦC31 整合酶编码基因进行小鼠型密码子优化并改进,形成相应的变体 ΦC31o,由其介导的重组特异性几乎与 Cre 相同。研究显示,转基因整合在哺乳动物基因组中的假 *attP* 位点处通常有利于表达。用一个质粒表达 ΦC31 酶,另一质粒含 *attB* 位点和荧光素酶编码基因,相比随机整合,该系统能使荧光素酶的表达提高 60 倍。

4. 人造染色体多轮重组系统

人造染色体表达(ACE)系统使用鼠科动物工程化的人造染色体(MAC),其上含有多于 50 个位点特异性重组位点 *attP*(具有 λ 整合酶特异性)。这种工程化的染色体是在宿主细胞系中从头生成的,然后与天然染色体进行分离而获得,使用时可将之导入合适的受体细胞系中。在人造染色体进入新细胞系后,便可将携带 *attB* 位点和目的基因的靶向性载体与编码 λ 整合酶的载体共转染这个新细胞系。这一重组系统的优势至少表现在两个方面:① 允许多重转基因多轮次敲入,如果在靶向性载体中按照图 7 - 16 所示设计再引入 *loxP* 或 *FRT* 元件,则可在同一细胞系或同一动物个体中进行单一标记的多重基因反复整合(即整合、研究、删除、再整合循环);② 转基因整合在人造染色体上,一般不会产生异染色质修饰型位置效应,同时也使得宿主基因组与转基因之间 DNA 顺式调控元件之间相互干扰的可能性降低至最小程度,既有利于准确观察转基因的生物学效应,同时也能促进生产性转基因的表达。

### 7.2.4　基于位点特异性断裂条件性编辑基因组

上述基于位点特异性整合条件性敲除靶基因或敲入转基因的策略均非真正意义上的宿主基因组位点特异性,只有经工程化改造的锌指核酸酶(ZFN)、转录激活因子样效应子核酸酶(TALEN)、*CRISPR* 相关性核酸酶(Cas)才能真正实现宿主基因组位点或序列特异性的断裂、整合、敲除等项编辑操作。与基于同源重组原理的基因操作技术相比,这三类工程化核酸酶系统的巨大优势在于:① 基因组编辑效率高逾百倍以上;② 无需同源序列;③ 对靶向位点或序列可任意编程;④ 能进行除敲除、敲低、敲入以外的其他操作,如基因组特定位点或染色质特定状态的示踪及其表观修饰等;⑤ 宿主基因组编辑具有人为可控性(条件性)。就三类工程化核酸酶系统而言,*CRISPR*/Cas 系统的靶序列编程远比 ZFN 和 TALEN 系统更简便更高效(参见 6.3.3)。

#### 1. 动物体内双链 DNA 断裂的修复机制

动物体内针对因物理或化学因素所致的双链 DNA 断裂(DSB)拥有两条修复途径,即同源序列指导型修复(HDR)和非同源端点联结(NHEJ)修复。HDR 途径依靠姐妹染色体上与 DSB 区域同源的序列对 DSB 进行置换型修复,虽效率较低,但断口得以精确修复,基因功能正常;NHEJ 途径则利用另一套蛋白复合物对 DSB 进行不依赖于同源序列的断口联结,在此过程中伴有碱基的缺失/插入,往往导致下游序列提前出现终止密码子,基因功能丧失(图 7 - 17)。哺乳动物 B 淋巴细胞受体/抗体编码基因以及 T 淋巴细胞受体编码基因的重排就是通过 NHEJ 途径进行的,这是创建免疫多样性的重要过程。

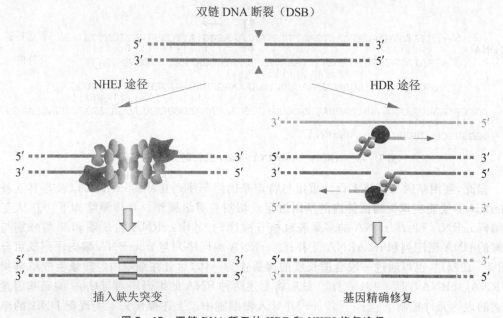

**图 7 - 17　双链 DNA 断口的 HDR 和 NHEJ 修复途径**

不难想象，如果由 ZFN、TALEN 或 *CRISPR*/Cas 工程化核酸酶在细胞或动物体内序列特异性地创造双链 DNA 断裂，那么通过细胞内天然存在的 NHEJ 途径便可突变或敲除特定靶基因；同时，在引入两侧含 DSB 区域同源序列的任何转基因的情形中，通过细胞内天然存在的 HDR 途径又可敲入转基因并置换靶基因。而且，若用特定诱导型启动子介导这些工程化核酸酶编码基因在细胞中的表达，还可实现上述基因操作的条件性控制。

2. *CRISPR*/Cas 系统的工作原理

本世纪初人们发现，多数原核细菌除了拥有典型的限制/修饰机制外，还能借助 *CRISPR*/Cas 系统抵御噬菌体和外源质粒 DNA 的侵袭。这些细菌的基因组上含有成簇排列、规则间隔的短小重复回文序列(Clustered, Regularly Interspaced, Short Palindromic Repeat，*CRISPR*)及其相关位点(*cas*)，后者编码核酸酶、解旋酶、聚合酶等蛋白复合物(Cas)。该系统介导细菌抵御外来入侵核酸的过程分为三个阶段：① 入侵的噬菌体或外源质粒 DNA 被 Cas 复合物加工成碎片，并整合入 *CRISPR* 结构中的间隔区内，形成免疫记忆；② *CRISPR* 结构转录成 pre - crRNA，后者经 Cas 复合物加工形成两侧含重复序列、中部对应于间隔区序列的 crRNA，该序列恰好与入侵 DNA 反义链的相应序列互补；③ Cas 复合物在 crRNA 的指导下，序列特异性地靶向入侵 DNA 反义链上与 crRNA 间隔子序列互补的位点，并在此处断裂 DNA 双链从而摧毁之。自此，原核细菌同样拥有适应性免疫系统的观点得以确立。

不同细菌拥有三种不同类型的 *CRISPR*/Cas 系统，其中 II 型 *CRISPR*/Cas 系统通过一种不同的机制加工转录出的 pre - crRNA(即采用一种反式激活型的 crRNA(tracrRNA)与 pre - crRNA 中的重复序列互补)形成一种特殊的二元 RNA 结构，后者指导 II 型系统独特的单一蛋白组分 Cas9 位点特异性裂解双链 DNA 靶分子，其断裂位点位于 crRNA 重复序列邻近基序(*PAM*)的上游第三或第四对碱基处(图 7 - 18)。

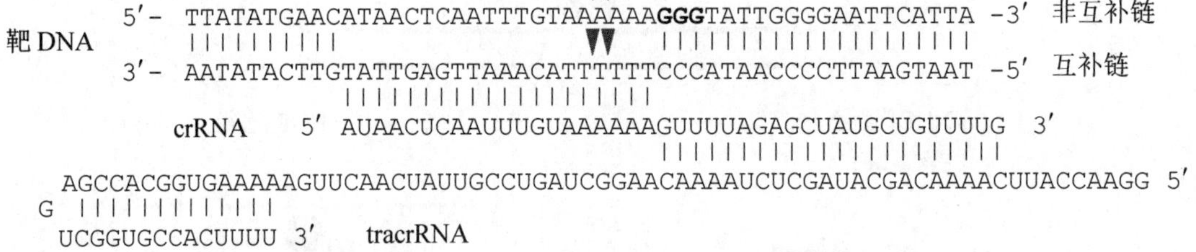

PAM 的通用序列: 5′-NGG-3′

**图 7 - 18　crRNA - tracrRNA - Cas9 三元靶 DNA 裂解原理**

据此，利用基因工程技术设计重组与特定基因组靶序列互补的 crRNA 以及与其互补的 tracrRNA，便能实现生物活体内的基因组定点切割与重组操作。具体策略如下：① 人工合成编码 crRNA 和 tracrRNA 的多聚脱氧核苷酸序列，其中 crRNA 的 5′端和 3′端分别与待裂解的 DNA 靶序列和 tracrRNA 互补；② crRNA 编码序列与 tracrRNA 编码序列既可分开[图 7 - 19(a)]，也可通过一段合适长度的接头连为一体，后者在细胞内经转录生成单链指导型 RNA[sgRNA，图 7 - 19(b)]；③ 最后将上述两种 RNA 的编码序列与 Cas9 编码基因置于合适的表达元件控制下[图 7 - 19(c)]并导入靶细胞中。上述操作只能实现靶 DNA 的单位点断裂，如果同时设计两套装置便能随心所欲地删除活细胞基因组中的任何区域或基因[图 7 - 19(d)]。一旦基因组 DNA 在靶序列处断裂(DSB)，细胞内天然存在的 NHEJ 途径便对

(a) crRNA 与 tracrRNA 分开

(b) crRNA 与 tracrRNA 连为一体

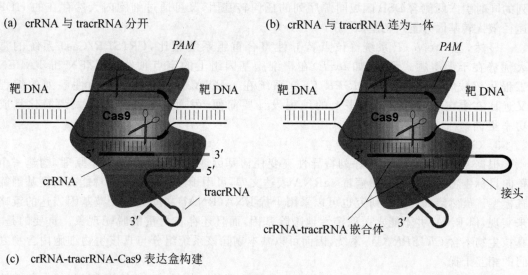

(c) crRNA-tracrRNA-Cas9 表达盒构建

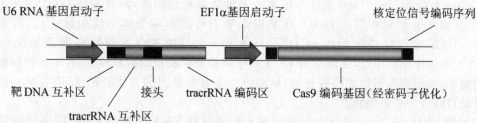

(d) 双断裂位点的基因敲除设计

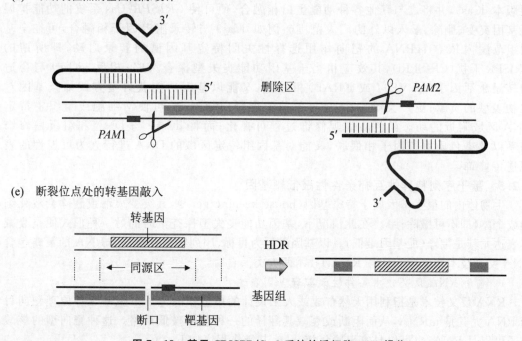

(e) 断裂位点处的转基因敲入

图 7-19　基于 CRISPR/Cas9 系统的活细胞 DNA 操作

断口进行易错型联结,足以导致靶基因突变灭活(敲除);如果在导入 sgRNA 和 Cas9 编码序列的同时引入两侧含 DSB 区域同源序列的任何转基因,又可通过细胞内天然存在的 HDR 途径敲入转基因并置换靶基因[图 7 - 19(e)]。

显然,与 Cre/loxP 系统等位点特异性整合重组系统相比,CRISPR/Cas9 系统的重大优势在于无需顺式元件(如 loxP)在靶细胞基因组上的定点预置;与 ZFN 和 TALEN 工程化核酸酶系统相比,CRISPR/Cas9 系统在 sgRNA 水平上针对靶向性序列的编程又远比在蛋白质(核酸酶)水平上的编程设计要简便,因而实验操作程序大为简化且成功率更高。

3. CRISPR/Cas 系统的功能扩展

根据 sgRNA 指导 Cas9 序列特异性突变任何基因或 DNA 位点的工作原理,构建一个靶向目标生物全基因组的慢病毒 sgRNA 表达文库,可用于产生成库性的功能丧失型基因筛查模型。虽然诸如此类的研究也可以采用干扰 RNA(RNAi)文库通过衰减基因表达的策略来实现,但 RNAi 并不能永久稳定性地敲除基因,而且还存在严重的脱靶现象。重要的是,真核生物不含 CRISPR/Cas 系统,因而可以基本剔除该系统组分与真核生物细胞内含物之间的相互干扰。

Cas9 核酸酶含有 RuvC 和 HNH 两个核酸酶催化结构域,两者各使 DNA 的一条链缺口化,从而产生平头末端的 DSB。在基因水平上将其中一个催化结构域灭活,可形成使 DNA 单链断裂的缺口酶版本 nCas9。两种 nCas9 与带有合适间隔和两条靶向序列的 sgRNA 串联体配合使用,便能在 DNA 上产生单链交错缺口的裂解形式,在不牺牲裂解效率的前提下,加倍靶点识别的序列长度,从而进一步降低基因突变的脱靶率,因为单一位点的单链缺口通常会被正确修复。

既然 CRISPR/Cas9 系统能依靠可编程的指导型 RNA 序列在 PAM 所限定的位点处特异性靶向 DNA,那么将 Cas9 中的两个核酸酶功能域同时删除,形成 Cas9 的全催化灭活型版本 dCas9,并将之与其他各种功能蛋白相融合,便可使 CRISPR/Cas 系统的功能扩展至基因突变、删除、敲入以外的广大范围。例如 dCas9 与转录阻遏因子相融合,可在全基因组范围内依靠 sgRNA 的靶向作用选择性关闭特定基因谱的转录启动,即所谓的 CRISPR 干扰(CRISPRi),其效应相当于基因功能丧失型探查策略;相反,dCas9 与合适的转录激活因子(如 VP64 或 KRAB)相融合,又能以基因功能获得型方式筛查基因对生物表型的贡献;更广义地,dCas9 与各种荧光蛋白相融合,可使活细胞或组织中特定 DNA 区域附近的动态染色质表观修饰过程可视化;而将 dCas9 与 DNA 和组蛋白修饰酶系以及染色质重整因子相偶联,又能对基因组特定区域的 DNA 进行人为可控性的表观遗传修饰。

## 7.2.5　基于序列特异性互补条件性敲低靶基因

生物体内的很多基因属于持家基因(house-keeping gene),其突变灭活或删除会致死细胞或个体(即不可敲除性)。在此情况下,基因功能丧失型探查策略的另一种形式便是衰减其表达尤其是翻译(即基因敲低)。以基因敲低为目标、序列特异性靶向 mRNA 的策略包含 RNA 反义技术和 RNA 干扰(RNAi)技术两大类。

1. 利用 RNA 反义技术条件性衰减靶基因表达

RNA 反义技术是指利用天然合成或人工设计的单链核酸分子以碱基互补原理靶向目标 RNA 尤其是 mRNA,从而阻断或衰减其翻译的一种基因敲低策略。这种靶向型的核酸分子可以是 RNA,也可以是寡聚脱氧核苷酸,其操作程序如下:

(1) 从细胞中亲和分离靶基因的 mRNA,并以此为模板,由细菌 RNA 聚合酶体外合成其互补 RNA 链(即反义 RNA),然后将之注射到动物细胞内。反义 RNA 与靶基因转录出的 mRNA 互补形成双链结构,促使其降解。例如,将肌动蛋白编码基因的反义 RNA 注射到动物肌肉细胞中,即可改变细胞的形态;将重要的发育调控基因反义 RNA 注射到果蝇受精卵中,便能改变其发育的程序。

（2）根据靶基因序列,设计并体外合成寡聚型单链脱氧核苷酸（反义 DNA）,它与靶基因 mRNA 5′端的翻译起始区互补并抑制其翻译。将高浓度的这种寡聚型反义核苷酸溶液直接加入细胞培养基中,由于其相对分子质量较小,细胞能以较低的频率吸收。如果将寡聚型反义核苷酸分子进行一些化学修饰,则其转化效率以及在细胞内的稳定性均会大幅度提高。以提升体内稳定性为目标的寡聚型反义核苷酸的化学修饰包括:改变核糖结构（锁核酸 LNA）、用肽链模拟核酸链骨架（肽核酸 PNA）、以硫酸取代磷酸（硫核酸 SNA）、用吗啉代替核糖（吗啉核酸 MO）等,但这些修饰型核酸或寡核苷酸分子均不影响与天然靶 mRNA 的碱基配对。事实上,经化学修饰的寡聚型反义核苷酸已被开发成临床上的抗癌和抗病毒药物（即反义药物）。

（3）反义 RNA 也能在细胞内合成,其方法如图 7-20 所示。将靶基因的部分序列反向

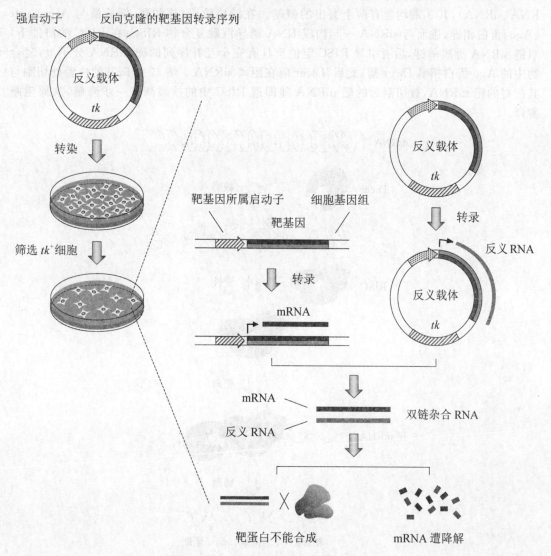

**图 7-20　反义 RNA 在宿主细胞中的合成**

克隆在一个强启动子的下游,构成反义子结构,并以此作为转基因转化动物受体细胞。反义子借助其转录产物的互补效应特异性阻断靶基因 mRNA 的翻译,生成靶基因表达缺陷型和相关功能丧失型的转基因动物模型。在某些情况下,癌基因反义子的表达成功地将肿瘤细胞无限制生长的特性逆转至正常细胞的生长模式。

2. 利用 RNA 干扰技术条件性衰减靶基因表达

20 世纪 90 年代初,研究人员在用人工合成的反义 RNA 阻断秀丽隐杆线虫基因表达的实验中偶然发现,反义 RNA 和正义 RNA 都能阻断靶基因的表达。直到 1998 年,这一百思不得其解的谜团才由美国华盛顿卡耐基研究院的 Andrew Fire 和麻省大学医学院的 Craig Mello 解开,他们在秀丽隐杆线虫(*Caenorhabditis elegans*)中发现了由双链 RNA(dsRNA)介导的转录后基因沉默机制。此后,这种被称为 RNA 干扰(RNAi)的现象陆续在多种真核生物中被发现,并证实这一基因表达调控机制具有普遍的生物学意义。

RNAi 的作用机制包括起始阶段和效应阶段(图 7 - 21)。在起始阶段,不同来源的 dsRNA 被 Dicer 酶切割成多个具有特定长度和结构的短小双链片段(22~24 bp),即小干扰 RNA(siRNA),其 3′ 端均含有两个突出的碱基。在效应阶段,核酸酶、解旋酶与 Argonaute(Ago)蛋白相连,进而与 siRNA 一起构成 RNA 诱导沉默复合物 RISC;在 RISC 的协助下,双链 siRNA 拆成单链,后者引导 RISC 定位至具有完全互补序列的靶 mRNA 分子上,复合物中的 Ago 蛋白招募 Dicer 酶;此后,Dicer 酶在距离 siRNA 3′ 端 12 个碱基的位置处切割与其配对的靶 mRNA,被切割后的靶 mRNA 随即遭 RISC 中的核酸酶进一步降解,从而阻断翻译。

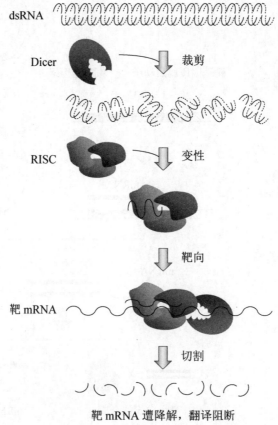

靶 mRNA 遭降解,翻译阻断

**图 7 - 21　小干扰 RNA 的作用机理**

此外,在包括高等动物在内的几乎所有真核生物的细胞核内,从结构致密型异染色质着丝粒区域的 DNA 重复序列上会转录出一些特殊的非编码型 RNA 前体(pri - miRNA),后者在核内被微加工器复合物(由 RNaseIII 组成)先切成大约 70 个核苷酸的茎环结构(pre - miRNA),然后再被运输到细胞质中由 Dicer 进一步裁剪,形成成熟的微干扰 RNA (miRNA)分子。最后,这些 miRNA 再由 RISC 协助形成长度为 21～23 个碱基的单链 sRNA 分子,并发挥与 siRNA 类似的效应。

与反义 RNA 的应用原理相似,为实现对特定靶基因表达的阻断(基因敲低),可采用慢病毒载体构建能够表达特定 siRNA 或 miRNA 的 DNA 重组分子,两者分别由 RNA 聚合酶 III 型启动子或 RNA 聚合酶 II 型启动子介导表达。此类基因沉默型的慢病毒重组分子已被成功用于抑制 HIV - 1 的感染、迟滞小鼠肌萎缩性脊髓侧索硬化症的发作和发展速率、延长患羊瘙痒症小鼠的生存时间、提升胎儿血红蛋白的表达量。更为重要的是,目前已商品化了一个能靶向 15 000 个人类基因和同等数量小鼠基因的慢病毒沉默文库,大大促进了哺乳动物基因功能的解析。不过值得注意的是,RNAi 能诱发脱靶性基因沉默或不期望的干扰应答。为了探测这些可能性是否存在,设计相应的对照实验至关重要,如在 RNAi 靶向位点处表达含沉默突变的靶基因等。

# 7.3　利用动物转基因技术生产重组蛋白多肽

自 20 世纪 80 年代初第一例重组蛋白人胰岛素投入市场以来,美国 FDA 已批准了 100 多种重组医用蛋白用于临床治疗,其中相当一部分重组产品是采用哺乳动物细胞或个体生产的。很多重组蛋白如组织型纤溶酶源激活剂(tPA)和促红细胞生成素(EPO)的生物功能需要糖基化之类的翻译后修饰;同样,大多数单克隆抗体的糖基化对其最佳功能的发挥以及药代动力学特征也至关重要。虽然大肠杆菌、酵母、昆虫表达系统已按照人类蛋白质翻译后修饰模式进行了相应的工程化改造,但其翻译后修饰的完美程度和效率仍不及哺乳动物细胞。目前,在生物反应器中规模化培养的哺乳动物细胞生产重组单克隆抗体以及 Fc 融合蛋白的水平已达到 10～15 g/L,丝毫不逊于其他表达系统。

旨在规模化生产重组蛋白或多肽的哺乳动物表达系统采取三种不同的策略:遗传稳定的工程细胞系、瞬时表达的转化型细胞培养物以及连续繁殖的转基因动物个体,三者各有特征性优势。

## 7.3.1　高等动物转基因的表达特征

转基因本身的性质及其重组方式在很大程度上决定了它们在高等动物细胞或个体内的表达特征,概括起来有下列四个方面。

### 1. 转基因的时空特异性表达

时空特异性是动物基因表达调控的一个显著特征,尤其在发育过程中,相关基因的时序特异性和组织特异性表达更为严格。在转基因体外重组时充分考虑这些因素,有利于其高效表达。例如,使用卵清蛋白编码基因所属的启动子和增强子才可能使转基因在蛋清中表达。将哺乳动物乳腺组织特异性的启动子和增强子(如乳清酸性蛋白 WAP 编码基因所属启动子和增强子)与转基因重组,可使存在于受体动物各种组织和细胞中的转基因仅在乳腺组织中表达其编码产物,一方面有利于目标重组蛋白的收获;另一方面也能将重组蛋白对转基因动物的生理干扰降低至最小程度。此外,其他各种类型的组织特异性启动子和增强子也已被引入高等动物(如小鼠)表达载体中使用,包括神经脊(内皮素受体 B 编码基因所属 $P_{Ednrb}$)、海马纹状体($Ca^{2+}$/钙调蛋白依赖型激酶 II$\alpha$ 编码基因所属 $P_{Camk2\alpha}$)、颌下腺(小鼠乳腺瘤病毒 $P_{MMTV-LTR}$)、视网膜和小脑(视网膜母细胞瘤抑癌基因所

属 $P_{RB}$)、中/后脑(Engrailed 2 编码基因所属 $P_{En2}$)、乳腺(乳清酸性蛋白编码基因所属 $P_{Wap}$)、骨骼肌(肌细胞生成素编码基因所属 $P_{Myog}$)、生黑色素细胞(酪氨酸酶编码基因所属 $P_{Tyr}$)、小肠结肠上皮细胞(脂肪酸结合蛋白编码基因所属 $P_{Fabp}$)、心肌细胞(肌球蛋白编码基因所属 $P_{Myh6}$)、肝细胞(肝激活因子编码基因所属 $P_{Lap}$)、角质细胞(人角蛋白基因编码所属 $P_{K14}$)、造血细胞(免疫球蛋白重链 $SR\alpha$ 编码基因所属 $P_{E\mu-Sr}$)、T 淋巴细胞(淋巴细胞特异性酪氨酸激酶编码基因所属 $P_{Lck}$)、胰脏 $\beta$-胰岛细胞(II 型胰岛素编码基因所属 $P_{Ins2}$)、神经细胞(巢蛋白编码基因所属 $P_{Nes}$)等特异性启动子/增强子系统。然而就本质而言,与转基因时空特异性表达密切相关的真正基因元件是增强子,其结构和工作原理参见 7.3.2。

2. 转基因的可控性表达

以一种合适的方式诱导动物细胞或个体内转基因的稳定高效表达至关重要。转基因的诱导条件往往取决于受体细胞的性质和启动子的类型。例如,就真核生物表达调控元件控制的转基因而言,通常以热休克因子诱导热休克基因家族的启动子($P_{HS}$);以糖皮质激素诱导病毒的长末端重复序列启动子($P_{LTR}$);以重金属离子诱导金属硫蛋白编码基因的启动子($P_{MT}$)。著名的超级小鼠就是用小鼠的 $P_{MT}$ 启动子与大鼠生长激素编码序列的拼接物作为转基因获得的表型。

然而,上述纯真核生物基因表达调控元件一般具有多效性,特异性不高,同时能驱动动物受体细胞一系列内源性基因的表达,严重时会对转基因动物构成毒性。为克服这一难题,可构建并使用原核生物调控序列与真核生物启动子的杂合元件介导转基因在动物体内的表达。例如,将大肠杆菌乳糖操纵子系统的操作子(lacO)置于真核生物启动子 TATA 盒与转录起始位点之间,同时克隆大肠杆菌的 lacR 基因表达相应的阻遏蛋白,此时转基因的表达即可用 IPTG 进行诱导。另外,大肠杆菌转座子 Tn10 上四环素抗性操纵子系统的操作子(tetR/O)也广泛用于构建真核/原核杂合调控序列(参见 6.2.3)。不过有证据显示,由强力霉素诱导型 TRE 结合蛋白与单纯性疱疹病毒的蛋白 16(VP16)激活功能域融合而成的转录激活因子(rtTA,图 6-8)有时会以非特异性方式诱导受体细胞内源性基因的表达或者对细胞产生毒性效应。因而,一种改进的强力霉素诱导表达系统被设计为不含 VP16 的双载体模式,其中一种载体由脾病灶形成病毒(SFFV)启动子介导原四环素阻遏蛋白编码基因(tetR)高效表达;另一载体则由强力霉素响应型的 $P_{CMV}$-tetO 元件控制转基因的转录。相关研究证明,强力霉素在较低的浓度范围(1~100 ng/mL)内便能诱导转基因高效表达。

3. 转基因的共抑制效应

在转基因动物体内,转基因的表达特性往往会发生许多出人意料却又难以解释的现象,其中最为普遍的便是转基因的失活,也称为转基因沉默。转基因沉默现象在植物体内研究得较为深入,当受体细胞基因组上含有转基因的同源伙伴时,转基因与内源性同源基因的表达将同时受到抑制,即所谓的共抑制效应。

共抑制效应具有如下特征:① 共抑制只发生在转基因与同源的内源性基因之间,对其他基因的表达并不产生影响;② 如果转基因与内源性基因发生体内重组,则共抑制效应随之消失,基因表达恢复正常;③ 共抑制现象的发生与基因编码区有关,但不依赖于启动子的来源和性质;④ 两个相同的转基因之间也能发生共抑制效应,这也许是转基因动植物中单拷贝的转基因通常具有最高表达率的直接原因。

造成共抑制效应的原因很多,主要包括:① 转基因与其同源的内源性基因相互作用,改变原有的表观遗传状态(包括 DNA 甲基化、组蛋白翻译后修饰、染色质重整)而影响两者的表达;② 转基因与内源基因竞争性结合核基质和核包膜上 mRNA 转录、加工、转运所必需的非扩散元件,导致相互抑制;③ 两者转录出互为反义的 RNA 序列或二级结构,使之失活并迅速降解。

4. 转基因的位置效应

除了上述共抑制效应外,在某些情况下转基因也会单方面失活,而其同源的内源性基因却正常表达。产生这种现象的原因可能是:① 转基因被受体细胞识别为异己 DNA 并将之甲基化修饰,使其失活;② 转基因整合在染色体的转录非活跃位点处,如异染色质结构高度集中的着丝粒或端粒区。上述两种原因均涉及广泛存在于动植物细胞内的表观遗传修饰。一般而言,DNA 双链上的胞嘧啶尤其是启动子内部 CG 岛(即 CpG 重复单位)中的胞嘧啶碱基被甲基化倾向于关闭基因转录;而组蛋白尤其是 H3 和 H4 中各位赖氨酸侧链的共价修饰(如甲基化和乙酰化)则显著影响基因调控区对相应的转录调控因子的易感性。例如,H3K4 单甲基化和 H3K9 乙酰化致使染色质结构松弛,有利于基因转录激活;而 H3K9 和 H3K27 三甲基化以及 H3K9 脱乙酰化则显著阻遏基因的转录。

鉴于位置效应对转基因表达具有较强的负面影响,采用较长的基因组 DNA 片段作为转基因单位是一种较为可靠的表达策略。另外,使用不依赖于整合位点的游离型载体转移转基因或者将转基因靶向已知的基因组转录活跃位点也是克服位置效应的可选择方式。

## 7.3.2　高等动物转基因的表达元件

在高等动物体内,对转基因表达具有正负两方面效应的 DNA 或 RNA 元件很多,它们涉及基因转录(如启动子、增强子、绝缘子、染色质开放元件)、转录后加工(剪切信号序列)、修饰(终止子、polyA 化信号序列)、转运以及翻译(内部核糖体进入位点)多种水平的调控。正确选择和组装这些元件是转基因高效表达的重要环节。

1. 与高等动物匹配的启动子

在高等动物细胞或个体中介导转基因高效表达的大多数普遍使用的强组成型启动子来自病毒的基因组,包括人巨细胞病毒(HCMV 或 CMV)早早期启动子 $P_{CMV}$、猿猴病毒 40(SV40)早期启动子 $P_{SV40}$、劳斯肉瘤病毒(RSV)长末端重复序列启动子 $P_{RSV}$。$P_{CMV}$ 在大多数哺乳动物细胞系中均拥有较强的转录活性。比较人类、小鼠、大鼠的全长 $P_{CMV}$ 序列发现,人类的 $P_{CMV}$ 在 HEK293E 和 CHO 细胞系中的活性最高。动物细胞内源性的启动子如人类翻译延伸因子-1α(EF-1α)基因所属启动子 $P_{EF-1}$ 和 β-肌动蛋白编码基因所属启动子 $P_{\beta\text{-actin}}$ 的强度与 $P_{CMV}$ 相似。

强诱导型的启动子如细胞 G1 期特异性生长阻滞和 DNA 损伤诱导型启动子 $P_{GADD153}$ 以及糖皮质类固醇诱导型小鼠乳腺肿瘤病毒启动子 $P_{MMTV}$ 也较为常用。$P_{GADD153}$ 在无血清条件下以及在细胞循环的 G1 期具有较高的转录活性,而 $P_{CMV}$ 和 $P_{SV40}$ 则在完全培养基和 S1 期的细胞中才能发挥最强的转录活性。由于在重组蛋白实际生产阶段大部分细胞处于无血清培养条件下的 G1 期生长状态,所以 $P_{GADD153}$ 更具有应用价值。

虽然大多数 cDNA 形式的转基因由强组成型启动子介导能高效表达,但将一个内含子插在启动子与 cDNA 的 5′端之间能显著提高重组蛋白的表达水平。在 HEK293E 细胞系中,含有一个合成型内含子的 $P_{CMV}$ 为 $P_{RSV}$ 活性的 2 倍;金属硫蛋白编码基因所属启动子 $P_{MT}$ 在 CHO 细胞系中的活性强于无内含子的人类 $P_{CMV}$ 和 $P_{SV40}$ 启动子;同样,将人类或小鼠 $P_{CMV}$ 与 EF-1α 基因内含子拼接在一起,其活性也高于 $P_{EF-1}$。一般认为,在高等动物细胞中,含内含子的转基因能通过剪切作用促进转录物的成熟、稳定和核外输,同时也间接提升转录速率。然而,这种内含子效应似乎与受体细胞的遗传背景有关。例如,人类 $P_{CMV}$ 与 EF-1α 基因内含子的融合物在 HEK293T 细胞株中的活性高于小鼠 $P_{CMV}$ 与 EF-1α 基因内含子的融合物,但在 CHO 细胞系中却正好相反。

## 2. 与高等动物匹配的增强子

高等动物基因组上存在多种类型的保守性短小应答元件(RE,5~20 bp),它们往往成簇排列并沿基因组构成一个个相对独立的区间(200~1 000 bp),对相应启动子的转录启动起着时序和细胞类型特异性的调控和增强作用,该区域称为增强子。增强子具有如下特征:① 距其所控制的靶启动子的距离不固定,已发现的最远距离长达1 800 kb。人类基因组据信含有数十万个增强子,有的基因被嵌在数十个增强子的基因组环境中;② 与其所控制的靶启动子的极性不固定,位于启动子的上游或下游均具有转录增强效应;③ 借助其所包含的多样化应答元件与相应的转录调控因子(TF)结合,并通过 TF 与靶启动子保持直接接触,以激活靶基因的时空特异性转录[图 7 - 22(a)];④ 与启动子相似,同样含有转录起始位点(TSS)并转录非编码型小 RNA(eRNA),后者可能介导增强子与启动子之间的间接通信[图 7 - 22(b)]。在哺乳动物体内,数以千计的 TF 在不同的时间于不同类型的细胞中表达或(和)激活,这是增强子时空特异性控制其靶启动子乃至靶基因表达的分子机制。大量的证据表明,无论高等动物内源性的增强子还是病毒来源的增强子均能使启动子介导转基因的转录水平提升数倍甚至数百倍。

## 3. 与高等动物匹配的翻译起始序列

与原核生物的核糖体结合位点(RBS)相对应,真核生物 mRNA 位于起始密码子 AUG 两侧的序列(通常为 ACCACCAUGG)通过与翻译起始因子的结合而介导含 5′帽子结构的 mRNA 翻译起始,这段序列称为 Kozak 序列。其中,AUG 之后的第一位碱基 G 以及之前的第三位碱基 A 或 G 对翻译起始至关重要;此外,AUG 上游的 15 个碱基中一般不含 T。

有些 RNA 病毒(如脑心肌炎病毒等)和高等动物 mRNA 的 5′- UTR 区含有能与核糖体结合进而启动翻译的内部核糖体进入位点(IRES),这使得那些 5′端无帽子结构的 mRNA 可以顺利翻译。由于大多数真核生物 mRNA 的 5′端含有帽子结构和 Kozak 序列,因而 IRES 主要用于构建双顺反子或多顺反子型(多个蛋白质编码序列共存于一个转录单位中)的转基因表达盒,即第一个蛋白质编码序列由 5′帽子结构和 Kozak 序列启动翻译,而下游蛋白质编码序列的翻译起始则由 IRES 介导。一般情况下,IRES 上下游两侧的两个编码序列呈比例表达,但含有 IRES 元件的多顺反子型慢病毒重组载体却对串联排列的双转基因呈表达偏好性,如 IRES 依赖型的第二个编码序列的表达水平往往低于其上游编码序列;更有甚者,当两个串联的转基因编码序列以组织特异性方式在淋巴细胞系和初级树突细胞中表达时,上游转基因编码序列的表达反而受到抑制。事实上,各种病毒来源或哺乳动物内源性的 IRES 序列无论在体内还是在体外均呈组织特异性的表达偏向格局。影响 IRES 使用的另一个限制因素是 IRES,通常大于 500 bp,这在载体装载量受限或者需要使用多个 IRES 拷贝的情况下是不利的。

与 IRES 作用机制类似但不完全相同的是存在于小核糖核酸病毒包衣蛋白中的一段 18~22 个氨基酸的所谓 2A 肽序列。在几乎所有的真核生物细胞中,核糖体一旦翻译至此类 2A 肽序列 C 端的 Gly - Pro 二肽键时便会发生"跳跃",从 Pro 残基开始重新启动下游多肽的翻译,从而形成 N 端带有 Pro 残基的独立多肽链。目前广泛使用的是四种病毒来源的 2A 肽序列,即口蹄疫病毒的 FMDV 型 2A(F2A)、马鼻病毒的 ERAV 型 2A(E2A)、猪捷申病毒 1 型 2A(P2A)、以及明脉扁刺蛾四体病毒型 2A(T2A)。2A 肽相对 IRES 的优势在于其编码序列较短,克隆操作方便,且上下游两种蛋白的表达水平没有明显的偏好性。

## 4. 与高等动物匹配的染色质重整元件

尽管高等动物基因组中维持染色质开放结构的特异性 DNA 顺式元件目前尚未得以系统鉴定,但非甲基化的 CG 岛区域往往更易接触转录机器而呈基因高表达倾向,这种区域称

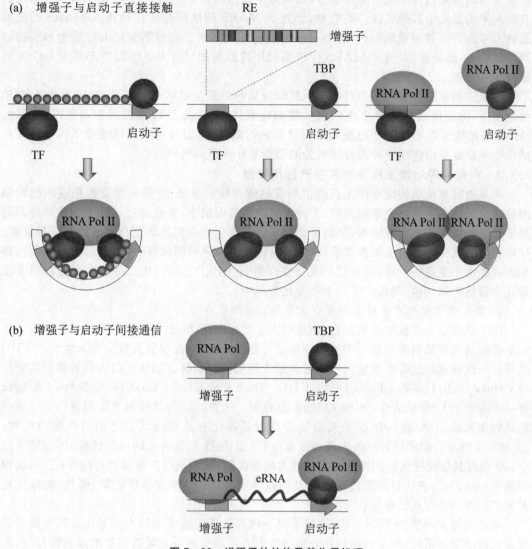

**图 7-22 增强子的结构及其作用机理**

为泛染色质开放元件(UCOE)。人类 TATA 盒结合蛋白(TBP)和核内不均一性核糖核蛋白(hnRNPA2B1)编码基因所属启动子含有很多非甲基化型 CG 岛,若将这两种启动子以相向形式与转基因 *GFP* 重组,则 *GFP* 能以高水平稳定表达。即便转基因整合在稳定表达较差的着丝粒异染色质区,这种稳定表达的特征依然很明显。这表明,受控于双向启动子非甲基化型 CG 岛区的转基因不仅能高效稳定表达,而且能改善转基因所处整合区域的转录敏感性。例如,含有 UCOE 的 $P_{CMV}$ 能介导 cDNA 型转基因在 CHO 细胞系中高效表达;将人类 hnRNPA2B1-CBX3 的 UCOE 引入造血干细胞中可使转基因的表达具有高度可重现性和稳定性。此外,用丁酸钠或 2-丙基戊酸抑制组蛋白的脱乙酰化能使转基因的表达水平提高 16 倍。

高等动物染色体 DNA 的脚手架或核基质附着区(S/MARS)也是一种 DNA 顺式元件,染色质在此处被锚定在间期细胞的核基质上。研究发现,S/MARS 往往与超乙酰化型组蛋白相连,间接招募 DNA 脱甲基化酶,使 DNA 脱甲基化,从而更易于转录启动。在很多情形中,转基因拷贝数的增加与蛋白表达水平的提高并非呈正比,原因就在于扩增的转基因处于转录非活跃型染色质区域。实验显示,如果每个基因拷贝两侧均携带 S/MAR,那么基因的表达水平便正比于其拷贝数。类似地,邻近 S/MARS 的基因往往比远离 S/MARS 的基因表达水平高。将鸡溶菌酶编码基因(cLys)的 S/MARS 安装在分别编码 IgG 重链和轻链的两个质粒上,结果显示,当 S/MARS 位于编码序列的两侧时,CHO 细胞生产重组 IgG 的量提高 5～10 倍。

绝缘子是能屏蔽增强子和启动子为其邻近染色质激活或阻遏的特殊 DNA 元件。在某些情况下,将染色质的绝缘子序列加入慢病毒载体中,以提升转基因的表达水平。例如,cHS4(鸡超敏位点 4)绝缘子已被用来构建高表达载体,然而有迹象表明绝缘子的这种染色质结构屏蔽效果因绝缘子种类及其所处的染色质环境不同而异。

### 7.3.3 利用高等动物工程细胞系生产医用蛋白

采取物理或化学转化程序尤其是借助重组病毒转染方法,将编码重要医用蛋白的转基因导入合适的高等动物受体细胞内,并使之整合在基因组中,进而通过筛选程序构建转基因遗传稳定的生产型工程细胞系,是高等动物基因工程生产重组异源蛋白多肽的第一种策略。这种策略的优势在于能从细胞克隆群(因转基因重组载体的随机整合而形成)中选择使用转基因表达水平最高的克隆,并对这些优势克隆进行生产工艺的优化。尽管这个过程需要花费几个月的时间,但它仍被广泛用于产业化过程中。

1. 用于规模化生产重组医用蛋白的高等动物细胞系

用于规模化生产重组医用蛋白(如重组人干扰素 INF 和 tPA)的第一个也是迄今为止使用最普遍的高等动物遗传稳定型工程细胞系是源自 1957 年发现的具有分裂永生性的 CHO 细胞。由这株原始细胞系派生出一株甘氨酸依赖型的细胞株(CHO-K1),后者再被突变生成 CHO-DXB11(亦称 CHO-DG44、CHO-DUKX 或 CHO-DuxB11)细胞株,该细胞株进一步缺失了 DHFR 活性。CHO 细胞系具有如下优势:① 与其他用于医用蛋白生产的哺乳动物细胞系一样,能以接近于人类蛋白质的糖基化方式修饰其表达的重组蛋白产物;② 能在生物反应器中以悬浮的方式高密度生长;③ 传播人类病毒的风险较低,因而较为安全;④ 相对其他候选细胞系拥有可塑性较大的基因组,便于基因扩增和遗传操作;⑤ 与其他细胞系一样,易为表达目标蛋白的重组基因载体所转染;⑥ 涉及基因转染、筛选、规模化培养的工业生产过程业已建立。

来自人类视网膜的 PER-C6 细胞系是一种具备真正意义上的人糖基化及其他翻译后修饰机器的受体系统,对生物药物产业颇具吸引力。该细胞系无需基因扩增或选择标记,在少数几个月内便能建立起高产性的稳定克隆,且低拷贝足以维持稳定高效的转基因表达。在流加式分批培养中,该细胞系便能生产高于 2 g/L 的重组蛋白;而在连续培养中,该细胞系可在高密度($>1.5 \times 10^8$ 个细胞/mL)条件下达到 25 g/L 的体积产率。在上述过程中,细胞均在搅拌罐式生物反应器中以悬浮方式生长。而且,PER-C6 工程细胞系还能在单个细胞中联合表达具有相同轻链的三种不同类型的重组抗体。

2. 旨在提高转基因拷贝数的高等动物基因扩增原理

整合在受体细胞基因组中的转基因除了可采用上述启动子、增强子、Kozak 序列、IRES 位点、UCOE 位点等基因表达元件促进其表达外,在基因组中的原位扩增也是转基因高效稳定表达的一种特殊有效方式。高等动物细胞中的转基因扩增有下列几种系统:

(1) *dhfr*-MTX 扩增系统

研究发现,CHO 细胞培养物经 DHFR 特异性抑制剂 MTX 处理后,绝大多数细胞死亡,但在极少数存活下来的抗性细胞中 *dhfr* 基因呈扩增现象。这些细胞正是通过增加相关基因的拷贝数提高关键代谢酶的表达水平,从而抵消 MTX 的抑制作用。更为重要的是,细胞内扩增了的 DNA 区域远大于 *dhfr* 基因本身,也就是说,与 *dhfr* 基因邻近的基因组 DNA 区域可以随同扩增。这一发现迅即被用于转基因在高等动物细胞中的高效表达设计(图 7 - 23)：将待表达的转基因与 *dhfr* 基因拼接在一起，重组分子转化内源性 *dhfr* 缺陷型的 CHO 细胞系(*dhfr⁻*)；将转化细胞置于一种不含核苷的选择性培养基上，使得只有接纳了 *dhfr* 基因的细胞才能增殖；挑出克隆株，经短时间培养后迅速转移至含有 0.05 μmol/L MTX 的培养基上继续培养；将为数极少的存活细胞株依次转到含有更高 MTX 浓度的培养基上进行多轮重复筛选，当 MTX 浓度达到 5 μmol/L 时，存活细胞中的转基因已随 *dhfr* 基因扩增了数百倍。

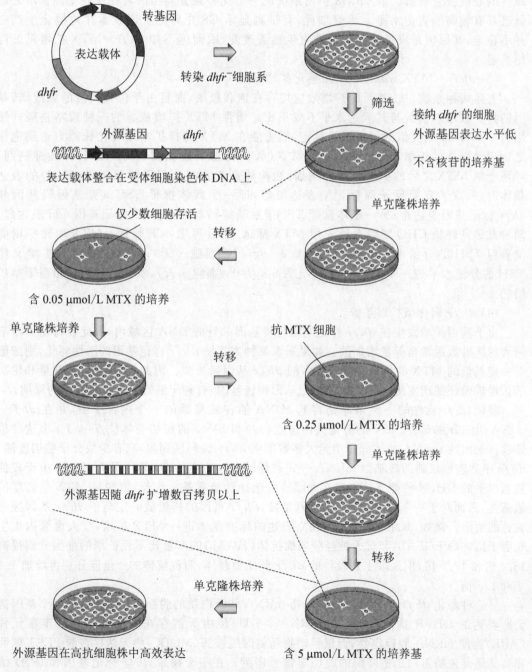

图 7 - 23　转基因在高等动物细胞中的扩增机制

（2）*gs*-MSX 扩增系统

谷酰胺合成酶（GS）催化谷氨酸和氨生成谷酰胺的反应，而甲硫氨酸亚砜亚胺（MSX）是 GS 的特异性抑制剂。*gs*-MSX 扩增系统需要一种非 CHO 的细胞系，最常用的是鼠科动物骨髓瘤 NS0 细胞系。与 *dhfr* 缺陷型 CHO 细胞系类似，NS0 细胞系呈谷酰胺营养缺陷型（*gs⁻*），能采用不含谷酰胺的选择性培养基上进行筛选。*gs*-MSX 扩增系统的原理与 *dhfr*-MTX 扩增系统类似，只是采用 MSX 取代 MTX 进行筛选。如果将该系统用于 CHO 细胞系，在初始筛选时需要添加低浓度（20 nmol/L）的 MSX，因为 CHO 细胞拥有内源性的谷酰胺合成酶。*gs*-MSX 扩增系统的一个优势是分离出的转化株在基因扩增之前就已具有较高的表达水平。尽管如此，有证据显示 GS 介导的扩增技术在规模化生产中并不稳定，其原因是染色质结构倾向发生显著改变，因而远不如 *dhfr*-MTX 扩增系统应用普遍。

（3）*dhfr*-MTX/*ada*-dCF 双标记扩增系统

上述两种系统对转基因的扩增效应均存在饱和极限，而且由于位置效应的缘故，转基因的拷贝数增加倍数与其表达水平不成正比。增强 MTX 扩增威力的一种策略是额外使用另一个与 *dhfr* 类似的可扩增性标记，后者能在 MTX 选择扩增型转化株能力达到饱和之后启动额外的扩增步骤。脱氧助间霉素（dCF）是腺苷脱氨酶（ADA）的特异性抑制剂，可用于继 MTX 之后的扩增筛选。例如，在构建高产重组人促甲状腺激素（TSH）的表达载体时，采取了双顺反子双标记型表达策略，即一个载体携带 TSH α 亚基编码基因和 *dhfr* 标记基因表达盒；另一载体携带 TSH β 亚基编码基因和 ADA 标记基因 *ada* 表达盒。两种载体共转染 CHO 细胞系后先用 MTX 筛选，然后再用 dCF 筛选。MTX 单独扩增能使重组 TSH 的分泌水平达到（$7.2 \pm 1.3$）$\mu g/(10^6$ 细胞·天）；而随后的 dCF 扩增又使 TSH 的分泌水平进一步提升至（$17.8 \pm 7.6$ $\mu g/10^6$（细胞·天），双扩增的产率相当于单扩增的 2～3 倍。

（4）*dhfr* 弱化型扩增系统

由于基因扩增发生在 *dhfr* 标记基因与转基因共处的 DNA 区域内，因此在每轮扩增后两者的拷贝数通常是等量增加的。如果采取某种方式使 *dhfr* 标记基因的活性弱化，则细胞对一定剂量的 MTX 的抗性将需要更多的 *dhfr* 基因拷贝数。因此，同等 MTX 剂量和轮次的扩增规模便能产生更多拷贝数的标记基因和转基因，有利于缩短生产过程开发的周期。

弱化 *dhfr* 活性的一种策略是将其 cDNA 插在转基因的一个内含子中，并在 *dhfr*-cDNA 两侧分别安装 CMV 的剪切供体位点（*sd*）和 SV40 的剪切受体位点（*sa*）。由这种构建物转录出的 mRNA 前体分子中绝大多数能将 *dhfr* 编码区剔除，只有少数分子剪切遗漏，*dhfr* 序列连同成熟的转基因 mRNA 一并被翻译成有功能的 DHFR（图 7-24）。由于较低初始水平的 DHFR 便能支持细胞在无嘌呤的选择性培养基上生长，但却对 MTX 呈高度的敏感性，因而对于一个给定的 MTX 筛选浓度，*dhfr* 基因的拷贝数必定高于 *dhfr* 基因独立表达的情形。例如，采用 *dhfr* 基因独立表达的标准载体进行 MTX 扩增，抗人血管内皮生长因子抗体（VEGFAb）和抗人神经胶质瘤抗体（HGAb）的产量比不经扩增的细胞分别提高 18.4 倍和 17.6 倍；但采取上述设计的 *dhfr* 弱化型载体，两种抗体的产量能分别再增加 1.6 倍和 1.5 倍。

另一种弱化 *dhfr* 活性的设计是采用 mRNA 和蛋白质的脱稳定性元件降低每个基因拷贝所表达的 DHFR 量。真核生物 mRNA $3'$-UTR 中天然存在的九聚体 AU 丰富元件（ARE）能使 mRNA 脱稳定性；而鼠科动物鸟氨酸脱羧酶（MODC）中天然存在的 PEST 四肽序列又是促进酶蛋白迅遭降解的脱稳定信号序列。在一个携带 *dhfr* 标记基因和 IFNγ 编码基因的表达载体上，将 ARE 和 MODC-PEST 编码序列引入 *dhfr* 标记基因内。结果发

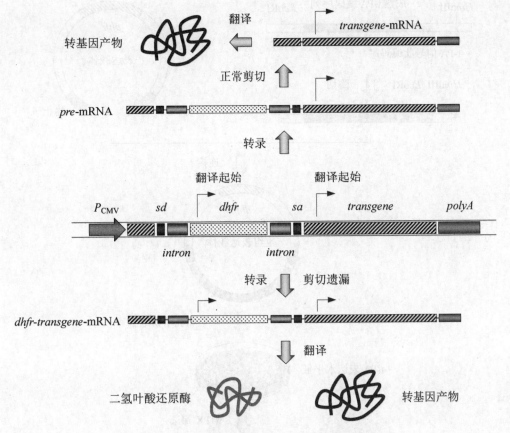

**图 7-24　基于剪切遗漏设计提升 *dhfr* 基因的扩增水平**

现,组装 ARE、PEST 或 ARE-PEST 的重组载体表达重组 IFNγ 的水平分别提高 1.1 倍、3.7 倍和 12.6 倍。

**3. 遗传稳定型工程细胞系生产系统的过程优化**

第一个由重组哺乳动物细胞规模化生产的医用蛋白是溶血栓药物 tPA,其生产方法如图 7-25 所示。将人的 tPA-cDNA 克隆在含有强启动子和终止子的表达载体上,重组分子转化哺乳动物细胞系。初始转化株能表达重组 tPA 并将之分泌到培养基中,但表达水平很低。用 MTX 处理初始转化株,tPA 编码序列随 *dhfr* 基因大量扩增,新筛选出的转化株在大规模细胞反应器中生产出高水平的重组人 tPA。目前,采用上述工艺路线生产的 tPA 已商品化。另一个由重组哺乳动物细胞生产的人重组蛋白是凝血因子 VIII,其缺陷与血友病密切相关。多年来,血友病均使用从人血中分离纯化的凝血因子 VIII 制品进行治疗。然而,由于人血污染艾滋病毒,数千名使用这种血液制品的血友病患者惨遭感染,其中的 10% 死于艾滋病而非血友病。早在上述现象发生之前,人凝血因子 VIII 的 cDNA 便已克隆和鉴定,血源的污染则加速了利用 DNA 重组技术生产该药物的进程。与 tPA 相似,人凝血因子 VIII 也是一种结构复杂的蛋白大分子,必须借助重组哺乳动物细胞进行生产。

遗传稳定型工程细胞系在规模化生产中遇到的主要问题是细胞系传代后的生产效能率逐渐降低。就 DHFR⁻ 型 CHO 细胞系而言,采用 *dhfr*-MTX 扩增系统虽然能获得转基因扩增型高产株,但当 MTX 消失后,扩增的 DNA 区域便呈不遗传稳定性。因而,在每轮细胞系传代时均需要进行 MTX 筛选和扩增的重复操作,既耗时又费力。解决这一难

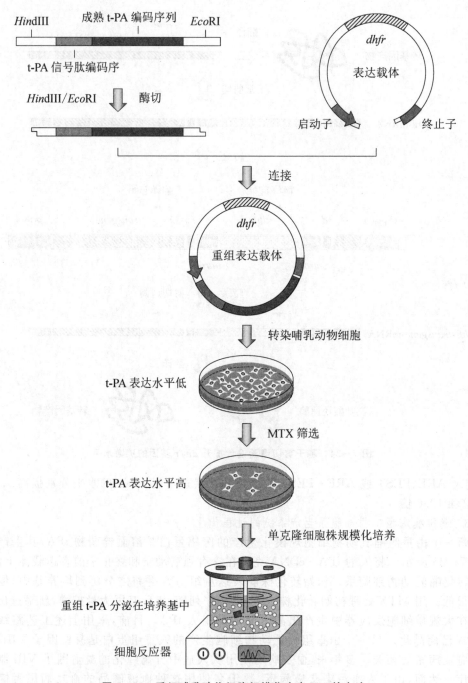

**图 7 - 25　重组哺乳动物细胞规模化生产 tPA 的方法**

题的方法是建立优良细胞系的高通量筛选程序,如基于荧光激活的细胞分拣技术(FACS)。其原理是将 *GFP* 与转基因共表达,然后借助 GFP 特异性荧光检测器对细胞进行高通量分拣。另一种形式是将转基因与一种编码细胞表面蛋白的基因共表达,然后再用针对该表面蛋白的特异性抗体(为荧光基团所标记)对之进行染色,最后采用 FACS 进行细胞分拣。此外,重组细胞株也可通过检测 *dhfr* 基因的存在而筛选,做法是将细胞与荧光标记型 MTX 保温,后者能与 DHFR 结合,MTX 特异性荧光强度与目标重组蛋白的表达水平呈正相关。

采用非人类哺乳动物细胞系生产重组人糖基化医用蛋白时,也会遇到糖基化格局的非人源化问题。重组蛋白分子的唾液酸化程度因表达产物、宿主细胞系、培养条件而异,其限速步骤包括唾液酸生物合成酶系(唾液酸转移酶)以及 CMP-唾液酸转运子的活性。在CHO 细胞系中过表达唾液酸转移酶对唾液酸化水平稍有改善。此外,在正常情况下由CHO 细胞系表达的 IgG 还呈保守的岩藻糖化(即双触角多糖结构)。与后者相比,非岩藻糖化型 IgG 与人类 FcγRIII 的结合能力要高 50 倍。同样,非岩藻糖化的抗 CD20 抗体也比其岩藻糖化伙伴的 B 细胞耗竭活性要高出很多(EC50 超过 100 倍),即非岩藻糖化型 IgG1 呈现较强的治疗潜能。在 CHO 工程细胞系的基础上敲除岩藻糖化关键基因 $FUT8$,可在一定程度上抑制 IgG 的岩藻糖化。

20 世纪 80 年代后期,一批持续 7 d 的培养物可达到的最大细胞密度为 $1×10^6～2×10^6$个细胞/mL,重组蛋白的一般产量为 50～100 mg/L。相比之下,目前的分批式生产能持续21 天,最大细胞密度可达 $1×10^7～1.5×10^7$个细胞/mL,虽然其比生产率和体积生产率为50～60 pg/(细胞·天),仅相当于 80 年代的两倍左右,但重组抗体的最终浓度可积累至 1～5 g/L,即相当于早年间使用 CHO 细胞的 20 倍。而且,这一显著的产量增长仅仅是改进了培养基的组成(包括使用复合培养基和提高培养基浓度)以及生物过程工艺。需要指出的是,虽然目前重组哺乳动物细胞的比生产率似乎已经接近生物学极限[大约为 100 pg/(细胞·天)],但体积生产率和细胞的密度仍有可能再提高 2～5 倍。

### 7.3.4　利用高等动物细胞瞬时表达技术生产医用蛋白

与构建遗传稳定的转基因整合型工程细胞系不同,作为高等动物基因工程生产重组异源蛋白多肽第二种策略的动物细胞瞬时表达(TGE)技术被定义为:在转基因进入细胞悬浮培养物之后的短暂时间(1～14 d)内表达或生产重组蛋白。TGE 的基本特征是:① 转基因通常被克隆在一种非病毒型表达载体上,并用化学试剂如磷酸钙(CaPi)或聚乙烯亚胺(PEI)协助其渗入细胞;② 转化后不经烦琐耗时的筛选操作,直接进行无选择压力下的转基因表达或者重组蛋白生产;③ 转基因及其表达载体并不整合在受体细胞基因组中。相对于遗传稳定的转基因整合型工程细胞系而言,TGE 主要优势在于节省细胞株筛选所需的时间。虽然 TGE 所能达到的比生产率和体积生产率总体上低于遗传稳定的转基因整合型工程细胞系,但目前 HEK293 细胞系的体积生产率在 14 d 的生产周期中已能达到 1 g/L 的水平。不过,目前 TGE 的最大生产体积为 100 L,尚达不到转基因整合型工程细胞系那样 1 000 L 或更大的生产规模。就所用载体的性能而言,TGE 具有复制型和非复制型两种形式。

1. 基于复制型载体的瞬时表达系统

对于那些转化及核定位效率较低的系统而言,进入核内的转基因表达载体独立于受体细胞基因组的自主复制能力是提高重组产物高效表达和生产的重要因素,因为在 TGE 中转基因不能像在稳定整合型工程细胞系中那样实施 MTX 或 MSX 扩增。用于 TGE 的复制型载体借助病毒 DNA 来源的复制起始位点($ori$)并在相应病毒蛋白的支持下进行自主复制,这就要求动物受体细胞能表达这些病毒蛋白。

(1) 用于 TGE 的 COS 细胞系。COS-1 和 COS-7 细胞系均源自经紫外照射、复制缺陷型 SV40 病毒转染的非洲绿猴肾细胞系 CV1。这两种细胞系表达 SV40 大 T 抗原(TAg),后者能使含 SV40-$ori$ 的质粒高拷贝复制(每个细胞高达 1 万个拷贝)。COS 细胞系的一个重要缺憾是转基因的表达水平较低,携带 SV40-$ori$ 型质粒的 COS-7 细胞系与携带同样载体的 HEK293、HEK293E、HEK293T 细胞系相比,生产效能低 20 倍,因而目前已不大使用。

(2) 用于 TGE 的 HEK293 系列细胞系。HEK293 细胞系分离自腺病毒 Ad5 株修饰型

DNA 转染的 HEK 细胞。该系列的细胞系特别适合大规模 TGE,因为它们对大多数基因转移试剂或方法均具有可转移性,而且易于悬浮生长,能适应无血清培养基。HEK293 细胞系能稳定表达腺病毒 13S 的 E1a 蛋白,后者显著增强 CMV 启动子的转录活性。HEK293 的两个变种 HEK293E 和 HEK293T 则能分别表达埃-巴氏病毒(Epstein - Barr virus,EBV)的核抗原 1(EBNA1)和 SV40 的 TAg,因而适用于含 EBV - oriP(HEK293E)或 SV40 - ori(HEK293T)质粒的自主复制和扩增。虽然 SV40 - ori/TAg 系统能高效复制质粒,但在293T 细胞系中并不能提高重组蛋白的瞬时表达水平,很可能该细胞系中存在特异性的复制/表达竞争机制。相反,在 HEK293E 细胞系中使用含 EBV - oriP 的质粒比在 HEK293 细胞系中具有更高的转基因表达水平。正因为如此,HEK293E 细胞系目前颇为广泛地用于大规模 TGE。值得一提的是,将 HEK293 细胞系与一种组成型表达 EBNA1 的伯基特淋巴瘤(Burkitt lymphoma,BL)细胞系相融合,构建出一株人体细胞杂合细胞系 HKB11。如果用一种基于 oriP/EBNA1 并含 HIV - 1 Tat/TAR 转录激活元件的质粒转染 HKB11 细胞系,则重组白介素- 2SA(白介素- 2 的一种变体)的 TGE 表达水平比 HEK293E 细胞系提高20 倍。

(3) 用于 TGE 的 CHO 细胞系。CHO 细胞系广泛用作生成遗传稳定的转基因整合型细胞系。就药物监管和质量控制角度而言,如果 CHO 细胞系既能用在基于 TGE 策略的重组蛋白早期筛选/开发阶段,又能用在基于稳定整合型细胞系策略的药物最终制造阶段,自然非常理想。然而,以 CaPi 介导 CHO 大规模转化的 TGE 试验并没有取得令人满意的结果,因而 TGE 普遍采用 PEI 法转化 CHO 细胞系。将 CHO 改造成能适应 TGE 的细胞系可使用多种方法,如导入腺病毒 E1A、EBV EBNA1、多瘤病毒(Py)和乳头瘤病毒TAg 的编码基因等。但尽管如此,CHO 细胞系的表达水平仍显著低于 HEK293E 细胞系。

2. 基于非复制型载体的瞬时表达系统

虽然很多工程化的病毒载体(如腺病毒、阿尔法病毒、慢病毒、牛痘病毒等)在转染其宿主细胞后能通过载体高拷贝复制和强启动子介导转录高效表达重组蛋白,但这些病毒载体往往具有一种或多种缺憾,如严格的受体细胞趋向性、有限的外源 DNA 装载量、冗长的重组病毒分离、扩增、滴度测试过程、较大的生物安全隐患、高昂的生产成本等。因而,采用完全不含病毒蛋白组分的非复制型载体也是一种有前途的 TGE 策略。

采用非复制型载体实施 TGE 的可行性基础是,由化学试剂 CaPi 或 PEI 介导哺乳动物细胞转化,每个细胞可同时接纳多个载体分子;而且哺乳动物的细胞周期相对较长,这使得非复制型载体有相对充裕的时间表达转基因,只要强化非复制型载体上的基因表达控制元件,重组蛋白的产量也是可以保证的。在此方面,重组人白介素- 15(rhIL - 15)表达系统的优化堪称表达系统综合优化的设计典范。白介素- 15 在促进天然杀伤细胞(NK)和 T 细胞激活、增殖以及提升 CD8+ 型 T 细胞的抗肿瘤活性方面具有显著的生物学功能。通过密码子优化(提高 GC 含量)、删除潜在剪切位点、信号肽序列改造,可构建 rhIL - 15 的高效瞬时表达载体。这些设计导致目标 mRNA 在受体细胞胞质中的水平显著提升,分泌型 rhIL - 15蛋白的产量提高近 100 倍。该表达系统使用的基本组分为人类 CMV 启动子、HIV - 1 tat翻译起始密码子及其邻近序列、牛生长激素(BGH)polyA 化位点、细菌卡那霉素抗性标记。在 IL - 15 编码序列与 BGH polyA 化位点之间插入 173 bp 的 SRV 病毒组成型转运元件(CTE),表达量翻倍;进一步的密码子优化包括删除不稳定的信号序列(如 AUUUA 及其变种)、潜在的剪切位点、将 GC 含量从野生型的 35% 提升至最优化的 57%,重组蛋白的表达量提升 10 倍;插入 tPA 的信号肽序列使得 rhIL - 15 的表达水平提高 75 倍。优化 tPA 启动子与 IL - 15 编码序列之间的接头并加入 GAR 三肽序列导致最高的表达率(表 7 - 2)。此外,若将 IL－15 与其 $\alpha$ 受体在同一细胞中共表达,则能进一步提升其稳定性和两种分子的分泌效率,而且两者融合形式的生物活性也相应提高。

表 7－2　重组人 IL－15 非复制型瞬时表达载体的构建

| 构 建 环 节 | 构 建 结 构 | 提高倍数 | 表达水平 |
|---|---|---|---|
| 野生型 IL－15 | $P_{\text{CMV}}$－LSP－野生型 IL－15－BGHpA | 1 | 10 |
| 加装 CTE | $P_{\text{CMV}}$－LSP－野生型 IL－15－CTE－BGHpA | 2 | 20 |
| 编码序列优化 | $P_{\text{CMV}}$－LSP－优化型 IL－15－BGHpA | 11 | 110 |
| 天然 IL－15 短信号肽(SSP) | $P_{\text{CMV}}$－SSP－优化型 IL－15－IL－15pA | 1 | 3 |
| 天然 IL－15 长信号肽(LSP) | $P_{\text{CMV}}$－LSP－优化型 IL－15－IL－15pA | 18 | 50 |
| 使用 tPA2 信号肽(sig) | $P_{\text{CMV}}$－tPAsig－GARA－优化型 IL－15－IL－15pA | 75 | 250 |
| 使用 tPA6 信号肽(sig) | $P_{\text{CMV}}$－tPAsig－GAR－优化型 IL－15－IL－15pA | 116 | 300 |
| 使用 tPA7 信号肽(sig) | $P_{\text{CMV}}$－tPAsig－G－优化型 IL－15－IL－15pA | 25 | 70 |
| 使用 tPA8 信号肽(sig) | $P_{\text{CMV}}$－tPAsig－优化型 IL－15－IL－15pA | 10 | 20 |

注:表达水平单位为 ng/mL。

在 TGE 系统中,无论采用复制型载体还是非复制型载体,重组质粒均会在细胞分裂或传代过程中不同程度地丢失,因而每批次细胞培养均需加入足够量的重组质粒 DNA 纯品进行即时转化。一般而言,一次 50 L 细胞培养物规模的 PEI 或 CaPi 转化分别需要使用 50 mg 或 62 mg 的质粒 DNA,这就要求用于转化的质粒 DNA 在大肠杆菌(如 DH5$\alpha$)中必须呈高拷贝复制。对于大规模生产而言,重组质粒的制备也是一个可观的成本因素。

### 7.3.5　利用转基因动物的组织或器官生产医用蛋白

采用遗传稳定型工程细胞系或瞬时表达型细胞系生产医用蛋白均涉及哺乳动物细胞的大规模培养,其主要缺点是细胞生长缓慢、工艺要求极为严格、重组蛋白的生产水平相对较低,很难达到年产量数千克的规模,因此这两大系统的应用受到成本高的制约。利用高等动物基因工程生产重组异源蛋白多肽的第三种策略是以转基因动物的器官或组织作为生物反应器,包括乳腺、血液、精囊、膀胱、鸡卵。其优势在于重组蛋白的产量大、质量高、成本低;但也有缺点,如重组蛋白很难与动物内源性的同源分子相分离,尤为关键的是重组蛋白制备物中难免会混有对人类有害的动物病原体,而且某些重组蛋白的过量表达可能干扰转基因动物的正常生理过程。

1. 不同动物器官或组织用于生产医用蛋白的性能

从理论上来说,动物的血液、乳汁、蛋清、精浆、尿液、丝腺、幼虫血淋巴都是可能的生物反应器系统。其中,转基因罗非鱼在不同组织中均能表达具有生物活性的重组人凝血因子 VII;血液在大多数情况下不能储存高水平的重组蛋白,因为天然状态下重组蛋白在血液中极不稳定,而且异源生物活性蛋白在血液中的高浓度存在也可能影响转基因动物的健康。总体而言,乳腺是目前转基因动物生产重组蛋白最成熟的器官,因为:① 乳汁是可连续合成并分泌的机体流体,含量丰足,频繁采集不会对转基因动物构成危害,在正常情况下一头奶牛每年可产上万升乳汁;② 转基因产物只局限在乳腺细胞中表达,不会干扰动物整个机体的正常生理状态;③ 大多数的转基因产物尤其是蛋白多肽药物本身就是人体蛋白,在动物体内表达后对人体不易产生免疫反应;④ 动物乳腺是一个十分理想的蛋白质翻译后加工场所,异源重组蛋白在这里能获得天然的结构;⑤ 动物乳汁中只有为数不多的十几种蛋白组分,且其性质和含量均为已知(表 7－3),因此转基因产物的大规模分离纯化较为方便。

表 7-3　牛乳和羊乳中的蛋白组成

| 蛋白质 | | 牛 乳 | 羊 乳 |
|---|---|---|---|
| 酪蛋白 | $\alpha_{s1}$-酪蛋白 | 10.0 | 12.0 |
| | $\alpha_{s2}$-酪蛋白 | 3.4 | 3.8 |
| | $\beta$-酪蛋白 | 10.0 | 16.0 |
| | $\kappa$-酪蛋白 | 3.9 | 4.6 |
| 乳清蛋白 | $\alpha$-乳清蛋白 | 1.0 | 0.8 |
| | $\beta$-乳清蛋白 | 3.0 | 2.8 |
| 其他蛋白 | 血清白蛋白 | 0.4 | 未知 |
| | 溶菌酶 | $<0.1$ | 未知 |
| | 乳铁传递蛋白 | 0.1 | 未知 |
| | 免疫球蛋白 | 0.7 | 未知 |

注：各蛋白组分的浓度单位为 g/L。

在大多数情况下，动物机体并不会因其乳汁或蛋清中表达一种异源蛋白而遭受损害，但也有几种蛋白具有特殊性。例如，在兔子的乳汁中表达人的促红细胞生成素（EPO）会影响它们的健康；在兔子的乳汁中表达人的生长激素会产生不太强烈的副作用；而高浓度的人超氧化物歧化酶表达则使兔子不能以正常方式泌乳。各种转基因动物不同器官或组织作为生物反应器用于异源重组蛋白生产的特征列在表 7-4 中。

表 7-4　转基因动物器官或组织生物反应器的特征

| 特 征 | 血 液 | 乳 汁 | 蛋 清 | 精 浆 | 尿 液 | 丝 腺 | 蝇 虫 |
|---|---|---|---|---|---|---|---|
| 理论生产水平 | +++++ | +++++ | +++++ | +++ | ++ | ++ | ++ |
| 实际生产水平 | ++ | ++++ | +++± | + | + | ++ | + |
| 投资费用 | +++ | +++ | +++ | ± | + | +++ | +++ |
| 生产成本 | ++++ | ++++ | ++++ | ± | + | +++++ | +++++ |
| 操作可塑性 | +++++ | +++++ | +++++ | ++ | + | | |
| 细胞系保守性 | +++++ | +++++ | +++++ | | +++++ | +++++ | +++++ |
| 细胞系稳定性 | +++++ | +++++ | +++++ | | +++++ | +++++ | +++++ |
| 生产历史 | +++ | +++ | +++ | | + | +++ | +++ |
| 规模可放大性 | +++++ | ++++ | ++++ | | + | +++++ | +++++ |
| 材料可收集性 | +++++ | +++++ | +++++ | | +++++ | +++++ | +++++ |
| 机体健康性 | ++ | +++ | +++ | | ++± | +++ | +++ |
| 翻译后修饰能力 | +++++ | +++++ | +++++ | | +++± | +++± | ++± |
| 糖基化能力 | +++++± | +++± | +++± | | +++± | ++ | ++ |
| 产物稳定性 | +++ | +++ | +++ | | +++± | +++ | +++ |
| 产物纯化简便性 | ++ | + | + | | ++± | +++ | +++ |
| 病原体污染安全性 | ++ | + | + | | ++ | +++ | +++ |
| 知识产权 | ++++ | + | + | | + | ++ | +++ |
| 产品市场化程度 | + | ++++ | ++ | | + | ++ | + |

注："±"表示程度低于"+"。

2. 不同转基因动物系统用于生产医用蛋白的性能

目前已建立了多种有效的实验程序生成各类转基因动物物种（详见 7.4）。转基因在牛、绵羊、山羊、猪、兔等动物乳腺组织特异性启动子/增强子等转录调控元件的驱动下可高效表达并分泌至乳汁中，常用的组织特异性转录调控元件包括：绵羊 $\beta$-乳球蛋白、山羊 $\beta$-酪蛋白、奶牛 $\alpha_{s1}$-酪蛋白、家兔乳清蛋白（WAP）、小鼠乳清蛋白等编码基因所属的启动子/增强子。

由上述转基因动物获得重组蛋白所需的时间以及产量比较见表 7-5。其中,兔子拥有很多优势:转基因兔易于传代、生育能力强、乳汁产量相对较高、对朊病毒疾病不敏感、对人类不传播严重疾病,每年足以生产数千克的重组蛋白,特别适合迅速传代和规模化放大;猪价格较为昂贵,但产的乳汁量也多于兔子;反刍动物是大规模生产重组蛋白最合适的物种,但需要动物克隆或使用慢病毒载体以整合外源基因,且生殖能力相对较低,它们不能像兔和猪那样良好地糖基化异源蛋白,而且对朊病毒疾病敏感。不过,朊病毒疾病发育所需的 $PrP$ 基因在牛中已被敲除;鸡蛋成为一种理想生物反应器的主要障碍是构建转基因鸟类动物存在巨大困难,不过慢病毒载体也能像在哺乳动物中那样在鸡中有效发挥功能。目前已建立起源自鸡原始生殖细胞(PG 细胞)的多能干细胞系,携带转基因的多能干细胞系可被重新导入胚胎中,并发育成嵌合型的转基因鸡。使用非多能干细胞生成的嵌合型转基因鸡能将重组蛋白分泌至蛋清中,这意味着蛋清可作为生产重组异源蛋白的理想场所。

表 7-5　转基因动物获得重组蛋白所需的时间及产量

| 时间与产量 | 兔 | 猪 | 绵羊 | 山羊 | 牛 |
| --- | --- | --- | --- | --- | --- |
| 妊娠时间/月 | 1 | 4 | 5 | 5 | 9 |
| 性成熟年龄/月 | 5 | 6 | 8 | 8 | 15 |
| 基因转移至哺乳时间/月 | 7 | 16 | 18 | 18 | 33 |
| 子代繁殖数 | 8 | 10 | 1~2 | 1~2 | 1 |
| 乳汁年产量/L | 15 | 300 | 500 | 800 | 8 000 |
| 个体重组蛋白年产量/g | 20 | 1 500 | 2 500 | 4 000 | 40 000 |
| 重要产品年需求量/kg | | | | | |
| 　人血清白蛋白 | | | | | 100 000 |
| 　$\alpha_1$-抗胰蛋白酶 | | | 5 000 | | |
| 　单克隆抗体 | | | | 100 | |
| 　抗凝血酶-III | | | | 75 | |
| 　人凝血因子 VIII | | 2 | | | |
| 　蛋白 C1 抑制剂 | 1 | | | | |

### 3. 转基因动物乳腺反应器的改良

目前,重组异源蛋白在转基因动物乳腺中的分泌浓度尚不够理想,除了转基因鼠乳汁中的异源蛋白表达水平能达到 25 g/L、转基因绵羊的乳腺组织在 $\beta$-乳球蛋白编码基因启动子的控制下使人 $\alpha$-抗胰蛋白酶的分泌浓度达到 35 g/L 外,其他转基因牲畜还难以用于规模化生产。其原因可能是人体蛋白编码基因内含有抑制转基因牲畜乳蛋白特异性启动子转录活性的序列,剔除或修饰这些序列,同时重组能促进启动子活性的其他 DNA 元件或许能解决这一难题。此外,大量的研究证实,cDNA 型的转基因在动物乳腺中的表达水平远远低于基因组 DNA,这主要是由于 cDNA 对转基因插入位点附近的受体染色体沉默序列特别敏感所致。

事实上就乳汁而言,重组蛋白的表达水平在 1 g/L 上下是商业化可接受的,但浓度更高时,乳腺细胞机器可能达到饱和状态而难以完全糖基化所有重组蛋白分子。例如,在山羊乳汁中产生的重组人抗凝血酶 III(ATryn)相比其人体内的天然形式含有较低的唾液酸单位;类似地,在兔子的乳汁中产生的人抑制因子 C1 也不能完全唾液酸化;而分泌在蛋清中的单克隆抗体则根本不含唾液酸单位。既然相关糖基化酶系编码基因的转移能改善 CHO 细胞系的唾液酸化程度,那么同样的策略也能提升哺乳动物乳腺和鸡蛋清中的糖基化效率。

重组蛋白其他的翻译后修饰形式也很重要,如某些特异性的裂解和 $\gamma$-羧基化。分泌在转基因小鼠乳汁中的重组人蛋白质 C 的完全成熟,可通过将这些小鼠与另一些在乳腺中表达弗林蛋白酶(作用于成对碱性氨基酸)的转基因小鼠交配而实现。这项工作表明,像乳腺这样的活体生物反应器可被工程化改造成能对重组蛋白实施翻译后修饰的场所。

# 7.4 利用转基因技术改良动物遗传性状

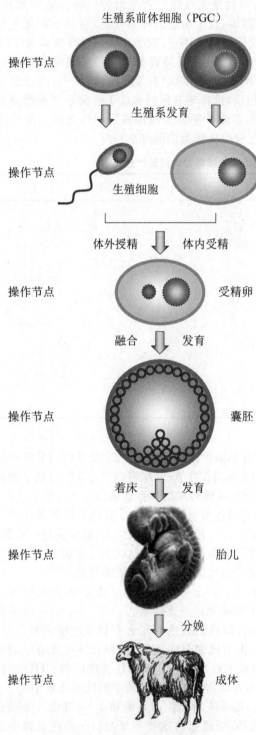

生殖系前体细胞（PGC）

操作节点

生殖系发育

操作节点

生殖细胞

体外授精 体内受精

操作节点 受精卵

融合 发育

操作节点 囊胚

着床 发育

操作节点 胎儿

分娩

操作节点 成体

**图 7 - 26 高等转基因动物生成中
基因转移的操作节点**

利用转基因技术将外源基因整合入合适的动物细胞核基因组，然后再在接纳外源基因的细胞或细胞核中通过有性生殖或无性生殖的方式培育出外源基因得以稳定遗传并表达的转基因活体动物，这是高等动物基因工程的另一种形式。在此过程中，由转基因操作至转基因动物生成的效率以及转基因整合和表达的精确控制是至关重要的限制性因素。支撑转基因动物生成效率的策略包括生殖系及其干细胞技术、受精卵及工程胚胎干细胞技术、体细胞核转移技术、诱导型多能干细胞技术；而保障转基因整合和表达精确控制的策略则依靠同源重组打靶技术（7.2.2）、位点特异性整合技术（7.2.3）、位点特异性断裂基因组编辑技术（7.2.4）、靶向性 RNA 干扰技术（7.2.5）。目前，采用这些技术已构建成各种转基因动物，后者广泛用于基因功能探查、遗传品质改良、生物反应器构建、动物疾病建模、器官生成移植等多个领域。

## 7.4.1 转基因动物生成的原理与技术

生成高等哺乳类转基因动物个体的必经环节是胚胎置入雌性动物的子宫。因此，任何转基因动物的生成均需在胚胎或者精/授精之前的生殖细胞阶段进行转基因的转移操作，包括受精卵细胞、胚胎干细胞、精细胞、卵细胞以及支撑其发育的前体细胞，据此建立起一系列有效的转基因动物生成操作节点和程序（图 7 - 26）。

1. 生殖系及其干细胞的转基因操作

高等动物的生殖前体细胞（PGC，亦称原生殖细胞）是指那些能发育成精子或卵子的祖先细胞。PGC 在胚胎生殖腺中驻留、迁移和增殖。由于 PGC 不同的发育阶段均可作为转基因的受体细胞，因而成为生成转基因动物的有效操作节点。例如，采用脂质体转染方法将 *lacZ* 或 *GFP* 基因导入分离自鸡早期胚胎血的 PGC 中，随即再注入受体囊胚中，可生成性腺中表达 LacZ 和 GFP 的转基因鸡。类似地，由慢病毒载体感染过的 PGC 获得的 $G_0$ 代转基因嵌合鸡具有可接受的生殖系传递频率。在 $G_1$ 代转基因鸡中，*eGFP* 基因在肌动蛋白启动子的控制下获得高效表达。此外，借助 PGC 将基因转移至猪以及其他饲养动物中也同样具有可行性，很多饲养动物能有效分离和培养生殖前体细胞。这种基于 PGC 基因操作生成转基因动物技术的优势在于可操作性强、效率相对较高，将之与基因靶向技术相结合能显著提高转基因的效率和精度，在转基因动物研究中具有较广的应用前景。

雄性生殖系中的干细胞（即精原干细胞，SSC）是哺乳动物睾丸中具有自我更新和分化潜能的细胞群，类似于胚胎干细胞。自 1994 年 SSC 移植技术建立以来，此类细胞已成为生殖系基因修饰的一个重要靶点。用合适酶类消化生育性雄鼠的睾丸产生单细胞悬浮物，培养和转染 SSC，然后再将之显微注射入一只不育性受体小鼠的精小管内腔中，通常只有一个 SSC 能在受体睾丸中形成精子发生型克隆。将这种转基因型雄鼠与一只野生型雌鼠交配，便可生育出转基因子代小鼠（图 7-27）。由于在 SSC 体外培养期间可以对基因转移阳性细胞进行筛选，因而转基因效率得以显著提升。例如，采用逆转录病毒体外转染小鼠 SSC，转染效率在 2%～20% 之间，且 4.5% 的子代呈稳定的转基因型小鼠。这项研究表明，以类似于胚胎干细胞的方式在组织特异性干细胞中操作基因是可行的，这对基因治疗和动物转基因具有重要启示意义。类似地，以腺相关病毒（AAV）作为转基因载体转染山羊 SSC，可获得转基因精子。将这种精子用于体外授精，10% 的山羊胚胎呈转基因型。这是借助 SSC 移植技术生成大型转基因饲养动物胚胎的首次尝试。一种更为简便、经济、高效的 SSC 介导型基因转移方法是将重组质粒直接注入雄性小鼠的睾丸中。在所产生 $F_1$ 和 $F_2$ 代小鼠中，分别有 38.5% 和 36.4% 的小鼠呈转基因阳性。

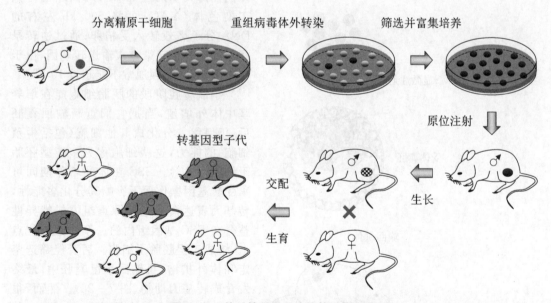

图 7-27　基于精原干细胞的基因转移操作

转基因的精子转移法（SMGT）主要在猪和小鼠中建立。在某些情形中，这种方法能简化转基因操作，但基因转移效率较低。改进的程序包括：预先降解精细胞质膜、重组 DNA 与精细胞共育温、采取精子胞质内注射（ICSI）技术使卵母细胞体外授精，改进版的 ICSI 授精程序能高产转基因猪。

2. 受精卵及胚胎干细胞的转基因操作

在高等动物受精卵节点上的转基因操作包括下列三种方式：① 将重组 DNA 分子直接显微注射进受精卵的原核中；② 转基因表达盒插在转座子内，然后将双链重组质粒显微注射进受精卵合子的胞质中;③ 转基因表达盒与慢病毒载体重组,然后将慢病毒重组载体注射进透明带与卵母细胞质膜之间的区域。其中,重组 DNA 分子的原核直接显微注射法在反刍动物及其他某些物种中效率很低,不过已在小鼠、大鼠、兔、猪、鱼中获得成功。转座子和慢病毒载体在大多数情形中能有效提升转基因在受精卵基因组中的整合效率,例如慢病毒载体已被证实对反刍动物和猪有效。

在上述情形中,基因转移的起点和终点分别为受精卵和携带整合型转基因的动物子代,因此整个转基因过程的总有效率可表征为转基因阳性动物子代数与初始投入的受精卵数之比,这个参数与转基因性质和转基因程序密切相关。以小鼠转基因为例:注射转基因重组分子后受精卵的存活率为86%;将受精卵移植到母鼠子宫内后受精卵的存活率为25%;母鼠的怀孕率为80%;转基因表达盒在基因组上的整合率为24%,因此小鼠转基因的总有效率约为4%。另外,转基因的大小也是基因转移效率的一个重要指标,不同的转移方法所允许的最大转基因相对分子质量范围也不同。一般来说,直接显微注射法可转移 250 kb 以内任何大小的外源 DNA 片段;酵母人工染色体(YAC)可将 500 kb 左右的 DNA 分子高效转入受精卵;通过逆转录病毒或慢病毒转染方式输送转基因,由于包装限制,转基因通常不能超过 10 kb。

小鼠囊胚阶段的胚胎细胞能在培养基中体外增殖,当把它们重新输回囊胚后,仍保留着分化成其他细胞(包括生殖细胞)的能力,这些细胞称为多能型胚胎干细胞(ESC)。ESC 在体外培养期间可承受转基因操作而不影响其分化多能性,转基因表达盒通过同源重组方式特异性整合在 ESC 基因组内的一个非必需位点上,构成工程胚胎干细胞。后者经筛选鉴定和体外扩增,再输回小鼠囊胚中,最终发育成转基因动物(图 7-28)。然而,很多物种尤其是大型牲畜如牛、羊、猪等,其 ESC 仍不能有效分离和培养,因此这一程序的应用受到某种程度的限制。

在上述过程中,绝大多数的 ESC 不能整合转基因表达盒。转基因的定点整合及转基因 ESC 细胞的筛选富集依赖于特殊设计的载体性能,它通常包括两个与 ESC 中某一非必需基因两端同源的 DNA 序列 *HB*1 和 *HB*2,以及两个来自单纯疱

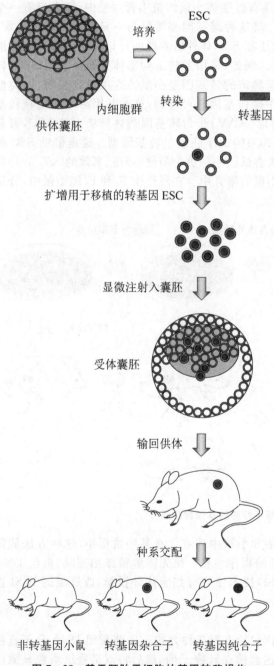

ESC

培养

内细胞群

转基因

转染

供体囊胚

扩增用于移植的转基因 ESC

显微注射入囊胚

受体囊胚

输回供体

种系交配

非转基因小鼠　　转基因杂合子　　转基因纯合子

**图 7-28 基于胚胎干细胞的基因转移操作**

疹病毒的胸腺嘧啶激酶标记基因 $tk1$ 和 $tk2$（自杀基因）。将转基因和新霉素抗性基因（$neo^r$）一同插在上述载体分子的 $HB1$ 和 $HB2$ 之间,重组分子注入 ESC 内,并在含有抗生素 G418 的培养基中进行体外培养。由于载体是复制缺陷型的,所以在抗 G418 的 ESC 子代细胞中,重组分子已整合入基因组 DNA 中。如果非特异性整合事件发生,载体上至少有一个 $tk$ 基因会随转基因和 $neo^r$ 一起整合[图 7 – 29(a)],此时用 GCV 筛选,其转化产物便会杀死 ESC（详见 7.2.2）;而在特异性整合过程中,两个 $tk$ 基因不能进入基因组[图 7 – 29(b)],ESC 表现为 GCV 抗性,遂进行正常生长与分裂。经上述程序筛选出的转基因 ESC 还可采用 PCR 技术加以进一步鉴定:分别合成两种 PCR 引物 P1 和 P2,前者与 $neo^r$ 互补（动物细胞内不存在 $neo^r$ 基因）,后者靶向 ESC 基因组 $HB1$ 序列左侧邻近区域（CS）。对于非特异性整合,P2 引物不能与基因组模板互补,因而不产生扩增产物或形成不正确的产物[图 7 – 29(a)];对于同源重组,则产生大小确定的 DNA 扩增片段[图 7 – 29(b)]。

　　需要指出的是,上述基于同源重组的 ESC 转基因操作由于整合效率过低,在相当程度上限制其广泛应用。基于位点特异性基因组编辑技术（ZFN、TALEN、$CRISPR$/Cas 系统）

(a)　非特异性整合

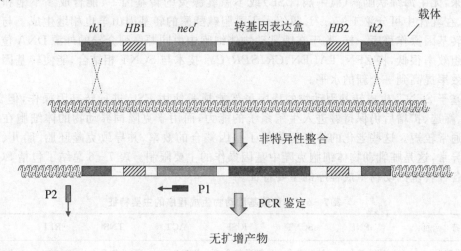

(b)　特异性整合

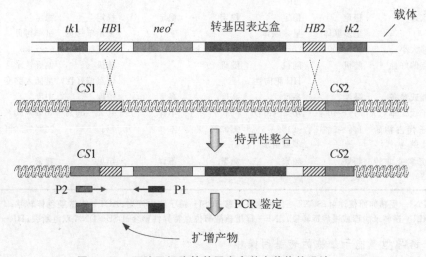

图 7 – 29　胚胎干细胞转基因定点整合载体的设计

有望取代同源重组程序,大幅度提升转基因的整合效率以及转基因动物生成的成功率。

### 3. 体细胞核转移的转基因操作

上述以生成转基因动物个体(而非动物细胞)为目标的基因转移方法所使用的转基因受体均为生殖/前体细胞或者受精卵/早期胚胎,这些细胞的采集和操作需要较为复杂的技能,因而应用范围受到限制。得益于多利绵羊体细胞克隆技术的问世,用于转基因动物生成的初始受体细胞类型得以扩展至几乎所有的体细胞,特别是易于分离、采集和基因转移操的成体或胎儿成纤维细胞。将转基因以多种基因转移方式导入能进行传代培养的动物体细胞内,筛选获得转基因稳定整合型的体细胞株,继而再以这些体细胞为核供体进行动物克隆(SCNT)。该程序使基因转移效率大为提高,转基因动物后代数迅速扩增,所需初始动物个体的数目也相应大幅度减少,具有较强的可操作性和实用性。

上述基于 SCNT 生成转基因动物程序的实验验证包括:将编码重组人 $\alpha_1$ 抗胰蛋白酶(rhAAT)的治疗性转基因 AATC2 整合在绵羊胎儿成纤维细胞基因组中的 $\alpha_1$ 前胶原编码基因(COL1A1)位点处,然后借助 SCNT 生成转基因型绵羊活体,并在其乳汁中检测到浓度为 650 $\mu g/mL$ 的 rhAAT。这是第一例由培养的体细胞通过 SCNT 生成转基因绵羊的报道;自此以来,无牛海绵状脑病(疯牛病,BSE)或不患乳腺炎的转基因牛、能合成多不饱和脂肪酸的猪、在乳汁中可分泌 $1\sim5$ g/L 重组人丁酰胆碱酯酶的转基因山羊也相继生成。与其他类型的转基因操作程序一样,鉴于在哺乳动物体细胞中由同源序列介导的外源 DNA 位点特异性重组效率很低,将 ZFN、TALEN、CRISPR/Cas 技术与 SCNT 相结合,能使转基因动物的生成效率提高到一个新的水平。

基于 SCNT 生成转基因动物的程序虽然能规避使用 ESC 进行转基因操作,但 ESC 在修饰、筛选、扩增后仍保持着进入生殖系统的能力,而用于克隆饲养动物的体细胞在体外的寿命通常较短。这些老化的体细胞降低了基因整合的效率,并导致克隆胚胎、胎儿、子代的高频异常,这是哺乳动物体细胞克隆中基因操作的主要限制。表 7-6 总结了包括 SCNT 在内的各种转基因动物生成程序的主要特征。

**表 7-6 各种转基因动物生成程序的主要特征**

| 特 征 | PNI | SCNT | ICSI | ACT | TNS | RLI | ZNF |
|---|---|---|---|---|---|---|---|
| 整合类型 | 被动整合 | 被动整合 | 被动整合 | 非整合 | 主动整合 | 主动整合 | 主动整合 |
| 转基因插入机制 | DSB 修复 | DSB 修复 HR | DSB 修复 | 转基因游离 | 转座酶催化 | 整合酶催化 | 靶向性断裂 HR |
| 转基因状态 | 稳定 呈多联体 | 稳定 呈多联体 | 稳定 | 稳定 | 稳定 多呈单拷贝 | 稳定 呈单拷贝 | 稳定 敲入 |
| 允许转移大小 | 20～500 kb | 20～500 kb | 20～500 kb | 500 kb | 8～12 kb | 6～7 kb | 不详 |
| 整合位点偏好性 | 随机 | 随机 HR 靶向性 | 随机 | | 随机 位点偏好性 | 偏好转录区 呈插入突变 | 序列靶向性 有脱靶倾向 |
| 所需技能或装备 | 高度 | 高度 | 高度 | 高度 | 中度 | 中度 | 中度 |
| 转基因子代比率 | 3%～10% | 70%～100% | 6% | 不详 | 40%～60% | 50%～90% | 不详 |
| 转基因子代占初始受精卵比例 | 1%～5% | <1%～5% 多数情形 | 0.03% | 不详 | 7% | 25%～50% | 不详 |
| 转基因沉默或非转基因表达 | 频繁 | 频繁 | 频繁 | 不详 | 罕见 | 频繁 | 不详 |

注:PNI—受精卵原核注射;SCNT—体细胞核转移;ICSI—精子胞内注射;ACT—人造染色体转移;TNS—转座子介导转移;RLI—逆转录病毒或慢病毒转染;ZNF—锌指核酸酶位点特异性整合;DSB—DNA 双链断裂;HR—同源重组。

### 4. 诱导型多能干细胞的转基因操作

诱导型多能干细胞(iPSC)是一类脱分化了的体细胞,源自相应的体细胞由几种转录因子组合介导在体外重编程至一种 ESC 样的状态,同时拥有类似于 ESC 那样自我再生和分化的全能性。因而,任何器官或组织来源的体细胞无需形成胚胎便可直接用于生成具有干细胞功能的细胞,从而避免了人类转基因所面临的伦理问题,同时也相应简化了生成转基因动物的工作程序。由小鼠胚胎成纤维细胞(MEF)诱导生成 iPSC 型 GFP 转基因小鼠的实验程序如图 7-30 所示。将八聚体结合型转录因子-4(Oct4)、SRY 相关性高移动组盒蛋白-2(Sox2)、Kruppel 样因子-4(Klf4)、骨髓细胞瘤原癌基因(c-Myc)四种转录因子(简称 OSKM)编码基因由逆转录病毒介导转染 MEF,诱导 MEF 重编程至 iPSC;然后再将这些 iPSC 注射进入四倍体囊胚中生成 iPSC 型转基因小鼠。

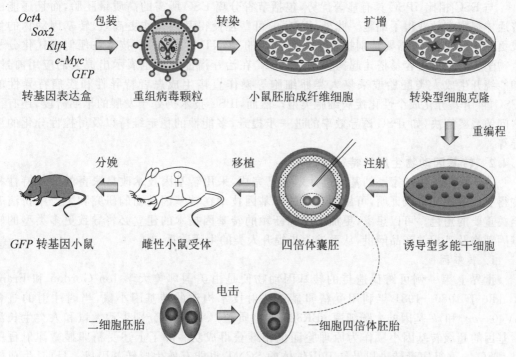

图 7-30　利用诱导型多能干细胞和四倍体囊胚互补技术生成转基因小鼠

自 2006 年哺乳动物体细胞重编程至 iPSC 的先驱性工作发表以来,这项实验程序又经历了多层次的改进,例如:① 由于整合型载体在受体细胞基因组中的随机插入有可能导致产生突变,因而人类 iPSC 的生成均采用非整合的游离型载体(如人类人造染色体载体)。在消除游离型载体后,iPSC 呈完全无载体型(包括 OSKM 基因序列),使得这些 iPSC 在增殖和发育潜能方面与人类胚胎干细胞(hESC)更为接近。② 为了规避机体对病毒型载体的免疫应答反应,直接向初始体细胞胞质内注射编码 OSKM 的修饰型 mRNA,这种程序不但省去了消除载体的烦琐操作,而且能高效重编程人类多种类型的体细胞,所产生的诱导型多能干细胞(RNA-iPSC,简称 RiPSC)还能以同样的策略发育成处于分化终端的肌原细胞。③ 以转基因的形式将编码 miRNA302/367 的基因簇导入体细胞,可将小鼠和人类体细胞快速高效地重编程至 iPSC 状态,无需任何外源性转录因子的介入。这种基于 miRNA 诱导重编程生成 iPSC(MiPSC)的效率要比标准的 OSKM 介导程序高两个数量级。④ 将 OSKM 重编程蛋白与一种细胞渗透肽(CPP)相融合并直接投送,也能将人类成纤维细胞诱导成稳定的 iPSC。这些蛋白质诱导型的人类 iPSC(PiPSC)在形态、增殖、多能性特征标志物等指标方面与 hESC 相似。⑤ 更神奇的是,四种小分子杂环化合物 CHIR、616452、FSK、DZNep(简称 C6FZ)可效率等同地替代四种转录因子 OSKM 将胚胎成纤维细胞(MEF)、新生儿成纤维细胞(MNF)、成年成纤维细胞(MAF)化学重编程至 iPSC(CiPSC)。上述结果表明,人类体细胞的重编程并不需要基因组整合或外源重编程因子的持续存在,这就消除了人类 iPSC 在临床应用中的一大安全隐患。

iPSC 可用作转基因操作的初始细胞,导入转基因的 iPSC 仍能转入囊胚获得嵌合型子代,最终高效生成相应的转基因动物。除小鼠外,由 iPSC 生成非啮齿类转基因动物的可行性也得以证实:iPSC 的生殖性移植成功培育出一头转基因小猪,其基因组上整合了人类 POU 功能域 5 型转录因子-1 编码基因(*POU5F1*)和 *NANOG* 基因。由此可见,基于 iPSC 的转基因动物生成程序有望成为与体细胞核转移技术并驾齐驱的另一种选择。

与 ESC 相比,iPSC 具有显著优势,包括节省分离 ESC 所需的高质量胚胎,而且还能由普通体细胞有效获得干细胞。此外,iPSC 的可塑性使得基因操作更高效,转基因动物的生成更简便更快速;与需要特别技术和专门技能的 SCNT 相比,iPSC 技术在任何现代化分子生物学实验室里更容易搭建起操作平台;iPSC 在治疗潜能方面也展示出惊人的应用前景,如能绕开生成人类胚胎或采集人类卵细胞等操作直接生成患者特异性和疾病特异性的 iPSC,再由其分化成个性化疾病细胞类型。然而,iPSC 技术仍处于发展的早期阶段,还有很多问题需要解决,如 iPSC 诱导效率的进一步提升、多能性的稳定维持以及可控性分化的诱导等。

### 7.4.2 转基因动物生成的特征与应用

鉴于模式动物和家畜的基因组计划业已完成,采用转基因技术改良家畜的遗传特性将变得更加方便。实践证明,可靠和有效的转基因技术在转基因动物的研究和生产中扮演着至关重要的角色。可以想象,更加简便和新颖的转基因技术的建立必将导致更多类型的转基因动物及其相关产品问世,从而进一步提升人类的生活质量。

1. 转基因鼠

世界上第一例可跨代遗传的转基因动物便是由美国耶鲁大学 Jon Gordon 和 Frank Ruddle 于 1980—1981 年利用受精卵显微注射技术构建的转基因小鼠,当时注射的是含 SV40-*ori* 和 *tk* 基因的大肠细菌 pBR322 重组质粒。一年后,分别表达大鼠和人类生长激素基因的超级转基因小鼠作为原理验证也相继获得成功。除了上述受精卵显微注射程序外,ESC 的重组病毒转染以及转基因供体的 SCNT 也能有效生成转基因鼠。目前,生成转基因鼠的主要用途包括建立人类疾病的研究模型和药物试验筛选模型以及绘制高等哺乳动物尤其是人类基因功能谱两个方面。

(1) 转基因鼠在揭示人类疾病病理中的应用

转基因鼠能在较短的时间内模拟人类疾病的发生和发展过程,同时又为药物疗法和基因疗法提供体内试验系统。尽管从转基因鼠身上获得的有关病理学知识并不都是人体的真实写照,但在相当多的情况下,此类模型的确能帮助人们了解一些严重疾病复杂的发病机理。例如,表达乙肝病毒表面抗原(HBsAg)的转基因小鼠呈现与人类乙肝病毒患者相似的病理特征,肝细胞严重受损且具有强烈的炎症反应,乙肝病毒感染的精细机制也是由这种小鼠模型中获得的。

不仅如此,小鼠转基因模型还能模拟诸如阿尔兹海默症、肌肉营养不良症、风湿性关节炎、恶性肿瘤、内分泌功能紊乱、糖尿病、高血压以及冠心病之类的人类复杂疾病。阿尔兹海默症是一种变性脑机能紊乱类疾病,其症候群为抽象思维和记忆力损失,甚至发生语言障碍。虽然在 60~65 岁的人群中发病率只有 1%,但 80 岁以上的老人中 30% 患有此症,而且由于病理不明,临床诊断和治疗效果都很差。在病人脑的新皮层和海马中,神经元纤维黏团在神经元细胞体内大量积累,轴突末端产生稠密的老化斑块,而正常的脑细胞神经元呈退行性消失。此外,在脑血管中还存在一些称为淀粉状体的蛋白聚集物(图 7-31)。老化斑和淀粉状体的主要成分是一种相对分子质量为 4 kD 的蛋白质（$\beta$-A4 或 $\beta$ 蛋白），它是 $\beta$-淀粉前体蛋白（APP）的内源蛋白酶降解产物。在阿尔兹海默症发病频率较高的家族成员中均存在 APP 基因的突变，由此怀疑这是该病的病因，但在人体中几乎无法研究该病症的发生和发展过程。小鼠的某些种系也能形成老化斑，而另一些种系则天生不会产生。以后一种系的小鼠为受体，将人 APP 基因转入其体内，构建相应的转基因鼠模型，以此研究阿尔兹海默症的分子机制。来自人的缺陷基因在转基因鼠的脑神经元中获得表达，并产生相应的症候群，该病的发病机理遂得以确立。上述转基因结构包括一个来自脑特异性病毒的启动子以及编码 $\beta$-淀粉前体蛋白 C 末端 100 个氨基酸残基的人 APP 基因部分序列。

（2）转基因鼠在研究高等哺乳动物发育机制中的应用

越来越多的实验结果表明，高等哺乳动物与人类之间的发育机制存在着很大的相似性和可比性，因此借助转基因鼠研究模型可以了解许多有关人类发育尤其是性别决定机制方面的知识。

在 Y 染色体不存在的情况下，高等哺乳

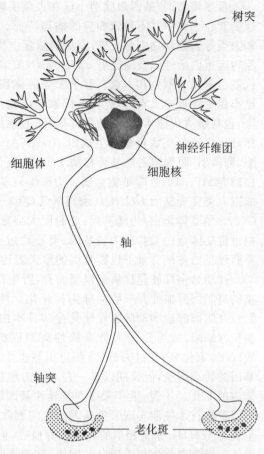

图 7-31　人大脑皮层神经元示意图

动物的生殖细胞总是发育形成卵巢组织；如果受精卵拥有 Y 染色体，则睾丸发育。与睾丸发育有关的遗传位点现已被鉴定，分别为大鼠中的 Tdy 和人体中的 TDF。在与 Tdy 相同的染色体位点上分离克隆到一个基因 Sry，相关遗传和表达特性研究结果显示，它与决定睾丸发育程序有关，因为该基因单独就能使 XX 型的小鼠转变为雄性。将含有完整 Sry 基因的一段 14 kb DNA 片段注入 XX 型的大鼠受精卵细胞中，虽然转基因并不能使所有被注射的受精卵细胞发育睾丸，但有两个受精卵确实发育成长有睾丸的 XX 型大鼠。有趣的是，其中一只成年转基因鼠具有正常的雄性交配行为，但无致育性，因为在其组织发育正常的睾丸中没有精子发生系统。在上述实验中，Sry 基因是转基因鼠体内唯一的 Y 染色体 DNA，因此这一结果证明 Sry 为 Y 染色体上的睾丸生成决定基因，而定位于其他染色体上的某些基因则控制 Sry 的表达开关，并执行由 Sry 启动的睾丸发育程序。

2. 转基因兔

家兔是 1985 年首批问世的三种转基因家畜（兔、猪、绵羊）中的一种。借助干涉相衬显微镜（DIC）将转基因直接注入动物受精卵的原核中，家兔和绵羊的细胞核能在显微镜下直接看到，但猪和牛的细胞核不易分辨，必须通过离心加以分离。三种家畜的第一个转基因是由金属可诱导型金属硫蛋白（MT）基因所属启动子控制的人生长激素（hGH）编码序列，因为其表达产物的检测手段较为成熟。实验结果显示，注入的转基因能整合在所有三种动物的基因组中，而且在转基因动物的血清中也能检测到 hGH，但转基因的成功率只及转基因鼠的 10%～15%，平均每 200 个被注射的受精卵细胞中只有一个能发育成转基因动物。

虽然转基因/基因敲除型小鼠在人类疾病模型中占有绝对优势,但有些人类疾病的病因性突变在小鼠中并不导致相应的病理特征。鼠科动物的主要肌球蛋白重链为 α 型,而家兔和人类等大型动物则为 β 型;家兔的脂蛋白代谢特征与人类更相似,拥有极高的血清胆固醇酯转运蛋白活性以及缺乏肝 apoB mRNA 编辑功能;而且,成年鼠科动物再极化的离子通道机制也不同于家兔和人类。鉴于家兔的体积介于小鼠与人类之间,且不少生理或病理特征比小鼠更接近于人类,因此转基因家兔已被用作多种人类疾病特别是心血管疾病的研究模型,包括脂质代谢紊乱、动脉粥样硬化、心肌肥大、长 QT 心律异常综合征等。其中,动脉粥样硬化症家兔疾病模型的生成以 ApoA、ApoA1、ApoA2、ApoB100、ApoE2、ApoE3、肝脂肪酶、卵磷脂-胆固醇乙酰基转移酶 LCAT、脂蛋白连接酶 LPL、15-脂肪氧合酶、基质金属蛋白酶 MMP-12、巨噬细胞金属弹力酶编码基因为转基因;长 QT 综合征家兔疾病模型的生成以人类突变基因 KCNQ1(编码 KvLQT1 - Y315S 型变体蛋白)和 KCNH2(编码 HERG - G628S 型变体蛋白)为转基因;心肌肥大症家兔疾病模型以突变基因(编码 β 型主要肌球蛋白重链变体蛋白 Q403)为转基因;而心动过速性心肌病的家兔疾病模型的生成则在 β 型主要肌球蛋白重链背景下以转基因的形式表达不同程度的 α 型蛋白。

就动脉粥样硬化症疾病模型而言,野生型家兔对食物中的胆固醇敏感,能迅速发展为严重的高胆固醇血症并导致动脉粥样硬化。渡边遗传性高脂血症家兔(WHHL)是一种呈自发性高胆固醇血和动脉粥样硬化症的日本白兔突变品系,其低密度脂蛋白(LDL)受体功能遗传性缺陷,故可用作人类家族性高胆固醇血症(FH)的研究模型。除了喂养胆固醇和WHHL 家兔外,在过去的 20 年里虽然也生成了能表达脂质代谢和动脉粥样硬化症所涉及基因的转基因兔,但长期以来一直未能构建基因敲除型的家兔,因为家兔缺乏只存在于小鼠体内的 ESC。不过,近年来序列特异性基因组编辑技术的建立使得无需通过 ESC 中的同源重组敲除技术便能实现家兔基因的定向删除操作。虽然 apoE 敲除型家兔在喂养胆固醇后呈现与 WHHL 家兔相似的高胆固醇血症,但两者的脂蛋白表达谱完全不同。ApoE 是 LDL 受体和脂蛋白受体相关蛋白的配体,对清除肝脏中残余脂蛋白具有重要功能,其遗传缺陷是人类 III 型高脂蛋白血症的病因之一。因此,apoE 敲除型家兔和 WHHL 家兔代表了两种不同的高胆固醇血症模型。

如前所述,转基因家兔的乳腺是一个较为理想的生物反应器,很多重组医用蛋白能高产量地从转基因家兔乳汁中收获。例如,携带鼠科动物乳清酸性蛋白(mWAP)编码基因所属启动子、人凝血因子 VIII(hFVIII)cDNA 以及 mWAP 3′序列的转基因兔杂交三代,仍呈稳定遗传。轮状病毒是婴儿病毒性胃肠炎的主因,全球范围每年导致约 50 万婴儿夭折。前期开发的轮状病毒复制型减毒疫苗在临床应用中会引发肠套叠型肠梗阻,因而非复制型的重组轮状病毒抗原蛋白成为有前途的新型疫苗。将轮状病毒的 VP2 和 VP6 编码基因双顺反子表达盒以受精卵显微注射方式转移至家兔中,重组蛋白 VP2 和 VP6 在家兔乳腺中的表达水平为 250 μg/mL,虽然这一表达量尚未达到商业化开发的水准,但却是首例两种疫苗蛋白共表达的转基因哺乳动物反应器。

### 3. 转基因猪

除了受精卵或合子的显微注射外,转基因猪的生成还可以借助精细胞介导型基因转移、卵细胞介导型病毒转染以及体细胞核转移技术(SCNT)实现。前两种方法的转基因呈随机性整合;而 SCNT 既可以通过逆转录病毒或慢病毒载体进行半随机整合,又可以采用同源重组以及 ZNF 等基因组编辑技术实现转基因的位点特异性重组/整合。

在动物转基因技术建立的早期,人们对生成转基因猪的热情主要倾注于改良商品猪种的遗传性能目标上。的确,含有人生长激素基因的转基因猪生长期显著缩短,且饲料利用率及瘦肉比例大幅度提高,具有可观的经济意义。然而这种转基因猪体质相当虚弱,可能是由于生长激素在其生长发育中全程表达的缘故,因为在正常生理条件下,内源性生长激素的存在周期通常只有两个月左右。此外,生长激素基因在猪体内呈基底表达特征,在饲料中添加锌仅使生长激素表达量提高两倍,因此选择其他性能优异的可控性启动子有望改善转基因猪的体质。

然而,近年来的研究发现,转基因猪的真正价值似乎体现在作为器官移植的来源以及人类疾病模型的应用中,包括囊胞性纤维变性症(CF)、阿尔兹海默症(AD)、糖尿病(DM)、心血管疾病(CVD)、视网膜色素变性症(RP)、脊髓性肌肉萎缩症(SMA)、亨廷顿舞蹈症(HD)、癌症(CC)等。生成这些转基因猪疾病模型的靶基因操作列在表 7-7 中。推动转基因猪生成的因素之一是要满足人类对移植性器官的需求。全球每年等待器官移植的患者超过 11 万,但因器官短缺真正能接受移植手术的人仅为其中的 1/4。增加移植性器官供给的一种途径是取自其他哺乳动物,如猪。然而,人类及其他灵长类动物体内存在针对猪细胞表面分子的抗体以及其他能刺激免疫反应的分子。这些早已存在的抗体能识别半乳糖 $\alpha-1,3-$半乳糖单位并与这种抗原决定部位结合,并在数分钟内便可招募补体蛋白进而排斥异源细胞、组织或器官,即所谓的超急性排斥反应。负责催化这糖单位形成的酶为 $\alpha-1,3-$半乳糖苷转移酶 1,其编码基因($GGTA1$)在猪体内是功能性的,但在人体内为假基因。十多年前人们就尝试敲除猪体内的 $GGTA1$,使得人类抗体不至于引发超急性排斥反应。当时唯一有效的技术是在体细胞中实施靶基因的同源重组灭活,继而借助 SCNT 生成 $GGTA1$ 敲除型转基因猪。2002 年,猪的 $GGTA1$ 单等位基因敲除获得成功,随后便获得 $GGTA1$ 敲除型猪的纯合子。正如所期望的那样,$GGTA1$ 的敲除果然能消除超急性排斥反应;然而却又冒出了新的难题,包括超急性排斥后效应(即急性血管排斥)、细胞介导型排斥、非血管性排斥(神经变性症)以及猪源性逆转录病毒污染。不过,随着 2012 年猪基因组测序的完成,针对上述难题的转基因策略逐一有效地得以实施。

**表 7-7　生成转基因猪疾病模型的靶基因操作**

| 疾　病 | 靶　基　因　操　作 | 生成技术 | 发表年份 |
|---|---|---|---|
| 亨廷顿舞蹈症 | 亨廷顿突变基因($HTT$)$^+$ | PNI | 2001 |
| | 亨廷顿突变基因($HTT$)$^+$ | SCNT | 2010 |
| 阿尔兹海默症 | 淀粉样前体蛋白编码基因($APP$)K670Nt/M671L$^+$ | SCNT | 2009 |
| 脊髓性肌肉萎缩症 | 运动神经元生存基因($SMN$)$^{+/-}$ | SCNT | 2011 |
| 心血管病 | 过氧物酶体增殖因子激活型 $\gamma$-受体编码基因($PPAR-\gamma$)$^{-/-}$ | SCNT | 2011 |
| | 内皮细胞氧化氮合成酶 3 编码基因($eNOS3$)$^+$ | SCNT | 2006 |
| | 过氧化氢酶编码基因($CAT$)$^+$ | SCNT | 2011 |
| | 载脂蛋白 C III 编码基因($ApoCIII$)$^+$ | SCNT | 2012 |
| 3 型青春晚期糖尿病 | 负显性肝细胞核内因子-1 异位同型盒 A 编码基因($HNF1\alpha^{dn}$)$^+$ | SCNT | 2009 |
| 2 型糖尿病 | 负显性葡萄糖依赖型促胰岛素多肽受体编码基因($GIPR^{dn}$)$^+$ | LVI | 2010 |
| 视网膜色素变性症 | 视紫红质 P347L 型突变蛋白编码基因($RHO$ P347L)$^+$ | PNI | 1997 |
| | 视紫红质 P23H 型突变蛋白编码基因($RHO$ P23H)$^+$ | SCNT | 2012 |
| 3 型斯特格样黄斑营养不良症 | 超长脂肪酸-4 链延长突变基因($ELOVL4$)$^+$ | PNI/SCNT | 2011 |
| 乳腺癌 | 乳腺癌相关基因 1($BRCA1$)$^{+/-}$ | SCNT | 2011 |
| 囊胞性纤维变性症 | 囊胞性纤维变性转膜传导调节因子编码基因($CFTR$)$^{-/-}$ | SCNT | 2008 |
| | 囊胞性纤维变性转膜传导调节因子突变基因($CFTR^{\Delta F508}$)$^+$ | SCNT | 2008 |

注:PNI—受精卵原核注射;SCNT—体细胞核转移;LVI—慢病毒注射;上标"+"—转基因整合;上标"+/-"—单等位基因敲除;上标"-/-"—双等位基因敲除。

4. 转基因羊

绵羊虽然也属于首批生成的三种转基因家畜之一,但人生长激素转基因并未表达,而且受精卵原核显微注射的效率远低于小鼠,因而转基因羊主要采用 SCNT 生成。绵羊和山羊转基因的主要目标是提升羊毛的产量。半胱氨酸是羊毛合成的限制性氨基酸,由于半胱氨酸在羊胃中会遭降解,饲料中额外添加半胱氨酸并不能提高它在羊血液中的水平。将大肠杆菌的丝氨酸乙酰基转移酶和乙酰丝氨酸硫氢化酶编码基因导入羊体内,转基因羊的胃上皮细胞便能利用胃中的硫化氢合成半胱氨酸,进而提高羊毛的产量,例如澳大利亚培育出的转基因山羊能使羊毛增产 5% 以上。

与奶牛相比,山羊拥有妊娠期短、性成熟早、个体小等优势,因而更适合用作乳腺反应器生产重组异源蛋白;山羊的胚胎也不像奶牛和绵羊那样对显微操作和体外培养很敏感,因而相对容易实施核转移克隆。

畜牧乳品业中的一种想法是使牲畜乳汁的成分人源化。人的乳汁富含色氨酸和半胱氨酸但甲硫氨酸浓度低,部分实验证据显示,限制饮食中甲硫氨酸的摄入量在不改变氧消耗的前提下能有效降低肝脏线粒体中的活性氧产生速率,进而增强大鼠的抗衰老效应,就此而言来自牛和羊的乳制品不及天然人乳。另外,在乳汁总蛋白中占了 28% 的 $\alpha$-乳清蛋白是乳糖合成酶复合物的一种组分,能与 $\alpha$-1,4-半乳糖苷转移酶相偶联高特异性地将半乳糖转换成易于代谢的葡萄糖。此外,$\alpha$-乳清蛋白本身在机体内也有多种重要的生理功能,诸如促进大脑 5-羟色胺的合成进而影响各种相关行为(食欲、情绪、睡眠、认知)、诱导肿瘤细胞凋亡、治疗由人乳头状瘤病毒所致的皮肤疣等。因而,生成人 $\alpha$-乳清蛋白(尤其是甲硫氨酸低含量)型的转基因山羊是其乳汁人源化的一项主要内容。目前,这种分泌人 $\alpha$-乳清蛋白的转基因山羊得以建立。

5. 转基因牛

转基因牛生成的主流程序是 SCNT 和 DNA 显微注射,但后者的成功率相当低,由 2 470 个卵母细胞才能获得两头转基因牛。目前的转基因牛生成主要限于转基因奶牛,其经济目标一是改变牛奶的成分,或有利于下游乳制品(如酸奶和奶酪)的深加工,或提高牛奶的营养保健价值;二是提高奶牛抗病能力。

乳汁蛋白中的 80% 是酪蛋白,包括 $\alpha_{s1}$、$\alpha_{s2}$、$\beta$、$\kappa$ 四种成分,能集聚成较大的胶团,其结构和稳定性在很大的程度上决定着牛乳的理化性质。$\kappa$-酪蛋白构成牛乳胶团的外壳,增加 $\kappa$-酪蛋白的含量能缩小胶团的直径,提高牛乳的热稳定性,而且由牛乳生产奶酪的产率正比于牛乳中 $\kappa$-酪蛋白的含量;牛乳胶团的内部是其他三种磷酸化的酪蛋白,它们均与不溶性的磷酸钙结合,其中含量占优势的 $\beta$-酪蛋白决定牛乳中的钙水平,而且增加 $\beta$-酪蛋白的含量有利于牛乳的下游加工,如降低凝乳时间和提高乳清的分离效率。将分别编码 $\beta$-酪蛋白和 $\kappa$-酪蛋白的 CSN2 和 CSN3 作为转基因,并在 CSN3 5′ 端编码区内加装 CSN2 的信号肽编码序列,两个基因以双顺反子的构建方式导入雌性奶牛胎儿成纤维细胞,经筛选和鉴定后,再利用 SCNT 程序生成转基因奶牛。由这种转基因牛所分泌的乳汁中,$\beta$-酪蛋白和 $\kappa$-酪蛋白的含量分别提高 20% 和 93%。此外,乳糖酶转基因在奶牛乳腺组织中的表达能产生无乳糖牛奶,这种牛奶深受那些对乳糖过敏或消化不良的人群的欢迎。然而,以降低牛乳含糖量和含脂量为目标的转基因型乳汁组成变更项目因无成本优势而搁浅。

转基因牛的另一目标是通过转抗体基因以及转病毒或细菌蛋白基因培育抗菌、抗病毒和抗寄生虫的转基因品系。现在的大型养牛场仍采用疫苗免疫、物理隔离和药物治疗的传统方法控制大面积的感染,其花费高达饲养总成本的 20%。在所有感染性疾病中,奶牛乳腺炎最普遍也最严重。乳腺感染导致美国乳业每年损失大约 20 亿美元,而且对其缺乏有效的防治措施。虽然牛乳中天然存在着一些具有抗菌活性的蛋白多肽(如溶菌酶、$\beta$-防御素、乳铁蛋白等),但不足以抗衡凶险的乳腺感染。在乳腺上皮细胞中表达溶葡萄球菌素的转基因奶牛能将这种抗菌肽高效分泌至乳汁中,而且乳腺炎的主要病原菌金黄色葡萄球菌对溶葡萄球菌素颇为敏感。另一种导致牛乳严重减产的因素是疯牛病,后者由细胞正常朊蛋白($PrP^C$)的误折叠形式($PrP^{BSE}$)在牛脑组织中的迅猛增殖所致。采取基因顺序敲除技术先将牛胎儿成纤维细胞中的双等位 $PrP^C$ 编码基因($PRNP$)敲除,继而借助 SCNT 程序生成 $PRNP^{-/-}$ 型奶牛。结果发现在超过 20 个月之后,转基因奶牛的生理、组织、免疫、生殖状况正常,因而可作为朊蛋白增殖和疾病研究的模型,同时也具备生产无朊蛋白牛肉的潜能。

6. 转基因鸡

提高肉鸡和蛋鸡的抗感染能力以及构建蛋清生物反应器是转基因鸡生成的两大目标。与其他哺乳类家畜不同,虽然鸡的受精卵是在体外孵化发育的,但其原核很小,而且被卵黄所阻隔,难以将 DNA 直接注射进入核内,这就决定了转基因鸡的特殊生成策略:或者采用包括鸡靶向型慢病毒载体在内的重组反转录病毒感染受精卵;或者通过雄鸡原生殖细胞(PGC)甚至精细胞进行转基因操作,然后辅以人工授精。

生成抗家禽白血病病毒(ALV)转基因鸡的程序是首先构建由 $env$ 基因编码的病毒包衣糖蛋白表达盒,形成重组病毒;当鸡孵卵时用生成的重组病毒感染之,使其整合在鸡受精卵的核基因组中。由此获得的 23 只转基因鸡各自接纳的 ALV 原病毒 DNA 均整合在不同的基因组位点处,其中大多数转基因鸡能表达具有感染力的病毒颗粒,并产生相应的感染症状,只有一只转基因鸡因其携带的原病毒 DNA 发生了突变而不能形成成熟病毒颗粒。免疫学调查发现,这只转基因鸡及其后代仅能合成病毒包衣蛋白,当用 ALV 攻击时呈抗感染表型。这种自我保护作用与传统的免疫效应不同,其机制是过量表达的游离包衣蛋白与 ALV 的宿主细胞表面受体特异性结合,从而阻断了病毒的感染途径。

家禽流感病毒(AIV)的遗传多样性及其种间传播的习性对家禽和人类健康构成全球性威胁,而且所涉物种如鸡、鸭、猪还能迅速促进病毒的增殖与多样化。因此,目前开发的禽流感疫苗无法与迅猛演化的病毒多样性抗原亚型相抗衡。商品家禽业中控制 AIV 感染和传播的有效途径是导入具有抗感染能力的新基因,为此建立了多种策略。其中之一便是设计开发能特异性靶向 AIV 聚合酶活性的合成型 RNA 发夹分子转基因。这种转基因由鸡的 U6 启动子介导转录小发夹 RNA 分子,后者含有保守的 AIV 聚合酶结合位点,因而能以诱饵的形式阻断病毒的体内复制和包装。上述转基因表达盒由慢病毒载体携带,将之注射进入刚生出的 21 只鸡蛋(胚胎)中,孵化后产生 11 只嵌合型的转基因小鸡。将其中一只精子 DNA 中含有转基因表达盒的雄鸡与另一只非转基因型母鸡交配,产出 6 只杂合型转基因小鸡,转基因均整合在 2 号染色体上的单一位点处。AIV 感染实验显示,这种转基因鸡不但能阻断自身的感染发展路径,甚至还能保护与之相接触的非转基因鸡群。由此可以看出,拥有合适抗病毒机制的转基因鸡比疫苗保护策略更具优越性。

7. 转基因鱼

与家禽相似,鱼受精卵(胚胎)的发育在体外进行,因此转基因胚胎无需移植操作,仅在温控的水池中便可进行。目前采用受精卵的 DNA 显微注射技术转移基因已在鲤鱼($Cyprinus$)、鲶鱼($Silurus$)、鲑鱼($Salmo, Oncorhynchus$)、罗非鱼($Oreochromis$)斑点叉尾鮰($Ictalurus\ punctatus$)、斑马鱼($Danio\ rerio$)、青鳉($Oryzias\ latipes$)、金鱼($Carassius\ auratus$)等种属中获得成功。鱼的卵细胞原核在受精之后不易观察,所以通常将转基因 DNA 注射到受精卵的胞质或处于细胞发育阶段的胚胎中。鱼胚胎经 DNA 显微注射后的存活率相当高,一般可达 $35\% \sim 80\%$,但转基因的总有效率较低,通常每 100 枚接受注射的鱼卵中仅有一枚能将外源 DNA 稳定整合在其基因组中并将转基因传递给后代,因而这种基因转移程序颇耗时费力。相比之下,鱼卵的电击转化因一次性可处理大量的受精卵而显得快速简便。不过由于鱼的卵壳在受精之后迅速变硬,电击转化的效率也较低。尽管如此,一旦转化成功,转基因鱼在多轮交配后却能保持稳定的遗传性状。

转基因鱼的起始研究均集中在观察各种动物来源的生长激素对其生长速度的影响上。在一项研究中,含有鲑鱼生长激素 cDNA、鳕鱼抗冻蛋白基因所属启动子以及 polyA 化信号序列的重组分子被注射到大西洋鲑鱼受精卵中,构建出的转基因鱼生长速度提高一倍以上且体重大幅度增加。在此构建过程中全部采用鱼的基因表达元件,这样可以有效避免非鱼类动物生长激素基因造成的生物不相容性。近来的研究是将抗病、耐环境压力(如抗冻)以及其他优异的生物性状引入温热带鱼种体内。

### 7.4.3　转基因动物生成的挑战与前景

虽然日益增多的更具创新性的转基因技术显著拓宽了转基因动物的生成和应用范围,但这一领域也存在很多需要解决的问题:① 转基因技术并非完美无瑕,生成转基因动物的成功率和转基因动物的存活率还很低,这是转基因动物的开发和应用的主要限制性因素。② 转基因在靶位点处的整合效率也较低且不稳定,这种整合会给动物内源性基因带来什么样的影响,是否会对宿主基因组造成损伤,是否会激活那些在特定条件下才表达的内源性同源基因并引发机体的功能紊乱等,均不清楚。③ 转基因的靶向性整合仍处于幼年期,需要综合采用转基因基础理论和技术程序优化转基因靶向性整合。④ 转基因动物的生产存在安全隐患。例如,插入的转基因可能会在生物种群中扩散,对生态平衡和物种多样性构成潜在威胁;转基因动物也可能导致食品安全问题,诸如偶然的过敏或毒性等。因而,重视转基因动物的安全性、修改或制订相关法律和监管措施有助于提高人类生命安全。事实上,迄今为止上述转基因动物没有一种真正投入食品生产的。不过,从目前的发展趋势看,转基因动物生产技术已为医学、药学、农学等领域注入崭新的概念,而且必将会产生重大的经济和社会效益。

# 7.5　基因治疗

基因治疗是处理基因病的最先进手段,在很多情况下也是基因病治疗唯一有效的选项。如果说公共健康卫生制度的建立、麻醉术在外科手术中的应用以及疫苗和抗生素的问世称得上是医学界的三次革命,那么分子水平上的基因治疗无疑是第四次白色大革命。

### 7.5.1　基因治疗的基本策略

与转基因导入动物体内可生成具有期望性状的转基因动物相似,基因治疗的实质是将具有治疗功能的转基因通过直接或间接的方式导入人体内,以矫正因基因结构或表达异常所致的各种生理状态紊乱。与动物转基因技术不同的是,人体基因治疗因受伦理学和法学理念的约束仅限于体细胞功能缺陷的矫正。

#### 1. 基因治疗的基本概念

基因治疗的基本定义是用正常基因矫正甚至取代患者体细胞中的缺陷型、突变型或入侵型基因(即病变基因),以达到战胜基因病之目的。基因病根据病变基因所处的细胞类型可分为遗传性基因病和非遗传性基因病两大类,前者的病变基因位于生殖细胞中,具有遗传倾向性,如血友病等;后者的病变基因则定位于体细胞内,如大多数的癌症及病毒感染性疾病。根据病变基因的数目,基因病又可分成单基因病和多基因病两种。一般来说,像家族性高胆固醇血症、囊状纤维变性症和神经性肌肉病变等均由单基因缺陷所致;而癌症、糖尿病、心脑血管疾病、神经变性综合征等则由多基因缺陷引发。目前已知的单基因疾病共有 7 000 余种,其中遗传性和非遗传性基因病各占一半,但绝大多数尚不存在任何治疗选项。基因变异可导致 25% 的生理缺陷症、30% 的儿童死亡症以及 60% 以上的成人疾病。

1990 年美国政府批准了世界上第一项人类基因治疗临床研究方案,对一名患有重度联合免疫缺陷症(SCID)的四岁女童进行基因治疗并获得部分成功,从而开创了医学的新纪元。事实上,对人体实施基因治疗的尝试可追溯到 1980 年,那时就有人对两名重度 $\beta$-地中海贫血病患者实施了基因治疗,但限于当时的技术而未获得成功。目前的人类基因组测序已鉴定了大约 50% 基因病的病变基因,剩余的有望在十年内得以鉴定。与此同时,基因治疗领域也克服了很多阻碍安全且高效基因投送的屏障,对一些单基因遗传病实施了史无前例的治疗,如原发性免疫缺陷症、脑白质营养不良症、$\beta$-地中海贫血症、血友病、视网膜营养性萎缩症等。而且,在几种复杂疾病中基因治疗也正在显示出成功的征兆,如心脏病、神经退行性疾病、脑卒中、糖尿病、各类癌症等慢性疾病。2012 年,欧盟为脂蛋白脂酶(LPL)缺陷症(临床症状为胰腺炎频发)的基因治疗颁发了市场许可(商品名为阿利泼金,alipogene tiparvovec),这是欧洲批准的首例基因治疗。目前,多例正处于临床 I 期和 II 期试验的基因治疗已呈现出显著的疗效和安全性。

2. 基因治疗的基本内容

基因治疗包括基因诊断、基因分离、载体构建、基因转移四项基本内容。

病变基因形成的原因除了进化障碍和病毒入侵因素外,主要包括点突变、缺失、插入、重排等 DNA 分子畸变事件的发生。随着分子生物学原理和技术的不断发展,目前已建立起多种病变基因的诊断和定位方法,如限制性片段长度多态性分析法(RPLE)、PCR 扩增靶序列法、单链构型多态性分析法(SSCP)、人类基因组疾病关联分析法等。

基因分离是指采用 DNA 重组技术克隆、鉴定、扩增、纯化用于治疗的正常基因,并根据病变基因的定位,与特异性整合序列(即同源序列)和基因表达调控元件进行体外重组操作。此外,上述重组基因在大多数情况下需安装在合适的载体上。目前用于基因治疗的载体主要有病毒和非病毒两大类,其中病毒载体一般都需要重新构建,除去其致病性的复制区,并以治疗基因取而代之。

基因转移是关系到基因治疗成败的关键单元操作。根据治疗基因导入病变细胞的类型不同,基因治疗理论上可分为性细胞治疗和体细胞治疗两种。将正常基因转入生殖细胞或胚胎细胞或进一步置换病变基因,有可能彻底阻断病变基因的纵向遗传,但这一策略为绝大多数国家所禁止。体细胞治疗又可分为直接体内(in vivo)疗法和间接体内(ex vivo)疗法,前者是将治疗基因通过病毒载体直接导入患者的病变组织或器官中(如肝脏和视网膜);后者则首先从机体内分离出健康细胞或病变细胞(如造血干细胞或 T 淋巴细胞),体外导入治疗基因,经鉴定和增殖后再将这种转基因细胞系输回患者体内。一般地,实体组织或器官性基因病多采用直接体内疗法,而流体系统病变(如血液和淋巴液等)则选择间接体内疗法较为适宜。此外,根据治疗基因在细胞核内的存在形式,基因治疗可分为游离型和整合型两种疗法。而根据治疗原理的不同,基因治疗又可分为矫正型和置换型两种治疗策略,前者治疗基因与病变基因共存于细胞中,主要用于矫正孟德尔隐性遗传病(如血友病 B 等);后者或以治疗基因原位取代病变基因,或将病变基因敲除后再回补治疗基因,主要用于治疗孟德尔显性遗传病(如某些类型的癌症)。

3. 基因转移的基本方式

鉴于人体基因治疗的基因转移靶点是体细胞或体内实体组织/器官,这就决定了其方法和技术的独特性。首先,就直接体内基因治疗策略而言,基因转移必须克服组织和细胞复杂的重重障碍才能将治疗基因投送进靶细胞及其核内,并在不干扰体内必需调控机制的前提下驱动治疗基因的精确表达。其次,经基因矫正的细胞必须存在足够多的数量才能逆转机体疾病状态,规避机体的免疫识别与攻击,并在机体内长期存活;在某些情形中甚至要求治疗基因能将其遗传修饰状态稳定传递给子代细胞以维持疗效。最后,在过去的 20 年中虽然实施了不少针对遗传病、癌症、慢性感染的基因治疗临床试验,但具有确切临床效果的并不多,而且在某些病例中还发生了与治疗型载体有关的不测事故。

目前已建立了适用于基因治疗的多种基因转移方法,其中用于直接体内疗法的基因转移方式包括:① 复制缺陷型重组病毒颗粒的直接注射,如静脉、头颅以及表层组织或器官等;② 重组 DNA 分子直接注射横纹肌,如骨骼肌和心肌等;③ 由呼吸道吸入气溶胶,将重组 DNA 分子包在脂质体中,或将重组病毒颗粒做成气溶胶,通过呼吸作用进入患者呼吸道的上皮细胞;④ 基因枪轰击转移,将治疗基因涂抹在金颗粒表面,然后通过高压电极产生的动力将金粒子注入器官或组织内;⑤ 电穿孔导入,将重组 DNA 分子皮下注射,使之暴露于真皮上,然后在表皮与真皮之间施加 400~600 V/cm 的电场,这种方法尤其适用于皮肤组织。在上述方法中,以重组病毒颗粒的静脉注射最为常见。

间接体内疗法基因转移的常见方式是通过病毒载体进行转染。重组病毒颗粒感染病变细胞后,必须保证治疗基因能正常稳定地表达,检测不出具有复制力的野生型病毒颗粒,病毒 DNA 重组分子不能整合在靶细胞染色体的要害部位,如影响细胞正常生理代谢过程的基因位点以及原癌基因邻近区域。只有满足了上述条件后,转染细胞系方能输回患者机体内。值得注意的是,如果以病毒基因组作为基因转移的载体,那么上述基因治疗两大策略的安全性和有效性在很大程度上取决于病毒载体的性能,目前在临床研究中广泛使用的腺相关病毒(AAV)和反转录病毒(如 γ-RV 和慢病毒)载体系列能较好地满足上述要求。

### 7.5.2 间接体内基因治疗

间接体内基因治疗策略的主要特征是基因转移操作在体外进行,随后再以治疗型细胞的方式移植或输回至患者体内,这为治疗基因的高效转移、稳定表达、安全运行提供了可筛选的空间;同时也为满足上述指标的治疗型细胞的扩增提供了可操作性。然而,用于基因转移的初始细胞或靶细胞须从患者体内采集分离,再加上体外基因转移和细胞扩增操作,整个流程烦琐且技术要求极高;更重要的是,用于基因治疗的细胞类型受到制约,仅限于在机体内具有流动循环特性的细胞,如造血干细胞(HSC)和淋巴细胞等。

1. 基于造血干细胞的基因治疗

先天性血液系统和免疫系统缺陷症的根本治疗方法是以不同方式为患者提供 HSC。同种异体间的 HSC 移植(HSCT)是首选方案,但具有较高的发病和致死风险,尤其是在人类白细胞抗原(HLA)不匹配的个体之间进行 HSC 移植;即使在能找到 HLA 匹配型家庭成员的少数情形中,HSC 移植仍有发生意外的风险。HSC 基因治疗能彻底解决 HLA 匹配型捐献者难以寻觅的困难。

HSC 因其自我再生性和多能性特征长期以来一直是基因间接体内疗法的首选靶点。HSC 的基因操作能确保其分化生成的基因矫正型世系子代细胞在机体内稳定供应,进而处理或者功能性矫正因成熟的细胞世系不能发育或发育缺陷所造成的病变。鉴于 HSC 的自我更新性能以及治疗基因稳定传递至子代细胞的要求,治疗基因必须以载体相对特异性插入或者基因原位编辑的方式整合在细胞的基因组中。

基于 HSC 基因治疗的基本流程如图 7-32 所示:首先从患者的骨髓或外周血液中收集白细胞,再采用 CD34 表面标记从这些白细胞中纯化用于基因转移和体内移植的初始细胞;接着将这些细胞在刺激生长的细胞因子存在下培养 2~4 d,期间加入携带治疗基因表达盒的重组病毒载体进行转染;在这些基因修饰型细胞被移植之前,患者需要事先接受化疗预处理,耗尽其骨髓中内源性的祖先细胞和分化了的细胞,在某些情况下还包括淋巴器官,以利于基因矫正型细胞的间接体内移植。

早期基于 HSC 的基因治疗临床试验显示对部分患者具有明显的疗效,然而这些临床试验也突出了采用 γ-逆转录病毒(γ-RV)载体的局限性和风险性。例如,γ-RV 载体仅能转

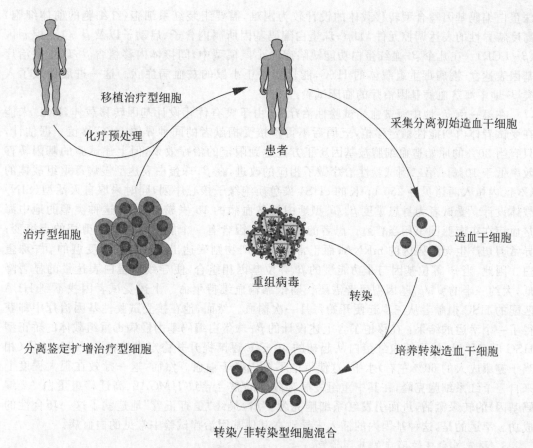

图 7-32　基于造血干细胞的基因治疗流程

染原始祖先细胞;基因矫正型造血细胞在体内只能短暂且低水平驻留;部分接受治疗的患者在长期随访中还罹患因 γ-RV 载体插在原癌基因附近所致的白血病。与之相比,由慢病毒载体介导的基因转移效率更高,且在 HSC 及其多世系子代细胞中能稳定和强健地表达治疗基因。更为重要的是,慢病毒载体自我灭活型(SIN)长末端重复序列(LTR)的设计以及整合位点的相对偏好性(参见 7.1.5)能实质性地降低因治疗基因整合可能产生的毒性效应。几项较早的临床试验追溯分析表明,疾病背景、治疗基因功能、间接体内培养条件、宿主移植效率均能引发基因毒性的产生。换言之,并非所有的整合型载体均具有相同的效应,改进载体的设计虽然不能实现整合的绝对特异性,但可为机体所耐受,不至于对机体产生严重危害。

　　所有采用慢病毒载体实施的 HSC 基因治疗临床试验均显示基因矫正型细胞在大多数接受治疗的患者体内能稳定且高水平(90%)重构造血过程。由于 HSC 分化生成的所有造血细胞世系(包括粒-单核细胞、巨核细胞、红系细胞、自然杀伤细胞、B 淋巴细胞、T 淋巴细胞)均含有治疗基因且能稳定供给和维持基因矫正型细胞的数量,因而大部分患者减轻了病痛甚至康复,其疗效甚至超过来自同种异体配型成功的 HSC 移植疗法。尽管在 HSC 基因治疗临床试验中接受治疗的患者人数不断增加,但尚无与慢病毒载体相关的不测事件发生的报告。

　　2. β-地中海贫血病的基因治疗

　　β-地中海贫血病与镰刀状细胞性贫血病同属于血红蛋白(由珠蛋白和血红素构成)功能缺陷症,两者较早便成为基因治疗的对象,但长期以来的临床试验效果一直欠佳。人类 β-

珠蛋白编码基因整合型转移载体的设计较为困难,需要组装红系细胞(红细胞的前体细胞)高度特异性的表达调控元件,如 $\beta$-珠蛋白编码基因所属内含子、启动子以及 $\beta$-位点控制区($\beta$-LCR)。在几个 $\beta$-血红蛋白功能缺陷症的小鼠模型中,间接体内移植含 $\beta$-珠蛋白治疗基因表达盒-慢病毒重组载体的 HSC,能长期矫正小鼠的贫血病症状。这一进展促成了人类 $\beta$-地中海贫血病基因治疗的临床试验。

在第一例 $\beta$-地中海贫血病试验性治疗中,由于没有优化设计基因转移载体,HSC 未能在受试者体内功能性稳定移植,五周后不得不接受捐献者的同种异体 HSC 移植。据估计,只有当 20% 的原始造血细胞被基因矫正方能达到限定的治疗效果,但上述试验的基因转移效率低于 10%。第二例试验性治疗做了相应的改进,在 $\beta$-珠蛋白表达型慢病毒重组载体的 U3 区内植入两拷贝各 250 bp 长的 cHS4 染色质绝缘子核心序列,同时采取自灭活型(SIN)载体设计。受试者为身患重度 $\beta^E/\beta^0$ 型地中海贫血病的 18 岁成年男子,这种类型的地中海贫血病在东南亚国家相当普遍。患者的 $\beta^E$ 等位基因含有一个能引起多样性剪切的点突变;异常剪切产生无编码区的 mRNA;而正常剪切的产物则表达出欠稳定的突变型的 $\beta^E$-珠蛋白。因此,当 $\beta^E$ 等位基因与非功能型的 $\beta^0$ 等位基因相组合,便导致珠蛋白表达量的显著降低,大约一半的 $\beta^E/\beta^0$ 基因型患者需要长期依靠输血维持生命。上述受试者因找不到 HLA 匹配的 HSC 捐献者从三岁起便开始每月一次输血。然而,他在接受试验性基因治疗中却获得了一个幸运的结果:在移植了含上述设计的 $\beta$-珠蛋白编码基因慢病毒重组载体的矫正型 HSC 后三年里,体内的血红蛋白从起初的 40 g/L 逐渐提升并稳定维持在 90~100 g/L(相当于健康成人的 60% 左右)水平,这使得他不再依赖于输血。然而,这一疗效在很大程度上来自一个红系细胞克隆,在其中重组慢病毒载体的整合导致 HMGA2(高迁移组蛋白 A2 编码基因)的转录激活,进而引发红系细胞克隆扩增,最终"歪打正着"地造就了这一巧合性的成功。幸运的是,这种基因内的插入未导致在其他基因治疗试验中常见的白血病。

3. 原发性免疫缺陷症的基因治疗

原发性免疫缺陷症(PID)是一类以免疫细胞发育或/和功能不同程度异常为特征的疾病类群,超过 300 个基因的突变均会导致此类疾病,其临床表现为重度感染的反复发作以及对自身免疫和淋巴系统恶性肿瘤的易感性,PID 最严重的形式是 T 细胞发育受损连带 B 细胞功能异常的重度联合免疫缺陷症(SCID)。PID 的治疗选项甚为有限,对于较轻的病症通常采取提供抗生素和免疫球蛋白的保守疗法;但对重度联合免疫缺陷症只能实施同种异体 HSC 移植(HSCT),婴儿患者的长期有效率达 90% 以上。然而,与上述治疗方法相关的 HLA 配型缺乏、化疗药物细胞毒性以及移植物抗宿主等因素可导致患者较高的致死率,如腺苷脱氨酶型重度联合免疫缺陷症(ADA - SCID)患者的 HLA 非匹配性和半匹配性 HSC 移植,死亡率分别高达 70% 和 37%。由于大多数 PID 属于遵循孟德尔遗传规律的单基因缺陷症,因而转矫正基因的 HSC 间接体内基因治疗成为重度 PID 最有希望的根治策略。

(1)腺苷脱氨酶型重度联合免疫缺陷症。第一项遗传病基因治疗的临床试验是于 1990 年由美国国立卫生研究院进行的腺苷脱氨酶缺陷型重度联合免疫缺陷症(ADA - SCID)治疗。由于腺苷脱氨酶(ADA)参与机体内腺苷的代谢,因而其缺乏会导致全身性生理功能紊乱,尤其是免疫系统中淋巴细胞的发育、增殖与激活。受试者为 4 岁和 9 岁的两名患儿,他们的两个 ADA 等位基因分别来自双亲的缺陷型隐性基因,之前他们一直生活在无菌病房里,靠每周注射一次牛腺苷脱氨酶维持生命。该临床试验首先取出患儿的 T 淋巴细胞在体外扩增培养,并用 $\gamma$-逆转录病毒载体将正常的 ADA 基因转移到细胞培养物中,然后再将转基因细胞输回患儿体内。受试者每 1~2 个月接受一次注射,每次平均注射 100 亿个转基因型 T 淋巴细胞。经上述治疗后,患儿恢复了正常生活的能力,这表明基因治疗处理 SCID 是安全有效的,唯一的缺点是上述临床试验中使用的 T 淋巴细胞没有自我更新潜能。随后开展的 ADA‑SCID 临床试验均以 HSC 或骨髓细胞作为基因转移的受体细胞,因而不再依赖于转基因 T 淋巴细胞的定期注射,达到了长期稳定的疗效。

(2) X‑连锁型重度联合免疫缺陷症。X‑连锁型重度联合免疫缺陷症(SCID‑X1)发源于多种细胞因子白介素公共受体 $\gamma$‑链编码基因的突变,后者干扰由白介素及其受体复合物介导的信号转导,进而阻断 T 淋巴细胞和天然杀伤细胞(NK)的正常发育。如果不进行医疗干预,患者通常会在一年内夭折于重度感染。自 2000 年起,20 名 SCID‑X1 患儿相继在法国和英国接受基因治疗临床试验。两项试验均采用患儿自体骨髓 CD34$^+$ 型细胞作为受体细胞,并以结构颇为相似的重组 $\gamma$‑逆转录病毒载体转导之。其中,正常的细胞因子公共受体 $\gamma$‑链治疗基因在病毒 LTR 控制下表达。将上述基因矫正型骨髓细胞输回患儿体内,总体获得了较为满意的阳性结果。其中的 18 名患儿在 7～9 年的随访期间正常生活,几乎所有患儿的 T 淋巴细胞数目和受体功能恢复至几乎接近正常水平,一半患儿的体液免疫能力已恢复至可停用免疫球蛋白补充治疗的程度,治疗后的 10 年中一直能检测到基因修饰型 T 淋巴细胞的存在。然而,上述基因治疗的成功业绩为 5 名患儿随之而来的继发性急性 T 淋巴细胞性白血病(ALL)所抵消,这一不测事件源自治疗性载体在患者基因组中的插入型突变以及载体 LTR 中的增强子激活患者内源性原癌基因 $LMO2$、$Bmi1$、$CCND2$。

(3) X‑连锁型威斯科特‑奥尔德里奇免疫缺陷症。X‑连锁型威斯科特‑奥尔德里奇免疫缺陷症(WAS)的主要特征为白血病样血小板减少、湿疹以及自身免疫易感性,由 WAS 蛋白编码基因突变所致。起初在德国进行的 WAS 基因治疗临床试验采用 $\gamma$‑逆转录病毒载体 LTR 中的启动子/增强子组合介导 WAS 治疗基因的表达,间接体内基因转移靶向患者自体骨髓 CD34$^+$ 型细胞,在矫正性细胞移植体内之前先对患者进行骨髓抑制性预处理。虽然 10 名受试者中的 9 个人经基因治疗后几年内恢复正常,但其中 4 名患者因载体插入型突变不幸患上继发性 T 淋巴细胞性白血病,所涉及基因包括 $LMO2$、$MDS/EVI1$、$PRDM16$、$CCND2$ 的激活。后来采用第三代 SIN 型慢病毒载体以及 WAS 蛋白编码基因所属启动子进行临床试验,三名受试者的免疫缺陷不但得以矫正,而且没有发生安全不测事件。

(4) X‑连锁型慢性肉芽肿症。X‑连锁型慢性肉芽肿症(X‑CGD)是一种罕见的免疫缺陷型遗传病,因烟酰胺‑腺嘌呤二核苷酸磷酸氧化酶复合物编码基因($gp91^{phox}$)突变致使患者嗜中性粒细胞缺陷。早期的 CGD 临床试验由于未经任何骨髓抑制性预处理,移植进入受试者体内的矫正型骨髓细胞数目极少且存活期短。在随后 12 名受试者的临床试验中,虽仍沿用非骨髓抑制性预处理方案,但却发现 4 名患者呈长期稳定的嗜中性粒细胞功能恢复,其原因是所用的 $\gamma$‑逆转录病毒重组载体"歪打正着"地整合在骨髓及外骨髓增殖基因 $MDS$ 和 $EVI1$ 处并激活两者的表达。这些临床试验结果显示,在涉及 HSC 或骨髓细胞的间接体内基因治疗中,患者内源性 HSC 或骨髓细胞的抑制或耗竭预处理对矫正型细胞移植进入体内后的长期存活至关重要;同时也表明,传统逆转录病毒载体在患者基因组中的整合具有较高的致癌隐患。

4. 脑白质营养不良症的基因治疗

脑白质营养不良症涉及神经退化性存储障碍,主要有 X‑连锁型肾上腺脑白质营养不良症(X‑ALD)和异染性脑白质营养不良症(MLD)两种形式。患有早期发作性 X‑ALD 或 MLD 的儿童呈中枢神经髓鞘形成缺陷型,其结果是中枢和外周神经系统中的神经胶质细胞和神经细胞退化。患儿由于缺乏过氧化物酶体 ATP 结合盒型转运子(X‑ALD)或者溶酶体芳香基硫酸酯酶 A(MLD)不能分解髓磷脂的某些代谢物,进而导致运动、感觉、认知机能迅速且不可逆转性损害,几年后便夭亡。

X‑ALD 因 $ABCD1$ 基因突变所致。目前共有 4 名患者接受了矫正型自体 HSC 的移植治疗,这种自体 HSC 在体外培养扩增期间经携带正常 $ABCD1$ 治疗基因的慢病毒重组载体转导。在基因治疗后,患者的疾病进程被有效阻滞;随着时间的推移,体内基因修饰型骨髓细胞和淋巴细胞的比例维持在 10% 左右,而且没有原癌基因被激活的迹象。MLD 尚未进入人体试验阶段,不过小鼠模型研究结果同样显示自体 HSC 靶向型基因转移和移植方法对矫正 MLD 具有显著效果。

5. 基于 T 淋巴细胞的基因治疗

T 细胞也是基因间接体内疗法的重要靶点。这一策略在很大程度上旨在增强针对癌症和 HIV 等慢性感染的适应性免疫应答反应。自体型 T 细胞可从患者外周血中方便获得并进行间接体内扩增。之后,用携带针对癌细胞抗原的特异性外源 T 细胞受体(TCR)或抗病毒分子表达盒的 γ-逆转录病毒或慢病毒重组载体转染 T 细胞,最后静脉注射进患者体内(图 7-33)。使用 T 细胞进行癌症免疫基因治疗的策略源自一项开创性的临床观察:在为晚期黑色素瘤患者注射间接体内扩增型自体肿瘤浸润性淋巴细胞后,有时会引起肿瘤的彻底退化。这种免疫应答反应的机制可追溯到少量预先存在于某些肿瘤组织中,但为局部微

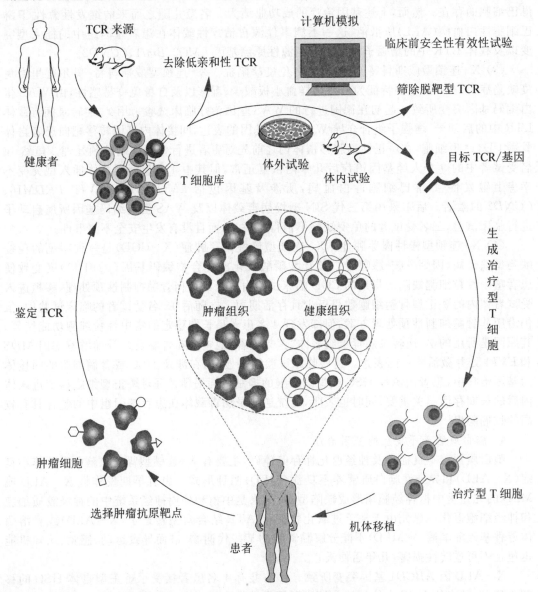

图 7-33 基于 T 淋巴细胞的基因治疗流程

环境所抑制的肿瘤特异性毒素 T 细胞的间接体内激活和扩增以及后续的体内维持。这些结果支持了针对某些肿瘤进行适应性免疫应答型基因治疗的可行性,前提是这种应答潜能需从患者内源性阻遏信号中被释放出来,而且活性 T 细胞要有较高的数量被注入体内,以形成有效的效应子与靶细胞比值。在注射间接体内扩增型 T 细胞之前,还需采取淋巴耗竭方案预处理患者,以改善活性 T 细胞的移植和体内活性。

　　将一种外源 TCR 编码基因转移至 T 细胞可绕过寻找患者 T 细胞群中那些预存的肿瘤特异性 T 细胞的操作,同时也允许开发针对肿瘤高亲和力的重组型 TCR 以规避靶向自身细胞,否则有可能在体内为胸腺选择所清除。在理想情况下,这样的 TCR 能靶向正常组织中当时并不在表达或表达水平难以检测到的内源性蛋白中的肿瘤相关抗原,诸如癌胚抗原或睾丸肿瘤(胚胎癌、畸胎癌、绒毛膜上皮癌)抗原。另外,这样的 TCR 也能靶向普遍存在于某些肿瘤类型中的肿瘤驱动型突变,这些突变通常不会消失甚至能躲避免疫清除,因而危害颇大。然而研究显示,大多数自体性或激发性肿瘤特异性免疫反应活性反而指向“乘客”型新生肿瘤抗原,后者独特地起源于个体肿瘤内部积累起来的随机突变。因而,这种类型的基因免疫疗法必须是高度个性化的,既需要从肿瘤外显子组或蛋白质组中鉴定候选的新生抗原,又需要检索或生成同系 TCR 的识别序列,以一对一(ad hoc)的方式实施 T 细胞基因工程。

　　携带指向肿瘤相关抗原型 TCR 的 T 细胞基因转移疗法早期临床试验显示出针对肿瘤的部分免疫应答,在某些病例中还出现肿瘤脱靶性反应活性,导致对正常组织的损害以及严重不测事件的发生。不过,两项针对性改进可在很大程度上降低治疗型 TCR 的脱靶倾向:一是采用重组型的嵌合抗原受体(CAR)生成治疗型 T 细胞,这种 CAR 将针对肿瘤相关性表面标志的抗体结合特异性与一种或多种来自 TCR 及其共刺激受体复合物的胞内信号转导功能域组合在一起。相对使用传统的 TCR,CAR 拥有很多优势,例如,抗原识别不受 HLA 的限制,因而不用考虑配型问题;先前确认安全且高效的抗体特异性可以其单链衍生物的形式掺入 CAR 中;而且这些工程化的 T 细胞在遇到靶标时可被完全激活。配置靶向 B 细胞表面分子 CD19 的 CAR 的临床试验结果显示,这种 CAR 对 B 细胞恶性肿瘤患者的疗效十分显著,受试者拥有持久的临床应答甚至彻底缓解,而且毒性在很大程度上可控。针对治疗型 TCR 脱靶倾向的另一项改进是采用自灭活型(SIN)慢病毒载体携带 CAR 或 TCR。与较早版本的 γ-逆转录病毒载体相比,虽然这种新平台的优势尚未体现出来,但一般认为,慢病毒载体在体内的 T 细胞中能形成更强劲更稳定的转基因表达,也能促进更有效更通用的间接体内基因转移,甚至还能支撑多基因的协同表达。这些优势使得慢病毒载体成为更精致策略(如改进 T 细胞操作以保存 T 记忆型干细胞)或者要求更高的细胞工程任务(如多重 CAR 的共表达以提高特异性,或设置条件性安全开关-自杀基因以改善安全性)的重要基因治疗工具。

### 7.5.3　直接体内基因治疗

　　直接体内基因治疗策略的主要特征是以 DNA 分子、脂质体或重组病毒颗粒的形式将治疗型基因直接导入患者体内,然后治疗型基因或通过胞吞作用(DNA 或脂质体形式)或通过感染作用(重组病毒形式)进入靶组织/器官的靶细胞中。该策略操作简洁,疾病治疗的范围广,但对治疗型基因转导靶细胞的效率要求极高,因而在大多数情形中采用具有高效感染力的重组病毒(如腺相关病毒等)投送治疗型基因。

　　1. 用于直接体内疗法的腺相关病毒载体

　　直接体内基因治疗获得成功得益于鉴定了几种能被工程化改造成安全高效基因投送载体的病毒,尤其是非病原性的细小病毒科家族成员腺相关病毒(AAV)。目前,基于 AAV 载体的基因治疗临床试验日趋增多,并且已产生了颇有希望的结果。例如,欧盟批准的首例基因治疗(针对以胰腺炎为主要症候群的脂蛋白脂酶缺陷症)便是由 AAV 载体携带功能获得

型基因突变体 *LPL*^S447X 表达盒靶向肌肉组织获得成功的。此外,AAV 载体在其他单基因遗传病的直接体内基因治疗临床试验中也被证明具有可靠的安全性和高效性,包括 2 型莱伯氏先天性黑内障、无脉络膜症、血友病 B 等。与单基因遗传病相平行,AAV 载体也被应用于治疗原发性复杂疾病,如晚期心力衰竭等病症。

然而即便如此,基于 AAV 的治疗型基因有效投送系统依然并且仍将面临巨大的挑战。病毒并非为人类应用而演化,事实上天然病毒的感染性质与很多基因投送的临床要求不相匹配,其中最为关键的是 AAV 在机体内环境中的感染靶向性或特异性。为此,需要建立行之有效的新策略克服这一障碍,例如,定向进化或/和理性设计决定 AAV 感染特异性和高效性的衣壳蛋白。

(1)腺相关病毒生物学及其载体构建。腺相关病毒(AAV)是一种 4.7 kb 的复制缺陷型单链 DNA 病毒,需要在腺病毒等辅助病毒的存在下才能复制增殖。被包装在非包膜型二十面体衣壳蛋白内的 AAV 基因组含有三个开放阅读框(ORF),其两侧为反向末端重复序列(ITR),这两个 ITR 分别形成 T 形发夹末端。其中,*rep* ORF 编码四种非结构性蛋白(Rep40、Rep52、Rep68、Rep78),它们均为病毒复制、转录调控、基因组整合、颗粒装配所必需;*cap* ORF 编码三种结构蛋白(VP1、VP2、VP3),它们在装配激活蛋白 AAP 的协助下形成六十聚体的病毒衣壳蛋白复合物;而 AAP 则由位于 *cap* 内部的另一个 ORF 编码[图 7-34(a)]。AAV 衣壳的晶体结构业已建立[图 7-34(b)],图中的深色区域皆为 VP3 超可变位点。为了构建 AAV 的重组载体,可将治疗型基因插置换病毒基因组中的 *rep* 和 *cap* 区,而 ITR 则连同复制所需的腺病毒辅助基因以反式方式提供包装信号和材料[图 7-34(c)]。AAV 的衣壳蛋白决定所形成的重组病毒颗粒转染细胞的特异性和高效性,包括从初始的细胞表面受体结合到核进入以及基因组整合(偏向于人类第 19 号染色体)的整个过程,因此 AAV 重组颗粒的转染可导致治疗型基因在有丝分裂后靶细胞中的稳定表达。自然界天然存在着 11 种血清亚型和 100 多种 AAV 变体,其氨基酸序列各不相同,因而基因转移性能也各异。例如,1 型血清亚型的 AAV(AAV1)倾向于感染肌肉和神经组织;AAV5 呈视网膜、神经系统、关节滑膜、肺感染偏好性;AAV8 优先感染肝脏;AAV9 可穿透血脑屏障;而 AAV2 则具有组织广谱性。

(2)腺相关病毒载体基因投送系统的体内屏障。基于 AAV 载体的直接体内基因治疗需要解决下列技术难题:① 体内免疫应答。自然界中 AAV 的广泛存在导致人体血液和其他体液中存在大量产生抗 AAV 衣壳蛋白抗体的免疫细胞群,例如人群中具有各型 AAV 抗体的比例分别为:AAV2,72%;AAV1,67%;AAV9,47%;AAV6,46%;AAV5,40%;AAV8,38%。而且在病毒感染后,靶细胞 I 型 MHC 复合物还会将 AAV 衣壳蛋白递呈在细胞表面,导致病毒衣壳蛋白特异性毒素 T 细胞清除 AAV 转染型细胞。② 靶细胞特异性。就全身性投送重组病毒而言,肝脏通常是默认的目的地,如果其他器官被选作刻意的靶点,那么肝脏便象征着一种障碍。③ 组织细胞屏障。各种器官的内皮细胞层特别是血脑屏障构成重组病毒进入组织的物理屏障;一旦载体到达靶细胞的表面,它还可能找不到进入细胞必需的特殊受体;即便进入靶细胞,重组病毒还会遇到躲避内含体和蛋白酶体、进入核内、载体去包装等环节的障碍。④ 载体包装容量:AAV 载体在装载不超过 5 kb 的外源 DNA 时,包装产生的重组病毒才能接近于野生型病毒的滴度和感染力,超过这一装载量上限,包装效率显著降低,且外源 DNA 5′端会被截短。

(3)腺相关病毒载体基因投送系统的工程化改造。突破上述 AAV 载体基因投送体内屏障的主要策略是采取理性设计或/和定向进化技术改造 AAV 衣壳蛋白。根据 AAV 在细胞内的运行机制及其衣壳蛋白的结构分析,可对 AAV 衣壳蛋白进行理性设计和改造。例如,衣壳蛋白酪氨酸残基的磷酸化导致其被泛素化并促进 AAV 病毒颗粒遭蛋白酶体降解,

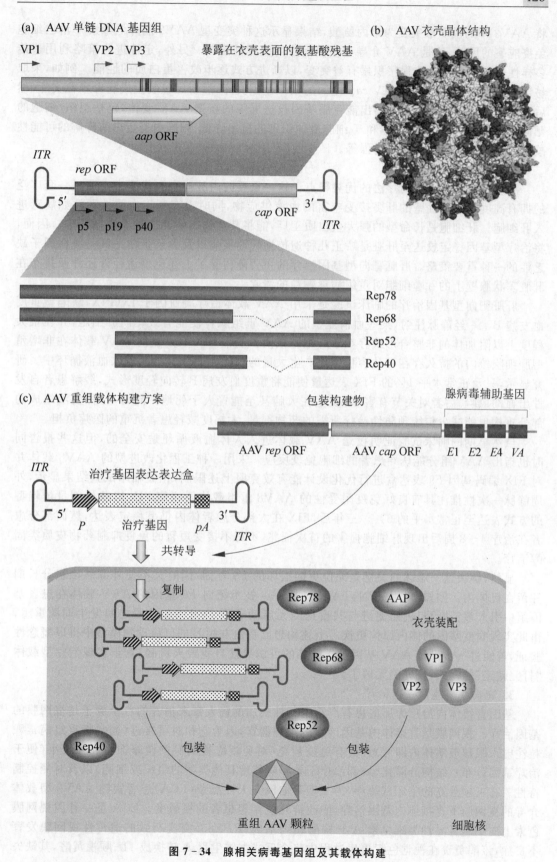

**(a)　AAV 单链 DNA 基因组**

VP1　　　VP2　VP3　　　　　暴露在衣壳表面的氨基酸残基

*aap* ORF

ITR

*rep* ORF

p5　p19　p40

*cap* ORF

ITR

Rep78

Rep68

Rep52

Rep40

**(b)　AAV 衣壳晶体结构**

**(c)　AAV 重组载体构建方案**

包装构建物

腺病毒辅助基因

AAV *rep* ORF　　　AAV *cap* ORF　　　*E1 E2 E4 VA*

ITR

治疗基因表达表达盒

P　　治疗基因　　pA　　ITR

共转导

复制

Rep78　　　　AAP

衣壳装配

Rep68　　　　VP1

VP2　VP3

Rep52

Rep40　　　包装　　　包装

重组 AAV 颗粒　　　　　细胞核

**图 7-34　腺相关病毒基因组及其载体构建**

将 AAV2 中的酪氨酸突变为苯丙氨酸,结果显示这种突变型 AAV2 能降低毒素 T 淋巴细胞免疫应答的风险,这是 AAV 介导型基因治疗的关键性限制。另外,定性进化策略利用遗传多样性辅以高效的筛选程序积累有益突变,以渐进方式逐步改善蛋白质的性能。例如,采取易错 PCR 等技术可构建 AAV $cap$ 基因的大型基因文库,后者经包装生成病毒颗粒文库,然后对之施加选择压力便可分离出能克服基因投送屏障的新型 AAV 变体,包括组织/细胞的靶向特异性提高、体内被抗体和 T 细胞受体识别的概率降低、细胞内遭蛋白酶降解的可能性减少、靶组织/细胞的感染力增强等。

### 2. 靶向肝脏的基因治疗

肝脏是基因直接体内疗法的优势靶点。这一重要的内脏器官和代谢中心通过一套广泛的拥有高度可渗透性壁的肝窦接受丰富的血液供应物,同时也有利于血源性颗粒如病毒进入肝细胞。肝细胞是长命型的强大蛋白质工厂,能将其产物高效释放进血液循环中。因而,将治疗型基因稳定投送至肝脏是矫正几种遗传性代谢疾病以及血浆蛋白尤其是凝血因子缺乏症的一种重要策略。肝脏靶向型基因治疗的主要障碍除了上述免疫途径外还涉及排布在肝脏窦状腺壁上的吞噬细胞对重组病毒颗粒的清除。

肝脏靶向型基因治疗的临床试验是采用 AAV 载体治疗凝血因子 IX(FIX)缺陷型重度血友病 B。一经静脉注射,某些血清亚型的 AAV 重组颗粒便能有效靶向肝细胞,并在很大程度上以附加体的非整合形式存在于肝细胞核内。携带 FIX 表达盒的 AAV 载体在非增殖型肝细胞核内的持久存在可从容稳定地产生大量的功能性 FIX 并分泌进入血液循环中。研究显示,只及正常水平 1% 的 FIX 表达量便能将重度血友病 B 转向轻度形式,缓解患者自发性出血的风险,后者对关节有害,若发生在大脑甚至能置人于死地。同时,这种血液组成的部分重构也能减少传统预防性治疗所需的药物剂量,大幅度减轻患者沉重的医疗负担。

虽然早期的临床试验证明投送 AAV 载体进入人体血液循环是安全的,但这些报告同时也指出 AAV 组分能诱导患者的细胞免疫反应。采用一种工程化改进型的 AAV8 载体并对 FIX 编码基因 $F9$ 表达盒进行优化设计能有效克服上述限制,相关临床试验结果显示,外周静脉一次性推注具有良好免疫耐受性的 AAV8 重组载体便能使 FIX 以载体剂量依赖型的方式表达至正常水平的 6%。三年后,FIX 在大部分患者体内仍呈稳定表达,然而部分患者在治疗 4~8 周后出现肝细胞损害的首次征兆,不得不接受短暂的免疫抑制药物皮质类固醇治疗。

显然,解决这一难题的关键是原位更换损坏的 $F9$ 基因,同时又不使外源病毒组分长期驻留在机体内。例如,采用 ZFN、TALEN 或 Cas 技术靶向 $F9$ 基因的 AAV 载体在患者基因组中引入双链断裂,进而促进与共投送的无启动子型 $F9cDNA$ 片段之间发生同源重组,由此实现病变基因的体内原位更换。上述构想已在血友病 B 的鼠科动物模型中得以概念性验证,若能进一步设计 AAV 基因投送载体的可诱导性自我毁灭机制,真正实现治疗型载体"打完就走"的模式,就完美无瑕了。

### 3. 靶向视网膜的基因治疗

基因直接体内治疗为那些患有严重退行性疾病的病人带来福音的首个例子是视网膜的基因治疗。视网膜是直接体内基因治疗的理想器官,因为它相对可接近(通常将重组病毒颗粒注射入眼球玻璃体内即可)且具有免疫赦免(对免疫应答的保护性修饰)、尺寸较小(便于治疗基因分布)、结构分隔化(局部治疗不易影响邻近其他类型的组织或细胞)以及对侧控制特性。在三项独立的临床试验中,为 2 型莱伯氏先天性黑蒙(LCA)患者实施 AAV2 型载体介导的视网膜下直接体内基因治疗,能改善几位年轻患者的视敏度。LCA 是一种因视网膜色素上皮细胞特异性类维生素 A 异构酶编码基因($RPE65$)突变所致的遗传性视网膜发育不良症,该酶负责在视觉色素再生过程中将全反式类维生素 A 转换成 11-顺视黄醛,其缺失通常在很年轻时便导致患者失明。在三项临床试验中的两项中,患者在 2～3 年后的随访中重新失明。然而,第三例临床试验在相似时间后的随访中疗效仍被维持,目前正在进行临床 III 期试验。这三例临床试验均采用 AAV2 来源的包衣蛋白,但产生不同结果的原因不明。2 型 LCA 进行性的退化性质对治疗基因维持长期疗效构成挑战,因为由基因治疗而被救回的少数光受体细胞最终会被组织中非细胞的自发性变化击败。正如在肝脏靶向性基因治疗中所显示的那样,载体设计和制备过程中的微妙差异均可能影响治疗基因的体内转移、投送位点处的炎性响应以及转染细胞中治疗基因矫正能力的发挥水平。除了 2 型 LCA 外,几种常染色体隐性遗传病如 mer 受体酪氨酸激酶(MERTK)缺陷型常染色体隐性视网膜色素变性症、先天性耳聋视网膜色素变性综合征(USH)、遗传性眼底黄色斑点症(斯特格病);X-连锁型隐性遗传病如 Ras 相关性 GTP 酶 Rab Escort 蛋白(REP-1)编码基因突变所致的无脉络膜症;老年黄斑变性症,也已进入基因治疗临床试验阶段。所有这些临床试验项目均指出,开发允许安全剂量和转染效率均提高以及针对相关靶点具有更严格趋向性的高性能 AAV 载体有助于克服视网膜靶向型基因治疗的限制。

4. 靶向肌肉组织的基因治疗

杜兴肌营养不良症(DMD)是一种 X-连锁型隐性遗传病,患者呈严重的神经肌肉生成障碍,新生男婴中的发病率为 1/3 500。在正常情况下,抗肌萎缩蛋白(Dystrophin)形成肌纤维中细胞骨架型肌动蛋白与胞外基质之间的机械型链接;位于 X 染色体 p21 区的抗肌萎缩蛋白编码基因(DMD)突变导致产生无功能的截短型病变蛋白而致病。人类和小鼠的 DMD 含有 79 个外显子,一部分 DMD 患者因基因突变引发 DMD mRNA 前体的外显子跳跃型剪切,形成第 48 至第 50 外显子缺失型的 mRNA;另一部分 DMD 患者则产生第 43 外显子缺失型的 mRNA,两者分别因第 51 或第 44 外显子提前出现终止密码子而合成无功能的病变蛋白。因此,DMD 的一种治疗策略是基于 RNA 的第 51 或第 44 外显子额外剪切,即向患者投送靶向上述两个外显子的化学修饰 RNA,后者能使患者形成剔除第 48 至第 51 外显子或第 43 至第 44 外显子的 mRNA。由这两种 mRNA 翻译出的产物虽稍短于正常的抗肌萎缩蛋白,但具有部分功能,因此可将重度的杜兴肌营养不良症转变为临床症状较轻的贝克肌营养不良症(BMD)。

DMD 的另一种治疗策略是借助 AAV 载体(如经优化设计的 AAV6、AAV8、AAV9、AAV2)将正常的 DMD cDNA 表达盒直接投送至患者骨骼肌和心肌组织中。然而,由于 DMD cDNA 长达 14 kb,远远超出 AAV 载体的包装容量。解决这一难题有下列两种方案:

(1) 构建精简版抗肌萎缩蛋白。天然的抗肌萎缩蛋白由四种功能域构成[图 7-35(a)]:① N 端肌动蛋白结合功能域(ABD1);② 由 24 个血影蛋白样重复模件组成的中心杆功能域,这些重复模件为四个富含脯氨酸的铰链区(H1～H4)所隔开,其中的第 11 至第 17 重复模件为另一个肌动蛋白结合功能域(ABD2);③ 富含半胱氨酸功能域,其中包含 $\beta$-营养不良多糖结合位点(Dg-BD),是抗肌萎缩相关糖蛋白复合物的一部分;④ C 端功能域,其中包含 $\alpha$-肌多糖结合位点(S-BD)和 $\alpha$-小肌营养蛋白结合位点(Db-BD)。为了适应 AAV 载体有限包装容量而构建的精简版抗肌萎缩蛋白仅包含 ABD1、中心杆功能域的 5 个重复模件(1、2、22、23、24)和 3 个铰链区(H1、H3、H4)以及富含半胱氨酸功能域中的 Dg-BD 位点[图 7-35(b)],动物模型证实这种精简版的抗肌萎缩蛋白能有效改善 DMD 症状。然而,可能由于分子结构差异过大,这种精简版蛋白在体内极易遭受 T 淋巴细胞的识别并引发免疫清除反应。

(2) 构建劈开型 DMD cDNA 重组载体。将天然的 DMD cDNA 劈为含有较短重叠序列的两半,用两个 AAV 载体分别构建表达盒,再将由此产生的两种 AAV 重组病毒颗粒共注射患者的骨骼肌或心肌组织。在肌肉细胞内,两种重组载体分子通过同源重组机制合并为全长 DMD cDNA;或者两个表达盒的转录物经由反式剪切模式拼接成全长的成熟

(a) 抗肌萎缩蛋白的全长结构

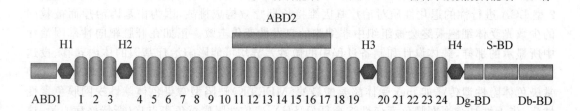

(b) 抗肌萎缩蛋白的精简版结构

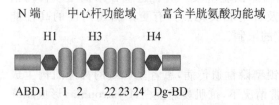

**图 7-35 抗肌萎缩蛋白结构及其精简版构建**

mRNA。试验结果显示,这种方法虽有效但治疗基因的转移效率远低于单基因操作。

5. 靶向心脏的基因治疗

心血管疾病是严重威胁人类健康的致死率最高的疾病类群,其中仅充血性心力衰竭症在美国每年就能夺走 50 万患者的生命。药物和手术疗法只能延缓此类疾病的进程,对于晚期患者迄今很少有预后良好的治疗措施。随着近年来人们对心肌功能障碍分子病理机制认识的不断积累以及安全有效性基因转移技术的不断完善,心血管疾病的基因治疗已成为可能。

目前处于 I~II 期临床试验阶段的基因治疗靶点包括心肌肌浆网 $Ca^{2+}$ ATP 酶泵(SERCA2a)、6 型腺苷酸环化酶以及 SDF-1 的编码基因。首例心脏病基因治疗的临床试验于 2007 年在美国批准进行,将含 SERCA2a 表达盒的 AAV1 重组病毒一次性注射进入晚期充血性心力衰竭受试者的冠状动脉内。12 个月后的随访调查显示,这种治疗的安全性是可接受的,并且受试者的 6 min 步行距离、左室收缩末期容积、舒张末期容积等心脏功能性指标均呈不同程度的改善,心律失常等易发性心血管不适症状发生的频率显著降低。在另一项以腺病毒 Ad5 载体携带 6 型腺苷酸环化酶治疗基因表达盒的临床试验中,同样采取重组病毒颗粒直接注射进入血性心力衰竭受试者冠状动脉内的方法。SDF1/CXCR4 复合物能促进心源性干细胞在心肌梗死区域内的驻留,因而有利于治疗缺血性心力衰竭症。SDF-1 基因治疗的临床试验方案是将治疗基因直接注射进缺血性心力衰竭患者的心内膜心肌组织中。

### 7.5.4 基因治疗面临的挑战与对策

基因治疗将成为一种新型的医疗策略,因为它一旦成熟便会将传统的药物医疗模式远远甩在身后。理论上基因治疗能将各种生物过程导向疾病校正、组织修复、器官再生、寿命延长。机体内遗传信息的传导机制能保证治疗型基因投送的稳定性、保真性、扩增性;细胞在机体内的驻留和运输机制能使治疗型基因靶向特定组织或病灶;各类干细胞的再生和分化潜能则能介导治疗型基因特异性置换转化型细胞(如恶性肿瘤)或感染型细胞(如 HIV)。凭借这些内置性的生物功能优势,基因治疗能解决那些在现代医学中棘手的罕见疾病和常规疾病,为患者甚至广义上的社会带来福音。

　　然而,在这一美好蓝图变为现实之前必须解决基因治疗目前面临的一些主要挑战:① 需要进一步改进基因转移载体的安全性和高效性,将不同病毒的生物特征与重组分子相结合。确保载体精确靶向特定类型的组织和细胞;突破机体构件对基因转移的层层屏障;规避机体免疫系统对外源 DNA 和病毒载体蛋白的响应和清除。② 治疗型基因原位矫正以及突变型基因原位编辑的高效率和特异性、治疗型基因在安全的基因组区域内的整合、借助人工核酸酶和表观修饰物对特定等位基因进行体内的特异性沉默操作,是新一代基因治疗策略的发展方向。③ 由于基因治疗依靠的是复杂性史无前例的"活"的生物药物,后者很可能会将其诱导的治疗效应扩展至患者生殖系,因此长期的监视和预防措施必须建立。④ 随着首例基因治疗市场化,医药行业和监管机构正在定义基因治疗试剂制造和投放的质量标准以及建立提供这种高度个体化治疗的合适渠道。从社会角度看,在传统的医疗保障体制下实施基因治疗的复杂性和高成本将会对其可持续性构成严重挑战,真正意义上的公平是使所有患者都具有接受基因治疗的权利。⑤ 从伦理角度看,正在开启的基因治疗型医学干预是否会破坏人类的自我认知和自我决定,暂停将基因组编辑运用于人类生殖细胞的诉求凸显了这种不可避免的伦理学困惑。这种诉求并非杞人忧天,更非小题大作,正如古希腊都城特尔斐阿波罗神庙中的铭文"认识你自己",这是在警告人类要认识自己的局限性。

# 第8章　高等植物基因工程

植物基因工程起源于 20 世纪 80 年代初,当时建立起来的根瘤农杆菌、微粒轰击、电穿孔转化技术使得外源 DNA 进入植物细胞并整合在其基因组中成为可能。自 1983 年比利时根特大学 Montagu 实验室、美国 Monsanto 公司 Fraley 领导的研究小组以及华盛顿大学 Chilton 研究室首次将外源基因转入烟草和胡萝卜以来,转基因植物在农业生产上的应用和开发取得了一系列突破性进展,并日益显示出重大的经济价值和社会意义。将相关的单个基因或小型基因簇导入植物体内,可培育出具有抗病虫害、耐除草剂和抗环境压力等多种优良遗传品质的农作物。1994 年,Calgene 公司研制的世界上第一个耐储藏的转基因番茄品种在美国批准上市。1995 年,美国又批准转基因的抗虫玉米、棉花以及耐除草剂的玉米、棉花进入商业化生产。1996 年,Monsanto 公司成功推出了商品名为 Roundup Ready® 的草甘膦(除草剂)耐受型转基因大豆。到 2010 年,美国转基因大豆的种植面积已远远超过非转基因大豆。据不完全统计,迄今为止世界上共批准了近 30 种作物、6 大类性状的 50 多个转基因品种进入商业化生产,其中包括水稻、玉米、马铃薯、小麦、黑麦、甘薯、大豆、豌豆、棉花、向日葵、油菜、亚麻、甜菜、甘草、番茄、生菜、胡萝卜、卷心菜、黄瓜、茄子、芦笋、苜蓿、草莓、木瓜、猕猴桃、越橘、梨、苹果、葡萄、香蕉等,其中大豆、玉米、棉花、油菜四个品种合计占世界转基因作物种植总面积(1.7 亿公顷)的 99%。高等植物转基因技术的建立催生了人类历史上又一次伟大的绿色革命。

## 8.1　高等植物的基因转移系统

植物分为低等植物和高等植物两大类。低等植物无根、茎、叶等分化器官,常生长在水中或潮湿的地方,其生殖单位通常呈单细胞形式,有性生殖所形成的合子不经过胚,直接萌发成新生植物个体,包括藻类和地衣。高等植物一般含有根、茎、叶、花、果等分化器官,有性生殖所形成的合子需要经过胚阶段再发育成新生植物个体,包括苔藓植物、蕨类植物、裸子植物、被子植物四个门(图 8-1)。

许多高等植物具有自我授精的遗传特性,通常能产生大量的后代,而且借助于如风、重力和昆虫等自然条件,授精范围广、速度快、效率高,即便是频率极低的基因突变和重组事件,其遗传后果也易被观察。植物损伤后会在伤口处长出一块称为愈伤组织的软组织,将之放在含有合适营养成分和植物生长激素的培养基中,便能持续生长和有效分裂。将这种无性繁殖的细胞悬浮液涂布在特殊的固体培养基上,新长出的幼芽则可重新分化成为根、茎、叶,最终再生出整株开花植物。愈伤组织的细胞分化取决于植物生长激素各组分的相对浓度,包括生长素(Auxins)和分裂素(Cytokinins)。较高的生长素与分裂素之比有利于根部发育;反之则茎部发育。植物细胞拥有以木质纤维素为主要成分的细胞壁,因而通常不能直接吸收外源 DNA。用纤维素酶处理植物细胞制备原生质体,后者则可有效接纳重组 DNA 分子,而且经细胞壁再生后的植物细胞亦可以愈伤组织的形式形成整株植物。

上述特性为利用植物转基因技术生产具有重要经济价值的重组异源蛋白、改良植物尤其是农作物的品质提供了有利条件。然而,许多高等植物拥有比人类更大的基因组,且多以多倍体的形式存在。大约三分之二的禾本科植物基因组为多倍体,如马铃薯类植物的染色

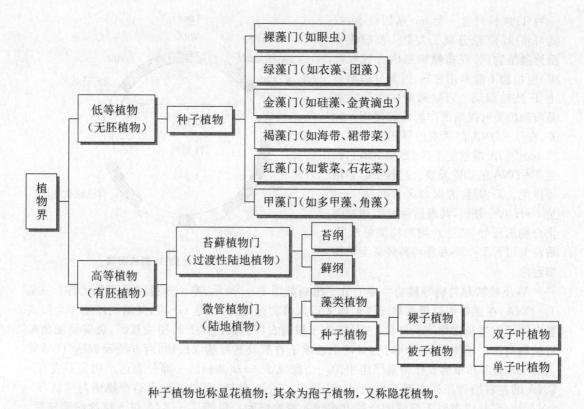

种子植物也称显花植物；其余为孢子植物，又称隐花植物。

**图 8 - 1　植物分类简图**

体数目从 24 至 144 不等。这种多倍体植物在组织培养中呈现出较高的遗传不稳定性，导致体细胞变异，因此由多倍体单细胞再生的植物通常不具有遗传杂合性。

　　不同植物的不同组织或细胞往往对应着不同的基因转移操作条件，因此选择使用合适的基因转移程序是成功生成转基因植物的前提。20 世纪 80 年代，人们建立了数十种有效的植物转基因方法，归纳起来有四大类：质粒整合、病毒感染、物理转移、化学介导。其中，Ti 质粒介导的整合转化法和微粒轰击转化法应用最为普遍。

### 8.1.1　Ti 质粒介导的整合转化

　　早在 20 世纪初 Smith 等人便发现，革兰氏阴性土壤杆菌根瘤农杆菌（*Agrobacterium tumefaciens*）能特异性感染几乎所有双子叶植物的根部和受伤组织，形成冠瘿瘤，并干扰受感染植物的正常生长。直到 1974 年人们才探明，根瘤农杆菌的这种致瘤特性是由细菌细胞内存在的野生型 Ti(Tumor - inducing) 质粒的转移、整合以及相关基因表达所致。此外，另一种农杆菌——发根农杆菌（*Agrobacterium rhizogenes*）含有天然的 Ri 质粒，它能诱导被侵染的植物细胞产生毛发状根，其转移和整合机制与 Ti 质粒非常相似。

　　1. Ti 质粒的生物学特性

　　野生型 Ti 质粒大小约 $200 \sim 800$ kb，其中与植物感染和致瘤有关的 T-DNA（转移型 DNA）区和 *vir*（毒力基因）区分别为 $10 \sim 30$ kb 和 35 kb（图 8 - 2）。T-DNA 内部含有三个基因位点 *tms*、*tmr*、*tmt*，分别编码合成植物生长素、分裂素、生物碱的酶系。*tms* 基因位点由 *iaaH* 和 *iaaM* 两个基因组成，控制由色氨酸合成生长素吲哚乙酸的代谢途径；*tmr* 基因位点中的 *iptZ* 负责由异戊烯焦磷酸和 AMP 合成分裂素的反应；*tmt* 基因位点的编码产物可催化合成冠瘿碱（Opine）类化合物，包括瘴内碱（Octopine，精氨酸与丙酮酸的缩合物）、胭脂碱（Nopaline，精氨酸与 α-酮戊二酸的缩合物）、农杆碱（Agropine，谷氨酸与二环糖的缩合物）。每一种 Ti 质粒只含一个 *tmt* 基因位点,据此可将 Ti 质粒分成三大类。根瘤农杆菌感染植物后,在植物细胞内合成冠瘿碱,但植物不能利用它们,因其分解酶系由 Ti 质粒编码。冠瘿碱的代谢产物氨基酸和糖类可供细菌作为营养使用。此外,在 T-DNA 的两端边界还各有一个 25 bp 长的末端重复序列 LB 和 RB,它们在 T-DNA 的切除及整合过程中起着信号作用。Ti 质粒的毒力区含有从 *virA* 至 *virH* 八个基因,其表达为酚类和糖类化合物所诱导,表达产物的功能是从 Ti 质粒上切下 T-DNA 并将其转移至植物细胞内。

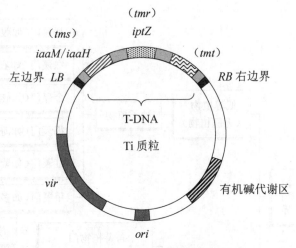

图 8-2 野生型 Ti 质粒图谱

Ti 质粒转移并诱导植物生瘤的分子机制如图 8-3 所示,整个过程需要三种元件:一是 T-DNA,在感染中以可移动元件的形式进入植物细胞内;二是 *vir* 区,其编码产物作为反式蛋白因子促进植物细胞的转化;三是定位于根瘤农杆菌染色体上的相关基因,负责使细菌贴近植物细胞。植物根部损伤时会分泌出乙酰丁香酸及其羟基取代物,两者诱导表达 Ti 质粒上的 *vir* 基因和根瘤农杆菌基因组中的一个操纵子。*vir* 基因的一部分表达产物先后在 T-DNA 的左右边界序列内部产生缺口,切下 T-DNA 单链,而另一种表达产物则与单链 T-DNA 结合,并以类似于细菌接合的方式转入植物细胞。单链 T-DNA 进入植物细胞核后,依靠宿主的 DNA 修复机器转换成双链形式,并为宿主组蛋白 H2A 和 H3 所识别,进而以多拷贝的形式随机整合在宿主细胞染色体 DNA 的单一位点上;而 Ti 质粒上的 T-DNA 单链区则借助细菌的修复机制重新形成双链。因此,根瘤农杆菌在植物细胞感染过程中并没有损失任何遗传信息。

2. Ti 质粒介导的共整合转化系统

在植物基因工程中,用作外源 DNA 克隆转化的 Ti 载体是由野生型 Ti 质粒改造而来的,其内容包括:① 删除 T-DNA 上的 *tms* 和 *tmr* 基因,解除其表达产物对整株植物再生的抑制及致瘤性,同时减少重复的酶切位点;② 有机碱的生物合成与 T-DNA 的转化无关,而且其合成过程消耗大量的精氨酸和谷氨酸,直接影响转基因植物细胞的生长代谢,因此必须删除 T-DNA 上的 *tmt* 基因;③ 加入大肠杆菌复制子和选择标记,构建根瘤农杆菌/大肠杆菌穿梭质粒,便于重组分子的克隆与扩增;④ 引入含植物细胞启动子和 PolyA 化信号序列的标记基因,如细菌来源的新霉素磷酸转移酶 II 基因 *NPTII* 等,便于转基因植物细胞的筛选;⑤ 插入多克隆位点(MCS)序列,以利于外源 DNA 的重组操作。

然而,经上述改造后的 Ti 载体仍然很大,难以采用常规程序进行重组克隆操作。Ti 质粒介导的共整合转化策略可以有效克服这一难题,其整个程序如图 8-4 所示:首先将删除了 *tms*、*tmr* 和 *tmt* 基因组的 T-DNA 片段克隆在大肠杆菌载体质粒 pBR322 上,然后分别插入植物筛选标记 *NPTII* 基因和根瘤农杆菌筛选标记 *Km^r* 基因;将外源基因克隆在 pBR322 的四环素抗性基因 *Tc^r* 中,转化大肠杆菌,并以 *Ap^r* 标记筛选鉴定重组克隆;将上述大肠杆菌克隆菌与含有野生型 Ti 质粒的根瘤农杆菌进行接合转化,并以卡那霉素筛选根瘤农杆菌接合转化子。在接合转化型细胞内,大肠杆菌的重组质粒通过同源重组方式插入野生型 Ti 质粒的 T-DNA 区;以整合型的根瘤农杆菌感染植物的愈伤组织,此时携带大肠杆菌重组质粒的 T-DNA 便随机整合在植物细胞染色体上,用含有新霉素或 G418 的固体培

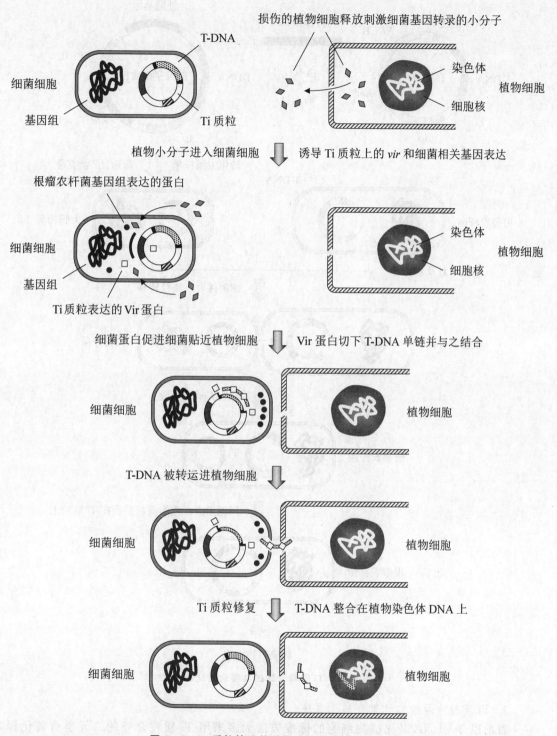

**图 8-3　Ti 质粒转移并诱导植物生瘤的分子机制**

养基即可筛选出植物细胞转化子。这一共整合转化程序涉及大肠杆菌质粒中重组型 T-DNA 与根瘤农杆菌中野生型 T-DNA 之间的同源重组,由于这种重组率不高,导致整个过程的转化效率较低;此外,共整合质粒仍大于 150 kb,在根瘤农杆菌中拷贝数很低,而且共整合质粒重组之后的结构鉴定也很烦琐。

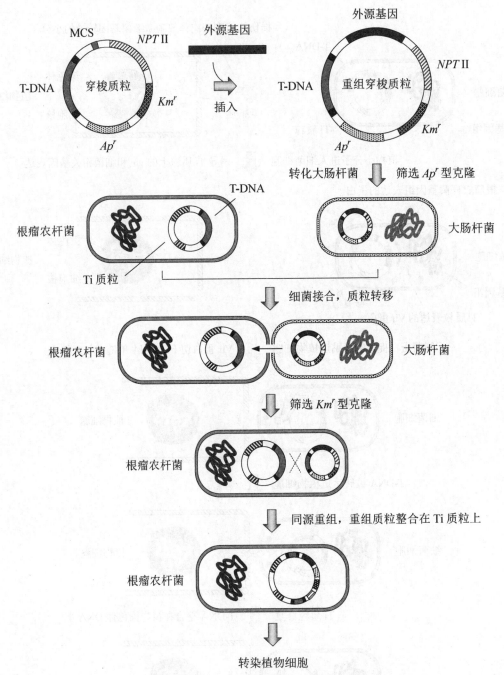

**图 8 - 4 Ti 质粒介导的共整合转化程序**

3. Ti 质粒介导的二元整合转化系统

目前以 T - DNA 转化植物细胞的标准方法大多采用 Ti 质粒介导的二元整合转化程序。由于 *vir* 区在实现 T - DNA 转移的过程中不一定要与 T - DNA 在同一个载体分子上（即反式作用原理），因此可以建立无需同源重组的二元载体系统。

首先构建含 T - DNA 区的根瘤农杆菌/大肠杆菌穿梭质粒，分别将外源基因、*NPT*II 基因和多克隆位点取代 T - DNA 上的 *tms*、*tmr* 和 *tmt* 基因组；重组分子转化大肠杆菌，待鉴定扩增后再导入携带一个 Ti 辅助质粒的根瘤农杆菌中，该辅助质粒拥有 *vir* 区但不含 T -

DNA 区;将上述的根瘤农杆菌转化子悬浮液涂布在植物根部愈伤组织上,辅助质粒中的 *vir* 基因表达产物便会促使重组 T - DNA 片段进入受体细胞内。

　　利用上述程序将功能性基因导入植物体内的一个成功例子是以反义 RNA 控制植物基因的表达(图 8-5)。高等植物体内的聚半乳糖醛酸酶(PG)能降解果胶而使细胞壁破损,因而减少该酶的表达可有效防止蔬菜和水果的过早腐烂。将 PG 基因 cDNA 的 5′ 端部分序列反向接在一个花椰菜花叶病毒(CaMV)的启动子下游,并克隆到根瘤农杆菌/大肠杆菌穿梭

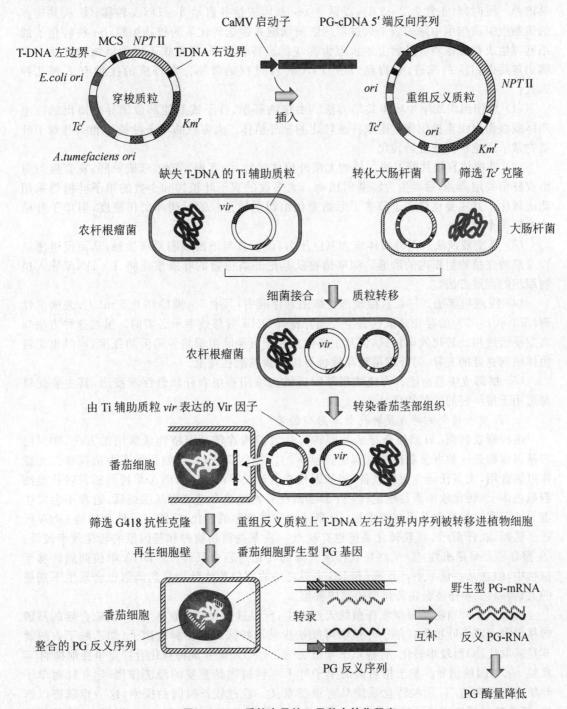

**图 8-5　Ti 质粒介导的二元整合转化程序**

质粒的 T – DNA 中。用 G418 筛选被重组根瘤农杆菌感染的番茄愈伤组织转化子,培养物便可再生出 PG 表达量极低的转基因品种。

4. 农杆菌/Ti 质粒转化的操作程序

任何农杆菌/Ti 质粒转化的经典操作程序均包含下列步骤:① 二元载体的构建并将之导入合适的农杆菌菌株中;② 采用特异性的生长培养基培养和制备重组农杆菌,用于原位感染植物组织或接种植物细胞培养物;③ 在可控条件下,将植物组织或细胞与重组农杆菌共培养一段时间(正常为 2~3 d),以诱导 vir 基因表达并启动 T – DNA 转移;④ 从共培养的植物组织或细胞中除去或杀灭过量的细菌细胞并筛选转化了的植物细胞;⑤ 将转化了的细胞再生成整株植物。虽然上述步骤为常规标准转化程序,但根据不同的植物物种每个步骤仍需要做相应的改进,以提高 T – DNA 转移过程的效率。农杆菌的接种有下列几种方式:

(1) 愈伤组织或原生质体共培养法。由植物胚胎、叶子或其他部位诱导分离出的原生质体或愈伤组织直接用作重组农杆菌转化的靶外植体。大多数的单子叶植物和一些双子叶植物常采用这种方法进行转化。

(2) 外植体直接共培养法。植物无菌外植体如叶片、茎根、节点、未成熟胚、花直接与重组农杆菌共培养,随后再生为转基因植物。大多数的双子叶植物和少数的单子叶植物采用此法转化。其主要优势在于节省了原始愈伤组织诱导过程的时间和工作强度,但单子叶植物的转化率较低。

(3) 真空浸渍法。对外植体施加真空压力,促使其与细菌细胞紧密接触,从而促进感染以及细菌在植物组织内的渗透。烟草植物及其他茄属植物的叶浸渍是将 T – DNA 导入植物细胞的普通方法。

(4) 浸泡喷雾法。将花直接浸泡在细菌悬浮液中,其中 5% 蔗糖和 0.5 mL/L 表面活性剂(Silwet L – 77)的存在是取代真空处理并提升 DNA 转移效率所必需的。虽然这种方法与真空浸渍法相比转化效率较低,但其主要优点在于可免除组织培养的劳动强度,同时也能避免体细胞克隆的变异,另外细菌悬浮液也可以直接喷洒在花上。

(5) 根部土壤浸泡法。将植物根部附近的土壤用重组农杆菌悬浮液浸泡,其主要优势是适用于很年轻的幼苗转化。

5. Ti 质粒转化的特点及转化效率影响因素

由根瘤农杆菌/Ti 质粒介导的基因转移是目前构建转基因植物最常用的方法,80% 的转基因植物是这种方法获得的。其优势包括:① 操作简便,大量细菌强毒力菌株和二元载体可供选用,无需任何专业化装备,如基因枪或电转仪等;② T – DNA 单拷贝插在转化型细胞染色体上,转化效率高且稳定;③ 外源基因在转入并整合进植物基因组后,通常不会发生重大的沉默性修饰和基因结构重排;④ 既适合完整细胞的转化,又能进行植物原位 DNA 投送。然而,农杆菌/Ti 质粒转化系统也有缺点:① 某些植物物种和基因型的转化效率较低;② 整合位点呈随机性;③ 虽然在农杆菌介导的转化过程中只有 T – DNA 单位倾向转移至植物中,但在某些情形中,LB 或和 RB 边界之外的部分载体骨架序列偶尔也会发生不期望的共转移;④ 农杆菌会在转化型植物中驻留。

由于双子叶植物是根瘤农杆菌的天然宿主,所以过去人们一直认为 Ti 质粒介导的基因转移仅限于双子叶植物。单子叶植物可能缺少某种特殊的愈伤释放因子(如乙酰丁香酸及其羟基取代物)而较难转化,有些单子叶植物(如玉米)还能合成特殊化合物竞争性地抑制 Ti 质粒 vir 基因的诱导。鉴于相当多的单子叶禾本科植物是重要的经济作物,建立针对单子叶植物的农杆菌/Ti 质粒转化系统具有重要意义。经过较长时间的探索,这一难题得以解决,其策略包括选用单子叶植物(如水稻)的种子萌发出的未成熟胚、愈伤组织、幼苗外植体作为农杆菌感染的靶标;改进转化程序如农杆菌感染前的干燥处理、共培养期间的低温、接种过程中表面活性剂和 *vir* 基因诱导物的添加、接种和培养基的改良等。

此外,不同农杆菌菌株之间存在的感染力和毒力差异性以及植物物种对农杆菌感染和致瘤的敏感性差异,也在很大程度上影响农杆菌/Ti 质粒转化系统的转化效率。因而,无论对双子叶还是单子叶植物而言,实验筛选最优的农杆菌菌株和植物物种基因型都是必要的。

**6. 二元整合型载体的构建**

构建用于 Ti 质粒介导的二元整合转化型载体(简称二元载体)的基本原则是由 RB 和 LB 序列限定 T-DNA 区,其内部安装 MCS 和植物的选择性标记基因,除非目的基因本身就可作为植物的选择性标记,如抗除草剂基因。载体骨架则携带大肠杆菌和根瘤农杆菌的质粒复制起始位点、各自的筛选标记以及附属组分。如从大肠杆菌向根瘤农杆菌接合转移所需的基因等。

(1) T-DNA 边界。来自章鱼碱或胭脂碱型 Ti 质粒的 RB 和 LB 边界序列优先用于构建二元载体。不同 Ti 质粒的边界序列同源性很高,而且在不同的农杆菌菌株中均能发挥功能。除 RB 和 LB 本身序列外,其内侧几百 bp 的天然序列也影响 T-DNA 转移能力,因而通常保留在二元载体中。

(2) 质粒复制功能。P 组(IncP)和 W 组(IncW)的相容型质粒在广范围的革兰氏阴性菌(包括大肠杆菌和根瘤农杆菌)中均能复制,因此两组的复制起始位点常用于二元载体的构建。其中,IncP 型二元载体携带营养生长型复制的起始位点($oriV$)以及 IncP 型质粒(如 pRK2)的反式作用因子(Trf)编码基因。如果 *Trf* 事先已掺入根瘤农杆菌基因组中,则二元载体便无需携带 *Trf* 基因,如 GV3101::pMP90(RK)。IncW 型二元载体的复制子由来自 pSa 的复制起始位点及其相应的反式因子 RepA 编码基因构成。除了上述广宿主型复制子外,也可将根瘤农杆菌特异性的复制子(如源自 Ri 质粒或 pVS1)与大肠杆菌特异性的复制子(如源自 F 因子、P1 噬菌体、p15A)联合使用。例如,pPZP 和 pCAMBIA 系列同时携带 pVS1 和 ColE1 复制子。复制子的类型决定质粒在细菌细胞中的拷贝数和稳定性。由于高拷贝载体在 DNA 重组克隆操作中使用方便,因而大肠杆菌 ColE1 或 pUC 来源的复制子优先用于构建某些二元载体,如 pGA482 和 pGreen 系列。另外,低拷贝载体如含有 IncP、IncW、F 因子或 P1 噬菌体复制子的二元载体则具有稳定维持大型 DNA 片段的优势。例如,pBIBAC 系列质粒携带 F 因子和 Ri 质粒的复制子(两者在各自细菌细胞中均只维持一个拷贝),因而在大肠杆菌和根瘤农杆菌中均能稳定维持 150 kb 的大型插入片段并将之整合至植物基因组中。

(3) 选择性标记。普通细菌克隆载体中的抗生素抗性基因如卡那霉素、庆大霉素、四环素、氯霉素、壮观霉素抗性基因也同样适用于构建二元载体。然而,有些细菌菌株含有内源性的抗性基因,例如根瘤农杆菌 EHA101 株抗卡那霉素,因此那些含卡那霉素抗性标记的二元载体不能与该菌株配套使用。另外,二元载体中一般不含氨苄青霉素抗性标记,因为该抗性基因的表达产物能灭活青霉素类抗生素(如羧苄青霉素),而羧苄青霉素在共培养后常被用于从植物细胞中除去驻留的根瘤农杆菌。植物的筛选标记有 20 余种,但植物物种不同,标记基因的类型甚至使用浓度也各异。卡那霉素抗性最常用于转化双子叶植物,包括烟草、番茄、拟南芥;相反,潮霉素抗性和草丁膦抗性则分别用于水稻和玉米的转化。

(4) 质粒接合功能。二元载体从大肠杆菌向根瘤农杆菌中的转移可通过三种方式实现:三亲本交配、电穿孔、冻融法。三亲本交配因其高效性有时被优先使用。如果使用这种方法,二元载体需要携带一段特殊序列,如 IncP 型质粒的接合位点($oriT$)或者 ColE1 型质粒的移动基础(*bom*)序列。形成交配桥和驱动质粒接合的必需蛋白因子则由接合型辅助质粒如 pRK2013 提供。

（5）多克隆位点。二元载体为了便于高效克隆均携带更为复杂的多克隆位点，例如 pPZP-RCS 载体携带 13 个六碱基识别位点、6 个八碱基识别位点、5 个归巢核酸内切酶识别位点。

（6）载体骨架转移抑制元件。大量报道显示，基于 Ti 或 Ri 质粒的转化载体上非 T-DNA 的片段（如载体骨架序列）也能频繁地发生共转移。发生这种现象的主要原因是 Vir 蛋白对 LB 序列的识别并非绝对有效，致使 T 链的形成没有在 LB 处终止而通读。载体骨架的共转移对转基因植物的安全性不利，因此必须杜绝这种现象的发生，其措施是在原 LB 邻近区域安装一个或多个额外的 LB 元件。

（7）标记剔除元件。生成转基因农作物的一个重要原则是不允许筛选标记尤其是抗药性基因在基因组中驻留。将来自噬菌体和酵母的位点特异性重组酶如 Cre、FLP、R 等编码基因事先植入农杆菌的基因组中，而在二元载体的标记基因两侧安装相应的 *lox*、*FRT*、*RS* 位点，便可剔除转基因植物中的筛选标记。例如，pOREO1 携带两个 *FRT* 位点，其间为草丁膦抗性基因（*bar*）表达盒，转化后该表达盒能为 FRP 从植物基因组中原位剔除。

表 8-1 列出的是一些具有代表性的二元载体。其中，pBin19 是一种经典的二元载体，而 pBI121 则是在 pBin19 中加入大肠杆菌 β-葡萄糖醛酸酶编码基因（*gus*）表达盒构建而成的（图 8-6）。虽然这两种质粒的植物选择性标记 *npt*II 因含有点突变而导致酶活性降低，但应用相当广泛。pPZP 载体和 pCAMBIA 载体提供了很多界面友好的性能，诸如多克隆位点的广泛可选性、在大肠杆菌中的高拷贝复制能力、在根瘤农杆菌中的高稳定性（图 8-6）。pGreen/pSoup 双二元载体系统中的 pGreen 载体用于克隆外源 DNA，但只携带 pSa 型复制起始位点，其 RepA 的功能则由 pSoup 载体以反式方式提供，pSoup 携带 IncP 型质粒的 *oriV*，因而能与 pGreen 载体共存于根瘤农杆菌中。这一策略使得 pGreen 载体的总体尺寸大幅度减小，有利于分子操作。Green/pSoup 双二元载体的改进版本 pCLEAN-G/pCLEAN 则增添了骨架转移反向选择以及 T-DNA 最小化的性能，可同时投送多个 T-DNA（图 8-6）。

表 8-1　具有代表性的二元整合载体性能

| 质粒名称 | 植物选择标记 | 细菌选择标记 | 农杆菌复制子 | 大肠杆菌复制子 | 可移动性 | 可包装性 |
|---|---|---|---|---|---|---|
| pBin19 | $Km^r$ | $Km^r$ | IncP | IncP | Yes | No |
| pBI121 | $Km^r$ | $Km^r$ | IncP | IncP | Yes | No |
| pGA482 | $Km^r$ | $Km^r\ Tc^r$ | IncP | ColE1 | Yes | Yes |
| pPZP series | $Km^r\ Gen^r$ | $Cm^r\ Sp^r$ | pVS1 | ColE1 | Yes | No |
| pCAMBIA series | $Km^r\ Hyg^r$ | $Km^r\ Cm^r$ | pVS1 | ColE1 | Yes | No |
| pGreen series | $Km^r\ Hyg^r\ Sul^r\ Bar^r$ | $Km^r$ | IncW | pUC | No | No |
| pCLEAN series | $Hyg^r$ | $Km^r$ | IncW | pUC | No | No |
| pOREO1 | $Km^r\ Bar^r$ | $Km^r$ | IncP | ColE1 | No | No |
| pGWB series | $Km^r\ Hyg^r$ | $Km^r$ | IncP | IncP | Yes | No |
| pSB11 | None | $Sp^r$ | None | ColE1 | Yes | Yes |
| pSB1 | None | $Tc^r$ | IncP | ColE1 | Yes | Yes |
| pBIBAC series | $Km^r\ Hyg^r$ | $Km^r$ | pRi | F factor | Yes | Yes |
| pYLTAC series | $Hyg^r\ Bar^r$ | $Km^r$ | pRi | Phage P1 | No | No |

注：$Km^r$—卡那霉素抗性；$Gen^r$—庆大霉素抗性；$Hyg^r$—潮霉素抗性；$Sul^r$—磺酰脲抗性；$Bar^r$—草丁膦抗性；$Tc^r$—四环素抗性；$Cm^r$—氯霉素抗性；$Sp^r$—壮观霉素抗性。可包装性是指含 λ 噬菌体 cos 序列，能进行体外包装，属于考斯质粒。

### 7. 超级二元整合型载体

携带 pTiBo542 质粒的根瘤农杆菌 A281 株相比其他菌株能更高效地诱导广范围植物宿主的基因转移和整合，因为 pTiBo542 携带 *virB*、*virG*、*virC* 基因。将含有这三个独立激

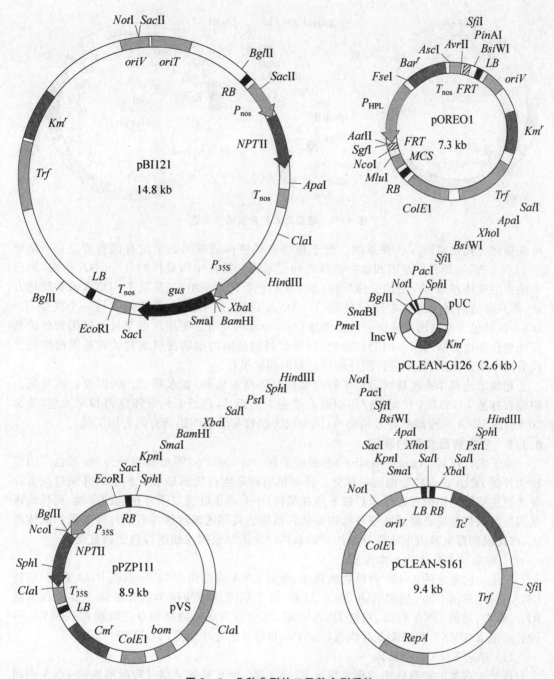

图 8 - 6　几种典型的二元整合型质粒

活基因的 14.8 kb KpnI 片段克隆在一个 IncP 型质粒上构成受体质粒,并导入农杆菌中。使用时,将目的基因克隆在一个相对较小并携带 ColE1 复制起始位点的中间载体(如 pSB11)中,然后再将这个重组型的中间载体通过接合作用转移进根瘤农杆菌株中。中间质粒和受体质粒均含有一个 2.7 kb 的 BEC 片段,因而在农杆菌中两种质粒可通过 BEC 片段之间的同源重组发生共整合。重组型农杆菌可采用中间质粒上的标记基因进行筛选,因为中间质粒不能在根瘤农杆菌中复制。

pSB11(图 8-7)是另一种中间载体。由于 pSB11 是一个 T-DNA 不含基因的空载体,

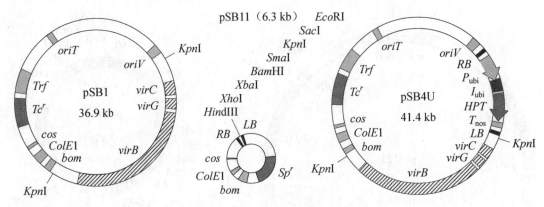

**图 8 - 7 超级二元整合型载体系统**

可在植物转化之前插入各种基因。至于植物选择性标记基因的定位有两种方法：一是单T - DNA 方法，即目的基因和植物选择性标记基因均插在中间载体的 T - DNA 区内，所形成的重组载体再与一个空的受体质粒(如 pSB1)进行同源重组;二是双 T - DNA 或共转化方法，即只有目的基因插在中间载体的 T - DNA 区内，所形成的重组载体与一个携带 T - DNA 区且包含植物选择性标记的受体质粒(如 pSB4U)结合使用。由于目的基因和标记基因能整合在植物基因组不同的位点处，只携带目的基因的植物便可从初始转基因植物的子代分离中筛选出来，无需进行额外的标记基因剔除设计。

超级二元载体系统特别适用于转化那些顽固型的植物，如水稻、玉米、豇豆。该系统与根瘤农杆菌 LBA4404 株配套使用则威力更强大。而且，超级二元载体能将相对大型(至少20 kb)的 DNA 片段高效导入植物中，因而成为植物功能基因组研究的有用工具。

### 8.1.2 植物病毒介导的转染

除了农杆菌属(*Agrobacterium*)和根瘤菌属(*Rhizobium*)等细菌物种外，病毒也可用作投送外源 DNA 进入植物细胞的媒介。许多植物病毒能高效感染所有的组织并通过病毒介导的宿主细胞之间的移动迅速扩散至整株植物，不受单子叶或双子叶植物的限制，而且病毒基因组可被修饰成既能转染整株植物又能在植物的局部区域转移并表达外源基因的载体系统，因此以病毒全基因组或部分组件作为载体转化植物组织或细胞日趋受到重视。

1. 植物病毒载体的基本性质

在迄今已鉴定的近 400 种植物病毒中，单链 RNA 病毒约占 91%，双链 RNA 病毒、双链DNA 病毒、单链 DNA 病毒各占 3%。目前，用于基因转移的植物病毒载体主要源自单链RNA 病毒、单链 DNA 病毒、双链 DNA 病毒，其中最为成熟的是烟草花叶病毒(TMV)、马铃薯病毒 X(PVX)、花椰菜花叶病毒(CaMV)和番茄金花叶病毒(TGMV)。

(1) 单链 RNA 病毒载体

虽然大多数的植物病原性病毒属于 RNA 病毒，但其复制早期过程所形成的 DNA 中间体或者由成熟病毒 RNA 基因组经体外逆转录所产生的 cDNA 可用作外源 DNA 重组克隆操作的载体。重组病毒载体分子一旦构建完毕，通常采取两种策略导入植物受体细胞或组织中：一是采取体外转录技术(如 T7 - RNA 聚合酶)将重组 DNA 分子转录出相应的重组RNA 产物，然后用事先制备的病毒衣壳蛋白将重组 RNA 分子包装成具有感染力的重组RNA 病毒并实施转染(即体外包装策略)。二是借助非病毒性的 DNA 转化方式(如 Ti 质粒/农杆菌系统)先将重组 DNA 分子导入特定的植物细胞中，经复制扩增和包装后回收制备重组 RNA 病毒，后者用于植物靶细胞或组织的转染(即体内包装策略)。

单链 RNA 植物病毒载体系统使用较多的有烟草脆裂病毒(TRV)、雀麦花叶病毒

（BMV）、烟草花叶病毒（TMV）。其中，TRV 是植物单链 RNA 病毒家族中最早被开发成表达载体的成员；BMV 是最先实现 RNA 逆转录成 cDNA 的植物病毒，同时建立了相应的体外转录系统；而 TMV 载体的特征是其较高的基因表达效率，每克组织可产 0.6～1.2 mg 的重组异源蛋白，相当于植物细胞内可溶性蛋白总量的 10%，接近野生型病毒衣壳蛋白的天然表达水平，这种表达水平被认为达到了生物学极限。

TMV 能同时感染单子叶植物和双子叶植物，宿主范围较广，但烟草、番茄以及其他茄科植物是其偏好性宿主。TMV 呈长管状螺旋结构，由一分子约 6.4 kb 的单链 RNA 基因组与 2 130 个分子的单一衣壳蛋白（CP）装配而成，后者由 158 个氨基酸构成，N 端在植物细胞内被乙酰化修饰。衣壳蛋白通过识别 RNA 基因组中的 AAGAAGUCG 序列而启动包装。TMV 载体的主要优势是其特殊的长管状结构对包装的 RNA 尺寸几乎没有限制，因而允许多个基因同时引入植物细胞或者用于生产大分子量的异源蛋白，而且操作方便，遗传相对稳定。另外，目的基因的 ORF 接在 TMV 移动蛋白（MP）编码基因的 3′ 端可使表达水平提高数倍，由此开发了基于 TMV‒RNA 的过表达（TRBO）载体系统。

PVX 属病毒的结构和单链 RNA 基因组尺寸与 TMV 非常相似，该属多个成员（如感染豆科植物的白三叶草花叶病毒、感染藜麦的蟹爪兰病毒、感染兰花的兰花花叶病毒、感染本氏烟草（*Nicotiana benthamiana*）的狗尾草花叶病毒、感染拟南芥的虾钳菜花叶病毒以及车前子花叶病毒）的基因组已被开发成外源基因表达的有用载体。PVX 属各成员的 RNA 基因共有五个 ORF，其中的 ORF1 编码 RNA 指导型 RNA 聚合酶，负责病毒基因的复制；ORF2～ORF4 编码移动蛋白，介导病毒在植物细胞之间的扩散；ORF5 则编码衣壳蛋白。ORF2 的表达产物具有抑制宿主植物细胞针对病毒基因实施 RNA 沉默的能力，由此提升病毒在宿主中的增殖和扩散效应。在基于 PVX 的载体中，外源基因一般由 ORF5 的启动子介导高效表达。

（2）单链 DNA 病毒载体

单链 DNA 植物病毒载体系统使用较多的是双粒病毒（Geminivirus），其最重要的成员是 TGMV，成熟的 TGMV 病毒呈双颗粒状，每一颗粒中各含一条不同的 DNA 单链。其中，A 链能单独在植物细胞中复制，并携带部分病毒包衣蛋白基因；B 链则含有另一部分包衣编码基因和感染基因，两条链必须同处于一个植物细胞中方能构成感染力。利用 TGMV 病毒将外源基因克隆到植物体内的程序是：从成熟的病毒颗粒中分离其 A 链 DNA，并在体外复制成双链形式；以外源基因和标记基因（*NPT*II）取代 A 链 DNA 上的病毒包装蛋白基因；将上述重组分子克隆在含有 T‒DNA 和根瘤农杆菌复制子的载体质粒上，并转化含有 Ti 辅助质粒的根瘤农杆菌；将上述重组根瘤农杆菌注射到植物的茎组织中（该植物的染色体上已含有 TGMV 的 B 链），此时重组 DNA 分子在植物体内被包装成具有活力的病毒颗粒，后者分泌后再感染其他细胞和组织，使外源基因迅速遍布整株植物。

双粒病毒载体系统的缺点包括：① 感染部位仅局限于植株的维管组织；② 大部分病毒成员要靠昆虫作为媒介进行传播，不能机械转移接种；③ 这些病毒都呈球状颗粒，插入的外源 DNA 片段不能太大。这些因素在一定程度上影响了双粒病毒载体系统的广泛应用。尽管如此，双粒病毒因具有较广的宿主范围仍是一种潜力很大的植物病毒载体。

（3）双链 DNA 病毒载体

双链 DNA 植物病毒载体系统的研究与应用主要集中在二十面体的 CaMV 上。CaMV 基因组呈环状结构，大小在 7～8 kb 内，共七个 ORF。将外源 DNA 片段取代有关的致病性基因，重组分子在体外包装成有感染力的病毒颗粒，即可高效转染植物细胞原生质体，进而再生为整株植物。虽然 CaMV 本身可以作为运载小片段外源 DNA 的克隆载体，但由于在大多数限制性酶切点中插入外源 DNA 都会导致病毒失去感染性，而且不能包装大于原基因组 300 bp 的重组 DNA 分子,所以很难直接使用。克服这一困难的策略包括:① 由删除了大部分病毒基因的缺陷型 CaMV 病毒同辅助病毒组成互补的载体系统;从而提高缺陷型病毒载体的装载量;② 将 CaMV 的 DNA 整合到 Ti 质粒 DNA 中组成杂合载体系统,并以 Ti 质粒/农杆菌系统将重组分子导入植物细胞内,这种策略称为农杆菌感染法(Agroinfection),能为那些不能机械接种某些植物物种的重组病毒提供较高的基因转移效率。

2. 植物重组病毒的构建策略

对于不同的植物病毒表达载体,外源基因的重组方式各不相同,主要有下列几种构建策略:

(1)基因置换。为了克服因外源基因引入导致重组分子过大的困难,在构建重组病毒表达载体时,通常以外源基因取代病毒的复制及感染非必需基因,包括编码昆虫传播因子及衣壳蛋白的基因。尽管衣壳蛋白是许多植物病毒感染宿主必不可少的,但也有一些病毒在失去衣壳蛋白后,感染力并不显著减弱。然而,即便是置换病毒载体的部分序列,外源基因的尺寸在克隆时仍然受到限制。例如,用细菌二氢叶酸还原酶编码基因 $dhfr$ 置换 CaMV 的昆虫传播因子编码基因,受感染的植株虽能产生甲氨喋呤抗性表型,但 $dhfr$ 只有 240 bp,当置换更大的外源 DNA 片段时,重组 CaMV 病毒颗粒的大部分载体骨架丢失。外源基因的大小不仅影响 DNA 重组病毒载体的稳定性,而且也影响 RNA 病毒表达系统的应用。例如,用氯霉素乙酰转移酶基因($cat$)取代 BMV 或 TMV 的 CP 基因时,因外壳蛋白为两种病毒的移动所必需,$CP$ 基因的缺失可限制重组病毒在宿主细胞间的扩散。用 $gus$ 或 $cat$ 基因取代番茄丛矮病毒(TBSV)的大部分衣壳蛋白基因,外源基因虽能在感染型植物叶片中大量表达,但 1.8 kb 的 $gus$ 基因使这种 RNA 重组病毒的增殖能力降低。

(2)基因插入。研究显示,如果外源基因不置换病毒载体上的任何序列而直接插入,可在一定程度上避免因基因置换所造成的缺陷。例如,将草丁膦抗性基因 $Bar^r$ 插入玉米条纹病毒(MSV)基因组一小段顺式序列内,受重组病毒感染的植物叶片能产生稳定的除草剂耐受性。相似的结果在 RNA 病毒 TMV 中也得以证实,将 $cat$ 基因插入该病毒 CP 基因与 MP 基因之间,重组 RNA 分子仍具有高效的复制能力并表达出 CAT 酶活[图 8-8(a)]。据此,将来自其他烟草花叶病毒的 RNA 基因组启动子插入 TMV,构建出一系列修饰后比较稳定的载体。衣壳蛋白是 PVX 载体系统侵染植物所必需的,将 $gus$ 基因和 $GFP$ 基因插入至 PVX 复制型启动子的下游,两者均能在整株植物中高效表达。然而,尽管 PVX 系统比较稳定,外源基因丢失现象也常有发生,随着感染时间延长,植物子代中更容易出现野生型病毒。

(3)基因融合。将外源小分子肽与病毒蛋白以融合形式表达具有重要应用价值。首先,表达的融合蛋白易于被哺乳动物抗体识别,因而可采用免疫亲和层析高

(a) 基因插入型 TMV 表达载体的构建

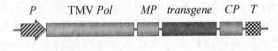

(b) 基因互补型 TMV 表达载体的构建

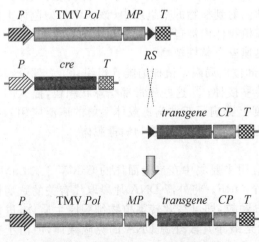

图 8-8 植物重组病毒的构建策略

效纯化分离;其次,重组病毒能大规模高效感染植物,遗传稳定。在构建融合蛋白表达载体时,应选择合适的插入位点,使异源小分子肽在病毒颗粒表面表达,然后将病毒从受感染的植物中分离出来。此外,较为理想的重组方案是将外源基因与病毒基因组的 3′末端相融合,这样可以有效避免干扰病毒正常的增殖和感染功能。在 TMV 中运用上述战略,已经成功表达了多种异源多肽。例如,将复制酶翻译通读序列插入病毒 CP 基因的下游,然后将血管紧张素-Ⅰ转换酶抑制剂编码序列插入翻译通读序列的下游。这种结构使病毒 CP 终止密码子(UAG)通读,在表达自身衣壳蛋白的同时也产生少量的融合蛋白,基本上不影响重组病毒对番茄和烟草的感染,而且病毒载体也比较稳定。将人艾滋病病毒(HIV)相关肽与TBSV 衣壳蛋白 C 端融合,使之在病毒颗粒表面展示表达获得成功。

(4) 基因互补。上述三种策略所涉及的共同问题是,插入的外源基因长度受到病毒载体包装能力的限制。克服这一困难的有效途径是将外源基因克隆在一个删除了大部分基因序列的缺陷型病毒载体上,所产生的重组病毒载体与另一个功能互补型的辅助病毒基因组通过非病毒转染的方式转化植物靶细胞或组织,互补型辅助病毒基因组在受体细胞内反式恢复重组病毒载体缺陷的复制、包装和感染功能,从而生成成熟的重组病毒颗粒,这就是所谓的基因互补策略。如果在植物细胞中事先导入重组酶(如 Cre 或链霉菌 C31 噬菌体整合酶)编码基因表达盒,并在两种互补型病毒载体上分别安装相应的重组位点(RS)序列,便可实现互补型病毒载体的高效体内重组[图 8-8(b)]。

3. 植物病毒转染法的特点

与农杆菌/Ti 质粒介导的整合转化程序相比,植物病毒表达载体系统具有如下优点:① 病毒载体在宿主细胞中可进行多轮复制,病毒增殖速度快,外源基因的拷贝数在很短时间(通常在接种后 1～2 周内)可达到最大量的积累,从而使外源基因高效表达;② 植物病毒基因组往往含有基因表达的高效调控元件,如 CaMV 的 35S 启动子和终止子;③ 病毒基因组相对 Ti 质粒小很多,易于重组克隆操作,而且大多数植物病毒可以通过机械接种的方式感染植物,适合于大规模产业化操作;④ 植物病毒可以侵染单子叶植物,扩大转基因的适用范围;⑤ 病毒颗粒易于纯化,可显著降低下游生产成本。因此,植物病毒载体大多用于构建外源基因的瞬时高效表达系统。

然而,相当一部分植物重组病毒分子表现出遗传不稳定性,容易丢失外源基因,主要原因是病毒基因组往往迅速发生基因重组,可能与其他生物体内常见的同源或异源重组过程相似。其实,植物病毒的这种特性在客观上却起到了阻止不利或有害的外源基因在宿主细胞中扩增的作用,大大减少了重组病毒在农业应用过程中向环境扩散的危险性,有利于生态系统的安全。

## 8.1.3 植物的物理转化方法

农杆菌转化系统和植物病毒载体系统所涉及的技术面广,操作要求高且比较烦琐;更重要的是,转基因植物有可能残留病毒或农杆菌的蛋白和核酸组分,需要进行特殊设计才能杜绝潜在的安全隐患。由各种物理条件介导的 DNA 直接转化方法可在一定程度上弥补上述不足,其中得到最广泛应用的是微粒轰击转化法。

1. 植物的微粒轰击转化法

微粒轰击转化法又称枪击法,该法采用弹射装置或基因枪将重组 DNA 包裹的大量微米(直径 1～2 μm)尺寸的金属(金或钨)颗粒以每秒 340 m 的速度穿透植物细胞壁和细胞膜进入靶细胞或组织中,装置所产生的弹射力来自氦压缩气体的爆炸或膨胀。虽然钨比金便宜很多,但金微粒的转化效率高,而且轰击后的细胞经合适染料染色后可在显微镜下清晰地观察到金微粒。这些微粒在细胞膜和核膜上制造的孔洞很容易重新闭合;细胞壁上的孔洞则需要时间愈合,但不至于致死细胞。进入细胞后,重组 DNA 分子从微粒上解脱下来,其中一部分稳定整合在宿主染色体上。微粒轰击的概念最早由 Sanford 等人于 1987 年提出,后来长期的实践证明这种方法对多种植物物种有效,包括洋葱、烟草、玉米、水稻、小麦、大麦,已成为继农杆菌介导型基因转化程序之后的第二个选项。微粒轰击转化法的优势在于:① 不受细胞类型、植物物种、基因型的限制,尤其适用于那些农杆菌转化法不太奏效的单子叶植物;② 可同时导入多种 DNA 片段或大型人造染色体重组载体,因此省去了构建复杂重组质粒的工序,也不需要特殊的载体;③ 与电穿孔法或 PEG 介导转化法相比,经历微粒轰击的细胞更易于再生成整株植株;④ 能将外源 DNA 高效靶向植物顶端分生组织内的全能型细胞中,无需烦琐的组织培养系统,有利于以基因型非依赖性方式生成转基因植物。微粒轰击转化法的主要缺点包括:① 转基因的高拷贝整合和重排;② 基因沉默影响转化的总有效率;③ 裸露的重组 DNA 分子易遭细胞内核酸酶的攻击。此外,细胞悬浮液中氯化钙、亚精胺或鱼精蛋白的存在、轰击初速度、轰击距离、一次轰击的金颗粒使用量、颗粒表面的 DNA 量都是影响轰击法转化效率的重要参数。

除了上述金属微粒外,直径在 $1\sim100$ nm 内的金属氧化物、硅酸盐、磁性材料、树状聚合物型纳米微粒也可携带重组 DNA 分子,并通过基因枪轰击或者直接注射进入完整植物的细胞。此外,此类纳米微粒也通过与植物原生质体直接混合而进行基因转移。纳米微粒转化法首次用于转化烟草叶肉原生质,孔径为 3 nm 的蜂巢状介孔型硅酸盐纳米微粒(MSN)表面用三甘醇修饰以穿透原生质体。虽然这种方法的转化率只有 7%,低于经典的 PEG 介导转化法,但使用的重组 DNA 量却只有前者的千分之一。纳米微粒介导转化法的缺陷是纳米微粒对植物具有毒性作用。

### 2. 植物的穿孔渗入转化法

植物细胞壁含有大量的孔隙,但其平均直径大约为 10 nm,只允许小分子和球状蛋白渗透,线形或环状的 DNA 分子被挡在细胞外。然而,采用合适的物理穿孔技术可在一定程度上帮助重组 DNA 分子渗入植物细胞。

电穿孔法采用短暂的高压脉冲电击处理植物细胞,在增大植物细胞壁空隙的同时还能在细胞膜上形成直径为 120 nm 的瞬间孔洞,重组 DNA 分子得以渗入细胞内。一般采用的电击条件是较低电压($300\sim500$ V/cm)与较长脉冲时间($30\sim100$ ms)或者较高电压(1 000 V/cm)与较短脉冲时间的组合。该法主要用于农杆菌难以奏效的单子叶植物。电穿孔法同时适用于植物完整细胞和原生质体的转化,既不像农杆菌转化法那样受限于物种类型,也没有化学介导法存在的细胞毒性问题。

激光微束穿刺法是将发射的激光束控制在 1 $\mu$m 左右,对准选定的细胞靶位进行照射并形成孔隙,重组 DNA 分子沿渗透压梯度进入细胞内。随后在短时间内细胞孔隙自动闭合,使得穿越胞壁和质膜的重组 DNA 分子滞留在受体细胞内,并随机整合至植物染色体 DNA 上。这种方法已在水稻等农作物的基因转移中获得成功,但它只能对表层细胞进行照射处理。

碳化纤维法是利用直径为 0.6 $\mu$m、长度为 $10\sim80$ $\mu$m 的碳化硅纤维丝,借助于旋涡引起的相互碰撞,对细胞植物细胞进行穿刺,同时将黏附于纤维上的外源 DNA 分子导入细胞。这种方法对具有坚硬植物胞壁的细胞效果不佳,而且击孔时碳化硅纤维丝一直插在细胞中,有可能导致胞内物质的外流。

晶须穿刺法借助平均直径为 0.6 $\mu$m、长度为 $10\sim80$ $\mu$m 的细针样碳化硅或硼酸铝纤维丝(晶须)穿刺植物的完整细胞,同时将黏附于纤维丝上的重组 DNA 分子投送至细胞内。晶须穿刺法简便、快速、廉价、灵活,是微粒轰击法的最佳替代方法,其缺点是操作必须绝对小心,避免吸入人体,因为碳化硅晶须具有致癌性;硼酸铝晶须则不具致癌性,因而更安全;此外,晶须处理可能会损伤细胞,导致愈伤组织再生困难并最终影响转化率。

3. 植物的直接注射转化法

相对动物系统而言,DNA 显微注射转化植物细胞受到一定的限制,因为植物细胞拥有高度木质化的坚硬细胞壁和大型液泡。不过在植物原生质体及其培养程序建立之后,显微注射技术便可用于植物细胞的转化,转化效率可达 14％～60％。某些化合物如聚 L-赖氨酸或琼脂糖可用于植物原生质体的固定。显微注射法也可用于某些植物完整细胞的转化,如胚胎、愈伤组织、花粉等。显微注射转化法的主要优势是物种非依赖性以及能投送大型的重组 DNA 分子;其主要缺点是难以重现性地靶向特定的细胞空间,转化效率差异非常大,而且需要较高的实验技术,工作强度也大。

植物授粉期间或之后,花粉管通过细胞创建的通道能伸到胚囊,如果在此阶段将重组DNA 分子注入花粉管,则重组 DNA 分子能进入子房并掺入正在受精但尚未分裂的合子细胞中,随后在其有丝分裂过程中整合在宿主的基因组中。这一方法是我国植物学家周光宇首先提出和设计的,目前已用于水稻、小麦、棉花、大豆、花生、蔬菜等作物的转基因研究中,有的已在农业生产中大面积推广。此外,以花粉作为重组 DNA 的投送媒介还有其他多种形式,如将重组 DNA 溶液与膨胀萌发的花粉混合后直接注射在柱头的表面;或者直接将重组DNA 溶液注入切开的花柱中。花粉管介导的 DNA 转移法相对较为简便快速,基因型非依赖型,无需复杂的植物组织培养操作,但其总转化率较低,重现性较差,显然这种方法不适用于不开花以及营养生长期的谷类植物。

### 8.1.4 植物细胞的化学转化法

以化合物介导 DNA 分子进入植物细胞是最早尝试的植物转化方法,所使用的化合物包括聚乙二醇、聚乙烯醇、磷酸钙、聚 L-鸟氨酸、聚 L-赖氨酸等,它们能改变植物细胞或原生质体的细胞膜结构,但由于细胞壁的屏障效应,植物的化学转化主要限于原生质体。

1. 植物原生质体的聚乙二醇介导转化法

在上述几种化合物中,聚乙二醇(PEG)使用最广泛。PEG 是亲水性长链聚合物,能介导植物细胞膜可逆性通透性增加,从而促进 DNA 分子进入细胞。在此过程中,PEG 使用的平均浓度为 15％,相对分子质量为 8 kD。首例 PEG 介导的转化是将 Ti 质粒 DNA 投送进烟叶细胞原生质体,自此之后很多植物物种采用此法也获得成功,但转化率有所不同。PEG介导转化法也不依赖于植物宿主类型,且简单廉价。然而对某些植物物种而言,PEG 可能会影响原生质体再生效率;此外,PEG 介导转化法的效率通常很低,在农杆菌转化法和微粒轰击法取得成功后,PEG 介导转化法已不再广泛使用。

2. 植物原生质体的脂质体介导转化法

脂质体具有直接与细胞膜融合的能力或者为细胞以胞饮样的过程所吸收。在此法中,负电荷的重组 DNA 分子被正电荷甚至阴离子或中性脂质所包裹,所使用的脂质分子主要是胆固醇和二油磷脂酰乙醇胺(DOPE)。与涉及裸露型 DNA 投送的其他方法一样,植物原生质体是脂质体介导转化法的最佳受体。包裹了 TMV 病毒颗粒的脂质体转移至烟草、矮牵牛花、长春花的平均转化率为 40％～80％。有证据显示,脂质体介导转化法可使 10 000 个重组 DNA 分子进入单个原生质体细胞核内,但整合在基因组上的通常有 3～5 个拷贝。脂质体介导转化法的主要优点是 DNA 被包裹因而具有抗胞内核酸酶降解的效果;此外,能通过改变脂质分子的结构和组成而特异性靶向特定类型的细胞。然而,细胞的生理状态以及脂质体的类型和组成对转化率具有较大的影响;此法的一个缺点是在脂质体制备过程中需要对包裹 DNA 进行温和的超声波处理,有时会造成 DNA 断裂。

### 8.1.5 植物原生质体的再生

外源 DNA 直接导入植物细胞的主要障碍是细胞壁,上述植物细胞转化方法中大多使用原生质体作为受体,因此原生质体的再生效率在植物转基因技术中至关重要。标准的高等植物原生质体制备和再生程序如图8-9所示：将植物嫩叶、幼芽或愈伤组织切成碎片，浸入含有纤维素酶、糖和盐的缓冲液中；保温一段时间后，悬浮物离心除去细胞碎片；将原生体悬浮液滴在无菌滤纸片上，并置于含有普通植物细胞（即所谓的营养细胞）的固体再生培养基的表面，使得原生质体与营养细胞不直接接触，但可吸收由营养细胞分泌扩散出来的植物生长因子及其他化合物；在合适温度下培养2～3周后，小心将滤纸上的植物细胞簇转移至含有高浓度分裂素和低浓度生长素的固体培养基上，继续培育2～4周后，滤纸片上便长出嫩芽；将此嫩芽置于含有低浓度生长素而无分裂素的固体培养基上，使其根部发育；大约3周后再将之移植在土壤中，使其长成整株植物。

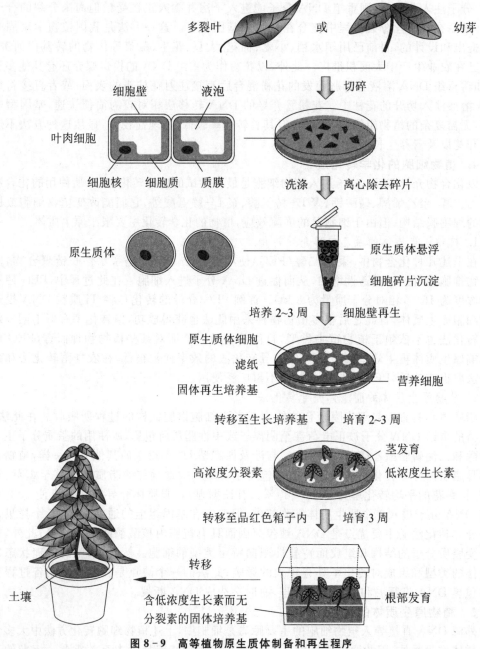

图8-9　高等植物原生质体制备和再生程序

　　尽管上述原生质体的制备和再生技术已在一些高等植物的转化中获得成功应用,但大多数重要农作物的原生质体培养和再生系统仍难以优化。不过,从玉米和水稻胚芽细胞培养物制备的转基因型原生质体能良好地生长、再生并具有可育性,这对于利用基因工程技术改良农作物品种无疑是一大突破。

## 8.2　高等植物的基因表达系统

　　植物转基因技术已成为研究和改良植物遗传资源的强有力工具,而作为转基因单位的目的基因表达盒的设计与构建则是植物转基因技术的主要内容。转入并在植物细胞和组织/器官内发挥相应生物学功能的目的基因表达盒通常由目的基因编码区与各种转录和翻译调控元件按图 8-10 所示的方式嵌合装配而成,其中启动子/增强子是决定目的基因表达部位、时间、强度的主要顺式调控元件,而那些以反式作用方式识别并结合启动子/增强子及其转录产物的转录调控蛋白和微 RNA(miRNA)通常不包含在目的基因表达盒中。

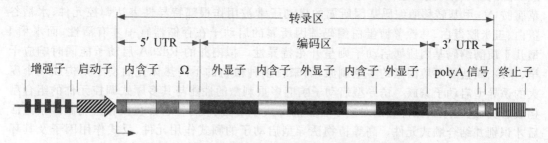

**图 8-10　植物转基因表达盒的设计与构成**

### 8.2.1　植物转基因的启动子/增强子

　　虽然花椰菜花叶病毒(CaMV)的 35S 启动子能在许多植物物种中的几乎所有发育阶段以及所有组织中呈组成型高效表达,并被广泛用于构建高等植物的转基因表达盒,但就转基因植株的生成而言,启动子/增强子的时空特异性表达具有重要意义。一方面,受体植物内源性的调控机制(如植物激素等)以及外源性的自然环境因素(如光照等)会在很大程度上左右转基因的表达性质和程度;另一方面,很多外源转基因的表达也会对植物早期的生长和发育产生不利影响甚至致死效应。就原理而言,上述内源性因子和外源性因素同样可被选择性地用于调控转基因表达盒的构建,但是这些天然调控因子/因素的一个致命缺点在于它们的多效性。如果采用这些条件控制外源转基因的表达,必然会同时引发一系列植物内源基因的开启,进而导致严重后果。因此,理想的外源转基因表达调控系统往往选用那些与植物亲缘关系较远的物种的调控元件进行组装,相应的转基因表达诱导物也通常是植物体内很少存在的分子。目前,已建立了多种只作用于外源转基因的高度特异性表达调控系统,大大促进了植物基因工程的研究与应用。

　　1. 用于控制植物转基因表达的组成型启动子/增强子

　　在广范围的生理条件下以及大多数组织中均有活性的植物组成型启动子常规用于介导各种目的基因在离体转化型植物组织或细胞中的高效表达。其中,来自 CaMV 35S RNA 编码基因所属的启动子 $P_{35S}$ 在双子叶植物中能介导外源转基因呈高水平的表达,但在单子叶植物中活性稍低。该启动子含有真核生物典型的 TATA 盒,并在其上游邻近区域偶联以 CAAT 盒、GTGGA/TA/TA/TG 核心序列和反向重复序列为结构特征的增强子,后者能使 $P_{35S}$ 的转录启动活性提升 10 倍,因而两者常被联合驱动外源转基因在植物细胞中的高效表达。玉米泛素编码基因所属启动子 $P_{Ubi-1}$ 的活性高于水稻肌动蛋白编码基因所属启动子

$P_{ACT}$，而且两者在单子叶植物中的转录启动活性均显著强于$P_{35S}$，因而广泛用于介导外源转基因在单子叶植物中的组成型表达。另一个人工构建的嵌合型超级启动子$P_{mas2-ocs}$源自根瘤农杆菌 Ti 质粒 T-DNA 中甘露碱合成酶编码基因所属启动子$P_{mas2}$及其转录激活区与三拷贝瘴内碱合成酶编码基因所属转录激活元件的组合，其介导外源转基因在单子叶植物中的表达水平分别是$P_{35S}$和增强型双$P_{35S}$组合的 156 倍和 26 倍，在玉米细胞中与$P_{Ubi-1}$的活性大致相当。值得注意的是，组成型启动子也并非在每一种组织中均广泛表达。例如，CaMV 的$P_{35S}$在绒毡层细胞和花粉母细胞中的活性相对较弱甚至没有活性，这也是由$P_{35S}$介导抗除草剂基因表达的转基因植物在花期内喷洒除草剂可能导致严重减产的原因。

2. 用于控制植物转基因表达的特异型启动子/增强子

高等植物的非组成型启动子可分成三类：① 细胞、组织、器官特异型启动子；② 发育阶段特异型启动子；③ 各种内源或外源刺激诱导型启动子。其中很多特异型启动子的结构和性能已被鉴定和应用（表 8-2），例如核酮糖-1,5-二磷酸羧化酶（RuBisCO）和丙酮酸正磷酸二激酶（PPDK）编码基因所属的启动子能介导外源转基因在绿色器官中的特异性表达；烟草腐胺 N-甲基转移酶编码基因所属的启动子常被用作根部特异性表达调控元件；水稻谷蛋白、玉米胶蛋白、马铃薯糖蛋白编码基因所属的启动子在存储器官中才有活性；而水稻 I 型几丁质酶编码基因所属启动子则呈开花特异性。拟南芥的 Rd29A 启动子能同时响应干旱、寒冷、高盐等环境因素的多重刺激，而来自多种植物的不同热休克启动子则构成一个庞大的诱导型启动子家族。诱导型启动子响应多重刺激的性能与其多顺式调控元件的组合型构成有关，这些顺式元件分别对应于各自的反式作用因子，后者通常在被相关刺激因素激活后才识别并结合顺式元件。高等植物诱导型启动子的顺式作用元件、反式作用因子及其环境刺激响应类型列在表 8-3 中。

表 8-2　高等植物诱导型启动子的结构与性能

| 启动子 | 顺式元件 | 植物来源 | 诱导特征 |
|---|---|---|---|
| Rd29A | DRE MYB | 拟南芥 | 干旱、低温、高盐 |
| PZmRXO1 | W1 MBS IB GAG PB SP1 TGA AE CATT | 玉米 | 干旱、低温、激素 |
| SpSCL1 | GATA GT1CONSENSUS TATA WB IB CBFHV LTRECOREATCOR15 MYB2CONSENSUSAT | 海马齿 | 干旱、高盐、有色光照 |
| ST-LS1 | AS2 GT1 IB ERE GB ATCT GARE | 马铃薯 | 光照，茎叶特异性 |
| OsDhn1 | DRE ABRE | 水稻 | 干旱 |
| AtPolλ | CATT AE ATCT MEJRE IB DSRE | 拟南芥 | 光照 |
| PR10g | GTGANTG10 POLLEN1LELAT52 EB PyB RY | 百合 | 赤霉素，花药特异性 |
| Oshox24P | ABRE DRE LTRE | 水稻 | 干旱、脱落酸 |
| BnFAD7 | GARE PB TC TCA GB TGAGC CGTCA | 油菜 | 低温 |
| JcMFT1 | SEF1 SEF3 SFE4 RY EB GB Prolamin CANBNNAPA | 麻风树 | 脱落酸，种子特异性 |
| AtPUB18 | HSE LTR MBS ABRE | 拟南芥 | 高盐 |
| VpSTS | W1 TC ABRE MBS LTR | 葡萄 | 白粉病、赤星病 |
| FaXTH2 | RY SUCB PB AREF LREM TATC | 草莓 | 赤霉素、脱落酸、乙烯，果实特异性 |
| Athspr | DOFCOREZM RAV1AAT WRKY71OS ACE GB IB SORLIP2AT | 拟南芥 | 光照、激素，维管特异性 |
| TsVP1 | GB CGCTA BOX III，TC | 盐芥 | 高盐 |
| Cor15 | TATA ABRE DRE CRT | 拟南芥 | 低温 |
| GmPLP1 | ABRE ERE LTR GB CGTCA GT1 ATCT BOX4 SP1 IB TCT | 大豆 | 光照、赤霉素、脱落酸 |

表 8-3　高等植物诱导型启动子顺式元件、反式作用因子及其环境刺激响应类型

| 顺式元件 | 典型序列 | 反式因子 | 响应类型 |
|---|---|---|---|
| *GB*(G-box) | CACGTT(G) | HY5、GBF2、PIF3 | 光照、紫外线、损伤、脱落酸 |
| *ACE* | ACGTGGA | | 光照 |
| *TCCC* 基序 | TCTCCCT | | 光照 |
| *BOXI* | TTTCAAA | | 光照 |
| *GT1* 基序 | GGTTAA | | 光照 |
| *SP1* | CCCCCCTGAT | | 光照 |
| *BOX4* | ATTAAT | | 光照 |
| *ATCT* 基序 | AATCTAATCC(T) | | 光照 |
| *IB*(I-box) | AGATAAGG | LeMYB | 光照 |
| *GATA* 基序 | AAGGATAAGG | | 光照 |
| *BOXII* | TCCACGTGGC | | 光照 |
| *CATT* 基序 | GCATTC | | 光照 |
| *GA* 基序 | ATAGATAA | | 光照 |
| *Circadian* | CAANNNNATC | | 昼夜节律 |
| *EEs* | AAAATATCT | | 昼夜节律 |
| *AS1* | CTGACGTAAGGGATGACGCAC | bZIP | 损伤、赤霉素、茉莉酸甲酯 |
| *WUN* 基序 | ANATTNCNN | | 损伤 |
| *WBOXNTERF3* | TGAC | | 损伤 |
| *TC*(富含,重复序列) | GTTTTCTTAC | | 防卫胁迫 |
| *WB*(W-box) | TGAC | WRKY | 防卫胁迫 |
| *PRE2* | ACGCTGCCG | | 防卫胁迫 |
| *HB*(H-box) | CCTACC | MYB | 防卫胁迫 |
| *EB*(E-box) | ACCCATCAAG | bHLH | 防卫胁迫 |
| *ARE* | TGGTTT | | 厌氧 |
| *GC* 基序 | GCCCGG | | 厌氧 |
| *GA* 基序 | AAAGATGA | | 缺氧 |
| *ABRELATERD1* | ACGTG | | 脱水 |
| *MYC* | CANNTG | NAC | 干旱、低温、脱落酸 |
| *DRE* | CCGA | ERF/AP2、DREB | 干旱、高盐、低温 |
| *CGTCA* 基序 | CGTCA | | 茉莉酸甲酯 |
| *TGACG* 基序 | TGACG | | 茉莉酸甲酯 |
| *AuxRR* | GGTCCAT | ARF | 生长素 |
| *TGA* 元件 | AACGAC | | 生长素 |
| *CATATGGMSAUR* | CATATG | | 生长素 |
| *TATC*(TATC-box) | TATCCCA | | 生长素 |
| *PYRIMIDINEBOXHVEPB1* | TTTTTTCC | | 赤霉素 |
| *GARE* 基序 | AAACAGA | | 赤霉素 |
| *TCA* 元件 | CCATCTTTTT | | 赤霉素 |
| *WBOXATNPR1* | TTGAC | | 水杨酸 |
| *GCCCORE* | GCCC | | 水杨酸 |
| *ABRE* | ACGTGGC | bZIP | 脱落酸 |
| *DPBFCOREDCDC3* | ACACNNG | | 脱落酸 |
| *DRE2COREZMRAB17* | ACCGAC | | 脱落酸 |
| *ACGT* | ACGT | bZIP、PIF、bHLH | 脱落酸 |
| *CE1* | TGCCACCGG | ERF/AP2 | 脱落酸 |
| *CE3* | ACGCGTGCCTC | ERF/AP2 | 脱落酸 |
| *MYCR* | CACATC | bHLH | 干旱、低温、脱落酸 |
| *ERE* | AGCCGAC | | 乙烯 |
| *GCC*(GCC-box) | AGCCGCC | ERF | 乙烯、损伤 |

| 顺式元件 | 典型序列 | 反式因子 | 响应类型 |
|---|---|---|---|
| GT1 | GAAAAA | AtGT-3b-1-like | 高盐 |
| MBS | TAACTG | | 干旱 |
| GAATTC | GAATTC | HSF | 热休克 |
| HSE | ATAAATGT | HSF | 热休克 |
| LTRE | GGCCGACAT | ERF/AP2 | 干旱、低温 |
| CRT | TGGCCGAC | CBF | 干旱、低温 |
| TCA-like | AGAAGATGC | | 低温 |
| MYBR | TGGTTAG | MYB | 干旱、高盐、低温 |

3. 植物转基因的四环素诱导表达系统

将大肠杆菌四环素操纵子中的 tet 操作子序列和转座子 Tn10 中的阻遏蛋白 TetR 编码基因与 CaMV $P_{35S}$ 启动子相组合,可分别构建 Tc-on 型四环素诱导表达系统和 Tc-off 型四环素阻遏系统(参见 6.2.3,图 6-8)。以 Tc-on 系统介导 gus 基因表达,当四环素不存在时,转基因烟草检测不到 β-葡萄糖醛酸酶(GUS)活性;用 0.1 mg/L 的四环素处理转基因植株(根部吸收或叶片涂抹),gus 基因的表达水平比诱导前提高 500 倍。实验结果显示,1 mg/L 的四环素浓度对转基因植株生长无明显影响,而在此条件下的 tet-$P_{35S}$ 嵌合启动子表达活性与野生型 $P_{35S}$ 启动子相当。将该系统用于可控性表达异戊烯转移酶、精氨酸脱羧酶、S-腺苷甲硫氨酸脱羧酶以及转录因子 PG13,均获得相似稳定的结果。Tc-on 型四环素诱导系统的优点表现为:本底表达低,诱导活性高;诱导方式简单,叶片涂抹方式可用于局部表达;四环素在植物体内不稳定,因此可实现基因的瞬时表达研究;诱导物在 0.01~1 mg/L 的作用范围内对植物无毒副作用。但是,该系统不能在拟南芥中发挥作用,可能是因为高浓度的 TetR 蛋白严重影响拟南芥根部的发育,而拟南芥恰恰是植物分子遗传学研究中最重要的模式物种;此外,由于诱导物为抗生素,因此该系统不能用于大田试验和转基因农作物生成。

Tc-off 型四环素阻遏系统的工作原理与 Tc-on 型四环素诱导系统正好相反,无四环素时基因表达,四环素存在时基因关闭。以 Tc-off 系统介导绿色荧光蛋白(GFP)编码基因 gfp 表达,在无四环素时,gfp 呈组成型表达;加入 0.05 mg/L 的四环素后,GFP 荧光强度减弱;在 0.1 mg/L 的四环素存在下,完全检测不到 GFP 的荧光活性。Tc-off 型四环素阻遏系统的独特之处在于它可精确控制基因的转录:生长在含四环素培养基上的植株用水冲洗 30 min,检测不到 GFP 活性;24 h 后,由于四环素的降解,开始产生荧光;48 h 后,荧光活性恢复至未经四环素处理的水平,利用这一特点可以比较基因不同程度表达对表型的作用。此外,该系统所需的 TetR 调控蛋白量少得多,避免了 TetR 蛋白对受体植株的毒害作用,因此可用于拟南芥。该系统的缺陷包括:需要不断添加四环素才能使基因转录有效终止;而且嵌合型启动子(Top10)随着植株的生长发育会逐渐趋于沉默。

4. 植物转基因的乙醇诱导表达系统

在巢曲霉菌中,alcA 基因编码一种乙醇降解酶,其表达受到转录因子 AlcR 的调控:在乙醇存在的情况下,AlcR 与 alcA 所属启动子 $P_{alcA}$ 中的特定区域结合,进而激活 alcA 基因转录并表达出乙醇降解酶。根据上述原理,可以在植物中构建受乙醇调控的基因表达系统:将 $P_{alcA}$ 与 CaMV $P_{35S}$ 启动子的 -31~+1 区域融合,然后置于 cat 基因的上游;而 alcR 由 $P_{35S}$ 启动子控制,使其组成型表达(图 8-11)。

采用农杆菌/Ti 质粒介导的二元整合程序将上述两个重组载体导入烟草中。在乙醇不存在时,cat 基因几乎不表达;当加入 0.1% 的乙醇后,能检测到 CAT 的活性。该系统成功

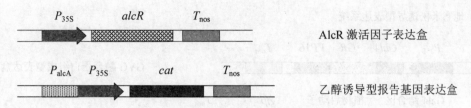

图 8 - 11　高等植物乙醇诱导型表达系统

用在转基因植株中调控表达胞质转化酶,这种转化酶能影响植物的碳代谢,植株通常出现矮小和叶片黄萎等表型;由 $P_{alcA}$ - $P_{35S}$ 嵌合启动子介导转化酶基因表达的转基因植株则生长良好;但若将其根部浸在乙醇中或叶片涂抹乙醇以诱导转化酶表达;四天后植株幼叶便出现严重损坏现象。

上述系统具有十分明显的优点:构成非常简单,只需 $alcR$ 基因和 $P_{alcA}$ 启动子;诱导状态的 $P_{alcA}$ - $P_{35S}$ 嵌合启动子活性大约为 $P_{35S}$ 启动子的 $50\%$,而非诱导状态的嵌合启动子活性仅为诱导状态的 $1\%$,这表明本底表达非常低,但诱导效率很高;$alcA$ 和 $alcR$ 来自真菌,高等植物中不存在任何影响 $P_{alcA}$ 的转录调控因子;系统所需的诱导物乙醇是一种简单的有机化合物,价格低廉且可生物降解,在诱导所需的浓度范围内对植株生长没有任何毒害作用,对环境的影响也很小,可用于大田试验;在通常的生长条件下,植物自发产生乙醇的水平非常低,虽然植物在被水淹时会产生乙醇,但其浓度不至于诱导 $alcA$ 的表达。

5. 植物转基因的类固醇诱导表达系统

在哺乳动物中,类固醇激素受体蛋白在没有激素存在的情况下能与热休克蛋白 HSP90 等因子形成无活性的胞质型复合物;一旦类固醇激素与受体蛋白结合,受体蛋白便从复合物中解离下来并进入细胞核,激活相关基因的转录。根据这一原理可在植物中构建类固醇控制的基因表达系统。

(1) 糖(肾上腺)皮质激素诱导系统

将来自酵母的转录调控因子 Gal4 DNA 结合区编码序列、大鼠的糖皮质激素受体调控区(GR)编码序列以及单纯疱疹病毒的转录激活因子 VP16 功能区编码序列重组在一起,并置于 CaMV $P_{35S}$ 的下游,构成 GVG 融合蛋白组成型表达盒[图 8 - 12(a)]。同时,在另一个载体上,将六个拷贝的 Gal4 结合的 DNA 靶序列与植物启动子重组,构成响应 GVG 融合蛋白的嵌合型启动子。最后,两种重组载体共转化拟南芥。实验结果表明,当上述转基因拟南芥在无地塞米松(一种糖皮质激素)的环境中培养时,$gfp$ 基因不表达;当地塞米松存在时,GVG 融合蛋白中的 GR 区与之特异性结合,导致整个融合蛋白分子从 HSP90 复合物中解离下来,这时 GVG 中的 Gal4 DNA 结合区便结合在嵌合型启动子上,并由 VP16 功能区激活植物启动子的转录活性,$gfp$ 基因遂表达。

(2) 雌激素诱导系统

雌激素诱导系统由同一个载体上顺序排列的三个独立表达盒构成[图 8 - 12(b)]:将来自细菌 LexA 的 DNA 结合区(1~87 aa)编码序列、VP16 的转录激活区(403~479 aa)编码序列,以及人雌激素受体(hER)的调控区(287~595 aa)编码序列重组在一起,并插在一个合成型启动子($P_{G10-90}$)和终止子 $T_{E9}$ 之间,构成 XVE 融合型转录调控因子表达盒;第二个表达盒包括启动子 $P_{nos}$、潮霉素磷酸转移酶 II 基因 $hpt$、终止子 $T_{nos}$,即用于筛选整合子的潮霉素表达盒;第三个表达盒由嵌合型启动子 $O_{LexA-46}$、多克隆位点 MCS、终止子 $T_{3A}$ 组成,其中 $O_{LexA-46}$ 是八个 LexA 型操作子与 $P_{35S}$ 启动子 -46~+1 区的嵌合序列,即外源基因表达盒。$P_{G10-90}$ 启动子能介导融合型转录调控因子 XVE 的高水平组成型表达,在雌激素存在的条件下,XVE 结合在启动子 $O_{LexA-46}$ 处,并激活其下游转基因的表达。将 $gfp$ 基因插在 MCS 中,

(a) 地塞米松诱导型表达系统

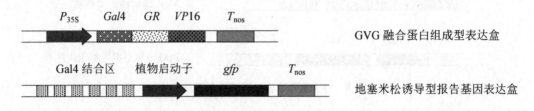

(b) 雌激素诱导型表达系统

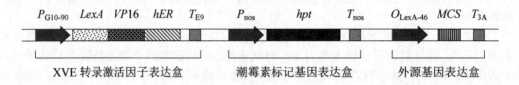

(c) 蜕皮激素诱导型表达系

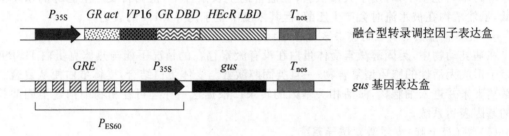

**图 8 - 12　高等植物类固醇诱导型表达系统**

重组 DNA 分子转化植物。实验证明,该转基因植株用 8 nmol/L～5 μmol/L 浓度范围的雌激素处理,均能表达产生 GFP。在 0.2 μmol/L 的雌激素浓度下,$O_{LexA-46}$ 便可达到 $P_{35S}$ 的强度;施加诱导物后 30 min $gfp$ 基因开始转录,24 h 后转录活性达到 $P_{35S}$ 的 8 倍。由此可见,调节雌激素的浓度和诱导时间可使转基因获得不同的表达水平。

　　雌激素诱导表达系统的优点很明显:① 由于雌激素与其受体之间的亲和力很高(0.05 nmol/L),很低的雌激素浓度就能使 XVE 融合蛋白产生转录激活活性;② LexA 蛋白的 DNA 结合区结构与所有已知的真核转录因子均不同,XVE 融合蛋白与植物内源性顺式调控元件结合的概率很低;③ LexA 蛋白 DNA 结合区与其二聚体形成区是分离的,因此当 LexA 蛋白与 VP16 和 hER 融合时,并不影响它的 DNA 结合活性,这可能是该系统低本底高诱导活性的关键因素。该系统的缺陷在于:① 有些植物(如大豆)本身就含有高浓度的植物内源性雌激素,因此使用受到限制;② 雌激素机构复杂,在环境中不稳定,所以不能用于大田试验。

　　(3) 蜕皮激素诱导系统

　　将哺乳动物糖皮质激素受体的转录激活区(GR act)和 DNA 结合区(GR DBD)编码序列、单纯疱疹病毒 VP16 的转录激活区编码序列、绿棉铃虫(*Heliothis virescens*)蜕皮激素受体的配体结合区(HEcR LBD)编码序列重组在一起,并置于 $P_{35S}$ 下游,构成融合型转录调控因子的组成型表达盒。同时,在另一个载体上,将六个糖皮质激素受体的结合序列(GRE)与 $P_{35S}$ 启动子 -60～+1 区组装成嵌合型转录启动子 $P_{ES60}$,并由其介导下游 *gus* 基因的表达

[图 8-12(c)]。以 0.4 mmol/L 的鼠甾酮 A(一种蜕皮激素)作为诱导物,处理含有上述两个表达盒的转基因烟草,在其表皮细胞、维管细胞、下胚轴、胚根、根毛等部位均能检测到 GUS 的表达。令人特别感兴趣的是,该系统在诱导后的表达水平可提高 420 倍之多。此外,使用一种化学合成的 RH5992 化合物取代鼠甾酮 A 作为诱导剂,则有效浓度范围为 $0.05\sim12.5\ \mu mol/L$,这比鼠甾酮 A 的用量要低数百倍。RH5992 是种非激素物质,对植物无毒,目前在许多农作物中被广泛用于控制鳞翅目昆虫,因而该系统特别适用于大田试验。

　　6. 植物转基因的地塞米松诱导/四环素抑制系统

　　为了克服上述 Tc-on 型四环素诱导表达系统的局限性,将四环素阻遏蛋白 TetR 和 VP16 编码序列与大鼠糖皮质激素受体调控区(GR,包括激素结合区以及与 HSP90 等蛋白的结合区)编码序列融合,并插在启动子 $P_{35S}$ 和终止子 $T_{ocs}$ 之间,构成 TGV 四元融合蛋白组成型表达盒(图 8-13)。其中,TetR 与嵌合型启动子 Top10 结合,起阻遏作用;NLS 为核定位信号序列。另外,以相反的方向构建由嵌合型启动子 Top10、转基因 gus、终止子 $T_{35S}$ 组成的报告基因表达盒。由此获得的表达系统在添加地塞米松后能诱导报告基因的表达,之后用四环素处理又能关闭基因。上述系统已成功用于控制异戊烯转移酶基因(ipt)的表达。异戊烯转移酶是植物细胞分裂素生物合成途径中的限速酶,即使轻微表达也会引起植物明显的表型变化,如侧芽生长过快等。在该系统控制下,仅当添加地塞米松后植物的表型才会改变;而四环素的加入又能抑制侧芽的生长。

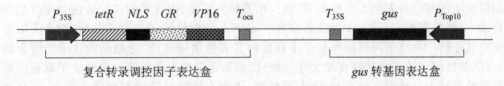

图 8-13　高等植物地塞米松诱导型/四环素抑制型表达系统

## 8.2.2　植物转基因的非翻译区

　　植物转基因对应于转录物非翻译区的序列由 5′-UTR 及其内部的内含子和 3′-UTR 构成,它们既影响转录又参与 mRNA 的剪切、修饰、成熟、转运以及翻译启动过程,对转基因在植物体内的高效表达具有重要意义。

　　1. 植物转基因的 5′-UTR

　　在高等植物细胞中,基因转录物的 5′-UTR 序列可在转录、转录后、翻译多种水平上显著影响基因的表达水平。尤其是那些参与 mRNA 翻译调控的元件大都集中在 5′-UTR 序列内,如 5′-UTR 长度、茎环二级结构、上游起始密码子(uAUG)、上游开放阅读框(uORF)、内部核糖体进入位点以及翻译调控蛋白因子结合位点等。高等植物翻译水平精细调控的一个典型模式表现在蔗糖对 S 组碱性区亮氨酸拉链(bZIP)型转录调控因子 ATB2/AtbZIP11 的表达控制中:一方面,蔗糖和光照刺激 *ATB2/AtbZIP11* 基因的转录启动;而另一方面,蔗糖又诱导 *ATB2/AtbZIP11* mRNA 的翻译阻遏(即所谓的 SIRT 效应)。*ATB2/AtbZIP11* mRNA 拥有超长的 5′-UTR 序列(547 bp),内含四个 uORF(uORF1~uORF4),其中的 uORF2 编码一种 42 氨基酸的短肽,在拟南芥以及其他双子叶和单子叶植物的 bZIP 5′-UTR 区中高度保守。这种短肽能以顺式方式强制性命令核糖体在 uORF 翻译结束后重新启动新一轮翻译,甚至还能直接迟滞已处于下游主要 ORF 翻译延伸阶段中的翻译机器。

　　高等植物 5′-UTR 中还存在一些翻译正调控元件,其中最著名的是 TMV mRNA 5′-UTR 中的无鸟嘌呤碱基型元件(即 Ω 元件,见图 8-10)。Ω 元件长 68 bp,由 8 碱基重复序列(ACAAUUAC)和 25 碱基重复序列(CAA)构成,能广泛增强真核和原核生物 mRNA 的翻译水平,因而被称为翻译增强子。研究显示,将 TMV 的 Ω 元件置入外源基因的 $5'$-UTR 中,转基因在烟草和水稻中的表达水平相比无 Ω 元件的构建物提高数倍;而烟草和水稻乙醇脱氢酶编码基因的 $5'$-UTR 则能使重组异源蛋白的翻译效率提高近百倍。

高等植物 $5'$-UTR 的调控也可以是植物物种、细胞、组织、器官特异性的。例如,来自玉米基因的几种 $5'$-UTR 能增强玉米原生质体中转基因的表达水平,但在烟草原生质体中却没有作用。因此,$5'$-UTR 的功能可能很复杂,在嵌合型转基因表达盒构建中人工设计整体 $5'$-UTR 的可行性不大。一个较为理想的选项是在外源基因表达盒中插入一个已知在宿主植物中强烈表达的天然基因所属 $5'$-UTR 拷贝,它很有可能含有整套翻译上调元件。非常关键的是,应将启动子至翻译起始密码子的全部 $5'$-UTR 区重组至转基因的编码区上游。

2. 植物转基因的内含子

高等植物很多初始转录物的 $5'$-UTR 中含有内含子,其中一部分参与基因表达的调控,由内含子介导的基因表达增强效应相当普遍,因而被用于高等植物的外源转基因的表达优化。内含子介导型基因表达增强效应有时非常显著(10 倍或更高),这种效应一般在单子叶植物中比双子叶植物更明显。在转基因植物构建中,单子叶植物强组成型启动子 $P_{Ubi-1}$ 往往与含基因第一个大型内含子的 $5'$-UTR 区联合使用。该内含子缺失导致转基因表达水平降低至原来的 1/30;而将泛素编码基因 $5'$-UTR 的内含子插在 CaMV $P_{35S}$ 启动子与 gus 基因之间则能使该基因的表达水平提高 26 倍。相关研究证实,内含子的这种表达效应发生在转录后水平,即提高相应 mRNA 的稳态浓度。mRNA 的核外转运与剪切偶联,内含子的存在能促进其外输。内含子两侧的外显子序列影响其表达增强效应,这暗示内含子的增强效应与 mRNA 的剪切效率之间存在相关性。而且,水稻泛素编码基因第一个内含子对基因高水平表达的贡献不只是提高稳态 mRNA 的浓度,也能直接提升转录和翻译的效率,甚至有些内含子能以不依赖于转录物剪切的方式增强转基因的表达水平。这些发现表明,由内含子介导的基因表达增强涉及复杂的转录和转录后机制。

内含子必须定位于转录起始位点下游 1 kb 范围内才能提升基因的表达。拟南芥的基因组分析显示,邻近于启动子的内含子与那些远离启动子的内含子在序列构成上明显不同,因此根据一个内含子的序列与启动子邻近型内含子普通序列模式的相似程度,可预测该内含子对基因表达增强的潜力。而且,提升基因表达的关键元件分散在增强型内含子的整个范围内。内含子增强效应因细胞类型、启动子或结构基因以及内含子与其周边基因调控元件之间的直接或间接相互作用不同而具有明显的差异。因此,如果使用一个内含子强化外源转基因表达,内含子对基因整体表达格局的影响应加以考虑。

内含子的组合使用也同样具有复杂性,有些内含子的组合不具有任何叠加效应;而另一些内含子的组合则显示叠加、协同或拮抗效应。例如,水稻磷脂酶 D(PLD)编码基因内含子与过氧化氢酶编码基因内含子之间的组合、PLD 与泛素编码基因内含子之间的组合、蔗糖合成酶编码内含子与过氧化氢酶编码基因内含子之间的组合具有协同效应;而双 PLD 内含子拷贝的串联则具有叠加效应。

3. 植物转基因的 $3'$-UTR

与其他真核生物一样,高等植物基因 $3'$ 端非编码区包含转录终止子和 polyA 添加信号序列,这些元件所涉及的转录终止、转录物端点切除、polyA 加尾事件对 mRNA 的成熟、转运、稳定性以及翻译活性均有显著影响。由于外源转基因在高等植物细胞中真正的转录终止位点并不固定,而在重组表达载体构建中,外源转基因终止密码子下游的一段序列通常是在被保留的情况下再插入植物型终止子和 polyA 信号序列,因而所产生的 mRNA 的 $3'$-

UTR 实质上是外源转基因 3′端部分非编码区和植物型终止子转录终止位点上游序列的嵌合体。

在外源转基因表达盒构建中，通常选用植物强烈表达型基因的 3′端非编码区作为终止子，如 CaMV 35S RNA 编码区以及根瘤农杆菌 Ti 质粒胭脂碱合成酶编码基因 nos 3′端数百碱基的片段。由于真核生物转录终止的机制极其复杂，不期望的结果时常发生。相关研究指出显示，nos 终止子 $T_{nos}$ 能以一种有瑕疵的方式终止外源转基因的 RNA 转录，导致转录物的不稳定性并影响下游基因的表达，这种现象称为转录干扰。也就是说，有瑕疵的终止子不仅对外源转基因本身的表达有影响，甚至也不利于其下游邻近基因的转录，因此理想终止子选择至关重要。此外，尽可能避免将一个转基因以相同方向装在 $T_{nos}$ 或其他没有得以良好鉴定的终止子下游。抑制转录干扰的策略还包括：将一段哺乳动物序列（154 bp）或 λ 噬菌体 DNA 序列（2 322 bp）的 λ 噬菌体 DNA 片段作为转录阻断序列插在终止子的下游，以防止转录物不期望的延伸性扩展。

### 8.2.3 植物转基因的编码序列

虽然重组异源蛋白在植物细胞中的稳定性或周转率往往是其绝对表达量最重要的决定性因素，而这种稳定性又在重组表达载体构建时很难通过常规操作加以优化改造，但在相应的 DNA 编码序列上改变 GC 含量和密码子组成对表达水平的影响还是相当可观的。针对同种氨基酸的不同 tRNA 分子的相对丰度在不同的细胞中差异很大，不同生物对密码子的偏爱性也各有差异。同样，单子叶植物与双子叶植物之间，甚至在两大类植物内部也存在密码子使用频率的偏好性差异。来自 6 种单子叶植物（不含储藏蛋白编码基因）和 36 种双子叶植物共计 207 个基因的密码子统计结果显示，单子叶植物 18 种拥有兼并编码子的氨基酸中有 16 种氨基酸的密码子在其第三位偏好使用 GC；相比之下，双子叶植物只有 7 种氨基酸的密码子在其第三位偏好使用 GC。其中，Thr、Pro、Ala、Ser 对应的兼并密码子第三位出现 G 的频率在两大类植物中均非常低，因为这四种氨基酸兼并密码子的第二位碱基绝大多数为 C，而 CG 二核苷酸序列因涉及甲基化调控在植物乃至所有真核生物的密码子中均很少出现。此外，与大多数真核生物相似，XTA 型密码子在两大类植物中出现的频率也很低。然而，对于叶组织中高丰度表达的核酮糖 1,5 -二磷酸羧化酶小亚基（RSU）和叶绿素 a/b 结合蛋白（CAB）编码基因而言，即使双子叶植物（如大豆）来源的密码子组成格局也更相似于单子叶植物（如玉米，见表 8 - 4）。

因此，在尊重蛋白质一级结构的前提下，改变密码子的碱基组成是蛋白质高效表达的一条有效途径，尤其是对非植物来源的外源基因效果更为显著。例如，将苏云金芽孢杆菌昆虫毒素（BT）基因的 GC 含量由低于 40% 提高至接近于 50%，导致 BT 毒素蛋白表达量的显著改善；借助化学合成对维多利亚多管发光水母（*Aequorea victoria*）的 *gfp* 基因进行密码子优化，使其密码子第三位碱基的 CG 含量由原来的 32% 提高 60%，同样能提升 GFP 在转基因烟草中的表达水平。

### 8.2.4 植物转基因的装配

对于外源转基因的组成型表达而言，双子叶植物选用 CaMV $P_{35S}$ 启动子，单子叶植物选用玉米 $P_{Ubi-1}$ 启动子较为理想；对于外源转基因的调控型表达而言，绿叶、根部、胚乳和其他细胞类型特异性的启动子以及干旱压力、盐压力和其他生理条件特异性的启动子被广泛用于单子叶和双子叶植物系统。在这两大类植物中，$T_{nos}$ 和 $T_{35S}$ 终止子使用最为频繁。在最简单的情形中，编码区既可通过标准克隆技术插入，也可采用 Gateway 技术进行重组。例如，pBI121 中的 *gus* 编码序列可为任何一种外源转基因序列所置换，构建 $P_{35S} - Gene - T_{nos}$ 型表达盒。很多表达型载体诸如 pCAMBIA、pPZP、pGWB、pORE、pSAT 均被设计成采用一步克隆操作便能插入外源转基因序列的平台分子。

表 8 – 4　单子叶和双子叶植物的密码子使用频率

| 氨基酸 | 密码子 | 大豆 | 玉米 | CAB | RSU | 氨基酸 | 密码子 | 大豆 | 玉米 | CAB | RSU |
|---|---|---|---|---|---|---|---|---|---|---|---|
| Ala | GCC | 25% | 36% | 38% | 43% | Leu | CTC | 21% | 28% | 23% | 20% |
| | GCG | 8% | 24% | 5% | 5% | | CTG | 10% | 31% | 7% | 12% |
| | GCA | 30% | 13% | 12% | 14% | | CTA | 8% | 9% | 2% | 4% |
| | GCT | 37% | 27% | 45% | 38% | | CTT | 26% | 16% | 34% | 25% |
| Arg | CGC | 16% | 40% | 15% | 31% | | TTA | 11% | 3% | 4% | 3% |
| | CGG | 4% | 13% | 5% | 1% | | TTG | 24% | 13% | 30% | 36% |
| | CGA | 10% | 3% | 4% | 2% | Lys | AAG | 58% | 90% | 85% | 85% |
| | CGT | 18% | 11% | 36% | 33% | | AAA | 42% | 10% | 15% | 15% |
| | AGA | 30% | 7% | 24% | 21% | Met | ATG | 100% | 100% | 100% | 100% |
| | AGG | 22% | 26% | 15% | 12% | Phe | TTC | 54% | 80% | 60% | 80% |
| Asn | AAC | 60% | 81% | 70% | 74% | | TTT | 46% | 20% | 40% | 20% |
| | AAT | 40% | 19% | 30% | 26% | Pro | CCC | 13% | 30% | 18% | 31% |
| Asp | GAC | 38% | 76% | 71% | 67% | | CCG | 8% | 27% | 10% | 6% |
| | GAT | 62% | 24% | 29% | 33% | | CCA | 47% | 23% | 47% | 34% |
| Cys | TGC | 60% | 79% | 61% | 91% | | CCT | 32% | 20% | 25% | 29% |
| | TGT | 40% | 21% | 39% | 9% | Ser | AGT | 18% | 5% | 5% | 8% |
| Gln | CAG | 41% | 59% | 38% | 51% | | AGC | 20% | 28% | 27% | 22% |
| | CAA | 59% | 41% | 62% | 49% | | TCC | 15% | 27% | 22% | 34% |
| Glu | GAG | 51% | 81% | 71% | 74% | | TCG | 6% | 16% | 5% | 4% |
| | GAA | 49% | 19% | 29% | 26% | | TCA | 19% | 10% | 15% | 19% |
| Gly | GGC | 18% | 50% | 23% | 23% | | TCT | 22% | 14% | 26% | 13% |
| | GGG | 16% | 16% | 8% | 9% | Thr | ACC | 29% | 47% | 34% | 48% |
| | GGT | 33% | 21% | 37% | 17% | | ACG | 7% | 26% | 6% | 3% |
| | GGA | 33% | 13% | 32% | 51% | | ACA | 29% | 11% | 22% | 13% |
| His | CAC | 37% | 71% | 68% | 82% | | ACT | 35% | 16% | 38% | 36% |
| | CAT | 63% | 29% | 32% | 18% | Trp | TGG | 100% | 100% | 100% | 100% |
| Ile | ATA | 24% | 8% | 6% | 1% | Tyr | TAT | 49% | 14% | 19% | 10% |
| | ATC | 27% | 68% | 54% | 56% | | TAC | 51% | 86% | 81% | 90% |
| | ATT | 49% | 24% | 40% | 43% | Val | GTC | 12% | 37% | 32% | 28% |
| STOP | TAA | 50% | 22% | 12% | 84% | | GTG | 37% | 40% | 21% | 36% |
| | TAG | 32% | 52% | 0% | 5% | | GTA | 13% | 6% | 8% | 3% |
| | TGA | 18% | 26% | 88% | 11% | | GTT | 38% | 17% | 39% | 33% |

多个表达盒的构建原则是尽可能使相同元件的重复使用降低至最小程度,以防止同源序列依赖性的基因转录或转录后沉默的发生。例如,就单子叶植物的表达盒构建而言,若一个基因(如标记基因)采用 $P_{Ubi-1}$ 与 $T_{nos}$ 搭配,则另一基因(如目的基因)最好采用 $P_{35S}$、过氧化氢酶编码内含子与 $T_{35S}$ 组合。

在大多数二元整合载体中,选择性标记基因通常安装在 T – DNA 内部紧邻左边界一侧,这样可使完整 T – DNA 被导入植物细胞中的概率更高,因为 T – DNA 的转移中间物(即单链 T 链)是以 RB 至 LB 的方向产生的;相反,T – DNA 在植物染色体上的整合却是以 LB 至 RB 的方向进行的。在多个表达盒呈串联排列的情形中,各基因的极性和次序排布非常重要。如果上游基因的转录不能有效终止,那么下游基因的表达很可能受到严重的转录干扰。鉴于使用较多的 $T_{nos}$ 终止子往往呈不完全终止,两个基因表达盒以"头对头"(即启动子对启动子)的方式安装较为合理,而且在两个启动子之间安装一个增强子,可同时作用于其上下游的两个不同启动子。如果涉及更多的基因表达盒串联,则推荐采取"尾对头"的重组方式。在天然的基因顺序组织中,高表达的基因一般位于上游,因而通常不需要高表达的标记基因一般安装在转基因表达盒的下游。

# 8.3　利用植物转基因技术研究基因的表达与调控

　　植物分子生物学和分子遗传学的重要研究内容是探索环境刺激尤其是各类胁迫影响植物生长、发育、遗传等生理过程的作用途径及其分子机制，为转基因植物的生成提供理论基础。包括拟南芥、水稻、白杨、葡萄、木瓜、高粱在内的大量植物物种基因组的不断测序，使得借助功能丧失型或功能获得型策略（即加减法策略）探查植物基因的功能变得更为迫切，同时也更为便利。很多自然因素能调控植物基因的表达，如光线、温度、重力、激素、损伤、胁迫等，其中以光线和重力最为敏感。借助报告基因随环境因素变化而展示出的基因动态表达调控特征，可创建植物的分子生物学理论体系。

## 8.3.1　利用 T-DNA 或转座子元件原位克隆鉴定植物功能基因

　　建立植物基因型与其表型（功能）之间对应关系的方法包括由特定的生物表型追溯其支撑基因的正向遗传学以及由特定的基因及其序列结构确定其生物表型的反向遗传学两大策略。就植物基因工程的实用性而言，正向遗传学策略能直接聚集于特定应用目标的相关基因鉴定，因而实用价值更显著。植物基因功能的正向遗传学分析最经典的方法是利用化合物或快中子在基因组中导入功能丧失型的随机突变或缺失，并由此关联突变表型与基因型之间的对应关系。然而，由于这些化学或物理诱变剂本身不带有任何可供识别的特征或标签，因而突变基因的定位和克隆分析相当困难。借助农杆菌 T-DNA 或植物内源型转座子元件的随机可移动性和可整合性，能有效解决突变基因位点的识别和克隆难题，从而在真正意义上实现植物基因功能的注释。

　　1. 利用 T-DNA 元件构建植物基因突变文库

　　农杆菌 Ti 质粒上的 T-DNA 区能随机高效整合在植物基因组中，因而广泛应用于植物基因的功能丧失型敲除突变。由于拟南芥单倍体基因组总长只有 125 Mb，且内含子和基因间隔区较小，因此 T-DNA 插入灭活植物基因的概率很高。将 *NPTII* 标记基因安装在二元整合质粒的 T-DNA 区内，重组根瘤农杆菌通过真空浸渍法转化植物的花或发芽的种子。一旦生成插入突变文库，便可将之置于所期望的选择性压力下进行高通量筛查，如抗胁迫表型或植株形态发育特征变化等。当具有特定表型的突变株被选定后，可借助两种方法克隆被 T-DNA 插入灭活的基因：① 采用 T-DNA 边界序列特异性引物和随机引物分别扩增紧邻 T-DNA 区两侧的基因序列；② 如果 T-DNA 区事先装有大肠杆菌复制起始位点（*ori*），则可部分酶切突变株基因组 DNA，经连接后转化大肠杆菌，以卡那霉素筛选抗性转化克隆（图 8-14）。PCR 扩增克隆程序可一次性处理数以百计的突变株，但如果被插入灭活的靶基因过大，恐难以获得靶基因的全长序列；基因组 DNA 片段克隆法虽能获得全长靶基因，但只限于少数突变株的克隆操作，难以胜任高通量基因鉴定。

　　上述基于 T-DNA 元件的功能丧失型插入突变策略高效且操作简便，已在拟南芥和水稻中获得成功。然而，这一程序很难达到饱和突变的效果，以拥有大约 25 500 个基因的拟南芥为例，若要使每个基因均被 T-DNA 插入灭活，至少需要 10 万株突变株，这对植物的基因转移技术是个挑战。而且，T-DNA 的随机插入有可能导致植物基因组发生重排，元件结构缺失，这使得后续的靶基因克隆和分析难以为继。

　　2. 利用转座元件构建植物基因突变文库

　　转座元件（或转座子）在检测和克隆微生物基因方面已得到广泛应用，然而这种元件最早是美国植物遗传学家 McClintock 在 20 世纪 30～40 年代研究玉米经典遗传育种时发现的。迄今为止，高等植物来源的转座元件仍以玉米中的 *Ac/Ds* 研究最为详尽。在自主型转

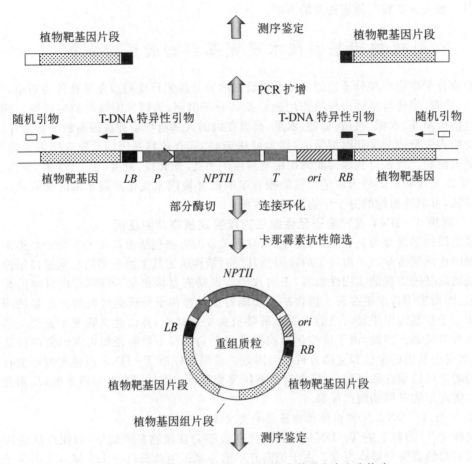

**图 8-14　基于 T-DNA 插入灭活的植物基因突变文库构建**

座子(携带转座酶编码区)Ac 诱导产生的植物突变文库中,以 Ac DNA 序列为探针,人们克隆分离了第一个高等植物基因 Waxy。植物尤为适用于转座元件突变实验,因为突变株在植物杂合子中能稳定维持,而含有某一特定位点突变的纯合子也可通过 F2 代与 F1 代的自交得以复原。与 T-DNA 不同,转座子的插入具有可逆性。此外,由转座子介导的功能丧失型突变很容易实现高通量操作,因为外源转座子进入植物细胞后,可随着宿主基因组的复制不断进行搬家式转座,因而对基因转移效率的要求远低于 T-DNA。例如,在金鱼草转座子突变过程中,F1 代便产生了 13 000 株花瓣形态控制基因(flo)的突变株,而在 F2 代中则高达 40 000 株。

　　用内源型转座元件 Tam3 诱变金鱼草,其 flo 突变株呈现多种花型,其中也包括不能发育花瓣的突变株(flo-613)。以 3.5 kb 的 Tam3 为探针杂交 flo-613 的全基因组 DNA,发现突变株比野生株多出一条 7.5 kb 的 HindIII 杂交阳性带。将此 DNA 片段克隆,再以 Tam3 杂交,分离出非 Tam3 的突变株基因组片段,并以此片段为探针分别杂交突变株和野生株的 cDNA 文库,即可克隆到突变基因和非突变基因。DNA 测序结果显示,突变基因的全序列并未发生任何缺失,Tam3 的插入是导致突变的唯一原因,然而 flo 基因编码的蛋白却未显示与已知蛋白的任何同源性。

　　用于基因鉴定和克隆的高等植物转座元件除了金鱼草的 Tam3 外,常见的还有玉米转座元件 Ac/Ds(不含转座酶编码区的非自主型转座元件)、Spm/En、Mu;拟南芥中的 Tag1;烟草中的 slide1。其中,Ac/Ds 和 Spm/En 的优点是种属特异性不强,将它们导入马铃薯、番茄、烟草、拟南芥、水稻等其他植物体内同样能发生转座作用,而 *Tag* 1 也能在水稻中发生转座。

以转座子介导基因转移或插入突变具有重要的安全意义。相关实验表明,用玉米 *Ac/Ds* 转座子和质粒作为载体系统,将 *gus* 转基因和 *NPT* II 标记基因导入番茄中,获得的转基因植株经 Southern 杂交,筛选出含有单拷贝质粒的 F1 代转基因植株,后者经自花授粉产生的 F2 代中,有两株只含 *Ds-gus* 序列而无质粒部分及标记基因。这意味着转座子不仅能将外源基因导入植物细胞中,而且还能在子代中消除选择标记基因及其他载体序列,从而确保转基因农作物的安全性,这是植物转化技术的一种新策略。

### 8.3.2　利用病毒诱导型基因沉默机制鉴定植物功能基因

由 T-DNA 或转座子元件介导的植物基因功能丧失型突变对那些持家基因和多基因家族的功能鉴定具有局限性,但如果不破坏基因的结构(基因敲除)而是阻断或部分抑制基因的表达(基因敲低),便可有效突破或解除上述限制。基于植物防卫机制的病毒诱导型基因沉默技术(VIGS)可在基因转录水平(表观修饰)和转录后水平(降解转录物)上特异性沉默或衰减植物内源性靶基因的表达,从而形成另一种形式的植物基因功能丧失型突变策略。

1. 病毒诱导型基因沉默的基本原理

细菌采用限制性核酸内切酶和 *CRISPR*/Cas 机制抑制病毒(噬菌体)的增殖,哺乳动物依靠抗体和淋巴细胞抵御病毒的侵袭,然而这些防卫机制在植物体内均不存在。植物似乎很倚重类似于动物体内 RNA 干扰所介导的适应性 RNA 降解机制对付入侵的植物病毒(绝大多数植物病毒拥有 RNA 基因组),其作用原理如图 8-15 所示。植物的抗病毒应答过程

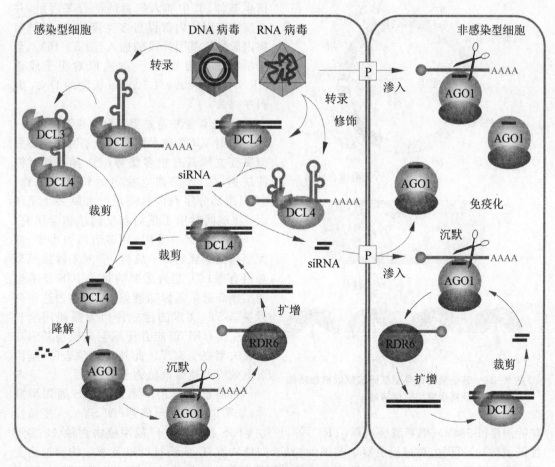

**图 8-15　植物抗病毒性基因沉默的基本原理**

涉及类似于核酸酶 III 的 Dicer 蛋白 DCL4,它能将病毒的双链 RNA(dsRNA)剪切成 21～24 bp 的小干扰 RNA(siRNA)双链,后者的一条链能掺入宿主来源的 RNA 诱导型沉默复合物(RISC)中,并指导 RISC 识别病毒 RNA 中的靶互补序列,进而依靠 AGO1 复合物摧毁之。植物单链 RNA(ssRNA)病毒既可由链内的互补序列形成局部双链结构,也可在复制过程中形成 dsRNA;一些植物 DNA 病毒如 CMV 在其多顺反子的 35S 转录物内部也同样含有广泛的二级结构,因而几乎所有植物病毒均能在宿主细胞中成为基因沉默(因而也是宿主免疫清除)的靶子。此外,由感染型植物细胞产生的 siRNA 还能通过胞间连丝(P)渗入邻近细胞,甚至经宿主细胞 RNA 依赖型 RNA 聚合酶 6(RDR6)复制扩增后进行长距离蔓延,直至全植株所有组织和细胞均被免疫。这种沉默信号分子的全身性扩散与病毒颗粒在植物体内的移动无关。

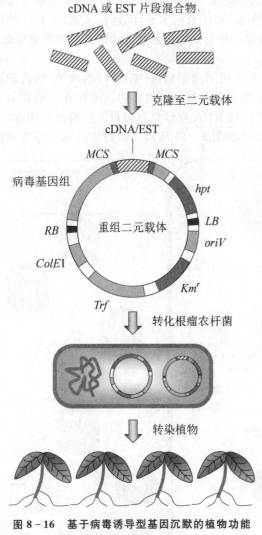

**图 8-16 基于病毒诱导型基因沉默的植物功能获得型突变文库构建**

基于上述原理,可在合适的病毒载体中插入一段植物靶基因片段,并借助植物体内针对入侵病毒的基因沉默免疫防卫机制阻断至少衰减植物自身基因的表达,从而实现功能丧失型突变,这一策略称为病毒诱导型基因沉默技术(VIGS)。为了扩展应用范围并提高基因转移效率,用于 VIGS 的载体一般采用基于根瘤农杆菌转化的标准二元 Ti 衍生载体,其中插入病毒的部分基因组,并在病毒基因组内部设置多克隆位点,以供植物内源性靶基因片段的插入(图 8-16)。至于植物靶基因片段,一般选取对应于成熟 mRNA 中部 200～1 300 bp 长度的 DNA 编码序列。

**2. 病毒诱导型基因沉默的应用策略**

利用 VIGS 技术构建植物基因功能丧失型突变文库具有很多优势:① 操作相对简便快速;② 无需建立稳定的转化型植株;③ 只需部分序列信息便足以沉默一个靶基因;④ 能同时用于正向和反向遗传学研究;⑤ 可沉默多拷贝基因(如多倍体型小麦)或大型基因家族的多个成员;⑥ 对敲除致死型基因有效;⑦ 尤为重要的是,VIGS 技术也能实施高通量基因功能筛查,植物表达序列标签(EST)文库的建立使得无需使用全长 cDNA 或 ORF 便能方便地生成植物基因功能丧失型突变文库。此外有迹象表明,基因沉默效应可遗传给植物子代。

目前已开发出一系列 VIGS 通用型载体,如苹果潜隐球形病毒(ALSV)、大麦条纹花叶病毒(BSMV)、烟草脆裂病毒(TRV)等,使得 VIGS 技术能在广范围植物物种(30 多种被子植物)的不同生理过程中鉴定基因的功能,如植物发育、疾病抗性以及非生物胁迫耐受等。研究显示,对培养温度以及转染后培养时间等参数的优化可以大幅度提高沉默效率;而

VIGS 重组载体多种转化方法的有效性也被证实,如针对叶片的农杆菌喷淋法和病毒液接种法、针对芽体的真空浸渍法等。

然而,VIGS 技术也存在一些缺点:① 对靶基因功能的抑制不够完全,未被沉默的靶基因仍有可能产生足够的功能蛋白,使得较难观察到典型的沉默表型;② 大部分 VIGS 表型不具有遗传性,因而无法在种子萌发或幼苗生长早期使用 VIGS 技术;③ 基因的沉默效率或沉默表型欠稳定,结果重现性不高;④ 很多病毒存在未知的抗沉默阻遏蛋白因子,因而需要对使用的病毒载体具有全面的了解和测试。

### 8.3.3　利用增强子或启动子元件原位激活鉴定植物功能基因

利用 T-DNA 或转座子元件构建高等植物的功能丧失型突变文库虽然能有效生成表型变异株并原位分离和克隆植物靶基因,但由于拟南芥、水稻以及其他植物中的很多基因属于基因家族,依靠单基因突变鉴定基因的功能并非总是有效,很多单基因突变生成的突变植株因基因家族的遗传冗余性并不呈明显的表型改变。

相对功能丧失型突变的另一种策略是功能获得型突变,后者基于增强子或启动子元件在植物基因组中的随机插入,导致插入位点内源性邻近基因的过表达,进而诱导植物产生相应的表型变异,这一策略称为激活标签化技术。在该策略中,过表达基因家族某个成员所生成的功能获得型突变可在不干扰家族其他成员的情况下观察到相应的表型,因而能胜任鉴定功能冗余型基因。

1. 基于增强子元件的功能获得型突变文库构建原理

利用增强子元件构建高等植物功能获得型突变文库的基本原理如图 8-17 所示。在农杆菌载体 pPCVICEn4HPT 靠近 T-DNA 右边界处串联安装四个拷贝的 CaMV 35S 增强子元件($En$),同时在 T-DNA 区内设置植物和细菌筛选标记(分别为潮霉素抗性基因 $hpt$ 和氨苄青霉素抗性基因 $Ap^r$)以及细菌复制起始位点($ori$)。将这一重组载体转化根瘤农杆菌 GV3101 株(含 Ti 辅助质粒 pMP90RK),然后再以重组农杆菌转化植物愈伤组织或花粉。进入植物细胞内的 T-DNA 片段随机插入植物基因组中,其中的增强子元件激活插入位点邻近的基因转录。从大量的功能获得型转化株中筛选出目标突变株后,采用类似 T-DNA 插入灭活的方法(参见 8.3.1)确定 T-DNA 的插入位点并克隆鉴定被增强子激活表达的靶基因。类似地,在拟南芥中也可采用玉米的可移动元件 $Ds$ 携带一个结构完整的 CaMV $P_{35S}$ 启动子随机激活植物基因。

拟南芥和水稻的相关研究显示,随机整合在植物基因组中的 CaMV 35S 增强子能以忠实的组织特异性方式增强内源性基因的表达,这是基于增强子构建功能获得型突变文库的一个显著优势。然而,由于增强子具有双向和远距离激活效应,

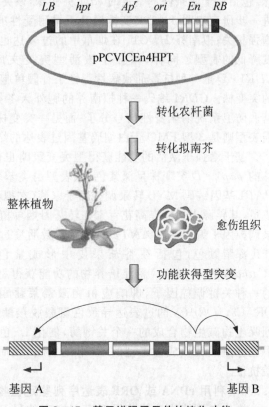

图 8-17　基于增强子元件的植物功能
获得型突变文库构建

有时会产生多重表型的混合突变,使靶基因的鉴定无从下手;另外,由于 T－DNA 插入位点的密度在各条染色体上并不均匀,因而可能会使一定数量的基因漏网;最后,植物基因组中的启动子对 CaMV 35S 增强子的激活响应具有偏好性和选择性,这也会对饱和突变造成不利影响。

　　2. 基于增强子元件的功能获得型突变文库应用策略

　　增强子激活型突变文库可用于筛选和鉴定具有经济价值的植物发育、代谢以及胁迫耐受性基因。其中,鉴定植物发育基因一个最典型的案例是从拟南芥的增强子激活型突变文库中共分离出 6 个编码生长素生物合成蛋白的基因位点,核黄素单氧化酶(FMO)编码基因 *YUCCA* 是研究最为详尽的一个。在拟南芥基因组中,*YUCCA* 基因家族由 11 个成员组成。*YUCCA* 基因的所有功能获得型突变株均呈生长素过量合成的表型;而其双重、三重、四重功能丧失型突变株则呈发育障碍,不过,单个 *YUCCA* 基因的功能缺失型突变不显示明显的表型。由此可见,功能获得型策略是探查植物功能冗余性基因家族功能的强有力工具。另外,分离自增强子激活型突变文库的功能获得型 *jaw－D* 突变株则提供了 miRNA 在植物发育过程中扮演重要角色的初始证据。在该突变株中,一种名为 miR319a 的 miRNA 表达水平被激活提升,它通过 21 碱基的互补序列识别几个控制拟南芥叶组织发育的 *TCP* 基因转录物并使之降解。类似地,由增强子激活所诱导的拟南芥 miR172 过表达型突变株 *eat－D* 突变株呈花期提前和花器官形态异常的表型。由此可见,T－DNA 中的增强子不仅能激活植物基因组中的蛋白质编码基因,而且也能诱导插入位点处的非蛋白质编码基因。

　　从增强子激活型突变文库中还分离到一系列耐受非生物胁迫的拟南芥功能获得型突变株,包括在干旱条件下鉴定的 *edt*1 突变株,该突变株呈干旱耐受性和气孔密度降低的表型。进一步研究表明,*edt*1 突变株提升干旱耐受性的功能与转录因子编码基因 *HDG*11 的表达增强相关;拟南芥 *HDG*11 在烟草中的过表达也能赋予转基因烟草干旱耐受性和叶气孔密度降低的表型。同样,增强子激活型突变文库中也存在生物胁迫抗性突变株。例如,*CDR*1－*D* 是一种抗番茄致病性毒性丁香假单胞菌(*Pseudomonas syringae*,*Pst*)分散性悬浮的突变株。*CDR*1 编码一种拟南芥的胞外天冬氨酸蛋白酶,其功能是产生一种能诱导植物基底防卫系统的全身性信号分子;而另一突变株 *FMO*1－3*D* 对 *Pst* DC3000 毒株的抗性增强表型则是 3 型 FMO 蛋白编码基因过表达的结果。

　　基于增强子激活的功能获得型突变策略也能显现一批植物代谢相关基因。例如,拟南芥的 *pap*1－*D* 突变株呈深紫色,该表型由类苯基丙烷衍生物(如花青素)的过量产生所致。*PAP*1 基因编码 MYB 转录调控因子家族(在拟南芥中该家族由 100 多个成员组成)的一个成员,其异源表达能提高花青素在转基因烟草植物中的积累水平。类似地,另一个 MYB 转录调控因子编码基因 *ANT*1 的增强子激活型过表达导致很多营养组织在整个发育过程中产生深紫颜色,包括在番茄果皮中形成紫色伤斑。将增强子激活技术用于长春花(*Catharanthus roseus*)悬浮培养物的功能获得型突变,鉴定出萜类吲哚生物碱代谢途径中的一种关键调控因子,即响应植物激素茉莉酮酸酯的含 AP－2 功能域型转录调控因子 ORAC3。ORAC3 的过表达导致色氨酸脱羧酶表达水平的提升,而色氨酸脱羧酶是萜类吲哚生物碱生物合成的一个关键酶,催化 L-色氨酸向色胺的转换,也能将植物毒性的 4－甲基色氨酸转换成无毒型的 4－甲基色胺,因而长春花功能获得型突变株呈 4－甲基色氨酸抗性。

### 8.3.4　利用 cDNA 或 ORF 表达序列鉴定植物功能基因

　　构建高等植物功能获得型突变文库的另一种策略是基于特定物种 cDNA 或 ORF 编码序列的异位(同一物种不同组织)或异源(不同物种)表达。采用生物素修饰型帽子诱捕法结合海藻糖热激型逆转录酶技术可生成大约 24 万条拟南芥全长 cDNA,而且其他几种植物如水稻、小麦、白杨、大豆、大麦、木薯、云杉、盐芥(*Thellungiella halophila*)的大型 cDNA 文库也得以建立。这些高完备性的 cDNA 文库对揭示植物蛋白和基因的功能具有重要意义,而 cDNA 异位或异源过表达系统的建立则是应用这些植物 cDNA 资源的一种主要方式。

1. 基于 cDNA 序列的功能获得型突变文库构建

由特定植物各组织合成的 cDNA 文库与组成型强启动子 CaMV $P_{35S}$ 重组可构建相应的 cDNA 组成型过表达文库,如果将之转化同种植物,便能生成 cDNA 异位过表达的功能获得型突变文库。cDNA 的异位表达会使受体植物细胞克隆或转基因植株的表型发生改变,进而通过分析呈特定突变表型的细胞克隆或植株内的目标 cDNA 即可建立突变表型与基因型之间的对应关系,这是基于 cDNA 功能获得型突变文库技术鉴定植物基因功能的基本原理。就拟南芥而言,由 CaMV $P_{35S}$ 启动子介导的拟南芥各组织 cDNA 表达文库经农杆菌转化拟南芥根部,然后再将根细胞培养物转移至不含细胞分裂素的培养基中。通过筛选能在这种培养基中形成幼芽的细胞克隆,从中鉴定出一种新的 cDNA(*ESR1* 或 *DRN*),其编码产物 ESR1 是一种含转录激活型 AP2/EREBP 功能域的转录调控因子。由根细胞培养物再生幼芽期间,*ESR1* 被瞬时诱导表达,暗示该基因及其编码产物对拟南芥幼芽的分化至关重要。

将类似的拟南芥各组织 cDNA 表达文库通过重组农杆菌悬浮液浸泡花序和自花授粉可生成 3 万多株 cDNA 随机过表达型拟南芥品系。在这个庞大的突变型植株文库中,分离到一株淡绿色表型的突变株,该表型因一种编码叶绿体铁氧还蛋白-NADP$^+$ 还原酶(FNR)的缩短型 cDNA 过表达所致,而这种过表达的非全长型 mRNA 具有与内源性同源基因转录物产生共阻遏的倾向。深入探查发现,正是这种转录后的共阻遏效应生成了拟南芥淡绿色的显性功能丧失型表型。在同一突变型植株文库中还分离获得一株脱落酸(ABA)非敏感型突变株。2C 型蛋白磷酸酶(PP2C)的过表达导致在种子萌发和气孔关闭期间所表现出的显著 ABA 非敏感表型。*PP2C* 基因的 T-DNA 插入突变株呈 ABA 超敏表型,与 PP2C 的过表达表型正好相反,因而证实 PP2C 是 ABA 信号转导途径中的一种负调控因子。

上述 cDNA 异位过表达文库的生成要求目标植物具有较高的可转化性,事实上很多具有经济价值的农作物采用现有的基因转移技术均难以达到构建大型突变文库必需的转化效率。因此,以基因转化系统相对成熟的拟南芥甚至酵母作为 cDNA 过表达文库的受体物种(即 cDNA 的异源表达策略),能回避难转化型植物基因高通量鉴定的难题。例如,为了筛查 NaCl 抗性基因,可将特定植物的 cDNA 文库导入 NaCl 敏感型的酵母或拟南芥中。

2. 基于 FOX 基因狩猎系统的功能获得型突变文库构建

全长 cDNA 过表达(FOX)基因狩猎系统(简称 FOX 或猎狐系统)是采用标准化全长 cDNA 生成功能获得型突变文库的一种策略,由于剔除了所有的缩短型 cDNA,FOX 文库所产生的表型突变能在很大程度上排除共阻遏效应而呈纯粹的功能获得型突变。FOX 系统的工作原理如图 8-18(a)所示;将大约 10 000 条拟南芥非冗余型全长 cDNA 片段按大致等同的物质的量之比混合,并将之克隆在 CaMV $P_{35S}$ 启动子控制下的 Ti 二元表达载体中;然后,将这一全长 cDNA 重组文库原位转化拟南芥花序,生成 15 000 多株全长 cDNA 异位过表达的拟南芥 FOX 品系;突变株分离后,利用载体特异性引物可简便地克隆导入的全长 cDNA。

在一项研究中,F1 代 9.6% 的拟南芥 FOX 品系呈形态改变,其中两株为淡绿色突变株。该突变表型因 DEVH 盒解旋酶编码型全长 cDNA 的插入过表达所致,而且全长

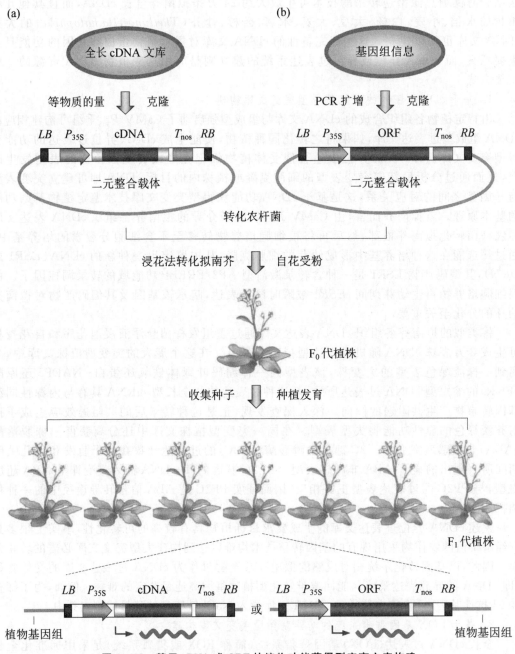

**图 8-18 基于 cDNA 或 ORF 的植物功能获得型突变文库构建**

cDNA 的表达水平与淡绿色表型强度（叶子中叶绿素的含量）之间呈高度负相关。类似地，由拟南芥 FOX 品系中还分离到六株叶绿体数目增加的突变株。调节拟南芥叶绿体分裂速度的质体分裂（PDV）蛋白过量表达是这种突变的原因。PDV 基因的 T-DNA 插入型突变则导致相反的效应。此外，携带编码细胞分裂素应答型转录调控因子 2（CRF2）cDNA 的另一拟南芥 FOX 品系也呈叶绿体数目的增加，CRF2 过表达的植株中 PDV 的表达水平也增加，而且添加细胞分裂素也能得到相应的表型。这些结果表明细胞分裂素调控 PVD 的表达，后者依次控制叶绿体的分裂速度。由此可见，FOX 系统能胜任植物基因功能的高通量鉴定。

水稻的高效转化系统业已建立,这使得水稻也可用作 FOX 系统的理想受体植物。例如,由 14 000 条相互独立的水稻全长 cDNA 在 $P_{Ubi-1}$ 控制下可生成 12 000 多株水稻 FOX 品系,从中分离到携带同一新型基因(编码赤霉素氧化酶)的三株矮小表型品系。

3. 基于 ORF 序列的功能获得型突变文库构建

ORF 与全长 cDNA 的区别在于它们不含 $5'$ 和 $3'-UTR$ 序列,是编码功能型蛋白信息的最小基因单位。相对于全长 cDNA 而言,采用 ORF 生成功能获得型突变文库可以减少基因两端 UTR 序列对表达的影响;但 ORF 的完备性采集和克隆远比全长 cDNA 烦琐。ORF 功能获得型突变文库的构建与 FOX 系统相似[8-18(b)]。

转录调控因子在植物发育和胁迫应答过程中扮演重要角色。拟南芥基因组编码 1 500 多种转录调控因子,根据所含的保守性 DNA 结合功能域,这些转录因子可分成 50 个家族,其中很多大型家族呈显著的基因冗余性。因此,功能获得型突变是揭示植物转录调控因子功能的一种理想策略。全基因组测序为特定类型的 ORF 搜寻和克隆提供了信息基础,一个由 1 200 余种拟南芥转录调控因子构成的 ORF 文库得以建立。另一个由乙烯响应型转录调控因子(ERF)成员构成的 ORF 收集物在 CaMV $P_{35S}$ 启动子介导下生成功能获得型异位表达文库,由该文库分离到 8 个氧化压力耐受性提高的拟南芥突变株,它们均来自于同一种 ERF 的过表达。此外,从过表达 153 种小型分泌肽编码型 ORF 的拟南芥功能获得型突变文库中分离到 $EPF1$ 基因,后者在气孔保卫细胞及其前体细胞中特异性表达,能通过调控细胞的不对称分裂而控制植物气孔发育的格局化。

基于 cDNA 或 ORF 过表达策略构建功能获得型突变文库虽然不像增强子激活策略那样受限于 T-DNA 整合位点的不均匀性,但表达序列通常使用组成型启动子驱动,因此在不适宜的组织或发育背景下高水平表达的现象时有发生。这种误表达会导致内源性基因的异位表达,产生一种与目标 cDNA 或 ORF 真实功能并不相关的表型。在某些情形中,这种误表达还会形成错误的基因功能注释信息。

### 8.3.5　利用报告基因展示高等植物基因表达与调控的信息谱

与基因功能注释相平行,高等植物基因表达的调控机制对生成转基因农作物具有重要的指导作用。采用植物体内不存在的外源基因编码序列作为报告基因,将之与目标基因的调控序列拼接成嵌合型表达盒,可探查植物基因表达的强度和时空特异性信息。目前在高等植物中广泛使用的报告基因主要有 $\beta$-葡糖醛酸糖苷酶编码基因 $gus$、荧光素酶编码基因 $luc$ 以及绿色荧光蛋白编码基因 $gfp$。

大肠杆菌来源的 $gus$ 是一个理想的报告基因,$\beta$-葡糖醛酸糖苷酶(GUS)的作用底物为葡萄糖醛苷酸,该酶在微生物和脊椎动物中表达,但在植物细胞中几乎不表达。将植物来源的结构基因、启动子以及组织或时序特异性增强子安装在 $gus$ 编码序列的上游,重组分子通过 Ti 质粒介导的二元整合系统转入植物细胞或植株中表达,同时在培养基中加入卤代葡萄糖醛苷酸(X-gluc,与 X-gal 结构相似),则转基因植株或细胞会产生相应的蓝色反应,借此既可定性观察报告基因表达的时空和组织特异性,也可定量测定报告基因表达的强度。不过,由于植物细胞不能分泌葡糖醛酸糖苷酶,因此在测定酶活性时需要破碎细胞。此外,由于 $\beta$-葡糖醛酸糖苷酶及其反应产物在植物细胞中相当稳定,因此定量测定的结果并不能准确反映原植物基因表达产物的天然丰度。

植物组织的基因表达检测常采用昆虫来源的萤光素酶编码序列作为报告基因,其工作原理如下:将昆虫萤光素和 ATP 与表达萤光素酶的植物细胞或组织混合,该酶催化昆虫萤光素氧化生成 AMP、$CO_2$ 和光,因此表达萤光素酶的重组植物细胞或组织可用胶片感光的方法进行检测和示踪。例如,将重组植物的叶子表面用砂纸磨损,然后浸入含有昆虫萤光素和 ATP 的缓冲溶液中保温若干时间,晾干,将 X 光胶片覆盖在叶子上,则表达昆虫萤光素酶的部位会使胶片感光。萤光素酶在植物细胞中的半衰期远短于 GUS 和 GFP,如果待探查基因的表达水平迅速改变很重要的话,那么选择 luc 作为报告基因是合理的。

与其他生物系统一样,绿色荧光蛋白作为理想的可视化标记物在高等植物中的应用更广泛。其最大的优势在于能在不破坏组织或细胞的前提下对活体植物进行检测;但与 GUS 和萤光素酶不同,绿色荧光蛋白不是酶,不能在蛋白表达量固定的条件下放大检测信号,因此往往需要强化其在植物体内的高效表达。

### 8.3.6 利用 CRISPR/Cas 系统编辑植物基因组

简便快速、神通广大的 CRISPR/Cas 技术已成功用于模式植物和农作物的序列指导性基因组编辑,同时兼有生成功能丧失型和功能获得型突变文库的潜能,甚至在某些植物(如拟南芥、水稻、番茄)中通过一代便可获得纯合子突变植株。即便第一代植株不存在纯合型突变,也可在突变型植物种子的后续繁殖中分离到相应的纯合型突变,因为有证据显示,CRISPR/Cas 介导的基因定向突变能以孟德尔方式垂直遗传。就目前研究的总体情况而言,CRISPR/Cas 技术较多用于基因定向敲除,如果同时引入多条单链指导型 RNA(sgRNA),CRISPR/Cas9 系统也能在拟南芥、水稻、番茄中实施多路编辑,并导致长达 245 kb 的水稻染色体片段删除。通过农杆菌介导的基因转移系统将含有双链断口(DSB)同源序列和报告基因的 T - DNA 单位导入植物细胞内,这种转移性重组 DNA 能优先掺入由 CRISPR/Cas 创造的 DSB 处,但效率相对较低。其原因包括:① 转基因植物的组织往往由不倾向使用同源修复机制的细胞构成;② 投送进植物细胞的修复模板难以与姐妹染色质竞争;③ 常规用来投送 Cas9 和 sgRNA 的基因转移策略(如根瘤农杆菌介导法和微粒轰击法)难以携带足够量的修复模板。

采用图 8 - 19 所示的工作流程,CRISPR/Cas 技术已在模式植物普通烟草(Nicotiana tabacum)、本氏烟草、拟南芥以及农作物小麦、玉米、水稻、高粱、番茄、甜橙中被证实其可行性和有效性。其中,拟南芥 7 个基因共 12 个不同靶位点的突变格局显示,含有任何突变型的拟南芥在 F1~F3 三代中的比例分别为 71.2%、58.3%、79.4%,虽然 F1 中没有突变型纯合子,但大约 22% 的 F2 植物呈纯合型突变。如果突变事件发生在植物再生的早期阶段(即第一次胚性细胞分裂之前),那么双倍体植物的突变类型包含:杂合型,两条姐妹染色质中只有一条发生突变;纯合型,两个等位基因均发生相同的突变;双等位型,两个等位基因均发生突变,但突变类型不同。在很多情况下突变发生在植株发育的晚期,此时不同组织呈相互独立的突变格局,从而形成嵌合型植株,后者由不同基因型的细胞构成,包括野生型、杂合性、纯合型、双等位型。总之,CRISPR/Cas 技术已成为植物分子生物学研究以及转基因植物生成的强有力遗传操作工具;由于导入的 Cas9 和 sgRNA 表达盒在基因组编辑后可通过筛选加以剔除,因而所生成的转基因植物与自然演化或传统杂交育种型农作物几乎没有区别,更易为公众和监管机构所接受。

# 8.4 利用转基因技术改良植物品种

植物转基因技术最引人注目的应用成就在于以经济作物品种改良为目标的转基因植物生成,这些转基因农作物具有抗生物胁迫(病虫害)、耐非生物胁迫(干旱、盐碱、寒冷)、提升光合和固氮效能(提高产量)、改善作物品质(营养价值、储藏加工性能)等优良性能,为农业、畜牧业、能源、环境、医药、日用品工业注入了革命性生机。就转基因供体与受体之间的亲缘关系以及构建物的成分结构而言,植物转基因技术可细分为异源转基因(Transgenesis)、同源转基因(或种内转基因,Intragenesis)、顺式转基因(Cisgenesis)三种不同的概念,其区别见表 8 - 5。

第一步：确定植物基因组突变靶位
选择 PAM 上游 20 bp 为靶
序列

第二步：设计单链指导型 RNA
选用 sRNA 启动子 $P_{U6}$ 或 $P_{U3}$
介导 sgRNA 编码序列的表达；
此时指导序列的第一位碱基
应分别为 G 或 A

第三步：构建 Cas9/sgRNA 表达盒
构建敲入型基因表达盒
选用基于 Ti 质粒的二元
载体

第四步：转基因投送至植物
叶体原生质体转化；
花序农杆菌浸渍转化；
愈伤组织微粒轰击转化

第五步：植株再生与筛查
PCR 扩增突变区域；
测序分析突变株基因型

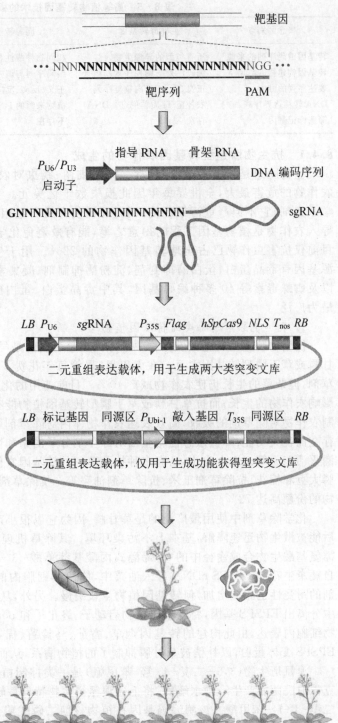

**图 8-19　基于 *CRISPR*/Cas 系统的植物基因突变文库构建**

表 8-5　高等植物转基因技术的概念辨析

| 概念区别点 | 异源转基因 | 同源转基因 | 顺式转基因 |
|---|---|---|---|
| 转基因编码序列的来源 | 所有类型的异源生物 | 相同物种或性相容性物种 | 相同物种或性相容性物种 |
| 转基因构建物的类型 | 编码序列与调控序列新组合 | 编码序列与调控序列新组合 | 天然基因的原组合 |
| 表达序列的方向 | 正义、反义、反向重复序列 | 正义、反义、反向重复序列 | 正义 |
| DNA 转移边界序列 | 农杆菌 Ti 质粒的 T-DNA | 植物来源的 DNA 序列 | 不使用转移边界序列 |
| 筛选标记基因 | 存在 | 不存在 | 不存在 |

### 8.4.1　抗生物胁迫型转基因农作物的生成

生物胁迫是指有害昆虫、病毒、真菌、细菌、线虫对农作物的侵蚀效应。其中,昆虫对农作物的危害最大,全世界每年因此损失数千亿美元。目前对付昆虫的主要武器仍是化学杀虫剂,它不但严重污染环境,而且还诱使害虫产生相应的抗性。将生物胁迫抗性基因导入农作物是植物基因工程的得意之笔,能有效避免化学杀虫剂所造成的许多负面影响,目前仅抗害虫作物已占全球转基因作物的 22%。用于生成抗害虫转基因植物常见的外源基因有毒晶蛋白、蛋白酶抑制剂、淀粉酶抑制剂、凝集素、脂肪氧化酶、几丁质酶、蝎毒素以及蜘蛛毒素等 40 多种编码基因,其中毒晶蛋白、蛋白酶抑制剂和凝集素编码基因应用最为广泛。

1. 表达抗除草剂酶类的转基因植物

抗生物胁迫型转基因农作物中最经典也最著名的是早已大面积播种的抗化学除草剂草甘膦或草丁膦型转基因大豆。在大田里,尽管每年花费了上百亿美元使用 100 多种化学除草剂,但杂草的生长仍使农作物减产 10%。目前使用的化学除草剂特异性不强,或多或少会影响农作物的生长;而抗草甘膦或草丁膦型转基因植物能有效解决这一问题,其策略包括抑制农作物对除草剂的吸收;高效表达农作物体内对除草剂敏感的靶蛋白,使其不因除草剂的存在而丧失功能;降低敏感性靶蛋白对除草剂分子的亲和性;向农作物体内导入除草剂的代谢灭活能力等。迄今为止,已有多种抗除草剂的转基因农作物进入商品化阶段,包括抗草甘膦大豆和棉花、抗除草剂玉米、抗除草剂油菜等。抗除草剂的转基因农作物占所有转基因植物的份额高达 72%。

化学除草剂中使用最广泛的是草甘膦,因为它以很小剂量即可杀灭各种杂草,进入土壤后能被微生物迅速降解,基本上不污染环境。其除草机理是强烈抑制植物叶绿体芳香族必需氨基酸生物合成途径中的 5-烯醇式丙酸基莽草酸-3-磷酸合成酶(EPSPS)活性。将来自矮牵牛花的 EPSPS cDNA 导入油菜中,能使其细胞内的 EPSPS 活性提高 20 倍,对除草剂的耐受性也相应增加,但转基因植物生长缓慢。另外,从一种抗草甘膦的大肠杆菌突变株中分离出 EPSPS 基因,将其置于植物启动子、终止子和 polyA 化位点的控制之下,并转入植物细胞内表达,由此构建的转基因烟草、番茄、马铃薯、棉花以及矮牵牛花能合成足够量的 EPSPS 变体蛋白,以补偿被草甘膦抑制了的植物酶系,从而表现出较高水平的除草剂抗性。

溴氰衍生物(3,5-二溴-4-羟-苯甲氰)是一类抑制植物光合反应的化学除草剂。臭鼻克雷伯氏菌能产生一种水解酶,将上述溴氰衍生物特异性转换成对植物基本无毒性的 3,5-二溴-4-羟-苯甲酸。该酶编码基因在植物核糖二磷酸羧化酶小亚基编码基因所属光控启动子的介导下于转基因烟草中获得成功表达。

2. 表达毒晶蛋白的转基因植物

苏云金芽孢杆菌作为天然的微生物杀虫剂已使用了数十年,该菌能合成一种 125 kD 的晶体蛋白,对很多昆虫包括棉蚜虫的幼虫具有剧毒作用,但对成虫和脊椎动物无害。实际上,苏云金芽孢杆菌产生的只是由 1 187 个氨基酸残基组成的无活性毒素原蛋白,幼虫接触到毒素原蛋白后,其消化道中的蛋白酶将之水解成 68 kD 的毒性片段,后者与幼虫中肠细胞表面的受体结合,从而干扰细胞的生理过程。然而,采取苏云金芽孢杆菌发酵工艺生产这种生物杀虫剂成本颇高,且晶体蛋白原在自然环境中并不稳定,因此保护期很短(详见 4.1.7)。

将苏云金芽孢杆菌晶体蛋白编码基因移植到农作物体内的研究持续了多年,但这个全长基因在植物细胞中的表达率甚低,其主要原因是芽孢杆菌基因的密码子使用规律与植物有较大的差异,而且毒素蛋白原的分子也太大。为此,改进表达效率的方法是只克隆晶体蛋白与毒性有关的 N 端 1～615 位氨基酸编码区,其中 1～453 编码序列人工合成以纠正密码子的偏爱性,同时将该合成型基因置于 CaMV $P_{35S}$ 双启动子串联结构的控制之下(图 8-20),这使得毒性蛋白在棉花细胞中的表达水平提高近 100 倍。

多年来的应用实践表明,表达苏云金芽孢杆菌重组毒晶蛋白的转基因植物能有效抵御很多对农作物和森林构成严重危害的食叶性鳞翅目害虫。仅在 2009 年,全球4 000 万公顷的毒晶蛋白转基因农作物显著减少了化学除草剂的使用量,其中最重要的转基因农作物包括大豆、玉米、棉花、油菜。然而该系统也有缺陷:首先,其抗虫谱相对比较窄,通常每一种毒晶分子只能针对一种害虫有效,例如表达 Cry1Ac 型毒晶蛋白的转基因农作物主要控制绿棉铃虫(*Heliothis virescens*)和玉米螟(*Ostrinia nubilalis*)。尽管更先进的转基因农作物同时表达多元毒晶蛋白(如 Cry34Ab/Cry35Ab),但这种策略受到基因转移的容量限制;其次,毒晶蛋白仅对幼虫有效;最后,害虫对其产生耐受性的问题也日益突出。因此,寻找并开发其他抗虫基因资源十分重要。

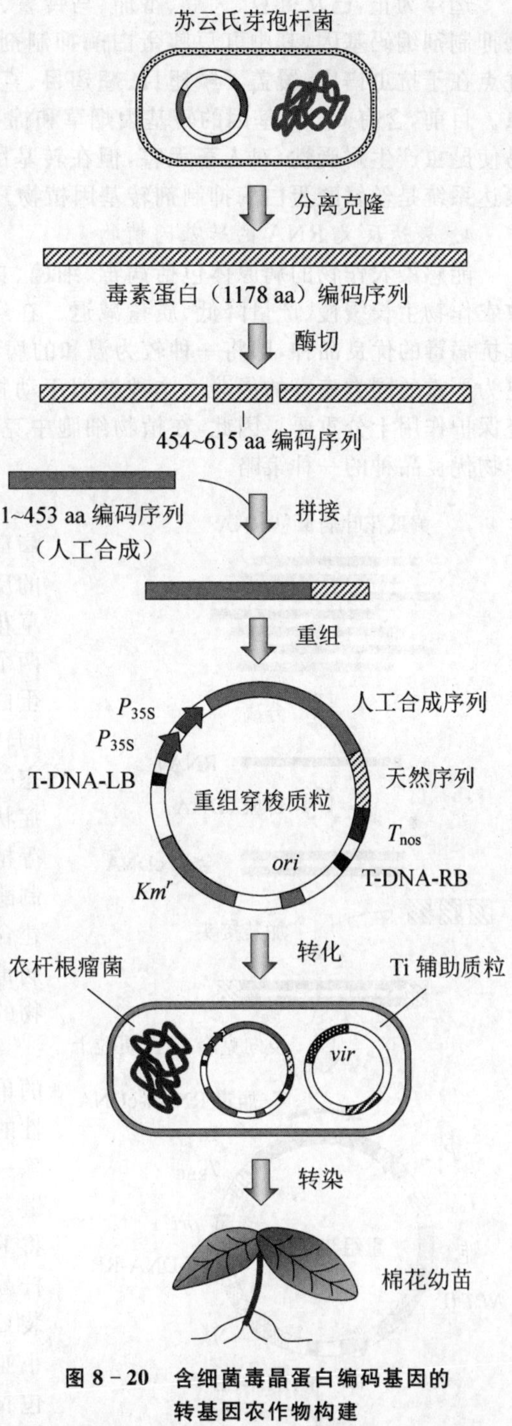

3. 表达蛋白酶抑制剂的转基因植物

蛋白酶抑制剂是自然界含量最丰富的蛋白种类之一,存在于所有生命体中。其杀虫机理在于抑制昆虫消化道内的蛋白酶,减弱甚至阻断消化液的蛋白水解作用。相关研究表明,在人工饲料中添加蛋白酶抑制剂能抑制昆虫的生长发育;蛋白酶抑制剂编码基因在转基因烟草中的表达可赋予植物广谱的抗虫害能力;若将细菌毒晶蛋白和丝氨酸蛋白酶抑制剂编码基因联合整合到植物染色体上,则转基因植物的抗虫害能力比只含毒晶蛋白编码基因的植物提高 20 倍。

**图 8-20　含细菌毒晶蛋白编码基因的转基因农作物构建**

迄今为止,已从豇豆、大豆、番茄、马铃薯、大麦等农作物中分离克隆出多个丝氨酸蛋白酶抑制剂编码基因,其中豇豆胰蛋白酶抑制剂(CPTI)的抗虫效果最为理想。CPTI 的主要优点在于抗虫谱广,覆盖了鳞翅目、翘翅目、直翅目等很多能使农业造成巨大损失的有害昆虫。目前,含有 CPTI 基因的转基因烟草和棉花已经问世。大田试验表明,蛋白酶抑制剂不易使昆虫产生耐受性,对人畜无害,但在转基因植物中表达量较低。因此,探索更为有效的表达系统是丝氨酸蛋白酶抑制剂转基因植物开发的关键。

**4. 表达反义 RNA 的转基因植物**

能感染农作物的病原体包括病毒、细菌、真菌、线虫等,其中病毒感染尤为严重,它可导致农作物生长缓慢、产量降低、质量减退。在经典植物遗传学中,通常利用交叉保护原理筛选抗病毒的优良品种,即将一种较为温和的病毒感染植物,培育出来的子代植物一般能抵御更为严重的同类病毒的侵袭。这种类似于动物疫苗接种的现象表明,病毒的包装蛋白对免疫保护作用十分重要。因此,在植物细胞中克隆表达病毒包衣蛋白基因是构建抗病毒型农作物优良品种的一种策略。

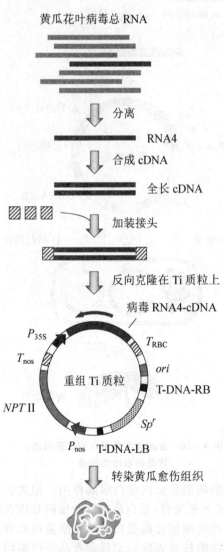

**图 8-21 含黄瓜花叶病毒衣壳蛋白反义基因的转基因黄瓜构建**

构建抗病毒型转基因植物有两种方法:导入病毒包衣蛋白编码基因或者导入病毒复制酶亚基的反义基因。第一种方法首先在烟草中进行,烟草花叶病毒(TMV)的基因组共编码四种多肽:两个复制酶亚基、一个包衣蛋白(CP)和一个移动蛋白(MP,即宿主结合蛋白)。高效表达 CP 基因的转烟草植物在 TMV 存在时,能维持抗病毒状态一个月左右,而正常植物 3~4 d 后便出现感染症状。这种 CP 转基因技术在马铃薯、番茄、苜蓿等植物中也获得成功。此外,将 TMV 5′端含复制酶亚基编码序列的片段作为转基因,可成功构建含反义基因型的转烟草植株。实验结果表明,病毒 RNA 基因组的复制被抑制了 25~50 倍,植物的病毒感染症状消失或大为减轻。

黄瓜花叶病毒(CuMV)的基因组由三个分离的单链 RNA 分子构成,它们分别编码三种特异性的病毒蛋白。在感染周期中,RNA3 被编辑去除一段序列,形成编码病毒包衣蛋白的 RNA4 链。为了构建抗 CuMV 的黄瓜转基因新品种,可将 RNA4 的 cDNA 反向克隆在根瘤农杆菌/大肠杆菌穿梭质粒的 T-DNA 区内,其上下游分别安装 CaMV 的 $P_{35S}$ 启动子和植物核糖二磷酸羧化酶小亚基编码基因的终止子($T_{RBC}$),构成阻断病毒包衣蛋白翻译的反义基因表达盒。重组分子经根瘤农杆菌整合在植物的染色体上,由此培育出的反义型黄瓜转基因新品种明显表现出对 CuMV 病毒的抗性(图 8-21)。

在抗真菌转基因植物方面,将粘质赛氏杆菌的壳多糖酶编码基因导入烟草,能增强转基因烟草对立枯丝核菌的抗性;将来自大麦的核糖体失活蛋白(RIP)编码基因置于愈伤诱导型启动子的控制之下,构建出的转基因烟草也能对抗立枯丝核菌的感染产生强烈的抗性。类似地,以杀菌肽和溶菌酶等编码基因作为转基因同样能获得抗细菌感染的转基因植物。

　　5. 表达干扰 RNA 的转基因植物

　　与病毒诱导型基因沉默相似,RNA 干扰是一种由 dsRNA 裁剪生成 siRNA 而阻遏靶基因表达的机制。在真核生物细胞中,较长的 dsRNA 被 Dicer 裁剪成长度约为 21 核苷酸的 siRNA,后者与 RNA 诱导型沉默复合物(RISC)联合,扫描细胞内的 RNA 分子直至找到与其互补匹配的靶序列。一旦被识别,靶 RNA 便遭摧毁(详见 8.3.2)。根据这一序列特异性基因沉默原理,可设计并开发新一代的干扰 RNA 型杀虫剂。相关实验显示,针对害虫必需基因的 dsRNA 细胞核表达型转基因植物虽能大幅度降低昆虫的危害,但在大部分此类研究中害虫并没有被完全根除。事实上这里涉及的问题是,昆虫摄取的究竟是宿主转基因植物表达的 dsRNA 还是经裁剪而成的 siRNA 成品,因为植物和昆虫均拥有各自的 siRNA 生成机器。如果昆虫更倾向于摄入相对较长的 dsRNA,那么在转基因植物细胞核中表达的 dsRNA 并不能有效为昆虫所吸收,因为 dsRNA 一经表达便会被裁剪成 siRNA。

　　为了搞清上述问题,一项针对性研究比较了抗昆虫型 dsRNA 编码序列分别整合至细胞核基因组和叶绿体 DNA 两种转基因马铃薯的杀虫效果。结果颇富有戏剧性:所有喂养叶绿体转化型植物的马铃薯甲壳虫均在 5 d 内死亡,而喂养细胞核表达型转基因植物的马铃薯甲壳虫则不受影响。由于叶绿体不含 dsRNA 裁剪机器,在这种细胞器内表达出的长 dsRNA 相当稳定且不能生成 siRNA。这意味着喂养叶绿体转化型植物的甲壳虫吃下了几乎全长型的 dsRNA,而喂养细胞核转化型植物的甲壳虫则摄入更多的是 siRNA。换言之,就启动昆虫体内的 RNA 干扰应答过程而言,摄取长的 dsRNA 远比摄取 siRNA 更有效。因此,至少就马铃薯等转基因农作物的构建而言,dsRNA 转基因应选择性地导入叶绿体还非细胞核中。

　　然而,在细胞核基因组中表达抗昆虫型 dsRNA 的转基因玉米、棉花、水稻、烟草的结果与上述转基因马铃薯并不一致,这些细胞核整合型的转基因农作物控制害虫的效能似乎比同样采用细胞核整合型策略的转基因马铃薯更显著,这表明玉米、棉花、水稻、烟草细胞加工 dsRNA 并不如马铃薯那么高效。

　　尽管在昆虫如何从其食物中获取 dsRNA 以及是否所有昆虫均为杀虫型 dsRNA 同等程度地影响等方面存在着很多不确定的因素,利用 RNA 干扰策略控制农作物害虫的潜力无疑是巨大的。随着 dsRNA 投送至昆虫途径的优化,并结合 dsRNA 诱导害虫相关基因沉默的特异性,基于 dsRNA 的杀虫剂能提供新一代环境安全且高效的昆虫控制策略,保护农作物免遭昆虫天敌那些饥饿的嘴。

## 8.4.2　耐非生物胁迫型转基因农作物的生成

　　与动物不同,植物不能通过迁徙躲避不利环境因素(如强光、紫外线、干旱、盐碱、寒冷等)对其造成损害,只能借助被动的形态改变和体内生理调节机制抵御这些不利性胁迫。在分子水平上,这一生理调节过程的副作用是在体内产生大量的活性氧组分(ROS,如超氧化物负离子),后者对植物的损伤也相当严重。在生理状况下,植物体内的超氧化歧化酶(SOD)能将之转化为过氧化氢,后者经过氧化酶作用分解出水和氧气,但这种保护作用相当有限。在上述所有非生物胁迫中,干旱和高盐是全球范围内导致经济作物减产的主要环境因素。全球气候变化使得很多地区的这两大胁迫更加恶化。经典的杂交育种在开发干旱和盐碱耐受型农作物优良品种方面遇到了极大的限制,因为这些性能往往属于多基因控制,而植物转基因技术有望在诠释非生物胁迫分子机制的基础上理性设计并改良经济作物的干旱和高盐耐受性。

### 1. 耐盐型转基因农作物的构建

据估计土壤盐分影响全球约 4 500 万公顷的灌溉农田,主要表现为农作物生长缓慢、分蘖减少、生殖受损。盐分可通过几种完全不同的机制危害农作植物,这些机制或者与盐分在芽体中的积累有关(滞后响应),或者不依赖于盐分在芽体内的积累(快速响应),主要分为三类:① 茎部渗透耐受机制,由长距离信号调控,在芽体积累 $Na^+$ 之前触发芽体生长速率的降低;② 根部离子排斥机制,将 $Na^+$ 和 $Cl^-$ 运输至根部,降低 $Na^+$ 和 $Cl^-$ 毒性浓度在叶部的积累;③ 组织耐受机制,植物组织(如叶部)存在高浓度的盐分,但被分隔在细胞外或细胞内的液泡中,减轻盐分对细胞生理工程的影响。这些机制大都涉及一系列转运子及其在细胞质膜和液泡膜处的控制。因此,这些转运子的编码基因是生成耐盐型转基因农作物的靶点(表 8-6)。

表 8-6 用于改善农作物耐盐性能的转基因

| 转基因名称 | 转基因来源 | 使用启动子 | 转基因作物 | 转基因作物性能 |
|---|---|---|---|---|
| 离子排除机制 | | | | |
| $Na^+/H^+$ 逆向转运子(SOS1) | 拟南芥 | 组成型 | 烟草 | 根茎 $Na^+$、$K^+$ 积累改变 |
| $Na^+/H^+$ 逆向转运子(SOS2) | 盐角草 | 胁迫诱导型 | 水稻 | 生物质产量改善 |
| $Na^+$ 转运子(HKT1) | 酵母 | 脱落酸响应型 | 大麦 | 种子萌发改善 |
| 组织耐受机制(离子转运子) | | | | |
| $Na^+/H^+$ 逆向转运子(NHX) | 拟南芥 | 组成型 | 荞麦 | 根茎生物质产量改善 |
| $Na^+/H^+$ 逆向转运子(nhaA) | 滨藜 | | 棉花 | 根茎 $Na^+$、$K^+$ 积累改变 |
| 液泡型 $H^+$ 焦磷酸酶($H^+PPase$) | 水稻 | | 番茄 | 脯氨酸含量提高 |
| 组织耐受机制(相容性溶质) | | | | |
| 海藻糖-6-磷酸合成酶(TPS) | 酵母 | 组成型 | 苜蓿 | 相容性溶质积累增加 |
| 海藻糖-6-磷酸酶(TPP) | 水稻 | 胁迫诱导型 | 番茄 | 作物生存改善 |
| 甘露醇-1-磷酸脱氢酶(mt1D) | 大肠杆菌 | 茎特异型 | 水稻 | 作物生长加快 |
| 肌醇-1-磷酸合成酶(MIP) | 禾本草 | 叶绿体特异型 | 烟草 | 萎蔫减轻 |
| 甜菜碱醛脱氢酶(BADH) | 菠菜 | | 甘薯 | |
| 胆碱氧化酶/脱氢酶(codA/betA) | 蛾豆 | | 小麦 | |
| 组织耐受机制(活性氧组分清除) | | | | |
| 抗坏血酸过氧化物酶(APX) | 拟南芥 | 组成型 | 烟草 | 光合效率维持 |
| 谷胱甘肽 S-转移酶(GST) | 番茄 | 胞质或叶绿体特异型 | 水稻 | 作物生长维持 |
| 单脱氢抗坏血酸还原酶(MDR) | 烟草 | | | 光合效率维持 |
| 过氧化氢酶 | 红树林 | | 红树林 | 种子萌发改善 |
| | 豌豆 | | 豌豆 | 幼苗生长改善 |
| 信号转导/调控途径 | | | | |
| 钙调磷酸酶 B 样蛋白激酶(CIPK) | 拟南芥 | 组成型 | 大麦 | $Na^+$、$K^+$、$Cl^-$ 积累改变 |
| 有丝分裂原激活型蛋白激酶(MAPK) | 鹰嘴豆 | | 烟草 | 作物生物质产量改善 |

就离子排除机制而言,高亲和性钾离子转子基因家族(HKT)和盐分极度敏感性(SOS)途径在调控 $Na^+$ 的植物体内转运中起着重要作用,这些基因的过表达或异位表达操作能显著改变茎体或叶部中 $Na^+$ 的积累状态。例如,耐盐型单粒小麦(*Triticum monococcum*)编码定位于木质部导管周围根细胞质膜上 $Na^+$ 选择性转运子的 HKT 等位基因(*TmHKT1 5-A*)能显著改善商业化硬粒小麦的耐盐性,大田试验能显著提高小麦产量(25%),但这一水平仅与种植在正常土壤中的小麦产量相当。HKT 基因需要细胞类型特异性表达方能奏效,因此转基因的胁迫诱导和组织特异性表达至关重要。

就组织耐受机制而言,目前鉴定了三类贡献于茎体组织耐盐性的基因:① $Na^+$ 向液泡转运基因;② 相容性溶质合成基因;③ 活性氧组分(ROS)脱毒酶系基因。研究显示,提高液

泡型 $Na^+/H^+$ 逆向转运子(NHX)、液泡型 $H^+$ 焦磷酸酶(AVP1)、相容性溶质(诸如脯氨酸、甜菜碱、糖类)合成酶系以及 ROS 脱毒酶系的丰度,对改善转基因农作物的耐盐性具有不同程度的效果。例如,拟南芥液泡型 $H^+$ 焦磷酸酶编码基因(AVP1)在棉花中的异源表达能在大田条件下显著改善棉花的耐盐性,同时提高棉纤维的产量。

就渗透耐受机制而言,不同植物渗透压耐受性的差异很可能与其长距离信号转导、细胞循环控制、茎部对根部所发出信号的感应过程有关,但相应的过程和功能基因尚未得以清晰鉴定。

与针对特异性盐分耐受性机制进行基因操作相平行的另一种策略是调整涉及全局性盐分耐受性的信号感应、转导、调控途径。相关研究显示,ROS 信号转导途径对调控植物响应多重非生物胁迫至关重要,能通过调节液泡中 $Na^+$ 浓度而参与对茎部 $Na^+$ 积累的控制。此外,植物生长和发育的很多过程均由 $Ca^{2+}$ 介导,质膜型受体感应环境刺激进而激活 $Ca^{2+}$ 信号转导级联反应,最终导致相关基因的表达。过表达这一信号转导途径中的效应组分能改善水稻、苹果、大麦、烟草、番茄等农作物在盐胁迫环境中的生长。

耐盐型转基因农作物的构建应遵循下列原则:① 转基因的组织特异性表达至关重要,例如涉及光合作用的基因一般不会在不接触光的根部细胞中正常表达。以组成型启动子介导转录调控因子、离子转运子、相容性溶质合成酶系的表达往往导致不期望的表型产生。② 改变基因的表达程度只是改变蛋白质功能的一种方式,除了变更原蛋白质编码序列外,激活或阻遏蛋白质活性的翻译后修饰对改善植物的盐胁迫耐受性也很重要。$Ca^{2+}$ 信号转导途径中盐胁迫耐受型关键蛋白磷酸激酶(如 SOS1)的翻译后修饰能使植物快速且可逆性响应环境的变化。③ 深入了解特定物种的盐耐受性主流机制对有效操作农作物也很重要。例如,大麦比小麦具有更高的耐盐性,它能在茎部积累高浓度的 $Na^+$。因此,大麦转基因操作策略更倾向于导入渗透耐受机制而非改善离子排斥;相反,将大麦的组织耐受性机制导入小麦或水稻则能显著改善这两种农作物的耐盐性。

2. 耐旱型转基因农作物的构建

耐旱也是一种复杂性状,干旱胁迫往往伴随着热胁迫或其他类型的胁迫,可发生在农作物生长的各个阶段,其中在生殖阶段的干旱胁迫可直接导致农作物平均减产 50%。植物采用多重形态学改变和生理学策略响应干旱胁迫,包括多样化信号转导级联反应;同时通过加速开花缩短生长周期、减少水分损失(关闭气孔和增厚叶角质层)或者改善水分吸收(开发更深更密的根部系统)、积累渗透压调节分子、抗氧化剂、活性氧组分(ROS)清除剂以抵御干旱,增强其生存能力。在这些过程中,很多蛋白包括转录调控因子、蛋白激酶、多样化胁迫相关型蛋白起着重要作用。涉及这些途径的数百个基因已被鉴定,其中一些基因已在大田试验中被确认具有改善农作物耐旱性能的潜力(表 8-7)。

NAC(NAM-ATAF-CUC2)是植物特异性的转录调控因子,具有高度保守的 DNA 结合功能域,属于该家族的很多基因能响应干旱胁迫。其中,胁迫响应型 NAC1 基因(SNAC1)是水稻 NAC 家族的成员,能在干旱条件下的保卫细胞中特异性表达。SNAC1 在水稻中过表达导致大田严重干旱条件下转基因水稻在生殖阶段耐旱能力的显著提升,结籽率提高 22%~34%,并且没有任何表型改变。这种转 SNAC1 基因水稻表现为气孔开度的显著减少以及保卫细胞中脱落酸敏感性的增强,从而提高水的利用效率。不仅如此,SNAC1 基因在小麦中过表达,转基因小麦同样能改善耐旱性能。这是操作单个基因便能在严重干旱的大田条件下减少产量损失的首次成功尝试。除了 SNAC1,水稻中的其他几种 NAC 家族成员诸如 OsNAC6、OsNAC10、OsNAC5、OsNAC9 也都具有抗旱作用。OsNAC6 过表达型的转基因水稻在玉米 $P_{Ubi-1}$ 启动子控制下从无土栽培营养液中移植出来 12 h 后,恢复率高达 42%~57%,但转基因植株呈生长迟滞表型。OsNAC5 能与 OsNAC6 和 SNAC1 相互作用,由根特异性启动

子 $P_{RCc3}$ 驱动 $OsNAC5$ 过表达的转基因水稻在大田的干旱条件下比野生株水稻高产,但 $OsNAC5$ 的组成型表达却对耐旱性能没有显著效应。采取相同的策略,$P_{RCc3}::OsNAC9$ 和 $P_{RCc3}::OsNAC10$ 型转基因水稻在大田试验的生殖阶段也呈显著的耐旱能力提升。

**表 8-7　经大田试验确认有效的耐旱型转基因农作物**

| 转基因名称 | 转基因来源 | 使用启动子 | 转基因作物 | 转基因作物性能 |
|---|---|---|---|---|
| **信号转导途径** | | | | |
| MAPKKK($NPK1$) | 烟草 | 水稻 $P_{Actin1}/P_{LEA3-1}$,胁迫诱导型 | 水稻 | 结实率提高 |
| 丝氨酸/苏氨酸蛋白激酶($SOS2$) | 拟南芥 | 水稻 $P_{LEA3-1}$ | 水稻 | 结实率提高 |
| DREB1/CBF($DREB1A$) | 拟南芥 | 水稻 $P_{LEA3-1}$ | 水稻 | 结实率和产量提高 |
| NAC($SNAC1$) | 水稻 | CaMV$P_{35S}$ | 水稻 | 存活率和结实率提高 |
| NAC($OsNAC5$) | 水稻 | 水稻 $P_{RCc3}$,根特异性型 | 水稻 | 多重效应改善 |
| NAC($OsNAC9$) | 水稻 | 水稻 $P_{RCc3}$,根特异性型 | 水稻 | 多重效应改善 |
| NAC($OsNAC10$) | 水稻 | 水稻 $P_{RCc3}$,根特异性型 | 水稻 | 多重效应改善 |
| C2H2-EAR 锌指转录调控因子 | 拟南芥 | 水稻 $P_{Actin1}/P_{LEA3-1}$,胁迫诱导型 | 水稻 | 结实率和产量提高 |
| **功能蛋白** | | | | |
| 钼辅基型硫化酶($LOS5$) | 拟南芥 | 水稻 $P_{Actin1}/P_{LEA3-1}$,胁迫诱导型 | 水稻 | 结实率和产量提高 |
| | | 含增强子型超级启动子 | 大豆 | 多重效应改善 |
| 脱水蛋白 LEA($OsLEA3-1$) | 水稻 | CaMV$P_{35S}$/水稻 $P_{LEA3-1}$ | 水稻 | 结实率和产量提高 |
| 脱水蛋白 LEA($HVA1$) | 大麦 | 玉米 $P_{Ubi-1}$ | 小麦 | 水分利用率和生物质提高 |
| Na$^+$/H$^+$ 逆向转运子($AtNHX1$) | 拟南芥 | 水稻 $P_{Actin1}$ | 水稻 | 结实率提高 |
| 活性氧组分清除蛋白($OsSRO1c$) | 水稻 | 玉米 $P_{Ubi-1}$ | 水稻 | 多重效应改善 |
| 鸟氨酸 δ-氨基转移酶 | 水稻 | 玉米 $P_{Ubi-1}$ | 水稻 | 存活率和结实率提高 |

核内因子 Y(NF-Y)是一种由 A、B、C 三种亚基构成的 CCAAT 基序结合型转录调控因子。在拟南芥中,$AtNF-YB1$ 和 $AtNF-YA5$ 基因的组成型过表达能改善耐旱能力;$AtNF-YB1$ 在玉米中的直系同源基因 $ZmNY-YB2$ 在玉米中的过表达也同样呈耐旱品质,这种转基因玉米在相对干旱的大田条件下可提高粮食产量约 50%。植物体内的脱落酸(ABA)应答元件结合蛋白/因子(AREB/ABF)属于碱性亮氨酸拉链(bZIP)型转录调控因子,能以脱落酸依赖型方式响应干旱胁迫。在拟南芥中过表达 AREB1/ABF2、ABF3 或 AREB2/ABF4 能提升转基因植物对脱落酸的敏感性和耐旱性。ABF3 在水稻中以玉米泛素启动子 $P_{Ubi-1}$ 介导过表达,转基因稻秧经干旱处理后呈卷叶和萎蔫推迟表型。在大豆中过表达 $GmbZIP$ 基因不仅能提升耐旱性,而且还有助于改善耐盐和耐寒胁迫。

法呢酰化是一种蛋白质翻译后修饰,便于靶蛋白在细胞膜中的定位。转基因油菜中法呢酰转移酶 FTB 或 FTA 编码基因被干旱诱导型启动子 RD29A 介导转录阻遏,在大田试验的干旱胁迫条件下比对照植株呈显著增产性能。采用 RNA 干扰技术阻遏水稻中的法呢酰转移酶 SQS 也能在很大程度上提升耐旱能力,其机理是在营养生长和生殖阶段降低气孔导度从而提高组织中的水分含量。

**8.4.3　提升光合效能型转基因农作物的生成**

根据全球人口在 21 世纪中期将达到 95 亿推算,2050 年全球的粮食需求将在现有的基础上再提高 85%。如果按目前单位耕地面积粮食产量的增速不变维持下去,那么 2050 年世界范围内将出现巨大的粮食供需缺口;更何况近 20 年来全球粮食的生产增幅在显著下降。因此,人类必须开拓崭新的粮食增产战略才能在未来的几十年里维持生存。

1. 提升粮食作物产量增幅的可行性战略

一种特定基因型的粮食作物的产量潜能($Y_p$)定义为该作物在各种生物和非生物胁迫缺席条件下单位耕地面积所能收获的粮食质量,它是单位耕地面积全生长季节所接受的光照总量($Q$)与粮食作物光照拦截效率($\varepsilon_i$)、由拦截光照量至生物质能量转换效率($\varepsilon_c$)、以及由生物质至农作物收获部分(粮食)分配效率($\varepsilon_p$)的乘积。在过去的半个世纪中,借助经典的遗传育种技术以及确保实现高产遗传潜能的农艺和作物保护措施,第一次绿色革命实现了 $Y_p$ 的大幅度提高,具体表现为主要粮食作物水稻、小麦、大豆现代品种的 $\varepsilon_p$ 几乎提高了一倍,目前已达到大约 60%。然而,由于这些农作物在收获时仍需保持茎和穗(豆荚)的生物质结构以支撑种子,因而 $\varepsilon_p$ 进一步提高的空间十分有限。类似地,表征农作物在全生长季节所能接受的可见光部分的拦截效率 $\varepsilon_i$ 对现代农作物品种的基因型而言也已达到 80%~90%,换句话说,这一 $Y_p$ 的决定性因素也已很接近其生物学极限。改良甚少或者几乎没有涉足的剩余因子便是可见光能的转换效率 $\varepsilon_c$,目前仅为 2%,相当于 C3 农作物(如小麦和水稻)理论转换效率 10% 的 1/5;或者 C4 农作物(如玉米和高粱)理论转换效率 13% 的 1/7。由此可见,$\varepsilon_c$ 因子是未来提升主要粮食作物 $Y_p$ 的一个大有希望几乎也是唯一的焦点。

将农作物拦截的光照量转换成生物质能量的 $\varepsilon_c$ 取决于光合作用过程本身的效率,即扣除农作物呼吸耗能后的净值。就 C3 植物而言,$CO_2$ 是光合酶系的限制性底物,数以千计参与光合作用的基因/蛋白质以及由其构成的代谢和调控网络均以 $CO_2$ 为限制性因素而设置和运行的。在过去的 2 500 万年里(现代农作物的祖先在此期间进化),大气中 $CO_2$ 的平均浓度大约为 220 $\mu$mol/mol;现今的 $CO_2$ 平均浓度几乎增加了一倍,而且其中的大部分是在最近 100 年中增加的。在如此之短的时间段中,现代农作物尚未来得及适应并重新调整其光合机器的有效配置。因此,基于人类对光合作用机制的全面精确性认识,借助高性能计算机和强大软件工具的系统性仿真和推演,并采用转基因技术对农作物光合基因组进行理性设计与改造,便能最终赢得大幅度提升 $\varepsilon_c$ 和 $Y_p$ 的第二次绿色大革命。例如,光合系统的计算机推演显示,在各组分各途径达到最优配置的理想状态下,光合作用的效率能在现有水平上再提升 60%。其中,最大的单项改变来自景天庚酮糖-1,7-二磷酸酶(SBPase)投入量的增加,甚至该酶上调的收益还随大气中 $CO_2$ 浓度的升高而递增。相关基因操作证实了上述推演结果:SBPase 表达的上调使得转基因烟草的生产能力显著提升,而且这一效应在 $CO_2$ 浓度较高的大田环境中确实被进一步放大。

2. 靶向光反应的光合效率提升策略

光合作用分为光反应和暗反应两个阶段。光反应涉及叶绿素等色素分子捕获光子能量、裂解水分子、类囊体膜上的电子传递还原生成 NADP 以及提供足以磷酸化 ADP 的质子梯度。而在暗反应中,所生成的 NADPH 和 ATP 驱动卡尔文循环,该循环吸收 $CO_2$ 并将之还原成碳水化合物。每吸收 1 分子的 $CO_2$ 以及从水分子裂解反应中释放出 1 分子的 $O_2$ 至少需要 8 个光子。在低强度光照和其他胁迫缺席条件下,大多数叶子的光合机器非常接近单位 $CO_2$ 吸收和 $O_2$ 释放捕获 8 个光子的理论需求值,这表明该过程已经能以接近最大效率的方式工作。此时如果增加光吸收,光子的利用效率反而会因电子传递或者所产 ATP 和 NADPH 利用能力受到限制而下降。因此,提升光反应总效率的操作靶点是在突破电子传递或 ATP/NADP 利用限制(即光饱和效应)的基础上增强光色素分子捕捉光子的能力。就强化光子捕捉机制而言,对色素分子进行基因工程改造使之能利用更广的光谱,具有可行性。植物的色素系统像其进化祖先绿藻一样只能利用可见光,很少能延伸至近红外和 UV-A 光谱区,这意味着一半以上的太阳光能未被利用。鉴于其他藻类和光合细菌所使用的色素系统能捕捉和利用长波长的近红外光,将这种异源光能捕捉系统移植至农作物能使有效太阳能的使用广泛扩大 20%,这对于那些低叶冠型农作物而言非常有效,因为这些植物吸收 $CO_2$ 的能力随光捕捉能力的强化而线性增加。

事实上,解除电子传递或 ATP/NADP 利用限制的光饱和效应具有更重要意义。在高光(全光至三分之一全光之间)状态下,叶绿素分子通常保持高度的激发状态,这种高激发能可传递至氧气并产生广范围的氧自由基,进而损害光合作用机器。植物通过将叶黄素分子脱环氧化成玉米黄质而诱导光合机器内部的改变,从而保护自身免遭过量自由基的损害,同时以无害的热量形式将过剩的能量散发出去。有些藻类光合系统能提供额外的合成机会迅速减少这种热损耗,其关键装置是叶黄素循环中间物之间的高效转换以及这些中间物与光合系统中心(PSII)复合物之间的高效相互作用。因此,相应的酶系编码基因成为改善农作物光反应总效率的可行性靶点。

3. 靶向暗反应的光合效率提升策略

将一个经广泛验证过的光合稳态生化模型应用于农作物叶子的研究显示,在光饱和状态下,植物体内过程显著为羧基化能力和羧基化受体分子核酮糖-1,5-二磷酸(RUBP)的再生能力所共同限制。C3 农作物的羧基化能力由 RUBP 羧化酶/加氧酶(Rubisco)的活性决定,Rubisco 占了叶子可溶性蛋白总量的 50%,因而是地球上丰度最高的蛋白质。Rubisco 既能催化 RUBP 的羧基化也能催化其的氧化,一旦后者发生,便会形成二碳化合物磷酸乙醇酸(PGCA)。植物通过一条复杂的途径代谢这种二碳氧化产物,涉及过氧化物酶体和线粒体再生磷酸甘油酸(PGA)。PGA 是卡尔文循环中的一个 C3 中间物,但它在此处的生成会损失一分子的 $CO_2$ 并消耗产自光反应的宝贵的还原力和磷酸化力。这一消耗 $O_2$ 并释放 $CO_2$ 的过程称为光呼吸(图 8-22),是对净光合作用效率施加的严厉惩罚,且随着温度的升高而增强,因为 Rubisco 对 $CO_2$ 底物的特异性随着温度的提高而降低。光呼吸的代价相当高,在寒冷或炎热气候下因光呼吸所造成的损失分别可达 30% 或 50% 以上。利用转基因技术有望衰减甚至消除光呼吸的途径包括:

(1)工程化提升 Rubisco 的羧基化催化活性。为了反抗光呼吸,植物中的 Rubisco 似乎已进化得对 $CO_2$ 更特异,但这种高特异性是以牺牲催化反应速度为代价获得的。的确,植物版 Rubisco 的催化速率是任何酶促反应中最慢的,大约每秒每活性位点平均仅催化 3.7 底物分子(典型的酶分子 1 s 可催化 1000 个底物分子)。因而,现代版的 Rubisco 代表了 $CO_2$ 底物特异性与催化速率之间的一种妥协。然而,这种妥协似乎是为 100 多年前大气中低一倍的 $CO_2$ 浓度优化的。农作物叶冠的计算机仿真显示,能适应当今大气高 $CO_2$ 浓度的 Rubisco 基因工程优化需要更高的催化速率,甚至需要牺牲其 $CO_2$ 特异性为代价,这样才能在 Rubisco 总量不变的前提下使叶冠光合作用的碳获得量增加 30%。例如,将蓝细菌细长聚球藻(*Synechococcus elongatus*)PCC7942 株 Rubisco(Se7942 酶)大小亚基的编码基因置换烟草叶绿体内的 Rubisco 大亚基编码基因,同时引入 Se7942 酶装配型分子伴侣 RbcX 或羧酶体内部蛋白 CcmM35 编码基因,在转基因烟草的叶绿体基质中形成三亚基样的工程酶。结果显示,两株转基因烟草(Se7942 酶-RbcX 和 Se7942 酶-CcmM35)均比对照株呈更高的 $CO_2$ 固定速率。

(2)工程化模拟 C4 植物 $CO_2$ 浓缩机制。由于 $CO_2$ 是 Rubisco 氧化反应的一种竞争性抑制剂,因此任何能在 Rubisco 酶分子处浓缩 $CO_2$ 的机制或装置均可有效抑制光呼吸。例如,C4 植物在其独立进化过程中,将 Rubisco 分隔在一种为叶脉围绕的内层绿色维管束鞘中。$CO_2$ 首先在外层光合组织或叶肉中以磷酸烯醇式丙酮酸(PEP)羧基化的形式被捕获,形成一种 C4 二羧酸,然后这种 C4 化合物转入内层维管束鞘,并在里面释放 $CO_2$ 和丙酮酸,后者穿梭返回外层组织,构成 PEP 固碳循环。C4 化合物的 PEP 循环实质上是一种光能驱动的

$CO_2$ 浓缩机制，在大多数情况下，该浓缩机制所需的额外能量要小于光呼吸损耗的能量，因而能在很大程度上消除光呼吸效应。由此可见，提升 C3 农作物小麦和水稻光合效率的一种策略是将之转换成 C4 植物，包括导入 C4 光合作用的基因。

（3）工程化导入光合细菌 $CO_2$ 浓缩机制。蓝细菌采用一种不同的机制在 Rubisco 处浓缩 $CO_2$：它们能主动吸收碳酸氢盐进入细胞，而 Rubisco 和碳酸酐酶均位于被称为羧酶体的二十面体蛋白外壳内。其中，碳酸酐酶催化碳酸氢盐释放 $CO_2$，并在 Rubisco 周围将 $CO_2$ 浓缩到足以使氧化反应和光呼吸最低化的水平。这种机制似乎要比将 C3 植物转换成 C4 植物更加简单，因为它不需要创建两种不同的光合组织，只需在叶绿体膜上添置碳酸氢盐和 $CO_2$ 泵并在叶绿体内装配羧酶体即可。相关计算机模型显示，添置上述基本组分能使光合作用提升高达 60%。实现这一策略的理想方案是使光合细菌上述组分的编码基因在植物叶绿体内表达，但叶绿体的定向转化（质体工程）迄今为止仅在烟草和土豆等少数植物中获得成功，绝大多数粮食作物难以转化。一种替代的方法是采用细胞核转化程序表达含叶绿体靶向性转移肽和膜转运子的组分。

（4）工程化设计磷酸乙醇酸代谢旁路。降低光呼吸代价的另一种策略是工程化设计一条更高效的加氧酶催化反应产物磷酸乙醇酸的代谢旁路。植物和绿藻使用一条单一的耗能延伸途径以 PGA 的分子形式将磷酸乙醇酸回收进入卡尔文循环（图 8-22）。原核细菌至少拥有三条更为简捷的途径将磷酸乙醇酸转换成 PGA，其中一条途径只涉及三种酶催化步骤，已被工程化导入拟南芥的叶绿体中，并改善了其净光合作用效率。

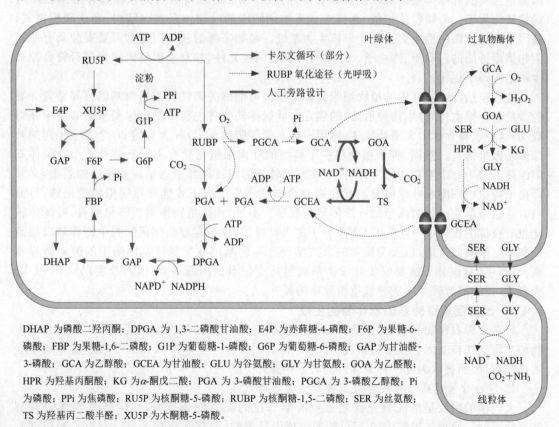

DHAP 为磷酸二羟丙酮；DPGA 为 1,3-二磷酸甘油酸；E4P 为赤藓糖-4-磷酸；F6P 为果糖-6-磷酸；FBP 为果糖-1,6-二磷酸；G1P 为葡萄糖-1-磷酸；G6P 为葡萄糖-6-磷酸；GAP 为甘油醛-3-磷酸；GCA 为乙醇酸；GCEA 为甘油酸；GLU 为谷氨酸；GLY 为甘氨酸；GOA 为乙醛酸；HPR 为羟基丙酮酸；KG 为 α-酮戊二酸；PGA 为 3-磷酸甘油酸；PGCA 为 3-磷酸乙醇酸；Pi 为磷酸；PPi 为焦磷酸；RU5P 为核酮糖-5-磷酸；RUBP 为核酮糖-1,5-二磷酸；SER 为丝氨酸；TS 为羟基丙二酸半醛；XU5P 为木酮糖-5-磷酸。

**图 8-22　C3 植物光合代谢和人工旁路途径设置简图**

表 8-8 总结了目前具有可操作性的改善光合效率的主要策略及其潜在效果。虽然其中有些方法在目前远比其他方法更容易操作，但缺乏足够的实践评判各种方法的优劣。

表 8 - 8　目前具有可操作性的改善 C3 作物光合效率主要策略及其潜在效果

| 遗传操作内容 | 操作类型 | 计算机模拟收益 | 实现时间/年 | 额　外　效　能 |
| --- | --- | --- | --- | --- |
| 将作物的可用广谱扩展至近红外 | 叶绿体转化 | 10%～30% | 10～30 | 强化 C3 第三项/C4 第十项改造效果 |
| 促进 PSII 更快速散热 | 细胞核转化 | 30% | 1～5 | 伴有所有其他改变,C4 也适用 |
| 将 C3 作物转换成 C4 植物 | 细胞核转化 | 30% | 10～30 | 改善水利用和氮利用效率 |
| 导入蓝细菌或微藻的 CO2/HCO3 泵 | 细胞核转化 | 5%～10% | 5～10 | 改善水利用和氮利用效率 |
| 导入蓝细菌羧酶体系统 | 叶绿体转化 | 60% | 10～30 | 改善水利用和氮利用效率 |
| 导入藻类淀粉核 CO2 浓缩系统 | 叶绿体转化 | 60% | 10～30 | 改善水利用和氮利用效率 |
| 使用更适应现代 CO2 浓度的 Rubisco | 叶绿体转化 | 15%～30% | 10～30 | 改善水利用和氮利用效率 |
| 搭建光呼吸旁路 | 细胞核转化 | 15% | 1～5 | 改善水利用和氮利用效率 |
| 优化 RUBP 再生 | 细胞核转化 | 60% | 1～5 | 伴有所有其他改变,C4 也适用 |
| 将更多的光传递给低冠作物 | 细胞核转化 | 15%～60% | 1～5 | 伴有第一和第三项改造效果改善水利用效率,C4 也适用 |

**4. 靶向叶绿体基因组的质体工程**

所有真核藻类和有胚植物(包括苔藓植物、蕨类植物、种子植物)中的叶绿体起源于 15 亿年前一次偶然的蓝细菌吸收和内共生事件,在随后漫长的演化过程中,蓝细菌基因组中数千个基因或丢失或移至宿主植物核基因组中,只剩下约 100～250 个主要编码光合系统和基因表达工具的叶绿体基因组。这意味着,针对农作物光合系统进行的基因操作必须依靠叶绿体转化程序。与线粒体相似,真核光合生物细胞中的叶绿体在基因结构、表达调控模式、基因重组等方面的性质更接近于原核生物系统。植物来源的转基因通常需要安装具有原核生物典型特征的启动子、终止子、SD 序列等表达调控元件,并对基因编码序列进行符合原核生物的密码子优化。

使得包括叶绿体在内的植物细胞器转化成为可能的关键性突破是由基因枪等装置介导的微粒轰击技术(亦称生物弹射法)的建立。叶绿体转化首先在单细胞绿藻莱茵衣藻中获得成功,这种衣藻含单个大型叶绿体(体积占据衣藻细胞的一半)并含有约 80 个完全相同的叶绿体基因组拷贝。然而,种子植物仅一个典型的叶肉细胞便拥有 1 000～2 000 个叶绿体基因组拷贝和 100 个左右的叶绿体,进入细胞的转基因因被稀释很难呈现其相应的表型,必须严格依赖植物细胞和叶绿体复制并在强有力的选择性压力下才能获得期望的转化株,目前只有普通烟草获得相对满意的叶绿体转化效率。不过,相比植物细胞核转化而言,叶绿体转化也有独特的优势:一旦重组 DNA 分子进入叶绿体,便像在原核细菌细胞中那样能以很高的频率发生同源重组,以极为简单的方式实现外源转基因在叶绿体基因组中的位点特异性整合;当然,重组分子需要安装叶绿体基因组特点位点的同源序列,但其长度以 0.5～1 kb 为宜,多长的同源臂并不能导致重组效率的提升。

## 8.4.4　改善品质型转基因农作物的生成

旨在改善农作物品质(如保质期延长或营养更丰富)的转基因操作起步迟于生物和非生物胁迫耐受性转基因。在多数情况下,这种转基因操作并非解决农业生产的产量和成本等主要问题,因而被认为是一种奢侈性的转基因操作。

**1. 淀粉含量提高而甲烷释放量减少的转基因水稻**

大气中的甲烷是继二氧化碳之后位居第二位的温室气体成分,对全球气候变暖具有 20% 的贡献。而大气甲烷中的 17% 却是由稻田释放的,温热水淹性土壤以及由水稻根部发出的营养组分为稻田中的甲烷生成提高了理想条件。据估测,全球稻田每年甲烷的散发量高达一亿吨,因而迫切需要创建有效的技术在提高水稻产量的同时减少甲烷的散发量。大麦糖信号转导蛋白 2(SUSIBA2)是一种植物特异性的 WRKY 家族转录调控因子,能识别并结合含糖应答元件 SURE 元件和 W 盒的启动子/增强子,并调控糖诱导型基因的表达,因而介导糖源库之间的通信。SUSIBA2 的高表达能提升库强度(植物组织吸收碳水化合物的能力)和淀粉的生物合成速率,而其在种子和茎部的过表达能提升水稻地面组织的库强度,促进光合作用产物优先向地面生物质而非根部的分配。这种光合作用产物分配格局的改变导致转基因水稻种子和茎部生物质和淀粉含量的提高,同时又能通过降低根部散发碳源成分而减少甲烷的生成。

以大麦种子和茎部特异性基因 $HvSBEIIb$ 所属的糖诱导型启动子 $P_{HvSBEIIb}$ 介导大麦 SUSIBA2 编码基因 $HvSUSIBA2$ 表达,在 Ti 二元整合型载体 pCAMBIA1301 上构建 $P_{HvSBEIIb}::HvSUSIBA2$ 表达盒(图 8-23),并转化根瘤农杆菌。重组农杆菌通过与水稻盾片愈伤组织共培养而转化水稻细胞。由此再生出的一株稳定的转基因纯合型 SUSIBA2-77 水稻在光合产物(糖)诱导下过表达 SUSIBA2,后者刺激其靶基因的糖诱导型转录激活,进而导致种子和茎部库强度提升;而糖在种子和茎部中的富集进一步激活 $P_{HvSBEIIb}::HvSUSIBA2$ 表达盒,从而形成雪球效应式的正反馈。在中国进行的三年大田试验证明,SUSIBA2-77 型转基因水稻在

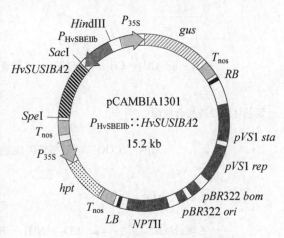

图 8-23　含 $HvSUSIBA2$ 转基因表达盒的 pCAMBIA1301 重组二元载体图谱

开花前和开花后的甲烷散发水平分别为对照株的 10% 和 0.3%,根系尺寸显著减小;而且穗大米粒饱满,其淀粉含量由对照株的 76.7% 提高到 86.9%。

**2. 富含必需营养成分的转基因水稻**

据统计,全世界至少有 30 亿人以大米为主食,水稻作为主粮的一个严重缺陷是很多重要的维生素和营养元素(如铁等)含量低于临界值,而稻谷脱壳加工更使营养成分大量流失。另外,全球约有 1 亿人患不同程度的缺铁性贫血,3 亿人呈不同程度的维生素 A 缺乏,仅发展中国家每年就有 70 万儿童因维生素 A 缺乏而夭折,另有 30 万儿童致盲。所谓的黄金大米便出自高产维生素 A 前体物质 $\beta$-胡萝卜素的转基因水稻。最初版的黄金大米使用的是来自水仙花的八氢番茄红素合成酶编码基因($psy$)和噬夏孢欧文氏菌($Erwinia\ uredovora$)的 $\zeta$-胡萝卜素去饱和酶编码基因($crtI$),每克大米仅产 1.6 $\mu g\ \beta$-胡萝卜素,达不到用作食品强化剂的标准。2005 年的新版黄金水稻则选用来自玉米的 $psy$ 构建,使得 $\beta$-胡萝卜素的含量提高了 22 倍,而且人体试验证明其具有安全性。

另外,水稻也是所有主粮中含铁量最低的。采用经典植物育种技术只能使杂交水稻的铁含量提高一倍。为了进一步提高稻米中的铁含量,转基因水稻使用来自大豆芽中的烟酰胺合成酶(该酶能提高铁离子在植物体内的运输效能)和铁蛋白(该蛋白系帮助植物从环境中吸取铁离子的储藏蛋白)编码基因。五年的大田试验取得了颇有希望的结果:这种转基因水稻的铁含量高达 15 mg/kg(精加工过的大米含铁量最高为 4 mg/kg),且不影响稻米的产量和质量。吃一顿这种富铁米饭,摄入的铁质相当于成人每天需铁量的一大半。新的计划是构建具有复合型营养成分的转基因水稻,如产 $\beta$-胡萝卜素且含铁量高或者同时产 $\beta$-胡萝卜素和维生素 $B_6$。

**3. 耐长期储藏的转基因水果或蔬菜**

水果和蔬菜成熟后,其组织呼吸速度和乙烯合成速度普遍加快,并迅速导致果实皱缩和

腐烂。控制蔬菜水果细胞中乙烯合成的速度,能有效延长其成熟状态及存放期,为长途运输提供有利条件,因而具有显著的经济价值。

植物细胞中的乙烯由 $S$-腺苷甲硫氨酸经氨基环丙烷羧酸合成酶 ACC 和乙烯合成酶 EFE 催化裂解而成(图 8-24)。采用反义 RNA 技术衰减番茄细胞中上述两个酶编码基因的表达,由此构建出的转基因番茄的乙烯合成量分别仅为对照株的 3% 和 0.5%,保质期显著延长。类似的研究已经扩展到了草莓、苹果、香蕉、芒果、甜瓜、桃子、生梨等多种水果。

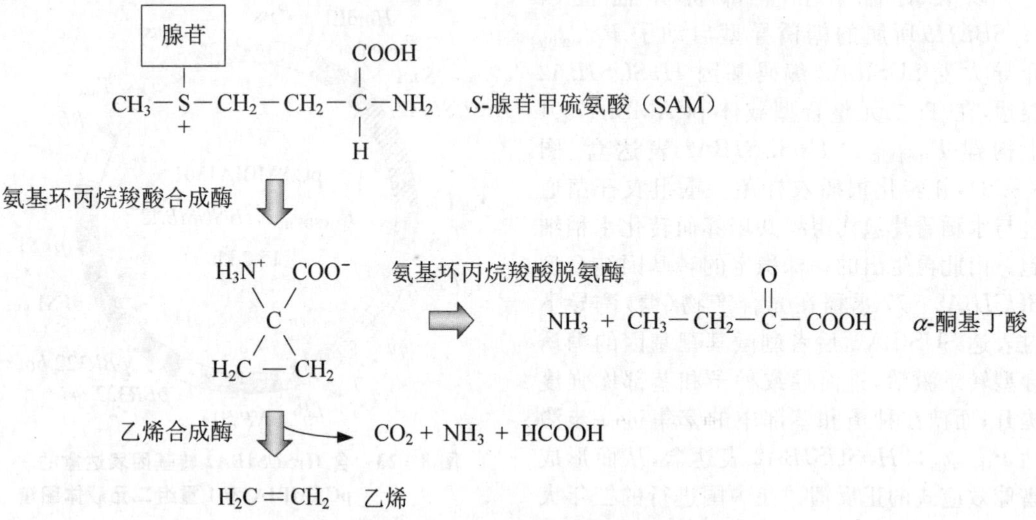

图 8-24 植物细胞中的乙烯生物合成途径

另外,植物成熟果实细胞中往往会表达大量的半乳糖醛酸酶(PG),它能水解果胶而溶解植物的细胞壁结构,使成熟果实易于损伤。因此,降低细胞中 PG 的合成速度也能有效防止果实的过早腐烂,根据这一原理可构建保质期较长的转基因植物。具体做法是:将 PG cDNA 的 5′端区域反向接在 CaMV 启动子 $P_{35S}$ 的下游,构成表达 PG 反义 RNA 的基因,并与大肠杆菌/根瘤农杆菌 Ti 穿梭质粒重组,重组分子由根瘤农杆菌介导转化番茄细胞(图 8-5)。这种转基因番茄能大量表达 PG 的反义 RNA,有效阻断番茄细胞内 PG 的生物合成,其货架存放期也显著延长,成为第一个上市的转基因农作物。

4. 产优良棉纤维的转基因棉花

棉属植物(*Gossypium*)包含约 50 个种,但只有 4 个种可用于纺织的棉纤维而被商业化种植。其中,木本棉(*Gossypium arboreum*)和草本棉(*Gossypium herbaceum*)两个种属于起源于亚洲的二倍体(AA);而陆地棉(*Gossypium hirsutum*)和海岛棉(*Gossypium barbadense*)两个种起源于美洲,属于由草本棉或类似于美洲二倍体种(DD)雷蒙德氏棉(*Gossypium raimondii*)的另一种棉花祖先经染色体多倍化所形成的四倍体(AADD)。这些种的棉纤维长度从短到长依次为雷蒙德氏棉、夏威夷棉(*Gossypium tomentosum*,AADD)、木本棉、陆地棉、海岛棉。

高质量的棉花基因组测序已鉴定出数百个与数十种棉花性能相关的基因。棉纤维是一种独特的单细胞型毛状体,其发育颇为复杂,涉及大量作用于棉纤维启动、延长、纤维素生物合成、成熟四个阶段的基因。棉花子房(圆荚)内含有 25~30 个胚珠(卵细胞),每个胚珠能支撑 13 000~21 000 个单细胞型毛状体的发育,并最终形成棉纤维。胞间连丝(植物细胞之间的联结通道)的闭合在棉纤维细胞的延长中起着重要作用;而胞间连丝的开启和关闭又分别涉及愈伤葡聚糖的降解和沉积。

棉纤维的改良涉及几大特征诸如量度(产量)、纯度(皮棉与籽棉之比,即衣分率)、细度、强度、长度。植物激素如生长素和细胞分裂素控制植物的发育,在棉纤维细胞中操纵这些激素的水平能改造棉纤维的启动和发育阶段。例如,在胚珠表皮中增加生长素的量能促进棉纤维的启动过程从而提高产量。基因 iaaM 编码将色氨酸转换成 3-吲哚乙酰胺的酶,3-吲哚乙酰胺的水解生成 3-吲哚乙酸。采用花结合蛋白 7(FBP7)编码基因所属启动子介导 iaaM 在胚珠表皮中组织特异性表达,能使每颗棉籽的成熟棉纤维数增加 40%,且对棉纤维的细度和强度没有负面影响。液泡型 $H^+$ 焦磷酸酶不仅维持细胞内的 pH,而且还参与生长素在植物体内的运输。拟南芥液泡型 $H^+$ 焦磷酸酶编码基因 AVP1 在棉花中的过表达不仅能改善其耐旱和耐盐性能,而且还能在干旱条件下使棉花产量提高 20%,归因于转基因棉花植株营养和水分利用效率的改善。

发育中的棉纤维细胞往往经历基因表达谱的显著改变,操纵这些基因的表达水平也能显著改善棉纤维的产量和质量。例如,木葡聚糖内糖基转移酶/水解酶(XTH)参与 I 型细胞壁半纤维素基质构成组分木葡聚糖的裂解及其裂解产物还原端与其他木葡聚糖分子非还原端之间的重新连接,允许纤维素型微纤维相互靠近,细胞得以迅速扩展。在棉纤维延长期间,细胞壁的可扩展性是必需的。在棉花中过表达陆地棉的木葡聚糖内糖基转移酶/水解酶编码基因 GhXTH1 可使棉纤维长度增长 16%,且对棉纤维其他质量指标没有影响。棉纤维细胞的延伸需要积聚膨压和纤维素(棉纤维的主要成分)。蔗糖合成酶能提供葡萄糖和果糖,这两种单糖在提高细胞渗透压同时也是纤维素合成的主要原料。研究表明,过表达蔗糖合成酶能提高棉花产量和棉纤维的长度。此外,在延伸着的棉纤维细胞中,液泡转化酶(VIN)的活性往往提高 4~5 倍,其编码基因过表达也能增长棉纤维的长度。

### 5. 改变花型花色的转基因观赏植物

全世界每年花卉产业的产值高达上百亿美元,采用插花工艺装饰花束和花篮需要培育各种花卉植物。目前构建具有不同花型和花色特征的转基因观赏植物已成为可能,有关研究工作主要集中在世界最大的花卉出口国荷兰。

花卉的颜色由花冠中的色素组成成分决定。大多数花卉的色素为黄酮类物质,由苯丙氨酸通过一系列的酶促反应合成,而颜色主要取决于色素分子侧链取代基团的性质和结构,如花青素衍生物呈红色,翠雀素衍生物呈蓝色等。在黄酮类色素的生物合成途径中,苯基苯乙烯酮合成酶(CHS)是一个关键酶。利用反义 RNA 技术可有效抑制矮牵牛花属植物细胞内的 CHS 基因表达,使转基因植物花冠的颜色由野生型的紫红色变成白色,而且对 CHS 基因表达抑制程度的差异还可产生一系列中间类型的花色。相同的操作程序也可使野生型烟草花冠的桃红色转变为白色。天然的玫瑰没有蓝色的花冠,因为蔷薇科植物缺少合成蓝色色素的关键酶 3,5-羟氧化酶,将来自矮牵牛花的 3,5-羟氧化酶编码基因引入蔷薇科植物体内,并置于 CHS 基因所属启动子的控制之下,可望培育出蓝色的转基因玫瑰花。

植物激素在控制花朵形状和大小表型中起着重要的作用。例如,细胞分裂素与植物生长素的比值决定植株包括花的形状。相关研究表明,异位同型基因表达的加强或减弱均会改变花的大小和形状,而且这些基因的表达时序直接影响植物的花期。异位同型基因控制花形的过程十分保守,几乎在所有观赏花卉中都相似,这就为利用转基因技术改变花形和花期提供了有利条件。随着人们对拟南芥和矮牵牛中异位同型基因调控表达机制的深入了解,相信在不远的将来便可培育出人工控制花形和花期的转基因型观赏植物。

### 6. 具有其他优良品质的转基因植物

淀粉由直链分子和支链分子组成,淀粉的质量与其组成有关,植物细胞内的淀粉合成酶(GBSS)和分支酶(BE)分别控制直链淀粉和支链淀粉的合成。淀粉不同的用途对其性质的要求也不同,工业上一般需要直链成分尽可能少的淀粉。将内源型或外源型 GBSS 反义基因导入马铃薯中,能使其 GBSS 活性衰减一半,而 GBSS 表达的完全抑制可在淀粉总量不变的前提下获得不含直链成分的工业用淀粉。此外,将来自大肠杆菌的另一个淀粉合成相关基因 $glgCl6$(编码 ADP-葡萄糖焦磷酸酶)导入马铃薯中,转基因马铃薯块茎的淀粉含量提高 20%～30%,而且薯块的低温糖化效应明显减轻,便于储藏和运输,加工品质提高,炸薯条成色更好。类似地,$glgCl6$ 转基因型番茄的果实固形物含量也相应提高,风味得以改善。

植物油大都是含有双键的不饱和脂肪酸,故在室温下呈液态。人造黄油的制作是通过催化加氢使植物油熔点上升,这种工艺不但加工成本很高,而且还会使顺式双键转变为对健康不利的反式双键。利用反义 RNA 技术特异性灭活植物体内硬脂酰-ACP 脱饱和酶的表达,可提高转基因油料作物中饱和脂肪酸的含量。

一般粮食种子的储存蛋白中几种必需氨基酸的含量较低,例如禾谷类蛋白的赖氨酸含量低,豆类植物的甲硫氨酸和半胱氨酸含量低,直接影响到人类主食的营养价值。将蚕豆中一种富含赖氨酸和甲硫氨酸的蛋白编码基因植入玉米、马铃薯和水稻中,可显著提高这些粮食作物的营养价值。

莫内林是一种西非灌木植物合成的甜味蛋白,其甜度为蔗糖的 10 万倍,整个分子由非共价键相连的 A 链和 B 链组成,两条链分开后甜味即消失,因此将其用作食品添加剂受到很大限制。然而,根据 A 和 B 两条链的氨基酸序列人工设计一个合成型融合基因,转入番茄和生菜中表达出 A 和 B 共处一条多肽链的重组产物,上述难题便迎刃而解。

### 8.4.5 转基因农作物的安全性

据统计,从 1996 到 2012 年的 17 年间,全球转基因农作物的种植面积增长了大约 80 倍,平均每年以 1 000 多万公顷的速度递增;种植转基因农作物的国家也由 1996 年的 6 个增加到 2012 年的 28 个。与此同时,转基因植物的安全性也引起各国政府和消费者的高度关注。

所谓转基因植物的安全性主要指环境安全性和食用安全性两个方面。专业人士更关注的是环境安全性,包括导入植物的外源基因和标记基因是否会扩散;生物多样性是否会遭到破坏;作物、杂草、害虫的进化程度是否会发生改变等问题。而普通人群急于想了解的则是转基因粮食作物中的外源基因或标记基因是否存在潜在的毒副作用。

自植物转基因技术问世的 30 多年来,科学家们一直在对转基因植物的安全性问题进行全方位的系统研究和探索,有关国际或区域组织也通过各种协议和法规规范转基因植物的安全性开发和应用。例如有关协议规定:① 外源 DNA 的导入不能影响生物类群;② 外源 DNA 不会向其他物种转移;③ 宿主不会因外源 DNA 的导入而产生农田杂草化的趋势;④ 外源 DNA 的表达产物不具毒性。就理论和技术层面而言,目前上市的转基因产品都能满足上述条件,因此在有限的时间间隔内转基因植物是安全的。这里所强调的“有限时间间隔”包括两层含义:① 转基因植物的危害性如果存在的话,或许需要相当长时间的积累才会显现;② 转基因植物的危害性机理或许超出了人们目前对生命科学的认知范围。如果满足上述任何一种情况,那么质疑转基因植物的安全性并非杞人忧天,更非无知之举。目前,转基因粮食作物的生成倾向于采取同源转基因甚至顺式转基因策略,原因就在于此。

## 8.5 利用转基因植物或细胞生产重组异源蛋白和工业原料

高等植物基因工程的主要内容之一是以转基因植物作为生物反应器合成具有经济价值的重组异源蛋白和工业原料,包括蛋白多肽药物、食品饲料添加剂、工业用酶及原料等。与其他生物表达平台相比,植物生物反应器具有如下优势:① 植物适合大面积种植,农田管理操作技术相对简单,生产成本低廉;② 植物具有完整的真核表达修饰系统,能有效折叠并维系重组异源蛋白的空间结构;③ 绝大多数植物及其表达系统不含人类或牲畜病原体或毒性化合物,安全可靠。因此,植物生物反应器已成为当前用于生产诊断试剂和重组口服疫苗的热点。表 8-9 总结了植物表达系统与其他几种表达系统多项性能的比较。

表 8-9　各种主要生物反应器的性能比较

| 性　能 | 细　菌 | 酵　母 | 昆　虫 | 动物细胞 | 转基因动物 | 转基因植物 |
|---|---|---|---|---|---|---|
| 理论生产水平 | +++++ | ++++ | +++ |  | +++++ | +++++ |
| 实际生产水平 | ++± | ++± | + | + | ++++ | ++ |
| 投资优势 | +++++ | +++++ | +·+ | + | +++ | ++++ |
| 生产成本优势 | +++++ | +++++ | ++ | ++ | +++ | +++++ |
| 操作可塑性 | +++++ | +++++ | ++ | + | +++ | +++ |
| 细胞系保守性 | +++++ | +++++ | +++ |  | +++ | +++ |
| 细胞系稳定性 | +++++ | +++++ | +++ |  | +++ | +++ |
| 生产历史 | +++++ | +++++ |  | +++++ | +++ | ++ |
| 规模可放大性 | +++++ | +++++ | +++ | ++ | +++ | +++++ |
| 材料可收集性 | +++++ | +++++ | +++ | ++ | +++ | +++++ |
| 对生物影响 | +++± | +++± | +++± |  | ++ | +++± |
| 翻译后修饰能力 | + | ++ | +++ |  | +++ | +++ |
| 糖基化能力 | + | ++ | +++ |  | +++ | ++ |
| 产物稳定性 | +++ | +++ | +++ |  | +++ | +++ |
| 产物纯化简便性 | +++ | +++ | +++ |  | ++ | +++ |
| 病原体污染安全性 | +++++ | +++++ | +++ |  | +++++ | +++++ |
| 知识产权 | +++ | +++ | ++ | ++ | +++ | +++ |
| 产品市场化程度 | ++++ | +++ | ++ | +++++ | +++ | +++ |

注:"±"表示程度低于"+"。

　　然而,限制植物生物反应器大规模应用的因素也很多,其中最主要的是重组异源蛋白在植物细胞内的表达量普遍偏低,在很多情形中即便采用强组成型启动子(如 CaMV $P_{35S}$),每克植物新鲜组织中重组蛋白的表达量也仅有几十微克。此外,但由植物生产的糖蛋白不含末端唾液酸单位,且在糖基侧链上含有木糖,后者在人体内会诱发有害的免疫应答反应。最后,当转基因植物在农田中大规模种植时,重组异源蛋白作为抗原有可能发生不可控的传播,而低水平的这些重组抗原会诱导人体形成免疫耐受性或不期望的基底疫苗接种效应。

### 8.5.1　植物生物反应器的构建策略

　　目前,旨在表达重组异源蛋白的转基因植物生物反应器构建策略主要包括细胞核转化、叶绿体转化以及植物病毒介导型瞬时转染/表达三种方式,三者拥有各自的特征和适用范围。

　　1. 基于细胞核转化的植物反应器构建

　　植物的细胞核转化是建立最早也是应用最广泛的植物反应器构建技术,其特征是目的基因随机插入植物细胞的核基因组中,因而能获得遗传和表达均较稳定的植物反应器(即转基因植株)。根据所使用启动子类型不同,重组异源蛋白在植物各种组织/器官中的表达水平呈显著差异,一般以种子作为表达器官最为理想。叶子虽然来源丰富,但重组蛋白的分离纯化工序复杂,因为叶子中存在丰富的内源性蛋白酶系统和人体不能耐受的多酚类物质。将重组异源蛋白的表达限定在内质网中可有效提升植物反应器的表达效能,例如采用小麦控制籽粒硬度的主效基因所属启动子、水稻谷蛋白编码基因所属启动子以及内质网定位信号序列构建目的基因表达盒,可使重组人溶菌酶在稻粒生物反应器中的表达量达到 9 mg/g(干重),相当于种子总可溶性蛋白的 80%,此为种子生物反应器表达重组异源蛋白的最高纪录。

　　2. 基于叶绿体转化的植物反应器构建

　　叶绿体转化策略系将目的基因以同源重组的方式定点整合到叶绿体基因组中,植物细胞内叶绿体基因组的高拷贝决定其潜在的较高表达水平。例如,将细菌破伤风毒素无毒型 C 片段编码序列整合至烟草叶绿体基因组中,表达量可达到总可溶性蛋白的 10%～25%。动物实验表明,这种由烟草叶子生物反应器表达的重组破伤风疫苗在小鼠体内能有效形成针对伤风毒素的免疫应答。类似地,将霍乱毒素的 B 亚基编码序列分别与疟原虫的两个表面蛋白编码基因融合,所构建的烟草和生菜重组叶绿体表达两种双功能疫苗的水平分别为 10% 和 13% 以及 6.1% 和 7.3%(占总可溶性蛋白的比例)。如果能提高目的基因表达盒在更多叶绿体基因组中的重组频率,则叶绿体转化系统的表达水平和遗传稳定性必将得到更大程度的改善。值得注意的是,由于叶绿体内的基因表达环境类似于原核生物,所表达的重组蛋白难以形成复杂空间结构,也不能进行翻译后加工修饰,因而仅限于表达结构简单的蛋白多肽如抗菌或抗病毒亚基型疫苗和生长激素等。

3. 基于植物病毒瞬时转染的植物反应器构建

植物瞬时表达系统主要基于植物病毒载体将目的基因表达盒导入植物细胞,使之随病毒基因组复制、增殖和扩散而得以短期快速表达,其优势是在提高表达速度和表达水平的同时大幅度缩短构建开发的时间并降低成本。用于构建瞬时表达型植物反应器的病毒载体包括 TMV、PVX 以及苜蓿花叶病毒(AMV)等。第一代植物瞬时表达系统以病毒的完整基因组作为载体,将目的基因插在病毒基因组某个启动子的下游形成表达载体,然后通过重组病毒接种方式转染目标植物。α-半乳糖苷酶、α-淀粉酶以及抗 HIV 的高氏红藻蛋白(Griffithsin,GRFT)等均采用植物瞬时表达系统获得成功表达。第二代植物瞬时表达系统在不影响基因表达效率的前提下大幅度缩短载体中的病毒基因组长度,不仅能提高目的基因表达盒的装载容量,而且也能在一定程度上降低病毒蛋白的含量。例如,同时采用 TMV 和 PVX 两种第二代病毒载体转染烟草,在两周时间便可获得 5 mg/g(鲜重)的一种抗淋巴瘤的重组疫苗。临床试验结果显示,这种重组疫苗与采用杂交瘤技术制备的疫苗具有等价的生物效应。

4. 植物反应器糖基化修饰途径的人源化改造

植物糖蛋白寡糖链的五糖核心结构拥有特征性的 $\alpha$-1,3-岩藻糖和 $\beta$-1,2-木糖单位;而哺乳动物糖蛋白寡糖链的核心结构则携带 $\alpha$-1,6-岩藻糖但无木糖单位,而且在寡糖链末端连有 $\beta$-1,4-半乳糖和唾液酸单位(图 8-25)。相关研究显示,植物糖蛋白上特有的 $\alpha$-1,3-岩藻糖和 $\beta$-1,2-木糖单位能与人体中的免疫球蛋白 IgE 特异性结合并引发过敏反应;而且人群中约有一半的血清里存在抗 $\alpha$-1,3-岩藻糖和 $\beta$-1,2-木糖抗体,这些抗体能很快清除注入机体内的植物型重组药物蛋白。为了解决这些糖基化不相容问题,可借助转基因技术衰减相关糖基转移酶的表达甚至敲除其编码基因。然而,基于 RNAi 的基因沉

高等植物糖蛋白的典型糖基侧链      哺乳动物糖蛋白的典型糖基侧链

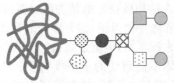 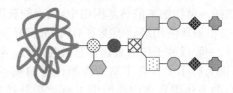

| | | | |
|---|---|---|---|
| ⊙ $\beta$-1, N-乙酰葡萄糖胺 | ▨ $\alpha$-1, 3-甘露糖 | ⊙ $\alpha$-1, 3-岩藻糖 | ◈ $\beta$-1, 4-半乳糖 |
| ● $\beta$-1, 4-乙酰葡萄糖胺 | ⊠ $\beta$-1, 4-甘露糖 | ⬡ $\alpha$-1, 6-岩藻糖 | ⬡ $\alpha$-2, 6-唾液酸 |
| ● $\beta$-1, 2-乙酰葡萄糖胺 | ■ $\alpha$-1, 6-甘露糖 | ▲ $\beta$-1, 2-木糖 | |

图 8-25 高等植物与哺乳动物的糖蛋白糖基侧链结构比较

默效果在不同种类的植物中呈现显著差异：水生植物浮萍（*Lemna minor*）基因沉默效果良好，但紫花苜蓿（*Medicago sativa*）和本氏烟草中的岩藻糖和木糖转移酶的表达往往难以呈完全沉默，部分表达的重组药物蛋白中仍然能够检测到植物特征型的糖单位。不过，在 $\alpha$-1,3-岩藻糖和 $\beta$-1,2-木糖两种糖基转移酶编码基因均缺陷的烟草突变株中采用瞬时转化技术进一步导入了 6 个与唾液酸化相关的基因，便能成功表达出含有末端唾液酸单位的重组抗体 2G12，这种转基因烟草为解决植物表达型重组药物蛋白的致敏性和稳定性问题提供了一个新的表达平台。

### 8.5.2　利用植物生物反应器生产医用蛋白

利用哺乳动物细胞生产重组蛋白药物极其昂贵，而以转基因植物作为生物反应器，有望在农田里廉价收获大量的重组蛋白药物。目前这项技术已转成商业化应用，包括由转基因玉米、水稻和拟南芥生产的重组抗生物素蛋白、$\beta$-葡萄糖醛酸酶、胰蛋白酶、乳铁蛋白、溶菌酶、抑肽酶、脂肪酶、生长激素等；另有更多的重组疫苗以及单克隆抗体正处于临床试验期。这些重组医用蛋白既可从转基因植物中直接提纯制成药物，有些甚至可以表达在种子或果实里供人或牲畜直接食用，如产重组疫苗或单克隆抗体的转基因番茄等。

1. 利用转基因植物反应器生产重组抗体

借助于根瘤农杆菌介导的转化系统，将小鼠抗体的轻链和重链编码基因分别置于两种烟草中表达，然后将获得的两株转基因品系进行杂交，产生的子代转基因烟草能同时合成小鼠的轻链和重链两种多肽。从这种转基因烟草的叶子里可检测到完整的抗体分子，含量为叶肉细胞蛋白总量的 1.5%（图 8-26）。研究表明，植物细胞的蛋白分泌系统能有效识别小鼠抗体前体的信号肽序列。在另一项研究中，小鼠抗体单链可变区（scFv）G4 编码序列与内质网定位信号、菜豆（*Phaseolus vulgaris*）种子储藏蛋白编码基因（*arc5-I*）所属的 5′ 和 3′ UTR 部分序列融合，并由菜豆球蛋白编码基因所属启动子 $P_{\beta\text{-phaseolin}}$ 介导获得高效表达。其中，转基因纯合子拟南芥的种子中表达量最高，可达到总可溶性蛋白的 36.5%，而由 CaMV $P_{35S}$ 启动子驱动表达的重组 scFvG4 仅为 1%，由此可见在转基因植物反应器构建中，启动子的合理选择非常关键。

2. 利用转基因植物反应器生产重组药物

高氏红藻蛋白（GRFT）是一种抗逆转录病毒因子，能与 HIV 外膜上的糖蛋白结合并抑制其在宿主细胞间的传播。在 TMV 壳蛋白亚基因组启动子的介导下，转基因本氏烟草表达重组 GRFT 的水平可达到 1 mg/g（鲜重）。免疫学实验结果表明，这种植物反应器表达的重组 GRFT 与天然的藻红蛋白有相似的生物学活性。来自一种蓝细菌（*Nostoc ellipsosporum*）的蓝藻抗病毒蛋白（Cyanovirin-N，CV-N）具有与 GRFT 类似的抗 HIV 活性，虽然采用大肠杆菌、巴斯德毕赤酵母、普通烟草、药蜀葵（*Althaea officinalis*）等系统均能成功表达重组 CV-N，但均因表达水平较低而难以大规模开发。大豆蛋白储藏液泡（PSV）是内质网上特异性积累和储存种子蛋白的一种临时细胞器，而 $\beta$-伴大豆球蛋白编码基因所属启动子和信号肽序列则能高效且组织特异性地控制大豆种子储存蛋白中最丰富的 $\beta$-伴大豆球蛋白的积累。研究显示，由上述元件与 CV-N 编码基因构成组织特异性表达盒，并采用微粒轰击法将该表达盒导入大豆中进行 PSV 靶向型表达，可获得 0.35 mg/g（干重）的重组 CV-N，即在 1 500 m² 的温室中可产 1 kg 的重组抗 HIV 药物。更为重要的是，工业上广泛采用的大豆油加工工艺并不影响重组 CV-N 的活性，因而这种转基因大豆可同时生产大豆食用油和重组 CV-N 两种产品，具有较高的大规模开发可行性。

戈谢症（Gausher disease）是一种与帕金森综合征具有类似临床症候群的分子病，由葡糖脑苷脂酶基因突变所致，事实上该基因很可能就是帕金森综合征的一个易感基因。人葡糖脑苷酯酶（hGC）是治疗戈谢症的特效药，可能也称得上当今世界上最昂贵的药物。若采

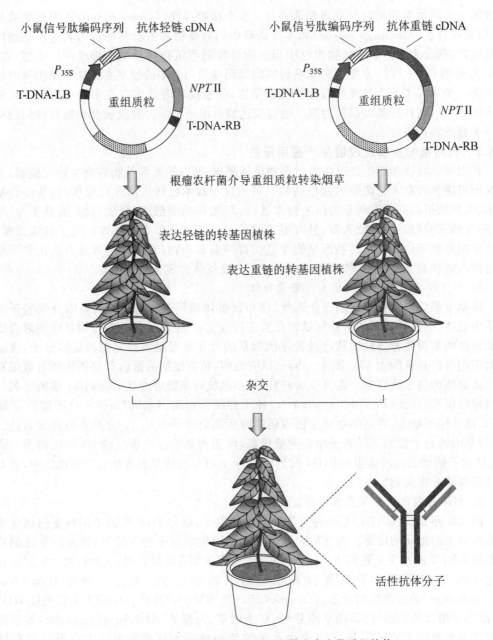

**图 8-26 利用转基因烟草生物反应器生产小鼠重组抗体**

取传统的生物提取工艺进行生产,获得一个剂量的 hGC 要消耗 2 000～8 000 只人类胎盘,因此这种药物一直供不应求。然而,若将 hGC 编码基因经改造后导入烟草中,可从每克这种转基因烟草的新鲜叶片中制备高达 1 mg 的重组 hGC,也就是说,一株转基因烟草足以相当数千只胎盘的 hGC 产量。

### 8.5.3 利用植物生物反应器生产食品或饲料添加剂

$\beta$-胡萝卜素作为食品添加剂可减少某些癌症的发病率。番茄果实中有大量的胡萝卜素前体物质番茄红素,但不产胡萝卜素。从番茄红素转变成 $\beta$-胡萝卜素需要八氢番茄红素合成酶。将该酶编码基因导入番茄或其他农作物中,可培育出高产 $\beta$-胡萝卜素的多种转基因植株并用于保健食品的开发。

果聚糖是果糖的多聚体,可被人体肠道中的微生物发酵,刺激双歧杆菌生长,释放短链脂肪酸进入循环系统,营养保健价值较高。3～6 聚体的果聚糖有甜味,是低能量的助甜剂,有助于降体重,因此国际上果聚糖的销售量很大。将果糖基转移酶编码基因导入烟草和马铃薯细胞内,在获得的转基因植株中,果聚糖含量高达 8%(干重)以上,具有良好的开发前景。

在许多植物的种子中,磷元素主要是以肌醇-6-磷酸(即植酸)的形式存在。单胃动物如猪和家禽几乎不能利用这些磷元素,因此必须在饲料中添加无机磷以满足动物营养的需要。在饲料中添加植酸酶则可以提高动物对植酸磷元素的利用率,减少动物粪便中的磷酸盐含量,改善畜牧业发达地区磷酸盐富集化污染的程度,并节省无机磷添加剂。将源自黑曲霉的植酸酶编码基因导入烟草的种子中表达。在饲料中添加这种转基因烟草的种子便可达到良好的效果。此外,还可将分解植物细胞壁的解析酶编码基因导入植物,以提高牲畜和家禽对饲料的利用率。

### 8.5.4 利用植物生物反应器生产工业原料

首批用于大规模生产并取得重大经济效益的非食用型转基因植物产品是工业用油,其中包括制造肥皂等去垢剂的十二碳月桂酸。油菜通常产生十八碳的不饱和脂肪酸,但只要在其体内表达另一个特殊的基因便可使转基因油菜转向合成月桂酸,并使其含量提高至 44% 的水平。此外,鉴于油菜植物易生长且产量高的特点,采用转基因技术还能用它来生产其他工业用油,如用作润滑油和尼龙生产原料的芥酸以及用于麦淇淋制作的 6-十八碳烯酸等。

白色污染是当今全球面临着的严重问题,解决这一问题的根本途径是开发可被微生物分解的新型塑料。聚-$\beta$-羟基烷酸(PHA)和聚羟基丁酸(PHB)两种结构相似的多聚体具有热塑性好、可被微生物完全分解的特性,因此被认为是最佳的无污染性塑料原料。但采取微生物发酵工艺生产这两种聚合物,成本昂贵,因而长期以来人们一直期望通过植物转基因技术像生产淀粉那样来生产 PHA 和 PHB。

在植物中合成 PHB 的研究起始于细菌真养产碱菌 PHB 生物合成基因在拟南芥中表达的突破性进展。PHB 生物合成所需的三种酶中,只有 $\beta$-酮基硫解酶存在于植物中。为了完善整个途径,将编码乙酰辅酶 A 还原酶和 PHA 合成酶的真养产碱菌基因转到拟南芥中表达,其酶活性定位于转基因植物的胞质内。最初的尝试仅获得 0.14%(细胞干重)的 PHB,比具有商业开发价值的期望值低两个数量级,而且转基因对植物细胞生长呈不利影响。第二代产 PHB 的转基因植物构建获得相当成功。在植物中,由乙酰辅酶 A 合成脂肪酸发生在质体中,因此质体是碳代谢流高通量流向乙酰辅酶 A 的细胞器,这种现象在油类植物(如拟南芥等)的种子中尤为突出,而且质体也是淀粉积累的场所,它能形成大量的包涵体而不干扰器官的正常生理功能。转基因拟南芥的构建证实了 PHB 生物合成途径在质体中的表达效率,其策略是将核酮糖二磷酸酶/羧化酶小亚基上的转肽与 $\beta$-酮基硫解酶和乙酰乙酰辅酶 A 还原酶的 N 端相融合。在转基因拟南芥的整个生长周期中,PHB 的含量逐步增高,最终达到 10 mg/g(湿重植物)的最大 PHB 产量,大约相当于细胞干重的 14%,也就是说,PHB 生物合成途径从胞质到质体的重新定位导致其产量提高 100 倍。

# 第9章 第二代基因工程——蛋白质工程

第二代基因工程是在 DNA 分子水平上位点专一性地改变结构基因编码的氨基酸序列，使之表达出比天然蛋白质性能更为优异的突变蛋白（Mutein，亦称蛋白变体）；通过基因编码区的融合操作合成兼有多种天然蛋白质性质的杂合蛋白；采用体外分子进化技术建立蛋白变体文库；或者借助基因化学合成技术设计制造自然界不存在的全新工程蛋白。这种由人工突变基因而达到操纵蛋白质结构和性质的过程又称为蛋白质工程。

## 9.1 蛋白质工程的基本概念

半个多世纪以来，随着分子生物学理论和技术的不断发展，人们对蛋白质结构与功能之间关系的理解日趋广泛和深入。20 世纪 50 年代初胰岛素氨基酸序列的测定、60 年代初肌红蛋白三维立体结构的建立、70 年代初重组 DNA 技术的问世，是孕育蛋白质工程于 80 年代初诞生的三大理论技术基石。而 1985 年 Müllis 创立的 PCR 技术以及 1994 年 Stemmer 发展的基因改组（Gene shuffling）技术，则为蛋白质工程的深入研究和广泛应用提供了技术上的保障。

### 9.1.1 蛋白质工程的基本特征

蛋白质工程与重组 DNA 技术、传统 DNA 诱变技术、蛋白质侧链修饰技术有着本质的区别。重组 DNA 技术使得分离任何天然存在的基因并令其在特定受体细胞中表达成为可能，它包括两个方面：① 原生物体中存在某一基因，但其表达效率较低，利用重组 DNA 技术将之分离克隆，并通过基因扩增及基因强化表达使之合成大量基因产物，如将抗生素生物合成的关键基因克隆在质粒上，加装独立的强启动子，然后重新输回原抗生素生产菌中，以提高抗生素的产量，头孢菌素生产菌的基因工程改良就是一例；② 原生物体本来不含某一基因，但可从另一生物体中分离该基因，并在原生物体中表达，如将人的干扰素编码基因克隆至大肠杆菌中高效表达等。上述两种策略的共同之处在于所使用的目的基因均是天然存在的，在目标蛋白的编码区中未做任何改动，因而表达产物仍为天然蛋白。

传统的诱变及筛选技术能创造一个突变基因并产生相应的突变蛋白，但这种诱变方式是随机的，一般在细胞、孢子或生物个体水平上进行，导致靶基因定点发生改变的频率极低。多肽链水平上的化学修饰也能在一定程度上改变天然蛋白的结构和性质，但其工艺十分繁杂，并且由于基因未发生突变，所修饰的蛋白质不能再生。因此，与上述基因重组、常规诱变、多肽修饰策略相比，蛋白质工程的特征是在基因水平上特异性地定做一个非天然的优良工程蛋白或变体。

由人工突变基因而达到操纵蛋白质结构和性质的蛋白质工程主要有两大设计理念：即建立在蛋白质结构与性质对应关系深入理解基础上的分子理性设计，以及建立在体外模拟自然进化过程基础上的分子定向进化（Molecular directed evolution）。后者又称为实验分子进化（Experimentally molecular evolution），属于蛋白质的非理性设计范畴。

蛋白质工程分子理性设计策略的基本流程如图 9－1 所示：① 克隆一个酶或功能蛋白的编码基因；② 测定其核苷酸序列；③ 演绎出相应的氨基酸序列；④ 确定蛋白质的生物学性质；⑤ 建立蛋白质的三维空间结构；⑥ 设计工程蛋白的分子蓝图；⑦ 借助于 DNA 定点突

变技术更换密码子;⑧ 分析突变蛋白的生物学和化学特性;⑨ 确立蛋白质序列-结构-功能三者之间的对应关系;⑩ 将此对应关系反馈至第⑥步,并进行新一轮操作,直至构建出所期望的工程蛋白。在上述流程中,最重要也是最困难的步骤为工程蛋白的分子设计,事实上它需要生物学、化学和物理学等多种学科知识的综合运用。

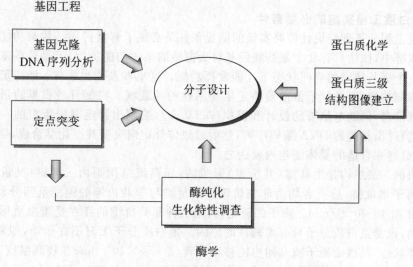

图 9－1　蛋白质工程分子理性设计的基本流程

从理论上来讲,蛋白质分子蕴藏着巨大的进化潜力,很多功能有待于开发,这是蛋白质工程分子定向进化的先决条件。该战略的实施事先不需要了解目标蛋白质的三维结构信息及其作用机制,它着重于体外模拟自然进化的过程(随机突变、重组、选择),使基因发生大量变异,并定向选择出所需性质或功能的目标蛋白质,从而在几天或几周内实现自然界需要数百万年才能获得的进化结果。

### 9.1.2　蛋白质工程的研究内容及应用

蛋白质是所有生命过程的存在形式,它以高度的多样性和特异性直接推动数千种生化反应的进行,并以关键的结构元件组成所有生物体的细胞和组织。酶类分子驱动生物体的整个新陈代谢过程;胶原蛋白、肌动蛋白、肌球蛋白、中间纤维控制细胞和生物个体的框架和运动;抗体提供免疫机能;膜蛋白受体介导细胞之间的物质传送和通信识别;阻遏因子和激活因子操纵基因的表达开关;组蛋白协助 DNA 包装形成染色体等。蛋白质在催化、构成、运动、识别、运输、调控等各个生命环节均起着不可替代的作用。

因此,在组学计划飞速推进的今天,一个旨在揭示生命世界蛋白质信息谱、结构谱、功能谱的新兴学科——蛋白质组学应运而生。利用基因打靶技术和转基因表达技术,人们可以根据功能丧失型突变体和功能获得型转基因株,确定某一结构基因编码产物的生物学效应。然而,对大多数复杂蛋白质尤其是高等哺乳动物蛋白质而言,其生物功能的发挥还依赖于构成它的若干独立结构域或功能域的有序作用。只有搞清多肽链上各独立功能域结构与功能的关系,并将不同蛋白来源的相似功能域进行综合对比分析,才能建立起完整的蛋白质信息谱。在这方面,蛋白质工程大有用武之地,事实上它是一种位点特异性的体外精细打靶技术,蛋白质工程在分子生物学研究领域中的应用就在于此。

除此之外,借助于蛋白质工程技术改造或创建新型工程蛋白,还能拓展功能蛋白在工业、农业、医学等领域的应用范围,其经济和社会效益不可估量。例如:① 通过改变酶的 $K_m$ 和 $V_m$ 等动力学参数,提高其生化反应的催化效率;② 通过提升蛋白质的热稳定性和对极端

pH 条件的耐受性,扩大其使用范围;③ 通过修饰酶的有机相反应活性,使生化反应能在非生理条件下进行;④ 通过改变酶的催化机制,使其不再需要昂贵的辅酶;⑤ 通过提高酶与底物的亲和性,减少生物转化过程中副产物的形成;⑥ 通过增强功能蛋白对蛋白酶的抗降解性能,简化其分离纯化工序并提高收率;⑦ 通过删除酶的变构效应,解除产物对酶的反馈抑制等。

### 9.1.3　蛋白质工程实施的必要条件

　　蛋白质工程分子理性设计策略实施的前提条件是必须了解蛋白质结构与功能的对应关系。在多肽链中,往往只有几个氨基酸残基对蛋白质的某一功能负责,但是这些氨基酸残基必须处于一个极其精密的空间状态下才能发挥功能。这里涉及两大元件:维持蛋白质特定空间构象的结构域,以及赋予蛋白质特定生物活性的功能域。根据日益积累的蛋白质结构域和功能域信息,借助电脑辅助设计和模拟(*in silico*),绘制出特定突变蛋白的一级序列蓝图,并由此演绎出相应的 DNA 编码序列,然后通过体外定向突变甚至化学合成,创建相应的突变基因,最终在合适的受体细胞内表达之。

　　蛋白质的一级结构是由肽键(共价键)形成的,而高级结构则由二硫键(共价键)、疏水键、氢键、离子键维持,后三者均为非共价键。共价键与非共价键的键能范围分别为 $120\sim460$ kJ/mol 和 $4\sim40$ kJ/mol。除了二硫键,其他三种非共价键的存在是蛋白质形成高级结构所必需的,也是蛋白质分子具有柔韧性的原因。蛋白质分子无时不在运动,即便是在 $0℃$ 以下或晶体状态,其组成原子或基团也能移动旋转 $(2\sim5)\times10^{-11}$ m;在较高温度下,尤其是在蛋白质活性发挥的温度范围($0\sim60℃$)内,整个结构单元与外部分子之间会发生可逆性转换,事实上这种运动是其底物结合、催化反应、产物释放等功能所要求的;当温度继续升至 $45\sim100℃$ 时,分子内的运动得以加强,蛋白质遂丧失其高级构象并进入变性状态。结晶形态下的蛋白质含有大量的水分子(约达 $30\%\sim60\%$),由 X 衍射确定的蛋白质四维结构几乎与核磁共振得到的数据相同,这表明处于结晶状态下的蛋白质具有其原始的柔韧性和活性。上述蛋白质的结构参数对工程蛋白的分子设计具有重要意义。

　　蛋白质工程的分子定向进化战略虽然是以灰箱方式体外模拟自然进化过程,但快速、简便、高效地构建一个随机突变的基因文库,以及发展一套灵敏、准确的高通量筛选系统,是这种策略实施的两大必要条件,事实上这也是当前蛋白质工程研究的活跃领域。

## 9.2　基因的体外定向突变

　　在 DNA 水平上产生多肽编码顺序的特异性改变称为基因的定向诱变。利用这项技术一方面可对某些天然蛋白质进行定位改造,另一方面还可以确定多肽链中某个氨基酸残基在蛋白质结构及功能上的作用,以收集有关氨基酸残基线性序列与其空间构象及生物活性之间的对应关系,为设计制作新型的突变蛋白提供理论依据。一般而言,含有单一或少数几个突变位点的基因定向突变可选用下列五种策略,而大面积的定位突变则采取基因全合成的方法。

### 9.2.1　局部随机掺入法

　　将待突变的靶基因克隆在一个载体质粒的特定位点上,其上游紧接着两个酶切位点 RE1 和 RE2,它们分别能产生 5′和 3′突出的单链黏性末端(图 9-2)。用大肠杆菌核酸外切酶 Ⅲ(ExoⅢ)末端特异性降解经 RE1 和 RE2 双酶切开的重组质粒 3′凹端,并通过酶解反应时间控制新生成的单链区大小(单链区域越短,突变精度越高)。终止反应后,单链区域用 Klenow 酶补平,底物除四种正常的 dNTP 外,还包括一种特殊结构的脱氧核糖核苷酸类似物,在缺口填补过程中,该类似物掺入 DNA 链的一处或多处。随后再用 S1 核酸酶处理单链

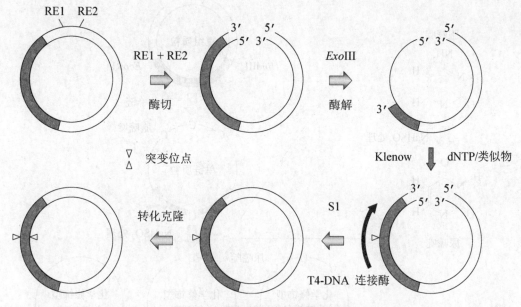

图 9-2　局部随机掺入法操作程序

末端,并由 T4-DNA 连接酶连接成环。重组分子转化大肠杆菌,在体内复制过程中,由于类似物的碱基配对非特异性,50%的扩增产物分子内部引入了错配碱基,并导致位点突变。由这种方法产生的突变体一般含有几对取代碱基,而突变的区域则取决于外切酶 III 末端降解的程度。

### 9.2.2　碱基定点转换法

　　能导致碱基定点转换的最简单方法是使用某些化学试剂在体外诱变 DNA 分子。通常将质粒 DNA 或待突变 DNA 片段用诱变剂处理后,转化大肠杆菌,构建突变体文库。最常见的体外诱变剂为亚硫酸氢钠,在 DNA 单链的情况下,它能特异性地使胞嘧啶残基脱氨形成尿嘧啶残基。处理后的 DNA 单链再由 DNA 聚合酶体外转化为双链结构,在复制过程中,原 DNA 分子上的 CG 碱基对便转换成 TA 碱基对。整个操作程序如图 9-3 所示。

　　从表面上看,这种方法所引入的突变并非定点,但如果合适地控制诱变剂的处理条件,便能做到每个 DNA 单链分子只含单一转换的碱基,而且其位点随机分布,这样即可在样本庞大的突变体文库中挑选出在期望位点上突变的重组分子。

　　除了上述化学诱变外,还可以借助于酶促合成对 DNA 分子进行所有可能的碱基对转换。其原理是使单链 DNA 在不理想的反应条件下进行体外复制,如较高或较低的离子强度、不平衡的四种核苷酸底物浓度以及缺少从 3′ 至 5′ 核酸外切活性的 DNA 聚合酶(Taq)等。在体外 DNA 聚合反应系统中,如果某种核苷酸底物浓度过低,当模板要求该底物时便有可能为其他三种底物所取代,从而导致序列突变(详见 9.3.1)。

### 9.2.3　部分片段合成法

　　如果待突变的位点两侧含有合适的限制性内切酶识别序列,尤其当多个待突变位点集中分布在该区域时,可考虑直接化学合成这一片段,在此过程中将欲突变的碱基设计进去,然后以此人工合成的寡聚核苷酸片段置换重组质粒上对应的待突变区域,即可完成基因的定点突变(图 9-4)。部分片段合成法特别适用于系统改变功能蛋白的氨基酸序列(即饱和突变),并在体内观察突变位点对蛋白质生物功能的影响,从而确立突变前这些氨基酸残基对蛋白质结构和功能的贡献。例如,在大肠杆菌噬菌体 433 和 P22 阻遏蛋白分子中,α-螺旋-转角-α-螺旋(HTH)结构域与操作子 DNA 的结合特性就是采用上述方法解析的。

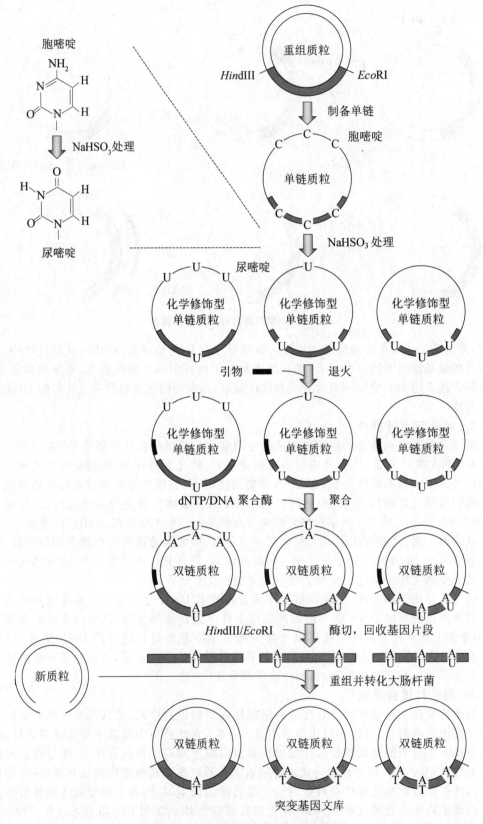

**图 9 - 3　碱基定点转换法操作程序**

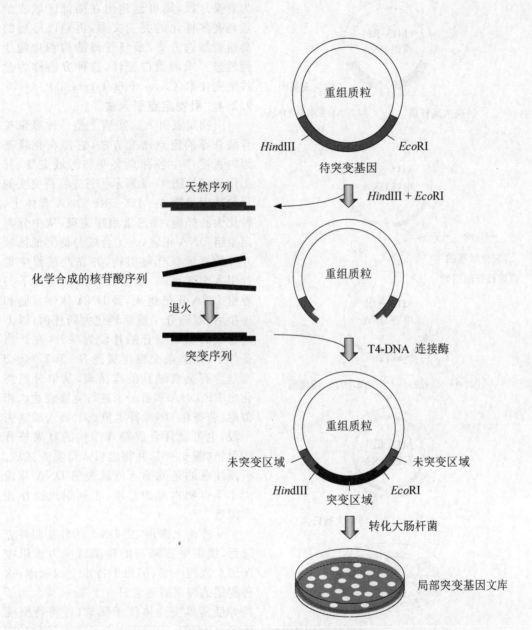

**图 9 - 4　部分片段合成法操作程序**

　　此外,如果上述用于置换的 DNA 片段来自另一种蛋白质的功能编码区,便可依照同样的程序获得集多种异源功能于一体的融合蛋白(或嵌合蛋白);如果以人工合成的多种寡聚核苷酸随机序列(序列可达 $10^4 \sim 10^6$ 种)作为置换片段,则可创建出在局部区域或位点高度多样化的突变文库,再辅以适当的高通量筛选方案,最终获得结构和功能达到理想要求的蛋白变体,这种方法称为盒式突变技术(Cassette mutagenesis)。

### 9.2.4　引物定点引入法

　　引物定点引入法实质上是一种寡聚核苷酸介导的定点诱变方法,它能在克隆基因内直接产生各种点突变和区域突变,其工作原理如图 9-5 所示。首先将待突变的目的基因克隆在 M13-RF DNA 载体上,转化大肠杆菌,挑选重组噬菌斑,从中分离出重组 DNA 正链;人工合成与待突变区域互补的寡聚核苷酸引物,并在此过程中设计引入突变碱基,然后在较温和条件下与重组 DNA 正链退火,经 DNA 体外复制和连接后,双链分子重新转化大肠杆菌;以上述合成的寡聚核苷酸片段为探针,在严格条件下(如将杂交温度提高 $5 \sim 10$℃)杂交筛选含有突变碱基的噬菌斑,从中分离纯化出 RF DNA 双链分子进行克隆表达。相似地,若要在 DNA 特定位点上插入或缺失一段,也可设计合成特殊结构的寡聚核苷酸引物(图 9-6),并将之引入待突变区域。但须注意的是欲插入或缺失的 DNA 片段应小于引物本身的长度,否则退火操作相当困难。

　　从理论上来讲,在 DNA 体外复制并克隆后,携带突变碱基的噬菌斑应为重组噬菌斑总数的一半,但由于技术上的原因,这种期望的噬菌斑通常只有 $1\% \sim 5\%$。为了特异性富集突变体便于筛选,可将待突变的重组 M13-RF DNA 分子首先转化具有 *dut* 和 *ung* 两个 DNA 代谢酶基因缺陷的大肠杆菌受体菌株(图 9-7)。前者由于不能合成 dUTP 水解酶,致使细菌细胞内 dUTP 含量急剧上升,在 DNA 体内复制时,dUTP 部分取代 dTTP 掺入 DNA 新生链中;后者为尿嘧啶糖基化酶基因缺陷,这种变异株丧失了切除 DNA 链中脱氧尿嘧

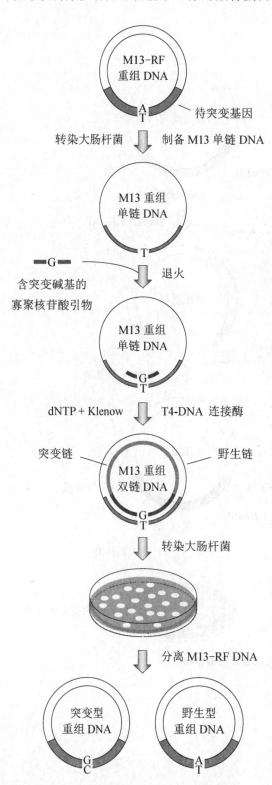

**图 9-5　寡核苷酸介导的定点点突变程序**

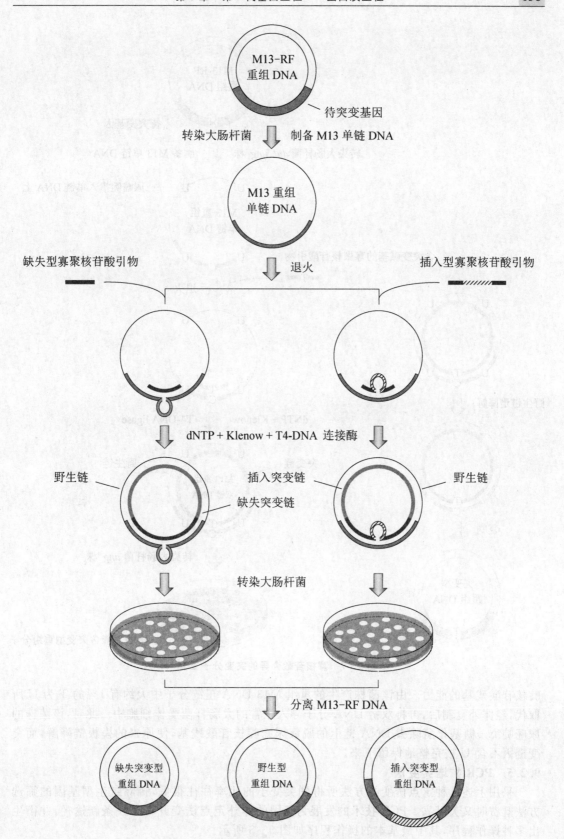

**图 9-6 寡核苷酸介导的定点区域突变程序**

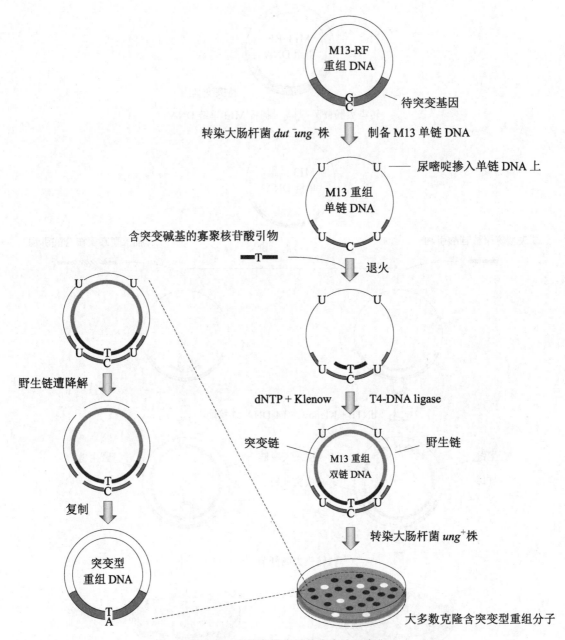

图 9-7 寡核苷酸介导的突变分子富集

啶核苷酸残基的能力。由该菌株产生的重组 M13 DNA 正链分子中大约有 1% 的 T 为 U 所取代,经体外复制后,再将双链 DNA 分子导入正常的大肠杆菌受体细胞中。此时,该菌株的尿嘧啶 N-糖基化酶除去 DNA 链上的脱氧尿嘧啶核苷酸残基,使原来的模板链降解,而突变链因不含 U 被完整地保留下来。

### 9.2.5 PCR 扩增突变法

采用上述几种定点诱变的方法所得到突变子的比率往往很低,排除野生型基因的筛选方法既费时又欠可靠。PCR 技术的发展为基因的体外定点诱变开辟了一条新途径,并衍生出多种操作程序,其中最基本的操作程序如图 9-8 所示。

依照待突变位点旁侧序列设计一对含突变碱基的局部引物 P1 和 P2,同时设计合成突变基因(或片段)两端的全匹配引物 P3 和 P4。由 P1 和 P2 引物介导的 PCR 反应将产生缩短型含突变碱基的扩增产物,而 P3 和 P4 引物的存在又引导其合成各自的互补链。这两组缩短突变型的双链片段在随后的退火过程中,可形成交叉互补结构,并实现两端延伸,最终合成出突变型的全长基因或片段。值得注意的是,由于 P3 和 P4 全匹配引物的存在,基于上述程序合成的 DNA 分子中含有高比例的非突变型基因或片段。然而,P1/P2 与 P3/P4 两对引物的浓度比不同,PCR 扩增产物的产量以及突变型与非突变型扩增产物的比率也会不同。一般而言,高浓度的 P1/P2 倾向于突变型扩增产物的富集;而高浓度的 P3/P4 则有利于扩增产物总产量的提高。

## 9.3　基因的体外定向进化

　　基因分子定向进化的主要目标是在短时间内获取任何期望的突变基因及其编码产物,其基本策略是在体外对特定基因实施随机突变,然后借助于适当的高通量筛选程序准确、迅速地获得所需要的突变基因。分子定向进化的主要过程包括:① 通过随机突变或(和)基因重组,创造一个靶基因或一群家族基因的多样性文本,建立相应的突变文库;② 将上述基因的突变文库在适当的受体生物中转换成对应的蛋白变体文库;③ 采用高通量筛选程序检出由氨基酸置换而引起的变体蛋白性状变化,确定该氨基酸在蛋白分子中的重要作用。必要时,可以多次重复上述操作,直到出现

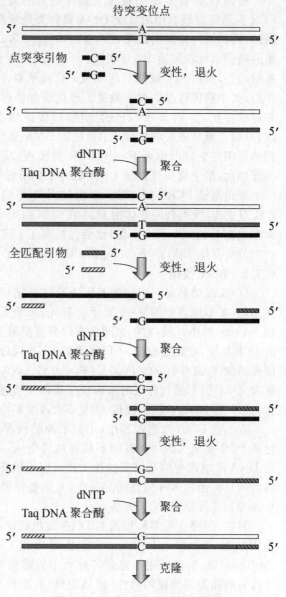

**图 9-8　PCR 介导的定点突变程序**

最佳性能的变体蛋白。由此可见,这种分子定向进化策略不仅可以在实验室里选择到自然界不存在的、性能优异且可再生的变体蛋白,而且也是调查多肽链中氨基酸序列与蛋白质结构和功能关系的重要研究工具。

　　目前已建立起多种分子定向进化程序,这些程序大大加快了不同物种的不同基因型之间的重组进化速度,而且在所产生的突变分子文库中,个体之间的差异及其与亲本之间的差异达到空前的程度,这在很大程度上确保了理想变异的出现。

### 9.3.1　易错 PCR

　　易错 PCR 是一种在 DNA 序列中简便、快速、随机制造突变的方法,其基本原理是通过改变传统 PCR 反应体系中某些组分的浓度,或使用低保真度的 DNA 聚合酶,使碱基在一定程度上随机错误引入而创建基因序列多样性文库。

易错 PCR 技术的关键在于选择适当的突变频率,一般为每个基因 2～5 个碱基替换。PCR 扩增反应最常用的 Taq DNA 聚合酶是所有已知 DNA 聚合酶中掺入错误碱基概率最高的,每扩增一轮其出错率在 $0.1 \times 10^{-4} \sim 2 \times 10^{-4}$ 之间,PCR 反应经 20～25 次循环后,积累的错误率可积累达 $10^{-3}$/碱基。Taq DNA 聚合酶在一般条件下的错误掺入具有一定的碱基倾向性,即由 AT 碱基对转变成 GC 碱基对。但这种突变率仍然不够,特别是对 DNA 小片段,更难获得理想的突变数量。改进的方法包括:① 提高 $MgCl_2$ 的浓度,以稳定非互补碱基对的存在;② 调节 dNTP 的比例,以促进错误碱基掺入的概率;③ 添加 $MnCl_2$,以降低 DNA 聚合酶对模板的特异性;④ 增加 DNA 聚合酶的用量;⑤ 连续扩增操作,将一次扩增得到的有用突变基因作为下一次 PCR 的模板,反复进行随机突变,以积累重要的有益突变。尽管如此,用于突变处理的 DNA 靶分子仍不宜大于 800 bp。

采用易错 PCR 技术,在非水相(二甲基甲酰铵,DMF)溶液中定向进化枯草杆菌蛋白酶 E 获得成功,所得到的变体酶 PC3 在 60% 和 85% 的 DMF 中,催化效率 $K_{cat}/K_m$ 分别是野生型蛋白酶 E 的 256 和 131 倍,比活性提高了 157 倍。将 PC3 再进行两个循环的定向进化,所产生的突变体 13M 的 $K_{cat}/K_m$ 比 PC3 又提高了 3 倍。

### 9.3.2　DNA 改组

DNA 改组是对一组同源基因进行体外随机重组的特殊 PCR 技术,因此又称为基因洗牌术,其基本原理如图 9-9 所示。首先,采用 DNase I 酶消化不同来源的同源 DNA,获得 10～50 bp 的小片段,它们之间含有部分重叠碱基序列;接着将这些 DNA 小片段进行无引物的 PCR 扩增,在此过程中,不同来源的 DNA 同源区交错混合互补,产生大小不等的引物-单链模板结构,经自身引导的 PCR 反应,小片段 DNA 重新组装成各种序列的全长基因样本,形成突变文库;然后,通过合适的筛选程序获得较理想的若干突变基因样本;最终将这些基因样本作为下一轮 DNA 改组的模板,重复多次改组和筛选,直到获得性状满意的突变基因。

在上述 DNA 改组过程中,不同来源的同源 DNA 片段可以随机混合杂交,而且自身引导的 PCR 反应又因体外复制不精确性可引入一定程度的错误掺入,因此其突变概率更大。由 DNA 改组产生的基因多样性文库可以有效积累有益突变,排除有害突变和中性突变,进而实现目的蛋白多种特性的共进化,无论是在理论还是实践上,都优于寡聚核苷酸介导的定点诱变和连续易错 PCR 方法。

目前,已建立起多种形式的 DNA 改组程序,包括基因组改组(Genome shuffling)、家族基因改组(Family shuffling)、单基因改组(Single gene shuffling)、外显子改组(Exon shuffling)等,后者可用于建立各种大小的随机多肽文库。这些 DNA 改组方法已广泛地用于改良酶和蛋白药物的活性、热稳定性、底物特异性、对映体选择性、可溶性表达、表达水平等方面,取得了令人注目的成果(表 9-1)。DNA 改组的奠基人 Stemmer 当年就是采用该技术,在大肠杆菌中使 $\beta$-内酰胺酶(由 TEM-1 基因编码)的抗生素抑制活性(MIC)从 $0.02~\mu g/mL$ 增至 $640~\mu g/mL$,提高了 32 000 倍。

### 9.3.3　体外随机引发重组

体外随机引发重组(RPR)以单链 DNA 为模板,配合一套随机序列引物,先产生大量互补于模板不同位点的短 DNA 片段,由于碱基的错配和错误引发,这些短 DNA 片段中也会有少量的点突变。在随后的 PCR 反应中,它们互为引物合成出较长的片段,最终组装成完整的基因长度,形成基因多样性文库。如果需要,可反复进行上述过程,直到获得满意的进化分子(图 9-10)。与 DNA 改组技术相比,RPR 具有如下优点:① RPR 可以利用单链 DNA 或 mRNA 为模板,且对模板量要求少(降为 1/2～1/10),大大降低了亲本组分的含量,便于筛选;② 在 DNA 改组中,片段重新组装前必须彻底除去 DNase I,RPR 方法不涉及 DNase I,所以操作更简单;③ 合成的随机引物具有同样长度,不存在像 DNase I 所具有的序

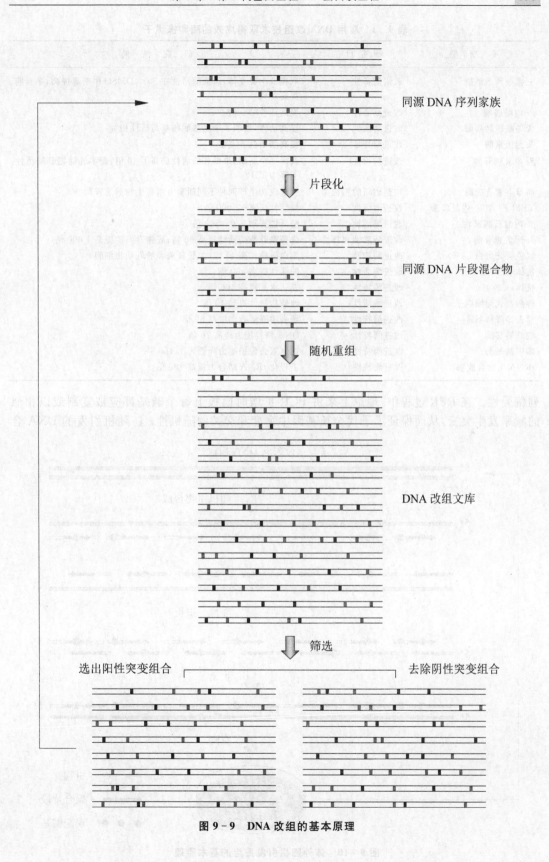

**图 9-9　DNA 改组的基本原理**

表 9-1　应用 DNA 改组技术取得成效的酶和操纵子

| 突　变　酶 | 研　究　目　的 | 研　究　结　果 |
| --- | --- | --- |
| 三嗪杂苯水解酶 | 改进酶特性 | 取得 3 个突变体,磷酯酶活性在 50% DMSO 中明显提高,半衰期提高 4 倍 |
| $\beta$-内酰胺酶 | 改进酶活性 | 提高活性 270 倍 |
| 天冬酰胺转移酶 | 改进酶活性 | 提高活性,表明 6 个氨基酸残基与活性相关 |
| 头孢菌素酶 | 改进酶特性 | 提高酶活性 540 倍 |
| $\beta$-半乳糖苷酶 | 改进酶特性 | 获得一个新酶,果糖苷酶活性提高了 10 倍,而半乳糖糖苷酶活性下降为 1/40 |
| 胡萝卜素合成酶 | 构建创新的工程菌 | 构建成功生产四种不同胡萝卜素衍生物的工程菌 |
| TEM-1 型 $\beta$-内酰胺酶 | 改进酶活性 | 酶活性提高 32 000 倍 |
| $\beta$-内酰胺酶家族 | 改进酶活性 | 酶活性提高 270～540 倍 |
| $\beta$-半乳糖苷酶 | 改进酶活性和特性 | 岩藻糖苷酶酶活性提高 66 倍;底物专一性提高 1 000 倍 |
| 绿色荧光蛋白 | 改进酶特性 | 蛋白折叠提高 45 倍(大肠杆菌和哺乳动物细胞) |
| 抗体(scFv) | 改进酶活性 | 酶活性提高 400 倍 |
| 抗体(scFv) | 改进酶特性 | 表达水平提高 100 倍 |
| 砷酸盐代谢操纵子 | 改进酶活性 | 砷酸盐抗性提高 40 倍 |
| 莠去津降解系统 | 改进酶特性 | 莠去津降解效率提高 80 倍 |
| 烷基转移酶 | 改进酶特性 | DNA 修复能力提高 10 倍 |
| 苯甲基酯酶 | 改进酶特性 | 抗生素去保护能力降低为 1/150 |
| tRNA 生物合成酶 | 改进酶特性 | 工程化 tRNA 结合力提高 180 倍 |

列偏爱性。在 RPR 过程中,理论上来讲 PCR 扩增时模板上每个碱基都应被复制或以相似的频率发生突变,从而保证了子代全长基因中突变和交叉的随机性;④ 随机引发的 DNA 合

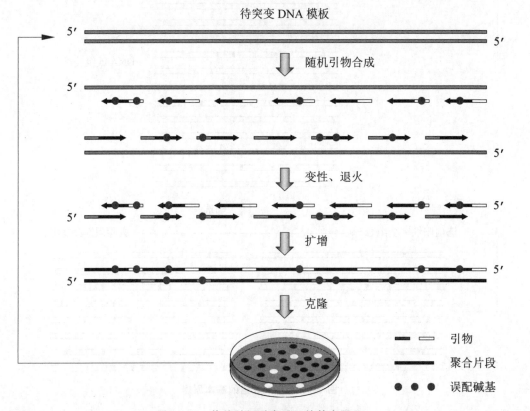

图 9-10　体外随机引发重组的基本原理

成不受 DNA 模板长度的限制,有利于小分子肽段的突变。

### 9.3.4　交错延伸

交错延伸(StEP)是一种简化的 DNA 改组技术。其原理的核心是,在 PCR 反应中把常规的退火和延伸合并为一步,并大大缩短其反应时间(55℃,5 s),从而只能合成出非常短的新生链。经变性后的新生链再作为引物,与体系内同时存在的不同模板退火而继续延伸,即通过模板转换实现不同模板间的重组。此过程反复进行,直至产生完整的基因长度,最终扩增产物为相间的含不同模板序列的新生 DNA 分子(图 9-11)。StEP 介导的 DNA 重组发生在单一试管中,不需分离亲本 DNA 和产生的子代重组 DNA 分子;而且 DNA 重组的程度可以通过调整反应时间和温度来控制,操作灵活简便,因而是分子定向进化的又一创新。

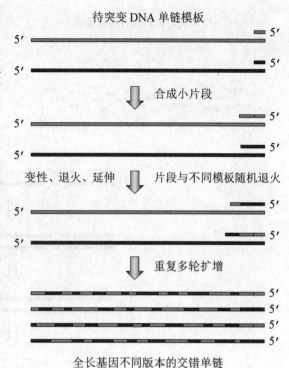

待突变 DNA 单链模板

合成小片段

变性、退火、延伸　片段与不同模板随机退火

重复多轮扩增

全长基因不同版本的交错单链

**图 9-11　交错延伸技术的基本原理**

### 9.3.5　过渡模板随机嵌合生长

过渡模板随机嵌合生长(RACHITT)技术是一种基因家族成员之间不同于 DNA 改组的重组技术。它不需要热循环、链转移或交错延伸反应,而是将随机切开的靶基因片段与一个含有尿嘧啶碱基的临时 DNA 模板(脚手架模板,制备方法参见 9.2.4)进行杂交,然后完成片段排序、非互补区切除、缺口修复、片段连接等操作(图 9-12)。其中的非互补区切除操作使来自靶基因的小片段得以重组,由于这些小片段比 DNA 改组技术中的 DNase I 消化片段还短,因此 RACHITT 方法所产生的重组频率明显提高。如果靶基因在实施 RACHITT 之前先经易错 PCR 技术处理,或(和)在缺口修复操作时使用易错 PCR 程序,则获得的扩增产物中带有更多的额外点突变,多样性程度也更高。RACHITT 程序的最后一步是用尿嘧啶-DNA-糖基化酶特异性摧毁脚手架模板,并将重组单链转换成双链 DNA 分子。

RACHITT 技术成功用于体外进化功能蛋白的第一个例子是二苯并噻吩单加氧酶,所产生的嵌合文库平均每个基因含有 14 个交叉点,重组水平比 DNA 改组类方法(1~4 个交叉)高出几倍,并且可在短至 5 bp 的序列同源区内产生交叉重组,这种高频率、高密度的交叉水平是 DNA 改组所难以达到的。从上述重组突变文库中筛选到的变体酶活性为天然二苯并噻吩单加氧酶的 20 倍。

### 9.3.6　渐增切割杂合酶生成

尽管 DNA 改组介导的 DNA 序列随机重组已成为分子定向进化的重要工具,但这种程序通常需要参与随机重组的 DNA 同源性不低于 70%~80%,而自然界大多数同源基因的序列相似程度难以满足 DNA 改组的条件。为了解决这个问题,Benkovic 等人建立了渐增切割杂合酶生成(ITCHY)程序,用于构建不依赖于 DNA 序列同源性的随机重组文库。其工作原理如图 9-13 所示:用核酸外切酶 III 分别消化两个非高度同源的靶基因,如分别来自大肠杆菌和人类的甘氨酰胺核苷酸甲酰转移酶编码基因(两者的序列相同性仅为 50%),控制切割速度不大于 10 个碱基/min,每隔很短时间连续取样,迅速终止样品反应,以获得一

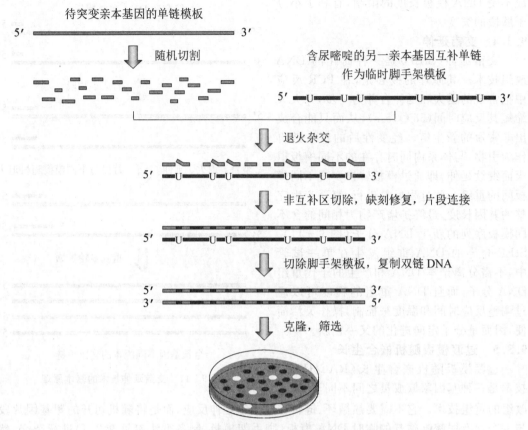

待突变亲本基因的单链模板

随机切割

含尿嘧啶的另一亲本基因互补单链
作为临时脚手架模板

退火杂交

非互补区切除，缺刻修复，片段连接

切除脚手架模板，复制双链DNA

克隆，筛选

**图 9-12 过渡模板随机嵌合生长技术的基本原理**

组依次有几个甚至一个碱基缺失的片段样本；然后将一个基因随机长度的 5′ 端片段与另一基因随机长度的 3′ 端片段随机混合，产生杂合基因文库；该基因文库经表达后，通过酶活性测定筛选出理想的重组杂合基因。

上述方案的操作难度及工作量是显而易见的。一种改进的程序(Thio-ITCHY)是：首先将两个靶基因串联在同一载体上；通过 PCR 反应将 α-硫代磷酸核苷酸随机掺入扩增产物中；用核酸外切酶 III 处理扩增产物，由于 α-硫代磷酸核苷酸抗核酸外切酶 III 的切割，便会形成不同截短程度的 DNA 片段；连接上述处理的片段，形成随机杂合文库。如果对其文库再实施 DNA 改组，还可获得更多的重组点，即所谓的 SCRATCHY 程序。

### 9.3.7 同源序列非依赖性蛋白质重组

虽然 ITCHY 技术可以用于那些序列同源性较低的靶基因之间的体外随机重组，但在所形成的重组文库中，基因的长度参差不齐，与亲本靶基因并不一致，因此子代基因中具有功能的杂合子比率很低。要想提高功能杂合子的比例，必须使重组交叉发生在具有相似结构背景的位点处。然而由于亲本靶基因之间缺乏足够的序列相似性，绝大多数的同源重组并不能对所期望的蛋白功能做出贡献。为此，人们又发展了同源序列非依赖性的蛋白质重组方法(图 9-14)：① 将两个靶基因串联在同一载体上，采用 Thio-ITCHY 程序处理该重组分子；② 通过琼脂糖凝胶电泳分离所获得的长度不一的随机杂合文库，并回收与本靶基因长度相似的随机片段；③ 将回收片段与合适的表达载体连接重组；④ 转化合适的受体细胞，建立新的等长度杂合文库；⑤ 最终形成表达型杂合蛋白文库。

上述操作程序确保了随机重组杂合分子的长度与亲本靶基因的一致性，使重组事件主

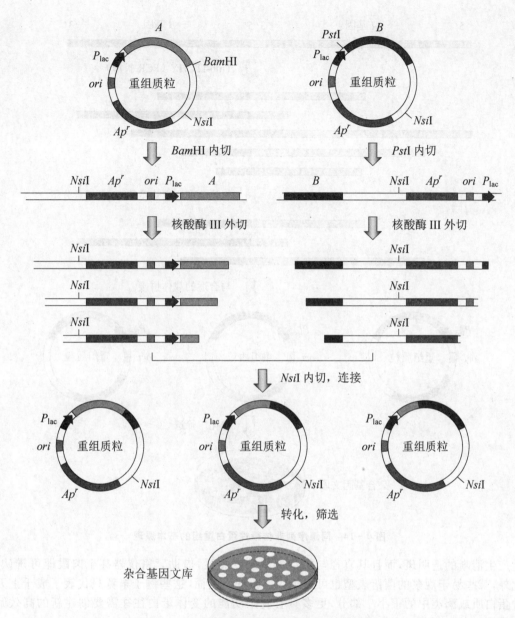

**图 9－13　渐增切割杂合酶生成程序的基本原理**

要发生在亲本靶基因结构相关的位点处,从而提高了杂合文库中阳性克隆的比例。这种方法可以在那些序列相同性较低,甚至无序列相同性的同源蛋白质之间创建具有单一重组交叉的杂合蛋白质组合文库。迭代型的 SHIPREC 操作还可以产生多个重组交叉。

**9.3.8　突变文库高通量筛选模型的建立**

一旦突变基因或蛋白变体的多样性文库构建完毕,筛选的条件决定了蛋白质特征的进化方向,这被称为定向进化的第一定律。分子定向进化实验成败与否的关键就在于针对目的改造特征的高通量筛选模型的建立。当变体蛋白或酶能赋予宿主细胞生长或存活优势时,很容易搜寻含有 $10^6$ 个以上蛋白变体的文库。例如,将抗生素、毒性有机物、重金属抗性蛋白或运输蛋白的变体文库密集涂布在含有高浓度上述物质的平板上,即可直接检出高抗性变体蛋白;如果变体蛋白为淀粉酶、蛋白酶、脂肪酶,则克隆文库能在含有相应底物的平板

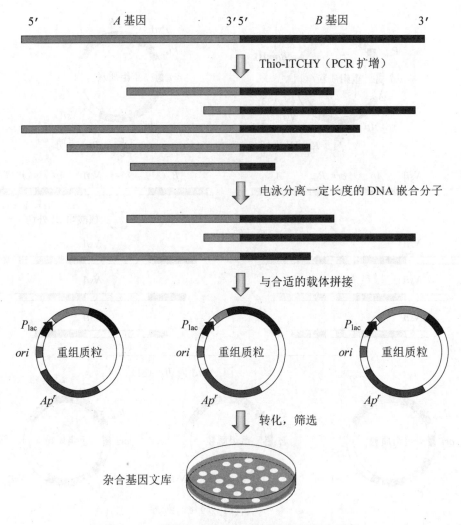

**图 9 - 14　同源序列非依赖性蛋白重组的基本原理**

上产生清晰的透明斑,而且其直径与酶活性呈顺变关系,借助紧密仪器甚至肉眼即可辨认;此外,某些易于观察的菌落表型也可用于快速筛选。然而,这些例子毕竟只代表了成千上万种蛋白质或酶类中的很小一部分,更多具有复杂功能的变体蛋白往往需要创建新的高效筛选模型。

　　近年来,与创建多样性随机重组文库的飞速发展相适应,基因或蛋白质文库的高通量和超高通量筛选技术也取得了令人瞩目的成就。例如,基于体外无细胞翻译体系的核糖体-mRNA 展示技术,因不受受体细胞转化率的限制,大大提高了文库容量和筛选通量($10^{12}\sim10^{14}$)。其原理是通过筛选靶蛋白-核糖体-mRNA 三元复合物或靶蛋白-mRNA 二元复合物的形成,将基因型与表型直接偶联起来,并利用 mRNA 的可复制性,使靶基因或蛋白质得到有效富集。利用这种程序进化单链抗体可变区(scFv)片段,可获得亲和力提高 40 倍的变体。其他的高通量筛选程序还包括:细胞表面展示技术和噬菌体表面展示技术、将靶蛋白活性与转录信号相偶联的三元杂交系统、以发光信号为指示的反射增进系统、荧光共振能量转换仪(FRET)-荧光激活细胞筛选仪(FACS)联用程序等,后者每小时可筛选 6 万个细胞克隆。在硬件设备方面,1536 和 3456 孔板以及多通道多波长检测仪、每秒钟分配几千滴皮开(即 $10^{-6}$ μL)级样品的非接触式压电配样仪等,均能大幅度提高样品的处理速度。

## 9.4　蛋白质工程的设计思想与应用

目前,生物体内已鉴定的数千种酶中只有近百种能直接用于工业规模的生物转化反应,绝大多数酶类功能蛋白在大规模体外反应时,或丧失原有的催化特异性,或在高温高压及有机溶剂条件下结构变性。利用蛋白质工程技术改造酶的催化反应特征则为功能蛋白的工业化应用开拓了广阔的前景。此外,已有数百种蛋白药物经分子定向进化改良,获得了理想的医疗性能。

### 9.4.1　提高蛋白质或酶类分子的稳定性

借助理性设计策略提高蛋白质或工业用酶的热稳定性始终是蛋白质工程领域中的一个研究热点。一方面,酶促反应工业中的热处理工序(如淀粉液化中降低反应体系的黏度)通常需要高于 45℃ 的温度,而天然酶类普遍存在耐受性差的问题;另一方面,热稳定性的探究也能在一定程度上解析蛋白质结构与功能之间的对应关系。

#### 1. 蛋白质稳定性的影响因素

相关研究显示,影响蛋白质热稳定性的因素繁多,而且不同的蛋白质往往会采取不同的机制维持其热稳定性。然而一般认为,多肽链中侧链基团之间的化学键相互作用是蛋白质热稳定性的决定性因素。这些化学键包括:① 疏水键。在水介质中,球状蛋白质的折叠往往倾向于将其疏水基团埋藏在分子内部(即疏水相互作用),这种作用源自疏水基团对水分子的强烈躲避效应,是蛋白质三级结构形成和稳定最重要的因素。② 氢键。氢键属于氢供体与氢受体之间距离不超过 0.3 nm 且夹角小于 90° 时所形成的非共价键,虽然其平均键能仅为 0.6 kcal/mol (1 cal＝4.184 0 J),但由于广泛存在于蛋白质的主链、侧链以及周边环境的水分子中,因此其键能总和对蛋白质的热稳定性也有较大贡献。③ 离子键。不同生物的基因组比较研究发现,嗜热菌蛋白质及其 $\alpha$-螺旋结构单元中的三种带净电荷氨基酸(Glu、Lys、Arg)含量明显高于中温菌,它们能在螺旋内部或螺旋之间形成密集的盐键,对维系嗜热蛋白质的稳定性起到非常关键的作用。④ $\pi$ 键。芳香族氨基酸(Trp、Tyr、Phe)芳香环侧链中的 $\pi$ 键能与阳离子形成高强度的相互作用,其键能高于离子键两倍。来自 900 个中温蛋白质和 300 个嗜热蛋白质的三维结构显示,嗜热蛋白质结构中 $\pi$ 键附近存在阳离子侧链基团的频率远高于中温蛋白质,而且两者之间的相互作用可显著改善蛋白质对热的适应能力。⑤ 二硫键。作为共价键的二硫键可通过降低多肽链折叠状态的熵值稳定蛋白质的结构,也是影响蛋白质热稳定性的关键因素。

#### 2. 引入二硫键以提高蛋白质或酶类分子的稳定性

一般而言,热稳定的蛋白质大都具有抗有机溶剂和极端 pH 的能力,在蛋白质分子中引入二硫键能显著提高其稳定性。例如,采用寡核苷酸定向诱变技术构建 6 种 T4 溶菌酶的变体蛋白,其中分别有 2、4、6 个氨基酸残基转化成半胱氨酸,这些氨基酸残基在蛋白的空间结构中距离较近,但不包含酶的活性部位。所形成的 1、2、3 对二硫键分别位于第 3 和第 97 位、第 9 和第 164 位、第 21 和第 142 位残基处。上述突变基因转入大肠杆菌中表达,分离纯化酶变体,并分别测定其酶活性和热稳定性(表 9-2)。野生型的 T4 溶菌酶含有两个游离的半胱氨酸残基,在天然条件下并不形成二硫键,将这两个半胱氨酸残基分别用苏氨酸和丙氨酸残基取代,不影响酶活性和稳定性,此酶用作对照。实验结果表明,在 6 种突变蛋白中,有一种变体(即 B,其第 9 和第 164 位氨基酸残基被转换为半胱氨酸,并形成一对二硫键)的酶活性高于对照 6%,熔点温度 $T_m$ 提高 6.4℃;所有的变体随二硫键数目的增加其 $T_m$ 值呈单调上升趋势;含有 3 对二硫键的变体酶的 $T_m$ 值比对照提高 23.6℃,但活性全部丧失。由此可见,工程蛋白的构建也是一个试验过程,比天然蛋白性能优异的变体并不多见。

**表 9-2　T4 溶菌酶及其 6 种变体酶的特性**

| 酶 | 氨 基 酸 位 置 | | | | | | | 二硫键数量 | 相对活性/% | 熔点/℃ |
| --- | --- | --- | --- | --- | --- | --- | --- | --- | --- | --- |
| | 3 | 9 | 21 | 54 | 97 | 142 | 164 | | | |
| wt | Ile | Ile | Thr | Cys | Cys | Thr | Leu | 0 | 100 | 41.9 |
| pwt | Ile | Ile | Thr | Thr | Ala | Thr | Leu | 0 | 100 | 41.9 |
| A | Cys | Ile | Thr | Thr | Cys | Thr | Leu | 1 | 96 | 46.7 |
| B | Ile | Cys | Thr | Thr | Ala | Thr | Cys | 1 | 106 | 48.3 |
| C | Ile | Ile | Cys | Thr | Ala | Cys | Leu | 1 | 0 | 52.9 |
| D | Cys | Cys | Thr | Thr | Cys | Thr | Cys | 2 | 95 | 57.6 |
| E | Ile | Cys | Cys | Thr | Ala | Cys | Cys | 2 | 0 | 58.9 |
| F | Cys | Cys | Cys | Thr | Cys | Cys | Cys | 3 | 0 | 65.5 |

**3. 转换氨基酸残基以提高蛋白质或酶类分子的稳定性**

在高温下,蛋白质中天冬酰胺和谷酰胺的游离氨基会发生脱氨反应,进而损害其结构和功能。因此,在不影响催化活性的前提下,将上述两种氨基酸残基转换为其他合适的氨基酸残基,是提高蛋白质热稳定性的另一种战略。

酵母的丙糖磷酸异构酶由两个相同的亚基组成,每个亚基各含有两个天冬酰胺残基,它们位于亚基相互接触的表面上,可能与该酶的热稳定性有关。利用寡核苷酸定向突变技术将亚基上第 14 和第 78 位的两个天冬酰胺残基分别转换成苏氨酸和异亮氨酸残基,变体酶的热稳定性大幅度提高(表 9-3)。将亚基中的一个天冬酰胺残基转换为天冬氨酸残基,变体酶的热稳定性非但不增加反而有所下降;若将两个天冬酰胺残基全部换成天冬氨酸残基,则变体酶即使在常温下也不稳定,而且还伴有酶活性的损失。

**表 9-3　酵母丙糖磷酸异构酶及其变体的热稳定性**

| 酶 | 氨 基 酸 位 置 | | 半衰期/min |
| --- | --- | --- | --- |
| | 14 | 78 | |
| 野生型 | Asn | Asn | 13 |
| 变体 A | Asn | Thr | 17 |
| 变体 B | Asn | Ile | 16 |
| 变体 C | Thr | Ile | 25 |
| 变体 D | Asp | Asn | 11 |

由嗜温枯草芽孢杆菌产生的枯草蛋白酶 E 在 65℃、pH 8.0、1 mmol/L CaCl$_2$ 存在的条件下,半衰期大约 5 min。枯草蛋白酶 E 的两个热稳定性变体 RC1 和 RC2 分别含有 3 个和 7 个突变碱基,导致氨基酸置换的有义突变包括 RC1 中的 Asn218→Ser(N218S)、RC2 中的 Val93→Ile(V93I) 和 Asn181→Asp(N181D),其中只有 N181D 和 N218S 能改善酶分子的热稳定性。在 65℃时,两者的半衰期分别比天然枯草蛋白酶 E 提高 3 倍和 2 倍;而两个位点同时发生突变的变体酶(N181D+N218S),其半衰期比天然酶的提高 8 倍。以野生型枯草蛋白酶 E 编码基因为出发亲本,首先采用易错 PCR 进行随机突变,筛选出 5 种 65℃半衰期比天然酶的提高 3~8 倍的变体分子(第一代变体)。再以等量的这 5 种突变基因为亲本实施 StEP 随机重组,从重组文库中获得大约 8 000 个表达型克隆。利用 75℃的热稳定性条件筛选这些克隆,检出 3 个热稳定性最高的变体(第二代变体),它们在 65℃环境中的半衰期是天然酶的 25~50 倍。由上述易错 PCR 和 StEP 产生的 8 种变体的突变位点分析结果如图 9-15 所示。在易错 PCR 导致的 5 种变体分子中,4A5 的 N181D 和 N218S 以及 36D10 的 N218S 两种突变位点是先前已知的(RC1 和 RC2);分别来自 15C1 和 35F10 变体分子的 S194P 和

S161C 则是对热稳定性起作用的新突变位点；在剩下来的 32G11 和 36D10 中，由于各自含有多个非同义突变，因此 S37T、G166R、A192T 的效应尚不能确定。在由 StEP 产生的变体分子中，热稳定性最高的是 A45B7(半衰期为天然酶的 50 倍)，它含有 4 个非同义突变位点：G166R、N181D、S194P、N218S；两个热稳定性稍次的 A9C5 和 A15B1(半衰期为天然酶的 25～30 倍)，只含有 G166R、N181D、N218S 3 种类型的突变。由此可知，新突变类型 G166R 存在于上述所有 3 种变体分子中，因而是枯草蛋白酶 E 热稳定性由原来的 9 倍增至 30 倍的关键因素。综合上述分析可得出的结论是，S161C、G166R、S194P、N181D、N218S 是提高枯草蛋白酶 E 热稳定性的重要位点。

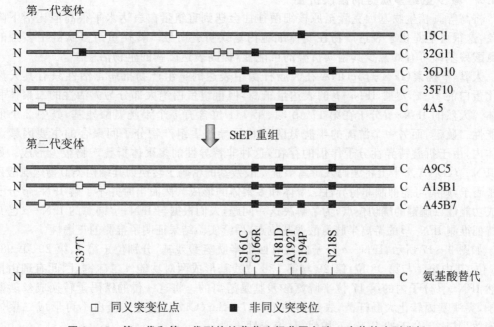

图 9-15　第一代和第二代耐热枯草芽孢杆菌蛋白酶 E 变体的序列分析

类似的结果还包括同源四聚体的大肠杆菌 β-葡糖醛酸糖苷酶(GUS)。首先，通过 5 轮迭代式易错 PCR 程序，获得一批在 70℃仍保持稳定的变体分子。从中选出 7 个突变基因实施进一步的 DNA 改组实验，以 90℃保温 15 min 的条件从 26 000 个克隆中筛选 4 种仍具有相当酶活的变体分子。经上述迭代式易错 PCR 随机突变和 DNA 体外改组所获得的功能性变体分子中，共有 16 个位于亚基表面、12 个位于亚基与亚基接触面、4 个位于蛋白质内部的氨基酸残基被突变。其中，具有最高热稳定性的变体酶分子含有 7 个位于亚基表面、8 个位于亚基与亚基接触面、4 个位于蛋白质内部的突变残基。这些变体酶的最适温度普遍升高，但最大活性大都低于天然酶分子(图 9-16)。例外的是从第四轮迭代式易错 PCR 中筛选出的 IV-5 变体，其最适温度(65℃)下的酶活性比天然 GUS 最适温度(40℃)下的酶活性还要高出 34%。

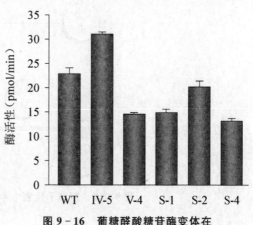

图 9-16　葡糖醛酸糖苷酶变体在最适温度下的活性

增加功能蛋白的酸稳定性,延长其在体内的半衰期,对基因药物的开发具有重要意义。已经上市的急性心肌梗死特效溶栓药物组织型纤溶酶原激活剂(t‐PA)是一种相对分子质量为 70 kD、由 527 个氨基酸残基组成的丝氨酸蛋白酶,可分为 5 个独立的结构域:P 区、EGF 区、K1 区、K2 区及蛋白酶区。其中,P 区和 EGF 区与 t‐PA 在血液中的清除速率有关,删除了 P 区和 EGF 区的突变分子 K2tu‐PA 在血液中的半衰期明显延长。另外,带有 Thr103→Asn(T103N)型突变的 t‐PA 变体也具有体内清除速率降低、半衰期延长的特性。采用蛋白质工程技术进一步提高 t‐PA 和另一种溶栓剂尿激酶原(pro‐UK)对酸的稳定性,并制成预防心血管疾病的口服制剂,其市场据估计可扩大 10 倍。

### 9.4.2　减少重组多肽链的错误折叠

将高等真核生物基因克隆至原核细菌往往会遇到重组蛋白表达水平很高但比活下降的现象,这很可能是由于表达产物在受体细胞内错误折叠所致。转换重组多肽链中多余的半胱氨酸残基即可有效减少其错误折叠的可能性,提高表达产物的生物活性。

人 β‐干扰素(IFN‐β)cDNA 在大肠杆菌中表达的重组产物抗病毒活性只有其天然糖基化蛋白的 10%,尽管 IFN‐β 的表达量很高,但重组蛋白绝大部分为无活性的二聚体和多聚体。天然的 IFN‐β 分子在第 17、第 31、第 141 位含有 3 个半胱氨酸残基,其中 2 个形成功能性二硫键,而另一个游离的半胱氨酸残基是导致重组产物分子间聚合的主要因素。在人体内,由于折叠特异性分子伴侣的存在,这种非特异性的多聚体折叠产物很少形成。如果在 IFN‐β cDNA 水平上将编码该游离半胱氨酸残基的密码子转换为其结构类似物丝氨酸残基的密码子,则有可能抑制非特异性二聚体和多聚体的形成。然而当时并不了解 IFN‐β 分子内形成功能性二硫键的确切位点,为了解决这一问题,人们根据与 IFN‐β 同源的 IFN‐α 已知结构特征推测 IFN‐β 的游离半胱氨酸残基位点,后续实验结果证明了推测的正确性。

如图 9‐17 所示,IFN‐α 分子内共有四个半胱氨酸残基,分别位于第 1、第 29、第 98、第 138 位,其中第 1 与第 98 位、第 29 与第 138 位残基形成两对功能性二硫键,因此有理由推测天然 IFN‐β 分子内的第 17 位半胱氨酸残基是游离的。将这一位的密码子转换成丝氨酸密码子,突变基因转化大肠杆菌,表达出的 Cys17→Ser(C17S)型变体蛋白不再形成二聚体和多聚体,其比活与天然 IFN‐β 相似,且稳定性更高。

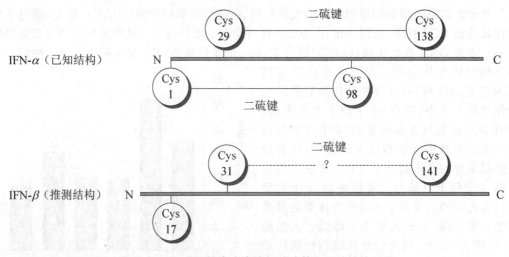

图 9‐17　两种干扰素中半胱氨酸残基和二硫键的位置

### 9.4.3　改善酶的催化活性

大量酶蛋白的晶体 X 衍射结构显示,酶的催化活性中心位于空间构象中相邻的少数几个关键性氨基酸残基,其侧链基团之间的相互作用在很大程度上决定了酶催化反应的效率,因而成为工程化提升酶催化活性的首选操作靶点。

1. 转换氨基酸残基以改善酶的催化活性

采取蛋白质工程的分子理性设计战略改善酶的催化活性较为困难,必须掌握活性中心的有关结构参数以及酶催化反应机理。嗜热芽孢杆菌酪氨酸-tRNA 合成酶的三维结构及其活性部位的氨基酸残基序列业已确定,这些信息经电脑处理后,可以预测引入哪些氨基酸残基能提高酶与底物的亲和程度。该酶催化酪氨酸与其 tRNA(tRNA$^{Tyr}$)之间的酰胺化作用,整个反应包括两个步骤(图 9-18):一是酪氨酸经 ATP 活化形成酶结合型的酪氨酰腺苷酸(Tyr-A),同时释放焦磷酸;二是 tRNA$^{Tyr}$分子中的 3′羟基攻击 Tyr-A,使酪氨酸与 tRNA$^{Tyr}$结合并释放 AMP。在上述两步反应过程中,所有的底物都结合在酶分子上。天然状态下,酪氨酸-tRNA 合成酶分子内第 51 位苏氨酸残基的羟基能与底物酪氨酰腺嘌呤核苷酸戊糖环上的氧原子形成氢键,这个氢键的存在影响酶分子与另一底物 ATP 的亲和力。因此,实验方案是利用定向诱变技术将酶分子中的第 51 位苏氨酸残基改变为丙氨酸或脯氨酸残基。实验结果表明(表 9-4),丙氨酸残基变体酶(Thr51→Ala,T51A)对 ATP 的亲和力提高了一倍,但最大反应速度无明显影响;脯氨酸残基变体酶(Thr51→Pro,T51P)对 ATP 的亲和力增加了 130 倍,而且最大反应速度亦大幅度提高。

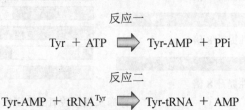

图 9-18  嗜热芽孢杆菌酪氨酰-tRNA 合成酶催化氨酰化反应的机理

表 9-4  酪氨酸 tRNA 合成酶及其变体的氨酰化活性

| 酶 | $k_{cat}/s^{-1}$ | $K_m/(mmol \cdot L^{-1})$ | $(k_{cat}/K_m)/(L \cdot mol^{-1} \cdot s^{-1})$ |
| --- | --- | --- | --- |
| Thr-51(天然) | 4.7 | 2.5 | 1 880 |
| Ala-51(修饰后) | 4.0 | 1.2 | 3 333 |
| Pro-51(修饰后) | 1.8 | 0.019 | 94 736 |

2. 随机改组肽段以改善酶的催化活性

头孢菌素酶催化头孢菌素和拉氧头孢类抗生素的水解反应,从而赋予细菌对这些抗生素的抗性。来自弗氏柠檬酸杆菌(*Citrobacter freundii*)、阴沟肠杆菌(*Enterobacter cloacae*)、小肠结肠炎耶尔森氏病(*Yersinia enterocolitica*)、肺炎克雷伯氏菌(*Klebsiella pneumoniae*)四种细菌的头孢菌素酶编码基因呈现较高的同源性(58%~82%),每个基因均为自然界亿万年选择的结果,各有各的长处。如果将这四个基因分别实施单基因改组,则筛选到的突变克隆菌对拉氧头孢菌素的抗性均为对照菌株(含野生型头孢菌素酶基因的克隆菌)的 8 倍。然而,若将上述 4 个同源基因等分子混合进行多基因改组,则从突变重组文库中筛选到一个克隆(A),其抗性比野生型的 *Citrobacter* 和 *Enterobacter* 基因提高 270 倍,比野生型的 *Klebsiella* 和 *Yersinia* 基因提高 540 倍[图 9-19(a)]。与单个基因的改组相比,家族改组的进化速率分别提高 34 倍和 68 倍。也就是说,家族基因的共同改组由于提供了成员之间优势互补的可能性,因而大大加快了进化的步伐。以上述第一轮获得的高抗性重组突变基因为亲本,实施第二轮改组,从大约 5 万个克隆中又筛选出 3 个更高抗性的重组突变克隆,其抗性为 A 克隆的 3.5 倍,这表明第二轮改组的进化速率已接近极限。对 A 克隆

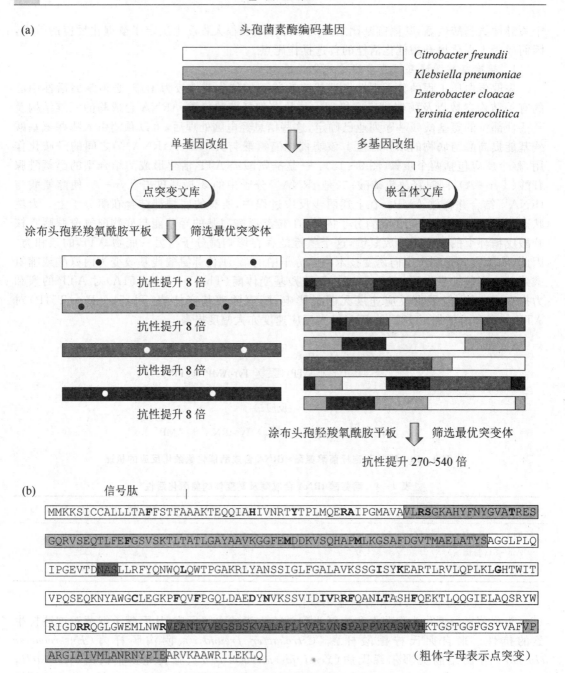

图 9-19 头孢菌素酶编码基因的改组策略与效应

所含的重组突变基因序列进行分析,结果表明,它是 *Citrobacter*、*Enterobacter*、*Klebsiella* 野生型基因的杂合分子,7 个重组交叉位点形成 8 个重组区域[图 9-19(b)]。此外,这个杂合重组突变基因还含有 47 处 DNA 点突变,导致 33 个氨基酸残基被取代,而且新换上的所有氨基酸残基均不存在于 4 种亲本酶分子中。

3. 删除末端部分氨基酸序列以改善酶的催化活性

枯草芽孢杆菌 MI113 株的 α-淀粉酶结构基因编码 660 个氨基酸,它在相同菌株中的重组表达产物比活并不高。若将其 C 末端的序列分别缩至 617 个、560 个、511 个、500 个氨基酸残基,则表达出的变体酶不仅比活比天然酶高 2.7 倍,而且所有变体酶均变成 383 个氨基酸残基的相同分子,其 C 末端以组氨酸残基结尾。进一步分析表明,这些蛋白变体由于肽段部分缺失,其 C 端区域在细菌细胞内不再能维持稳定的三维空间结构,因此被胞内的蛋白酶或羧肽酶降解,而天然的 α-淀粉酶和以 His-383 结尾的变体酶则能形成稳定的空间结构,故对羧肽酶产生抗性。由此可见,α-淀粉酶的 C 端肽段对酶的活性发挥有阻碍作用。

### 9.4.4　消除酶的被抑制特性

有些酶分子的催化活性在天然细胞内呈可诱导性,这种酶活诱导机制建立在酶分子中抑制型功能域的基础之上。或许这种诱导机制对天然宿主正常的生理代谢活动具有重要意义,但在异源工程化表达的背景下,消除这种诱导机制不仅不会产生不良影响,更重要的是能在很大程度上提高工业用酶的活性。

1. 转换氨基酸残基以消除酶的被抑制特性

枯草芽孢杆菌蛋白酶是一种丝氨酸蛋白酶,因具有广谱的蛋白质降解能力而被广泛用作洗涤添加剂。但早期的这种添加剂有一个严重的缺陷,它不能与漂白剂联合使用,因为后者会灭活蛋白酶。相关生化分析结果表明,酶活性丧失(约 90%)是由蛋白分子中第 222 位的甲硫氨酸残基被氧化所致。为了消除蛋白酶对漂白剂的敏感性,借助 DNA 定点突变技术将枯草芽孢杆菌蛋白酶第 222 位的甲硫氨酸残基分别转换成其他 19 种氨基酸残基(即所谓的饱和突变),形成一系列的变体酶。其中,Met222→Cys(M222C)型变体酶比天然酶具有更高的降解活性,但它仍对漂白剂敏感;而 Met222→Ala(M222A)型变体酶虽然降解蛋白质的活性只及天然酶的 53%,但已不受漂白剂的抑制,因此可作为第二代洗涤添加剂被广泛使用。

2. 删除肽段以消除酶的被抑制特性

血液中存在很多纤溶酶原激活剂(PA)的抑制剂蛋白,使得这类溶栓药物的临床使用剂量较大。由于任何溶栓剂对血栓的专一性降解都是相对的,因此大剂量使用这些药物容易破坏病人的凝血系统,导致出血性死亡。纤溶酶源激活剂的抑制蛋白以 PAI-1 为主,后者能与 t-PA 或 pro-UK 形成等分子的复合物,并使之失活。定点删除型突变的实验结果证明,缺失 Lys296-Gly302 肽段的 t-PA 变体为 PAI-I 抑制的效应明显减弱。进一步研究显示,t-PA 与 PAI-1 结合的位点位于其催化活性中心附近的 Lys296-Arg299 肽段中。在分析 t-PA 结构的基础上,将 PAI-I 结合位点附近带正电荷的氨基酸残基都替换为带负电荷的氨基酸残基,得到的突变分子 t-PA R275E、R298E、R299E、R304E 具有更强烈的抗 PAI-1 抑制的特性。而且,根据 t-PA 与 PAI-1 相互作用的方式也可预测 pro-UK 与 PAI-l 作用的位点可能与其 Arg179-Ser184 肽段有关。后续实验证明,Arg179-Ser184 肽段删除型 pro-UK 变体确实具有明显的抗 PAI-l 抑制能力。

### 9.4.5　修饰酶的催化特异性

虽然蛋白质工程的许多研究主要集中在修饰那些催化特异性高的酶的天然性质,但将底物专一性不强的酶改造成只能转化一种底物的高特异性变体酶,也许意义更大。

1. 共价结合寡核苷酸以修饰酶的催化特异性

链球菌核酸酶是由 149 个氨基酸组成的单一多肽链,能催化降解单链 RNA 和单双链 DNA 分子中的磷酸二酯键,产生 3′磷酸和 5′羟基的末端,底物作用部位为 A、U 或 A、T 丰富区。X 晶体衍射得到的结构数据表明,将一小段已知序列的寡核苷酸片段接在邻近酶催化活性部位的某一氨基酸残基上,可以提高该酶的降解特异性。其构建原理如图 9-20 所示:利用寡核苷酸定向突变技术将天然核酸酶第 116 位的赖氨酸残基转变为半胱氨酸残基,同时人工合成 3′端带有巯基的寡核苷酸单链片段,两者通过二硫键共价交联在一起。天然链球菌核酸酶分子内没有半胱氨酸残基,因此在体外共价交联时,反应体系中会出现三种产物:核酸酶与寡核苷酸所形成的变体酶、寡核苷酸之间的二聚体以及带有寡核苷酸的变

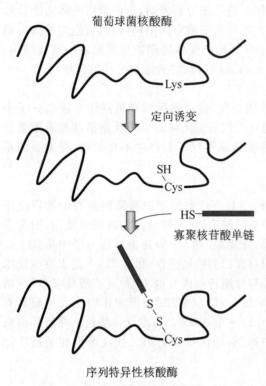

葡萄球菌核酸酶

定向诱变

寡聚核苷酸单链

序列特异性核酸酶

**图 9‑20 链球菌核酸酶的底物特异性改造**

体酶之间的二聚体,这种反应混合物可用凝胶过滤程序加以分离。若将由此构建的核酸酶变体用于降解 DNA 单链,只有那些含有与修饰酶寡核苷酸片段互补序列的 DNA 分子才能在其互补区域的邻近位点被降解,于是这个修饰酶便成了一个 DNA 序列特异性的核酸酶。

2. 转换氨基酸残基以修饰酶的催化特异性

利用蛋白质工程技术改变酶催化特异性的另一个典型例子是新支链淀粉酶。嗜脂热芽孢杆菌来源的新支链淀粉酶的活性中心已借助于定点突变技术得以确定,构成活性中心的氨基酸残基组成也可通过与其他淀粉水解酶一级结构的比较进行预测(图 9‑21)。当活性中心内的谷氨酸和天冬氨酸残基被具有相反电荷或中性的氨基酸残基(如组氨酸、谷酰胺或天冬酰胺)取代时,变体酶的 $\alpha$‑(1→4)‑和 $\alpha$‑(1→6)‑糖苷键水解活性完全消失;若将底物结合位点的氨基酸残基进行置换,则变体酶裂解 $\alpha$‑(1→4)‑和 $\alpha$‑(1→6)‑糖苷键的活性之比明显发生改变。随着变体酶 $\alpha$‑(1→4)‑糖苷键水解活性的增强,由支链淀粉产生潘糖的产率也显著提高;相反,若提高变体酶 $\alpha$‑(1→6)‑糖苷键的水解活性,则潘糖的产率下降。

提高 t‑PA 和 pro‑UK 等溶栓药物的血纤维蛋白专一性,是降低急性心肌梗死病人死亡率的一个重要因素。前期大量的定点突变实验已经鉴定出与纤维蛋白专一性密切相关的区域和氨基酸位点。据此,可构建一种 t‑PA 的组合型变体分子 KHRR296‑299AAAA,即置换连续排列的四个氨基酸残基。这种突变使血纤维蛋白的专一性增强 14 倍,同时抗 PAI‑1 抑制的能力提高 80 倍。

不饱和脂肪酸合成酶在脂肪酸合成过程中具有去饱和酶、羟化酶、环氧酶、乙炔酶、连接酶 5 种催化活性(图 9‑22)。定点突变该酶活性中心的关键氨基酸序列可产生不同的酶活性,进而生成不同的最终产物。涉及这种酶催化性质转变的位点已鉴定了 7 个,它们在 5 种去饱和酶中严格保守,但在 2 种羟化酶中的相应位点却有所不同。在这 7 个位点处将去饱和酶和羟化酶的氨基酸残基进行交换,就会明显改变去饱和酶与羟化酶的活性比例。例如,4 种氨基酸残基交换就足以使去饱和酶转变成羟化酶;而 6 个氨基酸残基被替换,又可以使羟化酶转变为去饱和酶。

## 9.4.6 改造配体与其受体的亲和性

广泛存在于生物体内的各类信号转导在很大程度上介导着生命的运动过程,而配体与其受体之间的识别和结合又是细胞信号转导的触发开关。因此,工程化理性设计改造配体与受体之间的亲和性具有重要的临床应用意义。

1. 随机点突变以强化配体与其受体的亲和性

在没有任何蛋白质结构与功能相关数据的情况下,欲通过 DNA 定点突变技术提高多肽激素与其受体的亲和性是难以想象的。试想,如果在一个多肽分子中只改变其中的 3 个氨

| 　 | 　 | 区域1 | 区域2 | 区域3 | 区域4 |
|---|---|---|---|---|---|
| α-淀粉酶 | 米曲霉菌 | 117 DVVANH | 202 GLRIDTVKH | 230 EVLD | 292 FVENHD |
| α-淀粉酶 | 嗜脂热芽孢杆菌 | 101 DVVFDH | 230 GFRLDAVKH | 264 EYWS | 326 FVDNHD |
| α-淀粉酶 | 嗜淀粉芽孢杆菌 | 98 DVVLNH | 227 GFRIDAAKH | 261 EYWQ | 323 FVENHD |
| α-淀粉酶 | 枯草芽孢杆菌 | 97 DAVINH | 172 GFRFDAAKH | 208 EILQ | 264 WVESHD |
| α-淀粉酶 | 大鼠 | 96 DAVINH | 190 GFRLDAAKH | 230 EVID | 292 FVDNHD |
| α-淀粉酶 | 小鼠,唾液 | 96 DAVINH | 193 GFRLDASKH | 233 EVID | 295 FVDNHD |
| α-淀粉酶 | 小鼠,胰腺 | 96 DAVINH | 190 GFRLDAAKH | 230 EVID | 292 FVDNHD |
| α-淀粉酶 | 猪 | 96 DAVINH | 193 GFRLDASKH | 233 EVID | 295 FVDNHD |
| α-淀粉酶 | 人类,唾液 | 99 DAVINH | 196 GFRIDASKH | 236 EVID | 298 FVDNHD |
| α-淀粉酶 | 人类,胰腺 | 99 DAVINH | 196 GFRLDASKH | 236 EVID | 298 FVDNHD |
| α-淀粉酶 | 大麦 | 101 DIVINH | 127 DGRLDWGPH | 218 EVWD | 299 FVDNHD |
| 新支链淀粉酶 | 嗜脂热芽孢杆菌 | 242 DAVFNH | 324 GWRLDVANE | 357 EIWH | 419 LLGSHD |
| 异淀粉酶 | 嗜淀粉假单胞菌 | 291 DVVYNH | 370 GFRFDLASV | 454 EWSV | 502 FIDVHD |
| 支链淀粉酶 | 产气克雷伯杆菌 | 600 DVVYNH | 671 GFRFDLMGY | 704 EGWD | 827 YVSKHD |
| 环化糊精葡聚糖转移酶 | 软化芽孢杆菌 | 135 DFAPNH | 225 GIRFDAVKH | 258 EWFL | 324 FIDNHD |
| 环化糊精葡聚糖转移酶 | 嗜碱芽孢杆菌 | 135 DFAPNH | 225 GIRVDAVKH | 268 EYHQ | 323 FIDNHD |
| 环化糊精葡聚糖转移酶 | 嗜脂热芽孢杆菌 | 131 DFAPNH | 221 GLRMDAVKH | 253 EWFL | 319 FIDNHD |

图 9-21　淀粉酶家族的高度保守区域

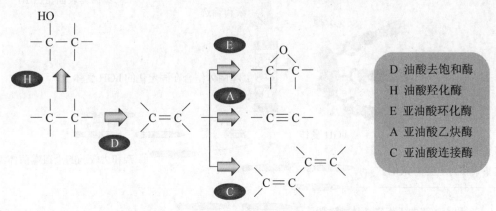

D　油酸去饱和酶
H　油酸羟化酶
E　亚油酸环化酶
A　亚油酸乙炔酶
C　亚油酸连接酶

图 9-22　不饱和脂肪酸合成酶的催化活性

基酸残基便有 8 000 种可能性,若转换 10 个氨基酸残基,其可能的排列组合高达 $10^{13}$。然而,只要借助于一个巧妙的实验设计(图 9-23),上述难题便会迎刃而解。

在人生长激素(hGH)负责与其受体结合的区域内,通过随机点突变技术创造所有可能的突变编码序列文库,将之连接到 M13 噬菌粒表达载体上,并使其与 M13 基因 III 产物的 C端编码序列融合。融合基因表达产物的 C 端结构域维系于重组噬菌体的颗粒内,而其 N 端的 hGH 变体部分则暴露在噬菌体的外表面上。将所有的重组分子转化大肠杆菌,获得的 $Ap^r$ 克隆再由一个能产生完整噬菌体颗粒的辅助噬菌体感染,此时大约 1%～10% 的噬菌体颗粒($10^{11}$ 个以上)含有 hGH-III 型融合蛋白,而且每个颗粒携带一种融合蛋白,它们共同组成了一个庞大的 hGH 变体文库。这一程序称为噬菌体表面展示技术。

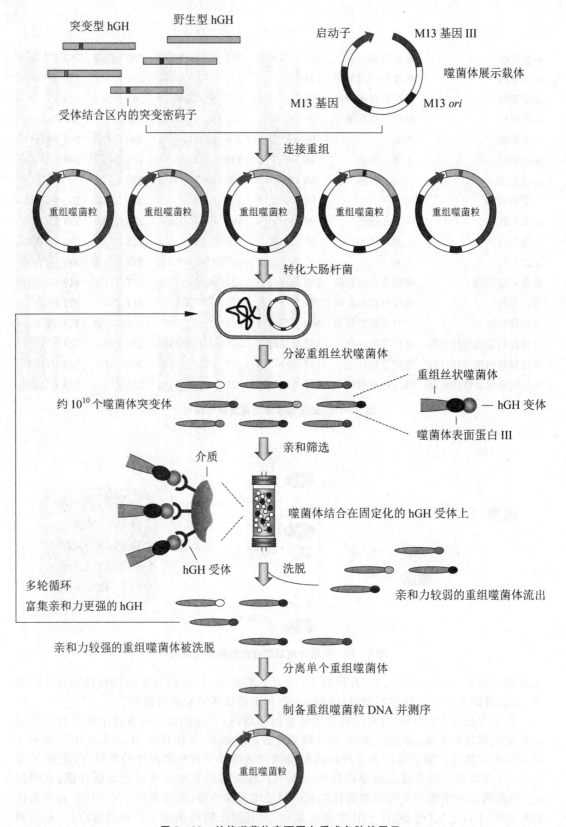

图 9 – 23  丝状噬菌体表面蛋白质或多肽的展示

接下来的工作是从上述构建的变体文库中筛选出与受体亲和能力最强的激素变体。这个步骤相对较为简单,只需将所有的噬菌体颗粒悬浮液上受体亲和层析柱,与受体结合力弱的噬菌体颗粒被洗脱,亲和性高的颗粒则可用高离子强度的溶液回收。由此获得的高亲和性噬菌体颗粒再次感染大肠杆菌加以扩增,然后进行第二轮亲和层析分离。重复上述操作6个循环,每次循环均使亲和性更高的噬菌体颗粒得以富集。最终获得的一个 hGH 变体,其受体亲和活性比天然激素高 10 倍,若将在另一项实验中筛选出的 hGH 另一区域内的突变位点引入,则会双重突变的 hGH 变体显示出比天然激素高 50 倍的受体亲和活性。

2. 基因家族改组以强化配体与其受体的亲和性

人的 $\alpha$-干扰素至少有 11 种亚型,其氨基酸序列呈一定程度的多样性[图 9-24(a)]。根据每个多态性位点所观察到的不同氨基酸数进行计算,由这 11 种亚型可以产生 $10^{26}$ 种组合变体,但没有任何技术能准确地获得这一庞大组合文库的样品。一项基因家族改组的尝试是选取其中的 8 个亚型成员,用 DNase I 随机切成 $20\sim50$ bp 和 $50\sim100$ bp 两组片段,然后分别进行无引物 PCR 扩增。将扩增物与 M13 噬菌体的基因 III 重组并融合表达,然后通过测定融合蛋白对 Daudi 细胞的抗增殖活性,从上述噬菌体展示文库中筛选目的重组突变体。所获得的 16 个随机重组变体进行基因序列分析,结果表明,高重组交叉文库和低重组交叉文库分别产生于 $20\sim50$ bp 和 $50\sim100$ bp 片段的改组[图 9-24(b)]。其中,IFN $\alpha$-MAX4 变体(存在于高重组交叉库中,从顶部数起第四行)的抗 Daudi 细胞抗增殖活性分别比亲本 IFN $2\alpha$ 和保守的 1 型干扰素高 40 倍和 2 倍。

### 9.4.7 降低异源蛋白药物的免疫原性

L-天冬酰胺酶是治疗小儿白血病的有效药物,但在临床应用中因其异源性常常引起过敏反应,因此降低其免疫原性是该药研究开发的重要内容。应用定点突变技术对 L-天冬酰胺酶的表位抗原进行结构改造,已证明策略可行。经结构预测,L-天冬酰胺酶中的八条肽段为其抗原表位关键序列,其中第 261 位至第 269 位及第 192 位至第 199 位(TPARKHTS)的两个肽段与重组大肠杆菌 L-天冬酰胺酶抗体的结合力最强。192TPARKHTS199 肽段中含有连续的 3 个碱性氨基酸残基 RKH,其中的 Lys 与抗体分子的结合功能有关。由此设计针对 Lys 进行定点突变,以 Ala 残基替代 Lys 残基。结果表明,这种 Lys196→Ala(K196A)型的 L-天冬酰胺酶变体活性保持不变,但其免疫原性下降了 2.5 倍。

葡激酶(Staphylokinase,SAK)是葡萄球菌产生的一种蛋白酶,具有较高的纤维蛋白专一性。葡激酶能选择性地与血栓表面的纤溶酶源形成等分子的复合物,并在血栓表面痕量纤溶酶的作用下,转变为活化的复合物,从而高效特异地溶解血栓。但由于葡激酶对人体而言属于异源蛋白,作为药物注射使用会引起免疫反应,因此必须对其抗原决定簇进行改造。通过定点突变将 SAK 多肽链上某些带电荷的极性氨基酸残基改变为丙氨酸残基后,得到 SakSTAR.M38(将 Lys35、Glu38、Lys74、Glu75、Arg77 分别替换为 Ala)和 SakSTAR.M89(将 Lys74、Glu75、Arg77、Glu80、Asp82 分别替换为 Ala)两种变体,其免疫原性明显降低,而且溶栓活性不受影响。类似的例子还包括来自细菌的链激酶,一种缺少 C 末端 42 个氨基酸残基的链激酶变体(Skc2)也能大大削弱在人体中的免疫原性。

目前临床上使用的单克隆抗体绝大多数为鼠源性抗体,它们进入人体后最终会被机体视为异源蛋白而遭清除。降低鼠源性单克隆抗体免疫原性的第一种方法是构建含有鼠源性可变区和人源性不变区编码序列的嵌合抗体基因,由此合成半人源化的基因工程抗体(图 9-25),但这种嵌合抗体仍含有一定比例的鼠源性区域。

抗体分子三维空间结构的深入研究表明,在可变区 100 个氨基酸残基中只有少数几个真正参与接触抗原,由其构成的接触区域称为互补决定域(CDR)。每个抗体轻链和重链中均含有 3 个 CDR,而其余的可变区氨基酸残基则作为支架将 CDR 锚定在正确的位置上。因

(a)　各型α-干扰素序列比

```
    CDLPQTHSLGNRRALILLAQMGRISPFSCLKDRHDFGFPQEEFDGNQFQKAQAISVLHEMIQQIFNLFSTKDSSAAWEQSLLE
 I  -----------------------------------------L---------------T---P-------------------E------------
 C  -----------------------------------------P--L------------T-------------------E------------
 H  --N-S----N---T-M-M---R---H--------E------------------------------M----------N-----DET---
4B  ------------L------------------E------H----T------------------E------------
 6  ---------H--TMM-----R------------R---------------E-------V-----------------V--DER---D
 7  ---------R------------------E-R-E-----H----T------------------LDET---
 8  ------------------R---------E-------DK------------------E------------D
 D  -----E---D---T-M-----S----S---M-----------------P-------L--I----T-------DED--D
 F  ----------------------------------------------------------------T------------
IB  ------------------P--L------------T-------------------E------------
WA  ---------------H---------Y----V------------AF-----------------DET--D

    KFSTELYQQLNDLEACVIQEVGVEETPLMNEDSILAVRKYFQRITLYLTEKKYSPCAWEVVRAEIMRSLSFSTNLQKRLRRKD
 I  ----------N---------M------------------------------------------------------
 C  ----------N---------M-----------------------------------------------I-----
 H  --YI--F--M------------------K---------M------------------------------------
4B  -----------------V------------------------------------------------
 6  -LY---------TMM-----W-GG-------------------------------F-S-R---E----E-
 7  ----------------------F-----------M------------F-----K-G---
 8  E-YI--D-------S--M-----I-S--Y------------S----------F-L-I-----KS-E-
 D  --C----------M-ER-G----A-----K--R----------L-----E----E-
 F  --------N---M--------V----K---------------F-L-KIF-E----E-
IB  ----------N---------M-----------------------------------------I-----
WA  --YI--F-------T-----IA--------------MG----------------F-----G----
```

(b)　重组交叉文库的构成

高重组交叉库：

IFNα基因编码区

- ▨　IFNα 14
- ▧　IFNα 1
- ▦　IFNα 5（1）
- ■　IFNα 17
- ▬　IFNα 5
- ⦀　IFNα 5（2）
- ▦　IFNα 6/16
- □　IFNα F
- ⧆　IFNα 4

低重组交叉库：

图 9 - 24　人 α-干扰素随机重组变体的序列分析

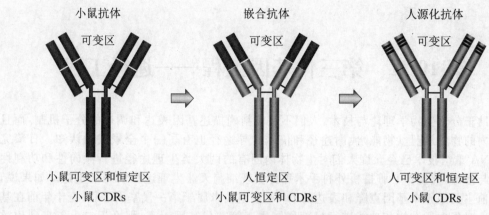

| 小鼠抗体 | 嵌合抗体 | 人源化抗体 |
| --- | --- | --- |
| 可变区 | 可变区 | 可变区 |
| 小鼠可变区和恒定区 | 人恒定区 | 人可变区和恒定区 |
| 小鼠 CDRs | 小鼠可变区和 CDRs | 小鼠 CDRs |

**图 9-25　人源化单克隆抗体的构建程序**

此,完全人源化单克隆抗体的构建策略是利用体外基因突变技术将鼠单克隆抗体中的 CDR 氨基酸序列转移至人的天然抗体分子内。这种工程化改造型的人源化单克隆抗体能识别人体淋巴细胞的表面抗原,目前已在临床试验中作为免疫阻断剂治疗人淋巴细胞瘤。

单克隆抗体另一个极有应用价值的特性是能与很多乳腺癌细胞表面上的生长因子受体结合。相关实验证明,这种抗体能在培养基中抑制癌细胞的生长,并使鼠的乳腺癌组织消退。利用计算机精确设计抗体可变区 CDR 的氨基酸残基取代方案,以增强抗体与抗原之间的相互作用强度,由此可构建出若干抗体变体。其中有一个变体与肿瘤细胞表面抗原的结合能力比原来的抗体提高 250 倍,目前这种工程化抗体已大量生产并用于临床。

# 第10章　第三代基因工程——途径工程

借助于分子生物学理论与技术,人们不仅能精确描述基因表达和调控的分子机制,而且对细胞内的物质/能量(物能)代谢途径和信号转导途径也有了一个全景式的认知。日臻完善的 DNA 重组技术已经允许人们对生物体内固有的两大类生理途径进行倾向性和功利性的设计与修饰,甚至像心脏搭桥外科手术那样实现细胞天然生理途径的局部重建。如果说,四十年前主要用于单基因克隆和表达的 DNA 重组技术属于第一代基因工程;三十年前在基因水平上对蛋白质结构和功能进行局部修饰属于第二代基因工程;那么近二十年来利用重组 DNA 技术对生物细胞内固有物能代谢途径和信号转导途径进行改造设计的尝试就属于第三代基因工程,即途径工程。

## 10.1　途径工程的基本概念

### 10.1.1　途径工程的基本定义

细胞是生命运动的基本功能单位,其所有的生理生化过程(即细胞代谢活性的总和)是由一个可调控的、大约有上千种酶促反应高度偶联的网络以及选择性的物质运输系统来实现的。在大多数情况下,细胞内生物物质的合成、转化、修饰、运输及分解各过程需要经历多步酶促反应,而这些反应又以串联的形式组合成为途径,其中前一反应的产物是后一反应的底物。

根据底物在代谢反应中对通用性酶和特异性酶的使用要求,可将细胞内所有的生物分子分成两大类:① 一级基因产物,如 RNA、蛋白质、核酸、多糖、脂质等,其生物合成和分解只需要有限的几种通用性酶及蛋白因子,包括 RNA 聚合酶、RNA 剪切酶、DNA 聚合酶、糖苷酶、酯酶、氨酰基-tRNA 合成酶、肽基转移酶、核酸酶等;② 二级基因产物,如氨基酸、维生素、抗生素、核苷酸等小分子化合物,它们的从头生物合成和降解少则涉及几个基因多则需要几十个基因所编码的酶系,而且这些酶大都具有使用的特异性。上述合成和分解二级基因产物的酶系及其催化的生化反应构成了一个个相互联系的物能代谢网络,对这些代谢网络进行解析不难看出,它们均由若干个串联和并联的简单子途径构成(图 10-1),其中各子途径的并联交汇点称为节点(Node)。

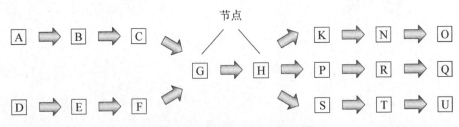

图 10-1　细胞物能代谢途径示意图

途径工程(Pathway engineering)是一门利用分子生物学原理系统分析细胞物能代谢网络和信号转导网络,并通过重组 DNA 技术理性设计和遗传修饰之,进而完成细胞特性改造的应用性学科。由于生物细胞自身固有的物能代谢途径对于实际应用而言并非最优,因此人们需要对之进行功利性修饰,途径工程的基本理论及其应用战略就是在这一发展背景下形成的。1974 年,Chakrabarty 在假单胞菌属的恶臭假单胞菌(*Pseudomonas putida*)和铜绿假单胞菌(*Pseudomonas aeruginosa*)两个菌种中分别引入几个稳定的重组质粒,从而提高了两者对樟脑和萘等复杂有机物的降解活性,这是途径工程技术的第一个应用实例。在此之后的十几年中,人们更加注重途径工程的应用方法和目的,通常表现在对细胞内特定物能代谢途径进行功利性改造,并积累了多个成功的范例,但未能形成自己的基本理论体系。1991 年,Bailey 用代谢工程(Metabolic engineering)术语表述利用重组 DNA 技术对细胞的酶促反应、物质运输、调控装置进行基因操作的过程,这被认为是途径工程或代谢工程向一门系统学科发展的转折点。近年来,虽然众多学者对这一学科的名称及定义有多种精确的界定(表 10-1),但其基本内涵达到了公认的一致,并以途径工程或代谢工程冠名。

表 10-1　途径工程和代谢工程概念的演变

| 术　语 | 定　义 |
| --- | --- |
| (微生物)途径工程 (Microbial)Pathway Engineering | 利用重组 DNA 技术修饰各种代谢途径(包括生物体非固有的代谢途径),提高特定代谢物的产量 |
| 代谢工程　Metabolic Engineering | 利用重组 DNA 技术优化细胞的酶活、运输和调控功能,提高细胞活力 |
| 代谢途径工程　Metabolic Pathway Engineering | 生化途径的修饰、设计与构建 |
| 代谢工程　Metabolic Engineering | 利用重组 DNA 技术对代谢进行目的性修饰 |
| 途径工程/代谢设计　Pathway Engineering/Metabolic Design | 改造细胞代谢途径,提高天然最终产物产量或合成新产物(包括中间产物或修饰型最终产物) |
| 代谢工程　Metabolic Engineering | 对生化反应的代谢网络进行目的性修饰 |
| 代谢工程　Metabolic Engineering | 为达到所需目标对活细胞的代谢途径进行修饰 |
| 代谢工程　Metabolic Engineering | 利用分子生物学原理系统分析代谢途径,设计合理的遗传修饰战略从而优化细胞生物学特性 |

然而,由于途径工程或代谢工程的基本原理和技术建立在多学科相互渗透的基础之上,人们往往从完全不同的学科理论体系出发,采取完全不同的研究路线,实现改造或重构细胞物能代谢途径之目的。因此,以研究内容、方法、路线上存在的差异区分途径工程和代谢工程很有必要:代谢工程注重以酶学、化学计量学、分子反应动力学以及现代数学的理论和技术为研究手段,在细胞水平上阐明代谢途径与代谢网络之间局部与整体的关系、胞内物能代谢过程与胞外物质传输之间的偶联以及代谢流流向与控制的机制,并在此基础上借助相关的工程和工艺操作达到优化细胞性能之目的;而途径工程则侧重于利用分子生物学和遗传学原理分析代谢途径各所属反应在基因水平上的表达与调控机制,并借助重组 DNA 技术扩增、删除、植入、转移、调控编码途径反应的相关基因,进而筛选出具有优良遗传特性的工程菌或细胞。因此,途径工程实质上是基因工程应用的高级阶段。

### 10.1.2　途径工程的基本过程

途径工程通过定向改变细胞内物能代谢途径的分布及代谢流重构代谢网络,进而提高代谢物的产量;外源基因的准确导入及其编码蛋白的稳定表达可拓展细胞内现有代谢途径的延伸路线,以获得新的生物活性物质或者优良的遗传特性。为达到上述目标,途径工程操作至少应包括下列三大基本过程(图 10-2)。

1. 靶点设计

虽然所有物种改良程序的目的性都是明确的,但相对于随机诱变而言,途径工程的一个显著特点是工作的定向性,因为它在修饰靶点选择、实验设计以及数据分析方面占据绝对优势。然而,从自然界分离具有特殊品质的野生型微生物菌种以及利用传统诱变程序筛选遗

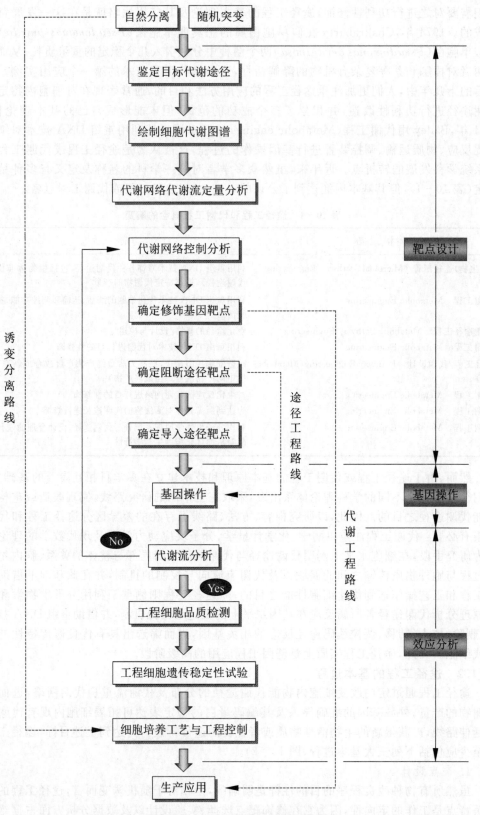

**图 10-2 途径工程基本过程示意图**

传性状优良的物种,恰恰是途径设计和靶点选择的重要信息资源和理论依据。事实上,迄今为止途径工程应用成功的范例无一不是从这一庞大的数据库中获得创作灵感的,这个过程称为"反向途径工程"。虽然单纯为了获取一个理想代谢途径而采取传统的分离诱变程序并非最佳选择,但这种操作所积累的信息量却具有重大使用价值。

生物化学家在长达数十年的研究中,已对相当数量细胞内的物能代谢途径进行了鉴定,并绘制出较完整的代谢网络图,这对途径工程的实施奠定了基础。然而,正确的靶点设计还必须对现有的物能代谢途径和网络信息进行更深入的分析。首先,根据化学动力学和计量学原理定量测定网络中的代谢流分布(即代谢流分析,MFA),其中最重要的是细胞内碳和氮元素的流向比例关系;其次,在代谢流分析的基础上调查其控制状态、机制和影响因素(即代谢流控制分析,MCA);最后,根据代谢流分布和控制的分析结果确定途径操作的合理靶点,通常包括拟修饰基因的靶点、拟导入途径的靶点或者拟阻断途径的靶点等。需要强调的是,靶点设计对途径工程的成败起着关键作用,任何精细的靶点选择都必须经得起细胞生理特性以及代谢网络热力学平衡的检验。

2. 基因操作

利用途径工程战略修饰改造细胞物能代谢网络的核心是在分子水平上对靶基因或基因簇进行遗传操作,其中最典型的形式包括基因或基因簇的克隆、表达、修饰、敲除、调控以及重组基因在目标细胞染色体 DNA 上的稳定整合。后者通常被认为是途径工程重要的特征操作技术,因为在以高效表达基因编码产物为主要目标的基因工程以及以生产变体蛋白为特征的蛋白质工程中,DNA 重组分子一般独立于受体细胞染色体而自主复制。

实现目的基因或基因簇在受体细胞染色体 DNA 上的定位整合,主要依赖于同源重组和非同源重组两大技术。前者采用质粒或病毒载体输入含有同源序列的目的基因,并通过载体上同源序列与宿主基因组内相关序列之间的体内重组反应,将外源基因置入染色体 DNA 的特定位点上,或者定向敲除灭活某一靶基因;后者则借助于转座元件将外源基因随机导入宿主基因组内,同时灭活不期望的功能基因。

与途径工程不同,在代谢工程的一些应用实例中,代谢流的分布和控制往往绕过基因操作,直接通过发酵和细胞培养的工艺和工程参数控制提高细胞代谢流,并胁迫代谢流流向所期望的目标产物。在此过程中,向反应体系内施加溶氧、pH、补料等扰动,在酶或相关蛋白因子水平上激活靶基因的转录(诱导作用)、调节酶的活性(阻遏、变构、抑制或去抑制作用),进而实现改变和控制细胞代谢流的目的。这里必须指出的是,虽然就提高目标产物的产量而言,上述非基因水平的操作与典型的途径工程操作在效果上也许没有显著的差异,但在新产物的合成尤其是遗传性状的改良等方面,基因操作是不可替代的。因为只有引入外源的基因或基因簇,才能从根本上改造细胞的物能代谢途径,甚至重新构建新的代谢旁路。

3. 效果分析

很多初步的研究结果显示,一次性的途径工程设计和操作往往不能达到实际生产所要求的目标产物的产量、速率或浓度,因为大部分实验涉及的只是与单一物能代谢途径相关的基因、操纵子或基因簇的改变。然而通过对新途径进行全面的效果分析,这种由初步途径操作构建出来的细胞所表现出的限制与缺陷可以作为新一轮实验的改进目标。正像蛋白质工程所采用的研究策略,如此反复进行的迭代式遗传操作是获得优良物种的重要保证。目前,通过这种途径工程操作循环已获得不少成功的范例,所积累的经验有助于鉴定和判断哪一类特定的遗传操作对细胞功能的期望改变相对有效。

## 10.1.3　途径工程的基本原理

途径工程是一个多学科高度交叉的新型领域,其主要目标是通过定向组合细胞生理代谢途径和重构生理代谢网络达到改良生物体遗传性状之目的。因此,它必须遵循下列基本原理：

（1）涉及细胞物能代谢规律及途径组合的生物化学原理，它提供了生物体基本的物能代谢图谱和生化反应的分子机理。

（2）涉及细胞物能代谢流及其控制分析的化学计量学、分子反应动力学、热力学和控制学原理，这是物能代谢途径修饰的理论依据。

（3）涉及途径代谢流推动力的酶学原理，包括酶反应动力学、变构抑制效应、修饰激活效应等。

（4）涉及细胞间和细胞内通信联系的信号转导原理，它提供了生物体信息传递、转换和发挥效应的分子机制与途径网络。

（5）涉及基因操作与控制的分子生物学和分子遗传学原理，它们阐明了基因表达的基本规律，同时也提供了基因操作的一整套相关技术。

（6）涉及细胞生理状态平衡的细胞生理学原理，它为细胞代谢机能提供一个全景式的描述，因此是一个代谢速率和生理状态表征研究的理想平台。

（7）涉及发酵或细胞培养的工艺和工程控制的生化工程和化学工程原理，化学工程对将工程方法运用于生物系统的研究无疑是最合适的渠道。就一般意义而言，这种方法在生物系统的研究中融入了综合、定量、相关等概念。更为特别的是，它为速率过程受限制的系统分析提供了独特的工具和经验，因此在途径工程领域中具有举足轻重的意义。

（8）涉及生物信息收集、分析与应用的基因组学、转录组学、蛋白质组学、代谢组学原理，随着以基因组为核心的组学研究的不断深入，各生物物种的基因物理信息与其生物功能信息在此交汇（图10-3），并为途径设计提供了更为广阔的表演舞台，这是途径工程技术迅猛发展和广泛应用的最大推动力。

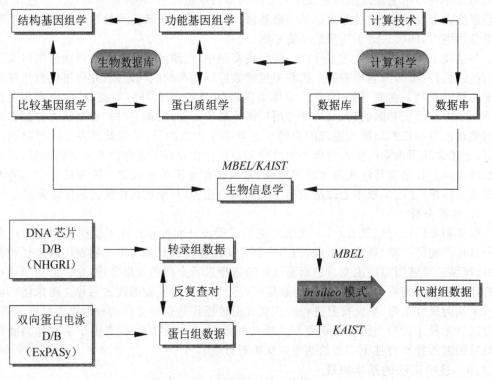

**图 10-3　途径设计的信息基础**

## 10.2　途径工程的研究策略

就目前已积累起的细胞物能代谢途径和信号转导途径背景知识而言,途径工程实施的战略思想主要有下列三个方面。

### 10.2.1　在现存途径中提高目标产物的代谢流

在处于正常生理状态下的生物细胞内,对于某一特定产物的生物合成途径而言,其代谢流变化规律通常是恒定的。增加目标产物的积累可以从以下五个方面入手:

(1) 增加代谢途径中限速步骤酶编码基因的拷贝数。这一策略并没有改变代谢路径的组成和流向,而是增加关键酶基因在细胞内的剂量,通过提高细胞内酶分子的浓度来促进限速步骤的生化反应,进而导致最终产物产量的增加[图 10-4(a)]。

(2) 强化以启动子为主的关键基因的表达系统。在此情况下,重组质粒在受体细胞中的拷贝数并未增加,强启动子只是高效率地促进转录,合成更多的 mRNA,并翻译出更多的关键酶分子[图 10-4(b)]。

(3) 提高目标途径激活因子的合成速率。激活因子是生物体内基因表达的开关,它的存在和参与往往能触发相关基因的高效转录,因此提高激活因子的合成速率理论上能促进关键基因的表达[图 10-4(c)]。

(4) 灭活目标途径抑制因子的编码基因。这一策略的目的是去除代谢途径中具有反馈抑制作用的某些因子或者这些因子作用的 DNA 靶位点(如操作子),从而解除其对代谢途径的反馈抑制,提高目标代谢流[图 10-4(d)]。

(5) 阻断与目标途径相竞争的代谢途径。细胞内各相关途径的偶联是代谢网络的存在形式,任何目标途径必定会与多个相关途径共享同一种底物分子和能量形式。因此,在不影响细胞基本生理状态的前提下,阻断或者降低竞争途径的代谢流,使更多的底物和能量进入目标途径,无疑对目标产物产量的提高是有益的。但是这种操作成功的概率受到挑战,因为它容易导致代谢网络综合平衡的破坏[图 10-4(e)]。

上述策略的单独使用或合理组合能在一定程度上提升目标产物的代谢流,进而达到产物积累之目的。在这方面成功的经典案例列在表 10-2 中。

### 10.2.2　在现存途径中改变物质流的性质

在天然存在的代谢途径中改变物质流的性质主要是指:使用原有途径更换初始底物或中间物质,以达到获得新产物的目的。至少有两种方法可以改变途径物质流的性质:

(1) 利用某些代谢途径中酶对底物的相对专一性,投入非理想型初始底物(如己糖及其衍生物)参与代谢转化反应,进而合成细胞原本不存在的化合物[图 10-5(a)]。酶对底物的相对专一性在一些原核细菌中较为普遍,生物代谢途径的大量研究结果表明,参与次级代谢的酶编码基因大多是从初级代谢基因池(Gene pool)中演化而来的,这种在自然条件下发生的演化作用使得酶分子对底物的结构表现出一定程度的宽容性。在此过程中,虽然细胞固有的代谢途径并未发生基因水平上的改变,但是其物质运输功能也许要经历修饰,因为在一般情况下,生物体并不具备对非理想型底物分子的转运机制。这种底物转运机制的改变仍然需要基因操作。这方面的应用案例列在表 10-3 中。

(2) 在酶对底物的专一性较强的情况下,通过蛋白质工程技术修饰酶分子的结构域或功能域,以扩大酶对底物的识别和催化范围[图 10-5(b)]。在基因水平上通过修饰酶的结构拓展其对底物的专一性甚至改变酶的催化程序,具有诱人的应用前景。

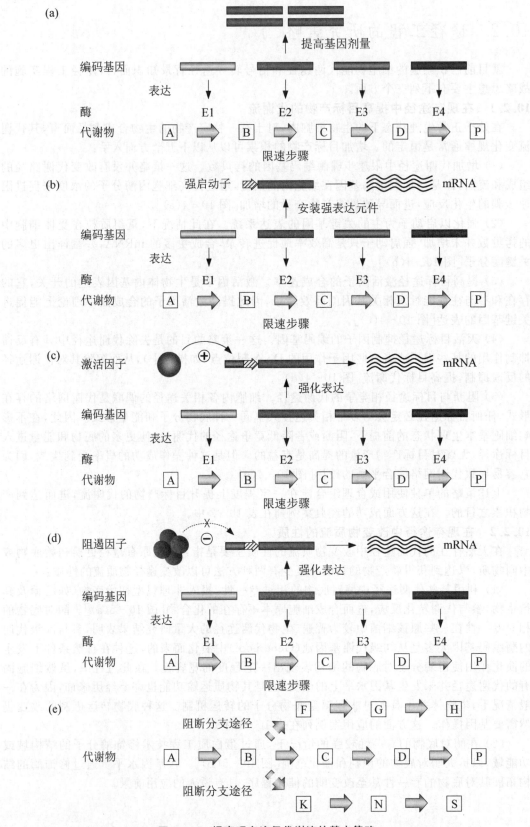

**图 10 - 4　提高现有途径代谢流的基本策略**

表 10 - 2　提高细胞现有生化物质产量的经典案例

| 生化物质 | 细胞类型 | 主要操作 |
|---|---|---|
| $CO_2$ | 酿酒酵母 | 引入果糖-1,6-二磷酸酶基因 |
| $H_2$ | 大肠杆菌 | 引入弗氏柠檬酸杆菌的脱氢酶基因 |
| 乙酸 | 醋化醋杆菌 | 引入醋杆菌 Acetobacter polyoxogenes 的乙醛脱氢酶基因 |
| 乙醇 | 大肠杆菌 | 引入运动发酵单胞菌的丙酮酸脱羧酶基因 |
| 乙醇 | 菊欧文氏菌 | 引入运动发酵单胞菌的丙酮酸脱羧酶基因,但乙醇耐受性下降 |
| 乙醇 | 植生克雷伯氏菌 | 引入运动发酵单胞菌的丙酮酸脱羧酶基因 |
| 乙醇 | 大肠杆菌 | 引入运动发酵单胞菌的丙酮酸脱羧酶基因,乙醇脱氢酶基因大量表达 |
| 乙醇 | 大肠杆菌 | 引入运动发酵单胞菌的 pet 操纵子(含有丙酮酸脱羧酶和乙醇脱氢酶基因) |
| 乙醇 | 大肠杆菌 | 运动发酵单胞菌丙酮酸脱羧酶和乙醇脱氢酶基因整合至大肠杆菌染色体中 |
| 乙醇 | 产酸克雷伯氏菌 | 引入运动发酵单胞菌丙酮酸脱羧酶基因和乙醇脱氢酶基因 |
| 乙醇 | 植生克雷伯氏菌 | 引入运动发酵单胞菌丙酮酸脱羧酶基因和乙醇脱氢酶基因 |
| 丁醇、丙酮 | 丙酮丁醇羧酸 | 引入乙酰乙酸脱羧酶和磷酸转丁酰酶基因 |
| 泰乐菌素 | 弗氏链霉菌 | 引入大肠杆菌的 tylF 基因 |
| 头霉素 C | 耐由酰胺链霉菌 | 引入卡特利链霉菌的基因 |
| 头霉素 C | 顶头孢霉菌 | 引入 defEF 基因 |
| LL - E33288 | 棘孢小单胞菌 | |
| 阿霉素 | 波赛链霉菌 | 增加基因拷贝数 |
| 螺旋霉素 | 产二素链霉菌 | |
| 生物素 | 大肠杆菌 | 克隆五个生物素合成基因,解除了反馈抑制 |
| DAHP | 大肠杆菌 | 强化表达转酮醇酶和 3 -脱氧- D -阿拉伯庚酮糖酸- 7 -磷酸(DAHP)合成酶基因 |
| DHS | 大肠杆菌 | 表达转酮醇酶,DAHP,DHS(3 -脱氢莽草酸)合成酶基因 |
| L -天冬氨酸 | 黏质沙雷氏菌 | 强化表达天冬氨酸酶基因 |
| L -苏氨酸 | 黏质沙雷氏菌 | 强化表达磷酸烯醇式丙酮酸羧化酶基因 |
| L -精氨酸 | 棒杆菌属,短杆菌属 | 克隆嗜乙酰乙酸棒杆菌的精氨酸生物合成基因 |
| L -谷氨酸、L -脯氨酸 | 棒杆菌属,短杆菌属 | 引入大肠杆菌的柠檬酸合成酶基因 |
| L -谷氨酸 | 棒杆菌属,短杆菌属 | 表达磷酸果糖激酶基因 |
| L -苯丙氨酸 | 大肠杆菌 | 引入 L - Phe 生物合成基因,解除分支酸变位酶反馈抑制 |
| L -苯丙氨酸 | 大肠杆菌 | 表达 pheA,aroF 基因,并接入噬菌体 λ 温度敏感型启动子 |
| L -苯丙氨酸、L -色氨酸 | 谷氨酸棒杆菌 | 强化表达预酚脱氢酶、分支酸变位酶、DAHP 合成酶 |
| 黄原胶 | 野油菜黄单胞菌 | 强化表达黄原胶合成基因 |
| 细菌纤维素 | 木醋杆菌 | 克隆表达纤维素生物合成操纵子 |
| S - D -乳酰谷胱甘肽 | 大肠杆菌 | 强化表达恶臭假单胞菌乙二醛酶 I 基因 |
| 谷胱甘肽及衍生物 | 大肠杆菌 | 强化表达谷胱甘肽合成酶基因 |
| S -腺苷甲硫氨酸 | 酿酒酵母,大肠杆菌 | 强化表达 S -腺苷甲硫氨酸(SAM)基因 |
| 类脂类 | 微藻类 | |

(a) 利用酶对前体库分子结构的宽容

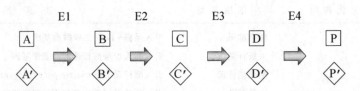

(b) 在基因水平上修饰酶分子以扩展其底物识别范围

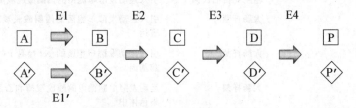

图 10-5　改变途径代谢流性质的基本策略

表 10-3　扩展底物识别范围的应用案例

| 底　物 | 细　胞 | 操　作 |
|--------|--------|--------|
| 乳糖 | 乳脂明串珠菌 | 引入了乳酸链球菌的乳糖发酵机制 |
| 乳糖 | 恶臭假单胞菌 | 大肠杆菌的 *lac*YZ 基因整合至染色体 DNA 中 |
| 乳清/乳糖 | 野油菜黄单胞菌 | 表达大肠杆菌 *lac*YZ 基因 |
| 乳糖/半乳糖 | 真氧产碱菌 | 引入了大肠杆菌的 *lac* 和 *gal* 操纵子 |
| 乳糖/甘露糖醇 | 运动发酵单胞菌 | 参考乙醇生产工艺中底物范围 |
| 乳清/乳糖 | 酿酒酵母 | 表达黑曲霉 β-半乳糖苷酶基因 |
| 木聚糖 | 大肠杆菌,产酸克雷伯氏菌 | 引入热纤梭菌的木聚糖酶基因 |
| 纤维素二糖 | 产酸克雷伯氏菌 | 表达热纤梭菌葡糖酸酶基因 |
| 蔗糖 | 大肠杆菌 K12 | 引入了大肠杆菌 B-62 的蔗糖利用系统 |

### 10.2.3　利用已有途径构建新的代谢旁路

在明确已有的生物合成途径、相关基因以及各步反应的分子机制后,通过相似途径的比较,利用多基因间的协同作用构建新的代谢途径是可能的。这种战略包括以下两方面的内容:

(1) 修补完善细胞内部分途径以合成新的产物。自然界中存在的遗传和代谢多样性提供了一个具有广范围底物吸收谱和产物合成谱的生物群集合,然而许多天然的生物物种对实际应用而言并非最优,它们的性能有时可通过天然代谢途径的拓展而提高。借助于少数几个精心选择的异源基因的安装,天然的代谢物可转化为更为优良的最新型产物。这方面成功的例子总结在表 10-4 中。

表 10-4　生产细胞本身不能合成的新物质

| 生 化 物 质 | 细 胞 类 型 | 操 作 内 容 |
|------------|------------|------------|
| 麦迪郝迪霉素 | 链霉菌属,紫红链霉菌 | 引入天蓝色链霉菌抗生素基因簇 |
| 红霉素 | 变铅青链霉菌 | 引入红色糖多孢菌的基因 |
| 修饰型红霉素 | 红色糖多孢菌 | 灭活 *eryF* 基因,产生 6-脱氧红霉素 A |
| 异戊酰螺旋霉素 | 产二素链霉菌 | 引入耐热链霉菌的基因 |

续表

| 生 化 物 质 | 细 胞 类 型 | 操 作 内 容 |
|---|---|---|
| 青霉素 V | 粗糙链孢霉，黑曲霉 | 引入产黄青霉的青霉素合成基因簇 |
| 螺旋霉素 | 产二素链霉菌 | 利用螺旋霉素生物合成基因的缺陷株 |
| 聚-$\beta$-羟丁酸（PHB） | 大肠杆菌 | 引入真氧产碱杆菌的 PHB 生物合成基因 |
| 多聚羟链烷酸（PHA） | 食油假单胞菌 | 引入真氧产碱杆菌的 PHB 生物合成基因 |
| 聚 3-羟丁酸-3-羟戊酸 | 大肠杆菌 | 引入真氧产碱杆菌的 PHB 操纵子 |
| PHB | 拟南芥 | 引入真氧产碱杆菌乙酰乙酰 CoA 还原酶，PHB 合成酶 |
| 修饰型黄原胶 | 野油菜黄单胞菌 | 突变株，修饰了黄原胶的单体五糖 |
| 黑色素 | 大肠杆菌 | 引入抗生链霉菌的酪氨酸酶基因 |
| 吲哚 | 大肠杆菌 | 引入恶臭假单胞菌的吲哚操纵子 |
| 吲哚 | 大肠杆菌 | 表达恶臭假单胞菌的甲苯双氧化酶基因 |
| 吲哚 | 大肠杆菌 | 表达恶臭假单胞菌的甲苯双氧化酶基因 |
| 吲哚 | 大肠杆菌 | 表达红球菌属的吲哚双氧化酶基因 |
| 2-酮基-L-葡糖酸 | 草生欧氏菌 | 引入棒状杆菌 ATCC 31090 的 2,5-DKG 还原酶基因 |
| 2-酮基-L-古龙酸 | 柠檬欧氏菌 | 引入棒状杆菌 SHS 752001 的 2,5-DKG 还原酶基因 |
| 3-羟基-2-丁酮 | 大肠杆菌 | 引入乳酸链球菌的 $\alpha$-乙酰乳酸脱羧酶基因 |
| L-色氨酸 | 棒杆菌属，短杆菌属 | 引入 DAHP 合成酶和分支酸变位酶 |
| 喹啉酸 | 大肠杆菌 | 引入 $nadA$ 和 $nadB$ 基因 |
| 1,3-丙二醇 | 大肠杆菌 | 表达肺炎克雷伯氏菌的 1,3-丙三醇脱水酶 |
| 儿茶酚 | 大肠杆菌 | 表达转羟乙醛酶，DAHP 合成酶和 DHQ 合成酶基因 |
| 木糖醇 | 酿酒酵母 | 引入树干毕赤酵母的木糖还原酶基因 |
| 辛酸 | 大肠杆菌 | 引入食油假单胞菌的 $alk$ 基因 |
| 环糊精 | 马铃薯 | 引入肺炎克雷伯氏菌的环糊精转移酶基因 |
| 生物碱 | 颠茄，烟草，马铃薯 | 引入农杆菌的 Ti 和 Ri 质粒 |
| $\beta$-胡萝卜素 | 运动发酵单胞菌，根瘤农杆菌 | 引入噬夏孢欧文氏菌的 $crtB$,$crtI$,$crtY$ 基因 |
| 二香叶醇焦磷酸 | 酿酒酵母 | 引入草生欧文氏菌的类胡萝卜生物合成基因 |
| 月桂酸 | 拟南芥 | 引入加州月桂的中等长度脂肪酸合成关键酶 |

（2）移植多个途径以构建杂合代谢网络。将编码某一完整生物合成途径的基因转移至受体细胞中，可构建具有很高经济价值的生产菌株。它们或者能提高目标产物的产率，或者允许使用相对廉价的原材料，而且这些实验结果对生物物种内特定多步代谢途径的调控和功能的诠释也是很有价值的。这种策略的应用在链霉菌的抗生素生物合成途径改良中具有天然的便利条件，因为这些功能相关的基因往往以基因簇的结构存在。例如，将来自天蓝色链霉菌（*Streptomyces coelicolor*）的部分放线菌紫素（Actinorhodin）生物合成基因转化美达霉素（Medermycin）生产菌，获得的转化子能合成一种新型杂合抗生素美达紫红素（Mederrhodin），其结构与美达霉素相似，但在 6 位上引入了一个羟基（图 10-6）。

## 10.3　初级代谢的途径工程

生物体正常生理功能所必需的生化反应过程称为初级代谢，其同化途径（合成反应）和异化途径（分解反应）的产物直接支撑着生物的生长、发育和繁殖。除此之外，与上述反应序列紧密偶联的能量代谢途径、辅因子代谢途径、分子调控途径、信号转导途径也属于初级代谢研究的范畴。初级代谢的产物具有广泛的应用范围，途径工程在工业上获得实质性成功的大多数案例也集中在这个方面。由于细胞对初级代谢途径存在极大的依赖性，为这些途径编码的基因大多属于看家基因（House keeping）家族，因此阻断甚至仅仅衰减原有途径的代谢流便会严重干扰细胞正常的生理生化过程，直至产生致死效应。上述特征决定了初级

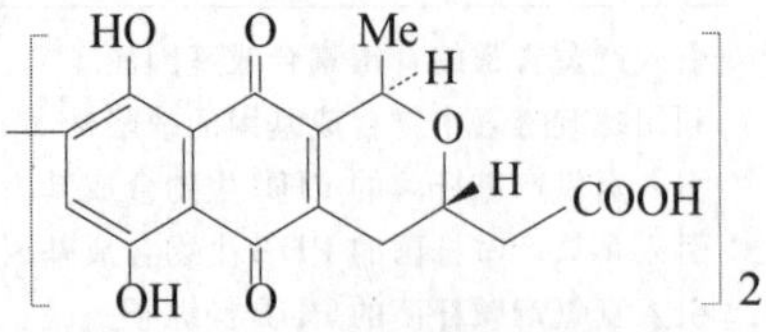

放线菌紫素 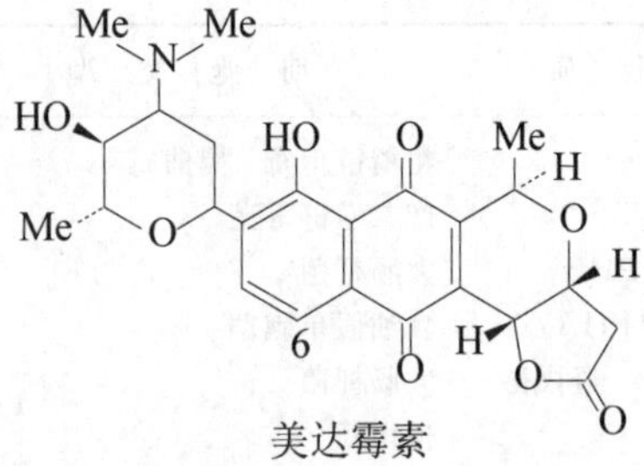　　　　　　　　　　美达霉素

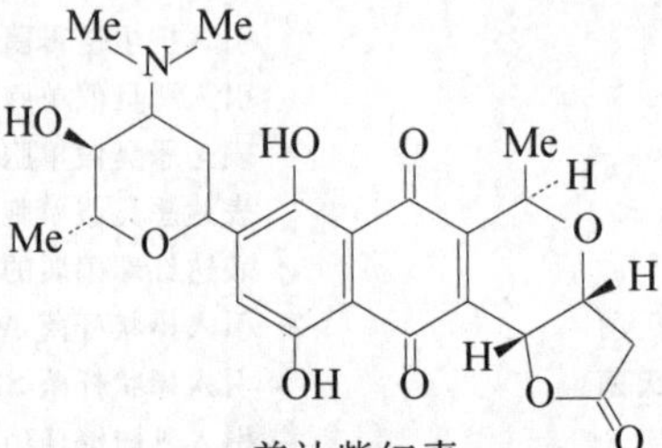

美达紫红素

**图 10-6　杂合抗生素美达紫红素的化学结构**

代谢的途径工程往往采用代谢流扩增和底物谱拓展的所谓"加法战略",尽量避免实施途径阻断和基因敲除的"减法战略"操作。

### 10.3.1　乙醇生产菌的途径操作

乙醇是一种重要的化工原料,广泛用作有机溶剂。作为一种生物能源,乙醇有望取代日益减少的化石燃料(如石油和煤炭),而且它燃烧污染较小,具有显著的环境友好性。更为重要的是,先进的乙醇生产工艺大都使用农业原料,这一过程有助于推动太阳光能的转化利用,同时间接促进大气中二氧化碳的去除与循环。然而,目前乙醇主要还是以石油为原料通过化学工艺生产,事实上这对于经济的可持续发展战略是不利的。因此,世界上多数经济发达国家都注重以碳水化合物为原料发酵生产乙醇的生物技术开发,并期望由此稳定能源供应、改善能源保障、拉动农业及其他相关传统经济的发展。

1. 发酵生产乙醇的基本策略

许多细菌、真菌、高等植物中都存在由丙酮酸生成乙醇的途径(图 10-7),它为厌氧条件下的糖酵解途径起着再生 $NAD^+$ 的重要作用。其中,丙酮酸脱羧酶(PDC)催化丙酮酸的非氧化脱羧反应,形成二氧化碳和乙醛;后者在乙醇脱氢酶(ADH)的作用下转变为乙醇。由于丙酮酸在糖酵解途径中是个关键的节点,与草酰乙酸、乙酰辅酶 A、乳酸等合成途径均有密切联系,因此通过强化表达细胞内 PDC 和 ADH 的活性来扩增目标途径,是构建高产乙醇基因工程菌的主要策略。

微生物菌种利用广谱碳源和能源能力的拓展是设计和改进发酵过程的一项基本内容,这对于那些底物成本在生产总成本中占有重大比例的大规模生产过程尤为重要。例如,乙醇生产的底物成本为 $60\%\sim65\%$,赖氨酸为 $40\%\sim45\%$,抗生素和工业用酶为 $25\%\sim35\%$。由于大多数微生物共享种类齐全的公共代谢途径,因此底物范围的拓展操作通常只需引入有限的几种酶反应即可实现。然而在偶然情况下,这些所引入的步骤需要与下游反应相协调,这对途径工程的设计提出了很高的要求。

乙醇可以从许多可再生的原材料制得,包括含糖作物甘蔗、含淀粉谷物玉米以及木质纤维素类物质,如农业废料、草类和木材等。美国每年 200 万吨的乙醇燃料生产几乎全部由玉米制得,然而由葡萄糖单体构成的淀粉和蔗糖毕竟来自农作物的果实,以这两种原料生产乙

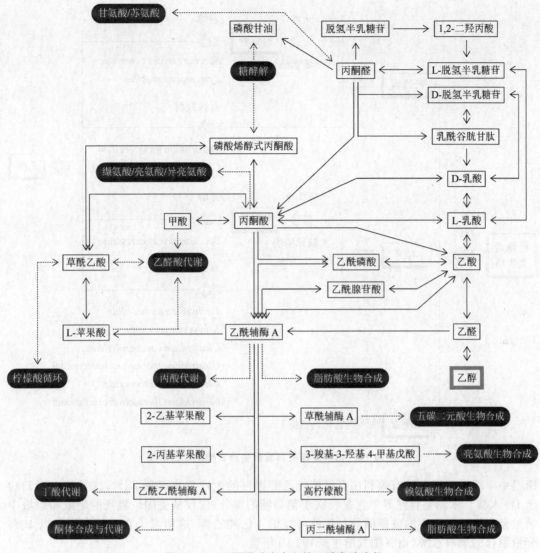

**图 10-7 以丙酮酸为中心的乙醇发酵途径**

醇不但成本较高,而且对农产品的综合利用也没有直接的贡献。另外,木质纤维素类物质的来源却极其丰富且廉价,可由生长期较短的木材、农业和林业的废料(如作物秸秆和树枝树叶)以及各类废弃物(如腐烂物、废纸和市政固体垃圾)获得。因此,利用木质纤维素类物质生产乙醇燃料具有重大的经济价值和社会意义。

所有植物来源的木质纤维素类物质均含有丰富的纤维素、半纤维素、木质素,不同的植物三者的相对含量有所差异。在农作物的秸秆或甘蔗渣中,上述三种组分的含量分别为$30\%\sim40\%$、$20\%\sim30\%$、$5\%\sim10\%$,其中前两种成分可作为乙醇发酵的原料(图 10-8)。纤维素是一种由 $100\sim10\,000$ 个 $\beta$-D-吡喃型葡萄糖单体以 $\beta$-1,4-糖苷键连接的直链多糖,多个分子平行紧密排列形成丝状不溶性微小纤维。在工业上,纤维素经酸解或酶解预处理后,释放出的葡萄糖可进入乙醇发酵途径。半纤维素是由多种多糖分子组成的支链聚合物,不同来源的半纤维素其单糖的组成各异。在硬木和谷物废料中的半纤维素中,其主要成分为多聚木糖,由 D-木糖以 $\beta$-1,4-糖苷键聚合而成,其支链单体上还含有 L-乙酰阿拉伯糖苷和糖醛等修饰基团。在软木的半纤维素中,甘露糖则最为丰富。经测算,木质纤维素类

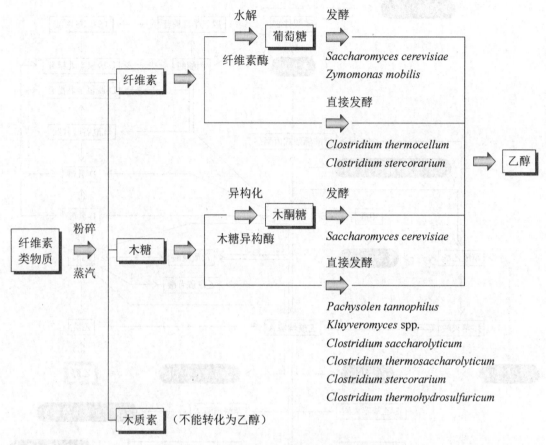

**图 10-8 由农业原材料发酵生产乙醇的工艺路线**

原料中半纤维素组分的有效利用有可能使乙醇燃料的生产成本降低 25%,这显然应当归功于 D-木糖。木糖是自然界中含量仅次于葡萄糖的糖分,仅仅从美国垃圾场的废纸和垃圾中通过微生物转化产生的残留糖分每年就可提供 4 亿吨乙醇,这相当于在输气管线中以 10% 分量混合的燃料乙醇(由谷物发酵生产)的 10 倍量。

2. 酵母属乙醇发酵途径的改良

发酵生产乙醇的微生物最好能利用所有存在的单糖,此外还必须抵抗原料水解物中存在的任何潜在抑制剂。最常见的乙醇发酵微生物酿酒酵母以及发酵单胞菌属(*Zymomonas*)能从葡萄糖生产较高浓度的乙醇,但它们不能发酵纤维素和木糖,而后者在原料中的含量高达 8%～28%。因此,利用这两类微生物由纤维素类物质生产乙醇,必须首先将之进行液化和糖化预处理。

能发酵木糖的微生物包括细菌、酵母和真菌,其中酵母中的柄状毕赤酵母(*Pichia stipitis*)是自然界中利用木糖最有潜力的种属。遗憾的是,这种酵母的乙醇生产能力很低,而且与发酵葡萄糖的酿酒酵母相比,对乙醇的耐受性也不理想。柄状毕赤酵母对木糖的代谢分别依赖于木糖还原酶 XR(将木糖转化为木糖醇)、木糖醇脱氢酶 XDH(将木糖醇转化为木酮糖)、木酮糖激酶 XK(将木酮糖转化为 5-磷酸木酮糖),5-磷酸木酮糖再经 3-磷酸甘油醛进入糖酵解途径(图 10-9)。上述三种酶的表达均为木糖所诱导,同时为葡萄糖所阻遏。酵母属(*Saccharomyces*)的各种虽不能发酵木糖,但能利用木酮糖,而且如果培养基中存在细菌来源的木糖异构酶(将木糖直接转化为木酮糖),它们也能发酵木糖,只是所含的木酮糖激酶活性很低而已。

在大多数酵母和真菌中,XR 和 XDH 的活性分别依赖于 NADPH 和 NADH,然而柄状毕赤酵母的 XR 却具有双辅助因子的特异性。这种类型的酶具有防止细胞内 NAD/NADH 还原系统不平衡现象发生的优势,尤其是在氧限制的条件下,这一特性非常重要。人工构建的一组高拷贝的酵母菌-大肠杆菌穿梭重组质粒 pLNH,能将部分葡萄糖发酵的酵母属物种转化为木糖利用者。这些重组质粒含有 2μ 复制子、来自柄状毕赤酵母的 XR、XDH 编码基因 *XR*、*XD* 以及来自酿酒酵母的 XK 编码基因 *XK*,它们受控于酿酒酵母糖酵解基因的 5′ 端调控区,组成重组操纵子 *XYL*(图 10 - 10)。将上述重组质粒转化酵母属 sp. 1400 株,获得的转化子能同时有效地将木糖和葡萄糖转化为乙醇,而且这些克隆的木糖代谢基因的表达不再需要木糖诱导,也不为葡萄糖所阻遏。

利用途径工程技术改良酵母属乙醇发酵过程的内容还包括提高酿酒酵母对木质纤维素水解物中酚抑制剂的抗性。在一项研究中,将来自白色腐烂真菌(*Trametes versicolor*)的漆酶(Laccase)编码基因置在 *PGK*1 启动子的控制下,并转化酿酒酵母。结果表明,漆酶的过量表达能赋予克隆菌对木质纤维素水解物

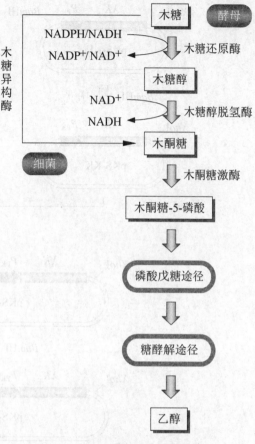

图 10 - 9　酵母种属中的木糖代谢途径

中酚抑制剂的高耐受性,从而改善酿酒酵母由可再生原材料生产乙醇的产量。

3. 高产乙醇型重组大肠杆菌的构建

在非乙醇生产者的肠道细菌中引入乙醇生物合成基因,构建定向高产乙醇工程菌的部分成功是在菊欧文氏菌(*Erwinia chrysanthemi*)、植生克雷伯氏菌(*Klebsiella planticola*)和大肠杆菌中实现的。选择大肠杆菌作为途径操作对象的依据很明显:它生长迅速,大规模发酵工艺简单,遗传背景清楚,基因操作便捷,尤为重要的是能利用广范围的碳源底物(包括戊糖)。第一代的重组菌构建仅仅强化了丙酮酸脱羧酶(PDC)催化的反应,同时依赖于内源性的 ADH 途径偶联乙醛还原反应和 NADH 氧化反应。由于乙醇只是上述肠道细菌众多发酵产物中的一种,因此 ADH 活性的缺陷以及 NADH 的积累会形成各种副产物,乙醇定向发酵的目标并未达到。

1987 年,世界上第一株高产乙醇的大肠杆菌基因工程菌问世。将来自移动发酵单胞菌的丙酮酸脱羧酶编码基因 *pdc* 和乙醇脱氢酶编码基因 *adh* 构成 *pet* 人工操纵子,插入 pUC 载体形成重组质粒 pLOI295,并转化大肠杆菌。该重组质粒以葡萄糖为原料在氨苄青霉素的存在下发酵能产生 34 g/L 的乙醇。1991 年,美国佛罗里达州立大学的食品和农业科学学院构建了一株品质优良的大肠杆菌(KO11)而获得美国专利号 5 000 000。这种重组大肠杆菌的染色体中整合有移动发酵单胞菌的 *pdc* 和 *adhB* 基因,从含有 10% 葡萄糖和 8% 木糖的每升发酵培养基中可分别获得 54.4 g 和 41.6 g 乙醇,这已经接近于每克葡萄糖生成 0.5 g 乙醇的理论产量。更为可贵的是,这种产乙醇的重组大肠杆菌还能发酵除葡萄糖和木糖外所有

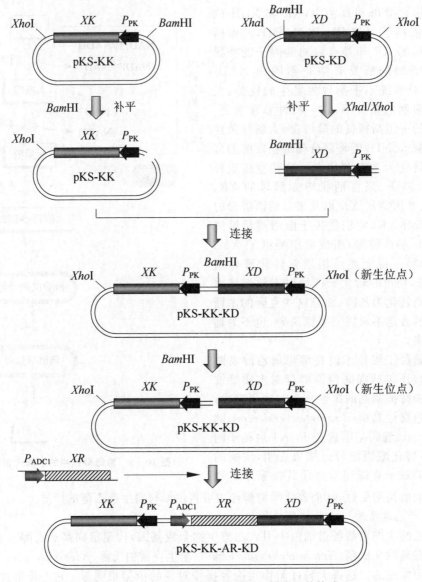

图 10-10 酿酒酵母木糖利用重组操纵子的构建

木质纤维素类物质的其他糖组分,如甘露糖、阿拉伯糖、半乳糖等。当重组细菌生长在半纤维素水解液的混合糖培养基中时,葡萄糖首先被利用,接下来的是阿拉伯糖和木糖,并且均产生接近最大理论产量的乙醇。

尽管如此,各项优化大肠杆菌 KO11 工程株的研究工作仍在继续进行,其中包括改善 *pet* 重组操纵子的遗传稳定性以及进一步拓展工程菌发酵底物的范围等内容。以重组质粒形式携带 *pet* 操纵子的大肠杆菌 B 株(pLOI297)和在染色体中整合了 *pet* 操纵子的 KO11 株均需要在发酵培养基中添加相应的抗生素,以维持重组基因的遗传稳定性以及乙醇的最终发酵水平。将 *pet* 人工操纵子与氯霉素抗性基因一同整合在大肠杆菌的染色体中,整合子在氯霉素不存在的情况下显示出较高的稳定性,但由于 *pet* 操纵子的拷贝数较少,乙醇产量极低。为了克服这一困难,新的改进思路是选用大肠杆菌的条件致死突变株 FMJ39 作为受体细胞。FMJ39 株携带乳酸脱氢酶基因 *ldh* 和丙酮酸-甲酸裂合酶基因 *pfl* 的双重突变,因而只能进行好氧生长,原因在于它不能通过将丙酮酸还原为乳酸而再生 $NAD^+$。而 *pet*

操纵子能互补这种突变,因为 $pdc$ 和 $adh$ 基因的表达能将丙酮酸转化为乙醇,同时再生 $NAD^+$。用含有 $pet$ 操纵子的质粒 pLOI295 和 pLOI297 分别转化大肠杆菌 FMJ39,得到 FBR1 和 FBR2 株。这两株菌都能进行厌氧生长,并在培养 60 代后无明显的质粒损失,但在好氧发酵时质粒迅速丢失。在高密度间歇发酵过程中,由 10% 的葡萄糖可分别产生每升 38 g(FBR1)和 44 g(FBR2)的乙醇,这种遗传稳定性具有较高的应用价值。

重组大肠杆菌 KO11 株能从含有戊糖和己糖的半纤维素酸水解物中生产乙醇,但不能利用纤维二糖,因而难以直接发酵纤维素。产酸克雷伯氏菌($Klebsiella\ oxytoca$)含有天然的磷酸烯醇依赖型磷酸转移酶(PTS)基因,赋予该菌株有效利用纤维二糖的特性。基于上述分析,将产酸克雷伯氏菌编码纤维二糖 II 型酶和磷酸-$\beta$-葡糖苷酶的 $casAB$ 操纵子引入大肠杆菌 KO11 株中,其重组克隆中的一株自发突变株表现出高效利用纤维二糖的优良特性,同时能直接发酵纤维素生产乙醇。

在重组大肠杆菌中,PDC 和 ADH 活性的高效表达是将碳源代谢物由丙酮酸代谢途径转向高水平乙醇合成途径的关键操作。高水平的 PDC 酶量以及该酶对丙酮酸较低的表观 $K_m$ 值相结合,是将碳源代谢流转到乙醇的有力保证。含有 $pet$ 操纵子的重组大肠杆菌在好氧和厌氧条件下能产生大量的乙醇。在好氧条件下,野生型的大肠杆菌通过 PDH 和 PEL($K_m$ 值分别为 0.4 mmol/L 和 2.0 mmol/L)代谢丙酮酸,主要形成二氧化碳和乙酸,后者由过量的乙酰辅酶 A 转化而来。移动发酵单胞菌 PDC 的表观 $K_m$ 值与 PDH 相似,但低于 PFL 和 LDH,因而有利于乙醛合成。另外,$NAD^+$ 的再生主要来源于和电子呼吸链相偶联的 NADH 氧化酶。由于移动发酵单胞菌 ADH II 的表观 $K_m$ 值比大肠杆菌的 NADH 氧化酶低 4 倍,所以外源的 ADH II 能与内源性的 NADH 池有效竞争,使得乙醛还原为乙醇。在厌氧条件下,野生型的大肠杆菌首先通过 LDH 和 PEL($K_m$ 值分别为 7.2 mmol/L 和 2.0 mmol/L)代谢丙酮酸,表 10-5 列出的数据显示,这两个酶的表观 $K_m$ 值分别为移动发酵单胞菌 PDC 的 18 倍和 5 倍。而且,与 $NAD^+$ 再生有关的初级代谢天然酶的表观 $K_m$ 值在大肠杆菌中也明显高于移动发酵单胞菌的 ADH。因此,移动发酵单胞菌的乙醇合成酶系在大肠杆菌中过量表达,完全可以与受体菌固有的丙酮酸碳代谢途径和 NADH 还原过程的天然酶系进行竞争。上述分析表明,对于初级代谢的途径工程操作而言,必须注意新引入的代谢途径与受体细胞内原有的相关途径之间同样存在着代谢流的分布。如果前者不能占据绝对优势,途径操作就会事倍功半,这是途径工程实施"加法战略"首先应考虑的问题。

表 10-5　大肠杆菌和运动发酵单胞菌丙酮酸作用酶系的 $K_m$ 值比较

| 生　物 | 酶　系 | $K_m/(\text{mmol} \cdot \text{L}^{-1})$ | |
| --- | --- | --- | --- |
| | | 丙酮酸 | NADH |
| 大肠杆菌 | PDH | 0.4 | 0.18 |
| | LDH | 7.2 | 0.5 |
| | PFL | 2.0 | |
| | ALDH | | 0.05 |
| | NADH-OX | | 0.05 |
| 运动发酵单胞菌 | PDC | 0.4 | |
| | ADH II | | 0.012 |

注:PDH(pyruvate dehydrogenase)—丙酮酸脱氢酶;LDH(lactate dehydrogenase)—乳酸脱氢酶;PFL(pyruvate formate lyase)—丙酮酸甲酸裂解酶;ALDH(aldehyde dehydrogenase)—醛脱氢酶;NADH-OX(NADH oxidase)—NADH 氧化酶;PDC(pyruvate decarboxylase)—丙酮酸脱羧酶;ADH II(alcohol dehydrogenase II)—乙醇脱氢酶 II。

4. 直接利用太阳能合成乙醇的光合细菌途径设计

上述构建的乙醇生产菌尽管能直接发酵纤维素或纤维素水解物(戊糖和己糖),但就太阳能的利用形式而言,这个过程仍然是间接的,因为纤维素类物质来自能进行光合作用的植物,包括农作物。一种新的思路是将细菌中的光合作用途径与乙醇生成途径组装在一起,构建能直接利用太阳能生产乙醇的超级工程菌。

蓝绿藻(Cyanobacteria)属于自养型原核细菌,能进行有氧光合成反应,并积累糖原作为碳源的主要储存形式。由于其光合成途径中含有丙酮酸代谢物(图 10 - 11),因此可以通过引入新途径的操作使之产生乙醇。将来自移动发酵单胞菌的丙酮酸脱羧酶编码基因 *pdc* 和乙醇脱氢酶 II 编码基因 *adh* 克隆在穿梭质粒 pCB4 上,并转化圆杆菌属(*cyanobacterium*)的聚球蓝细菌(*Synechococcus*)。这两个基因在蓝绿藻 *rbcLS* 操纵子(编码核酮糖-1,5-二磷酸羧化酶和加氧酶)所属启动子的控制下获得高效表达,并在培养基中积累 5 mmol/L 的乙醇。虽然这一产量与上述重组大肠杆菌和酵母的生产能力无法比拟,但由于圆杆菌属生长需求简单,培养密度高,且能有效利用光、二氧化碳和无机元素,因此该系统对将太阳能和二氧化碳直接转化为生物能源(乙醇)具有重要的意义。事实上,许多蓝绿藻种属已被广泛开发用于食品和饲料工业,因为它无致病性,而且营养价值较高。

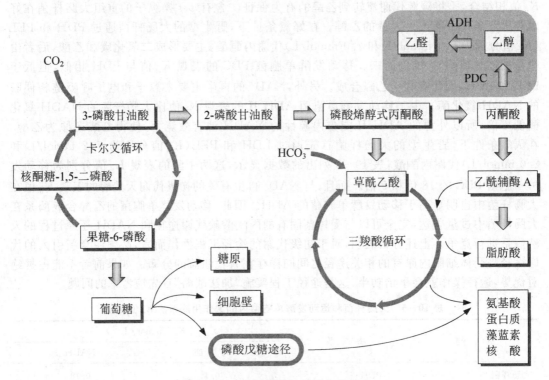

图 10 - 11 蓝细菌属中的光合成途径

### 10.3.2 辅酶 Q 生产菌的途径操作

辅酶 Q 又称泛醌,在生物细胞体内作为线粒体呼吸链中 NADH 脱氧酶(复合酶 I)、琥珀酸脱氧酶(复合物 II)、细胞色素 bc(复合物 III)之间的脂溶性电子载体,起到递氢体的作用。与线粒体电子传递链其他组分不同,辅酶 Q 以其疏水侧链定位于线粒体内膜的脂质相中,整个分子从膜的一侧迁移到另一侧,其间伴随着质子的结合与释放以及自身的氧化和还原,形成跨膜质子梯度,以此产生生物体重要的能量物质 ATP。细胞中的辅酶 Q 有两种不同的氧化还原状态(图 10 -12):氧化型醌(Q),还原型醌(QH₂)以及介于两者之间的自由基半醌(QH)。除了线粒体内膜,辅酶 Q 还存在于细胞核、质膜、高尔基体、溶酶体内,可能参与抗氧化、电子转膜运输和胞质糖酵解等代谢活动。

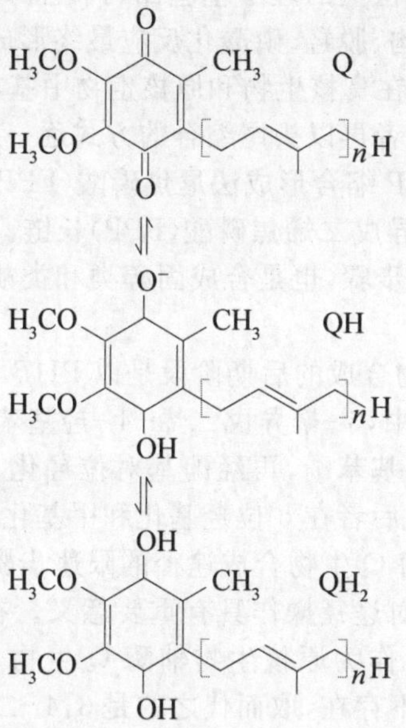

**图 10 - 12　辅酶 Q 的分子结构**

　　辅酶 Q 侧链类异戊二烯单体的数目决定辅酶 Q 的种类,自然界中主要有辅酶 $Q_6 \sim Q_{10}$ 几种同系物,不同的生物所含的辅酶 Q 也往往不同(表 10 - 6)。某些微生物含有极少量的类异戊二烯单体少于 6 的辅酶 Q,如大肠杆菌含有辅酶 $Q_1 \sim Q_8$,酵母含有辅酶 $Q_1 \sim Q_6$,动物中除了一些啮齿目和鱼类含辅酶 $Q_9$ 外,多数含有辅酶 $Q_{10}$。

**表 10 - 6　生物体内辅酶 Q 的含量**

| 生物来源 | 辅酶 Q 主要种类 | 含量/$[\mu g \cdot (g\ 干细胞)^{-1}]$ |
| --- | --- | --- |
| 大豆油 | 辅酶 $Q_{10}$ | 30 |
| 玉米油 | 辅酶 $Q_9$ | $120 \sim 210$ |
| 麦芽油 | 辅酶 $Q_9$ | 120 |
| 脱氮假单胞菌 | 辅酶 $Q_{10}$ | 1 000 |
| 掷孢酵母 | 辅酶 $Q_{10}$ | 400 |
| 红色青霉 | 辅酶 $Q_9$ | 375 |
| 荚膜红细菌 | 辅酶 $Q_{10}$ | 3 418 |
| 大肠杆菌 | 辅酶 $Q_8$ | 490 298 |
| 棕色固氮菌 | 辅酶 $Q_8$ | 1 890 |
| 产朊假丝酵母 | 辅酶 $Q_7$ | 385 |
| 酿酒酵母 | 辅酶 $Q_6$ | 371 |

　　1. 辅酶 Q 的生物合成途径

　　辅酶 Q 的生物合成反应大部分发生在线粒体内。合成反应前期主要由两条路径组成,一条为辅酶 Q 苯醌环的合成途径,提供 4 -羟基苯甲酸(PHB)。在微生物中,PHB 来自芳香族氨基酸的生物合成途径;而在动物体内,则以食物中的酪氨酸和苯甲氨酸生成苯醌结构。辅酶 Q 生物合成的另一条路径是侧链聚异戊二烯的合成,其基本反应单体为类异戊二烯焦磷酸(IPP)。在真核生物及部分原核细菌中,IPP 的合成路径早已确定:三分子乙酸聚合形成甲羟戊酸,然后转化为 IPP。但近年来发现大肠杆菌中的 IPP 生物合成途径有所不同,其五碳单元类似于缬氨酸的生物合成:由丙酮酸转化而来的乙醛经硫胺素活化后结合到二羟磷酸丙酮的 C-2 基团上,C-2 位上的羟甲基基团再转至 C-3 位,形成类异戊二烯单体结构,后者经过一系列的还原、异构、脱羟、磷酸化反应最终形成 IPP(图 10-13)。由 IPP 聚合生成聚戊二烯焦磷酸(PPP),在真核生物和原核生物中基本类似。IPP 异构化形成全反式二甲基烯丙基焦磷酸(DPP),后者再以头尾缩合的方式逐一结合 IPP 单体,使异戊二烯碳链不断延长。DPP 先与两分子 IPP 缩合形成法尼焦磷酸(FPP),后者再与若干个 IPP 缩合,构成含有($n+3$)个 IPP 单体的聚异戊二烯焦磷酸(PPP)长链。上述反应途径中,IPP 聚合生成 PPP 不仅是合成辅酶 Q 的重要步骤,也是合成固醇类和类胡萝卜素化合物的基本反应序列(图 10-14)。

在大肠杆菌中,辅酶 Q 生物合成的后期阶段是以 PHB 与 PPP 的缩合反应开始的,共由九步反应组成(图 10-15)。其中,3-聚异戊二烯-4-羟基苯甲酸经脱羧、邻位羟基化和甲基化生成 2-聚异戊二烯-6-甲氧基苯酚,再经酚基对位羟化、氧化及聚异戊二烯基团邻位甲基化,形成 5-脱甲氧基辅酶 Q,后者在 5 位羟基化和甲基化后转化为辅酶 Q。在此途径中,PHB 和 PPP 的缩合反应是辅酶 Q 生物合成途径的限速步骤,因此催化该反应的 4-羟基苯甲酸聚异戊二烯焦磷酸转移酶对途径操作具有重要意义。在真核生物中,辅酶 Q 生物合成途径只有部分与原核生物相同,作为原核生物辅酶 Q 生物合成中间代谢物的 2-聚异戊二烯-6-甲氧基苯酚在鼠体内并不存在,取而代之的是 3,4-二羟基苯甲酸和 3-甲氧基-4-羟基-5-聚异戊二烯甲酸。

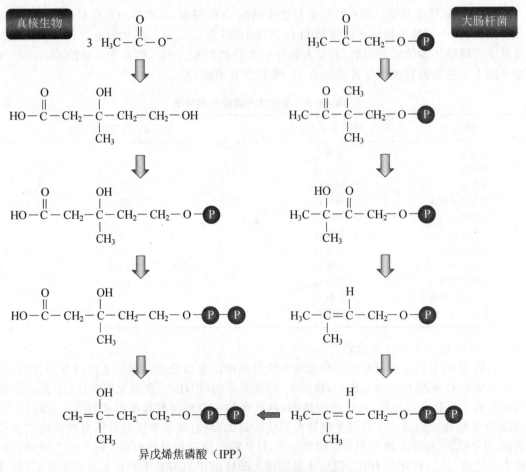

图 10-13 类异戊二烯焦磷酸的生物合成

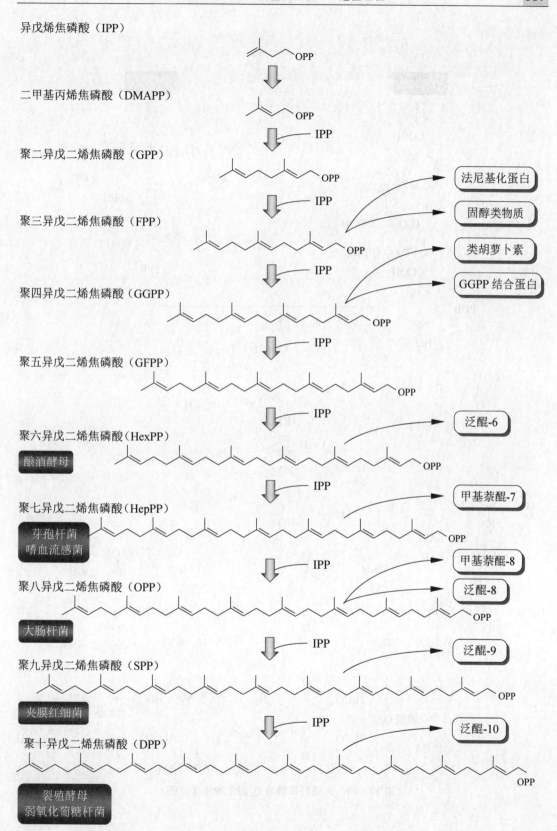

**图 10-14　固醇类和类胡萝卜素的生物合成**

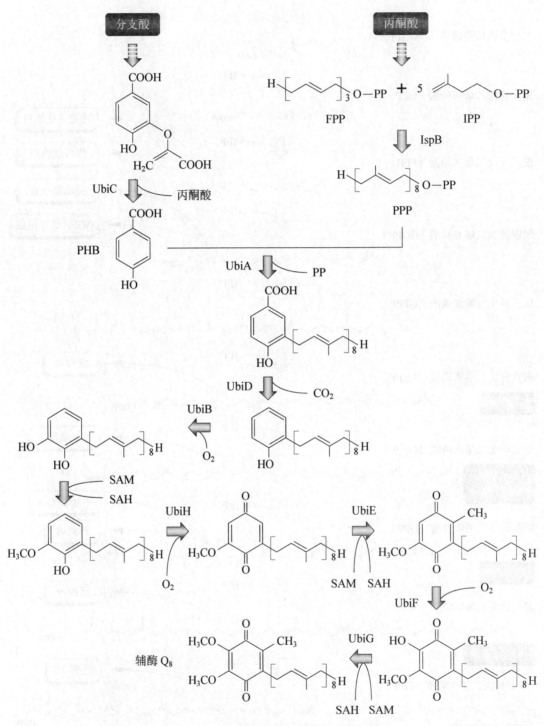

图 10-15 大肠杆菌辅酶 $Q_8$ 的生物合成途径

### 2. 辅酶 $Q_{10}$ 的医疗保健功能

各种辅酶 Q 中只有辅酶 $Q_{10}$ 具有医疗价值。正常人体内辅酶 $Q_{10}$ 约 1.5 g,主要来源于食物,牛肉、菠菜、沙丁鱼、金枪鱼和花生中辅酶 $Q_{10}$ 的含量较高。但由于膳食的不平衡或随着年龄的增长,人体内的辅酶 $Q_{10}$ 通常达不到所需的水平。研究表明,当辅酶 $Q_{10}$ 少于正常水平 20% 时,可导致人体各种机能下降和许多疾病的产生。

辅酶 $Q_{10}$ 过去只是作为一种能量药物使用,随着药理学研究的深入,它在临床上的应用范围也愈加广泛,尤其在心脏病和肝病的治疗方面有明显效果。现已查明,心衰和高血压病人的心肌内辅酶 $Q_{10}$ 含量明显低于正常人,补充适量的辅酶 $Q_{10}$ 可以保护缺血的心肌免受损伤,缓解冠心病、风湿性心脏病和病毒性心肌炎引起的心悸、房早、室早和阵发性房颤等心律失常症状,同时对某些原发性及肾血管性高血压的治疗也能奏效。辅酶 $Q_{10}$ 是一种非特异性的免疫功能增强剂,因而在对付各种急慢性病毒性肝炎方面有其独到之处。此外,辅酶 $Q_{10}$ 还用于治疗糖尿病(刺激胰岛素分泌)、再生障碍性贫血、支气管哮喘、牙周炎等疾病。

美国第二医学(Alternative Medicine)的临床研究结果证实,辅酶 $Q_{10}$ 作为体内强抗氧化剂具有清除自由基、维持细胞膜通透性、改善免疫功能以及促进脂肪代谢等显著的生理功能,因而其预防保健作用逐渐为人们所重视。经常补充适量辅酶 $Q_{10}$ 可以降低血液黏度,防止动脉粥样硬化,并在一定程度上降低体重。鉴于辅酶 $Q_{10}$ 广泛的生理功能,且无特殊的副作用以及与其他药物的配伍禁忌,世界上许多国家将之誉为人体重要的营养素,其销售量也逐年增加。

### 3. 辅酶 $Q_{10}$ 的大规模产业化现状

在 20 世纪 60 年代,辅酶 $Q_{10}$ 主要从动物的脏器中提取,由于含量小且受到原材料的限制,不可能实现大规模生产。野生型微生物合成辅酶 $Q_{10}$ 的能力相当低,且多为辅酶 Q 同系物的混合物,故提纯成本较高。据报道,自然界中只有 34 个属的微生物含有辅酶 $Q_{10}$,其中能用于发酵生产的以细菌和酵母为主(表 10-7)。一般来说,细菌辅酶 $Q_{10}$ 的含量高,但发酵难以达到高密度,酵母则与之相反,因而选择生产菌株的关键是在细胞含量和细胞密度之间做适当的取舍。由于野生型菌株的辅酶 $Q_{10}$ 生产能力远不能满足大规模产业化的要求,因而早期辅酶 $Q_{10}$ 的发酵主要通过筛选突变株来提高产量。例如,日本 Kanegafuchi 公司利用诱变技术分离到一株将辅酶 $Q_{10}$ 积累水平提高 50 多倍的光合细菌突变株,因而在 1977 年首次实现了辅酶 $Q_{10}$ 发酵生产的工业化。

辅酶 $Q_{10}$ 的第三种生产工艺是化学合成法,其基本途径包括芳香族醌(即辅酶 $Q_0$)结构和聚异戊二烯侧链结构的分别合成以及两者的缩合。辅酶 $Q_0$ 的化学合成以香草醛为起始反应物,醛基还原为甲基得到甲氧酚,再经硝化、羟甲基化、氢化生成 2-氨基高黎芦醇,后者形成重氮盐后水解为酚衍生物,再经亚硝基二磺酸钾氧化生成辅酶 $Q_0$。$C_{50}$ 聚异戊二烯的合成以短链类异戊二烯作为起始反应物,但需要相当复杂的化学反应才能获得最终产物,而且收率极低。一种改进的工艺是使用茄呢醇(一种天然的全反式 $C_{45}$ 聚异戊二烯醇)作为反应起始物,并通过异戊二烯单位的延伸反应合成 $C_{50}$ 聚异戊二烯。茄呢醇在烟叶、马铃薯叶和桑叶含量较高,相对而言提取工艺也较简单。辅酶 $Q_0$ 与 $C_{50}$ 异戊二烯醇的缩合过程通常是先将辅酶 $Q_0$ 还原为氢醌衍生物,然后在酸性催化剂存在下与 $C_{50}$ 异戊二烯醇缩合。该过程伴随一些不利的副反应,从 $C_{50}$ 聚异戊二烯醇生成的异戊二烯支链通常含有顺反异构体,而且由于相对分子质量较大,缩合效率极低。因此,化学合成辅酶 $Q_{10}$ 的工艺路线并不比传统的发酵方法更优越。

目前日本基本上垄断了世界辅酶 $Q_{10}$ 的生产。由于辅酶 $Q_{10}$ 的化学合成路线已经没有进一步改进的余地,因而利用途径操作技术构建高产辅酶 $Q_{10}$ 的工程菌是实现大规模生产辅

酶 $Q_{10}$ 的关键步骤。

表 10 - 7　用于发酵生产辅酶 $Q_{10}$ 的微生物

| 微　生　物 | 含量/$[\mu g \cdot (g\,干细胞)^{-1}]$ | 发　酵　年　份 |
| --- | :---: | :---: |
| 着色菌属 | | 1959 |
| 脱氮假单胞菌 | 1 041 | 1960 |
| 玉米黑粉菌 | 172 | 1960 |
| 烟曲霉 | 150 | 1964 |
| 黄枝孢霉 | 293 | 1963 |
| 深红红螺菌 | 4 913 | 1963 |
| 荚膜红假单胞菌 | 3 620 | 1965 |
| 浑球红假单胞菌 | 2 862 | 1965 |
| 胶红酵母菌 | 330 | 1967 |
| 葡糖杆菌属 | | 1969 |
| 木醋杆菌 | | 1969 |
| 假丝酵母属 | | 1972 |
| 球拟酵母属 | | 1972 |
| 白冬孢酵母属 | | 1972 |
| 黏红酵母 | 280 | 1973 |
| 新型隐球酵母 | 230 | 1973 |
| 掷孢酵母 | 440 | 1973 |
| 裂殖酵母 | | 1973 |

4. 高产辅酶 $Q_{10}$ 工程菌构建的战略

在大肠杆菌中,由 *ubi*A 基因编码的 4 -羟基苯甲酸聚异戊二烯焦磷酸转移酶催化 PHB 与 PPP 的缩合反应,这是辅酶 Q 生物合成途径中的限速步骤。该酶对 PPP 的专一性不强,将 *ubi*A 基因置于光合细菌启动子的控制之下,可以实现在光合细菌中的大量表达。由于 *ubi*A 基因表达产物取代或增强了光合细菌内源性的 4 -羟苯甲酸聚异戊二烯焦磷酸转移酶的活性,使重组光合细菌合成辅酶 $Q_{10}$ 的能力大幅度提升。这一成果已被应用于辅酶 $Q_{10}$ 的工业化发酵生产中。

辅酶 Q 生物合成途径中另一种重要的酶是聚异戊二烯焦磷酸合成酶,催化 FPP 与若干 IPP 缩合成一定链长的 PPP,并控制聚异戊二烯链的长度。不同的生物体该酶的性质不同,这就决定了所合成的辅酶 Q 结构的差异。例如,大肠杆菌中的聚异戊二烯焦磷酸合成酶编码基因为 *isp*B,控制合成辅酶 $Q_8$;而在酵母中其编码基因是 *coq*1,导致辅酶 $Q_6$ 积累。在 *isp*B 编码区上游接上一段酵母线粒体转移信号肽的编码序列,并克隆在表达载体上。重组质粒导入到野生型酵母细胞内,结果从转化株中分离得到了辅酶 $Q_6$ 和辅酶 $Q_8$ 的混合物。这一实验结果表明:酿酒酵母的 4 -羟基苯甲酸聚异戊二烯焦磷酸转移酶对底物并无严格的专一性,八聚异戊二烯焦磷酸也可以作为其反应底物;异源性的辅酶 Q(如大肠杆菌产的辅酶 $Q_8$)可以取代酵母菌自身的辅酶 $Q_6$ 的生理功能,其生长不受任何影响。更深入的研究还表明,各种细胞对异源辅酶 Q 具有较高的耐受性。将来自流感嗜血菌(*Haemophilus influenzae*)和集胞蓝细菌属(*Synechocystis*)分别编码七和九聚异戊二烯焦磷酸合成酶的基因转入 *isp*B 缺陷型大肠杆菌中,受体细胞产生的辅酶 Q 种类由辅酶 $Q_8$ 分别转变为辅酶 $Q_7$ 和辅酶 $Q_9$,并且菌体生长正常。相似地,使弱氧化葡萄杆菌的 *dds*A 基因(编码十聚异戊二烯焦磷酸合成酶)在 *isp*B 缺陷型大肠杆菌中表达,转化株正常积累辅酶 $Q_{10}$。上述研究对辅酶 Q 生物合成途径的设计与操作具有重要指导意义。

　　光合细菌虽然拥有效率较高的辅酶 $Q_{10}$ 生物合成系统，但其发酵条件需要光照厌氧，这在大规模生产中较难实现，因此对光合细菌的相关途径进行操作并非理想的选择。相反，大肠杆菌大规模发酵工艺相当成熟，且易于达到每升数百克湿菌体的培养密度，这对高产的辅酶 $Q_{10}$ 极为有利。过量表达 ubiA 基因以扩增由 PHB 到辅酶 $Q_0$ 的合成途径代谢流，同时将弱氧化葡萄杆菌的辅酶 $Q_{10}$ 链长控制基因 ddsA 取代大肠杆菌内源性的 ispB 基因，即可实现高产辅酶 $Q_{10}$ 的大肠杆菌工程菌的构建。

### 10.3.3　氢气生产菌的途径操作

　　氢气是造成污染并不可再生的化石燃料的最终取代物，可直接用于动力、加热、发电等诸多领域。由于氢气燃烧时仅仅产生水蒸气和少量的氧化氮，大量使用并不加重气候变暖的负担，因此对空气的污染微不足道。德国奔驰公司早在十几年前就设计生产出以氢气为动力的汽车样品，其测试结果相当令人满意。氢气不比甲烷或汽油更危险，事实上它已广泛用于工业生产中，而且美国的太空计划使用氢气已有五十年历史，为这种燃料的全面推广提供了丰富的经验。

　　目前，利用传统的电解技术从取之不尽、用之不竭的水中制取氢气仍是个净耗能的过程。从能量转换效率的角度上看，通过风力或太阳能热解汽化水来生产氢气的工艺显然优于前者。将发酵和酶法技术用于氢气生产是当前研究的一个热门领域，在这方面初步的研究成果包括：筛选出了能有效将氢气作为代谢最终产物的微生物，几个与氢气生成有关的基因已经被分离，来自弗氏柠檬酸杆菌（Citrobacter freudii）的氢化酶基因也被克隆在大肠杆菌中。

　　近些年，人们正在调查氢气体外生产的可能性。该系统由两个酶组成，即从嗜酸热原体（Thermoplasma acidophilum）中分离出的葡萄糖脱氢酶（GDH）和从激烈火球菌（Pyrococcus furiosus）中分离出的氢化酶。GDH 催化葡萄糖氧化为葡糖酸-$\delta$-内酯，后者利用 NADH 或 NADPH 进一步水解为葡糖酸。尽管由于细菌的脱氢酶缺乏足够的势能而极少与 NADPH 相互作用，但激烈火球菌和真养产碱菌的脱氢酶却拥有利用 NADPH 作为电子供体的特性。有关实验证实，GDH 和氢化酶的联合使用能在体外由葡萄糖生产氢气（图 10-16），其附加条件是需要辅因子的连续循环（至少 20 次）。这一新发现的途径似乎是由可再生资源生产氢气的一种颇有价值的方法，而且没有二氧化碳和一氧化碳等中间废气的形成。然而，上述过程的产业化运用还存在着许多难题：首先，要考虑在此过程中产生的大量葡糖酸的再利用，即使在小规模的氢气生产植物中它也是一种副产物；其次，酶和辅因子的循环使用可能会涉及固定化的工程问题；最后也是最关键的问题是酶促反应的速率以及高效率能量转换途径的设计。利用途径操作原理和技术有望克服上述困难，因为生物王国存在着丰富多彩的特殊途径资源可供创作，如绿藻（Chlamydomonas reinhardti）就可以提供一种将光能有效捕捉进入氢气分子的优良模型。人类利用可再生氢气作为新型能源的时代为期不远了。

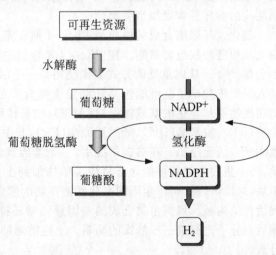

**图 10-16　由可再生资源生产氢气**

## 10.4　次级代谢的途径工程

原核细菌和低等真核生物拥有丰富而又复杂的次级代谢途径,它们使用与初级代谢途径相同的小分子初始底物,合成的却是种类更多、结构远比初级代谢产物复杂的化合物。以各类抗生素为代表的这些次级代谢产物虽然并非宿主细胞生理活动所必需,但却具有极其重要的应用价值。在过去的 30 年里,次级代谢物的途径工程已发展到运用特异性基因操作方法的高等阶段,其中最为典型的案例首推对聚酮类物质生物合成途径的理性操作。随着分子生物学原理和技术的不断发展,可以预计抗生素的途径工程将在大规模工业化生产中得以现实。

### 10.4.1　聚酮生物合成的分子机制

聚酮是一类庞大的次级代谢物家族,大多数的大环内酯类抗生素属于聚酮类物质。聚酮类物质可分为多环芳香族聚酮和大环聚酮,两者虽然化学结构不同,但却拥有一个由聚酮合酶(PKS)催化的基本相似的生物合成机制。这种性质为利用途径操作技术定向组合聚酮生物合成模件,开发一系列杂合新型生物活性物质奠定了良好的基础。

聚酮合酶是一类多功能酶,根据其基因序列和组成成分的空间构象不同,可分为模块型(PKS-I)和重复型(PKS-II)两大类。模块型 PKS 呈较大的多酶复合体,通过乙酸、丙酸、丁酸的缩合构筑大环聚酮,在每个缩合循环中,其 $\beta$-羰基经历不同程度的还原反应。重复型 PKS 主要从乙酸单位合成多环芳香族聚酮,每次缩合后形成的羰基一般不还原。由于大环聚酮类衍生物具有重要的临床应用价值,因而在过去的三十年里模块型 PKS 的分子遗传学研究取得了巨大进展,围绕其基因簇对相关抗生素生物合成途径进行设计和修饰的工作也在不断地深入。

指导多环芳香族聚酮合成的重复型 PKS-II 通过一系列类似于脂肪酸生物合成的反应,以重复的方式将短链羧酸组装成聚酮长链。最小的细菌 PKS-II 复合物仅含三种蛋白组分,包括一个拥有酮酰基合酶(KS)和酰基转移酶(AT)活性多功能酶体、一个链长决定因子、一个酰基载体蛋白。最小的真菌 PKS-II 则在一条蛋白多肽链上含有同样的酶活性模块。细菌和真菌的 PKS 均在酰基载体蛋白上组装聚酮链,然后再利用独立于 PKS 而存在的酮基还原酶、芳香环化酶、O-甲基转移酶等修饰组装好的聚酮链分子,产生一系列具有不同结构的多环芳香聚酮衍生物。

催化大环聚酮合成的模块型 PKS-I 拥有完全不同的结构组织,但它们也在酰基载体蛋白上从短链羧酸组装聚酮。在 PKS-I 复合物中,每个独立的活性位点负责一步反应,而且不会像 PKS-II 以重复的方式多次使用某一个活性位点。PKS-I 在延长聚酮生长链时,每掺入一个羧酸单位就可能包括脂肪酸生物合成的一个完整循环所需的所有反应。PKS-I 的功能性亚基包括酰基载体蛋白(ACP)、酰基转移酶(AT)、酮酰基载体蛋白合成酶、酮基还原酶(KR)、脱水酶(DH)、烯酰还原酶(ER),其中一个亚基含有终止聚酮链生长和环化大环聚酮所需的硫酯酶。在典型情况下,一个基因簇编码涉及大环聚酮链延伸循环的所有蛋白质,每个蛋白质亚基可能含有将羧酸单位加到生长的聚酮链上两轮循环所需的所有酶活性模块,这样可以省略产生不同氧化状态产物的缩合后修饰,因为有些模块编码了不应有的酶促活性结构域。聚酮生物合成的基因簇通常还拥有额外的基因,它们编码在组装和环化聚酮后对分子进行进一步修饰的酶系。上述链延伸反应顺序的典型案例是红霉素大环内酯的合成(图 10-17)。

### 10.4.2　聚酮合酶各组成模块的操作策略

模块是 PKS 各种活性的基本结构单位。在模块编码序列的水平上将它们重新编排可

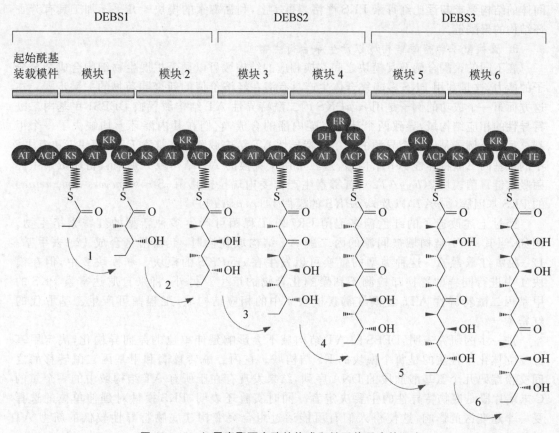

**图 10 - 17　红霉素聚酮合酶的构成和链延伸反应的顺序**

产生新的聚酮；缺失某个或多个模块可以改变链长；与来自其他 PKS 的异源模块交换则可增加最终产物结构的多样性；通过在链增长过程中掺入不同的延伸单位或者修饰加工程度，也同样可以达到改变聚酮链结构和性质的目的。

1. 缺失或增加模块以控制链长

大量的实验结果表明，在保留基本功能的前提条件下，PKS 的模块缺失一般不会妨碍聚酮链的释放、环化、修饰。例如，将红霉素 PKS 的 TE 结构域调至 6 - 脱氧红霉内酯合成酶 1 (DEBS1)的下游时，突变株会合成一个相对分子质量变小的三酮内酯，而不是正常的十四元大环内酯。DEBS 的末端模块能够加工与天然底物相似但更简单的底物，在不存在其他 DEBS 蛋白的情况下，DEBS3 蛋白会自发地从一个 C3 羧酸经过两轮缩合延伸形成一个三酮。延伸底物的特异性可能是红霉素 PKS 模件的共同特性。

2. 置换定位结构域以拓宽起始单位的使用范围

定位结构域(LD)在 PKS 基因簇的几个修饰目标中是最重要的，拓宽它对起始单位的使用范围可产生许多新的聚酮化合物。除了普拉内酯和红霉素 PKS 的 LD 可分别被泰乐菌素和除虫菌素 PKS 的等价模块置换外，利福霉素 PKS LD 结构域的性能调查也引起了人们的兴趣。利福霉素使用的普通底物是 3 -氨基- 5 -羟苯甲酸(AHBA)，将一株不能合成 AHBA 的地中海链霉菌(*Amycolatopsis mediterranei*)突变株在含有 AHBA 及其结构类似物 HBA 和 DHBA 的培养基中培养，结果表明该突变株也能以 HBA 和 DHBA 作为起始底物进行聚酮链延长反应，但在培养系统中只能检测到四酮支路的相应产物。也就是说，利福霉素 PKS 可从错误的起始单位延伸，但随后便被相关酶活性识别，并提前释放这个异常的中间体。由此可见，利福霉素 PKS 对起始单位的特异性要求也不高，但是其聚酮链后续加工程序对中间体的结构要求却远比红霉素 PKS 严格。事实上,利福霉素的模块 4 几乎不加工具有芳香环结构的聚酮链。

　　3. 置换酰基转移酶结构域以产生杂合衍生物

　　在不同的聚酮合酶及其模块之间交换相应的结构域可以显著扩展生物细胞合成杂合分子的能力,这是利用 PKS 多酶复合体生产具有潜在经济价值的新聚酮药物的关键步骤。在这方面第一个成功的例子是用 *rap*PKS 丙二酰特异性 AT 结构域置换 DEBS1 甲基丙二酰特异性的相应结构域,导致两个新的三酮内酯的合成,它们在其内酯环上均缺失了一个甲基。另一个例子是以三个异源的丙二酰特异性 AT 结构域置换红霉素 *PKS* 模块 1 和模块 2 中的甲基丙二酰特异性 AT 结构域,这三个用于置换的 AT 结构域分别来自雷帕霉素生产菌吸水链霉菌模块 2(*hyg*AT2)、苦霉素生产菌委内瑞拉链霉菌(*Streptomyces venezuelae*)的 PKS 基因簇(*ven*AT)以及 *rap*PKS 的模件 14(*raps*AT14)。

　　经过上述改造了的红色糖多孢菌 ER720 工程菌可产生多种新型的红霉素衍生物。例如,当其 AT1 结构域被同源的丙二酰 AT 结构域置换时,工程菌将合成 12-去甲基-12-脱氧红霉素 A。这种类型的置换可以发生在 *ery*PKS 的模块 1 和模块 2 中,但在模块 4 中进行同样的置换却检测不到聚酮化合物的产生。另外,将来自尼达霉素 PKS 的甲基丙二酰特异性 AT5 置换红霉素模块 4 中的相应结构域,工程菌可产生乙基取代的红霉素。

　　进一步的研究表明,DEBS 的 AT 结构域不会影响延伸单位的差向异构化,决定甲基分支立体化学性质的是每个模块的 KS 结构域。在丙二酰转移酶和甲基丙二酰转移酶之间交换编码几个氨基酸肽段的 DNA 序列,结果发现存在于所有 AT 结构域中的一个短的 C 末端片段是底物特异性的主要决定者。同时实验还表明,PKS 模件对延伸单位的选择受一个超变区的影响,这使得人们有可能通过组合突变构建底物特异性较低的新型 AT 结构域。

　　4. 还原环的遗传操作

　　KR、DH、ER 等结构域的改造和修饰同样是开发红霉素衍生物的研究内容。例如,将红霉素 *PKS* 模块 4 的 ER 结构域失活后,突变菌便合成如图 10-18 所示的红霉素结构类似物。除了修饰还原环的功能外,在没有还原功能的模块中组装合适的还原结构域,同样可以在聚酮分子中引入广泛的结构多样性。例如,将 DEBS3 的 KR2 结构域用来自 *rap*PKS 模块 4 的 DH-KR 双结构域进行置换,所形成的嵌合多功能蛋白不仅能催化 β-酮基还原和区域专一性的脱水反应,而且还能将相应的聚酮链转移至模块 3 上进行加工,最终产生四酮类衍生物。

　　5. 人工合酶和聚酮文库的构建

　　对单一 PKS 编码基因进行遗传操作,可在一定程度上构建具有多种特殊催化功能和催化顺序的人工聚酮合酶变体,并由此形成相应的聚酮类化合物文库,后者为筛选有效药物增添了新的途径和范围。然而,这一策略的主要限制在于大多数 PKS 对结构改变了的聚酮链的接受能力有限。为了克服这种局限性,人们利用模块和结构域的几种变换组合来研究 PKS 的组合潜能。例如,用 *rap*PKS 的 AT 结构域和 β-碳加工结构域置换 DEBS 中的相应结构域,使之拥有不同的底物特异性以及 β-碳还原脱水活性。另外,为了便于聚酮的组合生物合成,还开发了一个用于 DEBS 异源表达的三质粒系统。*ery*AI、*ery*AII、*ery*AIII 基因分别克隆到三个相容性的链霉菌质粒中,用这三个重组质粒转化同一株变铅青链霉菌(*Streptomyces lividans*),获得一株能高效积累 6-脱氧红霉素内酯 B(6-DEB)的转化子。如果将上述三个基因克隆在一个质粒上,所构建出来的转化子同样能达到相似的效果。

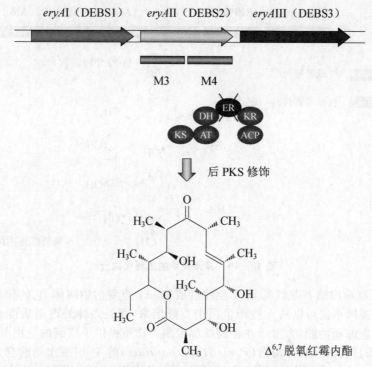

图 10-18　截断型 6-脱氧红霉内酯合成酶的模块结构

为了产生大量结构发生改变的化合物,人们还致力于设计多模块化的人工合酶。相关实验结果显示,在 *eryPKS* 基础上设计的二模块和三模块型人工聚酮合酶能合成具有预期结构的新化合物。这一结果令人鼓舞,因为组合化学的一个目标就是通过混合来自不同 PKS 基因簇且具有不同模块数的异源多肽或酶促结构域构建融合型的 PKS。

6. 聚酮内和聚酮间接头的设计

PKS 中的单个模块对它们的底物具有明显的选择性,因此限制了模块的组合潜能,在实际应用过程中往往表现为杂合酶的低活性甚至无活性。然而深入研究表明,如果在 PKS 中的模块与模块之间以及结构域与结构域之间人为设计和组装一些氨基酸序列短小可变的接头片段,则能在很大程度上改善单个模块对不同聚酮链的接受能力,从而突破模块组合的限制性因素。例如,在模块内接头存在的条件下,用异源的 *rifPKS* 模块 5 置换 DEBS 模块 2,可以产生预期的 6-DEB 三酮内酯衍生物(图 10-19)。Rif PKS 模块 5 的作用方式与 DEBS 模块 2 相似,而且 DEBS 模块 2 和模块 3 之间的多肽内接头允许聚酮链从 Rif PKS 模块 5 到 DEBS 模块 3 进行正常的转移。由此可见,对存在于多肽内部或多肽之间的接头进行重新设计和加工,能有效促进生物合成中间体在非天然连接的模块之间的转移。

从过去三十年在聚酮类化合物生物合成机制方面的研究进展来看,不远的将来人们能够对天然的 PKS 结构进行任何精确和方便的修饰,这不仅能促进对大环类抗生素生物合成过程形成更深的理解,更重要的是大规模生物合成新型聚酮类似物有望进入产业化阶段。

## 10.4.3　聚酮生物合成基因的异源表达

红色糖多孢菌的 6-脱氧红霉内酯 B 生物合成基因簇已在天蓝色链霉菌中获得表达,重组细菌能有效地将添加的前体掺入到 6-脱氧红霉内酯 B 中,所合成的衍生物含有一个甲基侧链,而在红色糖多孢菌中则是乙基侧链,这个结果证明异源基因表达产生了一个具有功能

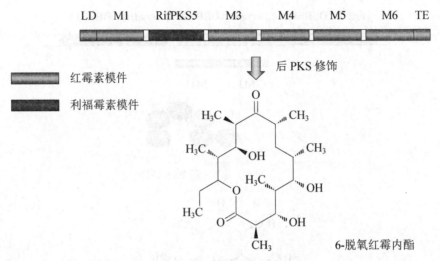

图 10－19　异源模块的工程化融合

的酶。6－脱氧红霉内酯 B 是红霉素 A 生物合成中一个重要的中间体,它的异源合成再次表明抗生素合成基因不仅可以从天然产生菌中克隆出来,而且经体外改造后能在新的宿主细胞中表达出相应的新功能,为增产并合成新型聚酮类物质提供了广阔的应用前景。

此外,将来自真菌开放青霉菌(*Penicillium patulum*)的 6－甲基水杨酸合成基因与可调控的链霉菌表达元件进行体外拼接,重组质粒导入具有多环聚酮类化合物合成能力的天蓝色链霉菌中。上述设计方案提高了宿主细胞合成前体分子的能力,同时也使得它能利用这些前体分子高效生产相应的聚酮化合物。

除虫菌素装载结构域的广谱底物特异性具有很高的应用价值。除虫菌素的结构类似物道拉菌素(Doramectin)是由除虫链霉菌的一个 *bkd* 突变株在环庚酸存在的条件下发酵生产的。由于不能产生正常的分支底物异丁酰辅酶 A 和甲基丁酰辅酶 A,这个突变菌株的除虫菌素生物合成装载结构域将环庚酸掺入天然产物中。在一项实验中,将山丘链霉菌(*Streptomyces collinus*)环庚酰辅酶 A 合成酶的编码基因转入至除虫链霉菌 *bkd* 突变株中,重组菌可在不添加环庚酸底物的条件下直接发酵生产道拉菌素。

改造或修饰侧链基团或糖基加入相关途径是构建杂合抗生素生产菌的一项重要策略。在这种情况下,或者用一个完整的异源添加途径取代天然途径,以合成全新的侧链前体;或者缺失天然途径中的某个基因,以产生非天然的侧链前体。例如,从产碳霉素的耐热链霉菌(*Streptomyces thermotolerans*)中克隆编码酰基转移酶编码基因 *carE*,将其转入至产螺旋霉素的产二素链霉菌(*Streptomyces ambofaciens*)中,重组细菌便能合成杂合抗生素异戊酰螺旋霉素;而缺失 dNTP－德糖胺生物合成中转氨酶催化的反应,并以异鼠李糖代替正常的氨基糖德糖胺,可使重组菌产生酒霉素衍生物,这是糖基转移酶以修饰过的核糖作为底物的另一个例子。

4′－表阿霉素(Epirubicin)是新一代的抗肿瘤药物,目前通常的生产方法是由碳疽环酮(Anthracyclinone)的前体进行化学修饰。为了利用发酵工艺生产这个半合成产品,将除虫链霉菌编码表-4′－还原酶的 *avrE* 基因置换波塞链霉菌 TDP－道诺胺生物合成途径中编码 4′－还原酶的 *dnmV* 基因(图 10－20)。实验结果表明,波塞链霉菌的 TDP－道诺胺-ε-紫红霉酮糖基转移酶(DnmS)完全可以识别并使用经上述途径操作形成的核糖底物,合成重要的中间产物 4′－表紫红霉素 D,后者再由三个下游酶 DnrP、DnrK、DoxA 转化为最终产物 4′－表阿霉素。

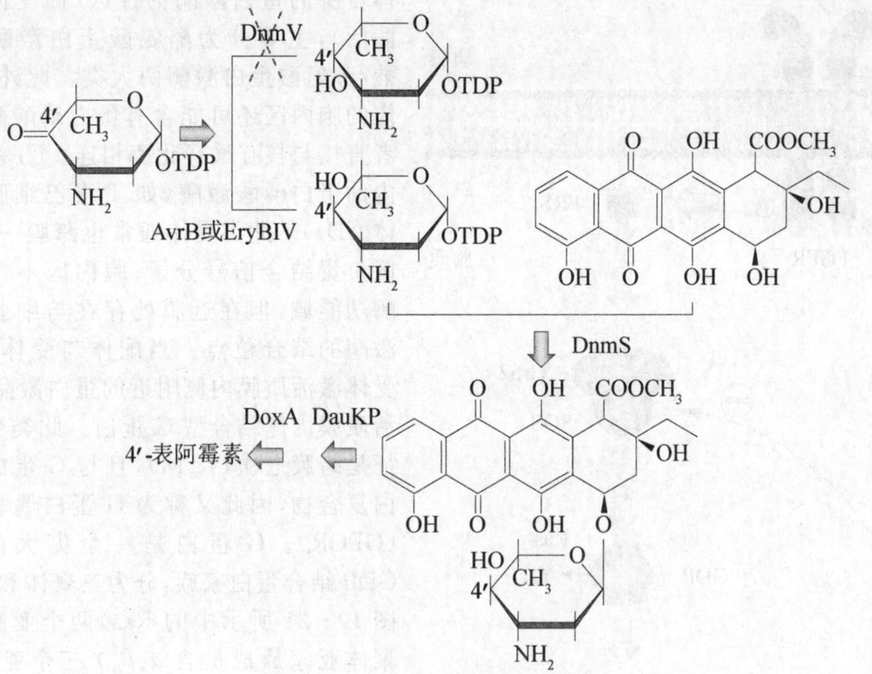

图 10-20　4′-表阿霉素的生物合成

# 10.5　信号转导的途径工程

除了物质/能量代谢途径外,生物体几乎所有的生理活动还受到信号转导途径的支配。组织或细胞内外的生理物质(信号分子)结构特异性地与质膜定位型或胞质游离型蛋白受体结合,触发受体空间构象发生改变,后者在胞质中引起单一或多种蛋白产生以磷酸化反应为主的级联响应,最终激活相应的转录因子并介导相关基因的表达,这一过程称为细胞信号转导,信号传递的路线称为信号转导途径。与物质/能量代谢途径相似,以细胞为单位的信号转导途径也可通过基因操作而被工程化设计和改造,最终实现修饰细胞、组织乃至整个生物体遗传特征和生理性状的目标。

## 10.5.1　信号转导途径的构成与功能

从原核细菌到高等动植物体内存在数以千计构成和功能各异的信号转导途径。一般而言,一条典型的信号转导途径由信号分子、感应受体、转导组分、转录因子、效应基因五大元素构成,它们均由基因编码。如果将之类比物理电子电路,则信号转导途径中信号分子的缺席/显现以及效应基因的关闭/表达分别为这种生物基因电路的输入信号和输出信号。以哺乳动物体内广泛存在的 Ras 信号转导途径为例(图 10-21),典型的信号转导过程通常包含信号感应、信号传递、信号解析三大环节。

### 1. 信号转导途径的信号感应

信号感应是指细胞外(主要形式,如成纤维生长因子 FGF)或细胞内的信号分子(亦称配体)特异性地识别细胞质膜定位型(主要形式,如 FGFR)或胞内游离型受体蛋白并与之结合;一旦结合信号分子,受体空间构象便发生响应性改变,后者主要有三种表现形式:① 激活受体自身含有的蛋白磷酸激酶(简称蛋白激酶,如 FGFR)。此类受体通常跨膜一次(1TM),由胞外区、跨膜区、胞内区三部分构成。胞外区为信号分子的结合位点;胞内区为受

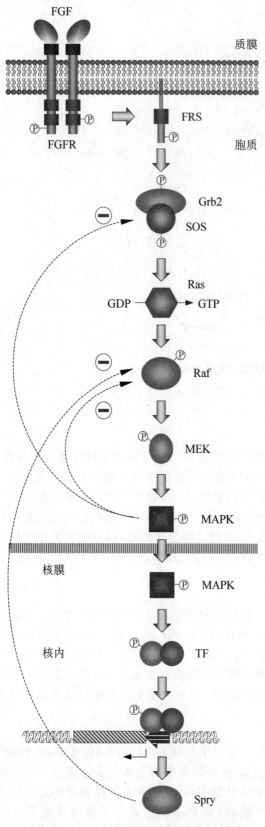

**图 10-21　典型的 Ras 信号转导途径**

体自身的蛋白激酶活性区（即受体的顺式酶活），主要分为酪氨酸蛋白激酶和丝氨酸/苏氨酸蛋白激酶两大类。此外，此类受体的胞内区还可能含有蛋白磷酸酶活性或者直接与核苷酸环化酶相连。② 激活胞质内的蛋白磷酸激酶（如 T 淋巴细胞表面受体 CD4）。此类受体通常也跨膜一次，胞外区负责结合信号分子；胞内区不含蛋白激酶功能域，但在近膜处存在与细胞内蛋白激酶的结合位点。当配体与受体结合后，受体激活质膜内侧附近的蛋白激酶。③ 激活质膜内侧结合型 G 蛋白。此类受体的特征是跨膜七次（7TM），且与 G 蛋白构成蛋白复合物，因此又称为 G 蛋白偶联型受体（GPCR）。G 蛋白是一个庞大的 GTP/GDP 结合蛋白家族，分为三聚体和单体（如图 10-21 所示中的 Ras）两个亚家族。三聚体亚家族成员含 α、β、γ 三个亚基，一旦 GPCR 被激活，G 蛋白结合的 GDP 便为 GTP 所取代，并解离成携带 GTP 的 α 亚基以及不含核苷酸的 βγ 二聚体，这两种解离组分均能独立发挥传递信号的功能。

　　2. 信号转导途径的信号传递

　　信号传递是指胞质中的蛋白转导组分为受体所激活，并依次激活其下游转导伙伴直至转录因子，构成信号转导级联反应。其中，信号转导的方式主要表现为磷酸基团在各种转导组分中的接力式传递，因而这些转导组分大都是蛋白激酶；有些信号转导途径则采取蛋白逐次降解的方式转导信号（如 Fas 信号转导途径），因此这些转导组分均拥有蛋白酶顺式酶活。信号在细胞内有三条传递路线：① 信号通过多重转导组分逐次传递至细胞核内。在相当多的信号转导途径（如图 10-21 所示的 Ras 信号转导途径）中，被配体激活的受体将信号经多种转导组分逐次传递给下游伙伴，这些转导组分或呈胞质游离型，或以蛋白复合物的形式首尾相连，构成信号转导脚手架（颇像古时由驿站构成的邮路），并进行蛋白磷酸化或降解级联反应。② 信号通过胞质潜伏型转录因子直接传递至细胞核内。有些转录因子能直接为配体-受体复合物所激活,并穿过胞质直接进入核内。原核细菌的双组分信号转导以及高等植物的生长素信号转导均采用这一方式。在哺乳动物的一些信号转导途径中,SMAD 和 STAT 家族成员身兼信号转导和转录调控两种功能,当受体呈非激活状态时,它们潜伏在质膜附近的胞质内;一旦受体被配体激活,受体便将游离型的 SMAD 或 STAT 招募至自己身边并激活之,其中 SMAD 在 Ser 残基、STAT 在 Tyr 残基上被受体蛋白激酶磷酸化。经磷酸化激活后的 SMAD 或 STAT 在核内直接识别并作用于相关基因的表达调控元件。③ 信号通过第二信使分子传递至细胞核。在有些信号转导途径(如 NFAT 和 PLC 信号转导途径)中,被配体激活的受体可导致胞质内第二信使分子浓度的波动,并依赖这些小分子或离子在胞质中的扩散作用将信号传递至细胞核。具有上述功能的第二信使分子包括 $Ca^{2+}$、cAMP、磷酸肌醇酯(PIP)等。

3. 信号转导途径的信号解析

信号解析是指转录因子经信号转导被激活后,在细胞核内或独立或与其他调控因子联合识别相应效应基因的 DNA 顺式应答元件上,进而启动或关闭基因的转录(视联合的调控因子性质而定)。在 Ras 信号转导途径中(图 10-21),胞质型有丝分裂原激活型蛋白激酶(MAPK,又称 ERK)被其上游转导组分 MEK 激活后,转位于核内并以磷酸化方式激活一大批重要的转录因子(TF)。例如,MAPK 激活转录因子 Srf 和 ElK1 表达 Fos 编码基因,同时又能激活转录因子 Fos 和 Jun 形成二聚体 AP1,后者与相关效应基因的佛波醇应答元件 TGACTCA 结合表达 Myc 等众多蛋白质编码基因;而 Myc 与 Max 也能组成转录因子二聚体,与另一批效应基因的 DNA 顺式元件 CACGTG 结合并激活其转录启动。

4. 信号转导途径的信号反馈

鉴于信号转导途径沟通环境与机体之间的密切联系并介导生物体内几乎所有的生理过程,因此任何信号转导事件的发生、强化、消退必须被严密调控,这种调控网络的组成部分之一便是由该信号转导途径自身所包含的负反馈回路。例如在 Ras 信号转导途径中,一方面磷酸化激活型 MAPK 构成对其上游转导组分 Raf 和 SOS 的活性抑制(见图 10-21);另一方面,MAPK 又能通过磷酸化激活转录因子 Ets1 促使负调控因子 Spry 的表达(图 10-22),而后者同样抑制 Raf 的活性图(见图 10-21),从而使 Ras 信号转导途径的输出信号呈短促的脉冲性。值得注意的是,任何使 Ras 信号转导途径脱离严密调控的因素均具有致癌倾向。

## 10.5.2　信号转导途径的性能修饰

人类多种生理和代谢紊乱性疾病均与相应信号转导途径的异常或故障密切相关,因此针对这些信号转导途径的性能进行基因操作有望为矫正疾病提供一种崭新的治疗策略。由于全身性基因治疗在相当程度上依赖于被禁止的生殖性克隆技术,因而信号转导途径修饰型细胞主要采用两种方式导入机体:第一种方式是在体外对分离出来的个体细胞进行基因操作,然后输回体内;第二种方式是移植含修饰型信号转导途径的非人类异种微胶囊化细胞(以人造半渗透膜包裹的哺乳动物细胞),所用胶囊通常由海藻酸-多聚 L-赖氨酸或纤维素硫酸酯制成,能保护细胞免遭机体内免疫应答和清除,但却能获得必需的营养供应并分泌治疗性蛋白和代谢物。

1. 白介素-2信号转导途径的重新连线

体内输入抗原特异性 T 淋巴细胞能帮助机体重构免疫系统抵御病毒感染和抑制肿瘤生长,然而此类基于细胞的基因治疗策略在临床应用中的一个主要障碍是移植型工程 T 细胞在人体内的难以生存,因此开发具备可控性增殖能力的工程 T 细胞是细胞治疗的关键。

哺乳动物的 T 细胞克隆由白介素-2(IL-2)之类的细胞因子触发,后者作为机体内源型信号分子激活 JAK-STAT 信号转导途,最终刺激一组 T 细胞生长调节基因的表达

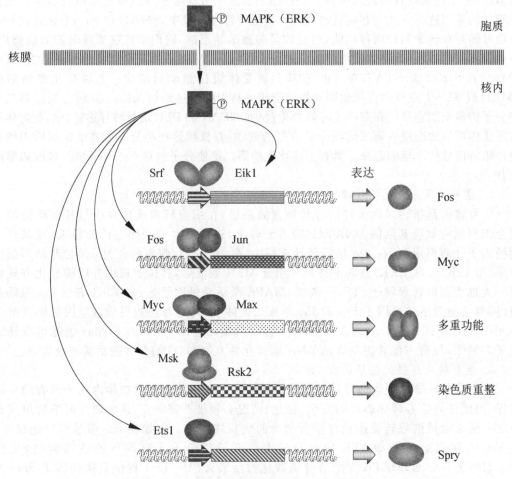

**图 10-22 磷酸化 MAPK 在核内的多重激活效应**

（图 10-23(a)）。CTLL-2 型小鼠的 T 细胞组成型表达 IL-2 受体，注射提供 IL-2 能诱导 T 细胞生长，而除去 IL-2 则导致 T 细胞凋亡，因此 IL-2 是此类 T 细胞增殖的唯一触发因子。然而，内源性 IL-2 生理表达量不足以刺激移植型工程 T 细胞的增殖，而外部给药又使治疗费用过高，因此开发一种能高效诱导 IL-2 表达的小分子廉价药物不失为一种选择。由小分子茶碱诱导机体表达 IL-2 进而重新连线 JAK-STAT 信号转导途径的构建策略如图 10-23(b)所示：设计一种茶碱响应型 RNA 适配体（即核糖开关），并将之与核酶序列融合，构成茶碱依赖型核酶装置。将这一装置重组至 IL-2 基因的 3′-UTR 内，使得茶碱与适配体的结合能在空间结构上有效抑制核酶的自剪切活性，从而导致 IL-2 mRNA 有效翻译；但在茶碱缺席时，核酶介导的 mRNA 降解导致 IL-2 表达水平显著降低。正如所设计的那样，由此构建的工程 T 细胞转入小鼠体内后效果相当理想，移植型小鼠在茶碱的存在下 T 细胞呈显著增长态势。如果将三拷贝的茶碱响应型核酶编码序列引入靶基因的 3′-UTR，则系统运行更佳。

2. 激活型 T 细胞核内因子信号转导途径的重新连线

高等动物的视觉形成途径与激活型 T 细胞核内因子（NFAT）介导的信号转导途径在 G 蛋白偶联型受体（GPCR）的激活环节部分重叠。其中，视觉形成途径由光子受体视网膜杆细胞中的视紫红质和视锥细胞中的视蛋白（颜色敏感）介导相应的信号转导级联反应，这两类光子受体均含有能特异性吸收光子的 11-顺视网膜素（即维生素 A），它们与质膜内侧的

(a)　JAK-STAT 信号转导途径　　　　　　(b)　茶碱诱导型 T 细胞增殖系统

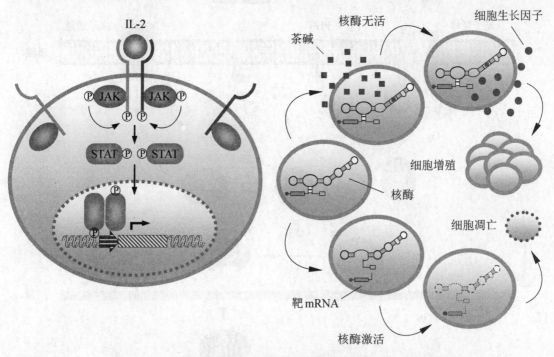

**图 10 - 23　以茶碱控制 JAK - STAT 信号转导途径运行的设计策略**

GPCR 相偶联。不同波长的光子激活相对应的视蛋白,后者依次激活 GPCR 和磷酸二酯酶 (PDE)。激活型 PDE 将结合在钠离子通道上的 cGMP 水解成 GMP,从而关闭 $Na^+$ 的胞内流入并在质膜两侧形成电位差,后者由视觉神经元传至大脑视觉中枢,遂产生视觉。然而,在 T 细胞以及其他类型的细胞中,为抗体等信号分子激活的 GPCR 可使与之偶联的 Gq 蛋白解离出 α 亚基 ($G_{qa}$)。$G_{qa}$ 依次激活磷脂酶 C(PLC)活性,后者将定位于质膜内表面上的磷脂酰肌醇 - 4,5 - 二磷酸酯 ($PIP_2$) 水解成 1,4,5 - 三磷酸肌醇 ($IP_3$)。$IP_3$ 与质膜型钙离子通道直接结合,导致 $Ca^{2+}$ 在胞质中大量积累。$Ca^{2+}$ 浓度的剧变会触发钙调蛋白 (CaM) 依赖型的钙调磷酸酶 (CaN) 激活,后者使磷酸化型 NFAT 脱去磷酸基团。NFAT 转位至核内,识别特定的靶基因应答调控元件,进而激活相关基因的表达。

　　基于上述两条信号途径的重叠性,将特异性感应蓝光(波长约为 480 nm)的视黑素蛋白 (MEL,能激活 GPCR)以及能刺激胰岛素同时抑制胰高血糖素产生的胰高血糖素样多肽 - 1 变体(GLP - 1)编码基因导入人胚胎肾细胞株(HEK293),并采用 NFAT 特异性识别的应答调控元件介导 GLP - 1 编码序列的表达,可构建获得响应蓝光而高效表达 GLP - 1 的工程细胞株(图 10 - 24)。将该细胞株经微胶囊化包裹后移植进 II 型糖尿病小鼠模型体内,转基因小鼠在接受蓝光照射后便呈胰岛素水平提升,血糖也相应被有效控制。更重要的是,蓝光既能通过皮肤照射实施诱导又能借助光纤传递实现体内特定部位的局部光照,从而增强了这种治疗策略的应用潜力。

　　3. 环化腺苷酸应答元件结合蛋白信号转导途径的重新连线

　　细胞内固有的信号转导途径甚至还可用于工程化构建微胶囊化细胞以改善母牛的人工授精。迄今为止,畜牧业高效的母牛授精作业主要基于农民准确掌握母牛排卵的时间,这一过程不但耗时而且需要经验丰富的操作人力。事实上,母牛的排卵时间也可通过测定其内源性黄体生成素(LH)的水平而精确确定。一种理想的设计思路是将母牛的 LH

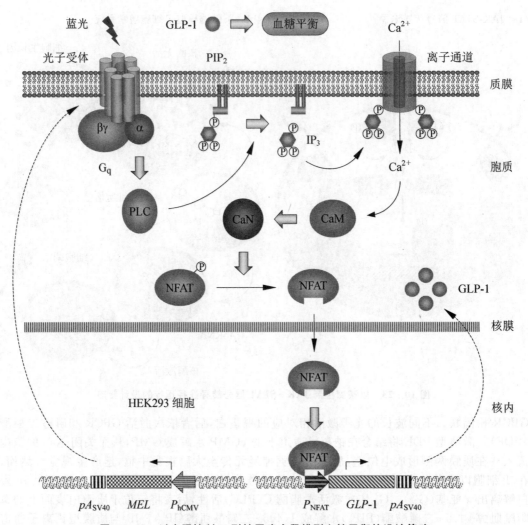

**图 10-24 以光照控制 II 型糖尿病小鼠模型血糖平衡的设计策略**

检测与人工授精紧密偶联,其中母牛体内 LH 的出现为工程化途径的输入信号,而精子至奶牛子宫的释放则为最终的输出效应。通过整合这些必需的输入/输出组分,一种基于纤维素微胶囊化感应细胞和精子细胞一同植入牛奶子宫的工程化全自动授精系统问世。其中,感应细胞(HEK293)携带异源表达型 LH 受体(rLHR,即 GPCR)以检测母牛内源性 LH 水平。LH 浓度的增高经 rLHR 诱导由 G 蛋白 $G_{s\alpha}$ 亚基介导的腺苷酰环化酶(AC)激活,后者触发 cAMP 形成,并最终导致靶基因的 CREB(cAMP 应答元件 *CRE* 结合蛋白)依赖型转录激活。通过将编码一种纤维素酶分泌型变体的基因置于 CREB 控制下(在启动子 $P_{ETR}$ 邻近区域安装 *CRE* 应答元件),受体的激活最终触发高浓度胞外纤维素酶的分泌(图 10-25)。此时,纤维素胶囊被降解,其内含的精子被释放进入母牛的子宫内,从而实现即时自动授精。

### 10.5.3 信号转导途径的动力学行为修饰

广泛存在于生物王国中数以千计的信号转导途径以受体分子感应信号、转导蛋白传递信号、转录因子解码信号的基本模式精确控制生命机器的运转。然而,除了信号分子、感应受体、转导组分、转录因子、效应基因的身份性质及其浓度阈值外,编码、构成、定义一条特定的信号转导途径还涉及其运行的动力学要素,即信号转导途径构成组分的浓度、活性、状态、

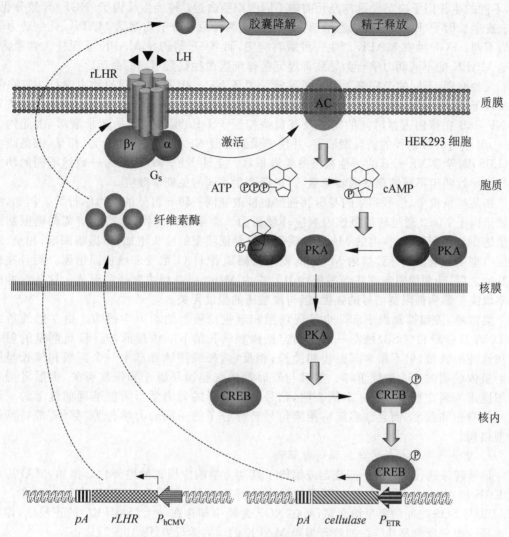

图 10 - 25　基于母牛排卵触发型精子释放的工程化全自动授精设计策略

定位随时间变化而变化的行为。对信号转导途径的动力学行为进行工程化设计与修饰,同样能改变其输出的性质和效能。

1. 信号转导途径动力学的行为与表征

在信号转导过程中,信号强度($S$)随时间($t$)变化的动力学曲线可用频率($F$)、振幅($A$)、续长($D$)、延迟($E$)以及累积($M$,即曲线面积)表征或定义(图 10 - 26)。细胞的信号转导途径也可用上述动力学参数编码和解析生物信息,显然这种编码模式远比用一个时间点的单个分子状态编码信息更呈多样化。

由信号转导动力学行为研究产生的第一个概念是:不同的上游信号分子可导致同一转导组分呈现不同的动力学行为。例

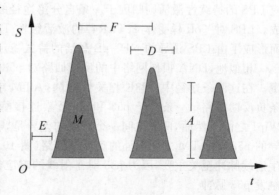

图 10 - 26　信号转导动力学的表征参数

如,不同的生长因子决定大鼠神经元前体不同的细胞命运:神经生长因子(NGF)导致分化;而表皮生长因子(EGF)导致细胞增殖。事实上这两种信号分子均激活 MAPK,只是动力学行为不同:EGF 触发 MAPK 产生一种瞬时响应,而 NGF 则诱导 MAPK 呈现持久性激活,正是 MAPK 的不同动力学行为导致神经元前体细胞两种截然不同的命运。

无独有偶,不同的炎症刺激因子诱导转录因子 NF-κB 呈现不同的动力学行为。在静息条件下,NF-κB 于胞质和核内连续穿梭。肿瘤坏死因子 α(TNFα)对 NF-κB 的刺激导致 NF-κB 在核内占据时间的延长及其负调控因子 IκBα 编码基因的转录激活,由此构成 NF-κB 信号转导途径的负反馈回路,并使转录激活型 NF-κB 呈振荡行为;相反,细菌脂多糖(LPS)则导致 NF-κB 的活性在核内缓慢积累。上述 NF-κB 活性两种截然不同的动力学行为导致两组不同的靶基因转录激活,进而产生不同的免疫学效应。

在某些系统中,信号刺激的身份和强度也能改变同一转导组分的动力学行为。例如,酵母转录因子 Msn2 通过转位至核内响应环境压力。单细胞研究发现,当响应葡萄糖限制或高渗透压信号刺激时,核内的 Msn2 显现刺激剂量依赖型的续长增加,但振幅固定;相反,氧化压力型信号刺激则导致核内 Msn2 的积累振幅随着 $H_2O_2$ 浓度的增加而增强。而且在初始脉冲之后,葡萄糖限制或高渗透压均引发核内 Msn2 一系列浓度峰的形成。这些脉冲的频率取决于葡萄糖限制信号的强度,但与渗透压的强度无关。

类似地,肿瘤抑制因子 p53 也呈现刺激和剂量依赖型的动力学行为。由 γ 射线所致的 DNA 双链断裂(DSB)触发一系列固定振幅和续长的 p53 浓度脉冲。较高剂量的射线增加脉冲的数量,但不影响其振幅和续长;相反,紫外线则诱导产生一个振幅和续长呈照射剂量依赖型的 p53 浓度单峰。前者与暂时性的细胞循环阻止和恢复有关,而后者则诱导细胞进入凋亡程序。这些案例表明,信号转导分子的动力学行为能准确捕捉上游刺激信号的身份和强度;而且细胞能将相同信号转导分子的不同动力学行为"翻译"成特殊的表型格局。

2. 信号转导途径动力学的编码与解码

信号转导途径构成的不同规定或编码了其动力学响应模式的差异性。例如,MAPK 响应 EGF 和 NGF 之所以会产生不同的动力学行为差异,是因为在 EGF 途径中存在一个 MAPK 与 SOS 之间的负反馈回路;而在 NGF 途径中却存在一个经由 PKC 的正反馈,即两条途径的组分身份及其连结的差异编码 MAPK 的动力学行为(图 10-27)。

由 TNFα 和 LPS 诱导的 NF-κB 激活动力学行为的差异也可归结为特异性的信号转导途径构成:NF-κB 响应 TNFα 而短暂激活由一个负反馈回路介导,涉及 NF-κB 及其靶基因之一的表达产物 IκB;NF-κB 响应 TNFα 的长时相动力学行为则为另一个靶基因产物 A20 所控制,A20 半衰期较长且作用于比 IκB 更远的上游[图 10-28(a)]。相反,NF-κB 响应 LPS 的持续性激活则归因于一条自分泌途径的正反馈回路,该回路涉及 TNFα 的重新合成。LPS 对 Toll 样受体 4(TLR4)的激活触发 TNFα 的重新合成以及 TNF 受体的激活,因而形成了由 LPS 诱导的 NF-κB 激活的持久稳定性[图 10-28(b)]。

相似地,DNA 损伤网络中的反馈回路对 p53 响应 γ 射线和紫外线的不同动力学行为负责。在这两条途径中,PI3K 相关性激酶(ATM 或 ATR)将损伤信号传递至 p53,并激活两条负反馈回路:一条介于 p53 和 E3 泛素连接酶 Mdm2 之间;另一条介于 p53 和磷酸脂酶 Wip1 之间。然而,两者之间一个重要的差异是,响应 γ 射线的网络还包含了一条由 Wip1 介导的 p53 与 ATM 之间额外的负反馈回路(图 10-29)。这一反馈对响应 γ 射线触发 p53 产生连续脉冲至关重要,因为 p53 对 γ 射线的响应比紫外线更敏感,较低的短暂信号输入足以触发 p53 脉冲。

在考虑信号转导动力学行为的功能时,自然会产生下一个问题:细胞如何识别或解码

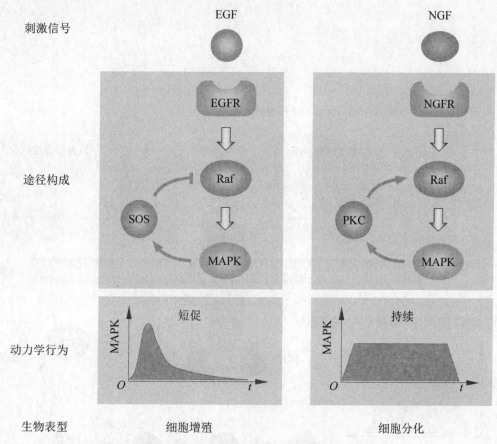

**图 10-27　信号转导途径构成对 MAPK 动力学行为的影响**

不同的动力学行为并将其翻译成不同的表型应答。信号转导的动力学翻译最简单的机制是基于下游效应因子对呈现动力学行为的信号转导分子所表现出的灵敏度。在这种机制中，低亲和性的效应因子为了显示显著的激活，需要持续性的信号输入水平；而高亲和性的效应因子则能迅速响应短促变化的信号输入。以这种机制运行的信号转导途径包括那些能响应短暂或持续性 $Ca^{2+}$ 信号的 JNK、NF-$\kappa$B、NFAT 等信号转导组分。解码信号转导动力学行为更为复杂的机制是基于一种能感应上游信号转导分子时间依赖型变化的特异性转导结构单位。例如在 MAPK 途径中，短暂型和持续型的 MAPK 动力学行为是由一套早期基因表达产物感知和辨认的，这些产物能响应激活型 MAPK 而积累。当 MAPK 的激活呈短暂型时，诸如 c-Fos 之类的基因表达产物被诱导，但随即经历迅速的降解；而当 MAPK 的水平呈持续型时，新合成的 c-Fos 便一直接被持续存在的 MAPK 磷酸化，由此稳定细胞核中的 c-Fos 活性水平。

3. 信号转导途径动力学的设计与应用

现有研究表明，控制信号转导分子的动力学（时序）行为是细胞一种独特的信号转导构成策略。因此，人们可以遵循这一原理，设计特定基因表达的操控装置。例如对于那些含有多个靶基因的转录因子而言，其水平的变化对每个启动子具有不同的效应；然而通过控制转录因子的频率而非绝对水平，细胞在相同的浓度范围内工作，因此对各个靶基因的启动子具有一致的效应，这便可以实现无论启动子亲和性如何均可共调控多个靶基因以相对合适的比例表达之目的（图 10-30）。

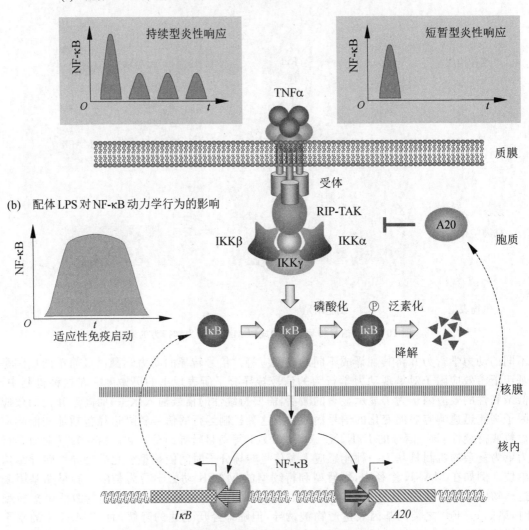

图 10 - 28　信号转导途径构成对 NF - κB 动力学行为的影响

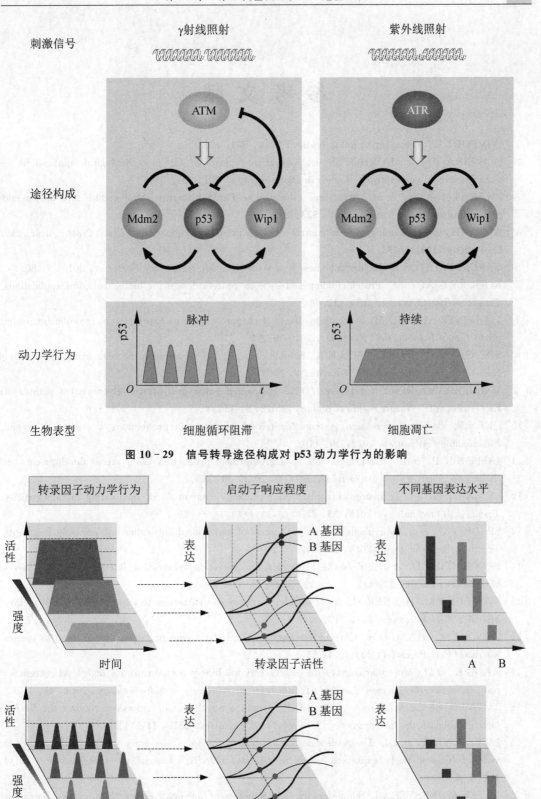

图 10-29 信号转导途径构成对 p53 动力学行为的影响

图 10-30 多基因等比例协同表达的信号转导途径动力学设计

# 参 考 文 献

[ 1 ] COMFORT N. Recombinant gold. *Nature*, 2014, **508**: 176.

[ 2 ] OLIVEIRA P H, MAIRHOFER J. Marker-free plasmids for biotechnological applications — implications and perspectives. *Trends in Biotechnology*, 2013, **31**: 539.

[ 3 ] BHARAT T A M, et al. Structures of actin-like ParM filaments show architecture of plasmid-segregating spindles. *Nature*, 2015, **523**: 106.

[ 4 ] ALPER H, et al. Tuning genetic control through promoter engineering. *Proc. Natl. Acad. Sci. USA*, 2005, **102**: 12678.

[ 5 ] GARCÍA-FRUITÓS E. Inclusion bodies: a new concept. *Microbial Cell Factories*, 2010, **9**: 80.

[ 6 ] KHOURY G A, et al. Protein folding and *de novo* protein design for biotechnological applications. *Trends in Biotechnology*, 2014, **32**: 99.

[ 7 ] MARTÍNEZ-ALONSO M, et al. Side effects of chaperone gene co-expression in recombinant protein production. *Microbial Cell Factories*, 2010, **9**: 64.

[ 8 ] SØENSEN H P, MORTENSEN K K. Soluble expression of recombinant proteins in the cytoplasm of *Escherichia coli*. *Microbial Cell Factories*, 2005, **4**: 1.

[ 9 ] VALDERRAMA-RINCON J D, et al. An engineered eukaryotic protein glycosylation pathway in *Escherichia coli*. *Nature chemical biology*, 2012, **8**: 434.

[10] CHEN R. Bacterial expression systems for recombinant protein production: *E. coli* and beyond. *Biotechnology Advances*, 2012, **30**: 1102.

[11] JAFFE S R P, et al. *Escherichia coli* as a glycoprotein production host: recent developments and challenges. *Current Opinion in Biotechnology*, 2014, **30**: 205.

[12] LEVIN D, et, al. Fc fusion as a platform technology: potential for modulating immunogenicity. *Trends in Biotechnology*, 2015, **33**: 27.

[13] SPADIUT O, et al. Microbials for the production of monoclonal antibodies and antibody fragments. *Trends in Biotechnology*, 2014, **32**: 54.

[14] BROCKMEIER U, et al. Versatile expression and secretion vectors for *Bacillus subtilis*. *Current Microbiology*, 2006, **52**: 143.

[15] VAN DIJL J M, HECKER M. *Bacillus subtilis*: from soil bacterium to super secreting cell factory. *Microbial Cell Factories*, 2013, **12**: 3.

[16] DONG H N, ZHANG D W. Current development in genetic engineering strategies of *Bacillus* species. *Microbial Cell Factories*, 2014, **13**: 63.

[17] KANG K, et al. Molecular engineering of secretory machinery components for high level secretion of proteins in *Bacillus* species. *Journal of industrial microbiology & biotechnology*, 2014, **41**: 1599.

[18] TOYMENTSEVA A A, et. al. The LIKE system, a novel protein expression toolbox for *Bacillus subtilis* based on the *liaI* promoter. *Microbial Cell Factories*, 2013, **11**: 143.

[19] LIEBETONA K, et. al. The nucleotide composition of the spacer sequence influences the expression yield of heterologously expressed genes in *Bacillus subtilis*. *Journal of Biotechnology*, 2014, **191**: 214.

[20] PÁTEK M, NESVERA J. Sigma factors and promoters in *Corynebacterium glutamicum*. *Journal of Biotechnology*, 2011, **154**: 101.

[21] BECKER J, WITTMANN C. Bio-based production of chemicals, materials and fuels- *Corynebacterium glutamicum* as versatile cell factory. *Current Opinion in Biotechnology*, 2012, **23**: 631.

[22] JONG-UK P, *et al*. Construction of heat-inducible expression vector of *Corynebacterium glutamicum* and *C. ammoniagenes*: fusion of λ operator with promoters isolated from *C. ammoniagenes*. *Journal of microbiology and biotechnology*, 2008, **18**: 639.

[23] PÁTEK M, *et al*. *Corynebacterium glutamicum* promoters: a practical approach. *Microbial Biotechnology*, 2013, **6**: 103.

[24] SHIN J H, LEE S Y. Metabolic engineering of microorganisms for the production of L-arginine and its derivatives. *Microbial Cell Factories*, 2014, **13**: 166.

[25] BECKER J, WITTMANN C. Systems and synthetic metabolic engineering for amino acid production — the heartbeat of industrial strain development. *Current Opinion in Biotechnology*, 2012, **23**: 718.

[26] SEVILLANO L, *et al*. Stable expression plasmids for *Streptomyces* based on a toxin-antitoxin system. *Microbial Cell Factories*, 2013, **12**: 39.

[27] LIU G, *et al*. Molecular regulation of antibiotic biosynthesis in *Streptomyces*. *Microbiology and Molecular Biology Reviews*, 2013, **77**: 112.

[28] MARTÍNEZ-BURGO Y, *et al*. Heterologous expression of *Streptomyces clavuligerus* ATCC 27064 cephamycin C gene cluster. *Journal of Biotechnology*, 2014, **186**: 21.

[29] NODA S, *et al*. Over-production of various secretory-form proteins in *Streptomyces lividans*, *Protein Expression and Purification*, 2010, **73**: 198.

[30] ANNÉA J, *et al*. Recombinant protein production and streptomycetes. *Journal of Biotechnology*, 2012, **158**: 159.

[31] VRANCKEN K, ANNÉ J. Secretory production of recombinant proteins by *Strepomyces*. *Future Microbiology*, 2009, **4**: 181.

[32] HEAP J T, *et al*. A modular system for *Clostridium* shuttle plasmids. *Journal of Microbiological Methods*, 2009, **78**: 79.

[33] NAGARAJAN H, *et al*. Characterizing acetogenic metabolism using a genome-scale metabolic reconstruction of *Clostridium ljungdahlii*. *Microbial Cell Factories*, 2013, **12**: 118.

[34] PAPOUTSAKIS E T. Engineering solventogenic clostridia. *Current Opinion in Biotechnology*, 2008, **19**: 420.

[35] GEFEN G, *et al*. Enhanced cellulose degradation by targeted integration of a cohesin-fused β-glucosidase into the *Clostridium thermocellum* cellulosome. *Proc. Natl. Acad. Sci. USA*, 2012, **109**: 10298.

[36] DUERRE P. *Handbook on Clostridia*, Part I. Methods, Chapter 3: Gene Cloning in Clostridia. CRC Press, 2005, 37.

[37] LÜTKE-EVERSLOH T, BAHL H. Metabolic engineering of *Clostridium acetobutylicum*: recent advances to improve butanol production. *Current Opinion in Biotechnology*, 2011, **22**: 634.

[38] MINGARDON F, *et al*. The issue of secretion in heterologous expression of *Clostridium cellulolyticum* cellulase-encoding genes in *Clostridium acetobutylicum* ATCC 824. *Applied And Environmental Microbiology*, 2011, **77**: 2831.

[39] CAMPELO A B, *et al*. A bacteriocin gene cluster able to enhance plasmid maintenance in *Lactococcus lactis*. *Microbial Cell Factories*, 2014, **13**: 77.

[40] SHARECK J, *et al*. Cloning vectors based on cryptic plasmids isolated from lactic acid bacteria: their characteristics and potential applications in biotechnology. *Critical Reviews in Biotechnology*, 2004, **24**: 155.

[41] SPATH K, *et al*. Direct cloning in *Lactobacillus plantarum*: Electroporation with non-methylated plasmid DNA enhances transformation efficiency and makes shuttle vectors obsolete. *Microbial Cell Factories*, 2012, **11**: 141.

[42] PETERBAUER C, *et al*. Food-grade gene expression in lactic acid bacteria. *Biotechnology Journal*, 2011, **6**: 1.

[43] GASPAR P, *et al*. From physiology to systems metabolic engineering for the production of

biochemicals by lactic acid bacteria. *Biotechnology Advances*, 2013, **31**: 764.

[44] SABO SS, et al. Overview of *Lactobacillus plantarum* as a promising bacteriocin producer among lactic acid bacteria. *Food Research International*, 2014, **64**: 527.

[45] VOS W M. Systems solutions by lactic acid bacteria: from paradigms to practice. *Microbial Cell Factories*, 2011, **10**: S2.

[46] PAUL D, et al. Suicidal genetically engineered microorganisms for bioremediation: need and perspectives. *BioEssays*, 2005, **27**: 563.

[47] BHATNAGAR S, Kumari R. Bioremediation: a sustainable tool for environmental management - a review. *Annual Review & Research in Biology*, 2013, **3**: 974.

[48] QIU D R, et al. PBAD-based shuttle vectors for functional analysis of toxic and highly regulated genes in *Pseudomonas* and *Burkholderia* spp. and other bacteria. *Applied And Environmental Microbiology*, 2008, **74**: 7422.

[49] SUENAGA H, et al. Draft genome sequence of the polychlorinated biphenyl-degrading bacterium *Pseudomonas putida* KF703 (NBRC 110666) isolated from biphenyl-contaminated soil. *Genome Announcements*, 2015, **3**: 1.

[50] SCHULZ S, et al. Elucidation of sigma factor-associated networks in *Pseudomonas aeruginosa* reveals a modular architecture with limited and function-specific crosstalk. *PLOS Pathogens*, 2015, **11**: e1004744.

[51] BERGERO M F, LUCCHESI G I. Immobilization of *Pseudomonas putida* A (ATCC 12633) cells: a promising tool for effective degradation of quaternary ammonium compounds in industrial effluents. *International Biodeterioration & Biodegradation*, 2015, **100**: 38.

[52] BHARDWAJ P, et al. Mapping atrazine and phenol degradation genes in *Pseudomonas* sp. EGD-AKN5. *Biochemical Engineering Journal*, 2015, **102**: 125.

[53] ANDREAS H F J, ROTH, DERSCH P. A novel expression system for intracellular production and purification of recombinant affinity-tagged proteins in *Aspergillus niger*. *Applied And Environmental Microbiology*, 2010, **86**: 659.

[54] YOON J, et al. Disruption of ten protease genes in the filamentous fungus *Aspergillus oryzae* highly improves production of heterologous proteins. *Applied And Environmental Microbiology*, 2011, **89**: 747.

[55] FLEIßNER A, DERSCH P. Expression and export: recombinant protein production systems for *Aspergillus*. *Applied And Environmental Microbiology*, 2010, **87**: 1255.

[56] WARD O P. Production of recombinant proteins by filamentous fungi. *Biotechnology Advances*, 2012, **30**: 1119.

[57] POSCH A E, et al. Science-based bioprocess design for filamentous fungi. *Trends in Biotechnology*, 2013, **31**: 37.

[58] ERJAVEC J, et al. Proteins of higher fungi - from forest to application. *Trends in Biotechnology*, 2012, **30**: 259.

[59] KANDA K, et al. Application of a phosphite dehydrogenase gene as a novel dominant selection marker for yeasts. *Journal of Biotechnology*, 2014, **182**: 68.

[60] WEINHANDL K, et al. Carbon source dependent promoters in yeasts. *Microbial Cell Factories*, 2014, **13**: 5.

[61] BLAZECK J, et al. Controlling promoter strength and regulation in *Saccharomyces cerevisiae* using synthetic hybrid promoters. *Biotechnology and Bioengineering*, 2012, **109**: 2884.

[62] NANCY A, et al. Introduction and expression of genes for metabolic engineering applications in *Saccharomyces cerevisiae*. *FEMS Yeast Reviews*, 2012, **12**: 197.

[63] SCHUTTER K D et al. Genome sequence of the recombinant protein production host *Pichia pastoris*. *Nature Biotechnology*, 2009, **27**: 561.

[64] CREGG J M, et al. Expression in the yeast *Pichia pastoris*. *Methods in Enzymology*, 2009, **463**: 169.

[65] MELLITZER A, et al. Synergistic modular promoter and gene optimization to push cellulase secretion by *Pichia pastoris* beyond existing benchmarks. *Journal of Biotechnology*, 2014, **191**: 187.

[66] DIKICIOGLU D, et al. Improving functional annotation for industrial microbes: a case study with *Pichia pastoris*. *Trends in Biotechnology*, 2014, **32**: 396.

[67] PRIELHOFER R, et al. Induction without methanol: novel regulated promoters enable high-level expression in *Pichia pastoris*. *Microbial Cell Factories*, 2013, **12**: 5.

[68] HAMILTON S R, et al. Humanization of yeast to produce complex terminally sialylated glycoproteins. *Science*, 2006, **313**: 1441.

[69] STÖKMANN C, et al. Process development in *Hansenula polymorpha* and *Arxula adeninivorans*, a re-assessment. *Microbial Cell Factories*, 2009, **8**: 22.

[70] CHEN C H, et al. A synthetic maternal-effect selfish genetic element drives population replacement in *Drosophila*. *Science*, 2007, **316**: 597.

[71] MORAES A M, et al. *Drosophila melanogaster* S2 cells for expression of heterologous genes: From gene cloning to bioprocess development. *Biotechnology Advances*, 2012, **30**: 613.

[72] SUÁREZ-PATINO S F, et al. Transient expression of rabies virus glycoprotein (RVGP) in *Drosophila melanogaster* Schneider 2 (S2) cells. *Journal of Biotechnology*, 2014, **192**: 255.

[73] HALL A B, et al. A male-determining factor in the mosquito *Aedes aegypti*. *Science*, 2015, **348**: 1268.

[74] WINDBICHLER N, et al. A synthetic homing endonuclease-based gene drive system in the human malaria mosquito. *Nature*, 2011, **473**: 212.

[75] NOLAN T, et al. Developing transgenic *Anopheles* mosquitoes for the sterile insect technique. *Genetica*, 2011, **139**: 33.

[76] WANG S, JACOBS-LORENA M. Genetic approaches to interfere with malaria transmission by vector mosquitoes. *Trends in Biotechnology*, 2013, **31**: 185.

[77] DYCK VA, et al. Sterile insect technique: principles and practice in area-wide integrated pest management. Published by Springer, 2005.

[78] POTTER C J. Stop the biting: targeting a mosquito's sense of smell. *Cell*, 2014, **156**: 878.

[79] NEAFSEY D E, et al. Highly evolvable malaria vectors: the genomes of 16 *Anopheles* mosquitoes. *Science*, 2015, **347**: 43.

[80] XIA Q Y, et al. Complete resequencing of 40 genomes reveals domestication events and genes in silkworm (*Bombyx*). *Science*, 2009, **326**: 433.

[81] ZABELINA V, et al. Genome engineering and parthenocloning in the silkworm, *Bombyx mori*. *Journal of Bioscience*, 2015, **40**: 645.

[82] TOTH A M, et al. A new insect cell glycoengineering approach providesbaculovirus-inducible glycogene expression and increaseshuman-type glycosylation efficiency. *Journal of Biotechnology*, 2014, **182**: 19.

[83] GEISLER C, et al. Engineeringβ1,4-galactosyltransferase I to reduce secretion and enhance *N*-glycan elongation in insect cells. *Journal of Biotechnology*, 2015, **193**: 52.

[84] XU H F. The advances and perspectives of recombinant protein production in the silk gland of silkworm *Bombyx mori*. *Transgenic Reviews*, 2014, **23**: 697.

[85] DUDOGNON B, et al. Production of functional active human growth factors in insects usedas living biofactories. *Journal of Biotechnology*, 2014, **184**: 229.

[86] JIANG L, XIA Q Y. The progress and future of enhancing antiviral capacity by transgenic technology in the silkworm *Bombyx mori*. *Insect Biochemistry and Molecular Biology*, 2014, **48**: 1.

[87] WELLS K D. Natural genotypes via genetic engineering. *Proc. Natl. Acad. Sci. USA*, 2013, **110**: 16295.

[88] DOUDNA J A, CHARPENTIER E. The new frontier of genome engineering with CRISPR-Cas9. *Science*, 2014, **346**: 1077.

[89] SAKUMA T, et al. Lentiviral vectors: basic to translational. *Biochemical Journal*, 2012, **443**: 603.

[90] ZHU J W. Mammalian cell protein expression for biopharmaceutical production. *Biotechnology Advances*, 2012, **30**: 1158.

[91] JESUS M D, WURM F M. Manufacturing recombinant proteins in kg-ton quantities using animal cells in bioreactors. *European Journal of Pharmaceutics and Biopharmaceutics*, 2011, **78**: 184.

[92] CACCIATORE J J, et al. Gene amplification and vector engineering to achieve rapid and high-level therapeutic protein production using the Dhfr-based CHO cell selection system. *Biotechnology Advances*, 2010, **28**: 673.

[93] PHAM P L, et al. Large-scale transfection of mammalian cells for the fast production of recombinant protein. *Molecular Biotechnology*, 2006, **34**: 225.

[94] BALDI L, et al. Recombinant protein production by large-scale transient gene expression in mammalian cells: state of the art and future perspectives. *Biotechnology Letters*, 2007, **29**: 677.

[95] MIAO X Y. Recent advances in the development of new transgenic animal technology. *Cellular and Molecular Life Sciences*, 2013, **70**: 815.

[96] DOSAY-AKBULU M. Advantages and disadvantages of transgenic animal technology with genetic engineering. *Journal of Agricultural Science and Technology*, 2014, **4**: 177.

[97] KUMAR R, et al. Transgenic animal technology: recent advances and applications: A Review. *Agricultural Review*. 2015, **36**: 46.

[98] KEEFER C L. Artificial cloning of domestic animals. *Proc. Natl. Acad. Sci. USA*, 2015, **112**: 8874.

[99] HOUDEBINE L M. Production of pharmaceutical proteins by transgenic animals. *Comparative Immunology, Microbiology and Infectious Diseases*, 2009, **32**: 107.

[100] NALDINI L. Gene therapy returns to centre stage. *Nature*, 2015, **526**: 351.

[101] KOTTERMAN M A, SCHAFFER D V. Engineering adeno-associated viruses for clinical gene therapy. *Nature Reviews Genetics*, 2014, **15**: 445.

[102] EGGERMONT L J, et al. Towards efficient cancer immunotherapy: advances in developing artificial antigen-presenting cells. *Trends in Biotechnology*, 2014, **32**: 456.

[103] KOMORI T, et al. Transformation vectors and expression of foreign genes in higher plants. In *Historical Technology Developments in Plant Transformation*, edu. by Dan YH and Ow DW, Chapter4, 2011: 55.

[104] CHENG M, et al. Cells/tissues conditioning for facilitating T-DNA delivery. In *Historical Technology Developments in Plant Transformation*, edu. by Dan YH and Ow DW, Chapter5, 2011: 77.

[105] HEFFERON K. Plant virus expression vector development: new perspectives. *BioMed Research International*, 2014, 1.

[106] ALONSO J M, et al. The physics of tobacco mosaic virus and virus-based devices in biotechnology. *Trends in Biotechnology*, 2013, **31**: 530.

[107] PRADO J R, et al. Genetically engineered crops: from idea to product. *Annual Review of Plant Biology*, 2014, **65**: 769.

[108] KONDOU Y, et al. High-throughput characterization of plant gene functions by using gain-of-function technology. *Annual Review of Plant Biology*, 2010, **61**: 373.

[109] DAYTON L. Blue-sky rice. *Nature*, 2014, **514**: S52.

[110] LONG S P, et al. Meeting the global food demand of the future by engineering crop photosynthesis and yield potential. *Cell*, 2015, **161**: 56.

[111] KANCHISWAMY C N, et al. Looking forward to genetically edited fruit crops. *Trends in Biotechnology*, 2015, **33**: 62.

[112] MOLESINI B, et al. Fruit improvement using intragenesis and artificial microRNA. *Trends in*

*Biotechnology*，2012，**30**：80.

[113] HU H H, XIONG L Z. Genetic engineering and breeding of drought-resistant crops. *Annual Review of Plant Biology*，2014，**65**：715.

[114] ROY S J, *et al*. Salt resistant crop plants. *Current Opinion in Biotechnology*，2014，**26**：115.

[115] MANSOOR S, PATERSON A H. Genomes for jeans：cotton genomics for engineering superior fiber. *Trends in Biotechnology*，2012，**30**：521.

[116] HILVERT D. Design of protein catalysts. *Annual Review of Biochemistry*，2013，**82**：447.

[117] LISZKA M J, *et. al*. Nature versus nurture：developing enzymes that function under extreme conditions. *Annual Review Biomolecular Engineering*，2012，**3**：77.

[118] ACEVEDO-ROCHA CG, *et al*. Directed evolution of stereoselective enzymes based on genetic selection as opposed to screening systems. *Journal of Biotechnology*，2014，**191**：3.

[119] STEPHENS D E, *et al*. Creation of thermostable and alkaline stable xylanase variants by DNA shuffling. *Journal of Biotechnology*，2014，**187**：139.

[120] URVOAS A, *et al*. Artificial proteins from combinatorial approaches. *Trends in Biotechnology*，2012，**30**：512.

[121] SONG W J, TEZCAN F A. A designed supramolecular protein assembly with *in vivo* enzymatic activity. *Science*，2014，**346**：1525.

[122] PEISAJOVICH S G, *et al*. Rapid diversification of cell signaling phenotypes by modular domain recombination. *Science*，2010，**328**：368.

[123] PICKENS L B, *et al*. Metabolic engineering for the production of natural products. *Annual Review Biomolecular Engineering*，2011，**2**：211.

[124] WEBER T, *et al*. Metabolic engineering of antibiotic factories：new tools for antibiotic production in actinomycetes. *Trends in Biotechnology*，2015，**33**：15.

[125] ALPER H, *et al*. Engineering yeast transcription machinery for improved ethanol tolerance and production. *Science*，2006，**314**：1565.

[126] LONG C P, ANTONIEWICZ M R. Metabolic flux analysis of Escherichia coli knockouts：lessons from the Keio collection and future outlook. *Current Opinion in Biotechnology*，2014，**28**：127.

[127] WAY J C, *et al*. Integrating biological redesign：where synthetic biology came from and where it needs to go. *Cell*，2014，**157**：151.

[128] PURVIS J E, LAHAV G. Encoding and decoding cellular information through signaling dynamics. *Cell*，2013，**152**：945.

[129] WIELAND M, FUSSENEGGER M. Engineering molecular circuits using synthetic biology in mammalian cells. *Annual Review Biomolecular Engineering*，2012，**3**：209.

[130] STEIN V, ALEXANDROV K. Synthetic protein switches：design principles and applications. *Trends in Biotechnology*，2015，**33**：101.

# 内 容 提 要

　　本书主要论述基因工程的基本原理、单元操作和应用策略。基本原理涉及基因的高效表达原理、重组表达产物的活性回收原理、基因工程细胞的稳定生产原理；单元操作包括 DNA 的切接反应、重组 DNA 分子的转化、转化子的筛选与重组子的鉴定，简称为"切、接、转、增、检"实验流程；应用战略部分以大肠杆菌、其他原核细菌、真菌（包括酵母）、昆虫、高等动植物等基因工程典型的受体系统为主线，结合具体的产业化案例，逐一论述基因工程应用的设计思想。此外，与高效表达天然蛋白质编码基因的第一代基因工程相呼应，本书还简述了基于基因修饰而表达蛋白变体的第二代基因工程（蛋白质工程）；并将遗传操作细胞物能代谢途径和信号转导途径表征为第三代基因工程（途径工程），由此构成本书的基本理论框架。

　　本书适合用作高等院校生命科学类各专业本科生和研究生的基因工程课程教科书，同时也可为从事生物工程技术研究和开发的人员提供参考。